JN302227

基礎コース 物理学

JIM BREITHAUPT 著

狩野 覚 監訳

春日 隆・佐藤修一
善甫康成・別役 潔 訳

東京化学同人

© Jim Breithaupt 1999, 2003, 2010

First published in English by Palgrave Macmillan, a division of Macmillan Publishers Limited under the title Physics, 3rd Edition by Jim Breithaupt. This edition has been translated and published under licence from Palgrave Macmillan. The author has asserted his right to be identified as the author of this Work.

はじめに

　本書が想定する読者は，大学で物理学の導入ないし基礎を学ぶ諸君，専攻が物理学系の専門分野ではなく生命科学，環境科学，化学や工学などで物理学を1年生の副教科として学ぶ諸君であり，これらの諸君に物理学の基礎を提供するものである．また，本書はしっかりとした物理学の基礎が必要となる理系の教育実習生や医学生にも適している．

　本書は，物理学について読者の予備知識がなくても済むように，"本書の使い方"について最初に一通りの案内を記した．序章の"単位と測定"の目的は，本書を学ぶ出発点として，読者が自信をつけ進歩を速めるため基本の知識とスキルを身につけることにある．

　各章の組立ては，冒頭にその章で習得すべき"学習内容"を示し，章の内容は節ごとのテーマに分かれている．各節に対して適切な数学的スキルを導入し，先に進む前に内容を消化したか確認する"練習問題"で締めくくる．各章に実験例を収録し，その52例の実験のリストを付録（p.327）に収録した．各章末には重要事項の"まとめ"と，復習用の"章末問題"を用意した．本書は完全な解答付きの問題（練習問題，章末問題）を400題以上，数値だけの解答をつけた問題（補充問題）をさらに115題掲載している．

　この第3版は，第2版の内容に加え，新しい章"第29章 流体"ならびに，"波動力学"の記述（§21・6）を追加した．第3版では，ページ構成も見やすくし，U値についての改訂も掲載して，さらに本文と図を2色刷にした．

　本書では物理学の分野ごとに章をまとめて全体を7部で構成する．最初の第Ⅰ部〜第Ⅳ部（波，物質，力学，電気）はおのおのを独立に学べるようにし，講義をする先生方が柔軟に対応できるよう便宜を図った．これは学生諸君のためにもよいだろう．次の第Ⅴ部，第Ⅵ部は，電場と磁場，原子物理についてであり，第Ⅰ部〜第Ⅳ部で学ぶテーマを基礎とする．物理学以外の専門課程を勉強するための基礎や，物理学その他の分野を専攻する準備を必要とする学生諸君のために，第Ⅶ部を設け分野を限定しもっと深い勉学ができるように便宜を図った．

　巻末の付録には，補充問題，物理学でのスプレッドシート（表計算ソフト）の利用，本書に収録した実験のリスト，数学的なスキルを解説した箇所のリスト，式やデータに関するまとめを収録した．各章の練習問題および章末問題の完全な解答もここに含まれる．本文中で重要な用語は太字で記し，重要な定義や式は網掛けをした．さらに巻末に用語解説を加えて参照や復習の便宜を図った．

　本書のこのような構成は，学生諸君が教室や実験室で本書を使いやすいようにとの意図によるものであり，少人数グループ学習でも自宅の学習でも使いやすいはずである．本書はまた，物理学の基礎講義を担当する先生方にとっても，学生諸君の予備知識や将来の必要性に応じて適宜用いるというように，柔軟に利用していただきたい．学生の読者諸君と教員のみなさんに本書を役立ていただきたいと願っている．

Jim Breithaupt

学生諸君へ：本書の使い方

- 本書は"物理学"への扉を開き，学んだことを自信をもって使えるようになり，さらに深く学ぶときに使ってもらうために執筆した．
- 本書で学習するとき，参考書などの助けができるだけ不要となるように配慮した．
- まず最初に序章の"単位と測定"を必ず学習しその内容を身につける．
- 各部の最初に記してあるアドバイスに注意を払う．
- 各章内の節はできるだけ出てくる順に勉強する．
- 未知の用語のために勉強がはかどらないときは，他章にその解説があるはずだが，まず巻末の用語集を参照する．
- 各章および各節の最後にある問題を解き，自分の答えを巻末の解答に照らして吟味する．補充問題については数値だけの答えを掲載してある．
- 先の節に進むのは，前節の内容を習得したという自信があるときだけにする．
- 物理学の講義と他分野の講義の関連する箇所を見つけておき，物理学の勉強を進めるときその関連事項の内容を充実させる．
- 数学的なスキルで難しさを感じたときは，説明がある章を p.328 から探して参照する．
- 疑問や考えたこと，また自分の解答をノートに保存して事後の見直しに役立てる．

謝　辞

　本書が完成するまでに多くの皆様のお世話になった．原稿を一冊の本にまとめあげる作業に参画されたすべての皆様にお礼を申し上げたい．とりわけ出版社の Frances Arnold と Suzannah Burywood，Integra Software Services の専門的なご協力に感謝したい．本書を執筆中に妻と娘たちがずっと励ましてくれたことは，本当にありがたかった．著作権物の利用を許可してくださった次の方々のご好意にも感謝する．

AEA Technology plc p.234; Associated Press Ltd p.307; Professor Castle, School of Mechanical and Materials Engineering, Surrey University p.48; Greg Evans International p.59, 104; f8 Imaging p.3, 4, 14, 22, 46, 70, 112, 118, 128, 157, 188, 281; Oxford University Press for a photograph taken by R. Morrison, from W. Llowarch Ripple Tank Studies of Wave Motion, 1961, p.12; Steve Redwood p.159; Dr B E Richardson, Department of Physics and Astronomy, Cardiff University p.22; Ann Ronan at Image Select p.1, 172, 223, 225; Science Photo Library p.8, 9, 20, 39, 46, 47, 94, 119, 236, 237, 258; Alan Thomas p.77, 124, 142; The Welcome Trust p.42.

　既存の著作権については細心の注意を払ったが，当方の不注意のため見過ごしてしまったものを発見されたら出版社にお知らせ願いたい．できるだけ速やかに対処させていただく．

安全メモ：本書に収録した実験・実習は安全性の観点から検討してあるが，本書に掲載した情報を用いたことによる損失，破損あるいは傷害などに対して当方は責任を負わない．実験・実習（デモ実験を含む）を担当する先生に安全管理をしていただく必要がある．学生諸君に対し安全に関して必要なすべての情報を先生から伝えてもらわなければならない．

目 次

単 位 と 測 定 ………………………………… 1
　哲学と科学における実践 ………………… 1
　SI 単位系 ……………………………………… 1
　物理に現れる文字と式 …………………… 2
　物理の測定 …………………………………… 3
　測定値の不確実さと精度 ………………… 4
　まとめ ………………………………………… 6
　章末問題 ……………………………………… 6

第Ⅰ部　波

第1章　波の性質 ………………………… 8
1・1　波の種類 ……………………………… 8
1・2　波の測定 ……………………………… 9
1・3　波の性質 ……………………………… 10
1・4　縦波と横波 …………………………… 12
1・5　偏　光 ………………………………… 14
まとめ ………………………………………… 15
章末問題 ……………………………………… 15

第2章　音 …………………………………… 17
2・1　音とは何か，音の性質 …………… 17
2・2　人間の耳 ……………………………… 19
2・3　超音波 ………………………………… 20
2・4　振動する弦 …………………………… 21
2・5　気柱の共鳴 …………………………… 22
まとめ ………………………………………… 24
章末問題 ……………………………………… 24

第3章　光　学 ……………………………… 26
3・1　干渉と光の本性 ……………………… 26
3・2　光の反射と屈折 ……………………… 27
3・3　レンズ ………………………………… 30
3・4　光学機器 ……………………………… 32
まとめ ………………………………………… 34
章末問題 ……………………………………… 34

第4章　電磁波 ……………………………… 35
4・1　可視スペクトル ……………………… 35
4・2　スペクトルの種類 …………………… 36
4・3　赤外線とそれより長い波長の電磁波 … 38
4・4　紫外線，X 線，γ線 ………………… 41
まとめ ………………………………………… 43
章末問題 ……………………………………… 43

第Ⅱ部　物質の性質

第5章　物質と分子 ……………………… 46
5・1　物質の状態 …………………………… 46
5・2　元素と化合物 ………………………… 48
5・3　アボガドロ定数 N_A ………………… 49
5・4　分子を形成する力 …………………… 50
まとめ ………………………………………… 52
章末問題 ……………………………………… 53

第6章　物質の熱的な性質 …………… 54
6・1　熱膨張 ………………………………… 54
6・2　比熱容量 ……………………………… 55
6・3　比潜熱 ………………………………… 57
6・4　熱の伝達 ……………………………… 59
6・5　熱伝導 ………………………………… 61
まとめ ………………………………………… 63
章末問題 ……………………………………… 63

第7章　固体の強度 ……………………… 65
7・1　力の測定 ……………………………… 65
7・2　力と物質 ……………………………… 66
7・3　応力とひずみ ………………………… 67
7・4　応力-ひずみ曲線 …………………… 69
7・5　弾性エネルギー ……………………… 71
まとめ ………………………………………… 73
章末問題 ……………………………………… 73

第8章　圧　力 ……………………………… 74
8・1　圧力と力 ……………………………… 74
8・2　水力学 ………………………………… 75
8・3　静止している流体中の圧力 ……… 76
8・4　圧力の測定 …………………………… 77
8・5　浮　力 ………………………………… 78
まとめ ………………………………………… 80
章末問題 ……………………………………… 80

第Ⅲ部　力　学

第9章　力のつり合い …………………… 82
9・1　ベクトルとしての力 ………………… 82
9・2　回転を起こす効果 …………………… 85
9・3　安定性 ………………………………… 86
9・4　摩　擦 ………………………………… 88
9・5　つり合いの条件 ……………………… 89

| まとめ 92
| 章末問題 92

第10章 速度と加速度 94
10・1 速さと距離 94
10・2 速さと速度 95
10・3 加 速 度 96
10・4 等加速度運動の式 98
10・5 重力による加速度運動 99
10・6 時間的な変化の割合 101
   まとめ 102
   章末問題 102

第11章 力と運動 104
11・1 ニュートンの運動の法則 104
11・2 力と運動量 107
11・3 運動量の保存 108
   まとめ 110
   章末問題 111

第12章 エネルギーと仕事率 112
12・1 仕事とエネルギー 112
12・2 仕事率とエネルギー 114
12・3 効 率 116
12・4 エネルギー源 117
   まとめ 119
   章末問題 120

第Ⅳ部 電 気

第13章 電気入門 122
13・1 静 電 気 122
13・2 電流と電荷 124
13・3 電 位 差 127
13・4 抵 抗 129
   まとめ 132
   章末問題 133

第14章 電気回路 134
14・1 電 池 134
14・2 電位差計 136
14・3 ホイートストンブリッジ 139
14・4 抵 抗 141
14・5 電気的な測定 141
   まとめ 144
   章末問題 144

第15章 コンデンサー 146
15・1 電荷を蓄える 146
15・2 コンデンサーの合成 148

15・3 充電したコンデンサーに
       蓄えられたエネルギー 150
15・4 コンデンサーの容量を
       決めるパラメーター 152
15・5 コンデンサーの放電 153
   まとめ 155
   章末問題 156

第16章 エレクトロニクス 157
16・1 システム的アプローチ 157
16・2 論理回路 158
16・3 エレクトロニクスの利用 161
16・4 演算増幅器 163
16・5 マルチバイブレーター 168
   まとめ 169
   章末問題 169

第Ⅴ部 電場と磁場

第17章 電 場 172
17・1 静電場 172
17・2 電気力線の形 173
17・3 電 場 176
17・4 電 位 179
   まとめ 180
   章末問題 181

第18章 磁 場 182
18・1 磁場の様子 182
18・2 電 磁 石 184
18・3 ローレンツ力 185
18・4 磁束密度 187
18・5 磁場の式 189
18・6 磁性材料 191
   まとめ 193
   章末問題 193

第19章 電磁誘導 195
19・1 発 電 195
19・2 磁 束 197
19・3 交流発電機 199
19・4 変 圧 器 201
19・5 自己誘導 203
   まとめ 205
   章末問題 205

第20章 交 流 207
20・1 交流電流・電圧の測定 207
20・2 整流回路 209
20・3 交流と電力 210

20・4　交流回路のコンデンサー ……………… 212	25・3　理想気体の熱力学 ……………………… 277
20・5　交流回路のコイル …………………… 215	25・4　熱力学の第二法則 …………………… 281
20・6　共振回路 ……………………………… 216	ま と め ……………………………………… 283
ま と め ……………………………………… 218	章末問題 ……………………………………… 283
章末問題 ……………………………………… 218	

第VI部　原子物理と核物理

第21章　電子と光子 …………………………… 222
21・1　電子ビーム …………………………… 222
21・2　電子の電荷 …………………………… 225
21・3　光電効果 ……………………………… 227
21・4　原子の内部にある電子 ……………… 229
21・5　X　　線 ……………………………… 232
21・6　波動力学 ……………………………… 234
　ま と め ……………………………………… 237
　章末問題 ……………………………………… 237

第22章　放 射 能 ……………………………… 239
22・1　原子の内部 …………………………… 239
22・2　放射性物質から出る放射線 ………… 240
22・3　α線，β線，γ線の飛程と透過力 … 243
22・4　放射壊変 ……………………………… 245
22・5　放射壊変の数学 ……………………… 247
　ま と め ……………………………………… 249
　章末問題 ……………………………………… 249

第23章　原子核のエネルギー ………………… 251
23・1　力の本性 ……………………………… 251
23・2　結合エネルギー ……………………… 253
23・3　原 子 力 ……………………………… 255
23・4　原子核を探る ………………………… 259
　ま と め ……………………………………… 262
　章末問題 ……………………………………… 262

第VII部　発　　　展

第24章　気　　体 ……………………………… 266
24・1　気体の法則 …………………………… 266
24・2　理想気体の状態方程式 ……………… 269
24・3　気体分子運動理論 …………………… 270
　ま と め ……………………………………… 273
　章末問題 ……………………………………… 273

第25章　熱 力 学 ……………………………… 274
25・1　温　　度 ……………………………… 274
25・2　熱と仕事 ……………………………… 276

第26章　等速円運動 …………………………… 285
26・1　弧 度 法 ……………………………… 285
26・2　円の中心を向く加速度 ……………… 286
26・3　垂直抗力と遊園地のアトラクション … 287
　ま と め ……………………………………… 290
　章末問題 ……………………………………… 291

第27章　重　　力 ……………………………… 292
27・1　ニュートンの重力理論 ……………… 292
27・2　重力場の大きさ ……………………… 294
27・3　重力による位置エネルギー ………… 295
27・4　衛星の運動 …………………………… 297
　ま と め ……………………………………… 299
　章末問題 ……………………………………… 299

第28章　単 振 動 ……………………………… 301
28・1　振　　動 ……………………………… 301
28・2　サイン波 ……………………………… 302
28・3　振動系における力 …………………… 304
28・4　共　　鳴 ……………………………… 306
　ま と め ……………………………………… 308
　章末問題 ……………………………………… 308

第29章　流　　体 ……………………………… 309
29・1　流れのパターン ……………………… 309
29・2　流　　量 ……………………………… 310
29・3　粘 性 流 ……………………………… 312
29・4　非粘性流体 …………………………… 314
　ま と め ……………………………………… 316
　章末問題 ……………………………………… 316

付　　録 ……………………………………… 317
補充問題 ……………………………………… 317
スプレッドシートを用いたシミュレーション … 325
実験一覧 ……………………………………… 327
数学関連索引 ………………………………… 328
重要式一覧 …………………………………… 329
数値データ …………………………………… 333
練習問題および章末問題の解答 …………… 334
補充問題の解答 ……………………………… 366

用語解説 …………………………………… 367
索　　引 …………………………………… 374

単 位 と 測 定

哲学と科学における実践

科学のすべての分野の発展には実験が決定的な役割をもつ．500年以上も前のことだが，地球と惑星が太陽の周りを回っているという Nicolas Copernicus による理論は，地球が宇宙の中心ではなくなるという理由でカトリック教会から否定された．コペルニクスの理論が必要となる新しい実験的証拠が出ていなかったため，古代ギリシャで確立した理論を変更する理由もなかったのである．コペルニクスから何年も後に，Galileo は新しく発明された望遠鏡を用いて木星の月の運動を観測し，木星の月が木星の周りを回るのとちょうど同じように惑星が太陽の周りを回るのだと気づいた．コペルニクス的な宇宙観を支持するガリレオの証拠を本にして出版したときに彼は捕縛されたが，観測に基づくその証拠は否定できないものだった（図1）．

図1 Galileo（科学的時代の創始者）

現在では，ビッグバンといわれる大規模な爆発の中で宇宙が生まれたと科学者は信じている．その証拠は天文学者による精密で信頼できる測定が基になっている．20世紀の半ばに，宇宙が定常状態にある，すなわち以前から今と同じ状態にあるという理論を提唱した天文学者のグループがあった．しかし，微弱なマイクロ波の放射が空間のどの方向からも観測されるという発見がビッグバン理論に有利とされ定常宇宙説は否定された．この放射はビッグバンに起源があり現在でも宇宙空間を旅しつづけている，というのである．ビッグバン理論を支持する実験的な証拠によって論争に終止符が打たれた．ある理論を支持する実験があってもそれを証明したことにはならないが，理論を否定するにはたった一つの実験で足りる．より多くの実験で試されるほど理論は強固なものになる．

SI 単位系

同じ量に異なる単位があるのは大変に紛らわしい．たとえば，都市ガスが供給するエネルギーはキロカロリー（kcal）で測るのに，電力の方はキロワット時（kWh）である．もしガスと電力が同じ単位で供給エネルギーを表せば，消費者はもっと効率的にコストの比較ができるかもしれない．科学者の間では，同じ量を異なる単位に変換するための不要な労力と時間を使わぬように，ただ一つの単位系を使うという合意ができている．これは**国際単位系**（Système International，SIと略す）とよばれ，表1の五つの物理量についてそれぞれ定義された単位に基づく．これらのSI基本単位から他のすべての量の単位が導かれる．

表1 SI 基本単位

物理量	単位
質量	キログラム（kg）
長さ	メートル（m）
時間	秒（s）
電流	アンペア（A）
温度	ケルビン（K）

数と単位

誘導単位

他のすべての物理量の単位がこれらの基本単位からどのように導かれるか，例を示す．

(a) 面積の単位は平方メートル，m^2．
(b) 体積の単位は立方メートル，m^3．
(c) 密度の定義は単位体積当たりの質量である．その単

位はキログラム/立方メートル，kg m^{-3}．単位に現れるマイナスの符号は"〜当たり"を意味する（たとえば，m^{-3} は m^3 当たり）．
(d) 速さの単位はメートル/秒，m s^{-1}．

単位の接頭語 大きすぎる数値を使わずに済ませるために用いる．最も広く用いられる接頭語：

ナノ	(n)	10^{-9}	キロ	(k)	10^3
マイクロ	(μ)	10^{-6}	メガ	(M)	10^6
ミリ	(m)	10^{-3}	ギガ	(G)	10^9

メモ センチメートル（cm）とグラム（g）は以前に基本単位として用いられており，現在でも日常的な場面で多用される．センチは接頭語だがメートルとの組合わせだけで使うのが普通である．

標準的な形

数値が 0.001 より小さいか 1000 より大きいとき，しばしば便宜を考えて**標準的な形**で表すことがある．これは 1 と 10 の間の数（仮数という）と 10 の n 乗（n を指数という）の積で数値を表す方法である．元の数の小数点の位置をいくつ移動すると 1 と 10 の間の数になるかに応じて仮数が決まる．小数点を右に移動するときは指数が負になる．技術系では**工学表示**すなわち指数を 3 の倍数にするのが普通である（たとえば，10^3, 10^6 など）．

例：
(a) 地球の平均半径は 6 360 000 m である．右端の 0 の後ろにある小数点の位置を動かして 6.36 とするには 6 桁だけ左に移動する必要がある．したがって，標準的な形で表すと地球の半径は 6.36×10^6 m である．
(b) 光の速さは真空中で 300 000 000 m s^{-1} である．標準的な形で表すと 3.0×10^8 m s^{-1} である．
(c) ナトリウムランプの黄色い光の波長は 0.000 000 59 m，これを標準的な形で表すと 5.9×10^{-7} m である．5.9 になるまで小数点を右に動かすので指数が負となることに注意せよ．

有効数字

数値を標準的な形で表すとき，仮数の長さをその数値の有効桁数という．たとえば，上の(c)では黄色い光の波長を 2 桁の有効数字で，(a)では地球の半径を 3 桁の有効数字で与えた．さらに（b）では光の速さを 2 桁の有効数字 3.0×10^8 で与えた．ここで 3×10^8 としてしまうと有効数字が 1 桁しかないことになる．

計算機で数値を求めると，ディスプレイに並ぶ全部の桁に数が現れるが，計算結果の有効桁数は用いたデータの有効桁数と等しくなるべき（乗・除の場合に限る）だから，これは誤解を招きかねない．本書の設問で用いるほとんどのデータの有効桁数はせいぜい 3 が普通だから，計算結果もその桁数となるように丸めて切り上げるか切り捨てる必要がある．一般的なルールは最終桁が 5 のとき切り上げ，そうでないときは切り捨てる（四捨五入）．たとえば，6.36 という数値を有効 2 桁に丸めると 6.4 になるし，6.33 なら 6.3 になる．

メモ
質量：1000 g = 1 kg
長さ：1000 mm = 100 cm = 1 m
面積：10^6 mm^2 = 10^4 cm^2 = 1 m^2
体積：10^9 mm^3 = 10^6 cm^3 = 1 m^3

練習問題 U1

1. 前出のメモを見て空欄を埋めよ．
   (a) (i) 500 mm = _____ m
       (ii) 3.2 m = _____ cm
       (iii) 9560 cm = _____ m
   (b) (i) 0.45 kg = _____ g
       (ii) 1997 g = _____ kg
       (iii) 54000 kg = _____ ×10 g

2. 次の値を標準的な形で表し有効数字 3 桁とせよ．
   (i) 1 億 5 千万キロメートルをメートルで表す．
   (ii) 365 日を秒で表す．
   (iii) 630 ナノメートルをメートルで表す．
   (iv) 25.78 マイクログラムをキログラムで表す．
   (v) 1502 メートルをミリメートルで表す．
   (vi) 1.254 マイクロメートル（ミクロンと同じ）をメートルで表す．

物理に現れる文字と式

物理量を表すのに標準的な文字があり，それを使うのが一般的である．たとえば，時間は t という文字で表される．ギリシャ文字も使われることがある〔たとえば，ギリシャ文字の ρ（ロー）は密度に用いる〕．これらの文字は数値に単位がついた量を表す．

物理の式は文字式で表すのが一般的である．たとえば，単語を用いて書いた式

$$密度 = \frac{質量}{体積}$$

は，

$$\rho = \frac{m}{V}$$

と書ける．なお，密度のSI単位は立方メートル当たりキ

ログラムであり，ふつう kg m^{-3} と省略される．
式を用いて計算するには，

- 式と既知の量の値を書きだす．
- 式を変形して未知の量についての式に直す．
- 変形後の式に既知の量を代入する．単純な式なら単位も含める．
- 未知の量を計算してその数量と単位を書きだす．

例題 U1
体積が 0.15 m^3 で密度が 7900 kg m^{-3} の鋼鉄の塊の質量を計算せよ．
[解答] $\rho = \dfrac{m}{V}$, $V = 0.15$ m^3, $\rho = 7900$ kg m^{-3}
式を変形して，
$$m = \rho V = 7900 \text{ kg m}^{-3} \times 0.15 \text{ m}^3 = 1185 \text{ kg}$$

例題 U2
直径 d の円の面積 A は $A = \dfrac{\pi d^2}{4}$ で与えられる．面積が 0.10 m^2 の円板の直径を計算せよ．
[解答] 式を変形し，$d^2 = \dfrac{4A}{\pi}$, $A = 0.10$ m^2 を代入すると，
$$d^2 = \dfrac{4 \times 0.10}{\pi} = 0.127 \text{ m}^2$$
よって，
$$d = \sqrt{0.127} = 0.36 \text{ m} \quad (\text{有効数字 2 桁})$$

メモ 電卓を使えば，ボタンを押し間違えたりしない限り，時間の節約になる．電卓のキー配置と使い方は機種により異なるが，操作の基本原理はどれも同じである．本書のレベルの物理では関数電卓を必要とする．

物理の測定

物理のクラスでは測定に使うさまざまな装置を目にすることだろう．ストップウォッチ，物差し，上皿天秤のような装置は，オシロスコープやガイガーカウンターのような装置より取扱いが易しい．周波数計や電気のテスターなど多くの装置の表示は，針が振れるメーターではなくて，デジタル式になっている．しかしどのような装置を使うときにも，精度が高く信頼性のある測定をするには練習が必要であり，また，注意深く実行しなければならない．よく使われる装置の使い方のコツとヒントを述べる．

a. 上皿天秤 質量の測定に用いる（図 2，写真は上皿自動天秤または電子天秤という）．水平に置き無風の環境で測定する．質量基準のセットを使うと表示を容易に校正できる．ほとんどの上皿天秤は測定レンジを変えられるようになっている．天秤に過大な負荷がかからぬよう，最初は最大レンジにして測定してから，測定対象に最もふさわしいレンジを選ぶ．風袋引きのボタンを使うと，天秤にビーカーを乗せた状態で表示を 0 にセットできる．この状態でビーカーを取除き，中を満たしてから戻すと，中に入っているものの質量を直接に表示する．天秤の精度（たとえば 0.01 g）は表示の最小桁で決まる．

図 2 上皿天秤（電子天秤）

b. ノギス 長さ 200 mm 程度までの対象物を 0.1 mm 以内の精度で測定するのに使う．パイプの内径や外径を測定するのにも使われる．図 3 に示すようにノギスには副尺スライダーがついている．スライダーの目盛は 0.9 mm 間隔である．まずスライダーの 0 の位置が本尺のミリ刻みを超えた場所を読み取り，つぎに本尺目盛とスライダー目盛が合致したスライダー目盛を加える．

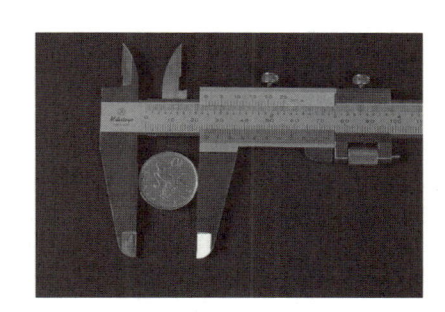

図 3 ノギス

c. マイクロメーター 長さ 50 mm 程度までの対象物を 0.01 mm 以内の精度で測定するのに使う（図 4）．回転目盛の 1 回転でちょうど 0.5 mm だけギャップが変わる．通常，回転目盛は 50 等分されていて 1 目盛が 0.01 mm に対応する．針金の直径を測定するときは，異なる位置で何度か繰返し測定して平均値をとらなければいけない．

d. ストップウォッチ 時間間隔を測定するのに使う．電話回線による標準時供給システムで校正できるだろう．カウントダウン機能を使用すれば，ストップウォッチ

の開始と終了の操作における人為的な誤差を最小にとどめられる.

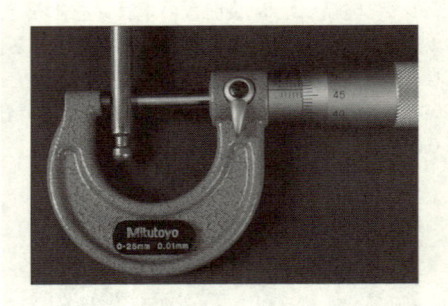

図4 マイクロメーター

密度の間接測定

a. 普通の固体 いろいろな材料でできた角柱や円柱などのブロックの質量とサイズを測定し，図5の式を用いて物体の体積を計算せよ．

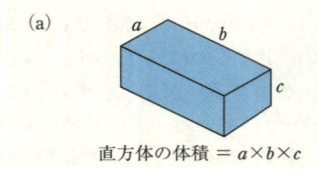

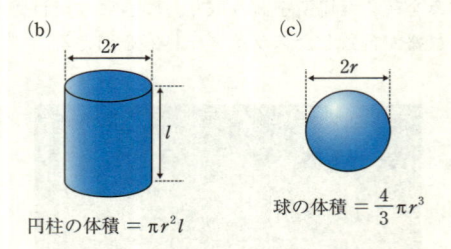

(a) 直方体の体積 = $a \times b \times c$

(b) 円柱の体積 = $\pi r^2 l$

(c) 球の体積 = $\dfrac{4}{3}\pi r^3$

図5 体積の式

計算結果と次の式

$$\text{密度} = \frac{\text{質量}}{\text{体積}}$$

を用いて各物体の密度を計算せよ．できればデータブックにある密度の値と照合して，各物体の材料を同定せよ．自分の測定および計算の結果を記録すること．

b. 液体 適切なビーカーと上皿天秤を用いて，与えられた量の液体の質量を測定せよ．また，図6aのように，適切なメスシリンダーを用いてその液体の体積を測定し，密度を計算せよ．

c. 複雑な形の物体 物体の質量を測定し，図6bに示すように糸でつるして水が入ったメスシリンダーに浸す．水面の上昇から物体の体積が求められる．このようにして物体の密度を算出せよ．

> **メ モ** p.2のメモを参照しグラムからキログラムにするなどして，密度を kg m^{-3} で算出せよ．メスシリンダーは cm^3 で測るようになっているから，体積を m^3 で計算するには cm^3 のときの数値を 10^6 で割る． 1 g cm^{-3} = 1000 kg m^{-3} に注意せよ．

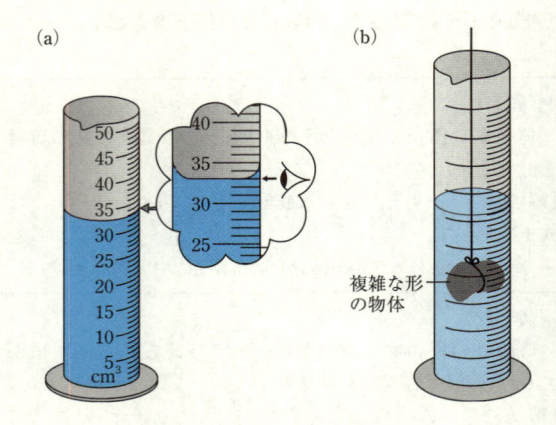

図6 メスシリンダーを用いた (a) 液体の体積の測定，(b) 複雑な形の物体の体積の測定

練習問題 U2

1. 大きさが 120 mm × 80.0 mm × 25.0 mm，質量が 1900 g の直方体の鋼鉄の塊がある．(a) 質量を kg で，(b) 体積を m^3 で，(c) 密度を kg m^{-3} で表せ．

2. 金属でできた円筒があり，直径が 32 mm，長さが 22 mm，質量が 48 g である．(a) 質量を kg で，(b) 体積を m^3 で，(c) 密度を kg m^{-3} で表せ．

3. 質量 160 g の円筒形の空き缶に深さ 120 mm まで水を注いだところ，全体の質量が 1.120 kg となった．水の密度は 1000 kg m^{-3} である．
   (a) 次の量を計算せよ．(i) 缶に入っている水の質量，(ii) 水の体積，(iii) 缶の内側の直径．
   (b) その水にガラス細工を浸したところ水の高さが 5 mm 上昇した．全体の質量を計り直したところ 1.225 kg であった．(i) ガラス細工の質量を kg で，(ii) 体積を m^3 で，(iii) 密度を kg m^{-3} で表せ．

測定値の不確実さと精度

この密度の測定値について自分の出した結果にどれほど確信がもてただろうか．"非常に慎重にやったので結果には大いに自信がある"と言ったところで，それは科学的にほとんど意味がない．測定は確認が必要である．すなわち同じ測定を繰返し，各回の測定値を使って次のような量を計算する．

a. 平 均 値 測定値を合計してから測定回数で割ったものである。たとえば振子が20回往復するのに要する時間をストップウォッチで測る。この測定を5回行って得た値が，

　　25.2 s　　24.7 s　　25.1 s　　24.7 s　　24.9 s

のとき，この時間の平均値は，

$$\frac{25.2+24.7+25.1+24.7+24.9}{5} = 24.9 \text{ s}$$

である。

b. 不 確 実 さ 測定値がばらつく程度を評価するものである。たとえば，上の時間の測定値は平均値の前後0.2 sの幅にほとんど入ってしまうから，測定値の不確実さは0.2 sとするのが妥当であり，測定結果は24.9±0.2 sと表すことができるだろう。より詳細な統計的方法が科学者や技術者により用いられているが，本書のレベルでは上に述べた推定法より詳しく学ぶ必要はない。

> **メ モ**
> 測定の誤差は測定値のばらつきの目安である。

十分に精密な装置を使って測定を繰返すとき一般には測定値がばらつく。値の変動は**測定誤差**に起因するが，その内容は人間による誤り（たとえば，ストップウォッチを押すときの反応時間）あるいは環境の変動によるものである。測定値の変動に一定のパターンがないときは，誤差が**ランダム**であるという。しかし，測定を繰返すうちに一定のパターンや何らかの傾向が現れるときは，誤差は**系統的**であるという。

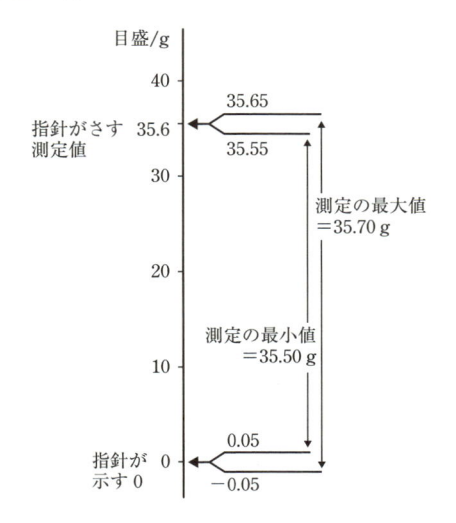

図7 生じうる誤差

測定を繰返すたびに最終桁まで同じ数値が出てくるなら，もっと精度の高い装置に取替えた方がよいかもしれない。それができないときは，使っている装置の精度が測定

の不確実さの目安と考えるのが妥当である。たとえば，上皿天秤の読みが35.6 gであるとしよう。図7に示すように，この測定は35.55と35.65 gの間にあるだろうから，測定の不確実さは0.05 gである。また風袋引きの0にも同様の不確実さがあるのだから，測定した質量の値の不確実さは0.1 gとなる。こうして質量の値は35.6±0.1 gと書くことになる。

いくつかの測定値から計算で求めた量の**最終的な不確実さ**は，各測定値の下限と上限を組合わせて推定できる。たとえば，長方形の金属板の横が20.8 mmと21.2 mmの間にあり縦が26.8 mmと27.2 mmの間にあるとすると，面積は557 mm²（=20.8 mm×26.8 mm）と577 mm²（=21.2 mm×27.2 mm）の間にある。したがって面積は567±10 mm²となる。

> **演 習** すでに実施した密度の間接測定をもう一度見直し，自分の測定の不確実さを推定せよ。それぞれの結果についてパーセントで表した不確実さ，すなわち相対誤差を決定せよ。

> **例 題 U3**
> ある金属の立方体は大きさが20 mm×20 mm×20 mmだが，各辺の測定値には0.2 mmの不確実さがある。質量は64.2±0.2 gである。(a) 体積，(b) 体積の不確実さ，(c) 密度，(d) 密度の不確実さを計算せよ。
> [解 答]
> (a) 体積 = 20×20×20 mm³ = 8000 mm³
> 　　　　 = 8.0×10^{-6} m³
> (b) 体積の最大値 = 20.2×20.2×20.2 mm³
> 　　　　　　　　 = 8240 mm³
> 　　体積の最小値 = 19.8×19.8×19.8 mm³
> 　　　　　　　　 = 7760 mm³
> したがって体積の不確実さは，
> 　　　　240 mm³ = 2.4×10^{-7} m³
> (c) 密度 = $\dfrac{質量}{体積} = \dfrac{64.2 \times 10^{-3} \text{ kg}}{8.0 \times 10^{-6} \text{ m}^3}$ = 8025 kg m⁻³
> (d) 密度の最大値 = $\dfrac{質量の最大値}{体積の最小値} = \dfrac{64.4 \times 10^{-3} \text{ kg}}{7760 \times 10^{-9} \text{ m}^3}$
> 　　　　　　　　 = 8300 kg m⁻³
> (d) 密度の最小値 = $\dfrac{質量の最小値}{体積の最大値} = \dfrac{64.0 \times 10^{-3} \text{ kg}}{8240 \times 10^{-9} \text{ m}^3}$
> 　　　　　　　　 = 7770 kg m⁻³
> したがって密度は有効数字3桁で8030±270 kg m⁻³ となる。270 kg m⁻³の不確実さは密度の測定値の3%程度である。密度の不確実さを%で表した相対値，あるいは"誤差"は3%である。一般に，測定値の"不確実さ"を誤差とよび，%で表した"誤差"を相対誤差とよぶ。

まとめ

- 科学で用いる **SI 単位系**はメートル，キログラム，秒，アンペア（電流）およびケルビン（温度）から構成される．他のすべての単位はこれら 5 個の基本単位から誘導される．
- 科学で広く使われる**単位の接頭語**は，ナノ（n），マイクロ（μ），ミリ（m），キロ（k），メガ（M），ギガ（G）であり，それぞれ 10^{-9}，10^{-6}，10^{-3}，10^{3}，10^{6}，10^{9} のことである．
- よく用いられる測定装置として，ノギスとマイクロメーター（長さ），上皿天秤（質量），ストップウォッチ（時間），メスシリンダー（体積）がある．
- 測定値の入る範囲が，測定の**不確実さ**あるいは**誤差**である．
- **面積と体積に関する式**
  - 半径 r の円の面積 $= \pi r^2$
  - 半径 r の球の表面積 $= 4\pi r^2$
  - 直方体の体積 $=$ 縦×横×高さ
  - 半径 r，高さ h の円筒の体積 $= \pi r^2 h$
  - 半径 r の球の体積 $= \dfrac{4}{3}\pi r^3$

章末問題

1 次の測定を行うには A～E のどの装置を使うか．
 (a) 液体の体積　(b) 硬貨の厚み
 (c) ビーカーの質量　(d) 針金の直径
 A ノギス　B 上皿天秤　C メスシリンダー
 D 刻みが 1 mm の物差し　E マイクロメーター

2 図8は上皿天秤に空のビーカーを載せた様子を示す．ビーカーを載せる前の天秤の指示値が 0 である．

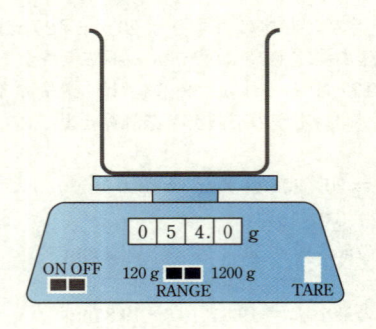

図8

(a) (i) ビーカーの質量を求めよ (ii) 表示の精度はどのくらいか．
(b) ビーカーを取除き液体を注いでから天秤に戻したところ，表示が 157.4 g となった．(i) ビーカーに入った液体の質量を求めよ (ii) 液体の質量の不確実さはどれくらいか．
(c) ビーカーの液体を図9のようにメスシリンダーに注いだ．(i) 図9のメスシリンダーの液体の体積を求めよ．
(ii) この体積の不確実さを推定せよ．
(d) (i) 液体の密度を計算せよ．(ii) 密度の値における不確実さの相対値を求めよ．

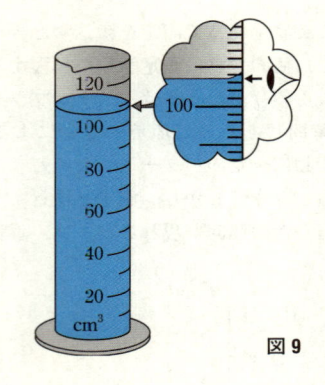

図9

3 厚さ 2.5 mm，底面の縦横がそれぞれ 100 mm と 65 mm の長方形の金属板の質量が 120 g である．(a) 長方形の周囲の長さを m で，(b) 底面積を m^2 で，(c) 体積を m^3 で，(d) 密度を $kg\,m^{-3}$ で表せ．

4 長さ 1.2 m，直径はどこでも同じ 52 mm のアルミニウムの丸棒がある．アルミの密度は 2700 $kg\,m^{-3}$ である．(a) 体積を m^3 で，(b) 質量を kg で表せ．

5 (a) 直径 24 mm の鋼鉄でできた球がある．体積を求めよ．(b) 体積 0.60 cm^3 の鋼鉄の球の直径を求めよ．

I 波

第1章 波の性質
第2章 音
第3章 光　　学
第4章 電　磁　波

　第I部では，波動の基本原理を紹介して，音や視覚，像を結ばせる技術，通信やエネルギー伝達など，広範囲の応用分野に基本原理がどう適用されるのかを示す．ここでは実習の機会をたくさん提供するとともに，物理で使う数学的なスキルを段階的に導入していく．

1 波 の 性 質

目 次
1・1 波の種類
1・2 波の測定
1・3 波の性質
1・4 縦波と横波
1・5 偏 光
まとめ
章末問題

学習内容
- 波の種類と用途
- 振幅, 波長, 振動数, 波の速さ
- 位相差
- 波の速さと振動数, 波長の関係
- 波に共通の性質: 反射, 屈折, 回折
- 縦波とその例
- 横波とその例
- 横波の性質: 偏波

伝わる. 表1・1のように, 電磁波のスペクトルは波長によって区分される. どんな電磁波も同じ速さ $300\,000\,\mathrm{km\,s^{-1}}$ で空間を進むことに注意せよ.

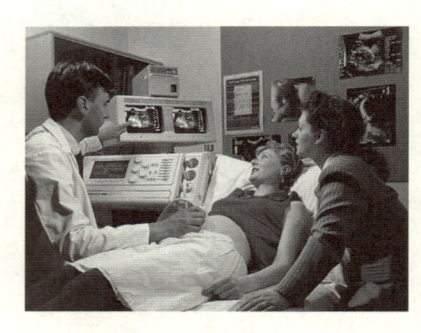

図1・1 超音波スキャンは高い振動数の音波を用いる診断技術である. この写真では, 妊娠初期の女性が胎児の成長をモニターするために腹部の超音波スキャンを受けている. 受検者の皮膚に潤滑剤を塗り, 医師が手に持った小型の超音波のトランスデューサーを当てて動かすと, 胎児の二次元画像がスクリーンに映る.

1・1 波 の 種 類

波はエネルギーの伝送や情報の伝達に使われる. たとえば, マイクロ波は, 電子レンジで食品の加熱に使われるし, 衛星回線によるテレビ (TV) や国際電話で信号伝達に使われる. 第1章に出てくる波の種類と用途をいくつか記しておこう.

a. 音 波 波が伝わる媒質は振動している. たとえば, 声を出すとき声帯がそれに隣接する空気を振動させ, その振動が周囲に広がる. 室温の空気中で音の速さは約 $340\,\mathrm{m\,s^{-1}}$ である. 一般に, 音速は空気中より液体や固体中の方が速い. 人間の可聴域を超える音波を**超音波**という. 病院では胎児の検査に超音波スキャンが行われる. 医用では "超音波エコー診断" という名称で使われる (図1・1).

b. 電 磁 波 電場と磁場の振動であり, 何もない空間を伝わる. すなわち, 電場と磁場の振動が周囲に

表1・1 電磁波のスペクトル

名 称	波 長	応 用
ラジオ波	$> 0.1\,\mathrm{m}$	ラジオ, TV
マイクロ波	$0.1\,\mathrm{m} \sim 0.1\,\mathrm{mm}$	レーダー, 加熱
赤外線	$0.1\,\mathrm{mm} \sim 700\,\mathrm{nm}$	セキュリティセンサー, 加熱
可視光	$700\,\mathrm{nm} \sim 400\,\mathrm{nm}$	人間の目, 写真
紫外線	$400\,\mathrm{nm} \sim 1\,\mathrm{nm}$	UVインク乾燥, 日焼けランプ
X 線	$< 1\,\mathrm{nm}$	X線検査
γ 線	$< 0.001\,\mathrm{nm}$	γ線治療, γ線滅菌

c. 地 震 波 大地の振動であり, 普通は地震により起こる (図1・2a). 地震波を記録することで地球の内部構造が解明されてきた.

d. 水 波 波の一般的な性質を学ぶのに役立つ. p.10のリップルタンクのところで, 波の一般的な性質を

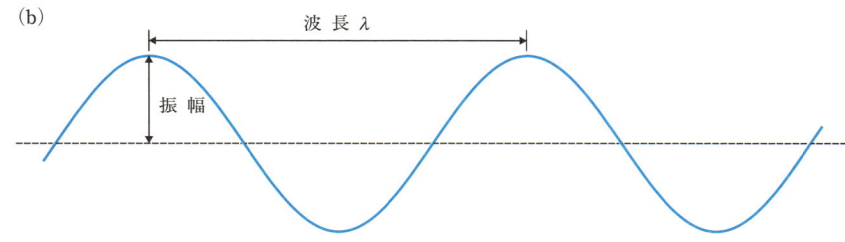

図 1・2 (a) 1989 年 10 月 17 日のロマ・プリエッタ地震でサンフランシスコのマリーナ地区の家屋が受けた被害,(b) 進行波のある瞬間の様子.

どのようにして調べるのかを示す.沖に設置される潮汐発電は一国の電力供給に大いに貢献するかもしれない.

1・2 波の測定

図 1・2b は,ロープを左から右に移動する波の,ある瞬間の様子を示す.波のピークが右に向かって伝播する(伝わる).ロープの 1 点以外は見えないとすると,その点の動きはどのように言い表せるだろうか.

この点は波が伝播する向きと直交する線に沿って上下に動く.もし奇異な感じがするなら,水面に浮かぶ小さな物体を波が通り過ぎるときの様子を観察するとよい.物体は上下方向の運動をしている.

a. 振 幅 振動の平衡位置から最大に変位した点までの距離である.図 1・2b では,中央から測った波の高さである.

b. 波 長 波の一つのピークから次のピークまでの距離である.波長の記号としてギリシャ文字の λ(ラムダ)を用いる.

c. 振動数 ある点が 1 秒間に何サイクル振動するかを表す.振動数は周波数ともいう.振動数は,ある位置を 1 秒間に何個分の波長が通過するかも表している.振動数のシンボルは f,あるいはギリシャ文字の ν(ニュー)である.振動数の単位はヘルツ(Hz)で,1 秒当たり 1 サイクルに等しい.

> **メ モ** 周期 T は,波がある位置をちょうど 1 サイクル分通過するのに必要な時間である.振動数が f の波では,
> $$T = \frac{1}{f}$$
> である.

波の速さ

図 1・3 には,図 1・2b と同じ波と,時間 T 後すなわち 1 サイクル後の波とを示した.どのピークも時間 T の間に 1 波長分だけ移動する.波が伝わる速さ v(ブイ)は,

$$v = \frac{\text{移動距離}}{\text{経過時間}} = \frac{\lambda}{T} = \frac{\lambda}{(1/f)} = f\lambda$$

$$v = f\lambda$$

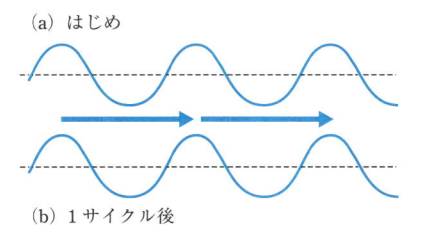

図 1・3 1 サイクル後の波.(a) はじめ,(b) 1 サイクル後.

例題 1・1

光の空気中での速さを 3.0×10^8 m s^{-1} として,波長 590 nm の光の振動数を計算せよ.

[解 答]
$v = 3.0 \times 10^8$ m s^{-1},$\lambda = 590$ nm $= 5.90 \times 10^{-7}$ m,$v = f\lambda$ なので,

$$f = \frac{v}{\lambda} = \frac{3.0 \times 10^8 \text{ m s}^{-1}}{5.9 \times 10^{-7} \text{ m}} = 5.1 \times 10^{14} \text{ Hz}$$

位相差

図 1・2b で,ちょうど 1 波長だけ離れた 2 点はそろって上下運動をする.この 2 点は**同じ位相**で振動するといい,どんなときにも両者は平衡の位置から測って同じ距離,同じ側にあり,運動の方向も同じであることを意味する.

図 1・4 の右向きに進む波を考えよう.波が 1/4 周期進むと点 A は昔の O と同じ状態になるので,A の位相は O に対して 90° あるいは π/4 遅れている.点 D は O と同位

相で振動する．表 1・2 に示すように，任意の 2 点間の**位相差**は 1 サイクルの何分の 1 かになる．位相差のシンボルは $\Delta\phi$（デルタ・ファイ）である．位相差の値は次のいずれかを用いて表す．

- **度**：1 サイクルを 360 度（360°）とする
- **ラジアン**：2π ラジアン $= 360°$ となる角度の測り方．

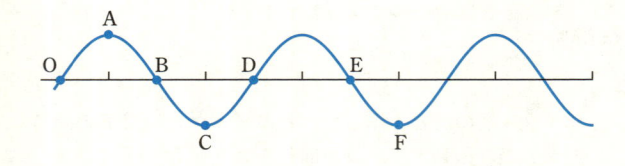

図 1・4 位 相 差

表 1・2 図 1・4 における位相差

点	点 O に対する位相差	
	〔度（°）〕	〔ラジアン〕
A	90	$\pi/2$
B	180	π
C	270	$3\pi/2$
D	360	2π
E	180	π

> **メ モ**　任意の 2 点間の位相差 $\Delta\phi$ をラジアンで表すとき，
> $$\Delta\phi = 2\pi x/\lambda$$
> により計算できる．ただし x は 2 点間の距離である．

練習問題 1・2

1. 刻みが 1 mm の物差しを使って図 1・2b の波の (a) 振幅と (b) 波長を測れ．
2. 図 1・2b の波の振動数が 5.0 Hz であった．(a) 波の周期と (b) 速さを計算せよ．
3. 室温の空気中で音速は 340 m s^{-1} である．空気中で (a) 波長 0.10 m の音波の振動数と (b) 振動数 3000 Hz の音波の波長を計算せよ．
4. 空気中のラジオ波の速さは 3.0×10^8 m s^{-1} である．空気中で (a) 波長 1500 m のラジオ波の周波数，(b) 周波数 1.2 MHz のラジオ波の波長を計算せよ．
5. 図 1・4 で次の 2 点間の位相差を (a) 度および (b) ラジアンで表せ．(i) A に対する F，(ii) B に対する D，(iii) C に対する F，(iv) O に対する F の遅れ．

1・3　波 の 性 質

リップルタンクを使う

図 1・5 にはリップルタンクの組立てと使い方を示す．以下に概要を述べるが，これを使って波の反射，屈折および回折を調べることができる．同位相で振動する点をつなげたものが波面であることに注意せよ．スクリーンに写る波面の影は波頭と考えてよい．

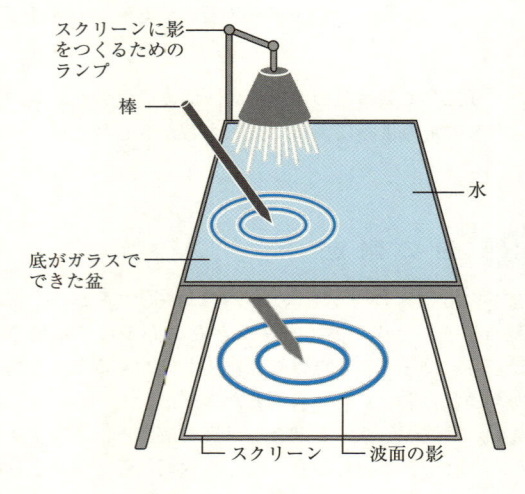

図 1・5 リップルタンク

反　射

平行波と円形波（三次元の平面波と球面波に対応する用語だが十分に定着していない）がさまざまな形の壁に当たって**反射**する様子を調べる．

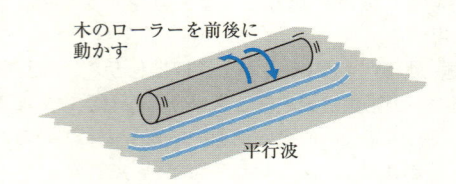

図 1・6 平行波の発生

たとえば，図 1・6 は平行波を発生し平面（すなわち直線）の反射板に導く方法を示す．できれば次も試してみよ．

- 平行波を凹面あるいは凸面の反射板に導く．
- 円形波を発生し直線や曲線の板で反射させる．

観察結果と以下に記すパターンを比較せよ．

直線反射板で反射される平行波

反射板と入射波面のなす角は反射板と反射波面のなす角に等しい（図 1・7）．平面鏡で反射される光で同じことが観測される．

凹面反射板で反射される平行波

反射波は，反射板の**焦点**とよばれる一点に集まる（図1・8）．衛星放送の受信部は反射板の焦点に置いて最大強度の信号を得るようにする．

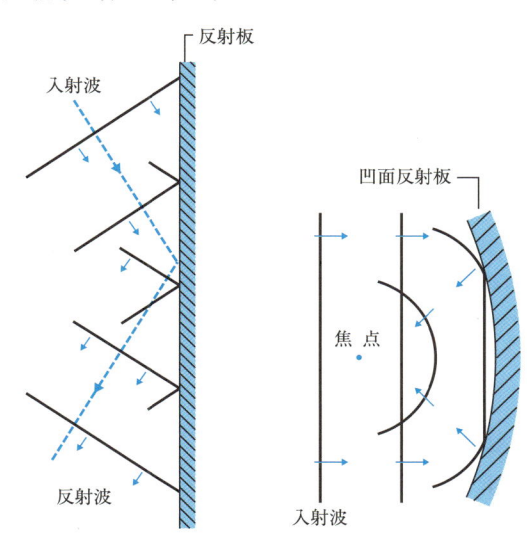

図1・7 直線反射板で反射される平行波

図1・8 凹面の板で反射される平行波

直線反射板で反射される円形波

この波は，発生源の点が手前にあるのに，あたかも反射板の後ろの一点からきたように反射される（図1・9）．この効果はこちら側から平面鏡をのぞき込んだときに自分の像が鏡の反対側，等距離のところに見えるのと同じである．

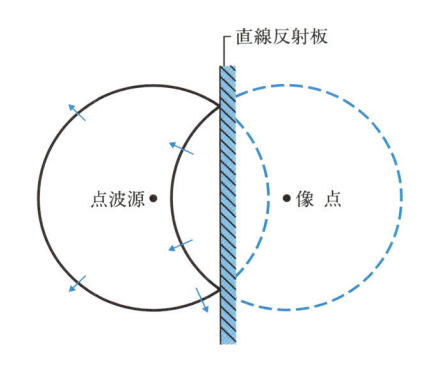

図1・9 直線の板で反射される円形波

屈　折

水深の異なる部分の境界を斜めに通過する水波は進行方向を変える（図1・10）．この方向の変化を**屈折**という．水深の浅いところより深いところで水波が速く伝わるために起こる現象である．光線が一方の透明な媒質から他方に進入するときも屈折が起こる（p.28参照）．図1・11は凸レンズで像がつくられることを屈折で説明したものである．

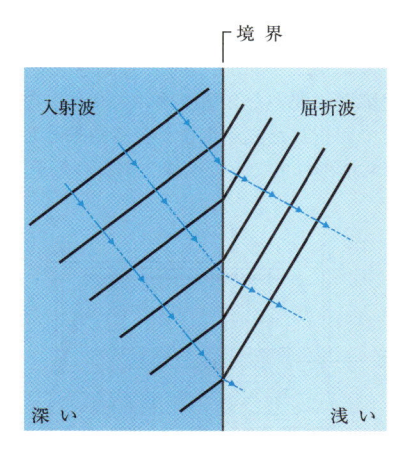

図1・10 リップルタンクの水波の屈折

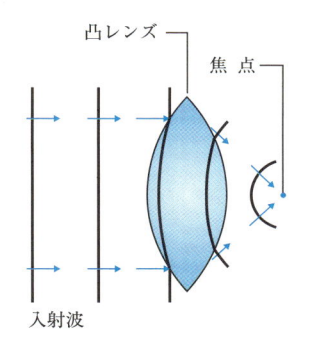

図1・11 レンズの作用

回　折

スリットや障壁の縁を通過すると波はさまざまな方向に散らばる．この効果は**回折**として知られる．図1・12と図1・13は，広いスリットおよび狭いスリットを平面波が通過する様子である．スリットの幅が狭いほど回折が大きくなる．顕微鏡や望遠鏡を通して見るとき，開口を通過する光の回折のため像の詳細さには限界がある．しかし，高速度撮影で光量確保のため絞りを広げたときに被写界深度が

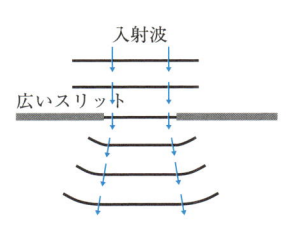

図1・12 広いスリットによる回折

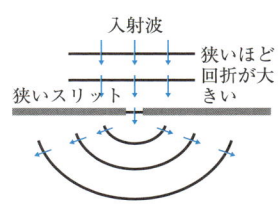

図1・13 狭いスリットによる回折

浅くなるのは，光線として理解できる現象であり，波の回折とは無関係である（§3・4参照）．

干 渉

図1・14のように，つるした梁を振動させてできる平面波が金属の障壁に開いた2個の狭いスリットに到達する．各スリットで回折した波が重なり合う結果として強まる，あるいは打ち消されてできた模様，すなわち**干渉**パターンが現れる．

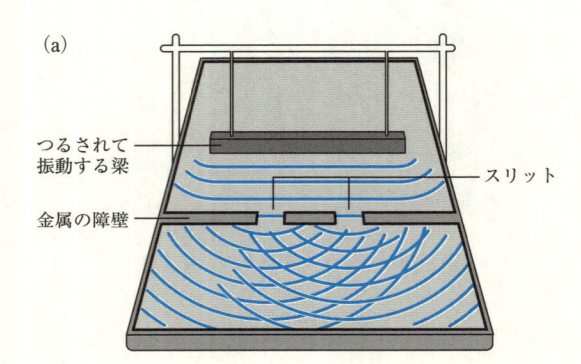

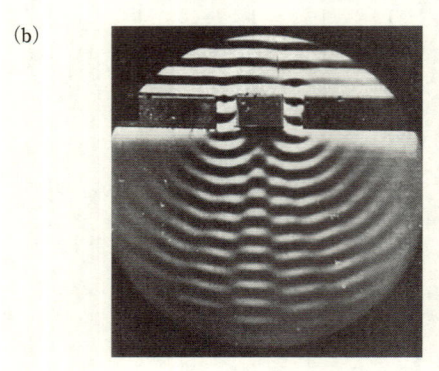

図1・14 リップルタンクの水波の干渉．(a) 設定，(b) 近接した2個の狭いスリットを通過する水波の干渉を示す写真．

強まるのは，それぞれのスリットから到達する波が同位相になる位置である（たとえば，一方のスリットからの山と他方のスリットからの山が重なると大きな山になり，谷と谷が重なると大きな谷になる）．

打ち消されるのは，それぞれのスリットから到達する波がちょうど逆位相になる位置である（たとえば，一方のスリットからの山と他方のスリットからの谷が重なる位置）．

> **メ モ** 一方のスリットからきた波を，他方のスリットからきた波が通り過ぎるとき，山と谷が重なったところでは打ち消し合い，山と山あるいは谷と谷が重なったところでは強め合う．

点光源から出た光が近接する2個の狭いスリットを通過すると明暗の縞模様からなる干渉パターンをつくるという事実から，光の波動性が帰結された．一方のスリットからきた光が他方のスリットからの光と打ち消しあった位置が暗い部分である．第3章で説明するが，光の波長はこの効果を用いて導出される．

練習問題1・3

1. 図1・15をノートに写し，反射波の波面の形と進む方向の図を完成させよ．

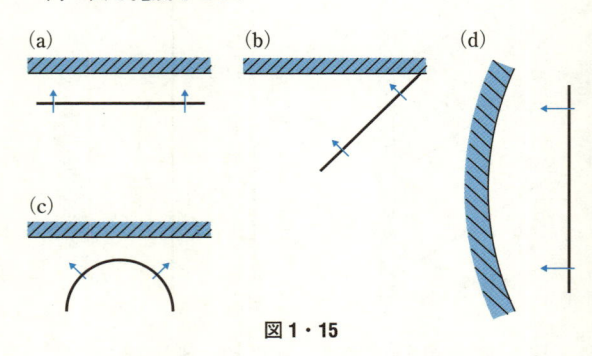

図1・15

2. 次の現象を説明するには，波の性質すなわち反射，屈折，回折のどれが使えるか．
 (a) コンタクトレンズを使うとはっきり見える．
 (b) 太陽の光で路面がぎらついて見える．
 (c) 建物の隅に隠れて見えない人の声が聞こえる．

1・4 縦波と横波

波が媒質を通過するとき，媒質の粒子が振動する．粒子の振動数は波の振動数と同じである．ほとんどの波が**縦波**あるいは**横波**に分類される．縦波では粒子の振動の方向と波が伝わる方向が同じであり，横波では直交する．

縦 波

波の伝播方向と平行（すなわち伝わる方向に沿って）媒質粒子が振動する．図1・16はスリンキー（コイル状のばねのおもちゃ）の一端を前後に動かして縦波をつくる方法を示す．つぎつぎと圧縮された部分がスリンキーを伝わる．縦波の例を以下に示す．

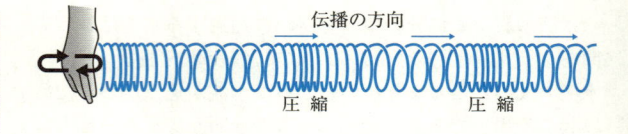

図1・16 スリンキーの縦波

a. 音 波 縦波である．スピーカーに交流を流すと振動板が前後に動いて音波が生じる（図 1・17）．振動板が前方に動くとそこの空気が圧縮され，後方に動いてからまた前方に動き次の圧縮をつくり出す．音波が空気を通過するとき空気は前後に振動する．

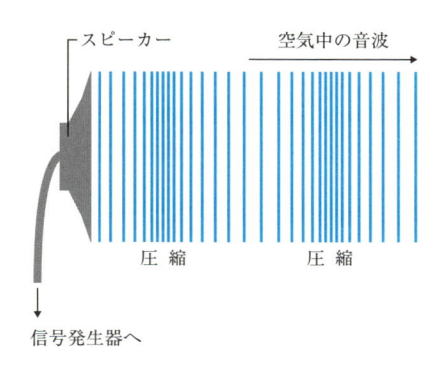

図 1・17 スピーカーから発生する音波

b. 地震の P 波 縦波である．P 波は S 波や表面波より速く伝播する．S 波は地震で発生する別の種類の波である（図 1・18）．P 波は媒質を押したり引いたりしながら進むので，固体と液体の両方を伝わることができる．

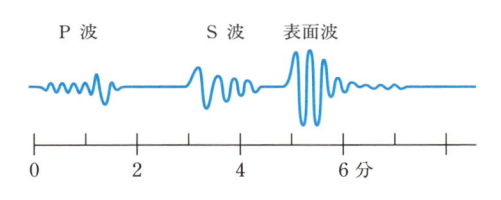

図 1・18 地 震 波

横 波

媒質粒子の振動方向と伝播する方向が直角になる波がある．図 1・19 はロープの一端を横に振って発生する横波を示す．

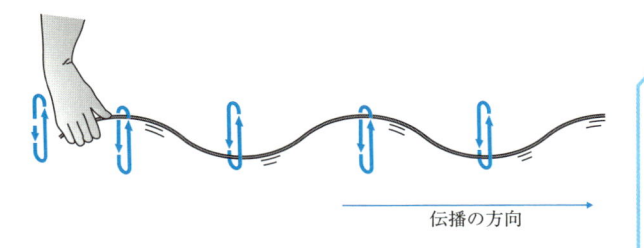

図 1・19 ロープにつくった横波

横波の振動方向が図 1・19 のように一定のとき**偏波した波**，ランダムに変動するとき**偏波してない波**という．

図 1・20 のように，波が進む方向から見ると偏波した波は振動方向が一直線になるが偏波してない波はそうならない．横波の例を以下に示す．

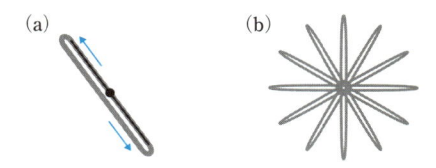

図 1・20 (a) 偏波した波と，(b) 偏波していない波を進行方向から見た図

a. 電 磁 波 横波である．電磁波の電場と磁場は，伝播の方向と直角に振動し，電場と磁場の振動方向も互いに直交する．光の**偏波**を**偏光**という．横波だから，電磁波も偏光しているか否かのいずれかである．電磁波の偏光方向はその電場の振動方向と定義される．以下，振動方向が常に一つの面内にある**直線偏光**を念頭におく．この面を偏光面あるいは偏波面という．振動方向が回転するものを**円偏光**という．アンテナから送信されるラジオ波は偏光しているので，受信する信号強度を最大にするには受信アンテナの方向を最適に調整する必要がある．p.14 で述べるように，光はポラロイド（偏光板の商標）のフィルターを使うと偏光させることができる．

b. 地震の S 波 横波である．その速さは P 波より遅いが表面波より速い．S 波が通過すると物体は横揺れする．液体中で分子は互いに横にずれたとき元に戻ろうとしないから，S 波は液体中を伝わらない．

c. 弦を伝わる波 横波である．弦の一端を固定すると，この固定端に入射する波は反射され位相を反転して戻っていく（図 1・21）．

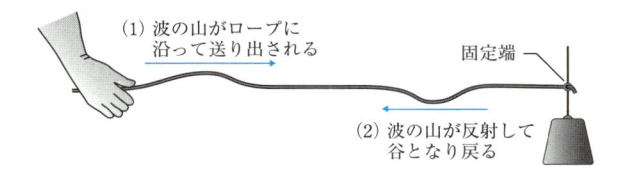

図 1・21 弦を伝わる波の反射

> **メ モ**
> 1. 水波は縦波でも横波でもない．水面にコルク栓を浮かべて波が通過するのを観察せよ．コルクは上下運動だけでなく前後にも運動する．鉛直面内で円を描くように運動する．
> 2. 地震波は P 波，S 波，表面波から成る．表面波は P 波や S 波より遅く伝わるが，より大きな被害を出す．表面波は地表が上下方向に円を描くように振動するものと水平面内で進行方向と直交する向きに振動するものがある．

練習問題 1・4

1. (a) スリンキーで横波をつくるにはどうしたらよいか．
   (b) 次の波は横波か，縦波か．
   (i) 超音波
   (ii) マイクロ波
   (iii) X 線
2. 縦波・横波についての知識を基に説明せよ．
   (a) 音波はどのようにして鼓膜を振動させるか．
   (b) ポータブル TV のアンテナを 90° 曲げる間に画面が映りにくいところがあるのはなぜか．

1・5 偏 光

太陽光や白熱球から出る光は偏光していない．白熱電球の光を 1 枚の偏光フィルターを通して見たとき，光線を軸としてフィルターを回転しても明るさに変化はない．しかし，図 1・22 のように 2 枚目のフィルターを光路に挿入して一方を回転すると明るさが変化する．

白熱ランプは偏光していない光を出しており，p.13 に概略を述べたように電場の振動方向がランダムに変化する（図 1・22）．

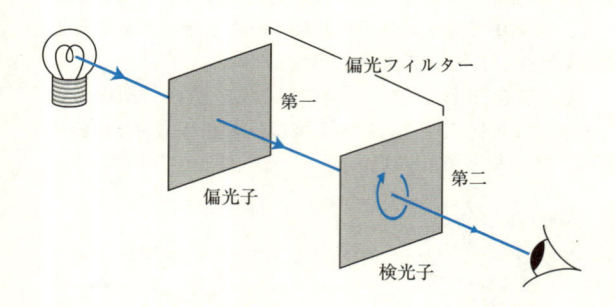

図 1・22 偏光フィルターの使用

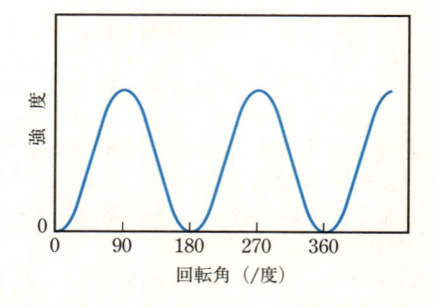

図 1・23 回転角による透過光強度の変化

第一の偏光フィルターは，偏光子というが，特定の方向の偏波面の光だけを通す．したがって，第一のフィルターを出た光は偏光している．ポラロイドでは分子の配向方向に振動する電場が強く吸収され，配向方向と直交する偏光が透過する．

第二の偏光フィルターは，検光子というが，配向の向きが第一のフィルターと互いに 90° のとき，光はまったく透過しなくなる．図 1・23 は，第二のフィルターの"クロス"の位置からの回転角と透過光量の関係を示す．図に示すように第二のフィルターを回転するに従い，光量は増加してから減衰に移り，ちょうど 1/2 回転したとき 0 となる．このとき二つのフィルターの配向はまた 90° となっている．

図 1・24 は，偏光していない光に対する 2 枚の偏光フィルターの作用を郵便受けの細長い穴にたとえて示したものである．偏波していない波がロープを伝わり，第一の郵便受けで偏波した波となる．第二の郵便受けが第一と同じ向きに限り波が完全に通過する．第二の郵便受けが第一のものと 90° の方向なら，波は通過できない．

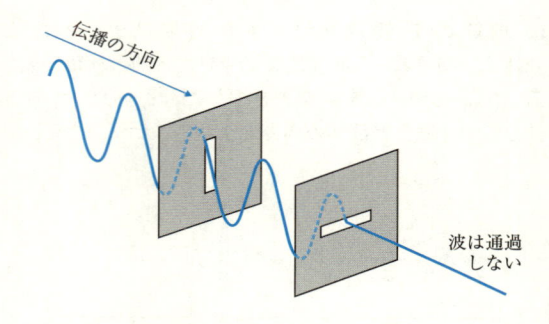

図 1・24 偏光フィルターの役割

偏光の応用例

a. 偏光サングラス 太陽光の反射によるぎらつきを抑えるサングラス．水面からの反射は（入射角により完全にあるいは部分的に）偏光しているからである．偏光サングラスがあると屋外プールの水中にいる人を見つけやすい．なぜなら偏光フィルターで水面からの太陽光の反射を除去できるからである（図 1・25）．

図 1・25 偏光サングラスをかけた女性

b. 液晶ディスプレイ（LCD） 電卓などの表示器には偏光が用いられる．表示器は画素からできており，それぞれの画素が偏光フィルターに挟まれた液晶から成る．液晶の分子は細長くスパイラル状で，直線偏光の偏光面を回すことができる（図 1・26）．

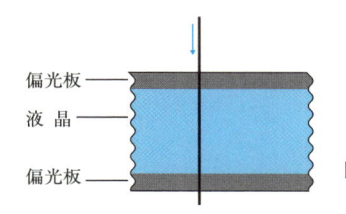

図 1・26 液晶ディスプレイの内部

まとめ

■ **横波**は伝播する方向と 90° の向きに振動する．横波の例は，電磁波，地震の S 波，弦や金属線の波である．
■ **縦波**は伝播する方向に振動する．縦波の例として，音波や地震の P 波がある．
■ **波の振幅**は，平衡位置から最大に変位した位置までの距離である．
■ **位相差**は，波の進行方向に距離 x だけ隔たった 2 点間で $2\pi x/\lambda$ に等しい．
■ **波の振動数**は，ある点を 1 秒間に通過する波のサイクルの数である．
■ **波の波長**は，変位の隣合うピーク間の距離である．
■ **波の速さ**は，波長 × 振動数に等しい．
■ **反射，屈折，回折**はすべての波がもつ性質である．
■ **偏波**は横波だけがもつ性質である．光の偏波を**偏光**とよぶ．偏光していない光は偏光フィルターを通すことにより偏光する．

章末問題

p.317 に本章の補充問題がある．

1・1 （a）電磁波のスペクトルのおもな部分の名称を波長の短い順に並べよ．
（b）次の波長が関係する電磁波のスペクトルの部分は何というか．(i) 10 m, (ii) 600 nm, (iii) 1 mm, (iv) 10^{-14} m.

1・2 （a）縦波と横波の差を述べよ．
（b）以下の波は横波か，縦波か．
音波　超音波　マイクロ波　光　地震の P 波

1・3 図 1・27 は左から右に向かって進む横波のある瞬間の様子である．

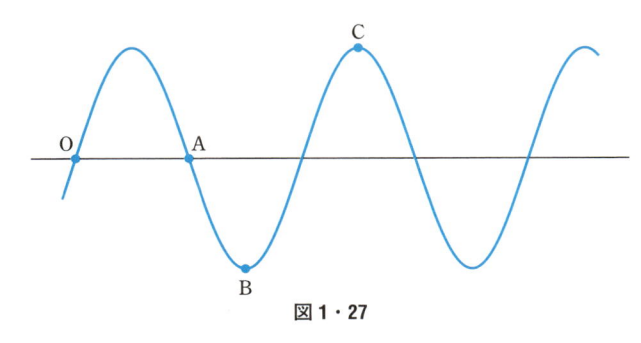

図 1・27

（a）1 mm 刻みの物差しで (i) 振幅と (ii) 波長を測れ．
（b）点 O に対する (i) 点 A, (ii) 点 B, (iii) 点 C の位相差を計算せよ．
（c）この波の振動数は 0.5 Hz である．次の時刻における各点の変位はどれだけか．(i) 0.5 s 後の点 O, (ii) 3.0 s 後の点 O, (iii) 1.0 s 後の点 A, (iv) 2.5 s 後の点 A．

1・4 （a）空気中で光の速さは $3.0 \times 10^8 \, \mathrm{m \, s^{-1}}$ である．以下の量を計算せよ．
(i) 波長 500 nm の光の振動数
(ii) 振動数 $5.0 \times 10^{14} \, \mathrm{m \, s^{-1}}$ の光の波長
（b）空気中の音速は室温で 340 m s^{-1} である．以下の量を計算せよ．
(i) 波長 0.05 m の音波の振動数
(ii) 振動数 12 kHz の音波の波長

1・5 （a）図 1・28 は反射板に入射する波を示す．図をノートに写し，反射後の波面を記入せよ．

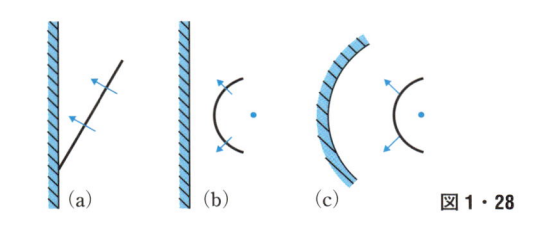

図 1・28

（b）次の理由を説明せよ．衛星放送のアンテナが，(i) 凹面になっていて，(ii) その椀の上に受信部が取付けられている．
（c）レンズの無反射コーティングは屈折率が異なる膜を何層も重ねるが，それはなぜか．

1・6 （a）図 1・29 は，水深の深い場所と浅い場所の境界を平行波が通過するときの様子である．浅い場所より深い場所の方が波は速く進む．
(i) 図をノートに写し浅い場所での波面と波が進む向きを記せ．

(ii) 波が進む向きと波長は，深い場所と比較して浅い場所でどう変化するだろうか．

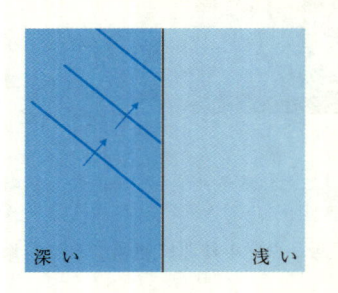

図 1・29

(b) 海岸に押し寄せる波の波面はふつう海岸線と平行になっていることを説明せよ．

1・7 (a) 図 1・30 をノートに写し，スリットを出た後の波の様子を記入せよ．波長がスリットの幅より (i) 小さい，(ii) 大きい．
(b) 衛星放送のアンテナは口径が大きいほど方位の設定が難しい理由を説明せよ．

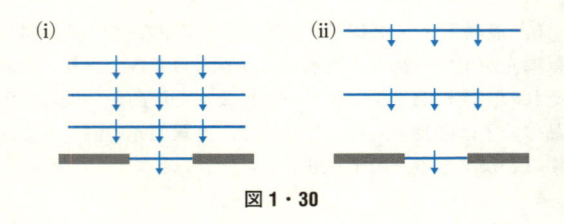

図 1・30

1・8 (a) 光源からくる光が偏光しているかを偏光フィルターで調べる方法を述べよ．
(b) 白熱電球の光を 2 個の偏光フィルターを通して観察する．
(i) 2 枚のフィルターの間の角がある値になると白熱電球が見えなくなる理由を説明せよ．
(ii) (i)の状態から出発して，観測者に近い方のフィルターを 360° 回転したとき，どのような観測結果となるか述べよ．
(iii) (ii)の代わりに，電球に近い方のフィルターを 360° 回転すると，観測結果には差が生じるだろうか．

2

音

目　次
- 2・1　音とは何か，音の性質
- 2・2　人間の耳
- 2・3　超音波
- 2・4　振動する弦
- 2・5　気柱の共鳴
- まとめ
- 章末問題

学習内容
- 音波，空気中の音速の測定
- 音の吸収，反射，屈折，回折など主要な性質
- 耳の構造と人間の聴覚の特色
- 超音波の主要な性質とその利用
- 振動する弦または共鳴管の基本振動数と長さの関係
- 弦や共鳴管の倍音と基本波の振動数の関係

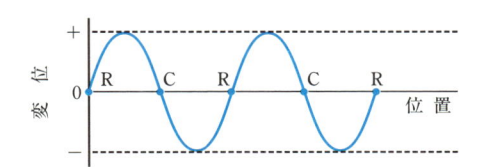

図2・1 横波と同じの表し方で縦波を表す．R＝膨張，C＝圧縮．

音波を測定する

1. 小型のスピーカーを信号発生器につなぎ一定の振動数の音を発生する．図2・2のようにマイクロフォンをオシロスコープにつなぎスピーカーから出る音の波形を表示すると，サイン波という波形が観測できる．これが単一の振動数しかもたない音波の波形である．図2・2のようにしてオシロスコープで音の振動数を測定せよ．

2・1　音とは何か，音の性質

音，音波の発生

　空気中で振動する物体は，その物体の表面が空気を押したり引いたりするので，周囲の空気に音波を放出する．p.13で説明したように，音波は縦波であり空気の圧縮波が物体から出て広がる．したがって圧縮（空気が通常より高い圧力になる）と膨張（空気が通常より低圧になる）の繰返しが音波であるとも考えられる．圧縮のとき空気の密度が通常より上がり，膨張のとき通常より下がる．

　p.13，図1・17は，伝播の道筋に沿って横をとり，ある瞬間の各位置における密度の変化の様子を表したものである．図2・1は縦軸に変位をとったために横波の表し方と同じになっているが，圧縮と膨張が最大になる辺りで空気の変位は0になる．

> **メ　モ**　図2・1は縦波を表すにも便利なので以後これを用いる．横波と同じ表示だが，音波は縦波であり，このような表し方は便宜的なものであることに注意．

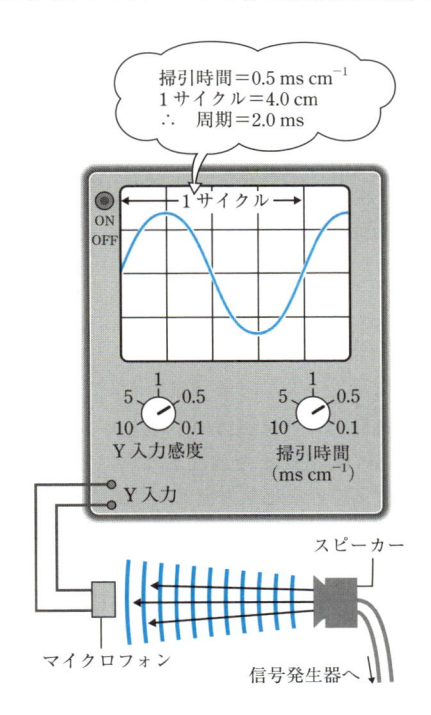

掃引時間＝0.5 ms cm^{-1}
1サイクル＝4.0 cm
∴ 周期＝2.0 ms

図2・2 オシロスコープを用いた音波の振動数測定

2. 別の音源（たとえば，音叉，口笛，楽器，声）の音の波形をオシロスコープに表示せよ．それぞれの音源の音は，ノイズを別にして，独自の波形をもつ．音叉はサイン波になるが他の音源ではもっと複雑である．ノイズは不快な音で，波形がランダムに変わり周期的ではないので聴くと不快である．

エコー

音波は固い表面で反射される．誰もいない体育館で手を叩くと，もし壁の表面が平坦ならそこで反射されたエコーが聞こえるかもしれない．表面が柔らかかったり凹凸があると音波は反射のときに散らばってしまい，エコーは聞こえない．

ソナーは船から海底までの距離を測るのに使われる（図2・3）．船に乗せたトランスデューサー（送受波器）から超音波パルスを海底に向けて発射する．パルスは海底で反射して再びトランスデューサーで受信される．パルスの往復に要した時間 t から，海底までの距離を算出する．海底から検出器までの片道の時間が $t/2$ だから，海中の音速を v とすると，

$$\text{水深 } s = \text{速さ} \times \text{往復時間}/2 = vt/2$$

となる．

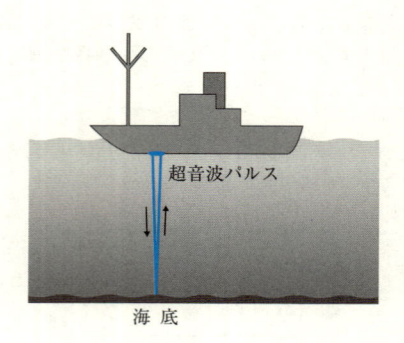

図2・3 水深測定

音速

固体や液体中の音速は気体中よりも速い．気体中では，気体分子が軽いほど，また温度が高いほど速い．図2・4は実験室で空気中の音速を測定する方法である．

2現象オシロスコープの一方のトレースに信号発生器からの信号を表示する．他のトレースにはマイクロフォンからの信号を表示するが，こちらはスピーカーからマイクロフォンまで音が進むのに時間がかかって遅れる．その結果，マイクロフォンのトレースは信号発生器のトレースと異なる位相になる．

マイクロフォンとスピーカーの距離がちょうど1波長だけ長くなると，マイクロフォンのトレースが1サイクル遅れる．振動数は信号発生器の信号から測定できる．こうして，音速＝波長×振動数を算出する．

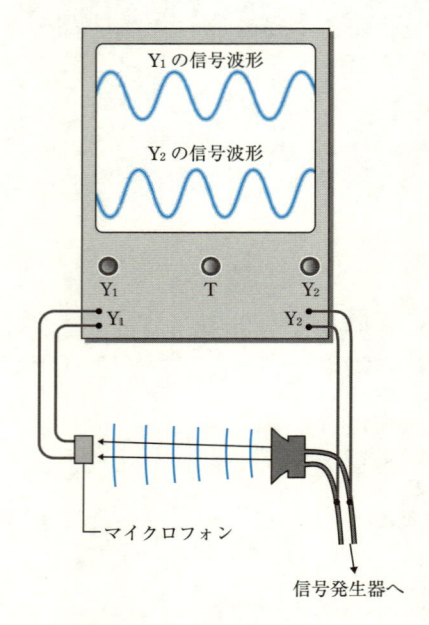

図2・4 2現象オシロスコープ

練習問題 2・1

1. 図2・5は，ある音波の波形をオシロスコープで見たものである．
   (a) 掃引時間が $5\,\text{ms cm}^{-1}$ のとき，この音波の振動数を計算せよ．
   (b) まず現在の波形をノートに写し，次の操作をした後に波形を写し，変化を調べよ．(i) スピーカーの音量を上げる，(ii) 音の振動数を下げる．
2. 水中の音速は $1500\,\text{m s}^{-1}$ である．図2・6は水深探査器のパルスをオシロスコープで表示したものである．1秒に2個のパルスを発生させる．
   (a) 図2・6を基にして，パルスが船から海底に到達するまでの時間を推定せよ．
   (b) この水深を計算せよ．

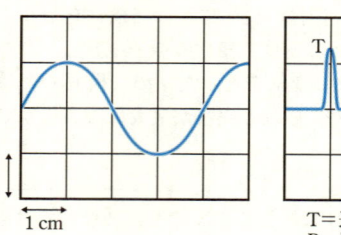

T＝送信されたパルス
R＝反射されたパルス

図2・5　　**図2・6**

2・2 人間の耳

人間が耳で感知できる一番弱い音は，耳を損傷しない範囲で我慢できる最大の音の，100万分の1の100万分の1程度小さなものである．耳は器官として並外れたものだが，異常に大きな音からは保護する必要がある．

図2・7は人間の耳の断面である．音波は鼓膜を振動させ，その振動が中耳の耳小骨を介して前庭窓に伝わる．これらの骨は振動する力を増幅し不要な背景音（たとえば生理的な音）を除去する．さらに，音の振動が過度に大きくなったとき，より感度の低いモードに切替えて内耳を守る．振動は内耳の蝸牛の液体を伝わり，基底膜に接続する非常に敏感な有毛細胞で感知される．これらは神経細胞であり，刺激されると聴覚神経を通じて脳に電気信号を送る．

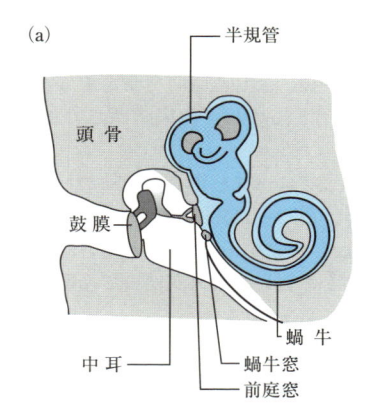

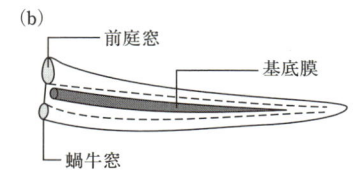

図2・7 人間の耳．(a) 断面，(b) 蝸牛を引きのばした図．

メモ

1. 耳が過大な音にさらされると内耳の小耳骨を保持する筋肉が弛緩するので，鼓膜から伝わる音のエネルギーの一部だけが前庭窓に到達する．非常にやかましい部屋から外に出ても，筋肉が引き締まるのに少し時間がかかるので，その間は耳が聞こえにくい．大きな音に頻繁にさらされると，筋肉が弱まって骨がすり減り慢性の難聴になる．
2. 振動数の高低を識別するのは基底膜上の有毛細胞による．基底膜に沿って並ぶ有毛細胞が刺激されるパターンは振動数によって変化し，異なるパターンの神経の電気パルスが発生すると考えられている．

デシベル (dB)

これは音の大きさを表す方式で，10倍になると目盛が一つ増える．類似のものに地震のマグニチュードがある．マグニチュードでは1目盛増えるごとに放出される地震のエネルギーが $10^{1.5} \simeq 32$ 倍になる．一方，デシベル (dB) では 10 dB（＝1ベル）の増加で音のエネルギーが10倍となる．図2・8には日常的な音の大きさをデシベルで表した．

- 0 dB は聞こえる範囲で最も弱い音である．
- 大きさが 10 dB 増加するごとに音のエネルギーが10倍になる．

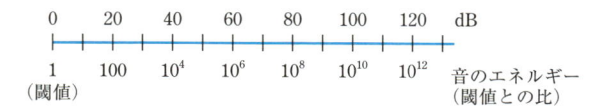

図2・8 デシベル目盛

聴力検査

1. 図2・2の装置を用い自分の耳で聞こえる振動数の範囲を定めよ．大きな音は聴覚障害を起こす可能性があるので注意すること．20歳前後なら通常は最高で 18 kHz 付近まで聞こえるが，加齢とともにこの値が下がる．図2・9は耳の振動数応答を表す**等ラウドネス曲線**である．自分の耳はどの振動数に最も敏感か．
2. デシベル計（騒音計ともいう）でいろいろな音の大きさを測定せよ．最小レンジは測定可能な最小の音に応答し，最大レンジは非常に大きな音でないかぎり応答しない．

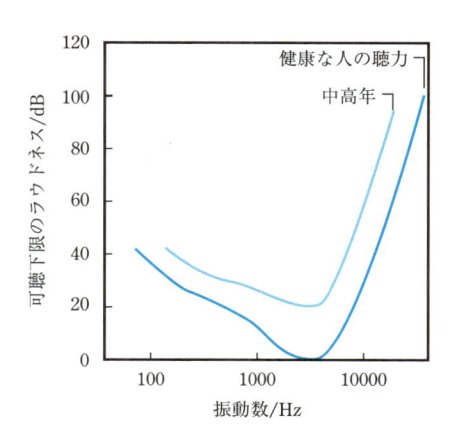

図2・9 等ラウドネス曲線（振動数ごとの耳の応答）

練習問題 2・2

1. (a) 中耳の耳小骨の機能は何か．
 (b) 話しながら聞こえる自分の声と録音したものを聞

き比べ，その差異と理由を述べよ．
(c) ある学生が，音の大きさが 40 dB の部屋から 70 dB のホールに移動する．
(i) 大きさの増加分をデシベルで表せ．
(ii) 音のエネルギーの増加分は最初の何倍か．
2. 図 2・9 の等ラウドネス曲線について，
(a) 若年層で最も敏感な振動数はどこか．
(b) (a)の振動数で，中高年では何 dB ほど聞こえ方が悪くなるか．
(c) 若年層と比較して中高年の聞こえ方はどのようなものか．

2・3 超 音 波

人間の耳に聞こえないような高い振動数（すなわち約 18 kHz 以上）の音波が超音波である．

超音波スキャナーは病院で胎児の映像を撮るのに使われる．X線が通過した物質はイオン化するので胎児に損傷を与える可能性があるが，超音波ではそのようなことがないのでX線の代わりに用いられる．そのほかにも，超音波を用いた装置で金属の内部にある亀裂の検出や海の深さを測定する．

超音波がもつ能力は街灯の清掃にも使われる．発光ユニットを水槽に入れて超音波を当て表面の汚れの粒子を除去するのである．また，病院では超音波が腎臓結石を砕くのに利用され，開腹手術をしないで済む．

超音波の発生と検出

超音波プローブは，**トランスデューサー**ともいうが，超音波パルスを発生また検出するためのものである．図 2・10 に示すように，ある種のセラミックでできた薄板の両面に交流電圧が加わると激しく振動する．その交流の周波数を薄板自身に固有の機械的な振動数と同じにすれば**共鳴**が起こる．その原理は，ブランコに乗った子どもを周期的に押すときと同じである．押す振動数がブランコに固有の振動数と同じなら振幅が非常に大きくなる．

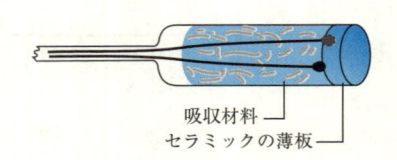

図 2・10 超音波プローブの内部
吸収材料
セラミックの薄板

医療用（"超音波検査"あるいは"エコー検査"とよぶ診断）の超音波スキャナーに使う超音波プローブが約 1.5 MHz の超音波を発生するとしよう（実際には，この振動数に限らず数メガから数十メガヘルツを使っている）．セラミック中の音速を約 3.8 km s^{-1} として結晶中の波長（=音速/振動数 = 3800 m s^{-1}/1.5×10^6 Hz）が 2.5 mm となる．共鳴には，超音波が薄板を 1 往復したときちょうど 1 サイクルとなることに対応して，厚みを半波長にする必要がある．

超音波スキャナーでは，交流電圧をパルスの持続時間だけ加え，これを繰返すとパルス列が発生する．パルスとパルスの間，プローブは自動的に検出回路に接続され，反射した超音波が薄板に当たって生じる交流信号が読み取られる．超音波は約 1000 m s^{-1} で体内の組織を伝わるから，典型的な距離として往復で 1 m を考えると，この距離だけパルスが進むのに約 1 ms かかる．人体の内部の境界面（たとえば，骨と周辺組織の境界，異なる組織間の境界）でパルスが反射する．

Aモードは，反射して帰ってきたパルスをオシロスコープに表示し，往復に要した時間を測定する．反射した境界面の深さを算出するのは，海底の深さのときと同じである．

Bモードは，プローブを体表面で動かし画像をスクリーンに映し出す（図 2・11）．プローブに組込んだ複数のセンサーによりディスプレイ上の点と横方向の位置を対応させ，その方向から強いパルスが帰ってくると点の明るさが増すようにしてある．

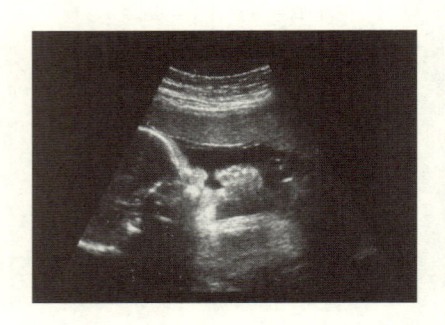

図 2・11 臨月の胎児（頭と両肩）の超音波エコーの画像．親指を吸っている．

> **メモ**
> 1. 境界の両側で密度の差が大きいほどパルスが強く反射する．皮膚にペーストを塗ってからプローブを当てるのは，空気の層があると空気と皮膚の境界で大きな反射が起こり，パルスが体内に入らないからである．
> 2. プローブから出る超音波の回折をできるだけ小さく抑えるため，振動数は高くなければならない．1.5 MHz では体内の波長が 2.5 mm となりプローブの幅よりずっと小さいので回折の効果は小さい．

練習問題 2・3

1. (a) 超音波スキャナーのシステムで，超音波パルスの持続時間をパルス間隔より非常に短くするのが本質的に重要なのは何故か．
   (b) 1.5 MHz のトランスデューサーが 10 サイクル続く超音波を出す時間はどれだけか．
   (c) スキャナーが 1 ms 間隔で 1.5 MHz のパルスを出す．10 サイクル続くパルスの幅とパルス間隔の比を計算せよ．

2. (a) 幅 1 cm で平板の洗浄用超音波トランスデューサーが振動数 40 kHz の超音波を出す．この超音波の水中での波長を計算せよ．水中の音速は 1500 m s^{-1} とする．
   (b) 波源の大きさが波長より十分に大きければ回折は目立たない．(a)の場合に，(i) 回折が目立つか否か，また (ii) 回折がある方が洗浄ユニットとして望ましいか否かを論じよ．

2・4 振動する弦

楽器を適切に演奏すれば心地よい音がでる．ある高さの音を弦楽器や管楽器で奏でると楽器の種類による特徴的な音色になる．その波形がどのようなものでも，奏でられた音がもつ振動数の成分とその強さを分析しスペクトルとして表示できる（図 2・12）．

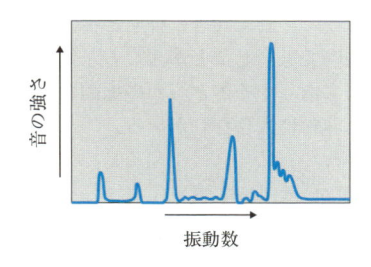

図 2・12 楽器の音の振動数スペクトル

弦の定在波

張力のかかった弦や金属線を図 2・13 のような設定にすると，波の山や谷が移動しない定在波をつくることができる．信号発生器からの入力で機械的な振動子が小振幅の振動をして弦に波を送る．これらの波は弦の固定端で反射されて振動子のところまで戻って，再び反射されたときに振動子がつくる波と同位相になる．ブランコの子どもを正しいタイミングで押すときとまさに同じで，反射された波が新たにつくり出される波に加わって振幅が大きくなり，定在波が発生する．

基本振動数

図 2・13 のように，弦の振動として最も単純なパターンを，弦の振動の**基本モード**という．振幅は両端で 0 であり中央で最大である．振動子がちょうど 1 サイクル動く間に波が 1 往復するときにこのパターンが生じる．言い換えると，L を弦の長さ，v を波の速さとして，1 サイクルの時間が $T = \dfrac{2L}{v}$ である．このとき**基本振動数** f は，$f = \dfrac{1}{T}$ だから，

$$f = \frac{v}{2L}$$

となる．基本振動数は基本周波数ともいう．

倍音

振動数 $2f$, $3f$, $4f$, … の波を**倍音**（**高調波**ともいう）といい，波が往復する間に振動子が 2, 3, 4, … サイクル振動する場合に生じる．一般に $\dfrac{2L}{v} = mT$（m は自然数）のときに定在波のパターンが生じる．図 2・14 は倍音の振動パターンを示す．注意点は以下の 3 点である．

1. 振動数：$f_m = \dfrac{1}{T} = \dfrac{mv}{2L} = mf$

2. 波長：$\lambda_m = \dfrac{v}{f_m} = \dfrac{2L}{m}$，すなわち弦の長さ：$L = \dfrac{m\lambda_m}{2}$
   （半波長の自然数倍）

3. 弦の張力を増すと基本振動数が上がる，あるいは弦を長くすると基本振動数が下がる．

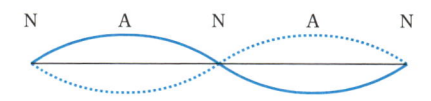

(a) 2 倍音：振動数 $f_2 = 2f$, 波長 $\lambda_2 = 2L/2$

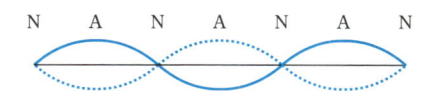

(b) 3 倍音：振動数 $f_3 = 3f$, 波長 $\lambda_3 = 2L/3$

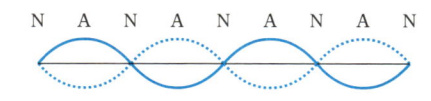

(c) 4 倍音：振動数 $f_4 = 4f$, 波長 $\lambda_4 = 2L/4$

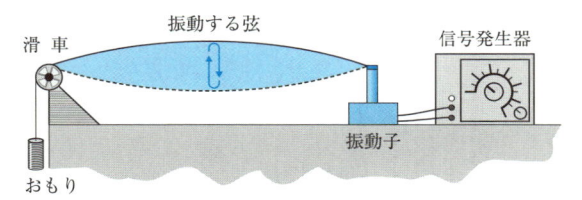

図 2・13 弦の定在波

図 2・14 定在波のパターン（N：節，A：腹，f：基本振動数）

節と腹

- 定在波で変位が0となる点は移動せず**節**とよばれる.
- 隣接する節の間隔はちょうど半波長に等しい.
- 変位が最大となる点は**腹**といい, 隣接する節の中点にある. 腹の位置が弦に沿って移動しないのでエネルギーも移動しない. 腹の位置では運動エネルギーが最大, 節の位置は張力の位置エネルギーが最大である. これらのエネルギーについては後章で学ぶ.
- 隣接する節に挟まれた区間内の点はどれも同じ位相で振動する. 区間は一つおきに同じ位相で振動する.
- 隣合う区間は互いに180°の位相差で振動する.
- 定在波のどのパターンも振動子からくる波と反射波が合わさった結果としてつくられる. 言い換えると, 定在波のパターンは, 互いに逆向きに通過する同じ振動数と振幅の波が1組となり干渉することでつくられる.

弦楽器から出る音波

弦楽器の弦や金属線が音を出すとき, 通常は基本振動数 (基音ともいう) と倍音の組合わせで振動する. 各振動数成分の大きさは弦の振動のさせ方で決まる. 弦が振動すると楽器の胴が振動し周囲の空気を振動させる. 楽器の胴の形状により, ある振動数の振動は抑えられ他の振動数は助長されるので, 音の音楽的な質が影響される (図2・15).

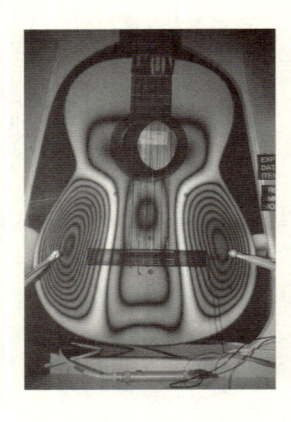

図2・15 振動しているギターから反射する光でつくった縞模様の写真.

練習問題 2・4

1. 図2・16は張力を加えた金属線が基本振動数120 Hzで振動している様子を示す.

    図2・16

    (a) 3倍音360 Hzで振動する様子をスケッチせよ.
    (b) 張力を変えずに弦の長さを, (i) 2倍, (ii) 半分にすると, 基本振動数はどのように変わるか.
2. (a) 基本振動数の2倍で振動する金属線の様子をスケッチせよ.
    (b) (a)について, (i) 金属線の振幅は位置によりどのように変わるか, (ii) 2点間の距離と位相差の関係はどうか.

2・5 気柱の共鳴

管楽器は管内の空気 (すなわち気柱) の共鳴の結果として音を出す (図2・17). たとえば, トランペットの場合, マウスピースに当てた唇の振動が空気の振動となり, それがトランペットの管内の空気を共鳴させて音が出る. パイプオルガンでは, 管の一端の鋭いナイフの刃のような部分に空気を吹きつけると, 渦の列ができ音となり管内の空気を共鳴させる. クラリネットのようなリード楽器の場合, マウスピース内のリードの振動が管内の空気を振動させ共鳴させる.

図2・17 サックスを演奏する男性. 管楽器は管内の空気の共鳴の結果として音が出る.

共鳴の一般的な原理については前節で概略を述べた. ブランコに乗った子どもをもう一度考えよう. ブランコには固有の振動数がある. 外部から周期的に加える力の振動数をブランコに固有の振動数と同じにして, ブランコが同じ位置に戻るたびに, 動く向きに押すと振幅は非常に大きくなる. 音の共鳴でも同じことが起こる. 気柱には固有の振動数がいくつもあり, そのどれかの振動数で管内の空気を振動させると非常に大きな音が出る.

一端が閉じた管の共鳴

信号発生器につないだスピーカーを使うデモンストレーションの仕方を図2・18に示した. 閉じた端で反射してきた音にスピーカーから出る音が重なり強まるとき, 気柱の共鳴で定在波ができる. 管の閉口端で波はいつも節となり

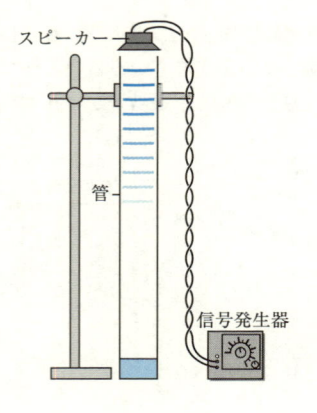

図2・18 管の共鳴を調べる実験.

スピーカーのところで腹となる．管が共鳴する最低の振動数がその基本振動数 f である．さらに $3f$, $5f$, $7f$ などで共鳴が生じる．

1. 基本振動数 f の定在波のパターンでは管の閉口端とスピーカーの距離が $\frac{1}{4}\lambda$ となる（節とすぐ隣の腹との距離）．すなわち，e をスピーカーと開口端の距離すなわち**開口端補正**として，

$$L+e = \frac{1}{4}\lambda$$

である．管内の音速を v, 基本振動数における管内波長を λ として，

$$f = \frac{v}{\lambda} = \frac{v}{4(L+e)}$$

である（図 2・19）．

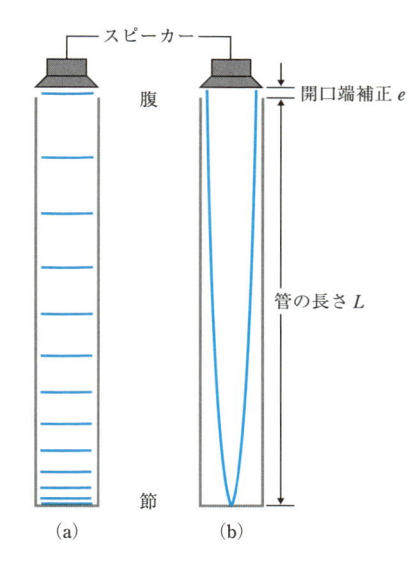

図 2・19　基本振動数における (a) 振動数 f の基本振動, (b) その横波表現

2. 振動数が $3f$, $5f$, $7f$ などの倍音は，スピーカーで腹，閉口端で節となり，その間に 1/4 波長が奇数個ある定在波である（図 2・20）．言い換えると，

- 3 倍音の波長を λ_3 として，$L+e = \frac{3}{4}\lambda_3$ だから振動数は，

$$f_3 = 3f = \frac{v}{\lambda_3} = \frac{3v}{4(L+e)}$$

- 5 倍音の波長を λ_5 として，$L+e = \frac{5}{4}\lambda_5$ だから振動数は，

$$f_5 = 5f = \frac{v}{\lambda_5} = \frac{5v}{4(L+e)}$$

- 7 倍音の波長を λ_7 として，$L+e = \frac{7}{4}\lambda_7$ だから振動数は，

$$f_7 = 7f = \frac{v}{\lambda_7} = \frac{7v}{4(L+e)}$$

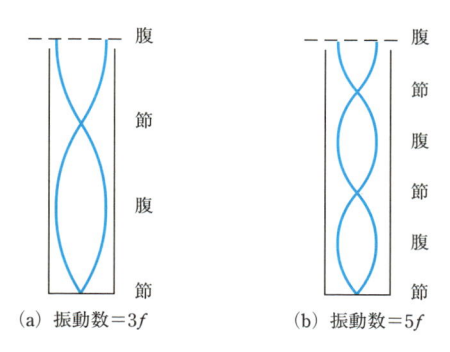

図 2・20　一方が閉口端の管の倍音．(a) 最初の倍音, (b) 次の倍音．

例題 2・1

一端を閉じた長さ 0.845 m の管が 100 Hz と 300 Hz で共鳴することがわかっている．管内の音速を 340 m s^{-1} とする．
(a) この管の基本振動数を計算せよ．
(b) この管の基本振動数の音について，(i) 管内の波長と (ii) 開口端補正を計算せよ．

[解答]　(a) 片端が閉口端の気柱の共鳴振動数の比 1 : 3 : 5 : … のパターンと照合すると基本振動数は 100 Hz.
(b) (i) 基本振動数の波長は，

$$\lambda = \frac{v}{f} = \frac{340}{100} = 3.40 \text{ m}$$

(ii) 開口端補正は，

$$e = \frac{1}{4}\lambda - L = \frac{3.40}{4} - 0.845 = 0.005 \text{ m}$$

両端が開いた管の共鳴

両端が開いた管でスピーカーが出す音が共鳴する様子を図 2・21 に示す．共鳴が起こるのは，スピーカーからの音が他端に到達すると部分的に反射するからである．反射波がスピーカーから出た波と重なり強め合って管内に定在波をつくる．どのパターンも両端で腹となる．

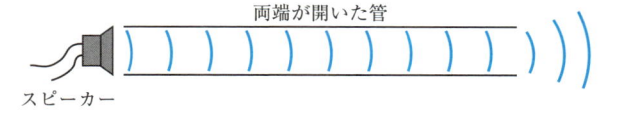

図 2・21　両方が開口端の管の共鳴

1. 共鳴が起こる一番低い振動数すなわち基本振動数 f では管の長さがちょうど半波長となる．これは隣合う腹の間の距離である．基本振動数の波長を λ とすると，共鳴の条件は両端で開口端補正をするので，

$$L + 2e = \frac{1}{2}\lambda$$

となる．よって，
$$f = \frac{v}{\lambda} = \frac{v}{2(L+2e)}$$

2. 倍音は $2f$，$3f$，$4f$，…で起こる．図2・22 および図2・23 のように，共鳴のとき一般的に管の両端の腹の間に 1個，2個，3個，…の節がある．言い換えると，

- 2倍音の波長を λ_2 として，$L+2e = \frac{2}{2}\lambda_2$ だから振動数は，
$$f_2 = 2f = \frac{v}{\lambda_2} = \frac{v}{L+2e}$$

- 3倍音の波長を λ_3 として，$L+2e = \frac{3}{2}\lambda_3$ だから振動数は，
$$f_3 = 3f = \frac{v}{\lambda_3} = \frac{3}{2}\frac{v}{L+2e}$$

- 4倍音の波長を λ_4 として，$L+2e = \frac{4}{2}\lambda_4$ だから振動数は，
$$f_4 = 4f = \frac{v}{\lambda_4} = \frac{4}{2}\frac{v}{L+2e}$$

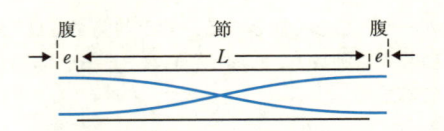

図2・22 基本振動数の共鳴

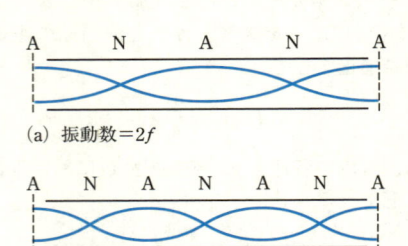

(a) 振動数 $= 2f$

(b) 振動数 $= 3f$

図2・23 両端が開口端の管の (a) 最初の倍音，(b) 次の倍音

例題 2・2

長さ 1.40 m で両端開口の管の基本振動数を計算せよ．ただし，開口端補正は無視してよい．管内の音速を 340 m s^{-1} とする．

[解答] 開口端補正を無視すると，基本振動数 f のときの波長 λ の半分が管の長さとなる．よって，
$$\lambda = 2 \times 1.40 \text{ m} = 2.80 \text{ m}$$
$$\therefore f = \frac{v}{\lambda} \text{ より，} f = \frac{340}{2.80} = 120 \text{ Hz}$$

練習問題 2・5

1. 片方が閉口端，長さが 0.815 m の管で共鳴する振動数の一番下が 104 Hz である．
   (a) 最初の倍音の振動数を計算せよ．
   (b) 管内の音速を 340 m s^{-1} として (i) 振動数 104 Hz の音の管内波長と (ii) 開口端補正を計算せよ．
2. 自動車の消音器（マフラー）の容器を両端が開口端の管と考える．長さを 0.60 m，管内の音速を 340 m s^{-1} とする．(i) 基本振動数で共鳴する容器内の音の波長と (ii) 基本振動数を推定せよ．

まとめ

■ 音波とは何か，音波の性質
1. 音波は縦波である．
2. 軟らかい材料は音を吸収するが，硬い表面では反射が起こりエコーが生じる．
3. 音波は液体や固体中の方が気体中より速く伝わる．

■ 超音波　人間の耳には聞こえない高い振動数の音波．
■ 人間の耳は約 3000 Hz で最も感度が高い．
■ デシベル目盛（dB）は 10 進の桁数のことで音の大きさの表示に使う．

■ 定在波
1. 弦の振動では f，$2f$，$3f$，…で生じる．
2. 片方が閉口端の管では f，$3f$，$5f$，…で生じる．
3. 両方が開口端の管では f，$2f$，$3f$，…で生じる．

■ 定在波と進行波の比較

	振幅	任意の2点間の位相差
進行波	どこでも同じ	距離とともに増加
定在波	腹で最大，節で0	2点間の節の数×180°

章末問題

p.317 に本章の補充問題がある．

2・1 図2・24 は信号発生器につないだスピーカーから出る音の波形をオシロスコープに表示したものである．
(a) (i) 波の周期を測定せよ．(ii) 音の振動数を計算せよ．
(b) 空気中の音速は室温で 340 m s^{-1} である．(a) の音波

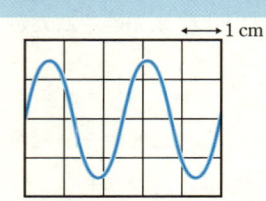

掃引時間 $= 10$ ms cm^{-1}　　図2・24

の波長を計算せよ.
(c) オシロスコープの掃引時間の設定はそのままで,音の振動数を半分にした場合のスクリーン上のトレースをスケッチせよ.

2・2 (a) (i) 次のA〜Dの材料のうち,最も効率よく音を吸収するのはどれか.
　　(A) 段ボール紙　　(B) レンガ
　　(C) 水　　　　　　(D) クッションの素材
(ii) 上のA〜Dの素材のうち,最も効率よく音を反射するものはどれか.
(b) (i) 霧の中で断崖の近くに船がいる.船長は汽笛を短く鳴らし,1.2 s後にエコーを聞いた.船は断崖からどのくらい離れているか.ただし,音速は章末問題2・1の(b)の値を用いよ.
(ii) 船が断崖に近づいていくのか,離れていくのかは,どのようにして知ることができるだろうか.

2・3 (a) (i) 若年層の通常の聴力における振動数の上限について述べよ.またその振動数はどのくらいか.
(ii) 振動数の上限がそれより低い値になる理由を一つ述べよ.
(b) 室内で次のように音の大きさが増えたとき,音のエネルギーはどれだけ増加するか.(i) 40 dBから50 dBに,また,(ii) 50 dBから60 dBに,あるいは (iii) 60 dBから100 dBに.
(c) ある人は難聴のため,最も敏感な周波数振動数で20 dBの聴力の低下がある.同じ大きさの騒音を出すバイクが並んでいる.健康な人が1台の騒音で受けるのに等しい感じをこの人が受けるとき,バイク何台で騒音を出しているだろう.

2・4 (a) 患者を超音波スキャナーで診断したところ,送り出された各パルスに対してトランスデューサーで何個かの強い反射パルスを検知した.
(i) 送り出された各パルスに対して複数の反射パルスが返ってくるのはなぜか.
(ii) 反射パルスごとに強度が異なる理由を二つ述べよ.
(b) 超音波トランスデューサーについて,
(i) セラミックの薄板に加える交流電圧の振動数と薄板の固有の振動数とが一致することが本質的に重要である理由を述べよ.
(ii) この超音波の振動数を40 kHz程度ではなく,MHz程度とする必要はどこから生じるか.

2・5 ギターの弦の張力を変え音叉の256 Hzに合わせた.
(a) 次の場合に音の振動数はどのように変わるか.(i) 弦をもっと強く引っ張るとき,(ii) 張力を変えずに弦を短くするとき.
(b) 音を記録してコンピューターで解析した振動数スペクトルを図2・25に示す.

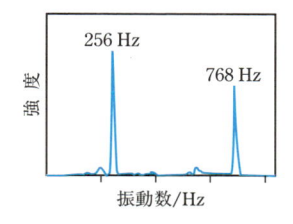

図2・25

(i) 256 Hzと768 Hzの音を基本振動数と高調波という用語を用いて説明せよ.
(ii) 512 Hzの振動数成分がほとんど含まれない状況がなぜ実現したか説明せよ.

2・6 弦の基本振動数はその長さに反比例する.あるピアノ線は長さが0.80 mで基本振動数が384 Hzである.
(a) 長さを (i) 0.40 m,(ii) 1.20 mに変えたときの基本振動数を計算せよ.
(b) 振動数を384 Hzから5%だけ高くするには長さをどのように変えればよいか.

2・7 長さ1.10 mで両端が開口端の管が150 Hzで共鳴する.管内の音速を340 m s^{-1}とする.
(a) (i) 150 Hzの音波の管内での波長を計算せよ.
(ii) 150 Hzで共鳴している管内の定在波の様子をスケッチせよ.
(iii) 開口端補正を計算せよ.
(b) この管が共鳴する基本振動数の一つ上の振動数を計算せよ.
(c) 片端を閉口端としたときの倍音の基本振動数を下から三つ計算せよ.

2・8 あるパイプオルガンはパイプの長さが40 mmから4 mまでさまざまなものを含む.管内の音速を340 m s^{-1}とする.
(a) どの管も両端とも開口端のとき,このオルガンから出る音は基本振動数でどの範囲か.
(b) 一番短い管からの倍音の振動数を下から三つ計算せよ.

3

光　学

目　次
- 3・1　干渉と光の本性
- 3・2　光の反射と屈折
- 3・3　レンズ
- 3・4　光学機器
- まとめ
- 章末問題

学習内容
- 光の波動理論に対する実験的な証拠
- 光の波動理論と反射・屈折
- 屈折率の計算
- 全反射とその光ファイバーへの応用
- 鏡，レンズ，顕微鏡や望遠鏡による結像・光線の図
- 光学機器による像の質を決める要因
- レンズの公式を用いた計算

3・1　干渉と光の本性

　光が波か否かは自明ではない．3世紀も前にかの有名な Isaac Newton は光が粒子（彼は"微粒子"とよんだ）から成るという理論を展開した．それは光の粒子は鏡にぶつかって反射し，ガラスや水中で光が速くなるというものだった．ほとんど同じころ，ニュートンほど有名ではない科学者の Christiaan Huygens は，光が波であると考えた．彼の理論も反射という現象を説明できたが，ガラスや水中で遅くなるという予測だった．当時はガラスや水中での光の速さに関するこの疑問を解決する実験的証拠はなかった．ニュートンの重力理論と運動の法則が広く受け入れられていたので光の微粒子説も君臨し，ホイヘンスの理論は100年間にわたって拒絶されつづけた．

　Thomas Young によりホイヘンスの理論の最初の実験的な証拠が与えられた．彼は非常に接近した二つのスリットを通過する光を詳細に研究し，明暗の縞模様を発見したが，その説明には一方のスリットからくる波と他方からくる波の干渉という考え方が必要だった．p.12，図1・14は干渉の一般的な説明としてここでも利用できる．

光の干渉

　図3・1に示すように，衝立に二つのスリットを非常に接近して開け，光の平行なビームを照射する．スリットを通過すると光は回折する．各スリットからの光が重なるところにスクリーンを置くと明暗の縞の干渉パターンが見える．ニュートンによる光の理論だと，単に2本の明るい帯がそれぞれ各スリットに対する位置に像として見えるはずである．しかし実際には，明暗の縞の数はスリット間の距離およびスリットの幅に依存する．注意深く観察すれば何本もの薄暗い縞を容易に見ることができる．ホイヘンスの波動理論は縞模様のパターンを説明できるし，これと組合わせて光の波長を決める測定も可能である．波長は非常に小さく1mmに2000個以上の波長が入ることもある．

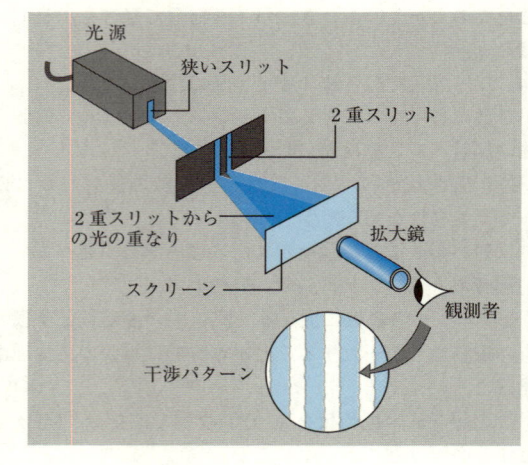

図3・1　光の干渉

　p.12 で説明したように，それぞれのスリットからきた光の波が相殺すると縞模様の暗い部分ができ，強め合うと明るい部分ができる．光源から二つのスリットまでの距離の差が一定なので，スリットを出る波の位相差は一定となる．この二つのスリットは，一定の位相差で波を出すので

可干渉あるいはコヒーレントな光源という．任意の点Pにおいて波が重なり合うとき，一方のスリットからくる波と他方の波が進む距離が異なる．したがってPの位置により両者の位相差が異なる．

- 明るい縞は，二つのスリットからくる波が同じ位相で互いに強め合って生じる．
- 暗い縞は，ちょうど逆の位相でくる波が打ち消し合って生じる．

2重スリットの実験を説明する理論

図 3・2 に 2 個のスリット S_1 と S_2，および S_1S_2 と平行なスクリーン上の干渉パターンを示す．点 P で強め合う（明るい縞になる）条件は一般的に，

$$S_1P - S_2P = m\lambda \quad (m は自然数)$$

である．

1. $m=0$ は，中央の明るい縞．この点を O とする．
2. $m=1$ は，中央の明るい縞のすぐ両側にできる明るい縞．P がこの位置にあるとき波が強め合う条件は，

$$S_1P - S_2P = \lambda$$

である．
3. 直線 S_1P 上に $QP = S_2P$ となる点 Q をとる．このとき，

$$QS_1 = S_1P - S_2P = \lambda$$

である．S_1 と S_2 を通過する光の位相が等しいとすると，S_1S_2 の中点 M の真正面が O である．三角形 PMO と S_1S_2Q は相似，さらに MP と MO がほぼ等しい場合を考えるので $\dfrac{QS_1}{S_1S_2}$ と $\dfrac{OP}{OM}$ がほとんど等しい．よって，

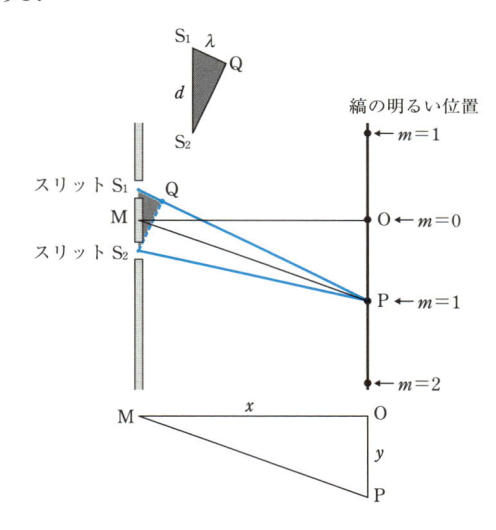

図 3・2 2 重スリットの理論

$$\frac{\lambda}{d} = \frac{y}{x}$$

d：スリット間隔 S_1S_2，y：縞の間隔 OP
x：スリットとスクリーンの距離 OM

2重スリットを用いた光の波長の測定

図 3・1 の設定で縞の間隔を測定する．干渉縞を見るためのスクリーンを置き，拡大鏡で観察する．拡大鏡はスリット間隔の測定にも使える．メートル尺で x を測定する．色別の波長を測るのには色フィルターが利用できる．図 3・3 は色と波長の関係を示す．

図 3・3 波長と色

例題 3・1

間隔 0.4 mm の 2 重スリットにレーザービームを当てる．スリットから 1.50 m 先のスクリーンに干渉縞のパターンが観測され，縞の間隔が 2.4 mm である．この光の波長を計算せよ．

[解答] $d = 0.4$ mm，$x = 1.50$ m，$y = 2.4$ mm，

$$\frac{\lambda}{d} = \frac{y}{x} \text{ より，} \lambda = \frac{yd}{x} = \frac{(2.4 \times 10^{-3})(0.4 \times 10^{-3})}{1.50}$$

$$= 6.4 \times 10^{-7} \text{ m} = 640 \text{ nm}$$

練習問題 3・1

1. 間隔 0.50 mm の 2 重スリットで実験を行い，干渉縞をスリットから 0.80 m 先で観測した．
   (a) 縞の間隔が 0.90 mm であった．(i) 光の波長を計算せよ．(ii) その色は何か．
   (b) 光源の波長を 590 nm に変えたときの縞の間隔を計算せよ．
2. 次の状況で何が起きるか，その理由は何かを述べよ．問 1 で，(a) 一方のスリットを閉じる，(b) (i) 幅が問 1 と同じで間隔の広い 2 重スリット，(ii) 間隔が同じで幅が広い 2 重スリットに交換する．

3・2 光の反射と屈折

平面鏡による反射

反射の法則

図 3・4 は光線の平面鏡による反射を示す．p.10 のリップルタンクの実験で直線の反射板により平行波が反射される様子を見たが，波長がずっと小さいことを除き，起こっ

ていることは同じである．鏡の法線に対して入射光と反射光の角は等しい．これが**反射の法則**である．

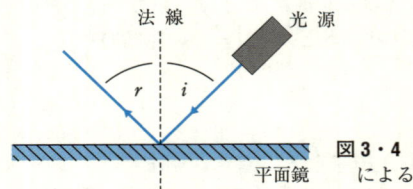

図3・4 平面鏡による反射

> **例題3・2**
> 光線が屈折率1.5のガラスのブロックに入射角30°で入る．屈折角を計算せよ．
> ［解答］　$i=30°$，$n=1.5$，$\dfrac{\sin i}{\sin r}=n$ より，
> $$\sin r = \frac{\sin i}{n} = \frac{\sin 30°}{1.5} = \frac{0.5}{1.5} = 0.33 \quad \therefore \quad r = 19.3°$$

虚像

平面鏡の向こう側に物体の像が見え，反射後の光線はその像から発せられたかのようである．この像の位置にスクリーンをおいても何も映らないので**虚像**という．図3・5のように物体が鏡のこちら側にあるとき像は反対側の鏡から同じ距離にできる．

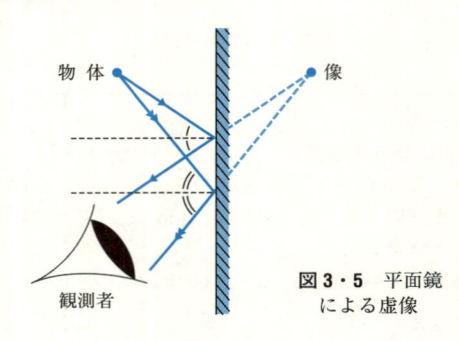

図3・5 平面鏡による虚像

屈折の説明に波動理論を用いる

透明な物質中で光は空気よりゆっくり進む．図3・9は平面波が空気と透明な物質の境界を通過するときに起こる現象を示す．

1. 三角形WXYにおいて，角WXY＝入射角i，WY＝空気中の波長λ_0（iの対辺）
$$XY = \frac{\lambda_0}{\sin i} \quad \left(\sin i = \frac{WY}{XY}\right)$$

2. 図3・8と図3・9の三角形XYZにおいて，角XYZ＝屈折角r，XZ＝物質中の波長λ，
$$XY = \frac{\lambda}{\sin r} \quad \left(\sin r = \frac{XZ}{XY}\right)$$

よって，
$$\frac{\lambda}{\sin r} = \frac{\lambda_0}{\sin i}$$

これを変形して，
$$\frac{\sin i}{\sin r} = \frac{\lambda_0}{\lambda}$$

こうして，屈折率nは，
$$n = \frac{\lambda_0}{\lambda}$$

となる．

平面の境界での屈折

図3・6のようにガラスのブロックに光線が入ると屈折して法線の方向に近づく．さまざまな入射角iについて屈折角rを測ると比$\sin i/\sin r$が定数となることがわかる．

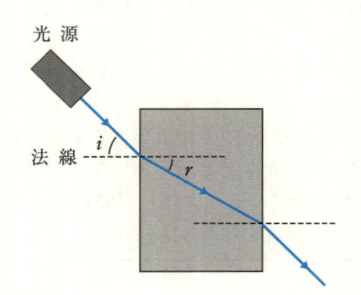

図3・6 光の屈折

これは発見者にちなんで**スネルの法則**という．この定数は物質の**屈折率**といい，物質および光の波長により異なる．

> **メモ**　正確には，光が真空から物質に入るときの値をその物質の屈折率というが，空気から物質に入るときの屈折率とほとんど同じである．

> **メモ**　図3・7のような直角三角形について，図の角θ（シータ）を変数とするサイン関数は，
> $$\sin \theta = \frac{高さ}{斜辺} = \frac{BC}{AB}$$
> で定義される． 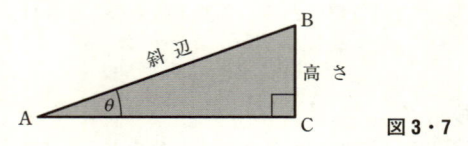
>
> **図3・7**
>
> - ある角のサインの値を求めるには，電卓にその角度を入力しsinと書いてあるボタンを押す．電卓の設定で角の値が度になっているか確認せよ．
> - 与えられたサインの値を実現する角度を求める（すなわちサイン関数の逆関数）には，サインの値を電卓に入力Asinあるいは$\sin^{-1}$と書いてあるボタンを押す．

3. 光　学

図 3・8　三角法を用いる.

図 3・9　波動理論を用いる.

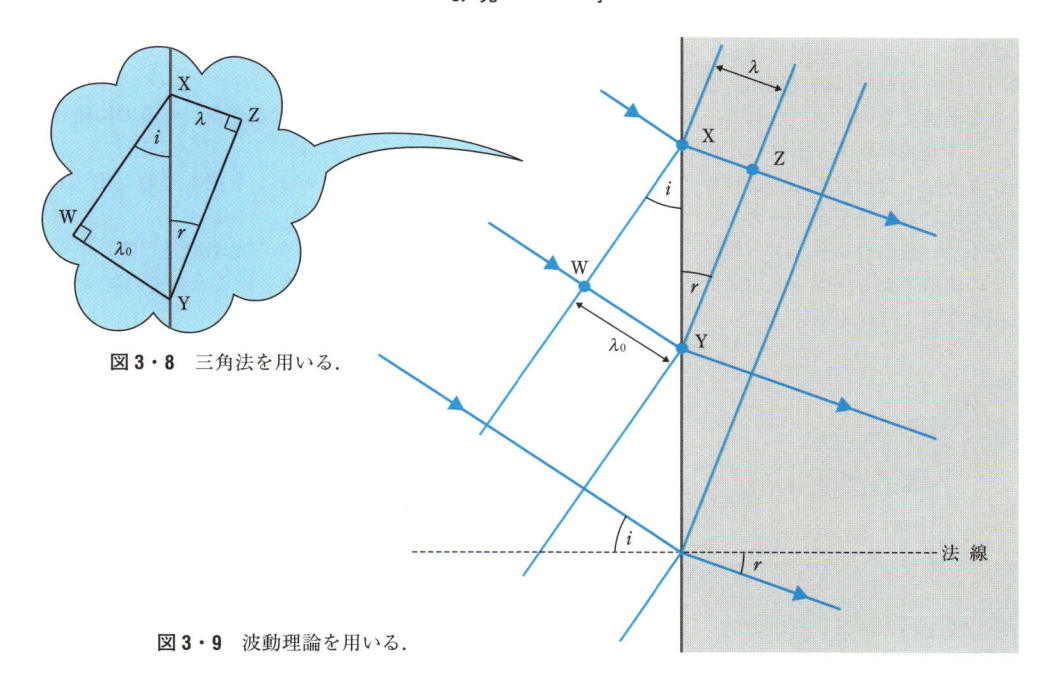

波の速さ＝振動数×波長であり，空気中から物質中に入っても振動数は変わらないから，屈折率は，

$$\frac{\text{空気中の光の速さ}}{\text{物質中の光の速さ}}$$

に等しい.

> **メ　モ**　光線が屈折率 n の物質から空気中に入るときは法線から離れるように曲がり，その角は，
> $$\frac{\sin i}{\sin r} = \frac{1}{n} = \frac{\lambda}{\lambda_0}$$
> である．ただし角 i は物質中の光線が法線となす角．

例題 3・3

屈折率 $n=1.5$ のガラスの中で光の速さはどれだけか．空気中の光の速さは $3.0\times10^8\,\mathrm{m\,s^{-1}}$ とする．

［解答］

$\dfrac{\text{空気中の速さ}}{\text{ガラス中の速さ}} = 1.5$ を変形して，

$$\text{ガラス中の速さ} = \frac{\text{空気中の速さ}}{1.5} = 2.0\times10^8\,\mathrm{m\,s^{-1}}$$

全　反　射

光が透明な物質から空気中に出るとき，境界面で光線が屈折し法線から遠ざかる方向に曲がる．入射角を大きくしていくと，図 3・10 b のように屈折した光線が境界面に沿った方向に出る．このときの入射角を**臨界角**という．入射角がこの値を超えると光線は境界面で**全反射**する．

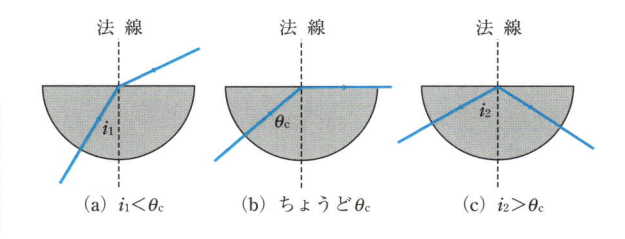

(a) $i_1<\theta_\mathrm{c}$　　(b) ちょうど θ_c　　(c) $i_2>\theta_\mathrm{c}$

図 3・10　全　反　射

屈折率 n の物質から空気に出るときの臨界角 θ_c は，スネルの法則で屈折角を $r=90°$ とおいた入射角 i として計算できる．物質中の光線の入射角であることに注意して，

$$\frac{\sin i}{\sin r} = \frac{\sin\theta_\mathrm{c}}{\sin 90°} = \frac{1}{n}$$

となる．$\sin 90°=1$ だから，

$$\sin\theta_\mathrm{c} = \frac{1}{n}$$

> **メ　モ**　光が二つの透明な物質の境界面で全反射する条件は，
> - 入射側の媒質の屈折率 n_i と屈折側の屈折率 n_r に $n_i > n_r$ の関係がある．
> - 入射角＞臨界角 θ_c, $\sin\theta_\mathrm{c} = \dfrac{n_r}{n_i}$

光ファイバー

光ファイバーは，医療では内視鏡に，また通信システムでは光パルスを伝達するのに用いられる．図 3・11 は細い光ファイバーにより光線がガイドされる様子を示す．ファイバーの曲がり方が一定値以下ならば境界に光線が当たるたびに全反射が起こる．ファイバーのコア（芯）は，それより屈折率が小さい透明なクラッド（覆い）によって囲まれている．この構造により，ファイバーどうしが接触しても光が漏れ出さないようになる．

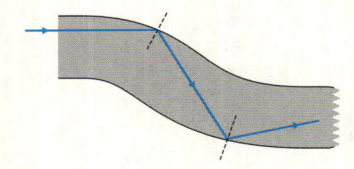

図 3・11 光ファイバー

例 題 3・4

屈折率 1.5 のガラスのプリズムに，図 3・12 のように光線が垂直入射する．
(a) ガラスの臨界角を計算せよ．
(b) 図をノートに写してプリズムを通過する光線の経路を完成させよ．

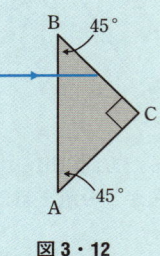

図 3・12

[解 答]

(a) $\sin\theta_c = \dfrac{1}{n} = \dfrac{1}{1.5} = 0.67$ ∴ $\theta_c = 42°$

(b) 光線はプリズムの面 AB に直角（すなわち法線方向）に入射する．面 BC での入射角は 45° で臨界角より大きいから，全反射を起こし面 AC に至り，ここでも 45° で入射する．再び全反射を起こし面 AB へは垂直に入射し屈折せずに透過する．

練習問題 3・2

1. (a) 図 3・13 をノートに写し，平面鏡による物点の虚像のでき方を示す光線を完成せよ．

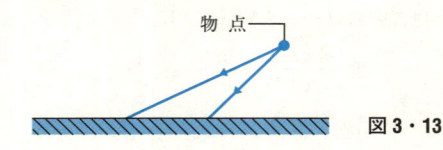

   図 3・13

   (b) 鉛直に立った平面鏡の手前 1.5 m にいる人から自分の像までの距離を求めよ．
2. 屈折率 1.5 のコア，屈折率 1.2 のクラッドから成る光ファイバーがある．
   (a) 図を描きクラッドが必要な理由を説明せよ．
   (b) コアとクラッドの境界における臨界角を計算せよ．
   (c) クラッドの屈折率を大きくすることが望ましいか否か，論ぜよ．

3・3 レ ン ズ

レンズは実像あるいは虚像をつくるのに使われる．

- **実像**：そこにスクリーンを置くと映し出される像（例：プロジェクターの像）．
- **虚像**：あたかもそこから光が出発していように見える像（例：鏡に写した物体を見るときや，拡大鏡で拡大して見たときの像）．

凸レンズはカメラやプロジェクター，顕微鏡や望遠鏡また遠視用の眼鏡に使う．眼には変形できる凸レンズ（水晶体）が入っているが，近くの物体をはっきり見るには屈折の度合いが弱いことがある．これを遠視といい，凸レンズで補正する（図 3・14 a）．

凹レンズは凸レンズと組合わせて光学機器やカメラの高精度なレンズ系として利用する．さらに，屈折の度合いが強い近視は遠くの物体をはっきり見ることができないので，これを補正するのに凹レンズが用いられる（図 3・14 b）．

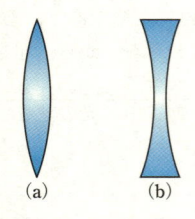

図 3・14 レンズの形．(a) 凸レンズ，(b) 凹レンズ．

凸レンズ

凸レンズは物点からの光を像点にあつめて実像をつくるが，どのようにそれが実現するか図 3・15 に示す．

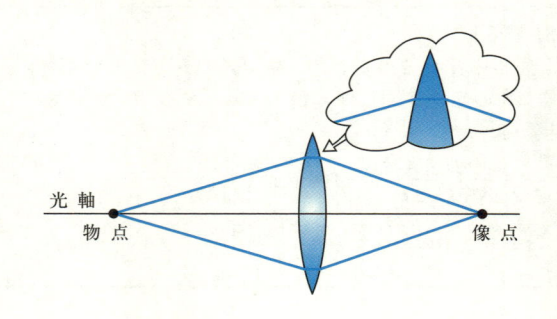

図 3・15 凸レンズによる結像

焦 点 距 離

光軸に平行な光線がレンズにより 1 点に集まる点が**焦点**

Fであり，レンズから焦点までの距離が**焦点距離**fである（図3・16）．

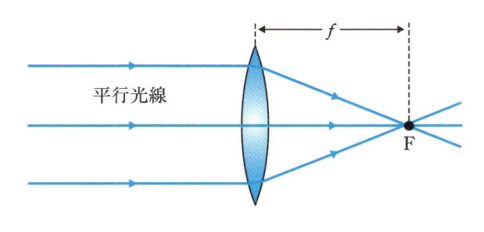

図3・16 焦点距離

像の作図

凸レンズによる像の位置と大きさは作図により求められる．図3・17はその方法を示すが，ここでは倒立して拡大された（すなわち物体より大きい）実像になる．

図3・17，図3・18，図3・19，図3・20，また，表3・1にまとめたが，像の位置，大きさ，性質（虚像・実像あるいは正立・倒立）は，物体と焦点の位置関係によって異なる．

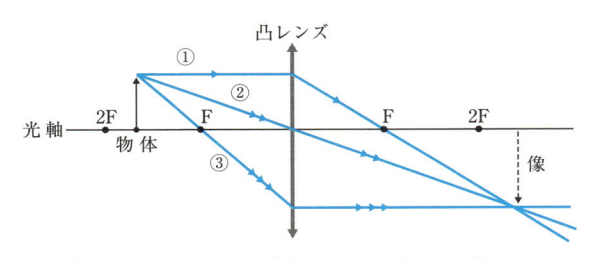

光線①：レンズに入るまで光軸と平行，そのあとFを通る．
光線②：レンズの中心を通り屈折の影響を受けない．
光線③：レンズに入る前にFを通り，そのあと光軸に平行．

図3・17 凸レンズによる像の作図

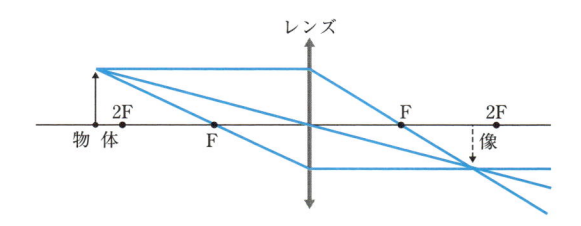

図3・18 物体が2Fの外側にある場合

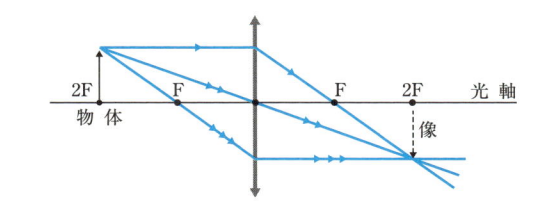

図3・19 物体が2Fにある場合

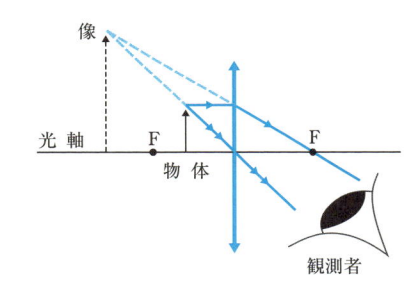

図3・20 物体がFとレンズの間にある場合

表3・1 凸レンズとその応用

物体の位置	図	像の位置	像の性質	像の大きさ	応用
2Fの外側	3・18	反対側，Fと2Fの間	実像 倒立	縮小	カメラ，眼
2F	3・19	反対側，2F	実像 倒立	同じ	像反転
Fと2Fの間	3・17	反対側，2Fの外側	実像 倒立	拡大	プロジェクター
F		結像しない			平行ビーム
Fの内側	3・20	同じ側の外側	虚像 正立	拡大	拡大鏡

凹レンズ

凹レンズは物点からきた光をさらに広げる，もしくは集まり方を緩やかにする．

焦点距離

図3・21は平行ビームに対する凹レンズの作用を示す．凹レンズに入った平行光はあたかも1点から光が出たように広がるが，この点からレンズまでの距離が**焦点距離**fである．

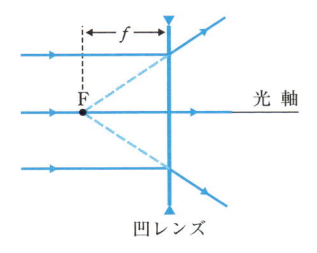

図3・21 凹レンズの焦点距離

像の作図

図3・22は凹レンズによる虚像の作図を示す．この図では，像は虚像で正立，物体より内側にできる．

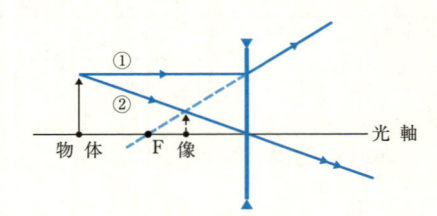

光線①：光軸に平行にレンズに入ったあと，Fから出たかのように広がる．
光線②：レンズの中央を通り屈折の影響を受けない．

図3・22 凹レンズによる像の作図

レンズの式

$$\frac{1}{u} + \frac{1}{v} = \frac{1}{f}$$

u：レンズから物体までの距離
v：レンズから像までの距離

メモ レンズの式の変数の符号は，物体がレンズの左にあるとき $u>0$ とし，
1. 像がレンズの左側（虚像）なら $v<0$，右側（実像）なら $v>0$
2. 凸レンズなら $f>0$，凹レンズなら $f<0$
3. 横倍率 $= \dfrac{\text{像の高さ}}{\text{物体の高さ}} = \left|\dfrac{v}{u}\right|$

例題3・5

焦点距離 0.10 m の凸レンズを拡大鏡として用い，レンズから 0.08 m 先にある高さ 5 mm の物体を見た．像の位置と性質を調べよ．

[解答] $u=0.08$ m, $f=0.10$ m, レンズの式は，

$$\frac{1}{0.08} + \frac{1}{v} = \frac{1}{0.10}$$

となり，

$$\frac{1}{v} = \frac{1}{0.10} - \frac{1}{0.08} = -2.5$$

$$\therefore \quad v = -\frac{1}{2.5} = -0.40 \text{ m}$$

物体と同じ側，レンズから 0.40 m の位置に虚像ができ，横倍率は 0.40/0.08 = 5 である．したがって像の高さは 25 mm（= 5×5 mm）．

凸レンズの焦点距離の決定

平面鏡を用いた次の方法で凸レンズの焦点距離を決めることができる．

照明した十字線を物体としレンズを通過した光を平面鏡で反射し，再びレンズを通して物体の方に戻す．物体の位置を動かすと鮮明な像が物体と並んでできる位置がある．このときレンズと鏡の間の光は光軸と平行で鏡と90°をなし，物体はレンズの焦点の位置にある（図3・23）．

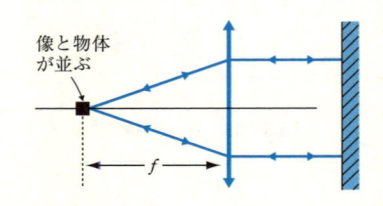

図3・23 平面鏡を用いた凸レンズの焦点距離の決定

練習問題3・3

1. (a) 焦点距離 0.20 m の凸レンズから距離 (i) 0.50 m, (ii) 0.25 m, (iii) 0.15 m にある物体の像について，位置と性質を作図によって求めよ．
   (b) (a)の各場合について，レンズの公式を用いてレンズと像の距離および横倍率を計算せよ．
2. (a) 凸レンズが拡大鏡になる理由を像の作図を用いて説明せよ．
   (b) 凹レンズを通して見ると物体の像が小さく，また近くに見える理由を像の作図を用いて説明せよ．

3・4 光学機器

光学機器でつくる像の質はそこで用いる光学素子（たとえばレンズ）の質に依存する．図3・24と図3・25には像に悪い影響を与える二つのおもな効果を次に示す．

a. 球面収差 レンズの外側を通過した光と内側を通過した光が別に像を結ぶことによる．レンズや球面鏡の面の形によりこの収差の大きさが決まる．

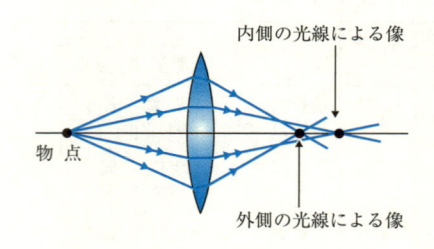

図3・24 球面収差

b. 色収差 レンズに当たった白色光が色ごとに異なる角度で屈折することによる．屈折率が異なる材料でつ

くった凸レンズと凹レンズを貼り合わせるとこの効果を小さくできる．

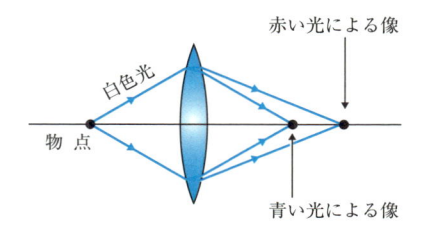

図 3・25 色収差

カメラ

カメラの中にあるフィルムの上に凸レンズが実像をつくる．デジタルカメラではフィルムが CCD（charge coupled device）や CMOS（complementary metal oxide semiconductor）に置き換わる（図 3・26）．

図 3・26 カメラ

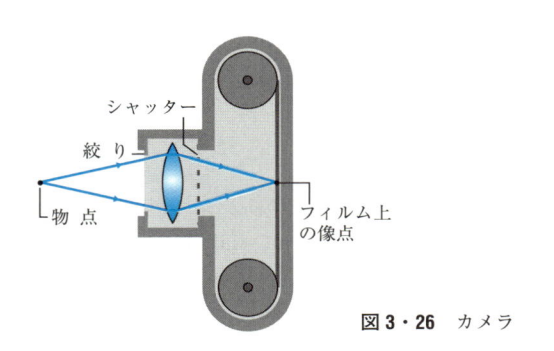

- 物体までの距離に応じてレンズの位置を調整する．近い物体ほどレンズとフィルムの距離を大きくする．
- 絞りでカメラに入る光量を調整する．絞りを広げると回折は小さくなり，また被写界深度が浅くなる．
- 高速の被写体を撮るにはシャッターを素早く開閉する必要がある．このような場合，十分な光量を確保するために絞りを広げる必要があり，動く被写体の写真では被写界深度が浅くなって焦点を合わせた位置以外の像がぼやける．

光学顕微鏡

図 3・27 に示すように対物レンズが拡大された実像をつくる．観測者は接眼レンズを通して，この中間的な像のさらに拡大された虚像を見る．通常の設定では最終的な像は観測者の**明視の最短距離**につくる．

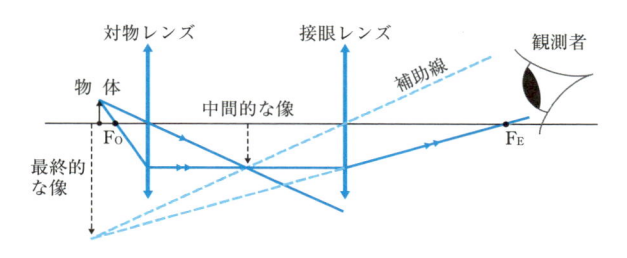

図 3・27 光学顕微鏡

- 物点からの光が対物レンズを通るとその開口による回折のため像がぼやける．自然光で見るよりも青いフィルターを通して見た方が鮮明な像になる．青い光は他の色より波長が短いので回折の効果が小さいからである．
- 十字線（または物差し）を中間的な像と同じ位置におくと，最終的な像と一緒に見える．

屈折望遠鏡

遠方の物体の中間的な実像を対物レンズでつくる．この像を接眼レンズで拡大された虚像として観測者が見る．虚像は無限遠の位置に見える．図 3・28 のように目を接眼リングにあてて，接眼レンズによる対物レンズの像の近くに目をもってくる．

- 望遠鏡の倍率は最終的な像が物体の何倍に見えるかを示す．たとえば，肉眼で月を見るのに比べて望遠鏡で見ると 10 倍に広がるなら倍率は ×10 となる．
- 対物レンズの径が大きいほど望遠鏡に入る光量が増える．肉眼で見えない星が望遠鏡で見えるのはこのためである．それに加えて回折の効果が小さくなり拡大された像の詳細がより鮮明に見える．ただし，口径が 10 cm を超えると空気の揺らぎのため見え方に限界が生じる．

> メ モ
> 望遠鏡の倍率 = $\dfrac{\text{対物レンズの焦点距離}}{\text{接眼レンズの焦点距離}}$

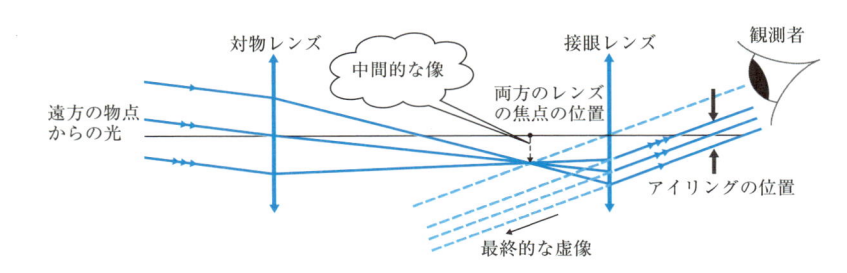

図 3・28 屈折望遠鏡

まとめ

■ ヤングの2重スリットによる干渉

$$\frac{\lambda}{d} = \frac{y}{x}$$

d：スリット間隔，y：縞の間隔
x：スリットとスクリーンの距離

■ 反射の法則

鏡の法線に対して入射光と反射光の角は等しい．

■ スネルの屈折の法則

ある物質の（空気に対する）屈折率 n は，

$$n = \frac{\sin i}{\sin r} = \frac{\lambda_0}{\lambda} = \frac{\text{空気中の光の速さ}}{\text{物質中の光の速さ}}$$

■ 全反射

$$\sin \theta_c = \frac{1}{n}$$

■ レンズの式

$$\frac{1}{u} + \frac{1}{v} = \frac{1}{f}$$

u：レンズから物体までの距離
v：レンズから像までの距離

■ レンズの横倍率 $= \dfrac{\text{像の高さ}}{\text{物体の高さ}} = \left|\dfrac{v}{u}\right|$

章末問題

p.317 に本章の補充問題がある．

3・1 幅の狭い光源から出る光を接近して並んだ二つのスリットを通して見ると干渉パターンになっていた．
(a) このパターンが明暗の縞模様となる理由を図に描いて説明せよ．
(b) スリットから 0.90 m のところに白いスクリーンを置いたところ，このパターンが見えた．スリットの間隔は 0.50 mm である．
(i) 光の波長が 590 nm のとき，隣合う明るい縞の間隔を計算せよ．
(ii) 光源を取替えたところ，明るい縞の間隔が 0.80 mm となった．この光の波長を計算せよ．

3・2 (a) (i) 赤い光と (ii) 青い光の波長のおおよその値を述べよ．
(b) 波長 590 nm の黄色の光が屈折率 1.55 のガラス製のレンズに入った．(i) ガラスの中で波長はどれだけか．(ii) この光が空気からガラスに入るとき光の速さはどのように変わるか．

3・3 (a) 光線が空気からガラスに入るとき屈折の方向は，法線から離れる向きか，それとも近づく向きか．
(b) 屈折率 1.50 のガラスの平らな面に空気の側から光が入射する．入射角が (i) 25°，(ii) 50° のとき屈折角を計算せよ．
(c) 図 3・29 は屈折率 1.50 のガラスでできた半円筒に光線が入射する様子を示す．(i) 入射角が 40° の場合，空気中にでる光の屈折角を計算せよ．(ii) 臨界角を計算せよ．
(iii) ガラスの側から平面境界に入射角 60° で入射する光線の経路を図 3・29 にスケッチせよ．

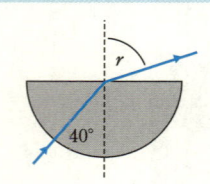

図 3・29

3・4 (a) 焦点距離 0.15 m の凸レンズから物体までの距離が (i) 1.00 m，(ii) 0.20 m，(iii) 0.10 m の場合について，光線を作図して像の性質，位置，横倍率を求めよ．
(b) (a)の各場合について，レンズの公式により像までの距離と横倍率を計算せよ．
(c) 高さ 12 mm の物体が焦点距離 0.30 m の凹レンズから 0.20 m の位置にある．像の位置と大きさを計算し，像の性質を述べよ．

3・5 (a) カメラで凸レンズが果たす役割を適切な図を描いて説明せよ．
(b) 遠方の景色を撮影したカメラを屋内の人物撮影に使うときどんな調整をするか．理由とともに答えよ．

3・6 (a) 光学顕微鏡で虚像がつくられる様子を光線の作図により示せ．
(b) 光学顕微鏡は青い光で像を見るとより詳細な観察ができる．その理由を述べよ．
(c) 顕微鏡によっては視野周辺部で像がゆがむ．その理由を一つあげよ．

3・7 (a) 屈折望遠鏡でレンズが果たす役割を適切な図を描いて説明せよ．
(b) 望遠鏡の対物レンズの口径を大きくすることの利点および欠点はそれぞれ何か．

4

電 磁 波

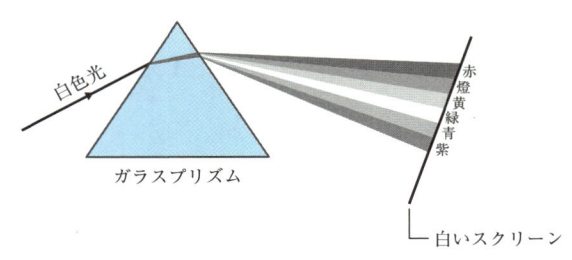

目 次
- 4・1　可視スペクトル
- 4・2　スペクトルの種類
- 4・3　赤外線とそれより長い波長の電磁波
- 4・4　紫外線，X線，γ線
- まとめ
- 章末問題

学習内容
- 白色光のプリズムによる分散，物体の色
- 連続スペクトルと輝線スペクトル
- 分光器と回折格子による光のスペクトルの測定
- 電磁波スペクトル，共通点と相違点
- さまざまな種類の電磁波の発生と用途

4・1　可視スペクトル

プリズムで可視スペクトルを見る

屈折が起こると白色光はさまざまな色のスペクトルに分解される．図4・1は白色光のビームがプリズムで分かれる様子を示す．プリズムに入るときと出るときに光が色ごとに分かれる．白色光がさまざまな色に分解される現象を**分散**という．

図4・1　可視スペクトル

光がさまざまな色に分解されるのは，ガラス中で光の速さが波長ごと，したがって色ごとに異なるからである．ガラスの屈折率は紫，青で大きく，赤で小さいというように色で異なる．プリズムは赤い光より青い光を大きく曲げる（紫が一番大きく曲がる！）ので，プリズムで分解された可視スペクトルの赤の部分は常に最も屈折しないところに出てくる．

三原色と二次色

赤，緑，青が光の原色である．図4・2はこれらの色が白いスクリーン上で重なったときの様子を示す．

- 三つの原色が全部重なると白く見える．
- 二つの原色が重なると二次色が見える．たとえば黄色は，赤と緑の重なりによる二次色である．
- 二次色の一つと，そこに含まれない原色を一つ重ねると白く見える．この二次色と原色を互いに**補色**という．たとえば黄色は青と重ねると白くなるので，黄色の補色は青である．

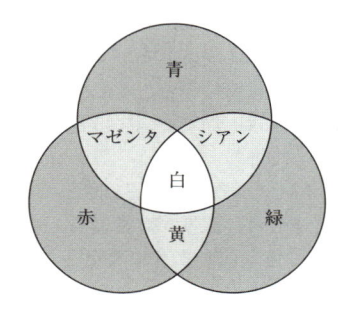

図4・2　原色の重ね合わせ

練習問題4・1

1. (a) ガラスのプリズムは，どのようにして白色光の細いビームを色のついたスペクトルに分解するか，図を描いて説明せよ．
   (b) 白色光を青い紙に当てるとどのように見えるか，理由も述べよ．
2. (a) 三つの原色とそれらの補色となる二次色は何か．
   (b) 普通の光のもとで黄色く見えるシャツは (i) 赤，(ii) 青の光で照らすと，どんな色に見えるだろうか．

4・2 スペクトルの種類

連続スペクトル

白色スペクトルは，深紅から紫までのスペクトルの全域で色が連続的に変化し，対応する波長領域をくまなく覆っているので，連続スペクトルの例である．太陽や星々，白熱電球は，いずれも波長が連続的に広がっている光を放出するので，連続スペクトルの光源である．

図4・3は，熱せられた物体から放出される光の波長ごとのエネルギー分布が，光源の温度によって異なる様子を示す．

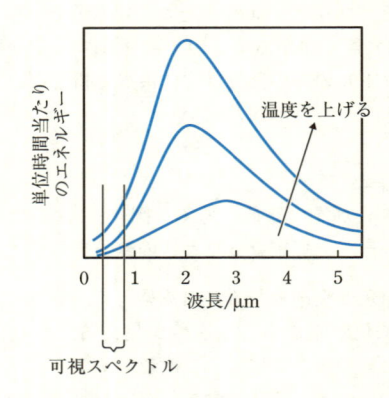

図4・3 熱せられた物体からのスペクトルのエネルギー分布

1. 豆電球に流す電流を0から徐々に上げて通常の明るさで光るようになるまでの間，発光が変化する様子を観察せよ．電流によりフィラメントが十分に加熱されると光り始めるが，最初は暗い赤色，そして赤橙色，さらに黄色に変わる．これは，温度が高いほど短波長側の光を強く放出するからである．
2. 炭素アークランプ（放電で高温になった炭素棒が発光）が白色に見えるのは，温度が非常に高く青色光もスペクトル中のほかの色と同じように放出されるからである．さらに高温だとスペクトル中の青がより強くなって青白く見える．
3. これらの観測結果は星の温度の比較に利用できる．たとえば，赤い星より青い星の方が高温である．太陽は黄色く見える星なので，赤い星より表面温度が高い．

輝線スペクトル

希ガスの放電管（例：ネオン管）や金属蒸気の放電管（例：街路灯のナトリウムランプ）から出る光のスペクトルは線で構成され，それぞれの線が異なる色をもつ（図4・4）．これは光源が決まった波長の光だけを放出するからである．このような光源からの光を細い帯状のビームにしてプリズムで分けると，スペクトル中にそれぞれの色の線が分離して見える．光源が異なると輝線スペクトルの線の並び方のパターンが異なる．以下で説明するように，それぞれの輝線の波長は**回折格子**で測定できる．光源が単一の元素ならば（たとえば，ネオン管のネオン），輝線スペクトルはその元素の特徴をもつので，スペクトルから逆に元素を特定できる．天文学者はこのやり方で星の元素を特定する．

図4・4 輝線スペクトル

回折格子の理論

回折格子を使うと光の波長を測定できる．回折格子には接近したスリットが等間隔で平行な格子のようにたくさん並んでいる．ここでは透過型の回折格子を説明するが，金属などの表面にスリットの役割をする細線を刻む反射型が昔から使われてきた．図4・5に示すように，平行な単色光が回折格子に直角に当たるとき，多数のスリットによる回折の効果として特定の方向にだけ光が進む．回折格子の作用は光波の回折に基づく．光が多数のスリットを通過すると回折による波が重なり合って特定の方向だけ強め合う．

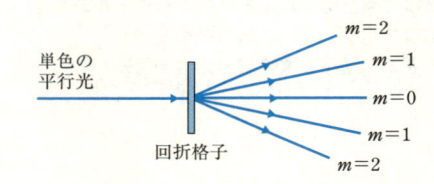

図4・5 回折格子の作用

回折光は中央から番号をつける．図4・6に回折波面の形成を示した．

1. 1次の波面は，一つのスリットからくる光が1波長分だけ余分に進んだ後，隣のスリットからくる光と同位相になるときにつくられる．図4・6で示すように，この余分の距離は $d \sin \theta_1$ に等しい．ここで d はスリット間隔，θ_1 は回折角である．したがって，1次回折角は，

$$d \sin \theta_1 = \lambda$$

の関係を満たす．

2. 2次の波面は，一つのスリットからくる光が2波長分だけ余計に進んだ後，隣のスリットからくる光と同位相になるときにつくられる．上と同じように考えると，回折角を θ_2 として，

$$d \sin \theta_2 = 2\lambda$$

である．

3. 一般に m 次の波面は，一つのスリットからくる光が m 波長分だけ余計に進んだ後，隣のスリットからくる光と

4. 電磁波

同位相になるときにつくられる. m 次回折角を θ_m として,

$$d \sin \theta_m = m\lambda$$

d：スリット間隔（中心から中心までの間隔）
θ_m：m 次回折角, λ：光の波長

となる.

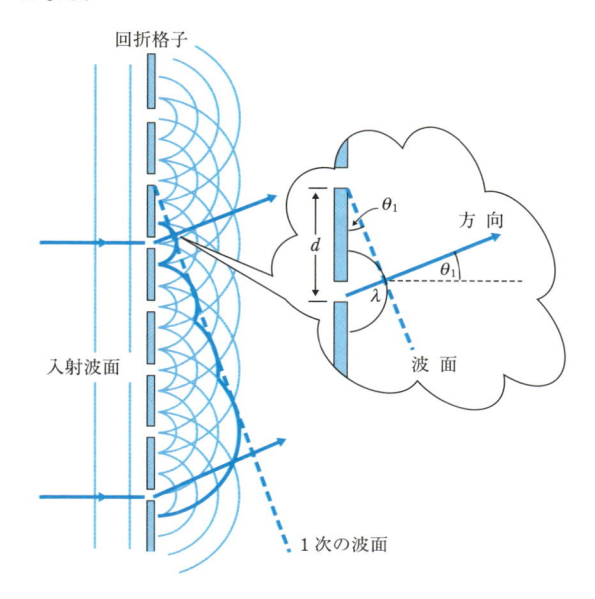

図 4・6 回折格子の理論

メ モ

1. 回折格子の単位長さ当たりのスリットの本数は $N = 1/d$. 回折格子の仕様は通常は d ではなく N で表す. たとえば 1 mm 当たり 300 本のとき $N = 300$ mm^{-1} であり, $d = 1/N$ より $d = 1$ mm$/300 = 3.33 \times 10^{-4}$ mm である.
2. 格子間隔 d の回折格子に垂直に入射する波長 λ の光について, 回折の次数の最大値は $\sin \theta = 1$（すなわち $\theta = 90°$）に対応する. 最高次数の値を計算するには, $\sin \theta_m = 1$ とおいて $m = d/\lambda$ を計算し, 小数点以下を切り捨てて自然数にする.

レーザー光の波長の測定

レーザーは非常に単色性がよく（1 色で, その波長の広がりが非常に狭い）, 平行なビームをつくり出す.

安全メモ レーザーゴーグルを用い, ビームを直接に, また反射したものも, のぞき込んではならない.

ビームを白い大型のスクリーンに垂直に当て, レーザー光のスポットをスクリーン上で見る. 図 4・7 のように回折格子をレーザーとスクリーンの間に, スクリーンと平行に置く. スクリーン上に回折の次数ごとのスポットが 1 列に並んで見える.

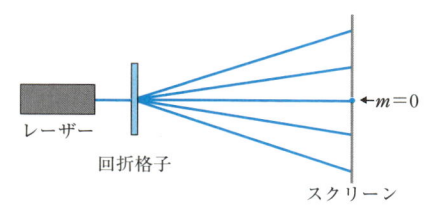

図 4・7 レーザーの利用

例題 4・1

波長 640 nm の単色で平行な光のビームが回折格子に垂直に入射する. 1 次の回折角は 22.6° である.（a）スリット間隔,（b）回折光のビームの本数,（c）最高次数の回折角を計算せよ.

[解 答]　（a）$\lambda = 640$ nm, $m = 1$, $\theta_m = 22.6°$
$d \sin \theta_m = m\lambda$ より,

$$d \sin 22.6° = 1 \times 640 \times 10^{-9} \text{ m}$$

$$\therefore \quad d = 1 \times \frac{640 \times 10^{-9}}{\sin 22.6°} = 1.67 \times 10^{-6} \text{ m}$$

(b) $\dfrac{d}{\lambda} = \dfrac{1.67 \times 10^{-6}}{640 \times 10^{-9}} = 2.62$　∴ 最高次数 $= 2$

中央に現れる 0 次, すなわち回折していないビームのスポットの両側に, 2 個ずつ回折光のビームが並ぶ.

(c) $m = 2$ すなわち 2 次の回折角 θ_2 は $d \sin \theta_2 = 2\lambda$ から決まる.

$$\sin \theta_2 = \frac{2\lambda}{d} = \frac{2 \times 640 \times 10^{-9}}{1.67 \times 10^{-6}} = 0.776$$

$$\therefore \quad \theta_2 = 50.9°$$

測定と理論

1. 回折格子からスクリーンまでの距離 x と, スクリーン上の 0 次スポットから各次数の回折スポットまでの距離 y を測る. 各次数の回折角は三角法の式 $\tan \theta = \dfrac{y}{x}$ から計算できる（図 4・8）.

$$\tan \theta = \frac{y}{x}$$

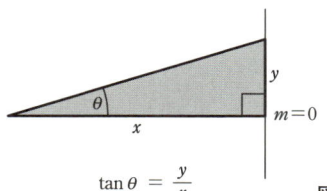

図 4・8 回折角の計算

2. 回折格子の式を用いてレーザーの波長を計算する．どの次数でも同じ波長になるはずだが，測定誤差である程度のばらつきはあるだろうから，そのときは平均値を計算する．

> **メ モ** レーザービームをのぞき込んではならない理由は，眼のレンズで網膜上の非常に小さな点に集光し，その集中した光の強度により網膜に回復不可能な傷が残るからである．

分光器を用いる

この装置は光のスペクトルのある部分の波長を正確に求めるとき用いる（図4・9）．コリメーターレンズの焦点に位置する狭いスリットに光源の光が当たり，コリメーターからは平行光が出てくる．回折格子をターンテーブルの中心に置き，光ビームと直角になるようにテーブルを回す．

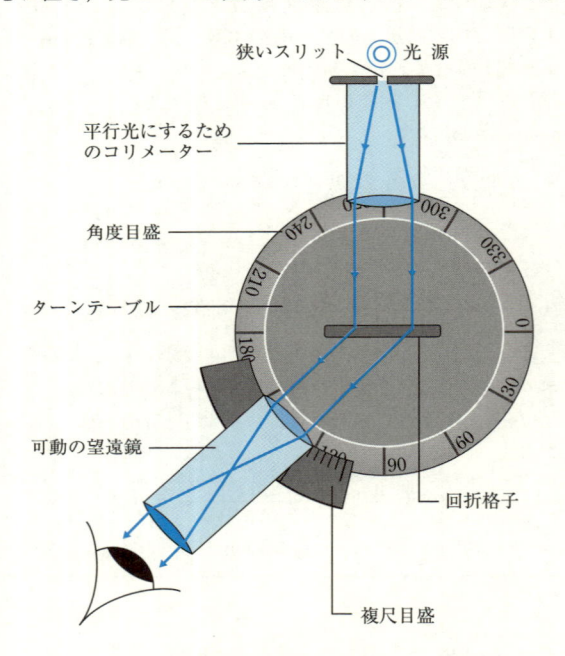

図4・9 分光器の利用

つぎに回転可動式の望遠鏡で回折光の角度を観測する．回折光は，スリットの像として，各波長の色の細い線になり，0次光の中央の線の両側に回折次数ごとに現れるので，望遠鏡に付属の目盛で各線の位置を読み取る．各線に対する目盛の値と色から，回折の次数と角度を決定して波長を計算する．

> **メ モ** 分光器の角度目盛は $1° = 60'$（60分）に細分されている．

練習問題 4・2

1. 600 本 mm^{-1} の回折格子を用いた分光器でナトリウムランプのスペクトルを観測した．望遠鏡の十字線が0次光のスリットの像と重なるように調整したときの角度の目盛が $101° 22'$ であった．
   (a) 望遠鏡を回転して回折光を観測したところ，黄色の輝線の1次回折角が $122° 06'$ と測定された．その波長を計算せよ．
   (b) (a)で観測した1次回折光の側にあるこの輝線の高次の回折角を計算せよ．
2. ある放電管が出す 629 nm の赤い光のスペクトルを，回折格子を用いた分光器で観測した．
   (a) 1次回折光が回折角 $10° 52'$ に観察された．この回折格子は1mmに何本のスリットをもつか．
   (b) 629 nm に対して最高の回折次数を計算せよ．

4・3 赤外線とそれより長い波長の電磁波

光は電磁波のスペクトルの一部にすぎない．p.8の表1・1には電磁波のスペクトルの他の部分も示した．どの波長の電磁波でも真空中を約 $300\,000$ km s^{-1} の速さで伝わるが，この光速を c で表す．

> **メ モ** 真空中の電磁波より速く進む物体はない．媒質中の光速は，真空中の光速より遅く c/n である．n はその媒質の屈折率を表す．

赤外線

可視光のスペクトルはほぼ 700 nm までで，それより波長が長くなると深紅から黒になってしまう．可視光のスペクトルの端をわずかに通り越したところに，ガラスの温度

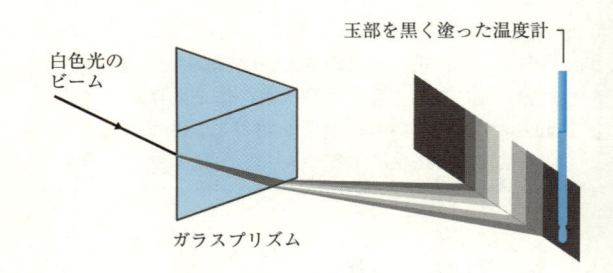

図4・10 赤外線の検出

計の球の部分を黒く塗って置くと温度の上昇が見られるはずであるが，これは赤外線による（図4・10）．赤外線は約 700 nm（$=0.7$ μm）から約 0.1 mm（$=100$ μm）の波長域の電磁波である．

赤外線の発生

どんな物体も赤外線を出している．高温の物体ほど表面からたくさんの赤外線を放出する．さらに高温となり光り出せば表面から赤外線に加えて可視光も放出される．低温になると赤外線も少なくなり，波長がもっと長い電磁波の割合が多くなる．冷凍倉庫に入ると，身体から放出される赤外線の量は部屋の壁から受ける量より少ない．その結果として身体の内部エネルギーが失われる．ただし，失われるエネルギーの量としては，冷たい空気が体に触れ対流によって熱を奪う効果の方が通常はずっと大きい．

赤外線の吸収

赤外線の吸収量は，銀メッキの表面の方が，黒塗りの面より少ない．また，滑らかで輝く表面の方が，つや消しで粗い表面より少ない．赤外線をよく吸収する物体はよく放出し，吸収しにくい物体は放出しにくい．これが理由となって，温めた物体をピカピカのアルミホイルで包み，その外側を断熱材で覆うと，内部の熱エネルギーをより長く保持できる．図4・11は，性質は異なるが同じ温度の面から放出される赤外線の量を比較する一つの方法を示す．

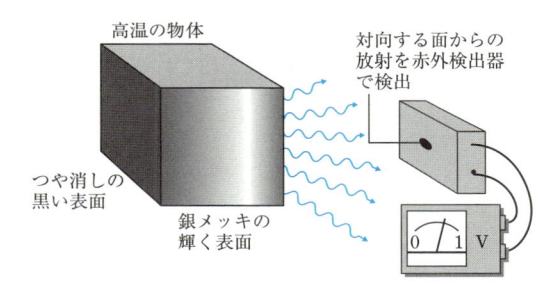

図4・11 性質が異なる表面のテスト

赤外線の検出

赤外線を検出できる電子的なセンサーがあり，侵入警報器などに使われている．たくさんの微小なセンサーを配列して赤外線で画像を検出する暗視カメラをつくり，あるいは人工衛星に積んだりする（図4・12）．暗視カメラは暗闇で人間や動物を"見る"ために使う．これは背景と身体で温度が違うことを前提としている．赤外線写真用の特別な赤外線フィルムもある．普通のガラスは約 2.5 μm より長い波長の光を吸収するので，これより長波長で使えるレンズを作るには，ガラス以外の透明な物質たとえば水晶やその他の特別な物質の結晶あるいは液体などを用いる．

赤外線の用途

波長が約 1 μm の赤外線は，デジタル信号を光ファイバーで送るのに使われる．この赤外光の周波数（振動数）は 3×10^{14} Hz 程度であり，マイクロ波の 10 000 倍も高い．マイクロ波やラジオ波にくらべて周波数が高いのでデジタル信号として送られるデータが多くなる．たとえば，放送衛星と地上の間のマイクロ波回線はテレビ（TV）のチャンネル数個分を送るが，光ファイバーではもっと多くのチャンネルを送れる．

また，赤外線は加熱にも使われる．たとえば，ハロゲン調理器では反射板と透明板の間に小型のハロゲン電球があり，通電すると電球からの赤外線は透明板を通過したあとフライパンに吸収される．赤外線は，たとえば自動車の車体の吹きつけ塗装後の乾燥など，工業用の乾燥機としても使われる．

図4・12 人工衛星から赤外線で撮影したスコットランド

練習問題 4・3a

1. 人工衛星に積む赤外線カメラには，人口密集地帯，農村部，河川，海岸線が写る．このようなカメラで (a) 海と陸，(b) 都会と農村部の区別ができるのはなぜか．
2. 手を (a) ホットプレートの近づけるだけで暖かく感じる，(b) 氷を入れたビーカーに近づけるだけで冷たく感じる理由を説明せよ．

マイクロ波

マイクロ波は波長が約 0.1 mm から 0.1 m 程度の範囲の電磁波である．大気による吸収がないので，見通せる 2 地点間の通信に用いられる．金属により反射され，非金属によりある程度吸収される．

マイクロ波の発生と検出

マグネトロンは強いマイクロ波を発生するように設計された真空管である．電子レンジのマグネトロンは周波数 2.45 GHz のマイクロ波を発生する．この周波数の電磁波は食品内部に浸透して水の分子に吸収され，食品を内側から加熱する．通信など安定した周波数が必要な用途にはクライストロンという別種の真空管や半導体素子を使ってマ

イクロ波を発生する．

マイクロ波は点接触のダイオードで検波した電流を敏感なメーターや増幅器で読み取ることができる．衛星放送にもマイクロ波が使われるが，受信には専用の半導体素子を使っている．

マイクロ波の用途

マイクロ波は食品の加熱や綿のような絶縁体の乾燥に使う．電子レンジではマイクロ波が食品内部に入って加熱する．このとき食品を載せる皿に導体の部分があると高電圧が生じて危険なので，絶縁体の皿を使う．火花放電から火事になる恐れがあり，また導体で反射されたマイクロ波が部品を壊すからである．レンジ内部の食品を回転するのは，内壁で反射したマイクロ波が定在波をつくり節ができるからである．節の位置では食品にマイクロ波のパワーが行かないので，レンジの中で食品を回転させ全部が暖まるようにする．

マイクロ波は通信にも使われる．その理由は，顕著な吸収なしに大気中を伝わること，ラジオ波に比べて回折の効果が小さいのでビームを一定の方向に送り出せるからである．地上局と人工衛星の間のデジタル通信に用いたり，地上の2地点間で塔や丘の上に送受信用のパラボラアンテナを設置して通信する．マイクロ波の周波数は 10 GHz 程度なので，電線やラジオ波にのせた通信よりも多量のデジタル信号を送れる．

練習問題 4・3b
1. マイクロ波のどんな性質が（a）食品の急加熱，（b）人工衛星とのデジタル通信に適切なのか．
2. 電子レンジで次のことが不可欠なのはなぜか．（a）食品を回転する，（b）扉が開いたときマイクロ波が発生しない安全スイッチがある．

ラジオ波

ラジオ波は波長が 0.1 m〜1 m より長い電磁波であり，ラジオや TV 放送，さらに携帯電話や緊急警報の通信に利用される．ラジオ波のスペクトルは図 4・13 のように分割される．

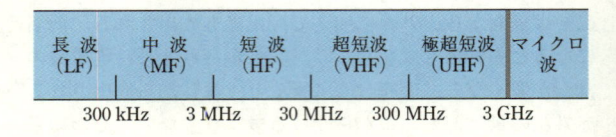

長波 (LF)	中波 (MF)	短波 (HF)	超短波 (VHF)	極超短波 (UHF)	マイクロ波
300 kHz	3 MHz	30 MHz	300 MHz	3 GHz	

図 4・13　ラジオ波のスペクトル

ラジオ波の発生と検出

図 4・14 に示すように，高い周波数の交流電圧を適切な送信アンテナに加えるとラジオ波が発生する．アンテナ内部の電子は強制的に往復運動させられ，その結果として周囲の空間にラジオ波を発生する．ラジオ波の周波数は交流電圧の周波数と一致する．ラジオ波が受信アンテナを通過するとき，アンテナ内部の電子が強制的に往復運動させられ，交流の電圧が発生するのでこれを検知する．

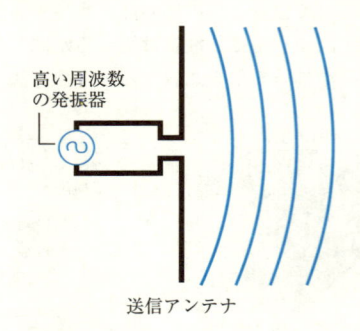

図 4・14　ラジオ波の発生

ラジオ波の用途

ラジオ波は大気あるいは宇宙空間を通して信号を送るのに使われる．ラジオ波でアナログ信号を送る通信には主として次の三つの方法がある．

a. 振幅変調（AM）　ラジオの音声やアナログテレビの映像信号を送るのに使われ，搬送波の振幅の変化を信号とする（図 4・15）．長波や中波のラジオは AM を用い

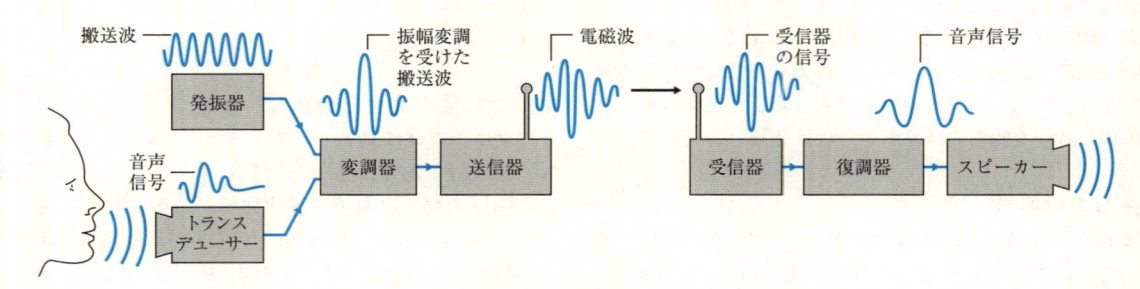

図 4・15　振幅変調

ている［訳注：日本では長波の放送はなく，中波と短波のAM放送がある］．ラジオの一つのチャンネルが音声信号の大半の周波数を伝えるには約 4 kHz の帯域が必要である［訳注：このとき通信に用いるラジオ波の周波数の上下に約 4 kHz ずつ計 8 kHz 帯域をとる必要があるため，日本の法律では 9 kHz としている］．一方，テレビの一つのチャンネルは映像信号のために約 8 MHz の帯域をとるので UHF のバンドで（数チャネル用意するには）400 から 900 MHz が必要となる．

b. 周波数変調（FM）　搬送波の周波数を音声信号により変調する（図 4・16）.

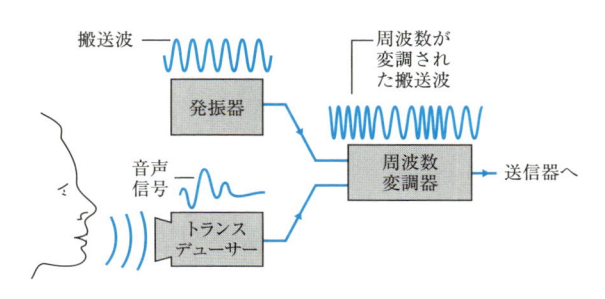

図 4・16　周波数変調

c. パルス符号変調（PCM）　パルス列で信号を送るが，大気中や宇宙空間をマイクロ波で，光ファイバー中を赤外光で送信する（図 4・17）［訳注：音楽 CD には用いられているが，現在は日本国内の放送には使われていない．地上波デジタルテレビは MPEG という符号化を使う］．音声信号あるいは映像信号は波形が時間的に連続な変動をするのでアナログ信号という．この信号を一定の時間間隔でサンプリングし，各値を符号化回路でパルス列になおしてデジタル信号にする．受信器ではこのデジタル信号を復調して元のアナログ信号を再構築する．パルスを中継点ごとに再生するので，PCM では信号波形のひずみによる影響をほとんど受けない．

練習問題 4・3c

1. 周波数が約 300 kHz までの長波は地球表面をその湾曲にしたがって進む．約 300 kHz から 30 MHz までは大気の上層にある電離層まで直進し反射され地上に戻る．30 MHz 以上では大気圏を通過して宇宙空間に出ていく．
   (a) (i) 波長 1500 m の長波の周波数を計算せよ．(ii) この波長を使うと遠く離れた国への放送ができるが，それはなぜか．
   (b) 地方のラジオ局は，周波数 80〜120 MHz を使う［訳注：日本では 76〜90 MHz］．国内他地域でこの放送を受信できない理由を二つあげよ．
2. (a) ポータブル TV はアンテナの向きを変えると映りが悪くなる．これは電磁波のどのような性質に起因するか．
   (b) 衛星 TV のパラボラアンテナはその人工衛星に向け，衛星は赤道上空の軌道にあって地上からは静止して見える．アンテナの口径が大きいほど向きを決めるのが難しいが，その理由を述べよ．

4・4　紫外線，X 線，γ 線

紫 外 線

紫外線は，可視スペクトルの紫よりも先にある波長が約 400 nm から 1 nm の電磁波である（10 nm より短い波長を X 線に分類することもある）．紫外線は目に害となり，太陽光の紫外線は日焼けや皮膚がんの原因である．

紫外線の発生

太陽は天然の紫外光源である．地球の上層大気にあるオゾン層は太陽からの紫外光のフィルターだが，大気中に放出された化学物質（たとえばフロンガス）のためにこの層のオゾンが減少し憂慮されている．夏に戸外に出るときは，肌を紫外線から保護するために適切なクリームの使用が推奨される．太陽灯（医療用水銀灯）やある種の放電管も紫外線を出す．

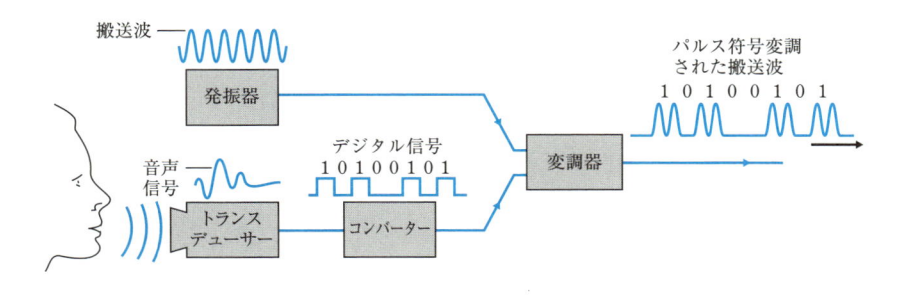

図 4・17　パルス符号変調

紫外線の検出

蛍光染料は紫外線が当たると光る．これらの染料の分子は紫外線を吸収して可視光を出す．このような染料を含む粉石けんは，衣類に紫外線が当たると発光するから，太陽光のもとで"白よりもっと白く"見せる効果がある．

写真のフィルムは 200 nm までの紫外線に感光する．光電管も紫外線の検出に利用される（図 4·18）．光電管では，金属のカソードに紫外線が当たると電子が放出され，これが微小電流計を流れる電流となる．

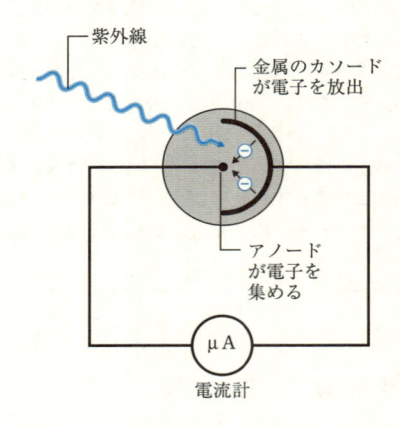

図 4·18 光電管

紫外線の用途

盗難防止用のマーカーペンは，備品や紙幣に塗るものだが，紫外線を当てたときにだけ見えるインクを含んでいる．蛍光ペンで書いたものは紫外線が当たると目立った表示になる．

また，高出力の紫外線ランプはインクを速く乾燥させるのに使う．紙は紫外線で温まりにくく，インクだけに吸収される．

練習問題 4·4a

1. 可視スペクトルの紫を超える辺りの紫外線はどのようにして検出できるか述べよ．
2. (a) 白いシャツが紫外光のもとで輝くのはなぜか，(b) 紫外線よけのクリームはどのようにして肌を紫外線から守るか，説明せよ．

X 線 と γ 線

波長が 1 nm より短い電磁波は X 線か γ（ガンマ）線だが，X 線は X 線管や高温のプラズマあるいは放射光施設で，また γ 線は放射壊変で発生する．X 線と γ 線は発生の物理的な過程の違いによる分類であり，波長領域が重なる．X 線と γ 線は，原子に当たると電子をはじき飛ばしてイオンができる．イオン化を起こす電磁波は生体の細胞を傷つけるので有害である（詳細は p.241 参照）．

X 線管では，非常に高い電圧で加速した電子が金属ターゲットに衝突し急停止する．その結果，電子が当たった位置から X 線が発生する．図 4·19 に X 線管の構造を示す．

不安定な原子核がより安定な状態に変わるとき放出する放射線は 3 種類あり，それらを α（アルファ）線，β（ベータ）線，γ（ガンマ）線という．α 線は紙や薄い金属の薄膜で止められるが，β 線を止めるには数 mm の鉛が必要である．γ 線はさらに透過する能力が高く，数 cm の鉛が必要である．放射能についてのより詳しい説明については"第 22 章 放射能"を参照．

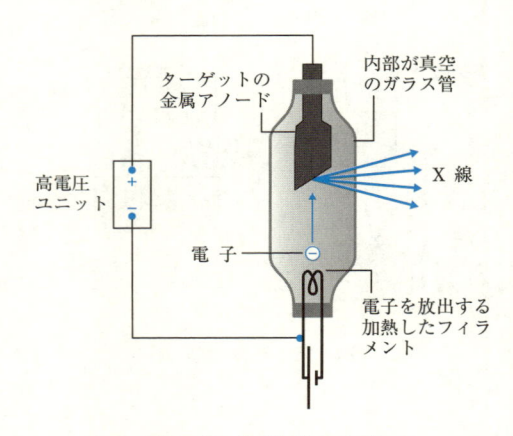

図 4·19 X 線管の内部

X 線と医療

X 線は内臓や骨の写真撮影に使われる．これは X 線が体組織を透過しやすく骨は透過しないことによる．図 4·20 は，腕の骨折の X 線写真（レントゲン写真）だが，遮光した写真乾板かフィルムを腕の向こう側に置き，こちら側から X 線を当てる．骨は X 線を吸収するが周囲の組織は透過するので，フィルム上に骨の影ができる．骨折していれば X 線写真でそれが見える．

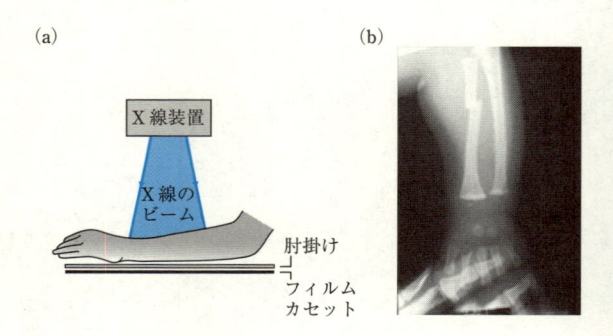

図 4·20 X 線写真撮影．(a) 配置，(b) 幼児の橈骨（前腕にある 2 本の長い骨のうち外側）の骨折の X 線写真．

メ モ

1. X線管と患者の間に金属板を置いて発生するビームから波長の長い軟X線を取除く．軟X線は体組織に吸収されやすく細胞の損傷をひき起こす可能性が高い．
2. 胃のような内臓のX線写真を撮るには，X線を吸収して像のコントラストを高める物質で満たす．たとえば胃のX線写真には患者はバリウムを飲む．
3. X線装置がある部屋で働く職員はX線を浴びてはならない．X線管は厚い鉛の囲いで遮蔽され，そこに開けた窓からX線のビームを取出す．

練習問題 4・4b

1. X線写真を撮るとき次のことが重要である．その理由をあげよ．
    (a) 金属ターゲット上の小さなスポットからX線を発生させる．
    (b) 写真乾板は遮光カバーの中にある．
2. (a) 波長 1×10^{-14} m の γ 線の周波数を計算せよ．電磁波の真空中での速さは 3.0×10^8 m s^{-1} である．
    (b) (i) なぜγ線は有害か．(ii) γ線が腫瘍を破壊するのはなぜか．

まとめ

- **分散** とは白色光がさまざまな色のスペクトルに分解すること．
- **三原色**（とその**補色**）は，赤（シアン），緑（マゼンダ），青（黄）．
- **見える光の波長範囲** は，青の約 400 nm から赤の約 650 nm [訳注: 国際照明委員会は 700 nm を赤と規定．380 nm の紫や深紅の 780 nm も見える]．

- **スペクトル**
  - 連続スペクトルは，どの色もすべて含んでいる．
  - 輝線スペクトルは，きちんと決まった線状のスペクトルから成る．
- **回折格子の式**

$$d \sin \theta_m = m\lambda$$

d: スリット間隔（中心から中心までの間隔）
θ_m: m 次回折角，λ: 光の波長

可視スペクトルの外側

	波長領域	光 源	用 途
X線とγ線	1 nm 以下	X線管，不安定な原子核	医用X線写真，γ線治療
紫外線	1 nm～約 400 nm	UVランプ，太陽灯	盗難防止マーカー，化学反応
赤外線	0.7 μm～約 100 μm	熱い物体	加熱，暗視，通信
マイクロ波	0.1 mm～約 100 mm	マグネトロン，半導体	加熱，通信
ラジオ波	約 100 mm 以上	ラジオの送信器	TV，ラジオ放送，携帯電話

章末問題

p.317 に本章の補充問題がある．

4・1 以下の問に図を描いて答えよ．
(a) どのようにして白色光の細いビームをさまざまな色のスペクトルに分解するか．
(b) ガラスの中で赤い光の臨界角は青い光のそれより大きいことを示せ．

4・2 次の場合どんな色に見えるか答えよ．
(a) 黄色のシャツを青い光のもとで見る．
(b) 青い絵柄がある赤いポスターを (i) 青い光で見る．(ii) 黄色の光で見る．

4・3 300 本 mm^{-1} の回折格子に垂直の方向からレーザービームを当て，回折格子から 1.5 m 先の白いスクリーン上に回折光を見た．
(a) 図 4・21 に示すように，1 次回折光はスクリーン上で互いに 58.0 cm 離れていた．(i) 1 次の回折角を計算せよ．(ii) レーザー光の波長を計算せよ．

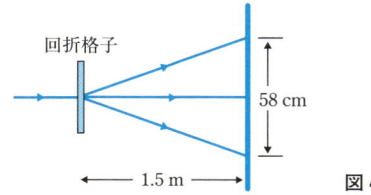

図 4・21

(b) この場合に観測される回折光の最高次数を計算せよ．

4・4 ある元素のスペクトルでは青い輝線と黄色の輝線が目立つ．黄色の波長は 590 nm であるが青の波長は未知とする．回折格子を用いた分光器で二つの輝線の 1 次の回折

光の位置を測定した．青は中央から左へ 95° 39′ と右へ 125° 33′，黄は左へ 89° 52′ と右へ 131° 20′ であった．
(a) (i) 青と黄それぞれの 1 次回折角はどれだけか，(ii) 回折格子は 1 mm 当たり何本か，(iii) 青い光の波長を計算せよ．
(b) (i) 青と (ii) 黄について高次の回折角を計算せよ．

4・5 (a) 電磁波のスペクトルで次の波長を含む部分の名前は何か．(i) 100 m，(ii) 0.01 mm，(iii) 100 nm．
(b) 空気中の光速を 3×10^8 m s^{-1} として，空気中で次の波長の電磁波の周波数を計算せよ．空気中で波長が (i) 1000 m のラジオ波，(ii) 3 cm のマイクロ波，(iii) 0.60 μm の可視光．

4・6 電磁波の用途として次の各項に適する性質（一つまたは複数）は何か．
(a) 赤外線：暗視カメラ
(b) 紫外線：盗難防止のマーカーペン
(c) マイクロ波：衛星通信
(d) X 線：X 線写真
(e) γ 線：γ 線治療
(f) UHF のラジオ波：携帯電話

II 物質の性質

第5章　物質と分子
第6章　物質の熱的性質
第7章　固体の強度
第8章　圧　　力

　第II部では，物質の機械的および熱的な性質について考え，これらを分子のレベルでみたときの物質と関係づける．また，物質の性質を測定する実習の機会もたくさん提供し，第I部と同じように，物理における数学の使い方も少しずつ導入していく．固体の伸縮，熱の伝わり方の制御や圧力の測定を含めて，物質の性質の応用についても議論を展開する．

5

物 質 と 分 子

目 次
5・1 物質の状態
5・2 元素と化合物
5・3 アボガドロ定数 N_A
5・4 分子を形成する力
まとめ
章末問題

学習内容
- 物質の三つの状態とその性質
- 分子運動論を用いた各状態の説明
- 元素,化合物および混合物
- 原子および分子の構成と性質
- アボガドロ数の定義と原子の質量と大きさの計算
- 原子・分子間の結合の種類と物質の三つの状態

5・1 物質の状態

多くの物質は,ある温度と圧力のもとで三つの状態,すなわち**固体,液体,気体**のいずれかになる(図5・1).これら三つの状態を区別する物理的な特徴として次の二つに注目する.

a. 形 状 固体の特徴はそれ自体で形をもつことである.これに対して液体の形は容器で決まる.閉じた容器に入れた気体は容器を完全に満たし,容器が開いていれば空気中に広がっていく.固体が形をもつのは流動性がないからである.その形は外部から力を加えて変えることができる.力を取除いたときに固体が元の形に回復する能力を弾性という.液体や気体は,流動し形が定まらないので流体という.

b. 表 面 固体と液体は表面をもつ.色のついた気体を空気中に出すと濃度が低下してすぐに見えなくなる.固体の表面は周囲の液体あるいは気体との間のはっきりとした境界面である.固体とその周囲の間で物質の出入りはほとんどない.液体の解放された表面は空気との境界面で

あり,はっきりとしているが物質の出入りがある(たとえば,お湯から水蒸気が出る).

図5・1 固体,液体,気体

形と表面を調べる
1. スライドガラスを温め,その上に1滴の飽和食塩水をのせて,液体中で結晶が成長するのを顕微鏡で観察する(図5・2).硫酸銅の飽和水溶液で同じ実験をせよ(硫酸銅は劇物指定).食塩と硫酸銅では結晶の形が異なる.

図5・2 食塩の電子顕微鏡写真.だいたい立方体をして隅の丸まった粒が見える(おそらく製造過程で詰め込む際に丸まったのだろう).

図5・3は，発泡スチロールの球を使った結晶のモデルで，球の配置によって異なる形状になる様子を示す．結晶の形は，それを構成する原子や分子がどのように配置されるかによる．

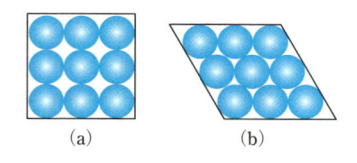

図5・3 結晶のモデル．(a) 立方充填構造，(b) 最密充填構造．

2. 他の結晶（できれば金属結晶も）を観察せよ．必要なら顕微鏡を用いる．金属は**結晶粒**という小さな結晶から成る．結晶粒の大きさと性質が金属の強度を決める（図5・4）．
3. ガラス棒を溶けるまで熱し，ガラスが非常に柔らかくなるのを観察せよ（その際，安全ゴーグルを必ず着用すること）．ガラスを熱源から離すと，そのときの形のまま急速に固まる．ガラスは**アモルファス**の固体の例である．アモルファスは**非晶質**ともいい，結晶とは異なり構成粒子の配置の長距離にわたる規則性がない．
4. 色のついた結晶をビーカーの水の中に入れて徐々に**溶解**する様子を観察せよ．結晶の粒子が溶液中に少しずつ溶け出すにつれ結晶がなくなっていく．これは**拡散**の例である．拡散は，ある種類の物質が他の種類の物質中に広がる現象である．図5・5のように，色のついた気体を入れた密閉容器と，空気を入れた別の容器との間の仕切を取除くとき見られる現象も拡散の例である．

図5・4 黄銅（真ちゅう）の薄片の顕微鏡写真．この合金に特徴的な結晶粒の構造が見える．

状態の変化

純粋な物質は，その物質に特有のある温度で一つの状態から他の状態に変わる．たとえば，大気圧が1気圧のとき純粋な氷は0℃で融け，水は100℃で沸騰する．

- 純粋な物質の**融点**とは，それが加熱されたとき固体から液体に，あるいは冷却されたとき液体から固体に変化する温度のことである．
- 純粋な物質の**沸点**とは，それが沸騰して液体から気体に変化する温度のことである．沸騰と異なり，蒸発はどんな温度でも液体表面で起こっている．

ある物質が状態を変えるために必要なエネルギーは**潜熱**という．図5・6は純粋な物質で起こりうる状態変化をまとめたものである．

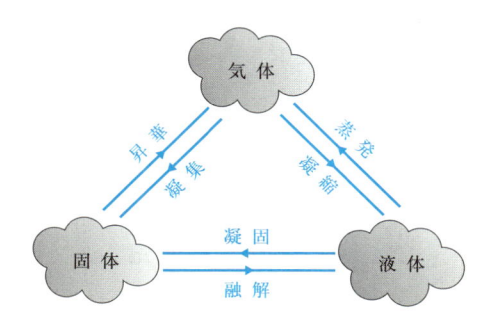

図5・6 状態の変化

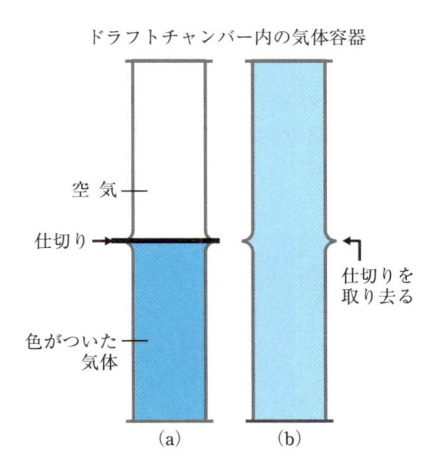

図5・5 空気中の拡散．仕切りを取除く (a) 前と (b) 後．

練習問題 5・1

1. (a) ゼリーは固体か液体か．理由もあわせて解答せよ．
   (b) 散布された噴霧剤は気体か液体か．理由もあわせて解答せよ．
2. 次の場合にはどんな状態の変化が起こっているか．
   (a) 氷をビーカーに入れて湯気が出るまで熱した．
   (b) 洗濯ひもにかかっている濡れた衣類が乾燥する．

5・2 元素と化合物

身の回りに見える物質のリストを作ってみよう．あちこち探さなくてもかなりの量になるだろう．だが，どんな物質もたかだか約90種類の**元素**とよばれる基本的な物質からできている．複数の元素から成る物質は元素ではない．天然に存在する元素は92種類，それ以外に人工的につくり出された元素がある．各元素にはそれを表す記号がある（たとえば炭素はC, 鉛はPb）．

化合物は一定の比率の2種類以上の元素から成る．たとえば，水は水素と酸素から成り，成分の質量の比は1：8である．

原子と元素

原子は，一つの元素の化学的な性質を決める最小の粒子である．ある元素に含まれる原子はどれをとっても互いに区別できないが，異なる元素の原子は区別できる．物質が原子から成るという理論は約2世紀前に展開された．現在では，走査型トンネル顕微鏡（STM）や原子間力顕微鏡（AFM）により，金属などの表面の原子の配列パターンを直接に"見る"ことができる（図5・7）．

どの原子も中心に正電荷をもつ**原子核**があり負電荷をもつ**電子**という粒子がその周囲を取囲んでいる．電子は異種の電荷の間の引力によって原子核を回る軌道にとどまる．

> **メ モ**
> 1. **原子番号** Z は，その元素の原子の原子核に含まれる陽子の個数である．一つの元素では，その原子の原子核に含まれる陽子の個数は同じである．原子番号は原子の**陽子数**ということもある．同じ元素の原子でも，原子核に含まれる中性子の数が異なることがある．
> 2. **同位体**は，同じ元素だが中性子の数が異なる原子である．たとえば重水素は原子核内に陽子と中性子を一つずつもち，水素の同位体である．同位体を区別して表す記号 $^{A}_{Z}X$ の X は元素の記号，A は原子核内の中性子と陽子の数の合計，Z は陽子数である．
> 3. **統一原子質量単位**は，炭素の質量の1/12であり約 1.66×10^{-27} kg である．記号は u．

電子がもつ電荷の大きさを e で表し，この量を**素電荷**（**電気素量**ともいう）とよぶ．素電荷は正である．

最も軽い原子は水素原子であり，その原子核は1個の**陽子**という正に帯電した粒子である．陽子の質量は電子の約1850倍である．陽子は素電荷をもつ．すなわち陽子の電荷は，電子と逆符号だが大きさはまったく同じである．電気的に中性の原子がもつ電子の数と陽子の数は等しい．水素原子以外は陽子に加えて**中性子**という電気的に中性の粒子を原子核に含む．中性子と陽子の質量はほとんど同じである（図5・8）．

練習問題 5・2a

1. メモを参照し，次の同位体の原子1個がもつ陽子および中性子の数を求めよ．
   (a) $^{3}_{1}H$　(b) $^{16}_{8}O$　(c) $^{23}_{11}Na$　(d) $^{206}_{82}Pb$　(e) $^{238}_{92}U$
2. 次の原子を記号で表せ．
   (a) 中性子2個と陽子2個をもつヘリウム（He）の同位体
   (b) 陽子6個と中性子6個をもつ炭素（C）の同位体

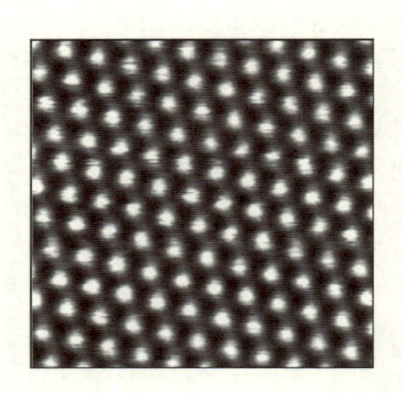

図5・7　配列した炭素原子のSTM像

分子と化合物

分子はいくつかの原子が結合したものである．たとえば，酸素分子は2個の酸素原子が結合しているので，この

	質量	電荷
陽子	1 u	$+e$
中性子	1 u	0
電子	$\frac{1}{1850}$ u	$-e$

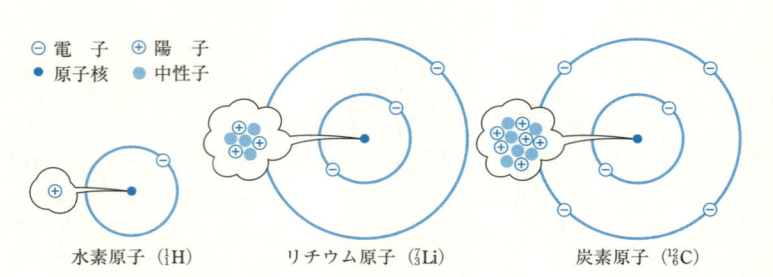

⊖ 電子　⊕ 陽子
● 原子核　● 中性子

水素原子（$^{1}_{1}H$）　　リチウム原子（$^{7}_{3}Li$）　　炭素原子（$^{12}_{6}C$）

図5・8　原子の内部

分子の記号は O_2 である．また，二酸化炭素の分子は2個の酸素原子が1個の炭素原子と結合していて記号は CO_2 である．

化合物は同じ種類の分子から成り，各分子を構成する原子の比率は同じだから，化合物を構成する元素の比率が**一定**になる．たとえば二酸化炭素という化合物は，二酸化炭素の分子から成るので，炭素原子1個に対して2個の酸素原子を含んでいる．

ある化合物を構成する元素の質量比は原子量と分子式から決まる．**原子量**は相対原子質量ともよばれ，原子の質量を統一原子質量単位 u すなわち $^{12}_{6}C$ の質量の 1/12 で表したものである．たとえば，天然の同位体組成の炭素原子の質量は約 12 u, 酸素は約 16 u だから，二酸化炭素分子は約 44 u〔= 12 + (2×16)〕，炭素と酸素の質量比が 0.357 (= 12/32) である．原子が鎖のようにつながった分子もあり，それらは非常に長いこともある．

油の分子の大きさを推定する

非常に小さな1滴の油を清浄な水の表面に落とすと，油の分子1層の膜ができる．これを実現するには，まず油の容器にV字型にした細い針金を漬け，1滴だけ残るように針金を振るう．この油滴の直径 d は 1 mm 刻みの物差しと拡大鏡を使って測定できる．つぎに，清浄にした水面にライトパウダー（ベビーパウダーなど）を振りかける．その

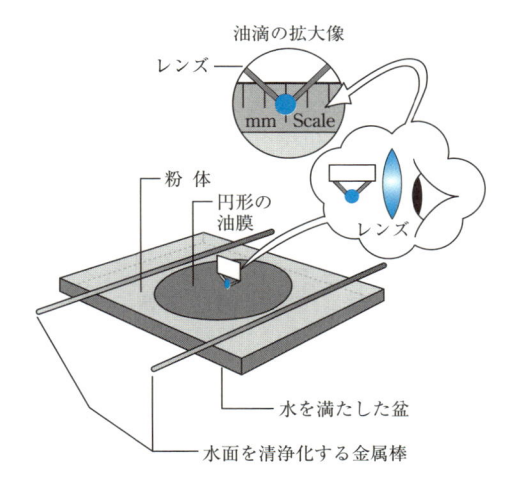

図 5・9 油分子のサイズの推定

水面に油滴をそっとおくと，油が広がりパウダーを押しのけて最終的に円板状の面を占めて落ち着くので，円板の直径 D を測定する（図 5・9）．

油膜の厚さ t は，油滴の体積 $(=\frac{4}{3}\pi r^3, r=D/2$ は油滴の半径）が円板の体積 $(=\frac{1}{4}\pi D^2 t)$ に等しいとして推定する．

例題 5・1

直径 1.0 mm の油滴が清浄な水の表面で広がってできた円板の直径が 650 mm であった．この情報から油の分子の大きさを推定せよ．

[**解答**] 油膜の厚さを t とすると，

$$\text{油の円板の体積} = \frac{\pi D^2 t}{4} = \frac{\pi (0.65)^2 t}{4}$$

$$\text{油滴の体積} = \frac{4\pi r^3}{3} = \frac{4\pi (0.5\times 10^{-3})^3}{3}$$

$$\therefore \quad \frac{\pi (0.65)^2 t}{4} = \frac{4\pi (0.5\times 10^{-3}\,\text{m})^3}{3}$$

油の分子の大きさの推定値 $t = \dfrac{4\pi(0.5\times 10^{-3})^3 \times 4}{3\pi(0.65)^2}$

$$= 1.6\times 10^{-9}\,\text{m}$$

練習問題 5・2b

1. 下の化合物の分子式を用い，その質量を統一原子質量単位で答えよ．関連する元素の原子量をカッコ内に記してある．
   (a) 水 H_2O (b) 一酸化炭素 CO (c) メタン CH_4
   (d) アンモニア NH_3 (e) 酸化銅(II) CuO
   (H=1, C=12, N=14, O=16, Cu=64)
2. 直径 0.8 mm の油滴が水面に広がり直径 350 mm の円板になった．この情報から油の分子の大きさを推定せよ．

5・3 アボガドロ定数 N_A

原子が結合して分子をつくるとき，一定の比で結合する．たとえば，どの二酸化炭素分子も1個の炭素原子と2個の酸素原子から成る．炭素原子と酸素原子1個ずつの質量比は常に 12:16 なので，二酸化炭素分子内で炭素と酸素の質量比は常に 12:32 である．二酸化炭素の分子が何個あっても，どの分子も同じだから，炭素と酸素の質量比は1個のときと同じである．

> **アボガドロ定数** N_A は炭素の同位体 $^{12}_{6}C$ のちょうど 12 g に含まれる原子の数である．

アボガドロ定数 N_A の数値は約 6.022×10^{23}, 単位は mol^{-1} である．mol はつぎに記すモルの略号である．

- **1 モル**（mole）は物質の量の単位で，その物質の粒子約 6.022×10^{23} 個を含む量である．たとえば，1モルの銅は 6.022×10^{23} 個の銅原子である．
- **モル質量**は，その物質の粒子 6.022×10^{23} 個当たりの質量であり，単位は g mol^{-1} とすることが多い．定義により，炭素12のモル質量はちょうど $12\,\text{g mol}^{-1}$ である．炭素原子1個の質量は 12 u, $1\,\text{u} = 1.66\times 10^{-24}\,\text{g}$〔= 12 g/(12×6.022×10^{23})〕あるいは約 $1.66\times 10^{-27}\,\text{kg}$ となる．粒子1個の質量が m のときモル質量は mN_A である．

> **メモ** 原子量が m ならばグラムを単位とするモル質量の数値も m となる．なぜなら，原子量は u を単位とする質量であり，グラムと u の変換係数がアボガドロ定数を用いて $1/(6.02\times 10^{23})$ となるからである．たとえば，酸素原子 1 個の質量 $= 16\,\text{u} = 16/(6.02\times 10^{23})$ g．酸素原子のモル質量は $16\,\text{g mol}^{-1}$ である．

密度と原子の大きさ

固体の元素では原子が互いに接している．

- 1 個の原子の質量 $= \dfrac{M}{N_A}$ （M はモル質量）

- 1 個の原子の体積 $= \dfrac{1\,\text{原子の質量}}{\text{密度}\,\rho} = \dfrac{M}{N_A \rho}$

原子の直径を d とし，どの原子も体積 d^3 の直方体の空間を占めるとすると（図 5・10），その直径は，

$$d^3 = \frac{M}{N_A \rho}$$

という式から推定できる．実際は，原子はその種類に応じて異なる仕方で詰まっているが，上の式は原子の大きさに対して一つの合理的な推定値を与える．

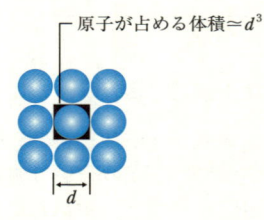

図 5・10 原子の大きさの推定

> **メモ** d を求めるには $M/N_A\rho$ の立方根を計算する必要がある．この値を
> $$\left(\frac{M}{N_A \rho}\right)^{\frac{1}{3}}$$
> と書く．電卓で y^x というボタンがあれば，次のようなステップで計算できる．
> 1. $M/(N_A \rho)$ を計算して答えを表示させておく．
> 2. y^x を押してから $(1\div 3)$ と入力し，$=$ を押すと，$[M/(N_A \rho)]^{1/3}$ の値が表示される．

例題 5・2
銅の密度は $8000\,\text{kg m}^{-3}$，原子量は 64 である．
(a) 銅原子 1 個の質量を kg で表せ．
(b) 銅原子の直径を推定せよ．
（アボガドロ定数 $N_A = 6.02\times 10^{23}\,\text{mol}^{-1}$）

[解答]
(a) 64 g の銅は 6.022×10^{23} 個の銅原子を含むので，

$$\text{銅原子 1 個の質量} = \frac{64\,\text{g}}{6.02\times 10^{23}}$$
$$= 1.1\times 10^{-22}\,\text{g}$$
$$= 1.1\times 10^{-25}\,\text{kg}$$

(b) 銅原子 1 個の体積 $= \dfrac{1\,\text{個の銅原子の質量}}{\text{密度}}$

$$= \frac{1.1\times 10^{-25}\,\text{kg}}{8000\,\text{kg m}^{-3}}$$
$$= 1.32\times 10^{-29}\,\text{m}^3$$

原子の直径 $d = (1.32\times 10^{-29}\,\text{m}^3)^{1/3}$
$= 2.4\times 10^{-10}\,\text{m} = 0.24\,\text{nm}$

練習問題 5・3

1. (a) (i) 炭素と (ii) ウランのそれぞれ 1 kg に含まれる原子の個数を計算せよ．
   (b) (i) 二酸化炭素 CO_2 と (ii) メタン CH_4 のそれぞれ 1 kg に含まれる分子の個数を計算せよ．
   （原子量: H=1, C=12, U=238）
2. アルミニウムは密度 $2700\,\text{kg m}^{-3}$，原子量 27 である．
   (a) アルミニウム原子の質量を計算せよ．
   (b) アルミニウム原子の直径を推定せよ．
   （アボガドロ定数 $N_A = 6.02\times 10^{23}\,\text{mol}^{-1}$）

5・4 分子を形成する力

原子の中の電子

電気的に中性で孤立した原子では，電子が**電子殻**(かく)に入り原子核を取囲んでいる．電子殻ごとに電子のエネルギーが決まっていて，収容できる電子の数も決まっている．原子核に最も近い K 殻は 2 個の電子を収容でき，次の L 殻は 8 個，3 番目の M 殻は内側に 8 個，外側に 10 個である．電子殻ごとの最大の電子数は，**周期表**の行と列を分析することではじめて明らかにされた．周期表は元素の表で，化学的性質が似ているものを縦の列に，原子番号の順に並べたものである（図 5・11）．

化学結合

原子どうしが結合して分子となり，分子どうしが結合して液体や固体となる．原子や分子を結びつける力の種類は，原子の電子構造によって異なる．電子殻が完成する（閉殻構造になる）と原子がエネルギー的に安定することが背後にある原理である．その実現方法の違いが結合の種類の違いになる．

a. イオン結合　一方の原子が 1～2 個の電子を失

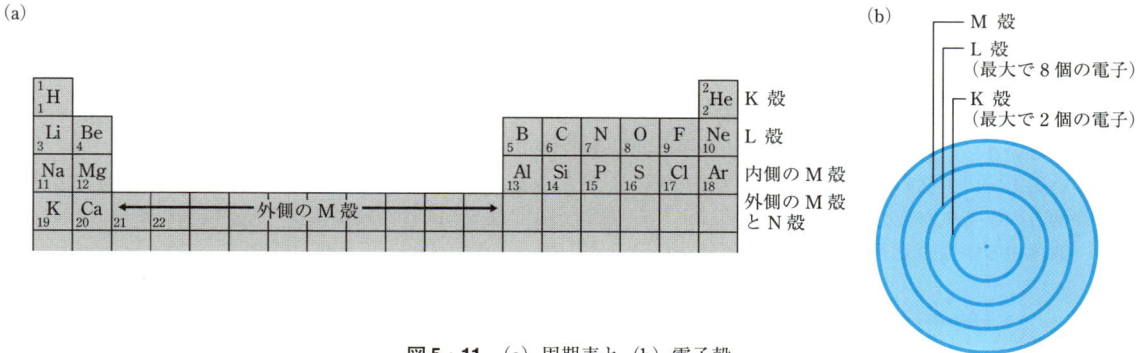

5. 物質と分子

図 5・11 (a) 周期表と (b) 電子殻

いそれを他方の原子がもらうことで形成される結合．イオンは，原子が1個またはそれ以上の電子を失うか得るかして帯電したものである．たとえば，塩化ナトリウムは正電

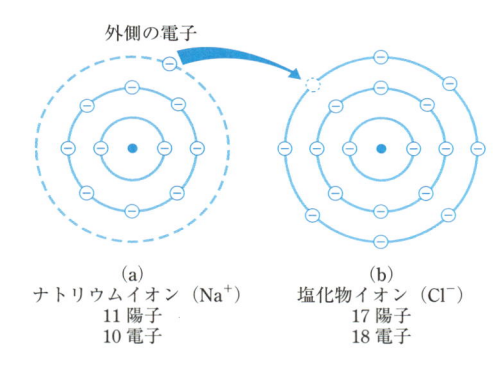

図 5・12 イオン結合

(a) ナトリウムイオン（Na$^+$）
　11 陽子
　10 電子

(b) 塩化物イオン（Cl$^-$）
　17 陽子
　18 電子

荷をもつナトリウムイオン（Na$^+$）と負電荷をもつ塩化物イオン（Cl$^-$）から成る．ナトリウム原子が外側の電子を1個失い塩素原子が外側の電子殻に電子を1個もらい，どちらも閉殻構造になる（図5・12）．

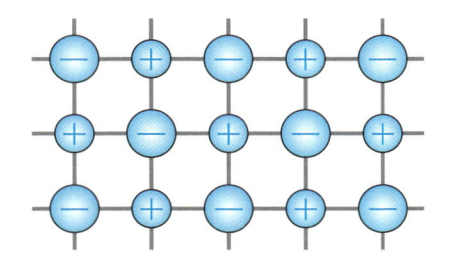

図 5・13 立 方 格 子

塩化ナトリウムの結晶は，陽イオンと陰イオンがイオン結合で結びつき，立方体の格子の隣合う頂点に並ぶので，その形が立方体になる（図5・13）．

b. 共 有 結 合　二つとも閉殻でない原子が電子を共有することで閉殻となる結合．結合する原子どうしが互いに1個ずつ電子を出し合い，その2個の電子で共有結合が

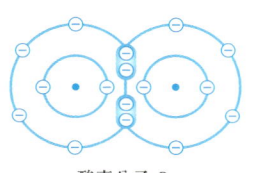

酸素分子 O$_2$

図 5・14 共 有 結 合

形成される．たとえば酸素原子は外側の殻に8個の電子をもち，あと2個電子があれば外殻が完成する．図5・14 に示すように，二つの酸素原子が2個ずつ電子を出し合い，共有結合が2個形成されて酸素分子ができる．

c. 金 属 結 合　金属結合では，金属の原子がどれも外側の電子を供出して膨大な数の陽イオンから成る構造ができ，原子から離れた膨大な数の電子が"海"のようにイオンを取囲み金属結合が保たれる．原子から離れた電子は**伝導電子**あるいは**自由電子**とよばれるが，これは電位差を

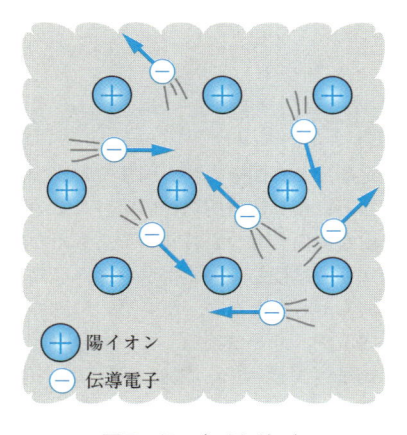

⊕ 陽イオン
⊖ 伝導電子

図 5・15 金 属 結 合

与えたときに流れる電流を担うからである．この種類の結合は金属だけにみられるが，それは金属原子が最外殻の電子を共有しやすいからである（図5・15）．

d．分子間力による結合 ファンデルワールス力による結合ともいう．この力は，中性の原子や分子の間に作用する弱い引力で，中性の分子が二つあるとき一方の分子の電子が他方の原子核から引力を受けるために生じる（図5・16）．液体中の中性の分子が液体から逃げ出さないのは

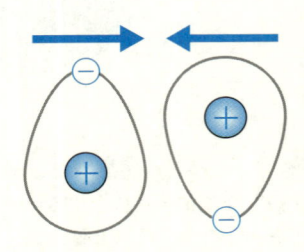

図5・16 分子間力による結合

この結合による．ファンデルワールス力が作用する距離はせいぜい分子数個分である．これに比べるとイオン結合はずっと長距離でも作用する．水素原子を挟んで陰イオンになりやすい原子が配置されると，ファンデルワールス力よ

り強く共有結合より弱い**水素結合**とよばれる結合をつくる．その例として液体の水分子があげられる．

一般に，二つの原子，分子あるいはイオン間に引力がはたらくときも，非常に接近すると反発力がはたらくようになる．非常に短距離では電子殻どうしが反発するからである．図5・17は距離によって力が変わる様子を表す．

- **平衡距離** r_0 では引力と反発力が均衡する．
- **結合エネルギー**は二つの分子を平衡距離から無限遠まで離すのに必要なエネルギーである．

分 子 と 物 質

固体や液体では，その物質の分子間に引力があるので，大気中への拡散は顕著ではない．分子は互いに接触しており，固体では相互の位置が変わらないが，液体ではある程度自由に動き回る．

気体では，分子間の力が非常に弱いあるいは作用しないので，気体分子どうしが出会っても飛び去っていく．気体分子は互いに独立かつランダムに運動し，分子どうしが接触するのは衝突して離れるまでの間である．

多原子分子は共有結合により原子が結合している．共有結合は，結合にあずかる原子間にはたらくが，分子間の相互作用には影響しない．

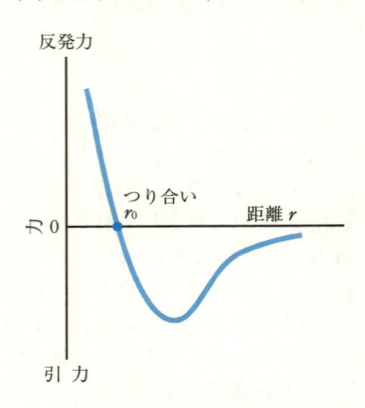

図5・17 分子間の距離と力

▶ **練習問題5・4**
1. (a) 次の結合の種類は何か．(i) 二酸化炭素分子内の原子間，(ii) 固体の銅の原子間，(iii) 塩化ナトリウムの結晶の原子間，(iv) 液体窒素の分子間，(v) 空気の分子間．
  (b) 次の場合の電子の配置はどうか．(i) 炭素原子，(ii) 一酸化炭素分子．
2. 次の物質中で分子は (i) 互いに接しているか，(ii) 自由に動いているか．
  (a) 空気　　(b) 水　　(c) 木　　(d) 氷

▼ **ま と め**

- **固体**は一定の形と表面をもつ．固体を形成するたくさんの分子は互いに接し位置関係が固定されている．
液体は自由な表面をもつが特定の形をもたない．たくさんの分子が互いに接しているがランダムに動く．
気体は表面も形ももたない．ランダムに動くたくさんの分子から成るが，分子は接触していない．
- **原子**は，陽子（質量＝1u，電荷＝$+e$）と中性子（質量＝1u，電荷＝0）を含む原子核と，原子核を取囲む電子〔質量≈0.0005 u（5.486×10^{-4} u），電荷＝$-e$〕から成

る．
- **統一原子質量単位**：単位記号はu．炭素12の原子の質量の1/12．
- **アボガドロ定数** N_A は，12 g の炭素12に含まれる原子の個数，単位は mol^{-1}．
- **1モルの物質**＝その物質の粒子 N_A 個，単位は $kg\,mol^{-1}$ あるいは $g\,mol^{-1}$．
- **結合の種類**：イオン結合，共有結合，金属結合，分子間力による結合

章末問題

p.318 に本章の補充問題がある.
（アボガドロ定数 $N_A = 6.02 \times 10^{23}\,\mathrm{mol^{-1}}$）

5・1 原子と分子について自分の知識を用いて以下を説明せよ.
(a) 固体がその形を保つ理由は何か.
(b) 液体が容器の形になる理由は何か.
(c) ある化学反応でビーカー中に生じた二酸化炭素の気体（炭酸ガス）は比較的長くビーカー内にたまった．その理由は何か.

5・2 次の例は物質のどのような状態の変化か.
(a) 嵐で雹が降る.
(b) 車のフロントガラスが水滴で曇る.
(c) ドライアイス（固体の二酸化炭素）が炭酸ガスになる.

5・3 気体の塩素は二つの同位体 $^{37}_{17}\mathrm{Cl}$ と $^{35}_{17}\mathrm{Cl}$ を含む.
(a) それぞれの同位体の原子の原子核には何個の陽子と何個の中性子があるか.
(b) 塩素ガス中の $^{35}_{17}\mathrm{Cl}$ の個数は他の同位体の約 3 倍である．塩素ガスのモル質量を計算せよ.

5・4 (a) 電気的に中性の (i) 炭素原子と (ii) 水素原子について，電子の配置を述べよ.
(b) メタンの分子式は $\mathrm{CH_4}$ である．以下に答えよ.
(i) メタンのモル質量はどれだけか.
(ii) メタン分子 1 個の質量は kg 単位でどれだけか.
(iii) メタン分子の電子の配置を述べよ.

5・5 (a) $^{235}_{92}\mathrm{U}$ はウランの不安定な同位体である．この同位体の原子の原子核には何個の陽子と何個の中性子が含まれるか.
(b) この同位体 1 g 中に何個の原子が含まれるか.

5・6 水の密度は $1000\,\mathrm{kg\,m^{-3}}$，モル質量が $0.018\,\mathrm{kg\,mol^{-1}}$ である.
(a) 水の分子 1 個の質量を計算せよ.
(b) 水の分子の大きさを推定せよ.

5・7 鉛は密度 $11340\,\mathrm{kg\,m^{-3}}$，原子量 207 である.
(a) 鉛の原子 1 個の質量を計算せよ.
(b) 鉛の原子 1 個の直径を推定せよ

5・8 (a) 空気の成分は窒素（モル質量 $28\,\mathrm{g\,mol^{-1}}$）が約 80%，酸素（モル質量 $32\,\mathrm{g\,mol^{-1}}$）が約 20% である．空気のモル質量が $29\,\mathrm{g\,mol^{-1}}$ となることを示せ.
(b) 室温で大気圧の空気の密度が約 $1.2\,\mathrm{kg\,m^{-3}}$ である.
(i) 窒素分子や酸素分子を区別せずに同じ空気の分子とした場合の空気の分子間の平均距離を推定せよ.
(ii) (i) の解答に対して，空気の分子の直径が約 0.3 nm という知識を使ってコメントせよ.

6

物質の熱的な性質

目　次
- 6・1　熱膨張
- 6・2　比熱容量
- 6・3　比潜熱
- 6・4　熱の伝達
- 6・5　熱伝導
- まとめ
- 章末問題

学習内容
- 温度の単位，℃とケルビンの変換
- 温度上昇による固体の熱膨張の計算
- 種々の物質の比熱容量の測定
- 種々の物質の融解や蒸発における比潜熱の測定
- 比熱容量，比潜熱の計算
- 熱が伝わるメカニズム：熱伝導，対流，放射
- 熱伝導と放射の計算

6・1　熱膨張

温度と熱

熱はエネルギーの一つの形であり，温度差があるときに伝達される．物質が熱せられるとその原子や分子はエネルギーを得る．温度が上がると固体では分子の振動が速くなり，液体や気体ではより速く動き回るようになる．融点にある固体や沸点にある液体が熱せられたとき供給されるエネルギーは分子間の結合を切るために使われる．

温度は物体の熱さの指標である．温度の目盛を定めるために，再現性があり信頼できる熱さの指標に数値を割りふる．

- 摂氏温度目盛（℃）：
  1. 氷点（0℃）は純粋な氷が1気圧で融ける温度
  2. 1気圧のときの水の沸点（100℃）
- 絶対温度目盛（K），Kはケルビンと読む：
  1. 絶対0度（0 K）は存在する最低の温度，-273℃に等しい（p.273 参照）．

2. 水の三重点（約273 K）は，水蒸気と水と氷が熱平衡状態として共存する温度．氷点は圧力により変わるので，三重点の方がより信頼できる基準となる．三重点の温度の値を273 K と決めたので，二つの温度目盛はどの温度でも273 だけ異なる．正確には，水の三重点の温度は273.16 K である．

$$\text{絶対温度目盛} = \text{摂氏温度目盛} + 273$$

温度測定というテーマは25章で論じる．

熱膨張

多くの固体は熱すると伸び，冷やすと縮む．図6・1 はこれを実際に測定する方法である．固体を熱すると内部の原子の振動がより激しくなり原子間の平均距離が増大する．これを**熱膨張**という．固体の熱膨張による長さ L の変化 ΔL は，

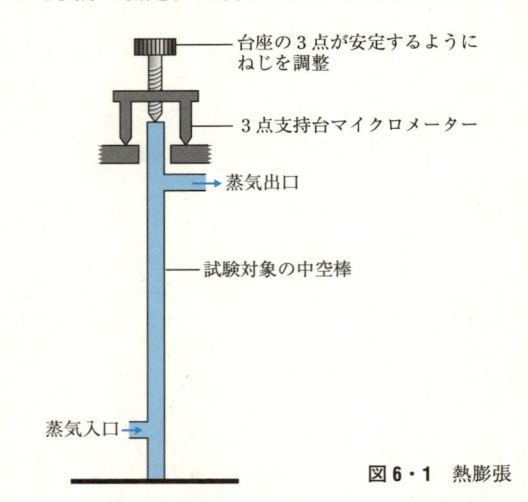

1. 長さ L に比例．
2. 温度変化 ΔT に比例．
3. 比例係数は物質により異なる．

たとえば長さ L の固体の丸棒なら，**熱膨張係数** α は，

$$\alpha = \frac{\Delta L}{L \times \Delta T}$$

図6・1　熱膨張

である．表 6・1 はいくつかの物質の熱膨張係数 α の値であるが，この値は温度によって変化する．α の単位は K^{-1} である．長さと温度変化，それに熱膨張係数が与えられたとき，

$$\Delta L = \alpha L \Delta T$$

を用いて長さの変化を計算できる．

表 6・1 熱膨張係数の値 温度により変化する．合金は組成で変わる．

物 質	熱膨張係数 (K^{-1})
鋼 鉄	1.1×10^{-5}
黄 銅	1.9×10^{-5}
アルミニウム	2.3×10^{-5}
インバー†	0.1×10^{-5}

† 鉄ニッケル合金

例題 6・1

温度が 5 ℃ から 30 ℃ に変わるとき，長さ 45.0 m の鋼鉄製の建設用の梁はどれだけ伸びるか．この物質の熱膨張係数は $1.1 \times 10^{-5} K^{-1}$ で一定とする．

[解答] $\Delta T = (30 + 273) - (5 + 273) = 25 \, K$
$L = 45.0 \, m \quad \alpha = 1.1 \times 10^{-5} \, K^{-1}$

$\Delta L = \alpha L \Delta T = 1.1 \times 10^{-5} \times 45.0 \times 25$
$= 1.2 \times 10^{-2} \, m$
$= 1.2 \, cm$

熱膨張の応用

a. バイメタル 黄銅と鋼を貼り合わせたものである（図 6・2）．温度が上がると板は鋼鉄の側に曲がるが，

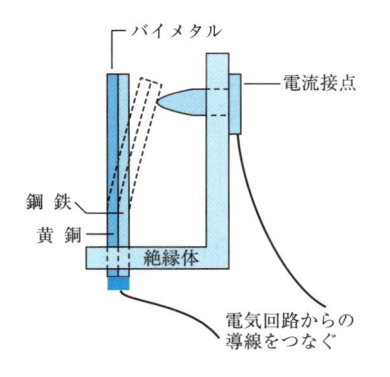

図 6・2 バイメタル

その理由は同じ温度上昇で鋼鉄より黄銅の方が膨張するからである．バイメタルは，警報や加熱機器などにおいて温度に感応するスイッチとして利用される．

b. 遊 間 橋やレールや建築構造物において，夏の暑さによる膨張で影響が出ないようにするのに必要な隙間である．この隙間は，落下してきた小石などが挟まらないように，普通はゴムなどの柔らかい材料で充填する．

c. サーモスタット ラジエーター（放熱器）のサーモスタットは水冷エンジンの部品だが，密封した容器にワックスが入れてある．容器内側のスピンドルが外部に突き出て，その長さが変化して水流制御弁が開閉する．ワックスが温まると膨張しスピンドルを押し出し弁が開く．エンジンが冷えると弁が閉じ冷却水の流量が減り，エンジンが温まってくると弁が開き流量が増す．

練習問題 6・1

1. 電気ヒーターが熱くなりすぎたとき電流を切るのにバイメタルのスイッチが使える．これを実現する方法を図解せよ．
2. 表 6・1 のデータを用いて熱膨張による長さの変化を計算せよ．
  (a) 長さ 0.80 m の黄銅の丸棒の温度が 15 ℃ から 20 ℃ に上がったとき．
  (b) 長さ 1.50 m のアルミニウムの板が 10 ℃ から -5 ℃ まで下がったとき．

6・2 比 熱 容 量

エネルギーとパワー

電気器具の**パワー**（**電力，仕事率**ともいう）は，その器具が電気的エネルギーを消費するスピードを表す．パワーの単位は**ワット**（watt, W）である．たとえば，1000 W の電気ヒーターは同じ時間内に 100 W の電球の 10 倍のエネルギーを消費する．パワーはエネルギーが伝達されるときには，消費に限らず，また電気エネルギーに限らず，いつでも使ってよい量である．

電気器具が消費するエネルギーはキロワット時（kW h）で表される．2 kW の電気ヒーターを 4 時間つけておくと 8 kW h あるいは 8 "単位"の電気エネルギーを消費する．電気料金が 1 単位の電気エネルギー当たり 6 ペンスなら 48 ペンスの経費となる［訳注：日本では 2011 年現在で 1 kW h 当たり 20 円程度だから，8 kW h で 160 円程度．深夜料金ならその 1/3 程度］．

科学的な議論ではエネルギーの単位は**ジュール**（joule, J）である．1 J は 1 W の電気器具を 1 秒間使用したときに消費される電気エネルギーに等しい．言い換えると，1 W はエネルギーが伝達される速さ 1 J s^{-1} に等しい．1 kW h が 3.6 MJ となることを各自で確認せよ．

$$\text{パワー (W)} = \frac{\text{伝達されるエネルギー (J)}}{\text{経過時間 (秒)}}$$

図 6・3 のようにして，低電圧用ヒーターに供給される電気エネルギーを直流用ワットメーターを使って測定できる．**ワットメーター**は，一定時間内に伝達されるエネルギーを測定して電気ヒーターが消費するパワーを表示するので，上の式を用いるとエネルギーを計算できる．

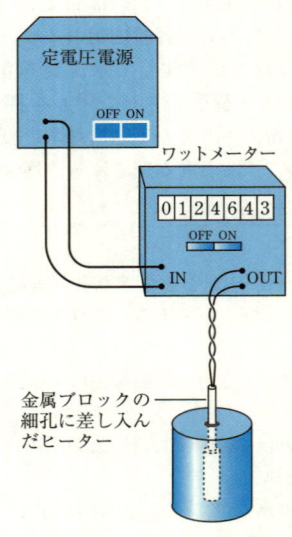

図 6・3 ワットメーターの利用

物体を加熱する

ある物質は他より熱くなりやすい．たとえば，夏の日差しの中で，大きなプールより自動車の方がずっと熱くなる．物体の温度上昇は，

- 物体が吸収したエネルギー：エネルギーが大きければ温度上昇も大きい．
- 物体の質量：質量が大きければ温度上昇が小さい．
- 物質の性質

に依存する．

ある物質の**比熱容量** c とは，その 1 kg が 1 K だけ温度上昇するのに必要なエネルギーである．c の単位は $\mathrm{J\,kg^{-1}\,K^{-1}}$ である．表 6・2 には，いくつかの物質の比熱容量を示した．たとえば，水の比熱容量が 4200 $\mathrm{J\,kg^{-1}\,K^{-1}}$ であると

は，1 kg の水の温度を 1 K だけ上昇させるには 4200 J を必要とすることを意味する．

一般に，質量 m の物質を温度 T_1 から T_2 まで上げるのに必要な熱量 Q は，この物質の比熱容量を c として，

$$Q = mc(T_2 - T_1)$$

である．

> **メモ**
> Q という文字は伝達される熱の量を表すときに使う．

例題 6・2
3 kW の電気ポットに 15 ℃，1.5 kg の水が入っている．
(a) この水の温度を 100 ℃まで上げるのに必要なエネルギーを計算せよ．
(b) 3 kW のヒーターの熱がすべてこのエネルギーを供給するのに使われるとして，必要な時間はどれだけか．
(c) このポットで水を 15 ℃から 100 ℃にするには(b)より時間がかかった．理由は何か．

[解 答]
(a) 必要なエネルギー $= mc(T_2 - T_1)$
$= 1.5 \times 4200 \times (100 - 15)$
$= 5.4 \times 10^5$ J
(b) パワーとエネルギーの関係式を使い，

$$経過時間 = \frac{エネルギー}{パワー} = \frac{5.4 \times 10^5}{3000} = 180 \text{ 秒}$$

(c) ポットから熱が逃げる．ポット自体が温まる．

比熱容量の測定

a. 金属の場合　金属ブロックを断熱し，低電圧用ヒーターをブロックに開けた細孔にいれて加熱する．別の細孔には温度計を入れる．上皿天秤で金属ブロックだけの質量を測定する．つぎにブロックを図 6・4 のようにセットする．加熱前に温度を測り，ワットメーターを用いて一

表 6・2　比熱容量の値

物　質	比熱容量/$\mathrm{J\,kg^{-1}\,K^{-1}}$
アルミニウム	900
黄　銅	370
銅	390
ガラス	700
鋼　鉄	470
油	2100
水	4200
コンクリート	850

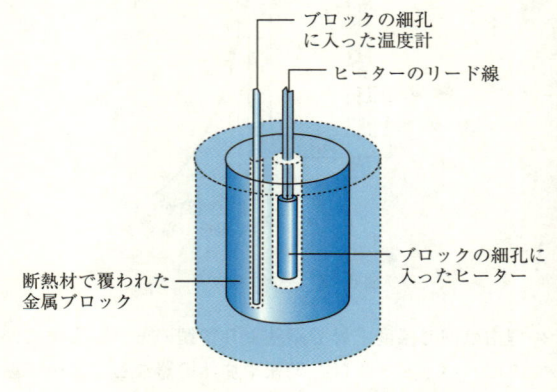

図 6・4　金属ブロックの比熱容量の測定

定時間内にヒーターに供給した電気エネルギーを測定する．ヒーターのスイッチを切ったときが最高温度である．比熱容量は次の式で計算する．

$$\text{比熱容量} = \frac{\text{供給したエネルギー}}{\text{質量} \times \text{温度上昇}}$$

b. 液体の場合　液体の質量を測定し，図6・5のような断熱した金属製のカロリーメーター（熱量を測定する装置だが，ここでは断熱容器として用いる）に入れる．カロリーメーターの質量は別途測定しておく必要がある．ワットメーターを使って供給したエネルギーを測定する．液体の最初の温度と最高温度を温度計で測定する．

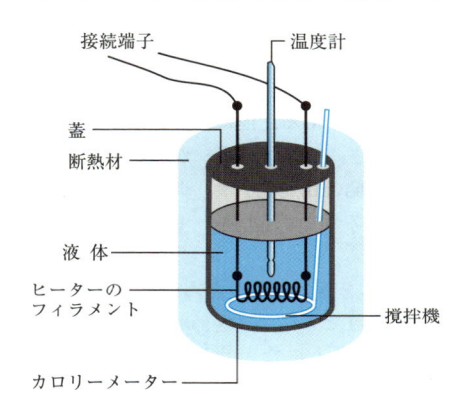

図6・5 液体の比熱容量の測定

熱の損失がないとすると，

$$\begin{pmatrix}\text{液体に供給し}\\ \text{たエネルギー}\end{pmatrix} = \begin{pmatrix}\text{供給した電気}\\ \text{的エネルギー}\end{pmatrix} - \begin{pmatrix}\text{カロリーメーターに}\\ \text{供給したエネルギー}\end{pmatrix}$$

である．したがって，

$$m_1 c_1 (T_2 - T_1) = E - m_{cal} c_{cal} (T_2 - T_1)$$

ここで，m_1: 液体の質量，m_{cal}: カロリーメーターの質量，c_1: 液体の比熱容量，c_{cal}: カロリーメーターの比熱容量，T_2: 最高温度，T_1: 最初の温度，E: 供給した電気的エネルギーである．

上の式を使うと液体の比熱容量を算出できる．熱の損失はないとしたが，ヒーターのスイッチを切った後で液体の温度を測定すればその当否を調べられる．

例題 6・3

質量27 kgの銅でできた容器に160 kgの水を入れて全体を断熱材で覆った．
(a) 水の温度を15℃から45℃に上げるのに必要なエネルギーを計算せよ．銅および水の比熱容量をそれぞれ390 J kg^{-1} K^{-1}および4200 J kg^{-1} K^{-1}とする．
(b) この水を3.0 kWの電気ヒーターで温める．(a)で必要とする時間はどれだけか．

[解答]
(a) 銅の容器を温めるのに必要なエネルギー
　　$27 \times 390 \times (45-15) = 3.2 \times 10^5$ J $= 0.32$ MJ
　　水を温めるのに必要なエネルギー
　　$160 \times 4200 \times (45-15) = 2.02 \times 10^7$ J $= 20.2$ MJ
　　必要とする全エネルギー
　　$20.2 + 0.3 = 20.5$ MJ
(b) 必要な時間 $= \dfrac{\text{必要なエネルギー}}{\text{パワー}} = \dfrac{20.5 \times 10^6}{3000}$
　　　　　$= 6800$ s

練習問題 6・2

1. 表6・2のデータを用い次の温度上昇に必要なエネルギーを計算せよ．
   (a) 5.0 kgの油を10℃から50℃まで．
   (b) 1500 kgのコンクリートのブロックを5℃から35℃まで．
   (c) 95 kgの水を入れた15 kgのアルミニウムの容器を20℃から80℃まで．
2. ある液体を断熱したカロリーメーターに入れてその比熱容量を測定する．表6・2および以下のデータを用いて液体の比熱容量を計算せよ．
   銅製のカロリーメーターが空のときの質量 = 55 g
   カロリーメーターと液体の質量の合計 = 143 g
   液体の最初の温度 = 15℃
   液体の最終の温度 = 62℃
   供給したエネルギー = 9340 J

6・3　比 潜 熱

融解と凝固

純粋な固体を加熱すると温度が上昇し，融点に達すると融け始めるが，熱し続けても温度が上がらない．融点にい

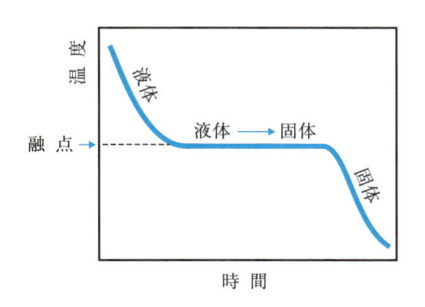

図6・6 融点における状態変化

る間に物質がもらったエネルギーは，温度上昇には寄与しないから，**潜熱**という．このエネルギーは，固体中の分子が結合を切り，動けなかった構造から自由になるのに使わ

れる．液体を十分に冷やすと融点で凝固する．このときは分子がエネルギーを放出して，互いに結合し動けない構造に戻る（図6・6）．

ある物質の**融解の比潜熱** l とは，単位質量が温度を変えないで融けるのに必要なエネルギーである．この**比潜熱**の単位は $J\,kg^{-1}$ である．

1. 質量 m の物質を融かすのに必要な熱の量は次の式から計算できる．

$$Q = ml$$

2. 同じ式を使って，この物質の質量 m が凝固するとき放出するエネルギーを計算できる．

例題 6・4

0℃の氷 120 g を融かして 40℃にするのに必要なエネルギーを計算せよ．氷の比潜熱は $340\,000\,J\,kg^{-1}$，水の比熱容量は $4200\,J\,kg^{-1}\,K^{-1}$ とする．

[解答]
氷を融かすのに必要なエネルギー
$0.12 \times 340\,000 = 41\,000\,J$
氷が融けてできた水を熱するのに必要なエネルギー
$0.12 \times 4200 \times (40-0) = 20\,200\,J$
全部のエネルギー
$41\,000 + 20\,200 = 61\,200\,J$

氷の融解の比潜熱を測る

図6・7のように，大きな漏斗に角氷を詰め込み，低電圧用ヒーターをその奥まで入れる．

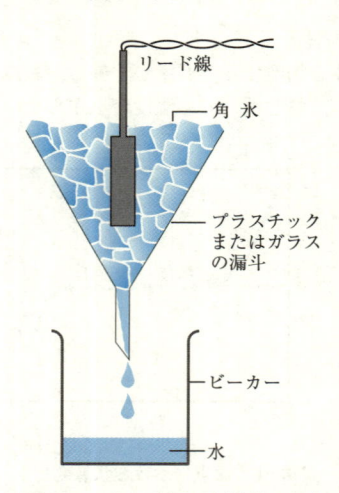

図 6・7 氷の融解の比潜熱の測定

1. ヒーターのスイッチを入れる直前までに漏斗から融け出してビーカーにたまっている水の質量 m_0 を測る．

2. ワットメーターを経由してヒーターを電源につなぎ一定時間だけ電流を流し，ビーカーにたまっている水の質量を測定する．

ヒーターをつけたときに融けた分もあわせて測った水の質量を m_1 とすると，ヒーターが融かした氷の質量は $m_1 - m_0$ である．氷の比潜熱は供給されたエネルギーを $m_1 - m_0$ で割れば計算できる．

蒸発と凝縮

液体を加熱すると沸点に到達するまで温度が上がる．さらに加熱を続けてエネルギーが供給されると，液体の分子が互いに自由になって蒸気すなわち気体になる．沸点に到達した液体に熱エネルギーを供給しても温度が変わらないので，これは**潜熱**である．逆に，蒸気が凝縮して分子間の結合が生じるときこのエネルギーが開放される．

ある物質の**蒸発の比潜熱** l は，単位質量が温度を変えずに蒸発するのに必要なエネルギーである．この比潜熱の単位は $J\,kg^{-1}$ である．

質量 m の液体を蒸気にするために供給される熱の量は，蒸発の比潜熱を l として式 $Q = ml$ から計算できる．逆の場合も同じである．たとえば，水の蒸発の比潜熱は $2.3\,MJ\,kg^{-1}$ だから，0.5 kg の水を蒸発させるためのエネルギーは 1.15 MJ（$= 0.5 \times 2.3\,MJ$）である．

例題 6・5

2.5 kW の電気ポットに水が 2.0 kg 入っている．水の蒸発の比潜熱を $2.3\,MJ\,kg^{-1}$ とせよ．
(a) 水 1.5 kg を蒸発させるのに必要なエネルギーを計算せよ．
(b) (i) このポットで水 1.5 kg を蒸発させるのに必要な時間を推定せよ．
(ii) その推定にはどのようなことを仮定したか．

[解答]
(a) 必要なエネルギー $= 1.5 \times 2.3\,MJ = 3.45\,MJ$

(b) (i) 必要な時間 $= \dfrac{\text{必要なエネルギー}}{\text{パワー}}$

$= \dfrac{3.45 \times 10^6}{2500} = 1380\,s$

(ii) その熱が損失なくすべて蒸発に使われた．

液体の蒸発の比潜熱を測る

図6・8のような装置で液体を沸点まで熱する．沸点では，液体から出た蒸気が液体容器の周囲を満たして鉛直に置いた凝縮器の管に入る．そこで凝縮が起こり管の底にあるビーカーに集められる．空のビーカーの質量を測定しておき，一定時間内に凝縮で得た液体を集める．その時間に

供給したエネルギーはワットメーターで測る．蒸発の比潜熱は，

$$蒸発の比潜熱 = \frac{供給したエネルギー}{集めた液体の質量}$$

として計算する．

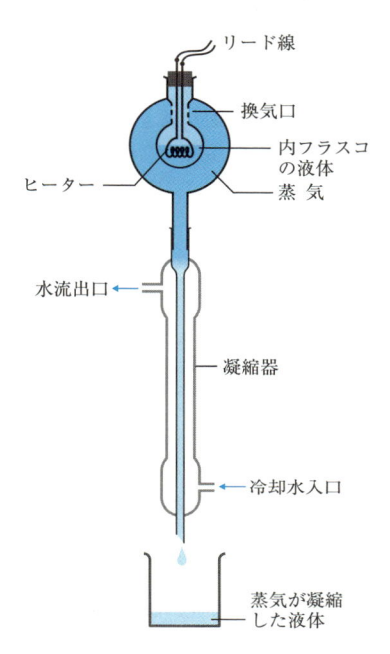

図 6・8 液体の蒸発の比潜熱の測定

練習問題 6・3

1. $-10\,°C$ の氷 0.20 kg を 100 °C の蒸気に変えるのに必要なエネルギーを計算せよ．氷の比潜熱は 340 000 J kg^{-1}，水蒸気の比潜熱は 2.3 MJ kg^{-1}，氷の比熱容量は 2100 J kg^{-1} K^{-1}，水の比熱容量は 4200 J kg^{-1} K^{-1} とする．
2. ポリエチレン製のビーカーに 20 °C の水 120 g が入っている．ビーカー内に 100 °C の水蒸気を吹きつけたところ凝縮し，全部の水が 52 °C となった．ビーカーから外に熱が逃げないとして，以下を計算せよ．水蒸気の比潜熱は 2.3 MJ kg^{-1}，水の比熱容量は 4200 J kg^{-1} K^{-1} とする．
   (a) 120 g の水が 20 °C から 52 °C になるためのエネルギー
   (b) ビーカー内で液体となった水蒸気の質量

6・4 熱の伝達

熱は温度差があると伝達される．**熱の伝達**の三つのメカニズムは，**熱伝導**，**対流**，**放射**である．熱伝導は固体，液体と気体中で起こる．対流は液体と気体だけで起こるが重力が不可欠である．たとえば，図 6・9 の高温のラジエーター（放熱器）から，パネルで温めた空気が対流を起こすことにより熱が部屋のほかの場所に伝わる．また赤外線の放出でも部屋中に伝わる．

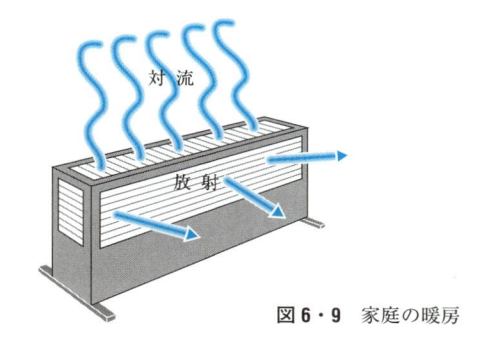

図 6・9 家庭の暖房

対 流

流体のある部分が熱せられると膨張し，周囲の冷たい部分よりも密度が小さくなって上昇する．閉じた空間では，温かい流体が上昇し，冷たい流体が下降して熱源に戻り熱せられて上昇する．この過程が**対流**である．

次にその例を示す．

1. ガスストーブの炎で熱くなった気体が上昇し，その結果として新しい空気がストーブに入る．燃焼でできたものには一酸化炭素が含まれ，その密度が上がると致命的である．このため，ガスストーブを使うときは十分に換気して燃焼の生成物を外気中に逃がし，新鮮な空気をストーブがある部屋に入れる必要がある．
2. 熱せられた気球が上昇するのは，気球内部の空気がガスバーナーで暖められ周囲の空気よりも密度が小さくなるからである．バーナーを繰返し点火しないと，気球内の空気が冷えて密度が高くなり沈んでしまうだろう（図 6・10a）．

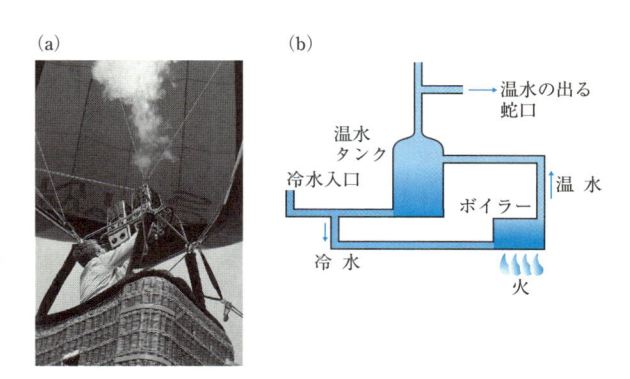

図 6・10 対流の例．(a) 熱気球，(b) 温水器．

3. 温水タンクは，普通は温水の出口がタンクの上部にある．ボイラーに入って熱せられた水はタンクの上にい

く．もしタンクの下部に温水取出しのパイプをつけると，タンク全体の水が温まらない限り，冷たい水が出てくる（図6・10b）．

空気の対流を調べる

a. 自然対流　人工的な装置で空気の流れをつくらないときに起こる対流である．温かい物体が大気中で徐々に冷える様子を一定の時間間隔で測定し，横軸を時間，縦軸を温度とする図6・11のようなグラフを描け．このグラフの傾きが各時刻において温度の下がる速さを表す．周囲と物体の温度差が小さくなると温度が下がる速さも小さくなる．

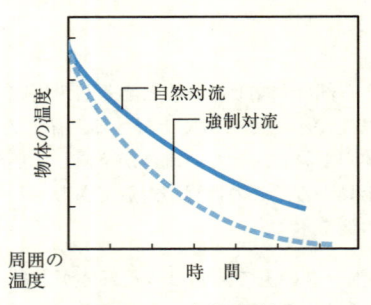

図6・11　冷却曲線

b. 強制対流　ドライヤーや扇風機で風を起こして同じ測定をせよ．自然対流のときよりも温度の下がり方が急になる．

放　　射

どんな物体でも絶対温度が0にならない限り電磁波を放射している．これは**熱放射**として知られ，常温ではおもに赤外線である．温度がもっと高くなると可視光も含まれるようになる．

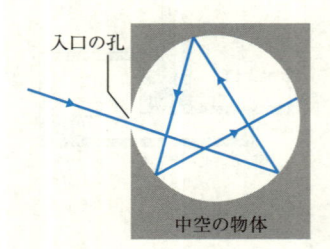

図6・12　黒体

熱放射を最も効率よく吸収するのは黒色で粗い表面であり，最も効率が悪いのが金属の磨いた表面である．表面に入射した放射をすべて吸収する物体を**黒体**という．たとえば，中空の物体に小さな孔を空けて，その孔からのぞき込んだ物体は黒体である．それは孔を通して入った放射は，空洞の内表面で反射・吸収を繰返すが，最終的にはすべて吸収されるからである（図6・12）．太陽その他の星は，その表面に入射した放射をすべて吸収するから，黒体と考えてもよい．

熱放射の吸収効率がよい表面は発光効率もよい．黒体からの放射を**黒体放射**という．黒体に限らず面からの1秒当たりの熱放射のエネルギーは，

1. 面の面積 A に依存し，面が大きいほど大きく．
2. 面の温度 T に依存し，温度が高いほど大きく．
3. 面の性質に依存し，面積と温度が同じなら黒体から放出されるエネルギーが最大である．

熱放射に関する**ステファンの法則**（ステファン・ボルツマンの法則ともいう）によると，面積 A，温度 T の表面から放出される1秒当たりのエネルギー W が，

$$W = e\sigma A T^4$$

になる．e は表面の放射率といい黒体表面で1，一般には黒体表面との比である．ステファン・ボルツマン定数 σ の値は $5.67\times 10^{-8}\,\mathrm{W\,m^{-2}\,K^{-4}}$ である．

> **メ　モ**　p.36の図4・3は1秒当たりに放出されるエネルギーが波長によって変わる様子を，いくつかの表面温度について示している．それぞれのカーブのピークの波長 λ_0（単位 m）は，
>
> $$\lambda_0 T = 0.0029\,\mathrm{K\,m}$$
>
> に従って絶対温度 T が下がると長くなる．この関係は熱放射に関する**ウィーンの法則**（ウィーンの変位則ともいう）として知られる．

> **例題6・6**
>
> 長さ20 mm，直径0.3 mmのヒューズ（定格以上の電流に対して発熱溶融し，回路を遮断する針金や板）が表面温度1600 Kで輝いている．表面の放射率を0.2として，このヒューズから出る単位時間当たりの放射のエネルギーを計算せよ．
>
> ［解答］　表面積 $A = 2\pi r L$
> ただし $r = 0.15\,\mathrm{mm} = 1.5\times 10^{-4}\,\mathrm{m}$
> $L = 20\,\mathrm{mm} = 0.020\,\mathrm{m}$
> したがって，
> $$A = 2\pi \times 1.5\times 10^{-4} \times 0.020 = 1.89\times 10^{-5}\,\mathrm{m^2}$$
> ステファンの法則より，この面積から放出される1秒当たりのエネルギーは，
> $$e\sigma A T^4 = 0.2 \times 5.67\times 10^{-8} \times 1.89\times 10^{-5} \times 1600^4$$
> $$= 1.40\,\mathrm{J\,s^{-1}}$$

練習問題 6・4

1. 図 6・13 は液体を保温するための真空断熱した魔法瓶の断面を示す.

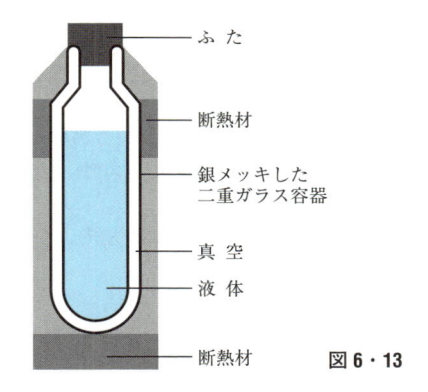

   図 6・13

   (a) ガラス容器を銀メッキするのはなぜか.
   (b) 容器の内壁と外壁の間を真空にするのはなぜか.
   (c) ふたが不可欠なのはなぜか.
   (d) 容器の外側はどんな材料で覆うべきか,答えと理由を述べよ.

2. 直径 0.10 m,表面温度が 1200 K のホットプレートからの熱放射は単位時間当たりどれだけか.

6・5 熱 伝 導

ある物質は他より熱を伝えやすい. 図 6・14 は異なる物質でできた棒の熱伝導を比較するものである.

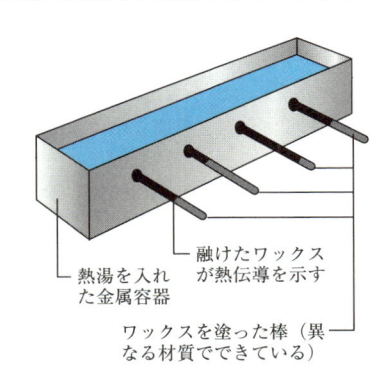

図 6・14 熱伝導の比較

金属には伝導電子があるために,非金属より熱伝導がよい. 金属を熱すると伝導電子がエネルギーを得て速く動き回り,それが原子や他の場所にいる電子にエネルギーを伝える.

非金属には伝導電子がないので金属よりも熱を伝えにくい. 非金属では,熱した位置の原子が激しく振動し,その影響で隣接した位置の原子も激しく振動するようになる,というように熱が伝わっていく. 金属でも同じ過程が起こっているが,伝導電子によるエネルギー伝達の方がずっと速やかに起こる.

均一な断面積 A,長さ L の熱導体の一端を温度 T_1 に,他端を T_2 に保ったとき,この導体を通して流れる熱を考える. 図 6・15 に示すように断熱材で覆われているとすると,側面からの熱の損失がなく,長さ方向に T_1 から T_2 まで温度が一様に下降する. 棒に沿った温度勾配すなわち単位長さ当たりの温度の下降が一定である.

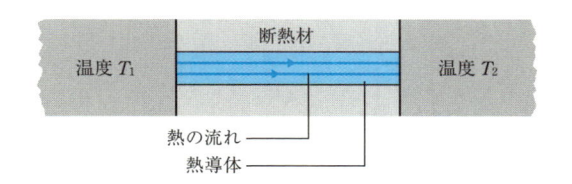

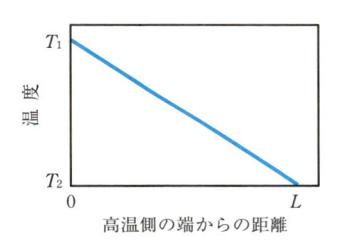

図 6・15 断熱された熱導体の位置と温度

棒に沿って 1 秒当たりに伝わるエネルギー(すなわち熱の流れ),Q/t は

1. 断面積 A に比例.
2. 温度の勾配 $\dfrac{T_1-T_2}{L}$ に比例.
3. 物質の熱伝導率による.

したがって,熱の流れは,

$$\frac{Q}{t} = kA\frac{T_1-T_2}{L}$$

と表せる. ここで k は**熱伝導率**,その単位は $\mathrm{W\,m^{-1}\,K^{-1}}$ である. 表 6・3 に熱伝導率の値をいくつか示した.

表 6・3 熱伝導率の値 温度により変化する.

物 質	熱伝導率/$\mathrm{W\,m^{-1}\,K^{-1}}$
アルミニウム	210
銅	390
ガラス	0.7
厚 紙	0.2
フェルト	0.04

例題 6・7

縦横が $1.20\,\text{m} \times 0.60\,\text{m}$ で厚さ 6 mm の窓ガラスの両側の温度差が 15 K のとき，ガラスの熱伝導で 1 秒に失われるエネルギーを計算せよ．このガラスの熱伝導率を $0.72\,\text{W}\,\text{m}^{-1}\,\text{K}^{-1}$ とする．

[解 答]

$$\frac{Q}{t} = kA\frac{T_1 - T_2}{L}$$
$$= 0.72 \times (1.20 \times 0.60) \times \frac{15}{6.0 \times 10^{-3}}$$
$$= 1.3 \times 10^3\,\text{W}$$

U 値（熱貫流率）

建物の熱の損失は，熱伝達の三つの形態（すなわち熱伝導，対流，放射）をすべて含むのが普通で，内部に空洞もあり表面の種類もさまざまなので，計算が非常に複雑である．各種の壁，窓，床，屋根について，1 秒当たり，1 平方メートル当たり，温度差 1 K 当たりの熱の損失の標準的な値を用いて，与えられた面積と温度差に対する熱の損失を計算する．この標準的な値は **U 値** といい，各種材料について実測して決める．単位は $(\text{W}\,\text{m}^{-2}\,\text{K}^{-1})$ ではなく）$\text{W}\,\text{m}^{-2}\,°\text{C}^{-1}$ と書くことが多い．温度差 1 K と 1 °C は同じなので，どちらの単位を選んでも U 値の数値は同じになる．たとえば，ある窓の U 値が $3.0\,\text{W}\,\text{m}^{-2}\,°\text{C}^{-1}$ で面積が $4.0\,\text{m}^2$ ならば $12.0\,\text{W}\,\text{K}^{-1}$ の速さで熱を伝える．内外の温度差が 10 K のときは熱が伝わる速さは 120 W である．

一般的には，壁，窓，床，屋根について，

$$\begin{pmatrix} 1\text{秒当たり} \\ \text{の熱の損失} \\ [\text{単位は W}] \end{pmatrix} = (\text{U 値}) \times \begin{pmatrix} \text{表面積} \\ [\text{単位は}\,\text{m}^2] \end{pmatrix} \times \begin{pmatrix} \text{温度差} \\ [\text{単位は K} \\ \text{または °C}] \end{pmatrix}$$

である．

表 6・4 U 値の典型的な例

表面の種類	U 値/$\text{W}\,\text{m}^{-2}\,°\text{C}^{-1}$
中空レンガの壁，内側に中空断熱壁なし	1.6
中空レンガの壁，断熱壁あり	0.6
瓦屋根，屋根裏の断熱なし	1.9
瓦屋根，屋根裏の断熱あり	0.6
単層ガラス窓	4.3
二重ガラス窓	3.2
床	0.5

建物の外壁，窓，屋根，床，ドアの面積と材質が実測されれば，対応する U 値と温度差を用いて，その建物からの 1 秒当たりの熱の損失を計算できる．表 6・4 に典型的な U 値を示す．

例題 6・8

ある家屋は，面積 $280\,\text{m}^2$ の中空レンガの壁（内側に断熱壁なし），総面積 $18\,\text{m}^2$ の二重ガラス窓，$110\,\text{m}^2$ の床，$130\,\text{m}^2$ の断熱された屋根をもつ．

表 6・4 のデータを用いて，外気温が屋内より 15 °C 高いとき熱損失の速さを計算せよ．

[解 答]

壁からの 1 秒当たりの熱損失
 U 値×表面積×温度差 = $0.6 \times 280 \times 15$
  = 2520 W

窓からの 1 秒当たりの熱損失
 $3.2 \times 18 \times 15 = 864$ W

屋根からの 1 秒当たりの熱損失
 $0.6 \times 130 \times 15 = 1170$ W

床からの 1 秒当たりの熱損失
 $0.5 \times 110 \times 15 = 825$ W

1 秒当たりの総熱損失
 $2520 + 864 + 1170 + 825 = 5400$ W（有効数字 2 桁）

練習問題 6・5

1. 厚さ 120 mm のレンガ 1 層の壁の片側が 5 °C，反対側が 20 °C の場合，面積 $1\,\text{m}^2$ 当たり熱が伝わる速さを計算せよ．ただしレンガの熱伝導率は $0.40\,\text{W}\,\text{m}^{-1}\,\text{K}^{-1}$ とする．

2. 直径 120 mm のアルミニウム製の鍋をガスコンロにかけ，沸騰が始まってから 2 分間で中の水 0.10 kg を全部蒸発させる．
 (a) この沸騰には 1 秒にどれだけの割合でエネルギーが必要か．
 (b) 鍋の厚みを 5 mm として裏面の温度を推定せよ．なお，水の沸騰の比潜熱は $2.3\,\text{MJ}\,\text{kg}^{-1}$，アルミニウムの熱伝導率は $210\,\text{W}\,\text{m}^{-1}\,\text{K}^{-1}$ とする．

3. 箱形のトレーラーハウスに高さ 1.0 m，幅 1.5 m の窓が四つある．表 6・4 の U 値を使って次の計算をせよ．
 (a) 窓の総面積
 (b) 内外の温度差が 10 °C のとき，窓からの 1 秒当たりの熱損失の総量を (i) 単層ガラス窓と (ii) 二重ガラス窓について求めよ．
 (c) (b) の温度差を 1 日中保つために電気ヒーターをつける．(b) の (i) と (ii) の窓の種類について 1 日の電力料金はどれだけか．1 MJ につき 6 円とする．

ま と め

- **温度**　絶対温度（K）＝摂氏温度（℃）＋273
- **熱膨張**　$\Delta L = \alpha L \Delta T$
  ΔL：長さの変化，α：熱膨張係数
  L：長さ，ΔT：温度変化
- **エネルギー**
  エネルギー（J）＝パワー（W）× 時間（s）
- **比熱容量**　伝達されたエネルギー ＝ $mc(T_2 - T_1)$
  m：質量，c：比熱容量
  T_2：最後の温度，T_1：最初の温度
- **比潜熱**　$\begin{pmatrix}必要とされる，あるいは\\解放されるエネルギー\end{pmatrix} = mI$
  I：融解あるいは蒸発の比潜熱
- **熱の伝達**は，熱伝導，対流，放射による．

- **熱放射に関するステファンの法則**
  $W = e\sigma A T^4$
  W：放射されるパワー，σ：ステファン・ボルツマン定数
  e：表面の放射率，A：表面積，T：絶対温度
- **表面**　放射を効率よく吸収する表面は効率よく熱放射を放出する．吸収しにくい表面は放出もしにくい．黒体は入射する放射をすべて吸収する．
- **熱伝導**　金属は伝導電子のために最もよい熱の導体である．1秒当たりの熱の伝達は，
  $\dfrac{Q}{t} = kA\dfrac{(T_1 - T_2)}{L}$　A：断面積
  $T_1 - T_2$：長さ L の両端の温度差
- **U 値**　壁，窓，床，屋根などのU値は，1秒当たり1平方メートル当たり1Kの温度差で失われる熱量．
  1秒当たりの熱損失 ＝ U値×表面積×温度差

章 末 問 題

p.318 に本章の補充問題がある．

6・1 (a) 次の温度を絶対温度で表せ．(i) 100 ℃，(ii) −30 ℃．
(b) 次の温度を摂氏で表せ．(i) 100 K，(ii) 1000 K．

6・2 (a) (i) 橋梁上の道路の隣合うコンクリート桁の間には遊間という隙間を設けるが，これが必要な理由を述べよ．
(ii) 機関車の車輪を内外二重にして，外側部分を熱した状態ではめ込んでから冷やす，焼きばめという方法がある．内外輪をぴっちりとはめるのにこの方法が必要な理由を述べよ．
(b) 長さ 120 m の鋼鉄線の −5 ℃ から 35 ℃ の温度変化による熱膨張を計算せよ．鋼鉄の熱膨張係数は $1.1 \times 10^{-5}\,\text{K}^{-1}$ とする．

6・3 質量 235 g の金属片を用いてその金属の比熱容量を測定する実験を行った．断熱した銅製で質量 65 g のカロリーメーターに水 185 g を蓄えて 15 ℃ にしておき，金属片をつるして 100 ℃ の水蒸気に当てた後，カロリーメーターの水中に入れたところ，水温が 27 ℃ に上昇した．
(a) (i) 水と (ii) カロリーメーターそれぞれについて，温度を 15 ℃ から 27 ℃ に上げるのに必要なエネルギーを計算せよ．
(b) 金属の比熱容量を計算せよ．ただし，銅の比熱容量は $390\,\text{J}\,\text{kg}^{-1}\,\text{K}^{-1}$，水の比熱容量は $4200\,\text{J}\,\text{kg}^{-1}\,\text{K}^{-1}$ とする．

6・4 質量 80 g の銅製のカロリーメーターに 16 ℃ の水を 120 g 入れてから，全体を冷凍庫に入れたところ，水は 35 分間で凍った．
(a) (i) 水が 0 ℃ に冷えるまでに，および (ii) 0 ℃ で水が氷になるまでに，カロリーメーターと水から奪われたエネルギーの合計を計算せよ．
(b) 熱が奪われる速さを計算せよ．（前問の 6・3 で用いた比熱容量の値と氷の比潜熱 $340\,\text{kJ}\,\text{kg}^{-1}$ を用いよ．また水，氷によらず熱が一定の速さで伝わるとする．）

6・5 周囲を温度 T_0 の低温の壁に囲まれた温度 T_1 の物体の表面積を A，放射率を e とすると，熱放射で移動する正味のエネルギーの速さは $e\sigma A T_1^4 - e\sigma A T_2^4$ である．
(a) 25 ℃ の部屋に，表面積 $1.6\,\text{m}^2$，放射率 0.60，温度 45 ℃ の放熱器がある．放熱器から熱放射で移動する正味のエネルギーの速さを計算せよ．ステファン・ボルツマン定数 $\sigma = 5.67 \times 10^{-8}\,\text{W}\,\text{m}^{-2}\,\text{K}^{-4}$ とする．
(b) 夜間に気温が 0 ℃ のとき 10 ℃ の地表が放射で失う単位時間・単位面積当たりの正味の熱を計算せよ．地表の放射率は 1 とする．

6・6 断熱材で覆われた銅製のタンクがある．覆いは厚み 15 mm，表面積 $0.95\,\text{m}^2$，外部の温度が 26 ℃，銅のタンク外壁の温度は 54 ℃．
(a) (i) 断熱材中の温度勾配と，(ii) 断熱材を伝わる 1 秒当たりの熱を計算せよ．
(b) タンクは厚み 10 mm の厚紙の上に置いてあり，接触面積が $0.12\,\text{m}^2$ である．厚紙の下部は 18 ℃，上部は 22 ℃ であった．厚紙を通して流れる熱は 1 秒当たりどれだけか．断熱材と厚紙の熱伝導度はそれぞれ $0.037\,\text{W}\,\text{m}^{-1}\,\text{K}^{-1}$ と $0.2\,\text{W}\,\text{m}^{-1}\,\text{K}^{-1}$ とする．

6・7 家主はその家の面積 $80\,\text{m}^2$ の天井について，屋根裏の断熱をするつもりである．これにより屋根の U 値が $2.0\,\text{W}\,\text{m}^{-2}\,\text{℃}^{-1}$ から $0.5\,\text{W}\,\text{m}^{-2}\,\text{℃}^{-1}$ になる．(a) 屋根裏の断熱なし，および (b) 断熱ありの場合について，1 秒当

たりの熱損失を内外の温度差 20 ℃ として計算せよ．

6・8 長さ 9 m，幅 3 m，高さ 2.5 m のトレーラーハウスは，屋根が平らで，総面積 4.0 m² の単層のガラス窓がある．
(a) (i) 窓以外の側面の面積，(ii) 床面積，(iii) 屋根の面積を計算せよ．

(b) (i) 外気がトレーラーハウスの室内より 5 ℃ 低い．窓の U 値を 4.3 W m^{-2} ℃$^{-1}$，側面と屋根を 2.5 W m^{-2} ℃$^{-1}$，床面を 2.0 W m^{-2} ℃$^{-1}$ として 1 秒当たりの熱の損失を計算せよ．
(ii) (i)の温度設定を 1 週間保つための電気料金を計算せよ．ただし，1 MJ につき 6 円とする．

7

固 体 の 強 度

目　次
7・1　力の測定
7・2　力と物質
7・3　応力とひずみ
7・4　応力−ひずみ曲線
7・5　弾性エネルギー
　まとめ
　章末問題

学習内容
- 力の測定とばねの校正
- さまざまな物質に対する力の効果
- 用語の意味：強度，剛性，弾性，堅さ，硬度，靭性，もろさ
- 金属線の破壊応力
- 応力，ひずみ，物質のヤング率の測定と計算
- 応力とひずみの関係
- 応力−ひずみ曲線と物質の構造

7・1　力の測定

質量と重さ

　物体の重さはその質量に比例する．質量とは物体がもっている物質の量であり，キログラム (kg) を単位として量る．重さは力であり，p.86で説明するように，ニュートン (newton, N) を単位として量る．1 kgの質量の重さは地上で9.8 Nである．この関係は，どんな物体でもその質量がキログラム単位で与えられたとき，重さの計算に利用できる．質量 m の物体の重さ W は，

$$W = mg$$

から計算される．ここで g は物体の単位質量当たりの重力であり，これを**重力加速度**という．

　g の値は地上で高度が上がると減少するが，地表では約 9.8 N kg^{-1} である．

ばね秤を力の表示器として使う

　鋼鉄のばねの一端を固定し，他端におもりをつけてぶら下げる．自然長，すなわち引っ張っていないときのばねの元の長さから，長さが変化した分を**伸び**という．ばねが引っ張られて自然長より長くなったときは**張力**が生じる．図7・1のようにばねがつり下げたおもりを静止状態に保つとき，ばねの端に現れる張力はおもりの重さと同じ大きさで逆向きになる．

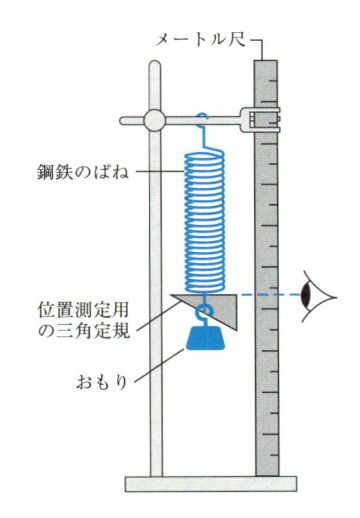

図7・1　ばねの伸びの測定

　図7・1のようにすると，異なる重さに対するばねの伸びを測定できる．測定結果は，縦軸に張力，横軸に伸びをプロットする．

> **安全メモ**　ばねを伸ばす実験では，おもりが突然に外れるとばねが跳ねるので，耐衝撃メガネを常に着用すること．

フックの法則

　図7・2のように，鋼鉄のばねについての測定結果から，原点を通る直線が決まる．物体をこのばねでつり下げて伸

びを測り，グラフから張力を読み取れば，物体の重さを決めることができる．

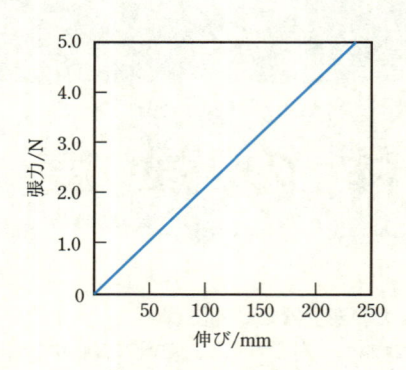

図7・2 張力と伸びの関係

グラフが原点を通る直線だから，張力は伸びと比例することがわかる．この関係は**フックの法則**として知られており，

$$T = ke$$

と式で表される．ここで T: 張力（単位 N），e: 伸び（単位 m）であり，k（単位 $\mathrm{N\,m^{-1}}$）は**ばね定数**とよばれる．

> **メ　モ**　フックの法則の式を変形して $k = T/e$ とすると，図7・2 の直線が原点を通ることから，直線の傾きが k である．図は $k = 21\,\mathrm{N\,m^{-1}}$ として描いたグラフであることを確認せよ．

練習問題7・1

1. 鋼鉄のばねを固定点からつり下げた．おもりをつけないとき，下端までの長さが 300 mm であった．
   (a) 0.40 kg の質量をつけると長さが 420 mm になった．
   (i) 質量 0.40 kg のおもりの重さと，(ii) ばねの伸び，(iii) ばね定数の値を計算せよ．
   (b) 0.40 kg のおもりを外して，質量がわかっていない物体をつけたところ，ばねの長さが 390 mm になった．
   (i) この物体の重さと (ii) 質量を計算せよ．
2. 次の測定は，ある鋼鉄のばねのばね定数を求めるために行ったものである．

重さ/N	0.0	2.0	4.0	6.0	8.0
ばねの長さ/cm	25.0	30.2	35.0	40.2	44.8

   (a) 測定結果からばねの伸びと張力の関係を示す表を作成せよ．
   (b) (i) 縦軸に張力，横軸に伸びをとり測定結果をグラフに表せ．
   (ii) このばねのばね定数を計算せよ．

7・2　力と物質

物質の性質

固体に外から力を加えたときの効果は物質の種類により大きく異なる．たとえば，ビスケットにある程度以上の力をかけると突然に割れるが，キャラメルに加える力を徐々に大きくすると曲がってしまう．同じ物質でも，短い時間に衝撃的に力を加えるとビスケットのように割れるだろう．

外からの力に対する固体の性質を表す指標をいくつか以下にあげる．

a. 破壊強度　その物体にどれだけの力を加えたら壊れるかを示す指標である．鋼鉄は適切な熱処理で，より強くなる．繰返して曲げ伸ばしすると弱くなる物体もある．

b. 剛性　その物体の曲げ伸ばしのしにくさを示す．たとえば，鋼鉄板はゴム板より剛性が大きい．ばね定数はそのばねの剛性を示す．破壊強度と剛性は，物質の性質だけでなく形状によっても変わる．

c. 弾性　変形後に元の形を復元できる物質の性質を表す．たとえばゴムバンドは引き伸ばされた後放すと元の長さに戻る．**弾性限度**は，物体の変形がそれを超えなければ元の形に戻れる限界である．ポリエチレンの細片は，弾性限度が非常に小さいので，伸ばすと元には戻らない．弾性限度を超えて変形した物体が元の形に戻らないという性質を**塑性**（可塑的なふるまい）という．

d. 硬度　物質の表面のくぼみや傷のつきにくさの程度を示す．二つの面で硬度を比較するには，金属のポンチ（先のとがった穴開け工具）を同じ高さから落としたときにできる穴の大きさを比べればよいだろう（図7・3）．

e. 靱性　靱性は，衝撃的に力を加えたときひび割れが入らずにいる能力を表す．ひび割れがある場合，変形に際して弱くなってしまう．たとえば，スポーツシューズ

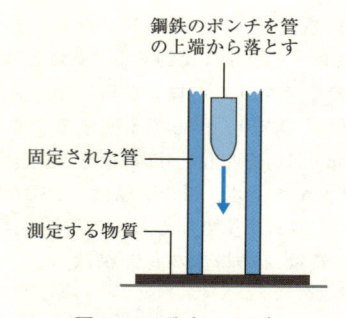

図7・3 硬度の測定

> **安全メモ**　硬度の測定では，物質の小片が飛び散ったときのために，耐衝撃メガネを常に着用すること．

7. 固体の強度

の底は繰返し曲げたり衝撃を加えたときにも，ねばりをもって耐えなければならない．だが，ひびが入るとそれが広がって割れてしまう．これに対して，**脆弱**な物質では，余分な力が加わると，ねばり切れず突然に壊れてしまう．

剛性と弾性を探る

図7・1の装置は，どの程度容易に物質の細片を引き伸ばせるか，また容易に形が元に戻るかを調べるため，図7・4のように変更できる．

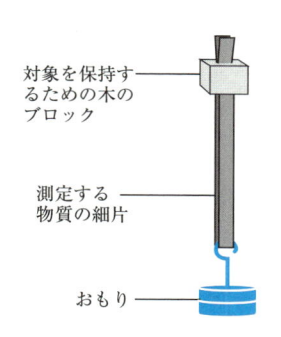

図7・4　引張試験

測定結果は，図7・5のように，縦軸に張力を，横軸に伸びをとってプロットできる．

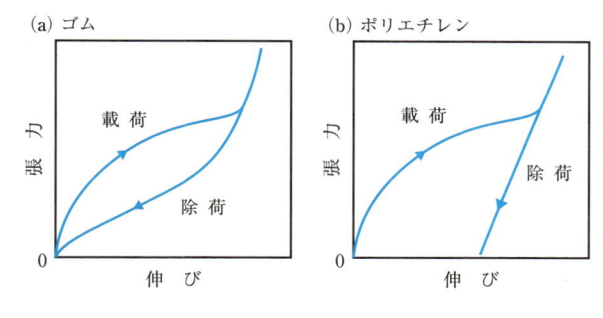

図7・5　張力と伸びの関係．(a) ゴム，(b) ポリエチレン．

| **安全メモ**　引張試験では，おもりが外れて測定対象の物質が跳ね飛ばされる場合に備え，耐衝撃メガネを常に着用すること．

1. 輪ゴムは簡単に伸び，伸びると堅くなる．おもりの重さと伸びは比例しない．おもりを全部取去ると元の長さに戻る．しかし，おもりを少しずつ取除きながら長さを測ると，おもりを増やしながら測った同じ重さでの長さよりも長くなる．伸びが重さの変化より遅れるので，この効果は**機械的ヒステリシス**という．往復のグラフで囲まれた面積は，この物質を変形して元の形に戻す間に投入したエネルギーの目安となる．

2. ポリエチレンの細片も簡単に伸びて堅くなる．伸びは重さと比例しない．しかし，ゴムと違い，ポリエチレンは弾性限度が非常に小さく，見てわかる程度に引き伸ばすと可塑的な振舞いを示すようになるので，元の長さには戻らない．

高　分　子

ゴムとポリエチレンは高分子の例である．高分子は分子が鎖のように長く繋がったものである．天然ゴムは天然の，またポリエチレンは人工の高分子である．ポリエチレンは，モノマー（ずっと小さくてどれも同じ分子）の端と端が共有結合して長い鎖状になっている．ゴムもポリエチレンも高分子が折れ曲がりもつれた状態にある．これらの物質を引き伸ばすと，その高分子もまっすぐになり，ある程度以上は伸びない．ゴムの分子は力をかけない状態でらせん状の構造がさらに折りたたまれ糸くずのようになろうとする．これが，輪ゴムが元の長さに戻る理由である．

| **練習問題7・2**
1. 次の物質の機械的性質として望ましいものは何か．
　(a) ビスケット　　(b) 運動靴　　(c) ゴミ箱
2. 鋼鉄のばねではなくゴム輪を使い適切な秤を作れるかについて論じよ．

7・3　応力とひずみ

破壊応力

金属線を破壊するのに必要な力はその直径や物質の種類により異なる．同じ物質の金属線なら，直径が0.5 mmのときに比べて1 mmでは断面積が4倍になるので破壊に必要な力も4倍になる．

金属線の**破壊応力**は，破壊に必要な単位断面積当たりの力と定義される．

もし断面積Aの金属線を破壊するのに必要な力がFなら，破壊応力σ_bは，

$$\sigma_b = \frac{F}{A}$$

である．

| **メモ**
1. 応力の単位は**パスカル**（pascal, Pa）であり$\mathrm{N\,m^{-2}}$と同じ．応力を表す文字はσ（シグマ）を用いる．
2. 直径dの金属線の断面積Aは，$A = \dfrac{\pi d^2}{4}$である．
3. 物質の強度測定を行うときは耐衝撃メガネを常に着用すること．

例題 7・1

直径 0.80 mm のナイロン線を破壊するための力を計算せよ．ナイロンの破壊応力は 5.0×10^7 Pa である．

[解 答]
断面積 $A = \pi(0.8 \times 10^{-3})^2/4 = 5.0 \times 10^{-7}$ m^2
破壊応力の式を変形して，
$$F = \sigma_b A = 5.0 \times 10^7 \times 5.0 \times 10^{-7} = 25 \text{ N}$$

応力とひずみの測定

応力は，断面と垂直にはたらく力の単位面積当たりの値と定義される（図 7・6）．応力の単位はパスカル（Pa）であり N m^{-2} に等しい．断面積が A の金属線に張力 T が発生しているとき，応力 σ は，

$$\sigma = \frac{T}{A}$$

により計算される．張力は，金属線を固定点から下げて重さ W のおもりを支えるとき，おもりの重さと等しい．以下，金属線やばねの自重は無視する．

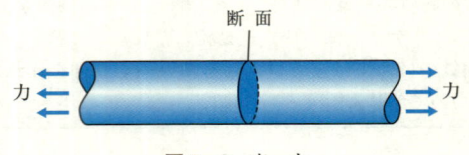

図 7・6 応 力

ひずみは，単位長さ当たりの長さの変化として定義される．ひずみは，長さと長さの変化分の比なので，単位がない．図 7・7 のように，引き伸ばす前の長さが L の金属線

応力 $= \dfrac{W}{\left(\dfrac{\pi d^2}{4}\right)}$

ひずみ $= \dfrac{e}{L}$

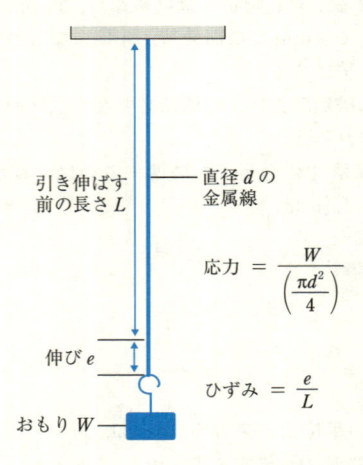

図 7・7 応力とひずみの測定

の伸び e で，全体の長さが $L+e$ になったとき，

$$\text{ひずみ} = \frac{e}{L}$$

から計算される．図 7・8 のようにすると金属線の応力とひずみの関係を調べることができる．測定対象の金属線におもりをつるし，隣の参照用の金属線を基準にしてその長

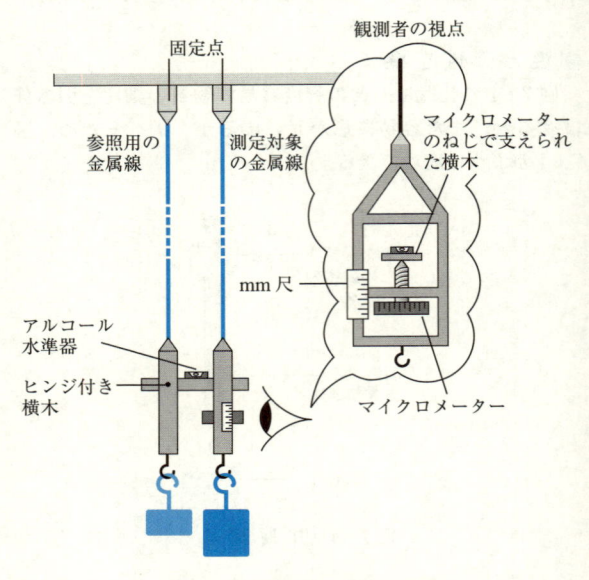

図 7・8 金属線の引張試験

さの変化をマイクロメーターで読み取る．測定のたびにアルコール水準器を水平にしてからマイクロメーターを読む．

> **安全メモ** 引張試験では，金属線が折れて跳ねあがる場合に備え，常に耐衝撃の安全メガネを着用すること．

1. 両方の金属線とも，ぴんと張るように負荷をかける．上に述べたように測定対象の金属線に付属したマイクロメーターを調整してから目盛を記録する．
2. 測定対象の金属線の最初の全長 L は，ミリメートル刻みのメートル尺で測定する．線の直径も，線に沿って異なる何点かで別のマイクロメーターを使って測りその平均値 d を求める．
3. つぎに，測定対象の金属線に既知の重さ W のおもりをつり下げ，水準器を水平にしてからマイクロメーターの目盛を記録する．おもりを 1 段階ずつ重くしながらこの工程を繰返し，つぎに減らして行きながら荷重が 0 となるまで繰返す．
4. 元の長さ L からの伸び e は，測定対象の金属線に付属のマイクロメーターの目盛から計算できる．各荷重に対するひずみは，この伸びの値を元の長さで割ったものである．線の断面積 A は直径 d から $A = \pi d^2/4$ で計算し，応力は W/A となる．

5. 図7・9のように，縦軸を応力，横軸をひずみとして測定値をグラフにプロットすると，応力がひずみに比例することがわかる．この関係は比例限度まで成り立つ．比例限度を超えないことにすれば，応力/ひずみが一定となる．この物質の**ヤング率**（縦弾性率ともいう）E とは，応力/ひずみの値のことである．

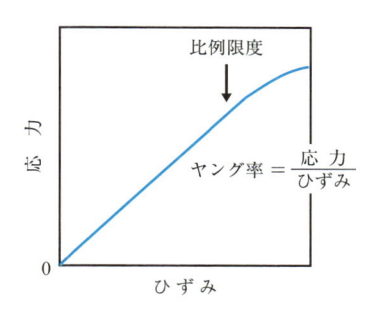

$$\text{ヤング率}\,E = \frac{\text{応力}}{\text{ひずみ}}$$

図7・9 応力とひずみのグラフ

メモ

1. ヤング率 E の単位は，応力の単位と同じパスカル（Pa）である．
2. 金属線が引き伸ばされる前の長さ L，断面積 A，張力 T が加わるとき，

$$E = \frac{\text{応力}}{\text{ひずみ}} = \frac{T/A}{e/L} = \frac{TL}{Ae}$$

3. 張力 T を縦軸にとり伸び e を横軸にとると，そのグラフも原点を通る直線となる（図7・10）．E の式を変形するとグラフを表す式

$$T = \frac{AE}{L}e$$

となる．直線の傾き $= \dfrac{AE}{L}$ であり，

$$E = (T\text{-}e\,\text{線の})\text{傾き} \times L/A$$

である．

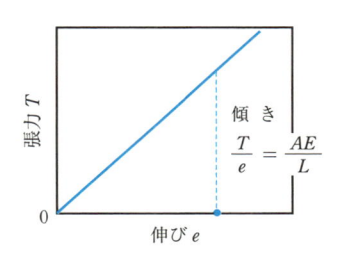

図7・10 鋼鉄線の張力と伸びの関係

例題7・2

直径 0.35 mm，引き伸ばす前の長さが 1.22 m の鋼鉄線を鉛直につるし，重さ 50 N のおもりをつけると 3.2 mm だけ伸びた．
(a) この鋼鉄線の (i) 応力と (ii) ひずみを計算せよ．
(b) 鋼鉄のヤング率を計算せよ．

[解答]
(a) (i) 断面積 $A = \pi(0.35 \times 10^{-3})^2/4$
$= 9.62 \times 10^{-8}\,\text{m}^2$

∴ 応力 $= \dfrac{T}{A} = \dfrac{50}{9.62 \times 10^{-8}} = 5.2 \times 10^8\,\text{Pa}$

(ii) ひずみ $= \dfrac{e}{L} = \dfrac{3.2 \times 10^{-3}}{1.22} = 2.6 \times 10^{-3}$

(b) ヤング率 $E = \dfrac{\text{応力}}{\text{ひずみ}} = 2.0 \times 10^{11}\,\text{Pa}$

練習問題7・3

1. 直径 0.38 mm，長さ 2.37 m の鋼鉄線を固定点から下げ，下端に 115 N のおもりをつるした．
  (a) 鋼鉄のヤング率を 2.0×10^{11} Pa として，(i) 鋼鉄線の応力と (ii) 線の伸びを計算せよ．
  (b) 破壊応力を 1.1×10^9 Pa として，鋼鉄線が破断することなくつり下げられる最大の重さを計算せよ．

2. 直径 0.28 mm，長さ 1.28 m の鋼鉄線の張力を段階的に増やした．各段階における伸びの測定値は次のとおりである．

張力/N	0.0	5.0	10.0	15.0	20.0	25.0
伸び/mm	0.0	0.8	1.6	2.4	3.4	4.6

  (a) 張力を縦軸に，伸びを横軸にとり，上の測定値をプロットせよ．
  (b) この鋼鉄線の (i) 比例限度を推定せよ，(ii) ヤング率を計算せよ．

7・4 応力-ひずみ曲線

応力-ひずみ曲線は物質の特性を表すもので，測定対象となる試料の大きさによらない．図7・11は縦軸に応力，

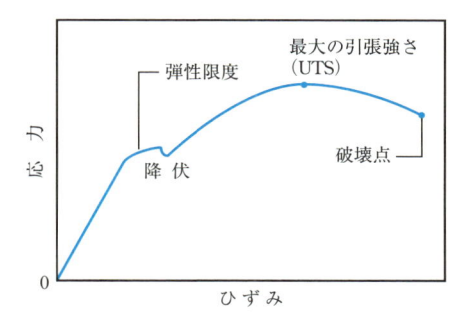

図7・11 鋼鉄の応力-ひずみ曲線

横軸にひずみをとって描いた鋼鉄線の応力-ひずみ曲線である．したがって，このグラフの様子は，物質の本性ないし性質，すなわち物質の内部構造で決まる．

この種類の曲線は引張試験器を用いて測定できる．引張試験器は物質を引き伸ばしながら張力を測定する装置である（図7・12）．

図7・12 測定中の引張試験器

- **比例性**：比例限度までは応力とひずみが比例する．この直線部分の傾きがヤング率である（p.69参照）．
- **弾性限度**：この限界を超えると物質に永久的なひずみが残る．
- **塑性**：弾性限度を超えた物質は元の長さに戻らない．これを塑性（可塑的なふるまい）という．
- **降伏**：応力が上降伏点に達すると試料は突然に"少し負ける"．試料をさらに引き伸ばすと，応力がわずかに低下して下降伏点に移動し，再び応力が増えはじめる．
- **最大の引張強さ**（UTS）はその物質が示す最大の応力である．
- **破壊応力**：最大の引張強さを超えて引っ張ると，一番弱い部分で細くなるが，この位置では材料の内部に微小な亀裂が発生している．また実効的な断面積も減少しているからこの部分だけ応力も増大し，さらに断面積の減少が進み破断が起こる．

固体の物質とその構造

固体の物質はその内部構造から，図7・13に示すように，主として三つに分類される．

a. 結晶 結晶の原子は規則正しいパターンで並んでおり，その結晶に特徴的な形をつくりだす．金属は**結晶粒**というたくさんの微小な結晶からできている．結晶粒はどれも同じ原子の並び方をもっているが，結晶粒ごとにランダムな方向を向いている．

b. アモルファス アモルファスの原子は不規則に並ぶが位置関係は固定されている．ガラスはアモルファス固体の例である．

c. 高分子 高分子は長く繋がった分子から成り，普通は互いに絡み合っている．加熱により分子間に架橋が

できると高分子材料の形が固定される．熱硬化性樹脂がその例である．逆に加熱で柔らかくなる高分子材料もある．

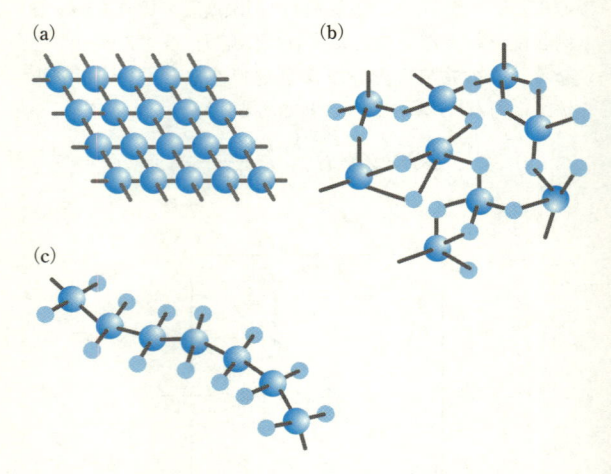

図7・13 固体．(a) 結晶，(b) アモルファス，(c) 高分子．

応力-ひずみ曲線を分子の視点からみる

固体中の二つの原子の間に作用する力の一般的な性質はp.51で説明した．図7・14は原子間の距離とともに力がどのように変わるかを示す．つり合いの状態での間隔は固体中の原子間の平均距離に相当する．

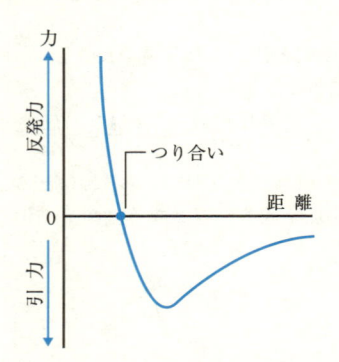

図7・14 2原子間の距離と力

- **比例性**：つり合いの状態が成立する付近で力と距離のグラフが直線的であること，したがって，力とつり合いからのずれとが比例することによる．金属線の張力がその伸びに比例するのはこれが理由である．
- **比例性の限界**：つり合いの位置から離れるに従ってグラフが直線からずれていくことによる．
- **塑性**：原子どうしが滑って構造中の新しい位置をとることによる．PVC（ポリ塩化ビニル）のような高分子の材料では起こりやすいが，ゴム輪のように強い架橋ができ分子が互いに滑って移動するのを妨げると起こりにくい．金属では，可塑的な性質は原子が並ぶ面が互いに滑

るときに起こる．しかし金属は無数の結晶粒から成り，一つの結晶粒が滑ろうとするのを周囲の結晶粒が妨げる．さらに**格子間原子**があると結晶面が滑りにくく，金属の強度が増す（図7・15）．

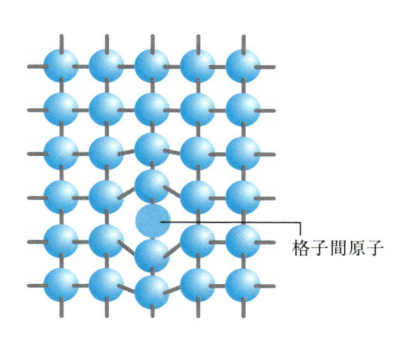

図7・15　格子間原子

- **最大の引張強さ**：
  (a) 高分子材料をできる限り引き伸ばしたとき，高分子は互いにそろって並ぶ．高分子材料の破断には各分子を切るだけの力が必要になる．
  (b) アモルファス固体で応力が増すと表面に亀裂が生じ，そこに応力が集中してさらに亀裂が広がるとともに深くなる．ガラスのようなアモルファス固体は脆いが，それは金属と異なり内部に結晶粒界がなく，表面の亀裂が内部に進行するのを防げないからである．
  (c) 金属では，**転位**が破壊強度に影響する．転位は，結晶中の原子配列の乱れが線状に連なったものである（図7・16）．転位は応力をほとんど必要とせずに一つの結晶粒内を移動して結晶粒界に達する．転位の移動を妨げる粒界の数は結晶粒が小さいほど増えるので，結晶粒の大きさが金属の破壊強度に影響する．鋼鉄を強く熱したあと水に入れて急冷するともろくなるのは，熱処理で結晶粒の大きさが変わるからである．

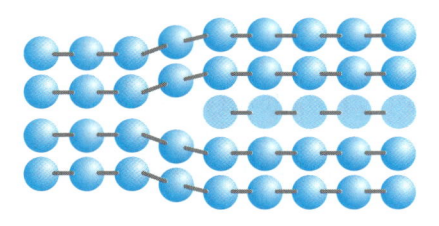

図7・16　転　位

練習問題 7・4

1. (a) (i) 固体中の二つの原子間の力がその間隔により変化する様子をグラフに曲線で描け．
   (ii) その曲線を用い，比例限度以下では金属線の張力と伸びが比例することを説明せよ．
   (b) 固体の弾性と塑性の差を説明せよ．
2. 図7・17は2種類の物質A，Bの応力-ひずみ曲線である．どちらの (a) 破壊強度が大きいか，(b) 剛性が大きいか．理由とともに答えよ．

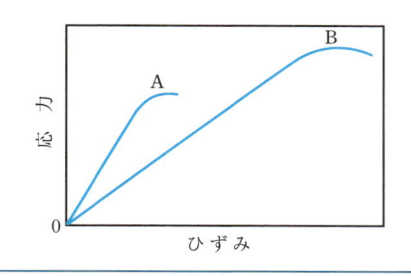

図7・17

7・5　弾性エネルギー

力とエネルギー

エネルギーは，物体が仕事をすることのできる能力である．力が作用している点が力の方向に移動したとき，その力は仕事をする．物体を手で持ち上げるとき，手の筋肉から物体へエネルギーが伝達される．ばねを引き伸ばすとき，筋肉からばねにエネルギーが伝達される．力の方向にその作用点が動いて仕事がされるとき，エネルギーが伝達される．

> 1Nの力を及ぼされた作用点がその力の方向に距離1mだけ移動したときに1Jのエネルギーが伝達される．
>
> 力がする仕事(J)＝力(N)×力の方向に移動した距離(m)

力と移動距離のグラフ

1. 一定の力 F のもとで距離 s だけ移動する場合，この力がする仕事は Fs となる．図7・18は，一定の力の場合に，力と移動距離の関係を表すグラフである．このグラフの直線の下側の面積は力がした仕事を表す．

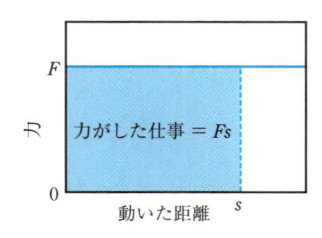

図7・18　力と動いた距離の関係（力が一定の場合）

2. ばねの場合，図7・19のように，ばねに加える力が大きくなると伸びも大きくなる．ある程度伸ばした状態で張力の大きさが F' なら，これとつり合う力を加えてさ

らに微小な距離 δs だけ引き伸ばすと，ばねを引く力がした仕事は $F'\delta s$ となる．図7・19で，この仕事は下に

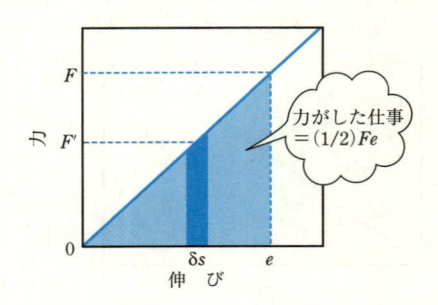

図7・19 力と伸びの関係（ばねの場合）

δs と書いてある帯状の部分の面積で表される．ばねを e だけ伸ばして保持する力が F なら，

$$\begin{pmatrix}\text{ばねを伸び0から}\\ e\text{まで引き伸ばす}\\ \text{間にする仕事}\end{pmatrix}=\text{直線の下側の面積}=\frac{1}{2}Fe$$

となる．ここで直線の下側の図形は高さ F，底辺 e の三角形で，その面積 $=\frac{1}{2}$ 底辺 × 高さ $=\frac{1}{2}Fe$ を用いた．ばねを引く力がした仕事は，

$$\text{ばねの弾性エネルギー}=\frac{1}{2}Fe$$

として蓄えられる．このばねのばね定数を k とすると，$F=ke$，したがって蓄えられたエネルギーは，

$$\frac{1}{2}Fe=\frac{1}{2}ke^2$$

である．したがって，

$$\text{伸び }e\text{ のばねに蓄えられるエネルギー}=\frac{1}{2}ke^2$$

$k=F/e$：ばね定数

引き伸ばした金属線に蓄えられたエネルギー

引き伸ばした金属線の張力 T と伸び e との関係は，

$$T=\frac{AE}{L}e$$

L：引き伸ばす前の長さ，A：断面積
E：この金属のヤング率

である．これより，

$$\begin{pmatrix}\text{伸び }e\text{ の金属線に蓄}\\ \text{えられたエネルギー}\end{pmatrix}=\frac{1}{2}Te=\frac{\frac{1}{2}(AE)}{L}e^2$$

となる．

> **メモ** 金属線の体積 $=AL$ だから，単位体積当たりの蓄えられたエネルギーは，
>
> $$\frac{\frac{1}{2}Te}{AL}=\frac{1}{2}\text{応力}\times\text{ひずみ}$$
>
> となる．

例題 7・3

長さ 1.25 m，直径 0.30 mm の鋼鉄線を鉛直に下げて重さ 85 N のおもりをつけた．鋼鉄のヤング率を 2.0×10^{11} Pa として計算せよ．
(a) 鋼鉄線の伸び
(b) 鋼鉄線に蓄えられたエネルギー
(c) 単位体積当たりの蓄えられたエネルギー

[解答]
(a) $E=\dfrac{TL}{Ae}$ より，

$$\begin{aligned}e&=\frac{TL}{AE}\\ &=\frac{85\times1.25}{\frac{1}{4}\pi(0.30\times10^{-3})^2\times2.0\times10^{11}}\\ &=7.5\times10^{-3}\text{ m}\end{aligned}$$

(b) 蓄えられたエネルギー $=\dfrac{1}{2}Te$

$$=\frac{1}{2}\times85\times7.5\times10^{-3}$$
$$=0.32\text{ J}$$

(c) 体積 $=AL=\dfrac{1}{4}\pi(0.3\times10^{-3})^2\times1.25=8.8\times10^{-8}\text{ m}^3$

$$\begin{pmatrix}\text{単位体積当たりの蓄}\\ \text{えられたエネルギー}\end{pmatrix}=\frac{0.32\text{ J}}{8.8\times10^{-8}\text{ m}^3}=3.6\times10^6\text{ J m}^{-3}$$

練習問題 7・5

1. 引き伸ばす前の鋼鉄のばねの長さが 320 mm である．このばねを固定点から下げて重さ 5.0 N のおもりをつけたところ，長さが 515 mm となった．次の量を計算せよ．
   (a) (i) ばねの伸び，(ii) ばね定数
   (b) ばねに蓄えられたエネルギー

2. 直径 0.50 mm，長さ 750 mm のギターのナイロン弦を 785 mm に引き伸ばした．ナイロンのヤング率を 3.0×10^9 Pa として以下を計算せよ．
   (a) (i) 伸び，(ii) 長さが 785 mm のときの張力
   (b) この長さのとき，弦の単位体積に蓄えられたエネルギー

まとめ

- **重さ** ＝ 質量×g 〔単位はニュートン（N）〕
- **フックの法則**　鋼鉄のばねの張力 T と伸び e の間に下式が成り立つ．

$$T = ke \qquad k: ばね定数$$

- **物質の性質**　強さと剛性は，物質の種類と大きさ形状による．弾性，硬度，靱性は物質の性質である（すなわち，大きさ形状によらない）．
- **応力**は，物質内で断面に垂直に作用する単位面積当たりの力．
- **ひずみ**は，単位長さ当たりの長さの変化．

- **ヤング率** E　　$E = \dfrac{応\ 力}{ひずみ}$
- **移動距離と力のグラフを描くと，力の曲線の下側の面積が仕事**．
- 引き伸ばされたばねに蓄えられたエネルギー

$$\frac{1}{2}ke^2 \qquad e:伸び，k:ばね定数$$

- 引き伸ばされた金属線に蓄えられたエネルギー

$$\frac{\frac{1}{2}(AE)e^2}{L}$$

章末問題

p.318 に本章の補充問題がある．
必要なら $g = 9.8\,\mathrm{N\,kg^{-1}}$ を用いよ．

7・1　荷重がないときの長さが 500 mm の鋼鉄のばねを固定点から鉛直に下げた．
(a) 重さ 6.0 N のおもりをつけたところ，長さが 845 mm となりつり合った．(i) ばね定数と，(ii) この伸びでばねに蓄えられたエネルギーを計算せよ．
(b) 6.0 N のおもりを外し，未知の重さのおもりをつけたところ長さが 728 mm となった．(i) おもりの重さと (ii) 質量を計算せよ．

7・2　(a) 図 7・20 は，同じ長さの二つの異なる物質 A, B について伸びと重さの関係を表す．
(i) 破壊強度が大きいのはどちらか．
(ii) 剛性が大きいのはどちらか．

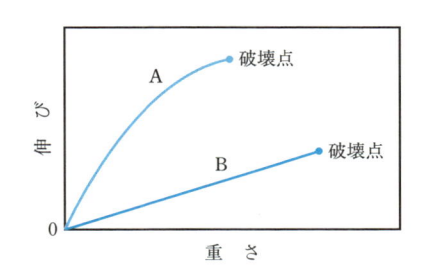

図 7・20

(b) (i) ゴム輪と (ii) ポリエチレンの細い板について，伸びと張力の関係を同じ図に描け．

(c) その図を用いて，ゴムとプラスチックのふるまいの差を説明せよ．

7・3　直径 0.20 mm の金属線を固定点から鉛直に下げ重さ 5.0 N のおもりをつけて引っ張った．そのとき長さが 1.393 m であった．おもりを増やして 65 N にしたところ長さが 1.414 m になった．(a) 金属線の伸び，(b) ヤング率と (c) 蓄えられたエネルギーを計算せよ．

7・4　クレーンのつり上げ用ケーブルは直径 30 mm，長さ 55 m である．ケーブルの応力は 2.0×10^8 Pa を超えてはならない．ヤング率を 2.0×10^{11} Pa とする．
(a) つり下げられる最大の重さはどれだけか．
(b) この最大の重さで引っ張るときの (i) 伸びと (ii) 単位体積当たりの蓄えられたエネルギーを計算せよ．

7・5　万力のあごの部分はハンドルを 1 回転すると 0.5 mm だけ閉じる．直径 10 mm，長さ 60 mm の銅の円柱の両底面をこの万力に挟みハンドルを 1/2 回転する．銅のヤング率を 1.3×10^{11} Pa として以下の計算をせよ．
(a) 円柱の高さの変化分
(b) この圧縮に必要な力

7・6　1800 N の重さのエレベーターが 8 本の鋼鉄のケーブルでつるされ，各ケーブルは，直径 5.0 mm，長さ 65 m，許容される最大応力は 1.0×10^8 Pa である．鋼鉄のヤング率を 2.0×10^{11} Pa とする．
(a) エレベーターに積載できる重さの最大値を計算せよ．
(b) この重さを加えたときのケーブルの伸びを計算せよ．

8

圧　力

目　次
- 8・1　圧力と力
- 8・2　水力学
- 8・3　静止している流体中の圧力
- 8・4　圧力の測定
- 8・5　浮　力
- まとめ
- 章末問題

学習内容
- 圧力，力，面積に関する計算
- 水力学の原理と応用
- 液柱による圧力の計算
- 圧力の測定方法（大気圧を含む）
- 浮力の原理と圧力

メモ
面積 $1\,\mathrm{m}^2 = 10000\,\mathrm{cm}^2$　（$=100\,\mathrm{cm} \times 100\,\mathrm{cm}$）
　　　　　　 $= 10^6\,\mathrm{mm}^2$　（$=1000\,\mathrm{mm} \times 1000\,\mathrm{mm}$）

例題 8・1
重さ 55 N，形状 100 mm × 150 mm × 250 mm のレンガがある（図 8・2）．次の各面を下にして地面に立てたときの圧力を計算せよ．(a) 1 番小さい面，(b) 2 番目に小さい面，(c) 最大の面．

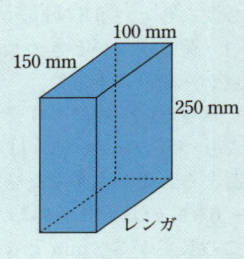

図 8・2

[解　答]
(a) $A = 0.100 \times 0.150 = 1.5 \times 10^{-2}\,\mathrm{m}^2$

$$p = \frac{F}{A} = \frac{55}{1.5 \times 10^{-2}} = 3.7 \times 10^3\,\mathrm{Pa}$$

(b) $A = 0.100 \times 0.250 = 2.5 \times 10^{-2}\,\mathrm{m}^2$

$$p = \frac{F}{A} = \frac{55}{2.5 \times 10^{-2}} = 2.2 \times 10^3\,\mathrm{Pa}$$

(c) $A = 0.150 \times 0.250 = 3.75 \times 10^{-2}\,\mathrm{m}^2$

$$p = \frac{F}{A} = \frac{55}{3.75 \times 10^{-2}} = 1.5 \times 10^3\,\mathrm{Pa}$$

練習問題 8・1
1. 以下を説明せよ．
   (a) 先が鈍った針よりも鋭い針の方が皮革を通しやすい．
   (b) 農業用のトラクターは幅の広いタイヤを履いて地面に沈み込まないようにする．
2. (a) 重さ 750 N の人が床に立つ．足が床面と接触する面積が $8.5 \times 10^{-3}\,\mathrm{m}^2$ である．床面が受ける圧力を計算せよ．
   (b) 重さ 12000 N の車の四つのタイヤに均等に力が加わり，各タイヤの圧力が 250 kPa である．各タイヤの接地面積を計算せよ．

8・1　圧力と力

雪靴は積もった雪の中を歩いても沈み込まないように，大きな接触面の設計になっている．可能な限り広い面積にわたり履いている人の重さが効果的に分散される．刃先が鈍ったナイフよりも鋭いナイフの方がよく切れるのも，逆の理由から説明される．切ろうとする物質と接触する面積は鋭いナイフの方が小さい．その結果，鋭いナイフの方が物質に及ぼす圧力が大きくなる．

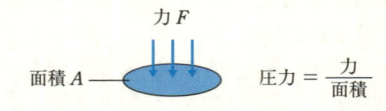

図 8・1　圧力と力

面の法線方向（面と直角）に力 F が加わるとき圧力 p は

$$p = \frac{F}{A}$$

と定義される（図 8・1）．ここで A は力が加わる部分の面積である．圧力の単位はパスカル（pascal, Pa）で，$\mathrm{N\,m^{-2}}$ に等しい．

8·2 水力学

　液体がほとんど圧縮されないことを利用するのが油圧機械や水圧機械である．液体を封じたシステムに力を及ぼすと内部の液体に圧力が加わり，この圧力が液体の隅々まで伝わる．以下にその例をあげる．

a. 油圧プレス　小さな力で物体を押しつぶすための装置である．図8·3にその動作原理を示す．力 F_1 を面積 A_1 のピストンに加えるとシリンダー内の油に圧力

$$p = \frac{F_1}{A_1}$$

が生じる．この圧力が面積の大きなラムピストンに伝わり，枠に取付けられた物体を圧縮する．
　このとき，広い方のピストンに加わる力 F_2 は，

$$F_2 = pA_2 = \frac{F_1 A_2}{A_1}$$

である．A_2 は A_1 よりずっと大きいので，力 F_2 は F_1 よりずっと大きくなる．言い換えると，加えた力は面積の比 A_2/A_1 倍になる．システムから空気を抜いておかないと，

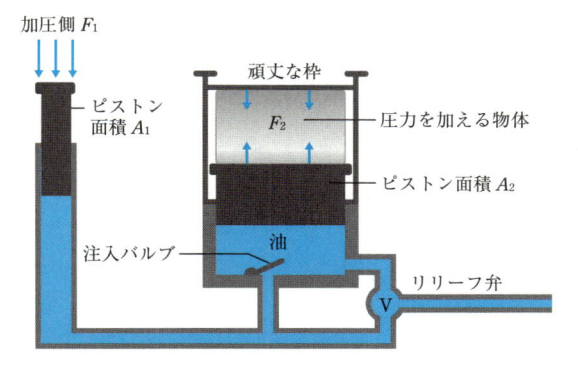

図8·3　油圧プレス

A_1 側でピストンを所定の距離だけ押し込んでも空気を圧縮するだけで，油に十分な圧力を生じない．注入バルブとリリーフ弁を閉じると，広い方のシリンダーに流れ込んだ油は抜け出さず加圧状態が保持される．リリーフ弁を開くと広い方のシリンダーの圧力が下がり物体を取出せる．

b. 油圧ブレーキ　油圧ブレーキは，運転手がペダルに力を加えたとき生じる圧力を利用する．まずマスターシリンダー内のブレーキオイルに圧力が生じこれが各スレーブシリンダーに伝わり，ブレーキパッドがディスクローターを挟んで押さえつける．図8·4はその概念図である．システム内に空気が残っていてはならない．空気があると，油圧プレスの場合と同じで，ブレーキが効かない．

c. 油圧リフト　小さい力で物体を持ち上げるための装置である．リフトの台は4本の垂直な足で支えられ，各足がピストンに取付けられている．ピストンと台を押し上げるためシリンダーに油を注入するには圧搾空気を用いる．その他にも圧搾空気でギア式の油圧ポンプを回したり，電気モーターやエンジンを使うものがある．リフトの構造や大きさもさまざまである．図8·5に油圧リフトの原理を示す．

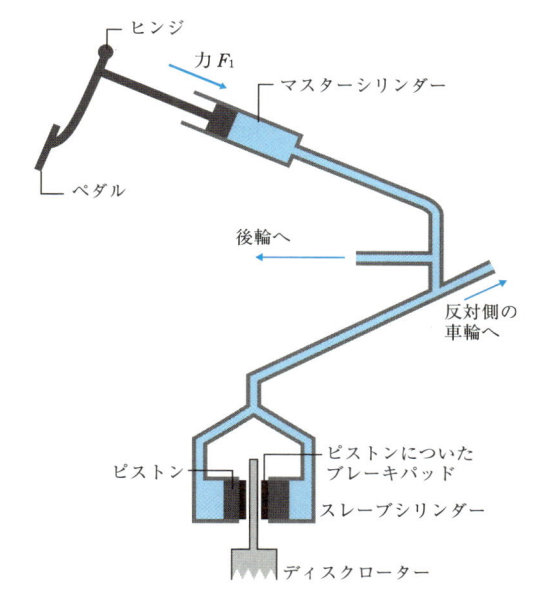

図8·4　油圧ブレーキ

図8·5　油圧リフト

例題 8·2

　ある油圧プレスの細い方のシリンダーは直径 2.0 cm，太い方のラムシリンダーは直径 30 cm である．細い方のピストンに 120 N の力を加えた．
　(a) システムに発生した圧力と，(b) ラムピストンが押す力を計算せよ．

[解答]　(a) 細いシリンダーの断面積 A_1 は,

$$A_1 = \frac{\pi(2.0\times10^{-2})^2}{4} = 3.1\times10^{-4}\,\text{m}^2$$

$$\therefore\ p = \frac{F}{A_1} = \frac{120}{3.1\times10^{-4}} = 3.8\times10^5\,\text{Pa}$$

(b) ラムピストンに加わる力 F_2 は, $F_2 = pA_2$ より求められる. ここで断面積 A_2 は,

$$A_2 = \frac{\pi(30.0\times10^{-2})^2}{4} = 7.1\times10^{-2}\,\text{m}^2$$

となり, F_2 は,

$$F_2 = 3.8\times10^5 \times 7.1\times10^{-2} = 2.7\times10^4\,\text{N}$$

練習問題 8・2

1. 図 8・6 は油圧ジャッキの内部構造である. このジャッキを使うと小さい力でずっと大きな重さのものを持ち上げられる理由を説明せよ.

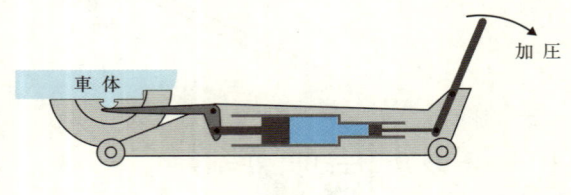

図 8・6

2. 修理工場で自動車を持ち上げるための油圧リフトに四つのピストンがついていて, それぞれの面積が $0.012\,\text{m}^2$ だった. このシステム内部の圧力は 500 kPa が上限で, 昇降台とピストンの重さは合計で 2500 N である. 台に載せることのできる重さの最大値を計算せよ.

8・3　静止している流体中の圧力

- **静止している流体中の圧力はすべての方向に等しく作用する**. 図 8・7 のようにするとこれを実際に観察できる. 水圧はあらゆる方向に加わるので, 孔が面のどこにあるかによらず, どの孔からも水流が噴出する.
- **静止している流体中の圧力は深さとともに増大する**. 図 8・8 はこれを観察する方法である. それぞれの孔から水流が出るが, 水面から下に行くほど大きな圧力で水流が噴出する. 深さが同じ二つの孔では圧力が同じである. 静止した流体中では同じ深さの位置ではどこも圧力が同じになる.

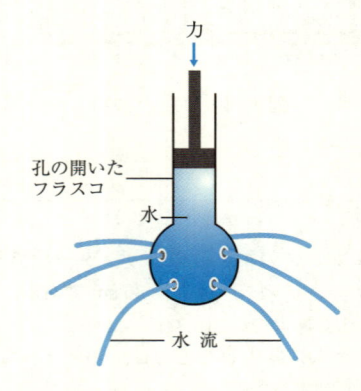

図 8・7　圧力はすべての方向に均等に加わる.

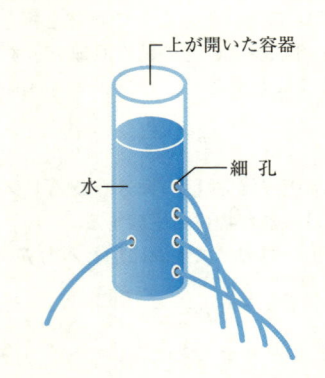

図 8・8　深さとともに圧力が増大する.

液柱の圧力

高さ H の液柱の上下の両面での圧力差 p は,

$$p = H\rho g$$

である. ここで ρ は液体の密度である. 空気中では上面から大気圧が加わるが, これを無視できるとき底面における圧力が p となる. この式を証明するために図 8・9 の液

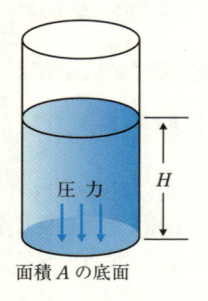

図 8・9　液柱底面の圧力

柱を考える. この円筒容器の断面積を A とすると, 内部の液体の体積 $= HA$ である.

$\therefore$　円筒容器内の液体の質量 = 体積×密度 = $HA\rho$

　　円筒容器内の液体の重さ = 質量×g = $HA\rho g$

　　上下両面の圧力差 = $\dfrac{\text{液体の重さ}}{\text{底面積}} = \dfrac{HA\rho g}{A} = H\rho g$

例題 8・3

(a) 水深 10.0 m では水面よりどれだけ圧力が高いか．
(b) 水銀柱の上面が真空のとき，その下底面での圧力が (a) と同じ値になる水銀柱の高さはどれだけか．水の密度 =1000 kg m^{-3}，水銀の密度=13 600 kg m^{-3} とする．

[解 答]
(a) $p = H\rho g = 10.0 \times 1000 \times 9.8 = 9.8 \times 10^4$ Pa
(b) $p = H\rho g$ を変形して，

$$H = \frac{p}{\rho g} = \frac{9.8 \times 10^4}{13\,600 \times 9.8} = 0.74 \text{ m}$$

練習問題 8・3

1. 密度 1030 kg m^{-3} の海水の水深 20 m では海面よりどれだけ圧力が高いか．
2. 海面では大気圧の平均値が 101 kPa である．海水の圧力によってさらに 101 kPa だけ圧力が増える水深を計算せよ．

8・4 圧力の測定

圧力の測定が必要となる場面は非常に多い．血圧，ガス圧，タイヤの空気圧はその例である．

U 字管マノメーター

図 8・10 に示すように，気体の圧力が大気圧を基準としてどれだけの**過剰圧力**かを測る．U 字管の両側の管の液面の高さの差 H を測定する．このタイプの圧力計をマノ

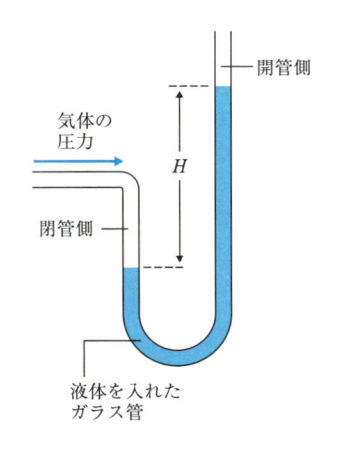

図 8・10 U 字管マノメーター

メーターとよぶ．測定対象の気体の圧力が閉管側の液体表面に加わる．その圧力は，開管側の液体の同じ高さの部分の圧力と等しく，高さ H の液柱による圧力と上部から加わる大気圧の和となる．

気体の圧力 = $H\rho g$ + 大気圧
(ρ：マノメーターの液体の密度)

よって，

大気圧を基準とする過剰圧力 = $H\rho g$

となる．

ブルドン管圧力計

これは U 字管マノメーターよりも頑丈である．図 8・11 のように，気体の圧力が銅管をわずかに曲げ，指針が目盛板の上を動く．通常は気体の絶対圧力を測定するように目盛を校正してある．混乱をさけるために，"絶対" という言葉を導入して過剰圧力と大気圧の和を表す．

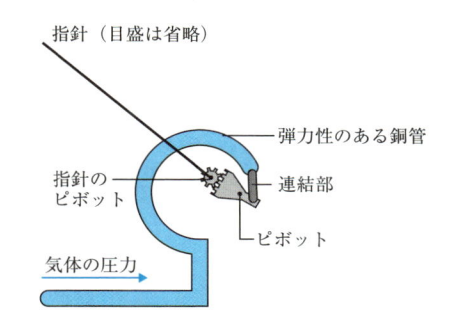

図 8・11 ブルドン管圧力計

電気的な圧力計

電気的な圧力計には圧力を電気信号にするセンサーが入っている（図 8・12）．封じた部屋の隔壁が外部との圧力差でゆがむのを半導体センサーで読み取る方式や，電極

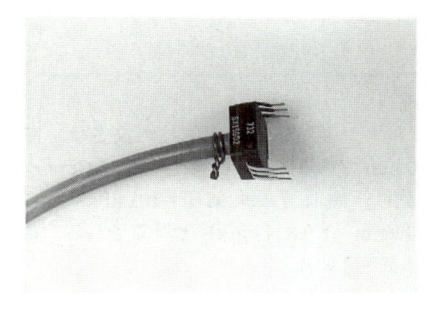

図 8・12 電気的な圧力計

間隔の変化を読み取る方式，ピエゾ素子の共振の周波数の変化として読み取る方式などもある．校正により絶対圧力を表示できる．

気 圧 計

大気圧を測定するのが気圧計である．海面での気圧はだいたい 100 から 102 kPa の間で日々変化する．

a. フォルタン型気圧計　一端を封じたガラス管内部

に水銀を満たし，水銀だめに倒立させたものである（図 8・13）．ガラス管上部の空間は真空になり水銀柱には圧力を加えない．水銀柱の底面は水銀だめ表面の高さと等しく，その圧力は大気圧と等しい．したがって，大気圧 p は，

$$p = H\rho g$$

から計算できる．ただし ρ は水銀の密度，H は水銀柱の高さである．

b. アネロイド型気圧計 フォルタン型気圧計より頑丈である．側面が蛇腹になった容器を適度に排気すると，大気圧が押す力と蛇腹のばねの力がつり合う（図 8・14）．大気圧が変わると蛇腹の部分の長さが変わり指針がこの装置の目盛板を動く．

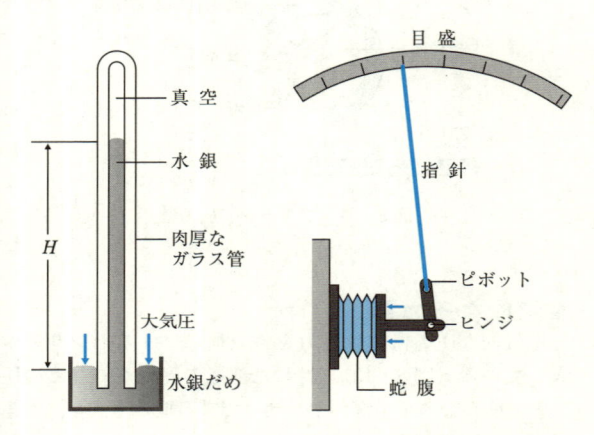

図 8・13 フォルタン型気圧計　　**図 8・14** アネロイド型気圧計

メ モ

1. フォルタン型気圧計の水銀柱の高さは，海面で平均 760 mm である．水銀の密度＝13 600 kg m^{-3} と $p = H\rho g$ から，海面での大気圧＝101 kPa（＝0.760 m × 13 600 kg m^{-3} × 9.8 N kg^{-1}）と計算される．この圧力を標準気圧という．
2. 以前は圧力の単位としてパスカルでなく"水銀柱ミリメートル（mmHg）"を用いていた．$p = H\rho g$ を使うとパスカル（Pa）への変換ができる．
   ［訳注：100 kPa を 1000 ヘクトパスカルともいう．］

血 圧 計

血圧計では，図 8・15 のように，圧力計に接続したカフを肘の少し上で腕に巻き上腕の動脈に聴診器を当てる．カフを手動で膨らませて上腕の血流を止めた後にカフの圧力を徐々に抜いていき，血流の再開した音を聞いたときの圧力計の読みを記録する．この圧力を**収縮期血圧**（または最

大血圧）という（動脈が押さえられ狭くなったために発生する）．一方，圧力を下げていき乱流が消えて静かになったときの圧力を**拡張期血圧**（または最小血圧）という．血圧は，水銀柱の圧力計が電気的圧力計に変わっても mmHg で表している．

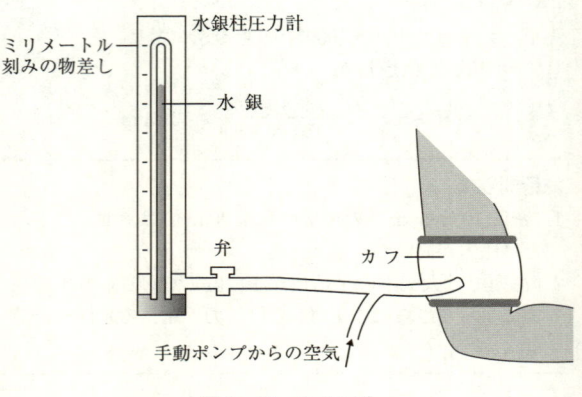

図 8・15 血 圧 計

練習問題 8・4

1. (a) 水を使った U 字管マノメーターを用いて都市ガスの住宅内での供給圧力を測ったところ，高さが 25 cm だった．ガスの過剰圧力を (i) 単位を kPa として，また (ii) 標準気圧（101 kPa）に対する％で計算せよ．
   (b) 都市ガスの供給圧力が (i) 低すぎない，また (ii) 高すぎないことがなぜ重要なのか述べよ．
2. (a) フォルタン型気圧計について，水銀が管から抜け落ちない理由を説明せよ．
   (b) 健康な若者の血圧は，通常，下側が 80 mmHg，上側が 120 mmHg である．
   (i) これらの圧力を kPa で表せ．
   (ii) 血圧計で水でなく水銀を用いるのはなぜか．水の密度＝1000 kg m^{-3}，水銀の密度＝13600 kg m^{-3} とする．

8・5 浮　力

つり合いを保って液体に浮かぶ物体には，その重さと同じ大きさで上向きに**浮力**がはたらく．この浮力は，液体の圧力が物体に作用する結果である．

1. 浮力が重さより大きければ，物体は浮かび上がる（例：水中に沈めたボール）．
2. 浮力が重さと等しければ，物体は浮く（例：ボート），あるいは水中でつり合いを保つ．
3. 浮力が重さより小さければ，物体は沈んでいく（例：荷を積み過ぎたゴムボート）．

アルキメデスの原理

> 液体中の物体が受ける浮力は，物体が排除した液体の重さと等しい．

これを証明するには，図8・16のように，密度 ρ の液体中にある断面積 A の直立した円柱を考える．円柱の下底面には液体の圧力 p_1 による力 p_1A が上向きに加わる．

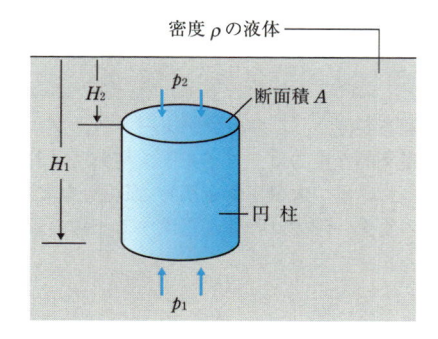

図8・16 アルキメデスの原理

円柱の上底面には，この高さでの液体の圧力 p_2 による力 p_2A が下向きに加わる．したがって，

$$\text{円柱に加わる力} = \begin{pmatrix}\text{下底面での}\\\text{上向きの力}\end{pmatrix} - \begin{pmatrix}\text{上底面での}\\\text{下向きの力}\end{pmatrix}$$

$$= p_1 A - p_2 A = (p_1 - p_2)A$$

液面から下底面までの距離を H_1，上底面までの距離を H_2 とすると，$p_1 = H_1 \rho g$, $p_2 = H_2 \rho g$．また，物体の体積 V は $V = (H_1 - H_2)A$ となり，浮力 U は，

$$U = (H_1 \rho g - H_2 \rho g)A = (H_1 - H_2)A\rho g = V\rho g$$

さらに，この物体が排除する液体の質量 m は，$m = V\rho$ であるから，

$$V\rho g = mg = \text{排除された液体の重さ}$$

したがって，浮力 U は，

> $U = $ 排除された液体の重さ

となる．

浮く・沈む

乗る人が増えるほどボートは水中に沈んでゆく．深く沈むほどボートが排除する水の量が増え，浮力が増えて余分の積荷を支えられる．だが，もしボートの縁が水面に達すると，それ以上の水を排除できないので浮力は増えない．さらに積荷を増やすと沈没する．

比重計

これは液体の密度を測る道具である．図8・17のように球根の形をした容器の中におもりを入れて封じる．比重計が浮かび静止した状態で，細長い部分が液面に垂直に顔を出す．この部分の断面積がどこも同じとすれば目盛を等間隔にふる．校正には既知の密度の液体を用いればよい．

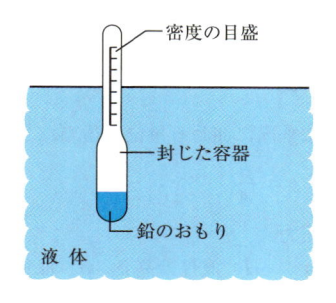

図8・17 比重計

例題 8・4

重さ 450 kN の鉄でできた平底船が空荷の状態で水面から船底まで深さが 1.5 m である．

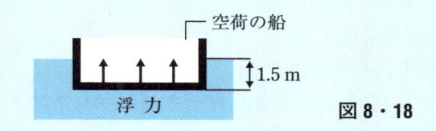

図8・18

(a) 船の底面積を計算せよ．
(b) 水面から船底までの深さを 2.0 m 以内に制限するとき，積荷の最大の重さを計算せよ．
ただし，水の密度＝1000 kg m^{-3} とする．

[解 答]
(a) 浮力 ＝ 船の重さ ＝ 450 kN
∴ 排除された水の重さ ＝ 450 kN．
船の水中にある部分の高さを H，船の底面積を A とすると，排除された水の重さ ＝ $HA\rho g$ ＝ 450 000 N となるので，船の底面積 A は，

$$A = \frac{450000}{H\rho g} = \frac{450000}{1.5 \times 1000 \times 9.8} = 31 \text{ m}^2$$

(b) 2.0 m のところまで沈むとき，深さの増分は，

$$\Delta H = 2.0 - 1.5 = 0.5 \text{ m}$$

積荷の最大の重さは，追加で排除された水の重さと等しいので，

$$\text{追加で排除された水の重さ} = \Delta H A \rho g$$
$$= 0.5 \times 31 \times 1000 \times 9.8$$
$$= 1.5 \times 10^5 \text{ N}$$

練習問題 8・5

1. 大きさ 2.0 m×0.60 m のエアベッドに重さ 700 N の人が乗りプールに浮いている.
   (a) エアベッド底面に加わる圧力を計算せよ.
   (b) エアベッドの水中に没している部分の深さを計算せよ.
   ただし，水の密度＝1000 kg m^{-3} とする.

2. 密度 1050 kg m^{-3} の海水に平底のフェリーが浮かび静止している．フェリーの底は海面から 1.20 m の深さである．最大積載荷重 40000 N を積んだとき，さらに 0.05 m 沈んだ．(a) 空荷の時のフェリーの重さ，(b) 湖で密度 1000 kg m^{-3} の水に最大積載荷重で浮かべたとき，フェリーの底の水面からの深さを計算せよ.

まとめ

■ **圧力**とは面に垂直に加わる単位面積当たりの力．

■ **圧力の式** $p = \dfrac{F}{A}$

■ **液柱底面の圧力**
$p = H\rho g$　　H: 液柱の高さ，ρ: 液体の密度

■ **圧力を測る装置**　　U字管マノメーター，ブルドン管圧力計，電気的な圧力計，フォルタン型気圧計およびアネロイド型気圧計（大気圧測定用），血圧計など．

■ 液体中の物体の**浮力**は物体が排除する液体の重さと等しい．

章末問題

p.318 に本章の補充問題がある．

8・1 大きさ 450 mm×300 mm×25 mm の直方体で密度 2600 kg m^{-3} の敷石がある．以下の量を計算せよ．
(a) 石の重さ
(b) 次の方法で地面に置いたときの圧力
(i) 広い面を下にする．
(ii) 一番狭い面を下にする．

8・2 最大 120 kN の力を及ぼせる油圧プレスのラムピストンのシリンダーの直径が 45 cm である．
(a) 最大の力でプレスしているとき，シリンダー内の油圧はどれだけか．
(b) 加圧側の細いピストンの直径は 2.5 cm である．ラムピストンによる力が 120 kN のとき，加圧側はどれだけの力が必要か．

8・3 (a) 海面で大気圧は平均 101 kPa，空気の密度は 1.2 kg m^{-3} である．上空まで大気の密度 1.2 kg m^{-3} が一定の気柱としたとき，その高さを計算せよ．
(b) 実際は地上 100 km より高い高度まで大気がある．上の(a)の計算結果と比較すると，大気についていえることは何か．

8・4 (a) 人間の肺の内圧は，図 8・19 のように両側を開放した長い管に水を入れた圧力計の片側から空気を吹き込んで測定できる．成人でテストしたところ水柱の高さが約 2.0 m であった．大気圧との差圧をパスカル単位で計算せよ．ただし，水の密度＝1000 kgm^{-3} とする．
(b) 水深 2.0 m よりも深いところでは，潜水しながら水面にパイプを出して呼吸するのが大変に困難になる．理由を答えよ．

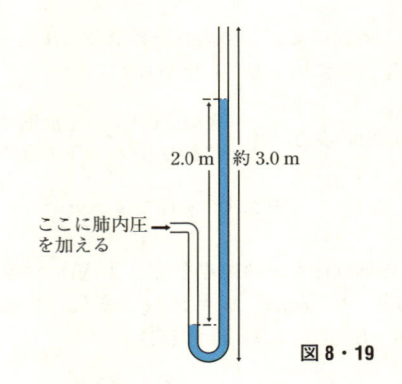

図 8・19
2.0 m　約 3.0 m
ここに肺内圧を加える

8・5 (a) フォルタン型気圧計の構造を図に描き，各部分に説明用の書き込みをせよ．この気圧計により大気圧を測定する方法を説明せよ．
(b) 血圧の測定ではカフを肘より上の上腕に巻き心臓と同じ高さにするのが普通である．もし腕を上げてカフが心臓よりもかなり高い位置にきたとすると，血圧の読みはどのように変わるか．

8・6 (a) 潜水艦のバラストタンクに圧縮空気を送り込んで水を追い出すと，潜行していた艦が水面に浮上する．その理由を説明せよ．
(b) 試験管におもりを入れ比重計にしたとき，試験管は水中で鉛直に立って長さ 40 mm の部分が水面上に顔を出し，60 mm が水中に沈んだ．この試験管を未知の密度の液体に入れたところ，液面より上が 32 mm であった．液体の密度を計算せよ．

III 力 学

第 9 章　力のつり合い
第 10 章　速度と加速度
第 11 章　力と運動
第 12 章　エネルギーと仕事率

　第Ⅲ部では，力のつり合い，力と運動の関係，仕事とエネルギーと仕事率の関係を含む力学の主要原理を導入する．理解を深め，摩擦や効率などの応用と関連づけるための実験を紹介する．第Ⅲ部の数学のレベルは，第Ⅰ部と第Ⅱ部で身につけた基本的なスキルから，本書のすべてにおける数学的な要求に対処できるレベルとなる．

9 力のつり合い

目次
9・1 ベクトルとしての力
9・2 回転を起こす効果
9・3 安定性
9・4 摩擦
9・5 つり合いの条件
まとめ
章末問題

学習内容
- 力の幾何学的な表現，数値的な表現
- 二つ以上の力の合成
- 力の直交成分への分解
- 質点のつり合い条件
- 物体に加わる力のフリーボディー図
- 平衡状態にある物体と力のモーメント
- 重心の概念

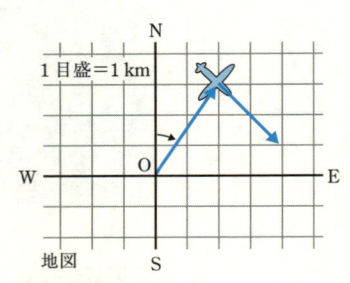

速度: 南東に60 m s^{-1}
Oからの変位: 3.6 km，北から34度東
（高度は示してない）

図9・1 ベクトルとスカラー

9・1 ベクトルとしての力

スカラーとベクトル

航空管制官は，飛行機の航路を監視するために，その地図上の位置，高度，速さ，運動の方向を知る必要がある．運動の方向を含む各情報は重要である．飛行機の位置と高度から，管制官からの距離と方向を示すことができる．**速度は速さと運動の方向により決まる**（図9・1）．

位置の変化すなわち**変位**と速度は，大きさだけでなく方向をもつから**ベクトル**である．距離と速さは，大きさだけをもつので**スカラー**である．ベクトルは矢印で表され，矢の長さはベクトルの大きさに比例し，矢の向きはベクトルの向きとする．

- 向きをもつ物理量は**ベクトル**である．たとえば，重力，力，変位（与えられた方向と移動距離），速度，加速度，運動量など．
- 向きをもたない大きさだけの物理量は**スカラー**である．たとえば，質量，エネルギー，速さなど．

ベクトルとしての力

力はニュートン（newton, N）という単位で測る．質量1 kgの物体に加わる重力は地表で約10 Nである．図9・2aのように，大きさが等しく互いに向きが逆の二つの力を物体に加えるとき物体は静止状態を保つ．しかし，図9・2bのように，一方の力が他方より大きい場合は，合わさった効果は二つの力の差である．

(a) $F_1 = F_2$ なので物体は静止状態を保つ．

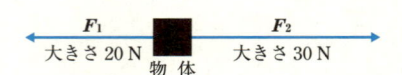

(b) $F_1 < F_2$ なので，物体は F_2 の方向へ動きだす．合力の大きさは 10 N である．

図9・2 反対向きの力

図9・2の力はいずれもベクトル（すなわち力に比例した長さをもち特定の方向を向いた矢印）として表現される．以下本書では，太字の記号はベクトルを表すものとする．たとえば，大きさ F_1 の力をベクトルとして明示したいときは $\boldsymbol{F}_1$，$\boldsymbol{F}_2$ の力は $\boldsymbol{F}_2$ と表す．

力の平行四辺形

図9・3は，同一直線上にない二つの力 A，B が質点に加わるときの効果を示す．それぞれの力をベクトルとして表し，二つのベクトルを平行四辺形の隣接する辺とする．二つの力が合わさった効果は平行四辺形の対角線の大きさと向きをもつベクトルで表され，これを**合力**という．合力は力のベクトル A に力のベクトル B を加えたものである．図9・4は A と B の合力と，大きさが等しく逆向きの力 C とのつり合いを示す．

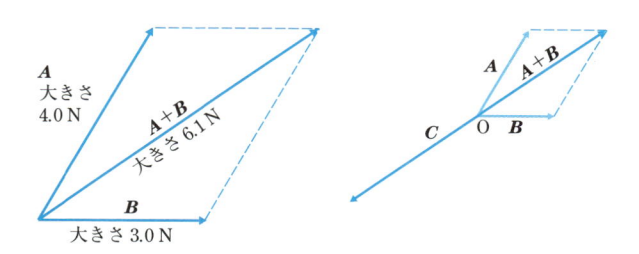

図9・3 力の平行四辺形

図9・4 力のつり合い

練習問題9・1a

1. 大きさ 5.00 N で真東に向く力と，12.0 N で以下に示す向きの力が質点に加わる．力の平行四辺形を用いて 12.0 N の力の向きが以下の場合に，合力の大きさと向きを求めよ．(a) 真東，(b) 真西，(c) 真北，(d) 真東から 60.0° 北寄り，(e) 真西から 60.0° 北寄り．
2. 質点に大きさ 6.0 N と 8.0 N の力が加わる．二つの力のなす角が以下の場合に，合力の大きさを求めよ．
   (a) 90°　(b) 45°

質点のつり合いの条件

一般に，質点に二つ以上の力を加えるときも，その合力が $\mathbf{0}$（ゼロベクトル）であればつり合っている（すなわち静止状態を保つ）．

1. 加わる力が A と B の二つだけのとき，つり合いの条件は，二つの力の大きさが等しく向きが逆となる．二つの力の合力は $\mathbf{0}$ でなければならない．

$$A + B = 0$$

2. 三つの力 A，B，C が加わるとき，つり合いの条件は，任意の二つの力の合力が三番目の力と大きさが等しく向きが逆でなければならない，ということである．たとえば，$A + B = -C$ である．式を変形すると，

$$A + B + C = 0$$

となり，つり合った三つの力ベクトルの和をとると合力は $\mathbf{0}$ となる．図9・5のように，この関係は三角形で表される．

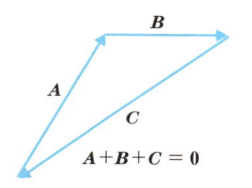

図9・5 質点のつり合い

3. 一般に，質点に加わる力のベクトルが閉じた多角形を形成するとき，質点はつり合う．この法則を**閉じた多角形の法則**とよぶ．

力の直交成分への分解

直交成分への分解は，矢印を描かずに，つり合いの状態を解析する数学的手法である．そうは言っても，図を描くことは状態の視覚化に有用である．

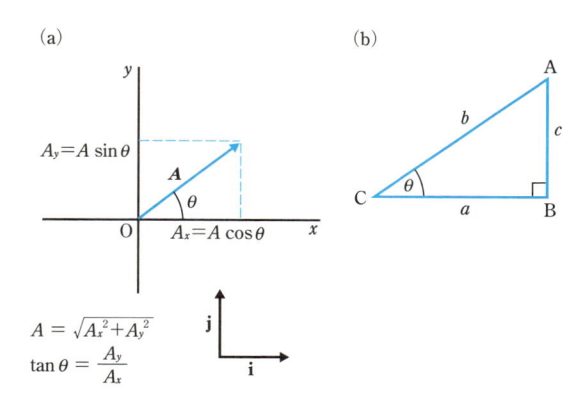

図9・6 力の分解

図9・6aのように，xy 座標系の原点 O に加わる力 A を考える．A の大きさを A で表し，A の方向を x 軸から測った角度 θ で表す．この力は，二つの直交成分

1. x 軸成分　$A_x = A\cos\theta$
2. y 軸成分　$A_y = A\sin\theta$

に分解される．力 A は各成分を用いて，

$$A = A\cos\theta\,\mathbf{i} + A\sin\theta\,\mathbf{j}$$

と表される．ここで $\mathbf{i}$ と $\mathbf{j}$ はそれぞれ x 軸と y 軸方向の単位ベクトル（大きさが 1 のベクトル）である．

ピタゴラスの定理を用いると，

であり，三角関数の定義から，

$$\tan\theta = \frac{A_y}{A_x}$$

となる．

> **メモ**
> 1. ピタゴラスの定理とは，図9・6bの直角三角形ABCにおいて，
>
> $$AB^2 + BC^2 = AC^2$$
>
> が成り立つことである．
> 2. この三角形を用いて，以下の三角関数が定義される．
>
> $$\sin\theta = \frac{AB}{AC}\left(=\frac{c}{b}\right), \cos\theta = \frac{BC}{AC}\left(=\frac{a}{b}\right), \tan\theta = \frac{AB}{BC}\left(=\frac{c}{a}\right)$$
>
> ここで，cはθの対辺，aはθの隣辺，bは斜辺である．

二つ以上の力の合力の計算方法

図9・7のように，質点Oに二つ以上の力 $A, B, C \cdots$ が加わる場合を考える．これらの力の合力は以下の手順で計算される．

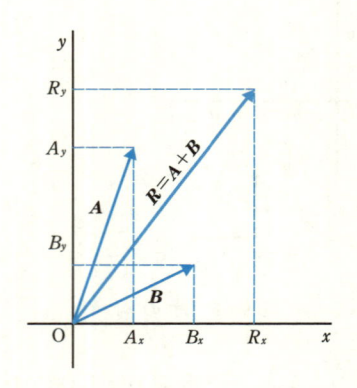

$$R = \sqrt{R_x^2 + R_y^2}$$
ここで $R_x = A_x + B_x$
$R_y = A_y + B_y$

図9・7 合力の計算法

1. それぞれの力をx軸およびy軸方向の直交成分に分解する．
2. 各軸方向で，+あるいは－の向きを考慮して成分の和をとり，合力の各軸に対する成分を求める．
3. ピタゴラスの定理を用いて合力の大きさを計算し，三角関数を用いて合力の向きを計算する．

例題9・1

図9・8のように，原点Oにある質点に三つの力 A, B, C が加わる．これら三つの力の合力の大きさと方向を求めよ．

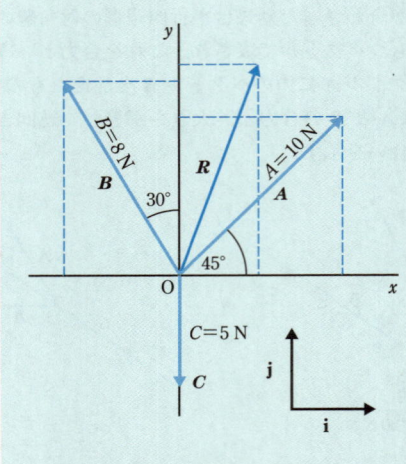

図9・8

[解答] 三つの力をi軸成分とj軸成分に分解する．
$$A = 10\cos 45° \, \mathbf{i} + 10\sin 45° \, \mathbf{j}$$
$$B = -8\sin 30° \, \mathbf{i} + 8\cos 30° \, \mathbf{j}$$
$$C = -5\mathbf{j}$$

よって，合力Rは，
$$R = A + B + C = (10\cos 45° - 8\sin 30°)\mathbf{i}$$
$$+ (10\sin 45° + 8\cos 30° - 5)\mathbf{j}$$

したがって， $R = 3.1\mathbf{i} + 9.0\mathbf{j}$

1. 合力の大きさ $R = \sqrt{3.1^2 + 9.0^2} = 9.5$ N
2. x軸となす角θは，

$$\tan\theta = \frac{R_y}{R_x} = \frac{9.0}{3.1} = 2.90$$

よって，$\theta = 71°$

練習問題9・1b

1. 図9・9に示した質点に加わる二つの力AとBの合力の大きさと向きを求めよ．

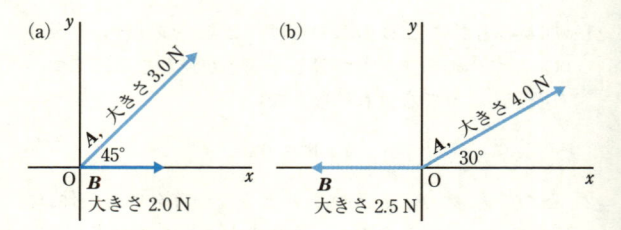

図9・9

2. (a), (b)それぞれについて，Oに作用してAとBの合力を打ち消す第三の力Cの大きさと方向を求めよ．

9・2 回転を起こす効果

ナットを緩めるためにスパナを使う場合，スパナの柄が長いほど楽に作業できる．同様のことが木片から釘を抜く場合の釘抜きでもいえる．柄が長いほど支点を中心にしたてこの効果が大きくなる（図9・10）．

> ある点の周りの**力のモーメント**は，力の作用線からその点までの垂直距離と，力の大きさの積で定義される（図9・11）．

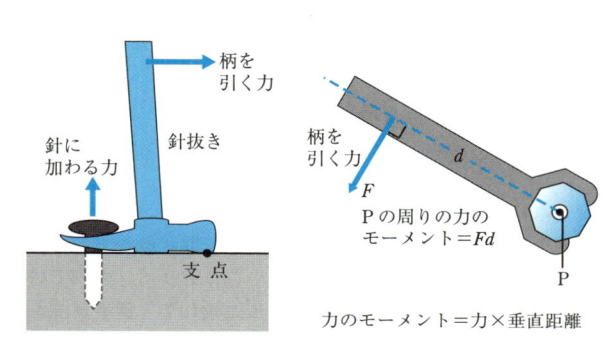

図9・10 てこを使う

図9・11 力のモーメント

力のモーメントの単位はニュートン・メートル（N m）である．**トルク**という用語が軸の周りの力のモーメントを表すために用いられることもある．

たとえば，スパナの回転軸から垂直距離 0.20 m の位置に 40 N の力を加えると，力のモーメントは 8.0 N m（＝ 40 N×0.20 m）である．回転軸から垂直距離 0.10 m の位置に 80 N の力を加えると同じ力のモーメントが得られる．弱い力でも遠い距離で作用すると同じてこの効果を与えるのが，これでわかるだろう．回転軸から垂直距離 0.50 m の位置に加わる 16 N の力と，垂直距離 0.20 m に加える 40 N の力は，与える力のモーメントが等しいことを確かめよ．

力のモーメントのつり合い

質点ではない物体に一つ以上の力が加わると回転する．たとえば，ドアは押されるとヒンジを中心に回転する．質点ではない物体を，ここでは簡単に"物体"ということにしよう．

- 物体に力が一つだけ加わるとき，つり合いの状態にはならず，またその力が重心に加わらないとき回転を始める．
- 二つ以上の力が加わるとき，力の向きと加わる位置により回転することも，しないこともある．たとえば，図9・12 に示すように軸の両側に子供を乗せてつり合っているシーソーは，どちらかの子供が移動するとつり合わなくなる．つり合うためには，重さ 250 N の子供は重さ 300 N の子供より支点から遠くに座らなければならない．シーソーのつり合いの条件は，一方の子供による力のモーメントが他方の子供による力のモーメントと等しいことである．たとえば，250 N の子供が支点から 1.20 m の位置にいる場合（力のモーメント＝250 N× 1.20 m＝300 N m），他方の子供は軸から 1.00 m の位置にいる必要がある（力のモーメント＝300 N×1.00 m）．

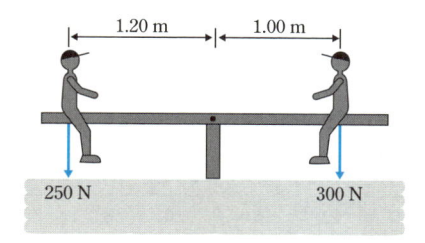

図9・12 つり合ったシーソー

シーソーのつり合いは，より一般的な力のモーメントのつり合いの一例である．力のモーメントのつり合いは，つり合いの状態にあるすべての物体に適用できる．

> 力のモーメントのつり合いとは，つり合いの状態にある物体において，任意の支点に関する右回りの力のモーメントの和と左回りの力のモーメントの和が等しい，ということである．

例題 9・2

長さ 4.00 m の均一な棒の中央を支点にして水平に置く．5.00 N のおもりを支点から 1.50 m の位置につり下げ，反対側に 6.00 N のおもりをつり下げる．6.00 N のおもりの棒の支点からの距離 d を計算せよ（図9・13）．

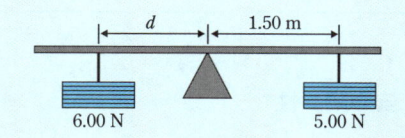

図9・13

[解 答] 力のモーメントのつり合いを適用すると，

$$6.00\,d = 5.00 \times 1.50$$

となる．よって，

$$d = \frac{5.00 \times 1.50}{6.00} = 1.25 \text{ m}$$

練習問題 9・2

1. 図 9・14 のように均一な棒の中央を支点とし，重さがそれぞれ W_1, W_2, W_3 の 3 個のおもりを支点から距離 d_1, d_2, d_3 の位置につり下げる．

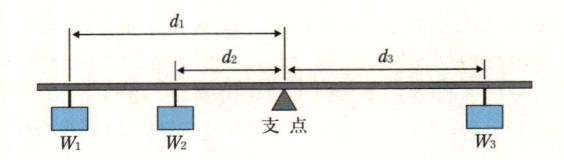

図 9・14

表中の重さと距離の各組合わせに対して，つり合いを保つように空欄を埋めよ．

W_1/N	d_1/m	W_2/N	d_2/m	W_3/N	d_3/m
6.0	2.0	4.0	1.0	8.0	(a)
4.0	(b)	3.0	2.0	8.0	1.5
4.0	1.5	6.0	(c)	4.5	2.0
(d)	1.0	2.0	2.0	4.0	1.5

2. 図 9・15 は 1.00 m の定規を用いた棒天秤のつり合いを示す．定規の中央に支点を設け，一端に秤皿をつり下げる．秤皿の反対側につり下げた 2.0 N のおもりの位置を調整することにより，定規がつり合う．

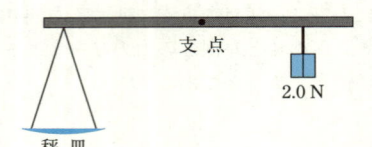

図 9・15

(a) 秤皿が空のとき，定規を水平に保つには 2.0 N のおもりの位置を支点から 150 mm にしなければならない．秤皿の重さを計算せよ．
(b) 重さが未知の物体 X を秤皿に載せたとき，つり合いを保つために 2.0 N のおもりを支点から 360 mm の位置に動かした．X の重さを求めよ．

9・3 安 定 性

質 量 と 重 さ

もし体重を減らしたければ，重力が地球の 1/6 になる月に行けばよい．だが残念ながら，痩せるわけではない．なぜなら質量は変わらないからである．

- 物体の**質量**は，その物体自身がもつ物質の量である．質量の単位はキログラム (kg) であり，パリの BIPM (国際度量衡局) に保管されているキログラム原器により定義される．

- 物体の**重さ**は，その物体に加わる重力の大きさである．重さの単位はニュートン (N) である．
- 地球表面で**重力加速度**すなわち単位質量当たりの重力 g は約 $9.8\,\mathrm{N\,kg^{-1}}$ である．地表の g の値は，赤道上の $9.78\,\mathrm{N\,kg^{-1}}$ から南北極の $9.83\,\mathrm{N\,kg^{-1}}$ の範囲でわずかに変化する．この変動の原因は，地球の形状が完全な球体ではないことや地球の自転による効果である．厳密には，後者の効果は引力によるものではなく赤道上の物体の回転運動によるものである．月では単位質量に加わる重力は約 $1.6\,\mathrm{N\,kg^{-1}}$ であり地球上より非常に小さい．なぜなら月の質量が地球より小さいからである．

質量 m の物体に加わる重さ W は，

$$W = mg$$

で計算される．

安定なつり合いと不安定なつり合い

ボウリング場で，いかに容易にピンが倒れるか気づいただろうか．ピンは頭が重く底面が小さくデザインされている．図 9・16 にボウリングのピンと比較して，倒されても元に戻る低重心のおもちゃ "起き上がり小法師" を示す．

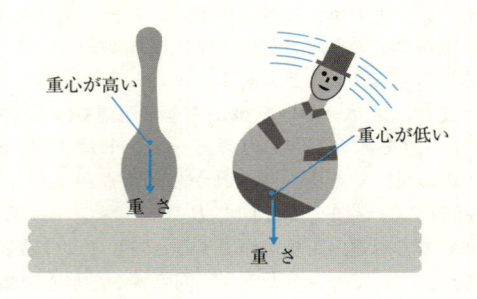

図 9・16 つり合い

- 起き上がり小法師は**安定なつり合い**の例である．重心に加わる重力と床から加わる力による回転が，倒されてもつり合い位置に戻る方向である．
- 立っているボウリングのピンは**不安定なつり合い**の例である．傾けた状態から放すとつり合いの位置から外れてしまう．

重 心

物体の**重心**とは，その 1 点に重力が集中して加わるとみなせる点である．

- 物体を固定点からつり下げて自由に回転できるようにすると，その固定点の真下に重心がきて静止する．図 9・

17 に平板の物体の重心の見つけ方を示した.

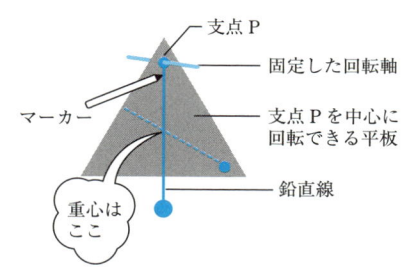

図 9・17 平板の重心位置の決定

1. 回転軸を通る鉛直線をひく.
2. 同じ操作を別の回転軸に対して繰返す.
3. 線の交点が重心位置である.

- 背の高い物体を傾けすぎた状態で放すと倒れる. 図 9・18 のように, これが起こるのは, 重心が回転軸の直上を超えるまで傾けたときである. これを超えた位置で放すと, 重さによる支点の周りのモーメントで物体はひっくり返る.

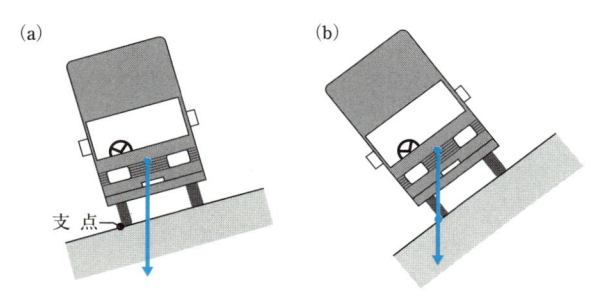

図 9・18 安定性. (a) 傾いても横転しない, (b) 横転する.

- どこに支点を選んでも, その支点から重心を通る鉛直線までの垂直距離を d とすると, 重さ W による支点の周りのモーメントは Wd である. たとえば, 図 9・19 は一端 P を支点とする定規で, 他端につけた糸でつるして水平に保たれている. 定規の長さを L とすると, 重心は支点から $L/2$ の距離にあるから, 定規の重さの支点の周りのモーメントは $WL/2$ である.

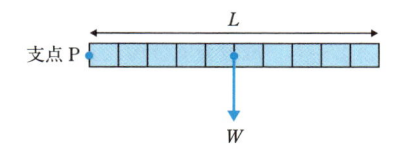

図 9・19 定規の重心

- 鉛直方向の力を一つ物体の重心に加えるだけで, 重さが打ち消されてつり合いを実現できる. たとえば, 垂直な棒の先端で皿を支えるには, 皿の中心 (すなわち重心) を棒の先端に載せればよい. 別の例は, 誰かがはしごを水平にして運ぶ場合である. はしごの重心を持てば, この作業は非常に楽である. なぜなら, はしごはその位置でつり合うからである.

例題 9・3

図 9・20 は, 重さ 120 N, 長さ 4.50 m の一様な鋼鉄のパイプでできた道路のゲートで, 片側に 400 N のカウンターウェイトを取付けてある. カウンターウェイトの中心からパイプに沿って 0.55 m のところに支点がある.
(a) ゲートの重心位置を計算せよ.
(b) パイプを水平に保つためにカウンターウェイトに加える力の大きさと向きを計算せよ.

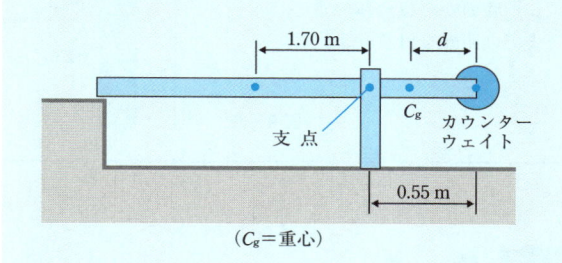

図 9・20 (C_g = 重心)

[解答]　(a) ゲートの重心 C_g からカウンターウェイトまでの距離を d とする. カウンターウェイトからパイプの重心 (すなわち中心) まで距離は 2.25 m である. パイプに加わる重力のカウンターウェイトの周りの力のモーメントは反時計回りに,

$$120 \text{ N} \times 2.25 \text{ m} = 270 \text{ N m}$$

一方, 支点にはゲート全体の重さと等しい力が上向きに加わるので, この力によるカウンターウェイトの周りの力のモーメントは時計回りに,

$$(120 \text{ N} + 400 \text{ N}) \times d$$

力のモーメントのつり合いから,

$$520 d = 270 \text{ N m}$$
$$d = 270/520 = 0.52 \text{ m}$$

(b) C_g はカウンターウェイトと回転軸の間にあるので, ゲートは力が加えられていないとき時計回りに回転しようとする. ゲートを水平に保つための鉛直上向きの力を F とする. 力のモーメントのつり合いを考慮すると, ゲートの重さの支点の周りのモーメントは時計回りに, $(400+120) \times 0.03 = 16$ N m である. F による回転軸に関する力のモーメントは反時計回りに $0.55F$ である. よって,

$$0.55 F = 16$$
$$F = 16/0.55 = 28 \text{ N}$$

練習問題 9・3

1. 図 9・21 のように，長さ 4.0 m，重さ 30 N の一様な棒の一端に重さ 20 N の正方形の板を固定したプラカードがある．他端からプラカードの重心までの距離を計算せよ．

2. 図 9・22 のように，一様な板でできた広告看板がある．板の全質量は 15 kg である．
   (a) 長方形部分の重さを計算せよ．
   (b) 正方形部分の重さを計算せよ．
   (c) 底面から板全体の重心までの距離を計算せよ．

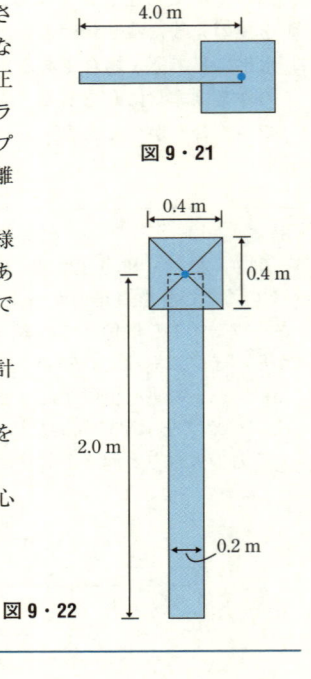

図 9・21

図 9・22

9・4 摩擦

任意の二つの固体表面を擦り合わすと摩擦が生じる．摩擦がない（たとえば氷上など）と歩くことも走ることも困難である（図 9・23）．しかし，摩擦は機械やエンジンに望ましくない摩耗や熱の発生をひき起こす．摩擦は常に表面の動きに逆らう向きに加わる．二つの固体表面間に油があると摩擦が軽減されるように，表面の状態や表面をつくる物質の種類，組合わせで摩擦の大きさは変化する．

図 9・23 ランニングシューズに加わる力

摩擦の測定

二つの平らな表面間の摩擦力は次のように測定される．

- 固定された水平面上でブロックを引くために必要な力を測定する．測定面の一方はブロックの底面，他方は固定面である．図 9・24 のように，ばね秤を用いて加える力を 0 から徐々に増やしていくと，力がある値に達するまでブロックは動かない．ブロックが動き出すと，加える力が少し小さくなる．動いているときの摩擦力を動摩擦力という．動き出す直前のブロックを動かすために必要な力は，二つの表面間の最大摩擦力となり，摩擦力の限界値あるいは最大静止摩擦力とよばれる．

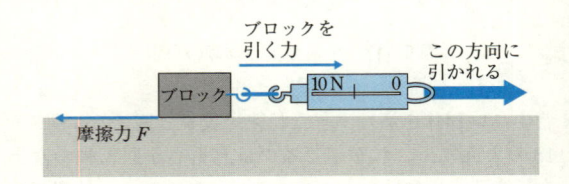

図 9・24 摩擦の測定

- 図 9・25 のように斜面を用いても測定できる．ブロックが斜面を滑り落ち始めるまで傾斜角を増していく．摩擦力の限界値はブロックの重さの斜面方向の成分

$$W \sin \theta$$

である．

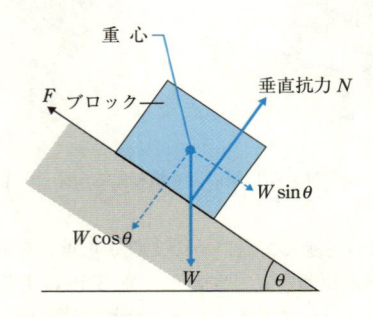

図 9・25 斜面上のブロック

静摩擦係数 μ

図 9・24 の方法を用いると，摩擦力の限界値 F がブロックの重さに比例することも示せる．水平面上のブロックの重さはブロック表面に加わる垂直抗力 N と大きさが等しく逆向きであるから，摩擦力 F は N に比例する．言い換えると，比 F/N は二つの表面間に対して一定である．この比は，静摩擦係数 μ とよばれる（静止摩擦係数ともいう）．

$$\mu = \frac{F}{N}$$

図 9・25 では，ブロックに加わる垂直抗力はブロックの

9. 力のつり合い

重さの斜面に垂直な成分 $W\cos\theta$ と等しい．斜面が急になり，ブロックの重さの斜面に平行な成分 $W\sin\theta$ が摩擦力を超えると，ブロックは滑り出す．滑り出す直前に，摩擦力は $W\sin\theta$ と等しい．それゆえ，静摩擦係数 μ は，

$$\mu = \frac{F}{N} = \frac{W\sin\theta}{W\cos\theta} = W\tan\theta \quad \left(\frac{\sin\theta}{\cos\theta}=\tan\theta\right)$$

である．動摩擦力に対しても同様に動摩擦係数を定義できる．

摩擦を調べる

油がない場合とある場合の両方について，二つの表面間の静摩擦係数を測定するための実験を考案し実行せよ．

例題 9・4

重さ 350 N の食器戸棚の底近くに水平に加わる 150 N の力で押され，棚が床の上を一定の速さで移動する（図 9・26）．
(a) 接触する二つの表面間の静摩擦係数を計算せよ．
(b) 食器戸棚の中身を取除いて重さを 200 N に減らしたとき，一定の速さで動かすために必要な力を計算せよ．

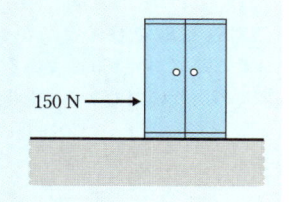

[解 答] (a) 表面は水平だから，垂直抗力 N は 350 N．摩擦力は 150 N．よって，静摩擦係数 μ は，
$$\mu = F/N = 150/350 = 0.43$$
(b) 食器戸棚の重さが減ったので垂直抗力は 200 N に減る．よって，動かすために必要な力 F は，
$$F = \mu N = 0.43 \times 200 = 86\,\text{N}$$

図 9・26

フリーボディー図

この図には，注目している 1 個の物体とそれに加わる力だけを示し，これらの力の原因となる他の物体は示さない．もし他の物体とそれらに加わる力も示すと，力のダイアグラムはとても複雑になる．たとえば，図 9・27a は 1 冊の本とそれが置かれているテーブルに加わる力を示すが，図 9・27b にある本のフリーボディー図の方が理解しやすい．

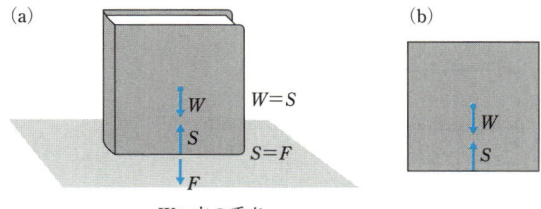

練習問題 9・4

1. 重さ 12.0 N のブロックが斜面に静止している．水平面との角度 θ を，ブロックが滑り出す $\theta = 58°$ まで増加させた（図 9・28）．
   (a) 摩擦力の最大値が 10.2 N であることを示せ．
   (b) ブロックが斜面から受ける垂直抗力を計算せよ．
   (c) ブロックと斜面の間の静摩擦係数 μ を計算せよ．

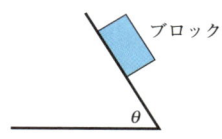

   図 9・28

2. 重さ 220 N，長さ 8.0 m のはしごが，下端を水平なコンクリートの床面に，上端を滑らかな壁に接して静止している．はしごと床の静摩擦係数を 0.4 とし，はしごが滑り出さないときのはしごと壁との最大角を計算せよ（図 9・29）．
   （ヒント：はしごが壁から受ける垂直抗力を計算するために，はしごの下端の周りの力のモーメントを考察せよ．）

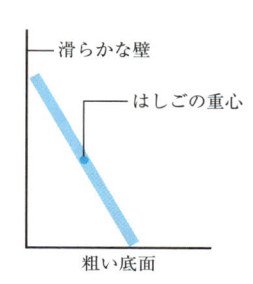

   図 9・29

9・5 つり合いの条件

どんな物体でも，つり合いの状態にあるときは以下が成り立つ．

- 力のベクトルが閉じた多角形を形成する．
- 力のモーメントがつり合う．

力の作用線がすべて同一平面上にある場合を考えよう．第一の条件は，すべての力をその平面上の二つの直交する方向に分解し，各方向について各力の成分の和をとると，正負が同じ大きさで合計が 0 になることと同じである．

例題 9・5

図 9・30 に示すように，重さ 20.0 N，幅 0.600 m の一様な棚板を垂直な壁にヒンジでつなぎ，壁と棚板の縁を 1 本の針金で結んで水平に固定している．針金と壁の角度は 50.0° である．
(a) 棚板の重さのヒンジの周りのモーメントは 6.00 N m であることを示せ．

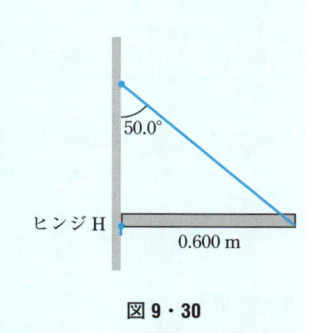

W: 本の重さ
S: テーブルが本を支える力
F: 本がテーブルを押す力

図 9・27 力のダイアグラム．(a) 本とテーブルに加わる力，(b) 本のフリーボディー図．

図 9・30

(b) 針金の張力を計算せよ.
(c) ヒンジに加わる力の大きさと向きを計算せよ.

[解答] (a) 棚板の重心はヒンジから 0.300 m の位置にある.

$$\begin{pmatrix} 棚板の重さのヒンジ \\ の周りのモーメント \end{pmatrix} = 20.0\,\text{N} \times 0.300\,\text{m} = 6.00\,\text{N m}$$

(b) 図 9・31 は棚板に加わる力のフリーボディー図である. 針金と棚板の角度は 40.0°, よってヒンジと針金の垂直距離 d は,

$$d = 0.600 \sin 40.0° = 0.3857\,\text{m}$$

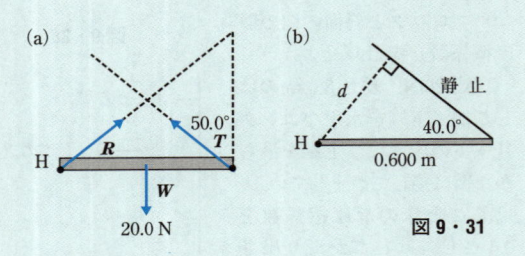

図 9・31

ヒンジの周りの力のモーメントについて,
時計回りの全モーメント = 6.00 N m (棚板の重さによる)
反時計回りの全モーメント = Td (T: 針金の張力)
よって, $Td = 6.00$ N m となるので,

$$T = \frac{6.00}{d} = \frac{6.00}{0.3857} = 15.6\,\text{N}$$

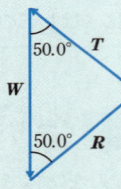

(c) 図 9・32 のように, 棚板に加わる三つの力は閉じた多角形を形成する. ヒンジに加わる力 R の大きさと向きは, この図の縦横比を正確に描けばグラフから求められる. また, 表 9・1 に示すように力を垂直成分と水平成分に分解して計算することもできる. R の大きさと向きを与える垂直成分と水平成分を決定することができる.

図 9・32

表 9・1 ヒンジに加わる力 R の垂直成分と水平成分 (力の単位は N)

	垂直成分	水平成分
W	20.0 (下向き)	0.00
T	15.6 cos 50.0° (上向き)	15.6 sin 50.0° (左向き)
R	R_v (上向きと仮定)	R_h (右向き)

表 9・1 から, $R_v = 20.0 - 15.6 \cos 50.0° = 10.0\,\text{N}$ (上向き)
$R_h = 15.6 \sin 50.0° = 11.9\,\text{N}$ (右向き)
よって,

$$R = \sqrt{R_v^2 + R_h^2} = \sqrt{10.0^2 + 11.9^2} = 15.6\,\text{N}$$

R の作用線と壁のなす角 θ は,
$\tan \theta = R_h / R_v = 11.9/10.0$ ∴ $\theta = 50.0°$

例題 9・6

重さ 160 N, 長さ 5.00 m の板が二本の柱の上で水平に静止している. 片方の柱 X は板の一端を支え, もう片方の柱 Y は板の他端から 1.00 m のところを支えている.
(a) この配置のフリーボディー図を描け.
(b) 各柱が板を支える力を計算せよ.

[解答] (a) 図 9・33 のとおり.

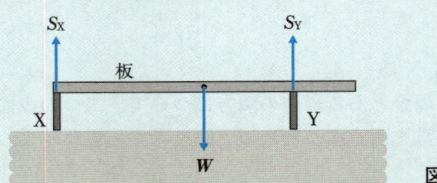

図 9・33

(b) S_X と S_Y を柱 X と Y が支える力とすると, $S_X + S_Y = W$, ここで $W = 160$ N である.
X の周りの力のモーメントのつり合いから,

$$S_Y \times 4.00 = W \times 2.50$$

よって,

$$S_Y = 160 \times \frac{2.50}{4.00} = 100\,\text{N}, \quad S_X = 160 - 100 = 60\,\text{N}$$

偶 力

偶力は大きさが等しく逆向きの二つの力から成り, 力の作用線は平行だが同一線上にないものである. 互いに逆向きの対となる力の大きさが等しく F, 作用線の間の垂直距離が d のとき, どの点の周りでも,

$$偶力によるモーメント = Fd$$

となる. これを示すために, 一方の力の作用線からの垂直距離が d_1 となる任意の点 P をとる (図 9・34).

この力の P の周りのモーメント = Fd_1
他方の力の P の周りのモーメント = $F(d - d_1)$

であり, 同じ回転方向のモーメントである. それゆえ,

全モーメント = $Fd_1 + F(d - d_1) = Fd$

となり P の位置によらない.

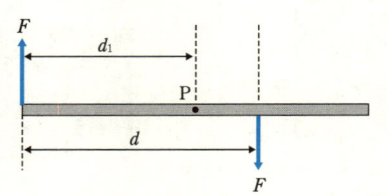

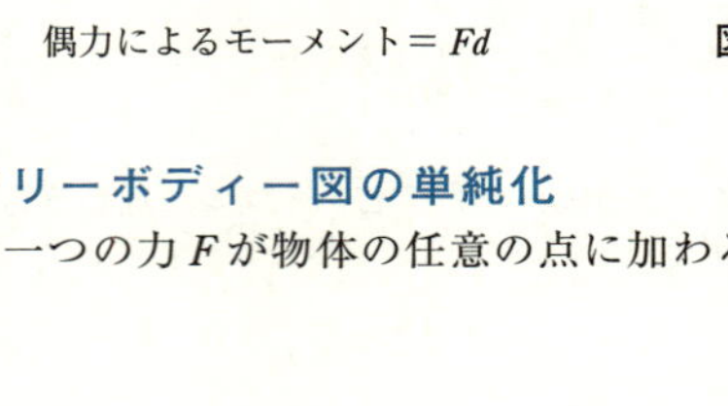

偶力によるモーメント = Fd 図 9・34 偶 力

フリーボディー図の単純化

一つの力 F が物体の任意の点に加わることは, 同じ大

きさと向きの力が重心に加わると同時に，偶力によるモーメント Fd が加わるのと同じ効果を与える．ただし偶力は力 F の作用線と重心を含む面内にあり，d は重心から力の作用線までの垂直距離である．実際，図9・35のように，重心に F と同じ大きさと向きの力およびそれを打ち消す逆向きの力を加えたと考えればよい．この規則は，物体に加わるすべての力を，重心に加わる一つの合力とその合力による偶力に還元できることを意味する．またこのことは，つり合いにある物体では，それに加わる合力が0かつ全体の偶力も0であることを意味する．

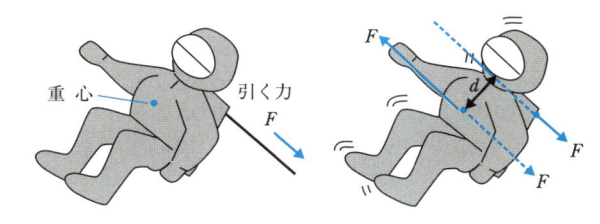

図9・35 宇宙空間で加わる力

例題 9・7

重さ $W = 3200$ N のトレーラーハウスが水平な道を一定の速さで牽引されている．トレーラーハウスの重心はタイヤの前方 1.0 m，地上から 1.5 m の高さにある．車軸と牽引棒の取付け位置はともに地上から 0.5 m の高さにあり，両者の距離は 3.0 m，牽引棒が水平となす角は 25° である．図9・36に示すように，牽引車はトレーラーハウスを 2.2 kN の力で引いている．

(a) トレーラーハウスに加わる力のフリーボディー図を描け．空気抵抗 D は車体の1点に水平方向に加わると仮定せよ．

(b) (i) すべての力を垂直成分と水平成分に分解して垂直成分を考察し，タイヤが道路から受ける垂直抗力 R が 2.3 kN に等しいことを示せ．
(ii) 道路とタイヤの間の摩擦係数を $\mu = 0.4$ とする．タイヤに加わる摩擦力 F を計算し，トレーラーハウスに加わる空気抵抗 D を計算せよ．

(c) 力のモーメントのつり合いを用いて空気抵抗 D の作用線は道路から 1.3 m 上にあることを示せ．

[**解答**] (a) 図9・37のとおり．

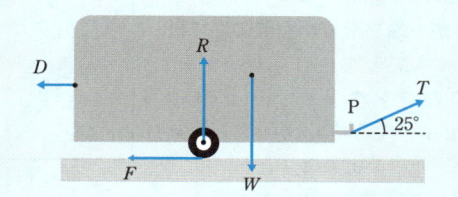

図9・37 フリーボディー図

(b) (i) 垂直成分は，$R + 2200\text{ N} \times \sin 25° = 3200$ N
よって，$R = 3200\text{ N} - 2200\text{ N} \times \sin 25° = 2270$ N
(ii) $F = \mu R = 0.4 \times 2270\text{ N} = 908$ N
よって，$D = 2200\text{ N} \times \cos 25° - 908\text{ N} = 1086$ N

(c) 図9・37に示すように，力のモーメントのつり合いを，地上 0.5 m，タイヤの前方 3.0 m にある牽引棒の取付け位置 P の周りで考える．

時計回りの全モーメント $= (3.0\text{ m}) \times R + (0.5\text{ m}) \times F$
$= 7264$ N m

反時計回りの全モーメント $= (2.0\text{ m}) \times W + (h - 0.5\text{ m}) \times D$
$= 5857$ N m $+ (1086\text{ N})h$

ここで h は空気抵抗の作用線の道路からの高さである．
よって，$5857 + 1086h = 7264$
$h = (7264 - 5857)/1086 = 1.3$ m

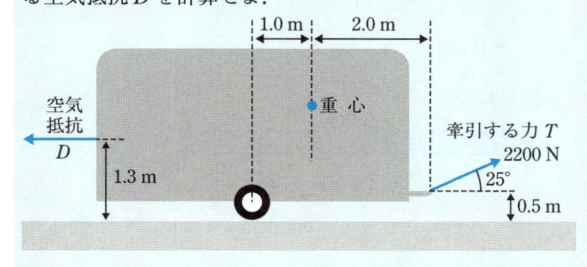

図9・36 トレーラーハウスの牽引

練習問題 9・5

1. 重さ 25 N，長さ 3.0 m の一様な棚板が両端から 0.5 m の位置に固定した二つの腕木で水平に支えられている．図9・38のように棚板には重さ 40 N の塗料缶が片端から 1.0 m の位置に載っている．各腕木が棚板を支える力を計算せよ．

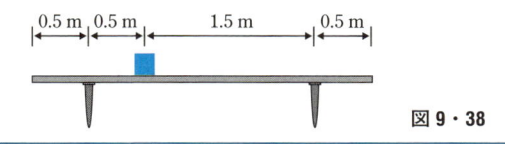

2. 例題9・7において，空気抵抗の作用点の高さはそのままで，大きさが50%に減ったという．このときのトレーラーハウスを牽引する力の大きさと向きを計算せよ（図9・39）．

図9・38

図9・39

まとめ

- 力 F とのなす角が θ の直線に関して，この**力の平行成分**は $F\cos\theta$，**垂直成分**は $F\sin\theta$ である．
- ある点の周りの力 F の**モーメント**は Fd である．ここで d はその点から力の作用線までの垂直距離である．
- **力のモーメントのつり合い**とは，つり合いの状態にある物体では任意の点の周りの時計回りのモーメントの和が同じ点の周りの反時計回りのモーメントの和に等しいことである．
- 二つの固体表面間の**静摩擦係数** μ は，この表面間での摩擦力と垂直抗力の比である．動摩擦係数も同様に定義される．
- **物体のつり合いの条件**
  1. 力のベクトルが閉じた多角形を形成する．
  2. 力のモーメントがつり合う．

章末問題

p.319 に本章の補充問題がある．

9・1 図 9・40 のように 50 mm × 500 mm × 800 mm のコンクリートの敷石が一端を滑らかな壁に立て掛け静止している．
(a) このコンクリートの密度は 2700 kg m^{-3} である．敷石の (i) 質量，(ii) 重さを計算せよ．
(b) 敷石と壁のなす角を θ とする．
(i) 敷石に加わる力のフリーボディー図を描け．摩擦力と床との接点における垂直抗力を含むこと．
(ii) なぜ，床との接点における垂直抗力は重さと等しい大きさで逆向きなのか答えよ．
(iii) 敷石と床との間の静摩擦係数は 0.40 である．床から敷石に加わる摩擦力を計算せよ．
(iv) 敷石が滑り落ちない θ の最大値が 39° であることを示せ．

9・2 図 9・41 はゴミ容器とその内容物を道路から持ち上げている様子である．

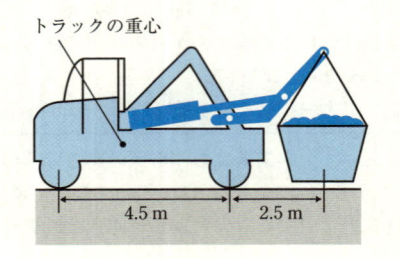

(a) 容器を道路から持ち上げトラックの後ろに積む間に，容器とトラックを合わせた重さの前後タイヤへの分配が変化する様子を記せ．
(b) 容器なしのトラックの重さは 120 kN で重心は後輪の車軸から 3.2 m の位置にある．前輪の車軸の位置は，後輪の車軸から 4.5 m である．容器と内容物の全重量 10 kN に対して，トラックが容器を地面から持ち上げたときの前輪が地面から受ける抗力を計算せよ．このときの重心位置は後輪の車軸から 2.5 m である．

9・3 図 9・42 は腕のモデルで，長さ 500 mm の定規の 10 mm の位置を支点とすることで，肘関節を支点とする前腕を表現している．定規の 50 mm の位置に取付けたばね秤が二頭筋を表す．
(a) 定規に荷重がない状態で，ばね秤を垂直，定規を水平になるよう留め金の位置を調整すると，ばね秤は 6 N を示した．
(i) 定規の重さが 1.0 N であることを示せ．
(ii) 定規の支点に加わる力を計算せよ．
(b) 定規の 410 m の位置に重さ 2.0 N のおもりをつり下げ，ばね秤を垂直，定規を水平になるよう再調整した．ばね秤が示す値を計算せよ．

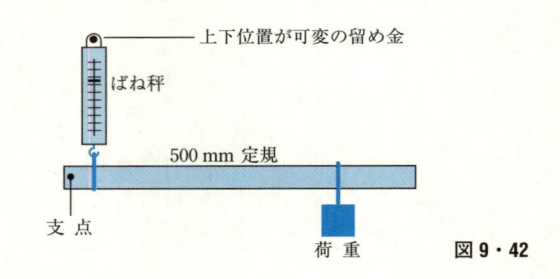

9・4 両端を柱にのせた長さ 8.0 m，重さ 2400 N の一様な棒が水平に静止している．重さ 80 N の電動ホイストが棒の一端から 2.0 m の位置につり下げられている．図 9・43 に示すようにホイストは質量 50 kg のかごを持ち上げ

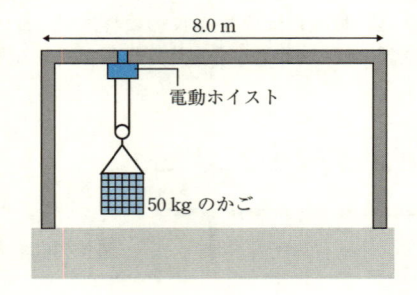

る．
(a) かごが持ち上げられたとき，ホイストが棒を下向きに引く力を計算せよ．
(b) ホイストが(a)の下向きの力を棒に加えたとき，両端の柱が棒を支える力を計算せよ．

9・5 重さ 1.5 kN のピアノが，各隅に取付けられた 4 個の小さな車輪の上で静止している．図 9・44 のように，ピアノの重心は背面パネルから垂直距離 0.25 m，床からの高さ 0.70 m にある．
(a) ピアノの底面の幅は 0.40 m である．床から 1.5 m 上の背面パネルの上縁に水平方向の力を手前に加え，ピアノの前輪を支点にして傾けるのに必要な力の最小値はどれだけか．
(b) ピアノを移動するためには，水平方向の力 300 N が必要である．前輪を支点にして傾けることなく手前に移動するとき，力を加える高さの最大値を計算せよ．

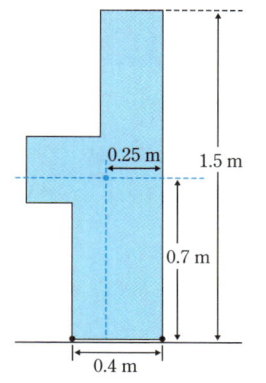

図 9・44

10

速度と加速度

目次
- 10・1 速さと距離
- 10・2 速さと速度
- 10・3 加速度
- 10・4 等加速度運動の式
- 10・5 重力による加速度運動
- 10・6 時間的な変化の割合
- まとめ
- 章末問題

学習内容
- 変位と距離の違い,速さと速度の違い
- 時間に対する変位のグラフ,物体の速度と移動距離
- 時間に対する速度のグラフ,物体の加速度
- 等速運動と等加速度運動
- 等加速度運動の式を用いた計算

10・1 速さと距離

道路上で
高速道路で制限スピードを超えると検問所で罰金が科せられる国がある.たとえば,二つの検問所の間の距離が 150 km で,制限スピードが時速 110 km のところを 75 分 (75 min) で通過したとする.このときの平均の速さは 1 分当たり 2 km (=150 km/75 min) であり,時速 120 km に等しい (=2 km min^{-1}×60 min) ので,制限を超えている.制限スピードを無視すると危険なばかりでなく,高くつくことになる.

換算係数
速さの SI 単位はメートル毎秒 (m s^{-1} と省略) である.1 km は 1000 m に等しく,1 時間 (1 h) は 3600 秒 (3600 s) だから,100 km h^{-1} は 28 m s^{-1} に等しい (=100×1000 m/3600 s).18 km h^{-1}=5 m s^{-1} が正確に成り立つ.

自動車の制限スピードやスピードメーターの目盛はキロメートル毎時 (km h^{-1}) あるいはマイル毎時 (mph) のどちらかで表すのが普通である (図 10・1).

イギリスの高速道路の制限スピードは 70 mph である.1 マイル=1.6 km だから 112 km h^{-1} に等しい.112 km h^{-1} は 31 m s^{-1} に等しいことを確かめよ.

図 10・1 米国における制限スピードの表示.車速が時速 35 マイルを超えてはいけないことを示す.

速さの式
速さは単位時間に移動した距離として定義される.ある物体が時間 t の間に距離 s を**一定の速さ** v で移動したとすると,

$$v = \frac{s}{t}$$

である.これを変形すると,

$$s = vt \quad \text{または} \quad t = \frac{s}{v}$$

を得る.物体の速さが変化するときは,式 $v=s/t$ は時間 t の間の**平均の速さ**を与える.

例題 10・1
距離 50 km の高速道路の最初の 30 km を正確に 20 分で通過し,残りを 100 km h^{-1} の一定の速さで通過した.
(a) 最初の 30 km の平均の速さをメートル/秒 (m s^{-1}) で表せ.
(b) (i) 次の 20 km の通過時間は何秒か.
(ii) 全行程の速さの時間変化の図を描け.
(iii) 全行程の平均の速さを秒速で表せ.

10. 速度と加速度

[解答]

(a) 平均の速さ $= \dfrac{距離}{時間} = \dfrac{30\,000}{20 \times 60} = 25\,\mathrm{m\,s^{-1}}$

(b) (i) $100\,\mathrm{km\,h^{-1}}$ は前に記したように $28\,\mathrm{m\,s^{-1}}$ であるので，

$$時間 = \dfrac{距離}{速さ} = \dfrac{20\,000\,\mathrm{m}}{28\,\mathrm{m\,s^{-1}}} = 714\,\mathrm{s}$$

(ii) 図 10・2 のとおり．

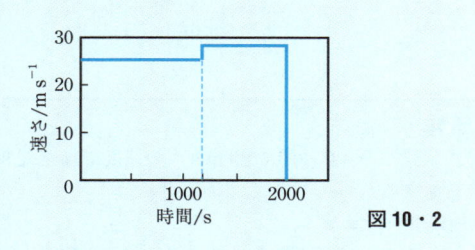

図 10・2

(iii) 平均の速さ $= \dfrac{距離}{時間} = \dfrac{50\,000\,\mathrm{m}}{(1200+710)\,\mathrm{s}} = 26\,\mathrm{m\,s^{-1}}$

練習問題 10・1

図 10・3 の道路状況図は，ある車が高速道路に入り 2 時間後に出るまでの経過を示している．高速道路の走行距離は 180 km である．これには 20 km の道路工事区間を通過するのにかかった 30 分が含まれている．

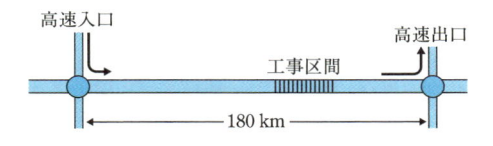

図 10・3 道路状況

1. 最初の 1 時間は一定の速さ $110\,\mathrm{km\,h^{-1}}$ で走行した．この時間内に通過した距離はどれだけか．
2. 工事区間 20 km を通過するのに 30 分かかった．この区間での平均の速さは何 $\mathrm{km\,h^{-1}}$ か．
3. (a) 工事区間から先の残りの区間の距離はどれだけだったか．
   (b) 残りの区間を通過するのにどれだけ時間がかかったか．
   (c) 残りの区間での平均の速さはどれだけだったか．
4. (a) 速さがどのように変化したかを示すグラフを描け．
   (b) 全行程の平均の速さを，(i) $\mathrm{km\,h^{-1}}$，(ii) $\mathrm{m\,s^{-1}}$ を単位として答えよ．

10・2 速さと速度

ベクトルとスカラー

$100\,\mathrm{km\,h^{-1}}$ の速さで高速道路を南に向かって進む車の速度は，反対車線を同じ速さで北に向かって進む車との速度と同じではない．速度は，ある方向の速さだから，ベクトルである．ベクトルの考え方は第 9 章で説明した．そこで示したように，**ベクトル**は大きさと方向をもつ物理量である（例：変位，速度）．これに対して**スカラー**は大きさだけをもつ量である（例：距離，速さ）．

- **変位**は，ある方向に進んだ距離である．
- **速度**は，ある方向への速さである．

ロンドンの高速道路 M25

図 10・4 のように，ロンドンの高速道路 M25 は首都の周りを 196 km で一周する．J5 で M25 に入り，反時計回りに回って J25 で出るとき，全走行距離が 64 km で時間は 40 分かかったとする．

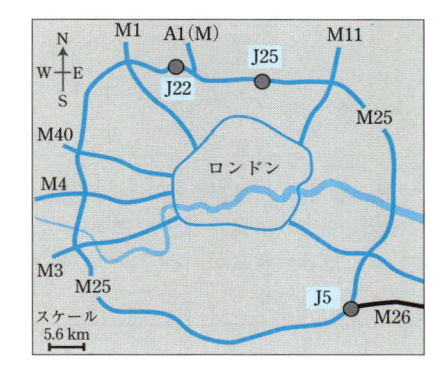

図 10・4 ロンドンの高速道路 M25

1. J25 は J5 に対して北に 44 km，西に 15 km の位置にある．したがって，入口から出口までの変位は，北に 44 km，西に 15 km となる．これは直線距離が 46 km

$x = \sqrt{15^2 + 44^2} = 46\,\mathrm{km}$

$\tan\theta = \dfrac{15}{44} = 0.34$

$\theta = 19°$

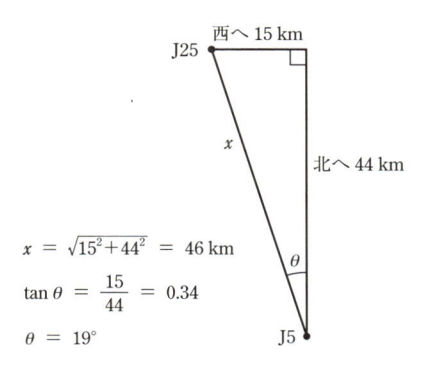

図 10・5 三角法の利用

で，角度は北西に 19°である．図 10・5 の三角形でピタゴラスの定理を使うと，斜辺の長さと角度が決まる．

2. 平均の速さは次式で与えられる.

$$\text{平均の速さ} = \frac{\text{距離}}{\text{時間}} = \frac{64\,\text{km}}{(40/60)\,\text{h}} = 96\,\text{km}\,\text{h}^{-1}$$

3. 自動車の進行方向は移動に従って徐々に変化する. はじめ J5 で北向きだったのが J25 で西向きになった. 速さがずっと一定でも自動車の速度は変化する.

練習問題 10・2

自動車が J22 から M25 に乗り入れ, 時計方向に 84 km 移動して, 70 分後に J5 から出た. J5 は J22 の南に 48 km, 東に 30 km の所にある.
(a) この自動車の平均の速さを (i) $\text{km}\,\text{h}^{-1}$ と (ii) $\text{m}\,\text{s}^{-1}$ で計算せよ.
(b) J22 から J5 までの変位を計算せよ.
(c) この自動車が (i) M25 に乗り入れたときと (ii) M25 を出たときの, 速度の方向はどちら向きか.

10・3 加 速 度

直線上の等加速度運動

滑走路で静止状態から加速を始めた飛行機を考える. $120\,\text{m}\,\text{s}^{-1}$ の離陸の速さに達するまでに 40 秒かかる. 図 10・6 のように, 直線の傾きが一定であり, 速さは離陸す

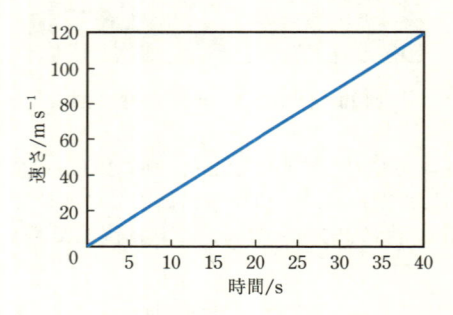

図 10・6 離陸時の飛行機の速さと時間の関係

るまで毎秒 $3\,\text{m}\,\text{s}^{-1}$ の一定の割合で増加する. これは**等加速度**の例であり, この飛行機の加速度は $3\,\text{m}\,\text{s}^{-2}$ である. 方向の変化も考慮して,

> 加速度は 1 秒当たりの速度の変化として定義される.

加速度の単位はメートル毎秒×毎秒で, $\text{m}\,\text{s}^{-2}$ または m/s^2 と略記される. 遅くなるときは負の加速度ということもあるが減速度とはいわない. §10・5 までは加速しても進行方向が変わらない場合を考えるので, 加速度は 1 秒当たりの速さの変化と考えてよい.

時間 t の間に速さが u から v まで, 方向を変えずに一様に加速される物体を考える. 速さの変化は $(v-u)$ だから, 加速度 a は次の式で与えられる.

$$a = \frac{(v-u)}{t}$$

この式を書き直すと, v は u, a, t から次式で与えられる.

$$at = v - u$$

したがって,

$$v = u + at$$

例 題 10・2

静止状態から 4.0 秒間で $20\,\text{m}\,\text{s}^{-1}$ の速度に加速できる自動車を考える.
(i) 加速度を計算せよ.
(ii) 加速度が一定であるとして, さらに 2.0 秒後の速さを計算せよ.

[解 答]
(i) 加速度 $a = \dfrac{20-0}{4.0} = 5.0\,\text{m}\,\text{s}^{-2}$
(ii) $a = 5.0\,\text{m}\,\text{s}^{-2}$, $u = 0$, $t = 4.0 + 2.0 = 6.0\,\text{s}$ より,
$v = u + at = 0 + (5.0 \times 6.0) = 30\,\text{m}\,\text{s}^{-1}$

グラフを用いて運動を表す

a. 移動距離と時間のグラフ 一定の速さで移動するとき, 移動距離は時間とともに増加する. 図 10・7 は異なる速さで移動する 2 台の自動車の移動距離と時間の関係を同じグラフ上に表したものである. X の速さは Y の速さより大きいので, 同じ時間内に X は Y より大きな距離を移動する.

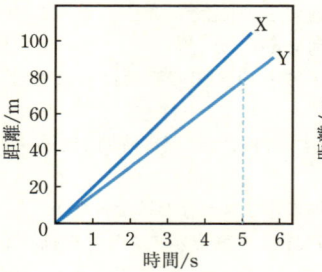

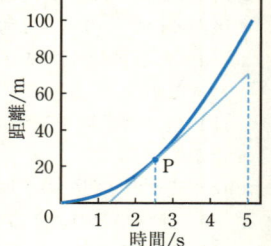

図 10・7 速さ一定のときの時間と移動距離の関係

図 10・8 速さが変化するときの時間と移動距離の関係

X と Y の速さはいずれも図の直線の**傾き**(勾配)から決まる. 図 10・7 で Y の傾きを表す三角形の高さと底辺は, 移動距離 (=75 m) とそれに要する時間 (=5.0 s) を表す. 高さを底辺で割って得られる傾きは速さを与える. その値

は $15\,\mathrm{m\,s^{-1}}$ ($=75\,\mathrm{m/5\,s}$) である．Xの速さが $20\,\mathrm{m\,s^{-1}}$ であることを確かめよ．

速さが時間的に変化すると，1秒間の移動距離も時刻により変わる．図10・8は，物体が直線上を等加速度で移動するとき，移動距離が時間とともに変化することを示す．速さが増すと傾きが急になる．

任意の時刻の速さを決めるには，その時刻での接線の傾きを測ればよい．ある点における接線とは，曲線に交差することなくその点で接する直線である．図10・8で点Pでの速さは $20\,\mathrm{m\,s^{-1}}$ であることを確かめよ．

> 移動距離と時間のグラフの傾きは速さを表す．

b. 速さと時間のグラフ 時間 t の間に速さ u から v まで方向を変えることなく，等加速度で運動する物体を考える．その運動は図10・9の速さと時間のグラフで表される．その**加速度** a は次式で与えられる．

$$a = \frac{\text{速さの変化}}{\text{時間}} = \frac{(v-u)}{t}$$

> 速さと時間のグラフの傾きは加速度を表す．

図10・9の直線の傾きは $\frac{(v-u)}{t}$ である．速さの変化 ($v-u$) が傾きを表す三角形の高さ，要した時間 t が底辺となるからである．

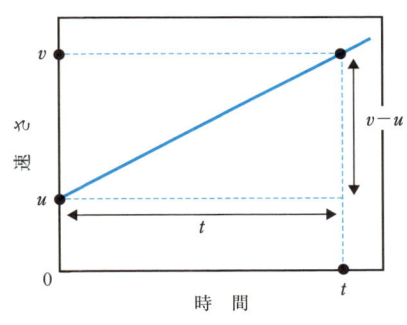

直線の傾き $= \frac{v-u}{t} =$ 加速度

直線の下側の面積 $= \frac{(u+v)t}{t} =$ 移動距離

図10・9 等加速度運動

移動距離 s は次式で与えられる．

$$s = \text{平均の速さ} \times \text{要した時間}$$
$$= \frac{(u+v)t}{2} \quad \left(\text{平均の速さ} = \frac{(u+v)}{2}\right)$$

速さと時間のグラフで直線の下側の面積は移動距離を表す．

図10・9の直線の下側の台形の面積は，幅 t，高さ $\frac{(u+v)}{2}$ の長方形と同じであるので，$\frac{(u+v)t}{2}$ である．この式は平均の速さ $\frac{(u+v)}{2}$ で t 秒間に移動した距離に等しいことを示している．

例題10・3

ある車が静止状態から5秒間で速さ $15\,\mathrm{m\,s^{-1}}$ まで等加速度で運動した．
(a) 速さの時間的な変化を示す図を描け．
(b) (i) 車の加速度, (ii) 5秒間に移動した距離を計算せよ．

[解答] (a) 図10・10のとおり．

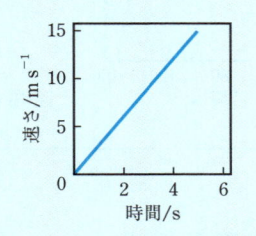

図10・10

(b) (i) 加速度 = 速さと時間のグラフの傾き
$$= \frac{(15-0)}{5.0} = 3.0\,\mathrm{m\,s^{-2}}$$

(ii) 移動した距離 $= \begin{pmatrix}\text{速さと時間のグラフの}\\ \text{0秒から5秒までの面積}\end{pmatrix}$

$$= \frac{1}{2} \text{高さ} \times \text{底辺}$$
$$= \frac{1}{2} \times 15 \times 5 = 37.5\,\mathrm{m}$$

練習問題10・3

1. $30\,\mathrm{m\,s^{-1}}$ で走っていた車が，高速道路から直線のランプ（一般道との間の加速・減速用の道路）に入り，20秒後に信号に従いランプの端で止まった．図10・11は，速さが時間とともに減少する様子を示す．
   (a) 車の加速度が $-1.5\,\mathrm{m\,s^{-2}}$ であることを示せ．
   (b) 車がランプを走った距離を計算せよ．

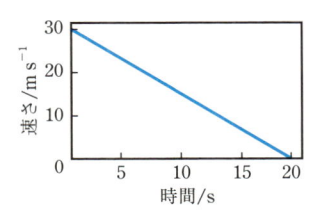

図10・11

2. 列車が駅を発車した．静止状態から等加速度で30秒間走り，$12\,\mathrm{m\,s^{-1}}$ の速さに達した．この速さを保って100秒間進行した後，等加速度で減速して20秒後に停止した．図10・12は速さの時間的な変化を示す．
   (a) 最初の30秒間の加速度と移動した距離を計算せよ．

(b) (i) 次の 100 秒間では加速度が 0 である理由を説明せよ.
(ii) この時間中に移動した距離が 1200 m であることを示せ.
(c) 加速度と，最後の 20 秒間に移動した距離を計算せよ.
(d) 移動した全距離を計算し，全行程の平均の速さが $10\,\mathrm{m\,s^{-1}}$ であったことを示せ.

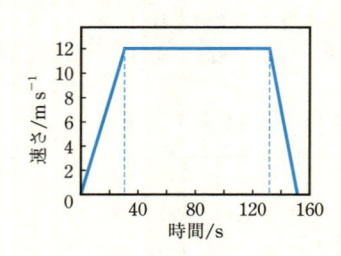

図 10・12

10・4 等加速度運動の式

時間 t の間に初速 u から v まで加速された物体の加速度は $a=(v-u)/t$ となる．この関係から $at=(v-u)$ となるので，これを速さ v について解くと次式となる．

$$v = u + at \qquad (1)$$

この間の移動距離 s は，

$$s = \frac{(u+v)}{2}t \qquad (2)$$

(2)式の v に(1)式の $u+at$ を代入すると，v に依らない s の式を得る．

$$s = \frac{(u+(u+at))}{2}t = \frac{(2u+at)}{2}t$$
$$= \frac{(2ut+at^2)}{2} = ut + \frac{1}{2}at^2$$

$$s = ut + \frac{1}{2}at^2 \qquad (3)$$

(1)式と(2)式を連立して t を消去する．

(1)式から，$(v-u) = at$

(2)式から，$(v+u) = \dfrac{2s}{t}$

これらの式を掛け合わせると，

$$(v-u)(v+u) = at\frac{2s}{t}$$

となり，

$$v^2 + uv - uv - u^2 = 2as$$

だから，

$$v^2 - u^2 = 2as$$

または，

$$v^2 = u^2 + 2as \qquad (4)$$

式 の 利 用

u, v, a, s, t のような記号は，言葉の代わりに物理量を表示するために用いられる．式を使って 1 個の未知量を求めるには，他のすべての量を知っている必要がある．式を解いて未知量を求めるには，

1. 式を書き，既知量を列記する．
2. 既知量のいくつかが 0 なら，これらの量に 0 を代入して式を簡単にする．
3. 未知量について式を解くため，記号を用いて書いた式を整理する．式を整理する前に既知量を代入することもできるが，扱いにくい数値のときには誤りが生じやすい．
4. 既知量を式に代入して，式を整理する．
5. 最後に，未知量が計算できたら，答えにはその量の大きさと単位を書く．
6. 加速度が負の値になったら，それは減速を意味する．

例 題 10・4

自動運転の自動車を $20\,\mathrm{m\,s^{-1}}$ の速さでコンクリート壁にぶつける衝突実験を行った．衝撃で自動車のフロント部分が曲がり，車体は 0.60 m だけ短くなって止まった．(a) 衝突に要した時間，(b) 衝突時の車の加速度を計算せよ．ただし，加速度は一定とする．

[解 答] 最初の速さ $u=20\,\mathrm{m\,s^{-1}}$，最後の速さ $v=0$，衝突中の移動距離 $s=0.6$ m.

(a) 衝突に要した時間 t を求めるために，s, u, v, t を含んだ式を選ぶ．

$$s = \frac{(u+v)}{2}t = \frac{ut}{2} \qquad (v=0)$$

この式を変形すると，

$$t = \frac{2s}{u} = \frac{2 \times 0.60}{20} = 0.06\,\mathrm{s}$$

(b) 加速度を求めるため a を含む式を選ぶ．

$$a = \frac{(v-u)}{t} = \frac{0-20}{0.06} = -330\,\mathrm{m\,s^{-2}}$$

メ モ

1. 加速度が負ならば減速を意味する．
2. 加速度を求めるのに $v^2 = u^2 + 2as$ を利用してもよい．$v=0$ より，この式は $0 = u^2 + 2as$ となる．さらに変形して $a = -u^2/(2s) = -20^2/(2 \times 0.6) = -330\,\mathrm{m\,s^{-2}}$ が求められる．

練習問題 10・4

1. 航空母艦のカタパルトで飛行機が射出されて離陸するとき，静止状態から 210 m の距離で 85 m s^{-1} の速さに達する．次の計算をせよ．
   (a) 離陸するまでの時間，(b) 離陸中の加速度
2. 115 m s^{-1} の速さで飛んでいる弾丸が木に当たり，45 mm の深さで止まった．次の計算をせよ．
   (a) 衝突してから止まるまでの時間，(b) 弾丸の加速度
3. 28 m s^{-1} の速さで動いているクリケットのボールを，相手の選手が片手で捕らえた．手はボールを止める間に 1.2 m だけ動いた．ボールの加速度を計算せよ．

10・5 重力による加速度運動

自由落下

真空中を自由落下する物体には重力だけが加わる．図 10・13 は，自由に落下している球を連続撮影したものである．垂直な定規の正面で，球が落下を始める瞬間から 1/10 秒ごとに位置を記録した．表 10・1 に落下開始から 0.10 秒ごとの落下距離を記す．

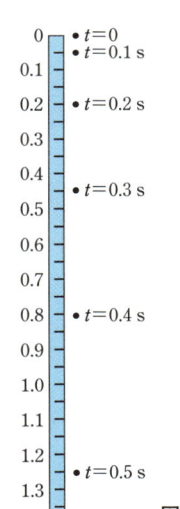

表 10・1 自由落下する物体

落下時間 t/s	落下距離 s/m
0.000	0.000
0.100	0.050
0.200	0.200
0.300	0.450
0.400	0.800
0.500	1.250

図 10・13 自由落下

加速度が一定なら，t 秒間に落下する距離 s は，

$$s = ut + \frac{1}{2}at^2$$

で与えられる．物体は静止状態から落下し始めたので，初速 $u=0$ である．よって，上式は，

$$s = \frac{1}{2}at^2$$

となる．縦軸に s，横軸に t^2 をとると，グラフは図 10・14 のように傾きが $\frac{1}{2}a$ の直線になる．このグラフから以下の結論を得る．

1. グラフが直線なので，加速度は一定である．
2. 傾き $\left(=\frac{1}{2}a\right) = 4.9$ m s^{-2} だから，加速度は 9.8 m s^{-2} である．

> 真空中を自由落下する物体の重力による加速度は一定で 9.8 m s^{-2} である．

p.86 で説明したように，記号 g が重力による加速度を示すのに使われる．重力加速度の地球表面上の値は場所によりわずかに異なり，両極では 9.83 m s^{-2}，赤道上では 9.78 m s^{-2} である．2 桁の精度では地球表面上の値は 9.8 m s^{-2} としてよい．

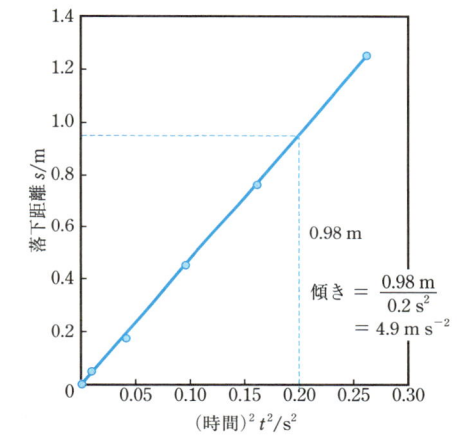

傾き $= \dfrac{0.98 \text{ m}}{0.2 \text{ s}^2} = 4.9$ m s^{-2}

s/m	0	0.05	0.20	0.45	0.80	1.25
t/s	0	0.10	0.20	0.30	0.40	0.50
t/s^2	0	0.01	0.04	0.09	0.16	0.25

図 10・14 落下距離と t^2 のグラフ

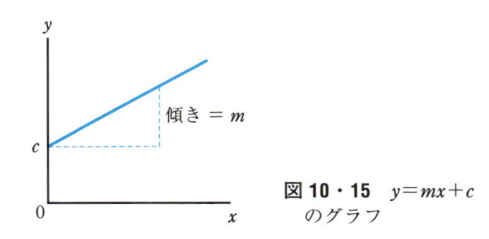

> **数学の練習：直線のグラフ**
>
> 図 10・15 はグラフ上の直線で，その式は，$y = mx + c$ である．ここで，m は傾き，c は y 軸との交点である．
>
> **図 10・15 $y = mx + c$ のグラフ**
>
> 二つの式 $s = \frac{1}{2}at^2$ と $y = mx + c$ を比較せよ．s を y 軸に，t^2 を x 軸にプロットすると，原点（$c=0$）を通り，傾き $\frac{1}{2}a$ の直線を得る．

落下するボールを使って g を測定する実験

図10・16のように，鋼鉄のボールが静止状態から決められた距離だけ落下する時間を電気式のタイマーで測定する．測定を数回繰返して落下時間の平均を求める．落下距離を変えてこの実験を実行する．図10・14のように，縦軸に距離，横軸に時間の2乗をプロットし，グラフの傾きから g を求める．

必要になる．よく行われるのは，上向きの運動を＋の値で表し下向きの運動を－の値で表す．速さとともに向きを考えるので速度となる．この例では，速度が最初は正で（すなわち上向き），その後下向きに落ちはじめると負になる．しかし，その加速度は常に負（すなわち下向き）である．図10・17は時間の経過とともに**速度**が変化する様子を示す．直線の傾き（加速度）は変わらず常に $-9.8\,\mathrm{m\,s^{-2}}$ に等しい．

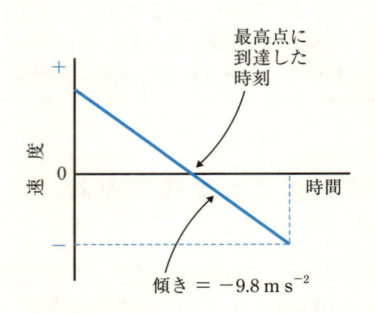

図10・17 垂直方向の速度

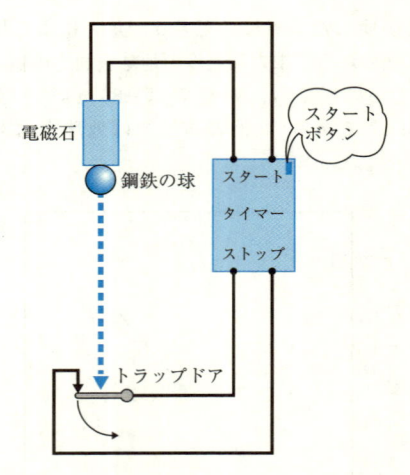

図10・16 落下するボールを使って g を求める

例題 10・5

($g = 9.8\,\mathrm{m\,s^{-2}}$)

高さ47mの塔の頂上から物体を静かに放つと地面に落下した．(a) 地面に落下するまでの時間と (b) 地面に衝突する直前の速さを計算せよ．

[解答] 初速度 $u = 0\,\mathrm{m\,s^{-1}}$，落下距離 $s = 47\,\mathrm{m}$，加速度 $a = 9.8\,\mathrm{m\,s^{-2}}$ から，

(a) 衝突までの時間 t は，$s = ut + \dfrac{1}{2}at^2$ から求められる．

$u = 0$ を代入すると，$s = \dfrac{1}{2}at^2$

ゆえに，$t^2 = \dfrac{2s}{a} = \dfrac{2 \times 47}{9.8} = 9.6$

したがって，$t = \sqrt{9.6} = 3.1\,\mathrm{s}$

(b) 衝突直前の速さ v を求めるには $v = u + at$ を用いる．

$v = u + at = 0 + (9.8 \times 3.1) = 30\,\mathrm{m\,s^{-1}}$

上向きと下向き

物体の運動の方向が上向きでも下向きでも，重力は常に下向きに加わる．たとえば，物体を垂直方向に投げ上げると，しだいに減速し，最上点で一瞬止まり，その後地面に向かって落ちる．このため上下の2方向を区別する符号が

例題 10・6

($g = 9.8\,\mathrm{m\,s^{-2}}$)

一定の速さ $4.0\,\mathrm{m\,s^{-1}}$ で上昇している熱気球が，ある高度に到達したとき荷物を放した．荷物が地上に達するのに5.0秒かかった．次の時刻における気球から地面までの距離を計算せよ（図10・18）．
(a) 荷物が放たれたとき
(b) 荷物が地上に達したとき

図10・18

[解答] 上向き，下向きを区別するために，速さにそれぞれ符号 "＋" と "－" をつけた速度を用いる．

$u = +4.0\,\mathrm{m\,s^{-1}}$, $a = -9.8\,\mathrm{m\,s^{-2}}$, $t = 5.0\,\mathrm{s}$

(a) 荷物が放たれたとき，気球から地面までの距離 s は，

$$s = ut + \dfrac{1}{2}at^2$$
$$= (4.0 \times 5.0) - (0.5 \times 9.8 \times 5.0^2) = -102.5\,\mathrm{m}$$

負の符号は荷物が下向きに落ちる．言い換えると，荷物の着地点が気球から下向きにあることを意味している．

(b) 荷物は5秒で地面に達する．気球は $4.0\,\mathrm{m\,s^{-1}}$ の一定の速さで上昇し，この時間内に $20.0\,\mathrm{m}$（$=4.0\,\mathrm{m\,s^{-1}} \times 5.0\,\mathrm{s}$）だけ高度が増している．したがって，荷物が地面に達したとき，気球は地上から $122.5\,\mathrm{m}$ の高さにいる．

練習問題 10・5a

($g=9.8\,\mathrm{m\,s^{-2}}$)

1. 井戸の一番上より静止状態から放たれた硬貨が 1.8 秒後に井戸の底に当たった. (a) 井戸の深さ, (b) 底に衝突する直前の速さを計算せよ.

2. $4.0\,\mathrm{m\,s^{-1}}$ の一定の速さで降下している熱気球が, 地上 36 m の高さに達したときに荷物が放たれた (図 10・19). (a) 荷物が地面に衝突する直前の速さ, (b) 荷物が地面に到達した時間を計算せよ.

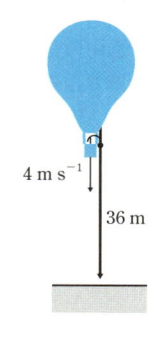

図 10・19

練習問題 10・5b

($g=9.8\,\mathrm{m\,s^{-2}}$)

1. 空中で垂直に投げ上げたボールが, 元の場所まで戻ってくるのに 4.4 秒かかった (図 10・20). (a) 最高点に達する時間, (b) 投げ上げたときの速さ, (c) 最高到達点の高さ, (d) 元の場所に戻ったときの速さを計算せよ.

2. ヘリコプターが $15\,\mathrm{m\,s^{-1}}$ の一定の速さで垂直に上昇している. 地上 90 m の高さに達したときに荷物が落とされた (図 10・21). (a) 荷物が地面に衝突する直前の速さ, (b) 荷物が地面に達するまでの時間を計算せよ.

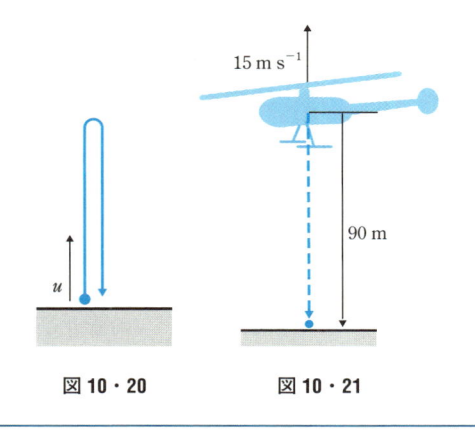

図 10・20 図 10・21

10・6 時間的な変化の割合

a. 速度 物体の**速度**とは, その物体の位置の時間的な変化の割合をいう. v を速度, s を位置として,

$$v = \frac{\mathrm{d}s}{\mathrm{d}t}$$

と書ける. ここで $\frac{\mathrm{d}s}{\mathrm{d}t}$ は s の "時間的な変化の割合" を意味する. 図 10・22 は水中を落下する物体の位置と時間の関係である. 位置-時間曲線の傾きは速度を与える. 図 10・22 では, 水の抵抗のために速度が一定になる. この速度の大きさは物体の**終端速度**とよばれる. この曲線上の任意の点における速度は, その点で引いた接線の傾きから求められる.

速度はベクトルだが直線運動では v で表す.

b. 加速度 物体の速度の時間的な変化の割合を**加速度**という. a を加速度, v を速度として,

$$a = \frac{\mathrm{d}v}{\mathrm{d}t}$$

と書ける. ここで $\frac{\mathrm{d}v}{\mathrm{d}t}$ は v の "時間的な変化の割合" である. 図 10・23 は水中を落下する物体の速度と時間の関係である. 図 10・23 は, 物体の速度が時間とともにどのように増加するかを示しており, 水の抵抗のために速度は一定値に近づく. この曲線の任意の点における接線の傾きが加速度を与える. 図からわかるように物体の速度が終端速度に達すると, 加速度は 0 になる (p.115, 図 12・10 参照).

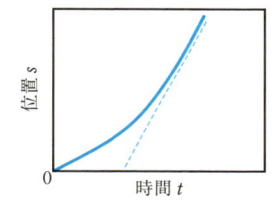

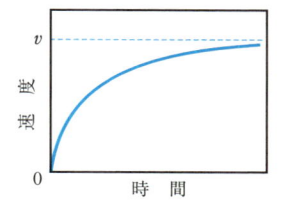

図 10・22 水中を落下する物体の位置と時間の関係　　図 10・23 水中を落下する物体の速度と時間の関係

スプレッドシートを用いた計算

ある瞬間の加速度を a とすると, 短い時間 δt の間の速度の変化は $\delta v = a\delta t$ である.

この短い時間区間の初めの速度を v とすると, 区間の終わりで速度は $v+\delta v$ となる. その隣の時間区間では初速度が $v+\delta v$ となる. 物体の加速度 a がわかっているなら, この操作を繰返すと速度を求めることができる.

表 10・2 は水中を落下する物体の速度が変化する様子を示す. 加速度は $a=g-kv$ となるが, k は物体の形と水の流れによる抵抗で決まる定数である. 表 10・2 では $k=0.1\,\mathrm{s^{-1}}$, $\delta t=0.2\,\mathrm{s}$ とした.

表 10・2 スプレッドシート

t	v	$a=g-0.1v$	$\delta v=a\delta t$	$v+\delta v$
0.000	0.000	9.800	1.960	1.960
0.200	1.960	9.600	1.920	3.880
0.400	3.880	9.410	1.880	5.760
0.600	5.760	9.220	1.840	7.610
0.800	7.610	9.040	1.810	9.420
1.000	9.420	8.860	1.770	11.190

$t=4.0\,\text{s}$ まで計算して結果をプロットすると図 10・24 のグラフになる．水から受ける抵抗が重力を打ち消すようになるので最終的に速度が一定となる．

この表の値は，p.325 で説明するように，スプレッドシートを用いて計算できる．実際，そのようにして得た値が表 10・2 であり，これをグラフにしたのが図 10・24 である．物体の位置と速度が決まると加速度が決まる場合は，水中の落下に限らず，どんな物体の運動でもこの方法で計算できる．

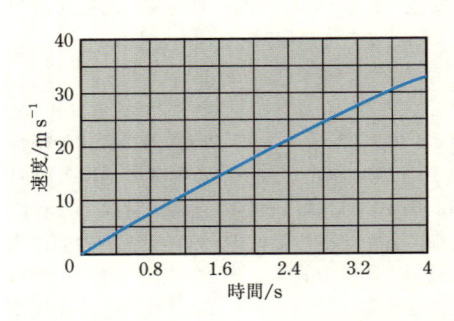

図 10・24 水中を落下する物体の速度と時間の関係

練習問題 10・6
($g=9.8\,\text{m s}^{-2}$)
1. 時間 $t=0$ に初速度 u で垂直に投げ上げたボールの地上からの位置 s と速度 v は，時間 t を用いて，
$$v=u-gt \qquad s=ut-\frac{1}{2}gt^2$$
で与えられる．$u=24.5\,\text{m s}^{-1}$ とし，スプレッドシートを用いて運動開始後の 5.0 秒間にわたり 0.5 秒ごとに変位と速度を計算せよ．
2. 前問で，位置と速度が時間とともに変化する様子をグラフにプロットせよ．

まとめ

- **変位**は，方向まで考慮した移動距離である．
- **速さ**は，移動距離の時間的な変化の割合である．
- **速度**は，位置の時間的な変化の割合である．
- **加速度**は，速度の時間的な変化の割合である．
- **等加速度運動の式**

$$v = u+at \qquad s = \frac{1}{2}(u+v)t$$

$$s = ut+\frac{1}{2}at^2 \qquad v^2 = u^2+2as$$

- **グラフ**
  1. **位置と時間のグラフ**
     グラフの傾き ＝ 速度
  2. **速度と時間のグラフ**
     グラフの傾き ＝ 加速度
     グラフの線の下側の面積 ＝ 変位

章末問題

p.319 に本章の補充問題がある．
($g=9.8\,\text{m s}^{-2}$)

10・1 最初静止していた車が，20 秒間 $1.5\,\text{m s}^{-2}$ で加速した．その後の 90 秒間を一定の速さで走行し，40 秒間減速して静止した．運動の方向は変わらない．
(a) 最大の速さを計算せよ．
(b) 最初の静止状態から再び止まるまでの間，速さの変化を示す図を描け．
(c) 減速するときの加速度を計算せよ．
(d) (i) 三つの部分の各移動距離，(ii) 全行程の平均の速さを計算せよ．

10・2 自転車に乗った人が，静止状態から 30 秒間，$6.5\,\text{m s}^{-1}$ に達するまで一定の加速度で走り，ブレーキをかけて 80 m 走って止まった．
(a) 最初の 30 秒間の加速度と移動距離を計算せよ．
(b) ブレーキをかけていた時間とそのときの加速度を計算せよ．
(c) (i) 速さと時間のグラフを描け．(ii) 平均の速さを計算せよ．

10・3 テニスボールを初速 $15\,\text{m s}^{-1}$ で鉛直上方に投げ上げた．
(a) 最高点の高さと，そこに到達するまでの時間を計算せよ．
(b) (i) 地面から 5.0 m の高さまで落ちてきたときの速度を計算せよ．
(ii) その位置に到達するまでの時間はどれだけか．

10・4 一定の速さ $3.2\,\text{m s}^{-1}$ で垂直にパラシュートで降下している人が，地上 100 m の高さに達したときにある物体を落とした．
(a) その自由落下する物体が地上に落ちる直前の速さを計算しなさい．
(b) 物体が地面に落ちるまでに要する時間はどれだけか．
(c) 物体が地面に落ちたとき，人は地上どのくらいの位置にいたか．

10・5 ロケットを垂直に発射する．40秒間，$8.0 \, \mathrm{m \, s^{-2}}$ の加速度で一様に加速されてから，エンジンが切られ，地上に戻ってくる．
(a) (i) エンジンが切られたときの速さと高さ，(ii) ロケットの到達高度の最大値，(iii) 地面に衝突する直前の速度，(iv) 飛行時間を計算せよ．
(b) ロケットの全飛行時間にわたる速度と時間のグラフを描け．

11

力 と 運 動

目 次
11・1 ニュートンの運動の法則
11・2 力と運動量
11・3 運動量の保存
まとめ
章末問題

学習内容
- 合力による物体の運動
- 質量と重さ
- 物体に加わる合力と運動量の変化
- ジェット機とロケットの推進力
- 運動量保存則を用いた衝突と爆発の解析

則として知られている．本質的には，この法則が力の定義を可能とする．すなわち，物体の速度を変化させるものが力である．

- 氷上では摩擦力が無視できるほど小さいので，アイスホッケーのパックは方向も速さも変えることなく動き続ける（図11・1）．力が加わらなければ運動は変化しない．
- 食器棚を床の上で押して動かし続けるには，外部から力を加え続けなければならない．床との摩擦力が押して加えた力とつり合っているので，食器棚に加わる合力は0となり，一定の速度で動き続ける（図11・2）．

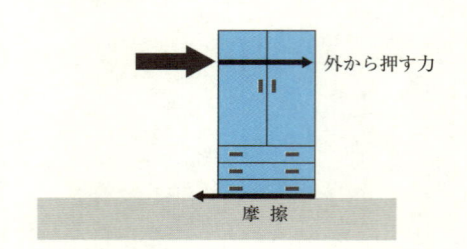

図 11・2 床からの摩擦力

11・1 ニュートンの運動の法則

力 の 性 質

氷の上では摩擦がほぼ完全に作用しない．凍った道路上の車は，車輪と路面の間にグリップがほとんど効かないので，非常に運転が難しい．氷の表面は車輪に力を及ぼさないので，氷上の車はカーブでも直線上を進み続けようとする．

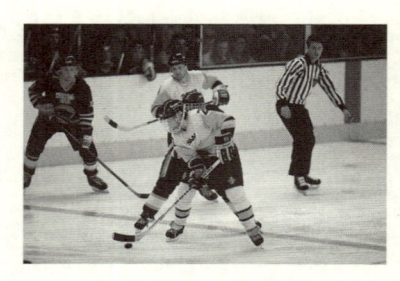

図 11・1 アイスホッケーのプレー風景．氷上ではほとんど摩擦はない．

物体に加わる合力が0となるとき，物体は静止したままか等速度で動き続ける．これはニュートンの運動の第一法

力 と 加 速 度

力と加速度の関係を調べるには，摩擦力を取除いたうえで，一定の力を加えた物体の運動の様子を，時間を追って計測する必要がある．その一つの方法を図11・3に示した．表11・1はこのような実験で得られる典型的な結果である．

表 11・1 典型的な実験結果

力/N	質量/kg	加速度/m s^{-2}	質量×加速度/kg m s^{-2}
1.0	0.5	2.0	1.0
2.0	0.5	4.0	2.0
3.0	0.5	6.0	3.0
1.0	1.0	1.0	1.0
2.0	1.0	2.0	2.0
3.0	1.0	3.0	3.0

11. 力と運動

この結果は，力が質量×加速度に比例することを示す．

$$ 力 F \propto 質量 m \times 加速度 a $$

これを式を用いて，

$$ F = ma $$

と書き，等号が成り立つように力や質量の単位を決める．力の単位，ニュートン (N) は質量 1 kg の物体に $1 \, \text{m s}^{-2}$ の加速度を与える力として定義される．

$F=ma$ は質量が一定のときのニュートンの運動の第二法則である．この法則の一般的な形は §11・2 で与える．本章では，物体は点のように小さくて，力がどこに加わっても物体の動きは同じであるとする．

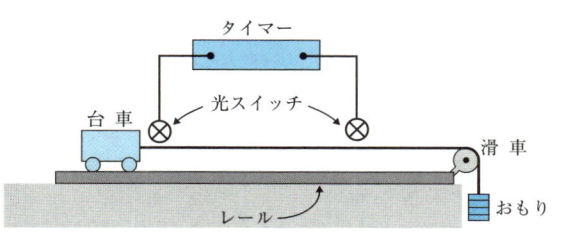

図 11・3 力と加速度

1. 台車がひもで引っ張られ摩擦を無視できる水平のレール上を走る．このひもは滑車を介して落下するおもりにつながれている．
2. おもりを交換して台車に加わる力を変え，また台車の質量を変えて実験する．
3. 2個の光スイッチの間隔を測定し，最初のスイッチで止まっていた台車が次のスイッチを通るまでの時間を計測する．
4. 加速度 a は，$a = 2s/t^2$ $(s = ut + \frac{1}{2}at^2,\ u=0)$ から計算する．s は光スイッチ間の距離，t は台車がこの距離を通過する時間である．
5. 加速度を測定するには他の方法も使える．たとえば直接に速さを測定して図 10・10 のようなグラフを描けば，速さの時間的な変化を表示し記録できる．

メ モ

1. $F=ma$ を変形し，

   $a = \dfrac{F}{m}$ とすると，F と m から a を求める式になる．

   $m = \dfrac{F}{a}$ とすると，F と a から m を求める式になる．

2. 物体にいくつかの力が加わり F をこれらの合力とするときにも，加速度 a は，

   $$ a = \frac{F}{m} $$

   で与えられる．

3. もし合力 F が 0 ならば，物体の加速度も 0 である．これはニュートンの運動の第一法則と一致する．

例題 11・1

全質量が 600 kg の台車が静止状態から 12 秒で $15 \, \text{m s}^{-1}$ の速さに加速された．(a) その加速度と (b) その加速度が生じるため必要な力を計算せよ．

[**解答**] (a) 加速度 a の計算に必要なデータ：最初の速さ $u=0$, $t=12 \, \text{s}$, 最後の速さ $v = 15 \, \text{m s}^{-1}$

$v = u + at$ から，

$$ a = (v-u)/t = (15-0)/12 = 1.25 \, \text{m s}^{-1} $$

(b) $F = ma = 600 \, \text{kg} \times 1.25 \, \text{m s}^{-2} = 750 \, \text{N}$

重さと無重力

自由落下している物体の加速度は一定値 g である．この加速度は，物体に加わる重力による力（すなわち物体の重さ）により生じる．したがって，物体の重さは "$F=ma$" を用いて質量×g で与えられる．よって，質量 m の物体の重さ W は，

$$ W = mg $$

自由落下している物体は支えられていないが，重力が加わっているから無重力ではない．宇宙船の中で "浮かんでいる" 宇宙飛行士も，支えられていないが無重力ではない．地球を回る軌道上で "無重力状態" というときは，宇宙船と飛行士が一緒に落下するため，宇宙船の壁を基準にしたときに無重力だと錯覚してしまう状態である．重力（すなわち宇宙飛行士の重さ）は宇宙飛行士を軌道に保つために必要である．さもないと宇宙飛行士は軌道の接線方向に飛んで行ってしまう．

発射台で

図 11・4 のように，質量 m のロケットを発射台から垂直に打ち上げるためには，エンジンの推力 T が重さ mg より大きくなければならない．ロケットに加わる合力は $T-mg$ である．したがって，"$F=ma$" を用いると，

$$ T - mg = ma $$
a : ロケットの加速度

である．

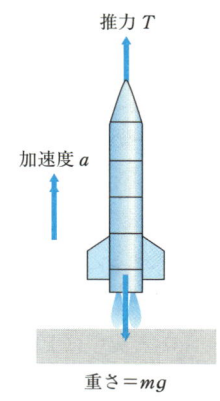

図 11・4 ロケットの打ち上げ

例題 11・2

$(g = 9.8 \, \text{m s}^{-2})$

質量 5000 kg のロケットが全推力 69 000 N のロケット

エンジンによって打ち上げられる．発進時の (a) 合力と (b) 加速度を計算せよ．
[解 答]
(a) 合力 = 推力 − 重さ = 69 000 − (5000×9.8)
         = 20 000 N
(b) 加速度 = $\dfrac{合力}{質量}$ = $\dfrac{20\,000}{5000}$ = 4.0 m s^{-2}

エレベーターの加速度とケーブルの張力

下降しているエレベーターが停止する際に，下降中に比べて乗客は床から大きく押されるように感じる．この余分に押される力は，乗客が止まるために必要である．また，エレベーターが止まるときエレベーターのケーブルは余分の張力を受ける．

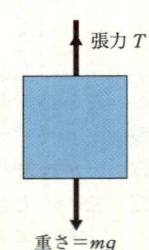

図 11・5　エレベーター

図 11・5 のようにケーブルでつるされた質量 m のエレベーターを考える．

1. エレベーターが静止または一定速度で動いているとき，ケーブルに加わる張力 T はエレベーターの重さに等しく逆向きである．すなわち $T=mg$ である．
2. エレベーターが加速または減速しているとき，張力とエレベーターの重さとは等しくない．張力と重さの差が合力となりエレベーターの質量 m × 加速度 a に等しい．これは，

$$T - mg = ma$$

と表せる．ここで上向きの量は＋の値，下向きの量は−の値としている．エレベーターが，

(a) 上昇中に上向きに加速のとき
　　$T>mg$, $a>0$　（加速度が上向きで速度と同方向）
(b) 下降中に下向きに加速のとき
　　$T<mg$, $a<0$　（加速度が下向きで速度と同方向）
(c) 上昇中に下向きに加速のとき
　　$T<mg$, $a<0$　（加速度が下向きで速度と逆方向）
(d) 下降中に上向きに加速のとき
　　$T>mg$, $a>0$　（加速度が上向きで速度と逆方向）

となる．

例題 11・3
($g=9.8$ m s^{-2})
　鋼鉄のケーブルでつり下げられた質量 450 kg で最大積載容量が 320 kg のエレベーターがある．以下の場合について，ケーブルの張力を計算せよ．
(a) 一定の速さで上昇
(b) 2.0 m s^{-2} で加速しながら上昇
(c) 2.0 m s^{-2} で減速しながら下降
(d) 2.0 m s^{-2} で減速しながら上昇
(e) 2.0 m s^{-2} で加速しながら下降

[解 答]
(a) $a=0$, $T-mg=ma$ より，ケーブルの張力 T は，
　　$T = mg = (450+320)\times 9.8 = 7550$ N
(b) $T-mg=ma$ より，
$$T = mg + ma$$
ここで，$a=+2.0$ m s^{-2} なので，ケーブルの張力 T は，
　　$T = mg+ma = (770\times 9.8)+(770\times 2.0) = 9090$ N
(c) 速度が下向きだから加速度は上向き．よって，
　　$a = +2.0$ m s^{-2}（加速度は速度と逆向きなので＋）
ケーブルの張力 T は，
　　$T = mg+ma = (770\times 9.8)+(770\times 2.0) = 9090$ N
(d) 速度は上向きだから加速度は下向き．よって，
　　$a = -2.0$ m s^{-2}
ケーブルの張力 T は，
　　$T = mg+ma = (770\times 9.8)+(770\times (-2.0))$
　　　　　　　 $= 6010$ N
(e) 速度は下向きだから加速度も下向き．よって，
　　$a = -2.0$ m s^{-2}
ケーブルの張力 T は，
　　$T = mg+ma = (770\times 9.8)+(770\times (-2.0))$
　　　　　　　 $= 6010$ N

練習問題 11・1

1. 25 m s^{-1} の速さで走っていた質量 1200 kg の車がブレーキをかけ 8.0 秒間で停止する．(a) 加速度の大きさ，(b) この加速度を得るに必要な力を計算せよ．
2. 質量 8000 kg のロケットが加速度 6.0 m s^{-2} で上昇を続ける（図 11・6）．打ち上げのときの (a) ロケットの重さ，(b) エンジンの推力を計算せよ．

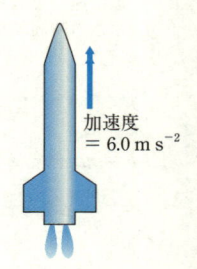

図 11・6

3. 鋼鉄のケーブルでつり下げられた全質量 1500 kg のエレベーターがある．次の場合のケーブルの張力を計算せよ．
   (a) エレベーターが一定の速度で動く場合
   (b) 加速度 1.2 m s^{-2} で加速しながら上昇する場合
   (c) 加速度 1.2 m s^{-2} で減速しながら下降する場合

11・2 力と運動量

運動中の物体はその運動に伴う運動量をもつ．全速力で走ってくる人とぶつかれば，運動量を体感できるだろう．

> 運動している物体の運動量の定義：質量×速度

運動量の単位は，キログラム・メートル毎秒（kg m s^{-1}）である．運動量は，物体の速度と同じ方向のベクトル量である．質量 m の物体が速度 v で動くときの運動量は，

> 運動量 $= mv$

である．図 11・7 では，一定の質量 m をもつ物体に一定の力 F が t 秒間加わり，速さが方向を変えずに u から v に増加する．このときの加速度 a は，

$$a = \frac{(v-u)}{t}$$

である．これより，力 F は

$$F = ma = \frac{m(v-u)}{t} = \frac{mv-mu}{t} = \frac{\text{運動量の変化}}{\text{経過した時間}}$$

となる．

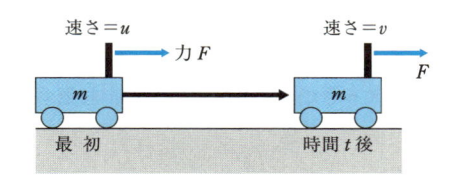

図 11・7 力と運動

例題 11・4

速さ 8.5 m s^{-1} で走っていた質量 $30\,000 \text{ kg}$ の機関車が，水平な直線線路の上でブレーキをかけ 15 秒間かけて停止した（図 11・8）．(a) 運動量の変化と (b) ブレーキから機関車が受けた力を計算せよ．

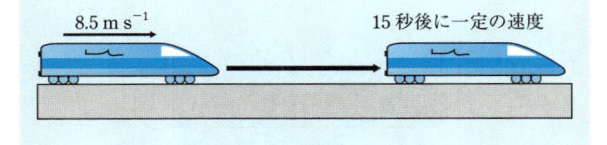

図 11・8

[解答]
(a) 運動量の変化 = 最後の運動量 − 最初の運動量
 $= 0 - (3000 \times 8.5)$
 $= -255\,000 \text{ kg m s}^{-1}$
(b) 力 = 運動量の変化 / 経過した時間
 $= -255\,000/15$
 $= -17\,000 \text{ N}$（−は減速を意味する）

例題 11・5

質量 0.12 kg のゴムボールが速さ 25 m s^{-1} で飛んできて，垂直に立った滑らかな壁に直角に当たり跳ね返ったが，速さは変わらなかった．壁とボールが接触していた時間は 0.20 ms だった（図 11・9）．(a) 衝突によるボールの運動量の変化，(b) 衝突のときに加わった力を計算せよ．

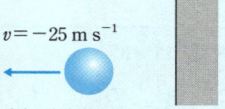

図 11・9 衝突前後のゴムボールの動き

[解答]
(a) はじめの運動量 $= 0.12 \times 25 = 3.0 \text{ kg m s}^{-1}$
  最終の運動量 $= -0.12 \times 25 = -3.0 \text{ kg m s}^{-1}$
  （壁に向かう向きが＋，壁から離れる向きを−とする）
したがって，
  運動量の変化 = 最終の運動量 − 最初の運動量
    $= (-3.0) - (3.0) = -6.0 \text{ kg m s}^{-1}$
(b) 衝突の力 $= \dfrac{\text{運動量の変化}}{\text{経過した時間}}$

  $= \dfrac{-6.0}{0.20 \times 10^{-3}} = -30\,000 \text{ N}$

> **メモ** 負の符号は，ボールに加わる力が壁から離れる向きであることを表す．

ニュートンの運動の第二法則

ニュートンの運動の第二法則は，

$$\text{力} = \frac{\text{運動量の変化}}{\text{経過した時間}}$$

と表される．

> 物体の運動量の時間的な変化の割合は，物体に加わる合力に比例する．

ニュートンの運動の第二法則の一般的な表現は，

$$F = \frac{d}{dt}(mv)$$

である．なお，$\dfrac{d}{dt}$ は時間的な変化の割合を意味する（p.101 参照）．

1. 質量が一定のとき

$$F = \frac{d}{dt}(mv) = m\frac{dv}{dt} = ma$$

となる．ここで，加速度 a が速度の時間的な変化の割合 $\dfrac{dv}{dt}$ であることを用いた．

2. ロケット推進のように，質量の一部を物体から見て速さ u で放出し，全質量が時間的に変化する割合が $\dfrac{dm}{dt}$ ならば，物体が受ける力は，

$$F = u \frac{dm}{dt}$$

となる．

例題 11・6

ロケットエンジンが，速さ 1500 m s^{-1} の高温のガスを放出して 127 kN の推力を発生する（図 11・10）.

図 11・10

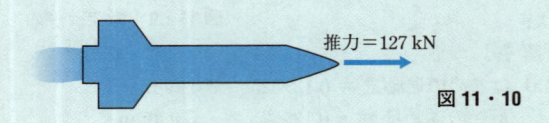

(a) エンジンから放出される質量は 1 秒当たりどれだけか．
(b) ロケットは 7500 kg の燃料を積載している．この量の燃料を完全に燃やすのに要する時間を計算せよ．

[解答]

(a) $F = u \dfrac{dm}{dt}$ より，$127\,000 = 1500 \dfrac{dm}{dt}$

よって，

$$\frac{dm}{dt} = \frac{127\,000}{1500} = 85 \text{ kg s}^{-1}$$

(b) 毎秒 85 kg の燃料が燃やされる．7500 kg を燃やすには，$\dfrac{7500}{85} = 88 \text{ s}$ かかる．

練習問題 11・2

($g = 9.8 \text{ m s}^{-2}$)

1. 質量 0.120 kg のゴムボールが速さ 25 m s^{-1} で飛んできて，垂直に立った滑らかな壁と直角に衝突して跳ね返ったが，速さは変わらなかった．壁とボールの接触時間は 0.0040 秒であった．以下を計算せよ．
   (a) ボールの運動量の変化
   (b) 衝突のときに加わった力
2. 質量 2000 kg のロケットが加速度 6.5 m s^{-2} で垂直に上昇を開始した．以下を計算せよ．
   (a) 発射台にあるときのロケットの重さ
   (b) エンジンの推力

11・3 運動量の保存

衝突時の力

重いトラックと乗用車の衝突ではどちらの車に大きな力が加わるか．この疑問に対して，乗用車が衝突で大きく跳ね飛ばされるので，乗用車に大きな力が加わると考えるかもしれない．実は，2 台の車に加わる力は同じ大きさで逆向きである．乗用車への影響が大きいのは，乗用車の方が軽いからである．2 個の物体が力を及ぼし合うときは，互いに大きさが同じで逆向きの力を受ける．これは**ニュートンの運動の第三法則**として知られている．

> 2 個の物体が力を及ぼし合うとき，互いに同じ大きさで逆向きの力を受ける．

ニュートンの運動の第三法則の例をさらにもう少しみてみよう．

- 粗い床面上で椅子を横に動かすと進行方向と逆向きの力が床から加えられる（図 11・11）．イスから床に加わる力は，大きさが同じで進行方向を向いている．

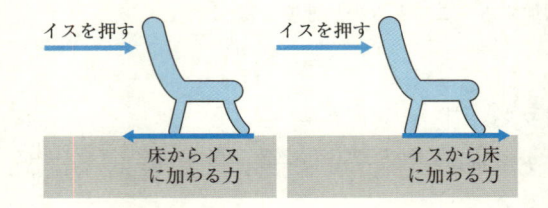

図 11・11 大きさが等しく逆向きの力

- 壁に寄りかかっている人が壁を押すと，壁は人から受けたのと同じ大きさで逆向きの力で人を押し返す．

衝突

力 × 時間を**力積**という．ニュートンの第二法則から，

$$\text{力} = \frac{\text{運動量の変化}}{\text{経過した時間}}$$

これから，力積 = 力 × 時間 = 運動量の変化となる．したがって，図 11・12 のように 2 個の物体 X と Y が力を及ぼし合うときは，X が Y に及ぼす力積と，Y が X に及ぼす力積は，同じ大きさで逆向きである．力積は運動量の変化に等しいので，X の運動量の変化は Y の運動量の変化と同じ大きさで逆向きである．

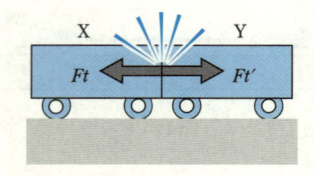

図 11・12 同じ大きさで逆向きの力積

2 個の物体が衝突すると運動量が一方の物体から他の物体に移る．一方が失った運動量は他方が得る運動量と等しい．一方の物体が失った運動量を他方の物体が獲得するのだから，全運動量は変化しない．これは運動量保存則の例である．

運動量保存則とは，2個またはそれ以上の物体が力を及ぼし合うとき全運動量が保存される（すなわち変化しない）ことをいう．ただし，それらの物体には外部から力が加わっていないとする．

図 11・13 のように，直線上を初速 u_1 で動く質量 m_1 の物体と初速 u_2 で動く質量 m_2 の物体が衝突する．2個の物体は衝突後も同じ直線上をそれぞれ速さ v_1 と v_2 で動き，離れていく．

$$\text{衝突前の全運動量} = m_1 u_1 + m_2 u_2$$
$$\text{衝突後の全運動量} = m_1 v_1 + m_2 v_2$$

運動量保存則を用いると，

$$\text{衝突前の全運動量} = \text{衝突後の全運動量}$$
$$m_1 u_1 + m_2 u_2 = m_1 v_1 + m_2 v_2$$

となる．

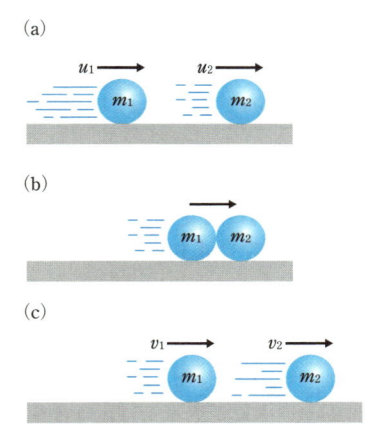

図 11・13 運動量の保存．(a) 衝突の前，(b) 衝突の最中，(c) 衝突の後．

運動量保存則を証明する実験

図 11・14 は，水平な線路上を走る台車 A が静止した台車 B に衝突するところを示す．衝突で両方の台車は一体となって運動する．運動する台車 A の衝突前後の速さを速度センサーを用いて測定する．

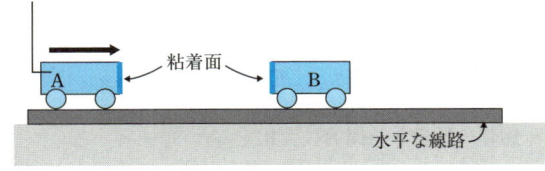

図 11・14 運動量保存則を調べる実験

$$\begin{pmatrix}\text{衝突前の}\\\text{全運動量}\end{pmatrix} = \text{Aの質量} \times \text{Aの衝突前の速さ}$$

$$\begin{pmatrix}\text{衝突後の}\\\text{全運動量}\end{pmatrix} = (\text{Aの質量}+\text{Bの質量}) \times \text{Aの衝突後の速さ}$$

全運動量が衝突により変化しないことが測定結果から示されるはずである．

例題 11・7

図 11・15 のように，質量 600 kg の車が速さ 30 m s^{-1} で走り，停止している質量 900 kg の車に追突した．衝突により 2 台は一体となった．(a) 衝突直後の 2 台の車の速さ，(b) 衝突の継続時間（接触してから一体となって走り出すまで）を 0.15 秒としたとき衝突の力，(c) 衝突の最中の各車の加速度を計算せよ．

図 11・15

[解答]　(a) 運動量保存則から，
$$m_1 V + m_2 V = m_1 v_1 + m_2 v_2$$
$$600 V + 900 V = (600 \times 30) + (900 \times 0)$$
V は，衝突直後に一体となった 2 台の車の速さである．これから $1500 V = 18\,000$，よって，
$$V = \frac{18\,000}{1500} = 12 \text{ m s}^{-1}$$

(b) 車 1 に加わる力の計算には次式を用いる．
$$F = \frac{m_1 V - m_1 v_1}{t} = \frac{(600 \times 12) - (600 \times 30)}{0.15}$$
$$= \frac{7200 - 18\,000}{0.15} = 72\,000 \text{ N}$$

車 2 には同じ大きさで逆向きの力が加わる．

(c) 加速度 = $\dfrac{\text{力}}{\text{質量}}$ より，

車 1 の加速度 = $\dfrac{72\,000 \text{ N}}{600 \text{ kg}} = -120 \text{ m s}^{-2}$（減速した）

車 2 の加速度 = $\dfrac{72\,000 \text{ N}}{900 \text{ kg}} = 80 \text{ m s}^{-2}$

爆　発

爆発では破片があらゆる方向に飛散し，各破片は運動量を持ち去る．爆発した物体がはじめに静止していたとすると，最初の全運動量は 0 である．全運動量は変化しないので最後の全運動量も 0 である．

最後の全運動量が 0 であることを理解するため，図

11・16のように最初に静止していた2個の物体XとYが離れていく"爆発"を考えよう．2個は同じ大きさの逆向きの力で同じ時間だけ互いに押し合う．したがって2個の物体に加わる力積は同じ大きさで逆向きである．力積は運動量の変化に等しいから，各物体が得る運動量は同じ大きさで逆向きである．実際，XとYは反対方向に動きだすので，Xの得た運動量とYの得た運動量は逆向きである．結局，2個の物体は，大きさが同じで逆向きの運動量を得て跳ね返る．

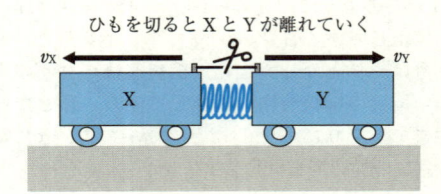

図11・16 制御された爆発

運動量は質量と速度の積という定義に戻り，速度v_Xを負とすると速度v_Yは正だから，ベクトル量である運動量もそれぞれ負と正になる．すなわち直線上の運動で一つの方向の運動量を負とすれば他の方向は正である．一方が負の運動量を運び去るなら，他方は同じ大きさの正の運動量を運び去る．

爆発後のXの運動量 = $m_X v_X$
〔m_XはXの質量，v_XはXの爆発直後の速度で負〕
爆発後のYの運動量 = $m_Y v_Y$
〔m_YはYの質量，v_YはYの爆発直後の速度で正（Xの運動の方向と逆だから）〕

よって，　爆発後の全運動量 = $m_X v_X + m_Y v_Y$

また，XとYは両方とも最初は静止していたので，初期の全運動量 = 0．したがって運動量保存則から，

$$m_X v_X + m_Y v_Y = 0$$
$$m_X v_X = -m_Y v_Y$$

例 題 11・8

質量60kgの学生が質量3.0kgのスケートボードの上に立って静止していたが，スケートボードからジャンプした．そのとき学生の速さは$0.5\,\mathrm{m\,s^{-1}}$だった（図11・17）．反動で動き出したスケートボードの速さを計算せよ．

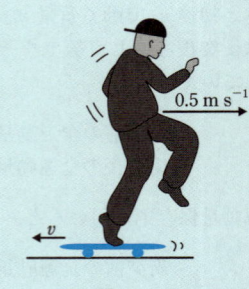

図11・17

[解答]
ジャンプした直後の学生の運動量 = 60×0.5
$= 30\,\mathrm{kg\,m\,s^{-1}}$
スケートボードの速さをvとすると，
スケートボードの運動量の大きさ = $3.0v$
$3.0v = 30v$　　∴　$v = 10\,\mathrm{m\,s^{-1}}$

練習問題 11・3

1. 質量800kgの車が$25\,\mathrm{m\,s^{-1}}$の速さで走ってきて質量1600kgの止まっている車と衝突した．衝突により第一の車の速さが$5\,\mathrm{m\,s^{-1}}$に減少したが進行方向は変わらなかった．次の計算をせよ．
   (a) 第一の車の運動量の減少
   (b) 衝突直後の第二の車の速さ
   (c) 衝突時間を0.2秒としたときの力積
2. 全質量500kgの大砲が質量4.0kgの砲弾を$115\,\mathrm{m\,s^{-1}}$の速さで射出するよう設計されている．大砲の反動の速さを計算せよ．

まとめ

■ **運動量** = 質量×速度
■ **ニュートンの運動の法則**

　第一法則　外部から加わる合力が0である限り，物体は静止状態を保つか一定の速度で運動を続ける．
　第二法則　物体に加わる合力は，物体の運動量の変化に比例する．
　第三法則　2個の物体が力を及ぼし合うとき，その力は同じ大きさで逆向きである．

■ **運動量保存則**　どのような系でも系内の物体に外部から加わる合力が0である限り，全運動量は一定に保たれる．

■ **ニュートンの運動の第二法則の式**

* 一般的な形は，　$F = \dfrac{\mathrm{d}}{\mathrm{d}t}(mv)$

* 質量が一定のとき，
$$F = m\frac{\mathrm{d}v}{\mathrm{d}t} = ma$$

* 加速度が一定のとき，上式は，
$$F = m\frac{(v-u)}{t} = \frac{mv-mu}{t}\ \text{と書ける．}$$

* 物体の質量が時間的に変化するとき，
$$F = u\frac{\mathrm{d}m}{\mathrm{d}t}\quad u:\text{放出される質量の相対的な速さ}$$

章末問題

p.319 に本章の補充問題がある．
($g=9.8\,\mathrm{m\,s^{-2}}$)

11・1 (a) 全質量 1500 kg の車が静止状態から 10 秒で $12\,\mathrm{m\,s^{-1}}$ の速さまで加速した．(i) 車の加速度，(ii) この加速度に必要な力を計算せよ．
(b) 全質量 850 kg のエレベーターを 4 本の等価な鋼鉄のケーブルでつり下げる．次の場合について，ケーブルの張力を計算せよ．(i) 一定の速さで下降するとき，(ii) $0.50\,\mathrm{m\,s^{-2}}$ で減速しながら下降するとき．
(c) 粗い床に置いた質量 12 kg のブロックに床と平行に 50 N の力を加えた．ブロックと床の間の摩擦係数は 0.4 である．次の場合について，ブロックの加速度を計算せよ．(i) 表面が水平のとき，(ii) 水平から 30° 傾いた斜面上で下向きに力を加えるとき（図 11・18）．

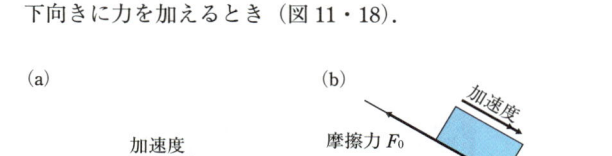

図 11・18 (a) 水平な床，(b) 30 度傾いた床

11・2 質量 0.0010 kg の空気銃の弾が $100\,\mathrm{m\,s^{-1}}$ の速さで木に当たり深さ 50 mm の深さのところに埋った．(a) 衝突による弾の運動量の変化，(b) 衝突の継続時間，(c) 衝突のときの力を計算せよ．

11・3 全質量 1200 kg のロケットを推力 16 kN のエンジンにより発射台から垂直に打ち上げた（図 11・19）．
(a) ロケットの重さを計算し加速度が $3.5\,\mathrm{m\,s^{-2}}$ であることを示せ．
(b) 燃焼ガスを $1200\,\mathrm{m\,s^{-1}}$ の速さで噴出するとき燃料の消費速度を計算せよ．

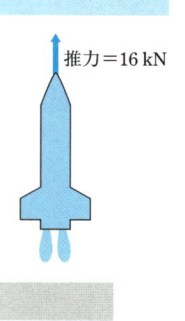

図 11・19

11・4 水平の線路を $3.0\,\mathrm{m\,s^{-1}}$ の速さで動いていた質量 1000 kg の貨車が，質量 2000 kg の貨車に当たって連結した．連結前の 2000 kg の貨車が次の場合にあったときの連結直後の貨車の速さを計算せよ．
(a) 静止していた．
(b) 1000 kg の貨車が動いているのと同じ方向に $2.0\,\mathrm{m\,s^{-1}}$ の速さで動いていた．
(c) 1000 kg の貨車が動いていた方向とは逆向きに $2.0\,\mathrm{m\,s^{-1}}$ の速さで動いていた．

11・5 未知の物体の質量を測定する実験で，その物体は 0.5 kg の台車に固定され自由に動けるようにして水平なレールに乗せる．質量 0.60 kg のばね付きの台車を同じレールに乗せ，もう一つの台車に押しつける．ばねを自由にすると台車は互いに反発し，ばね付きの方が $0.35\,\mathrm{m\,s^{-1}}$ の速さで離れていく．物体を載せた台車は反対方向に $0.22\,\mathrm{m\,s^{-1}}$ の速さで動く．物体の質量を計算せよ．

12 エネルギーと仕事率

目 次
12・1 仕事とエネルギー
12・2 仕事率とエネルギー
12・3 効 率
12・4 エネルギー源
まとめ
章末問題

学習内容
- 力がする仕事
- 異なる形態のエネルギー，エネルギーの変換
- 運動エネルギーと位置エネルギーの変換
- 仕事率
- エンジンの仕事率と力および速度
- エネルギーの変換と利用可能なエネルギー，無駄なエネルギーおよび効率
- 効率の計算，非効率の原因
- 利用可能なエネルギー源

図12・1 エアロバイクでトレーニングする女性

力がする仕事は"力×力の作用点が力の方向に動いた距離"と定義される．

仕事の単位はジュール（joule, J）であり，1ニュートン（N）の力が加わる作用点が力の方向に1メートル（m）動くときの仕事と定義される．力 F が加わる作用点が力の方向に距離 d だけ動いたとき，その**力がする仕事** W は，

$$W = Fd$$

である．

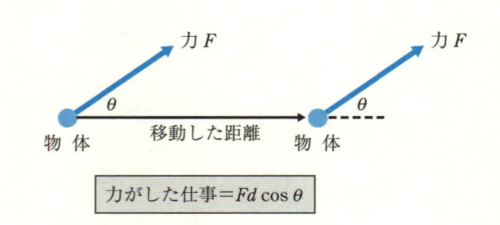

力がした仕事 $= Fd\cos\theta$

図12・2 仕事と力

12・1 仕事とエネルギー

仕事の意味

スポーツジムでは重量挙げや激しい運動などを採りいれたトレーニングを行うことが多い．400 N のウェイトを1.0 m 持ち上げる重量挙げの選手は，200 N のウェイトを1.0 m 持ち上げる場合や，400 N のウェイトを0.5 m 持ち上げる場合と比べて2倍の仕事をする．心肺機能トレーニング用のエアロバイクでは，摩擦力に抗して車輪を回転させるためにペダルを踏んで仕事をする．この摩擦力の大きさは，車軸を押さえている"ブレーキ系"で調整できる（図12・1）．

力の作用点が力の加わる方向に動くとき，その力は仕事をする．たとえば物体が落下するとき，重力は仕事をする．しかし物体が水平方向にだけ動くときは，垂直方向には動かないので重力は仕事をしない．エアロバイクでは，ペダルに加わる力はペダルが動いているときだけ仕事をする．

図12・2のように移動方向と力の方向が角度 θ をなすときは，力の移動方向の成分が $F\cos\theta$ だから，力がする仕事は $Fd\cos\theta$ である．$\theta = 90°$ で力と変位の方向とが直交するとき，$\cos 90° = 0$ なので，仕事は0となることに注意せよ．

エネルギー

- エネルギーは"仕事をすることができる能力"と定義される．エネルギーの単位はジュール（J）である．力が物体にした仕事の結果として，または伝熱の結果として，物体はエネルギーを失うことも得ることもできる．たとえば，ある物体に加わる力が100 Jの仕事をする一方で，その物体から40 Jの熱が逃げるなら，物体が得たエネルギーの総量は60 Jである．
- エネルギーはいろいろな形態で存在する．運動エネルギー（物体が運動していることによるエネルギー），位置エネルギー（物体の位置で決まるエネルギー，または蓄えられたエネルギー），化学エネルギー，核エネルギー，電気的エネルギー，光や音などである．
- エネルギーは一つの形態から他の形態に変換できる．エネルギーは形態を変えても総量は変化しない．この一般則はエネルギー保存則として知られている．

図12・3と図12・4にはエネルギー変換の2例を示す．図12・3では，ボールは落下に伴い位置エネルギーを失い運動エネルギーを得る．空気抵抗を無視すると，運動エネルギーの増加と位置エネルギーの減少は等しい．

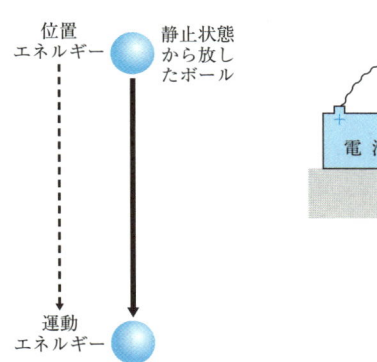

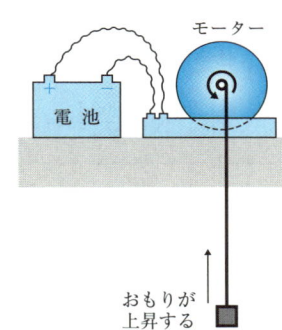

図12・3　落下するボール　　図12・4　おもりを引き上げる

図12・4では，電池の電気的エネルギーによってモーターが仕事をし，おもりが上昇して位置エネルギーを得る．電池からの電気的エネルギーがすべて位置エネルギーに変わるわけではない．電線の電気抵抗により熱が生じたり，モーターのベアリングの摩擦により熱が発生したりするためである．

重力による位置エネルギー

物体を持ち上げるには，その重さと大きさが同じで逆向きの力を加えねばならない．この力がする仕事は"物体の重さ×持ち上げた距離"であり，物体の位置エネルギーの増加に等しい．地球表面では物体の質量をmとすると重さはmgに等しいので，位置エネルギーの変化ΔE_Pは，

$$\Delta E_P = mgh$$

ここでhは高さの増加である（減少のときは負にする）．

運動エネルギー

速さvで動いている質量mの物体の運動エネルギーE_Kは，

$$E_K = \frac{1}{2}mv^2$$

で与えられる．この式を証明するために，時間tの間，一定の力Fが質量mの物体に加わり，静止状態から速さvに加速される場合を考える．

1. 物体が動く距離sは，

$$s = \frac{1}{2}(u+v)t = \frac{1}{2}(0+v)t = \frac{vt}{2}$$

2. 物体に加わる力Fは，

$$F = ma = \frac{m(v-u)}{t} = \frac{m(v-0)}{t} = \frac{mv}{t}$$

したがって力が物体にする仕事Wは，

$$W = F \times s = \frac{mv}{t} \times \frac{vt}{2} = \frac{1}{2}mv^2$$

となる．これが物体の運動エネルギーである．

上の式は物体の速さが光速c（$= 300\,000$ km s^{-1}）に近づくと正しくなくなる．そのような状況ではアインシュタインの$E=mc^2$という有名な式を使わなければならないが，質量mが速さvにより変化するという解釈もあわせて必要となる．

例題 12・1

ジェットコースターの急な坂の頂上にいる客車が静止状態から降下する．高低差は75 m，客車の全質量は2500 kgである．次の計算をせよ（図12・5）．
(a) 坂を下まで降りたときに失う位置エネルギー
(b) 坂の下にきたときに (i) 得た運動エネルギー，(ii) 速さ

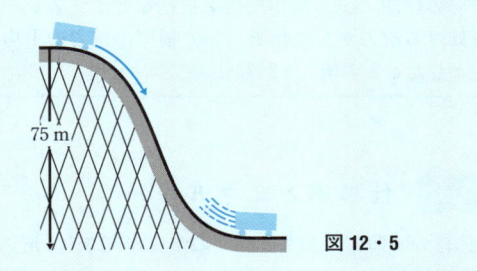

図12・5

[解答]
(a) 位置エネルギーの減少 $= mgh = 2500 \times 9.8 \times 75$
$= 1.84$ MJ

(b) (i) 空気抵抗や摩擦は無視できるので，運動エネルギーの増加＝位置エネルギーの減少である．よって，坂の下では，

$$\text{運動エネルギー} = 1.84\,\text{MJ}$$

(ii) $\dfrac{1}{2}mv^2 = 1.84\,\text{MJ} = 1.84\times10^6\,\text{J}$

よって，

$$\dfrac{1}{2}\times 2500\times v^2 = 1.84\times 10^6$$

$$v^2 = \dfrac{2\times 1.8\times 10^6}{2500} = 1470$$

$$\therefore\ v = 38\,\text{m s}^{-1}$$

メ モ 重力による位置エネルギーは運動エネルギーに変化するので，

$$\dfrac{1}{2}mv^2 = mgh \quad\therefore\ v = \sqrt{2gh}$$

となり質量によらない．この例題 12・1 の場合，速さは高低差だけで決まり質量によらない．

練習問題 12・1

($g = 9.8\,\text{m s}^{-2}$)

(a) 質量 0.12 kg のボールを 22 m s^{-1} の速さで垂直に投げ上げた．(i) 最初の運動エネルギー，最高到達点での (ii) 運動エネルギーと (iii) 位置エネルギー，(iv) 最高到達点の高さを計算せよ．

(b) 全質量 150 kg のボブスレーが静止状態から距離 1500 m，高低差 200 m の斜面を降り切って 55 m s^{-1} の速さに達した（図 12・6）．

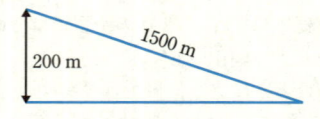

図 12・6

(i) ボブスレーの位置エネルギーの減少，(ii) 運動エネルギーの増加，(iii) 摩擦や空気抵抗などボブスレーの運動を妨げる抗力がした仕事，(iv) 前問の抗力の平均値（一定としたときの値）を計算せよ．

12・2 仕事率とエネルギー

体育の時間に，重さ 540 N の学生が高さ 0.5 m の踏み台昇降を繰返している．1 回のステップで 270 J（＝540 N×0.5 m）の仕事をする．1 回のステップに 1.8 s を要するとき毎秒 150 J（＝270 J/1.8 s）の仕事をしており，これがこの学生が出せる**仕事率**（エンジンやモーターなどでは出力という）となる．重量挙げのコースでは，別の学生が 300 N のおもりを 0.80 m の高さまで 3.0 s で持ち上げている．この場合は 3.0 s で 240 J（＝300 N×0.80 m）の仕事をしているので，80 J s^{-1}（＝240 J/3.0 s）の仕事率となる．

仕事率はエネルギーの移動の割合として定義される．

仕事率の単位は**ワット**（watt, W）であり，1 秒間に 1 J の割合でエネルギーが移動する（1 J s^{-1}）．1 キロワット＝1000 ワットである．

時間 t の間にエネルギー E が移動するとき，**平均の仕事率** P は，

$$P = \dfrac{E}{t}$$

となる．

例題 12・2

重さ 450 N の学生が，垂直のロープを 15 秒間に 4.2 m 登った．(a) 位置エネルギーの増加，(b) 学生の筋力による仕事率を計算せよ．

[解答]
(a) 位置のエネルギーの増加 ＝ 450 N×4.2 m ＝ 1890 J

(b) 仕事率 ＝ $\dfrac{\text{位置のエネルギーの増加}}{\text{経過した時間}}$

$= \dfrac{1890\,\text{J}}{15\,\text{s}} = 126\,\text{W}$

例題 12・3

重さ 20 000 N の自動車が，一定の速さ 8.0 m s^{-1} で 100 秒の間に坂道を登り高度 120 m に達した（図 12・7）．

(a) この車の位置エネルギーの増加を計算せよ．
(b) このエンジンの出力を計算せよ．

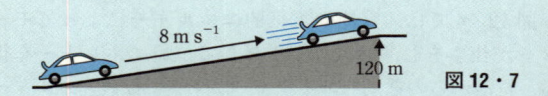

図 12・7

[解答]
(a) 位置エネルギーの増加 ＝ mgh ＝ 20 000×120
$= 2.4\,\text{MJ}$

(b) エンジンがした仕事はすべて位置エネルギーの増加に使われたとする．

出力（仕事率）＝ $\dfrac{\text{エンジンがした仕事}}{\text{経過した時間}}$

$= \dfrac{2.4\,\text{MJ}}{100\,\text{s}} = 24\,000\,\text{W}$

エンジンの出力と車の速さ

図 12・8 のように，質量 m の車に一定の駆動力 F が加わり静止していた状態から加速する．発進したときの車の加速度 a は F/m であるが，車の速さが増すと空気抵抗 D が増大するので，車に加わる合力も小さくなる．式で表わすと，

$$a = \frac{F-D}{m}$$

である．車の速さが増すほど加速度 a は小さくなり，空気抵抗 D が力 F と同じ大きさになると，それ以上加速せずそれが最大の速さとなる．

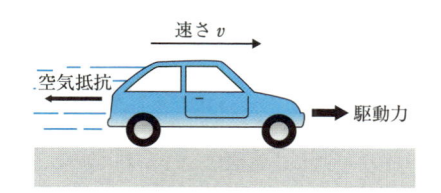

図 12・8 エンジンの出力

- $D=F$ のときに $a=0$ となり，最大の速さに到達する（これ以上は加速できない）．
- 発進時の加速度 $=F/m$ は上式で $D=0$ に対応している．
- 駆動力の仕事率 $P_E = $（1秒当たりの仕事）
  $=$（駆動力）×（1秒当たりの移動距離）

$$P_E = Fv$$

機械的摩擦などを無視すれば，この仕事率がエンジンの出力に一致する．

- エンジンがした仕事と運動エネルギーの増加の差は，空気抵抗のために浪費されたエネルギーである．最大の速さでは，エンジンがするすべての仕事が浪費される．

空 気 抵 抗

走っている車に加わる空気抵抗は，車の速さと車の形状と正面から見た車の面積 A に依存する．車の速さがきわめて遅いとき以外は，周りの空気の乱流をひき起こす．研究の結果，乱流が発生したときは空気抵抗 D が，

$$D = C_D \times \frac{1}{2} A\rho v^2$$

で与えられることがわかっている．ここで v は車の速さ，ρ は空気の密度，C_D は抵抗係数あるいは抗力係数とよばれる定数である．$\frac{1}{2}A\rho v^2$ の項は，速さ v で進む平面 A に加わる圧力による力である．C_D は車の形状に依存する．

図 12・9 は異なった車種の抵抗係数が速さに対して変化する様子を示す．

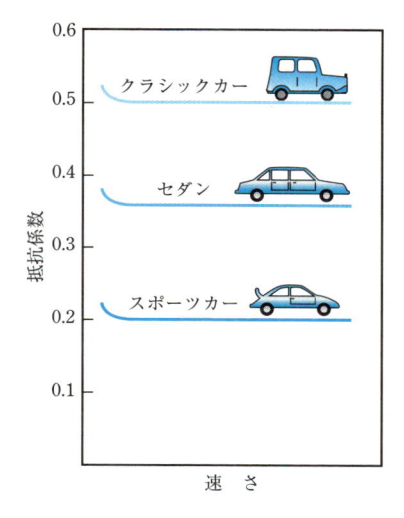

図 12・9 車の形と抵抗係数

粘 性 抵 抗

流体に対して動いている表面には流体中の内部摩擦による抵抗力が加わる．このような摩擦は流体の**粘性**によるもので，流体の流れやすさの目安となる．粘性の効果が支配的で，流れの乱れは無視できるとき，抵抗力 D は速度に比例し，

$$D = kv$$

で与えられる．ここで k は物体の形状と流体の粘性に依存する定数である．たとえば，空気中に噴霧された微小な霧滴が静止状態から落下するとき，それに加わる抵抗力の大きさが霧滴の重さと等しくなると終端速度に達する．水滴の加速度 a は，

$$a = \frac{F-kv}{m}$$

に従って小さくなる．

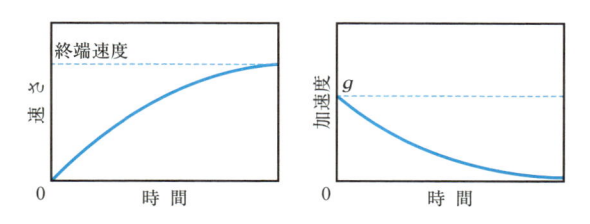

図 12・10 終端速度

図 12・10 は，速さと加速度が時間とともに変化する様子を示す．

練習問題 12・2
($g = 9.8 \, \mathrm{m\,s^{-2}}$)

1. (a) 質量 70 kg の走者が 3.5 秒で静止状態から $10 \, \mathrm{m\,s^{-1}}$ の速さに達した．(i) この走者が得る運動エネルギー，(ii) 走者の足の筋肉の仕事率の平均値を計算せよ．
   (b) フィットネスクラブで質量 55 kg の人が高さ 0.40 m の台を使って，1 分間に 20 回の割合で踏み台昇降をする．(i) 箱に上るときに得る位置エネルギー，(ii) 足の筋肉の仕事率の平均値を計算せよ．

2. 質量 20 000 kg の機関車が水平な線路上を出力 175 kW で 40 000 kg の貨車を引いて走ったとき，速さは $55 \, \mathrm{m\,s^{-1}}$ でそれが最高速であった．(a) 機関車が出す力，(b) 運動に抗する全抵抗力，(c) エンジンを切りブレーキをかけ 1000 m の距離で列車が停止するために必要な抵抗力の平均値を計算せよ．

メ　モ

$a = \dfrac{F - kv}{m}$ は，$a = a + bv$ $\left(a = \dfrac{F}{m},\ b = -\dfrac{k}{m}\right)$

と書き換えることができる．この式をスプレッドシートを使って数値的に解きグラフにすることができる（p.325 参照）．

12・3　効　率

有効エネルギー

図 12・11 のように，電池に接続したモーターがおもりを持ち上げるとき，電池の化学エネルギーが電気エネルギーに，そしておもりの位置エネルギーに変換される．化学エネルギーの一部はモーター内部の摩擦と，電線の電気抵抗による発熱のため無駄に使われる．目的とする仕事に使われるエネルギーは**有効エネルギー**という．図 12・11 の例では，位置エネルギーに変換された化学エネルギーが有効エネルギーであり，おもりを持ち上げるのに必要だったエネルギーである．

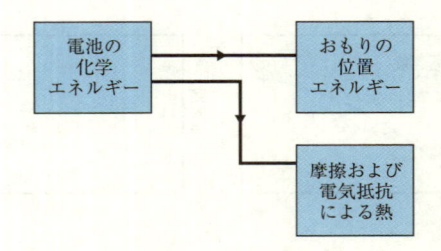

図 12・11　エネルギーの変換

機械内部の摩擦はエネルギーを浪費させる．そのため，目的とする仕事を実行するために機械に供給されるエネルギーは，有効エネルギーより大きくなければならない．摩擦で浪費されたエネルギーは，周辺のエネルギーを増加させる．

機械の効率は次のように定義される．

$$\dfrac{\text{機械がする有効な仕事率}}{\text{機械に供給される仕事率}}$$

分母と分子をそれぞれ同じ時間にわたり積算すると，

$$\dfrac{\text{機械が外部に与える有効エネルギー（有効な仕事）}}{\text{機械に供給された全エネルギー（入った仕事）}}$$

効率の値は %（すなわち上の比×100）で書かれることがある．

電動ウィンチの効率を測る実験

図 12・12 におもりを持ち上げる電動ウィンチを示す．おもりが得た位置エネルギーは，その質量 m と上下方向の移動距離 h から計算できる．ウィンチのモーターは，パワーメーターを通して電池につながれている．おもりを一定の距離だけ持ち上げるときにモーターに供給されたエネルギーは，パワーメーターを用いて測定される．この装置の効率を計算するには，位置エネルギーの増加分（＝ mgh）をパワーメーターを通過したエネルギーで割ればよい．

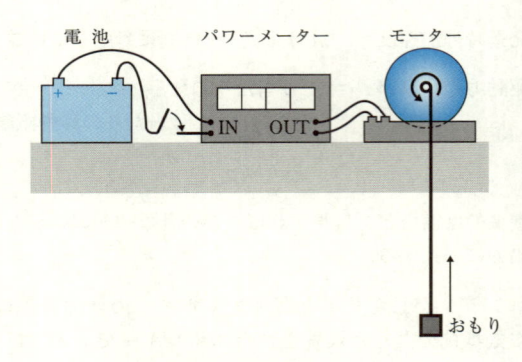

図 12・12　効率の測定

結果の例

質量 = 0.5 kg，持ち上げた高さ = 1.2 m
パワーメーターで測ったエネルギー = 8.2 J

$$\text{効率} = \dfrac{\text{位置エネルギーの増加}}{\text{供給された電気的エネルギー}}$$

$$= \dfrac{0.50 \times 9.8 \times 1.2}{8.2} = \dfrac{5.9}{8.2} = 0.71$$

エネルギーの散逸

エネルギーには散逸する傾向があり，またある形態から別の形態に変わったとき有効性が減る傾向がある．たとえ

ば，機械の可動部分の摩擦は熱を発生して機械の効率を下げる．エネルギーは摩擦熱となり無駄に使われるとともに散逸し，結果として有効性が減る．エネルギーが散逸しないでいる過程においても（たとえば，車の電池に充電するような場合），その過程を起こすためにエネルギーを使われなければならないので，幾分かは浪費される（たとえば，充電の電流が回路の電線を熱する）．別の例は，弾性体にエネルギーが蓄えられている場合である．理論的には，完全弾性体に蓄えられたすべてのエネルギーは有効に使える．たとえば，水平な硬い床面に落下する完全弾性体のボールは，同じ高さまで繰り返し跳ね返るはずである．しかし実際には，ボールは跳ね返えるたびに少しずつ高さが下がり，ついには跳ね返えらなくなる．その理由の一つはボールが完全な弾性体ではないということである．最初の位置のエネルギーが，徐々にボールおよびその周りの物体の内部エネルギーに変換される．一般的に，エネルギーがある形態から他の形態に変わるときも，全エネルギーは保存されるが散逸して有効でなくなる．これが埋蔵されている燃料をできるだけ効率的に用いなければならない理由である．

12・4 エネルギー源

燃料の供給と需要

先進国では1人につき平均で毎秒約5000 J，1年で150 000 MJのエネルギーを使っている．木や，石炭，石油，天然ガスのような化石燃料を燃やしたときに出る熱エネルギーは1 kgにつき約50 MJにすぎない．1人が使うエネルギーを賄うのに毎年少なくとも3000 kgの燃料が必要となることを確かめよ．しかもこれは，燃料の採掘や消費地までの輸送に必要なエネルギーとその非効率さを考慮する前の値である．これらの要因を考えると私たちの生活スタイルを維持するには，おそらく1人につき毎年約10 000 kgの燃料を必要とするだろう．世界のエネルギー埋蔵量には限りがあり，現在の消費の速さでは200年以上は維持できそうにない．第三世界の国々で都会から離れた場所に住む人々が使用する燃料はずっと少なく，ほとんどは料理のために燃やす木である．これらの国々の生活水準が上がるに従い，エネルギー消費が増えて埋蔵された燃料がもっと速く使われることになるだろう．

図12・13aは，世界のエネルギー需要が過去70年ほどの間に増加してきた様子を示す．1990年に世界の需要は3×10^{20} Jを超えたが，2020年までにはその倍になるだろう．化石燃料の現在の埋蔵量は，石炭に換算して200万トンの100万倍と推定されている．これは約5×10^{22} Jに対応し，年5×10^{20} Jの割合でのエネルギー消費で約100年間の供給量に相当する．

例題 12・4

電動ウィンチが重さ 540 N の箱を高さ 1.6 m 上げるには，300 W の電力（電気的な仕事率）を消費して15秒かかる．以下を計算せよ．

(a) この時間内にウィンチに供給されたエネルギー
(b) 箱の位置のエネルギーの増加
(c) 箱を上げるまでに無駄に消費したエネルギー
(d) 電動ウィンチの効率

[解 答]
(a) エネルギー ＝ 電力×時間 ＝ $300 \times 15 = 4500$ J
(b) 位置エネルギーの増加 ＝ $540 \times 1.6 = 864$ J
(c) 無駄に消費したエネルギー ＝ $4500 - 864 = 3636$ J
(d) 効率 $= \dfrac{864}{4500} \times 100\% = 19\%$

練習問題 12・3

1. ウィンチにつけた 300 W のモーターが，重さ 320 N の荷物を 9.5 m の高さまで 25 秒で持ち上げる．(a) この時間内にモーターに供給された電気的エネルギー，(b) モーターが供給した有効なエネルギー，(c) 浪費したエネルギー，(d) モーターの効率を計算せよ．

2. 滑車を組合わせた装置を使い，重さ 150 N の荷を 40 N の力を加えて引き上げる．荷を 1 m 引き上げるにはロープを 4 m だけ引く必要がある．(a) 荷が 2.5 m だけ上がったときの位置エネルギーの増加，(b) このときにした仕事，(c) この装置の効率を計算せよ．

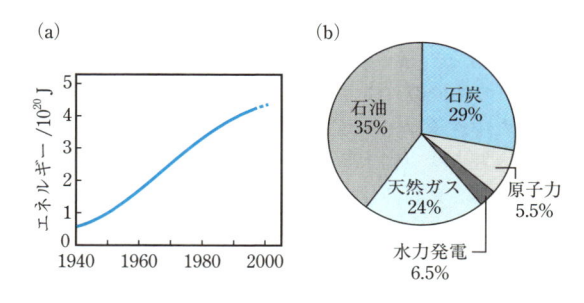

図 12・13 世界のエネルギー需要

表12・1は，世界の燃料使用量（2008）と各種燃料の埋蔵量を示している．石油と天然ガスが枯渇する時点は2050年を大幅に超えることはなさそうである．石炭の方がずっと長く続きそうだということは長期的な意味で興味深い．現世代の原子力発電所は熱中性子炉でウラン（U）の中のU 235の成分だけを使っている．ウランは99%以上のU 238と1%以下のU 235から成る．現在の速さで消費すると，世界のウラン埋蔵量は100年以上もちそうにない．高速増殖炉は燃料としてプルトニウム（Pu）を使う．プルトニウムは熱中性子炉の中でU 238からつくられる人

工的な元素である．もし仮に高速増殖炉が現在の熱中性子炉に置き換わるとするなら，世界のウラン埋蔵量は何世紀もの間枯渇しないだろう．

表 12・1 化石燃料の埋蔵量

化石燃料の種類[†1]	世界の埋蔵量[†2]	世界の使用量[†2]/年
石　油	250 000	5900
天然ガス	258 000	4100
石　炭	826 000	5000
原子力　熱中性子炉	54 000	900
高速増殖炉	2 670 000	—
水　力	再生可能	1100

[†1] 原子力と水力は化石燃料ではないが，比較のために記した．
[†2] 石炭換算の 100 万トン単位．

燃料と環境

a. 化石燃料　化石燃料が燃えると二酸化炭素のようないわゆる"温室効果ガス"を排出する．これらのガスは過去数十年の地球温暖化の原因と考えられ，北極や南極の氷冠を融かす要因となりうる．そのような事態は海に接する低地の国々にとって脅威である．そのうえ，石炭を燃やすと大気中に二酸化硫黄が放出され，雨粒に溶けこみ酸性雨となる．これは石炭を燃やす所から遠く離れた場所の植物の成長に深刻な影響を与えうる．

b. 核燃料　化石燃料に比べて，核燃料はキログラム当たり 10 万倍も大きいエネルギーを放出する．このために 1 人が年間に必要とするエネルギーは約 100 g のウランで満たされる．原子炉の中で中性子照が U 235 の原子核に衝突すると，原子核が分裂してエネルギーが放出される．1 回の核分裂により 2～3 個の中性子が放出され，放出された中性子は他の U 235 の原子核に衝突してさらに分裂をひき起こす（図 12・14）．原子炉中ではこの連鎖反応が起こる速さを制御している．中性子を吸収する制御棒を用い，1 回の核分裂が次の核分裂を 1 回だけ起こすように中性子の量を制御するのである（p.256 参照）．

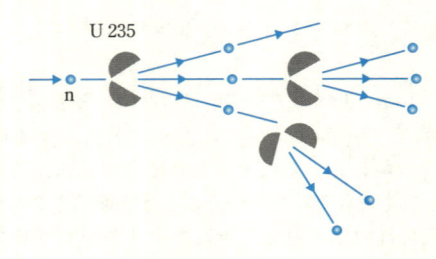

図 12・14　連鎖反応

燃料棒に含まれる核分裂生成物は非常に強い放射能をもつ．さらに使用済み燃料棒には，U 238 の原子核が中性子を吸収して生じた非常に強い放射能をもつプルトニウムが含まれている．原子炉から取出した使用済み燃料棒は，まず数カ月間，冷却プール中に置いて十分に冷やし次の工程に備える．つぎに，使われなかったウランとプルトニウムを分離して貯蔵し将来の再使用に備える．核分裂生成物は，長期間にわたり強い放射性を帯び続けるので，密閉した容器に入れて安全な地下に保管する．

再生可能エネルギー源

太陽は毎秒約 4×10^{26} J の割合でエネルギーを放射している．1 年間に地球は約 5×10^{24} J のエネルギーを太陽から受け取る．地球が太陽から受け取るエネルギーのたった 0.01 % を利用できるなら，世界のエネルギー需要が満たされる．太陽熱温水器（図 12・15）と太陽電池は日光を直接使用する．これらは再生可能なエネルギー源の一例であり燃料を使わない．**再生可能エネルギー**とは，化石燃料や核燃料のようにやがて枯渇するエネルギーに対して，消費する以上の速さで自然現象によって補充されるエネルギーのことである．水力や風力や波力などの他の再生可能エネルギー源は，太陽エネルギーを間接的に使っている．太陽は赤道領域の大気と海洋を熱して循環流をつくり，これから波と風をひき起こす気象が発生する．

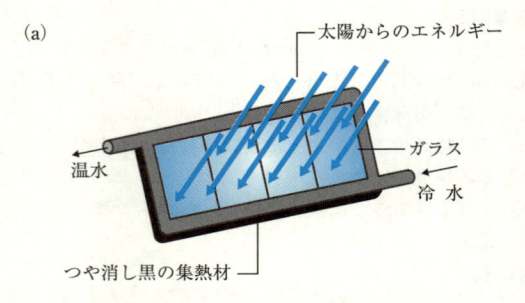

図 12・15　太陽熱温水器の (a) 原理図，(b) 実物

a. 太陽熱温水器とソーラーパネル　大気圏外では，太陽に正対する 1 m^2 の面は毎秒 1400 J の熱を受ける．赤道地帯を外れた海面では受け取るエネルギーはこれより少ないが，北ヨーロッパや北米でも南向きの面積 1 m^2 の太陽熱温水器は太陽から毎秒 500 J の熱を吸収できる．

太陽電池で直接発電するソーラーパネルは，大気圏外の軌道にある人工衛星に電力を供給するのに使われている．太陽電池は，ソーラーチャレンジャーのレースに出場するような特別に設計された乗物に十分な電力を供給できる程度に改良されてきたが，まだそれほど効率が高いとはいえない．[訳注：日本では一般住宅用のソーラーパネルも徐々に普及が進んでいる．]

b. 水力 水力発電は丘陵地帯におけるエネルギー供給に大きく貢献しうるが，多量の降雨が必要である．$1\,\text{km}^2(=10^6\,\text{m}^2)$ の面積に降った $1\,\text{cm}$ の雨（密度 $1000\,\text{kg m}^{-3}$）が垂直距離 $500\,\text{m}$ の崖を流れ落ちると，$5\times10^{10}\,\text{J}$ の位置エネルギーを放出する．これを各自確かめよ．現在，水力発電所は世界のエネルギー需要のせいぜい約 3% 程度しか供給していない．

c. 風力 図 12・16 のような風車による風力発電は，いくつかの国々のエネルギー需要にわずかではあるが徐々に貢献し始めている．風車の羽根が風により回され，風車塔の中の発電機が回転する．1 MW まで供給できる風車を集めた風力発電プラントが一つあると，小さな町の需要を満たせる可能性がある．

図 12・16 風力発電プラントの風車．風力発電は排気を出さず効率も比較的よい．

d. 波力 波によってフロートが動くのを利用して波力発電が行われる．また波の押し引きがつくり出す空気流でタービンを回す提案などもある．条件のよい沿岸では波面の $1\,\text{m}$ につき $50\,\text{kW}$ 以上の電力が得られると試算する科学者もいる．

e. 潮汐力 潮汐発電は，潮汐により海水が移動するエネルギーを使う．潮汐は，海洋に月の引力が加わり，地球の自転と月の公転により生じる．防潮堤は，満潮時の海水を蓄えて，発電機を動かすタービンを通ってゆっくりと放出するように作られている．英国のセバーン河口のような所では，潮が河口の形によって高められるので特に適している．$10\,\text{km}\times10\,\text{km}$ の範囲にある海水は $5\,\text{m}$ 落下することにより，満潮と干潮の間の 6 時間で 5 兆ジュールの位置エネルギーを解放する．これは $100\,\text{MW}$ 以上の平均出力になることを確かめよ．

f. 地熱 地熱発電は地球の内部から表面に流れ出る熱流を利用する．地球上には，熱流が地下の岩盤の温度を $200\,°\text{C}$ 以上に上昇させる場所もある．このようなところで地下から出る天然の水蒸気や，高温高圧の水から蒸気を得て，発電機に接続されたタービンを回す．天然の蒸気や熱水が出ないときにも，岩盤に水を送り込んで蒸気や熱水を得る方法もある．

練習問題 12・4

1. (a) あるソーラーパネルは，設置場所によっては 1 平方メートルにつき $500\,\text{W}$ の電力を発生しうるという．$5\,\text{kW}$ の電力を発生するのに必要な面積はどれくらいか．
   (b) 太陽熱温水パネルは $0.012\,\text{kg s}^{-1}$ の速さで流れる水を $15\,°\text{C}$ から $30\,°\text{C}$ まで温めることができる．このパネルによって，太陽熱はどのような速さで吸収されるかを計算せよ．水の比熱容量は $4200\,\text{J kg}^{-1}\,\text{K}^{-1}$ とする．

2. 風車で発生される電力 P は，風の速さ v に依存し，
$$P = B\frac{1}{2}\rho A v^3$$
を超えることはない．ここで，A は羽根が通過する円盤の面積，ρ は空気の密度，B はベッツ係数（$=16/27$）である．風速が (a) $5\,\text{m s}^{-1}$，(b) $15\,\text{m s}^{-1}$ のとき，羽根の長さが $15\,\text{m}$ の風車が発生できる最大の電力を計算せよ．空気の密度は $1.2\,\text{kg m}^{-3}$ とする．

▼ まとめ

- **仕事**は，力×(力の方向)に移動した距離．
- **エネルギー**は物体が仕事をする能力．
- **仕事率**は，エネルギーが移動する時間的な割合．出力ともいう．電気では電力という．
- **エネルギー保存則** エネルギーは形態を変えても，エネルギーの全量は変化しない．
- **効率** $=\dfrac{\text{出た仕事}}{\text{入った仕事}}=\dfrac{\text{使用されたエネルギー}}{\text{供給されたエネルギー}}$

■ 第 12 章で学んだ重要な式

1. 運動エネルギー E_K
$$E_K = \frac{1}{2}mv^2$$

2. 重力の位置エネルギーの変化 ΔE_P
$$\Delta E_P = mgh$$

3. 仕事率 P
$$P = \frac{\text{移動したエネルギー}}{\text{経過した時間}}$$

■ エネルギー源
燃料: 化石燃料（石炭，石油，天然ガス），核燃料（ウラン235，プルトニウム）．

再生可能なエネルギー源: 太陽熱温水器，ソーラーパネル，水力，風力，波力，潮汐力，地熱．

章 末 問 題

p.320 に本章の補充問題がある．

12・1 水平と角度 5° をなす斜面にトランクを積んだ手押し車があり，全質量は 120 kg である．斜面に沿って距離 40 m を 45 秒で押し上げる（図 12・17）．

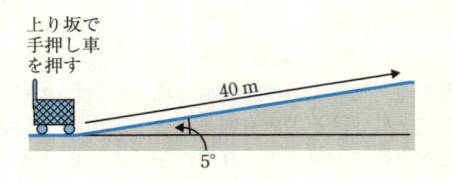

図 12・17

(a) (i) 始点と終点の間の高低差，(ii) トランクと手押し車が得た位置エネルギーを計算せよ．
(b) (i) 斜面を押し上げるために必要な最小の力を計算せよ．(ii) なぜ実際にはもっと力が必要になるのか説明せよ．
(c) 1秒当たりにした仕事の最小値を計算せよ．

12・2 全質量 600 kg の自動車が勾配 1/20 の一様な坂道を速さ 21 m s^{-1} で上がっている．
(a) 1秒当たりに自動車が (i) 登る高さと，(ii) 獲得する位置エネルギーを計算せよ．
(b) 坂道を上がる自動車のエンジンの仕事率が 25 kW であった．(i) 抵抗に抗してした1秒当たりの仕事と (ii) 抵抗の大きさを計算せよ．

12・3 地面に垂直に立てた質量 6000 kg の鋼鉄の杭に，上から質量 4000 kg の鉄のブロックを落として杭打ちする．ブロックは静止状態から落とし，杭の頭まで 3.0 m の距離を落下する．杭の下端は地面に接している（図 12・18）．
(a) 杭に衝突する直前のブロックの速さを計算せよ．
(b) 衝突中には，地面から杭に加わる力はブロックから杭に加わる力より十分小さく無視してよい．衝突してもブロックは跳ね返らないとする．運動量保存則を用いて衝突直後のブロックと杭の速さを計算せよ．
(c) 衝突の結果，杭が地面に 1.5 m 突き刺さった．地面から杭に加わった抵抗力を計算せよ．

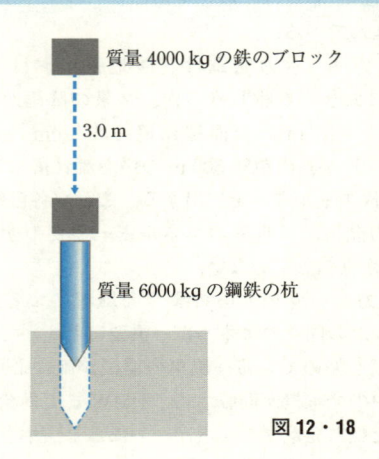

図 12・18

12・4 ひもでつるした質量 0.25 kg の鋼鉄の球と，同じくひもでつるした質量 0.15 kg の鋼鉄の球が接している．重い球をひもを張ったまま高さ 0.10 m まで引き上げる．球を離して軽い球に衝突させた結果，軽い球は 0.05 m の高さまで上がった（図 12・19）．

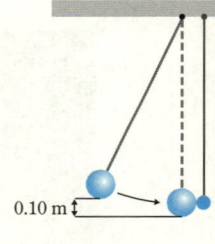

図 12・19

(a) (i) 重い球を引き上げたときに得る位置エネルギーと，(ii) 衝突直前の重い球の速さを計算せよ．
(b) (i) 軽い球が 0.05 m に達したときに得る位置エネルギーと，(ii) 衝突直後の軽い球の速さを計算せよ．
(c) (i) 運動量保存則を用いて衝突直後の重い球の速さと，その結果を用いて (ii) 衝突後，重い球が上がる高さを計算せよ．

12・5 質量 1200 kg の車が速さ 30 m s^{-1} で質量 800 kg の停止中の車と衝突した．衝突により2台は一体となった．
(a) 衝突直後の2台の速さを計算せよ．
(b) 衝突による運動エネルギーの減少を計算せよ．
(c) 1200 kg の車が衝突で減速していた時間は 0.12 秒であった．衝突の力を計算せよ．

Ⅳ 電　気

第 13 章　電気入門
第 14 章　電気回路
第 15 章　コンデンサー
第 16 章　エレクトロニクス

　電気なしで何ができるというのだろう．停電にならない限り，私たちは電気を当然あるものとしている．すべての家庭で電気が使えるようになったのは，たぶん 20 世紀の発展として最大のものであろう．第Ⅳ部では，電気の本質について考え，電気回路の中でそれをどう制御し蓄えるか，そしてどう測定するかについて考える．エレクトロニクスの原理とその応用についても考える．ここで行う回路の計算を通して前章までに学んだ数学のスキルを確かなものにし，さらに数学の必要な後章への準備とする．

13

電 気 入 門

目 次
- 13・1 静 電 気
- 13・2 電流と電荷
- 13・3 電 位 差
- 13・4 抵 抗
- まとめ
- 章末問題

学習内容
- 静電気とは何か，静電気が起こる理由
- 導体，絶縁体，半導体
- 電流の測定，電荷と電流
- 電位差の定義と測定，電力と電流・電位差
- 一般的な電気部品の性質
- 抵抗の定義，合成抵抗の計算

13・1 静 電 気

電 荷

たとえばポリエチレンやアクリルのような絶縁体は，乾いた布でこすると簡単に静電気を帯びる．実際にプラスチックの定規を乾いた布でこすり，小さな紙切れを持ち上げられるか，また指を近づけたら小さな火花が飛ぶか，観察してみよう．古代ギリシャにおいて，天然の物質である琥珀をこすると火花が出るのを見たとき，静電気の最初の発見となった．英語の**電気**という言葉 electricity はギリシャ語の"琥珀"に由来する．

多くの種類の物質を使った研究調査が 200 年以上前に行われ，2 種類の電気が存在することが発見された．同じ種類の電気をもつ物体はいつでも反発し，異なる種類の電気をもつ物体は引合うことが発見されたのである．この明快な法則が，静電気の多くの現象を説明する（図 13・1）．

> 同種の電気は反発し，異種の電気は引合う．

2 種の電気は互いに打ち消し合う．たとえば，帯電した物体を絶縁された金属缶に入れると缶もまた帯電するが，それとは異なる種類の電気で帯電した 2 番目の物体をさらに缶の中に入れると缶は帯電しなくなる．打ち消し合う効果を表すために電気に符号をつけ，絹布でこすったガラスの電気を正（＋），もう一方を負（－）としている．

以下で"電気"のこと，特に"電気の量"を**電荷**という．たとえば，同じ符号の電荷は反発する．2 個の粒子は異符号で等量の電荷をもつ．電荷をもたない粒子は静電気による力を受けない．

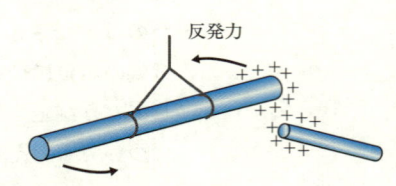

(a) 同種の電気は反発する

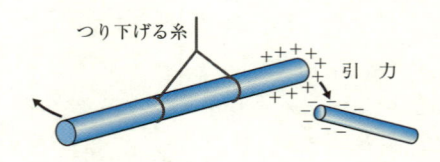

(b) 異種の電気は引合う

図 13・1 反発力と引力

原子の内部

元素の性質をもつ最小の粒子が原子である．すべての原子は正に帯電した原子核をもち，原子の質量のほとんどがそこに集中している．その原子核の周りを，ずっと軽い，負に帯電した電子が取囲んでいる．電子は，異符号の電荷をもつ原子核からの引力により原子内にとどまっている．原子内の複数の電子は，原子核を取囲む"**電子殻**"とよばれるいくつかの軌道を占有している．それぞれの電子殻は一定数の電子を保持することができ，内側から外側の殻に順に電子が満たされていく．電荷をもたない原子では，全部の電子の電荷の合計と原子核の電荷とは異符号で同量で

ある．図 13・2 は金属元素のナトリウム原子を示している．

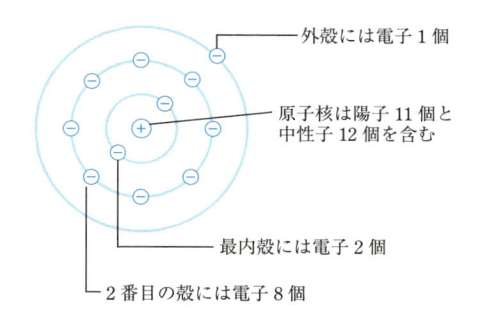

図 13・2 ナトリウム原子の構造
- 外殻には電子 1 個
- 原子核は陽子 11 個と中性子 12 個を含む
- 最内殻には電子 2 個
- 2 番目の殻には電子 8 個

静電気の説明

アクリルの棒を乾いた布でこすると棒は正に帯電する．これが起こる理由は，棒と布の摩擦により，電子が棒の原子から離れ布に移るためである．ポリエチレンの棒を乾いた布でこすると棒は負に帯電する．これは棒が布から電子を得るためである．

静電気を調べる実験

1. **箔検電器**を図 13・3 に示す．これは静電気を検出するための装置である．金属製の上部電極に入った電荷は，金属の軸と金箔へ移動する．軸と箔は同じ種類の電荷なので，箔は軸から反発力を受ける．上部電極を手で触ると，検電器の電荷は人体に拡散し，あるいは地面に逃げるので，箔は元の位置に戻る．摩擦により物体が簡単に帯電する様子をみるために違う絶縁体を試してみよう．
2. **帯電体の電荷の種類を決める**には，まずわかっている種類の電荷（たとえばアクリル棒の負電荷）で検電器を帯電させる．つぎに，わからない帯電体を上部電極の上にかざしたとき箔がさらに上がれば，この物体は同じ種類の電荷をもっている（原理の説明は次項）．

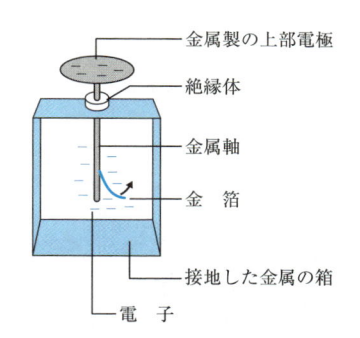

図 13・3 箔検電器
- 金属製の上部電極
- 絶縁体
- 金属軸
- 金箔
- 接地した金属の箱
- 電子

3. **静電誘導による帯電**: 帯電体を直接に触れずに，絶縁された金属を帯電させることができる．図 13・4 にこれを示す．(a) では，負の帯電棒を帯電していない絶縁された導体に近づけると，電子が導体の反対側に押しやられる．導体を接地して電子を地面に逃がし再び絶縁する．その後で帯電棒を離すと，導体には正の電荷が残る．(b) では，正の帯電棒を導体に近づけ導体の電子を引き寄せる．導体を接地し電子が地面から導体に流れ込んだ後，再び絶縁する．その後で棒を離すと導体に負電荷が残る．

静電気事故

静電気による放電は発火性の気体や粉体を爆発させる可能性がある．麻酔ガスは発火性があるので，手術室の床は

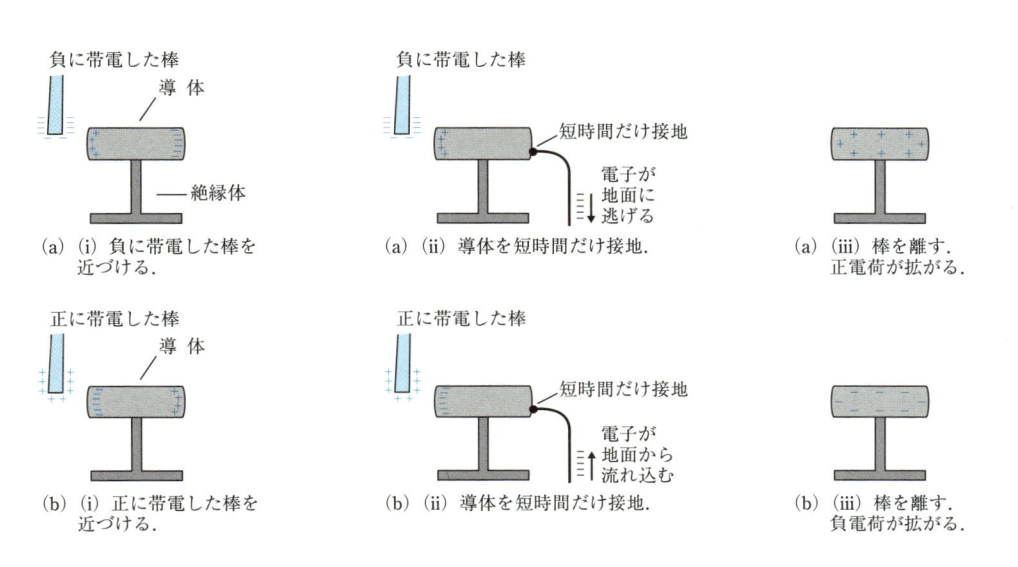

(a) (i) 負に帯電した棒を近づける．（負に帯電した棒，導体，絶縁体）

(a) (ii) 導体を短時間だけ接地．（短時間だけ接地，電子が地面に逃げる）

(a) (iii) 棒を離す．正電荷が拡がる．

(b) (i) 正に帯電した棒を近づける．（正に帯電した棒，導体）

(b) (ii) 導体を短時間だけ接地．（短時間だけ接地，電子が地面から流れ込む）

(b) (iii) 棒を離す．負電荷が拡がる．

図 13・4 静電誘導により (a) 正に帯電，(b) 負に帯電．

帯電防止性能をもたせて静電気がたまらないようにする．石油タンクやパイプが接地されているのも同様である．接地はアースともいうが，地面との間で電子を自由に移動させる効果があり，静電気の帯電を防ぐ（図13・5）．

図13・5 自動車につけたアースベルト．導電性のアースベルトは静電気の帯電を防ぐ．

劣化しないので，電線は一般にPVCで被覆絶縁されている．図13・6では，物質が電気の導体かどうかをテストする方法を示している．電球は**電流計**すなわち電流を測るメーターに替えてよい．

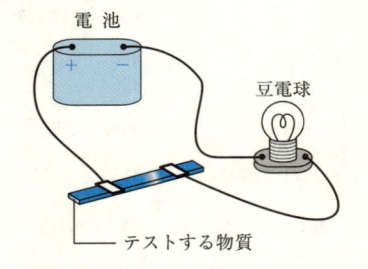

図13・6 導体と絶縁体のテスト

金属は，原子に束縛されていない自由電子を含んでいるので，電気を伝える．p.48で説明したように，原子には正に帯電した原子核があり，ほとんどの質量を担っている．その原子核の周りをずっと軽い電子が取囲み，許容された軌道（これが電子殻の実体）を回っている．電子は負の電荷をもつ．帯電していない原子では，全電子の負電荷と原子核の正電荷がつり合っている．電子を失うかつけ加えるかにより，原子は正か負のイオンとなる．

- **金属**中では，最外殻の電子を1～2個失った原子が正のイオンとなり格子をつくる．図13・7に示すように，これらの電子がイオン間を自由に動き回り，イオンどうしを結合してそこに貼り付けておく糊のようにふるまう．これらは**伝導電子**あるいは**自由電子**とよばれ，金属の導電性のもととなる．電気回路の金属内の電流は，その金属の正の側に引き寄せられて流れる自由電子によるものである．

練習問題 13・1

1. (a) 乾いた布でポリエチレンの棒をこすると負に帯電する理由を電子の観点から説明せよ．
   (b) 水平に回転できるようにつるされた棒があり，帯電している．その一端に帯電したポリエチレンの棒を近づけると，つるされた棒は反発した．つるされた棒の電荷の種類は何か．
   (c) ポリエチレンの棒，アクリルの棒，乾いた布，箔検電器がある．これらを用いて，未知の物質の棒を乾いた布でこすったときに生じる電荷の種類を調べる方法を述べよ．
2. (a) 集積回路は静電気で壊れやすい．帯電体に直接触れなくても，コンピューターのCPUの金属端子が帯電してしまうメカニズムを説明せよ．
   (b) タンカーから貯蔵タンクに石油を移す際，タンカーと石油パイプを接地する必要がある．その理由を述べよ．

13・2 電流と電荷

導体と絶縁体

金属と炭素は導体である．木，ガラス，空気，そしてほとんどのプラスチックは絶縁体の例である．銅は非常によい電気の導体なので，電気を流す電線に用いられる．ポリ塩化ビニル（PVC）は柔軟性がよく，よい絶縁体で，経年

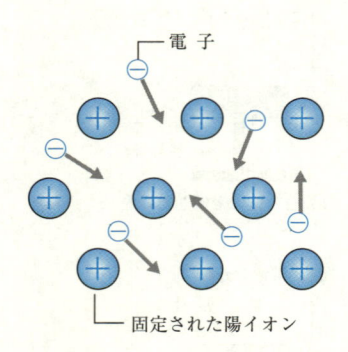

図13・7 電気伝導

- **絶縁体**では，すべての電子は原子に束縛され物質中を動き回れない．p.51の例のように，非金属物質の原子間の結合は，原子間で電子を授受するか共有するかで実現される．これらの電子は**荷電子**とよばれる．絶縁体が回

路を分断するとき，絶縁体に電場があっても電子が動けないので，回路のどこにも電流は流れない．

- **半導体**は低温で絶縁体となる物質である．低温では，半導体内の電子が個々の原子に束縛されている．図13・8に示すように，温度が上がるといくつかの電子が原子から自由になるので，半導体は導電性をもつ．半導体の温度が上がるほど自由になる電子が増えるので，導電性はより高くなる．シリコンやゲルマニウムのような半導体は，パソコンの内部の集積回路をつくるのに使われている．ガリウムヒ素（GaAs）のような化合物半導体はレーザーダイオードなどの光電子デバイスに使われる．

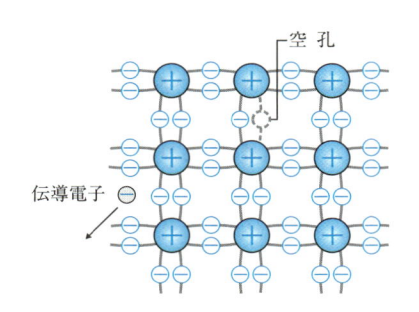

図13・8　半導体

簡単な回路

電流は電荷の流れである．豆電球を電池につなぐと，電子が回路を流れて電池のエネルギーを電球に運ぶので，電球は光る．電池の中では電子が仕事をされ，電池の負極から外に出され，電球を通り電池の正極に戻る．電子が，電球のフィラメントを通るとき，フィラメントの原子と繰返し衝突し，その結果として電子のエネルギーが原子に移行する．

図13・6の回路では，電流は一方向にだけ流れる直流回路の例である．後に交流回路が出てくるが，そこでは電流の方向が繰返し反転する．直流の方向性は，2世紀ほど前のAndré Ampère（アンドレ アンペール）の論文が基礎になっている．アンペールは，電流が近くに置いた方位磁石の針を回すとき，電池の接続を逆にすると針が反対に向くことを発見した．これは，回路の中を電流が一方向にのみ流れることにより生じる．電流が正の電荷の流れか，負の電荷の流れかは，アンペールは知らなかった．彼は正の電荷の流れる向きを電流の方向とし，これが確立したルールとなった．金属を流れる電流に寄与する電子が負に帯電していることが発見されたのはその1世紀後であった．それにもかかわらず，電流の方向を電子の流れと逆向きにするルールが今でも標準となっている．アンペールによる電流と磁場の関係の精密な研究の重要性が認識され，電流のSI単位の名称を**アンペア**（ampere, A）としている．単位としてのアンペアは，p.191で説明するように電流の磁場効果で定義されている．

電流の作用

a. 発熱作用　図13・9の配置で観察することができる．可変抵抗を調節すると電流が増える．電流が増すと，細い電線が発熱して光り色が赤からオレンジに変わり，やがて溶ける．これはヒューズの原理である．電流が大きくなりすぎると，ヒューズの線が溶けて回線が切れる．熱いときに線に触らないように注意しよう．電気ヒーターで発熱する部分は，電流が流れるとき熱を発する電線である．

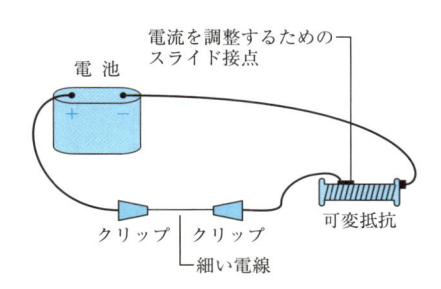

図13・9　電流の発熱効果

b. 磁気作用　方位磁石を使ったり，図13・10 aのように釘に巻いた被覆線を使って示すことができる．適切な容量の電池につなぐと電流が磁場をつくり，その磁場により釘が強い磁石となって小さな鉄片やクリップを引きつける．電流を切れば，釘は強い磁石ではなくなる．廃車場で自動車をつり上げる電磁石は鉄芯に被覆線を巻いたコイルそのものである．

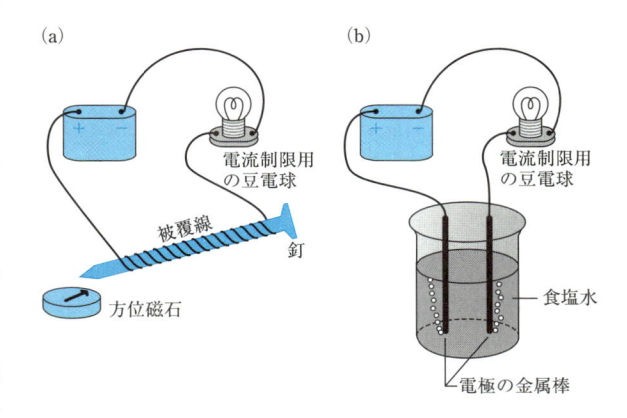

図13・10　電流の (a) 磁気作用，(b) 化学作用

c. 化学作用　ビーカーに入れた食塩水に電流を流すときに観察することができる．電源回路につながれた，溶液中の2本の金属棒は**電極**とよばれる．両方の電極で気体が発生し，電流により溶液が分解することを示す．これは**電気分解**の例である（図13・10b）．

電流と電荷

図13・6の回路では，豆電球を通る電荷の量は，そこを流れる電子の数に比例する．各電子は，同じ量の小さい負電荷を運んでいく．電球を流れる電流は，1秒当たりに通過する電荷または電子の個数を示す量である．

図13・11は電流と電荷の関係をみるための装置である．

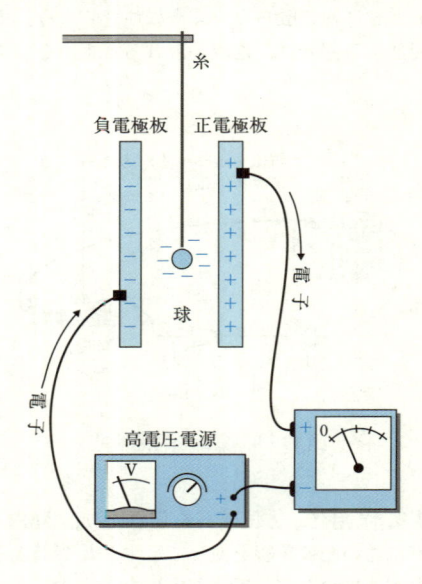

図13・11 静電気力でベルを鳴らす実験

ここで，電子が負電極から正電極に運ばれるときメーターに表示が現れる．金属球が負電極に触ると球は電子をもらい負となる．つぎに正電極に当たると電子を失い正に帯電する．再び負電極に引き寄せられて当たり，これを繰返す．負電極から正電極に移動するときは，いつでも同じ量の負電荷が移動する（逆向きに移動するときは正電荷が逆向きに移動する）．2枚の電極板を近づければ，より頻繁に球は往復し，電流が増えることになる．それで，電流は電荷移動の速さを示す量なのである．

> 1クーロンの電荷が1秒間に移動するときの電流が1Aである．

より一般的には，**クーロン**（coulomb, C）を単位として，移動する電荷 Q は

$$Q = It$$

で与えられる．ここで I はアンペア単位の電流，t は秒単位の時間である．

例題 13・1
(a) 電流が0.5Aのとき回路内の1点を1分間に通過する電荷を計算せよ．

(b) 0.5Aの電流が1分間流れたときに通過する電荷と同じ電荷が10秒間で流れるとき電流はどれだけか．

[**解 答**] (a) 電荷 $Q = It = 0.5\,\text{A} \times 60\,\text{s} = 30\,\text{C}$

(b) $Q=It$ を変形し，$I = \dfrac{Q}{t} = \dfrac{30\,\text{C}}{10\,\text{s}} = 3.0\,\text{A}$

電流についての規則

1. **電流は電流計で測る**．電線を流れる電流を測るには，電線と直列に電流計を接続する．理想的な電流計は抵抗0であり，測ろうとする電流に影響を与えない．

2. **素子（すなわち回路の部品）から流れ出る電流は，その素子に入る電流と同じ値である**．図13・12aの回路でこれを示すことができる．図13・12bはその回路図である．他の回路記号はp.129に示す．時間的に一定な，すなわち定常的な電流が流れている素子では，ある瞬間に出ていく電子の個数と入る電子の個数は一致する．言い換えると，入る電流と出る電流は等しい．

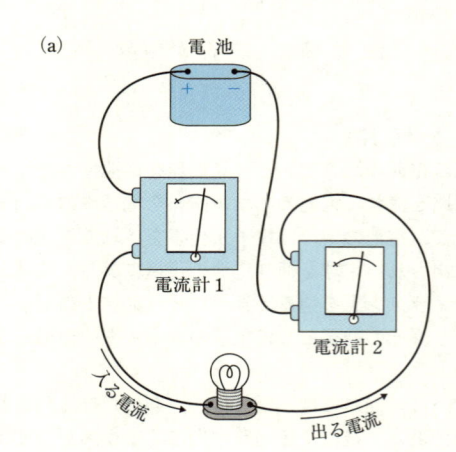

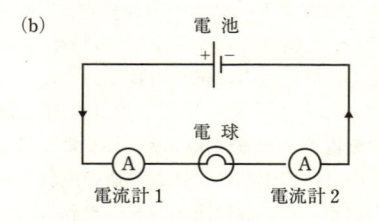

図13・12 素子に入る電流と出る電流．(a) 実体配線図，(b) 回路図．

3. **直列に接続した素子には同じ電流が流れる**．図13・13では，直列に接続した2個の電球が電池につながっている．電池から出た電子は，他方の電球を通った後に次の電球を通り，電池に戻る．一方の電球を流れる1秒当たりの電子の個数は他方のそれと等しい．言い換え

ると，両者には同じ電流が流れる．

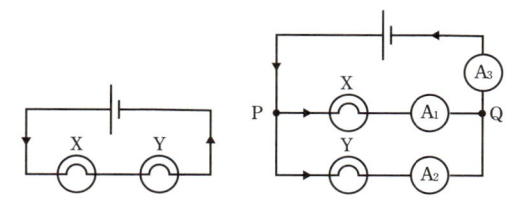

図 13・13 直列に接続した素子

図 13・14 並列に接続した素子

4. **回路内の結合点（節点ともいう）では，そこに入る全電流と出ていく全電流は等しい．** 図 13・14 で，2 個の電球 X と Y が電池につながれている．どちらの電球も他方に影響を与えることなく on/off できる．この 2 個の電球は**並列**に接続されている．電子は X または Y どちらかを流れて電池に戻る．結果として，電子の流れは，結合点 P で分岐し，そして結合点 Q で合流する．電池と直列に接続された電流計の読みは，電球に直列な電流計の読みの合計と一致する．

電池からの電流 ＝ X を流れる電流＋Y を流れる電流

さらに一般的には，結合点の全入力電流は，全出力電流と等しい．

練習問題 13・2

1. (a) 電気的な導体ではない物質は次のどれか．
   空　気　　　アルミニウム　　　ガラス
   ゲルマニウム　　黒　鉛
   (b) 次の表をノートに写し，空欄に値を記入して完成せよ．

電流/A	(i)	0.60	15.00	(iv)
電荷/C	15.00	(ii)	45.00	25.00
時間/s	3.00	0.50	(iii)	10.00

2. 図 13・15 で記入していない電流の値を求めよ．

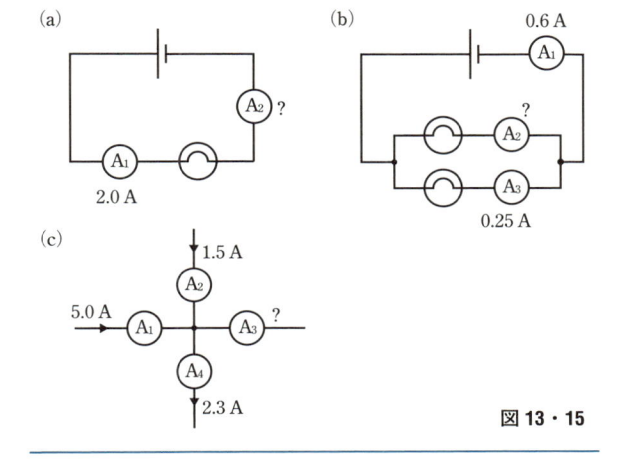

図 13・15

13・3　電位差

電気的なエネルギーと電位差

図 13・9 では，電球のフィラメントが電池を含む閉じた回路の一部となったときにのみ，電流がフィラメントを流れる．電池は化学的なエネルギーを電気的なエネルギーに変換し，したがって電気的なエネルギーのもととなる．電球は電気的なエネルギーを熱と光に変換し，したがって電気的なエネルギーを消費する素子となる．

> 電気回路の中の 2 点間の電位差は，一方から他方へ電荷が流れるときに，単位電荷が運ぶ電気的なエネルギー量を示す．

電位差の単位は**ボルト**（volt，V）で，1 クーロン当たり 1 ジュールに等しい．たとえば，電池を電球につないだときに，電球の両端の電位差が 6.0 V ならば，電池から出る 1 クーロンの電荷は 6.0 J の電気的なエネルギーを電球に供給する．**電位差**は p.d. と省略されることもあり，しばしば**電圧**と称される．電圧を V と書くと，

$$V = \frac{E}{Q}$$

である（E: 供給されるエネルギー，Q: 電荷）．

電圧についての規則

1. **回路の 2 点間の電圧を測るには電圧計を用いる．**理想的な電圧計は端子間の抵抗（入力抵抗という）が無限大であり，つなげた回路からは電流が流れ込まない．図 13・16 では電球と並列に電圧計をつなげ，それらと直列に可変抵抗器を入れているので，電圧計は電球に加わる電圧のみを測っている．電池からくる電荷は，その電気的なエネルギーの一部を電球に，残りを抵抗に与える．

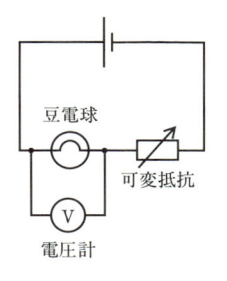

図 13・16 電圧計の使用

2. **2 個以上の素子を直列にする場合，全電圧は個々の素子の電圧の和に等しい．**図 13・17 で，2 個の電球は直列なので同じ電流が流れる．電球 A を通過する電荷は電球 B も通過する．各電球に加わる電圧は，そこを通過する電荷 1 クーロン当たりの電気的なエネルギーである．

電球Aの電圧を3V，Bの電圧を9Vとしよう．1クーロンにつきAには3J，Bには9Jの電気的なエネルギーが供給されるので，全エネルギーは12J（=9J+3J）となる．したがってAとBの全体に加わる電圧は12Vとなる．

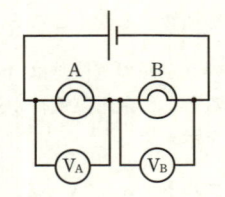

$$V = V_A + V_B$$

図 13・17　電圧の加算

3. **素子を並列にした場合，電圧は等しい**．図13・18で，並列に接続された電球XとYが，さらに電球Zと電池とに直列に接続されている．電池からの電荷は，図13・19のように，Zを通り，つぎにXとYに分かれて通り電池に戻る．Zの電圧を9V，電池の電圧を12Vとする．すべての電球に供給されるエネルギーは電荷1クーロンにつき12J，Zには9Jだから，XとY合わせて3Jとなる．したがって各XとYを合わせた部分に加わる電圧は3Vとなる．

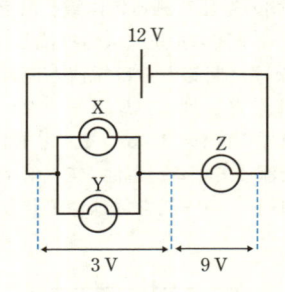

図 13・18　素子が並列のとき，電圧は同じ．

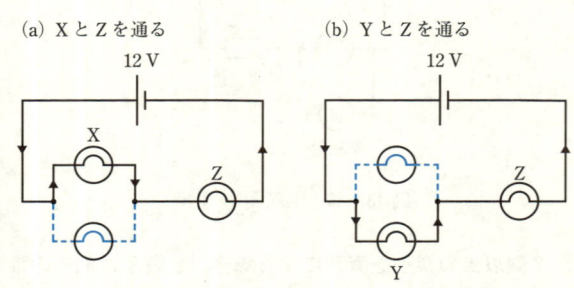

(a) XとZを通る　　(b) YとZを通る

Zに1クーロンが通過するとき，XとYを通過する電流の合計が1クーロン．Zに9Jが供給されるとき，XとYに合わせて3Jが供給される．

図 13・19　並列接続による分流

電　力

p.114で説明したように，単位時間に伝達されるエネルギーを仕事率というが，電気的なエネルギーのときは**電力**という．1000Wの発熱体は，1000 J s^{-1}の速さで熱を放出する．図13・16の電球の電圧をVとすると，通過する電荷Qが電球に伝達するエネルギーEはQVである．電流をIとすると時間t当たりに流れる電荷は$Q=It$であり，エネルギーは，

$$E = QV = ItV$$

と表せる．よって電球に供給される電力Pは，単位時間当たりのエネルギーなので，

$$P = \frac{E}{t} = \frac{ItV}{t} = IV$$

整理すると，時間t内に伝達されるエネルギーEは，

$$E = ItV$$

供給される電力Pは，

$$P = IV$$

となる．ここで，I: 電流，V: 電圧である．

ヒューズの定格

ヒューズの電線は過剰な電流が流れたとき融けるように設計されている．ヒューズの定格は定格遮断電流あるいはヒューズ容量ともいい，融けることなしに流せる最大電流のことである（図13・20）．過剰電流から製品を守る目的のヒューズの定格は，電力と電圧から次の式により計算できる．

$$I = \frac{P}{V}$$

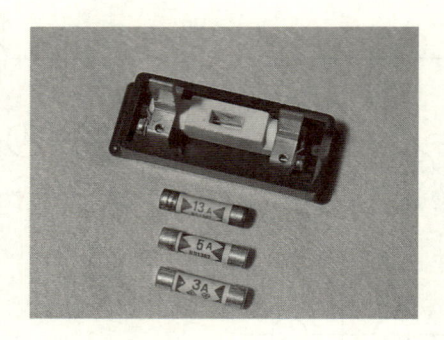

図 13・20　家庭の配電盤で使うヒューズ．写真はヒューズボックスと，家電製品のコンセントプラグに内蔵するタイプの小型のヒューズ．［訳注: 日本では機器側にヒューズを組込むことが多い．］

メ モ

1. 最初から最後までSI単位系を必ず用いること．電流はアンペア(A)，電圧はボルト(V)，時間は秒(s)，エネルギーはジュール(J)，電力はワット(W)である．
2. よく用いられる単位の接頭語がある．たとえば，メガ(M)が10^6，キロ(k)が10^3，ミリ(m)が10^{-3}，マイクロ(μ)が10^{-6}．
3. 家庭用の電力計は，供給電力と供給時間の積を示すので積算電力計といい，エネルギーをキロワット時(kWh)で表示する．1kWhは1kWの電力を1時間(1h)供給したときのエネルギーである．1kWh＝3.6MJとなることを各自確認せよ．
4. 電力の式を変形すると，電力Pと電圧Vから電流Iを求める式

$$I = \frac{P}{V}$$

が得られる．同じように，電力Pと電流Iから電圧Vを求める式

$$V = \frac{P}{I}$$

が得られる．

例題 13・2

240Vで動作する電気ポットの定格電力が3000Wである．
(a) (i) 5分間に供給されるエネルギーと (ii) ポットの発熱体を通過する電流を計算せよ．
(b) どの定格のヒューズが適切か：1A，3A，5A，13A．

[解 答]

(a) (i) 供給されるエネルギー ＝ 電力×時間
　　　　　　　　　　　　　　 ＝ 3000W×300s
　　　　　　　　　　　　　　 ＝ 9.0×10^5 J s^{-1}

(ii) $P=IV$を変形し，$I = \dfrac{P}{V} = \dfrac{3000}{240} = 12.5$ A

(b) 13Aのヒューズ

練習問題 13・3

1. 12V，36Wの電気ヒーターを12Vの電池につないだ．次の量を計算をせよ．
   (a) 電流
   (b) 10分間にヒーターを通過する電荷
   (c) この時間内に供給されるエネルギー
2. 230Vの電気オーブンに流れる電流を測るために，まず屋内にあるすべての電気製品のスイッチを切り，積算電力計の読みを記録した．つぎにオーブンだけスイッチを入れ，ちょうど30分経過したときに電力計を読んだところ2.8kWhだけ増加していた．(a) 供給された電気的なエネルギーをJ単位で，(b) 通過した電荷の量，(c) 電流を計算せよ．

13・4 抵 抗

素子の記号と回路図

回路図にでてくるさまざまな素子の標準的な記号を学んでおく必要がある．自動車を運転する人が，車のランプ回路のヒューズを交換しなければならないとき，ヒューズとヒーターの記号を混同したら大問題である．よく使われる素子すなわち電気回路の部品の基本記号を図13・21に示す．これらを見分けられるようになるだけでなく，各素子の一般的な性質を知っておく必要がある．

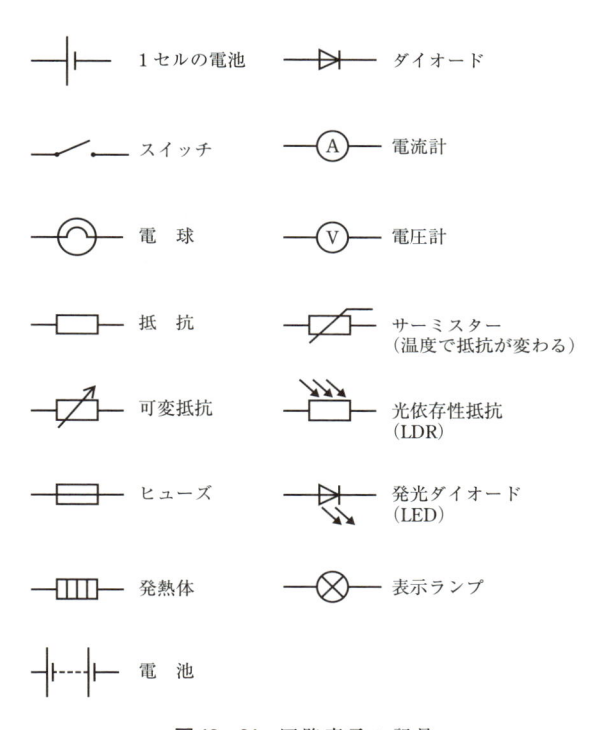

⊣⊢ 1セルの電池	▷⊢ ダイオード
⌿ スイッチ	Ⓐ 電流計
◯ 電球	Ⓥ 電圧計
▭ 抵 抗	サーミスター（温度で抵抗が変わる）
▱ 可変抵抗	光依存性抵抗 (LDR)
▭ ヒューズ	発光ダイオード (LED)
発熱体	⊗ 表示ランプ
⊣¦⊢ 電池	

図 13・21 回路素子の記号

抵 抗

回路を流れる電流の値は，電源や電池の電圧と回路部品の抵抗に依存している．導体の電気抵抗は，導体中で電子が流れるのを原子が邪魔することによって生じる．これはセントラルヒーティングの水流システムと似ていなくもない．セントラルヒーティングの水流は，水を循環させるポンプはもちろん，配管や放熱器（ラジエーター）の管の太さに依存する．配管は流れの邪魔になる．管が狭いほど流れに対する抵抗が大きい．電気回路の抵抗は，回路を電荷が流れにくくすることで電流を制限する．

素子の**抵抗** R は，

$$R = \frac{V}{I}$$

で定義される．ここで，V: 素子に加わる電圧，I: 素子を流れる電流である．

抵抗の単位は**オーム**（ohm, Ω）で，1 A 当たり 1 V に等しい．

> **メ　モ**
> 1. 上式は I と R から V を求めるとき $V=IR$ と変形し，V と R から I を求めるとき $I=V/R$ と変形する．
> 2. 抵抗で消費される電力は，$V=IR$ より，
> $$P = IV = I^2 R$$
> である．
> 3. 実物の抵抗はカラーコードで抵抗値を示してある．その読み方を図 13・22 に示す．
>
> 図 13・22　抵抗のカラーコード

回路素子の特性を調べる実験

a. 巻き線抵抗　図 13・24a では，巻き線抵抗に加わる電圧を変えて，流れる電流を測る方法を示す．電流を変化させるために可変抵抗を調整する．図 13・24b のように，x 軸を電流値，y 軸を電圧としてグラフ用紙にプロットする．

- グラフにプロットした結果は原点を通る直線となる．したがって電圧 V は電流 I に比例する．
- 抵抗は一定値となる．実際，異なる電流 I について対応する V の値を用い V/I を計算すると同じ値を得るからである．
- プロットが直線で原点を通るので，線の傾きが抵抗値と等しい．抵抗を変えたとき，抵抗値が大きければ傾きは急になる．

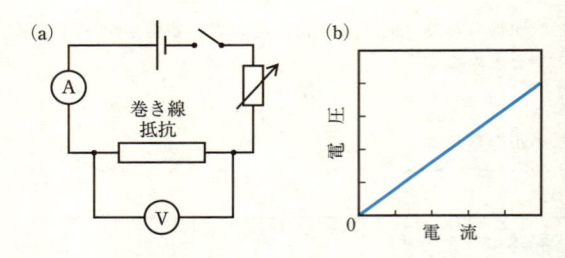

図 13・24　素子の特性を調べる．(a) 回路図，(b) 結果の例．

b. 電球のフィラメント　図 13・24 の巻き線抵抗を電球に替える．x 軸を電流値，y 軸を電圧として結果をグラフ用紙にプロットすると，図 13・25 のように傾きを増す曲線になる．これは，電流を増やすとフィラメントの抵抗が増えることを示している．

その理由は，電流を増すとフィラメントが暖まることにある．どんな金属でも，温度が上昇すると抵抗は増加するので，フィラメントでも電流の増加により温度上昇が起こって抵抗が増加する．

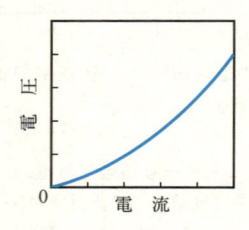

図 13・25　電球のフィラメントの電圧と電流

c. シリコンダイオード　ダイオードは一つの方向にだけ電流を通し，この向きを順方向という．図 13・26a では，回路中で順方向にダイオードを接続している．ダイオードの向きを反対にすると，逆方向のテストができる．

前述のグラフと異なり，x 軸を電圧，y 軸を電流値とし

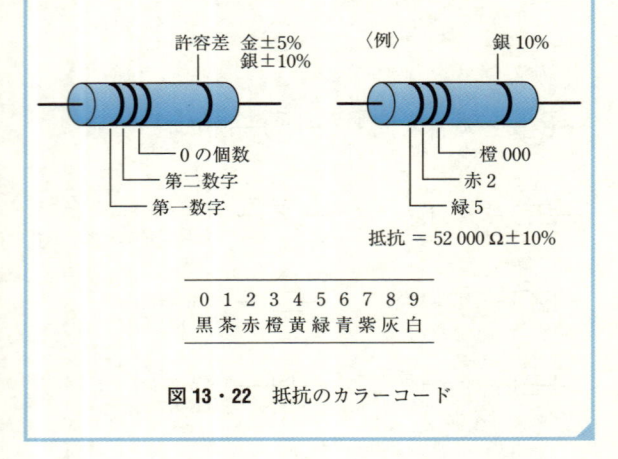

練習問題 13・4a

1. 次の表は抵抗を流れる電流と電圧の関係を示す．ノートに写し空欄を埋めよ．

電流/A	2.0	0.30	?	2.5×10^{-3}	?
電圧/V	15.0	?	1.50	6.00	5.0×10^4
抵抗/Ω	?	6.8×10^2	2.2 k	?	100 M

2. 図 13・23 は，ある抵抗のカラーコードである．

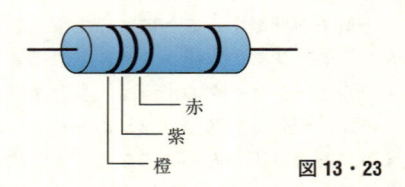

図 13・23　（赤，紫，橙）

(a) 抵抗値はいくらか．
(b) この抵抗の両端を 6.0 V の電池につなぐと電流はどれだけ流れるか．

13. 電気入門

て結果をグラフ用紙にプロットすると，図 13・26b のようなグラフになる．このグラフは

- ダイオードの順抵抗は，導電しているとき非常に低い
- ダイオードは，逆方向では非常に抵抗が高い

ことを示している．シリコンダイオードは，順方向のときにも電圧が約 0.6 V のしきい値を超えるまで電流があまり流れない．この電圧を**順電圧**あるいは順方向電圧降下とよぶ．0.6 V を超えた辺りから，わずかな電圧の上昇で電流が急激に上昇する．

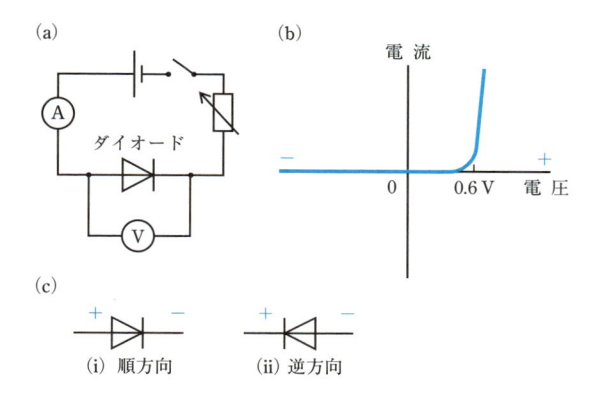

図 13・26 ダイオードのテスト．(a) 回路図，(b) 測定結果の例，(c) ダイオードの向き．

発光ダイオード (LED) は導通すると光を放つ．そのため電気回路の表示に用いられる．LED のしきい値電圧は一般のダイオードより高い．

ダイオードを流れる電流が大きくなりすぎると，オーバーヒートして壊れ，永久に電流が流れなくなる．この理由から，回路の中でシリコンダイオードと直列に抵抗を入れ，ダイオードの電流を制限している．順方向に流せる最大の電流を**順電流**の最大定格値という．

例題 13・3

順電圧が 2.0 V，順電流の最大定格が 40 mA の発光ダイオードを，図 13・27 の回路のように 5.0 V の電池に接続した．この LED に接続する直列抵抗として適切な抵抗値を計算せよ．

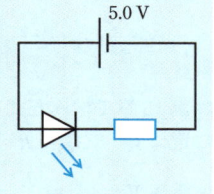

図 13・27

[解答]
抵抗に加わる電圧 = 5.0 − 2.0 = 3.0 V
抵抗を流れる電流 = 40 mA = 0.04 A
したがって抵抗値 R は，

$$R = \frac{V}{I} = \frac{3.0 \text{ V}}{0.04 \text{ A}} = 75 \text{ Ω}$$

合成抵抗についての規則

a. 直列抵抗 図 13・28 では 2 個の抵抗を直列につないでいる．直列につないだ抵抗がいくつあっても，各抵抗を流れる電流 I は同じである．よって，

抵抗 R_1 に加わる電圧 $V_1 = IR_1$
抵抗 R_2 に加わる電圧 $V_2 = IR_2$
抵抗 R_3 に加わる電圧 $V_3 = IR_3$

$V = V_1 + V_2 + V_3 + \cdots$ だから，

全抵抗 $R = \dfrac{V}{I} = \dfrac{V_1 + V_2 + V_3 + \cdots}{I}$

∴ $R = \dfrac{V_1}{I} + \dfrac{V_2}{I} + \dfrac{V_3}{I} + \cdots$

$$R = R_1 + R_2 + R_3 + \cdots \quad \text{(直列の場合)}$$

となる．

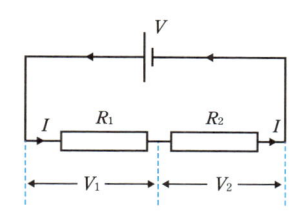

図 13・28 抵抗の直列接続

例題 13・4

12 Ω の抵抗と 6 Ω の抵抗が 9 V の電池と直列に接続されている．回路図を描き (a) 2 個の合成抵抗と (b) 各抵抗を流れる電流と両端の電圧を計算せよ．

[解答] 回路図を図 13・29 に示す．

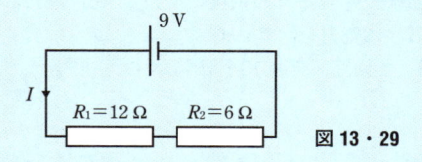

図 13・29

(a) $R = 12 + 6 = 18$ Ω
(b) 電流 I はどの抵抗にも共通なので，

$$I = \frac{V}{R} = \frac{9 \text{ V}}{18 \text{ Ω}} = 0.5 \text{ A}$$

電圧は，$V_1 = IR_1 = 0.5 \text{ A} \times 12 \text{ Ω} = 6.0 \text{ V}$
$V_2 = IR_2 = 0.5 \text{ A} \times 6 \text{ Ω} = 3.0 \text{ V}$

b. 並列抵抗 図 13・30 では，2 個の抵抗を並列につないでいる．どちらの抵抗に加わる電圧も同じであり，

2個以上を並列にしたときも同じである．よって

R_1 を流れる電流 $I_1 = \dfrac{V}{R_1}$

R_2 を流れる電流 $I_2 = \dfrac{V}{R_2}$

R_3 を流れる電流 $I_3 = \dfrac{V}{R_3}$

すべての抵抗を流れる電流 $I = I_1 + I_2 + I_3 + \cdots$

全体としての抵抗 $R = \dfrac{V}{I}$

以上より，

$$\dfrac{1}{R} = \dfrac{I}{V} = \dfrac{I_1 + I_2 + I_3 + \cdots}{V} = \dfrac{1}{R_1} + \dfrac{1}{R_2} + \dfrac{1}{R_3} + \cdots$$

$$\dfrac{1}{R} = \dfrac{1}{R_1} + \dfrac{1}{R_2} + \dfrac{1}{R_3} + \cdots \quad (並列の場合)$$

となる．

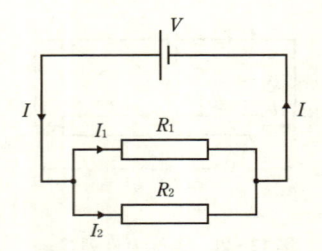

図 13・30 抵抗の並列接続

例題 13・5

5Ω の抵抗と 20Ω の抵抗を並列にして 12V の電池につなぐ．回路図を描き，(a) 2個の合成抵抗，(b) 電池から流れる電流，それぞれの抵抗について (c) 流れる電流と (d) 消費する電力を計算せよ．

[解答] 回路図を図 13・31 に示す．

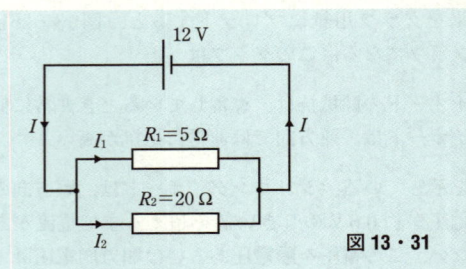

図 13・31

(a) 合成抵抗 R は，$\dfrac{1}{R} = \dfrac{1}{R_1} + \dfrac{1}{R_2}$ より，

$$\dfrac{1}{R} = \dfrac{1}{5} + \dfrac{1}{20} = 0.20 + 0.05 = 0.25$$

$$\therefore \quad R = \dfrac{1}{0.25} = 4.0\,\Omega$$

(b) 電池から流れる電流 I は，$I = \dfrac{V}{R}$ より，

$$I = \dfrac{12}{4.0} = 3.0\,\text{A}$$

(c) 抵抗 R_1, R_2 に流れる電流 I_1, I_2 は，$I = \dfrac{V}{R}$ より，

$$I_1 = \dfrac{V}{R_1} = \dfrac{12}{5} = 2.4\,\text{A}, \quad I_2 = \dfrac{V}{R_2} = \dfrac{12}{20} = 0.6\,\text{A}$$

(d) 電力 P は $P = IV$ より，

$$P_1 = 2.4 \times 12 = 28.8\,\text{W}$$
$$P_2 = 0.6 \times 12 = 7.2\,\text{W}$$

練習問題 13・4b

1. (a) 3Ω の抵抗と 6Ω の抵抗を直列にして 9V の電池につなぐ．回路図を描き，(i) 合成抵抗，(ii) 各抵抗を流れる電流，それぞれの抵抗について (iii) 両端の電圧と消費される電力を計算せよ．
   (b) (a)の2個の抵抗を並列にして同じ電池につなぐ．回路図を描き，(i) 合成抵抗，(ii) 各抵抗を流れる電流，それぞれの抵抗について (iii) 両端の電圧と消費される電力を計算せよ．
2. (a) 2Ω, 3Ω, 6Ω の抵抗が1個ずつある．これらをつなげて合成する方法をすべて描け．
   (b) (a)の各場合について合成抵抗を計算せよ．

まとめ

■ **帯電した物体間の力の法則**
  同種の電荷は反発し，異種の電荷は引き合う．
■ **単位** 電流の単位はアンペア (A)，電荷はクーロン (C)，電圧はボルト (V)，電力はワット (W)，抵抗はオーム (Ω)．
■ **回路の規則**
  1. 素子を直列接続したとき：等しい電流，全電圧は個々の電圧の和となる．
  2. 素子を並列接続したとき：等しい電圧，全電流は個々の電流の和となる．

■ **第13章で学んだ式**

電荷 Q $\quad Q = It$ （時間 t の間に電流 I が運ぶ量）

電圧 V $\quad V = \dfrac{E}{Q}$ $\quad E$：電荷 Q が運ぶ電気エネルギー

電力 P $\quad P = IV$

抵抗 R $\quad R = \dfrac{V}{I}$

合成抵抗の規則 $\quad$ 直列：$R = R_1 + R_2$

$\qquad\qquad\qquad\quad$ 並列：$\dfrac{1}{R} = \dfrac{1}{R_1} + \dfrac{1}{R_2}$

章末問題

p.320 に本章の補充問題がある．

13・1 以下の観察をした．何が起こっているかを説明せよ．
(a) 風船をこすった後，壁に近づけると引き寄せられる．
(b) アクリル棒をこすり箔検電器の上部電極に触れる．つぎにプラスチックの物差しをこすり箔検電器にかざすと，箔はさらに開いた．
(c) プラスチックの椅子に座っていた人が立ち上がってドアノブに触れたとき電気ショックを感じた．

13・2 (a) 半導体の温度が上昇すると電気抵抗が小さくなるのはなぜか．
(b) 金属線の温度が上昇すると電気抵抗が大きくなるのはなぜか．

13・3 定格が 1.5 V，0.25 A の豆電球を 1.5 V の電池につなぎちょうど 10 分間点灯した．
(a) (i) この時間内に電球を通過する電荷，(ii) 電球に供給される電力，(iii) 10 分間に供給される電気的なエネルギーを計算せよ．
(b) この電池は豆電球を 1 時間点灯しておくことができる．(i) 1 時間に通過する電荷，(ii) 電池が供給する電気的なエネルギーの総量を計算せよ．

13・4 図 13・32 のように並列につないだ豆電球 X, Y と可変抵抗と電池を直列につなぐ．2 個の豆電球は同じ定格で 3 V，0.1 A，電池は 4.5 V である．可変抵抗を調整して電球が定格どおりに点灯するように調整する．

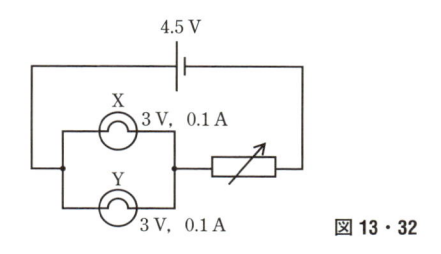

図 13・32

(a) (i) 電池から流れる電流，(ii) 可変抵抗に加わる電圧，(iii) 各電球に供給される電力，(iv) 電池が供給している電力を計算せよ．
(b) 電球が消費する電力と電池が供給する電力の差が何によるか説明せよ．

13・5 (a) 動作電圧 230 V，最大定格 750 W のヘアドライヤーがある．(i) 最大の電流を計算せよ．(ii) 30 分間動作させるときの積算電力を kWh で表せ．
(b) このドライヤーに適合するヒューズの定格は次のどれか．1 A，3 A，5 A，13 A．

13・6 発熱体の抵抗を求める実験で次の測定値を得た．

電流/A　0.00　0.25　0.38　0.48　0.57　0.66
電圧/V　0.00　2.00　4.00　6.00　8.00　10.00

(a) x 軸を電流値，y 軸を電圧として結果をプロットせよ．
(b) (i) 5.0 V，(ii) 10.0 V のとき，この発熱体の抵抗を計算せよ．
(c) 電圧が高くなると抵抗が違ってくる理由を述べよ．

13・7 順電圧が 0.6 V，順電流の最大定格が 2.0 A のダイオードを，順方向に 9.0 V の電池につなぐ．電流制限用の抵抗は 2.0 A に設定した．
(a) 回路図を描け．
(b) (i) 抵抗に加わる電圧と (ii) 抵抗の値を計算せよ．

13・8 6 Ω と 4 Ω の抵抗を直列に接続し 6.0 V の電池につなぐ．
(a) 回路図を描け．
(b) (i) 合成抵抗，(ii) 電池から流れる電流，(iii) 各抵抗に加わる電圧，(iv) 各抵抗で消費する電力を計算せよ．

13・9 6 Ω と 12 Ω の抵抗を並列に接続し 12 V の電池につなぐ．
(a) 回路図を描け．
(b) (i) 合成抵抗，(ii) 電池から流れる電流，(iii) 各抵抗を流れる電流，(iv) 各抵抗で消費する電力を計算せよ．

13・10 章末問題 13・8 の回路で，6 Ω の抵抗に 3 Ω の抵抗を並列に接続した．
(a) 回路図を描け．
(b) (i) 合成抵抗，(ii) 電池から流れる電流，(iii) 各抵抗に加わる電圧，(iv) 各抵抗を流れる電流，(v) 各抵抗で消費する電力を計算せよ．

14

電 気 回 路

目　次
14・1　電　池
14・2　電位差計
14・3　ホイートストンブリッジ
14・4　抵　抗
14・5　電気的な測定
まとめ
章末問題

学習内容
- 電池の起電力と内部抵抗の定義と測定
- 電圧分割．電位差計を用いた電池の起電力の比較
- ホイートストンブリッジを用いた抵抗の測定
- 抵抗率と導電率の定義と測定
- マルチメーターによる電気測定

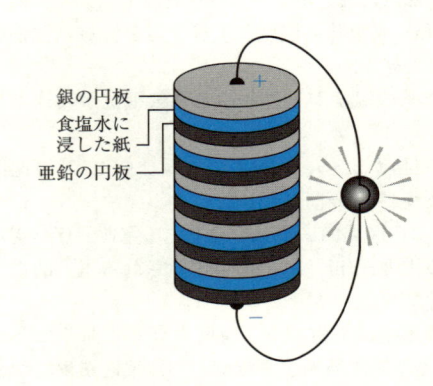

図14・1 ボルタの電堆

14・1　電　池

電池の内部

　持ち運べる電源が必要なときはいつでも電池が用いられる．ある種の電池は，電圧計の校正や，他の電気測定の確認にも用いられる．最初の電池の一つにVolta（ボルタ）が1800年に発明したものがある．これは，図14・1に示すように，亜鉛と銀の円板を塩水に浸した紙を挟んで交互に積み重ねたものであり，その形状から電堆とよばれた．ボルタは，電堆の両端につないだ電線を通して電流を流せることを発見した．また，電堆の端の亜鉛板を接地し，他から絶縁した金属を電堆のもう一方の端の銀板に接触すると正に帯電することも発見した．この接続を逆にすると金属は負に帯電する．

　一次電池とは充電できない電池のことである．一次電池を使い切ったら新しい電池と代える必要がある．懐中電灯や電卓の使い切りの電池は，一次電池1個のこともあるし，何個かを並列や直列にして使うこともある．

　銅板と亜鉛板を電極とし希硫酸を電解液とした簡単な一次電池を図14・2に示す．希硫酸中で亜鉛は銅より溶けやすい．亜鉛原子は正の亜鉛イオンとして溶け出すので亜鉛板が負に帯電する．銅板表面では溶液中にある正の水素イオンが電子をもらって水素分子となり，銅板が正に帯電する．電極間をつないで回路をつくると，電子が亜鉛から銅に導線を経由して移動する．すなわち電池から電流が流れる．

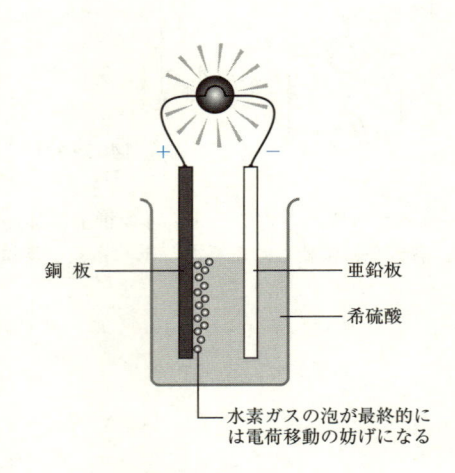

図14・2 簡単な電池

　懐中電灯や電卓の電池では，電解液はペースト状であり電池の金属ケースが一方の電極になっている．

14. 電 気 回 路

二次電池は再充電できる電池である．車のバッテリーのほとんどは，鉛蓄電池のユニット（セルという）を 6 個直列にしてある．各セルは，図 14・3 のように，何枚かの鉛板をつないで一方の電極とし，二酸化鉛板も同様にして他方の電極としたものを，交互に挿入しあった形をしている．鉛板の鉛は正の鉛イオンとなって希硫酸に溶け出し，鉛板に電子が残る．二酸化鉛板の表面では水素イオンが二酸化鉛の酸素原子と反応し水分子となる．鉛が溶けるほど電解液は薄くなる．

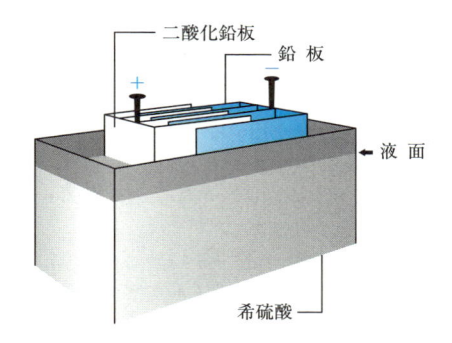

図 14・3 鉛蓄電池（上ぶたを外したところ）

電池を充電するには，充電器を使って鉛板から電子を電池に強制的に注入する．溶液中の鉛イオンは鉛板に戻り，もう一方の板に二酸化鉛が形成され，硫酸の濃度が増す．

起 電 力

電池は，回路を通して負の端子（導線を取付ける部品を端子という）から正の端子へと電子を循環させる．電池内部の化学反応の結果として，電子は電気的なエネルギーをもらい回路に供給される．電子は電池の負極から流れ出し，回路の各素子を通り電気的なエネルギーを別の形のエネルギーに変換しながら仕事をする．

> 電池の起電力（記号 emf）とは，電池で発生する単位電荷当たりの電気的なエネルギーである．

起電力の単位はボルトすなわち 1 クーロン当たり 1 ジュールに等しい．ボルト（volt, V）は電圧（電位の差）の単位でもあることに注意しよう．電圧は単位電荷当たりに受け渡せる電気的なエネルギーだが，起電力は単位電荷当たりに発生している電気的なエネルギーとなる．起電力は電気的なエネルギーの発生源について，また電圧は電気的なエネルギーの受け渡しについていうときのものである．

電池の起電力の値は電解液および電極の物質によって決まる．表 14・1 に種々の電池の起電力を示した．

回路が電池に接続され，電池に電流が流れるとき，電池の**内部抵抗**により電池でエネルギーが無駄に使われる．電解質と電極には電気抵抗があり，電子がそれらに抗して進むためにエネルギーを使うのである．内部抵抗によるエネルギー消費のために，回路に供給できる単位クーロン当たりの電気的なエネルギーは電池の起電力より小さい．電池の起電力と端子間の電圧（すなわち回路に供給できる単位電荷当たりのエネルギー）は，実効的には電池内の電圧降下である．したがって，内部抵抗はこの電圧降下を流れる電流で割った値となる．

$$\begin{pmatrix} 電池内で発生する 1 クーロン当たりの電気的なエネルギー（すなわち起電力）\end{pmatrix} = \begin{pmatrix} 回路に供給できる 1 クーロン当たりの電気的なエネルギー（電極間の電圧）\end{pmatrix} + \begin{pmatrix} 電池内部で消費される 1 クーロン当たりの電気的なエネルギー（内部抵抗による電圧降下）\end{pmatrix}$$

である．図 14・4 の回路では，起電力 E，内部抵抗 r の電池が抵抗 R に接続されている．よって，回路に流れる電流を I として，

$$E = IR + Ir$$

IR は電池の端子間の電圧，Ir は内部抵抗による電圧降下である．

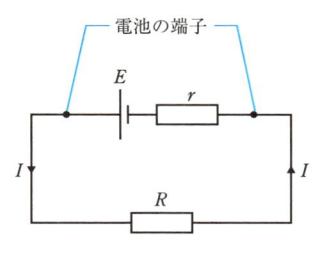

図 14・4 内 部 抵 抗

例題 14・1

起電力 1.5 V，内部抵抗 0.5 Ω の電池を 4.5 Ω の抵抗につなぐ（図 14・5）．

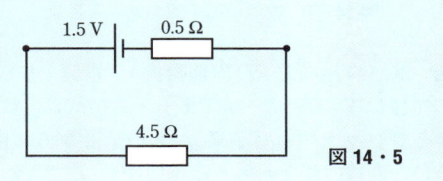

図 14・5

表 14・1 電池の種類

電池の種類	emf/V	再充電
アルカリ電池	1.5	No
水銀電池	1.35	No
ニッケル・カドミウム電池	1.2	Yes
鉛蓄電池	2.0	Yes

(a) 回路の全抵抗値，(b) 4.5Ωの抵抗を流れる電流，(c) 電池の端子間の電圧を計算せよ．

[解答]
(a) 内部抵抗と外部に接続した抵抗が直列だから，
   全抵抗 = 4.5+0.5 = 5.0 Ω．
(b) $I=\dfrac{V}{R}$ より， $I=\dfrac{1.5}{5.0}=0.3$ A
(c) 端子間の電圧は 4.5Ω の抵抗の両端の電圧と同じなので，
   端子間の電圧 = 0.3 A × 4.5 Ω = 1.35 V

> メモ　内部抵抗による電圧降下＝0.3 A×0.5Ω＝0.15 V は，起電力と端子間の電圧の差である．

電池の起電力と内部抵抗を測る実験

図 14・6 の回路を用い，電池の端子間の電圧を異なる電流で測定する．電流を変えるのに可変抵抗を使う．電池の電流を制限するために電球があることに注意せよ．測定値

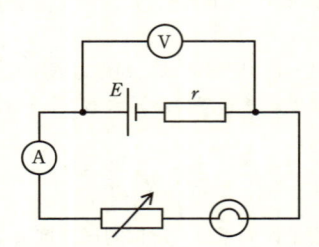

図 14・6　電池を調べる

を表にしてから，縦軸に端子間の電圧，横軸に電流をとってグラフを描く．以下の考え方と自分で得たグラフを用いて起電力と内部抵抗を計算する．

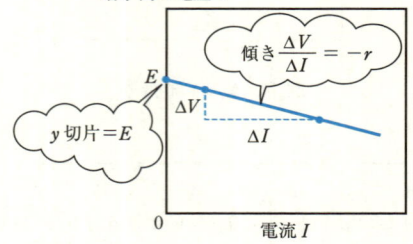

図 14・7　電池の端子間の電圧と電流

考え方: 電池の起電力 E，内部抵抗 r，電流 I として，端子間の電圧は $V=IR=E-Ir$ である．この式は y 軸に V，x 軸に I をプロットすれば直線 $y=mx+c$ となる．図 14・7 のように，直線の傾き $m=-r$，y 切片 $c=E$ である．

例題 14・2

図 14・8 のように，起電力 E と内部抵抗 r が未知の電池，抵抗値 R の抵抗箱（固定抵抗の値を選択できる），電流計を直列につないだ．R の値が 8.0 Ω のとき電流が 0.5 A，また 4.0 Ω のとき 0.90 A であった．起電力と内部抵抗を求めよ．

図 14・8

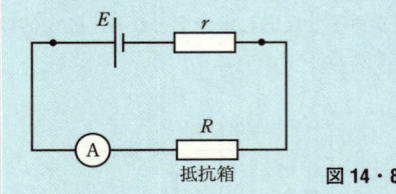

[解答]　$E=IR+Ir$ を用いる．
$R=8.0$ Ω のとき $I=0.5$ A
∴ $E=(0.5×8.0)+0.5r=4.0+0.5r$
$R=4.0$ Ω のとき $I=0.9$ A
∴ $E=(0.9×4.0)+0.9r=3.6+0.9r$
上の式は E と r の連立方程式として解ける．
$E=3.6+0.9r=4.0+0.5r$ なので，
$0.9r-0.5r=4.0-3.6$
$0.4r=0.4$
$r=\dfrac{0.4}{0.4}=1.0$ Ω

$r=1.0$ Ω より E は，
$E=4.0+(0.5×1.0)=4.5$ V

練習問題 14・1

1. 起電力 2.0 V，内部抵抗 0.5 Ω の電池と電流計と豆電球を直列につないだ．電流計の読みが 0.25 A であった．
   (a) 電池の内部抵抗も含んだ回路図を描け．
   (b) 電球に加わる電圧と供給される電力を計算せよ．
   (c) 電池が発生する電力を計算せよ．
   (d) 電球に供給される電力より電池が発生する電力の方が大きいのはなぜか．
2. 起電力 E と内部抵抗 r が未知の電池，抵抗値 R の抵抗箱，電流計を直列につないだ．さらに抵抗箱の端子間に電圧計をつないだ．R の値が 16.0 Ω のとき電圧計の読みが 1.20 V，また 8.0 Ω のとき 1.00 V であった．
   (a) 回路図を描け．R を小さくすると電圧計の読みが小さくなる理由を述べよ．
   (b) 起電力と内部抵抗を求めよ．

14・2　電位差計

分圧器

分圧器は，固定電圧源から特定の電圧をつくるのに用いられる．たとえば，5 V で動作する回路に，9 V の電池か

14. 電気回路

ら分圧器を用いて電気を供給できる．図14・9は，固定電圧源に2個の抵抗を接続した構成の分圧器を示す．各抵抗に加わる電圧は，2個の抵抗に加わる電圧を一定の割合で分割した値となる．電流 I は，

$$I = \frac{V}{R_1+R_2}$$

だから，抵抗 R_1 に加わる電圧 V_1 は，

$$V_1 = IR_1 = \frac{R_1}{R_1+R_2}V$$

また，抵抗 R_2 に加わる電圧 V_2 は，

$$V_2 = IR_2 = \frac{R_2}{R_1+R_2}V$$

である．

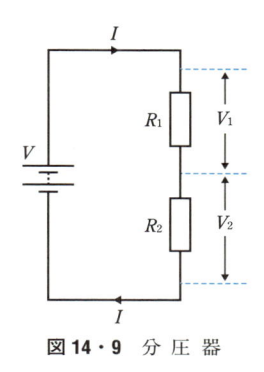

図14・9　分圧器

センサー回路での分圧器の使い方

図14・10では，抵抗 R の値が変われば各抵抗に加わる電圧も変わる．たとえば，両方とも同じ $10\,\mathrm{k\Omega}$ なら両方とも $4.5\,\mathrm{V}$ となる．電池から供給される電圧は2個の抵抗値に比例して分割される．

図14・10で，一方の抵抗をサーミスター（抵抗が温度で変わる）や光依存性抵抗（LDR）に置き換えれば，他方の抵抗の電圧が温度や光量により変わる．この考えを回路図にすると図14・11のようになる．図14・11の回路では，固定抵抗に加わる電圧が温度とともに上昇し，温度計の出力になる．第16章で説明するが，この出力を使って警報器を鳴らしたり，リレーのスイッチを動作させることができる．

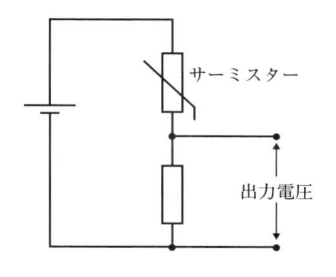

図14・11　サーミスターの利用

例題 14・3

図14・10に示すように，$9.0\,\mathrm{V}$ の電池から抵抗 $10\,\mathrm{k\Omega}$ と抵抗 R を用いて $5.0\,\mathrm{V}$ の電圧を供給する．

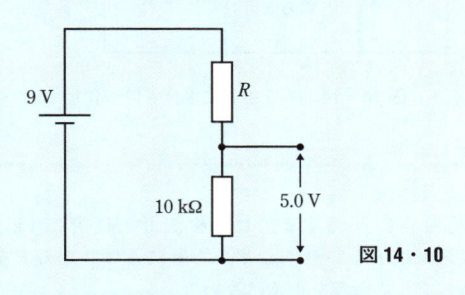

図14・10

(a) 抵抗 $10\,\mathrm{k\Omega}$ に加わる電圧が $5\,\mathrm{V}$ のとき流れる電流を計算せよ．
(b) 抵抗 R に加わる電圧を計算せよ．
(c) (a)において，抵抗 R の値を計算せよ．

[解　答]

(a) $I = \dfrac{V}{R} = \dfrac{5.0}{10 \times 10^3} = 5.0 \times 10^{-4}\,\mathrm{A}$

(b) R に加わる電圧 $= 9.0 - 5.0 = 4.0\,\mathrm{V}$

(c) $R = \dfrac{V}{I}$ より，　$R = \dfrac{4.0}{5.0 \times 10^{-4}} = 8000\,\Omega\ (= 8\,\mathrm{k\Omega})$

可変電圧を供給する

均一な抵抗線（すなわちどの部分も同じ抵抗値をもつ金属線）を，一定の長さに切り両端を電池につなぐ．図14・12のように，この抵抗線に沿って移動接点を動かせば，接点と片端の間の電圧が変化する．抵抗線は直線であ

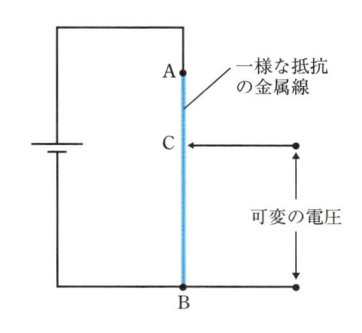

図14・12　可変分圧器

る必要はなく，円形に巻いたり，絶縁筒に巻きつけたりしてもよい．また炭素など一様な厚みの抵抗体の薄膜でつくった線路に変えることもできる．図14・12では，移動接点CをBからAまで動かせば，BC間の電圧は0から電池の電圧まで増加する．

電位差計の原理

電位差計では，分圧器を用いて起電力を比較あるいは測定する．また内部抵抗の測定や電流計・電圧計の校正にも使える．図 14・13 のように，駆動用電池の電圧を AB 間に加えて可動接点 C で分割し，測定対象の未知の起電力と比較する．C の位置を動かすと，B と C の間の電圧 V_{BC} は BC 間の長さ L に比例して

$$V_{BC} = kL$$

と変化する．k は定数である．

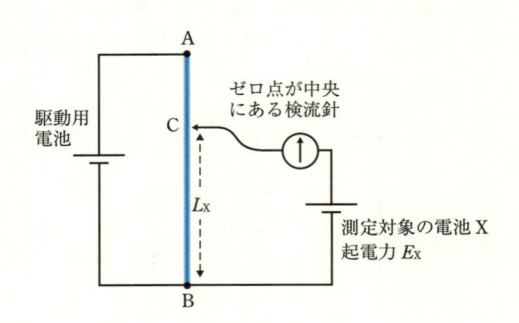

図 14・13 スライド式電位差計

1. 図 14・13 のように，ゼロ点が中央にある検流計（電流の向きを敏感に読む装置）と測定対象の電池を直列にして，B と C に接続する．接点 C を A から B に向かって動かし検流計の針の向きが変わるところを探す．検流計に電流が流れず読みが正確に 0 となる C が見つかれば，そこが均衡点すなわち BC 間の電圧と電池 X の起電力 E_X が等しい位置である．BC 間の長さを L_X とすると，

$$E_X = kL_X$$

となる．
均衡点では電池 X に電流が流れないので，内部抵抗による電圧降下がない．

2. 電池 X を外し，かわりに標準電池すなわち起電力が正確にわかっている電池 S を使って，同じ手順を繰返す．新しい均衡点が見つかり，長さが L_S であれば，

$$E_S = kL_S$$

となる．もちろん，駆動側の電池は常に同じ電圧を供給していると仮定する．

$$\frac{E_X}{E_S} = \frac{kL_X}{kL_S} = \frac{L_X}{L_S} \text{ より，} \quad E_X = \frac{L_X}{L_S} E_S$$

である．

こうして既知の E_S から E_X を計算できる．

例題 14・4

長さ 1 m の均一な抵抗線と駆動用電池から成る電位差計により，電池 X の起電力を測定する．図 14・13 のように，電池 X を抵抗線の片端と移動接点に接続する．長さ 480 mm の位置で均衡が成り立った．つぎに電池 X を外し，起電力 1.50 V の標準電池に交換すると，新しい均衡点が 655 mm のところであった．電池 X の起電力 E_X を計算せよ．

[解答] $E_X = \dfrac{L_X}{L_S} E_S = \dfrac{0.480}{0.655} \times 1.50 = 1.1 \text{ V}$

電池の起電力を測る実験

図 14・14 のように，スライド式電位差計を起電力が既知の標準電池で校正する．標準電池を外して測定対象の電池に交換し均衡点を求める．もう一度，標準電池につなぎ替え，最初の校正が再現して駆動用電池の電圧が保たれていることを確認する．測定結果を用いて測定対象の電池の起電力を計算する．

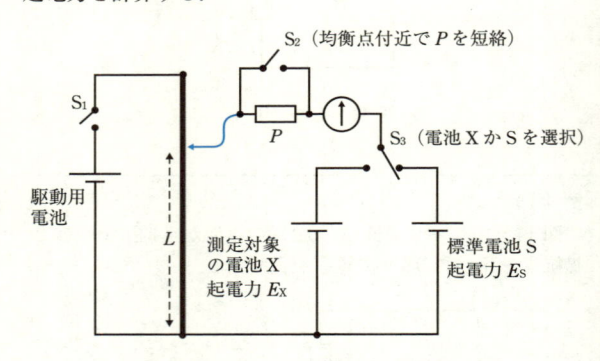

図 14・14 スライド式電位差計の使用

メモ

1. 均衡点に近づくまでは，検流計と直列に 1 kΩ の保護抵抗 P をいれておく．均衡に近づいたら P を短絡して，均衡点を正確に決める．
2. 標準電池の均衡点の長さが，繰返しの校正で異なるときは，平均値を使う．
3. 電池 X の内部抵抗は，X の両端子間に既知の抵抗 R をつないだときの均衡点から求められる．R を接続した電池 X の出力電圧は均衡点 L_X' の測定から $V = kL_X'$ と決まる．R を流れる電流 I は，

$$I = \frac{V}{R} = \frac{kL_X'}{R}$$

電池 X の起電力 E_X は，

$$E_X = kL_X$$

となり，$E = V + Ir$ の式を使うと，

$$r = \frac{(E_X - V)}{I} = \frac{kL_X - kL_{X'}}{kL_{X'}/R} = \frac{(L_X - L_{X'})}{L_{X'}} R$$

練習問題 14・2

1. 図 14・15 の分圧器において電池から流れる電流と抵抗 Y に加わる電圧を計算せよ．

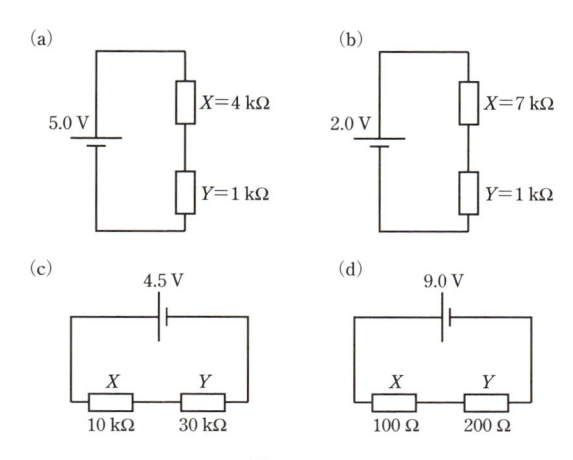

(a) 5.0 V, $X = 4\ \mathrm{k\Omega}$, $Y = 1\ \mathrm{k\Omega}$
(b) 2.0 V, $X = 7\ \mathrm{k\Omega}$, $Y = 1\ \mathrm{k\Omega}$
(c) 4.5 V, $X = 10\ \mathrm{k\Omega}$, $Y = 30\ \mathrm{k\Omega}$
(d) 9.0 V, $X = 100\ \mathrm{\Omega}$, $Y = 200\ \mathrm{\Omega}$

図 14・15

2. 起電力 1.08 V の標準電池をスライド式電位差計の校正に使った．その後，標準電池を起電力のわからない電池 X と置き換えた．さらに，電池の電極に抵抗を接続した場合としない場合について均衡長を求めたところ，測定結果は次のとおりであった．

- 標準電池のとき，均衡長 = 558 mm
- 抵抗なし，電池 X のとき，均衡長 = 775 mm
- 抵抗 5 Ω を端子間に接続した電池 X のとき，均衡長 = 692 mm

(a) 5 Ω を接続した方が均衡長が短くなる理由を説明せよ．
(b) 電池 X の (i) 起電力と (ii) 内部抵抗を計算せよ．

14・3 ホイートストンブリッジ

2 個の抵抗の比較

図 14・16 では，抵抗 R と S を直列接続し，これを固定長の均一な抵抗線と並列にした．A と B は 2 個の抵抗の両端であり抵抗線の両端でもあるが，AB 間に駆動用電池から一定の電圧を供給する．ゼロ点が中央にある検流計を抵抗線の移動接点 C と，R と S の接点 D との間につなぐ．検流計の読みは，接点 C を抵抗線に沿って動かすと変わり，CB 間の電圧と DB 間の電圧が均衡したとき 0 になる．

均衡点では，

$$\frac{R に加わる電圧}{S に加わる電圧} = \frac{AC 間の電圧}{CB 間の電圧}$$

が成り立つ．R と S は分圧器となるので，R に加わる電圧と S に加わる電圧の比は，抵抗の比 R/S に等しい．また，ACB も分圧器となるので，AC 間の電圧と CB 間の電圧の比は，AC 長と CB 長の比 AC/CB に等しい．よって

$$\frac{R}{S} = \frac{L_{AC}}{L_{CB}}$$

である．S が標準抵抗なら，均衡点を求めて長さ AC と CB を測定し，上式を用いると R の値を正確に決定できる．

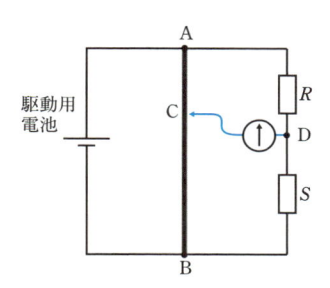

図 14・16 2 個の抵抗の比較

平衡型ホイートストンブリッジの原理

図 14・16 の回路は平衡型ホイートストンブリッジの例である．図 14・17 は同じ回路だが抵抗線を抵抗 P と Q に変えている．

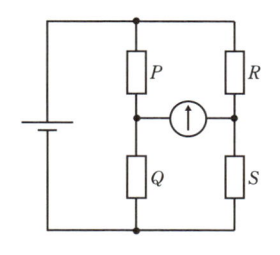

図 14・17 平衡型ホイートストンブリッジ

CD 間の電圧が 0 となるとき検流計の読みが 0 となる．これが起こるのは，

$$\frac{P に加わる電圧}{Q に加わる電圧} = \frac{R に加わる電圧}{S に加わる電圧}$$

のときである．均衡したとき P を流れる電流と Q の電流が等しいので，P の電圧と Q の電圧の比は P/Q である．

同様に，均衡したとき R と S の電流が等しいので，R と S の電圧の比は R/S である．したがって抵抗の比 P/Q は，抵抗の比 R/S と等しい．すなわち，

$$\frac{P}{Q} = \frac{R}{S}$$

例題 14・5

図 14・18 のように，値のわからない抵抗 R をホイートストンブリッジ回路につなぐ．ブリッジ回路は長さ $1.00\,\mathrm{m}$ の均一な抵抗線と $10.0\,\Omega$ の標準抵抗 S から成る．均衡したとき移動接点の位置は S 側の端から $658\,\mathrm{mm}$ であった．

(a) 抵抗 R の値を計算せよ．
(b) 標準抵抗 $10.0\,\Omega$ を抵抗 $5.0\,\Omega$ と交換する．新しい均衡点の位置を決定せよ．

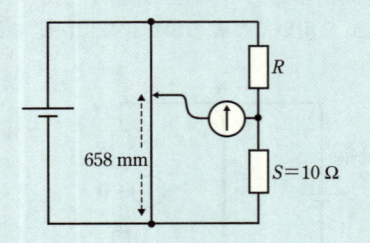

図 14・18

[解 答]
(a) $L_1 = 1000\,\mathrm{mm} - 658\,\mathrm{mm} = 0.342\,\mathrm{m}$
$L_2 = 0.658\,\mathrm{m}$
$\dfrac{R}{S} = \dfrac{L_1}{L_2}$ より，$R = \dfrac{0.342}{0.658} \times 10.0 = 5.2\,\Omega$

(b) 求める長さを L，抵抗線の全長を $L_\mathrm{w}\,(=1.00\,\mathrm{m})$ とすると，$\dfrac{R}{S} = \dfrac{(L_\mathrm{w}-L)}{L}$ より，

$$\dfrac{(L_\mathrm{w}-L)}{L} = \dfrac{R}{S} = \dfrac{5.2}{5.0} = 1.04$$
$$L_\mathrm{w} - L = 1.04\,L$$
$$2.04\,L = L_\mathrm{w}$$

よって，求める長さ L は，

$$L = \dfrac{L_\mathrm{w}}{2.04} = \dfrac{1.00\,\mathrm{m}}{2.04} = 0.490\,\mathrm{m}$$

ホイートストンブリッジを用いる

未知の抵抗の測定

図 14・16 に戻って，抵抗 P と Q のかわりに均一な抵抗線を用い，S を標準抵抗とする．均衡点で抵抗線は分割され，これが P と Q に対応するわけだが，それぞれの長さ L_P と L_Q を測定する．S の値は，均衡点が中央部 3 分の 1 内に入るように選ぶ．未知の抵抗は，

$$R = \dfrac{L_\mathrm{P}}{L_\mathrm{Q}} S$$

を用いて計算される．

トランスデューサーを作る

ここで学ぶトランスデューサーは，温度や光の強さなどの物理的な量を電圧に変換して出力する．物理量が変化すると出力電圧などが変化する．たとえば，図 14・19 はホイートストンブリッジの原理によるトランスデューサーで，P をサーミスターに，Q を可変抵抗に，検流計を電圧計に置き換えた．ある温度で電圧計の読みが 0 になるように可変抵抗を調整する．サーミスターの温度が上下すると，それに応じて電圧計の読みが正負に変わる．出力電圧を他の電子回路に送り警報を鳴らすこともできる．サーミスターを光依存性抵抗に変えれば，光量の変化を検出するトランスデューサーができる．

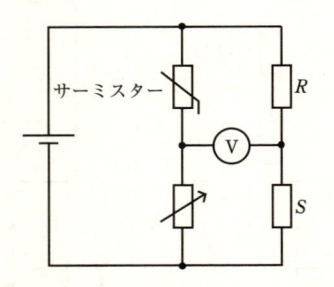

図 14・19　温度変化を電圧変化にするトランスデューサー

練習問題 14・3

1. 図 14・20 は，長さ 1 m の抵抗線，$50\,\Omega$ の標準抵抗 S，未知抵抗 X から成るホイートストンブリッジである．

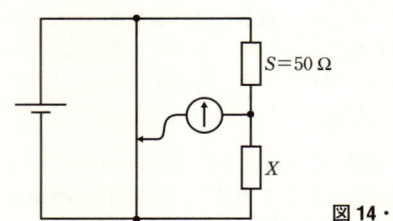

図 14・20

(a) 均衡したとき，X 側の抵抗線の長さが $0.452\,\mathrm{m}$ であった．抵抗値 X を計算せよ．
(b) 第二の抵抗 $50\,\Omega$ を S と並列につなぐ．新しい均衡点を求めよ．

2. 図 14・21 は光依存性抵抗 R，可変抵抗 R_V と 2 個の $10\,\mathrm{k}\Omega$ 抵抗から成るホイートストンブリッジである．

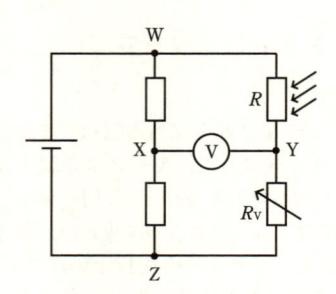

図 14・21

光依存性抵抗に光に当てたとき出力電圧が 0 となるよう

に可変抵抗を調整する．光依存性抵抗は光量が大きいと抵抗が小さくなる．
(a) つぎに光依存性抵抗を覆う．この変化が XY 間の電圧に及ぼす影響について述べよ．
(b) 暗くしたままで出力電圧を 0 に復帰させるためには，可変抵抗の抵抗値を増やすべきか，減らすべきか．

14・4 抵 抗

電線の抵抗を測る実験

金属線の抵抗は，その材質はもちろん，線の長さと直径にも依存する（図 14・22）．実際に測定してみると，金属線の抵抗 R は，

1. 長さ L に比例する．
2. 断面積 A に反比例する．

よって抵抗 R は，

$$R = 定数 \times \frac{L}{A}$$

となる．上式の定数は材質に依存し，その物質の**抵抗率**という．上式を書き直すと，抵抗率 ρ を表す式

$$\rho = \frac{RA}{L}$$

となる．

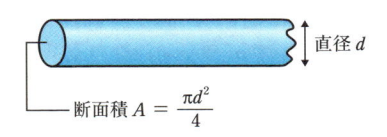

図 14・22 抵 抗

メ モ

1. 抵抗率の単位はオーム・メートル（Ω m）
2. 金属線の直径が d ならば断面積は $\pi d^2/4$
3. 物質ごとの抵抗率を表 14・2 に示す．
4. **導電率**は $1/\rho$ と定義され，記号は σ（シグマ），単位は $\Omega^{-1} \text{m}^{-1}$．

表 14・2 抵抗率の値（20℃の値，温度で変化）

物　質	抵抗率 /Ω m
銅	1.7×10^{-8}
コンスタンタン	4.9×10^{-7}
炭素（非結晶）	$5 \times 10^{-4} \sim 8 \times 10^{-4}$
シリコン	$\sim 10^3$（不純物で大きく変化）
ポリ塩化ビニル	$10^{16} \sim 10^{18}$

例題 14・6

長さ 2.50 m，直径 0.36 mm の銅線の抵抗を計算せよ．ただし，銅の抵抗率は 1.7×10^{-8} Ω m とする

[**解 答**] 断面積 A は次式により求められる．

$$A = \frac{\pi d^2}{4} = \frac{\pi (0.36 \times 10^{-3})^2}{4} = 1.0 \times 10^{-7} \text{m}^2$$

したがって，銅線の抵抗 R は，

$$R = \frac{\rho L}{A} = \frac{1.7 \times 10^{-8} \times 2.50}{1.0 \times 10^{-7}} = 0.42 \, \Omega$$

電線の抵抗率を測定する実験

同じ電線で異なる長さについて抵抗を測るため，図 14・16 のホイートストンブリッジを用いる．まず，電線の複数の箇所でマイクロメーターを用いて直径を測り，それらの平均値 d を求める．$A = \pi d^2/4$ から断面積 A を計算する．

横軸に長さ L，縦軸に抵抗 R をとって測定値をプロットしグラフを描く．グラフは，次式に従い，原点を通る直線になるはずである．

$$R = \frac{\rho L}{A}$$

直線の傾き $= \rho/A$ だから，抵抗率 ρ は，

$$\rho = 傾き \times A$$

として計算できる．

練習問題 14・4

1. (a) 直径 0.24 mm，長さ 5.50 m の電線の抵抗が 58 Ω のとき，この材料の抵抗率を計算せよ．
   (b) (a)と同じ材質の電線が直径 0.35 mm，長さ 1.0 m のとき，抵抗を計算せよ．
2. 幅 1.0 mm，長さ 10.0 mm の炭素フィルムが絶縁体表面に付着しており，両端の抵抗は 15 Ω であった．膜の厚さを計算せよ．この炭素フィルムの抵抗率は 3.0×10^{-5} Ω m である．

14・5 電気的な測定

ほとんどの電気的測定では，電流を測るのに電流計を，電圧を測るのに電圧計を，または電気信号の波形を表示あるいは測るのにオシロスコープを用いる．マルチメーター（テスターともいう）は，スイッチの切替えで電流計にも電圧計にも使える（図 14・23）．正確な測定を期すため，これらの測定器はすべて定期的にチェックする必要がある．直流用のアナログ電流計や電圧計は，可動コイルと制動用の渦巻きばねを使うものが一般的である．ばねが弱く

なっていくと指針の読みは正確な値を超えるようになる．デジタルマルチメーターとオシロスコープでも，劣化し間違った読みを与える可能性のある部品を含んでいる．定期的なチェックの結果，機器の再校正が必要になることもある．この節では電気的な測定器のチェックの仕方を考える．まず単位の定義に直結する測定法を確認しよう．

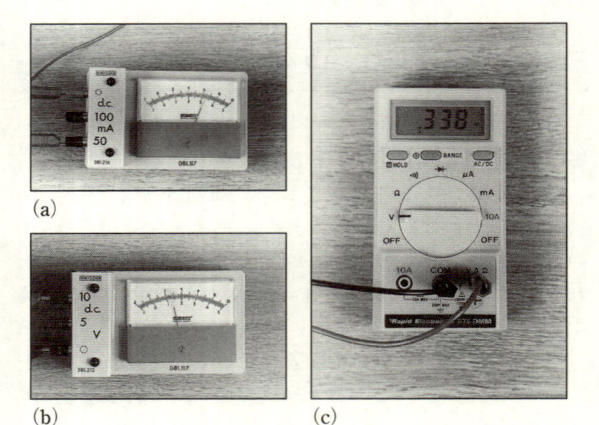

図 14・23 電気的な測定器．(a) 電流計，(b) 電圧計，(c) デジタルマルチメーター．

a. アンペア SI 単位系の基本単位．記号は A. p.191 に説明するように，電流が流れる 2 本の電線間にはたらく力との関係で定義される．原理的には，この力を測るように設計された電流天秤に電流計を直列接続すれば，電流計の校正は可能である．しかし，正確な電流天秤を簡単に用意することはできないし，その取扱いも容易ではない．

b. ボルト 誘導単位．記号は V. 1 クーロン（1 C）の電荷が，回路内の 2 点間を移動する際に，1 ジュール（1 J）の電気的なエネルギーを授受するならその 2 点間の電圧が 1 ボルト（1 V）．電圧は単位電荷が供給する電気的なエネルギーだから，電気ヒーターに供給された電気的な

供給されたエネルギー ＝ ブロックの質量×比熱容量×温度上昇

電荷 ＝ 電流×時間

電圧 ＝ 供給されたエネルギー / 電荷

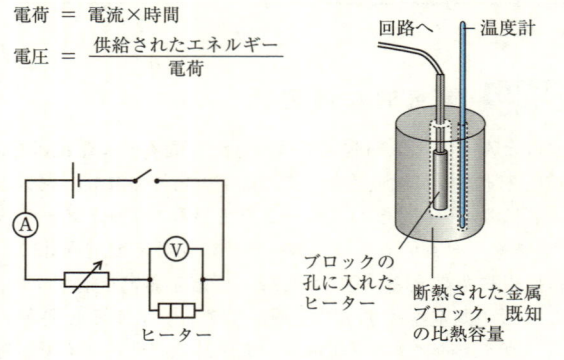

図 14・24 電圧の測定

エネルギーと流れた電荷を測ることで，原理的には電圧を決定できる（電荷も誘導単位．電流を時間で積算する）．図 14・24 はこのアイデアを示したものである．

このように決められた電圧を，電位差計の校正，さらに標準電池の起電力の正確な測定に用いることができる．このような作業を含めて電圧を正確に定めるのは，標準に関する研究所［訳注：日本では独立行政法人産業技術総合研究所（産総研）計量標準総合センター］の専門家の活動の一部となっているが，検定された標準電池は容易に入手できる．検定済みの標準電池によって電位差計を校正し，その電位差計を使って常用の電圧計を図 14・25 のようにして校正すればよい．

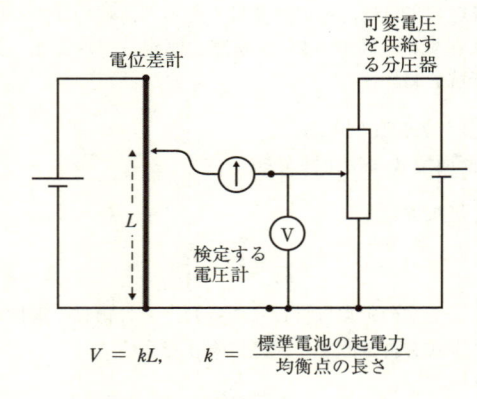

$V = kL, \quad k = \dfrac{\text{標準電池の起電力}}{\text{均衡点の長さ}}$

図 14・25 電圧計の校正

c. オーム 誘導単位．記号は Ω．電圧 1 V で電流 1 A が流れる導体の抵抗に等しい．加わる電圧と流れる電流を測ればその導体の抵抗を決めることができる．したがって，標準抵抗の抵抗値は，校正された電圧計と電流計を用いて決めることができる．

標準電池と標準抵抗が使用可能であれば，実験室にある電気的な計測器を校正できる．標準電池により電圧計を校正できる．標準抵抗は一般に経年変化は小さいから，電圧計さえ校正しておけば電流計の校正ができる．なお，p.141 で説明したように，標準抵抗をホイートストンブリッジに組込めば，他の抵抗の測定ができる．

可動コイル型メーターの測定範囲を拡大する

直流電流計などに用いる可動コイル型メーターは，指示値が流れる電流に比例する装置である．すなわち，0 からの針の振れが電流値に比例する．メーターが最大の読みになったときをフルスケールというが，電流が過剰に流れてフルスケールを超えると，回路部品が焼損するなどして壊れてしまう可能性がある．

a. 電流計の範囲の拡張 感度の高いメーターの場

合，フルスケール電流は 1 mA のオーダーかそれ以下の可能性がある．このため，メーターと並列に分流抵抗（シャント抵抗ともいう）を入れ，メーターの実効的なレンジを拡張する．図 14・26 にこの考え方を示す．

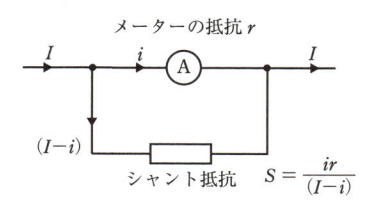

図 14・26 電流計の分流抵抗

メーターのフルスケール電流を i，メーターの抵抗を r とする．最大に針が振れたときメーターのフルスケール電圧は ir となる．

最大電流 I を測るには，超過分の電流 $(I-i)$ を分流抵抗に流してメーターに流れるのを回避する必要がある．最大電流のとき，分流抵抗に加わる電圧とメーターに加わる電圧は等しい（$=ir$）．よって，分流抵抗の抵抗値 S は，

$$S = \frac{電圧}{電流} = \frac{ir}{I-i}$$

となる．

例題 14・7

可動コイル型メーターが $r=10\,\Omega$ の抵抗をもち，フルスケール電流が 100 mA であった．電流を 5.0 A まで読めるように拡張するための分流抵抗の抵抗値 S を計算せよ．

[解答] 分流抵抗 S を流れる最大電流 I は，
$$I = 5.0 - 0.1 = 4.9\,\text{A}$$
S に加わる最大電圧は，
$$ir = 0.1 \times 10 = 1.0\,\text{V}$$
したがって，抵抗値 S は，
$$S = \frac{1.0}{4.9} = 0.20\,\Omega$$

---

b．電圧計の範囲の拡張 可動コイルに加わる電圧と電流は比例するので，このメーターを電圧測定にも用いるが，そのときも電流がフルスケール電流を超えてはならない．しかし，ほとんどの可動コイルの抵抗値は低いので，電圧がわずかミリボルトのオーダーでフルスケール電流になってしまう．可動コイル型の電圧計の範囲を拡張するためには，図 14・27 のようにメーターに直列に分圧抵抗（倍率器ともいう）を接続する．

メーターのフルスケール電圧を v，メーターの抵抗値を r とする．このときメーターを流れる最大電流は $I=v/r$ である．分圧抵抗は直列なので，これを流れる最大電流も I になる．

V までの電圧を読むには，超過電圧 $(V-v)$ を分圧抵抗で降下させなければならない．

したがって，分圧抵抗の値 R は，

$$R = \frac{V-v}{I} = \frac{V-v}{v}r$$

となる．

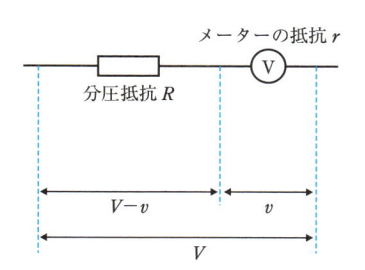

図 14・27 電圧計の分圧抵抗

例題 14・8

抵抗 1000 Ω，フルスケール電流 0.1 mA の可動コイル型メーターがある．測定する電圧の範囲を 20 V まで拡張する．直列にする分圧抵抗の抵抗値を計算せよ．

[解答] 最大電流が $I=0.1$ mA なので，メーターコイルに加わる最大電圧は 0.1 mA × 1000 Ω = 0.1 V．よって，分圧抵抗に加わる超過電圧 = 20−0.1 = 19.9 V となり，求める分圧抵抗は，

$$分圧抵抗 = \frac{19.9\,\text{V}}{0.1\,\text{mA}} = 199\,\text{k}\Omega$$

マルチメーター

マルチメーターは，スイッチの切替えでメーターと直列または並列に抵抗を接続し，電流計にも電圧計にも使うことができる．

デジタルメーター

デジタルマルチメーターは，電圧を直接測定するデジタル電圧計である．以下に示すように，抵抗を直列あるいは並列に接続して，電圧や電流を測ることができる．

a．デジタル電圧計 ほとんどのデジタル電圧計の入力抵抗は非常に高いので，電気部品につなげたときに流れる電流は無視できる．デジタル電圧計の測定範囲を拡張するには，可動コイルメーターのときと同様に，適切な分圧抵抗を直列につなげる．例として，フルスケール電圧 2.0 V，入力抵抗 1 MΩ のデジタル電圧計を考えると，その最大電流は 2 µA（= 2.0 V/1 MΩ）である．この電圧計で 20 V まで読むには，分圧抵抗に加わる電圧が 18 V（= 20 V − 2 V）でなければならず，抵抗値が 9 MΩ（= 18.0 V/2 µA）となる．

b. デジタル電流計 デジタル電流計は，図 14·28 のように，入力端子間に抵抗値の低い抵抗をつないだデジタル電圧計である．たとえば，フルスケール電圧 2.0 V，入力抵抗 1 MΩ のデジタル電圧計の入力端子間に 1.0 Ω の抵抗をつなぐことにより，フルスケール電流 2.0 A の電流計として使える．実際のメーターに流れる電流は無視できるので，1.0 Ω の抵抗に電流 2.0 A が流れて入力端子間に電圧 2.0 V が生じている．

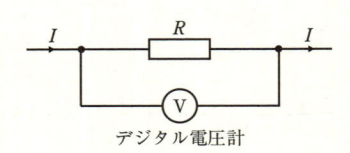

図 14·28 デジタル電圧計の電流計としての使用

練習問題 14·5

1. 抵抗が 100 Ω，フルスケール電流が 1.0 mA の可動コイル型メーターを次のように変更するにはどのようにすべきか．
   (a) 電流を (i) 100 mA，(ii) 10.0 A まで測る．
   (b) 電圧を (i) 10.0 V，(ii) 30.0 V まで測る．
2. 入力抵抗 5.0 MΩ，フルスケールが 200 mV のデジタルメーターを次のように変更するにはどのようにすべきか．
   (a) 電圧を (i) 2.0 V，(ii) 100 V まで測る．
   (b) 電流を (i) 200 mA，(ii) 10 A まで測る．

まとめ

- 電池の**起電力**（**emf**）とは電池でつくられる単位電荷当たりの電気的なエネルギーである．
- 電池の**内部抵抗**は，電池内部で起こる単位電流当たりの電圧降下である．
- **分圧の式** 抵抗 R_1 と R_2 を直列に接続し両端に電圧 V を加える場合，

  抵抗 R_1 に加わる電圧 V_1 は，
  $$V_1 = IR_1 = \frac{R_1}{R_1+R_2}V$$
  抵抗 R_2 に加わる電圧 V_2 は，
  $$V_2 = IR_2 = \frac{R_2}{R_1+R_2}V$$

- **スライド式電位差計を用いた起電力 E_1 と E_2 の比較**
  $$\frac{E_1}{E_2} = \frac{L_1}{L_2}$$

- **ホイートストンブリッジの式**
  $$\frac{P}{Q} = \frac{R}{S}$$

- **抵抗率**
  $$\rho = \frac{RA}{L}$$

- **メーターのスケール変換**
  抵抗 r，フルスケール電流 i のメーターを，
  1. 最大電流 I まで読める電流計として使うときの分流抵抗 S は，
     $$S = \frac{ir}{I-i}$$
  2. 最大電圧 V まで読める電圧計として使うときの分圧抵抗 R は，
     $$R = \frac{V-v}{v}r$$

章末問題

p.320 に本章の補充問題がある．

14·1 起電力 2.0 V で内部抵抗 0.8 Ω の電池に 4.2 Ω の抵抗を接続した．
(a) (i) 回路図を描け．(ii) 4.2 Ω の抵抗に流れる電流と加わる電圧を計算せよ．
(b) 4.2 Ω の抵抗に加わる電圧が電池の起電力より低い理由を説明せよ．

14·2 起電力 1.5 V で内部抵抗 0.5 Ω の電池を 2 個，可変抵抗，定格電圧と電流が 2.5 V と 0.25 A の豆電球を直列に接続する．
(a) 回路図を描け．
(b) 電球が定格で動作し普通の明るさになるように可変抵抗を調節する．次を計算せよ．(i) 電球で消費される電力，(ii) 2 個の電池がつくり出す単位時間当たりの電気的なエネルギー．
(c) 上記の(i)と(ii)の答えが異なる理由を考察せよ．

14·3 起電力 E で内部抵抗 r の電池と，電流計と抵抗箱とを直列に接続した．回路を流れる電流は，抵抗箱の抵抗値が 15.0 Ω のとき 100 mA，5.0 Ω のとき 200 mA であった．
(a) 電池の起電力と内部抵抗を計算せよ．
(b) 抵抗箱の抵抗が 3.0 Ω のときの電流を計算せよ．

14・4 図14・29aの分圧器は，10 kΩの抵抗R，サーミスター，起電力12.0 Vの電池で構成されている．図14・29bはサーミスターの抵抗の温度依存性を示す．
(a) 20 ℃においてRに加わる電圧を計算せよ．
(b) Rに加わる電圧が5.0 Vのときの温度を決定せよ．

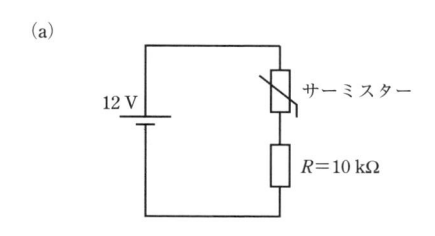

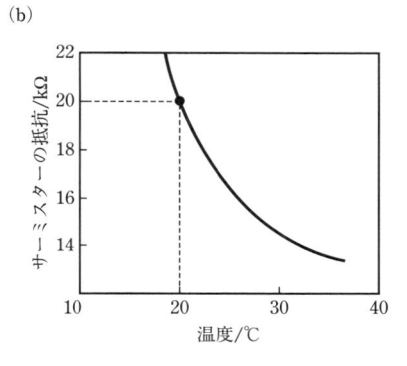

図14・29

14・5 1 kΩの抵抗2個を直列にし，起電力2.0 Vで内部抵抗が無視できる電池につないで，片方の抵抗の両端に電圧計を接続した．
(a) 回路図を描け．
(b) 電圧計の抵抗が（i）無限大および（ii）1 kΩの場合について，電圧計が示す値を計算せよ．

14・6 スライド式電位計を用いて電池Xの起電力を測る実験をした．電位計の校正には起電力1.50 Vの標準電池を用いた．測定された均衡点の位置は次のとおりである．
 1. 電池Xのとき 651 mm
 2. 標準電池のとき 885 mm
(a) 電池Xの起電力を計算せよ．
(b) 電位計に電池Xを組込んだまま，その端子間に抵抗値2.0 Ωの抵抗を接続したところ，均衡点の位置は542 mmとなった．（i）2.0 Ωの抵抗を接続したままで電池の端子間の電圧はどれだけか．（ii）電池Xの内部抵抗を計算せよ．

14・7 図14・30のホイートストンブリッジについて次の値を計算せよ．

(a) $P=5.0$ Ω，$Q=12.0$ Ω，$S=50.0$ Ωのときに均衡を実現するR．
(b) $P=5.0$ Ω，$R=20.0$ Ω，$S=50.0$ Ωのときに均衡を実現するQ．
(c) $R=20.0$ Ω，$Q=12.0$ Ω，$S=50.0$ Ωのときに均衡を実現するP．

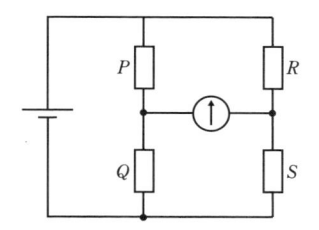

図14・30

14・8 図14・31のように，長さ1 mの均一な金属線，測定対象の抵抗R，抵抗箱Sを用いてホイートストンブリッジを構成し，Rの値を求める．
(a) $S=12.0$ Ωのと均衡点の位置はS側の端から438 mmであった．（i）Rの値を計算せよ．（ii）均衡点の測定に2 mmの誤差があるとき，Rの値にはどれだけの誤差が生じるか．
(b) 抵抗箱の抵抗を6.0 Ωにしたとき，新たな平衡点の位置を計算せよ．

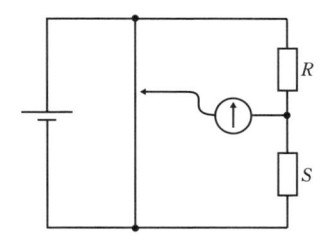

図14・31

14・9 (a) 抵抗率4.8×10^{-7} Ω mの物質でつくった細線の直径が0.36 mm，長さが1.50 mであった．この線の抵抗を計算せよ．
(b) (a)と同じ物質で作った長さ10.0 mの細線の抵抗が105 Ωであった．直径を計算せよ．
(c) 直径2.0 mmの銅線の抵抗が0.040 Ωのとき，その長さはどれだけか．銅の抵抗率を1.7×10^{-8} Ω mとする．

14・10 可動コイル型メーターの抵抗が500 Ω，フルスケール電流が0.10 mAである．メーターを次のように拡張する方法を述べよ．
(a) フルスケール電流を（i）100 mA，（ii）5.0 Aにする．
(b) フルスケール電圧を（i）1.0 V，（ii）15.0 Vにする．

15

コンデンサー

目次
15・1　電荷を蓄える
15・2　コンデンサーの合成
15・3　充電したコンデンサーに
　　　　蓄積されたエネルギー
15・4　コンデンサーの容量を決めるパラメーター
15・5　コンデンサーの放電
まとめ
章末問題

学習内容
- コンデンサーはどのようにして電荷をためるか
- 電気容量の定義と単位
- 電気容量の測り方
- コンデンサーを直列または並列に接続したときの電気容量
- 充電したコンデンサーのエネルギー
- 2個のコンデンサーを接続したときの電圧とエネルギーの変化
- 平行板コンデンサーの電気容量を決めるパラメーター
- 抵抗を通して充放電したときの電圧の変化

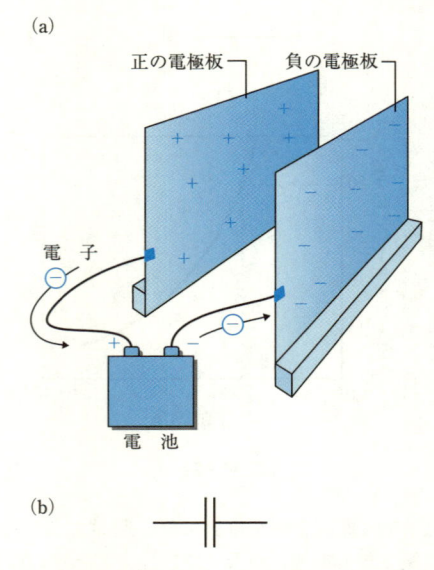

図15・1　平行板コンデンサーに電荷を蓄える．(a) 配線，(b) 回路図中の記号．

15・1　電荷を蓄える

　自動車の車体に触れて電気ショックを受けたことがあるなら，絶縁された金属が電荷を蓄えることができるのを直観的に理解できるだろう．金属に電荷を蓄えるには，帯電した絶縁体を直接接触させてもよいし，電池の一方の端子に金属をつなぎ，他方の端子を接地した金属配管につないでもよい．蓄えた電荷が正ならば電子が流出し，負なら流入したのである．
　コンデンサーは電荷を蓄えるように設計した素子である．最も簡単なコンデンサーは，2枚の金属板を平行に向い合わせたものであり，この種のものを**平行板コンデンサー**という．図15・1のように，金属板に電池をつなぐと，電池の負極に接続した金属板に端子から電子が移動する．

同時に，もう一方の金属板から電池の正極に電子が移動するので，この板は正に帯電する．金属板が電荷を蓄えるにつれて電子の流れが減る．2枚の金属板の間の電圧と電池の電圧が等しくなったとき電流が止まる．
　2枚の金属板（以後，電極板という）に蓄えられた電荷は互いに符号が反対かつ等量である．正の電極板の電荷が $+Q$ ならば負の電極板では $-Q$ である．このとき，コンデンサーは電荷 Q を蓄えたという．回路図で用いるコンデンサーの記号を図15・1bに示す．

実際のコンデンサー
　実用的なコンデンサーには，図15・2に示すように，柔軟な導体の帯状の薄板2枚で絶縁層を挟んだ構成となっているものがある．この薄板は平行板コンデンサーの金属板と同様に電極板だが，帯状に巻いてあるのでコンデンサーの大きさがずっと小さくなる．絶縁層は**誘電体**という種類の物質で，同じ電圧でより多くの電荷を蓄えるために利用

される．電極板間に電圧を加えると，誘導体分子は分極する．すなわち各分子の電子がわずかに正の電極板の方に引寄せられる．その結果，正の電極板に接した誘電体の表面は負電荷が，逆側には正電荷が現れる．全体としてみる

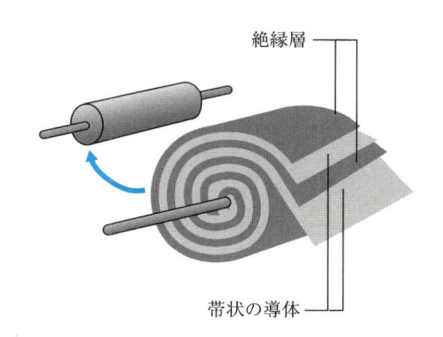

図 15・2 実用的なコンデンサー

と，電極の電荷の一部が誘電体の表面に現れた電荷により実効的に相殺されるので，同じ電圧でも電極板にはさらに多くの電荷を蓄えることができる．図 15・3 に誘電体で起こる現象を示す．

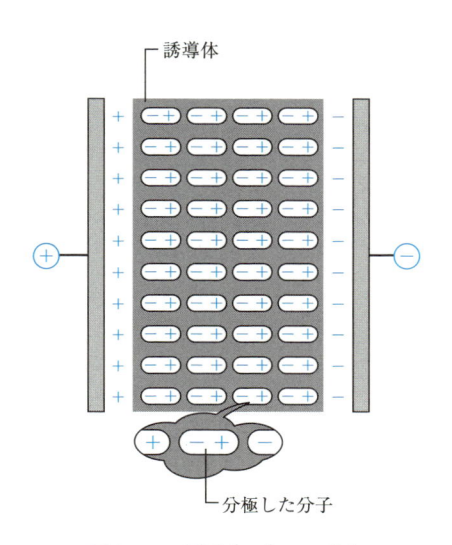

図 15・3 誘電体で起こる現象

　誘電体は絶縁体である．なぜなら電極板の間で電圧を加えたとき，分子内で電子はわずかに移動するが，分子から離れて移動することはないからである．だが，加える電圧（正確には第 17 章で学ぶ電場）がある値を超えると絶縁が破壊する．この電圧は耐電圧とよばれ，絶縁体の材質や層の厚さにより異なる．コンデンサーは耐電圧を超えて使用してはならない．また，有極性アルミ電解コンデンサーという種類では，正電極板の表面につくられた非常に薄い誘電体の被膜が絶縁層として作用するが，逆の電圧を加える

と電流が流れ，発熱，電気分解で気体が発生し内圧が高まるなどして破壊する．電解コンデンサーは，端子に表示された極性に従って接続しなければならない．

コンデンサーの充電を調べる実験

a. 固定抵抗を通して充電する　図 15・4 では，固定抵抗を通してコンデンサーに充電する仕方を示す．コンデンサーの充電が進むにつれて電流が低下する．コンデンサーの電圧と電池の電圧が等しくなると，それ以上の電荷を蓄積することはできず電荷の流れも 0 となる．抵抗値を大きくすれば充電の速さが減り，充電完了までに長い時間がかかる．

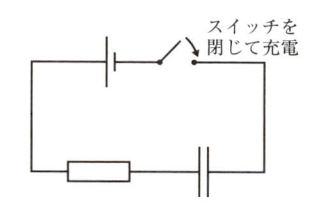

図 15・4 固定抵抗を通したコンデンサーの充電

b. 定電流で充電する　図 15・5 では，コンデンサーを一定の速さで充電する仕方を示す．充電電流が一定になるように，可変抵抗を連続的に減らす必要がある．可

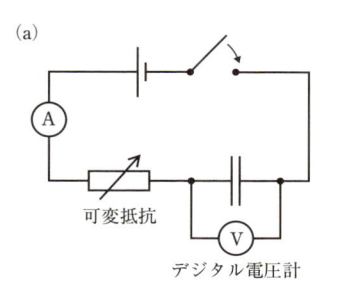

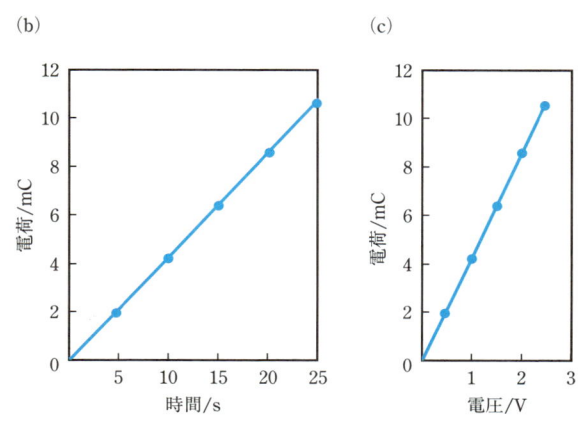

図 15・5 定電流でのコンデンサーの充電

変抵抗の値が0になったとき，電圧が電池の電圧と同じになり，電流が0になる．定電流で充電が行われる間に，一定の時間間隔でコンデンサーの電圧を測るため，デジタル電圧計を用いる．このような実験の結果を表15・1に示す．蓄えられた電荷の量は"電荷＝電流×時間"の式から求められる．

表 15・1　定電流でのコンデンサーの充電

時間/s	コンデンサーの電圧/V	電荷/mC
0.00	0.00	0.00
5.00	0.45	2.15
10.00	0.91	4.30
15.00	1.37	6.45
20.00	1.81	8.60
25.00	2.27	10.75

測定結果は，縦軸 y＝電荷 Q，横軸 x＝電圧 V のグラフにプロットする．表15・1の測定をプロットすると図15・5bになり，蓄えられた電荷が電圧に比例している．言い換えると，蓄えられた電荷は単位電圧当たり一定となる．

> コンデンサーの**電気容量** C の定義は，単位電圧当たりそのコンデンサーに蓄えられる電荷である．

電気容量の単位**ファラド**（F）は，1ボルト（1V）当たり1クーロン（1C）に等しい．実際上は，電気容量の値を表すときマイクロファラド（$\mu F = 10^{-6}$ F）やピコファラド（$pF = 10^{-12}$ F）を用いるのが一般的である．図15・5の場合，電気容量が4700 μF となることを各自で確かめよ．

電気容量 C は，蓄えられた電荷 Q と電圧 V を用いて，

$$C = \frac{Q}{V}$$

となる．

> **メモ**
> $C = \dfrac{Q}{V}$ を変形すると，$Q = CV$ あるいは $V = \dfrac{Q}{C}$

例題 15・1

4700 μF のコンデンサーとスイッチ，可変抵抗，電流計および3.0 V の電池を直列に接続する（図15・6）．スイッチを入れ，電流が一定値 0.050 mA に保たれるように可変抵抗の値を徐々に下げていく．(a) 充電が完了したとき蓄えられた電荷量と (b) この電流で充電が完了するまでに要する時間を計算せよ．

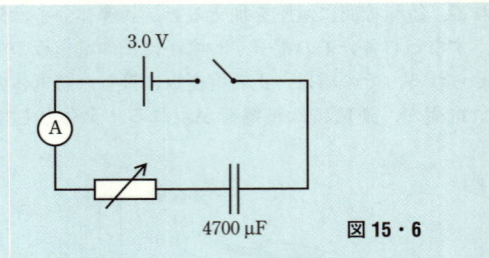

図 15・6

[解　答]

(a) $C = \dfrac{Q}{V}$ を変形し，

$$Q = CV = 4700 \times 10^{-6} \times 3.0 = 1.4 \times 10^{-2} \text{ C}$$

(b) $Q = It$ を変形し，

$$t = \frac{Q}{I} = \frac{1.4 \times 10^{-2}}{0.050 \times 10^{-3}} = 280 \text{ s}$$

練習問題 15・1

1. 空欄の値を計算して下表を完成させよ．

電気容量/μF	電圧/V	電荷/μC
10.00	6.00	?
0.22	?	0.33
?	4.50	9.90×10^4
1.00×10^{-2}	?	5.00×10^{-2}

2. 2200 μF のコンデンサーを 9.0 V の電池と可変抵抗を用いて定電流 2.5 mA で充電する．(a) 9.0 V でこのコンデンサーに蓄えられた電荷の量，(b) 0.25 mA で充電が完了するまでの時間を計算せよ．

15・2　コンデンサーの合成

直列接続

図15・7のように，2個のコンデンサー C_1 と C_2 を直列にして電池に接続する．どちらのコンデンサーにも同量の電荷 Q が蓄えられる．全体として蓄えられた電荷も Q で

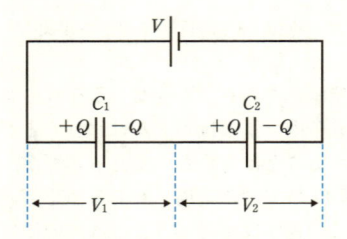

図 15・7　直列に接続したコンデンサー

ある．その理由は，接続した2個の電極板では一方から他方に電子が移動することで電荷を蓄えたので，電荷の大き

さが共通しているからである．直列接続した2個の抵抗を共通の電流が流れるのと似て，直列接続した2個のコンデンサーでは蓄える電荷の量が共通になる．

コンデンサーC_1に加わる電圧 $V_1 = \dfrac{Q}{C_1}$

コンデンサーC_2に加わる電圧 $V_2 = \dfrac{Q}{C_2}$

電池の電圧 $V = V_1 + V_2$

よって，$V = \dfrac{Q}{C_1} + \dfrac{Q}{C_2}$

結合したコンデンサーの電気容量は，$C = \dfrac{Q}{V}$ より求められるので，

$$\dfrac{1}{C} = \dfrac{V}{Q} = \dfrac{\left(\dfrac{Q}{C_1} + \dfrac{Q}{C_2}\right)}{Q} = \dfrac{1}{C_1} + \dfrac{1}{C_2}$$

したがって，コンデンサーC_1とC_2を直列接続したときの合成電気容量Cは，

$$\dfrac{1}{C} = \dfrac{1}{C_1} + \dfrac{1}{C_2}$$

で与えられる．

並列接続

図15・9のように，2個のコンデンサーC_1とC_2を並列にして電池に接続する．各コンデンサーは並列なので，両端の電圧Vが同じである．

コンデンサーC_1の電荷 $Q_1 = C_1 V$

コンデンサーC_2の電荷 $Q_2 = C_2 V$

蓄えられた全電荷 $Q = Q_1 + Q_2 = C_1 V + C_2 V$

よって，結合したコンデンサーの電気容量Cは，

$$C = \dfrac{Q}{V} = \dfrac{C_1 V + C_2 V}{V} = C_1 + C_2$$

したがって，コンデンサーC_1とC_2を並列接続したときの合成電気容量Cは，

$$C = C_1 + C_2$$

で与えられる．

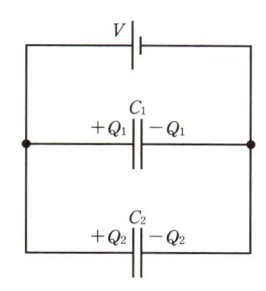

図15・9 並列に接続したコンデンサー

例題 15・2

2 μFのコンデンサーと6 μFのコンデンサー，および6.0 Vの電池を直列に接続する（図15・8）．

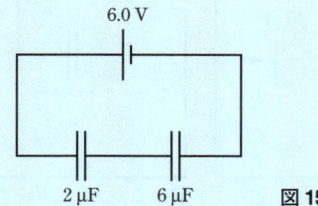

図15・8

(a) 2個のコンデンサーの直接接続による合成電気容量を計算せよ．
(b) 各コンデンサーについて，(i) 蓄えられた電荷，(ii) 両端の電圧を計算せよ．

[解答]

(a) $\dfrac{1}{C} = \dfrac{1}{C_1} + \dfrac{1}{C_2} = \dfrac{1}{2} + \dfrac{1}{6} = \dfrac{6+2}{2 \times 6} = \dfrac{8}{12}$

$\therefore\ C = \dfrac{12}{8} = 1.5\ \mu F$

(b) (i) $Q = CV = 1.5\ \mu F \times 6.0\ V = 9.0\ \mu C$ で共通．

(ii) 2.0 μF; $V = \dfrac{Q}{C_1} = \dfrac{9.0\ \mu C}{2.0\ \mu F} = 4.5\ V$

6.0 μF; $V = \dfrac{Q}{C_2} = \dfrac{9.0\ \mu C}{6.0\ \mu F} = 1.5\ V$

電圧を加えると電池の電圧となることに注意せよ．

例題 15・3

4 μFのコンデンサーと6 μFのコンデンサーを並列に接続し3.0 Vの電池に接続した（図15・10）．

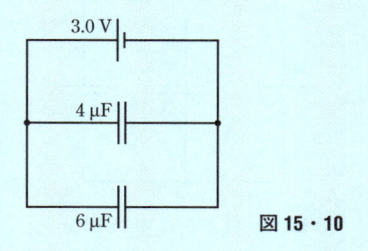

図15・10

(a) 合成電気容量を計算せよ．
(b) (i) 2個のコンデンサーに蓄えられた全電荷，(ii) 各コンデンサーの電荷を計算せよ．

[解答] (a) $C = C_1 + C_2 = 4 + 6 = 10\ \mu F$

(b) (i) $Q = CV = 10\ \mu F \times 3.0\ V = 30\ \mu C$

(ii) 4 μF: $Q_1 = C_1 V = 4\ \mu F \times 3.0\ V = 12\ \mu C$

6 μF: $Q_2 = C_2 V = 6\ \mu F \times 3.0\ V = 18\ \mu C$

> **メモ** 2個以上のコンデンサーを並列に接続したときの合成電気容量は,
>
> $$C = C_1 + C_2 + C_3 + \cdots$$
>
> 同様に2個以上のコンデンサーを直列に接続したときの合成電気容量は,
>
> $$\frac{1}{C} = \frac{1}{C_1} + \frac{1}{C_2} + \frac{1}{C_3} + \cdots$$

電荷の再配分

まったく充電していないコンデンサーに，充電を完了したコンデンサーを回路から切り離して並列接続すると，全電荷は両方のコンデンサーに分かれて蓄えられる．結果として，2番目のコンデンサーの電圧は下がる．

図15・11では，2接点スイッチSを用いて，まずコンデンサーC_1を電圧V_0の電池で充電し，充電が終わったら，スイッチを切り替えてC_1とC_2を並列に接続する．2個のコンデンサーの電圧が最終的にV_fとなったとする．

最初にC_1が蓄えた電荷 $Q = C_1 V_0$

最終にC_1が蓄えた電荷 $Q_1 = C_1 V_f$

およびC_2が蓄えた電荷 $Q_2 = C_2 V_f$

蓄えた電荷は最初も最終も同じ値なので，$Q = Q_1 + Q_2$

よって，$C_1 V_0 = C_1 V_f + C_2 V_f = (C_1 + C_2) V_f$

この式を変形し，

$$V_f = \frac{C_1}{(C_1+C_2)} V_0 = \frac{\text{最初の電荷}\ C_1 V_0}{\text{合成電気容量}(C_1+C_2)}$$

となる．

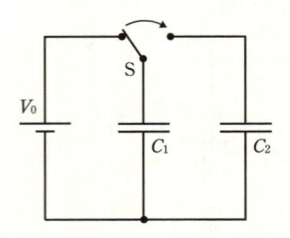

図15・11 電荷の再配分

例題 15・4

3.0Vの電池を10μFのコンデンサーに接続し，充電してから切り離す．つぎに，まったく充電していない22μFのコンデンサーを充電した方のコンデンサーの端子間に接続する（図15・12）．(a) はじめに10μFのコンデンサーに蓄えられた電荷，および (b) 各コンデンサーの最終的な (i) 電圧と (ii) 電荷を計算せよ．

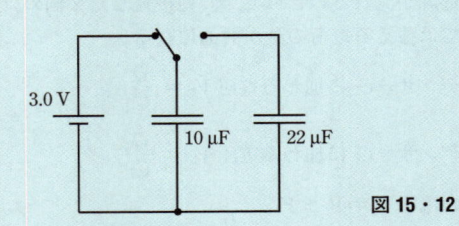

図15・12

[解 答]

(a) $Q = CV = 10\,\mu\text{F} \times 3.0\,\text{V} = 30\,\mu\text{C}$

(b) (i) 合成電気容量 $C = (C_1 + C_2)$
$= 10 + 22 = 32\,\mu\text{F}$

∴ 最終の電圧 $= \dfrac{\text{最初の電荷}}{\text{合成電気容量}} = \dfrac{30\,\mu\text{C}}{32\,\mu\text{F}} = 0.94\,\text{V}$

(ii) $10\,\mu\text{F}: Q_1 = C_1 V = 10\,\mu\text{F} \times 0.94\,\text{V} = 9.4\,\mu\text{C}$

$22\,\mu\text{F}: Q_2 = C_2 V = 22\,\mu\text{F} \times 0.94\,\text{V} = 20.6\,\mu\text{C}$

練習問題 15・2

1. (a) 3μFと6μFのコンデンサーを (i) 直列または (ii) 並列に接続したときの合成電気容量を計算せよ．
 (b) 図15・13の各回路で (i) 合成電気容量，(ii) 全電荷，各コンデンサーについて (iii) 蓄えた電荷と電圧を計算せよ．

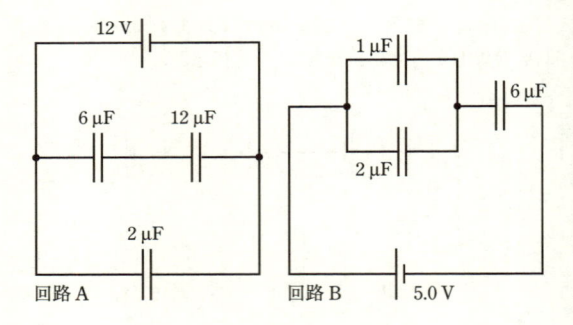

図15・13
回路A ／ 回路B

2. 4.7μFのコンデンサーを6.0Vの電池で充電してから切り離す．つぎに，まったく充電していない10μFのコンデンサーをこの4.7μFのコンデンサーの端子間に接続する．(a) 蓄えられた全電荷，(b) 各コンデンサーの電圧，(c) 各コンデンサーが最終的に蓄える電荷を計算せよ．

15・3 充電したコンデンサーに蓄えられたエネルギー

充電したコンデンサーを適切な電球を通して放電すると，電球は少しの時間点灯する．コンデンサーを充電する電圧を2倍にすると，図15・14のように接続した電

15. コンデンサー

球4個がさっきと同じ時間点灯する．これは，充電電圧を2倍にしたためにコンデンサーに蓄えられたエネルギーが4倍になったからである．言い換えると，コンデンサーに蓄えられるエネルギーは充電電圧の2乗に比例する．

> 蓄えられたエネルギー $E = \dfrac{1}{2}QV = \dfrac{1}{2}CV^2$
> Q: 蓄えた電荷，V: 電圧，C: 電気容量

である．

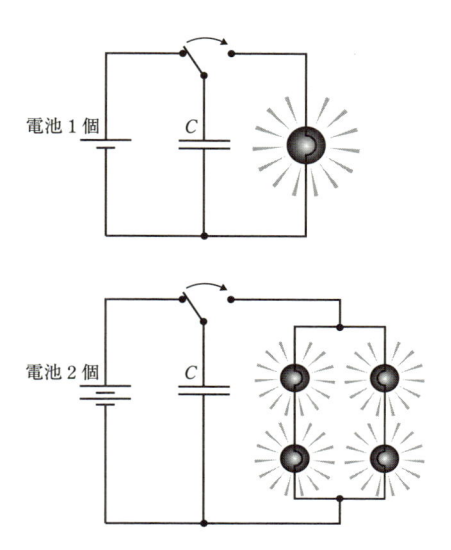

図 15・14 コンデンサーに蓄えられたエネルギーの使用

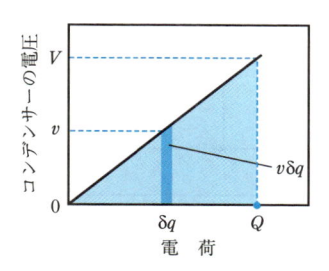

図 15・15 充電したコンデンサーに蓄えられたエネルギー

コンデンサー C を最終電圧 V まで充電する途中の非常に短い時間 δt に，コンデンサーの電圧が v から $v+\delta v$ まで上昇し，電荷が q ($=Cv$) から $q+\delta q$ 〔$=C(v+\delta v)$〕まで増えるとしよう．この間に増加した電荷 δq は，一方の電極板から他方の電極板へと，電圧に逆らって電池が移動させたものである．ここで電圧としては平均値 $v+\dfrac{1}{2}\delta v$ を採用する．電圧とは単位電荷当たりの仕事のことだから，電荷 δq に対して電池がした仕事は，

$$\delta W = \delta q\left(v+\dfrac{1}{2}\delta v\right)$$

したがって，

$$\delta W = (v\delta q) + \left(\delta q \times \dfrac{1}{2}\delta v\right) = v\delta q$$

ただし，最後の等号は，非常に小さい値どうしの積である第2項を無視した．

図 15・15 は，コンデンサーに加わる電圧の上昇と電極板の電荷の増加の関係を示す．グラフで幅 δq，高さ v の細い帯の面積は，時間 δt 内にされる仕事 ($v\delta q$) を表す．したがって，コンデンサーを充電するための全エネルギーは，図の直線の下側の面積で表され，幅 Q，高さ V の長方形の面積の半分である．よって，全仕事は $W=\dfrac{1}{2}QV$ であり，これがコンデンサーに蓄えられたエネルギーである．最終的に蓄えられた電荷が $Q=CV$ だから，蓄えられたエネルギー E は，

例題 15・5

10 000 μF のコンデンサーを 6.0 V の電池で充電する．
(a) 6.0 V で充電したときコンデンサーに蓄えられたエネルギーを計算せよ．
(b) 定格 6.0 V，0.36 W の豆電球を定格で点灯しつづけるとして，放電により点灯できる時間はどれほどか．

[解答]

(a) $E = \dfrac{1}{2}CV^2 = 0.5 \times 10\,000 \times 10^{-6} \times 6.0^2 = 0.18$ J

(b) 電力 $= \dfrac{\text{エネルギー}}{\text{時間}}$ を変形して，

$$\text{時間} = \dfrac{\text{エネルギー}}{\text{電力}} = \dfrac{0.18\,\text{J}}{0.36\,\text{W}} = 0.5\,\text{s}$$

練習問題 15・3

1. (a) 次の場合について，それぞれ蓄えられたエネルギーを計算せよ．(i) 5.0 μF のコンデンサーを 12.0 V で充電，(ii) 1.8 mC の電荷を蓄えた 100 μF のコンデンサー，(iii) 6.0 V の電圧を加えて 30 mC の電荷を蓄えたコンデンサー．
   (b) (i) 20 μF のコンデンサーが 250 μJ を蓄えたときの電圧を計算せよ．(ii) 50 000 μF のコンデンサーを 6.0 V で充電し，その放電で定格 6.0 V，0.2 W の電球を点灯するときの動作時間を推定せよ．

2. 図 15・16 では，2 接点スイッチを使って，6.0 V の電池で 100 μF のコンデンサーを充電する．その後でスイッチを切替え，まったく充電していない 50 μF のコンデンサーを接続する．
   (a) (i) 100 μF コンデンサーに充電が完了したときの電荷と蓄えたエネルギー，(ii) 2 個のコンデンサーを接続した後の最終電圧，(iii) 各コンデンサーの最終電荷と蓄えたエネルギーを計算せよ．

(b) スイッチの切替えにより，蓄えられたエネルギーはどれだけ損失したか．

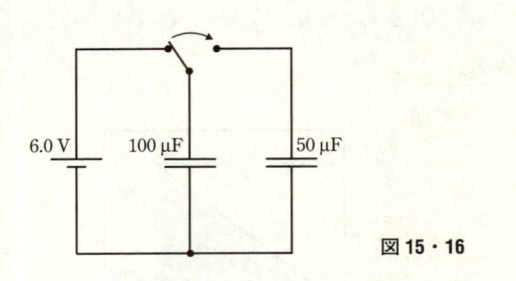

図 15・16

15・4 コンデンサーの容量を決めるパラメーター

コンデンサーの電気容量は，電極板の表面積，電極板間の距離とそこを埋める誘電体の材質に依存する．同じ電圧であれば，表面積が大きいほど，また電極間が狭いほど，コンデンサーが蓄える電荷は多くなる．

平行平板コンデンサーの電気容量を決めるパラメーターを調べる実験

図 15・17 は，これらのパラメーターを平行板コンデンサーを用いて調べる方法を示す．リードスイッチ（磁場で

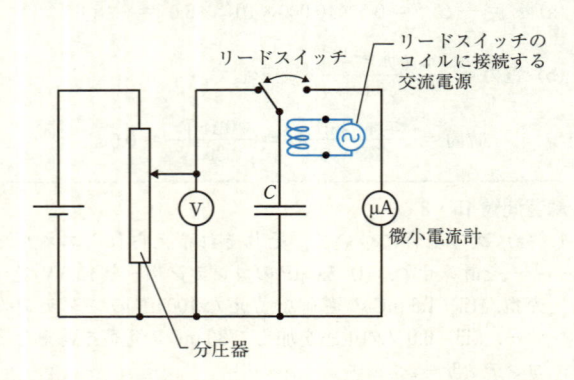

図 15・17 電気容量とパラメーターの関係を調べる実験

on/off）に交流磁場を加え，一定の周波数 f でコンデンサーの充電と放電を繰返す．コンデンサーが充電側の電圧 V に接続されると電荷 Q（$=CV$）が蓄えられ，スイッチが放電側に接続されると微小電流計を通して放電する．この過程が繰返されるので，電流計は一定の電流値 $I=Q/t=Qf$ を示す．ここで，$t=1/f$ である．よって $I=CVf$ となり，式を書き換えると，

$$C = \frac{I}{Vf}$$

である．

a. 電極板の間隔 d の影響 充電電圧 V を既知としリードスイッチの周波数 f を別に測定しておき，電流 I を測定する．既知の厚みの絶縁体スペーサーを挟んで電極板の間隔を保持する．I, V, f の測定値から異なる間隔について電気容量を計算する．

図 15・18 は，横軸に $1/d$，縦軸に電気容量 C をとり結果をプロットしたときのグラフである．グラフは原点を通る直線となり，電気容量は $1/d$ に比例することが示される．

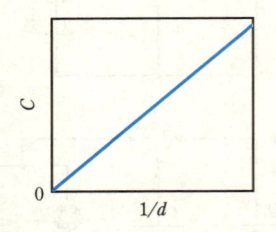

図 15・18 平行板コンデンサーの電気容量と 1/電極板間隔の関係

b. 表面積 A の影響 電圧と電極板の間隔を一定にしたまま，電極板の向かい合わせた部分，すなわち電極板の実効的な面積 A を変える．異なる面積に対して放電電流を測定する．図 15・19 は横軸 A，縦軸に電気容量 C をとり，結果をプロットしたときのグラフである．グラフは原点を通る直線となるはずで，電気容量は面積 A に比例する．

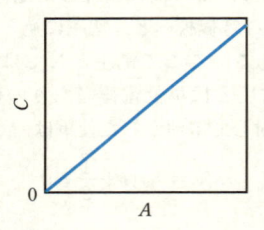

図 15・19 平行板コンデンサーの電気容量と電極板の実効的な面積の関係

以上の結果を総合すると，平行板コンデンサーの C に対する次の式

$$C = 係数 \times \frac{A}{d}$$

を得る．この式の比例係数は，**真空の誘電率**といい，電極板間の電位の勾配 V/d が単位の値となるのに必要な単位面積当たりの電荷 Q/A の量の目安となる量である．真空の誘電率を表す記号は ε_0（イプシロン・ゼロ）であり，その概略の値は $8.85 \times 10^{-12}\,\mathrm{F\,m^{-1}}$ である．

c. 電極板間の物質の影響　電極板間に物質を入れないとき，およびいろいろな物質を入れたときに電気容量を測定する．電気容量を増やす物質は誘電体である．p.147で説明したように，電圧が加わると電極板間の誘電体の各分子内で電子が正電極の方向に少し引かれ，分極が生じる．この効果は電気容量を増やすことになる．誘電体の**比誘電率** ε_r は，

$$\varepsilon_r = \frac{\text{電極板間を誘電体で満たした電気容量 } C}{\text{電極板間に物質を入れない電気容量 } C_0}$$

と書かれる量であり，したがって，

$$C = \varepsilon_r C_0 = \frac{A \varepsilon_0 \varepsilon_r}{d}$$

A: 電極板面積，d: 電極板間隔，ε_0: 真空の誘電率
ε_r: 電極板間を埋めた誘電体の比誘電率

となる．

例題 15・6

長さ 1.20 m，幅 0.05 m の金属箔の帯 2 枚を電極板とし，厚さ 0.20 mm のポリエチレンシートを挟んでコンデンサーとした．その電気容量を計算せよ．ポリエチレンの比誘電率を 2.3 とする．（$\varepsilon_0 = 8.85 \times 10^{-12}\,\mathrm{F\,m^{-1}}$）

[解答]

$C = \dfrac{A \varepsilon_0 \varepsilon_r}{d}$ より，

$C = \dfrac{1.2 \times 0.05 \times 8.85 \times 10^{-12} \times 2.3}{0.20 \times 10^{-3}} = 6.1 \times 10^{-9}\,\mathrm{F}$

練習問題 15・4

（$\varepsilon_0 = 8.85 \times 10^{-12}\,\mathrm{F\,m^{-1}}$）

1. 長さ 1.5 m，幅 0.040 m の金属箔の帯 2 枚を電極板とし，厚さ 0.01 mm の絶縁シートを挟んだコンデンサーがある．絶縁体の比誘電率を 2.5 とする．
   (a) このコンデンサーの電気容量を求めよ．
   (b) (i) 厚さ 1 mm につき 700 kV を超える電圧が加わるとこの絶縁層は破壊され電流が流れる．絶縁破壊を起こさない範囲の最大電圧を計算せよ．(ii) 最大電圧で蓄えられるエネルギーを計算せよ．

2. 自動車が地面から絶縁されているなら，乾燥した天気の日には車体に電荷が蓄えられる．
   (a) 車を一方の電極，地面を他方の電極と考えて車の電気容量を推定せよ．車は地面から 0.10 m 離れており，実質的な電極の面積は 6.0 m² とする．
   (b) 電圧を 1000 V としたとき，車に蓄えられる電荷とエネルギーを計算せよ．

15・5　コンデンサーの放電

コンピューターの内部では，直流電源の出力端子と並列に電気容量の大きなコンデンサーが接続されている場合がある．電源スイッチを切り電池を交換するときはこのコンデンサーが電力を供給する．コンピューターの半導体記憶素子には電力がこないとデータが失われてしまうものがある．コンピューターが正常に復帰するまでの間，短時間ならコンデンサーが電力の供給を続けることができる．

コンデンサーが抵抗を通して放電する様子を調べる実験
抵抗を通して放電するときのコンデンサー両端の電圧は，オシロスコープまたはデジタル電圧計を用いて測定できる．図 15・20a では，スイッチを放電側に倒した後，コンデンサーの電圧が時間的に変化する様子を測定している．縦軸に電圧，横軸に時間をとって測定結果をプロットしたグラフは図 15・20b のようになる．

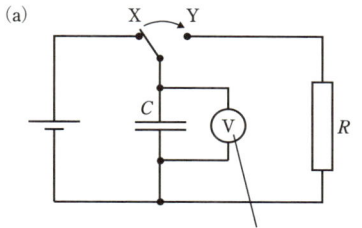

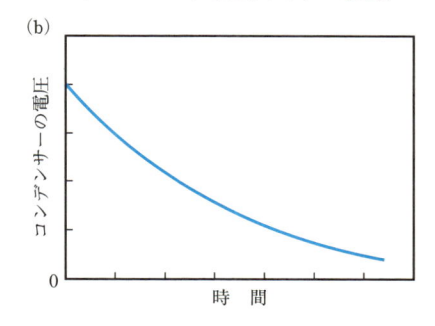

図 15・20　コンデンサーの放電

時間とともに電圧が下がるが，その変化は徐々に遅くなる．図 15・20b の曲線は，指数関数的な減衰曲線とよばれる．電圧は減衰しつづけ，理論上はいつまでも 0 にならない．$t=0$ における値の 90% まで電圧が降下する時刻を t_1 とすると，初期値の 90% の 90% まで降下する時刻は $2t_1$，さらにその 90% なら $3t_1$，…と続く．したがって電圧は決して 0 にならないが，実際上は無視できるほど小さくなる．

例として，最初の 5.0 s に電圧が 10.0 V から 9.0 V に降下し，次の 5.0 s に 8.1 V（= 9.0 V の 90%）まで，その 5.0 s 後には 7.3 V（= 8.1 V の 90%）に降下するとしよう．

表15・2は，この数値的な例で電圧が降下しつづける様子を示す．計算値をプロットした図15・21は，実験で得た図15・20bの曲線と同じ形の曲線になっている．

表15・2 計算結果

放電開始後の時間/s	電圧/V
0.00	10.00
5.00	9.00
10.00	8.10
15.00	7.29
20.00	6.56
25.00	5.90
30.00	5.31
35.00	4.78

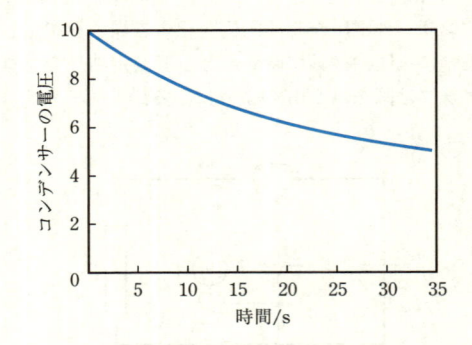

図15・21 電圧の時間的な変化の計算結果

コンデンサーの放電を表す数式

放電開始から時間 t だけ経過したコンデンサーを考える．その時刻の電圧を V とする．

1. コンデンサーの電気容量を C とすると，電荷 Q は，
$$Q = CV$$

2. 抵抗 R を通して流れる放電電流 I は，
$$I = \frac{V}{R}$$
で与えられる．

上記1, 2の両式より，
$$I = \frac{Q}{CR}$$

となる．短い時間 Δt の間に流れる電荷は $\Delta Q = I\Delta t$ だから，電流は，
$$I = \frac{\Delta Q}{\Delta t} = \frac{dQ}{dt}$$

である．ここで $\frac{d}{dt}$ は"変化の速さ"を意味する記号である（必要ならば §10・6 を参照）．したがって，
$$\frac{dQ}{dt} = -\frac{Q}{CR}$$

ただし，マイナス（−）の符号は蓄えられた電荷が減少することを表す．

この式の解は，
$$Q = Q_0 e^{-\frac{t}{CR}}$$

である．ここで，
$$e^x = 1 + x + \frac{x^2}{2} + \frac{x^3}{3\times 2} + \frac{x^4}{4\times 3\times 2} + \cdots$$

である．この関数は**指数関数**といい，グラフの形は図15・20bに示した．この関数の主要な性質は，変化の速さ
$$\frac{d}{dx}(e^x)$$

が関数そのものと一致することである．そうなる理由は，上に記した無限に続く多項式において，ある項の変化の速さを計算すると，その左隣の項と同じになることである．たとえば，
$$\frac{d}{dx}\left(\frac{x^2}{2}\right) = x$$

である．こうして，どんな物理現象であっても，量の変化の速さがその量自身に比例するときには指数関数が現れるのである．

微分について

関数が変化する速さを表す式を求める演算を**微分**という．指数関数で，ある項の変化の速さを計算すると，その左隣の項と同じになるのは，次の一般的な規則
$$\frac{d}{dx}(x^n) = nx^{n-1}$$

による．この一般的な規則を説明するために関数 $y = x^n$ を考えよう．

x が微小に変化して $x+\delta x$ になると y も $y+\delta y$ 微小に変化する．ただし，$y+\delta y = (x+\delta x)^n$ である．
$(x+\delta x)^n$ を展開すると，
$$x^n + nx^{n-1}\delta x + (\delta x^2 \text{の項} + \delta x^3 \text{の項} + \cdots)$$
よって，
$$\delta y = (x+\delta x)^n - y$$
$$= (x+\delta x)^n - x^n$$
$$= nx^{n-1}\delta x + (\delta x^2 \text{の項} + \delta x^3 \text{の項} + \cdots)$$
$$\therefore \frac{\delta y}{\delta x} = \frac{(x+\delta x)^n - x^n}{\delta x}$$
$$= \frac{nx^{n-1}\delta x + (\delta x^2 \text{の項} + \delta x^3 \text{の項} + \cdots)}{\delta x}$$
$$= nx^{n-1} + (\delta x \text{の項} + \delta x^2 \text{の項} + \cdots)$$

$\delta x \to 0$ の極限では $(\delta x \text{の項} + \delta x^2 \text{の項} + \cdots)$ はすべて0になり，また $\frac{\delta y}{\delta x} \to \frac{dy}{dx}$ だから，
$$\frac{dy}{dx} = nx^{n-1}$$

となる．

指数関数についての注意事項

1. 指数関数の逆関数は自然対数といい，関数の記号は "ln" または "$\log_e$" である．言い換えると，$y=e^x$ ならば $x=\ln y$ である．

2. 関数電卓には指数関数のボタンがあり "e^x"，"Exp" などと表示されているものが多い．

3. 積 CR をこの回路の**時定数**とよぶ．この値は，初めに蓄えた電荷 Q_0 が放電で約 $0.37Q_0$ になるまでの時間に等しい．なぜなら，時刻 $t=CR$ で $Q=Q_0 e^{-1}=0.37Q_0$ だからである．

4. $\dfrac{dQ}{dt} = -\dfrac{Q}{CR}$ を変形すると，

$$\frac{dQ}{Q} = -\frac{1}{CR}dt$$

となる．この式は，どの時刻においても時間 dt 内に電荷が減少する割合

$$\frac{dQ}{Q}$$

が一定であり積 CR だけで決まることを意味する．たとえば，$C=100\,\mu\text{F}$，$R=0.5\,\text{M}\Omega$ とすると，

$$\left(\frac{1}{CR} = 0.02 \text{ となるので}\right) \quad dt=5.0\,\text{s では，}$$

$$\frac{dQ}{Q} = -\frac{1}{CR}dt = -0.02 \times 5 = -0.1$$

となり，5秒（5 s）ごとに電荷が10%減少する．初めに電荷が $1000\,\mu\text{C}$ ならば，5秒後に $900\,\mu\text{C}$，10秒後に $810\,\mu\text{C}$，15秒後に $729\,\mu\text{C}$ となることを各自確かめ，表 15・2 の形にまとめよ．

例題 15・7

図 15・22 の回路を用いて $2.0\,\mu\text{F}$ のコンデンサーを $5.0\,\text{V}$ まで充電する．その後スイッチを切替え，$10\,\text{M}\Omega$ の抵抗を通し放電する．次を計算せよ．

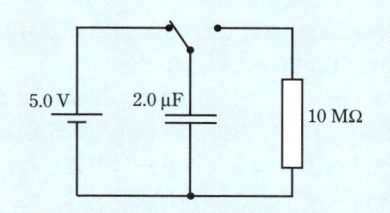

図 15・22

(a) 最初にコンデンサーに蓄えられた電荷
(b) スイッチを切替えて30秒後の電荷
(c) 30秒後の電圧

[解答]
(a) 充電電圧を V_0 とすると，最初の電荷は $Q_0 = CV_0$ より，
$$Q_0 = 2.0\,\mu\text{F} \times 5.0\,\text{V} = 10\,\mu\text{C}$$

(b) $t=30\,\text{s}$，$CR = 2.0\,\mu\text{F} \times 10\,\text{M}\Omega = 20\,\text{s}$ となるので，

$$\frac{t}{CR} = \frac{30}{20} = 1.5$$

よって，$Q = Q_0 e^{-\frac{t}{CR}} = 10\,e^{-1.5} = 2.2\,\mu\text{C}$

(c) $V = \dfrac{Q}{C} = \dfrac{2.2\,\mu\text{C}}{2.0\,\mu\text{F}} = 1.1\,\text{V}$

練習問題 15・5

1. $12.0\,\text{V}$ の電池で充電した $5.0\,\mu\text{F}$ のコンデンサーを $0.5\,\text{M}\Omega$ の抵抗で放電する．(a) 最初の電荷とエネルギー，(b) 放電を開始したあと 5.0 秒経過したときの電荷とエネルギーを計算せよ．

2. $6.0\,\text{V}$ の電池で充電した $2200\,\mu\text{F}$ のコンデンサーを $100\,\text{k}\Omega$ の抵抗で放電する．(a) 最初の電荷とエネルギー，(b) 回路の時定数，(c) 放電開始から時定数だけ時間が経過したときの電荷とエネルギー，(d) その時刻に抵抗を流れる電流を計算せよ．

▼ まとめ

- **電気容量**の定義は単位電圧当たり蓄積された電荷．
- **電気容量の単位**はファラド（F）であり，1 ボルト（1 V）当たり 1 クーロン（1 C）と等しい．
- コンデンサー放電回路の**時定数** $= CR$
- 第 15 章で学んだ式
  - 電気容量 C
    $$C = \frac{Q}{V}$$
  - 合成電気容量
    $$C = C_1 + C_2 \quad \text{（2 個のコンデンサーの並列接続）}$$
    $$\frac{1}{C} = \frac{1}{C_1} + \frac{1}{C_2} \quad \text{（2 個のコンデンサーの直列接続）}$$
  - 蓄えられたエネルギー
    $$E = \frac{1}{2}CV^2$$
  - 平行板コンデンサーの電気容量
    $$C = \frac{A\varepsilon_0\varepsilon_r}{d}$$
  - コンデンサーの放電を表す式
    $$\frac{dQ}{dt} = -\frac{Q}{CR}$$
  - 放電を表す式の解
    $$Q = Q_0 e^{-\frac{t}{CR}}$$

章末問題

p.321 に本章の補充問題がある.

15・1 (a) コンデンサー,発光ダイオード (LED),スイッチおよび 1.5 V の電池を直列に接続し,スイッチを閉じると LED が短時間だけ点灯した. (i) LED が点灯したのはなぜか, (ii) LED が消えたのはなぜか.
(b) 5000 μF のコンデンサーを,可変抵抗,電流計および 3.0 V の電池と直列に接続し,定電流 0.15 mA で充電した. (i) 充電が完了したときにコンデンサーに蓄えられた電荷, (ii) 充電開始から完了までの時間を計算せよ.

15・2 (a) 3 μF のコンデンサーと 6 μF のコンデンサーを (i) 直列または (ii) 並列に接続したときの合成電気容量を計算せよ.
(b) 図 15・23 の回路の (i) 全電気容量, (ii) 蓄えられた全電荷, (iii) 各コンデンサーの電荷とエネルギーを計算せよ.

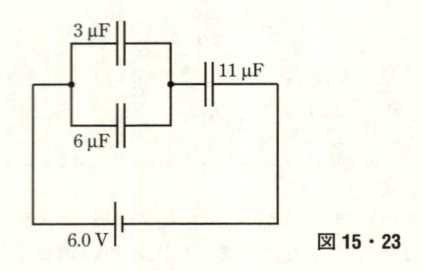

図 15・23

15・3 (a) 0.30 m×0.25 m の長方形の金属板を,比誘電率 3.5,厚み 1.5 mm の絶縁層を挟んで対向させた平行板コンデンサーがある. 電気容量を計算せよ.
(b) 50 V の電圧を (a) の電極板の間に加えたとき,蓄えられる電荷とエネルギーを計算せよ.

15・4 (a) 図 15・24 では,4.7 μF のコンデンサーを 9.0 V の電圧で充電した後,10 MΩ の抵抗を通して放電する.
(i) 充電を完了したときに蓄えられた電荷とエネルギー, (ii) 放電回路の時定数, (iii) 放電開始後 100 s においてコンデンサーに蓄えられた電荷とエネルギーを計算せよ.
(b) 図 15・24 で,コンデンサーを完全に放電した後,10 MΩ の抵抗を 2.2 μF のコンデンサーに取替える. 4.7 μF のコンデンサーを 9.0 V の電圧で充電して電池から切り離し,2.2 μF のコンデンサーに接続した. 各コンデンサーの (i) 電圧, (ii) 蓄えたエネルギー,また (iii) この接続により損失したエネルギーを計算せよ.

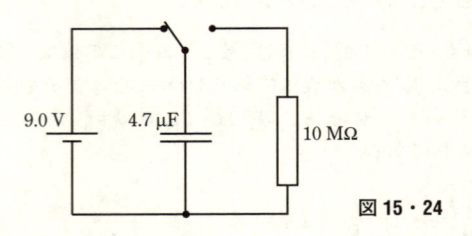

図 15・24

15・5 6.0 V の電源で動作するセキュリティ用の警報回路があり,電源の出力端子には 50 000 μF のコンデンサーが接続されている. 警報が待ち受け状態のとき,電源から回路に 0.5 mA の電流が流れる.
(a) 待ち受け状態のとき,この回路を電源側からみた抵抗はどれだけか.
(b) 待ち受け状態のときに電源が落ちると,コンデンサーの電圧が 5.0 V になるまでは,代わって電流を供給しつづける (図 15・25).

図 15・25

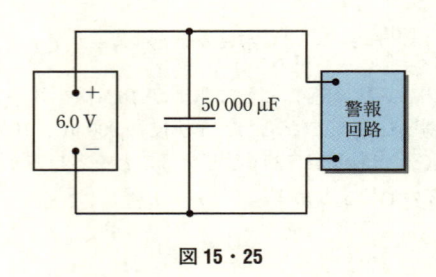

(i) コンデンサーと(a)で求めた抵抗から成る放電回路の時定数を計算せよ.
(ii) 6.0 V の電源が切り離されてから 100 s 経過したとき,コンデンサーの電圧を計算せよ.
(iii) 電源が切り離されてから待ち受け状態を維持できる時間はどれだけか.

16

エレクトロニクス

目次
- 16・1 システム的アプローチ
- 16・2 論理回路
- 16・3 エレクトロニクスの利用
- 16・4 演算増幅器
- 16・5 マルチバイブレーター
- まとめ
- 章末問題

学習内容
- 電子システムのブロック図
- デジタル回路とアナログ回路
- 各種の論理ゲート
- 論理ゲートの組合わせ
- いろいろな入出力変換器
- 反転増幅回路と非反転増幅回路
- 単安定および非安定マルチバイブレーター
- オシロスコープを使った波形の観測
- 簡単な電子システムの作成とテスト

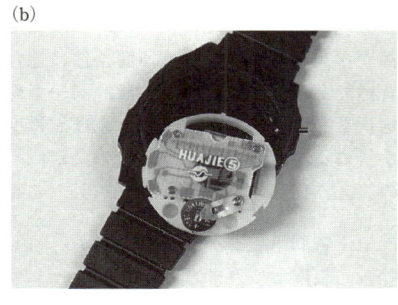

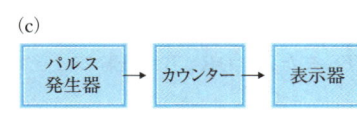

図16・1 電子システム．(a) デジタル腕時計，(b) 内部，(c) ブロック図．

16・1 システム的アプローチ

電卓機能付きの時計でできることのリストを作ってみよう．こうした時計は，非常に正確に時を刻むのに加え，計算したり電話番号を記憶したり，世界各地の時間帯の日時を知るのに使える．その他の機能も含めて，これらはすべて時計内部の小さな電子チップで実行される．チップの中には数千個の電子的なスイッチがあり，入力キーと選択ボタンからの入力電圧を制御し処理する．チップの動作を理解するために，特定の機能をもつ部分が集って全体をつくると考え，各部分の動作と相互の関係を示すブロック図を用いる．このようなやり方は"システム的アプローチ"とよばれ，電子回路に限らずさまざまな場面で適用されるものである．各ブロックでは回路というよりその部分の機能を知る必要がある．このようなブロック図の一部を図16・1に示す．表示器につながったカウンター（計数器と

もいう）に，正確に1秒に1個の電圧パルスを入力するものである．

電子回路は**デジタル**か**アナログ**のいずれかに分類される．この用語は通信，ことに携帯電話やテレビ放送に関連して広く使われる．

a. デジタル回路 回路のどこでも電圧は2個の値，すなわちhighとlow，または0と1しかとらない．一般に，これらの電圧は電源電圧の上下限に近い値になる．たとえば5.0Vの電源に接続されたデジタル電子システムの電圧は，high (1) が4.5V，low (0) が1.0Vとなる．このシステムでは1.0Vと4.5Vの中間の電圧のところはない．

b. アナログ回路　電圧は電源電圧の上下限の範囲内で連続的に変化しうる．たとえば，増幅器に接続したマイクロフォンでは，音が大きくなると電圧が上昇し，増幅器の出力電圧は入力電圧に比例する．増幅器はアナログ回路である．回路内の電圧は，マイクロフォンに入る音の大きさにより電源の上下限の範囲内でどの値にもなるからである．

練習問題 16・1

1. 次の電子機器はデジタルかアナログか調べよ．
   (a) ファクス
   (b) PC（パソコン）
   (c) オーディオアンプ
   (d) 音楽用カセットデッキ
2. PC，キーボード，プリンター，マウス，ディスプレイの接続を示すブロック図を描け．ただし，信号が伝達される向きを明示すること．

16・2　論理回路

毎日，誰もが何かしら決定している．どの決定にも選択という行為が含まれるが，関係する諸条件に適合して選択するのが普通である．論理的な決定は，同一条件ならいつでも同じ選択をするものである．たとえば，外出時にコートを着るか決める場合を考えよう．この決定は，次の二つの質問への答えに依存するするだろう．

　　　　質問 A　雨が降っているか
　　　　質問 B　外は寒いか

質問に対する論理的な決定が YES（すなわち着る）となるのは，A＝YES または（**OR**）B＝YES のときである．

この決定は，OR ゲートという論理回路に温度センサーと降雨センサーをつないだ図 16・2 の電子回路で代行できる．論理回路とは，入力電圧を条件として出力電圧が決定されるデジタル回路である．通常は電源の負極が接地されていて，これを基準にしてすべての電圧が決まる．入出力の電圧として取りうる状態は，high（1）と low（0）の2個である．図 16・2 の OR ゲートでは，入力状態のどちらか一方でも 1 のとき出力状態が 1 となる．図 16・2b の**真理値表**は，このゲートで出力状態が入力状態にどのように依存するか示す．

一般的に用いられる論理ゲートのいくつかについて，回路記号と真理値表を図 16・3 に示す．図 16・2a で，OR ゲートの代わりに AND ゲートを使ったらどうなるだろう．晴れた冬の日に非常に寒い思いをし，夏の雨の日には濡れてしまうかもしれない．

ゲートの種類	記号	真理値表 入力 A B	出力
OR		0 0 0 1 1 0 1 1	0 1 1 1
AND		0 0 0 1 1 0 1 1	0 0 0 1
NOR		0 0 0 1 1 0 1 1	1 0 0 0
NAND		0 0 0 1 1 0 1 1	1 1 1 0
NOT		0 1	1 0

図 16・3　論理ゲート

(a)

(b)

入力 A	入力 B	出力
0	0	0
1	0	1
0	1	1
1	1	1

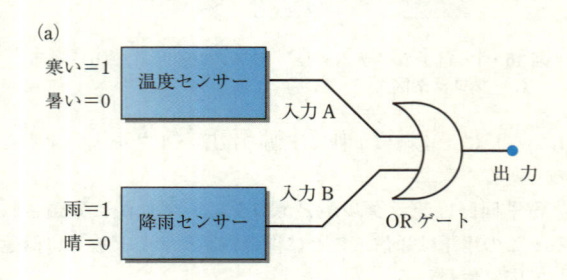

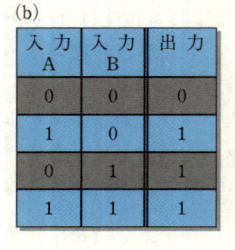

図 16・2　(a) OR ゲートの利用，(b) OR ゲートの真理値表

論理ゲートの内部

論理ゲートは IC チップの形に作られている．図 16・4 は，4 個の NAND ゲートを含むチップであり，各ゲートは 2 入力，1 出力をもつ．このチップは，トランジスターとよばれる微小な電子的スイッチと，抵抗，ダイオードを含み，これらの素子はすべて半導体プロセスで作られる．このプロセスでは，小さな純粋シリコンの基板上にマスキングを施してその露出部分に原子を注入する過程を何段階も繰返し，段階ごとに原子の種類を変える．しかし，ゲートの動作を理解するうえで，チップの内の回路や製作工程を理解する必要はない．表 16・1 に TTL と CMOS チップの主要な性質を記した．これらは，一般に使われているチップ群の代表である．

16. エレクトロニクス

表 16・1 TTL と CMOS の比較

	供給電圧 V_S	入力電圧	出力電圧	入力電流（H, L）	消費電力	ファンアウト
TTL	5 V (74LS)	Low $\leq$ 0.8 V High $\geq$ 2.0 V	Low $\leq$ 0.35 V High $\geq$ 2.7 V	$\leq$ 20 μA, $\leq$ −0.36 mA	～数 mW	< 20
CMOS	2～6 V (74HC)	Low $\leq$ 1.35 V High $\geq$ 3.15 V （電源電圧が 4.5 V のとき）	Low $\leq$ 0.0 V High $\geq$ 4.5 V （電源電圧が 4.5 V のとき）	$\leq$ 0.1 μA, $\leq$ −0.1 μA	～数 μW	50～

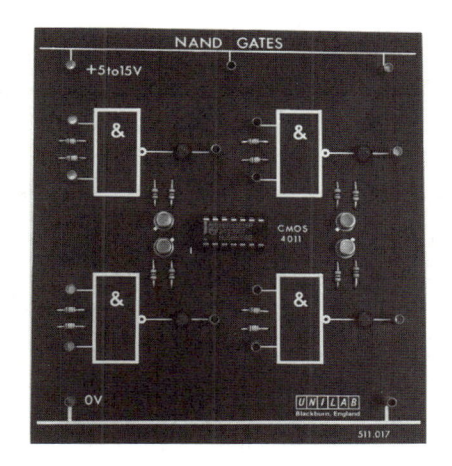

図 16・4　2 入力 NAND を 4 個含むチップ

論理ゲートの組合わせ

　論理システムは，入力センサーが接続された論理回路と，それが駆動する出力装置から成る．入力センサーにはさまざまな種類があり，スイッチ，圧力センサー，光や温度センサーなどが含まれる．出力装置としては，論理回路により直接駆動される表示器，リレー駆動のモーター，ヒーター，警報器などがある．論理回路は論理ゲートの組合わせで，入力センサーが特定の状態になると各ゲートが相互に関連し出力装置を駆動する．

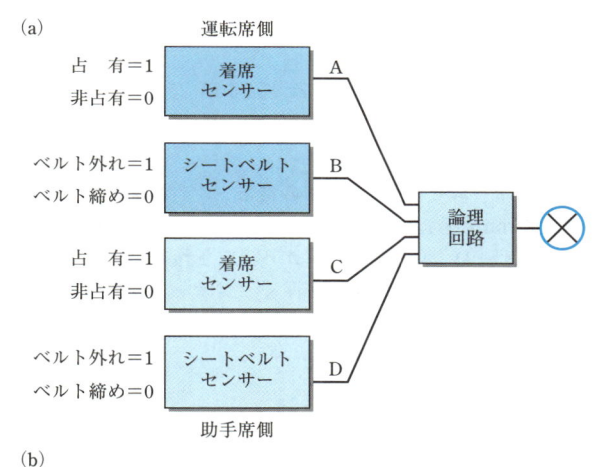

メ　モ

1. ファンアウトとは，ゲートの出力が駆動できる次段のゲートの入力の数である．
2. 非接続の TTL 入力端はいつも high（論理状態 1）であるが，CMOS では high も low もありうる．使わない CMOS 入力は回路の設定に従い $+V_S$ か $-V_S$ に必ず接続しておく必要がある．
3. 図 16・5 のように，論理ゲートの出力に発光ダイオード（LED）と抵抗を直列につなぐと，出力電圧を表示できる．この表示器の入力端子に 1 が加わると LED が点灯する．

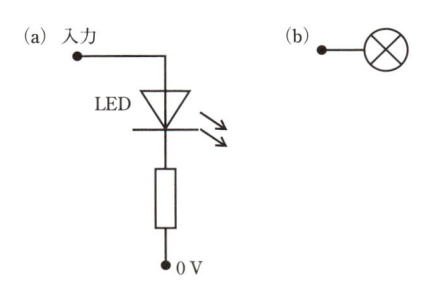

図 16・5　LED 表示器．(a) 回路，(b) 記号．

A	B	C	D	出力
0	0	0	0	0
0	0	0	1	0
0	0	1	0	0
0	0	1	1	1
0	1	0	0	0
0	1	0	1	0
0	1	1	0	0
0	1	1	1	1
1	0	0	0	0
1	0	0	1	0
1	0	1	0	0
1	0	1	1	1
1	1	0	0	1
1	1	0	1	1
1	1	1	0	1
1	1	1	1	1

図 16・6　シートベルトの警報装置．(a) ブロック図，(b) 真理値表．

たとえば，最近の自動車にはシートベルト警報装置があり，前席に座ったのにシートベルトが外れていると警告灯が点く．センサーは前席とシートベルトについている．これらのセンサーが論理回路につながり，入力状態に従い警告ランプを on/off する．このシステムのブロック図と真理値表を図 16・6 に示した．"運転席占有" AND "運転席シートベルト外れ" OR "助手席占有" AND "助手席シートベルト外れ" のとき，警告灯が点く．

このシステムに適した論理回路を図 16・7 に示す．座席占有センサーとシートベルトセンサーが前席のそれぞれに設置され AND ゲートの入力電圧を与える．2 個の AND ゲートの出力が OR ゲートの入力となり出力が警告灯に行く．この論理ゲートは，少なくとも一方の AND ゲートの入力が 2 個ともに 1 の場合，警告灯を on にする．

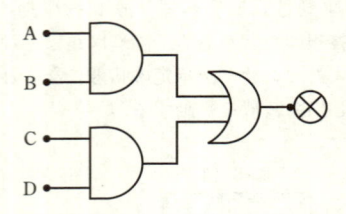

図 16・7 論理回路

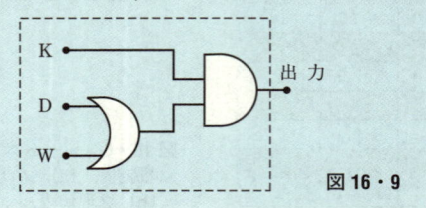

表 16・2

ドアセンサー D	窓センサー W	キーセンサー K	警報サイレン
開=1 閉=0	開=1 閉=0	on=1 off=0	on=1 off=0
0	0	0	0
1	0	0	0
0	1	0	0
1	1	0	0
0	0	1	0
1	0	1	1
0	1	1	1
1	1	1	1

例題 16・1

あるホームセキュリティーの警報システムは，システムを鍵で on/off するマスタースイッチのある制御盤 K，ドアセンサー D，窓センサー W から構成される．システムが on のときにドアまたは窓が開くとアラームが作動する．図 16・8 にブロック図と真理値表を示す．

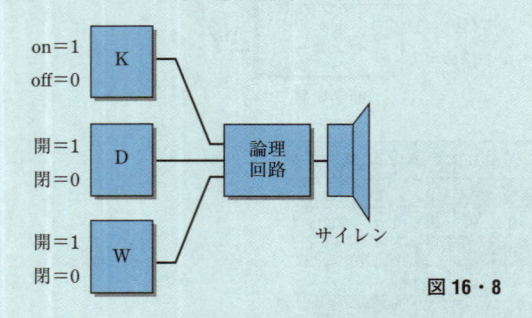

図 16・8

(a) このシステムの真理値表を完成せよ．
(b) このシステムに適する論理ゲートの組合わせを描け．

[解答] (a) 表 16・2 のとおり．
(b) 図 16・9 のとおり．

図 16・9

練習問題 16・2

1. 図 16・10 の論理ゲートの組合わせをノートに写し，真理値表を完成せよ．

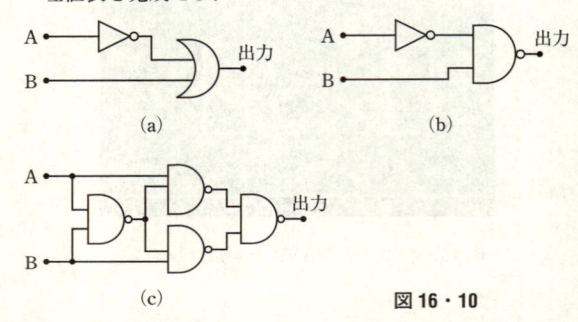

図 16・10

2. (a) 自動車の盗難防止用ワイヤレス警報器は，マスタースイッチがオンで，2 枚のドアのうち少なくとも一方が開いたときに警報が鳴る．ドアセンサーは，ドアが開いていると論理状態 1 を出力する．また警報器の動作確認用にテストスイッチがあり，これを押すと 1 を出力する．適切な論理回路を設計せよ．

(b) ある火災報知器は，図 16・11 のように煙センサー，パニックボタン，マスタースイッチ，テストスイッチで構成される．このシステムに適する論理ゲートの組合わせを設計せよ．

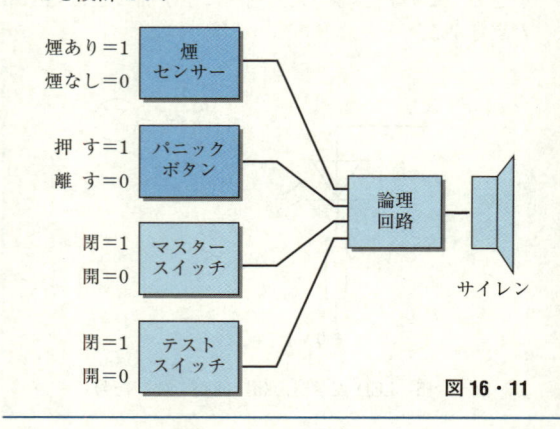

図 16・11

16・3　エレクトロニクスの利用

自動ドア，現金自動支払機，エアバッグ，それ以外の多くのシステムには，たくさんの論理ゲートが使われ，その入力電圧はセンサーからの信号を用い，その出力がモーターやバルブなどの出力装置を制御している．これらのシステムは1個または複数の入力センサーが1個の論理回路に接続し，論理回路は出力装置を動かす．

入力センサー

いくつかの異なる入力センサーの構成を図16・12に示した．

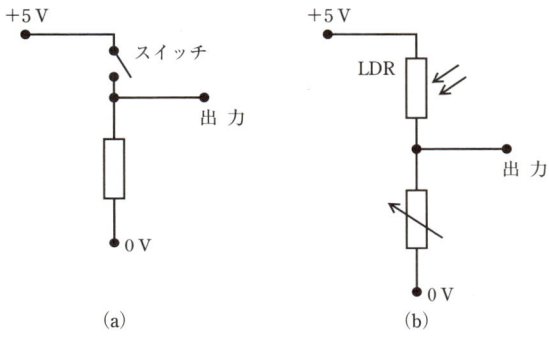

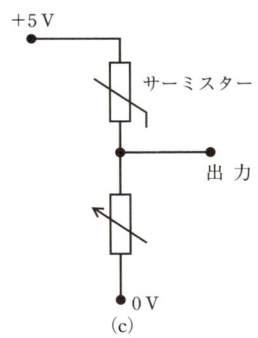

図 16・12　入力センサー．(a) スイッチ，(b) 光センサー，(c) 温度センサー．

a. スイッチ　スイッチ閉で出力は high となる．スイッチ開では抵抗に電流が流れず，出力は low となる．

b. 圧力センサー　圧力がある値より高いときだけ閉じる，圧力感応型のスイッチ．

c. 光センサー　光依存性抵抗（LDR）と可変抵抗から成る分圧器である．暗いときは LDR の抵抗が可変抵抗よりずっと大きく出力電圧は low である．昼光では LDR の抵抗が下がり出力電圧は high になる．このセンサーを NOT ゲートに接続すると，NOT ゲートの出力は，可変抵抗で設定したある値より光強度が高いか低いかにより，0か1になる．

d. 温度センサー　LDR をサーミスターに置き換えた以外は光センサーと同じものである．温度が高いときにサーミスターの抵抗が下がり，出力は high となる．NOT ゲートにつないだときの出力は，ある温度より高ければ0，低ければ1となる．

出力装置

出力装置の例をいくつか示す．

a. 警告表示器　光で（LED）または音で（ブザー）警告を出す装置である（図16・13）．表示器の入力端子電流が論理ゲートの出力で十分なら増幅器は必要ない．

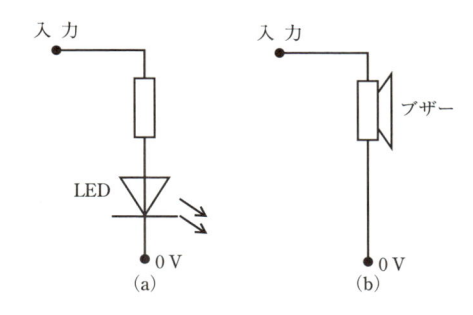

図 16・13　警告表示器．(a) LED 表示器，(b) ブザー．

b. リレー　電流で駆動するスイッチであり，暖房用ヒーターのように大きな電流を流す出力装置を on/off できる．論理ゲートの出力より大きな電流を必要とする出力装置では，リレーが必要である（図16・14）．リレーに

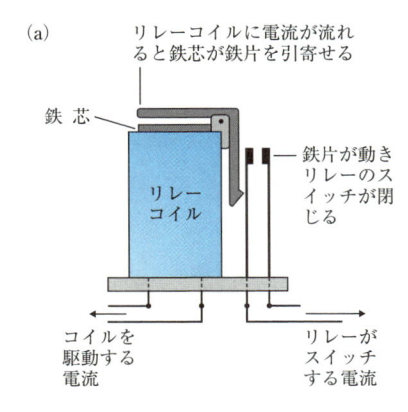

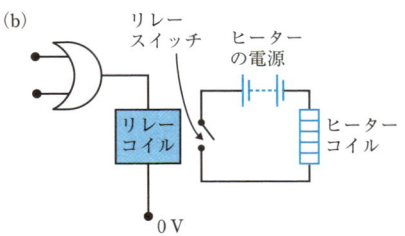

図 16・14　リレーを用いる．(a) 構造，(b) ヒーターを駆動する回路．

は電磁石が入っていてコイルに電流が流れると自動的にスイッチが閉じる．動作に必要なコイル電流が十分に小さいなら，論理ゲートの出力電圧でリレーを直接に駆動できる．そうでなければトランジスターでリレーを on/off する必要がある．

c. トランジスター 半導体素子でありスイッチの機能がある．本質的にトランジスターは電流増幅器であり，小さな電流を使ってずっと大きな電流を制御することができるので，図 16・15 のように電流で駆動するスイッチとして使える．トランジスターのベースから入りエミッターから出る小電流が，コレクターから入りこれもまたエミッターから出るずっと大きな電流を制御する．コレクターと直列接続した装置を on/off するのにトランジスターが使える．コレクター電流が装置を駆動できるほど大きくないときは，リレーのコイルをコレクターに直列接続し，そのリレーによって装置を on/off することができる．もちろん装置自体は別電源で動作する．

光で制御するモーターを作る実験

LDR に光が当たるとモーターのスイッチが入る回路を図 16・16 に示したが，これを作ってテストしよう．モーターのスイッチが入る光の強さは可変抵抗で調節する．

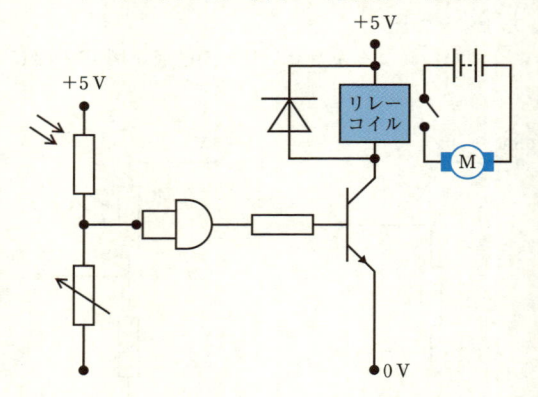

図 16・16 光で制御するモーター

練習問題 16・3

1. 図 16・17 の回路は温度で制御する扇風機に用いる．テスト用にスイッチ S が入っている．

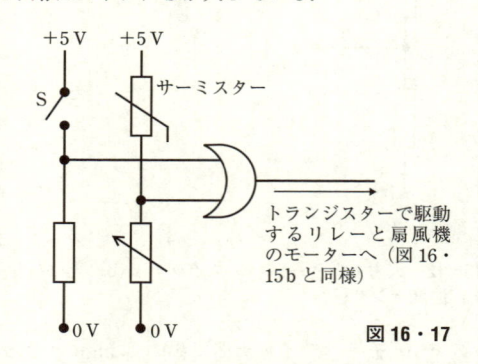

   図 16・17

   (a) スイッチが on のとき，扇風機が on になる理由を説明せよ．
   (b) (i) サーミスターの温度が一定値以上になると扇風機が動き出す理由は何か．
   (ii) 可変抵抗の値を小さくすると何が起こるか，それはなぜか．

2. 夜間に室温がある値以下となったときに暖房のヒーターを on にするシステムを設計せよ．このシステムは光センサー，温度センサー，テストスイッチ，適切な論理回路，トランジスターとリレーで駆動するヒーターが含まれる．

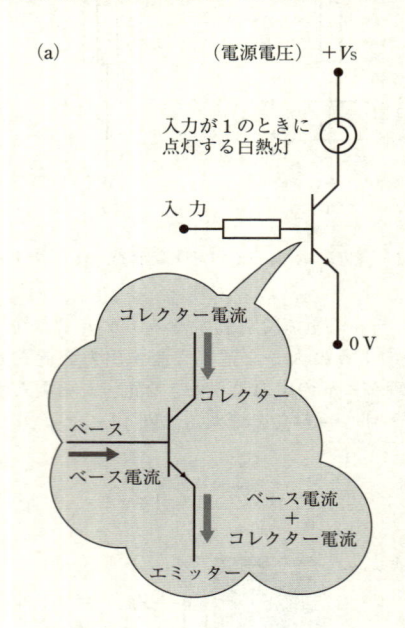

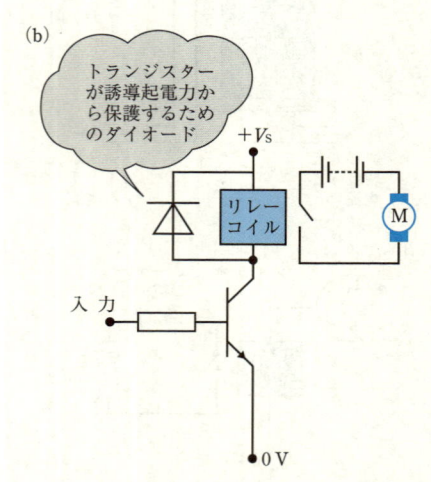

図 16・15 (a) 電流を駆動するスイッチとしてのトランジスター，(b) トランジスターで駆動するリレー

16・4 演算増幅器

増 幅 器

増幅器（**アンプ**ともいう）はアナログ回路であり，小さな入力電圧を大きな出力電圧に変え，入力が大きくなれば出力も大きくなる（図 16・18）．オーディオシステムに含まれるアンプは音声信号を大きくする．アンプの特性のおもな項目を以下に説明する．

- **電圧利得**は入力電圧と出力電圧の比である．入力電圧を x 軸にとり，出力電圧を y 軸にとったグラフが原点を通る直線ならば，電圧利得は一定でその値は直線の傾きに等しい．

 交流をアンプに入力した場合，出力波形は入力波形と相似で大きくなっているはずである．高周波でのアンプの電圧利得は低周波よりずっと小さくなる．図 16・19 に，入力と出力の波形を比較するための 2 入力オシロスコープの使い方を示す．

- **利得の飽和**は，出力電圧がアンプの電源で制限される上限に達したとき起こる．たとえば，±15 V の電源で動くアンプの出力電圧は 0 から ±15 V まで変化できる．電圧利得が 50 のとき，入力電圧が 0.3 V（= 15 V/50）ならば出力が 15 V になり，入力電圧が 0.3 V を超えても出力は 15 V のままである．このとき出力電圧の飽和あるいは利得の飽和が起こったという．図 16・20 は交流で飽和が起こったときの出力波形の変化を示す．

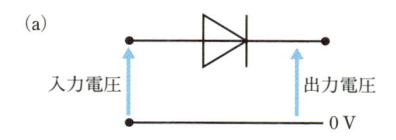

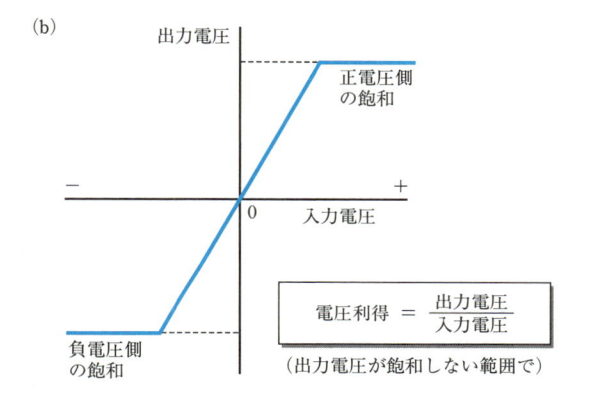

図 16・18 電圧利得．(a) アンプ，(b) 入力電圧と出力電圧．

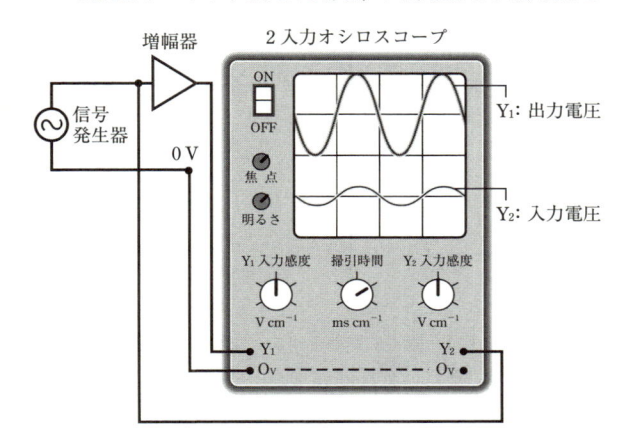

$$\text{電圧利得} = \frac{\text{出力電圧}}{\text{入力電圧}}$$
（出力電圧が飽和しない範囲で）

図 16・19 交流電圧の増幅

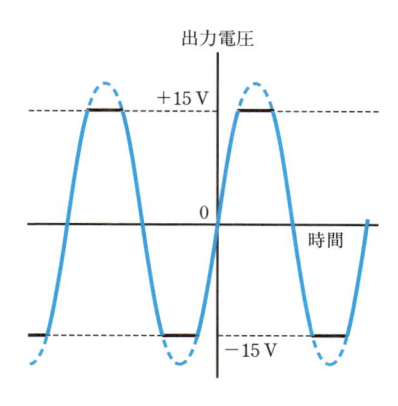

図 16・20 飽 和

- アンプの**帯域幅**は，電圧利得が一定値を保つ周波数（振動数）の範囲である．図 16・21 には，交流入力電圧の周波数により電圧利得が変化する様子の典型的例を示す．この例では，18 kHz までの周波数が連続的に含まれる音声信号ではゆがみが生じる．それは，10 kHz 以上の周波数成分はそれ以下の成分ほどは増幅されなくなるからである．

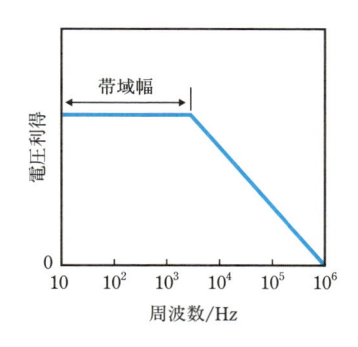

図 16・21 帯 域 幅

- アンプの**信号雑音比**（S/N）は，どの程度小さな信号までアンプの出力として検出できるかを決める量である．回路に含まれる抵抗で電子がランダムな熱運動をするた

め，アンプ内部に電気的な雑音あるいはノイズが発生する．入力した信号に対する出力がノイズの出力よりも小さければ，信号は検出できない．入力がないときにシャーという音がスピーカーから聞こえれば，これがアンプの内部雑音による出力である．

- アンプにおける**帰還**とは，図 16・22 のようにアンプ出力の一部を入力に戻すことをいう．**帰還ループ**とは，出力端子と入力端子をつなぐ経路をいい，これによりループ（環）ができる．帰還がないときは，**開ループ**という．

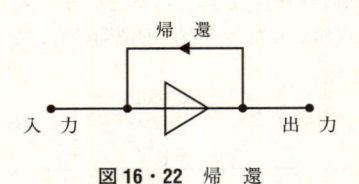

図 16・22 帰還

1. **正帰還**は，入力信号が大きくなるように出力の一部を戻す方法であり，出力がさらに大きくなる．たとえば，マイクロフォンとアンプ系のスピーカーが近くなりすぎたときに起こる不快なキーンという音は，正帰還がひき起こす発振現象による．
2. **負帰還**は，入力信号が小さくなるように出力の一部を戻す方法であり，出力が小さくなる．負帰還ループがあると，アンプの利得が下がるが安定した動作を可能にする．

演算増幅器

演算増幅器（**オペアンプ**ともいう）は電圧の増幅や電圧どうしの加算をするために設計されている．アナログ回路で扱う電圧によって数学の変数を表すとすれば，ある種の数学的な演算，たとえば定数倍（一定の電圧利得で増幅）や和（電圧の和）などはオペアンプで実行できる．たとえば 10 倍の電圧利得を実現しようとするとき，後述するように，1 個のオペアンプにいくつかの適切な抵抗を接続すればよい．抵抗値を変えると利得が変わる．オーディオのアンプと違い，オペアンプは必要な動作を行うように性能を変えることができる．電圧利得は dB（デシベル：$20\log_{10}\frac{V_{\text{OUT}}}{V_{\text{IN}}}$）で表すのが慣例である（p.19 参照）．

オペアンプは 2 入力，1 出力で，高い利得をもつ電圧増幅器であり，$+V_\text{S}$ と $-V_\text{S}$ の電源端子および接地端子をもつ．最も広く使われている 741 系のオペアンプのチップは，±15 V を供給する接地端子（0 V）付きの電源を必要とする．

オペアンプの出力 V_{OUT} は，出力端子と電源の 0 V の端子との間の電圧であるが，電源電圧である $+V_\text{S}$ と $-V_\text{S}$ の間で変化する．この出力電圧は，図 16・23 で P, Q と記したオペアンプの 2 個の入力端子間の電圧に比例する．すなわち，

$$V_{\text{OUT}} = A(V_\text{Q} - V_\text{P})$$

ここで，A は開ループの電圧利得である．

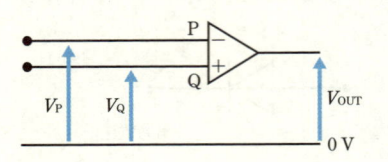

図 16・23 開ループのオペアンプ

- **入力 Q** は**非反転入力**とよばれ，P が接地されているときは Q に加わる電圧と同符号の電圧が出力される．
- **入力 P** は**反転入力**とよばれ，Q が接地されているときは P に加わる電圧と逆符号の電圧が出力される．
- **入力抵抗**すなわち PQ 間の抵抗は，741 オペアンプでは 1 MΩ 程度である．したがって，入力端子からオペアンプに流れ込む電流は非常に小さい．
- **開ループ利得** A は信号の周波数にもよるが 100 000 のオーダーあるいはそれ以上と非常に高い値である．したがって開ループのときには，PQ 間に入力する電圧が 150 μV＝（15 V/100 000）で出力電圧が飽和してしまう．すなわち，V_Q が V_P より 150 μV だけ高いと出力が正の電源電圧 $+V_\text{S}=15$ V となり，逆に 150 μV だけ低いと負の電源電圧 $-V_\text{S}=-15$ V となる．図 16・24 に入力電圧と出力電圧の関係を示した．

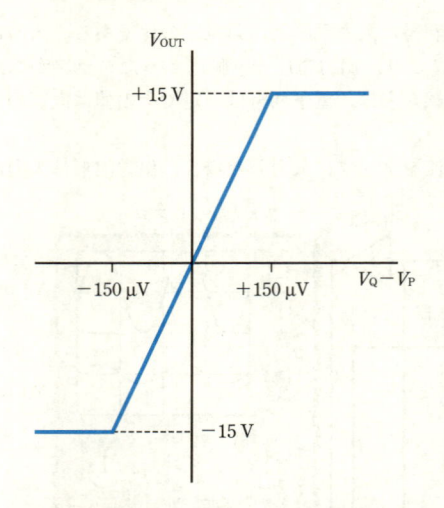

図 16・24 開ループのオペアンプの入力および出力電圧の関係

- **コンパレーター**（比較器ともいう）：このように開ループのオペアンプを使うと，二つの電圧を端子 Q と P に

加えて大小の比較ができる．出力が $+V_S$ のときは V_Q が V_P より大きく，$-V_S$ のときは V_P が V_Q より大きい．コンパレーター機能に特化した回路もあり，コンピューターのマイクロプロセッサー内部でも重要な役割を担っている．

- **電圧フォロワー**は，オペアンプの出力を反転入力の端子Pに直結したものである（図16・25）．非反転端子に入力電圧を加える．出力が飽和しないかぎり，PとQは事実上同じ電圧と考えてよいから，出力電圧は入力電圧と同じになる．言い換えると，出力が入力をそのままフォローする．PQ間の入力抵抗が非常に大きいので，入力電圧を供給した前段の回路から電流はほとんど流れない．電圧フォロワーの出力を可動コイル型のメーターにつなげば，ほとんど電流を流さない電圧計を作れる．

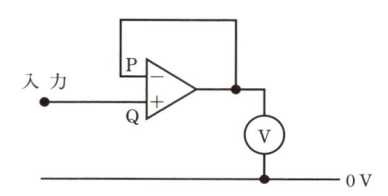

図16・25 電圧フォロワー

非反転増幅器

出力端子と0V（接地）を分圧し，出力電圧の一部を反転入力Pに入力し，非反転入力Qに信号 V_{IN} を入力する．図16・26に配置を示す．

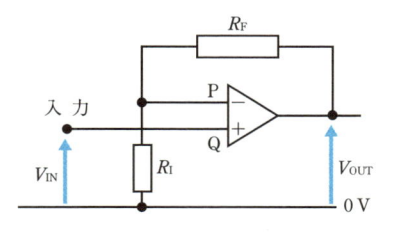

図16・26 非反転増幅器

> **メモ** この回路の電圧利得は抵抗 R_1 と R_F だけで決まり，チップの開ループ利得によらない．

出力が飽和しない限り，V_Q-V_P は150μVを超えることはなく，V_Q と V_P は事実上は同じ値と考えてよい．

$$V_P = \frac{R_1}{R_F+R_1} V_{OUT} \quad (R_1 \text{と} R_F \text{で分圧器})$$

および，

$$V_Q = V_{IN}$$

したがって，$V_P = V_Q$ より，

$$\frac{R_1}{R_F+R_1} V_{OUT} = V_{IN}$$

この式を変形すると電圧利得は，

$$\frac{V_{OUT}}{V_{IN}} = \frac{R_F+R_1}{R_1}$$

例題 16・2

電圧利得が20倍の非反転増幅器が必要である．
(a) $R_1 = 0.5\,\mathrm{M\Omega}$ とするとき帰還抵抗 R_F の大きさを定めよ．
(b) 出力電圧が15Vを超えないようにしたい．入力電圧の最大値を求めよ．

[解答]
(a) 電圧利得 $= \dfrac{R_F+R_1}{R_1} = 20$ および $R_1 = 0.5\,\mathrm{M\Omega}$ より，

$$\frac{R_F+0.5}{0.5} = 20$$

$$R_F + 0.5 = (20 \times 0.5) = 10$$

$$R_F = 10 - 0.5 = 9.5\,\mathrm{M\Omega}$$

(b) $V_{OUT} = 15\,\mathrm{V}$ のとき，

$$V_{IN} = \frac{V_{OUT}}{20} = 0.75\,\mathrm{V}$$

反転増幅器

分圧器を用い出力電圧の一部を反転入力端子Pに戻し，非反転入力端子は接地する．図16・27にその配置を示す．

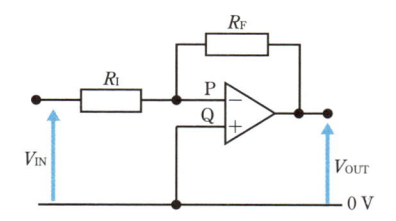

図16・27 反転増幅器

抵抗 R_1 と R_F で分圧器を構成し，入力端子電圧 V_{IN} と V_{OUT} の間を分割する．
端子Pと入力端子の間の電圧は，

$$V_P - V_{IN} = \frac{R_1}{R_F+R_1}(V_{OUT}-V_{IN})$$

となる．出力が飽和しない限り，V_Q-V_P は150μVを超えることはなく，V_Q と V_P は事実上は同じ値と考えてよい．Qが接地（$V_Q=0$）なので $V_P \approx 0$ となる．よって，$V_P \approx 0$ とおき，

$$-V_{IN} = \frac{R_1}{R_F+R_1}(V_{OUT}-V_{IN})$$

式を変形して,
$$-V_{IN}(R_F+R_1) = R_1(V_{OUT}-V_{IN})$$
$$-R_F V_{IN} - R_1 V_{IN} = R_1 V_{OUT} - R_1 V_{IN}$$
$$-R_F V_{IN} = R_1 V_{OUT}$$

したがって, 電圧利得は,
$$\frac{V_{OUT}}{V_{IN}} = -\frac{R_F}{R_1}$$
となる.

> **メモ**
> 1. この回路の電圧利得は抵抗 R_1 と R_F だけで決まり, チップの開ループ利得によらない.
> 2. 出力電圧と入力電圧の符号は反対になる.
> 3. オペアンプの入力抵抗が非常に大きいので, 端子 P と Q で流れる電流は無視できる. その結果として, R_1 を流れる電流 I_1 と R_F を流れる電流 I_F は等しい.
> $$I_1 = \frac{V_P - V_{IN}}{R_1} \qquad I_F = \frac{V_{OUT} - V_P}{R_F}$$
> $V_P=0$ なので,
> $$\frac{V_{OUT}}{R_F} = -\frac{V_{IN}}{R_1}$$
> となり, 電圧利得の式を得る.

オペアンプを用いた加算器

図 16・28 のように, 加算する電圧は各抵抗を通してすべて反転入力端子 P に加える. 非反転入力は接地する.

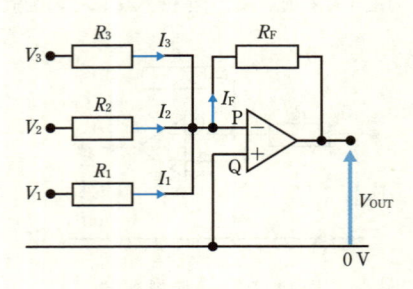

図 16・28 オペアンプを用いた加算器

P は事実上接地されているので, 出力が飽和しない限り, R_1 を流れる電流 I_1 は,
$$I_1 = \frac{V_P - V_1}{R_1} = -\frac{V_1}{R_1}$$

R_2 を流れる電流 I_2 は,
$$I_2 = \frac{V_P - V_2}{R_2} = -\frac{V_2}{R_2}$$

R_3 を流れる電流 I_3 は,
$$I_3 = \frac{V_P - V_3}{R_3} = -\frac{V_3}{R_3}$$

などとなる. これらの電流の和が帰還抵抗 R_F を流れ,
$$I_F = I_1 + I_2 + I_3 + \cdots$$
$$\therefore \quad I_F = -\frac{V_1}{R_1} - \frac{V_2}{R_2} - \frac{V_3}{R_3} - \cdots$$

となる. 出力電圧は $V_{OUT} = I_F R_F$ であるから,
$$V_{OUT} = -\frac{R_F V_1}{R_1} - \frac{R_F V_2}{R_2} - \frac{R_F V_3}{R_3} - \cdots$$

である.

> **メモ**
> 1. $R_1 = R_2 = R_3 = \cdots$ のとき, 出力電圧 = 定数 × 入力電圧の和となる.
> 2. この加算機を用いると 2 進のデータ (たとえば 1110) をアナログ電圧に変換できる. この場合の各抵抗は $V_{OUT} = -V_1 - 2V_2 - 4V_3 - 8V_4$ となるように選び, データの最小桁を V_1, 次の桁を V_2 …とする. ビットが 1 のとき 1V, 0 のとき 0V であれば, 1110 に対する出力が -14 V となる.

例題 16・3

図 16・29 は反転増幅器と, 入力電圧と出力電圧の関係を示す.

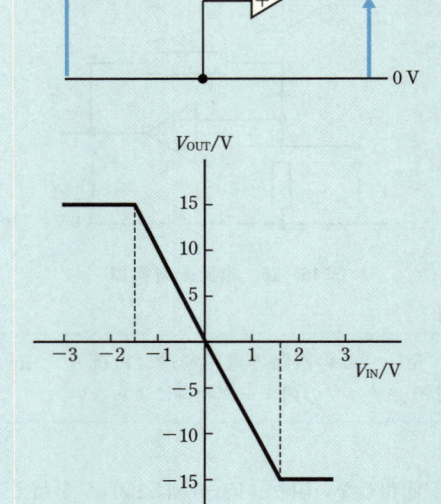

図 16・29

(a) (i) グラフから電圧利得を求めよ. (ii) この利得を実現するための帰還抵抗の値を計算せよ.

(b) このオペアンプの入力端子と接地端子の間に交流電圧を加えた．入力電圧の振幅が (i) 2.0 V，および (ii) 4.0 V の場合について，出力電圧の時間的な変化を表すグラフを描け．

[解 答]
(a) (i) 電圧利得 = グラフの直線の傾き

$$= -\frac{15\text{ V}}{1.5\text{ V}} = -10$$

(ii) 電圧利得 $= -\dfrac{R_\text{F}}{R_1} = -10$

$$\therefore R_\text{F} = 10\,R_1 = 10\text{ M}\Omega$$

(b) 図 16・30 のとおり．

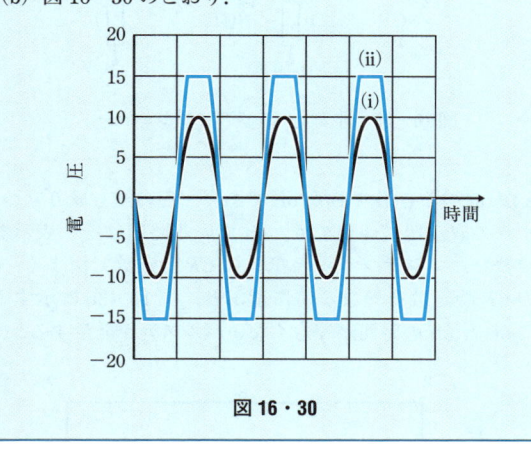

図 16・30

反転増幅器の性能を調べる実験

入力電圧が 0 のとき出力電圧も 0 となるように，オペアンプのゼロ調整端子を使い調整する．これはオペアンプ内部のバイアス電圧を補償するために必要な作業である（図 16・31）．信号発生器からの交流電圧を反転増幅器の入力

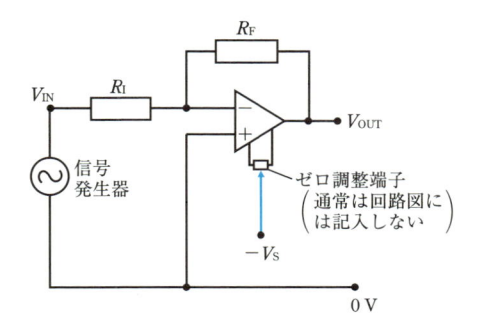

図 16・31　反転増幅器の性能を調べる実験

端子に加える．2 入力オシロスコープに入力と出力の波形を表示する．入力に対して出力が増幅され符号が反転していることを確認する．

1. 入力および出力波形の振幅を測定し，電圧利得を計算する．この値と理論的な電圧利得 $-R_\text{F}/R_1$ とを比較する．
2. 出力波形が飽和するまで入力電圧を上げる．さらに入力電圧を上げると何が起こるかを観察する．
3. 信号の周波数を変えて電圧利得を測定し，周波数と電圧利得の関係を表すグラフを描く．

練習問題 16・4

1. 図 16・32 の各回路について (a) 電圧利得と (b) 出力電圧が 15 V を超えない最大の入力電圧を計算せよ．

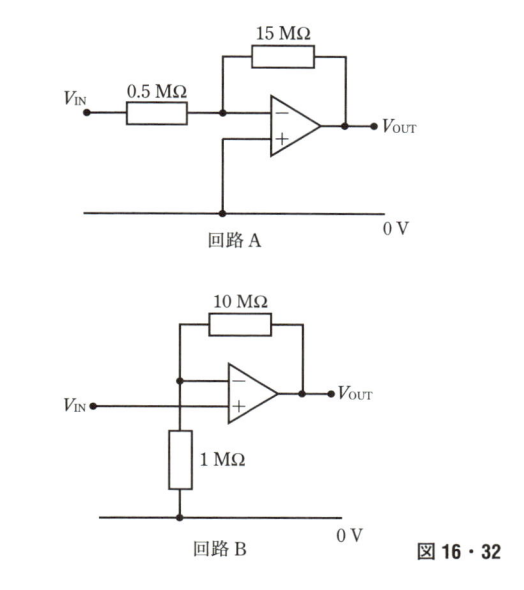

回路 A

回路 B

図 16・32

2. 図 16・33 は，サーミスターと可変抵抗を含むホイートストンブリッジに，開ループのオペアンプを接続したものである．オペアンプの出力が +15 V から −15 V に切替わるまで可変抵抗の値を増やす．

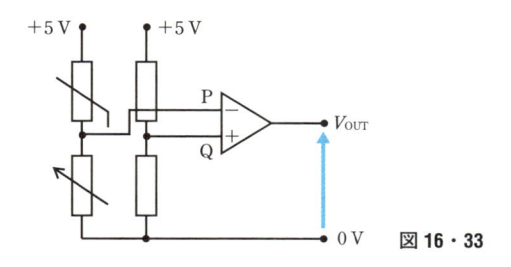

図 16・33

(a) 可変抵抗がある値になったときにオペアンプの出力が +15 V から −15 V に切替わるのはなぜか．
(b) このあとにサーミスターを冷やすと，オペアンプの出力 −15 V から +15 V に切替わる理由を説明せよ．また，サーミスターが特定の温度まで下がったときにこれが起こる理由を説明せよ．

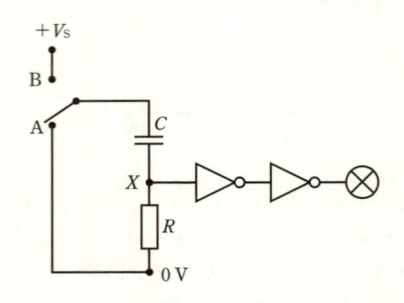

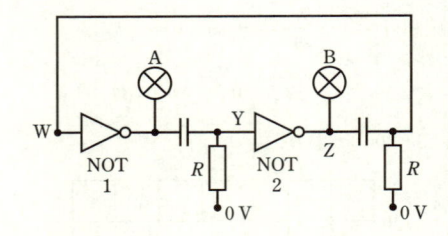

16・5　マルチバイブレーター

マルチバイブレーターは出力電圧が2個の状態の間で切替わる回路であり，自動的に切替わるものと，外部からのパルスが入力すると切替わるものがある．

a. 単安定マルチバイブレーター　単安定マルチバイブレーターは，一方の状態が安定しているがもう一方は安定しない．外部からのパルスが入力すると不安定状態に入るが一定時間経過すると安定状態に戻る．したがって，論理回路で遅延を発生するのに利用できる．たとえば，ホームセキュリティーの警報システムで，鍵を使ってドアから入るとき一定時間は警報が鳴らないようにするなどの用途がある．

図16・34で単安定マルチバイブレーターの動作を説明する．スイッチがA側だと端子Xの電圧は0で，表示器は点灯しない．スイッチをAからBに切替えると，Xの電圧はただちに上がって$+V_S$となり，表示器が点灯する．しかし，コンデンサーの充電が進むにつれてXの電圧が低下し，ある時点で1段目のNOTゲートに状態1に対応する電圧を供給できなくなる．このとき2段目のNOTゲートの入力が状態1となるので，表示器は点灯しなくなる．

図16・34　単安定マルチバイブレーター

遅延時間はコンデンサーの充電する速さで決まりCR時定数に等しい．ここでCはコンデンサーの電気容量，Rは直列抵抗の値である．

b. 非安定マルチバイブレーター　非安定マルチバイブレーターは，2個の状態の間を自動的に往復する．したがって，この回路は連続したパルス列をつくり出すのに使われる．図16・35で非安定マルチバイブレーターの動作を説明する．NOTゲート1の出力がhighに変わると表示器Aが点灯し，端子Yの電圧も同時に上がる．このとき端子ZとWはlowに変わり表示器Bが消灯する．しかし，NOT1の出力側のコンデンサーが徐々に充電されるに従いYの電圧が下がってくる．それがある値になったときNOT2の出力すなわち端子Zの電圧が立ち上がり，Wの電圧も立ち上がって，表示器Bが点灯しAが消灯する．今度はNOT2の出力側のコンデンサーが徐々に充電してWの電圧が下がってくる．それがある値になったときNOT1の出力が再びhighになる．このようにして，表示器Aはonとoffを繰返し，BはoffとonをFFを繰返す．

図16・35　非安定マルチバイブレーター

Aがonのとき必ずBがoffであり，その逆も成り立つ．いずれの表示器についても，onでいる時間はその表示器に接続したコンデンサーと抵抗のCR時定数で決まる．2個のCR時定数を異なる値に選ぶと，図16・36に示すようにonとoffの時間が等しくないパルス列が発生する．

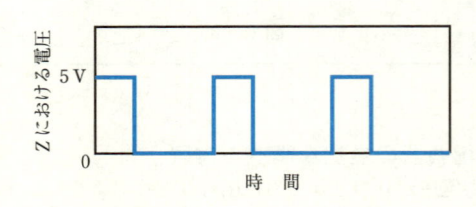

図16・36　不均等なパルス列

練習問題 16・5

1. 図16・34の単安定の回路で次の変更はどのように影響するか．
   (a) 電気容量Cを大きくする．
   (b) 抵抗Rを小さくする．
2. (a) ある非安定マルチバイブレーターには$1\mu F$のコンデンサーと1000Ωの抵抗が2組ある．
   (i) 時定数CRはどれだけか．
   (ii) 時定数CRに等しい時間でon/offが切替わると仮定すると，この非安定マルチバイブレーターから発生するパルス列の繰返しの周波数はどれだけか．
   (b) (a)の一方の組のコンデンサーの一方を$4.7\mu F$のものに変え，ほかの組の抵抗を$10k\Omega$に変えると動作にどのように変わるか．

16. エレクトロニクス

■ まとめ

■ デジタル回路

論理状態 論理状態 1 (high) は電圧がある一定値あるいはそれ以上のとき，また，論理状態 0 (low) は電圧が 0 V あるいは他の一定値以下のときである．

論理ゲート
- NOT ゲート： 入力の状態を反転して出力する
- AND ゲート： すべての入力＝1 ならば出力＝1
- NAND ゲート： すべての入力＝1 ならば出力＝0
- OR ゲート： ひとつでも入力＝1 があれば出力＝1
- NOR ゲート： ひとつでも入力＝1 があれば出力＝0

入力センサー スイッチ（すなわち位置），光，温度，圧力など．

出力装置 表示用 LED や低電力ブザーは論理ゲートで直接に on/off できる．トランジスターやリレーは，単独であるいは組合わせて，大きな電流を流す装置を駆動する．

■ アナログ回路

増幅器（アンプ）
1. 電圧利得 ＝ 出力電圧 / 入力電圧
   （対数をとり dB 単位で表すことが多い）
2. **飽和**とは，出力電圧が電源電圧で決められた上限や下限に達すること．
3. **帯域幅**とは，電圧利得が一定の値を保つ周波数の範囲．
4. **信号雑音比**とは，信号電力と雑音電力の比．
5. **帰還**とは，出力電圧の一部を入力に戻して加えること．

演算増幅器（オペアンプ）
1. **コンパレーター**は，二つの電圧の大小を比較する装置で開ループのオペアンプにより実現できる．
2. **電圧フォロワー** $V_{OUT}=V_{IN}$：入力される電流は無視できるほど小さい．
3. **反転増幅器**

   $$電圧利得 = -\frac{R_F}{R_1}$$

4. **非反転増幅器**

   $$電圧利得 = \frac{R_F + R_1}{R_1}$$

5. **加算機**

   $$V_{OUT} = -\frac{R_F V_1}{R_1} - \frac{R_F V_2}{R_2} - \frac{R_F V_3}{R_3} \cdots$$

■ マルチバイブレーター

1. **単安定**：一定の遅延時間後に出力が安定状態に復帰する
2. **非安定**：出力が 2 個の状態間を往復する

■ 章 末 問 題

p.321 に本章の補充問題がある．

16・1 図 16・37 の論理ゲートの組合わせについて，それぞれ真理値表を完成させよ．

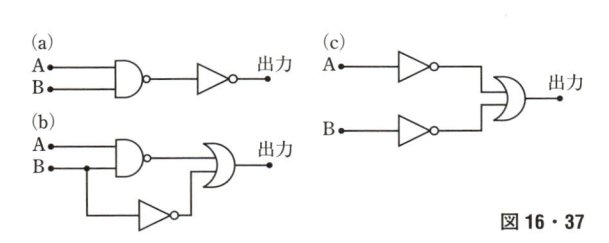

図 16・37

16・2 図 16・38 は温度で制御するモーターで，温室の温度が上がりすぎたときに換気扇を回すために使う．
(a) (i) S と記したスイッチの役割は何か．
(ii) 可変抵抗を調整すると，システムが換気扇を回す温度を変えられる．設定温度を下げるにはどうすればよいか．
(iii) このシステムに使う論理ゲートはどの種類か．
(b) 図 16・38 のモーターはトランジスターとリレーで作動させる．論理回路の出力が high になるとモーターが回りだす理由を説明せよ．

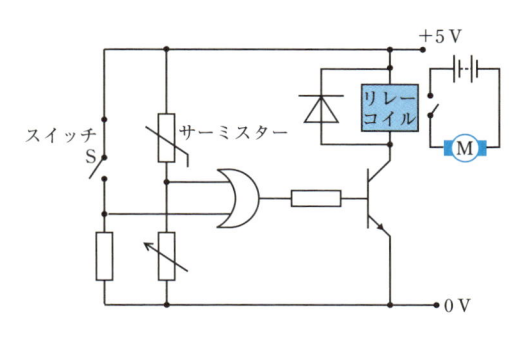

図 16・38

16・3 (a) 家に 2 個あるドアの一方でも開いていてシステムのマスタースイッチが on になると，一定の遅延時間の後に警報がなるように論理回路を設計せよ．テストスイッチも含めること．
(b) 遅延回路のコンデンサーの電気容量を増やすと，遅延時間にどのような影響があるか．その理由も説明せよ．

16・4 (a) 図 16・39 の開ループのオペアンプの反転入力に，ピークとピークの間が 2.0 V の交流電圧を加えた．このときオペアンプの電源電圧は +15 V, 0, −15 V であった．

図 16・39

図 16・40

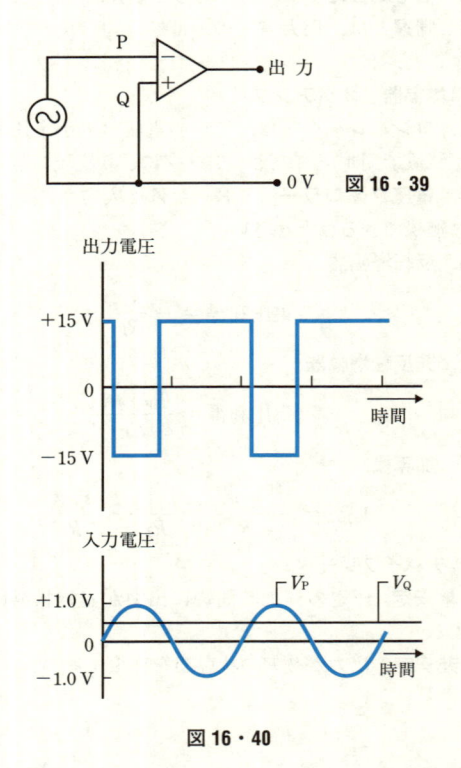

(i) 非反転入力端子 Q は接地してある．この回路の出力波形を描け．
(ii) 非反転入力 Q の電圧を分圧器を用いて 0.5 V に保ったときの入力電圧と出力電圧の波形を図 16・40 に示した．この波形が得られる理由を説明せよ．

(b) 図 16・39 の回路を変更し帰還抵抗 2.0 MΩ を接続し，反転入力端子 P を抵抗 0.4 Ω を通して接地した．さらに，交流電圧を P ではなく Q に加えた．
(i) このオペアンプを用いた回路は何とよばれる種類か．
(ii) 電圧利得を計算せよ．
(iii) 出力が飽和しない範囲で最大の入力電圧はどれだけか．

16・5 (a) 図 16・41 は電圧 V_1 と V_2 を加算するためのオペアンプの回路である．
(i) 入力 2 を接地し，入力 1 に +2.0 V を加えたときの出力電圧を計算せよ．
(ii) 入力 1 を接地し，入力 2 に +1.5 V を加えたときの出力電圧を計算せよ．
(iii) 入力 1 に +2.0 V，入力 2 に +1.5 V を加えたときの出力電圧を計算せよ．

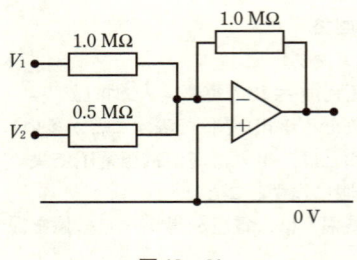

図 16・41

(b) 3 ビットの 2 進数に対応する 3 個の入力電圧（0 V あるいは 1 V）を加算して 0 V と 7 V の間の電圧を出力する加算器を設計せよ．

V 電場と磁場

第17章 電　　場
第18章 磁　　場
第19章 電磁誘導
第20章 交　　流

　第V部では，電場と磁場という重要な概念を中心に述べる．この概念は，発電や電力供給を担う電力産業から家庭で使われる電気器具やデバイスまでさまざまな応用の基盤となっている．なお，第V部に取りかかる前に，"第IV部 電気"について学んでおくべきである．各章の例題や練習問題，実験などは，原理の展開と緊密に関係しており，電磁場の基本概念を理解するうえで役立つはずである．代数やグラフを使う数学的スキルはこれまでの部にも出てきているが，第V部では広い範囲に使用することになる．

17

電　　場

目　次
17・1　静電場
17・2　電気力線の形
17・3　電場
17・4　電位
まとめ
章末問題

学習内容
- クーロンの法則と2個の点電荷の間の力
- 電気力線と等電位面
- 均一な電場，放射状の電場および2個の電荷付近での電気力線と等電位面の形状
- 電場と電位の定義
- 正と負に帯電した2枚の平行な電極板の間の均一な電場，その電場と電極板の電荷との関連
- 点電荷がつくる電場と電位

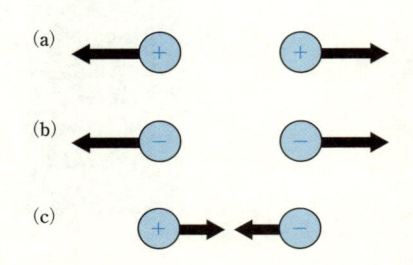

図17・1　同種の電荷は反発し，異種の電荷は引合う．(a) 2個の正の電荷は反発する，(b) 2個の負の電荷は反発する，(c) 正と負に帯電した電荷は引合う．

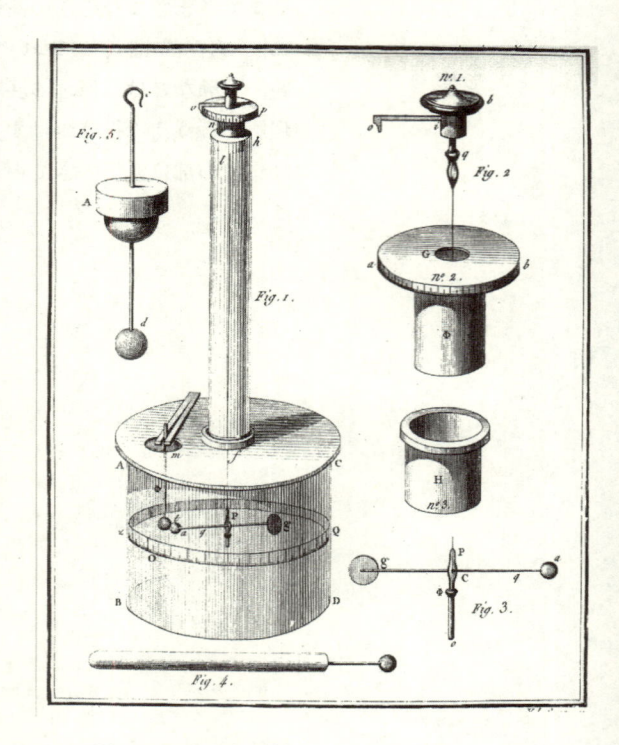

図17・2　ねじり天秤．クーロンによるスケッチ．

17・1　静電場

2個の帯電した物体はその電荷により互いに力を及ぼし合う．もしそれらが同じ種類の電荷をもっていれば互いに斥力（反発力）を及ぼし合い，両方の力は大きさが同じで逆向きである．もし電荷の種類が異なれば，同じ大きさで逆向きの引力を及ぼし合う（図17・1）．

　　　同種の電荷は反発し，異種の電荷は引合う．

クーロンの研究

2個の点電荷の間にはたらく力は Charles Coulomb によって1784年に研究が行われた．彼は図17・2にあるように非常に感度のよいねじり天秤を考案し，2個の帯電したコルクの球に加わる力を測定した．一方の球は図の左上に示す鉛直の棒の先端にあり，他方は細い金属線で水平につるした長い針の先端にあり，2個の球に同じ種類の電荷を与え，互いに反発するようにした．金属線の頭部のねじを回すとねじれの応力が変わり，球は新しい位置でつり合う．ねじれの角と応力が比例するから，2球間の距離と力の関係を見いだすことができたのである．

17. 電　　場

クーロンの測定結果をいくつか表 17・1 に示した．クーロンはねじの角度を変えて水平の針の角度を測定し，その結果を 2 球間の距離として表にあるように正しい単位に変換した．

表 17・1　クーロンの測定結果

距離 r	36	18	8.5
力 F	36	144	567

表 17・1 の測定結果は，距離が短くなるにつれて力が増加することを示す．実際，距離が 36 から 18 と半分になると力は 4 倍に大きくなり，さらに 18 から 8.5 (ほぼ 9 に近い) になるときも同様である．測定結果は，力が二つの電荷の間の距離の 2 乗に反比例することを示している．言い換えると，距離が 2 倍になると力は 4 分の 1 に弱まり，3 倍になると 9 分の 1 に弱まるという具合である．この関係は**クーロンの法則**として知られており，通常は次の式で表される．

$$F = \frac{kQ_1Q_2}{r^2}$$

ここで F は距離 r 離れて置かれた二つの電荷 Q_1 および Q_2 の間の力である．

後述するが，この比例係数は真空の誘電率を ε_0 とすると

$$k = \frac{1}{4\pi\varepsilon_0}$$

である．真空の誘電率は p.153 の平行板コンデンサーの節で導入されたが，なぜクーロンの法則の中で定数 $\frac{1}{4\pi\varepsilon_0}$ の形で現れるのか本章の後半部を学習するとわかる．こうして，クーロンの法則は，

$$F = \frac{1}{4\pi\varepsilon_0}\frac{Q_1Q_2}{r^2}$$

となる．

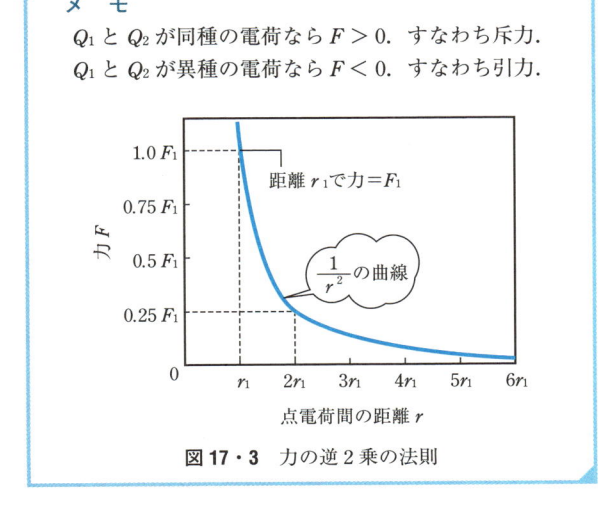

> **メ　モ**
> Q_1 と Q_2 が同種の電荷なら $F>0$．すなわち斥力．
> Q_1 と Q_2 が異種の電荷なら $F<0$．すなわち引力．

図 17・3　力の逆 2 乗の法則

> **例 題 17・1**
> $+1.5\,\mu\text{C}$ の点電荷と $-2.0\,\mu\text{C}$ の点電荷が 0.050 m 離れている．これらの点電荷の間に作用する力を計算せよ．
> ($\varepsilon_0 = 8.85 \times 10^{-12}\,\text{F m}^{-1}$)
> [解　答]
> $$F = \frac{1}{4\pi\varepsilon_0}\frac{Q_1Q_2}{r^2} = \frac{(+1.5\times 10^{-6})\times(-2.0\times 10^{-6})}{4\pi\times 8.85\times 10^{-12}\times(0.050)^2}$$
> $$= -10.8\,\text{N}$$

練習問題 17・1

1. 電子と陽子が 0.10 nm 離れているときの力を計算せよ．なお，素電荷を $e=1.6\times 10^{-19}$ C として，陽子の電荷 $=e$，電子の電荷 $=-e$ である．
2. 200 mm 離して $+1.5\,\mu\text{C}$ の点電荷と $-3.5\,\mu\text{C}$ の点電荷を置き，その真中に $+2.5\,\text{nC}$ の点電荷を置く (図 17・4)．この 2.5 nC の点電荷に加わる合力の大きさと向きを計算せよ．

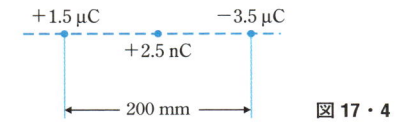

図 17・4

17・2　電気力線の形

電 気 力 線

2 個の帯電した物体は互いに接触することなく力を及ぼし合い，それぞれの力は大きさが等しく反対向きである．この "遠隔作用" は，帯電した物体が自分自身の周りに**電場**をつくり出した結果と考えられる．帯電した物体をこの電場の中に置くと必ずこの場により力を受ける．

電気力線 (でんきりょくせんまたはでんきりきせんと読む) は正電荷から負電荷に向かう滑らかな曲線で，各点での接線の向きと小さな試験電荷が受ける力の向きが同じである．試験電荷は非常に小さく，それが置かれることで電場に影響を与えることがあってはならない．

電気力線の形の例を図 17・5 と図 17・6 に示した．

a. 均 一 な 電 場　正と負に均一に帯電した 2 枚の平行な電極板の間につくられる．常にその電気力線は，正に帯電した電極板から負に帯電した電極板に向かう．なぜなら，小さな正の試験電荷が電極板の間のどこでも，その向きの力を受けるからである (図 17・5)．

b. 放 射 状 の 電 場　点電荷の周りに存在する (図 17・6)．

- 正の点電荷 $+Q$ によってつくられる電気力線はその電荷から外向きに放射状に広がる．これは小さな正の試験電荷をこの電場に置くと，電荷 $+Q$ からこの向きの力を受けるからである．

- 負の点電荷$-Q$によってつくられる電気力線は電荷に向け内向きである．これは小さな正の試験電荷をこの電場に置くと，電荷$-Q$に向け力を受けるからである．

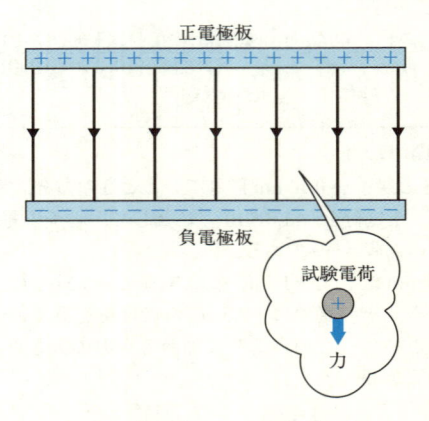

図17・5 均一な電場

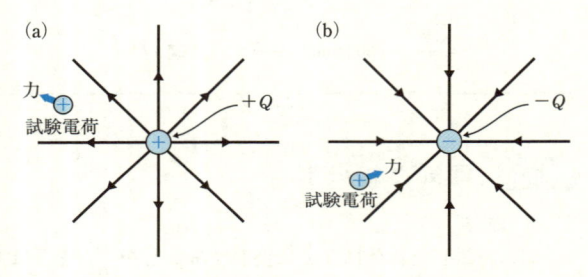

図17・6 放射状の電場．(a) 正の電荷の場合，(b) 負の電荷の場合．

導体が鋭く曲がった付近には電荷が集中するため，その辺りで電気力線の密度が高い．

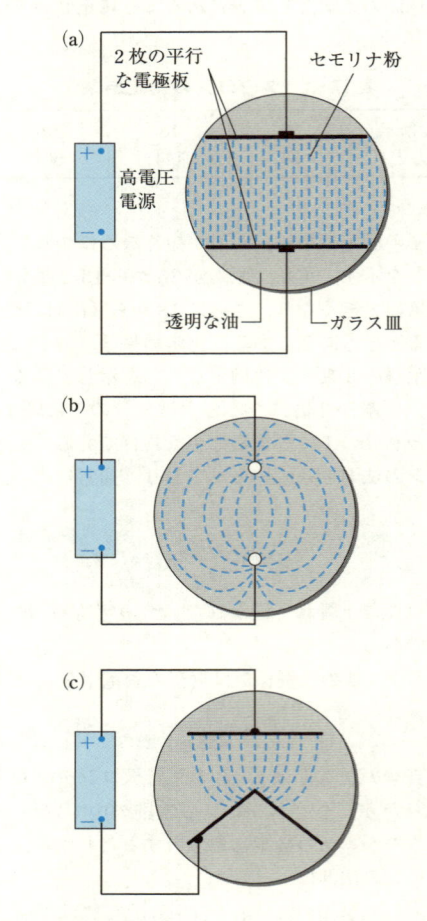

図17・7 電場の形．(a) 上から見る，(b) 点状の物体，(c) 直線状の導体と近くにある逆V字型の導体．

電気力線の形を観測する

電気力線の形は図17・7に示すようにすれば実際に見ることができる．高電圧電源の正負の電極につないだ2個の導体間に，粘性があって透明な油があり，油の表面にセモリナ粉（小麦粉の一種）を振りまくと粉の粒子が電気力線に沿って並ぶので，油の表面を横切る電場の様子を観測できる．

a. 正負に帯電した2枚の平行な導体間 電気力線は互いに平行で導体に垂直である．油の表面から離れると電場は均一でなくなるが，油の表面では電場が均一であり，2枚の平行な電極板の場合の二次元版となっている．

b. 正負に帯電した2個の点状の物体間 電気力線が点電荷に集中する．両方の点電荷から離れた場所に正の試験電を置いたとすると，曲線に沿って負の点電荷に向く力を受ける．

c. 正負に帯電した逆V型の導体と真直な導体間 電気力線は逆V型の導体から真直な導体に向けて広がる．

等電位面

試験電荷が電場の力線と**直角**に微小な距離だけ動くとき，力が試験電荷に加わっていても仕事はしない．これは試験電荷の動く方向が力の方向に垂直で，力の方向に動く距離が0だからである．なされた仕事は"力×力の方向に動いた距離"として定義されるので，なされた仕事は0となる．これは，摩擦のない表面上を水平に動く物体の場合とちょうど同じことである（重力の方向に動かないので，その物体の位置エネルギーは一定に保たれる）．

ある点の**電位**とは，電場の中で無限遠からその点まで，小さな正の試験電荷を移動するのに必要な仕事を単位電荷当たりに換算したものである．電位の単位はボルト（V）であり，1Vは1ジュール/クーロン（J/C）に等しい．実際は，電位はその点と無限遠点の間の電位の差である．無限遠点でなくても，基準に選んだ点との電位の差をその点

17. 電場

の電位とすることができるが，本書ではとくに断らないかぎり基準を無限遠にとる．小さな試験電荷$+q$を無限遠から電場のある点まで移動するための仕事をWとすると，その点での電位Vは，

$$V = \frac{W}{q}$$

である．

点電荷$+q$を無限遠から電位Vの点まで移動するために必要な仕事Wは，したがってqVである．すなわち，

$$W = qV$$

等電位面は，その上のどの点でも試験電荷の位置エネルギーが同じになる表面である．図17・8は正の点電荷Qにより生成された放射状の電場の力線と等電位面の断面を示している．等電位面は球だが，図では等電位線が円で示されている．試験電荷がこれらの円に沿って移動しても，その位置エネルギーが変わらない．電気力線は等電位面したがって等電位線に垂直である．等電位線は地図上の等高線と同じように考えられる．それは等高線が重力による位置エネルギー一定の線だからである．すそにいくほどなだらかな円錐形の丘の等高線は図17・8と同様の円となる．

- どの電気力線に沿って進んでも，距離が同じなら電位の変化が同じである．図17・9bは電位が負の電極板から正の電極板に向け一定の割合で変化していることを示す．
- 負の電極板から電位差Vの正の電極板まで，正の試験電荷$+q$を移動しよう．電場が電荷$+q$に及ぼす力は負の電極板の方を向く．この力に打ち勝って移動させるには，電場による力と大きさが等しく反対向きの力Fを$+q$に加えなければならない．

この力Fがする仕事は2枚の電極板の間の距離をdとすると，$W=Fd$である．

電位Vの定義から$W=qV$であるので，$Fd=qV$が導かれる．よって力Fは，

$$F = \frac{qV}{d}$$

> **メ モ** この式は，正負に帯電した2枚の平行な電極板間の任意の位置で試験電荷qに加わる力を表している．"第21章 電子と光子"でも用いる．

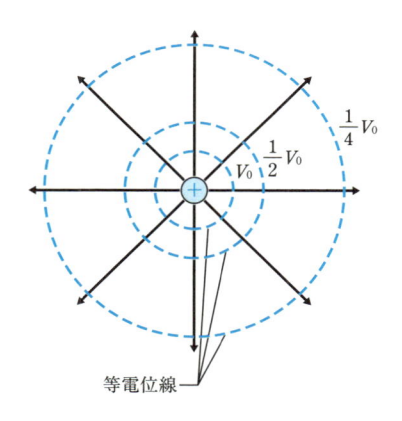

図17・8 放射状の電場における等電位線

均一な電場の等電位線の探索

図17・9aに示すように，電池の電極につないだ2枚の帯状の電極板の間に導電性の紙のシートを張り，その表面の電場を調べる．接地した負の電極板を基準にして導電性シート上の各点の電位をデジタル電圧計で測定する．シートの全域にわたりリード線の先の探針を動かし，電位計の読みが一定の等電位の点をつなげていくことができる．この電極板の間の等電位線は直線であり帯と平行である．したがって力線は正の電極板から負の電極板へ向かう直線である．

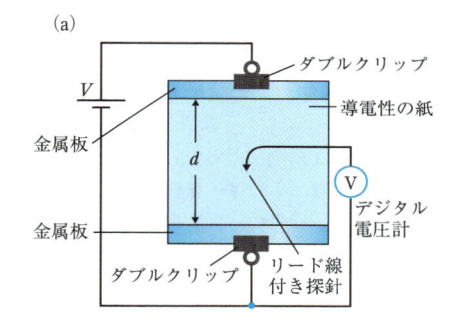

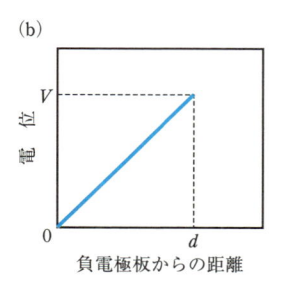

図17・9 等電位線の探索．(a) 実際の配置，(b) 電位と距離の関係．

例題17・2

2枚の金属板を上下に4.0 mm離して水平に重ね電極とする．高電圧電源をつなぎ下側の電極板に対して上側を負にする．上下の電極板の電位差が500 Vのとき，質量8.8

$\times 10^{-15}$ kg で電荷が 4.8×10^{-19} C に帯電した油滴が鉛直に降下しているところを観測した（図 17・10）．($g = 9.8$ m s^{-2}）

図 17・10

(a) (i) 電場の中の鉛直線に沿って距離 1.0 mm 離れた 2 点の電位差を計算せよ．(ii) 油滴が 1.0 mm の距離を降下したことによる電気的な力による位置エネルギーの変化を計算せよ．(iii) 油滴が 1.0 mm の距離を降下したことによる重力の位置エネルギーの変化を計算せよ．
(b) 電極板の間で油滴を安定に静止させておくために必要な電位差を計算せよ．

［解 答］
(a) (i) 一方の電極板から他方へ，4.0 mm の間で電位の変化が 500 V．距離 1.0 mm では電位の変化が，
$$500/4 = 125 \text{ V}$$
(ii) 油滴は正に帯電し，それが正の電極板に向けて降下しているから，電気的な力による位置エネルギーが増加する．1 mm 降下する間に，電気的な力による位置エネルギーの増加分は，
$$W = qV = 4.8 \times 10^{-19} \times 125 = 6.0 \times 10^{-17} \text{ J}$$
(iii) 重力による位置エネルギーは低下する．1 mm 降下する間に，重力による位置エネルギーの減少分は，
$$mgh = 8.8 \times 10^{-15} \times 9.8 \times 1.0 \times 10^{-3} = 8.6 \times 10^{-17} \text{ J}$$
(b) 油滴を静止させるためには，電気的な力 $\frac{qV}{d}$ と重さ mg が同じ大きさで逆向きになる必要がある．$\frac{qV}{d} = mg$ を変形し，
$$V = \frac{mgd}{q} = \frac{8.8 \times 10^{-15} \times 9.8 \times 4.0 \times 10^{-3}}{4.8 \times 10^{-19}} = 730 \text{ V}$$

練習問題 17・2

1. 図 17・11 は正に帯電した V 字型の導体と，負に帯電した平坦な導体がつくる電場の等電位面を示す．

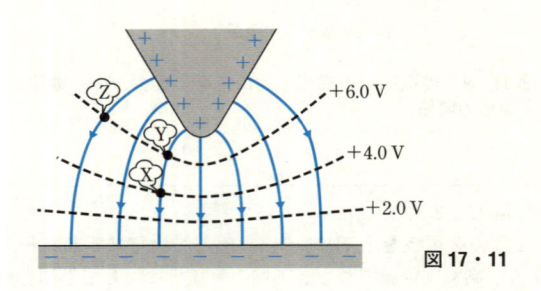

図 17・11

(a) 電荷 $+2.5\ \mu$C をもつ小さな物体を (i) X から Y へ，(ii) Y から Z へ，(iii) Z から X へ移動するとき，電気的な力による位置エネルギーの変化を計算せよ．
(b) X から Y への移動距離が 5.0 mm のとき，この付近の電場を均一として $+2.5\ \mu$C に加わる力を計算せよ．

2. 12 mm 離して水平に重ねた 2 枚の平行な電極板の間に均一な電場がつくられている．図 17・12 のように，下の電極板を接地し，上の電極板に $+600$ V の電位を加えた．質量 2.5×10^{-15} kg の帯電した油滴がこの電場中で静止している．

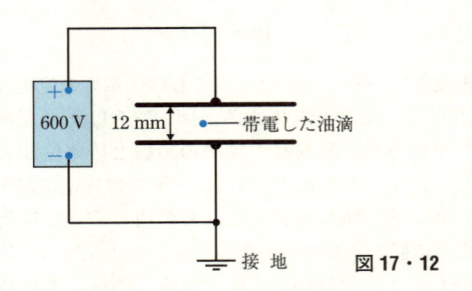

図 17・12

(a) (i) 油滴がもつ電荷の符号を答えよ．(ii) 油滴の電荷を計算せよ．
(b) 接地された電極板から正の電極板まで，距離によって電位がどのように変わるかグラフを描け．
(c) 油滴の位置が (i) 接地された電極板から 2.0 mm 上方，(ii) 6.0 mm 上方，(iii) 10 mm 上方のとき，電気的な力による位置エネルギーを計算せよ．

17・3 電　場

避雷針は，その先端の電場が十分に強くなって空気中の分子をイオン化するので，上空の雷雲を放電させる（図 17・13）．イオンがある空気は電気を流すので，雷雲の電荷を地面に徐々に流せるようになる．雷雲の電荷が，地面

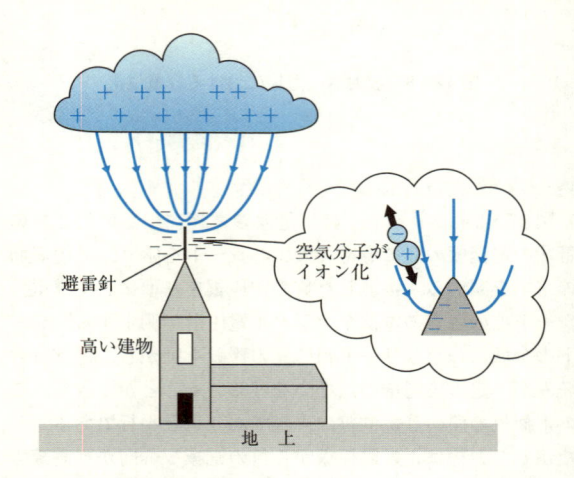

図 17・13　避雷針は空気分子をイオン化することで機能する．

から避雷針先端に電荷を引寄せるため，電気力線は避雷針の先端に集中する．先端付近の空気の分子に作用する電場により，分子内部の正と負の電荷には同じ大きさで反対向きの非常に強い力が加わる．分子内の電子は正電荷の方に引寄せられて分子から離れ，正イオンとなった分子は負電荷の方に引寄せられる．

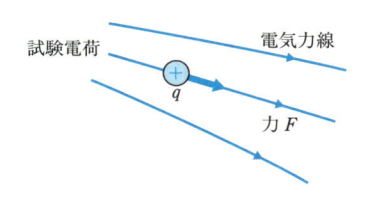

図 17・14 電場

ある位置における**電場** E は，正の試験電荷に作用する力を，単位電荷当たりに換算して定義される（図 17・14）．

$$E = \frac{F}{q}$$

> **メ モ**
> 1. E はベクトル量であり，正の試験電荷に加わる力の向きをもつ．本書では，特に断らない限り，電場ベクトルの大きさを E で表す．ただし，基準となる方向と逆向きのときに E を負の量とすることもある．
> 2. E の単位はニュートン/クーロン（$N\,C^{-1}$）であり，ボルト/メートル（$V\,m^{-1}$）に等しい．

正負に帯電した平行な電極板の間の電場

これは図 17・15 にあるように均一な電場で，電気力線は正の電極板から負の電極板に向けた直線になる．p.175

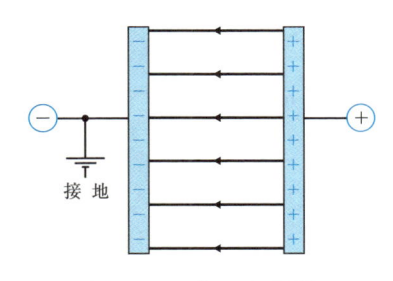

図 17・15 均一な電場

で説明したように，小さな正の試験電荷 $+q$ に加わる力 F は，電極板間の電位差 V と間隔 d に関係し，次の式

$$F = \frac{qV}{d}$$

で表される．電荷 $+q$ に加わる力は，電極板の間のどこでも同じである．電場 E は，

$$E = \frac{F}{q}$$

で定義されているので，

$$E = \frac{V}{d}$$

となる．たとえば，50 mm 離した 2 枚の電極板の間の電位差が 100 V のとき電場は 2000 $V\,m^{-1}$ である．

> **メ モ** $E = V/d$ は，E の単位が電圧/メートル（$V\,m^{-1}$）であることを示す．

図 17・16 は負の電極板（この場合は接地されている）から正の電極板に向けて，どのように電位が変化するかを示す．

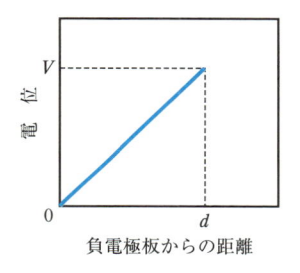

図 17・16 均一な電位勾配

電位の勾配の定義は，単位距離当たりの電位の変化である．平行な電極板の間の電位の勾配は一定であり，

$$\frac{V}{d}$$

に等しい．電位の勾配の大きさと電場の大きさは同じで，電場とは逆向きである．電位は−電極から＋電極に向けて上昇するが，正の試験電荷に加わる力は負電極板の方を向くからである．

真空の誘電率

図 17・15 の各電極板上の電荷 Q は，電極板の電位差と関係しており，

$$Q = \frac{A\varepsilon_0 V}{d}$$

に従う．ここで ε_0 は真空の誘電率であり，A は電極板の面積を表す．この式は，証明は省略するが，平行板コンデンサーの電極板の電荷 Q が電極板の面積 A と電位差 V，および電極板間の距離 d の逆数に比例するという結果から得られた．その平行な電極板の間には誘電体が何もないので，真空の誘電率が比例係数として示されている．

電場 E は，

$$E = \frac{V}{d}$$

と書けるので，電荷 Q についての式は電場 E を用いて $Q=A\varepsilon_0 E$ と書くことができる．そうすると表面電荷密度すなわち単位面積当たりの電荷(Q/A)は，

$$\frac{Q}{A} = \varepsilon_0 E$$

となる（p.179，図17・20参照）．

真空の誘電率は，1ボルト/メートル（$V\,m^{-1}$）の電場をつくる平行板コンデンサーの電極板の単位面積当たりの電荷の値を示す量といえる．$\varepsilon_0 = 8.85 \times 10^{-12}\,F\,m^{-1}$ だから，$8.85 \times 10^{-12}\,C\,m^{-2}$ の表面電荷密度をもつ平行板コンデンサーの内部には $1\,V\,m^{-1}$ の電場が生じる．

例題 17・3

図17・17に示すように，2枚の平行な電極板（0.10 m × 0.10 m）を 0.004 m 離して固定し，250 V の電位差を与える．(a) 電極板の間の電場，(b) 表面電荷密度，(c) 各電極板上にある電荷，(d) 表面 $1.0\,m^2$ にある電子の個数を計算せよ．$\varepsilon_0 = 8.85 \times 10^{-12}\,F\,m^{-1}$，電子の電荷を $-e = -1.6 \times 10^{-19}\,C$ とする．

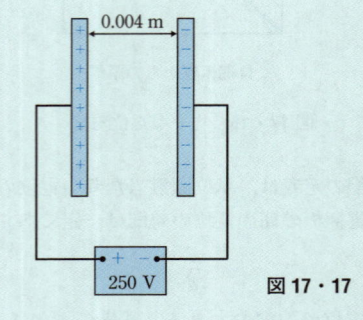

図 17・17

[解 答]

(a) $E = \dfrac{V}{d} = \dfrac{250}{0.004} = 6.25 \times 10^4\,V\,m^{-1}$

(b) $\dfrac{Q}{A} = \varepsilon_0 E = 8.85 \times 10^{-12} \times 6.25 \times 10^4$
$\qquad = 5.5 \times 10^{-7}\,C\,m^{-2}$

(c) $A = 0.1 \times 0.1 = 0.010\,m^2$
 ∴ $Q = 5.5 \times 10^{-7} \times 0.010 = 5.5 \times 10^{-9}\,C$

(d) $A = 1.0\,m^2$ では $Q = 5.5 \times 10^{-7}\,C$.
 ∴ 単位面積 m^2 当たりの電子の個数 $= \dfrac{5.5 \times 10^{-7}}{1.6 \times 10^{-19}}$
$\qquad\qquad = 3.5 \times 10^{12}\,m^{-2}$

1個の点電荷がつくる電場

正の点電荷 $+Q$ によってつくられる電気力線は，点電荷から放射状に拡がる（図17・18）．これは，点電荷 $+Q$ の近くに正の試験電荷 $+q$ を置くと $+Q$ からまっすぐに遠ざかる向きに斥力（反発力）を受けることからわかる．

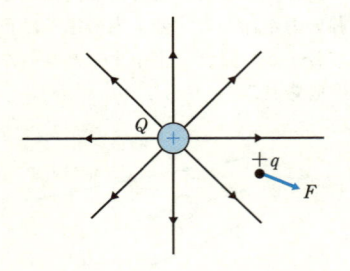

図 17・18　点電荷の近くの電場

この力の大きさは 2 個の電荷間の距離 r に依存し，クーロンの法則

$$F = \frac{1}{4\pi\varepsilon_0}\frac{Qq}{r^2}$$

に従う．電場 E は正の試験電荷に加わる力を単位電荷当たりに換算したものだから，点電荷 $+Q$ からの距離が r のとき，

$$E = \frac{F}{q} = \frac{1}{4\pi\varepsilon_0}\frac{Qq}{r^2}$$

によって与えられる．図17・19のように，この式は，点電荷の電場がその点からの距離の2乗の逆数に比例することを示す．たとえば，距離が d の位置の電場は，距離が $2d$ の位置の電場の4倍である．

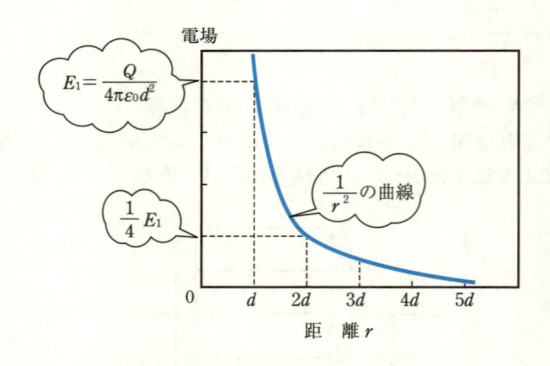

図 17・19　点電荷からの距離 r と電場 E の関係

ガウスの法則

Gauss は 19 世紀の有名な数学者だが，点電荷の近くの電場と，平行板電極の間の電場の強さには共通した因果関係があることを示した．正負に帯電した平行板電極では，その電極板の電荷は $Q = A\varepsilon_0 E$ である．この式を書き換えると $E = Q/A\varepsilon_0$ となる．電気力線が平行なので電場が均一であることにガウスは気がついた．2枚の電極間のいかなる場所でも電気力線が通過する場所の面積は一定で，電極

17. 電　場

板の面積と等しい．しかし，点電荷によって発生する電気力線はあらゆる方向に広がり，距離が遠くなるに従って電場は弱くなっていく．点電荷 Q からある距離 r 離れた位置では，電気力線は図 17・20 に示すように半径 r の球を通って広がることになる．ガウスは点電荷 Q から距離 r 離れた場所での電場 E，すなわち，

$$E = \frac{1}{4\pi\varepsilon_0} \frac{Q}{r^2}$$

は，距離 r の球の表面積が $A = 4\pi r^2$ だから

$$E = \frac{Q}{A\varepsilon_0}$$

の形で書き表されることに気がついたのである．ここは球面に限定した例だったが，ガウスがさらに深く発展させた数学的アイディアを垣間見たものであり，クーロンの法則に定数

$$\frac{1}{4\pi\varepsilon_0}$$

が導入されている理由は十分に説明できただろう．

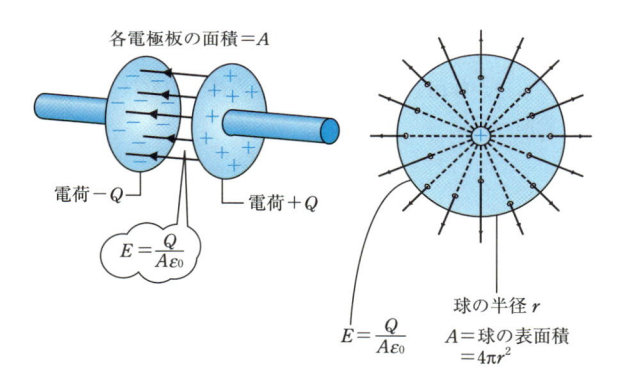

図 17・20 電場についてのガウスの考え

例題 17・4

+4.5 pC（=4.5×10^{-12} C）の電荷をもつ小さな物体から (a) 1.0 mm または (b) 10 mm 離れた位置の電場を計算せよ．（$\varepsilon_0 = 8.85 \times 10^{-12}$ F m^{-1}）

[解答]

(a) $E = \dfrac{Q}{4\pi\varepsilon_0 r^2} = \dfrac{4.5 \times 10^{-12}}{4\pi \times 8.85 \times 10^{-12} \times (1.0 \times 10^{-3})^2}$

$= 4.1 \times 10^4$ V m^{-1}

(b) 10 mm は 1.0 mm の 10 倍の距離である．電場は距離の 2 乗に反比例するので，10 mm 離れた位置の電場は，1.0 mm のときよりも 100 倍弱くなる．

∴ $E = 410$ V m^{-1}

練習問題 17・3

（$\varepsilon_0 = 8.85 \times 10^{-12}$ F m^{-1}）

1. 正電荷 3.2×10^{-19} C をもつイオンが 120 kV m^{-1} の均一な電場の中にある．
   (a) この電場によりイオンに加わる力を計算せよ．
   (b) この電場の電気力線に沿ってイオンが 5.0 μm 移動するとき，位置エネルギーの変化を計算せよ．

2. 10 mm 離して置かれた 2 枚の平行な金属板を電極とし，高圧電源に接続し 300 V の一定の電位差を与える．
   (a) 2 枚の電極板の間の空間の電場を計算せよ．
   (b) 各電極板上の単位面積当たりの電荷を計算せよ．
   (c) 各電極板上で 1 mm^2 当たりの電子の個数を計算せよ．

17・4　電　位

帯電した物体が電場の中で移動すると，移動の方向が電気力線に垂直でない限り，位置エネルギーが変化する．電気力線の方向に垂直な向きに動くならば，位置エネルギーの変化はない．

> ある位置の電位は，正の試験電荷を無限遠からその位置まで移動するのに必要な仕事の，単位電荷当たりの値である．

電位 V の位置にある点電荷 q について，

$$q \text{ の位置エネルギー} = qV$$

であるが，電位が 0 の無限遠から電位 V の位置に電荷 q を移動するときの仕事が qV となるからである．たとえば，+1 nC の電荷を無限遠から V = 1200 V の電場のある位置まで移動すると，電荷の位置エネルギーは 1200 nJ（=1 nC×1200 V）となる．

点電荷 Q から距離 r の位置で電位 V は，

$$V = \frac{Q}{4\pi\varepsilon_0 r}$$

である．図 17・21 は位置エネルギーが距離とともに変化する様子を示す．電位の減り方は電場ほど急峻ではない．E が $1/r^2$ に比例するのに対して，V は $1/r$ に比例するからである．この電位に関する式は，小さな正の試験電荷 q を Q から距離 r の位置まで無限遠から移動する過程を考えると導ける．

Q から距離 x の位置にある q にはクーロンの法則に従う力 $\dfrac{qQ}{4\pi\varepsilon_0 x^2}$ が加わる．この力に逆らって q を微小な距離 δx だけ Q に向かって動かすときに必要な微小な仕事 δW は，

$$\delta W = F\delta x = \frac{qQ}{4\pi\varepsilon_0 x^2} \delta x$$

よって，電位の変化は，
$$\delta V = \frac{\delta W}{q} = \frac{Q}{4\pi\varepsilon_0 x^2}\delta x$$

$\delta x \ll x$ ならば，
$$\frac{1}{x} - \frac{1}{(x+\delta x)} = \frac{\delta x}{x^2}$$

そうすると，
$$\delta V = \frac{Q}{4\pi\varepsilon_0 x} - \frac{Q}{4\pi\varepsilon_0 (x+\delta x)}$$
$$= (x\text{ の電位}) - (x+\delta x\text{ の電位})$$

となる．

無限遠からrの位置までを小さなステップδxに分け，各ステップの電位の変化を加えると，無限遠からの電位の変化が，
$$\frac{Q}{4\pi\varepsilon_0 r}$$
となる．

(a)

(b)

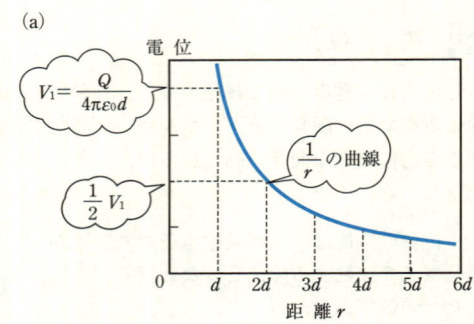

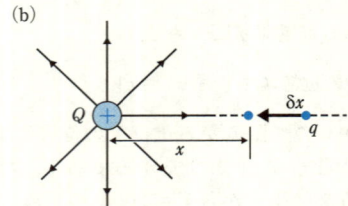

図17・21 点電荷の付近の電位．(a) 距離と電位，(b) 試験電荷を移動する．

帯電した球

導体球に電荷を与えると表面に均一に拡がるので，電気力線は表面から放射状に伸び，図17・22に示すように全電荷が中心に集まったのとまったく同じ形になる．したがって球の表面および外部で，中心から距離rの位置の電場と電位は，点電荷が中心にあるときと同じ式になる．

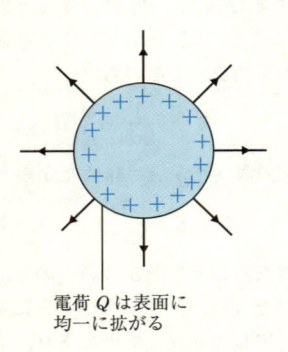

図17・22 帯電した導体球の付近の電場E

球の半径をR_Sとすると$r \geq R_S$では，
$$E = \frac{Q}{4\pi\varepsilon_0 r^2}, \quad V = \frac{Q}{4\pi\varepsilon_0 r}$$

である．一方，電気力線は表面から外側に放射されており，球の内部では電場が0である．球の内部に試験電荷を置いても力が作用しないので，球の内部で電位は一定値となり表面の電位
$$\frac{Q}{4\pi\varepsilon_0 R_S}$$
と等しい．

練習問題 17・4

($\varepsilon_0 = 8.85 \times 10^{-12}\,\text{F m}^{-1}$)

1. 以下の位置における電場と電位を計算せよ．
   (a) $+8.5\,\text{pC}$ の点電荷から $5.0\,\text{mm}$ 離れた位置．
   (b) $40\,\text{mm}$ 離して平行に置いた2枚の電極板から等距離の点．一方の電極板は接地，電極間には$+200\,\text{V}$を加える．
2. 半径$0.20\,\text{m}$の導体球が帯電し正の電位$100\,000\,\text{V}$になった．次の計算をせよ．
   (a) 球の電荷
   (b) 表面の電場
   (c) 球表面から$2.0\,\text{m}$離れた位置の電場と電位

まとめ

■ クーロンの法則
$$F = \frac{Q_1 Q_2}{4\pi\varepsilon_0 r^2}$$

■ 電気力線の形
1. **電気力線**は正から負の電荷に至る曲線で，各点で試験電荷に加わる力の向きをもつ．
2. **等電位面**は電位が一定の曲面である．
3. **均一な電場**は電気力線が平行で，試験電荷に加わる力の大きさと向きが位置によらず一定な電場である．
4. **放射状の電場**は電気力線が点電荷から外側に向かう

- 直線となる電場である.
- **電位** V は正の試験電荷を無限遠から移動してくるのに必要な仕事を，単位電荷当たりに換算したもの.
- **電場** E は正の試験電荷に加わる力を単位電荷当たりに換算したベクトル. E の単位はニュートン/クーロン〔N C^{-1}〕，もしくはボルト/メートル〔V m^{-1}〕である.
- **正と負に帯電した平行な電極板の間の均一な電場**において，
  1. 電極の間にある電荷 q に加わる力 F
  $$F = \frac{qV}{d}$$
  2. 電極の間の電場 E
  $$E = \frac{V}{d}$$
  3. 各電極の電荷の大きさ Q
  $$Q = \frac{A\varepsilon_0 V}{d}$$
  4. 電位の勾配は，電場と同じ大きさで逆向きである.
- **放射状の電場**
  1. 点電荷 Q による電場
  $$E = \frac{Q}{4\pi\varepsilon_0 r^2}, \quad V = \frac{Q}{4\pi\varepsilon_0 r}$$
  2. Q に帯電した球の表面および外側の電場
  $$E = \frac{Q}{4\pi\varepsilon_0 r^2}, \quad V = \frac{Q}{4\pi\varepsilon_0 r}$$
  3. 球の内部の電場
  $$E = 0, \quad V = \frac{Q}{4\pi\varepsilon_0 r}$$

章末問題

p.321 に本章の補充問題がある.
($\varepsilon_0 = 8.85 \times 10^{-12}$ F m^{-1})

17・1 (a) 2 個の点電荷は大きさが等しく符号が異なる. 点電荷の間の電気力線の形を図示せよ.
(b) +2.5 pC の点電荷から 20 mm 離れて -7.2 pC の点電荷がある. 2 個の電荷に加わる力を計算せよ. それは引力か斥力（反発力）かを述べよ.
(c) 2 個の電荷の中点での (i) 電場と (ii) 電位を計算せよ.

17・2 図 17・23 のように電源と分圧器を用い，5.0 mm 離して水平に重ねた 2 枚の電極板の間に均一の電場をつくる. 電極間の電位差を 430 V としたとき，質量 5.6×10^{-15} kg の帯電した油滴が電極板の間で静止した.

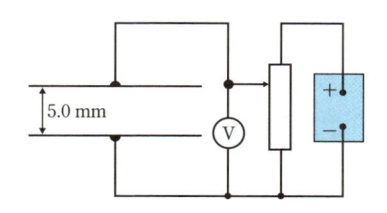

図 17・23

(a) (i) この電位差のときの電極板間の電場と (ii) この油滴がもつ電荷を計算せよ.
(b) この油滴と帯電していない油滴が合体した. それを静止させるには電位差を 620 V とする必要があった. 合体前の帯電していない油滴の質量を計算せよ.

17・3 (a) 陽子と電子の距離が 1.0×10^{-10} m のときの引力を計算せよ.
(b) 陽子と電子を距離 1.0×10^{-10} m から無限遠まで離すのに必要な仕事を計算せよ. 電子の電荷は $-e = -1.6 \times 10^{-19}$ C とする.

17・4 +1.6 nC の点電荷が 2 個あり 40 mm 離れている.
(a) 電場が中点で 0 になる理由を説明せよ.
(b) (i) 電位が中点で 1440 V であることを示せ. (ii) 2 個の点電荷から等距離となる直線に沿って，無限遠から中点まで電位がどのように変化するかグラフに描け.
(c) 電荷 1.5×10^{-17} C の粒子を無限遠から中央まで移動させるのに必要な仕事を計算せよ.

17・5 (a) 金属球が帯電し 10 000 V の電位になった. 球の半径が (i) 100 m, (ii) 1.0 mm のとき，球表面での電場を計算せよ.
(b) 上の (a) の計算を使い，帯電した導体表面のとがったところから空気に放電する理由を説明せよ.
(c) 半径 50 mm の帯電していない金属球と，ほかからは切り離された半径 100 mm で電位が 5000 V に帯電した導体球とを短い時間接触させた. (i) 100 mm の球の初期の電荷と，(ii) 接触後の各球の電荷を計算せよ. また (iii) 各球の最終的な電位を計算せよ.

18

磁　　　場

目　次
- 18・1　磁場の様子
- 18・2　電 磁 石
- 18・3　ローレンツ力
- 18・4　磁束密度
- 18・5　磁場の式
- 18・6　磁性材料
- まとめ
- 章末問題

学習内容
- 方位磁石を使い磁力線を描く
- いろいろな形の磁石や電流の流れる導体がつくる磁場
- 電磁石の動作とリレーコイルへの応用
- ローレンツ力，電動モーター，可動コイル型メーターおよびスピーカー
- 磁束密度の定義，磁場中の電流に加わる力
- 荷電粒子ビームが均一な磁場中で受ける力
- ホール効果と磁束密度
- ソレノイドの中央付近の磁場，直線電流の周りの磁場
- 平行な電流の相互作用とアンペアの定義
- 軟鉄や鋼鉄の磁性とその利用

18・1　磁場の様子

磁性材料

　棒磁石は鉄粉や鋼製のペーパークリップを引寄せくっつける．釘が鉄粉やペーパークリップを引寄せるか調べると，その釘が磁性をもっているかわかる．磁性があれば鉄粉はその釘の両端にくっつくだろう．棒磁石の両端は，そこに磁力が集中しているように見えるので**磁極**とよばれる．

　最も一般的な磁性材料は軟鉄と鋼鉄である．p.193, 図18・32のように，軟鉄の棒は磁石でこすると簡単に磁化される．鋼鉄を磁化するのはそう簡単ではないが軟鉄より磁力を保持できる．軟鉄の釘を磁化するには，絶縁被覆された導線を釘に巻きつけ電流を流す方法もある．電流そのものが磁場をつくり出し，軟鉄の釘を磁化するのである．

磁力線

　方位磁石は，その針が常に北をさすので山歩きや船の操縦にとって大事な道具である．ある曲線に沿った方向に磁石の針が向くと考えよう．その曲線が**磁力線**である．図18・1aは地球磁場の磁力線を描く方法を示す．地球規模で考えると，地球磁場の磁力線は図18・1bのように磁極に集まる．

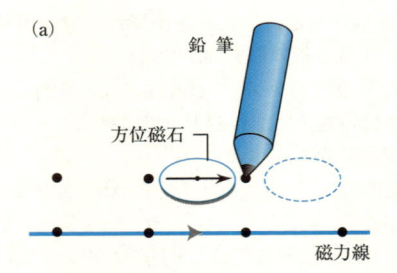

鉛筆で方位磁石の頭部があるところに点を打つ．磁石を動かし尾部がその点と重なるようにして，頭部の位置に新たな点を打つ．これを繰返す．

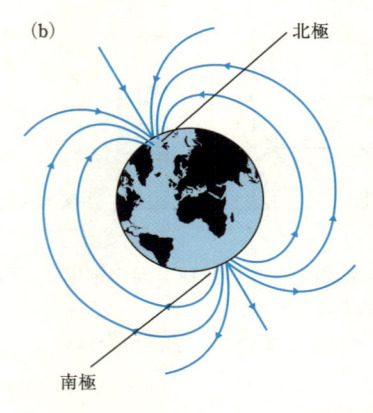

図 18・1　地球の磁場．(a) 磁力線の描き方，(b) 地球の両磁極．

　糸で水平につるした棒磁石は，南から北に向かう磁力線に沿う向きになろうとするから，方位磁石になる．北をさ

18. 磁 場

す方の端は磁石の北極（N極），もう一方は磁石の南極（S極）とよばれる．この磁石のN極に別の棒磁石のN極を近づけると，磁極どうしが互いに反発する．S極とS極を近くに持っていっても同じことが起こる．しかしN極をS極の近くに持っていくと磁極は互いに引寄せあう．

> 同種の磁極は反発し，異種の磁極は引合う．

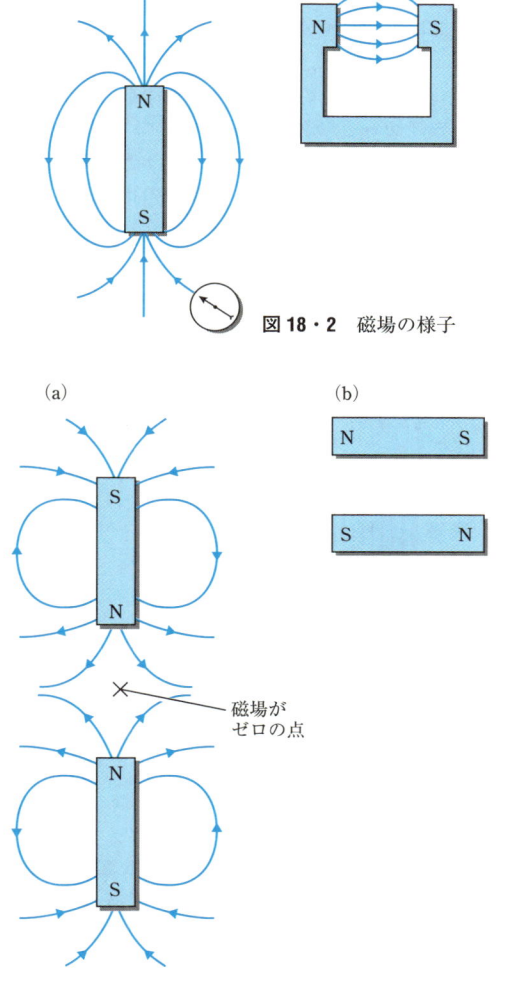

図 18・2　磁場の様子

図 18・3　複数の磁場による磁場

棒磁石の磁力線は図 18・2 に示したようにN極からS極に向けてループを描く特徴的な形状を示す．方位磁石の頭（つまりN極）が棒磁石のS極に引かれることを見れば，棒磁石がつくる磁力線は常に棒磁石のS極の方へ向かう．図 18・2 にはU字型磁石の磁力線も示した．U字型磁石の両極間の磁力線は向きがそろっていて，N極からS極に向かう．

磁石と磁石の間の磁場の様子を探る

2個の棒磁石を図 18・3 に示すように並べ，方位磁石を使ってその間の磁力線を描く．図 18・3a の配置では磁場が0となる点がN極とN極の間に存在する．この位置では，方位磁石の針が2個のN極に等しく引かれ，その結果として得られる磁場が0になる．

電流による磁場

電流が流れると磁場がつくられる．この磁場は電流のスイッチを切れば消える．

1. 一定の電流が流れるまっすぐで長い導線では，導線と垂直な面上に同心円状の磁力線ができる．この**直線電流**の周りの磁力線は切れ目のない輪を構成し，永久磁石の磁力線のような始点と終点がない．

　　電流による磁力線の方向は図 18・4 に示すように電流の方向によって異なる．**右ねじの法則**が，磁力線と電流の方向の関係を覚えるのに便利である．

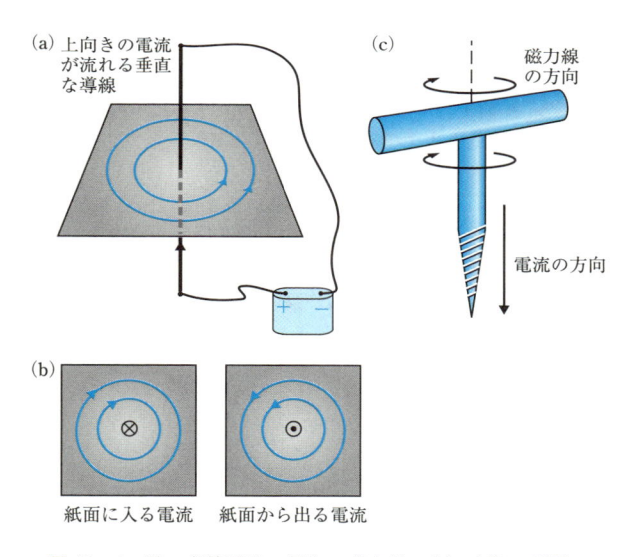

図 18・4　長い直線電流の周りの磁力線．(a) 実際の配置，(b) 下面および上面図，(c) 右ねじの法則．

2. 一定の電流が流れる**ソレノイド**すなわち円筒に導線を螺旋状に巻いたコイルでは，磁力線はソレノイドの片方から出て反対側へ回るループをつくる．空芯のソレノイドコイル内部では，磁力線が図 18・5 に示すように円筒の軸と平行に通り抜ける．ソレノイドコイルを棒磁石に見立てると，磁力線が出てくる方の端，すなわちN極は，電流の向きがN字のように見える．もう一方の端S極も電流の流れを見るとS字のように見える．ソレノイド両端の磁力線の向きとコイルを流れる電流の関係を覚えるのに便利である．ソレノイドを電流が流れる向き

に右手でつかんだとき，親指がさす方向が内部の磁力線の向きと覚えるのがよい．これは右ねじの法則とよばれるものの一つである．

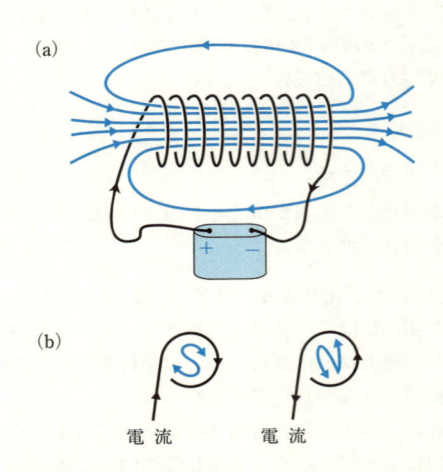

図 18・5 (a) 空芯のソレノイドコイルの内部と周囲の磁力線，(b) 電流の向きと磁力線の向き

練習問題 18・1

1. (a) 実用的な永久磁石は軟鉄よりも鋼鉄からつくられるが，その理由を述べよ．
   (b) 図 18・6 は，方位磁石（○）と 2 個の棒磁石 X，Y を示す．この配置を使ってつぎにあげる項目を知るにはどうすればよいか．
   (i) 2 個の磁石のどちらが強いか．
   (ii) 両極が同じ強さかどうか．

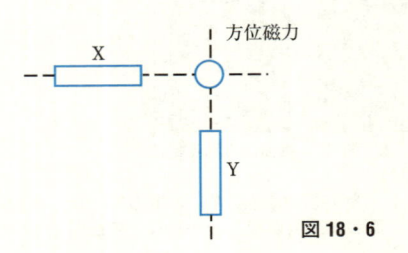

図 18・6

2. 図 18・7 に示した配置のとき磁力線のパターンを描きなさい．

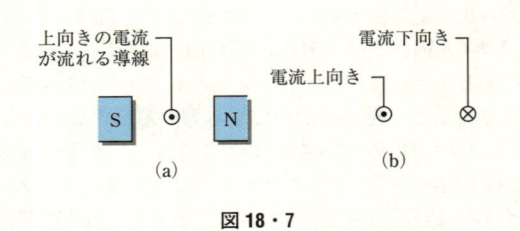

図 18・7

18・2 電磁石

電磁石は鉄芯の周囲に絶縁被覆した導線を巻いたコイルである．電流がコイルに流れると，中の軟鉄は磁化されて非常に強い磁場がつくられる．鉄芯があると磁場は 2000 倍ほど強くなる．電磁石の利用は，解体工場で鋼鉄製の車体をつり上げるほかに，電動ベル，リレー，ブレーカーなどさまざまな装置で使われている．

電動ベル

図 18・8 は電動ベルの構造を示したものである．押しボタンスイッチを押すと，電流が電磁石の巻線を流れて中の鉄芯が磁化される．その鉄芯が可動鉄片を引きつける．それはストライカーと一体となっているのでゴングを叩く．しかし可動鉄片が離れると，開閉スイッチが切れ電磁石を止める．可動切片がばねで戻って最初の状態に戻り，開閉スイッチが入り再び電流が流れる．こうして，開閉スイッチの動きによりストライカーがゴングを叩くことを繰返す．電子ブザーも原理的には電動ベルと同じ動作をするが，ストライカーもゴングもなく可動部はもっと軽いので，相当速く振動する．

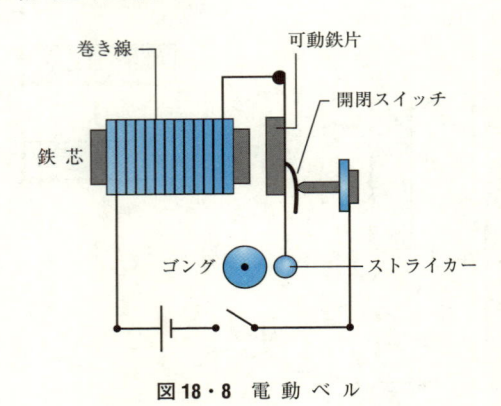

図 18・8 電動ベル

リレー

リレーは，電磁石の巻線を流れる小さな電流の入切により，もっと大きな電流を入切する装置である．図 16・14（p.161）にリレーの構造を示した．電流が電磁石の巻線を流れると鉄芯が磁化され，可動鉄片を引きつける．その可動部が別回路のリレースイッチを入切する．リレーは"常時切"か"常時入"だが，この"常時"状態とは，電磁石の巻線を電流が流れていない状態をいう．

ブレーカー

a. 過電流遮断器　巻線を流れる電流が規定値を超えた場合に，電磁石によって自らの回路を切り，元に戻らない遮断スイッチである．図 18・9 のように，上述の開閉スイッチとは異なり，電磁石によって遮断スイッチが切ら

れると切れた状態を保つよう設計されている．過剰電流の原因を取除いてから，リセットは手動で行う．

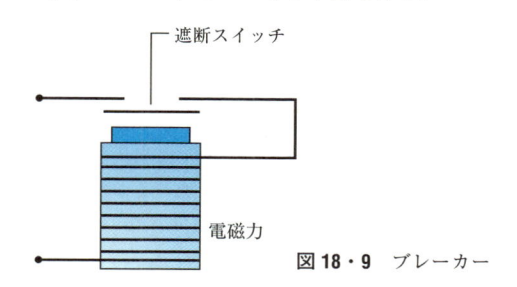

図18・9 ブレーカー

b. 漏電遮断器　三相交流の中性線側と負荷電線側の電流に違いがある場合，電磁石が動作し電力幹線から電気器具への接続を断つよう設計されている．鉄芯の周りに逆方向に巻いた2個のコイルをもつ電磁石によって回路を切る遮断スイッチである．

練習問題 18・2

1. 電動ベルについて以下の問いに答えよ．
   (a) 電磁石の芯はなぜ軟鉄が使われるか．
   (b) 電磁石の巻線はなぜ銅が使われるか．
   (c) 開閉スイッチの接点はなぜプラチナが使われるのか．
2. (a) 過電流遮断器の動作を説明せよ．
   (b) ブレーカーがヒューズより優れている点を一つあげよ．

18・3　ローレンツ力

電流が流れると，周囲に磁場がつくられる．一方，電流がU字型の磁極間にあると，磁力線と電流が平行でない限り，電流と磁石の間には大きさが等しく逆向きの力がはたらく．電流にはたらく力を**ローレンツ力**といい，モーターの動作原理となる．ローレンツ力は図18・10のような準備でただちに試すことができる．磁力線と電流が直角のときに力が最大となる．

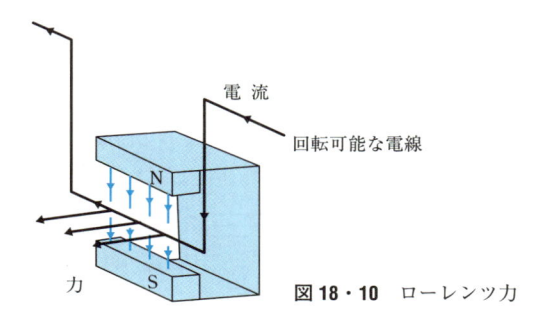

図18・10　ローレンツ力

ローレンツ力の向きは電流と磁力線の両方に直角である．図18・11に示す**左手の法則**がそれらの方向と力の関係を覚えるのに便利な方法である．磁場が変わらない限り，電流の向きが逆になれば力の向きも逆になることに注意しよう．

図18・11　左手の法則

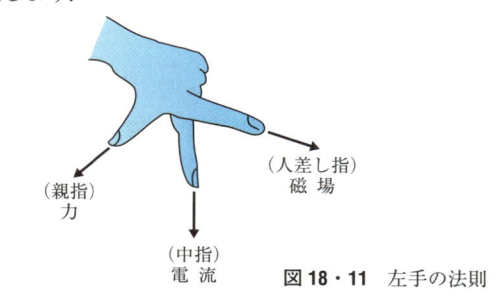

図18・12にU字型磁石の両極間で電流を流したときの磁場を示す．電流とU字型磁石による磁場は，電流の片側では強め合い反対側では消し合う．電流に加わる力は磁場が打ち消し合う方向を向く．

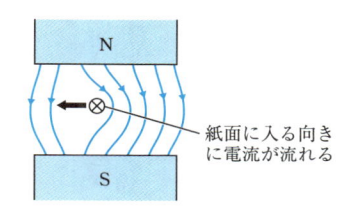

図18・12　U字型磁石の両極間に電流が流れるときの磁力線

スピーカー

交流がスピーカーコイルを流れるとコイルが磁場のために振動する．交流の半周期で電流がある方向に流れると，

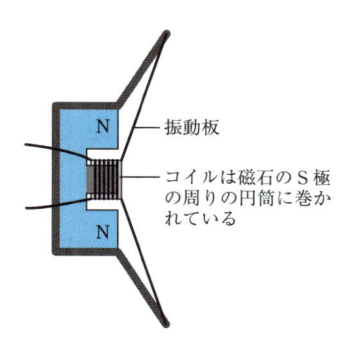

図18・13　スピーカーの構造例

コイルは左手の法則に従ってローレンツ力を受ける．残りの半周期で電流の向きが反転するので，コイルに加わる力の向きも逆になる．それゆえコイルは変動する力を受け振動し振動板を強制的に振動させ，周囲の空気に音波が生じ

る．このコイルは絶縁被覆した導線をプラスチックの円筒に巻いて作る．図18・13に示した例では，磁石の両極は中心円盤と外環にある．コイルは両磁極の間にうまく入り，交流がコイルの導線を流れるとき自由に振動できるように作られている．

直流モーター

図18・14に電気モーターの構造を示す．可動コイルに直流が流れるとU字型磁石の両極間で可動コイルが回転する．これは，**整流子**とよばれる分割したリングを経由して電流が流入・流出するからである．コイルの両端の導線には均一な磁力線に対して直角に電流が流れるが，各端で逆方向の電流が流れるため，ローレンツ力の向きが互いに逆向きとなりコイルは回転する力を受ける．

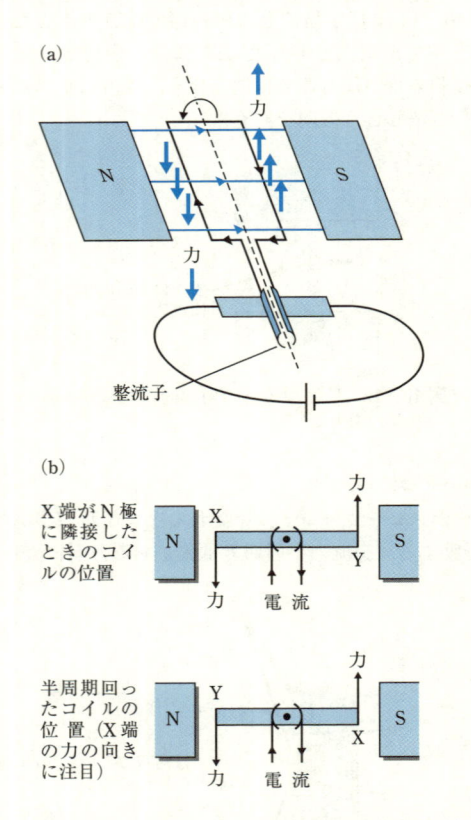

図18・14 電気モーター．(a) 構成と動作および，(b) 整流子の役割．

コイルの面が磁力線と垂直になりさらに回転が続くと，整流子から接触ブラシへの接続が逆になる．そうすると電流が逆に流れるが，コイルの両端はそれまでと反対の極に隣接するようになる．結果として，両端に加わる力はコイルは同じ方向に続けて回転しつづける．

実用の直流モーターでは，一つの回転子に等価なコイルが一定間隔でいくつか巻いてある．整流子は多分割のリング構造になっており，各コイルが対向する整流子につながる．この構造なら，一定の電流がコイルに流れるとき，回転子を円滑に回転させることができる．

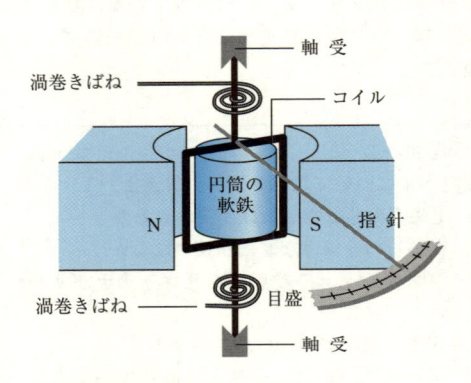

可動コイル型メーター

可動コイル型メーターの構造を図18・15に示した．電流は2個の渦巻きばねを通してコイルに出入する．電流が流れるとコイルには磁場による力が加わるが，コイル両端のローレンツ力は大きさが等しく逆向きなので回転する．回転により渦巻きばねが堅く締まるので，ある角度で電流による力とつり合う．コイルに付随した指針がさす目盛から流れる電流を測定できる．電流が切れると渦巻きばねによりコイルは初期位置へ戻る．

図18・15 可動コイル型メーター

コイルの回転角が電流に比例するなら電流目盛は等間隔である．そうなるのは磁場が放射状のとき，すなわち磁力線が回転軸から半径方向に均等に出るときである．この特徴を実現するため，両磁極の内壁を円筒状にし，その間隙に同軸で円筒の軟鉄を置く構造にする．コイルは隙間で回転する．放射状の磁場なので，コイル面は常に磁力線に垂直に確保されており，電流に比例した回転角が保証される．Iを電流，kを単位電流当たりの指針の振れ角とすると，指針の振れ角θは，

$$\theta = kI$$

となる．

練習問題 18・3

1. 図18・16は直流モーターの回転コイルの断面図である．

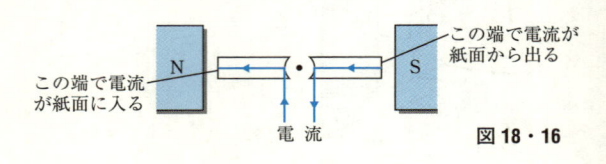

図18・16

(a) コイルはどちらの方向に回るか.
(b) 接触ブラシが整流子を通してコイルにつながれる理由を説明せよ.

2. 2個の可動コイル型メーターX, Yは, Xの磁石がYより弱いこと以外は等価である. 2個のメーターを直列につなぎ電流を流した.
(a) メーターXの指針の振れはメーターYに比べどうなるか, 理由も説明せよ.
(b) XとYの磁石が同じ強さで, Xの渦巻きばねがYより弱いとき, Xの指針の振れはYに比べどうなるか.

18・4 磁束密度

磁場中で電流に加わる力は, 磁場の大きさを定義するのに用いられる. 磁場の大きさに応じた力が一定の電流を流す一定の長さの導線に加わる. 上皿天秤に固定した剛体の導線を使うと, この力を直接に測定できる. 回路の残りの部分は図18・17のように柔らかい導線でつなげておけば

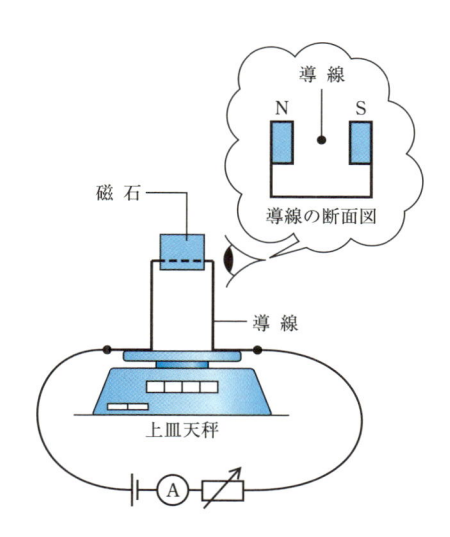

図 18・17 電流に加わる力の測定

よい. 剛体の導線は磁力線に垂直に置く. 力は, 電流のスイッチを入れたときの上皿天秤の目盛の変化から測定でき,

- 電流 I
- 磁場中の導線の長さ L

に比例することがわかる. これらの結果から, 単位電流当たり, 磁力線に垂直な導線の単位長さ当たりの力により, 磁場を定義して**磁束密度**という. これまで磁場とよんだ量は磁束密度のことであった. 磁束密度は磁力線の向きをもつベクトルで, 記号 $\boldsymbol{B}$ で表す. 本書では特に断らない限り磁束密度の大きさを B と表すが, 基準となる向きに逆

向きの磁場に対しては負の値をあてる場合もある. こうして, 磁束密度 B は,

$$B = \frac{F}{IL}$$

磁束密度 B の単位はテスラ (T) であり, $1\,\mathrm{N\,A^{-1}\,m^{-1}}$ に等しい. 上の式を, 電流 I と長さ L および磁束密度 B から力 F を計算できるように書き直すと,

$$F = BIL$$

となる.

メモ

1. 力の方向は左手の法則により得られる (図 18・11 参照).
2. 電流が磁力線に平行なら, 電流には力が加わらない.
3. 電流と磁力線のなす角が θ なら, B の垂直な成分 ($= B\sin\theta$) から力が求められる.

$$F = BIL\sin\theta$$

図 18・18 電流と磁力線のなす角が θ のとき加わる力

例題 18・1

長さ 0.040 m の導線が均一な磁束密度 0.3 T と垂直に置かれている.
(a) 電流が 5.0 A のときの導線に加わる力を計算せよ.
(b) 力が 0.050 N のときの導線に流れる電流を計算せよ.

[解答]
(a) $F = BIL = 0.30 \times 5.0 \times 0.040 = 0.060\,\mathrm{N}$
(b) $F = BIL$ を変形すると,

$$I = \frac{F}{BL} = \frac{0.050}{0.30 \times 0.040} = 4.2\,\mathrm{A}$$

均一な磁場中を運動する電荷に加わる力

帯電した粒子が均一な磁場の磁力線を横切ると, その磁場により曲げられる. 動いている荷電粒子は実質的に電流である. なぜなら電流は単位時間当たりの電荷の流れだからである. したがって, 動いている荷電粒子は, その運動の方向が磁力線と平行でないとき, 磁場からローレンツ力を受ける.

図18・19のように、粒子が電荷 Q をもち，一定の速度 v で均一な磁場の磁力線に垂直な方向に動いているとする．時間 t の間にその粒子は距離 $L=vt$ だけ移動する．電流は単位時間当たりの電荷の流れだから，これは電流 $I=Q/t$ に等しい．したがって磁場による力 F は，

$$F = BIL = B\frac{Q}{t}vt = BQv$$

と書くことができる．もっと一般的に，粒子の運動の方向が磁力線に対して角度 θ をなすなら，

$$F = BQv\sin\theta$$

となる．

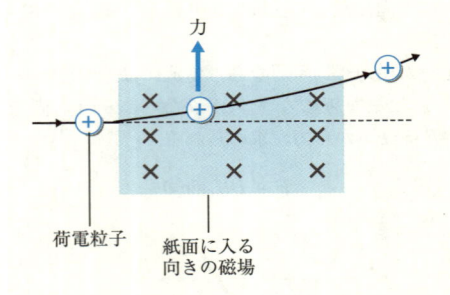

図18・19 磁場中を運動する電荷に加わる力

ホール効果

磁場中の導体や半導体を電流が流れると，電荷担体すなわち電流を担う荷電粒子は，磁場によって導体の片方の面へ押しやられる．その結果，図18・20に示すように，この面と反対側の面の間に電位差が生じる．この効果は発見者の名前にちなんで**ホール効果**とよばれている．また，その2面間の電位差は**ホール電圧**とよばれる．

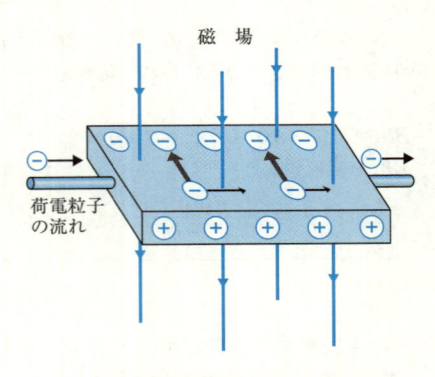

図18・20 ホール効果の説明

磁場はキャリアすなわち電流を担う荷電粒子を一端へ押しやり，両端の間に電場が形成されてキャリアに力が加わり，磁場によるローレンツ力に対抗する．磁場と電場による力が均衡を保つのでキャリアは導体中を曲がらずに通り抜ける．電荷 Q の粒子が電場から受ける力は QV_H/d である．ここで V_H: ホール電圧，d: 2面間の距離である（図18・21）．

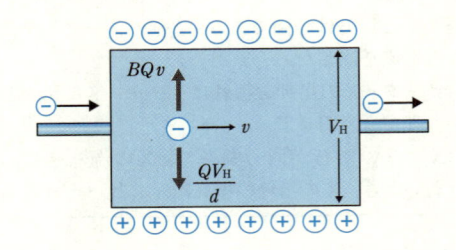

図18・21 ホール電圧

キャリアの速度を v とすると，磁場から受ける力 $=BQv$ である．磁場から受ける力と電場から受ける力が等しく反対向きとなるから，

$$\frac{QV_H}{d} = BQv$$

すなわち，

$$V_H = Bvd$$

である．したがって，ホール電圧 V_H は磁束密度 B に比例する．同じ電流に対し半導体中では金属よりキャリアの速度がかなり速いので，ホール効果は金属より半導体の方がかなり大きい．磁束密度を測定するために設計されたホールプローブには，一定の電流が流れる小さな半導体のサンプルが入っている（図18・22）．そのサンプルを磁場中に置き，対向する面間のホール電圧から磁束を測る．ホール電圧は磁束密度に比例するので，ホール電圧の測定に用いる電圧計の校正には既知の磁束密度を用いる．

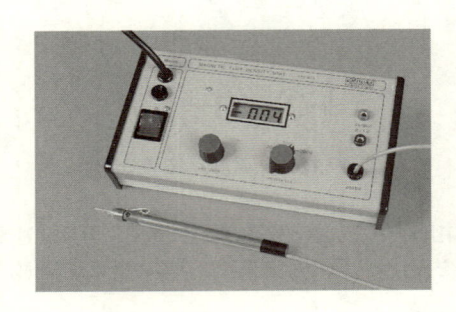

図18・22 校正したホールプローブ

練習問題 18・4

1. (a) (i) 水平方向に東から西に向かう磁束密度 80 mT の均一な磁場がある．その中の鉛直で長さ 5.2 cm の導線に電流 3.2 A を下向きに流す．この導線に加わる力の大きさと向きを計算せよ．

(ii) 水平方向で西から東に向く磁束密度 250 mT の均一な磁場がある．長さ 40 mm の水平な導線がその磁力線と直角のとき 15 mN の垂直上向きの力が加わっている．この導線に流れる電流を計算せよ．

(b) プラスチック枠に絶縁被覆した導線を 80 回巻いた 30 mm × 40 mm の長方形のコイルがあり，磁束密度 65 mT の均一磁場中に置かれている．図 18・23 のように，磁力線はコイルの面と平行である．コイルを流れる電流が 7.2 A のとき，(i) コイルの長い方の各辺に加わる力を計算せよ．(ii) これらの力によりコイル全体に作用する力を計算せよ．

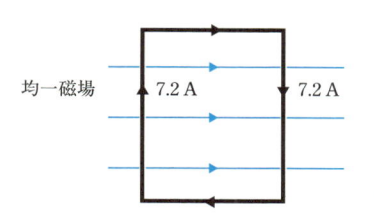

図 18・23

2. U字型磁石の両極間の磁束密度を測定する実験で，磁石を上皿天秤の皿に置いた．硬い導線を磁極の間，磁力線と直角に設置する．電流を流さないとき上皿天秤の目盛は 105.38 g だったが，電流 6.5 A を流すと 104.92 g に減少した．
(a) (i) 磁石のために導線が受ける力を計算せよ．
(ii) 両極間の導線の長さを 35 mm として磁束密度を計算せよ．
(b) 電流を変えずに導線を水平面内で 30° 回転したとき，上皿天秤の目盛はどうなるか計算せよ．

18・5 磁場の式

ソレノイドコイル内部の磁場を調べる

ソレノイドコイルに一定の電流が流れると，内部の磁力線はソレノイドの軸と平行になる．伸縮できる弦巻きばね（いわゆるスリンキー）を，ソレノイドとして用い図 18・24 a のようにホールプローブを内部に入れ測り，磁束密度を決める要因を調べる．

1. ソレノイドコイルの断面方向と軸方向の磁束密度の測定にプローブを使える．その結果，両端から隔たった内部では，断面方向にも軸方向にも磁束密度は変わらない．図 18・24 b は，軸上の位置で磁束密度が変化する様子を示す．
2. 電流 I による磁束密度の変化は，ある位置にプローブを固定し電流を変えて磁束密度を測定すれば検討できる．その結果を電流に対する磁束密度のグラフとして表すと図 18・24 c のようになり，これは磁束密度 B が電流 I に比例することを示す．

3. 磁束密度は，ソレノイドコイルの単位長さ当たりの巻き数に依存する．電流は一定のまま，コイルの引き伸ばし方を変えてある位置の磁束密度を測る．長さ L に含まれる巻き数 N を測定ごとに数える．その結果を単位長さ当たりの巻き数 N/L に対する磁束密度のグラフとして描けば，両者が比例することがわかる．

ソレノイドコイルの中心近くで磁束密度 B は，
- 電流 I
- 単位長さ当たりの数 N/L

に比例する．したがって，

$$B = 定数 \times \frac{N}{L} \times I$$

式の定数は真空の透磁率 μ_0 といわれるものである．p.191 で説明するが，アンペアの定義により μ_0 の値は $4\pi \times$

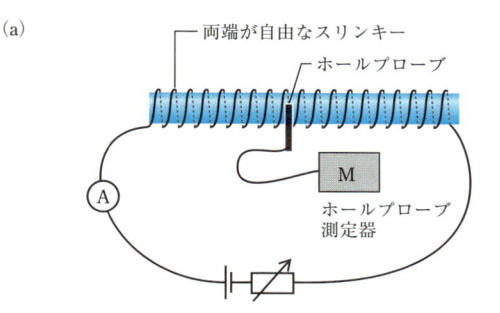

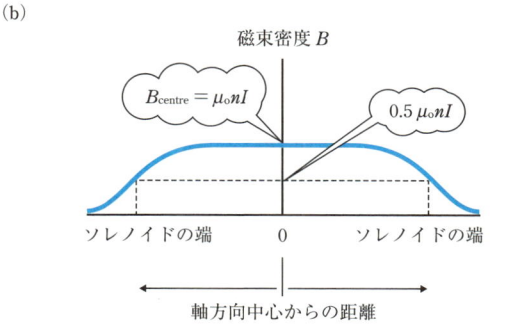

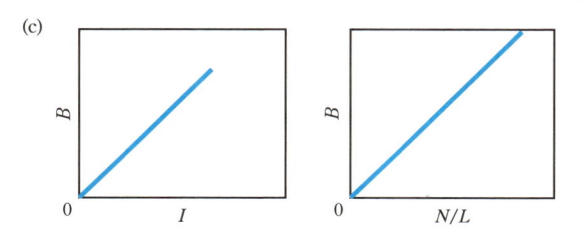

図 18・24 ソレノイドコイルを調べる．(a) ホールプローブの利用，(b) いろいろな場所の磁束密度，(c) B へ影響を与える因子．

$10^{-7}\,\mathrm{T\,m\,A^{-1}}$ である．よって，

$$B = \mu_0 n I$$

となる．ここで，n は単位長さ当たりの巻き数 N/L である．

> **メモ** 非常に長いソレノイドコイルでは，端の磁束密度は中心付近での値のほぼ半分となる（つまり $\simeq 0.5\mu_0 nI$）．

例題 18・2

（$\mu_0 = 4\pi \times 10^{-7}\,\mathrm{T\,m\,A^{-1}}$）

長さ 0.60 m で 1200 回巻きのソレノイドコイルに 4.0 A の電流が流れる．
(a) コイルの中心の磁束密度を計算せよ．
(b) 中心で 250 mT の磁束密度をつくり出すために必要な電流を計算せよ．

[解 答]

(a) $B = \mu_0 n I = 4\pi \times 10^{-7} \times \dfrac{1200}{0.60} \times 4.0 = 0.010\,\mathrm{T}$

(b) $B = \mu_0 n I$ を変形して，

$$I = \frac{B}{\mu_0 n} = \frac{0.25}{4\pi \times 10^{-7} \times (1200/0.60)} = 100\,\mathrm{A}$$

アンペールの法則

直線電流が流れると，電流と垂直な平面上に，電流を中心として円形の磁力線が生じる（p.183 参照）．長いソレノイドコイルを環にしても円形の磁力線をつくれる．図18・25 に示すように，これらの磁場の共通性から，アンペールは両方の磁場を共通の式で記述できることに気がついた．

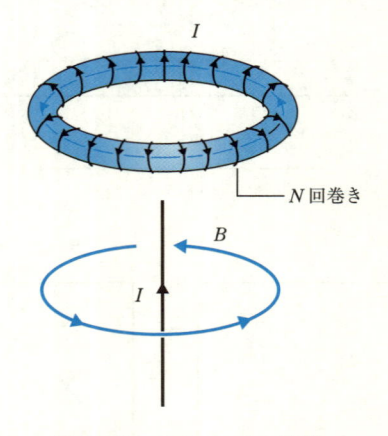

図 18・25 アンペールの法則

- ソレノイドコイルでは，

$$B = \frac{\mu_0 N I}{L} \quad \text{すなわち} \quad BL = \mu_0 N I$$

- 直線電流では，磁力線が一周する長さは円周 $2\pi r$ となる．ただし磁力線から電流の中心までの距離を r とした．さらに磁力線のループを貫く導線は 1 本だから $N=1$，よって $B \times 2\pi r = \mu_0 I$ となる．したがって，直線電流の中心から距離 r のところで，磁束密度 B は，

$$B = \frac{\mu_0 I}{2\pi r}$$

となる．

2 本の平行な直線電流の間の力

2 本の電流は，それぞれがつくる磁場が相手の導線に力を及ぼすので，互いに作用する．図 18・26 は 2 本の導線に (a) 同じ向きおよび (b) 逆向きに電流が流れるときの磁場の様子を表す．

(a) 電流が同じ方向に流れると 2 本の導線は引合う．電流 1 による磁場は，電流 2 の位置で 1 に向かう力をつくり出し，その逆も正しい．

(b) 電流が互いに反対向きに流れると 2 本の導線には斥力が生じる．電流 1 による磁場は，電流 2 の位置で 1 から離れる向きの力をつくり出し，その逆も正しい．

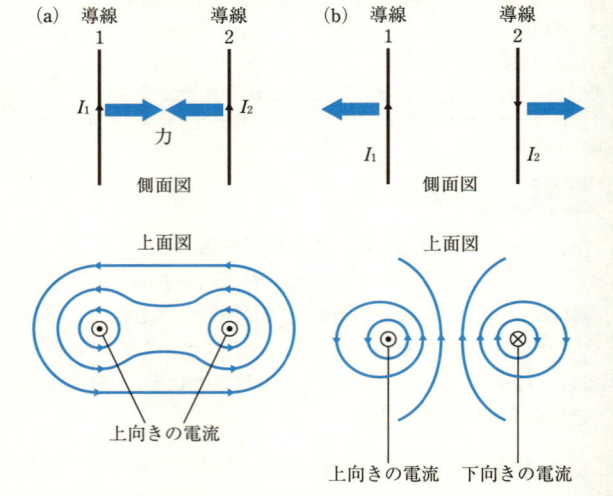

図 18・26 2 本の導線間の相互作用．電流が (a) 同じ向きなら引力，(b) 逆向きなら斥力（反発力）．

2 本の電流を I_1，I_2 とすると，電流 I_1 の中心から距離 r 離れたところの磁束密度 B_1 は，

$$B_1 = \frac{\mu_0 I_1}{2\pi r}$$

で与えられる．電流 I_2 の導線の長さ L には磁束密度 B_1 に

よる力 $F=B_1I_2L$ が加わる．したがって単位長さ当たりの力 F/L は，

$$\frac{F}{L} = B_1I_2 = \frac{\mu_0 I_1 I_2}{2\pi r}$$

である．もう一方の導線についても単位長さ当たりの力は同じ式になる．

$$\text{各導線の単位長さ当たりの力} = \frac{\mu_0 I_1 I_2}{2\pi r}$$

アンペアの定義

1アンペア（1A）は以下のように定義する．太さが無視できる無限に長い2本の導線を1m離し平行にして真空中におき，同じ電流を流すため直列につなぐ．導線の単位長さ当たり $2.0\times10^{-7}\,\mathrm{N\,m^{-1}}$ の力が発生するときの電流が1Aである．各導線の単位長さ当たりに加わる力の式に $I_1=I_2=1.0\,\mathrm{A}$, $r=1\,\mathrm{m}$ を代入すると，

$$\frac{\mu_0}{2\pi} = 2.0\times10^{-7}\,\mathrm{N\,m^{-1}\,m\,A^{-2}}$$

となる．よって，

$$\mu_0 = 4\pi\times10^{-7}\,\mathrm{T\,m\,A^{-1}}$$

である．したがって，μ_0 の値は電流1Aの定義から決まる．

例題 18・3

（$\mu_0=4\pi\times10^{-7}\,\mathrm{T\,m\,A^{-1}}$）

まっすぐな導線を流れる電流から生じる磁束密度が，導線から40 mm離れたところで84 μTである．
(a) この電流を計算せよ．
(b) 前述の導線から20 mm離して平行に張った導線に5.0 Aの電流を流す．この導線の単位長さに加わる力を計算せよ．

[解答]

(a) $B=\dfrac{\mu_0 I}{2\pi r}$ を変形して，

$$I = \frac{2\pi rB}{\mu_0} = \frac{2\pi\times 40\times10^{-3}\times 8.4\times10^{-5}}{4\pi\times10^{-7}} = 16.8\,\mathrm{A}$$

(b) 前述の導線から20 mm離れたところでは，

$$B = \frac{\mu_0 I}{2\pi r} = \frac{2.0\times10^{-7}\times 16.8}{0.020} = 1.68\times10^{-4}\,\mathrm{T}$$

したがって，

$$\frac{F}{L} = BI = 1.68\times10^{-4}\times 5.0 = 8.4\times10^{-4}\,\mathrm{N\,m^{-1}}$$

練習問題 18・5

（$\mu_0=4\pi\times10^{-7}\,\mathrm{T\,m\,A^{-1}}$）

1. (a) 長さ800 mmのソレノイドコイルに電流8.0 Aを流すとき，内部に磁束密度25 mTをつくり出すために必要な巻き数を計算せよ．
   (b) (a)のソレノイドコイルを磁束密度50 mTの均一な外部磁場中に置く．外部磁場の磁力線とコイルが内部につくる磁力線を同じ向きにする．
   (i) コイルに流れる電流が8.0 Aのときソレノイドコイル内部の磁束密度を計算せよ．
   (ii) ソレノイドコイル内部で外部磁場を打ち消してゼロ磁場をつくり出すために必要な電流を計算せよ．その電流の向きを答えよ．
2. (a) 1000 Aの電流が流れる直径25 mmのまっすぐな電力ケーブルがある．電流がケーブルの中心である直線上を流れるとして，(i) ケーブル表面での磁束密度を計算せよ．(ii) ケーブルから10.0 m離れたところの磁束密度を計算せよ．
   (b) 前述のケーブルから10.0 m離して平行にもう一本の電力ケーブルが置かれている．両方とも1000 Aの電流が流れるとき，各ケーブルの単位長さ当たりに加わる力を計算せよ．

18・6 磁性材料

強磁性

軟鉄，鋼鉄，コバルトやニッケルなどの材料は永久に磁化することができる．このような材料は磁性をもちつづけ，**強磁性体**とよばれる．電子はそれ自体が永久磁石のようなものである．原子の中にある電子は普通は2個が1対になり，磁場が外に漏れないため，原子も強い磁性をもたない．しかし，強磁性体では，いくつかの電子が対をつくらないので1個の原子がある程度強い磁石となる．さらに原子と原子の間に特別な作用がはたらいて原子の磁石の向きがそろった磁区（後述する）が現れる．ソレノイドコイルに直流を流し内部に強磁性体を置くと，どの磁区も同じ向きにそろい，その結果非常に強い磁場をつくりだす．電流が流れているソレノイドコイルのスイッチを切っても，原子の磁石の一部はそろったまま残る．

強磁性を調べる

図18・27は，強磁性体の棒をソレノイドコイル内に入れ，コイルを抵抗Rと交流電源に直列につないだものである．XYモードをもつオシロスコープを用いる（ブラウン管の性質を利用するためデジタルオシロスコープは利用できない）．そのX端子に抵抗の両端を接続すると，抵抗両端の交流電圧により輝点が水平に振動する．抵抗に加わる電圧は電流に比例するので輝点の水平位置は回路の電流を示す（ブラウン管については，第20章を参照）．

この棒の強磁性体の端がオシロスコープのスクリーンのすぐ隣にくるようにすると，棒による磁場で電子ビームは上あるいは下方向に偏向する．磁場はソレノイドを流れる電流と同じ周波数で向きを変える．輝点の垂直位置は棒の

磁化を表す．棒の磁場で電子ビームの偏向が起こるようにするには，オシロスコープのブラウン管の防磁遮蔽を取去っておく必要がある．

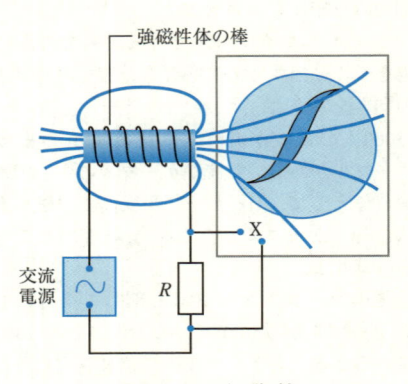

図 18・27 強磁性

スクリーンの輝点の軌跡は，図 18・28 に示すように，**ヒステリシスループ**とよばれる図形を描く．これは磁化が外部から加える磁場に追随できず，電流と同時でなく後れて向きを変えることによる．

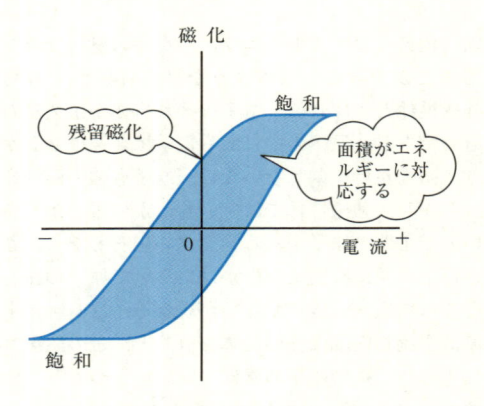

図 18・28 ヒステリシスループ

強磁性材料はすべて以下のような特徴をもつ．

- **飽和**: 電流をいかに増やしても，その材料で超えることのできない磁化の最大値であり，この値に到達したとき磁化が飽和したという．飽和したとき全部の原子の磁石の向きがそろう．
- **残留磁化**: 電流が0でも残存する磁化が残る．一部分の原子の磁石の向きがそろう．
- **ヒステリシスループの面積**はどのサイクルでも同じで，磁化するため，あるいは消磁するために必要なエネルギーの尺度である．

強磁性体がソレノイドコイル内部にあると磁束密度が増加する．図 18・29 のように，内部を隙間なく磁性材料で満たした環状ソレノイドコイルすなわちトロイダルコイル

において，その効果が最も大きい．なぜならソレノイドコイルを無限に長くしたのと同じことになるからである．この配置であれば，内部の磁性体の比透磁率 μ_r を，

$$\mu_r = \frac{磁束密度（磁性体あり）}{磁束密度（磁性体なし）}$$

と定義できる．ただし磁気的な飽和が起こっていないとする．したがって，強磁性体の芯に1mにつき n 回巻いたトロイダルコイルでは，磁束密度 B が，

$$B = \mu_r \mu_0 n I$$

となる．たとえば，空芯のコイルの内部の磁束密度が 0.10 mT，飽和していない磁性体が入っている場合の磁束密度が 0.10 T であれば，この材料の比透磁率は 1000（＝ 0.10 T/0.1 mT）である．しかし，0.15 T で磁化が飽和する場合には，この材料で 0.10 T から電流を2倍にしても磁束密度は2倍にはならない．

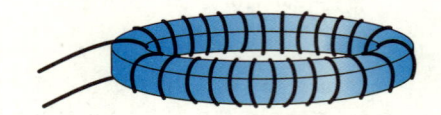

図 18・29 トロイダルコイル

強磁性体の磁区理論

強磁性体の原子どうしに磁気的な相互作用があるので，互いが影響しあう．強磁性材料が磁化していないときは，図 18・30 に示すように**磁区**とよぶ．小さな領域内で原子の向きがそろうが，隣合う磁区どうしは外部に磁力線を出さないように並んでいる．この結果，サンプル全体としての磁化は0となっている．強磁性体に外部磁場を加えると，磁区の方向がそろって互いが合体して全体が磁化される．外部磁場を取去ると再び磁区構造が構成されるが，向きがそろったままの磁区が一部保持されて磁化が残る．

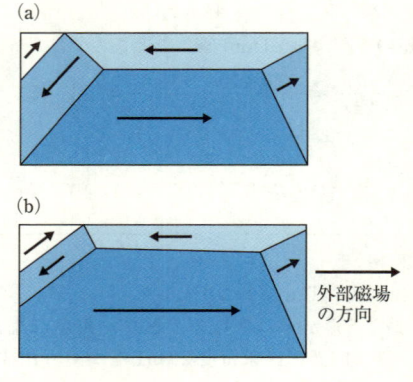

図 18・30 磁区．全体として (a) 磁化なし，(b) 外部磁場方向の磁区が大きくなり磁化が発生．

練習問題 18・6
($\mu_0 = 4\pi \times 10^{-7}$ T m A^{-1})
1. 磁区理論の項で得た知識を用いて次を説明せよ．
 (a) 直流電流を流したソレノイドコイル内に強磁性体を入れると磁化する．
 (b) 交流電流を流したソレノイドコイルに磁化した強磁性体をゆっくりと出し入れすると消磁する．

2. (a) 軟鉄は鋼鉄に比べ磁化するのも消磁するのもたやすい．どちらが (i) 大きな残留磁化をもっているか．(ii) 大きなヒステリシスループをもっているか．
 (b) 直径 40 mm の軟鉄の環を芯にして絶縁被覆された導線を 200 回巻いたトロイダルコイルがある．電流を 50 mA 流すとして，コイル内部の磁束密度を見積もれ．この軟鉄の比透磁率を 2000 とする．

まとめ

■ 重要な法則
同種の磁極は反発し，異種の磁極は引合う．

磁力線
- 永久磁石の磁力線は N 極から S 極に向かう．
- 長い直線電流による磁力線は円になる（右ねじの法則，図 18・4 参照）．
- 直流電流が流れるソレノイドコイル内部で磁力線はその軸に平行であり，一端から出て他端に回り込んで元に戻るループをつくる（図 18・5 参照）．

左手の法則（図 18・11 参照）
親指＝磁場，人差し指＝電流，中指＝力

■ 磁場を使った装置
電磁石は電動ベル，リレーやブレーカーに利用されている．
ローレンツ力は可動コイル型メーター，直流モーターや，スピーカーに利用されている．

■ 磁場に関する式
1. 直線電流に加わる力 F $F = BIL \sin\theta$
2. 運動している電荷に加わる力 F $F = BQv$
3. ホール電圧 V_H $V_H = Bvd$
4. ソレノイドコイルの中心における磁束密度 B
   $B = \mu_0 n I$ n: 単位長さ当たりの巻き数
5. 長い直線電流の中心から距離 r だけ離れたところでの磁束密度 B は，
$$B = \frac{\mu_0 I}{2\pi r}$$
6. 2 本の平行な電流間の力 F
$$F = \frac{\mu_0 I_1 I_2}{2\pi r} \quad r: 電流間の距離$$

■ 強磁性
- 強磁性材料の磁化は飽和し，それが最大となる．
- 磁化するための電流を切っても，強磁性体では残留磁化すなわち磁化された状態が保持される．
- ヒステリシスループの面積は，強磁性体を磁化する，または消磁するのに必要なエネルギーを表す．

章末問題

p.321 に本章の補充問題がある．

18・1 (a) 図 18・31 の配置における磁場の様子を描け．

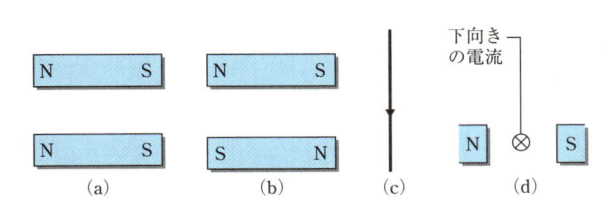

図 18・31

(b) 図 18・32 で示したように軟鉄の釘に沿って棒磁石の端を動かすと，釘は磁化する．磁区理論のところで得た知識から (i) なぜ軟鉄の釘が磁化されるか説明せよ．(ii) 軟鉄の釘の極性がなぜ図 18・32 のようになるのかを説明せよ．

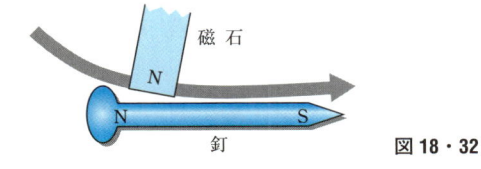

図 18・32

18・2 (a) 直流モーターの構造とその動作原理について図 18・33 を用いて説明せよ．
(b) 直流モーターの回転コイルが長さ 40 mm，幅 30 mm の長方形である．コイルには絶縁被覆した導線が 200 回巻いてある．図 18・33 のように，回転軸は長方形の長辺に

平行でその中央を通る．磁束密度 120 mT の磁場中でコイルに電流 5.0 A を流す．コイルの面が磁力線に（i）平行あるいは（ii）垂直のとき，各長辺に加わる力を計算せよ．

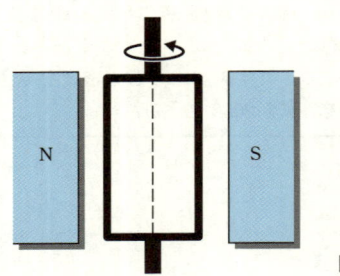

図 18・33

18・3 （a）正負に帯電した 2 枚の電極を 50 mm 離して対向させてできた均一な電場の中を，速さ 2.8×10^7 m s^{-1} の細い電子ビームが進む．電極板の上側が下側より 3500 V 高い電位のとき，図 18・34 のように電子ビームは上に曲がる．紙面に垂直な均一磁場によりこの偏向を打ち消したい．以下の問いに答えよ．

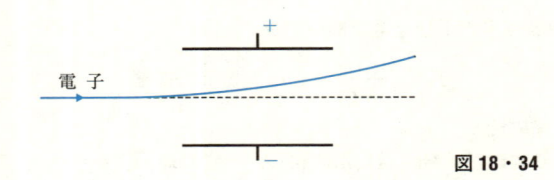

図 18・34

(a)（i）磁場の向きを述べよ．
(ii) 電子に加わる 2 種類の力に注目し，v を電子ビームの電子の速度，d を 2 枚の電極の間隔，V を電位差とするとき，磁束密度 B が，
$$B = \frac{V}{vd}$$
であることを示せ．
(iii) この磁場の磁束密度を計算せよ．

(b) 磁束密度を 2 倍にしたとき，電子ビームを偏向せずに通過させるのに必要な電極間の電位差を計算せよ．

18・4 (a) 長さ 250 mm で 500 回巻きのソレノイドコイルに 6.5 A の電流が流れた．(i) ソレノイドの中央の磁束密度を計算せよ．(ii) ソレノイドの直径が非常に小さいとして，コイルの端での磁束密度を計算せよ．
(b) このソレノイドコイルは，図 18・35 に示したように，軸の向きが地球の磁力線と平行に南北方向だった．その場所の地磁気の磁束密度は 60 μT であった．ソレノイドコイルの内部の磁束密度を 0 とするのに必要な電流を計算せよ．

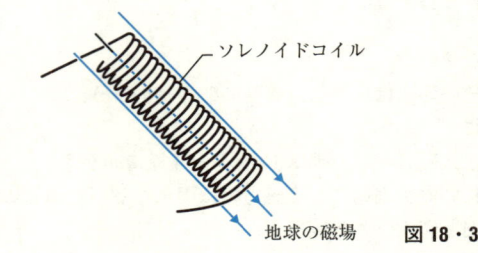

図 18・35

18・5 60 mm×40 mm の大きさで，50 回巻きの長方形のコイルがある．直線電流を鉛直方向に流し，コイルの二つの長辺を電流と平行にして，近い方の辺を電流から 40 mm 離した．直線電流は 8.5 A で上向き，コイルを流れる電流は図 18・36 に示すように 2.0 A である．次の計算をせよ．

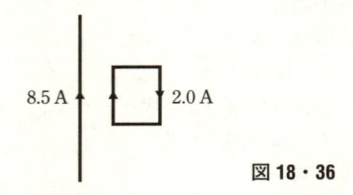

図 18・36

(a) コイルの各長辺に加わる力
(b) 直線電流がコイルに及ぼす合力の方向と大きさ

19

電 磁 誘 導

目 次
19・1 発　電
19・2 磁　束
19・3 交流発電機
19・4 変圧器
19・5 自己誘導
まとめ
章末問題

学習内容
- 発電
- 導体が磁力線を横切るときに発生する誘導起電力
- レンツの法則，誘導電流の向きと発生する電荷
- 磁束の定義，ファラデーの法則，磁束の変化と誘導起電力
- 交流発電機の構造
- 電動モーターで発生する逆起電力
- 渦電流の原因とその効果
- 変圧器の構造
- 変圧器の入出力と効率
- 変圧器で効率が悪くなる主要な原因
- 高電圧の交流による送電
- 自己インダクタンス

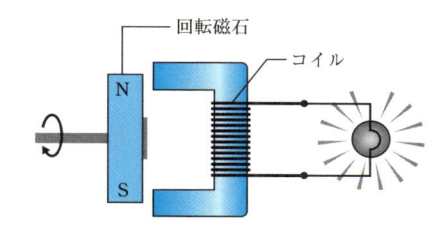

図19・1　発電機の内部

発電現象を調べる

　ある長さの絶縁被覆した導線を図19・2に示すように微小電流計につなぎ，導線の一部がU字型磁石の両極間を横切るときにメーターの針が振れる様子を観察する．導線を動かさないとき，あるいは磁力線に沿って導線を動かすとき，メーターの針は振れない．電流計の針が振れるには，導線が磁力線を横切る必要がある．導線が動かずに磁石が動くのでもよいし，磁石が動かずに導線が動くのでもよい．導線が磁力線を横切る限り，導線内に起電力が発生する．

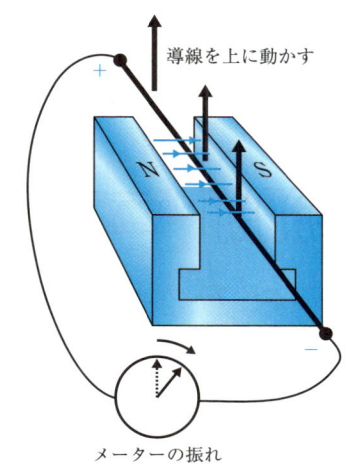

図19・2　発電のテスト

19・1　発　電

　夜間の自転車は前方を照らすライトやリアライトを点灯するが，その電気を発電機から供給するとペダルが重たくなる．電池はなくなると交換しなければならないが，発電機の電気は自由に使える．自転車をこぐときにした仕事の一部が発電機を回し発電に使われる．図19・1は単純な発電機の内部構造を示したものである．磁石をコイルに対して回転させると，磁力線がコイルの巻き線を横切る．このとき起電力が発生し，ライトの回路に電流が流れる．ペダルをこぐのが速いほど，単位時間当たりにされる仕事が大きくなるので，ライトは明るくなる．

　導線を逆向きに動かしたり，速度を変えたとき，どのような差が出るか注目しよう．誘導電流の方向は導線が磁場

を横切る方向で異なり，導線が速く磁場を通過すれば針の振れも大きくなることがわかるはずである．

導線が磁力線を横切るとき，なぜ起電力が発生するかを説明するため，図19・3を考えよう．まっすぐな導線が磁場と直角に一定の速度で進んでいる．導線内の伝導電子は導線の速度で磁場の中を動くことになる．電子ビームの電子と同様に，磁場が導線内の電子を下向きに押す．その結果，導線の上部が正の電位，下部が負の電位となる．導線が閉じた回路の一部であれば電子は回路を循環させられるが，これは磁場中の導線を電池に置き換え，上部に正電極，下部に負電極をつないだのと同じである．導線が閉じた回路の一部であるか否かにかかわらず，起電力が発生していることに注意しよう．閉じた回路の一部であるときだけ起電力により電流が流れる．

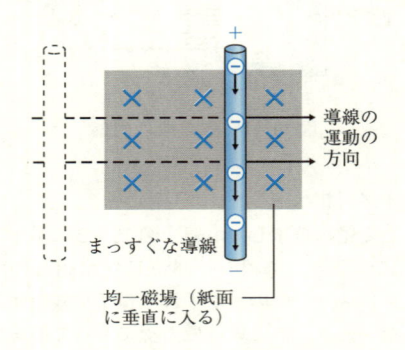

図19・3 発電現象の説明

レンツの法則

回路を流れる誘導電流は，常に誘導電流の原因である変化を妨げる方向に流れる．これは**レンツの法則**として知られ，図19・4の配置で実際に見ることができる．棒磁石のN極をコイルに挿入するとき，コイルに接続された電流計の針が振れる．コイルに流れる電流は，棒磁石のN極が入ってくるのを妨げる向きの磁場を生成するように流れる．つまり棒磁石を挿入するコイル端でN極が誘導される．棒磁石のN極をコイルから引出す場合は，コイル端

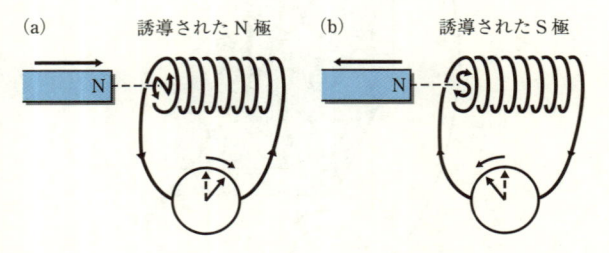

図19・4 レンツの法則の実証．(a) N極をコイルに挿入，(b) N極を引出す．

にS極が生成され，N極を挿入するときと逆に針が振れる．

レンツの法則が成立しないとエネルギー保存則も成立しない．閉じた回路の抵抗を通して誘導電流を流すには仕事をする必要がある．その仕事は，誘導電流が流れる導線を磁場中で動かすときの外力がする．導線が一定速度で動くのは，外力と導線が磁場から受けるローレンツ力とが逆向きでつり合うからである．レンツの法則から誘導電流の向きが決まり，その結果としてローレンツ力の向きが決まる．もし両方の力が同じ向きだと，導線はスピードを増し，さらに電流が生成され，もっとスピードが増すことになる．何もないところから電気的なエネルギーと運動エネルギーを生成することになる．明らかに，レンツの法則が成立しないならエネルギー保存則も成立しないことになる．実際は，レンツの法則が成り立ち，エネルギー保存則に従って外力による仕事が電気エネルギーをつくることに使われる．

均一磁場中を動く導線の誘導起電力

図19・5では，長さLの導線が均一磁場を磁力線と直角に速度vで横切っている．導線が閉じた回路の一部なら，誘導起電力Vにより回路を循環する電流Iが生じ，この電流によりローレンツ力Fが導線に加わる．

- 時間tの間に生成される電気的なエネルギー$=IVt$
- 導線が時間tの間に距離vt移動するので，ローレンツ力を相殺する外力による仕事$W=Fvt$

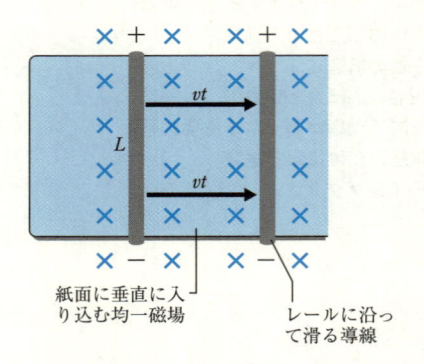

図19・5 動く導線の誘導起電力

均一な磁束密度Bの中では$F=BIL$であり，仕事$W=BILvt$である．エネルギー保存則により，

$$IVt = BILvt$$

この式を整理すると，誘導起電力Vは，

$$V = BLv$$

となる．

19. 電磁誘導

例題 19・1

磁束 85 mT の均一な磁場と垂直に長さ 40 mm の導線があり，磁場および導線と垂直な向きに 2.8 m s^{-1} で動いている．導線に生じる起電力を計算せよ．

[解答]　$V=BLv$ を用いる前に，図 19・3 を見て問題の意図を理解せよ．誘導起電力 V は，

$$V = BLv = 0.085 \times 0.040 \times 2.8 = 9.5 \times 10^{-3}\,\text{V}$$

練習問題 19・1

1. 図 19・6 は，導線あるいはコイルに対して磁石を動かしたとき起電力が生じる様子の例をいくつか示す．それぞれ誘導起電力の向きと，誘導電流の向きを述べよ．

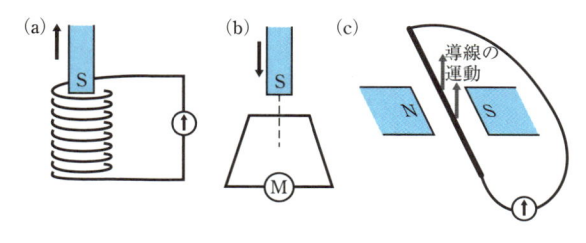

図 19・6

2. 翼全幅 22.0 m の飛行機が北向きに 180 m s^{-1} で水平飛行をしているとき，地磁気により翼の両端に加わる誘導起電力を計算せよ．飛行機の位置の地磁気は，北向き，大きさ 60 μT で水平と 70° の角をなす（図 19・7）．

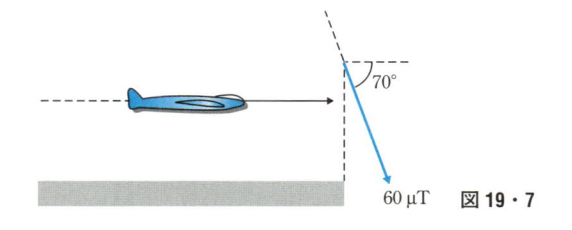

図 19・7

的な実体として考えるべきものではない．

図 19・8 の均一な磁場中で磁力線を横切って運動する長さ L の導線の起電力について磁束の関係を再度考えてみよう．

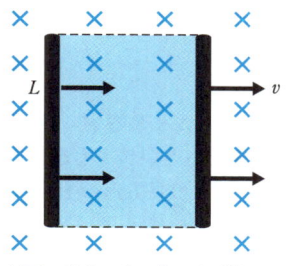

図 19・8　磁束を横切る導線

まず，面積 A を貫く磁束 ϕ（ファイと読む）を磁束密度 $B \times$ 面積 A と定義する．磁束密度 B の均一な磁場の磁力線と垂直な面積 A を通過する磁束 ϕ は，

$$\phi = BA$$

である．磁束の単位はウェーバー（Wb）であり 1 T m^2 に等しい．ここで，導線が単位時間に移動する距離は v，掃引する面積 A は，$A = $（長さ L）$\times$（スピード v）であるから，導線が磁力線を横切るときに単位時間に掃引する磁束は $\phi = BLv$ となる．一方，p.196 で説明したように誘導起電力は BLv になる．

> **メモ**　面積 A で N 回巻きコイルを均一な磁束密度 B と垂直に置くとき，コイルを貫く鎖交磁束（実質的な全磁束）を BAN と定義する．本書では記号 Φ（大文字のファイ）を鎖交磁束を表すのに用いる．鎖交磁束 Φ は，$\Phi = BAN = N\phi$ となる．

こうして，誘導起電力（$=BLv$）は，導線が単位時間当たりに横切る磁束に等しいことが導かれる．この関係は，Michael Faraday にちなんで，ファラデーの電磁誘導の法則という．ファラデーは電気をつくり出す方法を発見し，電磁誘導理論を確立した人物である．

> ファラデーの電磁誘導の法則によると，回路の誘導起電力 V は回路を通る全磁束が変化する速さに比例する．
>
> $$V = -\frac{d\Phi}{dt}$$

この式で d/dt は時間的な変化の割合，Φ は回路を貫く全磁束を表す．

19・2　磁　束

磁極の形を変えたり，近くに鉄の部品を配置すると，磁力線が集中して磁力が増す．磁力線の密度を表す量が**磁束密度**であり，磁力線の本数を表す量が**磁束**である．磁力線が集中すると，同じ磁束が小さな面積を通過するので磁束密度が大きくなる．専門的には，ある位置の磁束密度 B は，そこを流れる電流に加わる力により定義される．"磁場の強さ"は別に定義されている用語だが本書では使わないので説明を省略する．磁束密度は磁束の密度という言葉なので磁力線を思い浮かべやすい．磁力線は磁場を可視化するのに利用できるが，それ以上の意味はなく，物体に磁場が作用するときのメカニズムとして，言い換えると物理

V. 電場と磁場

> **メ モ**
> 1. 磁束の定義 $\Phi=BAN$ により，ファラデーの法則の比例定数は1である．
> 2. この式に負の符号（−）をつけてレンツの法則を含めた．これは起電力がその原因となる変化を妨げる向きに生じることを意味する．

均一な磁場中を横切るコイルを貫く磁束の変化

導体が磁力線を横切るといつでも起電力が誘導される．図19・9は長さ L，幅 d の長方形の1回巻きコイルが速度 v で均一な磁束密度 B の中に入り，さらに出ていく様子を示したものである．

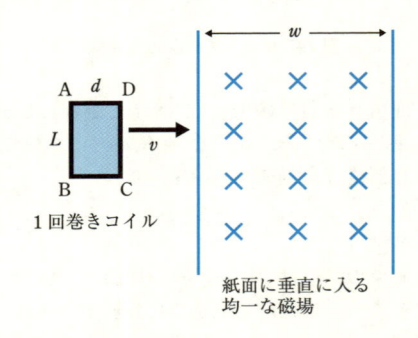

図19・9 磁場を横切るコイルに生じる起電力

1. コイル前縁 CD が磁場を通過するとき，そこに誘導される起電力は BLv である．CD は磁場に入ってから時間 δt の間に距離 $v\delta t$ だけ進み掃引する面積が $Lv\delta t$ となるので，コイルを貫く磁束はこの時間内に $\delta\phi=BLv\delta t$ だけ変化する．したがって単位時間当たりの磁束の変化 $\delta\phi/\delta t$ が誘導起電力（$=BLv$）となる．

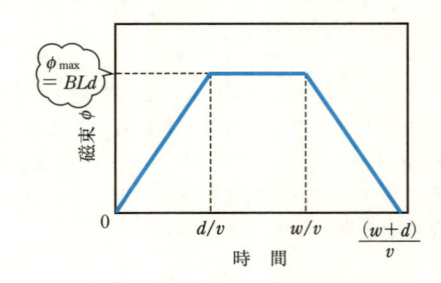

図19・10 磁束の変化

2. コイル後縁 AB が磁場を通過するとき，起電力 $-BLv$ が誘導される．したがって AB と CD の一方だけが磁場の中を動くときに正味の起電力が生じる．両方が磁場の中にあるときは正味の起電力は0である．0でない起電力が生じるのは，コイルの一部が磁場に入るか出る場合に．起電力を生じるには，コイルを貫く磁束が変化しなければならない．図19・10はコイルが磁場に入って横切りさらに出ていく間の，コイルを貫く磁束の変化を示す．

磁束の変化を調べる

1. 直径が既知の円形コイルを，オシロスコープあるいはデーターレコーダーがついた PC につなぎ，U字型磁石の両極間からコイルを取出すときの誘導起電力を測定する．誘導起電力が時間とともにどう変化するか，測定結果をグラフで表示する．この操作はデーターレコーダーの機能を使えば，ふつう自動的に処理される．図19・11に典型的なグラフを示す．

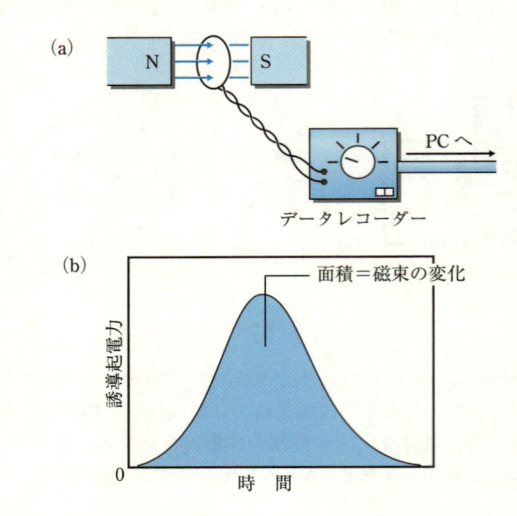

図19・11 磁束の変化を調べる．(a) データーレコーダーの利用．(b) 時間に対する誘導起電力．

> グラフの曲線の面積は，コイルを貫く磁束の変化の合計を表す．

グラフの下側の面積が物理的な量を表すという考えは，p.97 で時間に対する速度のグラフのとき使ったが，ここでも使っている．速度（移動量の時間的な変化）を各時刻でプロットしたグラフの下側の面積は距離を表し，誘導起電力（磁束の時間的な変化）を各時刻でプロットしたグラフの下側の面積は磁束を表す．

速度 v を数学的に表すと，

$$v = \frac{ds}{dt}$$

である．したがって $s=$（時間に対する速度のグラフの下側の面積）となる．誘導起電力 V では，

$$V = (-)\frac{d\Phi}{dt}$$

と書くことができる．したがって $\Phi=$（時間に対する誘導起電力のグラフの下側の面積）となる．

19. 電磁誘導

2. 曲線の下側の面積を測定しボルト・秒単位（V s）で示す．コイルを貫く最終的な全磁束は 0．測定した面積は初期の全磁束（＝BAN）に等しくなるので，初期位置でコイルを貫く磁束密度を計算できる．

例題 19・2

150 回巻きで直径 20 mm の円形コイルがデータレコーダーに接続され，コイルの面が均一な磁力線と垂直になるように置かれている．コイルを磁場の領域から素早く引出したときに測定したデータを記録し，図 19・12 のように時間に対する誘導起電力のグラフとして表示する．コイルを貫く (a) 磁束の変化の総量と (b) 初期の磁束密度を計算せよ．

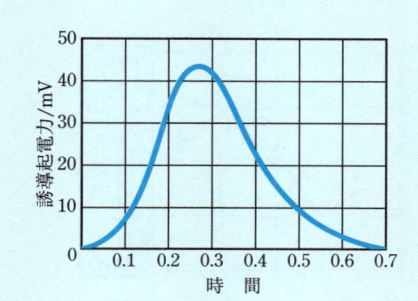

図 19・12

［解答］ (a) グラフの 1 目盛は横 100 ms，縦 10 mV であり，マス目 1 個の面積が 1000 mV ms すなわち 1.0×10^{-3} Wb の磁束変化を表す．曲線の下側の面積は 12 マス（半分以上を占めていれば 1 とし，半分以下なら 0 と数える）だから，全磁束変化は 1.0×10^{-2} Wb（＝$12 \times 1.0 \times 10^{-3}$ Wb）である．

(b) 全磁束＝BAN だから，

$$B = \frac{\text{全磁束}}{AN} = \frac{1.0 \times 10^{-2}}{\pi (1.0 \times 10^{-3})^2 \times 150} = 0.25 \text{ T}$$

練習問題 19・2

1. 長さ 750 mm の導線が水平面内で東西方向に保持されている．この場所の地磁気は 60 μT で，真北に向かい水平から 70° 傾いている．導線を静かに落としたとき (a) 落下を開始してから 0.5 s 後の導線の速度を求めよ．(b) その時刻に導線の両端に誘導される起電力を計算せよ．

2. 50 回巻きで 40 mm×40 mm の四角いコイルが，均一な磁束密度 90 mT の磁力線とコイルの面が垂直になるように置かれている．
   (a) コイルを通る全磁束を計算せよ．
   (b) 図 19・13 のように磁場の領域から一定の速度 0.16 m s^{-1} でコイルを引出す．(i) 磁束が減少を続ける時間の長さと，その間の (ii) 誘導起電力を計算せよ．

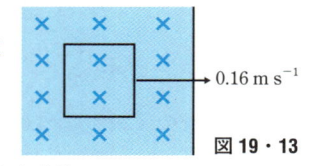

図 19・13

19・3 交流発電機

電力は，発電所でつくられ基幹から末端へと送電網を通して何百 km も離れた利用者に送られる．各発電所では，他の発電所と同じ周波数の交流を発電する．その周波数は発電所の交流発電機の回転速度によって決まる．［訳注：日本では東西で周波数が異なる．］

簡単な交流発電機としては，均一な磁場 B の中で一定の周波数で回転する長方形コイルを考えればよい（図 19・14）．スリップリング（集電環）と 2 個の "ブラシ" を経由してコイルは外部の回路とつながっている．コイルを貫く磁束はコイルの回転につれて変化する．

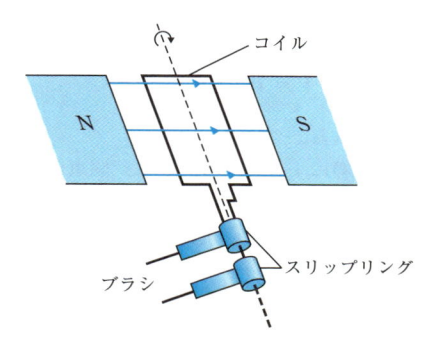

図 19・14 簡単な交流発電機

- コイルを通る最大の鎖交磁束＝BAN である．A はコイルの面積，N は巻き数である．
- コイルを貫く磁束が最大となる位置から，コイルの面が角 θ だけ傾くと鎖交磁束 Φ は $BAN \cos \theta$ である．

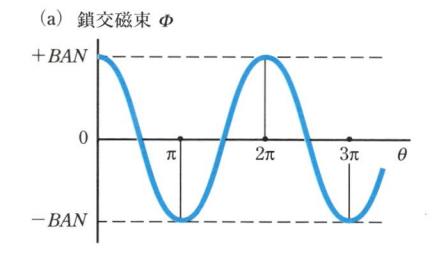

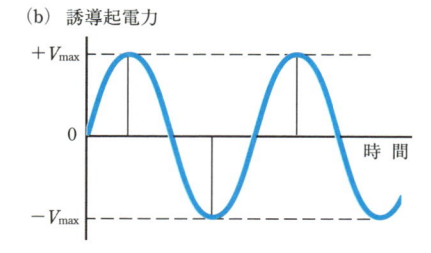

図 19・15 起電力と磁束の変化．(a) 周期的に変わる磁束，(b) 交流電圧．

- 図 19・15a は回転角により鎖交磁束が変化する様子を示す．鎖交磁束は繰返しの半周期ごとに$+BAN$から$-BAN$の間の値をとる．鎖交磁束の負号はコイルを通る磁力線が逆方向であることを意味し，半周期回転するごとに起こる．
- 誘導起電力は，

$$V = -\frac{d\Phi}{dt} = -\begin{pmatrix}時間を横軸にした鎖交\\磁束のグラフの傾き\end{pmatrix}$$

である．傾きは正の最大値と負の最大値の間を変化するので，誘導起電力も同じように変化する．この種の変化はサイン関数で記述できる．図 19・15b に誘導起電力の時間的変化の様子を示す．以下に説明するが，この波形は数学的に，

$$V = V_{max} \sin(2\pi ft)$$

の式で記述される．

- コイルが磁力線に平行となるたびに，磁束の変化の速さが最大になり，誘導起電力がピークとなる．この位置でコイルの 2 辺が磁力線を直角に横切り，その導線が誘導起電力 BLv の発生に寄与する．したがって最大の誘導起電力 V_{max} は，辺が 2 個あることと N 回巻きであることを考慮すると，$2\times(BLv)\times N$ となる．速さ v は円周 $(\pi d)\times$ 単位時間当たりの回転数 $(f) = \pi df$ である．ここで f は回転周波数，d はコイルの幅である．したがって，

$$V_{max} = 2\times(BLv)\times N = 2\times(BL\pi df)\times N = 2\pi fBAN$$
$$(A: コイルの面積 = Ld)$$

となる．整理すると，

$$V_{max} = 2\pi fBAN$$

- 磁束がピークになってから時間 t が経過する間にコイルは $f\times t$ だけ回る．図 19・16 のように，これが 1 回転に満たない角としよう．1 回転が 2π ラジアンだから，時間 t の間に回転する角をラジアンで表すと，

$$\theta = 2\pi ft$$

となる．この瞬間にコイルの各辺は磁力線に対してこの角度で運動するので，磁力線と垂直な速度の成分の大きさは $v\sin\theta$ である．したがってこの瞬間の誘導電圧は，

$$V = V_{max}\sin\theta = V_{max}\sin(2\pi ft)$$

である．

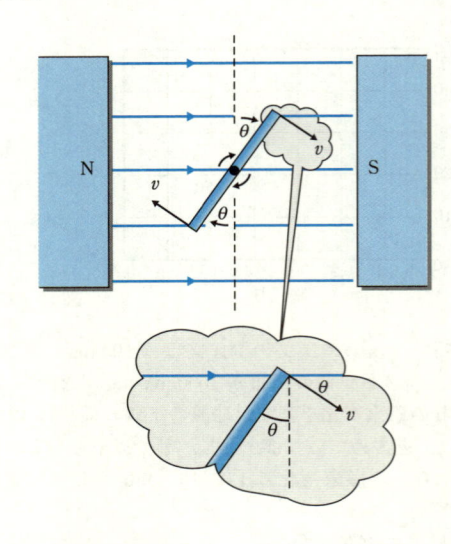

図 19・16 サイン関数的な変化

例題 19・3

200 回巻きの長さ 50 mm 幅 30 mm の長方形をしたコイルがある．これが均一な磁束密度 150 mT の中を 50 Hz で一定の回転をしている．
(a) この回転数における誘導起電力のピーク値を計算せよ．
(b) 誘導起電力が時間的に変化する様子のグラフを描け．
(c) (i) 電圧が 0 となった後，4 ms の間にコイルが回転する角をラジアンで表せ．
 (ii) この瞬間の誘導起電力を求めよ．

[解 答]
(a) $V_{max} = 2\pi fBAN$
  $= 2\pi\times 50\times 0.150\times(0.050\times 0.030)\times 200 = 14.1$ V

(b) 図 19・17 のとおり．

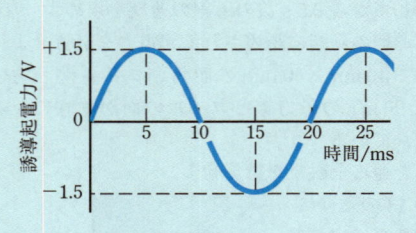

図 19・17

(c) (i) 4 ms の間だから，
$$\theta = 2\pi ft = 2\pi\times 50\times 4.0\times 10^{-3} = 1.26 \text{ ラジアン}$$
(ii) $V = V_{max}\sin\theta = 14.1\sin 1.26 = 13.4$ V

発電所の交流発電機

直流電流の電磁石である回転子コイルが3組の固定子コイルの間を一定の周波数で回転するようになっている．二つのコイルが1組となり直列につながれ，各組のコイルの終端に交流電圧が誘導される．3組のコイルがそれぞれ120°ごとに配置されているので，各組のコイルは，他のコイルで生じた電圧と位相が1/3サイクルだけずれた交流電圧を生じる（図19・18）．回転子には，同じ回転軸上で駆動される直流発電機から直流が供給される．

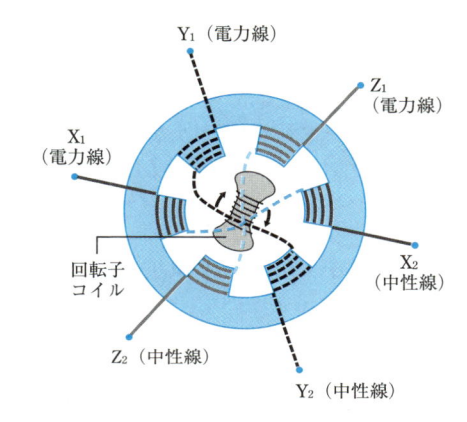

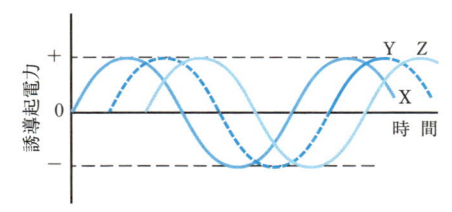

図19・18 発電所の交流発電機

各組コイルから出る導線の一方は，中性線として発電所で接地されている．他方は電圧が出る線で，正から負に行きまた元に戻るサイクルを繰返す．発電所からは4本の電線で電流が送り出される．そのうちの1本が，各位相の3線に対する中性線である．［訳注：この方式を三相4線式といい，ほかに中性線を省略した三相3線式がよく用いられる．］末端のユーザーへの受給は，中性線以外に2本で供給を受ける単相3線式と，1本で供給を受ける単相2線式があり，利用していない位相の線に事故があっても電力が供給される．

逆起電力

単純な電動モーターは，内部の可動コイルに電流を流すと磁場中でそれが回転するようになっている．磁場中でコイルが回転すると起電力が生じる．この誘導起電力は，モーターへの供給電圧を邪魔する向きなので，逆起電力といわれている．

供給電圧 V_S は，可動コイルに電流が流れるのだから，逆起電力 V_B に勝っているはずである．可動コイルの抵抗を R とすると，実質的な供給電圧は $V_S - V_B$ であり，電流が

$$I = \frac{V_S - V_B}{R}$$

となる．

直流モーターで誘導される逆起電力はファラデーの電磁誘導の法則に従い，モーターの回転速度に比例する．コイルの回転が速いほど，コイルを貫く磁束の変化の割合が大きくなり，供給電圧に逆う逆起電力がより大きくなる．モーターの負荷が一定のとき，供給電圧を一定にすると，回転数が低くすぎるとき電流が増えて回転数が増し，高すぎるとき電流が減って回転数が減り，結局，一定の回転数に落ち着く．

練習問題 19・3

1. (a) 単純な交流発電機から発生する電圧波形を図に描け．
   (b) (a)の図のどの点でコイル面と磁力線が (i) 直交，(ii) 平行となるか，記入せよ．
   (c) この交流発電機の回転速度を半分にしたとき出力される電圧波形を(a)の図に描け．
2. 1500回巻きで長さが500 mm，幅が300 mm の長方形コイルがある．これが一定の回転数 50 Hz で均一な磁束密度 150 mT の中を回転する．次の問いに答えよ．
   (a) この回転数での誘導起電力のピーク値を計算せよ．
   (b) 誘導起電力が時間的に変化する様子をグラフに描け．
   (c) 発電機がピーク電流 10.0 A の交流を回路に供給する．磁場により発電コイルに加わる偶力の最大値を計算せよ．回転軸の継ぎ手はこの偶力に耐える強度をもつ必要がある．

19・4 変圧器

回路を貫く磁束が変化するとそこに起電力が生じる．これまで，回路と磁場の発生源との間の相対運動による磁束の変化について考えてきた．回路を貫く磁束を変化させる別の方法として，磁束をつくるのに電流を使い，その電流を変化させる方法がある．磁束をつくり出す回路を**一次回路**，起電力が誘導される回路を**二次回路**という．この考えに基づいた電気部品は非常に多く，**変圧器**（トランスともいう）と誘導コイルはそのなかの二つである．

> 一次回路の電流を変える
> ⇒ 二次回路を貫く磁束が変わる
> ⇒ 二次回路に起電力が誘導される

変圧器の動作

変圧器は，図 19・19 に示すように，同じ鉄芯の周りに絶縁被覆した導線を巻いた 2 個のコイルからできている．交流が一次コイルを流れると，交流磁場が両方のコイルを貫く鉄芯の中に生じる．この交流磁場が二次コイルに交流を誘導する．

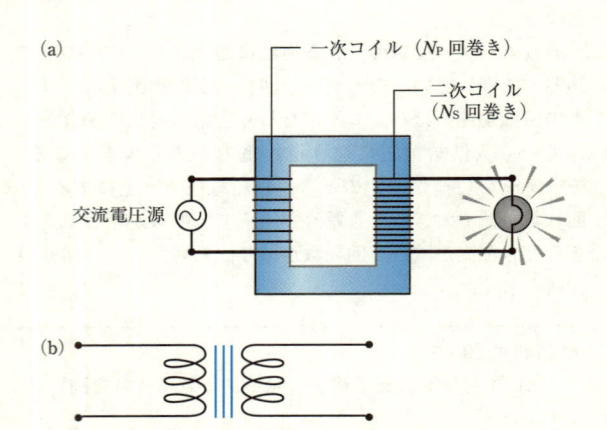

図 19・19 (a) 変圧器の概念図，(b) 変圧器の記号

二次コイルに生じるピーク電圧 V_S は，2 個のコイルの巻き数の比と一次コイルに加わるピーク電圧 V_P に依存し，変圧比は次の規則にまとめられる．

$$\frac{V_S}{V_P} = \frac{\text{二次コイルの巻き数 } N_S}{\text{一次コイルの巻き数 } N_P}$$

1. **昇圧トランス**（変圧器）は二次コイルの巻き数が一次コイルより多いので（$N_S > N_P$），$V_S > V_P$ となる．昇圧トランスの二次電圧は一次電圧よりも高い．
2. **降圧トランス**（変圧器）は二次コイルの巻き数が一次コイルより少ないので（$N_S < N_P$），$V_S < V_P$ となる．降圧トランスの二次電圧は一次電圧よりも低い．

変圧比の規則を理解するため，ある時刻に鉄芯内部の磁束がコイル 1 巻き当たり ϕ であるとしよう．

- 二次コイルを貫く鎖交磁束の総量は $\Phi = N_S \phi$ である．ファラデーの法則より，$V = -\dfrac{d\Phi}{dt}$ であるから，

$$V_S = -N_S \frac{d\phi}{dt}$$

となる．
- 一次コイルを貫く鎖交磁束の総量は $N_P \phi$ であり，一次コイルにおける誘導起電力

$$-N_P \frac{d\phi}{dt}$$

は供給電圧（すなわち一次電圧 V_P）により相殺される．鉄芯から磁束が失われないので $d\phi/dt$ は両方のコイルに共通だから，この規則が成り立つ．

変圧器の効率

変圧器の二次コイルは，接続された回路に電力を供給するために使われる．負荷回路がつながって二次コイルに流れる電流を I_S とすると，二次コイルが供給する電力は $I_S V_S$ となる．

一次コイルの電流が I_P ならば，一次コイルに供給される電力は $I_P V_P$ である．

$$\text{変圧器の効率} = \frac{\text{二次コイルが供給する電力}}{\text{一次コイルに供給される電力}} = \frac{I_S V_S}{I_P V_P}$$

である．効率をいうとき，0 から 1 の間の数値あるいは 100 をかけてパーセントのいずれかにする．実際の変圧器の効率は，典型的な値として 98% 程度以上である．実際の変圧器では無駄な電力は非常に少ない．

効率が 100% の変圧器では，$I_P V_P = I_S V_S$ だから，

$$\frac{I_S}{I_P} = \frac{V_P}{V_S}$$

となる．これは昇圧すると電流が減り，降圧すると電流が増えることを意味する．

効率が低下するおもな理由を以下にあげる．

1. **抵抗加熱**がコイルの巻き線に発生する．巻き線の抵抗をできるだけ下げるために銅線が使われる．
2. **渦電流**が鉄芯内で誘導される．鉄芯内で磁束が変化するとき流れる電流は"渦電流"とよばれ，水の渦のように鉄芯内で渦を巻く．渦電流が増えると鉄芯が加熱される．実際の変圧器では，薄板に加工した細長い鉄板を絶縁層で分離して重ねて鉄芯とし，渦電流が薄板を横切って流れないようにする．
3. **ヒステリシス損**が発生する．鉄芯に磁化と消磁を繰返すとき，各サイクルでエネルギーが使われる．鉄芯には，軟鉄と鋼鉄を比べれば軟鉄のような，磁化と消磁が容易な材料を用いる．

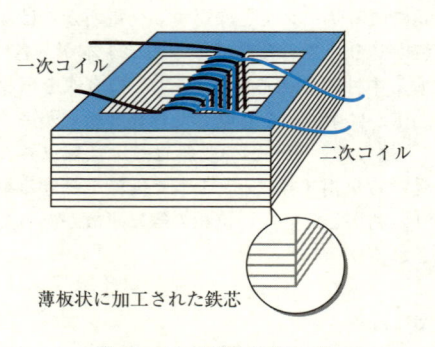

図 19・20 実際の変圧器

図 19・20 に実際の変圧器の構造を示す．鉄芯は一次コイルからの全磁束が二次コイルを通るように設計されている．

送電網

各家庭には発電所から国中に張り巡らされた送電網を通して電気が供給されている．送電網の運用電圧は通常132 kVであり，発電所での典型的な電圧25 kVよりもはるかに高い．いずれも図19・21にあるように消費者に届けられる電圧230 Vよりも高い．変圧器により発電所から送電網へ供給するときに昇圧し，また送電網の電圧を地域の変電所で降圧し，屋内配線の電圧にして消費者に届ける．[訳注：日本では発電所で200～275 kVあるいは500 kVに昇圧して長距離を輸送し，超高圧変電所で154～187 kV，一次変電所で110～66 kV，配電用変電所で6.6 kV，柱上トランス（変圧器）で100 Vまたは200 Vにして一般家庭に届けられる．]

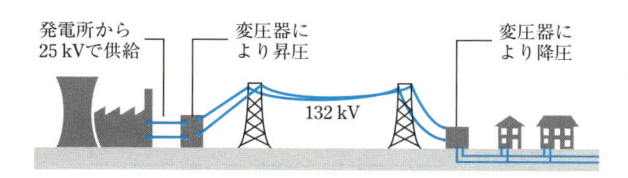

図19・21　送電網

発電所と送電網の間で昇圧する理由は，一定量の電力を送るのに電圧が高ければ流す電流が少なくてすむことにある．送電ケーブルを流れる電流が少ないほど，ケーブルの抵抗加熱による無駄な電力消費を減らせる．直流電圧ではなく交流電圧が使われるのは，交流電圧なら変圧器を使い昇圧や降圧ができ，送電網を通して効率的に電力を輸送できるからである．

例題 19・4

変圧器を用いて 230 V の交流電圧を降圧し，二次コイルに接続された 12 V, 36 W の電球に電力を供給する．
(a) 一次コイルが 2400 回巻きのとき二次コイルの巻き数を求めよ．
(b) 各回路の最大電流を計算せよ．

[解 答]

(a) $\dfrac{V_S}{V_P} = \dfrac{N_S}{N_P}$ を変形し，

$$N_S = \dfrac{N_P V_S}{V_P} = \dfrac{2400 \times 12}{230} = 125 \text{ 回巻き}$$

(b) 二次コイルからの供給電力が $I_S V_S = 36$ W だから，

$$I_S = \dfrac{36 \text{ W}}{12 \text{ V}} = 3.0 \text{ A}$$

効率が100%と仮定し，$I_P V_P = I_S V_S$．これを変形すると，

$$I_P = \dfrac{I_S V_S}{V_P} = \dfrac{3.0 \times 12}{230} = 0.16 \text{ A}$$

練習問題 19・4

1. 同じ鉄芯に一次コイルが60回，二次コイルが1200回巻かれた変圧器がある．230 V, 100 Wの電球を二次コイルにつなげる．次の問題に答えよ．
   (a) 電球を正常に動作させるために必要な一次側の電圧を計算せよ．
   (b) 変換効率100%を仮定し，(i) 正常に光る電球と (ii) 一次コイルに流れる電流を計算せよ．
2. 停電時にビルの電力を供給する交流発電機がある．発電機の出力電圧110 Vを変圧器で230 Vへ昇圧する．発電機の容量は20 kWの電力を供給できる．以下を計算せよ．
   (a) 発電機を屋内配線につなぐ変圧器の適正な巻き数比
   (b) 発電機が供給できる最大電流
   (c) 停電時に発電機を使って屋内配線から取出せる最大の電流値

19・5 自己誘導

コイルを流れる電流が変化するとコイルがつくる磁場が変化し，そのコイル自体に起電力が誘導され，起電力の原因となった変化を妨げるように作用する．コイルのどの部分がつくる磁場の変化であっても，他の部分に起電力を誘導する．この効果を**自己誘導**という．自己誘導は電流が増加しようとするとそれを妨げ，減少しようとするとそれに抵抗する．交流回路では，自己誘導によりコイルに生じる起電力を打ち消すだけ電圧を供給しないと電流が流れない．

電池とスイッチを含む直流回路での自己誘導

図19・22aに示すように，2個の電球の一方をコイルと直列，他方を可変抵抗と直列につなげ，全体を並列に接続する．電池のスイッチを入れた後，コイルと直列な電球はもう一方と比べすぐには明るくならない．コイルを通る電流が増加するとき，自己誘導による起電力がコイルに生じて電池と逆向きの電圧を発生し，直列の電球に加わる電圧を下げて電流の増加が遅くなる．図19・22bは各電球に流れる電流が時間とともにどのように変化するかを示したものである．コイルの鉄芯を取除くと，両方の電球が同様に，ただちに明るくなる．これは鉄芯がないとコイルの磁場がずっと弱いからである．

コイルを貫く鎖交磁束 Φ はコイルを通る電流 I に比例するが，それは p.189 で説明したようにコイルの磁束密度 B が電流 I に比例するからである．この関係を用いてコイルの自己インダクタンス L を単位電流当たりの鎖交磁束 Φ と定義できる．すなわち，

$$\Phi = LI$$

ファラデーの法則

$$V = -\frac{d\Phi}{dt}$$

を用いると，コイルに生じる自己誘導起電力 V は，

$$V = -L\frac{dI}{dt}$$

となる．なお，自己インダクタンスの単位はヘンリー（H）である．これは 1 オーム秒（$=1\,\mathrm{V\,s\,A^{-1}}$）に等しい．

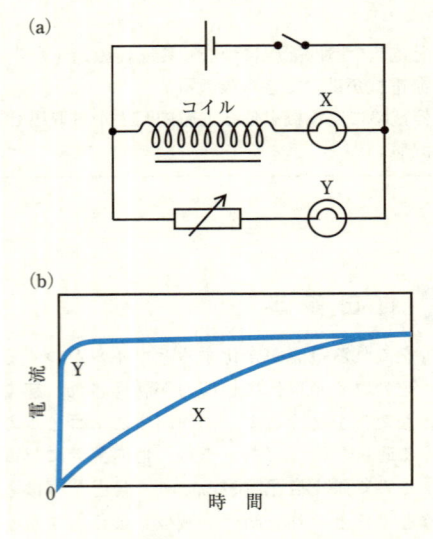

図 19・22 自己誘導

自己誘導と電流の増加

自己インダクタンス L のコイルを電池とスイッチにつなぐ．図 19・23 のように回路全体の抵抗を R とする．スイッチを入れると，電流は 0 から増加し，最大値 I_0 に近づく．スイッチを入れてから後はいつでも，電池の電圧は自己誘導起電力を相殺しさらに抵抗に電流を流す．したがって，電池の電圧 V_{batt} は，

$$V_{\mathrm{batt}} = IR + L\frac{dI}{dt}$$

1. スイッチを閉じた瞬間は，電流が 0 だから抵抗の電圧も 0 である．したがって，

$$L\frac{dI}{dt} = V_{\mathrm{batt}}$$

であり，最初の電流増加率は，

$$\left(\frac{dI}{dt}\right)_0 = \frac{V_{\mathrm{batt}}}{L}$$

である．

2. 最終的には電流が最大値に到達し dI/dt は 0 になるので，最大電流は，

$$I_0 = \frac{V_{\mathrm{batt}}}{R}$$

となる．

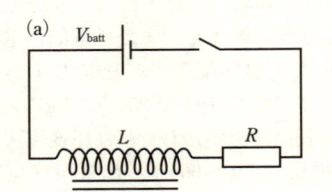

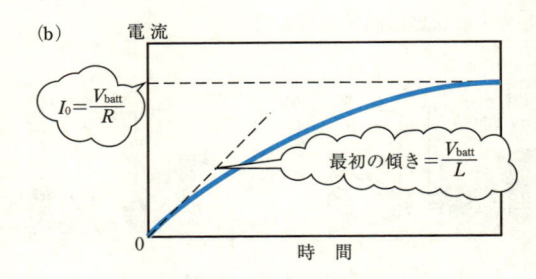

図 19・23 電流が増加する様子

コイルに蓄えられるエネルギー

自己インダクタンス L のコイルを電流 I が流れるとき，コイルには自己インダクタンスによるエネルギーが蓄えられている．このエネルギー E はコイルの磁場に蓄えられ，

$$E = \frac{1}{2}LI^2$$

である．この式は電流が i から $i+\delta i$ までわずかに増加する場合を考えると理解できる．このときエネルギーの増加分は $\delta E = iV\delta t$ である．しかし，電圧の大きさは $V = L\,di/dt$ だから，小さな変化に対しては $V\delta t = L\delta i$ となる．よって，

$$\delta E = iL\delta i$$

$(i+\delta i)^2 = i^2 + 2i\delta i + \delta i^2$ であるので，δi^2 を他の 2 項よりも十分小さいとして無視すると，

$$\delta E = \frac{1}{2}L(i+\delta i)^2 - \frac{1}{2}Li^2$$

となる．したがってこの間に蓄えられるエネルギーは $\frac{1}{2}Li^2$ から $\frac{1}{2}L(i+\delta i)^2$ へ増加することがわかり，電流が I のときに蓄えられているエネルギーは $\frac{1}{2}LI^2$ となる．

練習問題 19・5

1. 直流回路の自己インダクタンスを調べる実験で，2 個のコイル，スイッチ，0.25 A の豆電球と 3 V の電池を直列につなげた．

(a) スイッチを入れると電球は少し遅れて約1秒後に正常な明るさになった．
(i) スイッチを入れた直後に電球が明るくならない理由を説明せよ．
(ii) 2個のコイルの合計の自己インダクタンスを見積もれ．
(b) 2個のコイルの一方を逆向きに接続してスイッチを入れると，電球はただちに点灯した．この回路で遅延がない理由を説明せよ．

2. $2.0\,\Omega$ の抵抗と自己インダクタンスが $25\,H$ のコイルをスイッチと内部抵抗 $1.0\,\Omega$ で $12\,V$ の電池と直列につないだ．次の問いに答えよ．
(a) スイッチを入れた直後に回路に流れる電流の増加率を計算せよ．
(b) 最終的に（i）回路に流れる電流と（ii）回路に蓄えられるエネルギーを計算せよ．

まとめ

■ 磁束 ϕ は，磁束密度 B の磁力線に直角な面 A を貫く磁束である．
$$\phi = BA$$

■ 鎖交磁束 Φ はコイルが N 回巻きのとき，
$$\Phi = BAN$$

■ 電磁誘導の法則
1. レンツの法則　誘導電流は常にその発生原因の変化に逆らう向きに流れる．
2. ファラデーの法則　誘導起電力は鎖交磁束の変化率に比例．

■ 第19章で学んだ式
1. ファラデーの法則
$$V = -\frac{d\Phi}{dt}$$

2. 運動する導線に誘導される起電力　$V = BLv$
3. 交流発電機が発生する電圧
$$V = V_{max}\sin(2\pi ft) \quad \text{ただし，} V_{max} = 2\pi fBAN$$

4. 変圧比
$$\frac{V_S}{V_P} = \frac{N_S}{N_P}$$

5. 変圧器の効率
$$\frac{I_S V_S}{I_P V_P} \times 100\%$$

6. 自己インダクタンス
$$L = \frac{\Phi}{I} = \frac{V}{(dI/dt)}$$

蓄えられたエネルギー $= \frac{1}{2}LI^2$

章末問題

p.322 に本章の補充問題がある．

19・1 図19・24のように，棒磁石のN極がソレノイドコイルに左端から押し込まれた．コイルは高感度メーターにつながっている．

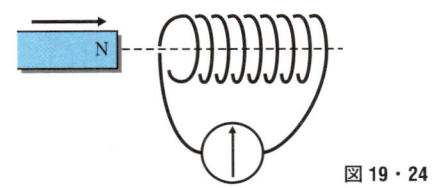

図19・24

(a)(i) ソレノイドコイルの左端に誘導される極性は何か．(ii) メーターを流れる電流の向きを答えよ．
(b)(i) 磁石のN極をもっとゆっくり挿入，(ii) S極を素早く挿入したとき，(a)のときと電流計の振れはどう違うか．

19・2 (a) 大型車両につける電磁ブレーキは，車のドライブシャフトに結合しコイルの一端付近で回転する磁石から成る．コイルの両端を短絡するとブレーキがかかる．
(i) コイルの端子を短絡すると回転磁石にブレーキの効果が表れる理由を説明せよ．
(ii) ブレーキが効くと車両の運動エネルギーが減る．失われた運動エネルギーはどのようなエネルギーに変換されるか述べよ．
(b)(i) 一定の電圧で駆動する電動モーターでは，負荷が増しモーターの回転が遅くなると流れる電流が増える．その理由を説明せよ．
(ii) 変圧器の二次コイルを適切な負荷につなげると，一次コイルの電流が増える理由を説明せよ．

19・3 (a) 翼全幅 $35.0\,m$ の飛行機が $550\,m\,s^{-1}$ の速さで水平に飛んでいる．地球の磁束密度の垂直成分が $80\,\mu T$ の地点の上空を通過した．飛行機の翼の先端の間の誘導起電力を計算せよ．
(b) 直径 $25\,mm$ で 120 回巻きの円形コイルをU字型磁石の磁極間の中央に置く．コイルの面は両極を結ぶ線に垂直である．コイルの両端をデータレコーダーに接続し，誘導起電力を記録する．磁石からコイルを引出したとき，誘導起電力の時間的変化の様子が図19・25のように記録された．
(i) 図19・25の曲線の下側の面積からコイルを貫く鎖交

磁束の変化を推定せよ．
(ii) その結果を用いて磁極間の磁束密度を決定せよ．

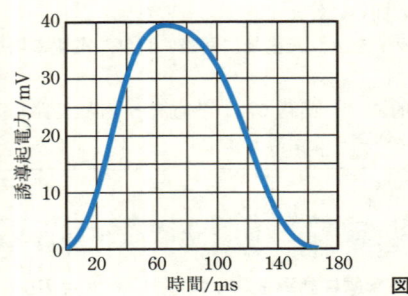

図 19・25

19・4 (a) 1本の鉄芯に一次コイルと二次コイルを巻き，一次コイルを電池とスイッチに直列につなぐ．二次コイルを図 19・26 に示すように 2 本の棒につなぐ．スイッチをいれると棒の両端間でスパーク（火花放電）が発生した．

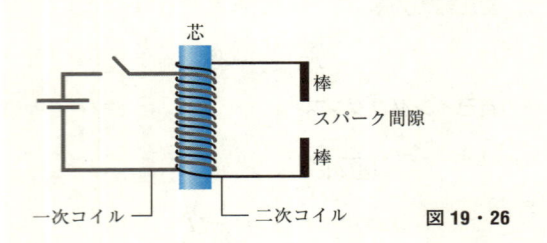

図 19・26

(i) スパークの原因を説明せよ．
(ii) スイッチを切ったときにもスパークが発生する理由を説明せよ．
(iii) スイッチを入れたままだとスパークが発生しないのはなぜか．
(b) 230 V の屋内配線から 9 V に降圧して 36 W の電球に電力を供給する変圧器がある．

(i) 一次コイルが 1200 回巻きのとき二次コイルで必要な巻き数を計算せよ．
(ii) 電球が正常に点灯するとき，二次コイルを流れる電流を計算せよ．
(iii) 変圧器の効率が 100% として，電球が正常に点灯するとき一次コイルに流れる電流を計算せよ．

19・5 図 19・27 のように平均直径 35 mm，断面積 6.0×10^{-5} m^2 の強磁性体のリングの周りに絶縁被覆された導線を密着させて 80 回巻く．

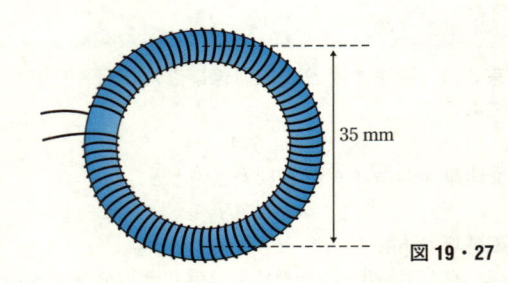

図 19・27

(a) (i) リングの比透磁率 μ_r を 2000，電流 0.06 A が流れるとき，$B = \mu_r \mu_0 n I$ (n: 単位長さ当たりの巻き数) を使い，リング内部の磁束密度を計算せよ．$\mu_0 = 4\pi \times 10^{-7}$ T m A^{-1} とする．
(ii) 得られた結果から，コイルの電流が 0.06 A のとき，コイルを貫く鎖交磁束を計算せよ．またコイルの自己インダクタンスを計算せよ．
(b) このリングを 1.5 V の電池，スイッチ，微小電流計および電球と直列につなぐ．
(i) スイッチを入れた瞬間に電球に流れる電流の増加率を計算せよ．
(ii) スイッチを入れたあと電流の増加が止まり，微量電流計の読みが 0.06 A となった．自己インダクタンスにより蓄えられたエネルギーを計算せよ．

20

交　流

目　次
20・1　交流電流・電圧の測定
20・2　整流回路
20・3　交流と電力
20・4　交流回路のコンデンサー
20・5　交流回路のコイル
20・6　共振回路
　まとめ
　章末問題

学習内容
- 交流電圧波形の最大値と周期の定義と測定
- 交流電流・電圧の周期と周波数
- サイン波形のグラフと数式
- 交流電流・電圧の2乗平均平方根と最大値
- 交流電流による発熱
- 交流を直流に変換する整流回路
- 交流回路におけるコイルとコンデンサー
- コイルとコンデンサーのリアクタンス
- 電流の抵抗成分とリアクタンス成分
- 交流回路におけるリアクタンス素子
- 抵抗とリアクタンス素子を含む交流回路の電流と電圧

20・1　交流電流・電圧の測定

　電灯線では2本の導線から交流が供給され，1本は電力線で他方は中性線である．電力線の電位は正負のピークの間を繰返し変化する．中性線は柱上トランス（変圧器）で接地されている．電灯線の電流の向きは繰返し反転する．電灯線につないだ降圧トランス（変圧器）の電圧が変化する様子を図20・1に示す．この種の波形はp.199, p.200で説明したサイン関数として記述される．

- 交流電流・電圧の**ピーク値**は正と負の一番大きな値である．図20・1で振動波形の中心から測った高さがピーク値である．
- 交流電流・電圧の**1サイクル**は，あるピークから次の同じ向きのピークまでの間隔である．
- 交流電流・電圧の**周期**は，1サイクルに要する時間である．
- 交流電流・電圧の**周波数**（振動数ともいう）は，1秒間のサイクル数である．交流波形の周波数 f は周期 T を用いて次の式で表される．

$$f = \frac{1}{T}$$

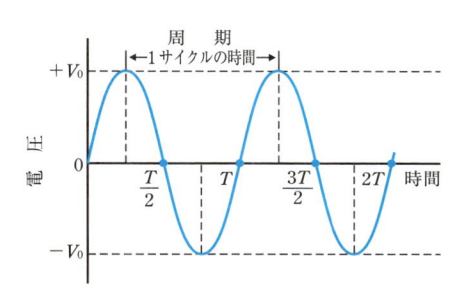

図 20・1　交 流 波 形

オシロスコープを用いた交流電圧の測定

　オシロスコープは電圧を測定するための装置である．図20・2に示すように，陰極線管（CRTと略す，表示装置として用いる陰極線管をブラウン管ともいう）の後端の電子銃から出た電子ビームがスクリーンに当たり，衝突点に光のスポットをつくる．電子ビームは2組の平行板によって曲げられる．1組（X-偏向板）は水平方向に曲げ，もう

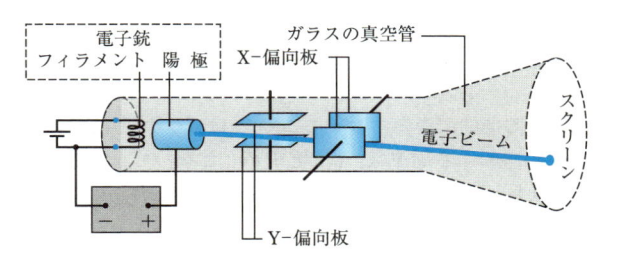

図 20・2　陰極線管の内部

一組（Y-偏向板）は垂直方向に曲げる．通常の使い方では，"掃引時間"の電圧がX-偏向板に加わり，スポットは左から右にゆっくり動き，次の掃引を始めるために急に元の位置に戻る．スクリーン上に表示する波形をY-偏向板に同時に加えると，図20・3のようにスポットが左から右に掃引される間にその波形が描かれる．

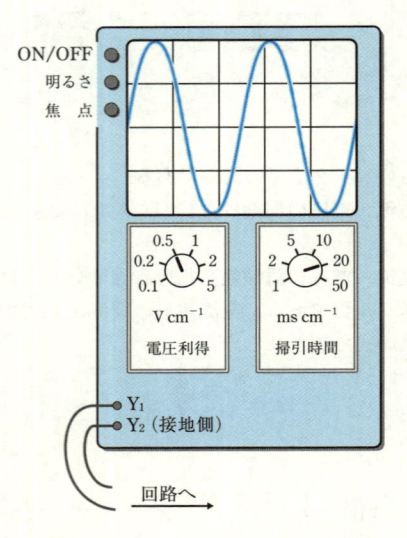

図 20・3 オシロスコープの使い方

オシロスコープを使うとき，観測者が変更できるおもな制御は以下のものである．

a. Y 入 力 感 度　垂直方向の1目盛当たりの電圧である．たとえばY入力感度（図20・3の電圧利得）を $0.5\,\mathrm{V\,cm^{-1}}$ とし，電圧波形の正のピークから負のピークまでが40 mmなら2.0 V（$=0.5\,\mathrm{V\,cm^{-1}}\times 4.0\,\mathrm{cm}$）である．したがって電圧振幅は1.0 Vである．

b. 掃 引 時 間　スポットが水平方向に1目盛移動する時間である．たとえば，掃引時間を $20\,\mathrm{ms\,cm^{-1}}$ とし，波形の1サイクルが水平距離25 mmと測定されるなら周期は50 ms（$=20\,\mathrm{ms\,cm^{-1}}\times 2.5\,\mathrm{cm}$）となり，周波数は20 Hz（$=1/0.020\,\mathrm{s}$）となる．

サイン波形の式

交流発電機の出力電圧は図20・1のようにサイン波形であり，p.200で説明したように式

$$V = V_0 \sin(2\pi ft)$$

に従い時間的に変動する．ここで V_0 はピーク電圧，f は発電機が回転する周波数，t は電圧が0となって−から+に極性を反転したときからの時間である．ある時刻の電圧は図20・1のような波形のグラフから読み取るか，上の式から計算する．

ある時刻の電圧を求める別の方法として，図20・4aのようにピーク値をとる様子を回転ベクトルもしくは**フェーザー**により表現する．フェーザーが正の x 軸と角 θ をなすとき，このベクトルの先端の座標は，$x = V_0 \cos\theta$，$y = V_0 \sin\theta$ となる．フェーザーが一定の周波数 f で反時計回りに回転すると考えよう．正の x 軸を通過してから時間 t 経過すると，フェーザーは ft サイクルだけ回転するから x 軸となす角はラジアンで $2\pi ft$（つまり $\theta = 2\pi ft$）となる．よって，時刻 t の電圧はフェーザーの y 座標 $V_0 \sin\theta$ で表される．

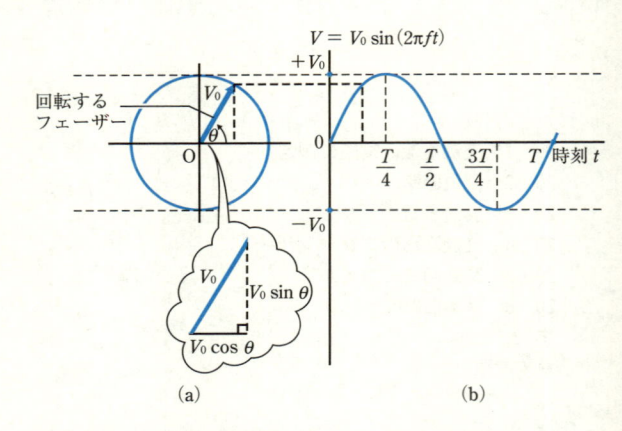

図 20・4　(a) 回転するフェーザー，(b) サイン波形

例題 20・1

サイン波形の交流電圧のピーク値が12 V，周波数が50 Hzである．次の問いに答えよ．
(a) 周期を計算せよ．
(b) 電圧が0となり極性が−から+に反転してから時間が (i) 4 ms, (ii) 7 ms, (iii) 18 ms 経過したときの電圧を計算せよ．

[解 答]

(a) $T = \dfrac{1}{f} = \dfrac{1}{50} = 0.020\,\mathrm{s} = 20\,\mathrm{ms}$

(b) 図20・5は各フェーザーの位置を示す．フェーザーの長さが12 Vを表し，各点での y 座標がそのときの電圧を表す．この図から読み取った値は下に計算したものと同様である．

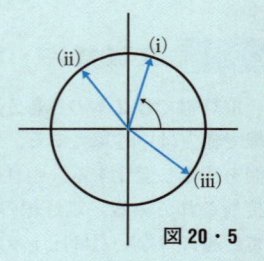

図 20・5

(i) $V = V_0 \sin(2\pi ft) = 12 \sin(2\pi \times 50 \times 0.004\,\mathrm{rad})$
$= 11.4\,\mathrm{V}$

(ii) $V = V_0 \sin(2\pi ft) = 12 \sin(2\pi \times 50 \times 0.007\,\mathrm{rad})$
$= 9.7\,\mathrm{V}$

(iii) $V = V_0 \sin(2\pi ft) = 12 \sin(2\pi \times 50 \times 0.018\,\mathrm{rad})$
$= 7.1\,\mathrm{V}$

練習問題 20・1

1. 図20・6はオシロスコープのスクリーンに表示された交流波形である．この波形のピーク電圧と周波数を計算せよ．
   (a) Y入力感度を $0.2\,\mathrm{V\,cm^{-1}}$，掃引時間を $10\,\mathrm{\mu s\,cm^{-1}}$ にしたとき．
   (b) Y入力感度を $5.0\,\mathrm{V\,cm^{-1}}$，掃引時間を $5\,\mathrm{ms\,cm^{-1}}$ にしたとき．

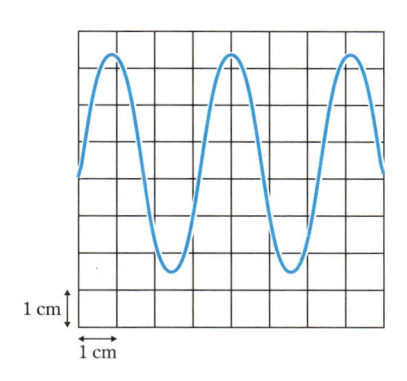

図20・6

2. 交流電圧がピーク値 $4.0\,\mathrm{V}$ で周波数 $200\,\mathrm{Hz}$ のとき，
   (a) フェーザーの図を描き，それを用いて電圧が0となり極性が－から＋極性に反転したときからの時間が (i) $1.0\,\mathrm{ms}$，(ii) $3.0\,\mathrm{ms}$ における電圧を決めよ．
   (b) $V = V_0 \sin(2\pi f t)$ を用いて，電圧が0となり極性が－から＋極性に反転したときからの時間が (i) $1.0\,\mathrm{ms}$，(ii) $3.0\,\mathrm{ms}$ のときの電圧を計算せよ．

20・2 整流回路

電子機器には，電池あるいはACアダプターすなわち電灯線から変圧器と整流回路から成る低電圧電源で駆動できるものがたくさんあり，すぐに思いつくだけでも楽器のキーボード，トランジスターラジオやノートPCなどがある．変圧器は電灯線を必要な電圧に下げ，整流回路は変圧器からの交流電圧を直流電圧に変換する．

整流回路を調べる

1. 図20・7aのようにダイオードと抵抗と交流電源を直列にすると，電源電圧の極性がダイオードに順電流を流す，すなわち半サイクル一つおきに電流が流れる．これを半波整流といい，電流波形を図20・7bに示した．抵抗の両端の電圧は電流に比例するので，図20・7の"半波"の波形となる．抵抗の両端をオシロスコープのY端子につなげば，この波形を画面に示すことができる．

2. 2個のダイオードを図20・8のようにつなげると全波整流，すなわち電圧が各半サイクルの中で0からピーク値になり0に戻る波形になる．これを実現するには，変圧器の二次コイルの中点端子と，両端につないだダイオードを通して電流を流せばよい．図20・8では，一次コイルに交流電源をつないで二次コイルのX端が正（他端が負）となったとき，この側のダイオード D_X が導通し，電流が負荷抵抗に流れて二次コイルの中点端子に戻る．電源の極性が逆になると，もう一方の二次コイルのY端が今度は正となりダイオード D_Y が導通し，前と同じ向きに負荷抵抗に電流が流れ，二次コイルの中点端子に戻る．

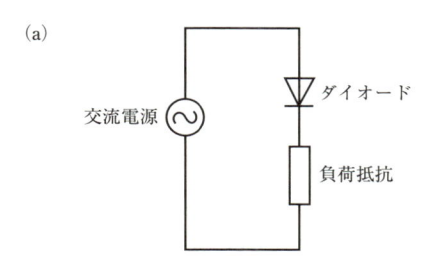

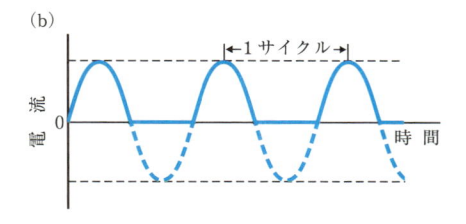

図20・7 半波整流．(a) 1個のダイオードを用いる．(b) 半波整流の電流．

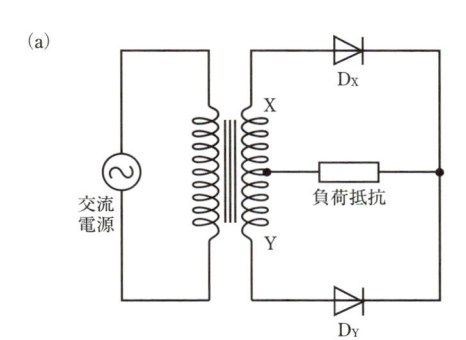

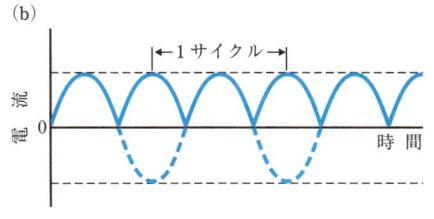

図20・8 全波整流．(a) 2個のダイオードを用いる．(b) 全波整流の電流．

この電流波形と抵抗に加わる電圧波形を図20・8bに示した．この波形を"全波整流"というのは，どの半サイクルでも中央で電流が0ではなく，同じ向きになるからである．

3. **ブリッジ整流器**は，図20・9のように4個のダイオードから成り，整流する交流電源に直接つなぐ．はじめの半サイクルではダイオードPとRが導通し，電流は負荷抵抗の左から右へ流れる．次の半周期ではダイオードQとSが導通し，電流は同じように左から右へ流れる．負荷抵抗を流れる電流と両端の電圧が反転しないので，これもまた全波整流器となっている．

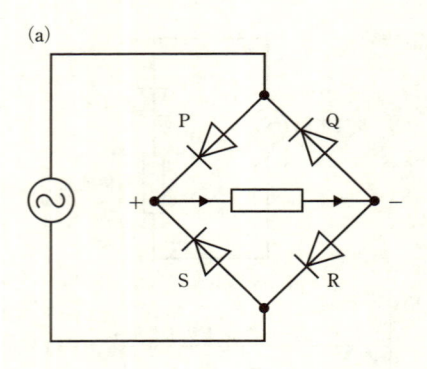

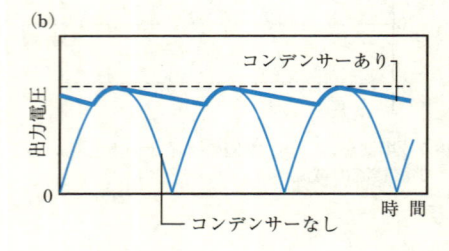

図20・9 (a) ブリッジ整流器の使用，(b) コンデンサーによる平滑化

コンデンサーによる平滑化

大きな容量のコンデンサーを全波整流器の出力端子に取付けると，初めの半サイクルで充電され，供給電圧のピークを過ぎたところから徐々に電荷を放電し，全波整流器からの出力電圧を維持するように動作する．図20・9に概念図を示した．コンデンサーの容量は，回路の時定数 CR (p.155参照) が電源の変動周期よりも十分長くなるように，大きくなければならない．

練習問題 20・2

1. 図20・10では，4個のダイオードA，B，C，Dを含むブリッジ整流器が交流電源に接続されている．

(a) (i) 負荷抵抗を流れる電流の向きを答えよ．
(ii) 交流電源の端子Xが負のとき，どのダイオードが導通しているか．
(b) ダイオードAが破損し電流が流れなくなったときの電流波形を描け．

2. 図20・11は，交流電源に接続された反対向きの2個のダイオードを含む回路である．2個の異なる抵抗も接続されている．

(a) メーターにはどちらの方向に電流が流れるか．
(b) 電源からの電流が時間的にどう変化するか，電流波形を数サイクル描いて説明せよ．

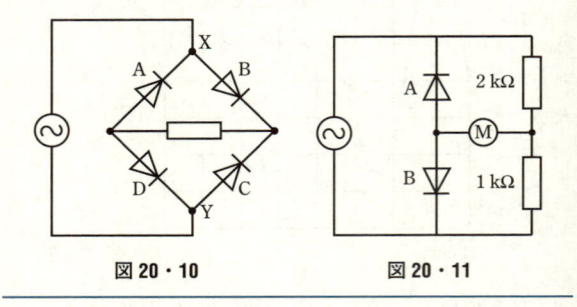

図20・10　　図20・11

20・3　交流と電力

非常に低い周波数の交流で電気ヒーターが作動しているとしよう．電流がピークになると発熱体は高温になり輝き，電流が0になると光らなくなる．発熱体を流れる電流の向きには無関係に，これが半サイクルごとに起こる．電流がどの向きでも，半サイクルごと，電流がピークのときヒーターに供給される電力もピークとなる．

電流 I が流れる抵抗 R に供給される電力は，抵抗に加わる電圧が $V=IR$ だから，$P=IV=I^2R$ である．

サイン波形の電流

$$I = I_0 \sin(2\pi ft)$$

について，

1. 抵抗に加わる電圧 V は，　$V = IR = I_0 R \sin(2\pi ft)$
2. 供給される電力 P は，　$P = IV = I_0^2 R \sin^2(2\pi ft)$

である．供給される電力は，交流の半サイクルごとに0からピーク値 $I_0^2 R$ に行ってまた0に戻る．図20・12に，電力の時間的な変化の様子を数サイクルにわたって示す．この曲線は $\frac{1}{2} \times$ ピーク値 $\left(=\frac{1}{2} I_0^2 R\right)$ の上下で対称である．

> 交流電流（または電圧）の **2乗平均平方根**（rms）とは，その電流（または電圧）による抵抗の発熱と同じ発熱効果をもつ直流電流（または電圧）の値である．**rms値は実効値**ともいう．

サイン波の交流電流のピーク値 I_0 と rms 値 I_{rms} の関係は，直流電力 ($I_{rms}^2 R$) と交流の平均電力 ($I_0^2 R$) を等しい，すなわち，

$$I_{rms}^2 R = \frac{1}{2} I_0^2 R$$

とおくと，R が消えて，

$$I_{rms}^2 = \frac{1}{2} I_0^2$$

両辺の平方根をとり，

$$I_{rms} = \frac{1}{\sqrt{2}} I_0$$

となる．同様に，サイン波の交流電圧のピーク値と rms 値 V_{rms} の関係は，

$$V_{rms} = \frac{1}{\sqrt{2}} V_0$$

である．

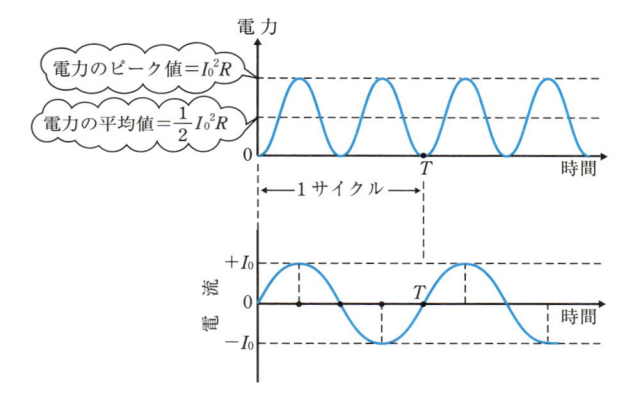

図 20・12 抵抗を流れる電流がサイン波形のときの電力の時間的な変化

メ　モ

$$\text{電力の平均値} = I_{rms}^2 R = \frac{1}{2} I_0^2 R$$
$$= I_{rms} V_{rms} = \frac{1}{2} I_0 V_0$$
$$\text{電流の rms 値} = I_{rms} = \frac{I_0}{\sqrt{2}}$$
$$\text{電圧の rms 値} = V_{rms} = \frac{V_0}{\sqrt{2}}$$

例題 20・2

rms 値が 230 V のサイン波交流電圧を，この rms 電圧で稼働するよう設計された 60 Ω のヒーターに加える．次の値を計算せよ．
(a) (i) 電圧のピーク値
　　(ii) 電圧の正のピークから負のピークまでの値
(b) (i) 電流の rms 値
　　(ii) 電流のピーク値
(c) (i) 電力のピーク値
　　(ii) 電力の平均値

[解　答]
(a) (i) $V_{rms} = \frac{1}{\sqrt{2}} V_0$ を変形し，

$$V_0 = \sqrt{2} V_{rms} = \sqrt{2} \times 230 \text{ V} = 325 \text{ V}$$

(ii) ピークからピークの電圧 $= 2 V_0$
$$= 2 \times 325 \text{ V} = 650 \text{ V}$$

(b) (i) $I_{rms} = \frac{V_{rms}}{R} = \frac{230}{60} = 3.8 \text{ A}$

(ii) $I_0 = \sqrt{2} I_{rms} = \sqrt{2} \times 3.8 = 5.4 \text{ A}$

(c) (i) 電力のピーク値 $= I_0^2 R$
$$= 5.4^2 \times 60 = 1750 \text{ W}$$

(ii) 電力の平均値 $= \frac{1}{2} I_0^2 R = 0.5 \times 1750 = 875 \text{ W}$

交流電流や電圧の測定に可動コイル型メーターを用いる

低い周波数の交流電流が可動コイル型メーターを流れると，半サイクルごとに電流の向きが変わるのに応じて，指針が 0 の前後に振れる．周波数が約 5 Hz 以上になると，電流の反転の繰返しに追随できず，指針は 0 付近で細かく振動する．

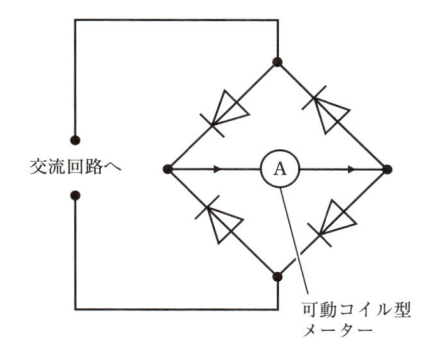

図 20・13 可動コイル型メーターを用いた測定

メーターにダイオードを直列につなぐか，図 20・13 のようにブリッジ整流器を用いると，指針が一方向に振れるようにできる．どちらの場合も指針の読みは 0 ではないが，ピーク電流より小さな値となる．読みはピーク値，したがって rms 値に比例するので，目盛が rms 値となるように校正するのが普通である．

練習問題 20・3

1. オシロスコープを用いて交流波形を表示・測定したところ，Y入力感度が $0.2\,\mathrm{V\,cm^{-1}}$ のとき正のピークから負のピークまでが垂直方向に 72 mm であった．
   (a) (i) ピークからピークまでの電圧 V_{PP}，(ii) ピーク電圧 V_0，(iii) rms 電圧を計算せよ．
   (b) この交流電圧は，ある抵抗にサイン波の交流 120 mA が流れて生じたものである．(i) 抵抗の値，(ii) 抵抗で消費される電力の平均値を計算せよ．

2. 電灯線につなぐヒーターに "230 V rms, 1000 W" と記されている．以下を計算せよ．
   (a) 発熱体の両端に加わるピーク電圧
   (b) (i) rms 電流，(ii) ピーク電流，(iii) 発熱体の抵抗値

20・4 交流回路のコンデンサー

リアクタンス素子と抵抗素子

コイルとコンデンサーは，電力を消費せず交流に反動する意味でリアクタンス素子とよばれる．これに対して抵抗素子は電力を消費する．電流が流れたとき電力を消費するのは抵抗素子である．

§20・3 で説明したように，交流電源に抵抗を接続しただけの単純な交流回路では，抵抗を流れる電流と両端の電圧は同相で変化する．すなわち両者はともに上下し同時に向きを変える．その結果として，どの 1/2 サイクルでも抵抗で電力が消費される．本節で後述するが，コンデンサーまたはコイル 1 個を含む単純な回路を交流電源に接続したときは，電圧と電流の位相が 1/4 サイクルずれる．その結果として，1/2 サイクルの中で電力が素子に供給され電源に戻され，電力供給は平均で 0 となる．コイルやコンデンサーにリアクタンスという用語を用いるのは，これらの素子が電源に対して反動し電力を受けとらないことによる．

コンデンサーのリアクタンス

図 20・14 のように，1 個のコンデンサーを交流電源につなぐ．コンデンサーの両極板間に交流電圧が加わると，電子は極板に流入し，また電源に戻るサイクルを繰返す．

- 電源に流入出する電子の流れが交流電流であり，したがって交流回路の中では，コンデンサーを通して交流電流が流れる．これに対して，直流回路の中では，コンデンサーは直流電流の流れを阻止する．
- ピーク電圧が同じなら，交流電源の周波数が高いほど 1 秒間に流れる電荷が多く，コンデンサーに出入りする電荷の流れが速くなる．したがって，電源のピーク電圧が一定のままでも，周波数が増すほど電流が増える．逆に，周波数が低くなると電流は小さくなる．

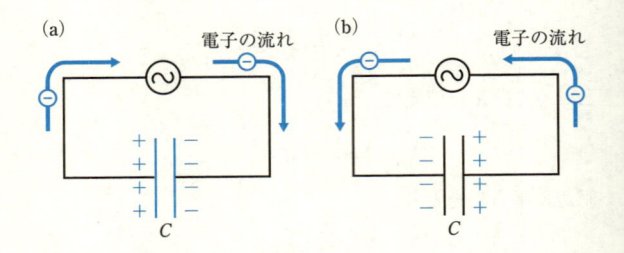

図 20・14 交流回路のコンデンサー．(a) ある瞬間と (b) 1/2 サイクル後．

どんなコンデンサーでも蓄えられた電荷は $Q=CV$ である．ただし V は両極間の電圧，C は電気容量である．交流回路では，電荷と電圧が同相で変化する．数学的には，$V=V_0\sin(2\pi ft)$ ならば $Q=CV_0\sin(2\pi ft)$ である．図 20・15 と図 20・16 に電圧と電荷が変化する様子を数サイクルにわたって示す．

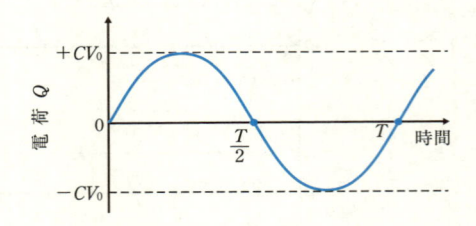

図 20・15 電荷の時間的な変化

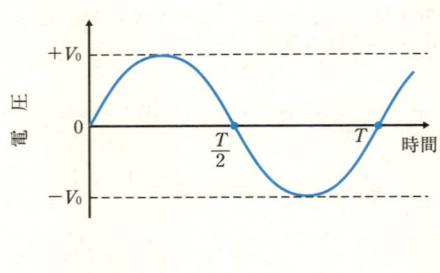

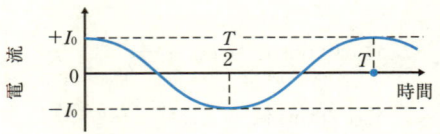

図 20・16 電流の時間的な変化

電流は電荷の流れる速さすなわち $I=\mathrm{d}Q/\mathrm{d}t$ である．この量は電荷の時間的な変化を表すグラフの傾きだから，任意の時刻の電流はグラフの傾きから読み取れる．電荷の時間的な変化が図 20・15 のようにサイン波形のとき，電流（このグラフの傾き）が時間とともに変化する様子を図

20・16に示した．電流は，電圧および電荷より 1/4 サイクル先に進んでいる．本質的なことは，コンデンサーが完全に放電して充電が始まるとき，電荷の流れの速さがピークになる．

計算については後述するが，$Q = CV_0 \sin(2\pi ft)$ のとき，
$$I = \frac{dQ}{dt} = \frac{d}{dt}[CV_0 \sin(2\pi ft)] = 2\pi f CV_0 \cos(2\pi ft)$$
である．

1. $\cos(2\pi ft)$ のピーク値が 1 だから，ピーク電流 I_0 は，
$$I_0 = 2\pi f CV_0$$

2. 電流は電圧より 1/4 サイクル（＝90°）先に進んでいる．交流回路のコンデンサーの電圧と電流の関係を表すフェーザーを図 20・17 に示す．

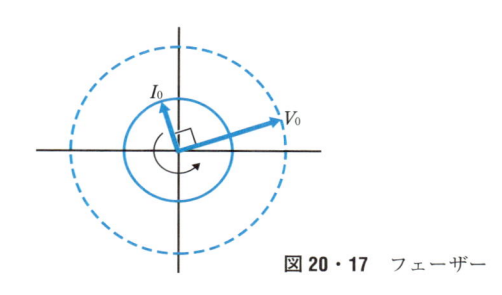

図 20・17 フェーザー

3. コンデンサーの**リアクタンス** X_C は，
$$X_C = \frac{1}{2\pi f C}$$
と定義される．リアクタンスの単位を調べるには，
$$I_0 = 2\pi f CV_0 \quad \text{から} \quad \frac{1}{2\pi f C} = \frac{V_0}{I_0}$$
すなわち，
$$X_C = \frac{V_0}{I_0} = \frac{1}{2\pi f C}$$
であり，抵抗と同じ単位のオーム（Ω）となる．この式から，周波数が増すとリアクタンスが減ることに注意せよ．図 20・18 はコンデンサーのリアクタンスと周波数の関係を示す．

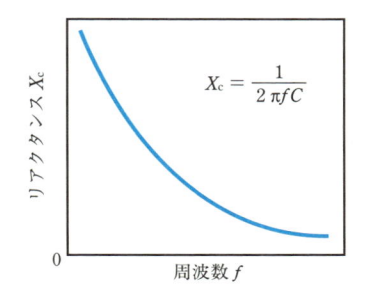

図 20・18 コンデンサーのリアクタンスと周波数

4. 図 20・19 は電力（＝電流×電圧）が時間的に変化する様子を示す．1/4 サイクル一つおきに電子が電源の負電極に強制的に返されて，電力が電源に戻される．この 1/4 サイクルでは，電流と電圧が逆向きで $I \times V$ が負となって電力が電源に戻される．もう一つの 1/4 サイクルでは，電流と電圧が同じ向きで $I \times V$ が正となって電力が電源から供給される．このため，1 サイクルでみるとコンデンサーに電力は供給されない．

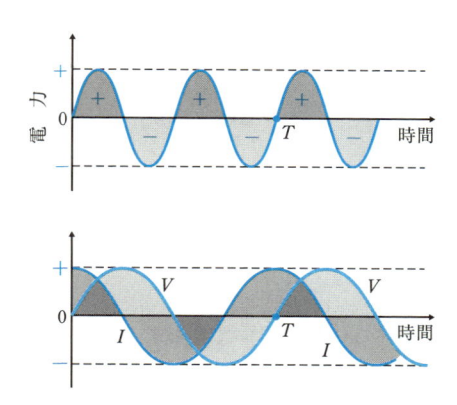

図 20・19 コンデンサーにおける電力の時間的な変化

サイン関数の微分

- $\dfrac{d}{dt}[\sin(2\pi ft)] = 2\pi f \cos(2\pi ft)$ の証明

図 20・20 に示す OP は反時計回りに回転するフェーザーで，長さが r，正の x 軸となす角が $\theta = 2\pi ft$, t はフェー

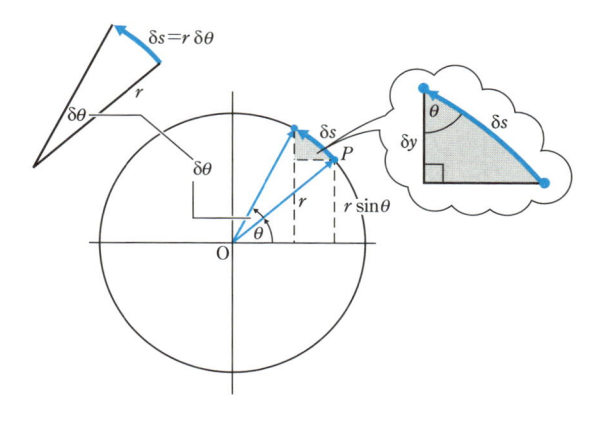

図 20・20 微小な変化

ザーが x 軸を通過してからの時間である．時刻が $t + \delta t$ になるまでの短い時間 δt の間に，x 軸となす角は $\delta\theta = 2\pi f \delta t$ だけ増加し，フェーザーの先端は距離 $\delta s = r\delta\theta$ だけ移動する．

ベクトル OP の長さを r とすると，その先端の y 座標は $y = r\sin\theta$ である．t から $t+\delta t$ の間の y 座標の変化を δy とする．δs が非常に小さいとき，δy は δs を斜辺とする直角三角形の高さとなるから，$\delta y = \delta s \cos\theta$ としてよい．$\delta s = r\delta\theta$ および $\delta\theta = 2\pi f \delta t$ より，

$$\delta y = \delta s \cos\theta = r\delta\theta \cos\theta = 2\pi f r \delta t \cos\theta$$

となる．δy の式の両辺を δt で割ると，

$$\frac{\delta y}{\delta t} = \frac{2\pi f r \delta t}{\delta t}\cos\theta$$

よって $\delta t \to 0$ の極限では，

$$\frac{dy}{dt} = 2\pi f r \cos\theta$$

$$\therefore \quad \frac{d}{dt}[r\sin(2\pi f t)] = 2\pi f r \cos(2\pi f t)$$

両辺を r で割ると，証明すべき式を得る．

コンデンサーのリアクタンスの測定

1. コンデンサーをデジタル電流計および交流電源と直列に接続する．図 20・21 のように，コンデンサーの両端の電圧をオシロスコープに入力し，電圧波形を表示する．周波数を一定にし，ピークからピークまでの電圧を変えながら電流計で rms 電流を測定する．電流の値ごとにピーク電圧を測定し rms 電圧を計算する．オシロスコープを用いて波形の周期を測り周波数を計算する．

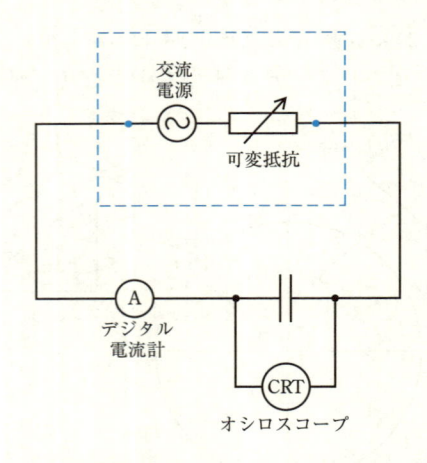

図 20・21 リアクタンスの測定

2. 測定の記録から，コンデンサーの電圧を電流に対してプロットしグラフを描く．このグラフの傾きがコンデンサーのリアクタンスである．決定したリアクタンスを用いてコンデンサーの容量を次の式で計算する．

$$X_\text{C} = \frac{1}{2\pi f C}$$

例題 20・3

$2.2\,\mu\text{F}$ のコンデンサーを周波数 $50\,\text{Hz}$，出力電圧の rms 値が $6.0\,\text{V}$ の交流電源につなぐ．(a) この周波数におけるリアクタンス，(b) 回路を流れる電流の rms 値，(c) 電流のピーク値を計算せよ．

[解答]

(a) $X_\text{C} = \dfrac{1}{2\pi f C} = \dfrac{1}{2\pi \times 50 \times 2.2\times 10^{-6}} = 1.45\times 10^3\,\Omega$

(b) $X_\text{C} = \dfrac{V_0}{I_0} = \dfrac{V_\text{rms}}{I_\text{rms}}$ より，

$$I_\text{rms} = \frac{V_\text{rms}}{X_\text{C}} = \frac{6.0}{1.45\times 10^3} = 4.1\times 10^{-3}$$

(c) $I_0 = \sqrt{2}\,I_\text{rms} = 5.9\times 10^{-3}\,\text{A}$

練習問題 20・4

1. コンデンサーの容量を測定する実験を行った．交流の周波数を $2000\,\text{Hz}$ に固定し，コンデンサーの端子間電圧を変えて流れる電流を測った．次の表はその結果である．

rms 電圧/V	0.0	2.0	4.0	6.0	8.0	10.0
rms 電流/mA	0.0	12.1	24.0	35.5	48.5	60.0

(a) rms 電圧を rms 電流に対してプロットしてグラフを描け．
(b) グラフからコンデンサーのリアクタンスを計算せよ．
(c) コンデンサーの容量を計算せよ．

2. 図 20・21 のように，コンデンサーと交流電流計と周波数可変の信号発生器を直列に接続した．コンデンサーの端子間にオシロスコープをつないで観測した波形を図 20・22 に示す．

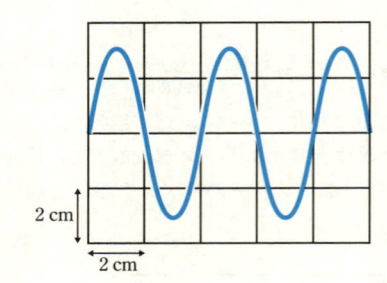

図 20・22

(a) オシロスコープの縦軸の感度は $2.0\,\text{V}\,\text{cm}^{-1}$ であった．(i) コンデンサーに加わる電圧のピーク値と (ii) rms 値を求めよ．
(b) オシロスコープの掃引時間は $0.5\,\text{ms}\,\text{cm}^{-1}$ であった．交流の (i) 周期と (ii) 周波数を求めよ．
(c) 電流計で読み取った rms 電流は $0.48\,\text{mA}$ であった．コンデンサーの (i) リアクタンスと (ii) 電気容量を計算せよ．

20・5 交流回路のコイル

図20・23のように，抵抗を無視できるコイル1個を交流電源につなぐ．コイルを流れる電流が交流的に変化すると，それにより磁場も変動してコイルに誘導起電力が生じる．誘導起電力は，電源からコイルに加わる電圧を邪魔するように生じる．

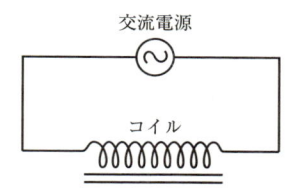

図20・23 交流回路の誘導性コイル

電源の周波数を増やすと，電流の変化が速くなり誘導起電力が大きくなるので，同じ電流を流そうとすると電圧を上げる必要がある．したがって，供給する電圧を固定すると，周波数を上げると電流が減少する．逆に，周波数を下げると電流は増大する．

数学的に表すと，コイルの自己インダクタンスがL，電流が$I = I_0 \sin(2\pi ft)$のとき，誘導起電力V_{emf}は，

$$V_{\text{emf}} = L\frac{dI}{dt} = L\frac{d}{dt}[I_0 \sin(2\pi ft)]$$

p.213で説明したように，

$$\frac{d}{dt}[\sin(2\pi ft)] = 2\pi f \cos(2\pi ft)$$

であるから，

$$V_{\text{emf}} = 2\pi fLI_0 \cos(2\pi ft)$$

となる．誘導起電力はコイルに加わる電圧に逆らって生じるので，回路に電流を流し続けるには，コイルに加える電圧がこの誘導起電力と同じ大きさになる必要がある．したがって，

$$V = 2\pi fLI_0 \cos(2\pi ft)$$

1. $\cos(2\pi ft)$のピーク値が1だから，コイルに加える電圧のピーク値は$V_0 = 2\pi fLI_0$．
2. 図20・24に示すように，この電圧は電流より1/4サイクル（＝90°）先に進んでいる．図20・24には，交流回路のコイルの電流と電圧のフェーザーも示した．

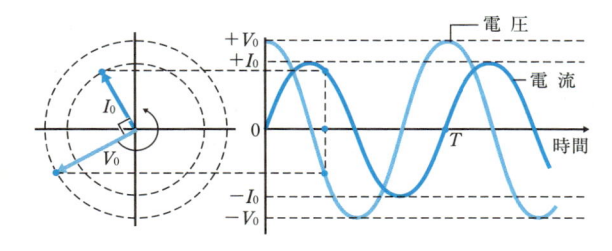

図20・24 交流回路のコイルの電流と電圧波形

3. 自己インダクタンスLのコイルの**リアクタンス**X_Lは$X_L = 2\pi fL$と定義される．$V_0 = 2\pi fLI_0$より，

$$2\pi fL = \frac{V_0}{I_0}$$

であるから，

$$X_L = \frac{V_0}{I_0} = 2\pi fL$$

となって，コイルのリアクタンスの単位も抵抗と同じオームである．周波数の増加に伴いコイルのリアクタンスが増加することに注意せよ．図20・25はリアクタンスと周波数の関係を示す．

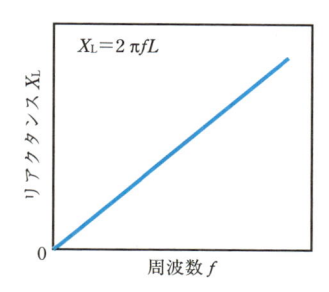

図20・25 コイルのリアクタンスと周波数

4. 図20・26は電力（＝電流×電圧）の時間的な変化を示す．1/4サイクル一つおきに，コイルを流れる電流と両端に加える電圧が同じ向きで$I \times V$が正となり，電源からコイルに電力が供給される．もう一つの1/4サイクルでは，電流と電圧が逆向きで$I \times V$が負となり，コイルから電源に電力が戻る．その結果，1サイクルでみるとコイルに電力は供給されない（図20・19参照）．

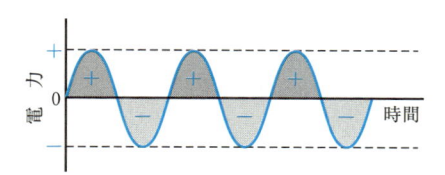

図20・26 コイルにおける電力の時間的な変化

例題 20・4

抵抗値を無視でき自己インダクタンスが28 mHのコイルを，周波数2000 Hzの交流電源につなぎ，rms電圧1.5 Vを加えた．(a) コイルのリアクタンスと (b) rms電流を計算せよ．

[解答]

(a) $X_L = 2\pi fL = 2\pi \times 2000 \times 28 \times 10^{-3} = 352\ \Omega$

(b) $X_L = \dfrac{V_0}{I_0} = \dfrac{V_{\text{rms}}}{I_{\text{rms}}}$ より，

$$I_{\text{rms}} = \frac{V_{\text{rms}}}{X_L} = \frac{1.5}{352} = 4.26 \times 10^{-3}\ \text{A}$$

練習問題 20・5

1. 抵抗値を無視できるコイルを，電流計と周波数 1500 Hz で出力電圧の rms 値が 12.0 V の交流電源とに直列に接続した．回路を流れる電流の rms 値は 110 mA であった．
   (a) このコイルの (i) リアクタンスと (ii) 自己インダクタンスを計算せよ．
   (b) rms 電圧を同じ値に保ち，周波数を 20 000 Hz にしたときの rms 電流を計算せよ．
2. (a) 抵抗値を無視でき自己インダクタンスが 45 mH のコイルを，交流電流計と周波数可変の信号発生器につなぎ，出力電圧の rms 値を 6.0 V とした．ある周波数のとき電流計の測定値が rms で 28 mA であった．(i) コイルのリアクタンスと (ii) 周波数を計算せよ．
   (b) このコイルをコンデンサーに置き換えて，同じ周波数で同じ電流を流すためのコンデンサーの容量と，出力電圧の rms 値を計算せよ．

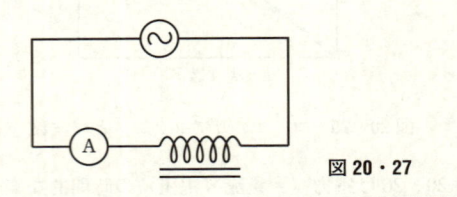

図 20・27

20・6 共振回路

コイルとコンデンサーは交流回路で逆の効果がある．

- コンデンサーのリアクタンスは周波数とともに減るが，コイルのリアクタンスは増える．
- コンデンサーを流れる電流は，電圧よりも 90° 進んでいるが，コイルでは 90° 遅れている．

LCR 直列回路

自己インダクタンス L のコイルと電気容量 C のコンデンサーを直列にして交流電源に接続する．抵抗や導線さらに電源の内部抵抗も含む回路全体の抵抗を R とする（図 20・28）．

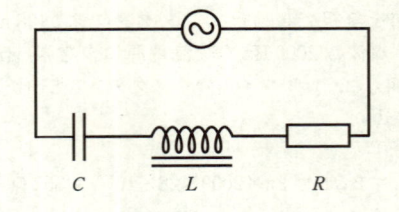

図 20・28　LCR 直列回路

この回路を流れる電流が式 $I = I_0 \sin(2\pi f t)$ で表されるとする．

1. 抵抗に加わる電圧のピーク値は $V_R = I_0 R$ で，この電圧と電流は同相である．
2. コンデンサーに加わる電圧のピーク値は，
$$V_C = I_0 X_C = I_0 \frac{1}{2\pi f C}$$
である．この電圧は電流から 1/4 サイクル遅れている．
3. コイルに加わる電圧のピーク値は $V_L = I_0 X_L = I_0 2\pi f L$ である．この電圧は電流よりも 1/4 サイクル進んでいる．

図 20・29 はこれらの電圧と電流 I_0 の関係を表すフェーザー・ダイアグラムである．コンデンサーとコイルでは電圧の位相が 180° 異なるので V_C と V_L は逆向きになり，両者を合成した電圧は V_C と V_L の差となる．電源から供給

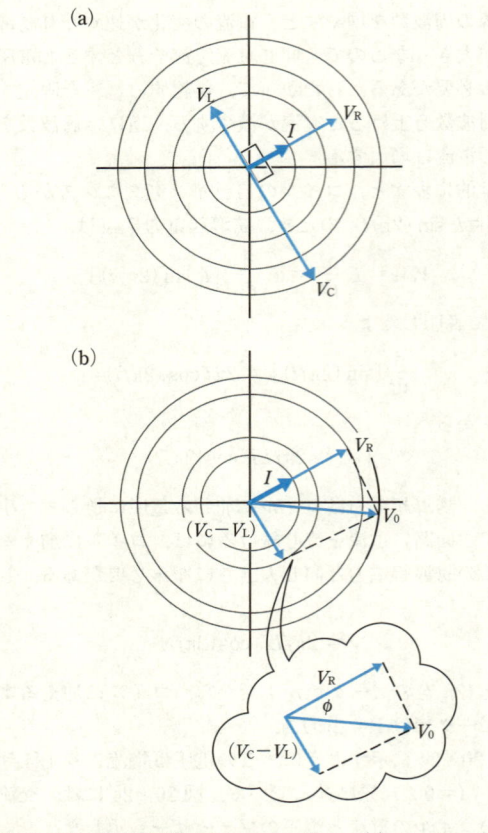

図 20・29　LCR 直列回路のフェーザー．(a) V_R, V_L, V_C のフェーザー，(b) 簡潔にしたフェーザー・ダイアグラム．

される電圧 V_0 は，互いに 90° 位相が異なる V_R と $(V_C - V_L)$ を合成して得られる．ピタゴラスの定理を使うと，
$$V_0^2 = V_R^2 + (V_C - V_L)^2$$
$V_R = I_0 R$, $V_C = I_0 X_C$, $V_L = I_0 X_L$ であるから，
$$V_0^2 = I_0^2 R^2 + (I_0 X_C - I_0 X_L)^2$$
となる．回路のインピーダンス Z を，

20. 交　流　　217

と定義すると，

$$Z^2 = \frac{V_0^2}{I_0^2} = \frac{I_0^2 R^2 + (I_0 X_C - I_0 X_L)^2}{I_0^2} = R^2 + (X_C - X_L)^2$$

したがって，

$$Z = [R^2 + (X_C - X_L)^2]^{\frac{1}{2}}$$

となる．また，電流のフェーザーと電源電圧のフェーザーのなす角 ϕ は，

$$\tan\phi = \frac{(V_C - V_L)}{V_R} = \frac{(X_C - X_L)}{R}$$

となる．回路のインピーダンスは，全回路が交流電源にどう反応するかの目安となる．図 20・30 は LCR 直列回路のインピーダンスが周波数によって変化する様子を示す．コイルの電圧とコンデンサーの電圧がちょうど同じ大きさになったとき，したがって $X_C = X_L$ となる周波数でインピーダンスが最小になる．回路はこの周波数で**共振**または**共鳴**しているという．この周波数 f_0 を**共鳴周波数**といい，次の式

$$2\pi f_0 L = \frac{1}{2\pi f_0 C}$$

で与えられる．これを変形すると LCR 直列回路の共鳴周波数を与える式

$$f_0 = \frac{1}{2\pi\sqrt{LC}}$$

を得る．

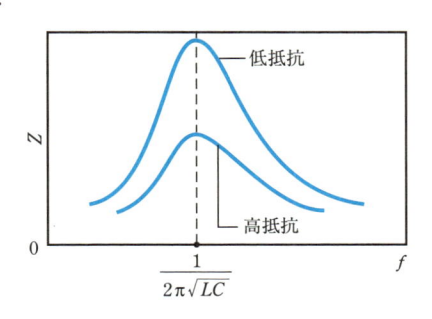

図 20・30 共振

メ モ
1. 共振のときは供給される電圧と抵抗に加わる電圧が等しく，電圧と電流が同相になる．
2. 共振から外れたとき，$V_C - V_L$ ならば電流が電圧から遅れ，$V_C > V_L$ ならば電圧より進む．
3. コンデンサーあるいはコイルが短絡したときの回路のインピーダンスは，上式で X_C あるいは X_L を 0 におくと得られる．回路にコンデンサーとコイルの両方がないと共振は起こらない．

例題 20・5

2.2 μF のコンデンサーとコイルと交流電流計を直列にして，周波数可変の信号発生器に接続した．信号発生器の電圧の rms 値を 5.0 V に固定して周波数を大きくしていくと，rms 電流値は 1550 Hz で最大となり 40 mA であった（図 20・31）．この周波数における（a）回路のインピーダンス，（b）コンデンサーのリアクタンス，（c）コイルの自己インダクタンスを計算せよ．

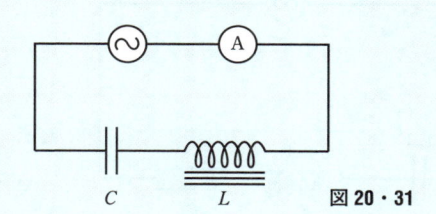

図 20・31

[解　答]

(a) $Z = \dfrac{V_0}{I_0} = \dfrac{V_{rms}}{I_{rms}} = \dfrac{5.0\text{ V}}{0.040\text{ A}} = 125\ \Omega$

(b) $X_C = \dfrac{1}{2\pi f C} = \dfrac{1}{2\pi \times 1550 \times 2.2 \times 10^{-6}} = 47\ \Omega$

(c) 共振なので $X_L = X_C$．よって，$2\pi f L = X_C$ となり，この式を変形して，

$$L = \frac{X_C}{2\pi f} = \frac{47}{2\pi \times 1550} = 4.8 \times 10^{-6}\text{ H}$$

LCR 直列回路の共振を調べる

1. コイルと電気容量が既知のコンデンサーおよびデジタル電流計を直列にし，周波数可変の交流電源に接続する．デジタル電圧計で回路に加える電圧の rms 値を測定し，周波数は電源の指示値を読み取る．周波数を変え，電流と電圧を測る（図 20・32）．

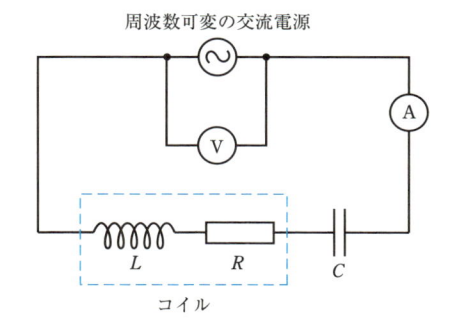

図 20・32 共鳴周波数の測定

2. 測定結果は，周波数ごとにインピーダンス Z をプロットしてグラフ化する．共鳴周波数を決定し，コイルの自己インダクタンスを計算する．

練習問題 20・6

1. 10 µF のコンデンサーと自己インダクタンス 0.48 H のコイルおよび 55 Ω の抵抗から成る LCR 直列回路を 50 Hz の交流電源に接続し，rms 電圧 6.0 V で駆動した（図 20・33）．

   (a) (i) コンデンサーのリアクタンス，(ii) コイルのリアクタンス，(iii) 回路のインピーダンス，(iv) 電流の rms 値を計算せよ．
   (b) (i) 抵抗，(ii) コイル，(iii) コンデンサーに加わる rms 電圧を計算せよ．
   (c) (i) この回路のフェーザーダイアグラムを描き，(ii) 電流と電源電圧のフェーザーのなす角を計算せよ．

2. 自己インダクタンス 0.15 mH のコイルと 0.47 µF のコンデンサー，および交流電流計と周波数可変の交流電源を直列に接続した．

   (a) (i) この回路の共鳴周波数と (ii) コンデンサーの共振したときのリアクタンスを計算せよ．
   (b) 電源の rms 電圧が 5.0 V で，共振したときの rms 電流が 350 mA であった．(i) 回路の抵抗と (ii) 共振したときコンデンサーに加わる電圧を計算し，(iii) 共振したときの回路のフェーザーダイアグラムを描け．

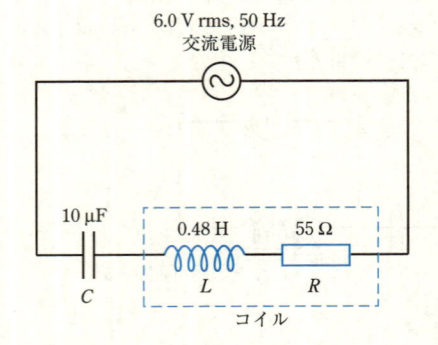

図 20・33

まとめ

■ 周波数（振動数）f

$$f = \frac{1}{T} \qquad T: 周期$$

■ 2 乗平均平方根（rms 値，実効値ともいう）

$$\text{rms 値} = \frac{\text{ピーク値}}{\sqrt{2}} \quad (\text{サイン波の交流の場合})$$

■ 電力 P

$$P = I_{\text{rms}} V_{\text{rms}} = \frac{1}{2} I_0 V_0$$

■ 共鳴（共振）
1. 電流と供給電圧が同相で $X_L = X_C$ のとき
2. 共鳴周波数（共鳴振動数）f_0

$$f_0 = \frac{1}{2\pi \sqrt{LC}}$$

■ 交流回路素子

回路の種類	V_0/I_0	位相	電力
抵抗のみ	R	0	$\frac{1}{2} I_0^2 R$
コンデンサーのみ	$X_C = \dfrac{1}{2\pi fc}$	I が V より 90° 進む	0
コイルのみ	$X_L = 2\pi fL$	I が V から 90° 遅れる	0
LCR 直列回路	$Z = [R^2 + (X_C - X_L)^2]^{\frac{1}{2}}$	$\tan\phi = \dfrac{(X_C - X_L)}{R}$	$\frac{1}{2} I_0^2 R$

章末問題

p.322 に本章の補充問題がある．

20・1 (a) ブリッジ整流回路が交流電圧を全波整流するか，図を使って記述せよ．
(b) 全波整流の電圧波形を大型コンデンサーで平滑化して直流にする方法を理由とともに述べよ．

20・2 (a) 交流回路中の 47 Ω の抵抗を流れる電流の rms 値が 0.75 A である．(i) 電流のピーク値，(ii) 抵抗に加わる電圧のピーク値，(iii) 抵抗に供給される電力のピーク値と (iv) 平均電力を計算せよ．
(b) 交流電源が周波数 200 Hz，ピーク電圧 12.0 V のサイン波を発生する．以下の場合について電圧のフェーザーを描け．(i) 電圧が負から正に変化して 0 となる瞬間，(ii) (i) の時点から 2.0 ms 後，(iii) (i) の時点から 6.0 ms 後．(ii) と (iii) は電圧の値も記すこと．

20・3 コンデンサーの電気容量を測定する実験で，交流電流計が直列にコンデンサーと電源に接続され，コンデンサーの両極をオシロスコープに接続した．図 20・34 に回路とオシロスコープのスクリーンを示す．

(a) オシロスコープの Y 入力感度は $2.0\,\mathrm{V\,cm^{-1}}$, 掃引時間は $5\,\mathrm{ms\,cm^{-1}}$ である. (i) 交流電流の周波数, (ii) コンデンサーに加わる電圧の rms 値を計算せよ.
(b) 交流電流計で測定した電流の rms 値は 2.8 mA であった. (i) コンデンサーのリアクタンスと (ii) 電気容量を計算せよ.

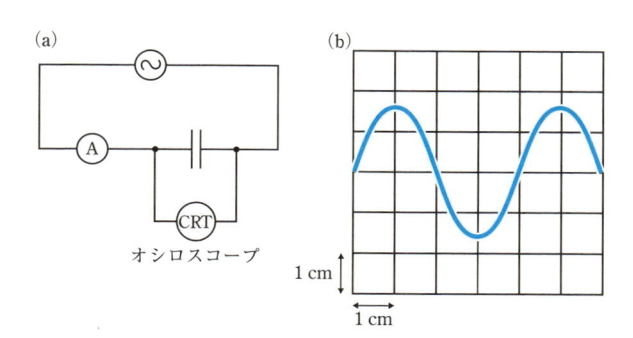

図 20・34 (a) 回路図, (b) 波形

20・4 (a) 抵抗が無視できるコイルと交流電流計を 50 Hz の交流電源に直列につないだ. 交流電源の出力電圧の rms 値を 6.0 V にしたとき, 交流電流計で観測した電流の rms 値は 0.35 A であった. (i) コイルの抵抗と (ii) 自己インダクタンスを計算せよ.
(b) コイルの代わりにコンデンサーをつなぐとき, 同じ周波数と電圧において電流計の読みも同じになった. コンデンサーの電気容量を計算せよ.
(c) 交流電源の出力電圧を同じにして周波数を 100 Hz に変えたとき, 上の (a) と (b) の場合の電流はどのように変わるか.

20・5 $2.2\,\mathrm{\mu F}$ のコンデンサーと, 抵抗を無視でき自己インダクタンス L が未知のコイルおよび未知の抵抗 R を, 交流電流計と周波数可変の信号発生器に直列に接続した. 電源電圧の rms 値を 6.0 V に保ちながら周波数を変えていくと, 交流電流計で測定した電流の rms 値が 65 mA で最大となった. このときの周波数は 750 Hz であった.
(a) 電流の rms 値が 750 Hz で最大となる理由を説明せよ.
(b) (i) この周波数におけるコンデンサーのリアクタンス, コイルの (ii) 自己インダクタンスおよび (iii) 抵抗値を計算せよ.
(c) この周波数において (i) 抵抗, (ii) コンデンサー, (iii) コイルに加わる電圧の rms 値を計算せよ.
(d) フェーザーを描き, この周波数で電流と電源電圧が同位相となる理由を説明せよ.

VI 原子物理と核物理

第 21 章　電子と光子
第 22 章　放　射　能
第 23 章　原子核のエネルギー

　第VI部では，原子内部の電子を含めて電子について詳しく学ぶが，これは光の性質に関連し，また元素を同定するのに光スペクトルが使えるかという話題に関連してくる．その後，X線管の動作原理について議論を展開してから，放射性物質の性質について学ぶ．さらに原子核からどのようにしてエネルギーを取出すかを考察する．最後に，物質の最も基本的な構造がどのようにして発見されてきたかをみる．ここまでに身につけた数学的なスキルを使って解く基本的な問題も含まれている．この第VI部を学習する前に，以下の各章を勉強しておくと役立つ．"第 4 章 電磁波"，"第 5 章 物質と分子"，"第 12 章 エネルギーと仕事率"，"第 17 章 電場"，"第 18 章 磁場"．

21

電子と光子

目次
21・1 電子ビーム
21・2 電子の電荷
21・3 光電効果
21・4 原子の内部にある電子
21・5 X 線
21・6 波動力学
まとめ
章末問題

学習内容
- 電子ビームの発生
- 加速電圧と電子の速さ
- 電子の比電荷 e/m
- 電子の電荷
- 光電効果
- 光子のエネルギー，$E=hf$
- 原子の励起とイオン化
- 輝線スペクトルとエネルギー準位図
- X線管の動作原理と強度分布
- 医療における X 線
- 波動と粒子の二重性
- 粒子の運動量と粒子のド・ブロイ波長
- 原子のエネルギー準位
- 電子を使った顕微鏡

21・1 電子ビーム

陰極線

　各元素の特徴を担う最小の粒子は原子である．物質が分割できない粒子から成るという説を最初に唱えたのは古代ギリシャの Democritus (デモクリトス) である．この考え方を科学的に展開したのは 19 世紀の John Dalton (ジョン ドルトン) を中心とする化学者たちで，原子が結合して分子になることに基づいて，元素から化合物がどのようにつくられるかを説明した．物質が分子からできているとすると固体，液体，気体の一般的な性質がうまく説明できる．ドルトンは原子が壊れないという考えをさらに進め，水素の原子が他のどの種類の原子よりも軽いことを示した．この原子説は，すでに知られていた多くの化学反応を説明するだけでなく，新たに多数の反応を正しく予測し，たいへんな成功を収めた．

　原子の中にさらに小さな粒子が含まれ，それが負の電荷をもつことが発見されたときの驚きを想像してほしい．この粒子は電気をもっているので**電子**とよばれる．電子は希薄な気体の電気伝導の研究で発見された．図 21・1 はこのような研究に用いられる放電管である．

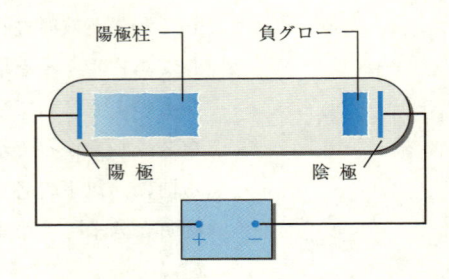

図 21・1 放 電 管

　二つの電極間に非常に高い電圧を加え，真空ポンプで管を排気する．圧力が十分に下がってくると，管に残っている気体が発光する．管内の電子が強い電場で加速され気体原子と衝突すると，原子は正電荷をもつイオンになり負電極の**陰極**（**カソード**）に引寄せられる．イオンの生成とともに電子の数個がねずみ算式に増加して，正電極の**陽極**（**アノード**）に引寄せられて移動する．管内の気体の発光は正のイオンと電子が再び結合するときに放出される光である．

　これらの研究が初めて行われたとき発光の理由は謎だった．発光する気体は，管のそばに磁石をもっていくとそれが形を変えることから，その中に電荷をもつ粒子の流れがあることがわかった．これはモーターの動作の説明で出てきたが，磁場中で電流が流れる電線に力が加わるのと同じ効果である．高い電圧を発生する装置やより性能のよい真空ポンプの発明により気体放電の研究が可能となった．放電管の陰極からは，気体をイオン化する**陰極線**という放射

21. 電子と光子

が出ていると考えられた．

陰極線とは何か，放電管内に生じる荷電粒子は何かをより深く理解するため，科学者たちは放電管の設計を新しくする際に封入する気体の種類も変えてみた．小さい孔を開けた電極を使うと，この電極に引寄せられた荷電粒子の一部が孔を通り抜けてビームになる．このビームは磁場で，あるいは対向する2枚の電極を正負に帯電させてできた電場で，曲げることができる（図21・2）．

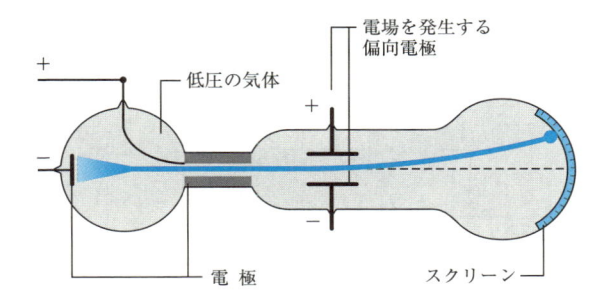

図21・2 電場により曲がる荷電粒子のビーム

放電管の終端は内側に蛍光物質を塗ってスクリーンにする．ビームがスクリーンに当たる場所が光の点として見える．こうして磁場や電場の影響を測定できて，以下の結果を得た．

1. 電場や磁場による陽イオンの曲がり方は気体の種類によって異なる．たとえば，塩素ガスから生じる陽イオンは酸素ガスから生じるものよりも曲げにくい．気体分子の質量が大きいほど偏向が小さいことがわかった．したがって，気体分子が放電管内で正電荷をもったのがこの陽イオンであると同定された．
2. 陰極線の偏向は放電管に封じた気体の種類によらない．陰極線の正体については論争があり，気体をイオン化するX線と同様に波とする人たちがいた一方で，間違いなく負の電荷をもつ粒子と考える人たちがいた．1897年，Joseph John Thomson（図21・3）は，陰極線が負電荷をもつ同種の粒子から成ることを決定的な形で証明し，論争に終止符を打った．以降，この粒子は**電子**とよばれることとなった．トムソンは，電場と磁場で陰極線を偏向する一連の詳細な実験を行い，電子の電荷の大きさすなわち素電荷（e）と質量（m）の比すなわち**比電荷** e/m が水素原子のイオンの比電荷の1800倍であることを発見した．水素原子のイオンの比電荷は，電気分解の実験から得た値 $9.6×10^7\,\text{C kg}^{-1}$ が知られていた（§13・2参照）．すなわち1kgの水素ガスを電気分解で発生するのに $9.6×10^7$ C の電荷が必要であることがわかっていたのである．トムソンの測定では陰極線の粒子の比電荷が $1.8×10^{11}\,\text{C kg}^{-1}$ であった．

電子の比電荷が水素イオンの値よりずっと大きいのは，電荷がずっと大きいためか，質量がずっと小さいためか，そのいずれかである．トムソンにはそれを決定する確たる証拠がなかったが，陰極線は負電荷をもつ粒子で原子を構成する物質であるとした．1915年に米国の Robert Millikan は電子の電荷を測定し，電子と水素イオンは符号の異なる同じ大きさの電荷をもつことを証明した．その結果として，電子が原子よりもずっと軽いことも証明された．

図21・3 Joseph John Thomson（1856-1940）

熱電子放出

液晶ディスプレイが一般的になる以前には，テレビやコンピューターのモニターは1～数本の電子ビームを使って描画するブラウン管を利用するものだった（図21・4）．このようなテレビでは，制御回路からの変動する電流を電

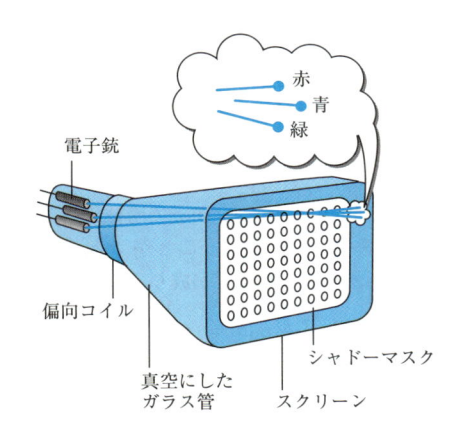

図21・4 カラーテレビに用いるブラウン管の内部

磁石に流し電子ビームを制御する．電子ビームがスクリーンに当たるとその点が光るので，ビームをスクリーン上で動かすことにより描画する．電子ビームの電子は**熱電子放出**という効果で供給される．これは1903年に Thomas Edison が発見したもので，彼は真空中で熱したフィラメ

ントから電子が飛び出して正に帯電した金属板に集められることを実証した．この発見を基にして電子銃が発明され，ブラウン管で使われる細い電子ビームがつくられるようになった．

図21・5は真空管内の電子銃の動作を示す．フィラメントに通電して光り輝く温度になると，フィラメント内部の伝導電子がそこから外に逃げ出すのに必要な運動エネルギーをもらう．この熱電子効果で真空中に出た電子は，フィラメントに対して正の電位の陽極に引寄せられる．陽極に到達する間に電子はさらに運動エネルギーを獲得する．電子は陽極に開いた小さな孔を通過し電子ビームとなる．気体分子があると効率的で安定な動作の妨げとなるので電子銃は真空管の中に収める必要がある．

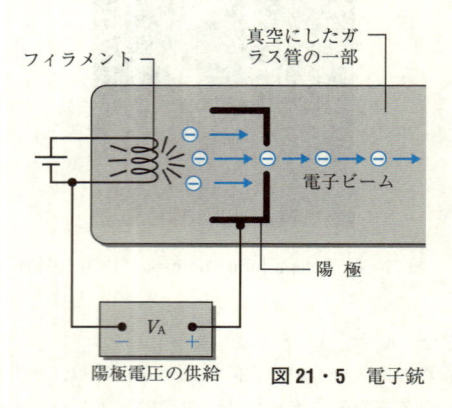

図21・5 電子銃

電位差の定義により，2点間を移動する荷電粒子にされる電気的な仕事は，電位差と電荷の積に等しい．したがって，フィラメントから陽極まで移動する間に1個の電子にされる仕事はeV_Aである．ただしV_Aは陽極とフィラメントの電位差（すなわち陽極電圧，アノード電圧ともいう）で，eは素電荷（電子の電荷は$-e$）である．どの電子も，フィラメントから外部に出たときにもっている運動エネルギーに比べて，電気的にされた仕事で増加した運動エネルギーの方がずっと大きい．したがって陽極に到着したときの運動エネルギーはeV_Aとすることができる．ビーム中の電子の速さをvとすると次式が成り立つ．

$$\frac{1}{2}mv^2 = eV_A$$

メモ

1. **1電子ボルト**（eV）は1個の電子が電位差1.0Vを移動するときに必要な仕事．$e=1.6\times10^{-19}$C だから，1電子ボルトは1.6×10^{-19}Jに等しい．
2. 粒子の運動エネルギーの式$\frac{1}{2}mv^2$は光の速さ（3×10^8 m s^{-1}）よりずっと遅いときにだけ成り立つ（p.260参照）．

電子の比電荷 e/m の測定

図21・6は，真空管内部にそれぞれ正と負に帯電した並行な2枚の電極を置き，それらの間に電子銃からの細い電子ビームを通したときの様子を示す．電極間におけるビームの経路は，電子ビームの通り道が載るように蛍光板を置いて可視化する．

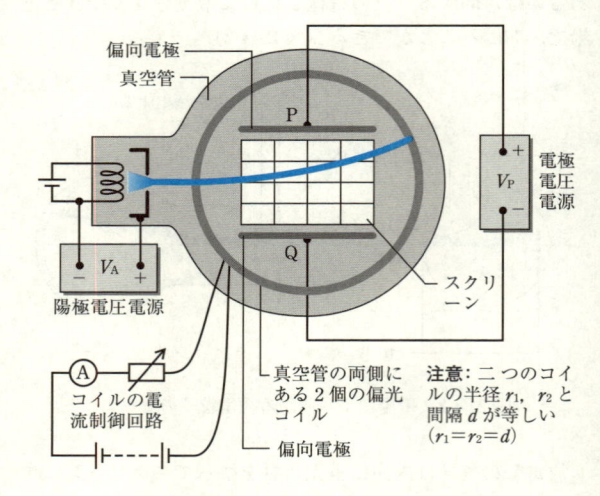

図21・6 e/m の測定

- 電極間の電位差V_Pを一定に保つと電子ビームは正電極側に引寄せられる．電極間の間隔をdとすると，電位差によって生じる力Fは，

$$F = \frac{eV_P}{d}$$

である．この式の証明は p.175 を参照．

例題 21・1

電子銃で 2500 V の電位差によって加速された電子の (i) 運動エネルギーと (ii) 速さを計算せよ．ただし電子の比電荷は $e/m=1.76\times10^{11}$ C kg^{-1}，電子の電荷は$-e=-1.6\times10^{-19}$ C とする．

[解答]
(i) 運動エネルギー $= eV_A = 1.6\times10^{-19}\times 2500$
$\qquad\qquad\qquad\quad = 4.0\times10^{-16}$ J

(ii) $\frac{1}{2}mv^2 = eV_A$ より，

$v^2 = \dfrac{2eV_A}{m} = 2\times 1.76\times 10^{11}\times 2500 = 8.8\times 10^{14}$ m^2 s^{-2}

$\therefore\ v = (8.8\times 10^{14})^{\frac{1}{2}} = 3.0\times 10^7$ m s^{-1}

- 蛍光板と直交する一様な磁場を加えると，磁場の向きによりビームは上あるいは下へ偏向する．同じ大きさの2個のコイルを対向させて同じ大きさの電流を流すと，中

央付近で一様な磁場をつくることができる．磁場の大きさ，したがって，磁場によるビームの偏向はコイルに流す電流によって変わる．電子の速さを v とし磁束密度の大きさを B とすると，磁場による力 F は，

$$F = Bev$$

である．この式の証明は p.188 参照．

> **メモ** 二つのコイルに流れる電流と磁束密度の関係は $B = 0.9 \times 10^{-6} NI/R$ により計算される．ただし N は各コイルの巻き数，R はコイルの半径，I はコイルに流す電流である．磁束密度の単位はテスラ（T）．

電場による偏向を磁場で打ち消すことができる．これを実現するには，まずビームを電場だけで偏向しておき，ビームが曲がらないで直進するようになるまで徐々にコイルの電流を増やす．電位差による力と磁場による力が逆向きで同じ大きさになったときにビームは直進する．こうして，磁束密度が，

$$Bev = \frac{eV_P}{d}$$

を満たすときビームは偏向しないことがわかる．このときの電子の速さは，

$$v = \frac{V_P}{Bd}$$

から計算できる．ここで電子銃による運動エネルギーの式 $\frac{1}{2}mv^2 = eV_A$ を用いると，電子の比電荷 e/m を計算することができる．

例題 21・2

電子の比電荷 e/m を測定する実験で，陽極電圧 3500 V の電子銃により電子を加速した．間隔 50 mm の偏向電極の電位差を 2800 V とした．この偏向を打ち消す均一な磁場の磁束密度が 1.6 mT であった．(a) ビーム中の電子の速さと，(b) 電子の比電荷を計算せよ．

[解答]

(a) $v = \dfrac{V_P}{Bd} = \dfrac{2800}{1.6 \times 10^{-3} \times 50 \times 10^{-3}} = 3.5 \times 10^7 \text{ m s}^{-1}$

(b) $\frac{1}{2}mv^2 = eV_A$ を変形して，

$e/m = \dfrac{v^2}{2V_A} = \dfrac{(3.5 \times 10^7)^2}{2 \times 3500} = 1.8 \times 10^{11} \text{ C kg}^{-1}$

練習問題 21・1

電子の比電荷を $e/m = 1.76 \times 10^{11} \text{ C kg}^{-1}$ とする．

1. 真空中で静止状態にあった電子が，次の電位差で加速されたときの速さを計算せよ．

   (a) 100 V　　(b) 4000 V

2. 陽極電圧 3200 V で動作する電子銃から出た電子ビームが図 21・5 の平行板電極の間を通過する．電極間の距離は 40 mm，電位差は 4200 V である．このときの偏向は電場と直交する一様な磁場を加えることで打ち消される．(a) ビーム中の電子の速さと，(b) 磁束密度の大きさを計算せよ．

21・2　電子の電荷

電線中の電流は電子の電荷の流れであり，電子は起電力により電線に沿った方向の力を受けて移動している．電線に 1 A の電流が流れているとき，その断面を毎秒 625 万個の 100 万倍の 100 万倍の電子が通過する．ミリカン（図

図 21・7　Robert Andrews Millikan（1868-1935）

21・7）は小さな油滴の電荷を測定することで 1 個の電子の電荷が -1.6×10^{-19} C であることを発見した．さらに彼は，電荷には最小単位がありそれが電子の電荷となっていること，帯電した物体の電荷は，いかなる場合も常に電子の電荷の整数倍であると推定した．この §21・2 では，電子の電荷を決めるためにミリカンが約 80 年前に用いた方法を説明する．すべての物質がいくつかのクォークが結合したもの（p.261 参照）および電子から構成されるという知識に至る第一歩として，この測定の結果は重大かつ重要なものであった．

油滴のつり合いを実現する

図 21・8 のように，ミリカンは 2 枚の平行な金属板を水平に置き，その中に油滴を噴霧し光のビームを当てて観察した．2 枚の金属板に電位差を与えたとき，多くの油滴が電場により影響を受けることを発見した．電場がないとき油滴は重力と空気の抵抗により一定速度でゆっくり落下をするが，電場をかけると落下をやめて上昇に転ずる油滴

があった．

電極の電位差を調整することで，ミリカンは電場中の注目する油滴を静止させることができた．この現象が起こるのは，その油滴の電荷が上側の電極と異符号で，電気的な力が油滴の重さと同じ大きさかつ逆向きのときである．

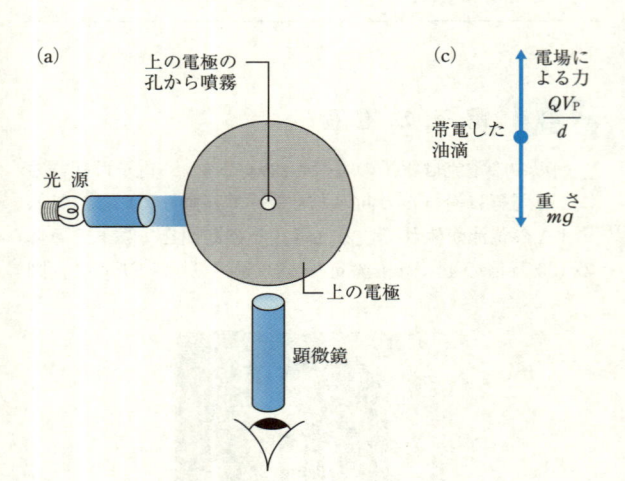

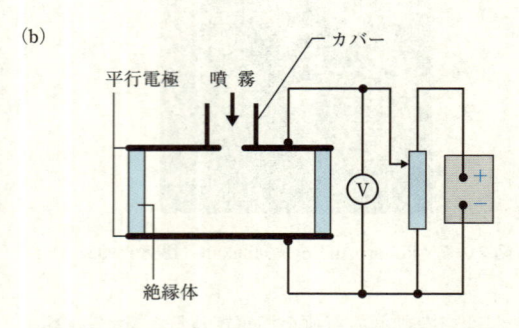

図 21・8 電場により油滴を定常状態に保つ．(a) 上から見た図，(b) 断面図，(c) 平衡状態の油滴．

p.175 で説明したように油滴に加わる静電的な力は QV_P/d である．ここで d は電極間の距離，Q は油滴の電荷である．

したがって，m を油滴の質量とすると，$QV_P/d = mg$ となる．

もし油滴の質量 m がわかれば，その電荷も

$$Q = \frac{mgd}{V_P}$$

から計算できる．ミリカンは，油滴の電荷が常に -1.6×10^{-19} C の整数倍となる，すなわち電荷の最小単位が 1.6×10^{-19} C であることを発見した．彼は電子の電荷が約 -1.6×10^{-19} C であり，物体の電荷はこの値でとびとびに変わると結論した．帯電した物体は，何個かの電子を失うか受け取るのだから，その電荷は電子の電荷 e の整数倍となる．

例題 21・3

5.0 mm の間隔の平行板電極に 950 V の電位差を与えたとき，電極間にある質量 6.2×10^{-15} kg の油滴が静止した．この油滴の (a) 重さと (b) 電荷を計算せよ．

[解答]
(a) 重さ $= mg = 6.2\times10^{-15}\times9.8 = 6.1\times10^{-14}$ N

(b) $\dfrac{QV_P}{d} = mg$ を変形して，

$$Q = \frac{mgd}{V_P} = \frac{6.1\times10^{-14}\times5.0\times10^{-3}}{950} = 3.2\times10^{-19} \text{ C}$$

油滴の質量の測定

電極間の電位差を 0 にすると，空気の粘性抵抗でどの油滴もそれぞれが一定の速さで落下するようになる．電位差が 0 になった直後は，油滴は重力により加速するが，その速さが増すにしたがい抵抗が増える．抵抗は重力と逆向き

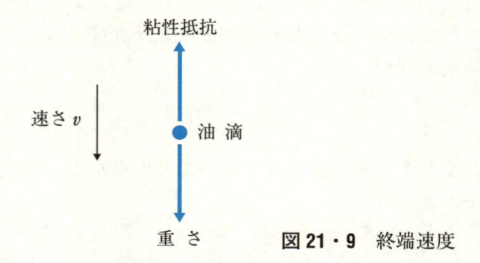

図 21・9 終端速度

なので，その大きさが重力と同じになると油滴に加わる力は合計で 0 となり，それ以上は速度を変えることなく運動を続ける．この速さを終端速度という（図 21・9）．速さはほとんど瞬時に終端速度まで増加するので，油滴の落下距離 s と時間 t を測定すれば終端速度 v が，

$$v = \frac{s}{t}$$

から求められる．

油滴の形を半径 r の球とすると，

1. 体積 $= \frac{4}{3}\pi r^3$ だから，油の密度を ρ とすると，油滴の質量 m は，

$$m = \frac{4}{3}\pi r^3 \rho$$

2. 空気の粘性率を η とするとストークスの法則により粘性抵抗 F は，

$$F = 6\pi\eta rv$$

終端速度 v では，油滴の重さ mg と粘性抵抗 F がつり合い $mg = F$ である．よって，空気の浮力は無視すると，

$$\frac{4}{3}\pi r^3 \rho g = 6\pi\eta rv$$

となる．この式を変形すると油滴の半径 r について，

$$r^2 = \frac{9\eta v}{2\rho g}$$

となり，これより油滴の質量 m を，

$$m = \frac{4}{3}\pi r^3 \rho$$

と計算できる．

帯電した油滴の電荷を決める手順

1. 電極間の電位差を調整し，静止した油滴を見つけ，そのときの電圧を測定する．
2. つぎに電圧を 0 にするとその油滴が動き出すので，落下の距離 s と所要時間 t を測る．
3. 油滴の終端速度を計算する．$\left(v = \dfrac{s}{t}\right)$
4. 油滴の半径を計算する．$\left(r^2 = \dfrac{9\eta v}{2\rho g}\right)$
5. 油滴の質量を計算する．$\left(m = \dfrac{4}{3}\pi r^3 \rho\right)$
6. 油滴の電荷を計算する．$\left(Q = \dfrac{mgd}{V_P}\right)$

例題 21・4

間隔 4.2 mm の 2 枚の平行電極の間にある 1 個の油滴に注目した．上側の電極電位が下側より 235 V 高いとき，この油滴が静止した．そこで電位差を 0 にすると，この油滴は一定の速さで落下した．1.0 mm の距離を落下するのに 11.3 秒だけ必要とした．油の密度を $\rho = 950 \text{ kg m}^{-3}$，空気の粘性率を $\eta = 1.8 \times 10^{-5} \text{ N s m}^{-2}$，重力加速度を $g = 9.8 \text{ m s}^{-2}$ とする．
(a) この油滴の (i) 終端速度，(ii) 半径，(iii) 質量，(iv) 電荷を計算せよ．
(b) (i) この油滴の電荷の符号は何か．(ii) 油滴の電荷は電子何個分か．

[解 答]

(a) (i) $v = \dfrac{s}{t} = \dfrac{1.0 \times 10^{-3}}{11.3} = 8.8 \times 10^{-5} \text{ m s}^{-1}$

(ii) $r^2 = \dfrac{9\eta v}{2\rho g} = \dfrac{9 \times 1.8 \times 10^{-5} \times 8.8 \times 10^{-5}}{2 \times 950 \times 9.8}$

$= 7.7 \times 10^{-13} \text{ m}^2$

∴ $r = 8.8 \times 10^{-7}$ m

(iii) $m = \dfrac{4}{3}\pi r^3 \rho = \dfrac{4}{3}\pi (8.8 \times 10^{-7})^3 \times 950$

$= 2.7 \times 10^{-15}$ kg

(iv) $Q = \dfrac{mgd}{V_P} = \dfrac{2.7 \times 10^{-15} \times 9.8 \times 4.2 \times 10^{-3}}{235}$

$= 4.7 \times 10^{-19}$ C

(b) (i) 負   (ii) $3 \left(= \dfrac{4.7 \times 10^{-19}}{1.6 \times 10^{-19}}\right)$

練習問題 21・2

($g = 9.8 \text{ m s}^{-2}$)

1. 2 枚の平行電極の間隔が 50 mm，その間に質量 3.8×10^{-15} kg の帯電した油滴がある．電極は上側が負，下側が正である（図 21・10）．油滴が静止するように電極間の電位差を調整したところ，595 V となった．
(a) この油滴の電荷は正か負か．
(b) この油滴の電荷を計算せよ．

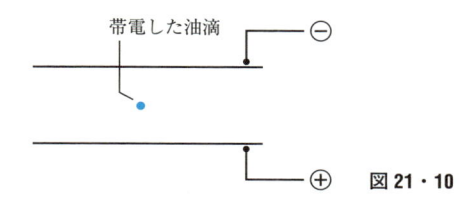

図 21・10

2. 油滴の質量と電荷を測定する実験で，次の値を得た．
- 油滴が静止するときの電極間の電位差 = 375 V
- 電極の間隔 = 40 mm
- 電圧 0 において油滴が 1.0 mm 落下するに要する時間 = 16.5 秒

（油の密度 $\rho = 960 \text{ kg m}^{-3}$，空気の粘性率 $\eta = 1.8 \times 10^{-5}$ N s m^{-2} とする．）
(a) この油滴の (i) 電場が 0 のときの終端速度，(ii) 半径，(iii) 質量，(iv) 電荷を計算せよ．
(b) 計算するのではなく (i) 電場が 0 のとき油滴が等速で落下する理由を説明せよ．(ii) 油滴が静止した後，電極にかける電圧を急に反転したときの油滴の運動はどのようになるか，また，それはなぜか．

21・3 光電効果

金属表面に紫外線が当たると電子が放出される．図 21・11 はこれを示す方法である．金属板を金箔検電器に

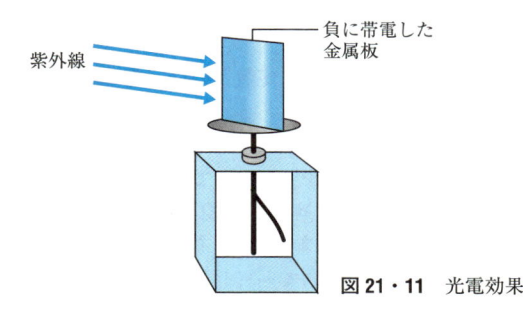

図 21・11 光電効果

取付け負に帯電させてから紫外線を当てると，検電器の箔が徐々に降りてくる．金属板と紫外線源の間にガラス板を挿入すると，ガラスは紫外線を通さないので箔は降りるのを止める．ガラス板を取除くと箔はまた降りはじめる．箔

が降りるのは，紫外線が当たっている金属板から電子が放出され帯電した電荷が減るからである．

この効果は**光電子放出**とよばれ，1世紀以上前に発見されたものである．その発見から，まったく新しい光の理論が導かれ，さらに物質とエネルギーの本性について思いきった見直しが行われた．鍵となったのは，金属表面からの光電子放出は入射光の振動数（光の電磁場の振動数，周波数ともいう）がある値を超えない限り起こらないという発見だった．この振動数は金属の種類により異なる．たとえば，図21・11の場合，非常に強い可視光を当てても光電子放出は起こらないが，紫外線なら非常に弱くても効果が現れる．19世紀の終わりに**光電効果**の詳細な研究が行われ，次の結果を得た．

1. 入射光の振動数が金属の種類で決まるしきい値を超えるときだけ光電子放出が起こる．
2. しきい値を超える振動数の入射光なら，強度を大きくすると金属板から放出される光電子の単位時間当たりの個数が増える．振動数がしきい値以下のときは，光の強度をいくら大きくしても光電子放出は起こらない．
3. 金属表面に光が当たると同時に電子が放出される．

これらの結果は光の波動論では説明できない．波動論では，どんな波であっても到達する波のエネルギーが表面付近にあるすべての伝導電子に渡される．したがって，入射光の振動数がどんな値であろうと，電子は金属板を飛び出すエネルギーをもらうことができるはずである．このように，振動数にしきい値があるという実験結果は光の波動論から説明することはできない．

光の光子説

電磁波が**光子**とよばれる波のかたまりで構成されるという理論を，Einstein は光電効果を説明するためさらに押し進めた．光子は電磁波の振動数 f に比例したエネルギー E をもち，

$$E = hf$$

である．ここで h はプランク定数といい，その値は約 6.63×10^{-34} J s である．

原子が吸収・放出する電磁波のエネルギーがとびとびの値となる，あるいは"量子"になっているという考え方を拡張し黒体放射の説明に適用した最初の人が Planck である（黒体については p.60 参照）．アインシュタインは，電磁波そのものが量子化されていて，電磁波はあたかも粒子のように放出・吸収されると考えた．

アインシュタインによると，光電効果が起こるのは，金属表面の1個の電子が金属から飛び出せるだけのエネルギーを1個の光子からもらうときに限られる．どの光子も金属表面に入射すると1個の電子に吸収されるので，光子（すなわち，表面から逃げ出した電子）は光子1個のエネルギー hf に等しいエネルギーを獲得する．電子はこのエネルギーの一部を金属から脱出するのに使う必要があるので，脱出した後の運動エネルギーの最大値は $hf - \phi$ となる．ここで金属の**仕事関数** ϕ は電子を金属から完全に引き離すのに必要なエネルギーである．

$$放出された電子の運動エネルギーの最大値 = hf - \phi$$

である．アインシュタインの理論によると，光子のエネルギー hf が金属の仕事関数 ϕ より大きい，すなわち，

$$hf > \phi$$

のときにだけ光電効果が起こる．

光電効果が起こる入射光の最小振動数 f_0 は，$hf_0 = \phi$ という条件から，

$$f_0 = \frac{\phi}{h}$$

となる．光電子を集めるための電極を置いても，この電極に対し電子を放出する金属板が十分に高い正電圧だと，光電子は集まらない．金属板が正の電位 V になると，光電子が電極に到達するには余計な仕事 eV をしなければならない．したがって，

$$eV_\mathrm{S} = hf - \phi$$

となる**阻止電圧** V_S のとき，光電子による電流は流れない．

光電管を用いて光電子を調べる

光電管は，真空管の中に表面を清浄にした金属板を設けて光電陰極とし，入射光により光電子を放出させる．この金属板の近くに少し小さな金属を置き陽極として光電子を集める．

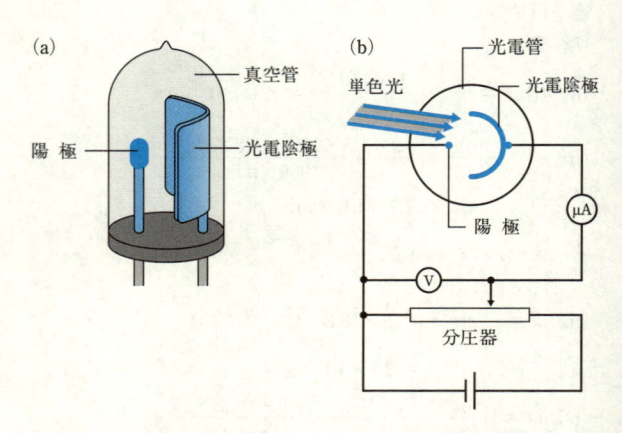

図 21・12 光電管の使用．(a) 構造，(b) 阻止電圧の測定．

図21・12は光電子の電流を検出する微小電流計と光電管を直列につないだ回路である．阻止電圧の測定では，光

電陰極には陽極からみて正の電圧を加える．電圧は分圧器を介して電圧計で読み取る．既知の振動数の光を光電陰極に当て，光電流が 0 になるまで分圧器を調整して光電陰極に加える正電圧を上げる．このときの電圧計の読みが阻止電圧である．入射光の振動数を変えてこの実験を繰返す．光の波長 λ がわかれば，光の速さを c として振動数 f が $f\lambda=c$ から決まる．

図 21・13 のように，一連の実験結果は横軸に光の振動数，縦軸に阻止電圧 V_S をとってプロットできるだろう．グラフは x 軸を正の値で横切る直線となる．

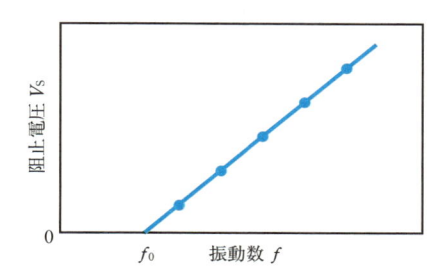

図 21・13 阻止電圧と振動数

アインシュタインの光電効果の説明から，

$$eV_S = hf - \phi \quad \therefore \quad V_S = \frac{hf}{e} - \frac{\phi}{e}$$

である．直線の式 $y=mx+a$ と比較すると，

1. 直線の傾きは，$m = \dfrac{h}{e}$

2. y 切片は，$a = -\dfrac{\phi}{e}$

3. x 切片（$V_S=0$ のとき）はしきい値の振動数であり，

$$f_0 = \frac{\phi}{e}$$

となる．この実験結果からアインシュタインの理論が確認され，プランク定数 h と光電陰極の仕事関数 ϕ を測定することができる．

> **メモ** 電磁波のスペクトルの各部分に対応する概略の波長は p.27 参照．可視光の波長範囲は約 400 nm（紫）から 700 nm（深紅）である．

例題 21・5

光電管の光電陰極に波長 430 nm の光を当て，微小電流計で光電流を測ったところ，陽極に対して光電陰極の電位を 1.0 V にしたとき電流が 0 となった．(a) 波長 430 nm の光子のエネルギー，(b) この光電陰極の仕事関数，および (c) 光電陰極の電圧が 0 で光電流が流れる最大波長を計算せよ．

($h=6.6\times10^{-34}$ J s, $e=1.6\times10^{-19}$ C, $c=3.0\times10^8$ m s^{-1})

[解答]

(a) $E = hf = \dfrac{hc}{\lambda} = \dfrac{6.6\times10^{-34}\times3.0\times10^8}{430\times10^{-9}}$
$= 4.6\times10^{-19}$ J

(b) $eV_S = hf - \phi$ から，
$\phi = hf - eV_S = 4.6\times10^{-19} - 1.6\times10^{-19}\times1.0$
$= 3.0\times10^{-19}$ J

(c) しきい値の振動数 f_0 は，
$$f_0 = \frac{\phi}{h} = \frac{3.0\times10^{-19}}{6.6\times10^{-34}} = 4.5\times10^{14} \text{ Hz}$$

最大波長 λ_0 は，
$$\lambda_0 = \frac{c}{f_0} = 6.7\times10^{-7} \text{ m}$$

練習問題 21・3

($h=6.6\times10^{-34}$ J s, $e=1.6\times10^{-19}$ C, $c=3.0\times10^8$ m s^{-1})

1. (a) 波長が (i) 600 nm, (ii) 100 nm の光子のエネルギーを計算せよ．
  (b) ある物質の表面の仕事関数が 0.64 eV である．波長が (i) 600 nm, (ii) 100 nm の光を照射したときに放出される光電子の運動エネルギーの最大値を計算せよ．
2. ある物質表面に波長 550 nm の光を当てたところ光電子が放出された．この表面を陽極より 0.58 V だけ高い電位に保つと光電流が 0 となった．
  (a) (i) 波長 550 nm の光子のエネルギー，(ii) 電子が 0.58 V の電位差を移動するときに必要な仕事，(iii) この物質の仕事関数を計算せよ．
  (b) 電位差 0 で光電流が流れるための最大波長を計算せよ．

21・4 原子の内部にある電子

原子内の電子は殻構造をもち，各電子殻には一定のエネルギーの電子が定められた個数だけ収容されることは，すでに p.50, p.51 で説明した．電子が原子から離脱するには，原子核の正電荷による引力を振り切るだけのエネルギーをもらう必要がある．電気的に中性の原子から電子が 1 個離脱すると，原子は正に帯電したイオンになる．

イオン化とはイオンを生成するプロセスのことで，十分に高いエネルギーをもつ光子が照射されたときや粒子放射線（高いエネルギーをもった電子や原子核など）が物質を通過するときに起こる．放射能をもつ粒子が空気中を通過すると 1 個で何百万個もの原子・分子をイオンにする．気体のイオン化として，より制御されたやり方は電子ビームを気体に直接に当てる方法である．もしビーム中の電子が十分に高いエネルギーをもっていれば気体原子の内部の電子を叩き出す．

図21・14 は衝突によるイオン生成を示すための真空管である．加熱したフィラメントから熱電子放出により電子が放出される．陽極電圧を 0 から上げていくと微小電流計の読みが徐々に増える．電圧がある値になると，フィラメントから出てグリッドの網目を通過する電子には，気体原子をイオン化するのにちょうど必要なエネルギーをもつものが現れる．この電圧かそれ以上では，ビームの電子が原子内の電子を叩き出す．気体のイオン化によって荷電粒子が増え，導電性がよくなり，電流も増える．図21・15 は，陽極電圧が 12.1 V でイオン化が起きる不活性気体のキセノンを封入した管で行った実験の結果である．キセノンの**イオン化エネルギー**すなわちイオン化に必要な仕事は，12.1 eV である．

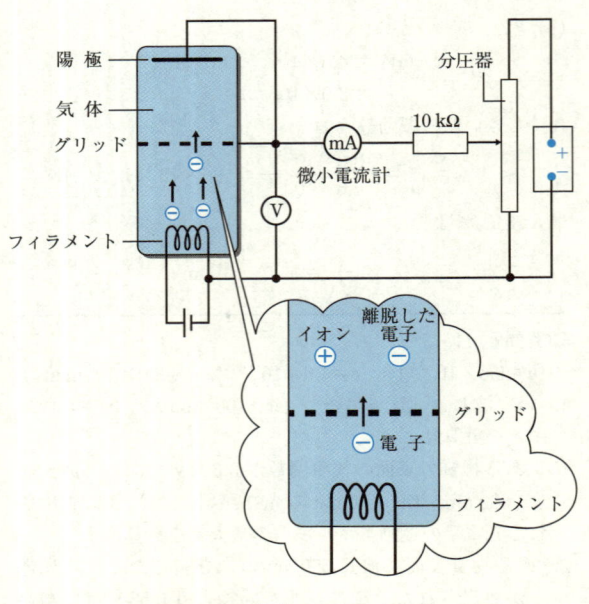

図21・14 衝突によるイオン化

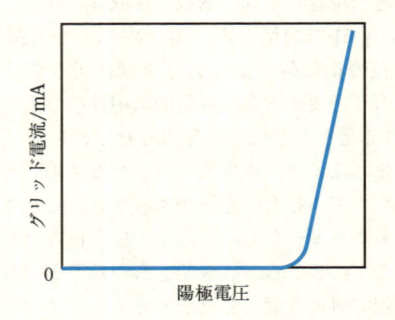

図21・15 キセノンを封入した管でのイオン化の結果

メ モ 1 eV $= 1.6 \times 10^{-19}$ J （p.224 参照）

イオン化ではない原子の**励起**も可能である．言い換えると，原子は自分の電子を失わずにエネルギーを吸収できる．図21・16 は，微小電流計を用いて陽極に到達する電子の単位時間当たりの個数を測定するために，図21・14 の真空管を含む回路を手直ししたものである．

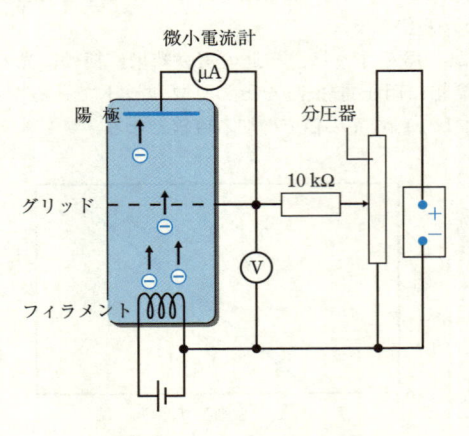

図21・16 衝突による励起

陽極電圧を 0 から上げていくと，フィラメントから出てグリッドを通過し陽極に入射する電子が増え，陽極電流が増加する．しかし，ある電圧になると図21・17 に示すように陽極電流が急激に減る．これは，フィラメントからくる電子の運動エネルギーがちょうど気体原子を励起する値になるからである．電子の運動エネルギーが大きすぎても小さすぎても励起はほとんど起こらない．励起が起きると原子はエネルギーを吸収する．これはイオン化エネルギーより低い特定の値で起こる．

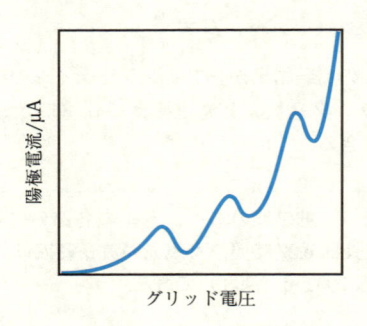

図21・17 励起の実験結果

これらの実験が 1914 年に初めて行われたとき，原子はその種類によって異なるエネルギーを吸収することが見いだされた．たとえば，水銀原子は 4.9 eV，7.6 eV，8.9 eV のエネルギーを吸収し 10.4 eV でイオン化する．このような測定を行うと，図21・18 に示すようなエネルギー準位の図を各原子について描くことができる．

1. 基底状態，すなわち原子内の電子がとりうる最低のエネルギー準位は，通常の原子の状態である．
2. イオン化エネルギーは，基底状態にある原子をイオン化するために必要な最小のエネルギーである．
3. 原子がエネルギーを吸収してある準位から上の準位に移るとき励起が起こる．
4. 励起状態にある原子は不安定で，遅れ早かれ基底状態に戻る．これが起こるとき原子は光子を放出してエネルギーを失う．光子が持ち去るエネルギーは原子が失うエネルギーと等しい．たとえば，4.9 eV の励起状態にある水銀原子が直接に基底状態に戻るとき，4.9 eV のエネルギーをもつ光子を放出する．

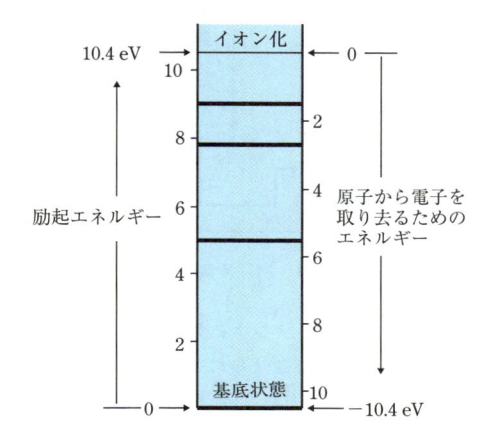

図 21・18 水銀原子のエネルギー準位

水銀原子を励起する実験が初めて行われたとき，原子から波長 250 nm の紫外線が放出されることが発見された．波長 250 nm の光子のエネルギーが 4.9 eV となることは自分で確認せよ．水銀原子がエネルギー準位の階段を他の組合わせで降りてくるときは異なるエネルギーの光子が放出され，これに対応して他の波長の光が観測される．各種の原子から放出される光子のエネルギーを観測することで，その原子のエネルギー準位の図を描くことができる．

電子殻とエネルギー準位

原子内部の電子は，原子核から引力を受けて原子を離脱することなく，原子核の周囲を運動する．それらの電子は特定のエネルギーをもつが，その値は電子が属する電子殻によって決まる．

- 原子がエネルギーを吸収するとき，電子はより高いエネルギー準位に遷移する．すなわち元の電子殻より高いエネルギーの殻に移る．これは，たとえば原子どうしの衝突，あるいは原子核や電子その他の粒子放射線との衝突などにより起こる．

- 原子がエネルギーを放出するとき，図 21・19 のように電子が低いエネルギーの電子殻に移るとともに光子が放出される．原子内の電子はエネルギーの決まった殻に入っているので，放出される光子についても光子のエネルギー E が，

$$E = hf = E_1 - E_2$$

と，特定の値だけに決まっている．ここで E_1 は電子の初期状態のエネルギー，E_2 は終状態のエネルギーである．

放電管あるいは金属蒸気ランプから放出される光は輝線スペクトルすなわち何色かのとびとびの線から成り，各線は決まった波長に対応する．ある元素の原子の輝線スペクトルはその元素に特有のパターンをもち，元素の同定に使える．輝線スペクトルの光の波長を測定する方法については p.36 を参照．

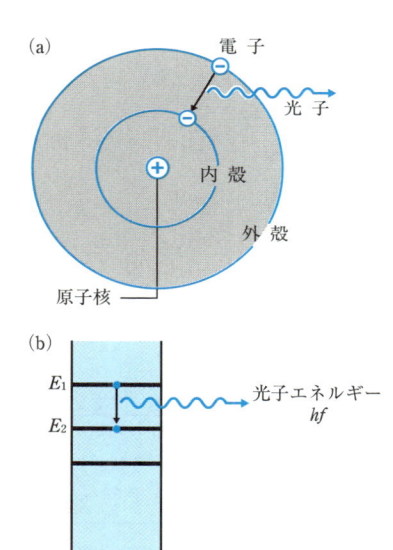

図 21・19 放出される光子のエネルギー．(a) 電子殻，(b) エネルギー準位．

原子模型

水素原子は 1 個の電子と 1 個の陽子から成り，最も単純である．水素原子のエネルギー準位は §21・6 で概観する波動力学により正しく計算される．さらに進んだ量子力学の理論はこの教科書の範囲を超えるが，これを使うと各電子殻の形も計算できる．主量子数 n の殻のイオン化状態から測った水素原子のエネルギーは，

$$E = -\frac{13.6}{n^2} \text{ eV}$$

により与えられる．

例題 21・6

ある原子のエネルギー準位を図 21・20 に示す.
(a) (i) 基底状態から測ったエネルギーが 7.2 eV の電子殻から 2.6 eV の殻へ電子が遷移するときに放出される光子のエネルギーと波長を計算せよ. (ii) この光子は電磁波のスペクトルのどこに入るか.
(b) 波長 476 nm の光子を放出するのは図のどの準位間の電子遷移か.

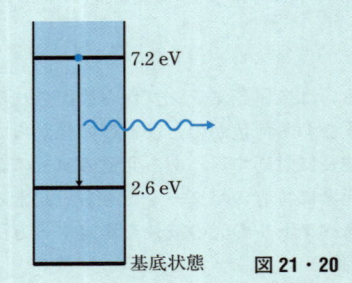

図 21・20

[解答]
(a) (i) 光子のエネルギー E は,
$$E = hf = E_1 - E_2 = 7.2 - 2.6$$
$$= 4.6 \text{ eV} = 7.4 \times 10^{-19} \text{ J}$$

$E = hf = \dfrac{hc}{\lambda}$ から,

$$\lambda = \frac{hc}{E} = \frac{6.6 \times 10^{-34} \times 3.0 \times 10^8}{7.4 \times 10^{-19}}$$
$$= 2.7 \times 10^{-7} \text{ m} = 270 \text{ nm}$$

(ii) 紫外光
(b) 光子のエネルギー E は,
$$E = hf = \frac{hc}{\lambda} = \frac{6.6 \times 10^{-34} \times 3.0 \times 10^8}{476 \times 10^{-9}}$$
$$= 4.2 \times 10^{-19} \text{ J} = 2.6 \text{ eV}$$

したがって, 2.6 eV の準位から基底状態への遷移.

練習問題 21・4

1. (a) 電子が 7.2 eV の電子殻から基底状態へ遷移するとき放出される光子のエネルギーと波長を計算せよ.
   (b) 水銀原子が 8.9 eV のエネルギー準位から (i) 7.6 eV または (ii) 4.9 eV の準位に遷移するときに放出される光子の波長を計算せよ.
2. (a) 水素原子のエネルギー準位の式
$$E = -\frac{13.6}{n^2} \text{ eV}$$
を用いて主量子数が $n = 2, 3, 4, 5$ の電子殻のエネルギーを, イオン化状態を基準にして eV 単位で計算せよ.
   (b) (i) 水素原子のエネルギー準位図を描け.
   (ii) 水素原子の電子が主量子数 $n = 5$ から $n = 4$ に遷移するとき放出される光の波長を求めよ.
   (iii) この光子は電磁波のスペクトルのどこに入るか.

21・5 X 線

X 線は骨を通過せず, 体組織は通過するので, 体内の骨の写真をとるのに使われる. X 線は波長が 1 nm 以下の電磁波であり光子である. X 線をつくり出すには, 高い運動エネルギーをもつ電子ビームを金属の標的に当てる. 電子の運動エネルギーが X 線光子のエネルギーに変換される.

図 21・21 に X 線管の構造を示す. フィラメントから熱

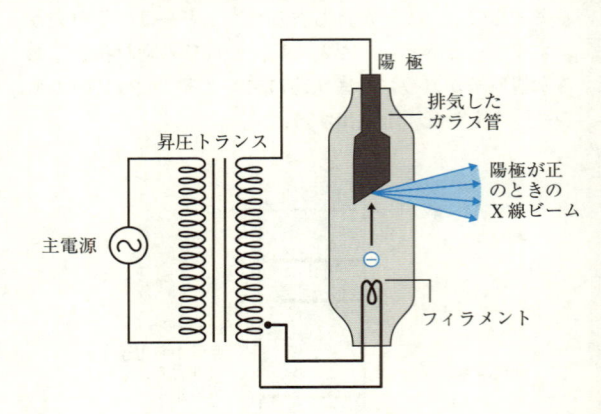

図 21・21 X 線管

電子が放出され, フィラメントに対して正の高電圧を与えた陽極の金属に直接に引寄せられる. 陽極表面に電子が当たった箇所から X 線が出る. ガラス管内は排気され, 陽極表面は電子ビームと 45° の角度にしてガラス管内の側面から X 線を取出しやすいようにする. 昇圧トランス (変圧器) により陽極とフィラメントの間には大きな交流電圧を加える. フィラメントに対し陽極が正電圧となる半サイクルの間, したがって交流の半サイクルが一つおきに, 電子は陽極に引きつけられる.

- X 線の**強度分布**を, 電磁波の振動数を横軸にとって表すと連続的に変化するので**連続X線**というが, 図 21・22 に示すように強度分布には上限がある. これは 1 個

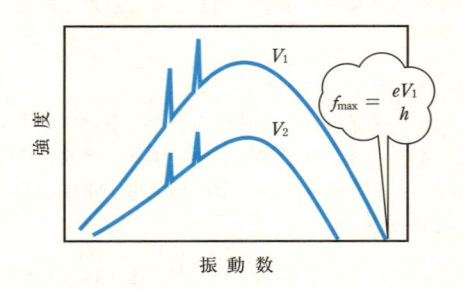

図 21・22 強度分布

$$f_{\max} = \frac{eV_1}{h}$$

の電子の運動エネルギーの一部を使って光子が 1 個つくられることに対応し, X 線の光子のエネルギーは電子

ビーム中の電子の運動エネルギーを超えることはないからである.

電子銃から出て陽極電圧 V_A で加速される電子ビームでは,各電子の運動でエネルギーが eV_A となる.したがって,陽極に衝突する電子ビーム内の電子がつくるX線連続スペクトルの最大振動数 f_{max} は,光子のエネルギー hf_{max} と1個の電子の運動エネルギー eV_A を用いて,

$$hf_{max} = eV_A$$

この式を変形して,

$$f_{max} = \frac{eV_A}{h}$$

となる.電子ビームが陽極に衝突して止まるときに放出されるX線は最大で f_{max} までの振動数の範囲に分布するので,波長としては最小値

$$\lambda_{min} = \frac{c}{f_{max}} = \frac{hc}{eV_A}$$

までの範囲で強度が連続的に分布する.図 21・22 は二つの異なる管電圧 V_A に対する強度分布を示す.電圧が高いほど上限の振動数が高く,X線の強度も大きくなる.

- **強度分布のスパイク**は,ターゲットの金属の特徴を反映し特定の波長で生じる.このスパイクは,ビーム中の電子が標的の原子の内殻電子をはじき出すために発生する.内殻電子は原子核に近いため非常に大きな負のエネルギーをもつ.これらの殻の中に占有されない準位ができると,外殻あるいは金属の伝導電子がそこに遷移する.このとき放出される光子はエネルギーが大きく,電磁波のスペクトルとしてはX線の領域となる(図 21・23).これらの遷移は標的の原子のエネルギー準位間で起こり,スパイクは原子の種類を反映し特徴的な波長となるので**特性X線**という.

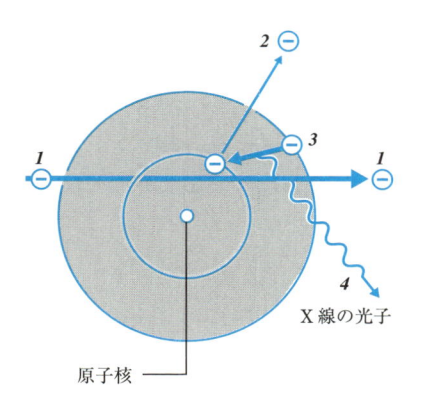

図 21・23 特性 X 線

1: 入射電子が原子内の電子をはじき出す
2: 電子殻内に空準位をつくり出す
3: 外殻電子が空準位を埋めて X 線の光子 4 を放出する

- X線管で消費されるパワーは電子ビームの電流と陽極電圧の積から計算できる.このパワーのごく一部だけがX線のビームエネルギーに変換される.たとえば陽極電圧 60 000 V,電子ビーム電流 15 mA のとき電気的パワー(=ビーム電流×陽極電圧)900 W となるが,このときのX線の出力の典型的な値としては 5 W 程度だろう.X線管に投入された残りのパワーは陽極の内部エネルギーとなり非常に熱くなる.このため,通常は陽極を融点が非常に高いタングステンなどでつくり,よく熱を伝える銅のブロックに取付ける.

例 題 21・7

陽極電圧 40 kV,ビーム電流 5 mA で動作するX線管がある.
(a) 発生するX線の最短波長を計算せよ.
(b) (i) 陽極に衝突する電子は1秒当たりどれだけか.
(ii) X線の発生効率を 0.3% とするとX線の出力はどれだけか.

[解 答]

(a) $\lambda_{min} = \dfrac{hc}{eV_A} = \dfrac{6.6 \times 10^{-34} \times 3.0 \times 10^8}{1.6 \times 10^{-19} \times 40\,000}$

$= 3.0 \times 10^{-11}$ m $= 0.03$ nm

(b) (i) ビーム電流 $I = 1$ 秒当たりの電子の個数 $n \times e$

$\therefore \; n = \dfrac{I}{e} = 3.1 \times 10^{16}$ 個 s^{-1}

(ii) X線管で消費される電力 $= IV_A = 5 \times 10^{-3} \times 4000$
$= 200$ W

X線出力 $= 0.3\% \times 200$ W $= 0.6$ W

医療における X 線

図 21・24 は腕の骨折のX線写真を撮るときのX線管を示す.X線は骨に吸収されるが肉には吸収されないので,写真乾板上に骨の影ができる.鮮明な写真を撮るにはターゲット上のX線発生源の面積はできるだけ小さくする必

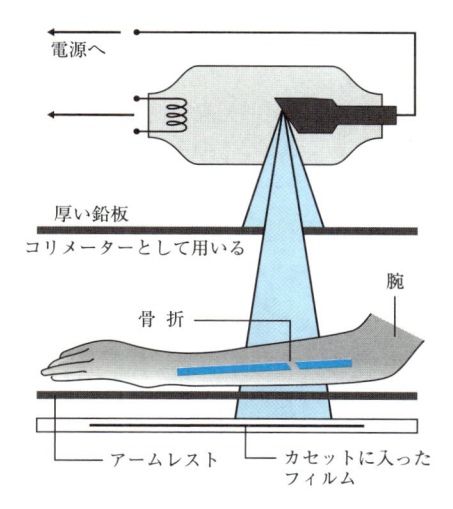

図 21・24 X 線写真撮影

要があるが，きつく絞り込みすぎると電子ビームが当たる場所の金属が融けてしまう可能性がある．X線は通過する物体中でイオン化を起こすので人体に害があるから，X線管を鉛板で遮蔽し付近の人が被曝しないように保護する．

以下に医療現場における X 線撮影関連の装置をあげる．

a. コリメーター　患者に X 線を照射する領域を制限するために使う．

b. 付加フィルター　アルミ板などを X 線管と患者の間すなわち X 線の通り道に挿入し，軟組織に吸収される長波長の X 線をカットする．

c. グリッド　患者と写真フィルムの間に置き，患者の身体によって散乱した後にフィルムに到達する X 線を除去する目的で使う．散乱せずにフィルムに到達する X 線のみ通すように金属のすだれを配置する．これを用いると像のコントラストが上がる（図 21・25）．

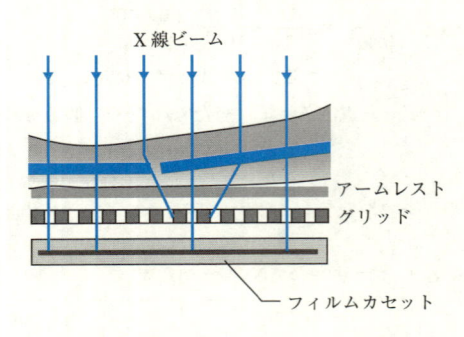

図 21・25　コントラストの向上

d. 造影剤　臓器や血管の X 線写真を撮るときに用いる．たとえば，胃の X 線写真を撮る前に，患者はバリウム剤を飲んで胃壁に塗りつける．バリウムを用いる理由は，これが X 線を吸収するのと，患者に害を及ぼさず排出されるからである．

e. フィルムバッジ　X 線管理区域のスタッフが必ずつけるものである（図 21・26）．遮光したケース内にフィルムを入れ，区分ごとに異なる何種類かの物質で覆ってある．フィルムを現像すると，体内でイオン化を起こす放射線について，どの種類でどれだけ被曝したかを知ることができる．体内でイオン化が起こると細胞が死んだり突然変異するので危険なため，放射線業務従事者に対しては法律により被曝線量の限度が法律で定められている．

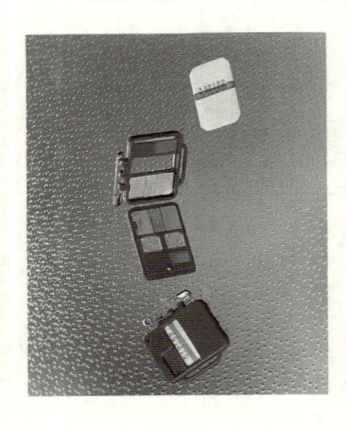

図 21・26　フィルムバッジ．写真の上部に見えるフィルムをケースに入れて遮光する．着用者の被曝量をモニターできる．

練習問題 21・5

1. 陽極電圧 25 kV，電流 30 mA で動作する X 線管の X 線発生効率が 0.2% である．(a) 発生する X 線の最大波長，X 線管の (b) 消費電力と (c) 発生する熱量を計算せよ．
2. 骨折した様子を X 線写真にとる方法を述べよ．特に，骨と周囲の組織の間に高いコントラストをつくるため何をするかを説明せよ．

21・6　波動力学

波と粒子の二重性

これまでに電磁波の放射が光子から成ることをみてきた．光子はひとかたまりになった電磁波である．1 個の光子が 1 個の原子（あるいは分子や金属）に当たると，その内部の電子を外に叩き出してイオンにしたり，より高いエネルギー準位への遷移をひき起こす．光がこのような粒子的効果を示すことと，回折のような波動的性質をもつこととは対照的である．光は（どの電磁放射も）波動的な性質と粒子的な性質を示すという二重性をもつ．一方，1923 年にフランスの物理学者 Louis de Broglie は，すべての物質粒子（たとえば陽子，中性子，電子）も**波動と粒子の二重性**をもつという考えを提案した．この仮説でド・ブロイは物質粒子の波長がその運動量によって変化し，

$$\text{波長} \times \text{運動量} = h \quad (h: \text{プランク定数})$$

であるとした．この波長を**ド・ブロイ波長**という．言い換えると，質量 m の粒子の速度が v で運動量が mv のとき，そのド・ブロイ波長は，

$$\lambda = \frac{h}{mv}$$

で与えられる．その数年後に，電子ビームが金属箔を通過すると回折が起こって特定の方向にだけ進むという発見があり，ド・ブロイ仮説の証拠となった．図 21・27 はその実験の概略である．

回折格子を通過する光のビームに起こる効果を §4・2 で説明したが，電子ビームでも同じ効果が起こる．金属箔の各結晶粒の内部では，原子が規則正しいパターンで配列し回折格子のようになっている．規則正しい間隔で並ぶ回折格子のスリットに光の波が入射したときと同様の効果

が，原子の規則正しい配列に電子の波が入射したときにも生じる．ある定まった方向だけに回折された波が進むのである．

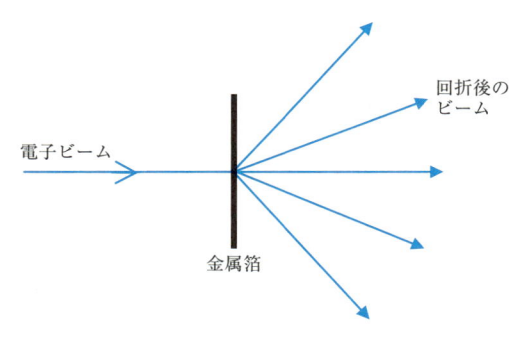

図 21・27 電子線回折

メ　モ
1. §21・1 の陰極線の実験と同様に，電子線回折の実験装置も真空容器に入れて電子ビームが空気の分子と衝突しないようにする．金属箔に当たる電子の速さは陽極電圧から計算できることも §21・1 で説明した．陽極電圧を上げると電子の速さが増し運動量が大きくなるので波長が短くなり，回折角が小さくなる．
2. 金属原子の配列の間隔は X 線回折の実験から測定できる．電子線回折の回折角を次数ごとに測り原子の配列の間隔を用いると電子のド・ブロイ波長が計算できる．この波長と，電子の質量と速度から得た運動量にド・ブロイの式を適用して得た波長とが一致する．

例題 21・8
プランク定数 $h=6.6\times10^{-34}$ J s とし，速さが $v=3.8\times10^{6}$ m s^{-1} の電子のド・ブロイ波長を計算せよ．電子の質量は $m=9.1\times10^{-31}$ kg とする．

[解　答]
$$\lambda=\frac{h}{mv}=\frac{6.6\times10^{-34}}{9.1\times10^{-31}\times3.8\times10^{6}}=1.9\times10^{-10}\ \text{m}$$

エネルギー準位

原子内部の電子は原子核との間の電気的な引力があるので原子から離れずにいる．実際，電子は原子核がつくる位置エネルギー（ポテンシャルエネルギー）の井戸に捕らわれ原子内に閉じ込められているので，その位置エネルギーは負である．負というのは，原子核から無限に遠ざかったときの位置エネルギーを 0 としたことによる．この状況下では，電子の波動的性質によりそのエネルギーは一定の値しかとれない．すなわち，そのエネルギーが量子化されるが，これは位置エネルギーの井戸に捕らわれ定常的な状態にある粒子についてどんな場合にも成り立つ．

最も単純な原子は水素原子であり，原子核（1 個の陽子だけから成る）の周りを 1 個の電子が回っている．電子が半径 r の円軌道を描いて原子核の周りを回るなら，そのド・ブロイ波長 λ は円軌道の円周（$=2\pi r$）に沿って定在波がたつ値となる（図 21・28）．波長 λ の波が長さ L の弦で定在波をつくる条件は，n を自然数として $L=n\lambda$ であることを §2・4 で学んだ．

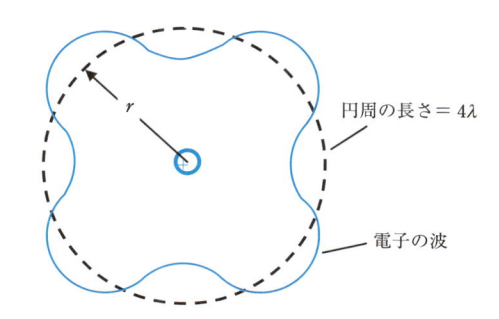

図 21・28 原子内の電子の定在波（$4\lambda=2\pi r$ の場合）

この条件を円軌道上の電子に適用すると $2\pi r=n\lambda$ であり，円周の長さが波長の整数倍になる．電子の運動量はド・ブロイ波長で決まるので，この軌道にいる電子の運動量，したがってエネルギーが一定の値をとることになる．

運動エネルギー（$=\frac{1}{2}mv^2$）と位置エネルギー（§17・4 参照）の式を用い，この考えを使って詳細に分析すると，

- 許される軌道の半径 r は，
$$r=r_0 n^2$$
- 許される電子のエネルギー準位は，
$$E=-E_0/n^2\ (\text{ただし}\ E_0=13.6\ \text{eV},\ n=1,2,3,\cdots)$$

となる．水素原子のスペクトルを測定して得られる光子のエネルギーは，上のエネルギー値をもつ準位間の遷移として計算したものと一致する（§21・4 参照）．

電子を用いた顕微鏡

電子を用いた顕微鏡として，透過型電子顕微鏡と走査型トンネル顕微鏡を取上げる．

透過型電子顕微鏡（TEM）では対象に電子ビームを当て透過したビームの拡大像を観察する．熱したフィラメントから出た電子を高電圧の陽極で加速し，非常に薄くした試料に照射する．試料の微細な構造を反映して透過ビーム内部に生じる濃淡を電子レンズにより拡大し観察する（図 21・29）．透過型電子顕微鏡の電子レンズにはコイルを用い，電子をコイルの磁場で偏向する．電子レンズをいくつ

か用い，試料を透過した電子ビームが蛍光スクリーン上に拡大されて結像する．これとは異なり，試料の回折像を観測する使い方もある．

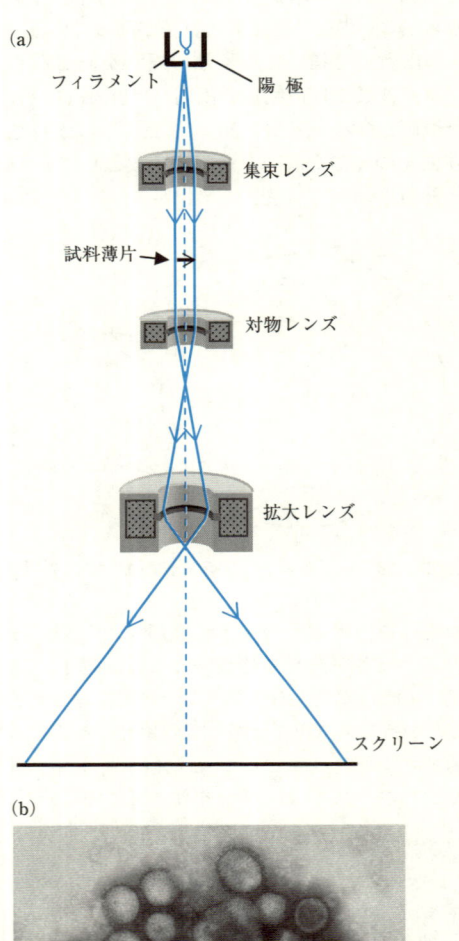

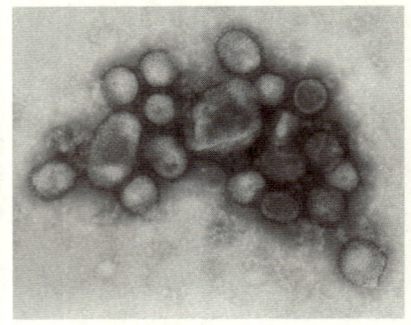

図21・29 透過型電子顕微鏡．(a) 構成，(b) 豚インフルエンザのウイルス粒子のTEM像．

陽極電圧を上げると電子の速さが大きくなり，(ド・ブロイの式に従って）電子のド・ブロイ波長が短くなる．その結果，電子が電子レンズの通過の際に生じる回折が小さくなり，より詳細な像を見ることができる．この現象は一般的なものであり，光学顕微鏡でも同様に，青い光を使うとより詳細な像を見ることができる．白色光の場合の平均波長にくらべて青い光の波長が短いので，レンズを通過するときの回折が少なく，像の詳細が鮮明に見える．

電子レンズの性能がおもな理由となって，従来は実際のところ 10^{-9} m（$=0.001$ μm）程度以下の物体はTEMで観察できず，個々の原子は小さすぎて直接見ることができなかったが，近年は最小観察サイズが 10^{-10} m 程度の超高分解能TEMも市販されるようになった．

走査型トンネル顕微鏡（STM）では，物体表面の原子の像を観察できる（図5・7，図21・31）．STMは**トンネル効果**という電子の波動性を利用する．これは，粒子としては超えられない位置エネルギーの障壁でも，波として透過してしまう現象である．たとえば，金属の仕事関数は，その金属から電子を離脱させない位置エネルギーの壁と考えてよい．しかし，電子には波動性があるため，金属表面に他の導電性の物体が接近し両者の隙間が十分に狭まると，電子の波がエネルギー障壁を透過して物体中に浸み出す．このため，わずかな確率ではあるが，薄い隙間を隔てて接した二つの導電性物体の間を電子が移動できるようになる．

図21・30は走査型トンネル顕微鏡の配置を示す．電子は，導電性の物体表面とその上にある金属の探針の隙間をトンネル効果により通り抜ける．

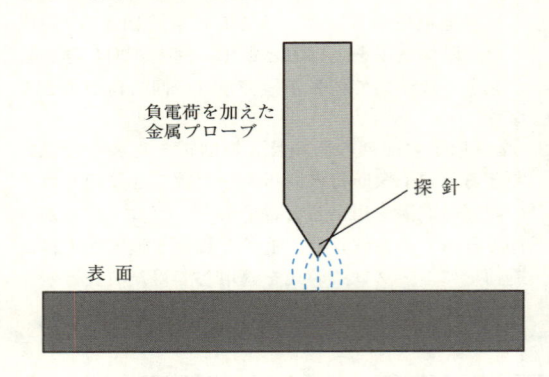

図21・30 走査型トンネル顕微鏡

隙間が広がると，電子がそこを通り抜ける確率が下がる．電流が流れるためには

- 隙間が十分に小さい（10^{-9} m 程度）
- 探針と物体の間に一定の電位差がある

ことが条件になる．電位差は，隙間を通して電流が一方向に流れるために必要である．

探針の高さを一定に保ったまま物体表面を繰返し走査すると，表面の原子構造による凹凸にしたがって隙間の大きさが増減し，その結果として隙間を通過する電流が変化する．走査に伴う電流変化を測定し，図21・31のようにコンピューターにより隙間の大きさを3D画像として表示する．隙間の大きさの変化に対して電流は非常に敏感に変わるので，物体表面にある個々の原子の画像を得ることができる．これとは異なり，電流が一定になるように探針の高

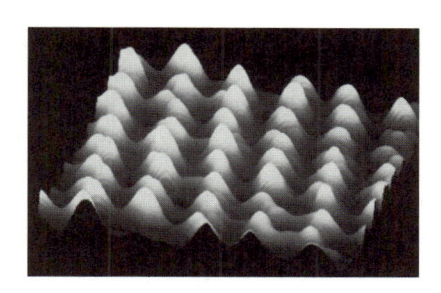

図 21・31 脂肪酸二重層の STM 像，擬似カラー表示．（出典：Philippe Plailly/Science Photo Library）

練習問題 21・6
($h=6.6\times10^{-34}$ J s, $e=1.6\times10^{-19}$ C, 電子の質量$=9.1\times10^{-31}$ kg, 陽子の質量$=1.7\times10^{-27}$ kg)

1. (a) 物質粒子が波動性をもつことを示す実験を一つあげよ．
   (b) 陽子のド・ブロイ波長が 1.5×10^{-9} m となるときの速さはどれだけか．
2. (a) 走査型トンネル顕微鏡の特徴として本質的なものは何か，また動作が電子の波動性によるのはなぜか．図を描き説明せよ．
   (b) 電子の速さが 9.2×10^{6} m s^{-1} のときのド・ブロイ波長を計算せよ．

まとめ

■ 電子銃から出る電子の速さ
$$\frac{1}{2}mv^2 = eV_A$$

■ 電子が電場・磁場の中で受ける力
1. 正と負に帯電した2枚の平行板電極の間で電子が受ける力の大きさ F
$$F = \frac{eV_P}{d}$$
2. 磁場 B と垂直な速度 v をもつ電子が受ける力の大きさ F
$$F = Bev$$

■ ミリカンの実験
1. 帯電した油滴が静止．
$$\frac{QV_P}{d} = mg$$
2. 油滴が半径 r，速さ v のときの粘性抵抗 F
$$F = 6\pi\eta rv$$
3. $Q = ne$ (n は整数)

■ 光子
1. 光子のエネルギーE $\quad E = hf = \dfrac{hc}{\lambda}$
2. 光電子の運動エネルギーの最大値 $= hf - \phi$
   (ϕ：仕事関数)
3. $eV_S = hf - \phi$ から阻止電圧 V_S が求められる．

■ エネルギー準位と輝線スペクトル $\quad hf = E_1 - E_2$

■ X 線の強度分布 $\quad f_{max} = \dfrac{eV_A}{h}$

■ ド・ブロイ波長 $\quad \lambda = \dfrac{h}{mv}$

章末問題

p.322 に本章の補充問題がある．
($h=6.6\times10^{-34}$ J s, $e=1.6\times10^{-19}$ C, $c=3.0\times10^{8}$ m s^{-1})

21・1 (a) 陽極電圧 4200 V の電子銃から出た電子ビームについて，電子の (i) 運動エネルギーを J を単位として表し，(ii) 速さを計算せよ．
(b) 間隔 50 mm の2枚の平行板電極から等距離にある直線に沿って，(a) の電子ビームが電極間に入射する．図 21・32 のように，上下の電極をそれぞれ正負に帯電させ，電極間の電位差を 5000 V とするとき，電子ビームが偏向した．
(i) 電子が電極間にあるとき受ける力を計算せよ．
(ii) 紙面に垂直な適切な大きさの磁場を加えると，電場による力を打ち消せる．このときの磁場の方向と磁束密度の大きさを求めよ．

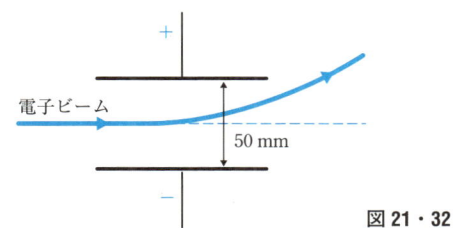

図 21・32

21・2 油滴の電荷を測定する実験で，間隔を 4.0 mm の2枚の平行板電極に 590 V の電位差を与えたところ静止した油滴があった．電位差を 0 にすると，この油滴は一定の速さで降下し，1.2 mm 移動するのに 14.6 秒かかった．
(a) (i) 上側の電極の電位が下側より高かった．油滴の電荷はどんな種類か．

(ii) 電位差を 0 にしたとき等速で降下するのはなぜか.
(b) (i) この油滴の終端速度, (ii) 半径, (iii) 質量, (iv) 電荷を計算せよ. 空気の粘性率を $\eta = 1.8 \times 10^{-5}\,\mathrm{N\,s\,m^{-2}}$, 油滴の密度を $960\,\mathrm{kg\,m^{-3}}$ とする.

21・3 (a) 波長が (i) 500 nm および (ii) 50 nm の光子の振動数とエネルギーを計算せよ.
(b) 光電効果の実験で, 光電管の光電陰極表面に波長 500 nm の光を当てた. 陽極に対して陰極を正電位として 0.36 V を加えると光電流が 0 となった. (i) 電子が 0.36 V の電位差を移動するのに必要な仕事を計算せよ. (ii) 光電陰極の仕事関数を eV で表せ. (iii) 光電陰極の電位を 0 としたとき, 電極表面で光電子放出を起こせる最大波長はどれだけか.

21・4 (a) 水素原子のエネルギー準位は,
$$E = -\frac{13.6}{n^2}\,\mathrm{eV}$$
により計算される.
(i) $n=4$ から $n=3$ へ, および (ii) $n=2$ から $n=1$ への遷移で放出される光子の波長を計算せよ.
(b) 図 21・33 は波長 565 nm および 430 nm の光子を放出する原子のエネルギー準位である. 各波長の光子のエネルギーを計算し, それらがどの準位間の遷移かを同定せよ.

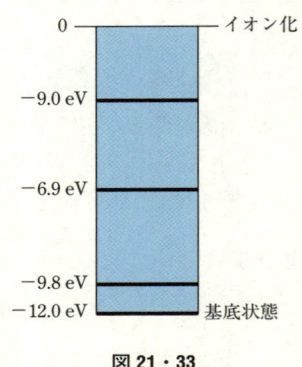

図 21・33

21・5 (a) (i) X 線管から出る X 線の強度の振動数依存性を表す曲線を, 二つの異なる管電圧について描け.
(ii) 特定の波長で強度が非常に強くなり, その波長が標的の金属の種類によって異なることの理由を説明せよ.
(b) 管電圧が (i) 25 kV および (ii) 100 kV のとき, 発生する X 線の最小波長を計算せよ.

21・6 透過型電子顕微鏡 (TEM) では, 電子の速さ v が光速よりずっと小さい場合に, 電子銃のフィラメントと陽極の電位差すなわち陽極電圧が V_A のとき, 電子の運動エネルギーが $\frac{1}{2}mv^2 = eV_A$ によって決まる. ただし e と m は素電荷と電子の質量であり, $m = 9.1 \times 10^{-31}\,\mathrm{kg}$ とする.
(a) この式とド・ブロイの式を用いて, 電子ビームの電子のド・ブロイ波長が,
$$\lambda = \frac{h}{\sqrt{2meV}}$$
であることを示せ.
(b) (i) 陽極電圧が 10 000 V のときのド・ブロイ波長を計算せよ.
(ii) 陽極電圧を上げると TEM 像の分解能が上がる (より詳細に見える) 理由を説明せよ.

22

放 射 能

目 次
22・1 原子の内部
22・2 放射性物質から出る放射線
22・3 α線,β線,γ線の飛程と透過力
22・4 放射壊変
22・5 放射壊変の数学
  まとめ
  章末問題

学習内容
- 電子,陽子,中性子と原子の構造
- 同位体
- 放射性物質と放射線
- 不安定な原子核と放射線の放出
- 環境放射線と放射線の吸収測定
- ガイガー・ミュラー管と霧箱
- α線のラザフォード散乱実験とラザフォードの原子模型
- 放射壊変と半減期
- 半減期の計算

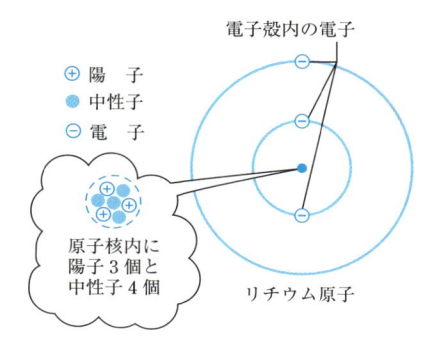

図22・1 原子の内部

集中するが,原子核の半径は原子の1000万分の1程度である.原子のほとんど全部の質量が原子核内にある.原子の構造に関して,その他の重要な点は以下のとおりである.

- 電子は,原子核の周囲を決まったエネルギーをもって運動し,その軌道はエネルギーごとに殻構造をつくる.
- 陽子は素電荷(電子の電荷と同じ大きさで正)をもち,質量は水素原子とほとんど同じ.
- 中性子は,電荷をもたず,質量は陽子とほとんど同じ.
- 一つの元素の原子は皆同じ個数の陽子をもつ.
- 同じ元素でも,原子の原子核に含まれる中性子の個数は一定ではない.

> ある元素の**同位体**とは,その元素の原子のうち中性子の個数も同じものから成る物質である.

たとえば,図22・2は水素の三つの同位体を示す.水素原子の原子核は陽子を1個含む.重水素原子は希少な水素

22・1 原子の内部

元素を特徴づける最小の粒子が原子である.19世紀末近くまで,原子はそれ以上分割できず壊すことができないと思われてきた.トムソンは,原子よりずっと軽い粒子である電子が原子に含まれることを陰極線の実験の中で示した.この章では,放射能がどのように発見されたかをみる.同時期に,ある種の原子が不安定であること,どの原子も原子核とそれを取囲む電子から構成され,原子核は陽子と中性子から成る,といった結論が得られていた(図22・1).放射能や放射性物質の性質を考える前に,原子の構造について復習しておこう.

どの原子も電子,陽子および中性子からつくられている.電子は負の電荷をもつ粒子で,その質量は水素原子の約1/2000である.原子の中の陽子と中性子は原子核の内部に

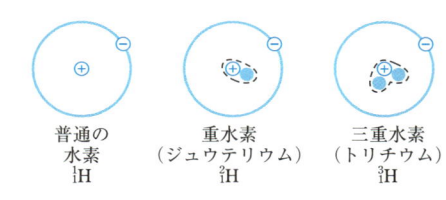

普通の水素 $^{1}_{1}H$ 重水素(ジュウテリウム) $^{2}_{1}H$ 三重水素(トリチウム) $^{3}_{1}H$

図22・2 水素の三つの同位体

の同位体で，この仲間のどの原子の原子核にも陽子と中性子が1個ずつある．三重水素は，水素の第三番目の同位体だが，重水素よりもさらに希少であり，その原子核は陽子1個と中性子2個を含む．

同位体を区別する数字と記号

> **陽子数** Z は，その元素の原子がもつ陽子の個数である．

陽子数は，周期表で元素を並べるときの順番なので，その元素の原子番号ともいう（p.50 参照）．

> **質量数** A は，原子核に含まれる陽子の個数と中性子の個数の和である．

中性子の質量は陽子とほとんど同じであり，電子は陽子や中性子よりずっと軽い．したがって原子1個と陽子1個の質量の比は，その原子の質量数 A とほぼ等しい．一番軽い元素である水素は，原子核に1個の陽子をもつから質量数が1である．

> **同位体**は ^A_ZX で表す．

ここで X は**元素記号**である．同位体は元素の名前の後ろにその質量数をつけて表すことがある．たとえば，ウラン235（U 235）はウランの同位体で質量数が235のものをさす．

- この同位体の ^A_ZX 原子の原子核には Z 個の陽子がある．
- この原子核には中性子が $(A-Z)$ 個ある．
- この原子が電気的に中性ならば，全部で Z 個の電子が原子核を取囲む何個かの電子殻に入っている．

> **統一原子質量単位**の 1 u は，炭素12 すなわち $^{12}_6C$ の原子1個の質量の $\frac{1}{12}$ である．

炭素12の原子核には合計12個の陽子と中性子があり，陽子と中性子は1個の質量がだいたい1 u となる．

> **アボガドロ定数** N_A は，12 g の炭素12に含まれる原子の個数と正確に等しい．

アボガドロ定数の値は概略で $6.02\times 10^{23}\ \text{mol}^{-1}$ となっている．

- 炭素12の原子1個の質量は $\frac{12}{N_A}$ グラムあるいは $\frac{0.012}{N_A}$ キログラムである．この値が定義により 1 u に等しいので，$1\ u = \frac{1}{N_A}$ グラム $= \frac{0.001}{N_A}$ キログラム $= 1.67\times 10^{-27}$ kg
- 質量数 A の原子の質量の概略値は統一原子質量単位で A となる．たとえばウラン235の原子の質量は，概略で 235 u である．

> ある物質の1モルは，その物質の粒子を N_A 個だけ集めた量である．

1モルの物質の質量を**モル質量**という．モルを単位として書くときは mol と表す．

練習問題 22・1
$(N_A = 6.02\times 10^{23}\ \text{mol}^{-1})$

1. 次の同位体の一つの原子に含まれる陽子と中性子の個数を答えよ．
   (a) $^{235}_{92}U$ (b) $^{14}_6C$ (c) $^{37}_{17}Cl$
2. 次の量の物質中の原子の個数を計算せよ．
   (a) 1.0 kg のウラン235   (b) 1 g のヘリウム4

22・2　放射性物質から出る放射線

ベクレルによる発見

1896年に Henri Becquerel が X 線ビームや紫外線を当てると光る物質を研究しているとき，放射能が発見された．ベクレルは強い太陽光に当てたウラン塩が X 線のようなものを出すかを知りたいと思い，試料を準備して引き出しに入れて晴れた日を待った．その間，試料の下には遮光紙に包んだ写真乾板があり，太陽光に照らされない試料で感光したことを発見するに至った．さらに図22・3のように，ウラン塩と乾板の間に金属製の鍵やコインを挟んで同様の実験をした．この鍵は X 線の透過力を測るため彼が使っていたものである．乾板を現像したところ鍵の像が現れ，これはウラン塩からの放射線が原因であると気づいた．ウラン塩は"放射性"物質であるといわれるようになった．ベクレルは，ウラン塩から出る奇妙な放射線よりも X 線に興味があったので，彼が指導する学生だった Marie Curie に物質の放射性に関する仕事を託した．彼女は，ポロニウムやラジウムなど天然の物質で放射線を出すものが他にもあることを突き止めた．ラジウムはウランより100万倍も強い放射性をもっている．

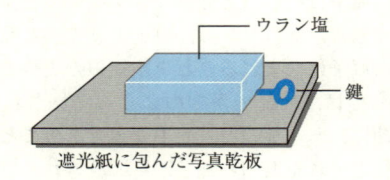

図22・3　ベクレルの発見

放射性物質から出る放射線の性質

Ernest Rutherford は，放射性物質から出てくる放射線に3種類あることを示した．一つは物質に容易に吸収され

るもので α（アルファ）線とよんだ．もう一つは物質を透過しやすいもので β（ベータ）線とよんだ．3番目の種類は β 線よりさらに物質を通過しやすいもので，γ（ガンマ）線といい，少し後に発見された．図 22・4 は異なる物質が各放射線に与える影響を示す．

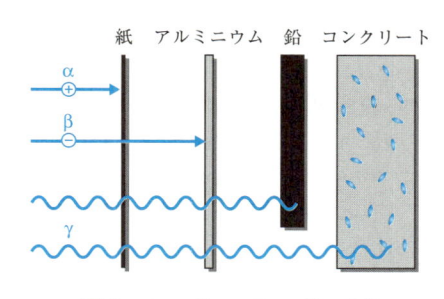

図 22・4 α 線，β 線，γ 線の吸収

その後，放射性物質の性質についてさらに研究が行われた．その結果の概略を以下に示す．

a. 磁場による偏向　荷電粒子が運動していると磁場により軌道が曲がる．研究の結果，α 線のビームが図 22・5 のように曲げられることから，α 粒子は正の電荷をもつことがわかった．同様にして，β 粒子は負電荷をもち，また α 粒子よりも簡単に曲げられることがわかった．γ 線は磁場で偏向されないことから電荷をもっていないことがわかった．

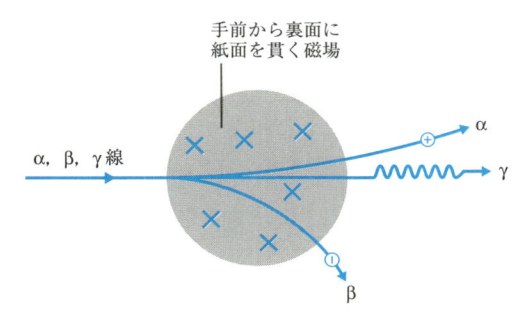

図 22・5 α 線，β 線，γ 線の分離

b. それぞれの種類の放射線の性質　放射性物質は不安定な原子核をもつ原子から成る同位体である．α 線，β 線，γ 線は原子核が不安定な状態から安定の状態になるとき放出される．

α 粒子はヘリウム原子の原子核と同じであることが示された．これは，α 粒子を放電管に入れて発光を観測するとヘリウム原子からの発光と同じスペクトルが得られることでわかった．どの α 粒子も 2 個の陽子と 2 個の中性子から成る．したがって，α 粒子の質量は 4 u，電荷は $+2e$ である．

原子核が α 粒子を 1 個放出すると陽子 2 個と中性子 2

個が失われるので，陽子数が 2，質量数が 4 だけ減少する．式で表すと，

$$^A_Z X \longrightarrow ^4_2 \alpha + ^{A-4}_{Z-2} Y$$

である．

β 粒子は高速の電子である．原子核の中の中性子の個数が多すぎて不安定なとき，中性子が陽子に変化し同時に電子が放出される．β 粒子が電子であることは，一様な磁場中での軌道を測定すればわかる．β 粒子を放出すると原子の陽子数が一つ増えるが質量数は変わらない．すなわち，

$$^A_Z X \longrightarrow ^{\ 0}_{-1} \beta + ^{\ A}_{Z+1} Y$$

である．

γ 線は波長が 10^{-12} m 以下の電磁波である．γ 線を放出する不安定な原子核は安定になるとき高いエネルギーの光子を放出する．このとき質量数も陽子数も変わらない．

c. 電離　電気的に中性の原子が 1 個あるいはそれ以上の電子を失うと陽イオンとなり，電子を獲得すると陰イオンとなる．放射性物質から出る 3 種類の放射線はどれもイオンをつくり出すことができる．図 22・6 は各種類の放射線による電離（イオン化ともいう）の効率を測定する方法を示す．放射線のうち電離作用があるものを**電離放射線**という．

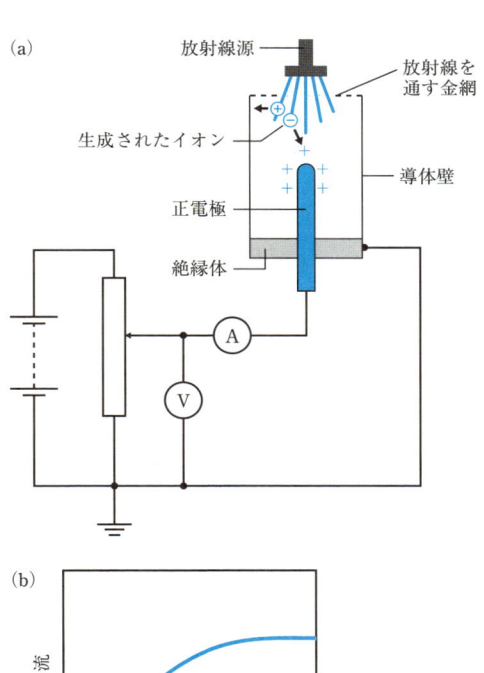

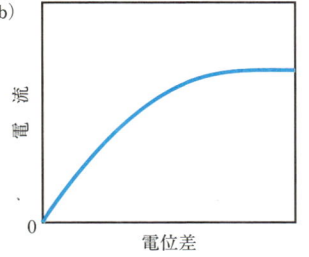

図 22・6 電離箱．(a) 測定回路，(b) 測定結果．

放射線が電離箱内の空気の分子を電離し，生じた陽イオンが電離箱の負電極となる側壁に集まり，陰イオンが正極に集まる．陽イオンは負電極で電子をもらって中性になり，陰イオンは正電極で電子を失って中性になる．こうして回路を電離による電流が流れ，微小電流計で読みとられる．その電流は，単位時間に電離箱の中で生じたイオンの個数に比例する．

α線は，物質を通過するときβ線とγ線に比べて多くのイオンをつくる能力がある．これは，β粒子やγ線に比べてα粒子が原子の電子殻から電子を叩き出しやすいからである．したがって，α粒子は他に比較して物質を通過する間にその運動エネルギーを急速に失う．

β線は，γ線より電離を起こしやすいがα線ほどではない．β粒子は原子核でつくられ放出される高速で運動する電子である．電離が起こるには，β粒子が原子の電子殻の一つから電子を叩き出す必要がある．β粒子はα粒子に比べるとずっと軽いので，衝突したとき原子に与える影響が小さくなる．

γ線は電荷も質量ももたずα線やβ線とふるまいが異なる．α線とβ線のどちらよりも電離を起こしにくい．

電離放射線の検出器

a. 電離箱　電離箱の動作原理は前に説明した．電離箱の側壁と中央の電極の間の電位差が大きくなると電離による電流も増加して最終的には飽和する．最大の電流は，発生したイオンが再結合せずに，中央か側壁の電極に到達するときのものである．

b. ガイガー・ミュラー管　ガイガー・ミュラー（GM）管（ガイガーカウンターの検出器の部分）は中空の金属管に低圧の希ガスが封入してある（図22・7）．管の中心には側壁から絶縁され正の高電圧に帯電した金属棒があり，側壁は接地されているため，内部に強い電場がつくられる．

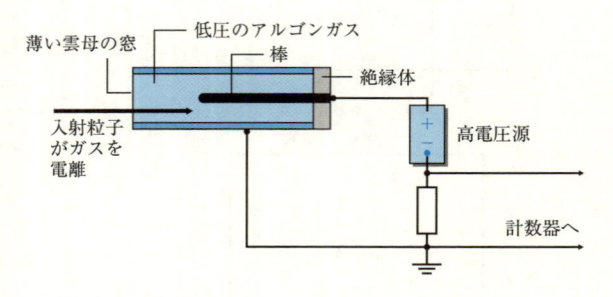

図22・7 ガイガー・ミュラー（GM）管

α粒子，β粒子，あるいはγ線がGM管に入ると，陽イオンと電子の対（イオン対という）が生じ，それぞれが正負の各電極に引きつけられる．それらは電場によって加速され，中性の原子と衝突して新たにイオン対が生じる．こうして1個のイオン対の発生が引き金となって，雪崩が起こるように多数のイオン対が発生する．イオンが電極に達して中性になるとき電流が生じ，GM管と直列につないだ抵抗に流れて電圧パルスとなる．この電気パルスが電子的な計数器（カウンター）で1個のパルスとして勘定される．放射線が入った後1 ms以下でGM管内の気体は元の絶縁状態に戻る．こうしてGM管と計数器は，電離放射線の粒子が一定時間内に何個飛び込んできたかを測定できる．単位時間当たりのパルスの個数すなわち**計数率**は，計数されたパルスの個数を測定に要した時間で割ったものである．たとえば，1秒間に10個の計数率を $10\,\text{s}^{-1}$ と書く．

図22・8に示すように計数率はGM管に加える電圧によって変化する．しきい電圧とよばれる電圧よりも低いときは，電離放射線がきてもその後の雪崩現象が起こらないので，計数率は0となる．しきい電圧を超えると電圧の上昇とともに計数率は急峻に立ち上がり，計数率がほとんど変化しないプラトー領域に到達する．GM管の電圧は，急峻な立ち上がりの部分を避け，この領域で動作するように設定するのが普通である．

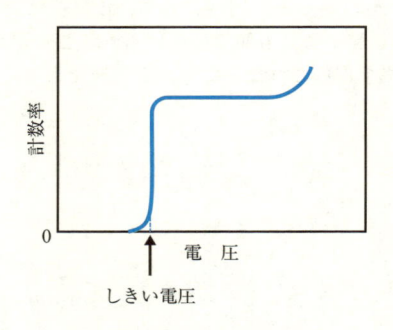

図22・8 GM管の動作特性

> **メモ**　p.244，p.245で後述するが，放射性線の放出という現象はランダムに起こり，線源からの距離を一定にしても単位時間内に計測されるパルスの個数がゆらぐ．このため，測定時間を長くするほど正確な計数率が得られる．測定開始・終了と信号パルスのタイミングにより計数に入る誤差を避けるため，規定時間内の計数を何度か繰返して平均をとる．この平均値を測定時間で割って計数率を求める．

c. 霧箱　霧箱内でα粒子の飛跡を容易に見ることができる．図22・9のように，霧箱内部には過飽和蒸気を含んだ空気が入っている．電離放射線が通過すると，そこで発生したイオンが凝結するきっかけを与え，粒子の飛跡に沿って蒸気が液滴となる．

α線は太く真っ直ぐな飛跡をつくる．同じ同位体は飛跡の長さが同じになる．

β線の飛跡は細くて曲がりくねっている．これは，β粒子はα粒子より電離を起こしにくく，また軽いために空気の分子と衝突したとき進行方向が容易に変わるからである．

γ線は電荷も質量もないため電離作用が弱く飛跡を残さない．

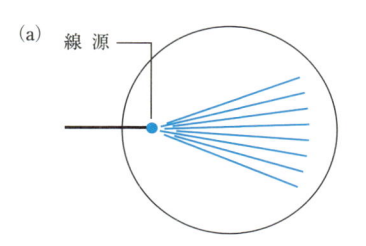

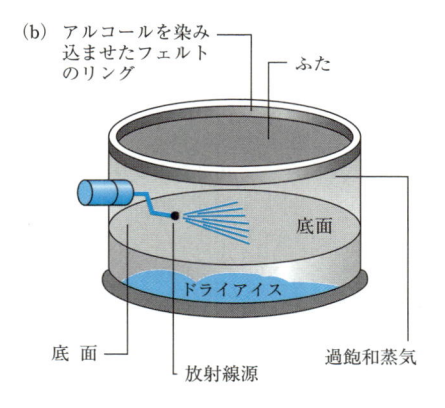

図 22・9 霧箱．(a) α線の飛跡，(b) 構造．

練習問題 22・2

1. 次の式を書き取り，完成させよ．
   (a) $^{238}_{92}\text{U} \longrightarrow {}^{4}_{[\ ]}\alpha + {}^{[\ ]}_{90}\text{Po}$
   (b) $^{60}_{[\ ]}\text{Co} \longrightarrow {}^{[\ ]}_{-1}\beta + {}^{[\ ]}_{28}\text{Ni}$
2. (a) α線とβ線について，共通点を一つ，相違点を二つ述べよ．
   (b) (i) α粒子の放出または (ii) β粒子の放出で不安定な原子核に生じる変化を記せ．

22・3 α線，β線，γ線の飛程と透過力

図 22・10 に，α線，β線，γ線の空気中での飛程あるいは透過力を調べる方法を示す．小さな容器に入れた線源から出る放射線を GM 管で検出する．線源は調べる放射線の種類により異なる．バックグラウンドの計数率（すなわち線源がないときの計数率）を最初に測っておく必要がある．放射線源があるときの計数率からバックグラウンドを差し引いて真の計数率を測定する．

a. 飛程を調べる 飛程を調べるには，GM 管と線源の距離を変えて計数率を測定する．粒子は線源から出た後いろいろな方向に進むので，線源から離れると，それだけで計数率が下がる．

α粒子が空気中を透過する距離はわずかであり，GM 管をα粒子の飛程よりも遠くに離すと計数率はすぐにバックグラウンドのレベルに落ちてしまう．

β粒子は，最初のエネルギーによるが，空気中の飛程がせいぜい 0.5 m 程度以下である．GM 管を線源から遠ざけると，散乱して散らばるため，および空気による吸収のために計数率が下がる．

γ線は空気によってほとんど吸収されない．したがって，補正後の計数率 C は線源からの距離 r の増加とともに逆 2 乗則

$$C = \frac{k}{r^2} \quad (k \text{ は定数})$$

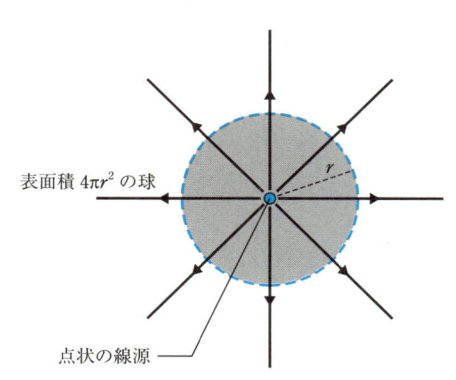

図 22・11 γ線の逆 2 乗則

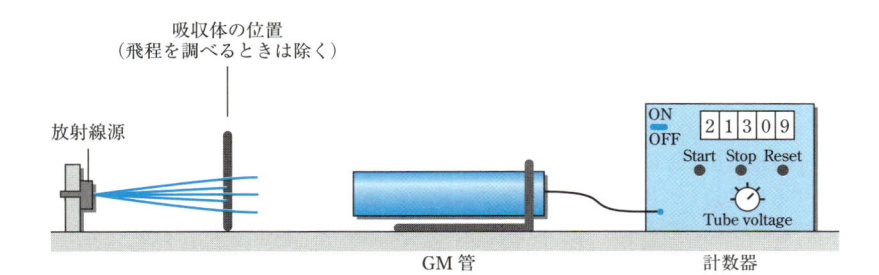

図 22・10 飛程と透過力

に従って減少する.

この式は，空気がγ線を吸収しないことを仮定している．図22・11のように，線源を中心とする半径rの球面（表面積$=4\pi r^2$）をすべてのγ線が通過する．もし線源が1秒にN個のγ線の光子を放出するなら，距離rの位置にある断面積AのGM管には1秒に$\frac{NA}{4\pi r^2}$の光子が入射する．こうして，上の式の比例係数は$k=NA/4\pi$である．

b. 透過力を調べる 透過力を調べるには，線源とGM管の距離を一定にし，測定する物質をいろいろな厚さにして計数率を測る．

<u>α線は紙や金属の薄い膜で吸収される．</u>

<u>β線は紙や金属の薄い膜を透過する．</u>吸収体の厚さを増すと計数率が下がる．厚さ数mm以上の金属板はβ線を完全に吸収する．

<u>γ線はβ線より透過しやすい．</u>厚さ数cmの鉛板か厚いコンクリートブロックならばγ線を遮る．計数率は厚さの増加に対して**指数的に**減衰する．これは，吸収体の厚さをわずかに増やすと，増えた分に比例して吸収する割合が増加することを意味する．たとえば，吸収体なしで計数率が1600 s^{-1}，吸収体を入れると元の90%（$=1440$ s^{-1}）になったとする．まったく同じ吸収体を追加すると計数率は1440 s^{-1}の90%（$=1296$ s^{-1}）となる．図22・12は計数率と吸収体の厚さの関係を表す．

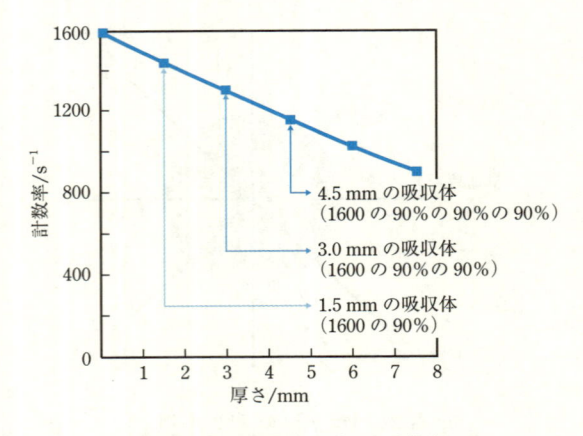

図22・12 吸収体の厚さと計数率

- **半価層**は計数率を50%にする吸収体の厚さである．たとえば，ある金属の半価層が2.0 mmであれば，4.0 mmのときの計数率は25%（$=50$%の50%）となる．

- β線の場合，吸収体の厚さを増すとγ線と同じように減衰する．しかしγ線が指数的に減衰するのに対し，β線はある厚さを超すと完全に吸収されてしまうところが異なる．

表22・1 α線，β線，γ線の性質のまとめ

性質	α線	β線	γ線
実体	ヘリウムの原子核	電子	光子
電荷	$+2e$	$-e$	0
電離作用	強い	弱い	非常に弱い
空気中の飛程	数 cm	50 cm 以上	ほとんど無限大
吸収する物質	紙	数 mm の金属	厚い鉛

例題 22・1

γ線を放出する放射線源による計数率をGM管で測定する．線源がないときバックグラウンドの放射能による計数率は1分間に28カウントである．
(a) GM管から線源までの距離が100 mmのとき計数率が950 min^{-1}である．距離を200 mmにしたときの計数率を推定せよ．
(b) 距離を100 mmにして，線源とGM管の間にアルミニウム板を置くと計数率が655 min^{-1}となる．同じ厚さのアルミニウム板をもう一枚追加するときの計数率を推定せよ．

[解答] (a) 100 mmのとき，バックグラウンドを補正した後の計数率は$950-28=922$ min^{-1}である．逆2乗則から，距離を2倍にすると計数率は1/4に落ちる．

上記より，200 mmのときの補正後の計数率は$0.25\times 922=231$ min^{-1}．実際に観測される計数率はおおよそ259 min^{-1}（$=231+28$）であろう．

(b) 1枚の吸収体では補正後の計数率は$655-28=627$ min^{-1}．これは吸収体がないときの補正後の計数率の68%（$=627/922$）である．

上記より，2枚の吸収体では補正後の計数率は426 min^{-1}（$=627\times 0.68$）となり，実際に観測される計数率は454 min^{-1}（$=426+28$）となるだろう．

ラザフォードによるα粒子の散乱実験

原子に核があるというモデルの正しさはラザフォードにより証明された．彼は，図22・13のように，真空中に金の薄膜を置きこれにα粒子の細いビームを当てる実験を考案し，薄膜によりさまざまな方向に散乱されるα粒子が単位時間当たりどれだけかを測定した．ラザフォードの観測結果は，

1. ほとんどのα粒子は，ほとんどあるいはまったく向きを変えずに薄膜を通過し，
2. ごくわずかのα粒子は，薄膜によって跳ね飛ばされる．

22. 放射能

というものだった．

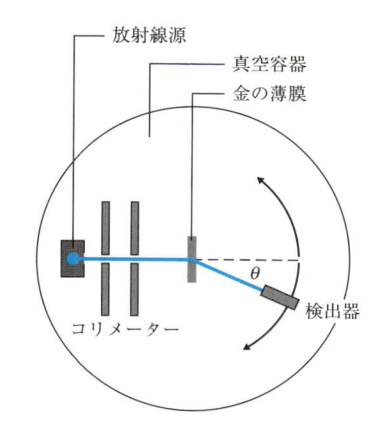

図 22・13 ラザフォードのα線散乱実験

段ボール箱に何発も銃弾を打ち込んだとき，弾がときどき跳ね返ってくるなら，段ボールの中に小さいが重い物体があって弾がそれに当たったと考えるだろう．彼の実験はこれに似ている（図 22・14）．

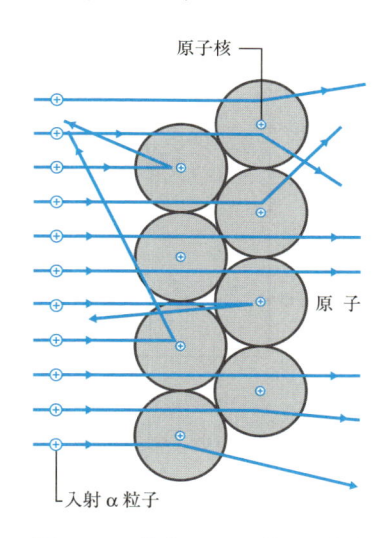

図 22・14 散乱されるα粒子の軌道

ラザフォードが測定結果から導き出したことは，

1. どの原子も，ずっと小さな原子核にその質量が集中している．そう考えれば，大多数のα粒子が，ほとんどあるいはまったく散乱されずに薄膜を通過することが説明できる．
2. 原子核は正の電荷をもつ．そうならば，α粒子が原子核によって跳ね飛ばされることが説明できる．このときα粒子は原子核と直に衝突したに相違ない．原子核とα粒子が両方とも正電荷をもつから，α粒子は原子核から跳ね返されるのである．

ラザフォードは，力学の法則とクーロン力の法則を用い，薄膜が単位時間内に散乱するα粒子の個数は，入射方向から角 θ の方向では，

$$\frac{1}{\sin^4(\theta/2)}$$

に比例することを示した．実験結果はこの式と合うので，原子に核があるというモデルの正しさが証明された．

練習問題 23・3

1. 放射線源から出る放射線の種類を決める実験で，線源とGM管の間に核種の吸収体を置いて測定を行った．測定結果は，
   - 線源も吸収体もないときの計数率 $= 26$ min^{-1}
   - 線源があり，吸収体がないときの計数率 $= 628$ min^{-1}
   - 吸収体として紙を置いたときの計数率 $= 620$ min^{-1}
   - 同じく，厚さ 4.0 mm のアルミニウム板を置いたときの計数率 $= 30$ min^{-1}

   であった．
   (a) (i) 放射線の種類は何か，理由も述べよ．
   (ii) (i)の答えを確定するためには，さらにどのような試験をすればよいか．
   (b) 上の実験で，線源とGM管の距離は同じまま，間に厚さ 0.5 mm の金属板を 1 枚入れたときの計数率が 482 min^{-1} だった．
   (i) この吸収体がある場合とない場合について，バックグラウンドを補正した計数率はどれだけか．
   (ii) この吸収体を通過すると，入射した放射線のうち何%が透過するか．
   (iii) まったく同じ金属板をもう 1 枚挿入したときの計数率を推定せよ．

2. 点状の線源から出るγ線をGM管で計測し次の結果を得た．
   - 線源なしで5分間，3回の測定でカウント $= 143, 124, 136$
   - 線源とGM管の距離を 0.40 m としたとき，3分間，3回の測定でカウント $= 725, 746, 738$

   (a) この線源による計数率はバックグラウンドを補正するとどれだけか．
   (b) 線源との距離を (i) 0.20 m，および (ii) 0.15 m に縮めたときの計数率を推定せよ．

22・4 放射壊変

ランダムに起こる現象

小さな線源から出たα粒子が霧箱でつくる飛跡は容易に見ることができる．次の飛跡が生じるタイミングを前の飛跡から知ることはできない．不安定な原子核の壊変がいつ起こるかは予知できないのである．GM管で一定時間内

にカウントするパルスの数がランダムにゆらぐのも，これが原因である．

　放射性同位体の試料に含まれる不安定な原子核の個数は時間とともに徐々に減っていく．なぜなら，不安定な同位体が1回壊変するたびに，壊変しないでいた不安定な原子核が1個減るからである．個々の壊変がいつ起こるかは予見できないが，単位時間内に壊変する原子核の個数すなわち**壊変率**は不安定な原子核の現時点での総数に比例する．したがって時間とともに不安定な原子核の個数が減るので壊変率も低下する．放射性同位体からの放射線計数率の時間的な変化の様子を図22・15に示す．

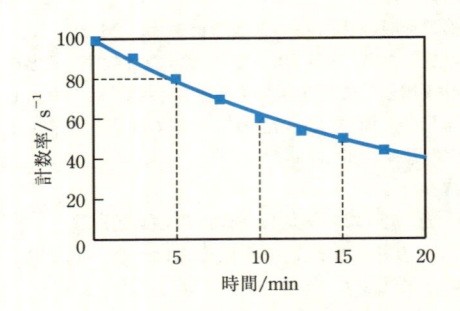

図22・15　指数的な減衰曲線

　この曲線は，不安定な原子核の残存数と壊変率が比例することから定まり，指数的な**減衰曲線**となる（p.154 参照）．たとえば，ある放射性同位体の原子核が1時間に10%の割合で壊変するとしよう．ある時刻にこの同位体の原子核が1000個あると，1時間後には900個（＝1000×0.9）残り，さらに1時間経つと810個（＝1000×0.9×0.9）に減少する．この例で不安定な原子核の個数が減少してい

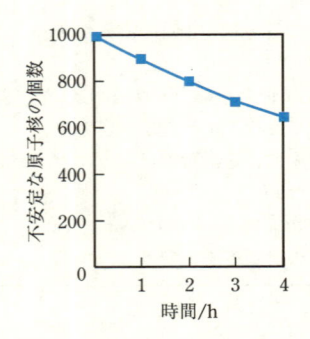

図22・16　原子核の個数の時間的変化

く様子を表22・2で示す．図22・16はx軸に時間をとり，y軸に残っている不安定原子核の個数をとってプロットしたものであり，曲線の形は図22・15と同じである．約5時間ごとに不安定な原子核の個数が半分になることを各自確認せよ．

表22・2　不安定な原子核の個数

計数開始時刻/h	不安定原子核の初期数	この時間区間内の壊変数	残りの不安定原子核の個数
0	1000	100	900
1	900	90	810
2	810	81	729
3	729	73	656
4	656	66	590
5	590	59	531
6	510	53	477

放射壊変のモデル

1. はじめに1000個のさいころがある．この全部を投げ6の目が出たものは取除く．どの目も同じ確率で出るから，6の目が出た個数は167個，すなわち投げた全数の1/6である．これを取除いた残りは833個（＝1000－167）である．
2. 残りのさいころを投げて6の目が出なかったものを残す過程を繰返すと，各回ごとに1/6が減り，残りの個数が指数的な減衰を示す．その様子を表22・3と図22・17に示す．

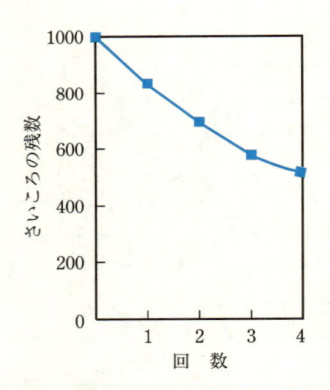

図22・17　さいころを投げる．

表22・3　6の目を出したさいころの個数

回数	最初のさいころの個数	6の目を出した個数	残りのさいころの個数
1	1000	167	833
2	833	139	694
3	694	116	578
4	578	96	482
5	482	80	402
6	402	67	335
7	335	56	279

放射能

　物質から放出される放射線粒子の単位時間当たりの個数が多ければその物質は放射能が大きい．1個の不安定な原

子核は，α粒子かβ粒子あるいはγ線の光子を1個放出してもっと安定な状態になるので，放射能は次のように定義される．

> 放射性同位体の試料がもつ放射能とは，その試料内で1秒間に壊変する原子の個数である．

放射能の単位は**ベクレル**（Bq）という．これは1秒間に1個の壊変をする放射性核種の原子の個数を示す．

不安定な原子核の個数は時間とともに減少するから，放射能も時間とともに減少する．単位時間内に壊変する原子核の個数は，そのときにある不安定な原子核の個数だけによって決まるため指数的減衰になることは以前に説明したとおりである．ある同位体について，その放射能が減少し半分になるまでの時間をその同位体の**半減期**という．

> 放射性同位体の半減期とは，その同位体の放射能が最初の50%に減少するために必要な時間である．

この時間は，不安定な原子核の個数が最初の50%になるまでに経過する時間と同じである．

たとえば，ストロンチウム90は半減期28年である．試料中のストロンチウム90による放射能が最初に80 kBqだったとすると，28年後には40 kBq，さらに28年たつと20 kBqになる．この例をグラフで表すと図22・18のようになる．放射能は不安定原子核の個数に比例するので，試料中のストロンチウム90の原子核の個数も，したがってこの同位体の質量も，同じ速さで減少する．

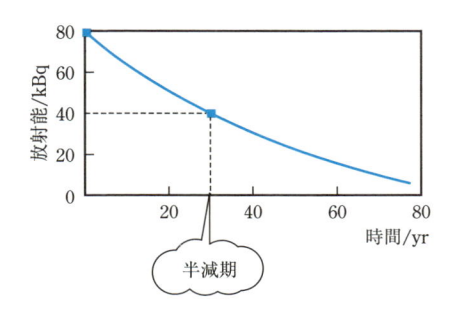

図22・18 ストロンチウム90の放射能の経年変化

プロトアクチニウム234の半減期の測定

プロトアクチニウム234はトリウム234のβ**壊変**（β崩壊ともいう，β線を放射する壊変）で生じるが，トリウムの半減期の方がずっと長い．プロトアクチニウムの放射能の時間的な変化を測定するためにトリウムから分離するのに溶媒抽出法を利用できる．試料と水と有機溶媒を入れた密閉容器を振って水と有機溶媒を混合した後に静かに置くと，水の層と溶媒層が分離して上にくる．GM管を，その端が有機溶媒の層に密着するように保持し，溶媒中のプロトアクチニウムの同位体の放射能を30秒おきに測定する．計数率を図22・18と同様のグラフにして半減期を求めることができる．

練習問題 22・4

1. ある溶媒が一定量の放射性同位体を含み，この同位体は半減期68秒で壊変して安定同位体になる．溶媒層が形成されたときにこの同位体の放射能をGM管で測定すると，バックグラウンドを補正した計数率が420 min^{-1}であった．
   (a) 溶媒層が形成された後，半減期の (i) 2倍（すなわち136秒），(ii) 3倍（すなわち204秒）が経過したとき，補正した計数率を計算せよ．
   (b) 補正した計数率が26 min^{-1}以下に放射能が低下するまでに必要な時間を推定せよ．
2. ストロンチウム90は半減期28年でβ壊変する同位体である．この同位体の試料が160 kBqの放射能をもっているとする．
   (a) (i) 28年後，(ii) 56年後の放射能を計算せよ．
   (b) この試料の100年後の放射能を推定せよ．

22・5 放射壊変の数学

1種類の放射性同位体でできた試料を考える．この同位体は壊変して安定な同位体になる．最初にあった不安定な原子核の個数をN_0とし，時間がt経過したときの個数をNとする．放射壊変はランダムに起こり，時間Δtの間に壊変する不安定な原子核の個数ΔNは，

1. 現時点の不安定な原子核の数N，および
2. 時間の幅Δt

に比例するので，

$$\Delta N = -\lambda N \Delta t$$

と書ける．λはこの同位体の**壊変定数**という．マイナス（−）の符号はNが減ることを表す．

$\Delta N/N = -\lambda \Delta t$と書き直すと，$\Delta N/N$は1個の原子核が$\Delta t$の間に壊変する確率だから，$\lambda$は単位時間内に壊変する確率を表す．同じ式は$\Delta N/\Delta t = -\lambda N$と書き直せる．

この式は通常，

$$\frac{dN}{dt} = -\lambda N$$

という形で書かれる．ここで，$\dfrac{dN}{dt}$は原子核の個数が変化する速さ，すなわち同位体の放射能である．

この式の数学的な解は，

$$N = N_0 \exp(-\lambda t)$$

である．expは**指数関数**を意味する．通常この関数は$e^{-\lambda t}$とも書く．この関数に特有の性質は，関数値の変化の速さがそのときの関数値そのものに比例することである．

半減期と壊変定数

> 半減期$T_{1/2}$は放射性同位体の原子核の個数が50%になるまでの時間である．

不安定な原子核の個数が最初にN_0であったとする．時間tが経過すると原子核の個数は$N=N_0\,e^{-\lambda t}$となる．$t=T_{1/2}$では$N=\frac{1}{2}N_0$だから，

$$\frac{1}{2}N_0 = N_0\,e^{-\lambda T_{1/2}}$$

この両辺からN_0を消去すると，

$$\frac{1}{2} = e^{-\lambda T_{1/2}}$$

となる．以上より，

$$e^{\lambda T_{1/2}} = 2$$

したがって，

$$\lambda T_{1/2} = \log_e 2$$

放射能と壊変定数

放射性同位体の放射能は$A=dN/dt$の大きさ，すなわちこの同位体の原子核が1秒に壊変する個数である．一方，

$$\frac{dN}{dt} = -\lambda N$$

であるから，放射能Aは，

$$A = \lambda N$$

と書き直せる．また$N=N_0\,e^{-\lambda t}$から，放射能Aは，

$$A = \lambda N_0\,e^{-\lambda t} = A_0\,e^{-\lambda t}$$

となる．ここで$A_0=\lambda N_0$は放射能の初期値である．

例題 22・2

ストロンチウム90は半減期28年の放射性同位体である．これについて次の計算をせよ．ただし，アボガドロ定数を$N_A=6.02\times 10^{23}\,\text{mol}^{-1}$とする．
(a) この同位体の壊変定数
(b) ストロンチウム90の試料1.0 mgの放射能
(c) 同じ試料の100年後の放射能

[解答]
(a) $\lambda T_{1/2} = \log_e 2$ より，

$$\lambda = \frac{\log_e 2}{T_{1/2}} = \frac{0.693}{28\,\text{yr}} = 0.0248\,\text{yr}^{-1}$$

$$= \frac{0.0248}{365.25\times 24\times 3600\,\text{s}} = 7.8\times 10^{-10}\,\text{s}^{-1}$$

(b) 90グラムのストロンチウム90には6.02×10^{23}個の原子が含まれる．よって1.0 mgには，

$$\frac{6.02\times 10^{23}}{90\times 1000} = 6.7\times 10^{18}\,\text{個}$$

の原子が含まれる．したがって1.0 mgの放射能は，

$$A_0 = \lambda N_0 = 7.8\times 10^{-10}\times 6.7\times 10^{18} = 5.2\times 10^9\,\text{Bq}$$

(c) $A = A_0\,e^{-\lambda t}$ から，

$$A = 5.2\times 10^9 \times e^{-(0.0248\times 100)} = 4.4\times 10^8\,\text{Bq}$$

練習問題 22・5

(アボガドロ定数$N_A=6.02\times 10^{23}\,\text{mol}^{-1}$)

1. ポロニウム210は半減期140日の放射性同位体である．以下を計算せよ．
   (a) この同位体の壊変定数
   (b) 純粋なポロニウム210の試料1.0 mgに含まれる原子の個数
   (c) 1.0 mgの純粋なポロニウム210の放射能
   (d) この試料の1年後の放射能

2. コバルト60は半減期1940日の放射性同位体である．この同位体だけから成る試料の放射能が2.0 MBqであるという．以下を計算せよ．
   (a) 壊変定数
   (b) 試料中の原子の個数
   (c) 放射能が0.10 MBqになるまでの時間

> **数学メモ**
>
> 1. $y=x^n$ ならば $\frac{dy}{dx}=nx^{n-1}$（必要なら p.154 のメモを参照）．
>
> 2. 指数関数：$e^x = 1+x+\dfrac{x^2}{2}+\dfrac{x^3}{3\times 2}+\dfrac{x^4}{4\times 3\times 2}+\cdots$
>
> 3. したがって，
> $$\frac{d}{dx}(e^x) = 0+1+x+\frac{x^2}{2}+\frac{x^3}{3\times 2}+\cdots = e^x$$
> となり，e^xの（xについての）変化の速さはe^xと等しい．
>
> 4. $y=e^x$ なら $x=\log_e y$．これは$\log_e$が指数関数の逆関数だからである．ほとんどの電卓では$\log_e$をlnという記号で表す．
>
> 5. $N=N_0\,e^{-\lambda t}$ が $\dfrac{dN}{dt}=-\lambda N$ の解となる証明：
> $$\frac{dN}{dt} = \frac{d}{dt}N = N_0\frac{d}{dt}(e^{-\lambda t}) = \lambda N_0\frac{d}{dx}(e^{-x})$$
> $$(\text{ただし}\ x=\lambda t)$$
> $$\frac{d}{dx}(e^{-x}) = -e^{-x}\ \text{より}, \frac{dN}{dt} = -\lambda N_0\,e^{-\lambda t} = -\lambda N$$

まとめ

■ α 線
- ヘリウム4の原子核である．この原子核は2個の陽子と2個の中性子を含む．陽子と中性子が多すぎて不安定な原子核からα粒子が放出される．
- 物質を電離する能力が高い．紙で吸収され，空気中の飛程は数 cm 程度であり，はっきりした飛跡をもつ．

■ β 線
- 高速の電子である．中性子の個数が多すぎて不安定な原子核から放出される．中性子が陽子に変わるときβ粒子がつくられ，ただちに放出される．
- α線より電離を起こしにくい．数 mm 程度の厚さの金属板で吸収される．空気中の飛程は 50 cm 以上である．β線の遮蔽にプラスチックなど軽い元素の物質を用いる．これは金属など重い元素だとX線が発生するためである．

■ γ 線
- 高いエネルギーの光子である．余分なエネルギーをもって不安定な原子核から放出される．
- β線よりも電離を起こしにくい．厚さが数 cm の鉛板で吸収される．空気中の飛程はほとんど無限大である．点状の線源から出るγ線の強度は，線源からの距離の2乗に反比例する（逆2乗則）．

■ 第22章で学んだ定義
- 同じ同位体に属する原子は，陽子の個数が同じ，中性子の個数が同じである．
- 放射性同位体の放射能は，1秒間に壊変する原子核の個数である．
- 放射性同位体の半減期 $T_{1/2}$ は，その同位体の原子の半数が壊変するのに要する時間である．

■ 第22章で学んだ式
- 壊変定数 λ

$$\lambda = \frac{\log_e 2}{T_{1/2}}$$

- 放射能 A

$$A = \frac{dN}{dt} \text{の大きさ} = \lambda N$$

- 放射壊変の式とその解

$$\frac{dN}{dt} = -\lambda N, \quad N = N_0 e^{-\lambda t}$$

章末問題

p.323 に本章の補充問題がある．
（アボガドロ定数 $N_A = 6.02 \times 10^{23} \text{ mol}^{-1}$）

22・1 次の式はいずれも不安定な原子核の壊変を表す．式を書き写し空白を埋めよ．

(a) $^{63}_{\square}\text{Ni} \longrightarrow \,^{\square}_{29}\text{Cu} + \,^{0}_{\square}\beta$

(b) $^{\square}_{84}\text{Po} \longrightarrow \,^{4}_{\square}\alpha + \,^{210}_{\square}\text{Pb}$

22・2 放射線源から出る放射線の種類を判定する実験で次の測定をした．

バックグラウンドを5分間，3回計測した．カウント＝128, 136, 138.

線源を GM 管間から 10 cm の距離において3分間計測した．

- 線源と GM 管の間に吸収体を置かずに3回計測した．カウント＝565, 572, 552.
- 図 22・19 のように厚さ 0.8 mm の金属板を吸収体として置いた．カウント＝384, 368, 372.

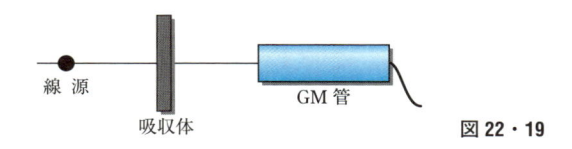

図 22・19

(a) バックグラウンドの平均計数率は毎分どれだけか．

(b) この線源が出す放射線は1種類だけであるという．それは何か．理由も述べよ．

(c) 金属板に入射した放射線の何％が透過するか．

(d) 吸収体として同じ金属板をもう一枚追加したときの計数率を推定せよ．

22・3 (a) 図 22・20 のように，封じた容器の内部に点状の線源から出るγ線を GM 管で測定して計数率を得た．容器の壁と GM 管の距離が 90 mm のとき補正後の計数率が 1284 min^{-1} であった．距離を 190 mm にしたところ補正後の計数率が 330 min^{-1} となった．

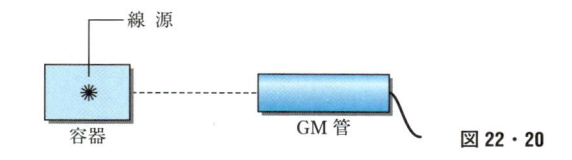

図 22・20

(i) これらの結果から線源は容器の壁の内側 10 mm のところにあることを示せ．

(ii) 線源と GM 管の距離が 240 mm だったとすると補正後の計数率はどれだけか．

(b) (a)の線源を別の線源に取替えた．新しい線源から出る放射線が1種類だけと仮定し，その種類を判定するためにはどんな測定をすべきか．

22・4 ナトリウム24は半減期14.8時間の放射性同位体である．以下を計算せよ．
(a) この同位体の壊変定数
(b) 1.0 mg の純粋な試料に含まれる原子の数
(c) 1.0 mg の純粋な試料の放射能
(d) この試料の，ちょうど24時間後の放射能

22・5 プルトニウム239は半減期100年の放射性同位体である．
(a) この同位体の (i) 壊変定数と (ii) 純粋な試料 1.0 g 中の原子の個数を計算せよ．
(b) この同位体の試料の放射能が 1000 MBq のとき，試料の (i) 質量と，(ii) 10年後の放射能を計算せよ．

23

原子核のエネルギー

目 次
23・1 力の本性
23・2 結合エネルギー
23・3 原子力
23・4 原子核を探る
まとめ
章末問題

学習内容
- 原子核をまとめる強い力
- 結合エネルギー, 質量欠損とは何か
- 原子核の結合エネルギーと質量数の関係
- 結合エネルギーと核分裂・核融合, エネルギーの解放
- 原子炉のおもな特徴
- 原子力の長所と欠点
- 加速器を用いた原子核の探索
- 原子核のクォーク・モデル

23・1 力の本性

自然界の基本的な力

重力は私たちを地上に引きとめ, 太陽を回る軌道上に地球を引きとめている. 電荷をもつ物体間には静電気力が作用するので, 原子が集まって一体となり人の身体を形成し分解せずにいられる. 日常的な経験のなかで物体に作用するのは重力と電気的な力がほとんどである. たとえば, エレベーターをつり下げるケーブルの張力は, ケーブルを構成する原子が電子を介して結合して生じる. 電気的な力は, より一般的に電磁気力とよばれる. 自然界の基本の力は電磁気力と重力のほかに二つある (図23・1).

a. 重 力 質量をもつ物体間に作用する. 2物体間の重力は常に引力であり, その大きさは物体間の距離についての逆2乗則に従う (p.292参照).

b. 電磁気力 電荷をもつ物体間に作用する. 19世紀に電気的な力と磁気的な力が本質的には同じものであることが示された. 両者の差は, 電気的な力が静止している電荷の間でも作用するのに対し, 磁気的な力は互いに運動している電荷の間にだけ作用することである. 点状の電荷による電磁気力は距離が離れると逆2乗則にしたがって小さくなる (p.173参照).

c. 強 い 力 陽子・中性子の両方に作用する引力として現れるが, その力がおよぶ範囲は短くたかだか数フェムトメートル (1 fm＝10^{-15} m) 程度である.

d. 弱 い 力 弱い力は, β壊変すなわち原子核内で中性子が陽子に変化する原因となる. β壊変は重力, 電磁気力, 強い力のいずれによっても説明できない現象である. 20世紀半ばに行われた研究により, 弱い力と電磁気力は同一の基本的な力, すなわち**電弱力**の異なる側面であるとされた.

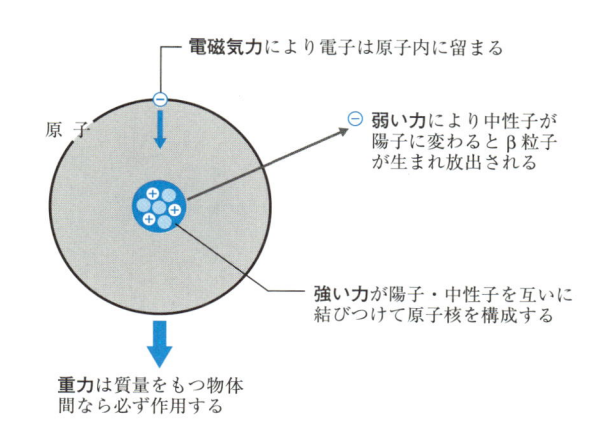

図23・1 基本的な力

力を媒介する粒子

物体が力を及ぼし合うとき, それらの力は互いに大きさが等しく逆向きである. 物体が自由に動けるときは相互作用の結果として二つの物体間で運動量が伝達される. 力は単位時間内の運動量の変化と等しいからである. 図23・2に示すように, どの基本的な力についても, 2粒子間で何らかの量子を交換するとき運動量が変化する, 言い換えるとこの量子が力を媒介するとしてよいだろう. これらの量

子は**仮想粒子**とよばれる．仮想粒子は，量子論的なゆらぎの効果として生じ，一定時間内に消滅し相互作用の中だけで存在するので，対応する実粒子と異なり観測の対象にはならない．しかし基本的な力が仮想粒子の媒介によるという考え方は，実粒子の性質を計算するために導入されたが，計算結果と実験結果が非常によく一致するので確固たる実験結果に支持されたものとなっている（この教科書を書いている時点では，重力を媒介する仮想粒子は見つかっていない）．

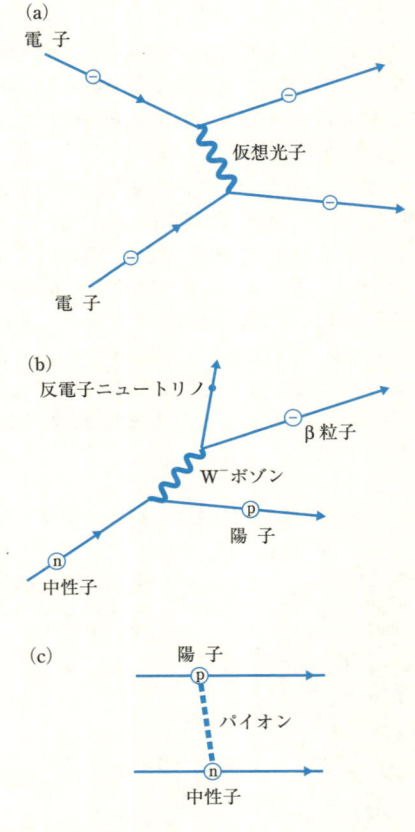

図23・2 力を媒介する粒子．(a) クーロン力，(b) 弱い力，(c) 核力．

- **電弱力**は次の仮想粒子の交換による．
  1. 電磁相互作用を媒介する**仮想光子**．実光子は質量が0で到達距離が無限大であり，運動量とエネルギーを運ぶ．光電効果では光子が電子に吸収されるという考え方が確立している．光やX線のスペクトルの起源を説明するのに電子が光子を発生するという考えが用いられる．一方，荷電粒子の間の静電気力は仮想光子の交換によると考える．
  2. 弱い相互作用を媒介する**仮想W粒子**（Wボソンともいう）．対応する実粒子は質量，運動量およびエネル

ギーを運ぶが，寿命が短く到達距離はたかだか10分の1 fm 程度である．β壊変では，中性子が仮想W粒子を放出して陽子に変化するのとほとんど同時にW粒子が壊変してβ粒子である電子と反電子ニュートリノが生じる．

- 原子核内の陽子・中性子の間に作用する核力は仮想**パイオン**（π中間子ともいう）が媒介すると考えられる．実パイオンは，高々度で宇宙線が写真乾板を感光させた像を観測して発見された．宇宙線は，太陽からくる陽子など，高速で運動する粒子から成る．このような高エネルギーの粒子が原子核と衝突すると陽子や中性子だけでなくパイオンを叩き出すことがある．パイオンは不安定であり到達距離が有限である．以後，陽子と中性子をあわせて**核子**とよぶ．核力は，**強い力**の現れである．核子とパイオンは後述のクォークという基本粒子から成る．クォーク間の力を**強い力**とよび，この力を媒介する粒子を**グルーオン**とよぶ．グルーオンは運動量とエネルギーを運び，質量が0だが非常に強い相互作用のために到達距離が 10^{-13} m 程度になると考えられている．

- **重力**は質量0の**重力子**が媒介すると想定されている．重力が放射されることの証拠は，連星となった2個の中性子星が互いの周りを回転する運動の観測を通じて，1975年に初めて得られた．しかし万有引力を媒介する粒子としての重力子，あるいは重力の量子の存在は現時点でいまだ確固たる証拠がない．

核　　力

原子核は原子の中心にあり，高密度で詰まった中性子と陽子から成る．原子核の直径は数fm程度すなわち原子の大きさの1千万分の1程度である．原子核内の陽子はどれも同種の電荷をもつので静電気力により反発する．原子核の多くが安定であるのは，核子が互いに引力を及ぼし合い静電気的な反発力に抗して原子核内に留まること意味する．その引力は**強い力**による．

- **核力の強さ**は次のように推定できるだろう．まず，1 fm 離れた2個の陽子に加わる静電気力Fをクーロンの法則（p.173参照）から計算すると，
$$F = \frac{Q_1 Q_2}{4\pi\varepsilon_0 r^2} = \frac{1.6\times 10^{-19} \times 1.6\times 10^{-19}}{4\pi\varepsilon_0 (10^{-15})^2} = 230 \text{ N}$$
であり，同じ距離で核力はこれを打ち消して余りあるとすると，数百N以上の大きさの引力となっているはずである．核力は重力と比較すると極端に大きい．実際，陽子の質量は 10^{-27} kg 程度なので，2個の陽子あるいは中性子間の万有引力は 10^{-34} N 程度となる．

- **核力の到達距離**はせいぜい数fmであり，無限遠まで作用する静電気力とは様相が異なる．大きさが最大の原子核は質量数が最大の元素であるが，その直径はせいぜい

10 fm 程度である．もし核力の到達距離が数 fm を超えてもっと大きければ，より大きなサイズの原子核も存在しただろう（図 23・3）．

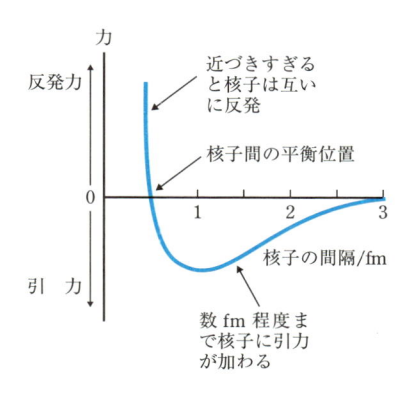

図 23・3　核　力

練習問題 23・1

1. 次の現象の原因となる基本的な力が何かを述べよ．
   (a) 人工衛星が地球を周回する．
   (b) (i) α粒子が壊れないでいる．
   (ii) β壊変が起こる．
   (c) 高速の電子が霧箱で飛跡をつくる．
2. 放射線源から α粒子が飛び出して空気中を通過するとき，原子の原子核と直接に衝突することがある．
   (a) α粒子と $^{14}_{7}\text{N}$ の原子核が (i) 10 fm および (ii) 2 fm だけ離れているときの静電気力を計算せよ．（$\varepsilon_0 = 8.85 \times 10^{-12}\,\text{F m}^{-1}$）
   (b) 窒素の原子核に正面衝突する α粒子は，十分な運動エネルギーをもたない限り，原子核にある程度以上は接近できないことを，核力の性質から説明せよ．

23・2 結合エネルギー

反応で放出されるエネルギー

石油などの燃料が空気中で燃焼すると化学的エネルギーが解放される．ある程度の高温で燃料の炭素が酸素と反応し，エネルギーが放出される．これは燃料の分子を構成する炭素原子がばらばらになり，酸素と結合して一酸化炭素（CO）や二酸化炭素（CO_2）および水（H_2O）がつくられる反応である．このとき放出されるエネルギーが十分に大きければ，さらに他の燃料を反応させることができる．燃料分子内の炭素どうしの化学結合と，炭素と酸素の結合がもつエネルギーを比べると，後者の方が小さいため反応に際してエネルギーが放出される．化学結合のエネルギーは，その結合に関与する電子のエネルギーである．燃料を燃やすと，1 kg につき 50 MJ 程度のエネルギーが放出さ

れる．これを統一原子質量当たりに換算すると 10^{-19} J 程度となり，1 個の電子が 1 V の電位差を移動するのに必要な仕事とほぼ同じである．

エネルギーの単位の **1 電子ボルト**は，（負の）素電荷をもつ電子が 1 V の電位差を移動するのに必要な仕事に等しい．素電荷は約 1.6×10^{-19} C，1 C の電荷が 1 V の電位差を移動するのに必要な仕事が 1 J だから，1 eV = 1.6×10^{-19} J である．したがって 1 MeV = 1.6×10^{-13} J となる．

核力による核子間の結合エネルギーは 100 万電子ボルト（MeV）程度である．原子核から 1 個ずつ核子を引抜いて全体をばらばらにする過程を想像しよう．中性子でも陽子でも原子核から引抜くには，核力の引力に打ち勝つために仕事が必要である．実際，核力の到達距離が数 fm 以下ときわめて短いとはいえ，力が（100 N のオーダーかそれ以上と）非常に大きく，1 個の核子をこの距離だけ引き離すときの仕事は 10^{-13} J（= 100 N × 10^{-15} m）のオーダーとなる．こうして，核反応では核子 1 個当たりのエネルギー変化が化学反応のときの 100 万倍以上となる．

> 原子核の結合エネルギーとは，構成要素のすべての核子を互いに引き離すのに必要なエネルギーである．

質量とエネルギー

物体がエネルギーを得るとその質量が増え，エネルギーを失うと減る．物質の授受なしに物体のエネルギーが変化するとき，物体の質量が変化するのである．その変化の大きさは，アインシュタインの有名な式

$$E = mc^2$$

により計算できる．ここで m は物体の質量，E は物体の全エネルギー，c は光の速さ（= 3.0×10^8 m s^{-1}）である．

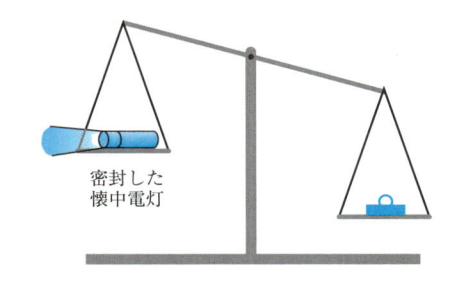

図 23・4　エネルギーと質量．密封した懐中電灯が光のエネルギーを失うと質量が減る．

たとえば，図 23・4 のように密封してある懐中電灯が光を出してエネルギーを失うと質量が減る．ただし，化学的な変化により放出されるエネルギーは微々たるものである．10 W の電灯を 10 時間点灯しつづけたとして，質量の

減少は 4×10^{-12} kg（$=10\times36\,000$ J/c^2）となることを自分で確かめよ．

しかし，核反応ではエネルギーの変化が化学反応よりずっと大きいので，核の質量の変化も顕著である．1個の原子核から 10^{-13} J のエネルギーが解放されたとすると，質量の減少が約 0.001 u すなわち陽子の質量の約 0.1%（10^{-30} kg）となることを確かめよ．

ばらばらに離した中性子と陽子から1個の原子核をつくったとすると，その核の結合エネルギーが解放される．このため原子核の質量は，構成要素の核子をばらばらにしたときの質量の和よりも小さい．この質量の差は測定でき，原子核の**質量欠損**として知られる．

> ある原子核の質量欠損とは，その原子核の質量と構成要素の陽子と中性子の全質量との差である．

同位体 ^A_ZX の原子核は Z 個の陽子と $(A-Z)$ 個の中性子から構成される．したがって，その質量欠損 Δm は，

$$\Delta m = Zm_\mathrm{p} + (A-Z)m_\mathrm{n} - M$$

という式から計算される．ここで M は原子核の質量，m_p（$=1.007\,28$ u）は陽子の質量，m_n（$=1.008\,66$ u）は中性子の質量である．

こうして質量欠損 Δm と $E=mc^2$ から原子核の結合エネルギー B.E. は，

$$\text{B.E.} = \Delta mc^2$$

と計算される．

> **メモ** 1 u は 931.49 MeV と等価である．実際，$E=mc^2$，$m=1$ u $=1.6606\times10^{-27}$ kg，および $c=2.9979\times10^8$ m s^{-1} を用いると，1 MeV $=1.6022\times10^{-13}$ J だから，$E=1.4924\times10^{-10}$ J $=931.49$ MeV となる．

例 題 23・1
$^4_2$He の原子核の質量は 4.001 51 u である．この原子核の (a) 質量欠損と (b) 結合エネルギーを計算せよ．ただし，陽子の質量 $=1.007\,28$ u，中性子の質量 $=1.008\,66$ u とする．
[解 答] (a) $Z=2$, $A=4$ なので，
$\Delta m = Zm_\mathrm{p} + (A-Z)m_\mathrm{n} - M$
$= 2\times1.007\,28 + 2\times1.008\,66 - 4.001\,51$
$= 0.0304$ u
(b) B.E. $= \Delta mc^2 = 0.0304\times931 = 28.3$ MeV

核子の個数と結合エネルギー

原子核の結合エネルギーは，核を構成要素の陽子と中性子を全部ばらばらに離すため必要な仕事と等しい．**核子**とは，陽子と中性子の総称である．核の結合エネルギーはそこに含まれる核子の個数すなわち質量数により変わる．核子1個当たりの結合エネルギー，すなわち全結合エネルギーを質量数 A で割ったものを計算すると，異なる種類の核の安定性を比較できる．たとえば，もし原子核 X の核子1個当たりの結合エネルギーが 8.0 MeV，原子核 Y では 8.5 MeV ならば，Y から1個の核子を取出す方が大きな仕事を必要とするので，X より Y が安定である．

$$\begin{pmatrix} \text{核子1個当たりの} \\ \text{結合エネルギー} \end{pmatrix} = \frac{\text{核の結合エネルギー}}{\text{質量数}}$$

同位体 ^A_ZX の原子核の結合エネルギーは，原子核の質量が既知ならば次のように計算できる．

ステップ1 質量欠損を計算する：
$$\Delta m = Zm_\mathrm{p} + (A-Z)m_\mathrm{n} - M$$

ステップ2 結合エネルギーを計算する：
$$\text{B.E.} = \Delta mc^2$$

ステップ3 核子1個当たりの結合エネルギーを計算する：
$$\text{核子1個当たりの B.E.} = \frac{\text{B.E.}}{A}$$

> **メモ** 原子 X の質量から Z 個の電子の質量を差し引くと原子核の質量 M になる．

図 23・5 には，既知のすべての核種について，核子1個当たりの結合エネルギーが質量数 A により変化する様子を示す．核子1個当たりの結合エネルギーは，$A=60$ 付近までは A とともに増えるが，その先で徐々に減る．

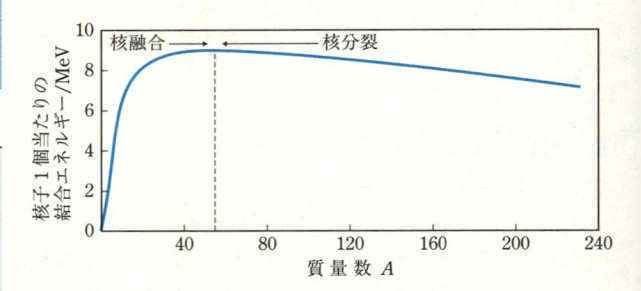

図 23・5 結合エネルギーと質量数

- $A=60$ 付近の核が最も安定である．
- ヘリウムの原子核（すなわち α 粒子）は他の軽い核に比べると非常に安定である．
- U235 のような重い核は，ほぼ等価な2個の核に分けるとより安定になる．この過程は**核分裂**として知られている．重い核が分裂すると，核子1個当たりの結合エネルギーが約 1 MeV だけ増える．1回の核分裂で放出され

るエネルギーは 200 MeV（＝核子 1 個当たり 1 MeV×重い核に含まれる核子の個数，約 200）のオーダーになる．

- 軽い核は非常に高い温度のもとでは融合させることができる．この過程は**核融合**として知られる．たとえば，太陽の内部で水素がヘリウムになる．核融合が起こると核子 1 個当たりの結合エネルギーが増え，その結果としてエネルギーが放出される．

例 題 23・2

(a) $^{12}_{6}$C と (b) $^{56}_{26}$Fe について，核子 1 個当たりの結合エネルギーを MeV 単位で求めよ．〔原子の質量：炭素 (C) 12＝12.000 00 u，鉄 (Fe) 56＝55.934 94 u，電子の質量＝0.000 55 u，陽子の質量＝1.007 28 u，中性子の質量＝1.008 66 u，1 u＝931 MeV〕

[解 答]　(a) 質量欠損 Δm は，

$$\Delta m = Zm_p + (A-Z)m_n - M$$
$$= 6 \times 1.007\,28 + 6 \times 1.008\,66 - (12 - 6 \times 0.000\,55)$$
$$= 0.099\text{ u}$$

したがって，

C 12 の原子核の $B.E. = 0.099\text{ u} \times \dfrac{931\text{ MeV}}{1\text{ u}} = 92.1\text{ MeV}$

核子 1 個当たりの $B.E. = \dfrac{B.E.}{A} = \dfrac{92.1}{12} = 7.7\text{ MeV}$

(b) 質量欠損 Δm は，

$$\Delta m = Zm_p + (A-Z)m_n - M$$
$$= 26 \times 1.007\,28 + 30 \times 1.008\,66 - (55.934\,94 - 26 \times 0.000\,55)$$
$$= 0.528\text{ u}$$

Fe 56 の原子核の $B.E. = 0.528\text{ u} \times \dfrac{931\text{ MeV}}{1\text{ u}} = 492\text{ MeV}$

核子 1 個当たりの $B.E. = \dfrac{B.E.}{A} = \dfrac{492}{56} = 8.8\text{ MeV}$

Q 値

核反応で結合エネルギーが変化すると，反応の後と前とで全質量とが異なる．

- 反応前の全質量の方が大きいとき，エネルギーが放出される．
- 反応前の全質量の方が小さいとき，反応を起こすのにエネルギーが必要となる．

核反応の **Q 値**は，反応によって生じた（$Q>0$），もしくは反応に必要となる（$Q<0$）エネルギーである．

〈α 壊変の場合〉

$$^{A}_{Z}X \longrightarrow ^{A-4}_{Z-2}Y + ^{4}_{2}\alpha + Q$$

よって，

$Q = ^{A}_{Z}X$ の核の質量 $-(^{A-4}_{Z-2}Y$ の核の質量 $+ \alpha$ 粒子の質量$)$

原子 X の電子は Z 個，原子 Y は $Z-2$ 個，ヘリウム (He) 原子は α 粒子＋電子 2 個だから，

$Q = ^{A}_{Z}X$ の原子の質量 $-(^{A-4}_{Z-2}Y$ の原子の質量＋He 4 の質量$)$

〈β 壊変の場合〉

$$^{A}_{Z}X \longrightarrow ^{A}_{Z+1}Y + ^{0}_{-1}\beta + Q$$

よって，

$Q = ^{A}_{Z}X$ の核の質量 $-(^{A}_{Z+1}Y$ の核の質量＋β 粒子の質量$)$

原子 X の電子は Z 個，原子 Y は $Z+1$ 個，β 粒子は電子だから，

$Q = ^{A}_{Z}X$ の原子の質量 $- ^{A}_{Z+1}Y$ の原子の質量

練習問題 23・2

（電子の質量＝0.000 55 u，陽子の質量＝1.007 28 u，中性子＝1.008 66 u，1 u＝931.5 MeV）

1. (a) (i) $^{16}_{8}$O および (ii) $^{90}_{38}$Sr の原子核について，核子 1 個当たりの結合エネルギーを計算せよ．
   (b) (i) 波長 600 nm の光子を 1 個放出した原子の質量の変化，および (ii) 波長 100 fm の γ 線の光子を 1 個放出した原子核の質量の変化を計算せよ．（原子の質量：酸素 16＝15.994 91 u，ストロンチウム 90＝89.907 74 u）

2. (a) ウラン $^{238}_{92}$U の原子核は α 粒子を放出して壊変し，トリウム (Th) の同位体になる．
   (i) この壊変を表す反応式を書け．
   (ii) この壊変の Q 値を計算せよ．（原子の質量：U 238＝238.050 79 u，Th 232＝232.038 06 u，Th 233＝233.041 58 u，Th 234＝234.043 60 u，He 4＝4.002 60 u）
   (b) コバルト $^{60}_{27}$Co の原子核が β 壊変してニッケル (Ni) の同位体ができる．
   (i) この壊変を表す反応式を書け
   (ii) この壊変の Q 値を計算せよ．（原子の質量：Co 60＝59.933 82 u，Ni 59＝58.934 35 u，Ni 60＝59.930 79 u，Ni 61＝60.931 06 u）

23・3　原子力

誘導核分裂

ウランのような重い原子核は不安定で α 粒子を放出して壊変するのが普通であるが，これらの非常に重い原子核に中性子を衝突，吸収させると，核分裂（同程度の大きさの二つの核分裂片に分解）を起こすことができる．この過程は**誘導核分裂**として知られる．中性子が増えるとわずかに安定性が増すような原子核の場合は，それが壊変するには差のエネルギーを補う 1 MeV のオーダーの高速中性子

が必要である．しかしU235の場合には，中性子を吸収すると非常に不安定になるため，運動エネルギーが0.1 MeVのオーダーの遅い中性子の吸収で核分裂を起こす．

1回の核分裂で2～3個の中性子が放出され，その中性子がさらに他の核の分裂をひき起こす可能性がある．核分裂で解放されるエネルギーは，γ線のエネルギーと核分裂片および中性子の運動エネルギーとなる．普通は核分裂片は中性子を余分に含み，β線やγ線を出し安定核に近づく．

図23・6は，原子核の**液滴モデル**による誘導核分裂の説明である．振動する原子核は，振動する液滴と似ている．原子核の形が大きくゆがんだとき，電気的な反発力で原子核が二つに分裂しようとするのを，核力がぎりぎりのところで引きとめているが，そこに中性子が入りエネルギーが与えられると原子核は分裂する．

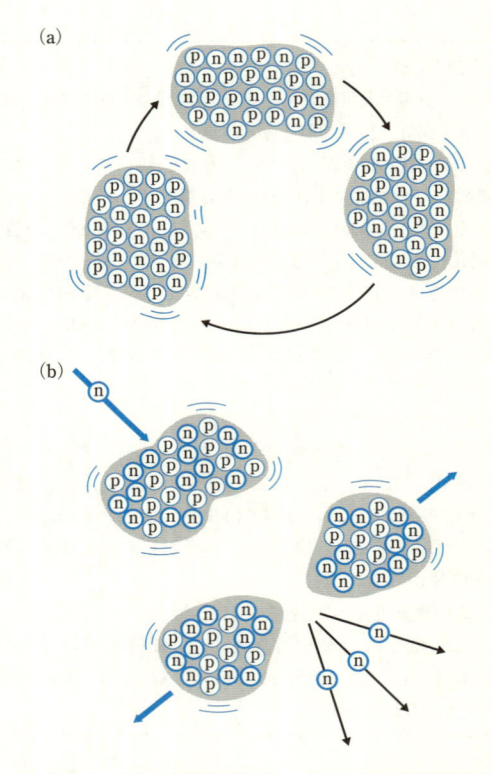

図23・6 (a) 原子核の液滴モデル，(b) 誘導核分裂

核分裂反応のQ値は，結合エネルギーの質量数依存性を表す曲線から推定できる．ウランの核分裂の場合，母核内にある核子1個当たりの結合エネルギーは約7.5 MeV，核分裂片では約8.5 MeVである．したがって，核分裂によって核子1個当たり約1 MeVの結合エネルギーが増加し，その分のエネルギーが放出される．こうして，1回の核分裂で（質量数が約200だから）約200 MeVのエネルギーが放出されることになる．このエネルギーのほとんどの部分は核分裂片の運動エネルギーとして持ち去られる．

持続する核分裂

重い原子核であるウラン235あるいはプルトニウム239の場合は，核分裂で放出される中性子が同じ物質中の他の原子核の分裂をひき起こすことが可能である．他のほとんどの元素では，高速中性子を吸収し核分裂を起こしても核分裂反応が持続しない．

ウラン235（U 235）

天然のウランにはU235を含めて同位体が二つある．比率はU238が99%以上，U235が1%以下である（図23・7）．

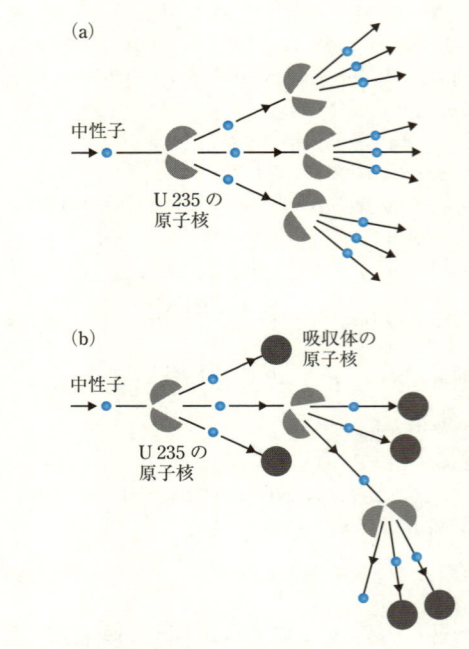

図23・7 連鎖反応．(a) 制御されない場合，(b) 制御されている場合．

- 純粋なU235の核分裂で放出される中性子は，試料の外部に逃げない限り次の核分裂をひき起こす．そうすると，もっと多くの中性子が放出されることになり，核分裂の回数が制御不能な**連鎖反応**の形で増大し，全エネルギーを非常に短い時間のうちに放出する大爆発となりうる．

- 2～3%のU235を含む低濃縮ウランを用いるタイプの原子炉がある．ウランを濃縮しておかないと，核分裂で生じた中性子が他のU235の核分裂をひき起こすよりU238に吸収されてしまう方が多くなる．さらに，中性子を減速する必要がある．これはp.257で説明するように減速材を使用する**熱中性子炉**で行われる．ホウ素を入れた制御棒を使って連鎖反応を人為的に制御する．この棒に中性子を吸収させて核分裂反応の速さを安定させる

のである．炉心に制御棒をちょうど必要なだけ挿入し，1回の核分裂から放出される中性子が平均として正確に1回だけ次の核分裂をひき起こすようにする．

プルトニウム239

熱中性子炉でU238が中性子を吸収しU239になり，これがβ線を放出してネプツニウム239という同位体に，さらにβ壊変してプルトニウム239という天然に存在しない同位体がつくられる．ウラン239の半減期は24分と速く，ネプツニウム239は半減期56時間のβ壊変でプルトニウム239となる．プルトニウム239の半減期は約2.4万年である．

高速中性子によりプルトニウム239は核分裂し，再び高速中性子が放出される．プルトニウム239の試料が十分な大きさならば連鎖反応を起こせる．**高速増殖炉**はプルトニウム239を燃料にするように設計する．炉心中央のプルトニウムを取囲んでブランケットとよばれるU238を配置する．ブランケットのU238の核は炉心からくる中性子を吸収してプルトニウム239に変わる（図23・8）．こうして，原子炉自身が周囲のウランから燃料を"増殖"する．この炉では，ウランの核反応による燃料の増殖が核分裂による燃料消費を上回らなければ運転を継続できない．増殖の速度を高めるには高速の中性子が必須となり，高速増殖炉では減速材を使わない．連鎖反応の制御に制御棒を用いるのは熱中性子炉の場合と同様である．

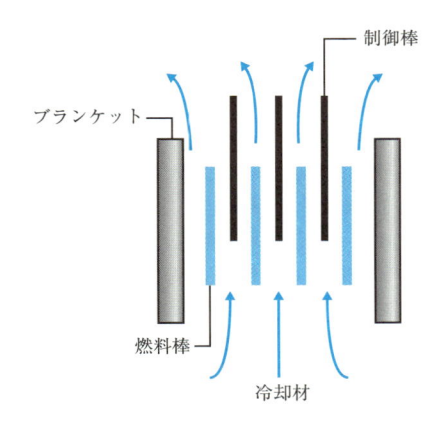

図23・8 高速増殖炉

熱中性子炉

熱中性子炉では約2％のU235を含む低濃縮ウランを燃料として用いる．p.256で説明したように，U235が核分裂を起こすと約200 MeVのエネルギーが放出される．1 molのU235（すなわち0.235 kg）から放出されるエネルギーは$2×10^{13}$ J（$=200×1.6×10^{-13}$ J$×6×10^{23}$）となり，1 kgのU235が核分裂を起こして放出するエネルギーは約$8×10^{13}$ J（$=2×10^{13}$ J$/0.235$）となる．低濃縮ウラン燃料50 kg中には約1 kgのU235が含まれるので，燃料1 kgに含まれるU235の全部が核分裂を起こすと約$1.6×10^{12}$ J（$=8×10^{13}$ J$/50$）のエネルギーが放出される．比較のために，1 kgの油が燃焼したときに放出するエネルギーは約30 MJである．言い換えると，1 kgの低濃縮ウラン燃料と約50 000 kgの油が同じエネルギーを放出する．

熱中性子炉内の燃料は，燃料棒とよばれる金属管の内部に収納されている．燃料棒は減速材の内部に設置される．減速材に冷却用を兼ねて普通の水を使う加圧水型原子炉（PWR）と沸騰水型原子炉（BWR），黒鉛を使う改良型ガス冷却原子炉（AGR）などに分類される．鋼鉄製の厚い壁をもつ容器に炉心を収納して減速材と冷却材を満たし，全体をコンクリートの部屋の内部に設置する．図23・9は加圧水型の熱中性子炉の断面を示す．

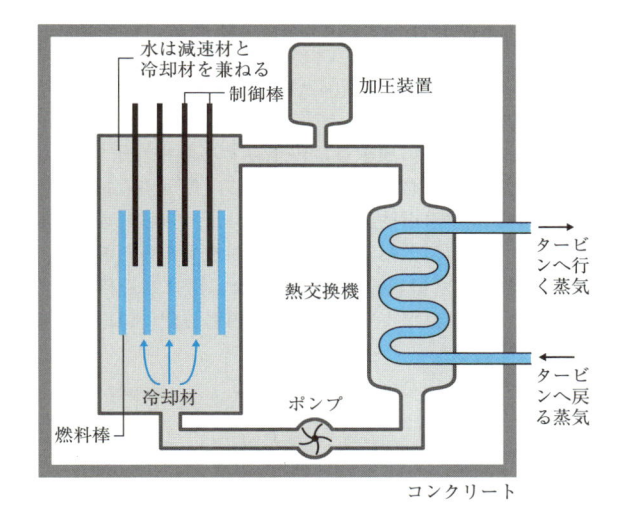

図23・9 加圧水型原子炉

- 核分裂で生じた中性子は高速で減速材に入り，減速材の原子と繰返し衝突して運動エネルギーを失う．最終的に，1回の核分裂で生じ十分減速された後に燃料棒に飛び込んだ1個の中性子が，次の核分裂を1回ひき起こすことになる．減速材の原子は，核分裂で生じた中性子から運動エネルギーを受け取りやすいように，十分に軽くなければならない．このために水や黒鉛を使う．
- 燃料棒は核分裂片の運動エネルギーがその周囲の原子に伝わって非常に高温となる．この燃料棒からの熱エネルギーで減速材の温度が上がる．減速材はまた燃料棒からの中性子の運動エネルギーを吸収するとともに燃料棒から放出されるγ線を吸収する．
- 燃料棒を格納する鋼鉄の容器内部にポンプで冷却材を流

し，配管で熱交換機へ導いた後に格納容器に戻す．冷却材は流れやすく非腐食性の物質を用いる．加圧水型原子炉では高圧の水を冷却材と減速材に兼用する．改良型ガス冷却原子炉では，炭酸ガスを冷却材としポンプで流路を通過させる．流路に沿って燃料棒と制御棒があり黒鉛の減速材ブロックに収納されている．炉心から流出する高温の冷却材はポンプで熱交換機に送られ，炉心に戻る前にその熱エネルギーを外部に伝える．

- ホウ素の制御棒を減速材内部に挿入し中性子の密度を一定に保つ．ホウ素の原子核は容易に中性子を吸収し，α 壊変によりリチウムになるため中性子の密度が減る．制御棒を挿入する深さを変えて核分裂の速度を定常にする．

原子力の長所と短所
長所
1. ウラン燃料 1 kg と化石燃料 50 000 kg がほぼ同じ量のエネルギーを放出する．
2. 全世界に埋蔵される石油と天然ガスは，現在の速さで使い続けると 2050 年より先には枯渇してしまう可能性がある．ウランの埋蔵量は，現存する熱中性子炉を 100 年以上運転するのに十分な量である．使用済み核燃料からプルトニウムを抽出して利用すれば，核燃料の埋蔵量は 100 年から何世紀にも伸びる可能性もあるだろう．
3. 原子力発電所は炭酸ガスのような温室ガスを排出しない．こうした温室ガスは地球大気の温暖化の原因と考えられている．

短所
1. 原子炉の炉心から放出される放射線は人体に有害である．このため炉心は放射線を吸収することを意図したコンクリートに封じ込められている．炉心で行う操作，たとえば制御棒の調整や使用済み核燃料棒の交換などは，すべて原子炉建屋の外にある制御室から遠隔操作で行わなければならない．操作要員は放射線被曝量を記録するフィルムバッジを着用しなければならない．被曝量が許容限度を超えた操作要員は作業を続けることが許されない．
2. 炉心は非常に高温なので冷却材により熱エネルギーを除去する必要がある．そうしないとメルトダウン（炉心溶融）が起こる可能性がある．もし冷却材を循環させるポンプが壊れたり，冷却材が炉心や熱交換機から漏れたりすると，熱エネルギーがたまってくる．炉心に制御棒を完全に挿入して運転を止めても，その後しばらく熱エネルギーが放出され続ける．冷却システムの機能が停止してしまうと，炉心の温度が上昇してメルトダウンに至るかもしれない［訳注：2011 年 3 月の福島原発の事故はこれが現実のものとなった］．1986 年のチェルノブイリの事故は冷却系の故障が原因と考えられている（図 23・10）.

図 23・10 チェルノブイリ．ウクライナにあるチェルノブイリ原子力発電所の残骸の上空を飛行するヘリコプターの空中写真．原子炉の安全を確保する初期段階に撮影された．ヘリコプターは放射能を測定している．

3. 使用済み核燃料は放射能が高い．これはウラン 238 とプルトニウム 239 に加えて強い放射能をもつ核分裂片を含むからである．炉心を囲む鋼鉄の圧力容器も中性子が照射されるため放射能をもつようになる．金属の原子核が中性子を吸収すると不安定になり β 壊変を起こすからである．こうした放射壊変過程には長い半減期をもつものもあり，使用済み燃料棒は内部の放射能により発生を続けるエネルギーのために高温の状態が保たれる．使用済み燃料棒は，高すぎる放射能と高温のため，遠隔制御で撤去される．炉心から撤去された後，燃料棒は水を張った冷却用水槽で何年間も保存する．十分に温度が低下したら，棒を切断して開き使用済み燃料を取出して処理する．使用済み燃料中のウラン 238 とプルトニウム 239 も強い放射能をもつ同位元素であるが，両者を分離し，高速増殖炉に利用する可能性もあるので保管する．そのほかにも何年間も放射能をもちつづける元素が入った廃棄物が出る．**高レベル放射性廃棄物**と再処理された同位体は密封した容器に入れ地下深くに何年間も保存するが，このための施設は保安が確保され，地質学的に安定な場所になければならない．
4. 遠隔制御の装置や冷却材など，炉で用いる物質も放射

能をもつようになる．これらの**中レベル放射性廃棄物**［訳注：日本では低レベル廃棄物に分類する．放射能レベルの多寡により，浅い地下にそのまま埋める，あるいはコンクリートピットを作って埋める，地下50 m〜100 mの地下にコンクリートピットを作って埋める，など異なる対応をしている．］は密封容器に入れて高レベル放射性廃棄物と同じ場所に保管される．使用済みの作業着など，**低レベル放射性廃棄物**は密封容器に入れ，立ち入り禁止区域に埋める．

5. 第二世代の熱中性子炉の設計寿命は約30年であったが現在も運転中のものが多い．寿命が尽きると廃炉になるが，その後一定期間は炉心が放射能を持ち，高温になっているので，廃炉になってから長年にわたり監視が必要である．原子炉の解体のプロセスは費用がかかり，危険な作業で，環境への被害もありうる．現時点では，閉鎖した原子炉を監視下においたまま炉の解体作業は何年間も始まりそうにないものがたくさんある．原子炉の廃炉，監視，解体のための費用は，将来の世代の重荷となることが明白のように思われ，これがいろいろな国で原子力推進のプログラムが当面の間縮小されてきたおもな理由である．

練習問題 23・3

1. (a) 次の用語を説明せよ．
   (i) 誘導核分裂
   (ii) 核分裂の連鎖反応
   (b) (i) 核分裂を起こす物質が臨界量より少ないと連鎖反応が起こらないのはなぜか．
   (ii) 熱中性子炉から時間的に一定の割合でエネルギーを取出すために，炉内で単位時間内に起こる核分裂の回数を制御する方法を述べよ．
   (c) (i) 熱中性子炉の減速材はどんな機能をもつか．
   (ii) 中性子が減速材の原子と弾性衝突をするとき，中性子の運動エネルギーの何%が減速材の原子に移行するかは，両者の質量の比によって変化する．減速材の炭素原子の速度が無視できるとき，1回の衝突で中性子は最大約25%の運動エネルギーを炭素原子に渡す．中性子の運動エネルギーが1 MeVから0.025 eVに減少するのに何回の衝突が必要か．

2. (a) ウラン1 kgは石油50 000 kgと同じ熱エネルギーを放出する．発電の効率が25%のとき出力1000 MWの発電所は1日につきどれだけの (i) ウラン，あるいは (ii) 石油を必要とするか．ただし，石油1 kgを燃やすと30 MJのエネルギーが放出されるとする．
   (b) (i) 使用済みの核燃料棒が強い放射能をもつ理由を説明せよ．
   (ii) 使用済み燃料を再処理するのはなぜか．
   (iii) 高速増殖炉で減速材が不要な理由は何か．

23・4 原子核を探る

中性子の発見

ラザフォードはα粒子を用いて金属の薄膜中の原子の探査を行い，原子には原子核があるというモデルを確立した．彼はその実験から原子核の電荷がZeであることを示した．ここでZは対象とする元素の原子番号（周期表に現れる順番）である．ラザフォードは，原子核が2種類の粒子すなわち陽子と中性子から成るという結論に至った．陽子は水素原子の原子核である．彼はこの考えを推し進めて，電気的に中性で陽子とほぼ同じ質量をもつ中性子が原子核に含まれるとした．しかし，中性子が存在する直接の実験的な証拠はなかった．

中性子の存在はChadwick（チャドウィック）によりその20年後に証明された．チャドウィックはかつてラザフォードに師事した人物である．彼は，ポロニウムから放出されるα粒子をベリリウムの薄膜に当てると放射線が出ることを知っていた．この放射線が電磁波の性格をもつと考える科学者もいたが，チャドウィックは，放射線のビームがワックスの板を通るときそこから陽子を弾き出すことを発見した．彼はさらに測定を進めて，この放射線が陽子とほぼ同じ質量をもつ中性の粒子から成ることを測定に基づいて証明した．

反物質

チャドウィックの発見は原子核が陽子と中性子から成ることの直接の証明となった．原子の構造を説明するとき，それがどんな原子であっても，電子，陽子，中性子という3種類の粒子以外には何も要らない．チャドウィックが中性子を発見したのと同じ頃，米国のCarl Anderson（カール アンダーソン）が霧箱を用いて研究しているときに反物質の存在を示す最初の証拠を得た．彼は宇宙線が霧箱の中につくる飛跡を写真に撮った．宇宙線は太陽その他の星々からくる高エネルギーの粒子から成る．このような高エネルギーの粒子が地球の大気にぶつかると，原子核との衝突の結果としてシャワーのように粒子をつくり出す．アンダーソンは粒子のシャワーが地上に到達したときに写真を撮る方法を見つけた．強い磁場を霧箱に加えると，通過する荷電粒子の軌跡が曲がる．アンダーソンはβ粒子のような飛跡で反対向きに曲がるものを発見した．彼は，この飛跡が正に帯電した電子すなわち陽電子によるものと結論づけた．この粒子の存在は，その数年前にDirac（ディラック）により理論的に予言されていた．

ディラックは，すべての粒子にはその反対の電荷をもつ反粒子があり，粒子と反粒子が出会うと消滅するという理論を展開した．陽電子の発見は反物質の存在の証拠となる初めての実験であった．反物質が存在するというディラックの予言は現在までに確かめられており，次の重要な考えが含まれる．

a. 対消滅 粒子とその反粒子が出会うと光子が放

出される．**対消滅**とよばれるこの過程で，物質が電磁波のエネルギーに変わる．消滅する質量と放出されるエネルギーの間には$E=mc^2$というアインシュタインの関係式がある．

b. 対生成 十分に高いエネルギーの光子は一対の粒子と反粒子を生成することができる．この過程は**対生成**とよばれ，$E=mc^2$ に従って電磁波のエネルギーが質量に変わる．たとえば，電子の質量をm_eとし，γ線の光子のエネルギーhfが$2m_ec^2$以上であるとき，この光子が消滅し電子と陽電子が生成される可能性がある．

$$hf \geq 2m_ec^2$$

加速器

荷電粒子は電場や磁場を用いた装置で光の速さに近い速さまで加速できるが，決して光の速さにはならない．真空中で電荷qの粒子を電位差Vで加速すると粒子の運動エネルギーはqVだけ増加する．加速を繰返して速さが光速cに近づくにつれ，粒子の質量はどんどん大きくなる．アインシュタインによる相対論的な質量は，静止している粒子の質量をm_0とすると，速さvのときは，

$$m = m_0\left[1-\left(\frac{v}{c}\right)^2\right]^{-\frac{1}{2}}$$

である．

粒子の速さが光速cに近いほど加速にエネルギーを必要とするのである．図 23・11 は光速に近づくとエネルギーが増す様子を示す．光速度を超えることは，無限大のエネルギーを必要とすることになり，不可能である．

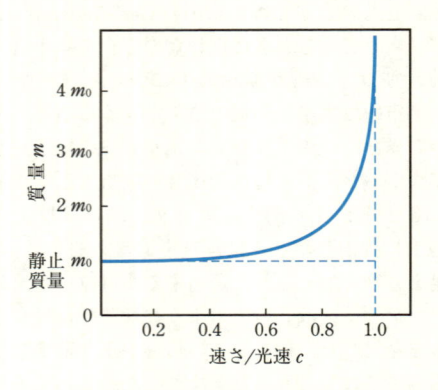

図 23・11 速さと質量の関係

過去半世紀にわたり，物質の本性についての基礎研究は加速器を大型化しながら行われきた．加速器は，高速で運動する粒子どうしをぶつけて，この衝突で生じた破片を研究する目的で使われる．現在までにすべての物質は，

- **クォーク**：中性子や陽子の構成要素
- **レプトン**：電子や陽電子など

から成ることが知られている．

クォーク

宇宙線と加速器実験による 1960 年ごろまでの研究の結果，原子よりも小さくて非常に短寿命の粒子がたくさん発見された．写真乾板の乳剤，霧箱や泡箱に残された飛跡から，これら新発見の粒子の性質が計測された．泡箱では，容器内の液体を急激に減圧し過熱状態になったときに粒子が通過するとその位置で小さな泡が発生する．これにより粒子の飛跡が観測できる．

たとえば，高い高度で宇宙線にさらした写真乾板の乳剤中に生じた微小な飛跡からパイオンが発見された．霧箱の中に吸収板を置いたときの飛跡の写真から奇妙な粒子が発見された．奇妙というのは，その生成は原子核との衝突であり強い力が作用すると解釈されるが，それにしては寿命が長く飛跡が伸び，弱い力による壊変を示唆するからである．この未知の二重性が奇妙であった．さらに，粒子は対になって発生するので，強い力が関与する相互作用で何かの量が保存されると仮定し，この量を**ストレンジネス**とよぶことにした．奇妙な粒子すなわちストレンジ粒子にストレンジネス S を付与したのである．

以前から知られていたものと新しく発見されたすべての粒子は，その性質から次のように分類された．

- 陽子（および中性子）より質量の大きな粒子を**バリオン**とよぶ．

表 23・1 バリオンとメソン

読み方と記号		電荷/e	質量/u	ストレンジネス	寿命/s
パイオン （π中間子）	π^+, π^-	±1	0.150	0	10^{-8}
	π^0	0	0.145	0	10^{-16}
K メソン	K^+	1	0.530	1	10^{-8}
	K^-	−1	0.530	−1	10^{-8}
	K^0	0	0.534	1	10^{-7}
	$\overline{K^0}$	0	0.534	−1	10^{-7}
陽子	p	1	1.01	0	安定
中性子	n	0	1.01	0	15 min
シグマ	Σ^+	1	1.28	−1	10^{-10}
	Σ^-	−1	1.29	−1	10^{-10}
	Σ^0	0	1.28	−1	10^{-19}
ラムダ	Λ^0	0	1.20	−1	10^{-10}
グザイ	Ξ^0	0	1.41	−2	10^{-10}
	Ξ^-	−1	1.42	−2	10^{-10}
デルタ	Δ^{++}	2	1.32	0	10^{-23}
	Δ^+	1	1.32	0	10^{-23}
	Δ^0	0	1.32	0	10^{-23}
	Δ^-	−1	1.32	0	10^{-23}
シグマ・スター	$\Sigma^{\pm *}$	1/−1	1.49	−1	10^{-23}
	Σ^{0*}	0	1.49	−1	10^{-23}
グザイ・スター	Ξ^{0*}	0	1.64	−2	10^{-22}
	Ξ^{-*}	−1	1.65	−2	10^{-22}

23. 原子核のエネルギー

- 陽子より軽く電子より重い粒子を**メソン**とよぶ．
- 電子より軽い粒子（電子を含む）を**レプトン**とよぶ．

表 23・1 には 1960 年までに発見されたバリオンとメソンの性質をまとめた．

これらの粒子を適切なグループに分け，電荷とストレンジネスを座標軸にして並べるとパターンが見えてくる．図 23・12 は非常に短い寿命のバリオンに見られるパターンだが，当時発見されていた粒子だけでは未完成なのである．欠けている部分を補うには，電荷が負でストレンジネスが -3，静止質量が $1.79\,\mathrm{u}$ の粒子が必要とされた．この粒子はオメガ・マイナス（Ω^-）とよばれる．このパターンの基礎であるクォーク・モデルは 1963 年に提唱されたが，翌年に実験的にオメガ（Ω）粒子が発見され，クォーク・モデルに軍配が上がった．

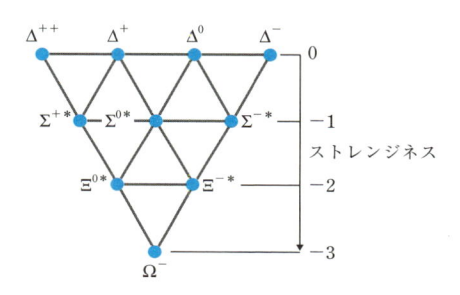

図 23・12 短寿命のバリオン

このクォーク・モデルが最初に導入されたとき，3 種類のクォーク，すなわちアップ（u），ダウン（d），ストレンジ（s）の組合わせですべての粒子が構成されるとした．このモデルの約束事は単純である．

1. u は電荷が $+\dfrac{2}{3}e$，ストレンジネスが 0．
   d は電荷が $-\dfrac{1}{3}e$，ストレンジネスが 0．
   s は電荷が $-\dfrac{1}{3}e$，ストレンジネスが -1．

2. バリオンは 3 個のクォークで構成され，バリオンの反粒子は 3 個の反クォークで構成される．図 23・13 に示したように，3 個のクォークで 10 通りの組合わせをつくることができる．これらの 10 通りの組合わせが，短寿命のバリオン 10 個の粒子の存在を説明している．中性子と陽子を含む長寿命のバリオンを構成するクォークの組合わせも図 23・13 に示す．

3. メソンは 1 個のクォークと 1 個の反クォークで構成される．表 23・1 のメソンを構成するクォークの組を図 23・14 に示した．その後，実験が進み理論的な予測とも整合し，ほかにも 3 種類のクォークが存在することがわかった．クォーク族は現在までに知られている合計 6 種類ですべてである．クォーク族とレプトン族が奥深いところで関係があるのか，今後の研究を待たねばならない．

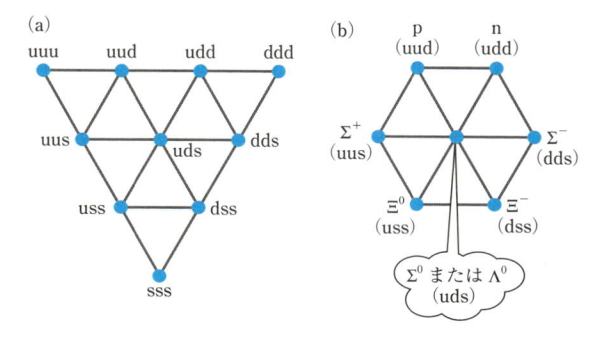

図 23・13 バリオン族．(a) 短寿命のバリオンと (b) 長寿命のバリオン．

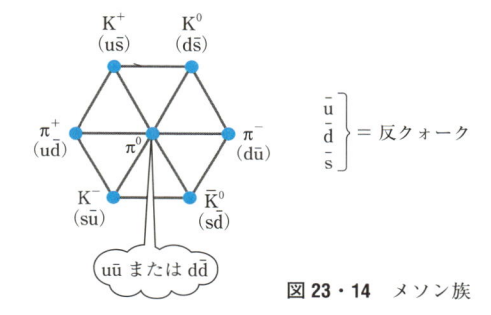

$\left.\begin{array}{l}\bar{\mathrm{u}}\\ \bar{\mathrm{d}}\\ \bar{\mathrm{s}}\end{array}\right\}=$ 反クォーク

図 23・14 メソン族

練習問題 23・4

1. (a) α 粒子はベリリウムの $^{9}_{4}\mathrm{Be}$ 原子核に衝突して 1 個の中性子を叩き出すことができる．この過程を式で表せ．
   (b) アップ・クォーク（u）は電荷が $+\dfrac{2}{3}e$ でストレンジネスが 0，ダウン・クォーク（d）は電荷が $-\dfrac{1}{3}e$ でストレンジネスが 0．ストレンジ・クォーク（s）は電荷が $-\dfrac{1}{3}e$ でストレンジネスが -1 である．
   (i) 陽子は 2 個の u と 1 個の d で構成される．中性子は 2 個の d と 1 個の u で構成される．陽子と中性子の電荷がそれぞれ $+1e$ と 0 になることを示せ．
   (ii) 電荷が $+1e$ でストレンジネスが -1 のバリオンを構成するクォークの組はどのようになるか．

2. (a) 図 23・15 は泡箱中で起こった対生成の写真を表している．磁場が加わっているので粒子と反粒子の軌道が曲がる．
   (i) 二つの軌道の曲がり方が逆になるのはなぜか．
   (ii) 軌道が渦巻き状になるのはなぜか．
   (b) 電子と陽電子が対消滅して 2 個の γ 線の光子が生じて反対方向に進む．電子と陽電子の運動エネルギーは無視できる．光子のエネルギーを計算せよ．（電子の静止質量 $=511\,\mathrm{keV}$）

図 23・15

まとめ

■力
- 強い力: クォークの間で作用する力. クォークを構成要素とする中性子や陽子など核子をまとめる核力は強い力の現れであり, 核力の引力は到達距離が2〜3 fmである.
- 電磁気力: 電荷をもつ物体間で作用し, 引力の場合も反発力の場合もある. 到達距離は無限大.
- 弱い力: 中性子が壊変して陽子になる原因であり, 到達距離は 10^{-18} m 程度.
- 重力: 質量をもつ物体間で作用する. 引力のみ. 到達距離は無限大.

■エネルギー
- 1電子ボルト (1 eV) は, 電子が1Vの電位差を移動するときに必要な仕事. $1\,\mathrm{eV} = 1.6 \times 10^{-19}$ J.
- 原子核の結合エネルギーは, その構成要素である陽子と中性子を完全に切り離すのに必要なエネルギー.
- 質量欠損は, 原子核の構成要素である陽子と中性子がばらばらに離れているときの質量の和と, 原子核の質量との差.
- 核反応のQ値は, その反応で解放されるエネルギー, あるいは必要とされるエネルギー.

■核分裂
- U 235 は遅い中性子により核分裂を起こすが, U 238 は核分裂を起こさずに中性子を吸収する.
- 1回の核分裂で放出される中性子が次の核分裂を1回ひき起こすなら定常的に連鎖反応が進む.
- 熱中性子炉に用いる減速材は, 核分裂で生じる中性子の運動エネルギーを減らして, 未反応のU 235 が核分裂を起こすようにする.

■クォーク
- バリオンは3個のクォークで, また反バリオンは3個の反クォークで構成される. メソンはクォークと反クォーク1個ずつで構成される.
- アップ・クォーク (u)

  電荷 $+\frac{2}{3}e$, ストレンジネス 0

  ダウン・クォーク (d)

  電荷 $-\frac{1}{3}e$, ストレンジネス 0

  ストレンジ・クォーク (s)

  電荷 $-\frac{1}{3}e$, ストレンジネス -1

■エネルギーと質量の関係式　　$E = mc^2$

章末問題

p.323 に本章の補充問題がある.

($e=1.6\times10^{-19}$ C, $\varepsilon_0=8.85\times10^{-12}$ F m^{-1}, 1 u = 931 MeV, 陽子の質量 = 1.007 28 u, 中性子の質量 = 1.008 66 u, 電子の質量 = 0.000 55 u)

23・1 (a) 距離 r だけ離れた荷電粒子の静電的なポテンシャルエネルギーは $\frac{Q_1Q_2}{4\pi\varepsilon_0 r}$ である. 運動エネルギー5 MeV の α 粒子がベリリウム $^9_4$Be の原子核にどこまで近づけるか計算せよ. ただし, 静電的な力だけが作用すると仮定する.

(b) 核力の到達距離は数 fm である. 5 MeV の α 粒子がベリリウム9に当たったとき核反応を起こせる可能性について論ぜよ.

23・2 (a) 次の原子核の核子1個当たりの結合エネルギーを計算せよ. (i) $^{13}_6$C, (ii) $^{206}_{82}$Pb (原子の質量: C 13 = 13.003 35 u, Pb 206 = 205.974 47 u).

(b) (i) 原子核の核子1個当たりの結合エネルギーが質量数とともに変化する様子を表すグラフの概略を描け.

(ii) 重い原子核が核分裂を起こすとエネルギーが放出される理由を, そのグラフにより説明せよ.

23・3 (a) ポロニウム 210 の核は 84 個の陽子を含み, 不安定で α 粒子を放出する. 壊変が起こると鉛 (Pb) の安定な同位体ができる.

(i) ポロニウム 210 が起こすこの壊変を式で表せ.

(ii) この反応のQ値を求めよ. 原子の質量はポロニウム 210 が 209.982 87 u, Pb 206 は 205.974 47 u である.

(b) ナトリウム 24 の原子核は 11 個の陽子を含み不安定で β 粒子を放出する. 壊変が起こるとマグネシウムの安定な同位体ができる.

(i) この壊変を表す式を書け.

(ii) この反応のQ値を求めよ. 原子の質量はナトリウム 24 が 23.990 96 u, マグネシウム 24 は 23.985 04 u である.

23・4 (a) (i) 原子炉内の連鎖反応とはどんな意味か.

(ii) 原子炉で連鎖反応を制御する方法について述べよ.

(b) (i) 原子炉で減速材を使う目的は何か.

(ii) 減速材に求められる物理的な性質は何か.

(c) (i) 使用済みの核燃料はなぜ危険か.

(ii) プルトニウム 239 の半減期は約 2.4 万年である. この同位体 1 kg の放射能を計算せよ. アボガドロ定数 = 6.02×10^{23} mol^{-1} とする.

23・5 (a) シンクロトロンとよばれる加速器では, 荷電粒子がほぼ円形の軌道を回りながら周期的に加速される.

(i) どうすれば荷電粒子をこのような軌道に沿って進ませ

ることができるか．磁場の利用の観点から説明せよ．
(ii) 荷電粒子を曲った軌道に沿って進ませるやり方のため，荷電粒子の加速の上限が決まってしまう．荷電粒子が加速度運動をすると電磁波を放出してエネルギーを失うが，この観点から理由を説明せよ．
(b) 陽子を運動エネルギーが 20 GeV になるまで加速する．(i) このとき，陽子の速さと光速の比はどれだけか．陽子の質量は 0.938 GeV である．
(ii) 相対性理論から陽子の速さには原理的な限界がある．これを説明せよ．
(c) クォークの構成が (i) uds のバリオンおよび (ii) のメソンについて，電荷とストレンジネスを求めよ．
(d) (i) 電荷 +2e でストレンジネス 0 のバリオンはどのようなクォークから構成されるか
(ii) 電荷 0 でストレンジネス +1 のメソンについてはどうか．

VII 発展

第 24 章　気　　体
第 25 章　熱 力 学
第 26 章　等速円運動
第 27 章　重　　力
第 28 章　単 振 動
第 29 章　流　　体

　第Ⅶ部では，前章までに学んだ物理の諸法則を使える自信がつくように，法則の理解を深める機会を提供する．"第 24 章 気体"では，温度について深く考察し分子論の立場でエネルギーとの関連を考え，第 6 章で解説した熱物理の理解を発展させる．"第 25 章 熱力学"では，第 12 章で学んだエネルギーの変換についての単純な考え方を，熱機関の効率の限界という高度な認識へ発展させる．"第 26 章 等速円運動"，"第 27 章 重力"，"第 28 章 単振動"，"第 29 章 流体"では，これまでに学んだ力学の各章を基礎として，基本となる考え方と数学的なスキルを高いレベルに発展させる．この教科書で学ぶ諸君が学習の次のステージとして専門教育を受ける場合，その準備として深く学ぶ必要のあるものを第Ⅶ部の各章から選択して学習するとよい．第Ⅶ部は，基礎物理と専門教育の橋渡しとなる．

24

気　体

目　次
24・1　気体の法則
24・2　理想気体の状態方程式
24・3　気体分子運動理論
まとめ
章末問題

学習内容
- ボイルの法則とシャルルの法則
- 理想気体
- 理想気体の方程式とモル気体定数 R
- 物質の運動論を用いた気体圧力
- 気体の圧力と気体分子運動論の式
- 気体分子の 2 乗平均速さ
- 気体分子運動論の式によるアボガドロの仮説の証明

という関係になる．

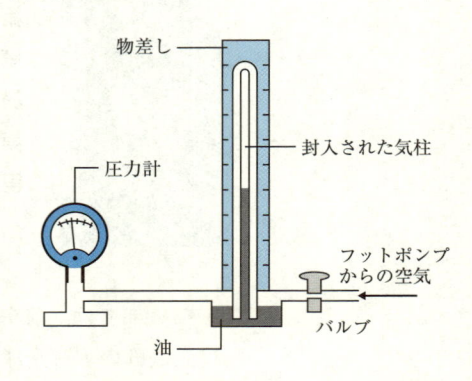

図 24・1　ボイルの法則を調べる実験

測定結果を図 24・2 のように体積を x 軸，圧力を y 軸としてグラフにプロットすることができる．異なる温度について測定を繰返せば，それぞれの温度を反映して異なる曲線を得る．これらの曲線は一定温度の曲線であることから，**等温曲線**とよばれる．

また，測定結果を図 24・3 のように x 軸 $\left(\dfrac{1}{\text{体積}}\right)$ に対し

24・1　気体の法則

ボイルの法則
　一定量の気体が一定温度で圧縮され体積が小さくなると，その圧力は高くなる．圧力と体積の間に成り立つ関係は Robert Boyle (ロバート ボイル) によって 17 世紀に初めて調べられた．彼は，温度一定のもとで気体の圧力と体積の積が常に一定であることを発見した．この関係は**ボイルの法則**

$$pV = \text{一定}$$

として知られている．ここで，一定量かつ一定温度の気体の圧力を p，体積を V とした．
　図 24・1 はボイルの法則の調べ方を示しており，肉厚のガラス管に封入した空気をポンプで圧縮して体積を変えるごとに，圧力計で圧力を，気柱の長さから体積を計測する．典型的な結果を図 24・2 に示す．気体温度が同じとき p と V の積が一定である．2 組の測定値，p_1 と V_1 および p_2 と V_2 は，ボイルの法則の式により，

$$p_1 V_1 = p_2 V_2$$

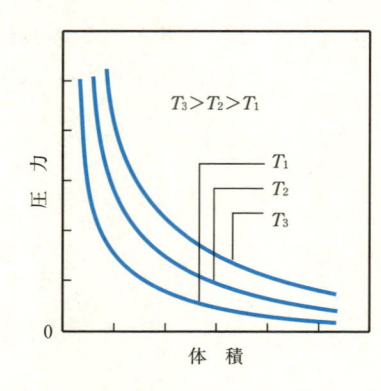

図 24・2　圧力と体積

メ　モ
等温変化とは温度一定で起こる変化である．

て y 軸（圧力）のグラフにプロットしてもよい．ボイルの法則に従うとすると圧力×体積（$p×V$）が一定なので，各温度ごとの測定点の組は次の式に従う直線となる．

$$p = 定数 \times \frac{1}{V}$$

ボイルの法則に従う気体を**理想気体**という．

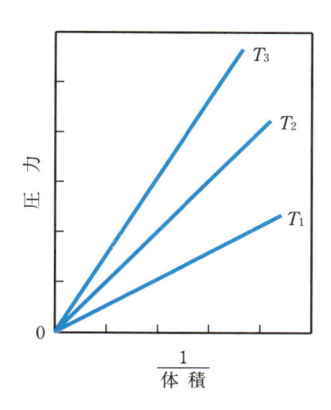

図 24・3　圧力と $\dfrac{1}{体積}$

例題 24・1

空気の入ったシリンダーをピストンで圧縮する．封入された空気の体積は，圧力 100 kPa のとき 0.0100 m³ であり，0.0020 m³ まで圧縮する．温度が変化しないとして，体積が 0.0020 m³ のときのシリンダーの圧力を計算せよ．

［解答］ $pV=$ 一定なので，

$$p \times 0.0020 = 100 \times 10^3 \times 0.0100$$

よって，

$$p = \frac{100 \times 10^3 \times 0.0100}{0.0020} = 500 \times 10^3 \, \text{Pa} = 500 \, \text{kPa}$$

ボイルの法則を用いた粉体の体積の測定

図 24・4 のように，圧力計につないだ既知の体積 V_F のフラスコを封じ，内部の空気をポンプで圧縮する．

1. フラスコを空にして圧力を圧縮前（p_0）と圧縮後（p_1）に測定する．ボイルの法則から $p_1 V_\text{F} = p_0(V_\text{F} + V_\text{P})$ となる．ここで V_P はポンプの体積である．この式を変形して，

$$p_0 V_\text{P} = (p_1 - p_0) V_\text{F}$$

を得る．

2. フラスコに未知の体積 v の粉体が入っているとき，圧力を圧縮前（1 と同じ p_0）と圧縮後（p_2）で測定する．空気の体積は圧縮後に $(V_\text{F}-v)$，圧縮前に $(V_\text{F}-v+V_\text{P})$ と

なるから，ボイルの法則より，

$$p_2(V_\text{F}-v) = p_0(V_\text{F}-v+V_\text{P})$$

を得る．この式を変形して，

$$p_0 V_\text{P} = (p_2 - p_0)(V_\text{F}-v)$$

となる．

変形した2式をあわせると，

$$(p_2-p_0)(V_\text{F}-v) = (p_1-p_0) V_\text{F}$$

これをさらに変形すると，粉体の体積を計算する次式を得る．

$$v = V_\text{F} - V_\text{F}\frac{(p_1-p_0)}{(p_2-p_0)} = \frac{(p_2-p_1)}{(p_2-p_0)} V_\text{F}$$

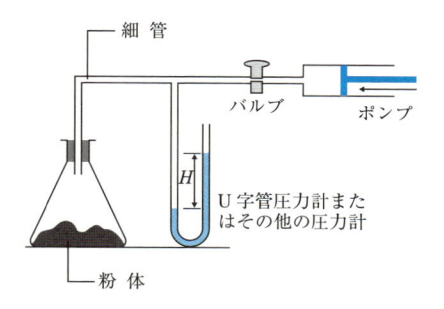

図 24・4　粉体の体積の測定

練習問題 24・1a

1. 体積 4.5×10^{-5} m³（$=45$ cm³）の自転車用のポンプを使って，体積 1.50×10^{-3} m³（$=1500$ cm³）のタイヤに空気を入れる．体積は一定で最初の圧力が 110 kPa である．
   (a) 最初に空気を1回入れた後のタイヤの空気圧はどれだけか．
   (b) 空気を1回入れるたびに空気圧が 3% ずつ増加することを示せ．
   (c) 空気を 20 回入れた後の空気圧を計算せよ．

2. フラスコ内の粉体の体積を測定する実験を行った．フラスコの体積は 2.50×10^{-4} m³（$=250$ cm³）である．粉体がある場合とない場合について，フラスコ内の空気をハンドポンプで加圧した．
   (a) 粉体がないとき，フラスコ内の圧力が 100 kPa から 118 kPa になった．最初にポンプ内にあった空気の体積を計算せよ．
   (b) フラスコの約半分を粉体で満たして測定を繰返したところ，フラスコ内の圧力が 100 kPa から 140 kPa に上昇した．粉体の体積を計算せよ．

シャルルの法則

気体を熱するとき，気体が自由に膨張できるなら体積が増加する．図 24・5 にこれを調べる方法を示す．調べる気体は一端を閉じた細い管内の空気で，液体（濃硫酸）でふたがされている．気柱の長さで空気の体積を測ることができて，空気が熱せられると長さが増える．加熱は熱浴によって行う．

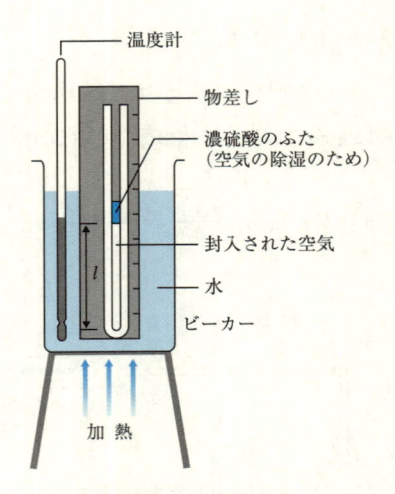

図 24・5 気体の膨張を調べる実験

気体の体積は，純水の融点である 0 ℃ と，大気圧での水の沸点 100 ℃ の 2 点で測定する．これらの点をグラフにプロットすると，もし仮に気体が十分冷却されたとして，体積が 0 になる温度がみつかる．これが理想気体（つまり 0 ℃ ～ 100 ℃ の温度範囲を超えてボイルの法則に従う）とすると，この温度は常に約 −273 ℃ であり，どんな

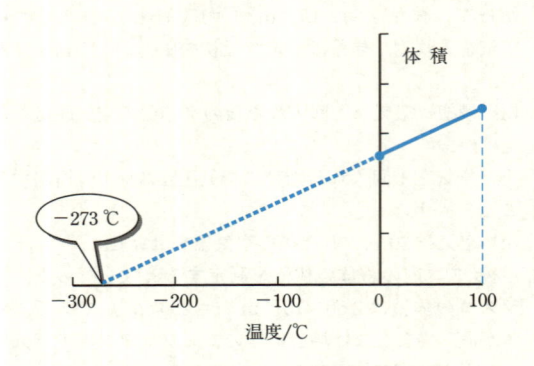

図 24・6 絶対零度

気体が用いられたか，あるいはどれくらいの量の気体があったかにはよらない．この温度は，図 24・6 に記したが，**絶対零度**とよばれる．これは可能な最も低い温度である．

ケルビンを単位とする**絶対温度目盛**で表す温度 T は，℃ を単位とする摂氏温度の t と，

$$T = t + 273$$

で結ばれる．したがって理想気体の体積 V は絶対温度 T に比例し，水の融点 $T_0 = 273$ K における体積を V_0 とすると，

$$V = \frac{V_0}{T_0} T$$

に従う．これを

$$\frac{V}{T} = 一定$$

と変形し，**シャルルの法則**という．

体積一定の気体の圧力が温度により変化する様子を調べる

質量一定の気体の体積を一定に保ち加熱すると圧力が増加する．フラスコに封入された空気の圧力を U 字管水銀圧力計で測り，これを調べることができる．フラスコの空気の温度は熱浴の温度を調整して変える．温度を一定にして毎回の圧力の測定を行い，温度は熱浴の温度計で測定する．p.76 で説明したように，フラスコ内の空気の圧力は，

$$p = H\rho g + p_0$$

で与えられる．ここで H は圧力計の水銀柱の高さの差分，ρ は水銀の密度，p_0 は大気圧（気圧計で独立に測定：p.78 参照）である．

測定結果は，x（絶対温度），y（圧力）のグラフにプロットできる．理想気体では，各測定点はゼロ気圧のときに絶対零度を通る直線になる．したがってフラスコ内の空気の圧力 p と絶対温度 T の関係は，

$$\frac{p}{T} = 一定$$

で与えられる．

ボイル・シャルルの法則

別々に出てきた三つの法則は，気体の質量が一定ならばどんな理想気体にも適用できる一つの法則

$$\frac{pV}{T} = 一定$$

にまとめられ，圧力 p，体積 V および絶対温度 T を結びつけるものとなる．この法則を**ボイル・シャルルの法則**とよぶ．たとえば，ある状況で気体の圧力，体積，温度がそれぞれ p_1, V_1, T_1，別の状況で p_2, V_2, T_2 のとき，

$$\frac{p_2 V_2}{T_2} = \frac{p_1 V_1}{T_1}$$

が成り立つ．

例題 24・2

電気分解の実験において圧力 103 kPa，温度 20 ℃，体積 25 cm³ (2.5×10^{-5} m³) の気体が収集された．この気体の 0 ℃，102 kPa での体積を計算せよ．

[解答]
$p_1 = 103$ kPa, $V_1 = 25$ cm³, $T_1 = 20 + 273 = 293$ K
$p_2 = 102$ kPa, $V_2 = ?$, $T_2 = 273$ K

$$\frac{p_2 V_2}{T_2} = \frac{p_1 V_1}{T_1}$$ より，

$$\frac{102 \times 10^3 \times V_2}{273} = \frac{103 \times 10^3 \times 2.5 \times 10^{-5}}{293}$$

よって，V_2 は，

$$V_2 = \frac{103 \times 10^3 \times 2.5 \times 10^{-5} \times 273}{293 \times 102 \times 10^3}$$
$$= 2.35 \times 10^{-5} \text{ m}^3$$
$$= 23.5 \text{ cm}^3$$

練習問題 24・1b

1. ボイル・シャルルの法則を用いて次の表の空欄を埋めよ．

p_1/kPa	V_1/m³	T_1/K	p_2/kPa	V_2/m³	T_2/K
100	0.05	300	110	(a)	350
105	0.24	400	101	0.12	(b)
0.35	0.85	350	(c)	0.58	250
101	0.42	(d)	101	0.38	300
110	(e)	290	101	0.16	273

2. (a) 化学の実験において，反応で発生した 20 cm³ の気体をピストン付きのシリンダーに収容した．その圧力が 105 kPa で温度が 288 K であった．この量の気体が 0 ℃，101 kPa のときの体積を計算せよ．
(b) 30 cm³ の空気が缶に密封され，20 ℃ で圧力が 101 kPa である．温度を 100 ℃ にしたとき体積が 31 cm³ なら圧力はどれだけか．

24・2 理想気体の状態方程式

モル質量

- アボガドロ定数 N_A の定義は，炭素 12 が正確に 12 g となる原子の個数であり，6.02×10^{23} に等しい．

- ある物質の 1 モル (mole) は，その物質の N_A 個の粒子として定義される．ある量の物質が何モルの粒子を含むかを表すのがモル数であり，単位は mol である．

- ある物質のモル質量 M は，その物質粒子 N_A 個の質量であり，1 モルの質量と等しい．モル質量の単位は kg mol^{-1} である．

気体定数 R

> 同じ体積の理想気体は，同じ温度，圧力のもとで同量のモル数を含む．

この法則は，化学反応で発生あるいは消費された気体の体積を測定した結果として確立した．さらに測定を行った結果，0 ℃，101 kPa の理想気体 1 mol の体積は 0.0224 m³ であり，気体の種類によらないことが示された．言い換えれば，標準温度と圧力 (0 ℃，101 kPa) において，いかなる理想気体のモル体積も常に 0.0224 m³ である．1 mol 当たりの PV/T の値は気体定数 R として知られており，一般気体定数ともよばれ，

$$R = \frac{PV}{T} = \frac{101 \times 10^3 \text{ Pa} \times 0.0224 \text{ m}^3}{273} = 8.31 \text{ J mol}^{-1}\text{ K}^{-1}$$

そうすると，ボイル・シャルルの法則は，1 mol の体積を V_m として，

$$\frac{p V_m}{T} = R$$

と書くことができる．これを変形すると，**理想気体の状態方程式**

$$pV_m = RT \quad (1 \text{ mol のとき})$$
$$pV = nRT \quad (n \text{ mol のとき})$$

となる．

> **メモ**
> 1. R の単位は PV/T の単位と同じである．1 Pa = 1 N m^{-2} だから，PV の単位はニュートン・メートル (N m) あるいはジュール (J) である．よって R の単位は J K^{-1} mol^{-1}．
> 2. この式を $pV = nMR_g T$ と書くこともある．ここで M はモル質量，$R_g = R/M$．R_g は気体によって異なる値である．

例題 24・3

($N_A = 6.02 \times 10^{23}$ mol^{-1}, $R = 8.31$ J K^{-1} mol^{-1})

体積 60 cm³ の密封されたフラスコに，圧力 10 kPa，温度 27 ℃ の気体が封入されている．以下を計算せよ．フラスコ内の気体の (a) モル数，(b) 体積 1 cm³ に含まれる分子数．

[解答] (a) $pV = nRT$ より，

$$n = \frac{pV}{RT} = \frac{10 \times 10^3 \times 60 \times 10^{-6}}{8.31 \times (273 + 27)} = 2.4 \times 10^{-4} \text{ mol}$$

(b) 内部の分子数 $= nN_A = 2.4 \times 10^{-4} \times 6.02 \times 10^{23}$

$$\therefore \quad 1 \text{ cm}^3 \text{ 当たりの分子} = \frac{1.45 \times 10^{20}}{60} = 2.4 \times 10^{18}$$

練習問題 24・2

($N_A = 6.02 \times 10^{23}$ mol^{-1}, $R = 8.31$ J K^{-1} mol^{-1})

1. 安全弁のついた密閉容器に圧力 120 kPa 温度 15 ℃ の気体 200 cm^3 が封入されている.
   (a) 容器内の気体のモル数を計算せよ.
   (b) 圧力が 150 kP を超えると安全弁が開いて気体を放出する. 安全弁が作動する最低温度を求めよ.
   (c) 安全弁が作動する最低温度以上に容器が加熱されると, 弁は内部圧力を 150 kPa に保つように気体を放出し続ける. 容器の温度が 100 ℃ に加熱されたとき, (i) 容器から失われたモル数を計算せよ. (ii) 元の量に対してどれだけの気体が失われたか.
2. 窒素のモル質量は 0.028 kg である. 以下の場合におけるモル体積および密度を求めよ.
   (i) 0 ℃, 圧力 101 kPa のとき.
   (ii) 100 ℃, 圧力 101 kPa のとき.

24・3 気体分子運動理論

ブラウン運動

煙の粒子に光を当て顕微鏡下で観察すると, 光の点が予測不可能で不規則に震えているように見える. このような運動は, 発見者である植物学者 Robert Brown にちなんで**ブラウン運動**とよばれる. 彼は同じ方法を用いて水の中で運動する花粉から放出された微粒子を観測した. 図 24・7 は煙の粒子の運動を観察するための装置を示す.

ブラウン運動は, 高速で運動する空気の分子が, 煙の粒子にたえず繰返し衝突することでひき起こされる. 空気の分子は小さくて見えないが, それにもかかわらず煙の粒子に顕著な動きを与えることができる. 煙の粒子の不規則な動きは, 空気分子が煙粒子に不均一で不規則な衝撃を与えるためである. 結果として, それぞれの煙粒子への衝撃力の和は, たえずランダムに方向を変える. ブラウン運動は "気体が非常に小さい分子から成ること" の直接的な証明となっている. そして, その分子がランダムに高速で動き回っていることが推察されるのである.

気体圧力の原因

気体が接する表面に及ぼす圧力は, 気体分子の衝撃によるものである. 1回の衝撃は非常に小さいにもかかわらず, 毎秒・単位面積当たりの衝撃の回数が非常に多いため, 圧力は測定可能な量である.

- 気体を圧縮して体積が減ると, 毎秒当たりの衝突回数が増えるため, 気体の圧力は増加する. これは気体容器が小さくなるため分子がより頻繁に容器の表面と衝突して, 圧力が増すのである.

- 体積が一定のまま, 温度が上昇すると気体の圧力が増える. 温度が高いと分子はより速く運動するため, 各分子が容器壁に与える衝撃がより強力になるためである. 加えて, 分子が速く運動するため, 容器を横断する時間が短くなり, 毎秒当たりの衝突回数が増加する. したがって, 毎秒当たりの衝突回数が増えることと, 各衝撃がより強力になることによって, 圧力が増す.

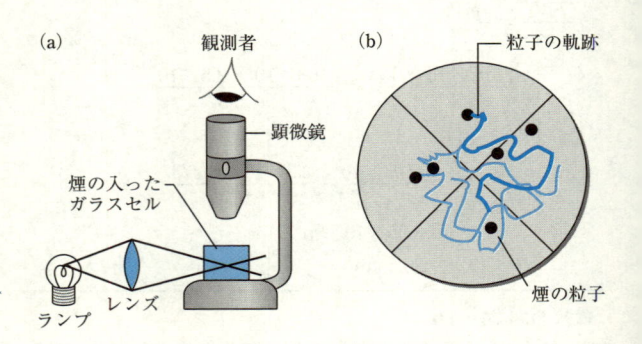

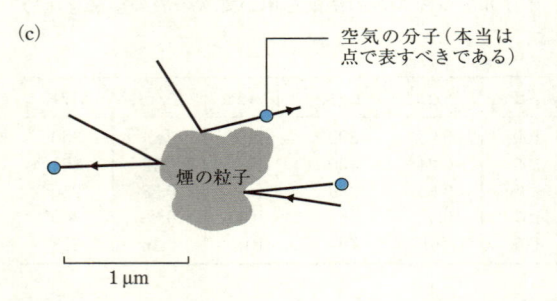

図 24・7 ブラウン運動. (a) 顕微鏡の使用, (b) 観察, (c) 説明.

気体分子運動論のモデル

以下の仮定が気体分子運動理論のモデルの基礎をなす.

1. 気体は理想的な点状分子より成る (すなわち分子自身の体積は無視できる).
2. 分子はたえず不規則に運動している.
3. 分子と容器の壁, あるいは分子どうしの衝突は完全弾性衝突である (すなわち衝突によって運動エネルギーが失われない).
4. 分子間に引力がはたらかない.
5. 分子が衝突するとき接触している時間は, 衝突と衝突の間隔よりも十分に短い.
6. 分子の平均運動エネルギーは気体の絶対温度に比例する.

図 24・8 に示すように, 半径 r の球形容器に入った, 質量 m, 速度 v で運動する<u>1個の分子</u>を考える.

24. 気体

- 分子は毎回同じ角度で繰返し壁と衝突する．図の衝突において，運動量の壁に垂直な成分は $mv\cos\theta$ から $-mv\cos\theta$ へ反転する．このとき，運動量の変化＝衝突後の運動量－衝突前の運動量＝ $-2mv\cos\theta$．

- 衝突と衝突の間の時間 $= \dfrac{距離}{速さ v} = \dfrac{2r\cos\theta}{v}$

- 衝突の力の平均の大きさ $= \dfrac{運動量変化の大きさ}{経過した時間}$
  $= \dfrac{2mv\cos\theta}{\left(\dfrac{2r\cos\theta}{v}\right)} = \dfrac{mv^2}{r}$

- 球の内側の表面積 $= 4\pi r^2$

  $\therefore$ 圧力 $p = \dfrac{力}{面積} = \dfrac{\left(\dfrac{mv^2}{r}\right)}{4\pi r^2} = \dfrac{mv^2}{4\pi r^3}$

- 容器の体積は $V = \dfrac{4}{3}\pi r^3$ だから $p = \dfrac{mv^2}{3V}$

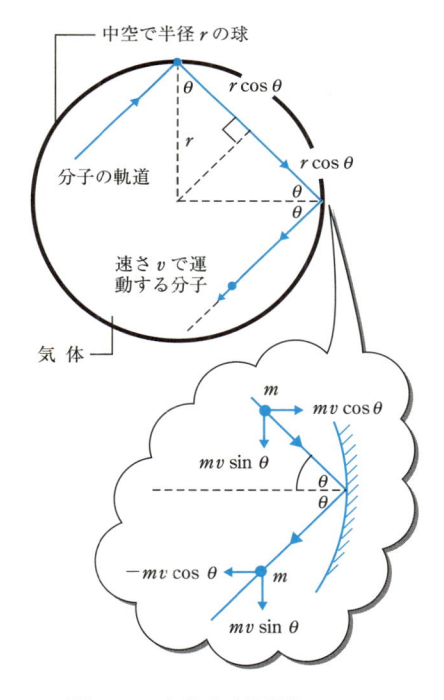

図 24・8 気体分子運動論のモデル

つぎに，容器に N 個の同種の分子が入っている場合を考える．

- 分子1が及ぼす圧力は，$p_1 = \dfrac{mv_1^2}{3V}$ と書ける．
  （ただし，v_1 は分子1の速さである．）

- 分子2が及ぼす圧力は，$p_2 = \dfrac{mv_2^2}{3V}$ と書ける．
  （ただし，v_2 は分子2の速さである．）

- 分子3が及ぼす圧力は，$p_3 = \dfrac{mv_3^2}{3V}$ と書ける．
  （ただし，v_3 は分子3の速さである．）

- 分子 N が及ぼす圧力は，$p_N = \dfrac{mv_N^2}{3V}$ と書ける．
  （ただし，v_N は分子 N の速さである．）

- 全圧力は，$p = p_1 + p_2 + p_3 + \cdots + p_N$ であるから，
  $$p = \dfrac{mv_1^2}{3V} + \dfrac{mv_2^2}{3V} + \dfrac{mv_3^2}{3V} + \cdots + \dfrac{mv_N^2}{3V}$$
  $$\therefore \quad p = \dfrac{Nmv_{\text{rms}}^2}{3V}$$
  ここで，$v_{\text{rms}}^2 = \dfrac{v_1^2 + v_2^2 + v_3^2 + \cdots + v_N^2}{N}$

これは気体分子運動論的な状態方程式である．両辺に V をかけると，
$$pV = \dfrac{Nmv_{\text{rms}}^2}{3}$$
という形になる．

メ モ

1. v_{rms} は気体分子の **2乗平均速さ**（根2乗平均速さ）あるいは **rms速さ**（p.210 の rms と同内容）といわれる．
$$v_{\text{rms}} = \left(\dfrac{v_1^2 + v_2^2 + v_3^2 + \cdots + v_N^2}{N}\right)^{\frac{1}{2}}$$

2. 密度 ρ は，
$$\rho = \dfrac{質量}{体積} = \dfrac{Nm}{V} \quad \therefore \quad p = \dfrac{Nmv_{\text{rms}}^2}{3V} = \dfrac{1}{3}\rho v_{\text{rms}}^2$$

例 題 24・4

（$R = 8.31\,\text{J K}^{-1}\text{mol}^{-1}$）

酸素のモル質量は 0.032 kg である．(a) 温度 20 ℃，圧力 101 kPa での酸素の密度と，(b) この密度，圧力での酸素分子の2乗平均速さを計算せよ．

[解答] (a) $pV_{\text{m}} = RT$ を用いて，20 ℃，101 kPa，1 mol の体積を計算する．

$$V_{\text{m}} = \dfrac{RT}{p} = \dfrac{8.31 \times (273+20)}{101 \times 10^3} = 2.41 \times 10^{-2}\,\text{m}^3$$

したがって密度 ρ は，

$$\rho = \dfrac{質量}{体積} = \dfrac{モル質量}{モル体積} = \dfrac{0.032\,\text{kg}}{2.41 \times 10^{-2}\,\text{m}^3}$$
$$= 1.33\,\text{kg m}^{-3}$$

(b) $p = \dfrac{1}{3}\rho v_{\text{rms}}^2$ より

$$v_{\text{rms}}^2 = \dfrac{3p}{\rho} = \dfrac{3 \times 101 \times 10^3}{1.33} = 2.28 \times 10^5\,\text{m}^2\,\text{s}^{-2}$$
$$\therefore \quad v_{\text{rms}} = 478\,\text{m s}^{-1}$$

運動エネルギーと温度

気体中の全分子の運動エネルギーの和

$$= \frac{1}{2}mv_1^2 + \frac{1}{2}mv_2^2 + \frac{1}{2}mv_3^2 + \cdots + \frac{1}{2}mv_N^2$$

$$= \frac{1}{2}Nm\frac{(v_1^2+v_2^2+v_3^2+\cdots+v_N^2)}{N}$$

$$= \frac{1}{2}Nmv_{\mathrm{rms}}^2$$

を,

$$\frac{1}{2}Nmv_{\mathrm{rms}}^2 = \frac{3}{2}nRT$$

とおくと,気体分子運動論による状態方程式

$$pV = \frac{1}{3}Nmv_{\mathrm{rms}}^2$$

は $pV=nRT$ となる.理想気体の状態方程式 $pV=nRT$ は,理想気体の分子についての仮定(p.270 に列挙したもの)から導かれるのである.

$$\begin{pmatrix}\text{理想気体の分子1個の}\\\text{運動エネルギーの平均値}\end{pmatrix} = \frac{\text{運動エネルギーの総和}}{\text{分子の総数 } N}$$

$$= \frac{\frac{1}{2}Nmv_{\mathrm{rms}}^2}{N} = \frac{1}{2}mv_{\mathrm{rms}}^2$$

である.また,

$$\text{運動エネルギーの総和} = \frac{1}{2}Nmv_{\mathrm{rms}}^2 = \frac{3}{2}nRT$$

とおいたから,理想気体の分子の運動エネルギーの平均は,

$$\frac{1}{2}mv_{\mathrm{rms}}^2 = \frac{3nRT}{2N} = \frac{3kT}{2}$$

となる.ここで,k は**ボルツマン定数**といい,

$$k = \frac{R}{N_{\mathrm{A}}} = \frac{nR}{N} = 1.38\times 10^{-23}\,\mathrm{J\,mol\,K^{-1}}$$

である.

> 1個の気体分子の運動エネルギーの平均値 $= \frac{3}{2}kT$

例題 24・5

($1\,\mathrm{eV}=1.6\times 10^{-19}\,\mathrm{J}$, $k=1.38\times 10^{-23}\,\mathrm{J\,K^{-1}}$)

20℃の気体中の分子1個の運動エネルギーの平均値を (a) J を単位として,(b) 電子ボルト (eV) を単位として計算せよ.

[解答]

(a) $\begin{pmatrix}\text{分子1個の}\\\text{運動エネルギー}\end{pmatrix} = \frac{3}{2}kT$

$= 1.5\times 1.38\times 10^{-23}\times(273+20)$

$= 6.1\times 10^{-21}\,\mathrm{J}$

(b) $6.1\times 10^{-21}\,\mathrm{J} = \frac{6.1\times 10^{-21}}{1.6\times 10^{-19}}\,\mathrm{eV} = 0.038\,\mathrm{eV}$

気体中での分子速度の分布

理想気体中の分子の速さは0以上の連続的な値をとる.異なる速さの分子数の分布を図 24・9 に示す.この分布曲線が最大値をとる速さが分子の最頻速さ(最確速度あるいは最確速さともいう)である.2乗平均速さと最頻速さとは異なる.分布曲線の形は温度に依存して変わる.高い温度では多くの分子が高い速度をもつため,曲線は幅が広く平坦になる.

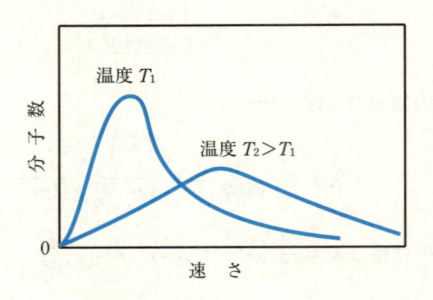

図 24・9 分子の速さの分布

アボガドロの仮説

この仮説は"同じ温度,同じ圧力の下で,同じ体積の気体は同数の分子を含む"というものである.

気体 X と Y がともに温度 T,圧力 p,体積 V であるとしよう.気体分子運動論の状態方程式に従い,

$$\frac{1}{2}mv_{\mathrm{rms}}^2 = \frac{3}{2}kT \quad \text{だから} \quad pV = \frac{Nmv_{\mathrm{rms}}^2}{3} = NkT$$

したがって,気体 X について,$pV = N_{\mathrm{X}}kT$

気体 Y について,$pV = N_{\mathrm{Y}}kT$

$$\therefore \quad N_{\mathrm{X}}kT = N_{\mathrm{Y}}kT$$

こうして $N_{\mathrm{X}}=N_{\mathrm{Y}}$ となってアボガドロの仮説と合致する.

練習問題 24・3

($N_{\mathrm{A}}=6.02\times 10^{23}\,\mathrm{mol^{-1}}$, $R=8.31\,\mathrm{J\,K^{-1}\,mol^{-1}}$, $k=1.38\times 10^{-23}\,\mathrm{J\,K^{-1}}$)

1. (a) 100℃,圧力 150 kPa の窒素ガスの (i) 密度,(ii) 分子の2乗平均速さを求めよ.

   (b) (i) 100℃における理想気体分子の平均運動エネルギーを求めよ.

   (ii) 窒素分子1個の運動エネルギーの平均値が 100℃ のときの2倍となる温度を求めよ.窒素をモル質量 0.028 kg の理想気体とする.

2. 水素ガスの温度が (a) 0℃ と (b) 100℃ の場合について,(i) 運動エネルギーの平均値,(ii) 分子の2乗平均速さを求めよ.水素ガスのモル質量は 0.002 kg である.

まとめ

- **絶対零度**は到達可能な最も低い温度であり，約 −273 ℃ である．
- **絶対温度** T の単位はケルビンであり，**摂氏温度** t とは $T = t + 273$ の関係がある．
- **気体の法則**
  - ボイルの法則　　$pV = $ 一定
  　　　　　　　　　（質量と温度が一定）
  - シャルルの法則　$\dfrac{V}{T} = $ 一定
  　　　　　　　　　（質量と圧力が一定）
  - 圧力の法則　　　$\dfrac{p}{T} = $ 一定
  　　　　　　　　　（質量と体積が一定）
  - ボイル・シャルルの法則　$\dfrac{pV}{T} = $ 一定
  　　　　　　　　　（質量が一定）
- **理想気体の状態方程式**
  $$pV = nRT$$
- **気体分子運動論による状態方程式**
  $$pV = \frac{1}{3} N m v_{\mathrm{rms}}^2 \quad \text{または} \quad p = \frac{1}{3} \rho v_{\mathrm{rms}}^2$$
- **2 乗平均速さ（根 2 乗平均速さ，rms 速さ）**
  $$v_{\mathrm{rms}} = \left(\frac{v_1^2 + v_2^2 + v_3^2 + \cdots + v_N^2}{N} \right)^{\frac{1}{2}}$$
- **気体分子 1 個の運動エネルギーの平均値** $= \dfrac{3}{2} kT$

章末問題

p.323 に本章の補充問題がある．
($N_\mathrm{A} = 6.02 \times 10^{23}\,\mathrm{mol}^{-1}$, $R = 8.31\,\mathrm{J\,K^{-1}\,mol^{-1}}$, $k = 1.38 \times 10^{-23}\,\mathrm{J\,K^{-1}}$)

24・1 (a) 電気分解の実験で，25 ℃，103 kPa の酸素ガスが 40 cm³ 集められた．以下を計算せよ．(i) 0 ℃，101 kPa でこの気体が占める体積，(ii) この気体のモル数と質量．
(b) ブレーキパイプの中にたまった空気の泡の体積が，圧力 101 kPa，温度 10 ℃ で 1.2 cm³ である．(i) 圧力 200 kPa，温度 20 ℃ のときの空気の泡の体積を求めよ．(ii) 空気のモル質量を 0.029 kg として，この泡の質量を求めよ．

24・2 (a) 圧力 150 kPa，温度 25 ℃ の空気 1600 cm³ がタイヤに入っている．(i) この空気が 0 ℃，体積 1500 cm³ になったときの圧力，(ii) 空気のモル質量を 0.029 kg として，タイヤの空気の質量を計算せよ．

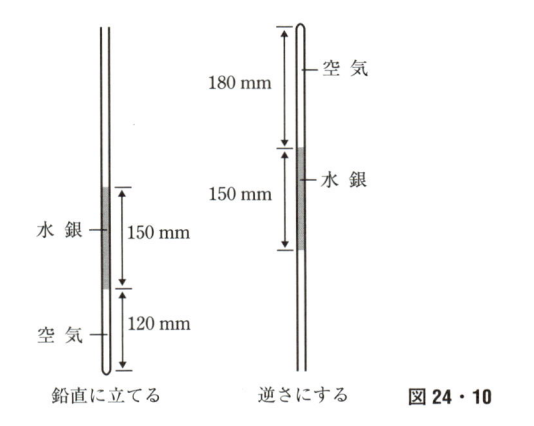

(b) 図 24・10 のように，一端を封じた細管内の気柱が 150 mm の水銀で閉じ込められている．封じた端が下側になるように管を鉛直にしたとき，気柱の長さは 120 mm であった．管を逆さにして，封じた端が解放端より上方にある状態では気柱の長さは同じ温度で 180 mm であった．大気圧を mmHg（水銀柱ミリメートル）で求めよ．

24・3 (a) 1 mol の理想気体の圧力と体積の積 pV が気体の温度とともにどう変わるか，温度の単位を (i) ケルビンおよび (ii) ℃ でグラフを描け．温度軸の 0 を明記すること．
(b) 0.5 mol の場合の pV のグラフを (a) の各グラフに重ねて描け．

24・4 (a) 圧力 140 kPa，温度 20 ℃ の窒素がシリンダー内に 500 cm³ 入っている．(i) シリンダーの中の気体の質量，(ii) 気体の分子数，(iii) 分子の 2 乗平均速さを求めよ．窒素のモル質量 = 0.028 kg とする．
(b) このシリンダーには安全弁があり圧力 170 kPa で作動する．(i) 安全弁が作動しない範囲で気体を加熱できる最高温度，(ii) 気体温度が 100 ℃ に上昇するときに失われる気体の質量，(iii) 100 ℃ での分子の 2 乗平均速さを求めよ．

24・5 (a) (i) 温度一定で気体の体積が増加したとき，また (ii) 体積一定で気体の温度が減少したとき，気体の圧力が減少する理由を述べよ．
(b) (i) 20 ℃ での水素分子の 2 乗平均速さを求めよ．
(ii) 20 ℃ での酸素分子の 2 乗平均速さを求めよ．
(iii) (i) と (ii) の計算を比較し，地球の大気が酸素を維持できるのに水素はできない理由を説明せよ．水素のモル質量 = 0.002 kg，酸素のモル質量 = 0.032 kg とする．

図 24・10

25

熱　力　学

目次
- 25・1 温　度
- 25・2 熱と仕事
- 25・3 理想気体の熱力学
- 25・4 熱力学の第二法則
- まとめ
- 章末問題

学習内容
- 各種温度計の使い方，摂氏と絶対温度目盛の校正
- 熱力学の第一法則
- 等温過程および断熱過程
- 気体の体積変化による仕事
- 温度変化と内部エネルギーの変化
- 定積モル比熱 C_V と定圧モル比熱 C_p
- 気体の C_V と C_p，分子に含まれる原子数との関係
- エンタルピー
- 熱力学の第二法則
- 熱機関とその最大効率
- 絶対温度の熱力学的温度目盛，理想気体による温度計

25・1　温　度

第6章で説明したように，温度の目盛を定義するには，容易に再現できる温かさの基準を決め，その"固定点"に数値を対応させる．どんな温度計でも，温度の変化とともに滑らかに変わる物理的な性質，すなわち温度測定にふさわしい性質に基づき動作する．以下に代表的な温度計を3種類示す．

a. 液体封入ガラス温度計　略称は**液体温度計**．液体封入ガラス温度計では液だめに入れた液体が暖まると膨張する．液体は細い管を上り，その上端の位置を校正した目盛と照合して温度を測定する（図25・1）．温度測定にふさわしい性質は，ここでは液体の熱膨張である．

b. 熱電対温度計　均一な金属線の両端に温度差が

あると電位差が生じる現象を利用する．電位差は温度差だけでなく金属の種類により異なる．実際には図25・2に示すように，電圧計の両端子に2本の同種の金属線1をつなぎ，他端を異なる種類の金属線2と接合して閉じた回路にする．2個の接合点の一方は氷水に浸し他方を温度プローブとする．このとき2種の金属の組合わせと温度差で決まる電位差が電圧計で読み取られ，温度測定をすることができる．

c. 定積気体温度計　略称は気体温度計．水銀圧力計に接続された球形の容器に乾燥空気が入っている．容器内の空気の圧力は圧力計で測定する．容器の温度が変わったとき，圧力計の開口端の高さを調整して容

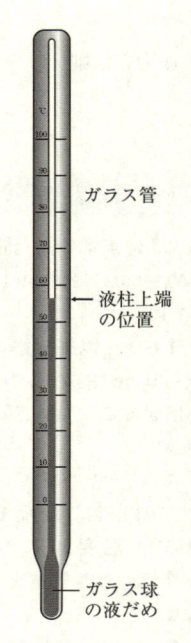

図25・1　液体温度計

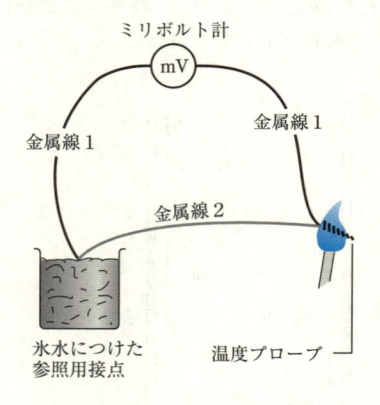

図25・2　熱電対温度計

器の空気と接する部分の高さを一定に保つ．水銀柱の開口端と容器側の高さの差 h を測定し，以下の式を用いて温

25. 熱 力 学

度 t を℃で求める（図25・3）．

$$t = \frac{h-h_0}{h_{100}-h_0} \times 100\ \text{℃}$$

h_0: 氷点での高さの差
h_{100}: 沸点での高さの差

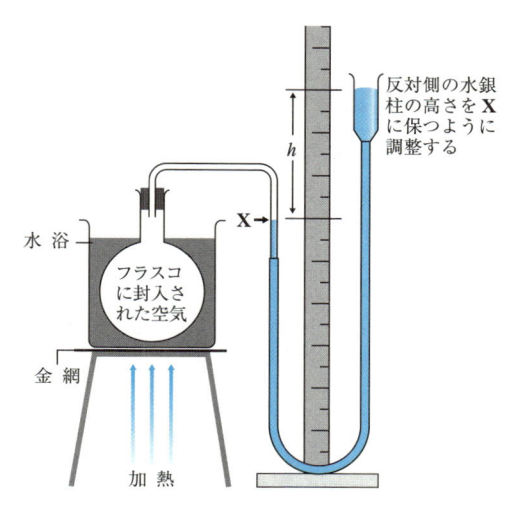

図25・3　気体温度計

温度計の校正

温度目盛の定義に用いた固定点から外れると，同じ温度であっても温度計の種類が違うと温度の読みも異なる．気体温度計は，他の種類の温度計を校正するための標準に用いる．気体温度計で測る温度は **理想気体温度** という．

a. 摂氏目盛　摂氏目盛は，実際には気体温度計を氷点と沸点で校正し，上記の等式を用いる．絶対零度は，この目盛では−273.15℃である．

b. 絶対温度目盛　絶対温度目盛については p.54 で前述したが，水の **三重点** すなわち水の液体，気体，固体が熱平衡状態で共存する温度で温度計を校正すればよい（図25・4）．この温度は氷点よりも 0.01 だけ高いので，絶対温度目盛での **三重点の温度は 273.16 K** と定義されている．したがって絶対温度は，気体温度計の読みから次の等式で求められる．

$$T = \frac{(pV)_{p\to 0}}{(pV)_{\text{Tr},\,p\to 0}} \times 273.16\ \text{K}$$

ここで $(pV)_{p\to 0}$ は温度 T における圧力×体積の圧力 0 の極限値，$(pV)_{\text{Tr},\,p\to 0}$ は同じ量の水の三重点の温度での値である．実在の気体は圧力 0 の極限で理想気体となる．

このように絶対温度の目盛を定義することで，摂氏温度との関係が以下の式で与えられる．

$$T\,（単位は\text{K}）= t\,（単位は℃）+ 273.15$$

こうして，気体温度計を基準として℃で校正された温度計は，それがどんな種類の温度計でも，273.15 を加えることによってケルビン（K）に変換できる．

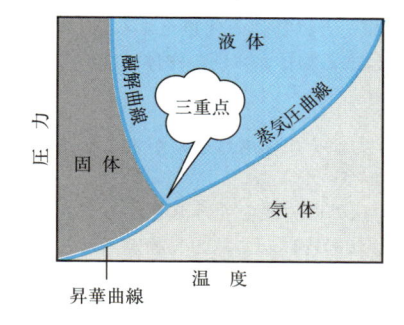

図25・4　水の三重点

> **メ モ**　摂氏温度は，以前には **センチグレード** とよばれていた．現在もそのようによぶ場合もある．それは常圧における水の沸点と氷点の間を100等分する目盛だからである．しかし他の単位たとえばセンチメートルなどと紛らわしいので，国際的な取決めでセルシウス（摂氏）となった．それと同時に，摂氏目盛の固定点が絶対零度と水の三重点に変更され，摂氏の1℃とケルビンの1度を正確に同じとする取決めとなった．たとえば液体温度計の目盛をつけるのに，水の沸点と氷点の間で長さの100等分するのは不正確であり，理想気体の極限における気体温度計に対して校正するのが正しい．

練習問題 25・1

1. (a) 定積気体温度計を氷点と沸点とで校正し，お湯を入れたビーカーの温度の測定に用いた．U字管の水銀柱の両端の高さの違い h の読みは，氷点で−50 mm，沸点で+220 mm，お湯では+105 mm であった．お湯の温度を℃で求めよ．
   (b) お湯につけられた水銀温度計の水銀の位置が，氷点と沸点の位置のちょうど半分のところにあった．この温度で(a)の定積気体温度計の水銀の高さの違いは 80 mm であった．(i) 水銀温度計を単純に100等分して目盛をつけたとき，何度と読めるか，(ii) 気体温度計に対して校正すると何℃か．

2. ある熱電対の温度 t ℃における起電力は $E = at - bt^2$，ただし $a = 40.5\ \mu\text{V}\,℃^{-1}$，$b = 0.065\ \mu\text{V}\,℃^{-2}$ である．
   (a) $t = 0,\ 20,\ 40,\ 60,\ 80,\ 100\ ℃$ における起電力を計算せよ．
   (b) (i) 起電力が温度とともに変化する様子をグラフに描け．
   (ii) 氷点と沸点の起電力のちょうど中央の値になったときの温度を℃で表せ．

25・2 熱と仕事

力の作用点が力の方向に移動するときその力は仕事をする．エネルギーとは物体の仕事をする能力のことである．エネルギーはある物体から別の物体へ二つの方法で受け渡すことができる．

1. 仕事は，力がその作用点を動かすことにより受け渡されるエネルギーである．
2. 熱は，力以外の方法で受け渡されるエネルギーの一種である．2個の物体間で熱の移動があるときその物体間に温度差があるという．

熱的に接触した2個の物体間に熱の移動が起こらないとき，これらの物体は同じ温度である．これを**熱力学の第0法則**とよぶことがある．

物体の**内部エネルギー**とは，その位置や運動状態（すなわち位置エネルギーや運動エネルギー）によらない物体のエネルギー（すなわち仕事をする能力）である．実際には，物体の内部エネルギーは，原子・分子間の結合による位置エネルギーと，原子・分子のランダムな運動による運動エネルギーである．移動しないようにした物体にエネルギーが移動すると，その物体を構成する分子は運動エネルギーか位置エネルギー，またはその両方を得る．物体の分子の運動エネルギーが増すと温度が上がる．分子の位置エネルギーが増すとその物質の状態が変化する．

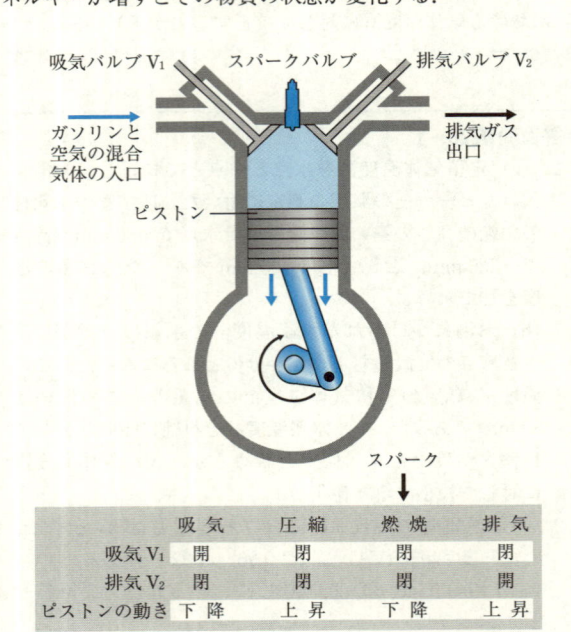

図25・5 4サイクルのガソリンエンジン

	吸気	圧縮	燃焼	排気
吸気 V_1	開	閉	閉	閉
排気 V_2	閉	閉	閉	開
ピストンの動き	下降	上昇	下降	上昇

たとえば，お湯の入ったビーカーに空気を封入した缶が浸っているとしよう．缶壁を通し熱がお湯から空気に移動すると，空気が内部エネルギーを得て，お湯が内部エネルギーを失う．こうして空気では内部エネルギーが増加するので，仕事をする能力が増加する．たとえば，このときに缶に穴をあけると，内部が高圧のため空気は外へ押し出されて，吹き出す空気に仕事をさせることができる．熱に仕事をさせる例をさらに二つ，図25・5と図25・6に示す．熱を使って仕事をする装置を**エンジン**（**熱機関**）という．

- 図25・5の4サイクルのガソリンエンジンはガソリンと空気中の酸素の燃焼による熱を用いて仕事をする．各サイクルの順序を図に示す．
- 図25・6のジェットエンジンは，コンプレッサーでエンジン内部に引き込まれた空気に燃料を混ぜて燃やしその温度を上げる．熱い空気が排気口から高速で排出され，エンジンを前方に押す推力を生み出す．

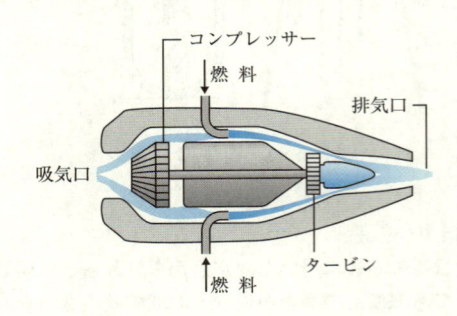

図25・6 ジェットエンジン

熱力学の第一法則

物体の内部エネルギーは熱の流入出か仕事の授受により変化する．たとえば，物体が外部に対して1000Jの仕事をして内部エネルギーが800Jだけ減ったとすると，エネルギー保存則から物体は200Jの熱を得ていなければならない．エネルギー保存側を用い，運動エネルギーも位置エネルギーも変えない物体から移動したエネルギーの量はその物体の内部エネルギーの変化に等しいとおくと，**熱力学の第一法則**として知られる以下の表現になる．

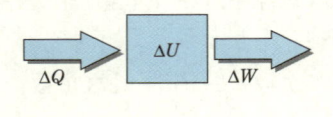

$$\Delta Q = \Delta U + \Delta W$$

図25・7 熱力学の第一法則

図25・7に示すように，物体の内部エネルギー U について，（物体がもらった熱量 ΔQ）＝（内部エネルギーの変化 ΔU）＋（物体がした仕事 ΔW），となる．すなわち，

$$\Delta Q = \Delta U + \Delta W$$

である．

25. 熱　力　学

> **メ　モ**　エネルギーが移動する方向と内部エネルギーの変化の方向を考慮するため，符号の取決めが必要である．
> 1. ΔU が正のとき内部エネルギーの増加を意味し，負は減少を意味する．
> 2. ΔQ が正のとき熱の流入を，負は熱の流出を意味する．
> 3. ΔW が正のとき気体が仕事をしたこと（膨張）を，負は気体が仕事をされたことを（圧縮）意味する．
> 4. **断熱変化**とは，熱の流入出がない，つまり $\Delta Q=0$ の変化である．断熱変化では $\Delta U = -\Delta W$．

例題 25・1

ある気体に対して 100 J の仕事がされ，80 J の熱量が (a) 気体に流入した場合と (b) 気体から流出した場合とで，内部エネルギーの変化を計算せよ．

[解答]　$\Delta Q = \Delta U + \Delta W$ を用いて，

(a) $\Delta Q = +80$ J, $\Delta W = -100$ J より，

$$\therefore \Delta U = \Delta Q - \Delta W$$
$$= 80 - (-100) = 180 \text{ J 増加}$$

(b) $\Delta Q = -80$ J, $\Delta W = -100$ J より，

$$\therefore \Delta U = \Delta Q - \Delta W$$
$$= -80 - (-100) = 20 \text{ J 増加}$$

練習問題 25・2

1. 以下について，物体へ，または物体からの熱の移動量を計算せよ．
   (a) 内部エネルギーの増加が 1000 J で，物体が 300 J の仕事を (i) した，(ii) されたとき．
   (b) 内部エネルギー減少が 500 J で，物体が 200 J の仕事を (i) した，(ii) されたとき．
2. 以下の空欄を埋めて表を完成せよ．

$\Delta U/\text{J}$	$\Delta Q/\text{J}$	$\Delta W/\text{J}$
2000	400	(a)
-2000	(b)	2400
(c)	-800	-2400
-1000	-400	(d)

25・3　理想気体の熱力学

気体がする仕事

図 25・8 のように，断面積 A のピストンをもつシリンダー内の圧力 p の気体を考える．気体がピストンに及ぼす力 F は式 $F=pA$ となる．

気体が圧力一定のままでピストンを距離 Δs だけ外側へ押し出すとすると，気体がした仕事は $\Delta W = F \Delta s = pA \Delta s$ となる．気体の体積の増加は $\Delta V = A \Delta s$ だから，$\Delta W = p \Delta V$ である．したがって，

> 気体が圧力一定で膨張するとき
> $$\Delta W = p \Delta V$$

の仕事をする．

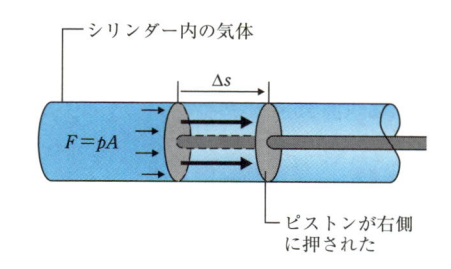

図 25・8　気体がする仕事

モル比熱

気体が熱せられたときの温度変化の大きさは，気体が膨張できるかどうかに依存する．理想気体に対する熱力学の第一法則は，

$$\Delta Q = \Delta U + p \Delta V$$

と表される．

- **体積一定**のときは $\Delta V=0$ だから気体は仕事をしない．また，されない．したがって，体積一定のもとで理想気体を加熱するために供給された熱量は $\Delta Q = \Delta U$ となる（図 25・9）．

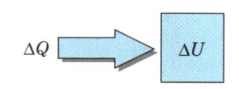

図 25・9　気体の加熱（体積一定）

> 気体の**定積モル比熱** C_V の定義は，体積一定の気体 1 mol の温度を 1 K 上昇させるのに必要な熱量である．

体積一定の気体 n mol の温度を ΔT だけ上げるのに必要な熱量は，

$$\Delta Q = n C_V \Delta T$$

である．したがって，気体の温度変化が ΔT のとき，内部エネルギーの変化は，

$$\Delta U = n C_V \Delta T$$

メモ
圧力一定の理想気体では，
- 膨張する前　$pV = nRT$
- 膨張した後　$p(V+\Delta V) = nR(T+\Delta T)$

したがって，2番目の式から最初の式を引くと $p\Delta V = nR\Delta T$ を得る．こうして，圧力一定の理想気体が膨張するときの仕事は $\Delta W = nR\Delta T$ である．

- **圧力一定**のときは $\Delta V \neq 0$ だから気体は仕事をする．または，される（図 25・10）．

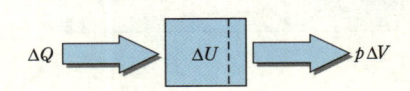

図 25・10 気体の加熱（圧力一定）

気体の**定圧モル比熱** C_P の定義は，圧力一定の気体 1 mol の温度を 1 K 上昇させるのに必要な熱量である．

圧力一定の気体 n mol モルの温度を ΔT だけ上げるのに必要な熱量は，

$$\Delta Q = nC_P\Delta T$$

である．$\Delta Q = \Delta U + p\Delta V$，$p\Delta V = nR\Delta T$ だから $nC_P\Delta T = nC_V\Delta T + nR\Delta T$ となる．$n=1$ mol，$\Delta T = 1$ K とすれば，

$$C_P = C_V + R$$

を得る．

分子を構成する原子数と運動の自由度

図 25・11 に示すように，1 個の**単原子分子**は，三次元空間内で直交する 3 方向のいずれにも他の 2 方向の運動を変えることなく動けるので，3 個の運動の自由度をもつ．各自由度は三次元空間の各方向の運動に対応し，互いに独立である．大きさのない点状の分子では運動エネルギーの平均値が $\frac{3}{2}kT$ であったから，各自由度に付随する運動エネルギーの平均値は $\frac{1}{2}kT$ となる．

n mol は nR/k 個の分子を含む（$k=R/N_A$ だから 1 mol は n/k 個の分子を含む）ので，n mol の単原子分子の全運動エネルギーは $\frac{3}{2}nRT$ である．こうして，単原子分子の理想気体 n mol の内部エネルギー U は，

$$U = \frac{3}{2}nRT$$

となる．

この理想気体の温度が ΔT だけ変化したとき，内部エネルギーの変化 ΔU は $\frac{3}{2}nR\Delta T$ に等しい．したがって，1 mol の温度を 1 K だけ上げるには内部エネルギーが $\frac{3}{2}R$ だけ増える．これは体積一定のもとで加えられた熱量に等しいので，単原子分子の理想気体の定積モル比熱は，

$$C_V = \frac{3}{2}R$$

となる．また $C_P = C_V + R$ であるから，

$$C_P = \frac{5}{2}R$$

となる．したがって，単原子分子の理想気体について，比熱比 γ は，

$$\gamma = \frac{C_P}{C_V} = \frac{5}{3} = 1.67$$

と書ける．比熱比は物質の量によらない．

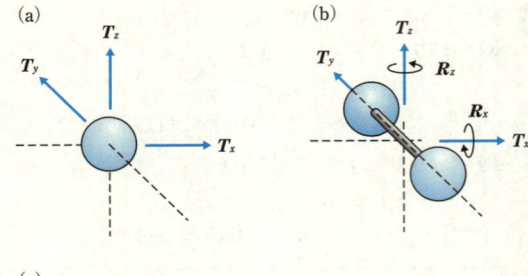

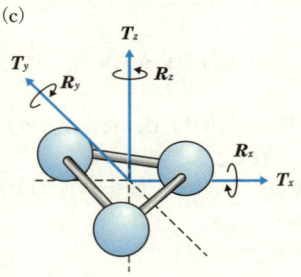

図 25・11 自由度．(a) 単原子分子，(b) 二原子分子，(c) 多原子分子．

二原子分子では，振動せず原子間距離が一定とすると，5 個の運動の自由度があり，そのうち 3 個は直交する 3 方向の運動に関するものである．残りの 2 個は，分子軸（2 原子を結ぶ方向）と直交する 2 軸に関する回転運動によるものである．二原子分子の運動エネルギーの平均値は $\frac{5}{2}kT$，その 1 mol の全運動エネルギーは $\frac{5}{2}RT$，n mol では $\frac{5}{2}nRT$ となる．

したがって，n mol の二原子分子から成る理想気体の内部エネルギー U は，

$$U = \frac{5}{2}nRT$$

である．

25. 熱 力 学

この理想気体の温度が ΔT だけ変化したとき，内部エネルギーの変化 ΔU は $\frac{5}{2}nR\Delta T$ に等しい．したがって，1 mol の温度を 1 K だけ上げるには内部エネルギーが $\frac{5}{2}R$ だけ増える．これは体積一定のもとで加えられた熱量に等しいので，単原子分子の理想気体の定積モル比熱は，

$$C_V = \frac{5}{2}R$$

となる．また $C_P = C_V + R$ であるから，

$$C_P = \frac{7}{2}R$$

となり，二原子分子の理想気体について，比熱比 γ は，

$$\gamma = \frac{C_P}{C_V} = \frac{7}{5} = 1.4$$

と書ける．

多原子分子（2 個以上の原子から成る分子）では，振動せず原子間の距離が一定とすると 6 個の運動の自由度があり，そのうち 5 個は二原子分子の場合と同じ内容である（全部の原子が 1 直線に並んでいる場合は二原子分子と同じ 5 個の自由度をもつ）．6 個目の自由度は，他の 2 軸と直交する軸周りの回転による．多原子分子の運動エネルギーの平均値は $\frac{6}{2}kT$ となる．

したがって n mol の多原子分子の全運動エネルギーは $\frac{6}{2}nRT$ であり，その理想気体の内部エネルギー U は，

$$U = \frac{6}{2}nRT$$

である．

この理想気体の温度が ΔT だけ変化したとき，内部エネルギーの変化 ΔU は $\frac{6}{2}nR\Delta T$ に等しい．したがって，1 mol の温度を 1 K だけ上げるには内部エネルギーが $\frac{6}{2}R$ だけ増える．これは体積一定のもとで加えられた熱量に等しいので，多原子分子の理想気体の定積モル比熱は，

$$C_V = \frac{6}{2}R$$

となる．また $C_P = C_V + R$ であるから，

$$C_P = \frac{8}{2}R$$

となる．したがって，多原子分子の理想気体について，比熱比 γ は，

$$\gamma = \frac{C_P}{C_V} = \frac{8}{6} = 1.33$$

と書ける．

理想気体の断熱変化

断熱変化とは熱が移動しない変化のことである．完全な断熱状態で起こる過程は断熱変化だが，非常に短い時間内に起こる過程は，熱の移動を無視できることもあり事実上の断熱変化となりうる．

- 理想気体が断熱的に膨張（断熱膨張）すると，気体が仕事をするので内部エネルギーが減少する．よって気体の温度が下がる．
- 理想気体が断熱的に圧縮（断熱圧縮）されると，気体は仕事をされ内部エネルギーが増加する．したがって温度が上がる．図 25・12 は，一定量の理想気体の断熱的および等温変化（温度一定の変化）について，その圧力と体積の変化を示す．断熱過程の膨張と圧縮では温度が変化するため，断熱曲線は等温曲線よりも急峻になる．

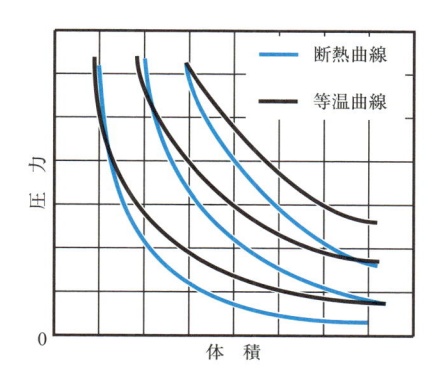

図 25・12 断熱圧縮と等温圧縮

- 図 25・13 に示すように，体積に対する圧力の曲線の下側の面積は，気体がした仕事を表す．図の縦長の長方形の面積が体積の微小変化 δV による仕事 $p\delta V$ に等しい．曲線の下側の面積を細長い長方形に分割して考えれば，気体がした仕事の合計は曲線の下側の総面積で表されることになる．

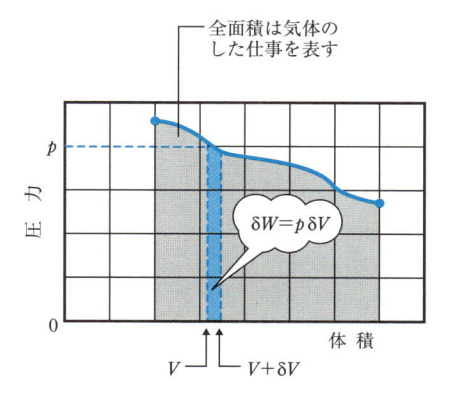

図 25・13 pV 曲線の下側の面積

- 理想気体の断熱変化では，圧力と体積が，

$$pV^\gamma = 一定$$

という式に従って変化する．ここで γ は比熱比である．

"$pV^\gamma = $ 一定" の証明

この式の証明には，まず熱力学の第一法則を

$$\Delta Q = nC_V \Delta T + p\Delta V$$

の形で用いる．断熱変化では $\Delta Q = 0$ だから，

$$nC_V \Delta T + p\Delta V = 0$$

となる．したがって，

$$p\Delta V = -nC_V \Delta T \quad (1)$$

理想気体の状態方程式

$pV = nRT$ から $(p+\Delta p)(V+\Delta V) = nR(T+\Delta T)$
両式の引き算により

$$V\Delta p + p\Delta V = nR\Delta T$$

$$\therefore \quad V\Delta p = nR\Delta T - p\Delta V = nR\Delta T + nC_V \Delta T = nC_P \Delta T$$

$$V\Delta p = nC_P \Delta T \quad (2)$$

式(1)と(2)から，

$$V\Delta p = \frac{C_P}{C_V} nC_V \Delta T = \gamma nC_V \Delta T = -\gamma p\Delta V$$

したがって，$V\Delta p = -\gamma p\Delta V$. これを変形して，

$$\frac{\Delta p}{p} = \frac{-\gamma \Delta V}{V}$$

両辺を積分すると $\left[\frac{\Delta x}{x} = \Delta(\log x) \text{より}\right]$

$$\log p = -\gamma \log V + 定数$$

よって，$\log(pV^\gamma) = $ 一定 となるので，

$$pV^\gamma = 一定$$

例題 25・2

（空気の比熱比 $\gamma = 1.4$）

圧力 100 kPa，温度 20 ℃ の空気 100 cm³ がシリンダーに入っている．この空気を断熱的に 50 cm³ まで圧縮する．(a) 圧縮後の空気の圧力，および (b) 圧縮後の空気の温度を計算せよ．

[解 答] (a) $pV^\gamma = $ 一定より，

$$p \times 50^{1.4} = 100 \times 100^{1.4}$$
$$p \times 239 = 100 \times 631$$
$$\therefore \quad p = \frac{100 \times 631}{239} = 264 \text{ kPa}$$

(b) $pV = nRT$ より，$\dfrac{pV}{T} = $ 一定だから，

$$\frac{264 \times 50}{T} = \frac{100 \times 100}{(273+20)}$$

したがって，

$$T = \frac{264 \times 50 \times 293}{100 \times 100} = 387 \text{ K} = 114 \text{ ℃}$$

練習問題 25・3

($R = 8.31$ J mol⁻¹ K⁻¹)

1. 圧力 80 kPa，温度 17 ℃ の単原子気体（$\gamma = 1.67$）240 cm³ がシリンダーに入っている．

   (a) 圧力一定のまま気体を熱して膨張させ体積が 360 cm³ になった．
   (i) 最終的な気体の温度を計算せよ．
   (ii) 気体がした仕事と内部エネルギーの変化，移動した熱量を計算せよ．
   (iii) 体積に対する圧力のグラフを描いてこの変化を示せ．

   (b) (i) (a)の気体が温度一定のもとで，体積が 360 cm³ まで膨張したときの最終的な圧力を計算せよ．
   (ii) 同じグラフにこの変化を描き "等温" と記せ．
   (iii) このグラフを用いて，気体がした仕事を見積もれ．それを基に気体の膨張に際して移動した熱量を求めよ．

   (c) (i) (a)の気体が断熱的に体積が 360 cm³ まで膨張したときの最終的な圧力と温度を計算せよ．
   (ii) 同じグラフにこの変化を描き "断熱変化" と記せ．
   (iii) (i)における内部エネルギーの変化を求め，それを基に気体がした仕事を求めよ．

2. (a) 圧力 110 kPa，温度 15 ℃，体積 1200 cm³ の空気がシリンダーに入っている．シリンダー内の空気の (i) モル数，(ii) 質量，(iii) 内部エネルギーを計算せよ．
   (b) (a)の空気を体積 150 cm³ に断熱的に圧縮する．以下を求めよ．
   (i) 圧縮直後の空気の圧力と温度
   (ii) 空気の内部エネルギーの変化
   (iii) この断熱的な圧縮で空気に対してなされた仕事
   ただし，空気のモル質量 $= 0.029$ kg，$\gamma = 1.4$ とする．

エンタルピー

日常的な環境で起こる化学反応，あるいは状態の物理的変化は，通常は圧力一定のもとで起こる．このとき体積変化が生じて仕事が 0 ではないから，移動した熱量と物質の内部エネルギーの変化は等しくない．

物質の**エンタルピー** H は，$H = U + pV$ と定義される．

圧力一定のもとで起こる変化について，エンタルピーの変化は，

$$\Delta H = \Delta U + p\Delta V$$

である．熱力学の第一法則から $\Delta Q = \Delta U + p\Delta V$，よって，このエンタルピー変化は移動した熱量 ΔQ に等しい．エンタルピーの単位はジュール（J）である．

> **メ モ**
> 1. **化学反応**では，エンタルピーの変化は 1 mol 当たりのエネルギー（$kJ\,mol^{-1}$）で表されるのが普通である．異なる反応経路であっても始状態と終状態が同じならエンタルピーの変化は同じである．
> 2. **状態の物理的な変化**では，蒸気の凝縮や液体の凝固の際に潜熱が解放される．液体の蒸発や固体の溶融では潜熱に相当する熱量を与えなければならない．物質が状態を変えるときエンタルピーが変化する．このエンタルピーの変化は，状態の変化に関与した潜熱に等しい．氷の比潜熱が $336\,J\,g^{-1}$ であるとは，氷が溶ける際のエンタルピー変化が $336\,J\,g^{-1}$ あるいは $6.05\,kJ\,mol^{-1}$（水のモル質量＝0.018 kg）であることを意味する．

25・4 熱力学の第二法則

エネルギーの変化

エネルギーの形態がどんなものであれ，それが別の形態に変化するとき一部が無駄に費やされる傾向がある（図 25・14）．たとえば，燃料は集中した形で化学エネルギーをもつが，燃えると熱と光が生じる．生じたエネルギーの一部（全部ではない）は，形態を変えて蓄え後で使うことができる．たとえば，燃料でエンジンを動かし，おもりを持ち上げると，おもりの位置エネルギーは後で仕事をするために使える．しかし，おもりがすることのできる仕事（つまり利用できるエネルギー）の総量は，燃料から解放されたエネルギーよりも少ない．どんな変化でもエネルギーそのものは保存するが，一部は無駄に使われ（エンジンの効率が悪かったり，摩擦が生じたりする）全エネルギーを有効に利用できるわけではない．

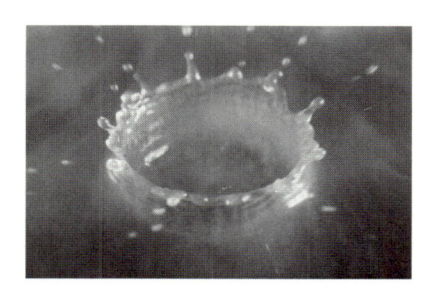

図 25・14 "散逸する"エネルギー

落下して跳ね返るボールは，エネルギーがある形態から別の形態に変化する例である．すなわち，落下するにつれて位置エネルギーが運動エネルギーに変化し，もし完全弾性体であればボールは最初の高さまで戻る．そのような可逆的な変化が起こるための条件は，完全弾性であり摩擦がないことである．現実には，摩擦 0 のような条件はふつう実現不可能なことからわかるように，ほとんどのエネルギーの変化においてエネルギーの一部が無駄に消費される．たとえば，跳ね返るボールのエネルギーはいずれは周囲の環境の内部エネルギーへと変換される．

エンジン

エンジン（熱機関）は物体を動かすために設計される．エンジンに供給した燃料により仕事をさせるのだが，ほとんどのエンジンでは，燃料の燃焼で化学エネルギーが解放されて熱と光の形に変わる．エンジンは燃料から得た熱で動作流体の温度を上げ，その流体に仕事をさせる．流体を熱するには高温の熱源が不可欠である．一方，膨張して仕事をした流体をエンジンに"引き戻す"には低温の熱源もまた必要である（図 25・15）．エンジンが動くためには，

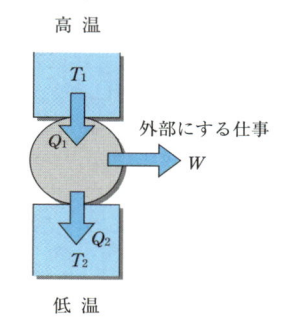

図 25・15 エンジン（熱機関）

このように高温の熱源から移動した熱量の一部が高温の流体により低温の熱源へと移されなくてはならない．したがって効率 100％のエンジンは存在せず，エンジンが供給された熱量をすべて仕事に変換することは不可能である．これは**熱力学の第二法則**として知られている．

エンジンの効率 η は，

$$\eta = \frac{\text{エンジンがした仕事}}{\text{エンジンに供給した熱量}}$$

と書かれる．低温の熱源に移動して失われた熱量を $Q_2 = Q_1 - W$ とすると $W = Q_1 - Q_2$ だから，

$$\eta = \frac{W}{Q_1} = 1 - \frac{Q_2}{Q_1}$$

となる．

エンジンの例

a．蒸気タービン 燃料を燃やしてお湯を沸かし蒸気をつくる．図 25・16 に示すように，高圧蒸気のジェットを用いてタービンを回す．低圧になった蒸気はエンジンから出て，再凝縮して水になった後，再利用される．冷却水による低温の熱源がなければ蒸気は液化せず，蒸気が

入ってきて仕事をすることができない．

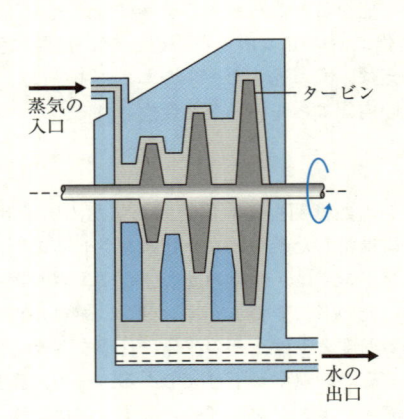

図 25・16　蒸気タービン

b. サーモパイル　熱電対をつなげてつくるサーモパイルは，両面に温度差があると起電力を発生する．図 25・17 は冷水と熱水という熱源に挟まれたサーモパイルを示す．サーモパイルは 2 個の熱源に温度差がある限り，電気モーターを動かすことができる．サーモパイルから冷水へ熱が移動しているので，熱水からサーモパイルへ供給された熱が全部仕事に転換されるわけではない．

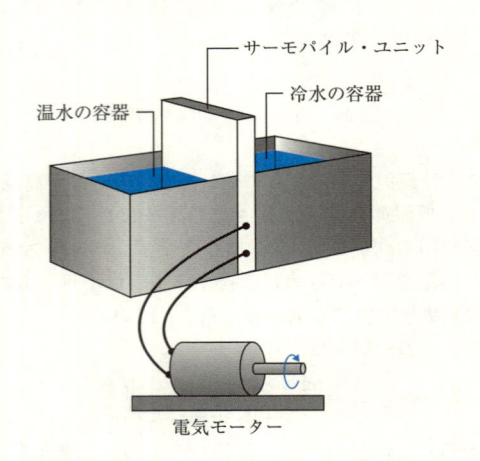

図 25・17　サーモパイル・エンジン

内燃機関とジェットエンジンはエンジンの他の例であるが，これらの場合は周囲の環境が低温の熱源となる．もし内燃機関あるいはジェットエンジンが周囲の環境から熱的に絶縁されているなら，エンジンが加熱しそのうちに動かなくなる．

可逆エンジン

可逆エンジンとは，逆向きの運転をすると熱と仕事の流れが量的にも完全に逆転するエンジンであり，エネルギーが無駄に消費されず最も効率がよい．ただし可逆エンジンは理論的なものであり実現はできない．2 個の同じ可逆エンジンを用意して高温の熱源 T_1 と低温の熱源 T_2 に接続し，一方を運転して得た出力を他方に入れて逆向きに運転する．図 25・18 はその考え方を示す．このとき，どちらの熱源からも正味で熱の移動はなく，全体としてエネルギーも消費されない．

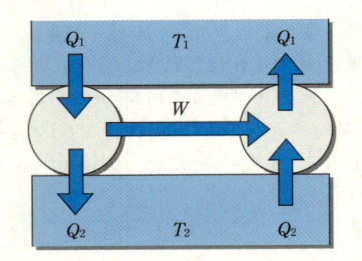

図 25・18　2 個の可逆エンジンの接続

もっと効率的なエンジンがあったとしよう．このエンジンを逆運転していたものと置き換えると，外部から仕事をせずに，低温の熱源から高温の熱源へ熱を移動できる．しかし，仕事を必要とせずそのような熱の移動を行うことは不可能なので，可逆機関よりも効率のよいエンジンは存在しない．正運転の方を置き換えれば，熱源に影響を残さず仕事を取出すことができるので，これもあり得ないことである．

エンジンの効率

可逆エンジンが仕事 W をして高温の熱源から Q_1 の熱が移動したとすると，低温の熱源へ移動した熱量 Q_2 は $Q_1 - W$ と等しい．よって，外部にした仕事は $W = Q_1 - Q_2$ である．証明は省くが，Q_1 と Q_2 の比は熱源の温度の比に依存し，熱源の絶対温度の比に等しい，すなわち，

$$\frac{T_2}{T_1} = \frac{Q_2}{Q_1}$$

と示せる．ここで T_1 と T_2 はそれぞれ高温と低温の熱源の温度である．

したがって，可逆エンジンの効率 η_R は，

$$\eta_R = \frac{W}{Q_1} = \frac{Q_1 - Q_2}{Q_1} = 1 - \frac{Q_2}{Q_1} = 1 - \frac{T_2}{T_1} = \frac{T_1 - T_2}{T_1}$$

と書ける．どんなエンジンであっても，温度 T_1 と T_2 の熱源の間で運転するとき，その効率としてこの値が可能な最大値である．言い換えると，温度 T_1 と T_2 の間で動作するエンジンの効率 η は，

$$\eta \leq \frac{T_1 - T_2}{T_1}$$

である．

例題 25・3

750 K と 300 K の熱源の間でエンジンを運転する．高温の熱源から 2000 W の熱を受け取り，600 W で仕事をしている．(a) 毎秒当たり無駄になる熱量，(b) このエンジンの効率，(c) 同じ温度の熱源で運転するエンジンの最大効率を求めよ．

[解答]

(a) $Q_2 = Q_1 - W = 2000 - 600 = 1400$ W

(b) 効率 $= \dfrac{600}{2000} = 0.30$

(c) 可能な最大効率 $= \dfrac{750-300}{750} = \dfrac{450}{750} = 0.60$

練習問題 25・4

1. (a) $30\,\mathrm{m\,s^{-1}}$ の速さで走行すると燃料を $15\,\mathrm{km\,L^{-1}}$ の割合で消費する車がある（L はリットルの単位記号）．
   (i) この割合だと燃料 1 L を消費するのにどれくらいの時間がかかるか．
   (ii) この燃料を燃やすと 1 L につき 20 MJ の熱量が解放される．上の割合で燃料を消費する場合，毎秒どれくらいのエネルギーが燃料から解放されるか．
   (b) この車の速さ $30\,\mathrm{m\,s^{-1}}$ における出力は 6 kW である．車のエンジン，変速機を含めた全体の効率を求めよ．
2. 出力 40 W のエンジンが温度 400 K と 300 K の熱源の間で運転している．冷却システムが 160 W の割合でこのエンジンから熱を取除いている．
   (a) 高温の熱源から毎秒当たり供給される熱量を求めよ．
   (b) (i) このエンジンの効率と (ii) 同じ温度間で運転するときの最高効率を求めよ．

まとめ

■ 温度目盛

絶対温度 T $T = \dfrac{pV}{(pV)_{\mathrm{Tr}}} \times 273.16$ K

摂氏温度 t $t = T - 273.15\,\mathrm{℃}$

■ 熱力学の法則

第 0 法則　2 個の物体間で熱の移動が起こらなければ，それらは同じ温度である．

第一法則　$\Delta Q = \Delta U + \Delta W$

第二法則　熱機関において，供給された熱量のすべてを仕事に変換することはできない．

■ 熱力学的な変化

- 等温変化とは温度一定のもとでの変化である．
- 断熱変化とは熱の移動を伴わない変化である．
- エンタルピーの変化は，圧力一定のもとで授受した熱量に等しい．

■ 気体の熱力学

1. 気体がする仕事 ΔW $\Delta W = p\Delta V$

2. モル比熱　$C_\mathrm{P} - C_\mathrm{V} = R$

   C_V は 1 mol の温度が 1 K 上昇したときに加えた熱量と等しく，C_P は定圧で 1 mol の温度が 1 K 上昇するとき加えた熱量に等しい．

3. 単原子分子：$C_\mathrm{V} = \dfrac{3}{2}RT,\ C_\mathrm{P} = \dfrac{3}{2}RT,\ \gamma = \dfrac{C_\mathrm{P}}{C_\mathrm{V}} = \dfrac{5}{3}$

   二原子分子：$C_\mathrm{V} = \dfrac{5}{2}RT,\ C_\mathrm{P} = \dfrac{7}{2}RT,\ \gamma = \dfrac{C_\mathrm{P}}{C_\mathrm{V}} = \dfrac{7}{5}$

   多原子分子（非直線）：$C_\mathrm{V} = \dfrac{6}{2}RT,\ C_\mathrm{P} = \dfrac{8}{2}RT,\ \gamma = \dfrac{C_\mathrm{P}}{C_\mathrm{V}} = \dfrac{8}{6}$

4. 理想気体の断熱変化では，
$$pV^\gamma = \text{一定}$$

■ エンジン（熱機関）

効率 η $\eta = \dfrac{W}{Q_1} = \dfrac{Q_1 - Q_2}{Q_1}$

理論的な最大効率 $= \dfrac{T_1 - T_2}{T_1}$

章末問題

p.323 に本章の補充問題がある．

25・1 (a) ある定積気体温度計の圧力が，大気圧からの差圧として氷点で -6 kPa，沸点で $+29$ kPa であった．気体の圧力が $+20$ kPa のとき，この気体温度計の温度を (i) ℃ と (ii) K で求めよ．
(b) 熱電対の起電力を直流増幅器で増幅し，その出力電圧を熱電対が氷点にあるときに 0 mV，沸点にあるときに 100 mV となるように調整した．出力電圧 V は，熱電対の摂氏温度が t のとき，出力電圧は $V = 1.25\,t(1 - 20\times 10^{-4}\,t)$ mV である．熱電対の真の温度が 50 ℃ のとき，この熱電対の (i) 出力電圧と，(ii) 2 個の固定点の出力電圧を 100 等分して目盛をつけたときの温度を求めよ．

25・2 理想気体のエネルギー変化に関する以下の表を埋めよ．

ΔU/J	ΔQ/J	p/kPa	ΔV/m³
1000	(a)	100	$+2.0\times 10^{-3}$
(b)	-600	150	-2.0×10^{-3}
-800	200	100	(c)
1200	400	(d)	-5.0×10^{-3}

25・3 圧力 10 kPa, 温度 290 K, 体積 60 cm³ の単原子分子の不活性気体がガラス球に封入されている．
(a) (i) ガラス球内の気体のモル数と，(ii) この気体の内部エネルギーを求めよ．
(b) この気体が熱せられて 380 K になった．(i) この温度での圧力と，(ii) 内部エネルギーの増加分を求めよ．

25・4 (a) (i) 圧力 101 kPa, 温度 20 ℃ で体積 100 cm³ (=1.00×10^{-4} m³) の理想気体のモル数を求めよ．(ii) 空気が二原子分子の窒素と酸素から成るとする．上記の温度・圧力で，体積 100 cm³ のシリンダーに入れた空気の内部エネルギーを求めよ．
(b) (i) (a) の (ii) の空気を，最初の圧力 101 kPa から体積が 20 cm³ となるまで断熱的に圧縮した．圧縮後のシリンダー内の空気の圧力と温度を求めよ．
(ii) この新しい温度で，シリンダー内の空気の内部エネルギーを求めよ．
(iii) 断熱圧縮のときにされた仕事を求めよ．

25・5 (a) あるエンジンは，450 K と 300 K の熱源の間で運転し，2000 J s⁻¹ の割合で熱をもらい 600 W の出力を発生する．(i) エンジンから低温側の熱源に与えられる毎秒当たりの熱量，(ii) このエンジンの効率，(iii) この温度の熱源で運転するエンジンの理論的な最大効率を求めよ．
(b) あるエンジンでは，最初に圧力 100 kPa, 体積 0.0020 m³, 温度 300 K であった空気を，第一段階として体積一定のもとで熱し 1000 K にする．第二段階は，空気を断熱的に膨張して圧力が 100 kPa にする．第三段階は，圧力一定で圧縮して最初の体積に戻す．図 25・19 にこの過程を示した．

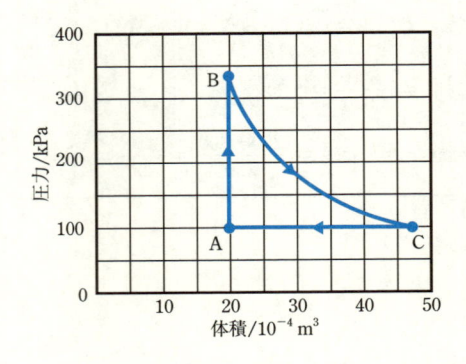

図 25・19

(i) 最初の段階の終わりに圧力が 333 kPa, 第二段階の終わりに温度が 706 K であることを示せ．
(ii) 1000 K と 300 K の間で運転するエンジンの理論的な最大効率を求めよ．
(iii) グラフを用いてこのエンジンが 1 サイクルでした仕事を見積もれ．
(iv) 気体がもらった熱量を計算せよ．
(v) このエンジンの効率を見積もれ．
ただし，空気では $\gamma=1.4$.

26

等 速 円 運 動

目 次
26・1 弧 度 法
26・2 円の中心を向く加速度
26・3 垂直抗力と遊園地のアトラクション
まとめ
章末問題

学習内容
- 度とラジアンの変換
- 等速円運動の周期，回転周波数と角速度
- 周期，回転半径と速さ
- 等速円運動の中心に向かう加速度
- 等速円運動の速さ，回転半径と加速度
- 等速円運動をする物体に加わる力と運動の解析

26・1 弧 度 法

角度と円弧

- ラジアンは角度の単位で，$360° = 2\pi$ ラジアンと定義される．言い換えると，円を一周する角度が 2π ラジアン（以後，rad と略す）である．
- **円弧**とは，図 26・1 に示すように円周の一部分の曲線の縁である．円弧が決まると円の中心からその円弧を見込

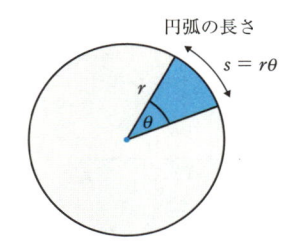

図 26・1 角度と円弧

む角度 θ が決まる．θ をラジアンで表すとき円弧の長さ s は $r\theta$ に等しい．

$$s = r\theta$$

θ が小さいとき，図の色をつけた部分は三角形とほとんど同じになり，その最も短い辺は $r\sin\theta$ とほとんど等しい．したがって微小な角の場合は，ラジアンで表すと，

$$\sin\theta = \theta$$

が成り立つ．これは微小角近似として知られており，10° 程度までは成り立つ．この近似は本章の後の方でも用いる．表 26・1 に 20° までの θ と $\sin\theta$ をいくつか示した．$\sin\theta$ と θ の値の違いは 10° を超えると大きくなり無視できない．

表 26・1 20° までの $\sin\theta$ と θ の値

θ（度）	θ（ラジアン）	$\sin\theta$
0.0000	0.0000	0.0000
5.0000	0.0873	0.0872
10.0000	0.1745	0.1736
15.0000	0.2618	0.2588
20.0000	0.3491	0.3420

角 速 度

図 26・2 のように，半径 r の円軌道を運動する質点 P を考える．

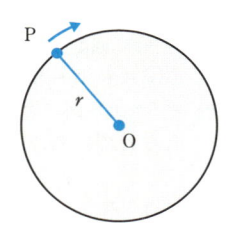

図 26・2 角速度

- **回転周波数** f は，1 秒間に回転する回数を表す．1 回の回転に要する時間すなわち**周期**を T とすると，

$$f = \frac{1}{T}$$

である．回転周波数の単位はヘルツ（Hz）である．［訳

VII. 発展

注：周波数と振動数はともに frequency の訳語であり，多くの場合どちらを用いても構わないが，回転に関しては回転周波数とよぶことにする．回転数，回転速度ともいう．］

- 質点の**速さ** v は，

$$v = \frac{円周の長さ}{周\quad 期} = \frac{2\pi r}{T}$$

となる．

- **角速度** ω は動径 OP が 1 秒当たりに掃く角度と定義される．この動径は時間 T の間に 2π ラジアン回転するので，

$$\omega = \frac{2\pi}{T}$$

である．

> **メ　モ**
> 1. ω の単位はラジアン毎秒（rad s^{-1}）である．
> 2. 速さ v と角速度 ω の関係は $v = \omega r$ で与えられる．

例題 26・1

赤道上の物体が 24 時間で 1 回転する．地球を半径 6350 km の球体と仮定し，赤道上の物体の (a) 速さ，(b) 角速度，(c) 正確に 1 時間で赤道上の点が動く距離を求めよ．

[解　答]

(a) $v = \dfrac{2\pi r}{T} = \dfrac{2\pi \times 6.35 \times 10^6 \text{ m}}{24 \times 60 \times 60 \text{ s}} = 462 \text{ m s}^{-1}$

(b) $\omega = \dfrac{2\pi}{T} = \dfrac{2\pi \text{ rad}}{24 \times 60 \times 60 \text{ s}} = 7.27 \times 10^{-5} \text{ rad s}^{-1}$

(c) $s = vt = 462 \times 3600 = 1.66 \times 10^6 \text{ m}$

練習問題 26・1

1. 回転式乾燥機のドラムの直径は 0.40 m，最大の回転速度は毎分 800 回転である．最高速度で回転しているとき，(a) 1 回転するのに要する時間，(b) 角速度，(c) ドラム表面の物体の速さを求めよ．

2. 電気モーターが毎分 3000 回転で回転している．(a) 1 回転に要する時間，(b) モーターの角速度を求めよ．

3. 2.0 m の長さのテープが 1 秒間に 2 回転の一定の速さでスプールに巻き取られている．スプールの直径は 40 mm である．
   (a) (i) スプールの外周の長さ，(ii) この長さのテープを巻き取るのに必要なスプールの巻き数を求めよ．ただし，巻き取られたテープの厚みによるスプール直径の違いはないものとする．
   (b) (i) テープの速さ，(ii) 巻き取りに要する時間を求めよ．
   (c) 巻き取りが完了したとき，テープの両端がスプールの中心を見込む角を度とラジアンで計算せよ．

26・2　円の中心を向く加速度

速　さ　と　速　度

- **速さ**は，移動距離が時間とともに変化する割合である．速さは方向がないのでスカラー量である．
- **速度**は，ある方向の速さである．速度には方向があるのでベクトル量である．

円軌道を一定の速さで運動する物体では，速度の向きがたえず変わるのでベクトルである速度も連続的に変わる．加速度は速度が変化する割合として定義されるため，等速円運動する物体は加速度をもつ．

等速円運動をしている物体の速度は円の接線方向を向く．図 26・3 に示すように，物体が円周上をある角度だけ動いたとき，速度の向きも同じ角度だけ変わる．

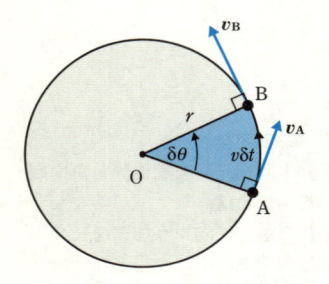

図 26・3　速度の向き

物体 P が点 A にいる時刻を t，点 B にいる時刻を $t + \delta t$ とする．ただし δt は小さな時間間隔である．

- 動径 OP は時間 δt の間に角度 $\delta \theta$ だけ回転するので，角速度は $\omega = \delta\theta/\delta t$，したがって $\delta\theta = \omega \delta t$ である．
- （距離＝速さ×時間だから）弧 AB $= \delta s = v\delta t = \omega r \delta t$．$v = \omega r$ を用いた．
- A における速度をベクトル v_A，B における速度をベクトル v_B で表す．この 2 個のベクトルが図 26・4 のような三角形をつくるとき，最も短い辺が速度の変化 $\delta v = v_\text{B} - v_\text{A}$ を表し，このベクトルは円の**中心を向く**．他の 2 辺の長さは，ともに速さ v を表す．

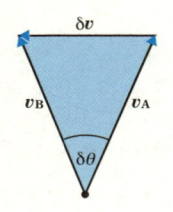

図 26・4　速度の変化

- このときの物体の加速度は "向心"（"回転の中心に向か

26. 等速円運動

う"という意味) であるという．加速度は単位時間当たりの速度の変化であり，加速度は円の中心を向いているからである．

- 速度ベクトルがつくる三角形は三角形 AOB と相似（狭角が共通の二等辺三角形）だから，短辺と長辺の比も共通である．すなわち，

$$\frac{\delta v}{v} = \frac{\delta s}{r}$$

よって，

$$\delta v = v\frac{\delta s}{r} = v\frac{v\delta t}{r} = \frac{v^2 \delta t}{r}$$

したがって，このときの加速度の大きさ a は，

$$a = \frac{速度変化の大きさ \delta v}{経過時間 \delta t} = \frac{v^2}{r}$$

で，加速度の向きは円の中心を向く．上の式は，

$$a = -\frac{v^2}{r}$$

と表すこともあるが，負号は加速度ベクトルが"中心を向く"すなわち動径と逆向きであることを示す．

向心加速度 a は，$v = \omega r$ を用いて次のように書ける．

$$a = -\frac{v^2}{r} = -\frac{\omega^2 r^2}{r} = -\omega^2 r$$

以上を整理すると，

$$a = -\frac{v^2}{r} = -\omega^2 r$$

となる．大きさだけを考えるときは負号をつけない．

例題 26・2

半径 50 m のラウンドアバウト (円形の交差点) を一定の速さ 12 m s^{-1} で動く車の加速度の大きさを求めよ．

[解 答]
加速度の大きさ $a = \dfrac{v^2}{r} = \dfrac{12 \times 12}{50}$
$= 2.88$ m s^{-2} (円の中心を向く)

向 心 力

等速円運動をする物体の加速度は円の中心を向いているので，合力として円の中心を向く力が加わる必要がある．この力は，円の中心を向いているので**向心力**という．ニュートンの運動の第二法則

$$F = ma$$

を用いると，向心力 F は，

$$F = ma = -\frac{mv^2}{r} = -m\omega^2 r$$

である．

メ モ

1. 等速円運動において，物体に向心力が加わっていても，運動エネルギーは一定である．その力は円の中心を向いており，速度は接線方向を向いていることから，円の中心に近づいたり離れたりする動きがないので向心力は仕事をしない．

2. 等速円運動において，物体に加わる向心力が突然なくなったとすれば，物体は円の接線の方向に飛び出すであろう．その点での速度は接線方向だからである．

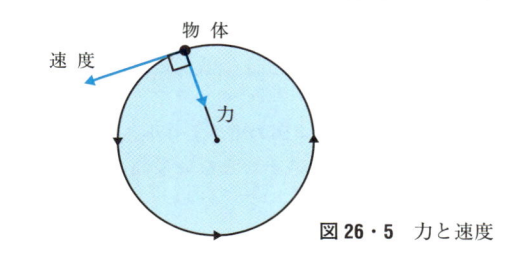

図 26・5 力と速度

練習問題 26・2

1. 質量 800 kg の自動車が半径 30 m の円形のカーブに沿って速さ 20 m s^{-1} で運動する．(a) この自動車の向心加速度，(b) 自動車に加わる向心力を求めよ．

2. 問 1 において，タイヤと路面との最大摩擦が自動車の重さの半分のとき，タイヤがスリップせずカーブを安全に進むための最大の速さを求めよ．

3. 地球上空の円軌道にある衛星に加わる向心力は重力 (つまり衛星の重さ) によって与えられる．これを式で表すと，衛星の質量を m，速さを v，軌道半径を r として，

$$mg = \frac{mv^2}{r}$$

である．
(a) 上式から $v = \sqrt{gr}$ となることを示せ．
(b) 地球表面から 100 km の高度の軌道にある衛星の速さを求めよ．ただし，この高度での重力加速度の大きさを $g = 9.8$ m s^{-2}，地球の平均半径を 6400 km とする．

26・3 垂直抗力と遊園地のアトラクション

遊園地のアトラクションは乗り物と乗客に加わる力に考慮して設計される．その構造と材料は，円運動が及ぼす力に耐える必要がある．

ジェットコースター

a. 最上部では 曲率半径 r で上に凸の軌道部分を車両が通過するとき，レールから受ける垂直抗力の大きさは車両の重さより小さい (図 26・6)．最高到達点で垂直

抗力 N は垂直上向き，重力 mg と逆向きである．したがって車両に働く合力は，大きさ $mg-N$ で軌道の曲率円の中心を向く．

$F=ma$ を用いると，

$$a = \frac{v^2}{r} \quad \text{より合力は} \quad mg-N = \frac{mv^2}{r}$$

で中心へ向く．よって垂直抗力 N は，

$$N = mg - \frac{mv^2}{r}$$

である．

> **メ モ**
> 1. 垂直抗力の大きさは車両の重さより小さい．
> 2. 車両がレールから浮き上がらない最高スピード v_max は，$N=0$ とおいて，
> $$\frac{mv_\text{max}^2}{r} = mg \quad \text{だから} \quad v_\text{max} = \sqrt{gr}$$
> となる．

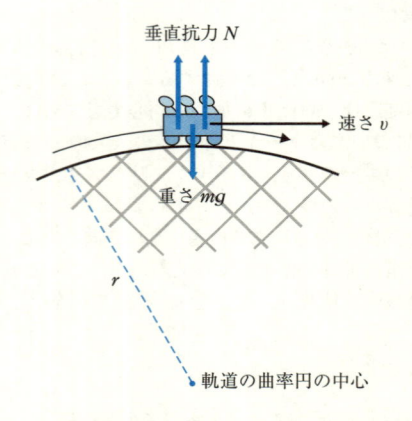

図 26・6　最上部における力と速度

b. 最下部では　曲率半径 r で下に凸の軌道部分を車両が通過するとき，レールから受ける垂直抗力の大きさは車両の重さより大きい（図 26・7）．最下点では垂直抗力 N は垂直上向き，重力 mg と逆向きである．したがって車両に加わる合力は，大きさ $N-mg$ で軌道の曲率中心を向く．

$F=ma$ を用いると，

$$a = \frac{v^2}{r} \quad \text{より合力は} \quad N-mg = \frac{mv^2}{r}$$

で中心へ向く．よって垂直抗力 N は，

$$N = mg + \frac{mv^2}{r}$$

である．

> **メ モ**
> 1. 垂直抗力の大きさは車両の重さより大きい．
> 2. 余分に加わる "G" は mv^2/r である．乗車している人は G の増加に応じて車両から mv^2/r の力を余分に受ける．

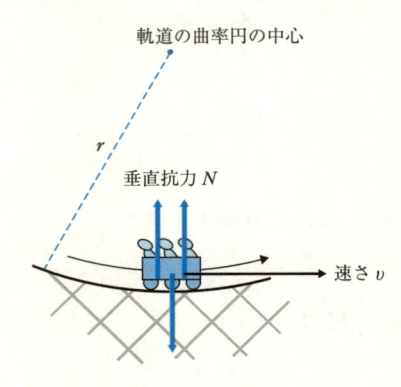

図 26・7　最下部における力と速度

グラビティ・ホイール

この乗り物は，はじめ水平面内で回転し，乗客は周縁内側の壁の辺りに立っている．回転速度が十分に上がると，回転軸が徐々に倒れて最終的には軸が水平に固定される．このとき乗客は，壁に押しつけられながら重力と壁からの垂直抗力の合力により，図 26・8 に示す垂直面内の円運動をする．

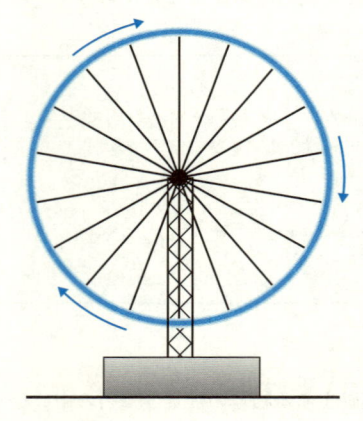

図 26・8　グラビティ・ホイール

a. 最上部では　乗客に加わる垂直抗力 N_1 は下向き，重力 mg と同じ方向である（図 26・9）．したがって合力の大きさは N_1+mg で回転中心の方向を向く．乗客の運動が速さ v，半径 r の円運動とすると，$F=ma$ と $a=v^2/r$ から，

$$N_1 + mg = \frac{mv^2}{r}$$

となる．よって，
$$N_1 = \frac{mv^2}{r} - mg$$
である．

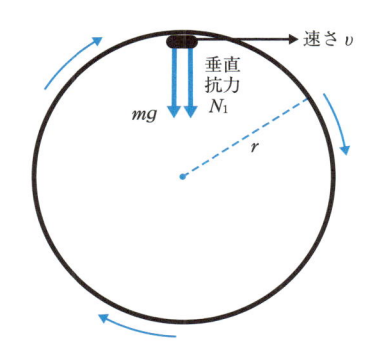

図 26・9 グラビティ・ホイールの最上部における力と速度

> **メモ**
> 1. 頂上を通過する乗客が周縁の壁から離れないでいるという条件は $N_1 > 0$ と表せる．この条件を満たす最小の速さ $v_{\min}$ は，
> $$\frac{mv_{\min}^2}{r} = mg \quad \text{より} \quad v_{\min} = \sqrt{gr}$$
> となる．
> 2. 車輪が垂直面内で回転している間に速さが $\sqrt{gr}$ 以下になると，シートベルトを着用していない乗客は最上部に行く前に周縁の内側の壁から離れて落ちてしまう．

b. 最下部では 乗客への垂直抗力 N_2 は上向きで，重力 mg と逆向きである（図 26・10）．したがって合力の大きさは $N_2 - mg$ であり回転中心を向く．乗客の運動が速さ v，半径 r の円運動とすると，$F = ma$ と $a = v^2/r$ から，
$$N_2 - mg = \frac{mv^2}{r}$$
となる．よって，

$$N_2 = \frac{mv^2}{r} + mg$$
である．

> **メモ**
> 1. 最下部の乗客に加わる垂直抗力は乗客の重力より大きい．余分に加わる "G" は mv^2/r であり，重力加速度が v^2/r だけ増えたように感じる．
> 2. 回転速度の上限は，健康への悪影響が何もなく乗客がどれくらいの "G" に耐えられるかによって決まる．

巨大ブランコ

この乗り物は，1〜2 人の乗客が長いケーブルの一端にぶら下がり，ケーブルがほぼ水平になるまでウィンチを巻き上げる．その後ケーブルが解放され，図 26・11 のように乗客は端から端までブランコ運動をするが，振幅はしだいに小さくなる．

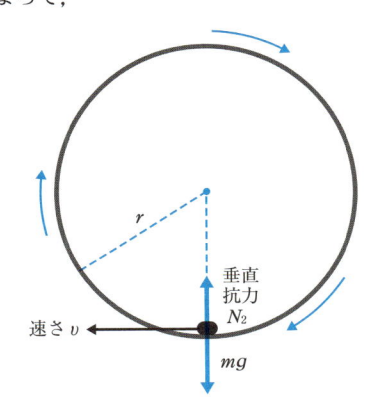

図 26・10 グラビティ・ホイールの最下部における力と速度

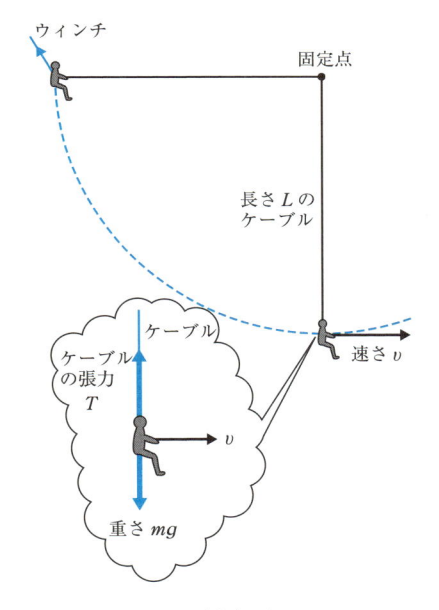

図 26・11 巨大ブランコ

- 質量 m の乗客の最下点での速さ v は，運動エネルギーの増加と位置エネルギーの減少が等しい，すなわち $\frac{1}{2}mv^2 = mgh$ とおいて計算する．h は落下の高度差である．
- 最下点では乗客にケーブルの張力 T が上向き，重力とは逆向きに加わる．したがって乗客に加わる合力は，大きさ $T - mg$ で回転中心の方向を向く．$F = ma$ と $a = v^2/L$ から，
$$T - mg = \frac{mv^2}{L}$$

となる．L はケーブルの長さであり，回転半径に等しい．

よって最下点でのケーブルの張力は，

$$T = mg + \frac{mv^2}{L}$$

で与えられる．これがケーブルの張力の最大値となる．

カーブの通過

ジェットコースターの軌道は，水平面内でカーブするときには傾いている．これは車両が高速でカーブを通過する際に飛び出さないようにするためである．同様の原理が鉄道や高速道路でも用いられている．

図 26・12 は，傾斜した曲率半径 r の路面上の自動車を正面から見たものである．路面は水平から角度 θ だけ傾いている．自動車と路面の間に横向きの摩擦は働かないとすると，路面からの垂直抗力 N の水平成分 $N\sin\theta$ が向心力となる．N の鉛直成分 $N\cos\theta$ は自動車の重さ mg と等しく，逆向きである．

$$N\sin\theta = \frac{mv^2}{L}$$

$$N\cos\theta = mg$$

よって，

$$\tan\theta = \frac{\sin\theta}{\cos\theta} = \frac{mv^2}{mgr} = \frac{v^2}{gr}$$

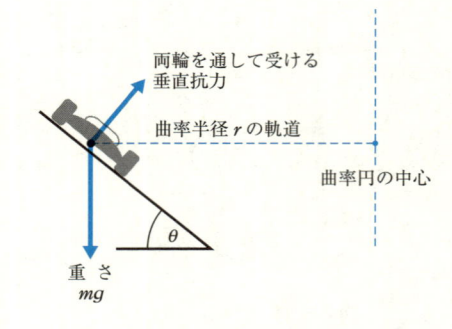

図 26・12 カーブの通過

> **メモ**
> 1. 図 26・12 では横方向の摩擦がないと仮定した．もし自動車がもっと速くカーブを通過するときは路面を横滑りして上り，もっと遅く通過するときは，路面を滑り落ちるだろう．上式で与えられた速さで通過するときは，路面を滑って上下することはない．
> 2. 半径 r で水平面内を旋回する飛行機にも同じ式が当てはまる．図 26・13 に示すように，翼に対して垂直に加わる揚力 L は，傾斜した路面からの垂直抗力 N と同じ役割を果たす． 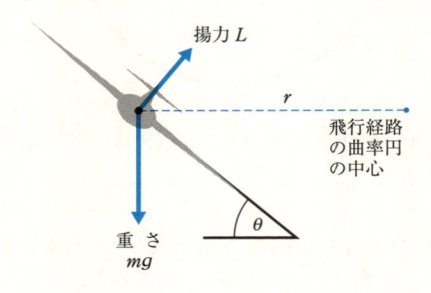
>
> 図 26・13 飛行機の傾き
>
> 揚力の水平成分が向心力となる．傾斜した路面の場合と同じく，横方向の摩擦はないので，パイロットは上式に従って傾斜角を速さで決まる値に合わせなければならない．

練習問題 26・3

1. 速さ 15 m s^{-1} で走行する質量 2000 kg のトラックが曲率半径 25 m のアーチ橋を渡る．
   (a) トラックが橋の頂上にあるとき，トラックに加わる力を求めよ．
   (b) トラックが路面と離れることなく橋を通過するための最大の速さを求めよ．
2. 軽飛行機が鉛直面内の円軌道を降下するとき，降下最下点で最高速 95 m s^{-1} となった．降下の際の軌道の曲率半径を 450 m として，最下点で飛行機に加わる向心力と，パイロットが受けた余剰の "G" の最大値を求めよ．

▼ まとめ

■ 円弧の長さ s

$$s = r\theta$$

ただし θ はラジアンで測る．
(360° = 2π ラジアン)

■ 角速度 ω

$$\omega = \frac{2\pi}{T} = 2\pi f$$

■ 向心加速度 a

$$a = -\frac{v^2}{r} = -\omega^2 r$$

■ 向心力 F

$$F = ma = -\frac{mv^2}{r} = -m\omega^2 r$$

章末問題

p.324 に本章の補充問題がある．

26・1 ある衛星は地球を回る半径 8000 km の円軌道を2時間に1回の速さで周回している．(a) 衛星の角速度，(b) 速さ，(c) 向心加速度を求めよ．

26・2 ある電気モーターの回転するコイルの直径が 0.08 m である．これが回転周波数 50 Hz で回転するとき，(a) 角速度，(b) 外縁部分の速さ，(c) 外縁部分に加わる向心加速度を求めよ．

26・3 重量 1200 kg の自動車が半径 60 m のラウンドアバウト（円形の交差点）を通過している．
(a) 速さ $15\,\mathrm{m\,s^{-1}}$ で通過するときの向心加速度を求めよ．
(b) タイヤと路面の最大摩擦力が重さの半分だとして，円の外側に滑り出すことなく交差点を回ることができる最大の速さを求めよ．

26・4 遊園地のジェットコースターの軌道が最上点から 45 m 下の最下点へと降下している（図 26・14）．

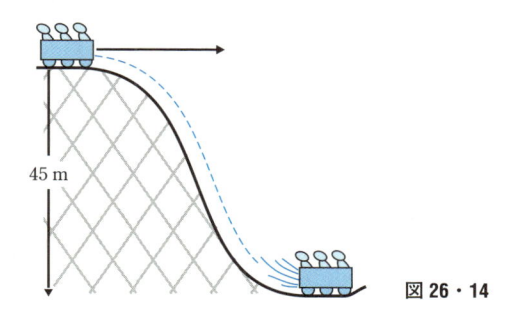

図 26・14

(a) (i) 最高点での速さは無視できるとして，最下点での最大の速さが $30\,\mathrm{m\,s^{-1}}$ となることを示せ．
(ii) (i)を導くために必要な他の仮定はなにか．
(b) 最下点の付近の軌道は下に凸で，曲率半径は 25 m である．
(i) 最下点を速さ $30\,\mathrm{m\,s^{-1}}$ で通過する車両の向心加速度を求めよ．
(ii) 最下点における，向心力と重力との比を求めよ．

26・5 ある遊園地のメリーゴーランドは8基の2人乗り"飛行機"から成る．それらが 5.0 m のワイヤーでつるされ，ワイヤーの上端は水平におかれた梁の端に固定されている．梁はメリーゴーランドの回転中心の柱から 7.5 m 伸びている．メリーゴーランドが最大の回転周波数で回っているとき，ワイヤーは垂直から 30° の角度をなす（図 26・15）．

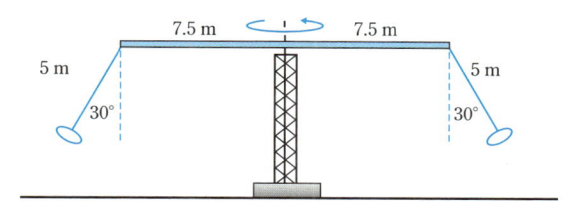

図 26・15

(a) この角度のとき"飛行機"の回転半径を求めよ．
(b) ワイヤーがこの角度のとき飛行機の速さが $7.5\,\mathrm{m\,s^{-1}}$ であることを示せ．
(c) この速さで回転しているとき，1回転に要する時間を求めよ．

26・6 (a) ある飛行機が水平面内で半径 6400 m の円周上を一定の速さ $210\,\mathrm{m\,s^{-1}}$ で回っている．このとき翼の傾斜角を求めよ．
(b) 別の飛行機が鉛直面内で直径 500 m の円を描いて飛んでいる．
(i) 気流と翼のなす角は常に一定としたとき，最高地点で揚力が下向きとなることを確認せよ．
(ii) もし最高点での揚力が重力と等しい場合，その地点での速さは $70\,\mathrm{m\,s^{-1}}$ でなくてはならないことを示せ．

27

重　力

目　次
27・1　ニュートンの重力理論
27・2　重力場の大きさ
27・3　重力による位置エネルギー
27・4　衛星の運動
まとめ
章末問題

学習内容
- 重さの起源
- 質量の間にはたらく力，ニュートンの重力の法則
- 重力場の大きさと単位
- 重力による加速度 g と重力場の大きさ
- 惑星の中心からの距離と g の変化
- 重力場の中の物体の位置エネルギー
- 脱出速度
- 円軌道を回る衛星の運動，周期と軌道半径の関係
- 衛星の軌道周期と軌道半径

27・1　ニュートンの重力理論

　物体は静止状態から手を離すと地球が及ぼす重力によって落下する．地球は物体を引っ張るので，物体が支えられていない限り，地球へ向かって運動する．物体も同じ大きさ，逆向きの力で地球を引っ張るが，地球の質量の方が非常に大きいので，地球が物体によって動かされることはない．

　重力はどんな物体間にも作用して引力を生じ，2個の物体を合体させようとする．重力がどんな物体間にも作用するという普遍性は，17世紀に Isaac Newton により初めて認識された．ニュートンは重力の数学的理論を考案し，惑星の運動や，彗星が再び戻ってくる理由を含め，広範な現象の説明に用いた．実際，潮の干満，食（日食や月食など），彗星の回帰がいつ起こるかなど，多くの予言を行うことができた．

　ニュートンの**重力理論**は，重力による引力はいかなる物体間にも作用し，二つの物体間の重力が，

- それぞれの物体の質量の積に比例し，
- 物体間の距離の2乗に反比例する

と述べている．こうして，距離 r だけ離れた質点 m_1 と m_2 に作用する引力 F は，

$$F \propto \frac{m_1 m_2}{r^2}$$

と書かれる（図27・1）．この比例関係は比例定数 G を導入すると以下の等式となる．

$$F = -G \frac{m_1 m_2}{r^2}$$

普遍定数の G を重力定数または万有引力定数といい，この式をニュートンの重力の法則または万有引力の法則という．ここで F は重力による引力，r は質量 m_1 と m_2 の距離である．F は引力であり，r が増加する方向とは逆向きなので負の符号（－）をつけてある．

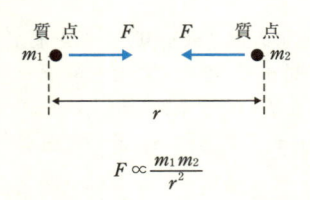

質点　F　　F　質点
m_1 ●———→　　←———● m_2
　　　　|←———— r ————→|

$$F \propto \frac{m_1 m_2}{r^2}$$

図 27・1　ニュートンの重力の法則

例題 27・1
　質量 2.00 kg の鉛の球と，(a) 中心が 0.100 m 離れている 6.00 kg の球，(b) 鉛球が地表にあるとして地球との間にはたらく引力を求めよ．地球の質量は 5.89×10^{24} kg，半径は 6380 km である．（$G = 6.67 \times 10^{-11}$ N m^2 kg^{-2}）

[解　答]
(a) $F = -G \dfrac{m_1 m_2}{r^2} = \dfrac{6.67 \times 10^{-11} \times 2.00 \times 6.00}{(0.100)^2}$
　　　　　　　　　　$= 8.00 \times 10^{-8}$ N

(b) $F = -G \dfrac{m_1 m_2}{r^2} = \dfrac{6.67 \times 10^{-11} \times 2.00 \times 5.98 \times 10^{24}}{(6380 \times 10^3)^2}$
　　　　　　　　　　$= 19.6$ N

27. 重　力

メ　モ

1. 重力の式を質点ではない物体にも適用できるようにニュートンは理論を拡張し，球形で均一な物体は中心に全質量が集まった1個の質点として扱えることを示した．
2. この式は逆2乗則に従う力の例であり，力は距離の2乗の逆数に比例する．たとえば距離が2倍になると力は1/4になる．
3. 万有引力の式から，
$$G = -\frac{Fr^2}{m_1 m_2}$$
これに対応して G の単位は $\mathrm{N\,m^2\,kg^{-2}}$ である．この単位で G を表すとき，法則に用いる質量は kg，距離は m で表すことに注意せよ．
4. G の値 $6.67 \times 10^{-11}\,\mathrm{N\,m^2\,kg^{-2}}$ は，18世紀に Henry Cavendish により初めて決定された．彼は図27・2 に示すような，両端に小さな金属の球を取付けた水平の棒から成るねじり天秤を作った．棒は細いワイヤーでつるされている．二つの大きな鉛の球を棒の両端に近づけて金属の球を引っ張り，ねじり天秤の棒を回転させるものである．

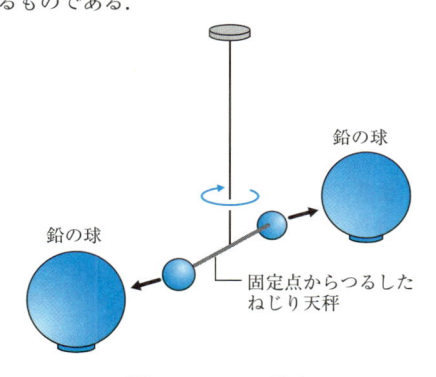

図27・2　G の測定

重力の性質

質量がない場合を除き，いかなる2物体の間にも重力による引力がはたらく．物体の周囲にはその質量がつくり出す重力場がある（図27・3）．他の物体がこの場の中にあるとき，場による力がはたらく．たとえば，地表で静止している物体は，地球の重力場があるので地表にとどまっていられる．

地球の重力場は無限遠まで広がっている．ニュートンの重力の法則によると，2個の物体がどんなに離れていても，それらの間にはたらく重力は0にならない．物体間の重力による引力は距離とともにどんどん弱くなる．距離が更に大きくなると力は0に向かうが，それでも無限遠でない限りは0ではない．現実的には地球からの距離がずっと大きくなると引力は無視できるほど小さくなるのだが，理論上は地球またはどんな物体の重力場からも逃れることは不可能である．

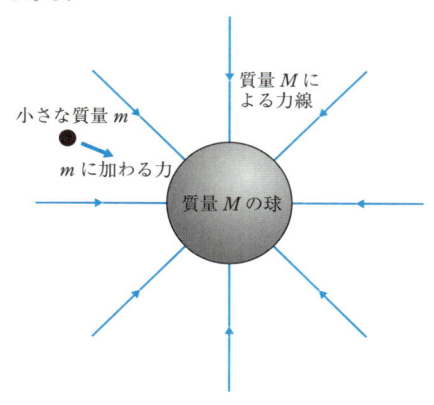

図27・3　M がつくる重力場の中にある物体 m

重力が0となる位置

地球の重力は無限遠まで到達するが，重力が0となるのに無限遠まで行く必要はない．地球と月を結ぶ線上にある物体は，地球からの重力と反対向きの重力を月から受ける．図27・4 に示すように，この線上の特定の位置で，これらの力が同じ大きさで逆向きになる．

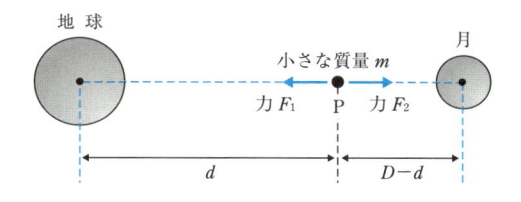

図27・4　重力が0となる位置

地球と月の中心間の距離を D とする．地球と月から受ける力の大きさが等しい点を P とし，地球の中心から P までの距離を d とする．

位置 P での質量 m の小物体が地球から受ける力 F_1 は，M_1 を地球の質量として，
$$F_1 = -\frac{GM_1 m}{d^2}$$
と書ける．同じ小物体が月から受ける力 F_2 は，M_2 を月の質量として，
$$F_2 = -\frac{GM_2 m}{(D-d)^2}$$
である．位置 P では $F_1 = F_2$ となるので，
$$-\frac{GM_1 m}{d^2} = -\frac{GM_2 m}{(D-d)^2}$$
よって，
$$-\frac{(D-d)^2}{d^2} = -\frac{M_2}{M_1}$$

$M_1 = 5.89 \times 10^{24}$ kg, $M_2 = 7.35 \times 10^{22}$ kg であるから,

$$\frac{M_2}{M_1} = \frac{7.35 \times 10^{22}}{5.89 \times 10^{24}} = 1.23 \times 10^{-2}$$

したがって,

$$\frac{D-d}{d} = \sqrt{1.23 \times 10^{-2}} = 0.11$$

この式を整理すると,

$$D - d = 0.11\,d$$
$$1.11\,d = D$$
$$d = 0.90\,D$$

$D = 384\,000$ km であるから $d = 0.90 \times 384\,000$ km $= 346\,000$ km. したがって,点 P は地球の中心から $346\,000$ km 離れた距離にある.

> **メモ** ばね秤を使うと物体に加わる重力を測定できる.しかし,物体をつけたばね秤を箱の天井からつるし,箱を自由落下させると,重力が消えたように見える.物体,ばね秤,箱がいっせいに同じ加速度で静止状態から運動を始め,ばね秤と物体の加速度が同じだから,ばね秤と物体の間にはたらく力は 0 であり,自由落下が始まるとばね秤の読みはただちに 0 になる.箱の中では,実効的には地球による重力が消えてしまったかに見える.地上で自由落下する物体は,ともに自由落下する人から見ると無重力下にあるように見える.

練習問題 27・1

($G = 6.67 \times 10^{-11}$ N m² kg⁻²)
以下のデータを使って計算せよ(図 27・5).

地球の質量 $= 5.98 \times 10^{24}$ kg, 地球の半径 $= 6380$ km
月の質量 $= 7.35 \times 10^{22}$ kg, 月の半径 $= 1740$ km
太陽の質量 $= 1.99 \times 10^{30}$ kg, 太陽の半径 $= 696\,000$ km
地球から月までの平均距離 $= 384\,000$ km
地球から太陽までの平均距離 $= 150\,000\,000$ km

1. 次の物体間にはたらく重力の大きさを計算せよ.
   (a) 地球と地球上の質量 70 kg の人
   (b) 地球と月
   (c) 月と地球上の体重 70 kg の人
2. (a) 地上の質量 1.0 kg の物体に加わる太陽からの重力を計算せよ.
   (b) 地球と太陽からの重力が同じ大きさで逆向きとなる点は,地球からどれだけ離れたところか.

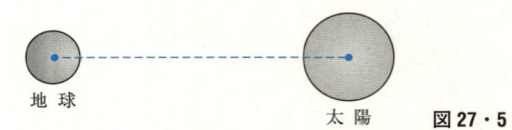

図 27・5

27・2 重力場の大きさ

重力場は,そこにある物体が質量をもつために力を受けるような空間の領域である.たとえば地球の重力場は地球近傍のあらゆる物体に力を及ぼす.地球の重力場は,地球の質量により生じるものであり,他のあらゆる質量に作用する.

> **重力場の大きさ** g は,その場の中にある小物体に加わる単位質量当たりの力と定義される.
> $$g = \frac{|F|}{m}$$

ここで F は質量 m の小物体に加わる重力である.

> 物体の重さとは,それに加わる重力の大きさである.

したがって,質量 m の物体の重さ W は,

$$W = mg$$

で与えられる.ここで g は物体のその位置における重力場の大きさである.

たとえば質量 70 kg の人は,地表では $g = 9.8$ N kg⁻¹ であるから,およそ 700 N の重さがある.しかし同じ人であっても,月面では重力場の大きさが 1.6 N kg⁻¹ しかないので,102 N($= 1.6$ N kg⁻¹ × 70 kg)の重さしかない.

- 地上で**自由落下する物体**は重力によって加速する.自由落下の加速度は重力場の大きさ g に等しい.その理由は,

  加速度 = 力の大きさ/質量 $= mg/m = g$

  だからである.第 9 章で学んだ**重力加速度**は,地球の回転による小さな効果を除けば重力場の大きさと同じ値になる.

- 重力場の**力線**(りきせん)は,自由に動ける小さな質量が加速される向きに沿っている.図 27・6 は球の周りの力線を表す.場の中にあるすべての質量は球の中心に向かって引力を受けるので,力線は球の中心に向かう.これは放射状の場の例である.

> **メモ**
> 1. 重力場の大きさを測るために用いる小物体の質量は,その場をつくり出す質量の分布状態を変えることのないように,小さくなければならない.
> 2. 重力場の大きさの単位は N kg⁻¹ である.たとえば,地球の表面付近で重力場の大きさはおよそ 9.8 N kg⁻¹ である.
> 3. 重力場は大きさと向きがあるのでベクトル量である.

質量 M の球の中心から距離 r の位置にある小さな質量 m に加わる力 F は，ニュートンの重力の法則により，

$$F = -\frac{GMm}{r^2}$$

である．重力場の大きさ g は単位質量当たりの力で定義されるから，

$$g = \frac{|F|}{m} = \frac{GM}{r^2}$$

となる．質量 M の球の中心から距離 r の点において，

$$g = \frac{GM}{r^2}$$

である．

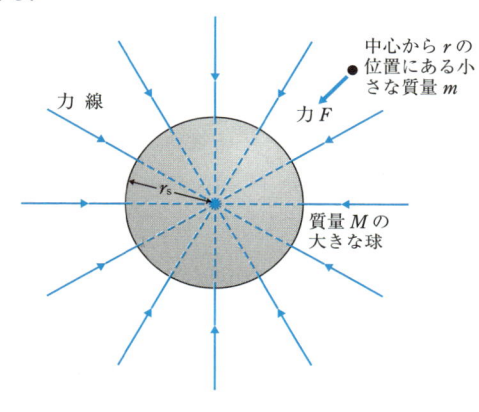

図 27・6 力 線

メモ

1. g の式は球の質量 M がその中心に集中したのと同じである．
2. 球表面での重力場の大きさ g_s は r_s を球の半径として

$$g_s = \frac{GM}{r_s^2}$$

である．
3. 距離 r に対する g の変化は逆 2 乗則に従う．図 27・7 は g の変化を示す．
$GM = g_s r_s^2$ より，

$$g = \frac{g_s r_s^2}{r^2}$$

である．

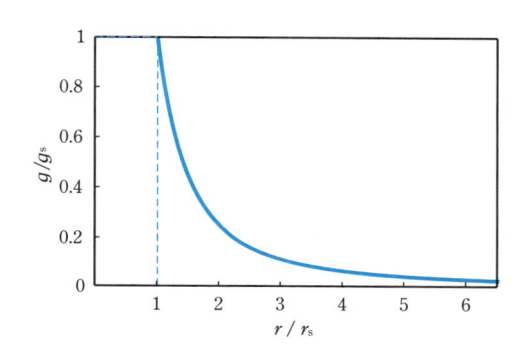

図 27・7 球体の中心からの距離 r に対する g の変化

例題 27・2

($G = 6.67 \times 10^{-11}\,\mathrm{N\,kg^{-2}\,m^2}$，地球の質量 $= 5.98 \times 10^{24}\,\mathrm{kg}$，地球の半径 $= 6380\,\mathrm{km}$)

(a) 地表で重力場の大きさが $9.8\,\mathrm{N\,kg^{-1}}$ であることを示せ．

(b) 地上 1000 km での重力場の大きさを求めよ．

[解 答]

(a) $g_s = \dfrac{GM}{r_s^2} = \dfrac{6.67 \times 10^{-11} \times 5.98 \times 10^{24}}{(6380 \times 10^3)^2} = 9.80\,\mathrm{N\,kg^{-1}}$

(b) $r = 6380 + 1000\,\mathrm{km} = 7380\,\mathrm{km}$

∴ $g = \dfrac{GM}{r^2} = \dfrac{6.67 \times 10^{-11} \times 5.98 \times 10^{24}}{(7680 \times 10^3)^2} = 7.32\,\mathrm{N\,kg^{-1}}$

練習問題 27・2

練習問題 27・1 で与えた数値を用いて以下に答えよ．

1. 太陽による重力場の大きさの (a) 太陽表面，(b) 太陽から 57 900 000 km の距離にある水星での値を求めよ．
2. 木星は $1.90 \times 10^{27}\,\mathrm{kg}$ の質量をもっており，太陽から 778 000 000 km のところを周回している．太陽による重力場と木星による重力場の大きさが等しく逆向きになる点の，太陽からの距離を求めよ．

27・3 重力による位置エネルギー

地表から物体を持ち上げると，物体の位置エネルギーは増加する．重力による位置エネルギーの変化は，重力とつり合う力を加えて物体を移動するときの仕事に等しい．

- 高度の変化 h が十分小さく，その間で重力場の変化が無視できるとすると，

$$\begin{pmatrix}\text{位置エネルギー}\\ \text{の変化}\end{pmatrix} = \begin{pmatrix}\text{重力の}\\ \text{大きさ}\end{pmatrix} \times \begin{pmatrix}\text{高さの}\\ \text{増分}\end{pmatrix} = mgh$$

である．物体の大きさも無視できるとした．

- 重力場の大きさの変化が無視できない場合は，物体に加わる重力は高度とともに小さくなる．図 27・8 は，ニュートンの重力の法則に従い，地球の中心からの距離 r とともに重力の大きさが変化する様子を示す．

質量 m の物体を地球の中心からの距離が r の点から $r + \delta r$ まで，重力と同じ大きさで向きが重力と逆の方向の力 F を加えて遠ざけるとする．δr が r に比べて十分小さいと

きは，移動の間ずっと

$$F = -mg = -\frac{GMm}{r^2}$$

であるとしてかまわない．M は地球の質量である．このとき物体の位置エネルギーの変化 δE_P は，$-F$ を加えながら δr 移動するときの仕事だから，

$$\delta E_P = -F\delta r = \frac{GMm}{r^2}\delta r$$

となる．一方，δr が r より十分小さい場合には，1 にくらべて $\delta r/r$ を無視できるので，

$$\frac{1}{r} - \frac{1}{r+\delta r} = \frac{r+\delta r - r}{r(r+\delta r)} = \frac{\delta r}{r^2(1+\delta r/r)} = \frac{\delta r}{r^2}$$

となり，位置エネルギーの変化は，

$$\delta E_P = \frac{GMm}{r^2}\delta r = GMm\left(\frac{1}{r} - \frac{1}{r+\delta r}\right)$$
$$= \left(-\frac{GMm}{r+\delta r}\right) - \left(-\frac{GMm}{r}\right)$$

と書き直せる．δE_P は "$r+\delta r$ での位置エネルギー" − "r での位置エネルギー" だから，上式の最右辺第 2 項を "r での位置エネルギー" の式と考えてよい．

$$\text{位置エネルギー} = -\frac{GMm}{r}$$

ここで r は地球の中心からの距離である．

メモ

1. 位置エネルギーは距離 r に反比例して変化する．距離が増すと位置エネルギーは負のままで 0 に向かって小さくなり，無限遠で 0 になる．
2. 質量 m の物体を距離 r の位置から無限遠まで運ぶのに必要な仕事は，この間の位置エネルギーの差に等しい．すなわち $-\frac{GMm}{r}$ から 0 を引いた値，$-\frac{GMm}{r}$ となる．
3. 図 27・8a の曲線の下側の面積は，距離 r から無限遠まで質量 m の物体を運ぶのに必要な仕事を表す．その理由は，まず曲線の下の帯状の面積 $F\delta r$ が微小な変位 δr でなされた仕事であり，この帯をすべて寄せ集めた面積が仕事の総量を表すからである．
4. 地球半径を r_s とすると，地表での重力場の大きさは $g_s = GM/r_s^2$ であり，$GM = g_s r_s^2$ となる．よって r での位置エネルギーは $-\frac{mg_s r_s^2}{r}$ と書ける．

例題 27・3

1.0 kg の質量を地表から無限遠点まで運ぶときに必要な仕事を求めよ．地表での重力場の大きさを 9.8 N kg^{-1}，地球の半径を 6380 km とする．

[解答] 地表にある質量 $m = 1.0$ kg の物体の位置エネルギー E_P は，

$$E_P = -\frac{GMm}{r_s} = -\frac{mg_s r_s^2}{r_s} = -mg_s r_s$$
$$= -1.0 \times 9.8 \times 6380 \times 10^3 = -62.5 \text{ MJ}$$

無限遠点での位置エネルギーは 0 なので，1.0 kg の質量を地表から無限遠点まで運ぶときに必要な仕事は 62.5 MJ である．

脱出速度

地球からロケットを宇宙空間に送り出すとき，地球の重力に打ち勝つだけの十分な運動エネルギーを与える必要がある．もし運動エネルギーが十分でなかった場合は，再び地表に落下する．

発射体の**脱出速度** v_esc とは，地球から無限遠まで脱出するのに不可欠な最小限の速さである．

質量 m の発射体が脱出するためには，その初速 v が十分に大きく，当初の運動エネルギー $\frac{1}{2}mv^2$ が地表から無限遠点までの脱出に必要な仕事 GMm/r_s よりも大きいことが必要である．よって，

$$\frac{1}{2}mv_\text{esc}^2 = \frac{GMm}{r_s}$$

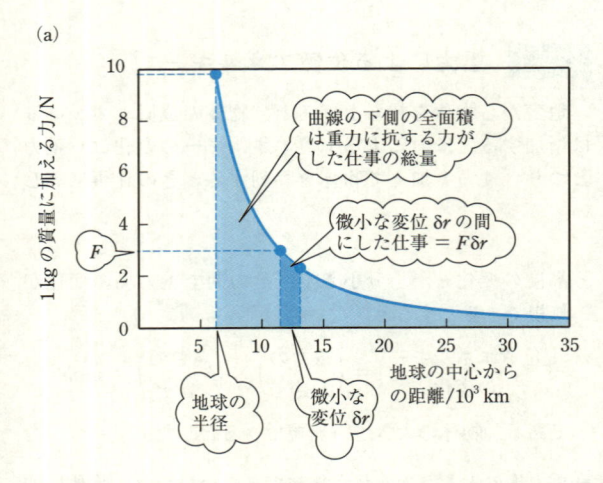

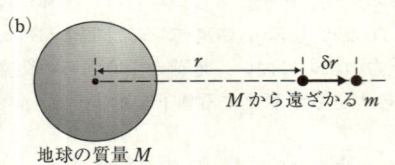

図 27・8 重力とつり合う力がする仕事．(a) 地球付近の重力と距離のグラフ．(b) 位置エネルギーの獲得．

したがって，脱出速度 v_esc は，

$$v_\text{esc} = \sqrt{\frac{2GM}{r_\text{s}}} = \sqrt{2g_\text{s} r_\text{s}}$$

ブラックホール

ブラックホールは，その重力場が非常に強いために光さえも脱出することができないような，とても質量が大きい天体である．いかなる物体も光より速く進むことができないので，どんなものもブラックホールの内部から脱出することはできない．

ブラックホールの**事象の地平線**は，ブラックホールに捕まることなく物体や光が近づくことのできる最近接点である．

質量 M，半径 R の球の表面からの脱出速度 v_esc は，

$$v_\text{esc}^2 = \frac{2GM}{R}$$

から求められる．脱出速度は自由空間における光速 c を超えられないので，もし $2GM/R$ が c^2 を超えるなら，それはブラックホールであろう．言い換えると，球がブラックホールであるためには，半径が $2GM/c^2$ かそれ以下でなければならない．

例題 27・4

地球と同じ質量（$=5.98\times 10^{24}$ kg）の球体がブラックホールであるためには，半径が 9 mm である必要があることを示せ．（$c=3.0\times 10^8$ m s^{-1}，$G=6.67\times 10^{-11}$ N kg^{-2} m^2）

[解答] $R = \dfrac{2GM}{c^2} = \dfrac{2\times 6.67\times 10^{-11}\times 5.98\times 10^{24}}{(3.0\times 10^8)^2}$
$= 8.9\times 10^{-3}$ m

練習問題 27・3

練習問題 27・1 のデータを用いて以下の問に答えよ．
1. (a) 月面から無限遠点まで，(b) 地球の軌道上で太陽の重力場から無限遠点まで，1.0 kg の質量を移動するために必要な仕事を求めよ．
2. 太陽が圧縮されてブラックホールとなるのに必要な半径を求めよ．（$c=3.0\times 10^8$ m s^{-1}）

27・4 衛星の運動

図 27・9 に示すように地球の周りの円軌道を回る衛星を考える．衛星が円軌道を保持するために必要な向心力は，地球が衛星に及ぼす重力である．

もし重力が突然なくなったとしたら，衛星は接線方向に飛び去るだろう．衛星に働く力は運動の方向に直角であり衛星に仕事をしないので，円軌道を回る衛星は一定の速度で地球の周りを回る．

衛星は地球の周りを回っているので，運動の方向は連続的に変化している．軌道上のあらゆる点で速度は接線方向，加速度は中心を向く．加速度は衛星に加わる重力と同じ方向である．

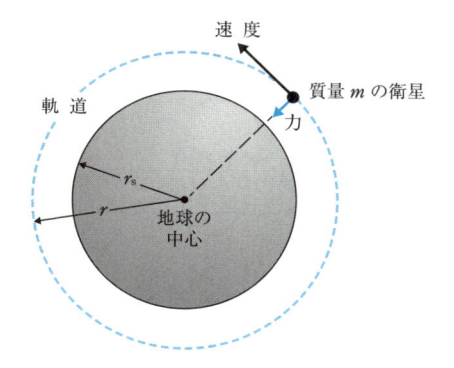

図 27・9 衛星の軌道

質量 m の衛星が地球を回る半径 r の円軌道上を速さ v が一定で運動するとき，その加速度は p.287 で学んだ向心加速度の式 $a=-v^2/r$ により与えられる．衛星に加わる力の大きさはニュートンの重力の法則より $|F|=GMm/r^2$ で与えられる．ここで M は地球の質量である．ニュートンの運動の第二法則を用いると，

$$F = ma$$

したがって，

$$\frac{GMm}{r^2} = \frac{mv^2}{r}$$

これを変形して，

$$v^2 = \frac{GM}{r}$$

$$v = \frac{\text{円 周}}{\text{軌道を 1 周する時間 } T} = \frac{2\pi r}{T}$$

よって，

$$\frac{(2\pi r)^2}{T^2} = \frac{GM}{r}$$

したがって，

$$r^3 = \frac{GM}{4\pi^2} T^2$$

となる．

メモ
1. 球体の質量 M がもっとずっと大きいときも，軌道上の衛星に関してこの式が成り立つ．
2. r と T がわかれば，中心にある物体の質量を求めることができる．
3. 中心にある物体の半径を r_s とすると，その表面での重力場の大きさが $g_\text{s} = GM/r_\text{s}^2$ だから，この式は次のように書かれる．

$$r^3 = \frac{g_\text{s} r_\text{s}^2}{4\pi^2} T^2$$

例題 27・5

($G = 6.67 \times 10^{-11}$ N kg^{-2} m^2,地球の半径 = 6380 km)

世界最初の人工衛星は高度 200 km の軌道に打ち上げられ,88 分に 1 回地球の周りを回った.このデータを用いて地球の質量を求めよ.

[解答] $r^3 = \dfrac{GM}{4\pi^2}T^2$ を変形して,

$$M = \frac{4\pi^2 r^3}{GT^2} = \frac{4\pi^2 (6580 \times 10^3)^3}{6.67 \times 10^{-11} \times (88 \times 60)^2} = 6.0 \times 10^{24} \text{ kg}$$

ケプラーの法則

16世紀の天文学者,Johannes Kepler (ヨハネス ケプラー) は,惑星の運動を観察・測定しその運動を記述する三つの法則を確立した.同じ法則は太陽系の星の運動をも記述するものである.

a. ケプラーの第一法則 ケプラーの第一法則は,惑星が太陽の周りの楕円軌道を回ることを述べている.図 27・10 は楕円軌道を示す.太陽は楕円の 2 個の焦点のうちの一方に位置する.各惑星の軌道の長短半径の比すなわち楕円率は異なり,地球のようなほぼ円軌道もあるし太陽系の外縁の準惑星である冥王星のようにかなり扁平な軌道もある.冥王星は,扁平な軌道のために,隣の惑星である海王星よりも太陽の近くまで接近する.

b. ケプラーの第二法則 ケプラーの第二法則は,惑星が太陽の周りを回るとき,太陽から惑星を結ぶ動径は同じ時間内に同じ面積を掃くことを述べている.図 27・11 にその考え方を示す.たとえば,彗星は太陽の近くで速く移動し,太陽から離れると遅くなる.

c. ケプラーの第三法則 ケプラーの第三法則は,惑星から太陽までの平均距離の 3 乗が,太陽の周りを 1 周する時間の 2 乗に比例することを述べている(表 27・1).ニュートンは,自分が確立した運動と重力の法則からケプラーの法則をすべて導けることを示した.

表 27・1 惑星・準惑星のデータ

	太陽からの平均距離 r/A.U.	公転周期 T/年	r^3/T^2(単位は A.U.^{3} yr^{-2})
水星	0.39	0.24	1
金星	0.72	0.62	1
地球	1	1	1
火星	1.52	1.88	1
木星	5.2	11.9	1
土星	9.54	29.5	1
天王星	19.2	84	1
海王星	30.1	165	1
冥王星	39.4	248	1

メモ 天文単位(A.U.)は地球から太陽までの平均距離として定義され,1.496×10^8 km である.

静止衛星

静止衛星は,赤道の真上の円軌道をちょうど 24 時間で 1 周する衛星である.このような衛星は地球の自転と同じ速さで回るので,地上から見ると赤道上のある位置の真上で静止しているように見える.

静止衛星は通信や衛星放送に用いられる.それは,地上の送信機と受信機をいったん衛星に向ければ,その後の再調整が不要だからである.

静止衛星の高度 H は,p.297 で学んだ式

$$r^3 = \frac{g_s r_s^2}{4\pi^2} T^2$$

を用いて計算できる.ここで g_s は地表における地球の重力場の大きさ,r_s は地球半径である.$T = 24$ 時間 $= 24 \times 3600$ s,$g_s = 9.8$ N kg^{-1},$r_s = 6380$ km を代入すると,

$$r^3 = \frac{g_s r_s^2}{4\pi^2} T^2 = \frac{9.8 \times (6380 \times 10^3)^2 \times (24 \times 3600)^2}{4\pi^2}$$
$$= 7.54 \times 10^{22} \text{ m}^3$$

よって,
$$r = 4.225 \times 10^7 \text{ m} = 42\,250 \text{ km}$$

したがって,静止衛星の高度 H は,
$$H = 42\,250 - 6380 = 35\,870 \text{ km}$$

である.

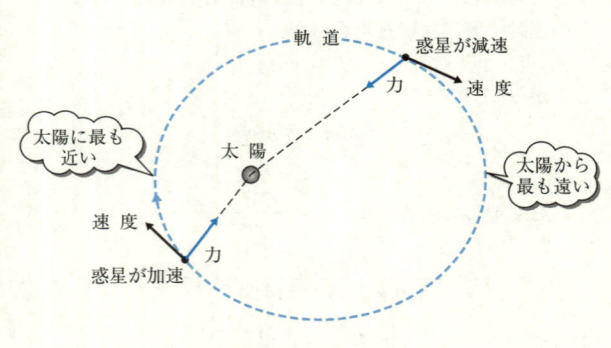

図 27・10 楕円軌道

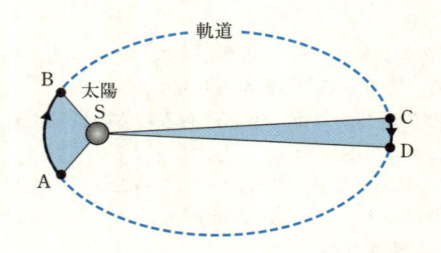

図 27・11 ケプラーの第二法則.A から B までの時間と C から D までの時間が等しいとき,面積 SAB = 面積 SCD となる.

練習問題 27・4

練習問題 27・1 のデータを用いて以下の問に答えよ．

1. ある衛星が地球まわりの円軌道を回っている．(a) 高度が 1000 km のときの速度と周期，(b) 周期が 4 時間のときの速度と高度を求めよ．

2. (a) 高度 100 km で月の周りの円軌道を回る衛星の周期を求めよ．
   (b) 月の周りの円軌道を速度 1.0 km s^{-1} で回る衛星の高度と周期を求めよ．

まとめ

■ ニュートンの重力の法則

$$F = -G\frac{m_1 m_2}{r^2}$$

■ 重力場の大きさ

$$g = \frac{|F|}{m}$$

■ 質量 M の球の中心から距離 r の位置で，

1. $g = \dfrac{GM}{r^2}$

2. 小さな質量 m の位置エネルギー E_P

$$E_P = -\frac{GMm}{r}$$

3. 脱出速度 v_{esc} $\quad v_{esc} = \sqrt{\dfrac{2GM}{r}} = \sqrt{2gr}$

■ 質量 M の球の周りの半径 r の円軌道を周期 T で運動する衛星について，

1. $v = \sqrt{\dfrac{GM}{r}} = \dfrac{2\pi r}{T}$ 2. $r^3 = \dfrac{GMT^2}{4\pi^2}$

章末問題

p.324 に本章の補充問題がある．
($G = 6.67 \times 10^{-11}$ N m^2 kg^{-2}，1 A.U. $= 150 \times 10^6$ km)
必要なら次のデータを用いて答えよ．
地球の質量 $= 5.98 \times 10^{24}$ kg，地球の半径 $= 6380$ km
月の質量 $= 7.35 \times 10^{22}$ kg，月の半径 $= 1740$ km
太陽の質量 $= 1.99 \times 10^{30}$ kg，太陽の半径 $= 696\,000$ km
$g_s = 9.80$ N kg^{-1}
地球から月までの距離の平均 $= 384\,000$ km
地球から太陽までの距離の平均 $= 150\,000\,000$ km

27・1 日食が起こるとき，図 27・12 のように月がちょうど太陽と地球の間に入る．
(a) 月に対して (i) 地球から，また (ii) 太陽から作用する重力の大きさを求めよ．
(b) 日食のときに月に作用する全体の力の大きさを求めよ．

図 27・12

27・2 木星の質量は地球の 318 倍であり，太陽からの平均距離は 5.20 A.U. である．太陽に対して地球と木星が同じ側で 3 者が一直線上にあるとき，
(a) 地球の位置での木星の重力場の大きさを求めよ．
(b) (i) 地球から木星の方に 0.22 A.U. 近づいた位置では，木星の重力場は地球からの重力場と大きさが同じで向きが逆であることを示せ．
(ii) この位置での太陽の重力場の大きさを求めよ．

27・3 (a) (i) 地球の重力による地上の物体の位置エネルギーは単位質量当たり -62.5 MJ kg^{-1} である．地球からの脱出速度を求めよ．
(ii) 月の重力による月面上の物体の位置エネルギーは単位質量当たり -2.8 MJ kg^{-1} である．月からの脱出速度を求めよ．
(b) 質量 1000 kg の宇宙船が月面から地球上まで航海した．月からちょうど脱出するのに必要な運動エネルギーで打上げられたとして，地球に到達する直前の (i) 運動エネルギーと (ii) 速さを求めよ．

27・4 火星は地球の 0.108 倍の質量をもち，半径は 3400 km である．
(a) (i) 火星表面での重力場の大きさと (ii) 火星からの脱出速度を求めよ．
(b) 火星には 2 個の月，フォボスとデイモスがある．(i) フォボスは火星の周りの円軌道を 1 周 7.65 時間で回る．火星表面からのフォボスの高度を求めよ．(ii) デイモスは火星の周りを高度 20 100 km の円軌道で回っている．1 周する時間を求めよ．

27・5 (a) 海王星には 2 個の月，トリトンとネレイドがある．トリトンは海王星の周りの高度 354 000 km の軌道を 5.88 日で 1 周する．
(i) 海王星の質量を求めよ．
(ii) ネレイドは海王星を 359 日で 1 周する．海王星からネレイドまでの距離を求めよ．

(b) 地球を回る衛星が，南北両極の上空を通る高度 1680 km の円軌道にある．
(i) 周期を求めよ．

(ii) 赤道上の地点 1 の上空を衛星が北から南に横切った．赤道上空を北から南に通過する次の地点 2 は，赤道に沿ってどれだけ離れているか．

28

単 振 動

目 次
28・1 振 動
28・2 サイン波
28・3 振動系における力
28・4 共 鳴
まとめ
章末問題

学習内容
- 振動系の例
- 振幅と周期
- 振動系の加速度と速度，変位の時間的な変化
- 単振動，円運動との関係
- 角振動数の定義，単振動の加速度と変位
- ばね-質量系，単振り子の周期
- 自由振動と減衰振動
- 強制振動と共振

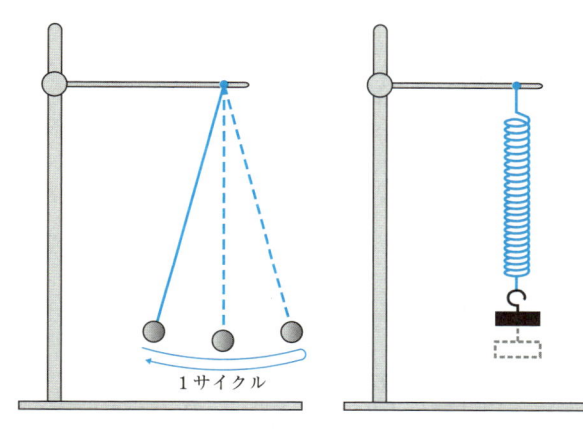

図 28・1 単振り子

図 28・2 ばね-質量系

28・1 振 動

振 動 系

どんな振動系（振動運動をする物体）でも往復運動が繰返される．二つの簡単な例を以下に述べる．そのような簡単な例を学ぶと，より複雑な振動系の運動が理解できるようになる．

- **単振り子**：振り子をその平衡の位置からずらして離すと左右に振動し，平衡の位置を通り越して往復する（図28・1）．そのうちに振動は小さくなり，ついには完全に止まってしまう．振動運動の1サイクルは，片側で静止した位置から反対側へ行きまた戻ってくるまでである．
- **ばね-質量系**：ばねにつけたおもりを，その平衡の位置から引っ張って離すと振動する（図28・2）．おもりが最下点から最上点に動き，また最下点に戻ることで振動の1サイクルとなる．そのうちに振動は小さくなり，ついには運動しなくなる．

振動の測定

どんな物体の振動運動もある点の周りを振動する．その点が振動の中心であるが，それは通常は物体の平衡の位置であり，この点で静かに離せば静止を続ける位置である．

- 振動する物体のある瞬間の位置は，平衡の位置からの**変位**（物体の距離と方向）で表す．図28・3は振動する物体の変位が時間とともに変化する様子を示す．変位は，ある方向を正にとると，反対方向では負の値となる．
- **振動の振幅**は，平衡の位置からの変位の最大値である．単振り子とばね-質量系の例では，空気抵抗と機械的な抵抗によって振幅は徐々に減少していく．もし抵抗がなければ振動は無限に続く．抵抗は可動部に摩擦を生じ，振動の振幅はしだいに小さくなり最後は0になる．
- **振動の周期**は，振動の1サイクルに要する時間である．これは，振動する物体の位置と速度がまったく同じ状態に戻るまでの最小の時間のことである．たとえば単振り子の周期は，振り子がある向きに平衡の位置を通過して

から，つぎに同じ方向に通過するまでの時間に等しい．

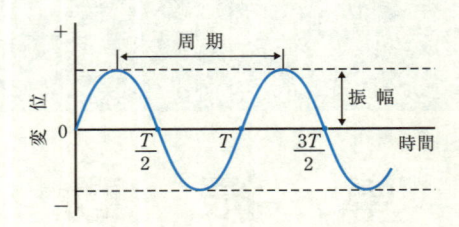

図 28・3 振動する物体の変位の時間的な変化

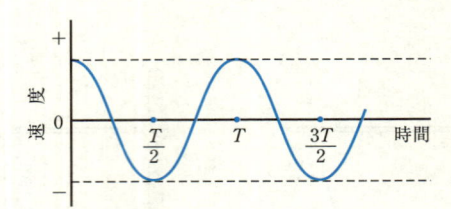

図 28・4 振動する物体の速度の時間的な変化

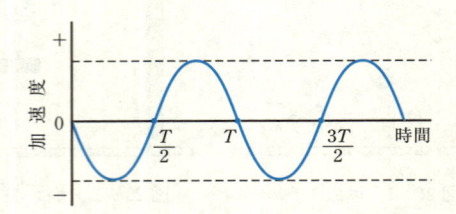

図 28・5 振動する物体の加速度の時間的な変化

速度と加速度

振り子が平衡の位置を通過したとき，速度が最大で加速度が 0 である．一方，平衡の位置からの変位が最大の位置では，速度が 0 で加速度の大きさが最大である．

a. 速度の時間的な変化 速度は変位の時間的な変化の割合として定義されるので，振動する物体の速度は物体の変位と時間のグラフの傾きから決めることができる．図 28・4 は図 28・3 に対応する変位と時間のグラフを示す．

- 変位が 0 の位置では，図 28・3 の傾きは最大である．物体が平衡の位置を通過するときの正負の方向に対応してその傾きも正負がある．
- 変位が最大の位置では，図 28・3 の傾きは 0 である．どちらの方向であっても最大変位の位置で速度 0 である．物体は最大変位の位置で運動の方向を変え，速度は正から負，あるいは負から正へと変わる．

b. 加速度の時間的な変化 加速度は速度の時間的な変化の割合なので，振動する物体の加速度は速度と時間の

グラフの傾きから決めることができる．図 28・5 は図 28・4 に対応する加速度と時間のグラフを示す．

- 速度 0 の位置では図 28・4 のグラフの傾きは正の方向負の方向ともに最大である．この位置は物体が運動の方向を変える最大変位の場所である．
- 速度が最大の位置では図 28・4 のグラフの傾きは 0 であり，物体が平衡の位置を通過するときに加速度が 0 になることを表す．
- 図 28・5 と図 28・3 とを比べる．変位が正のとき加速度は負，変位が負のとき加速度は正である．言い換えると，変位と加速度は逆向きになる．

練習問題 28・1

1. 図 28・6 の振り子は南北を通る垂直面内の線上を振動する．
   (a) 振り子が北側の端にあるとき，(i) 振動の中心からの変位と (ii) 加速度はどちら向きか．
   (b) 振り子が北側の端にあるときから 1/4 周期後の変位と速度はどちら向きか．
2. 子供がトランポリンで上下に跳ねている．
   (a) 子供が最下点にいるとき，(i) 加速度の方向と (ii) 速度の大きさについて何がいえるか．
   (b) 子供が最上点にいるとき，(i) 加速度の方向と (ii) 速度の大きさについて何がいえるか．

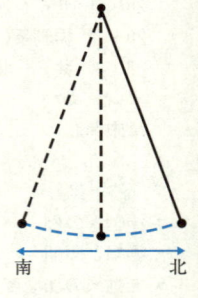

図 28・6

28・2　サイン波

サイン波を描く

図 28・7 のように円軌道上を運動する点 P を考える．

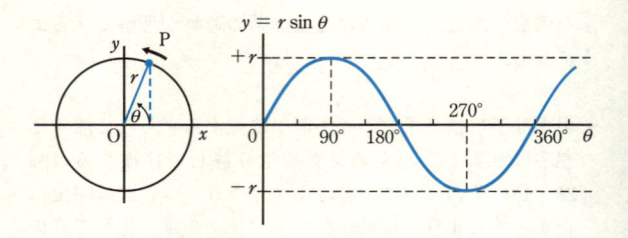

図 28・7 サイン曲線の描画

図 28・7 の点 P の座標は $x = r\cos\theta$ および $y = r\sin\theta$ である．ここで r は円の半径，θ は OP と x 軸のなす角である．

P が 1 回転するとき θ は 0 から 360° まで増えるが，図

28・7はその間のy座標の変化の様子を示す．図28・7の曲線は，サイン関数によって生成されていることからサイン曲線という．また，その波形を**サイン波**という．

この種類の曲線は，ばねにつけたおもりの運動や単振り子の微小振動などの振動を表す．サイン波で表される振動運動を**単振動**という．

等速円運動と単振動の関係は，図28・8のように円周上を運動する物体Pの影と，振動する物体Qの影をすぐそばで観察するとわかる．影は円運動の面に垂直な縦方向のスクリーンに映す．物体Pの回転の振動数を物体Qの振動数に合わせる．両方の影はお互いに追随して動き，振動する物体の運動は円運動する物体のy座標と同じであること（サイン波）を示している．

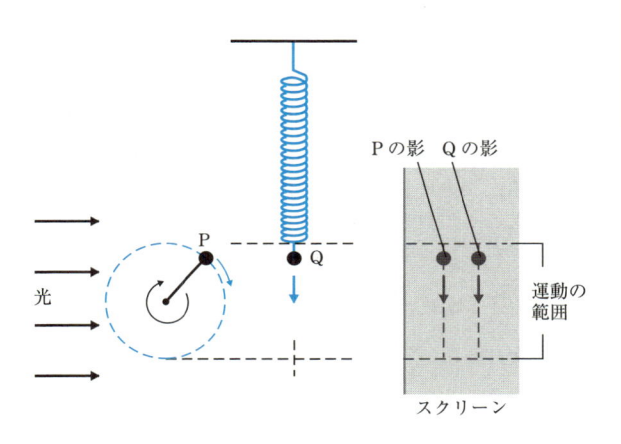

図28・8 等速円運動と単振動の関係

振動する物体の加速度と変位の関係を調べるために，図28・8のような等速円運動をする物体Pの加速度を考える．

Pの加速度は，物体の速さvと円の半径rを用いて，向心加速度a_Pの式

$$a_P = -\frac{v^2}{r}$$

により与えられる．ここで負号は加速度が中心に向かっていることを示す．

円運動の周期をTとすると角速度ωが，

$$\omega = \frac{2\pi}{T} = \frac{v}{r}$$

であるから，加速度a_Pは，

$$a_P = -\omega^2 r$$

と書くことができる．

円運動をする点の縦軸の座標が$y = r\sin\theta$だから，

加速度の縦成分 $= a_P \sin\theta = -\omega^2 r \sin\theta = -\omega^2 y$

となる．この式の最右辺が，平衡の位置からの変位とともに単振動の加速度が変化する様子を表す．

> **メモ**
> 1. 単振動の加速度は変位が正のときは常に負であり，変位が負のときは常に正である．
> 2. 単振動の振幅をrとすると，速さの最大値は$v_{max} = \omega r$．これは，図28・8より，振動する物体と円周上を一定の速さで動く物体の影が同じ速さで動くことからわかる．
> 3. 図28・7に示すように，単振動の変位は時間的にサイン関数である．
> 4. 単振動する物体の運動では，周期Tが振幅とは独立に決まる．
> 5. 円を一周する角が2πラジアン，周期Tは秒の単位をもつから，ωの単位はラジアン・秒$^{-1}$（rad s^{-1}）である．単振動の場合にはωは**角振動数**という．［訳注：振動数は周波数ともいい，角振動数は角周波数ともいう．周波数は工学で電気的な量の振動に用いることが多い．］

単振動の定義

単振動は以下の条件を満たす振動運動である．

1. 加速度の向きが常に平衡の位置からの変位と逆向きで，
2. 加速度の大きさが平衡の位置からの変位に比例する．

この関係を式で表すと，

$$\text{加速度} = -\omega^2 \times \text{変位} \quad \left(\omega = \frac{2\pi}{T}\right)$$

である．

例題 28・1

ある物体が周期 5.0 s，振幅 0.040 m で単振動している．(a) 角振動数，(b) 最大の速さ，(c) 最大の加速度を求めよ．

[解答]

(a) $\omega = \dfrac{2\pi}{T} = 1.26$ rad s^{-1}

(b) $v_{max} = \omega r = 1.26 \times 0.040 = 0.050$ m s^{-1}

(c) 最大の加速度a_{max}は変位が最大となる位置 0.040 m で実現する．よって，

$a_{max} = -\omega^2 \times$ 最大の変位
$= -1.25^2 \times 0.040 = 6.3 \times 10^{-2}$ m s^{-2}

練習問題 28・2

1. ばねにつけたおもりが上下に振動しており，10回振動するのに 12 秒かかる．
   (a) (i) 周期，(ii) 角振動数を求めよ．
   (b) おもりの高さは床面から最低が 1.00 m，最高が

1.40 m の間で変化する．(i) 振幅，(ii) 最大の速さ，(iii) 最下点での加速度を求めよ．
2. 振動している板ばねの運動は，ストロボで照らすと"止まって"見える．この状況が起こる最小のストロボ発光の繰返し周波数は 40 Hz であった．
 (a) この繰返し周波数で板ばねが止まって見える理由を説明せよ．
 (b) 板ばねの振動の (i) 周期，(ii) 角振動数を求めよ．
 (c) 板ばねの自由端は振幅 8.0 mm で振動している．この自由端の最大の速さを求めよ．

28・3 振動系における力

物体が振動しているときには，物体に加わる力が物体を平衡の位置に引き戻そうとしている．物体が平衡の位置から離れていくときには，力が物体を減速させ，運動の方向が反転する．物体が平衡の位置へ向かって動いているときには，力が物体を加速させ，平衡の位置を行き過ぎる．

単振動をする物体の加速度 a はそのときの変位 s を用いて，

$$a = -\omega^2 s \quad \left(\omega = \frac{2\pi}{T}\right)$$

と表せる．"力＝質量×加速度" というニュートンの第二法則を適用すると，物体を平衡の位置に引き戻そうとする力，すなわち復元力 F について以下の式を得る．

$$F = -m\omega^2 s = -ks \quad (k = m\omega^2)$$

したがって，どんな振動系でも復元力 F が，

1. 平衡の位置からの変位に比例する大きさで，
2. 常に平衡の位置を向く

ならば，その運動は単振動となる．

おもりをつけたばねの振動

フックの法則によると，ばねの張力 T は自然長からの伸びに比例する．これは $T = ke$ と表される．伸びを e，比例定数を k とした．k をばね定数という（図 28・9）．

図 28・10 のように，固定点から垂直につり下げて下端に質量 m の物体をぶら下げたばねを考える．

- 物体が平衡の位置で静止しているとき，ばねの張力 T_0 と物体の重さ mg は大きさが等しく逆向きである．

$$T_0 = mg$$

- 物体が振動しているとき，ばねの長さの変化につれてその張力が変化する．物体が平衡の位置から s だけ変位したとき，つり合いの状態からの張力の変化 ΔT が復元力となる．張力の変化にフックの法則を用いると，$\Delta T = -ks$ となる．負号は変位の変化 s と張力の変化 ΔT が逆向きであることを示す．加速度 a は，

$$a = \frac{復元力}{質量} = \frac{\Delta T}{m} = -\frac{k}{m}s$$

と書かれる．

$\omega^2 = k/s$ とすれば，この式は単振動のときの $a = -\omega^2 s$ と同じである．したがって，おもりをつけたばねの運動は単振動となる．さらに，その周期 T とおもりの質量 m およびばね定数 k との関係は，

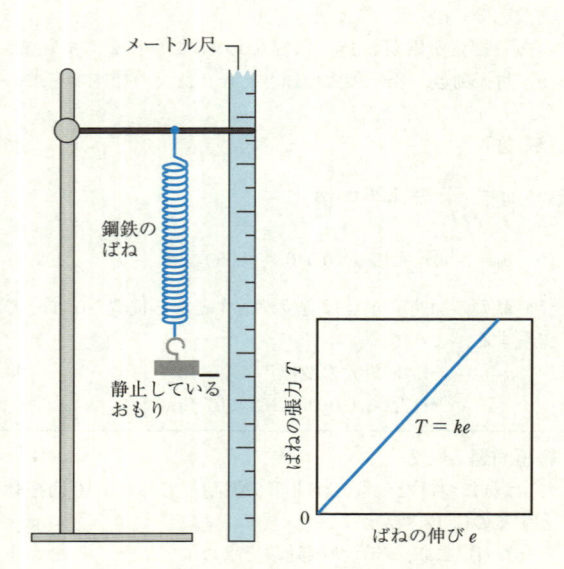

図 28・9 フックの法則を調べる実験

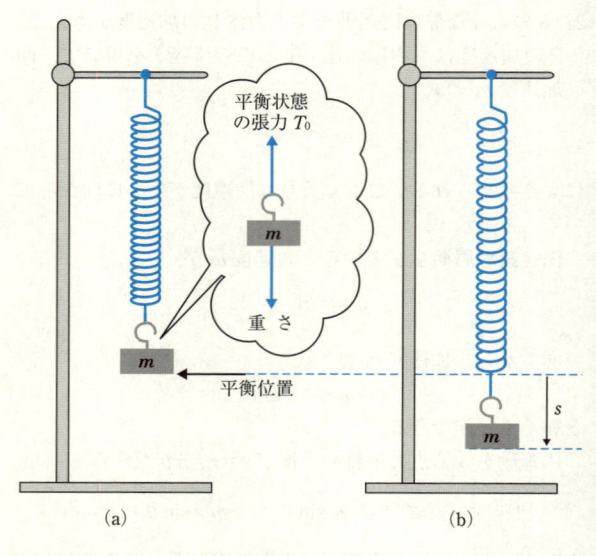

図 28・10 おもりをつけたばねの振動．(a) 静止，(b) 振動している．

$$T = \frac{2\pi}{\omega} = 2\pi\sqrt{\frac{m}{k}}$$

である.

例題 28・2

($g = 9.8\text{ m s}^{-2}$)

固定点からつり下げたばねに質量 0.050 kg の秤皿が取付けられており，つり合っている．
(a) 秤皿に重さ 1.0 N のおもりを載せると 40 mm 下がってつり合った．(i) ばね定数，(ii) 秤皿と 1.0 N のおもりの全質量を求めよ．
(b) 1.0 N のおもりが載った秤皿を，平衡の位置から 15 mm だけ下に引っ張ってから離した．(i) 振動の角振動数，(ii) 振動周期，(iii) 秤皿の最大の速さを求めよ．

[**解答**]　(a) (i) $F = ke$ を変形し，

$$k = \frac{F}{e} = \frac{1.0}{0.040} = 25\text{ N m}^{-1}$$

(ii) 1.0 N のおもりの質量 $= \dfrac{重さ}{g} = \dfrac{1}{9.8} = 0.10$ kg

∴ 全質量 $= 0.15$ kg

(b) (i) $\omega = \sqrt{\left(\dfrac{k}{m}\right)} = \left(\dfrac{25}{0.15}\right)^{\frac{1}{2}} = 13\text{ rad s}^{-1}$

(ii) $T = \dfrac{2\pi}{\omega} = 0.49$ s

(iii) 振動の振幅 $= 15$ mm $= 0.015$ m

∴ $v_{\max} = \omega r = 13 \times 0.015 = 0.195\text{ m s}^{-1}$

単振り子の振動

単振り子は，糸でつり下げられた小さなおもりである．糸が張った状態で，おもりを平衡の位置からずらして離すと，一つの鉛直面内で平衡の位置の周りを振動する．

図 28・11 のように，糸が鉛直から角 θ をなすとき，質量 m のおもりに加わる力を考える．重さは糸と平行な成分 $mg\cos\theta$ と直交する成分 $mg\sin\theta$ に分解できる．

糸に直交する重さの成分は平衡の位置に向かう力だから，これが復元力 $F = -mg\sin\theta$ となる．よって，おもりの加速度 a は，

$$a = \frac{復元力}{質量} = \frac{-mg\sin\theta}{m} = -g\sin\theta$$

と書くことができる．

糸の長さを L とし，おもりが平衡の位置から水平方向に x だけ変位したとき，図 28・11 より，

$$\sin\theta = \frac{x}{L}$$

である．しかし，θ が 10° を超えない程度であれば，おもりの軌道にそって測った変位の大きさ $s = L\theta$ と $x =$ $L\sin\theta$ を等しいとおいてよく，$s = x$ となる．したがって微小な振動では，

$$a = -g\sin\theta = -g\frac{s}{L} = -\omega^2 s \quad \left(\omega^2 = \frac{g}{L}\right)$$

となる．したがって単振り子は，θ が 10° を超えない程度なら単振動をする．さらにその周期 T と糸の長さ L の関係は，

$$T = \frac{2\pi}{\omega} = 2\pi\sqrt{\frac{L}{g}}$$

に従う．

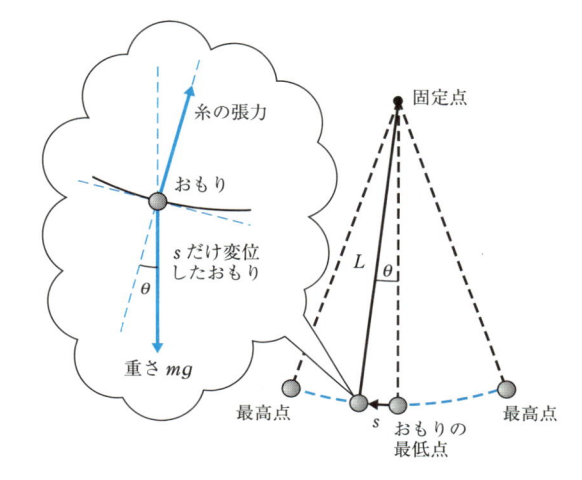

図 28・11　単振り子の振動

例題 28・3

($g = 9.8\text{ m s}^{-2}$)

周期がちょうど 1 秒の単振り子の糸の長さを求めよ．

[**解答**]　$T = 2\pi\sqrt{\dfrac{L}{g}}$ を変形し，

$$L = \frac{gT^2}{4\pi^2} = \frac{9.8 \times 1^2}{4\pi^2} = 0.25\text{ m}$$

単振り子を用いて g を測る実験

1. 単振り子の固定点からおもりの中心までの長さ L を測る．単振り子の微小振動における周期を求めるため，20 周期分の時間を測定する．測定は 3 回繰返す．
2. 周期の平均値を求める．長さ L の 5 個の異なる値に対して同じ測定を繰返す．
3. 図 28・12 のように，横軸 L，縦軸 T^2 として測定値をプロットしグラフを描く．

$$T^2 = \frac{4\pi^2}{g}L$$

であるから，グラフは原点を通り，傾きが $4\pi^2/g$ の直線

VII. 発　展

になるはずである．よって，

$$g = \frac{4\pi^2}{\text{グラフの傾き}}$$

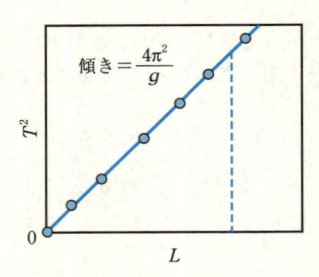

図 28・12　g の測定

練習問題 28・3
($g = 9.8\,\mathrm{m\,s^{-2}}$)

1. 固定点からつるしたばねの下端に 0.20 kg のおもりをつけ，平衡の位置から 25 mm 下側へ引っ張った後に離す．20 回振動する時間が 22.0 秒と測定された．(a) 周期，(b) 角振動数，(c) 最大の速さ，(d) ばねの張力の最大値を求めよ．
2. (a) 長さ 2.0 m の単振り子の周期を求めよ．
  (b) 長さ 2.0 m の単振り子が単振動しているとき，糸は鉛直から最大で 5°だけ傾いた．おもりの (i) 平衡の位置から測った最高点の高さ，(ii) 最大の速度を求めよ．

28・4　共　　鳴

振動系のエネルギー
振動系のエネルギーは，速さが最大のとき運動エネルギーだけとなり，変位が最大のとき位置エネルギーだけとなり，また運動エネルギーだけへと半周期ごとに変化していく．いかなる瞬間でも，この系の全エネルギーは運動エネルギーと位置エネルギーの和である．

a. 自由振動　もし摩擦力がなければ，全エネルギーは一定のままで振幅は変化しない（図 28・13）．系の

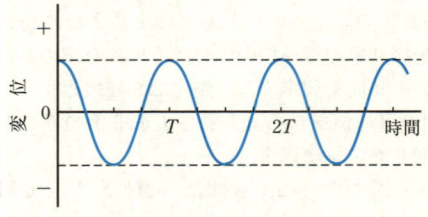

図 28・13　自 由 振 動

エネルギーを散逸させる力が存在しないので，振動は **自由** であるという．

b. 減衰振動　空気の摩擦によって単振り子のエネルギーがしだいに 0 になることに対応して，単振り子の振動がしだいに小さくなる．図 28・14 のように振幅がどんどん小さくなる．空気抵抗があるために振動が"減衰"するのだから，もし空気抵抗を取除けるなら，振り子はエネルギーを失わず振幅は一定のままである．減衰の度合いは，減衰力の最大値と復元力の最大値の関係に依存する．

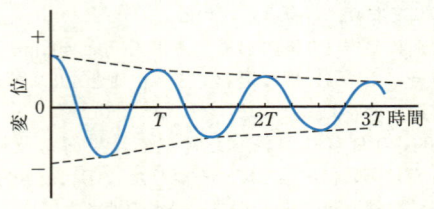

図 28・14　減 衰 振 動

- **減衰振動** は，減衰力が最大復元力よりも十分小さな場合である．図 28・14 のように，減衰力が系のエネルギーを少しずつ散逸させるので，振幅が徐々に小さくなる．
- **過減衰** は，系が最初に平衡でない状態から離されると，振動することなく少しずつ平衡の位置に戻る場合である．たとえば粘性のある油の管の中に置かれたばねとおもりは，平衡の位置以外の場所から離されると振動することなくゆっくりと平衡の位置に戻る．図 28・15 は強い減衰を受ける物体の変位が，離された後どのように変化するかを示す．

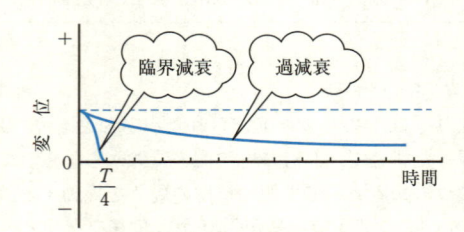

図 28・15　過減衰と臨界減衰

- **臨界減衰** とは，図 28・15 に示すように，最初は振動するかのように平衡の位置に近づくが，平衡の位置を通過する前に振動がなくなり 0 に近づく．みかけ上，振動は起こらず，最小の時間で平衡の位置まで戻る．アナログのメーターではこの種の減衰が設計上の重要な特性となっている．たとえば電流計で電流値が変化し，指針が正しい位置に行くとき，振動せず，時間がかかりすぎることもないようにするためである．

強 制 振 動
ブランコに乗った子どもが最上点に達するたびに押されるなら，ブランコの振幅はどんどん大きくなる．押す力が

28. 単振動

子どもにエネルギーを与えるので，子どもの全エネルギーが増加する．押す力はブランコの本来の振動数と同じ振動数で加える必要がある．

どんな振動系でも，振動の各サイクル中の特定の時点で周期的な力を受けてエネルギーをもらうと，振幅が非常に大きくなる．この効果は**共鳴**あるいは**共振**として知られており，共鳴が起こる振動数を**共鳴振動数**という．これ以外の振動数では，系は共鳴を起こさず小さな振幅で強制的に振動させられ，その振幅は振動数により変化する．

図 28・16 は，質量の両側を縦に張った二つのばねにつなぎ，振動子で強制振動を加える様子を示す．振動子の振動数は，系の共鳴振動数に等しくなるまで徐々に変えていく．共鳴が起こると，減衰によるエネルギーの損失と振動子から供給されるエネルギーが等しくなるまで振動の振幅が大きくなる．減衰が小さいほど振幅は大きい．

> 減衰が非常に小さいときにのみ，共鳴振動数は系の本来の振動数に等しい．

の周期と渦の周期が同じであった．ねじれ運動がさらに渦を助長し，さらにねじれを大きくして橋が自ら崩壊するに至った．それ以来，橋の設計者は共鳴を防ぐための減衰構造を取入れてきた．

図 28・17 タコマ橋の崩壊の写真．1940 年 11 月 7 日に，完成したばかりのタコマ橋の中央部のコンクリート車道が，ピュジェット湾に落下して激しく衝突するときに撮られたものである．強風が橋を揺すり，うねらせ，最後には負荷がかかりすぎて崩壊した．

2. ワイングラスはある振動数の音で粉々に砕け散ることがある．音波はワイングラスを振動させ，音の振動数がワイングラス本来の振動数に一致するとグラスは割れることがある．

3. 自動車のパネルにはそれ自身の固有の振動数をもっているが，運転中のエンジンの振動数で強制的に振動させられる．エンジンの振動数がパネルの本来の振動数と等しくなると，パネルは共鳴的に振動する．

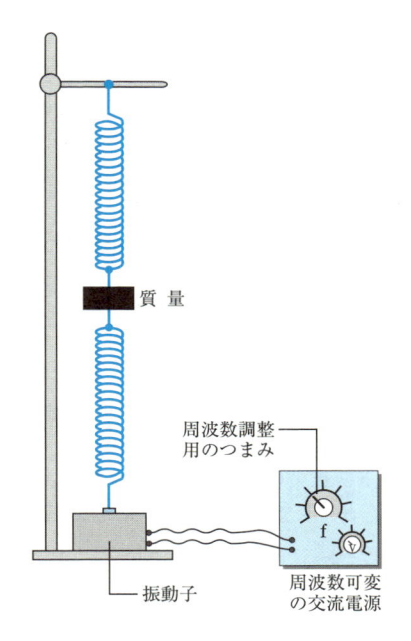

図 28・16 強制振動

機械的な共鳴の例

1. 図 28・17 のタコマ橋の崩壊は，風によって生じる周期的な渦がひき起こす強制振動が原因であった．道路部分の上下に生じる空気の渦が交互に剝がれるたびに橋が揺れるのであるが，風速により剝がれる周期が変わる．その日の風速は，橋全体がねじれながら左右に揺れる固有

練習問題 28・4

1. 洗濯機がある回転速度で過度に振動した．
   (a) この現象はどうして特定の振動数で起こったのか説明せよ．
   (b) どうしたらこのような過度の振動を止められるか．

2. 車に人が乗っていないとき，質量 1200 kg の車体は地表から 20 cm だけ離れている．車に合計 300 kg の 4 人が乗ったとき，車体は地面から 15 cm だけ離れていた．
   (a) (i) 4 人を載せているとき，4 個ある車輪の各々に余分に加わる重さ，(ii) 各車輪のサスペンションのばね定数を求めよ．
   (b) (i) サスペンションの振動の周期が 1.0 s であることを示せ．
   (ii) スピード防止帯の凸凹が 10 m おきに設置された道路を速さ 10 m s^{-1} で走行するときに，どうして乗り心地の悪い振動が起こるのか説明せよ．

まとめ

- **振幅**は平衡の位置から測った変位の最大値.
- **周期** T は振動の1サイクルに要する時間.
- **振動数** f　　$f = \dfrac{1}{T}$
- **加速度** a　　$a = -\omega^2 \times 変位 \quad \left(\omega = \dfrac{2\pi}{T}\right)$
  ω: 角振動数, s: 変位, T: 周期
- **速さの最大値** v_{max}　　$v_{max} = \omega \times r$
  ω: 角振動数, r: 振幅

- **周期の式**
  1. ばね定数 k のばねにつけられた質量 m の場合
  $$T = 2\pi\sqrt{\dfrac{m}{k}}$$
  2. 長さ L の単振り子の場合
  $$T = 2\pi\sqrt{\dfrac{L}{g}}$$
- **共鳴**は, 減衰振動する物体において, 外力の振動数と物体本来の振動数が一致したときに生じる.

章末問題

p.324 に本章の補充問題がある.
($g = 9.8\,\mathrm{m\,s^{-2}}$)

28・1 ある物体が鉛直方向に振幅 100 mm で単振動している.
(a) 物体が 20 回の振動に要する時間は 15.0 秒である. (i) 振動の周期, (ii) 速さの最大値, (iii) 加速度の最大値を求めよ.
(b) 物体の変位 s は $s = r\sin\omega t$ にしたがって時間とともに変化する. ここで r は振動の振幅, ω は角振動数である.
(i) 変位の時間的な変化 $s = r\sin\omega t$ をグラフに描け.
(ii) 速さが最大になる点 X をグラフに記入せよ. 点は 1 個とは限らない.
(iii) 加速度が最大になる点 Y をグラフに記入せよ. 点は 1 個とは限らない.

28・2 固定点からばねをつり下げ, その下端に 0.30 kg のおもりをつけると, ばねは 90 mm だけ伸びた.
(a) ばね定数を求めよ.
(b) ばねにつながれた物体を平衡の位置から真下に 0.060 m だけ引き下げ, そのあと静かに離した. (i) ばねの振動の周期, (ii) 物体の最大の速さを求めよ.

28・3 ある自動車のテスト走行で, 積荷と車の合計の質量を 900 kg にして一定の速さで段差を越えた. 乗っている人が感じた振動は, 段差を越えた後の 3 秒間に 2 サイクルであった.
(a) (i) 振動の周期, (ii) 各車輪のサスペンションのばね定数を求めよ.
(b) 積荷をなくし運転手だけが乗ったとき車の全質量は 750 kg である. この状態で振動の周期を求めよ.

28・4 長さ 1.18 m の糸につけられた直径 2.0 cm の小さな球で単振り子を作る.
(a) この振り子の微小振動の周期を求めよ.
(b) (i) 糸を張ったまま振り子のおもりを平衡の位置から動かし, 糸が鉛直となす角を 10° にした. この位置で, おもりの軌道に沿って測った変位はどれだけか.
(ii) おもりをこの位置から離す. 最下点を通過するとき速さが最大となるが, その値を求めよ.

28・5 あるトレーラーの車体は質量が 400 kg で, 四隅にある計 4 本のばねに取付けられている. 30 kg の砂袋 4 個がトレーラーに均等に置かれたとき, 車体の床は 20 mm だけ下がる.
(a) (i) 砂袋の合計の重さ, (ii) 4 本のばねそれぞれのばね定数, (iii) 荷物を積んだトレーラーの振動周期を求めよ.
(b) スピード防止帯の凹凸が並んだ路面をある速度で走行するとき, どうしてトレーラーが大きく振動するのか説明せよ.

29

流　体

目　次
- 29・1　流れのパターン
- 29・2　流　量
- 29・3　粘 性 流
- 29・4　非粘性流体
- まとめ
- 章末問題

学習内容
- 層流と乱流
- 連続の式
- 管を流れる1秒当たりの体積，非圧縮流体の流速と管の断面積
- 分子運動と粘性
- 流体の速度勾配と粘性率
- ポアズイユの法則とストークスの法則
- ベルヌーイ効果
- ベルヌーイの式と流体のエネルギー
- ベルヌーイの式と非圧縮流体の層流
- 流速の測定とピトー静圧管

29・1　流れのパターン

　油や水，空気は流れることができるのでどれも流体だが，その流体としての性質は大きく異なる．水は油よりも容易に流れ，空気の流れは簡単に乱れが生じる．流体が運動するときの流れのパターンは，流体内部に加わる力と流体が接する固体表面の形状によって決まる．

　流れのパターンは日常的な場面でたくさん見ることができる．そのなかには，流れのパターンが時間とともに変化したり，安定な場合も不安定な場合もあり，流れに沿ってあるいは流れを横切る方向にも変化する場合も見られる．たとえば，

- 風のない大気中で，煙突から出た煙は流れとなって滑らかに上昇し，空気に混ざって見えなくなってしまう．
- 容器から慎重に注がれた油は，はねたりこぼれたりせずに滑らかに流れ出す．
- 橋の支柱を通過する水は滑らかに流れることもあるが，しばしば支柱の後ろ側ですぐに乱れることもある．

　実験室内で流れのパターンを観察するには水槽を使うことができる．水流をつくる簡単な装置を図29・1に示す．インクを使うと，板の上を水が流れ落ちるときの**流れの軌跡**（色つき流線）のパターンを見ることができる．流れの軌跡は流体の微小な部分の経路を示す．

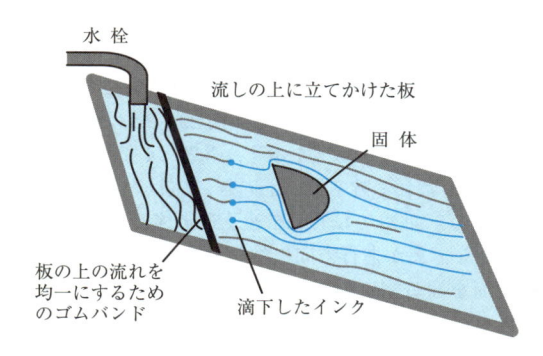

図29・1　簡単な流れの水槽実験

　この流れの中に物体を置くと，その形状によって流れのパターンがどのように影響されるかを見ることができる．流量は板を傾けることで増やせる．いくつかの流れのパターンを図29・2に示す．

- 流れの軌跡が動き回らず，また他の軌跡と混ざらないとき，流れは定常であり流れの軌跡は**流線**とよばれる．流線の接線は流体の速度の向きであり，流体は流線を横切って流れることはない．流体の隣合う部分が互いに平行に流れ，また固体表面とも平行に流れるとき**層流**という．層流では流線に沿って流体の速度は変わる場合もあるが，いかなる位置でも速度は時間的に一定である．たとえば，図29・2a，bの球体と流線形の周りの流れの軌跡は安定していて動き回ることはない．どこでも速度は時間的に変らないが，流体中の位置によって異なる値をもつ．

- 流れの軌跡が動き，流れが混ざり合い不安定で不規則となったとき，**乱流**といわれる．乱流では流れの経路の変化が予測できず，流体は混ざり合ってしまう．乱流になるかどうかは，流体の速度，固体表面の形状と大きさ，流体の密度と摩擦力（つまり粘性力）などさまざまな要因で決まる．"乱気流"を通過する航空機の乗客は，機体が不規則に揺れる乱気流の効果を経験する．

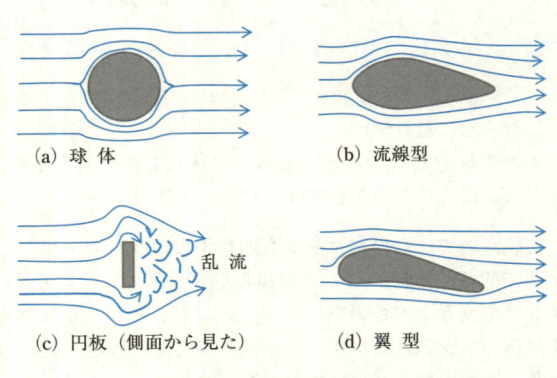

図 29・2 流れのパターン

(a) 球体　(b) 流線型　(c) 円板（側面から見た）　(d) 翼型

図 29・2c のように，流体が固い物体の鋭い縁を通過するとき，流れが層流から乱流に変化しうる．この効果は飛行中の航空機の失速原因となる．図 29・2d は航空機の翼の断面の形すなわち翼型を示す．§29・4 で後述するが，"揚力"とよばれる航空機に上向きに加わる力は，空気の流れが翼の下面よりも上面を速く通過するために発生する．しかし，翼が進行方向に対して大きな角度で傾くと，翼の上面を通る空気の流れが翼面から剝がれて乱流となり，揚力が大幅に減少するため航空機が失速する．

層流や乱流の利用

層流や乱流の利用例はたくさんある．本書ですでに扱った 2 例における流体の重要性を以下にまとめる．

a. 空気抵抗（§12・2 参照）　自動車や飛行機は動くときに抵抗を受ける．抵抗は物体が流線型をしていると減少する．流線型の物体を過ぎる空気は流線に従って流れ，乱流が減少する．§12・2 で説明したように，抵抗が減れば乗り物の速度によらず無駄にするエネルギーが少ない．したがって，自動車や飛行機の形を流線型にすると燃料の消費を減らすことができる．

b. 血圧計（§8・4 参照）　この装置は血圧測定用に聴診器と一緒に用いる．§8・4 で説明したように，前腕の動脈に加えるカフの圧力が減少すると心臓の収縮期血圧で血液が流れ始める．このタイミングは乱流によって発生する雑音で検出できる．低圧の拡張期で流れは乱流から層流へと変化するが，動脈での層流は乱流よりも静かなのでこれを検出できる．

練習問題 29・1
1. 層流とはなにか説明せよ．
2. 層流と乱流という点から以下の流れの状況を説明せよ．
   (a) 蛇口からバケツへゆっくり流れる水の流れ
   (b) ビンから鍋へ注がれる油

29・2 流量

大小の管を通して流体を流すとき，一般には圧力をかける必要がある．圧力を加えるにはポンプを用いてもよいし，より高圧の流体を注入してもよい．一般に気体は圧力をかけると圧縮されて密度が高くなるが，液体はほとんど圧縮されずにその密度は一定である（つまり，管内のどこも同じ圧力）．圧縮されることのない流体は**非圧縮性**であるという．

非圧縮性の流体では，管を通って流れる毎秒当たりの体積は，流れの速さと管の断面積によって決まる．図 29・3 のように断面積 A の管を一定の速さ v で流れる流体を考える．

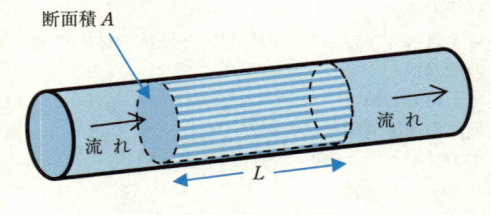

図 29・3 管内の流量

メモ
管の断面が内径 d の円のとき，断面積は $A = \pi d^2 / 4$

管の長さが L のとき，
- 管内の流体の体積 V は，
  $V = 長さ L \times 断面積 A$（ここで $A = \pi d^2/4$）
- 流体のある部分が管を通過するのに要する時間 t は，
  $t = 長さ/速さ = L/v$

したがって，この管を流れる流体の 1 秒当たり体積 V/t は，
$$\frac{V}{t} = \frac{L \times A}{L/v} = vA$$

非圧縮性の流体が断面積 A で一定の管を通って速さ v で流れるとき，管を通って 1 秒間に流れる体積は，
$$\frac{V}{t} = vA$$

である．

例題 29・1

内径 2.4 mm の管を 0.31 m s^{-1} の速さで油が定常的に流れている．
(a) 管の断面積が 4.5×10^{-6} m^2 であることを示せ．
(b) 管を流れる油の1秒当たりの体積を求めよ．

[解 答]
(a) 断面積 $A = \pi d^2/4 = \pi (2.4 \times 10^{-3})^2/4$
$= 4.5 \times 10^{-6}$ m^2
(b) 1秒当たりの体積 $= vA = 0.31 \times 4.5 \times 10^{-6}$
$= 1.4 \times 10^{-6}$ m^3 s^{-1}

連 続 性

管内からの漏れなどがなく，さらに管内の流れの状態が時間的に変わらないなら，1秒間に管を出て行く流体の質量と入ってくる質量は同じである．管内のどの位置でも，その断面を通過する質量は1秒当たり同じ値となる．言い換えると，このような流れでは，1秒当たりの質量の流れ m/t は，

$$m/t = 一定$$

となる．"質量＝密度×体積"の関係を用いると，上の質量に関する流れの式は，

$$\begin{pmatrix} 1秒当たりの \\ 質量の流れ \ m/t \end{pmatrix} = 密度 \rho \times 1秒当たりの体積 = 一定$$

となり，前ページの式，1秒当たりの体積 $V/t = vA$ を用いると，

$$m/t = \rho vA = 一定$$

を得る．この式を**連続の式**という．流体が流れる管のあらゆる場所において，流体の密度，速度と断面積の積は一定であると述べている．

例題 29・2

（水の密度＝1000 kg m^{-3}）
内径 12 mm のホースの出口から 25 秒間に 20 kg の水が放出される．出口の水の速さを求めよ．

[解 答]
1秒当たりの質量の流れ $m/t = \dfrac{20 \text{ kg}}{25 \text{ s}} = 0.80$ kg s^{-1}
断面積 $A = \pi d^2/4 = \pi (12.0 \times 10^{-3})^2/4 = 1.13 \times 10^{-4}$ m^2
水の密度を ρ，求める速さを v として，連続の式 $m/t = \rho vA$ を変形すると，
$$v = \frac{m/t}{\rho A} = \frac{0.80}{1000 \times 1.13 \times 10^{-4}} = 7.1 \text{ m s}^{-1}$$

練習問題 29・2

1. 川が橋の下では速く流れ，その下流の両岸が広く離れたところではゆっくり流れている．川幅が広いところより橋の下で速く流れる理由を説明せよ．
2. 内径 11 cm の管を速さ 0.65 m s^{-1} で油が流れている．(a) 管の断面積が 9.5×10^{-3} m^2 であることを示せ．(b) 管を流れる油の1秒当たりの質量を求めよ．（油の密度＝960 kg m^{-3}）

メ モ

1. **連続の式は層流に適用できる**．これは，層流では流線が互いに交差しないためである．図 29・4 に示すように，層流では流線を束ねた"流管"を考えると，流体は常に流管内を流れるからである．したがって，流管のどの点においても，その位置の断面積を A として連続の式を適用できる．
2. **密度が一定**（つまり流体が非圧縮性）であれば，連続の式は $vA = 一定$ と書ける．流れに沿って移動するとき管の断面積が変化するなら，流速 v が管が狭い部分で増加し，広い部分で減少することを示す．たとえば，図 29・5 のように，狭い部分に挟まれた広い部分を流れる水は，広いところでゆっくり流れる．
連続の式を $vA = 一定$ の形で用いると，

$$v_X A_X = v_Y A_Y$$

ここで v_X と v_Y はそれぞれ狭い場所と広い場所での流体の速さ，A_X と A_Y は各断面積である．この式を変形すると，

$$\frac{v_X}{v_Y} = \frac{A_Y}{A_X}$$

となる．たとえば，狭い場所の断面積が広い場所の0.5倍のとき，狭い場所での速さは広い場所の2倍になる．

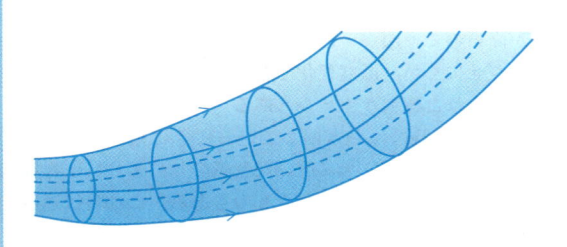

図 29・4 流 管

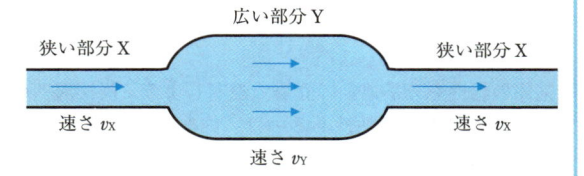

図 29・5 狭い部分に挟まれた広い部分の流れ

29・3 粘性流

液体のなかには他の液体よりずっと容易に流れるものがある。気体は液体よりさらに容易に流れる。そして，流体中には異なる速度で流れる部分があるのが普通である。それは，あたかも流体の中に異なる速度で動く層があって，互いに滑りながら通り過ぎていくかのようである。容易に流れる流体では，層と層の間に摩擦がなく容易に滑っていく。たとえば，カップのお茶を少しかき回すと，お茶はカップの中で回るが，しだいにゆっくりになって止まる。同じことを油でやってみると，油の方がすぐに止まることがわかるだろう。これは油の内部摩擦が水よりも顕著で，速く動く層がゆっくり動く層によりすぐに止められてしまうためである。流体の内部摩擦は**粘性**とよばれる。油は水よりもずっと粘性が高く，一般に液体は気体よりも粘性が強い。また，"非粘性"という用語は粘性を無視できる流体に対して用いる。

粘性の特徴を理解するために，図 29・6 のような管を流れる粘性流体を考える。粘性のある流体が管を流れるためには，管の両端に圧力差が必要である。流体と管の表面には摩擦があるため，表面から離れた流体に比べて表面に近い流体の方がゆっくり流れる。流れは管の中心で最も速い。異なる速度で移動する層の集まりとして流れを考えることができるが，図 29・6 の管断面の速度分布に示すように，管の表面に近い層ほど速度が減少する。

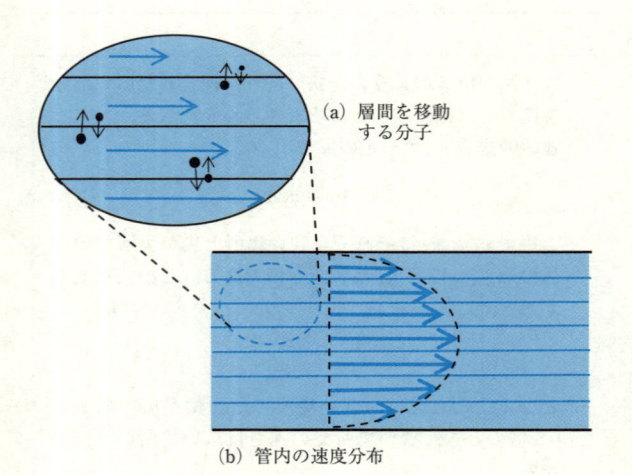

(a) 層間を移動する分子

(b) 管内の速度分布

図 29・6 粘性の性質

気体の粘性を分子運動の立場で説明しよう。隣接層間の分子の移動によって粘性あるいは"内部摩擦"が生ずる。分子は流れの方向に動くのに加えて，分子どうしが繰返し衝突するために不規則に動き回る。結果として，分子は隣接する層間で移動する。図 29・6 に示すような異なる速度で運動する二つの層にとって，

- 分子は層間を行き来するが，平均としてどちらの向きにも同じ頻度となり，
- 平均的には速い層は速い分子を失い遅い分子を得るので，速い層は運動量を失い遅い層に渡す。

ニュートンの運動の第二法則によれば，速度と逆向きの力が加わると運動量を失う。したがって速い層が遅い層を通り過ぎるとき，遅い層から運動と逆向きの力が加わる。この内部摩擦は流体の粘性の原因である。図 29・6 は管の断面内の流体の速度分布を示す。隣接する層間の速度の変化が最も大きいのは管の表面近くである。これは内部摩擦が表面近くで大きくなるからである。液体の場合には，さらに隣合う分子間の力が粘性に大きく影響する。

流れを横切る方向の速度勾配は，この方向の単位距離 (単位長さ) 当たりの速度の変化である。たとえば，図 29・6 では，隣接層の中心間の距離を 1 mm (=0.001 m)，速度の差を $2.0\,\mathrm{m\,s^{-1}}$ とすると，速度勾配は $2.0\,\mathrm{m\,s^{-1}}/0.001\,\mathrm{m} = 2000\,\mathrm{s^{-1}}$ となる。"1 秒当たり $\mathrm{m\,s^{-1}}$" という単位が $\mathrm{s^{-1}}$ となることに注意せよ。

流体の**粘性率** η (イータまたはエータと読む) は粘性係数あるいは粘度ともいい，速度勾配が $1\,\mathrm{s^{-1}}$ (流れを横切る方向の 1 m 当たりの速度の変化が $1\,\mathrm{m\,s^{-1}}$) のときに層の単位面積当たりに生じる内部摩擦力として定義される。

- 粘性率の単位は $\mathrm{N\,s\,m^{-2}}$ である。単位面積当たりの摩擦力の単位が $\mathrm{N\,m^{-2}}$，速度勾配の単位が $\mathrm{s^{-1}}$ だから，粘性率の単位は $\mathrm{N\,m^{-2}/s^{-1}}$ すなわち $\mathrm{N\,s\,m^{-2}}$ となる。
- η の物理的な意味を理解するために，ひまし油の粘性率が水の 10 000 倍であることを言い換えよう。ひまし油が流れるときの層間の単位面積当たりの内部摩擦は，同じ条件の水に比べて 10 000 倍大きい。

メモ

1. 流体の粘性率は温度に依存する。たとえば，油と水は両方とも温かくなると粘性率が低くなる (流れやすくなる)。エンジンオイルは冬の冷たいときに粘性率が高いので，温かいときに比べるとエンジンはスタートさせにくい。温度変化で粘性率が変わらないようにつくられた特別なオイルもある。
2. 液体の塗料にはかき回しているときは粘性率が小さいものがあるが，水に溶いた壁紙のりのようにかき混ぜると粘性率が大きくなるものもある。これらは速度勾配によって粘性率が変化する非ニュートン流体の例である。

管内の流れに対するポアズイユの式

管内の粘性流体の流れの特徴は，血管内の血流からパイプラインの石油の流れに至るまで，広い範囲の装置や用途に関係する．

水平方向に置いた一定の太さの管内を粘性流体が安定な層流となって流れているとする．この流体が管を流れるためには，図29・7に示すように，管の出口よりも入口の圧力が高くなければならない．もし出口と入口に圧力差がなければ，流体の粘性により流れなくなる．流体の粘性率が大きいときには，必要とされる圧力差はさらに大きくなる．

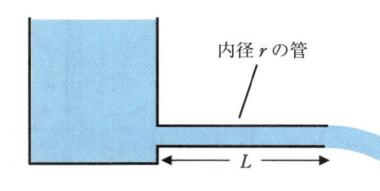

図29・7 管内の流れ

時間 t の間に管を通って流れる体積を V とすると，1秒当たり管を流れる流体の体積は V/t であり，以下に依存する量となる．

- 入口と出口の圧力差 Δp
- 管の長さ L
- 流体の粘性率 η
- 管の半径 r

管を流れる流体の1秒当たりの体積は，圧力差が大きくなると，また管の長さが短くなると増加するが，このとき圧力勾配 $\Delta p/L$ が重要な因子となる．したがって，1秒当たりの体積は $\Delta p/L$, r, η に依存する．粘性率が同じなら，水平の管を流れる流体の1秒当たりの体積 V/t は以下の式で与えられ，これは発見者にちなんで**ポアズイユの式**として知られている．

$$\frac{V}{t} = \frac{\pi r^4 \Delta p}{8\eta L}$$

例題 29・3

水平に設置した細い管の両端に圧力差を 1.5×10^3 Pa を加えて20℃の水を流し，以下の諸量を測定した．水の粘性率を求めよ．

- 150秒間に流れる水量 = 85 cm³ = 8.5×10^{-5} m³
- 管の長さ = 0.135 m
- 管の直径の平均値 = 1.20 mm = 1.20×10^{-3} m
- 水の密度 = 1000 kg m⁻³

[解答]
管を通して流れる1秒当たりの水の体積は，

$$\frac{V}{t} = \frac{8.5 \times 10^{-5} \text{ m}^3}{150 \text{ s}} = 5.7 \times 10^{-7} \text{ m}^3$$

圧力差 $\Delta p = 1.5 \times 10^3$ Pa
管の半径 $r = 0.5 \times$ 直径 $= 6.0 \times 10^{-4}$ m

これらの値と管の長さ L の数値をポアズイユの式

$$\frac{V}{t} = \frac{\pi r^4 \Delta p}{8\eta L}$$

に代入すると，

$$5.7 \times 10^{-7} = \frac{\pi \times (6.0 \times 10^{-4})^4 \times 1.5 \times 10^3}{8\eta \times 0.135}$$

$$5.7 \times 10^{-7} = \frac{6.1 \times 10^{-10}}{8\eta \times 0.135}$$

この式を変形すると，

$$\eta = \frac{6.1 \times 10^{-10}}{8 \times 0.135 \times 5.7 \times 10^{-7}} = 9.9 \times 10^{-4} \text{ N s m}^{-2}$$

メモ ポアズイユの式を圧力差 Δp と流量（V/t）の比例関係と見ると，電気抵抗の式 $I = V_{pd}/R$（§13・4参照，V_{pd}: 電位差，I: 電流）と似ていなくもない．電流が流れるために電位差が必要なように，流量には圧力差が必要である．実際，

$$I = \frac{1}{R} \times V_{pd} \quad \text{と} \quad \frac{V}{t} = \frac{\pi r^4}{8\eta L} \times \Delta p$$

を見比べると，管の"抵抗"は $\frac{8\eta L}{\pi r^4}$ となる．管の"抵抗"すなわち流れに対する抵抗は，

- 粘性率が大きいほど
- 管が長いほど
- 管が細いほど

大きくなる．最後の項目は抵抗が r^4 に反比例して大きくなるので，実用上特に重大である．この"逆4乗"は半径が1/2になると流量が1/16になることを意味する．その結果，われわれの体内で起こることは重大である．動脈の内壁が堆積物で狭くなることが知られている．動脈が狭くなると流れの抵抗が大きくなり，心臓は動脈に血液を流すためさらに激しく働かなくてはならなくなる．

ストークスの法則

物体が粘性流体の中を動くとき，流体は物体に抵抗力を及ぼす．半径 r の球体が一定速度 v で運動するとき，抵抗力 F は，

$$F = 6\pi\eta r v$$

という式で与えられる．これは**ストークスの法則**として知られている．

メモ §10・6で説明したように，粘性流体中を自由に落下する物体は，**終端速度**といわれる速さに到達する．この速さでは，抵抗力は物体の重さと大きさが等しく逆向きである．よって，粘性率ηの流体中を終端速度vで落下する半径r，質量mの球に加わる力は$mg = 6\pi\eta rv$となる．

大気中の落下では，ストークスの法則は，油滴の場合のように非常に小さな球が非常にゆっくりと落下し，流線が乱れないときに適用できるもので，もっと大きな物体やもっと速い速度のときは乱流が生じて抵抗は速度の2乗に比例するようになる．

例題 29・4

$(g = 9.8\,\mathrm{m\,s^{-2}})$

質量$7.1\times10^{-3}\,\mathrm{kg}$，半径$6.0\,\mathrm{mm}$の金属球が粘性流体中を，5.9秒間に$0.30\,\mathrm{m}$だけ自由落下した．(a) 球の終端速度，(b) 液体の粘性率を求めよ．

[解 答]
(a) 終端速度vは，
$$v = 0.40\,\mathrm{m}/5.9\,\mathrm{s} = 6.8\times10^{-2}\,\mathrm{m\,s^{-1}}$$
(b) vとその他の量をストークスの法則に代入すると，
$$mg = 6\pi\eta rv$$
$$7.1\times10^{-3}\times9.8 = 6\pi\eta\times6.0\times10^{-3}\times6.8\times10^{-2}$$
となり，粘性率ηは，
$$\eta = \frac{7.1\times10^{-3}\times9.8}{6\pi\times6.0\times10^{-3}\times6.8\times10^{-2}} = 9.0\,\mathrm{N\,s\,m^{-2}}$$

練習問題 29・3

1. 粘性流体が半径rの直線状の管を通って流れるときの流量は$1/r^4$に比例する．
   (a) "粘性流体"とはなにか．
   (b) 内半径$5\,\mathrm{mm}$の管を毎秒$10\,\mathrm{cm^3}$で流れる液体がある．しかし内壁に蓄積した堆積物のために流量が毎秒$4\,\mathrm{cm^3}$に減少した．このときの管の実効的な内半径を求めよ．

2. 水平に設置した内径$1.2\,\mathrm{cm}$の管を通して20℃の油を流した．管両端の圧力差は$6.7\times10^3\,\mathrm{Pa}$とした．管の長さを$3.8\,\mathrm{m}$，油の粘性率を$7.5\,\mathrm{N\,s\,m^{-2}}$として流量を計算せよ．

29・4 非粘性流体

流体の流れは流体中の圧力差によって生じる．流れの軌跡に沿って流体が速さを増すとき運動エネルギーが増加し，流体が高い位置に上がるとき位置エネルギーが増加する．運動する流体のエネルギーの形態は，運動エネルギーと位置エネルギーそして内部エネルギーである．流体が非粘性のときは，内部摩擦がないので内部エネルギーは変化しない．流体のある部分に注目すると，その位置エネルギーや運動エネルギーが変化するのは，そこに加わる圧力が仕事をするからである．正確には，注目する部分の前後の圧力の差がした仕事でエネルギーが変化する．したがって流体の圧力は，流体が速度や高度を得ると小さくなる．図29・8は広い部分に挟まれた狭い部分をもつ水平な管を流れる水でこの効果が表れる様子を示す．3本の垂直管の中の水の高さは，水平な管のそれぞれの部分における水の圧力の指標になっている．

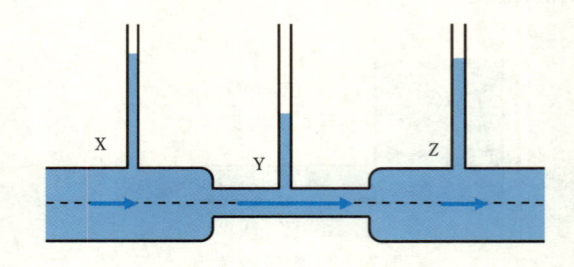

図 29・8 ベルヌーイ効果

§29・2で説明したように，流れの速さは両側の広い部分XとZより狭い部分Yの方が大きい．垂直管の水の高さは，Yでの圧力がXとZでの圧力よりも小さいことを示している．水平の流れについては，流速が大きい部分で圧力が小さくなるという効果を**ベルヌーイ効果**という．

より一般には，非圧縮性かつ非粘性流体の定常流について，1本の流れの軌跡上ではどの点の圧力pと速さvも
$$p + \frac{1}{2}\rho v^2 + \rho gh = 一定$$
で関係づけられる．ここでhは水平の"基準"線からの高さである．この式は**ベルヌーイの式**として知られている．

ピトー静圧管

ピトー静圧管（ピトー管）を用いると，川の深さが異なる地点での流れの速さや，ボート，航空機などの速さを計測できる．図29・10に簡単なピトー静圧管の概略を示す．

この圧力計により，管の先端Tと流れに並行な管の側面Sでの圧力の差Δpを測定する．Tは停留点といい水流の速さが0となる．この圧力は流体の運動によるものであって，ベルヌーイの方程式の$\frac{1}{2}\rho v^2$で与えられることから，流体の**動圧**という．動圧$\Delta p = \frac{1}{2}\rho v^2$を変形すると，
$$v = \sqrt{\frac{2\Delta p}{\rho}}$$

である．流体の密度 ρ と動圧 Δp がわかれば，この式から流速 v を求めることができる．したがってこの式は，動圧 Δp が測定されて，流体の密度が既知のとき，流体の流れ速度 v を求めるに用いることができる．

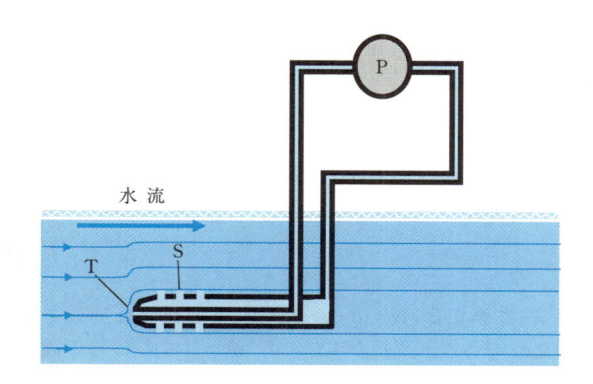

図 29・10 ピトー静圧管

練習問題 29・4

図 29・11 は空気の流れのなかの飛行機の翼の断面を示す．翼の上側を流れる空気は，下側の流れよりも速い．

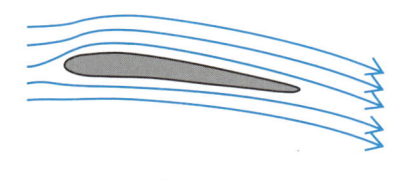

図 29・11

1. (a) 翼を通り過ぎる空気の流れによって翼が上向きの力を受ける理由を説明せよ．
   (b) 飛行機が離陸する前にある速度に達することが必要な理由を説明せよ．
2. (a) 図 29・12 に示す注入管では気体が細い部分を流れており，この部分に差し込んだ細管から空気が引き込まれる．その理由を説明せよ．
   (b) 川の水の速さを計測するピトー静圧管が 210 Pa の値を示した．水の速さを求めよ．（水の密度＝1000 kg m^{-3}）

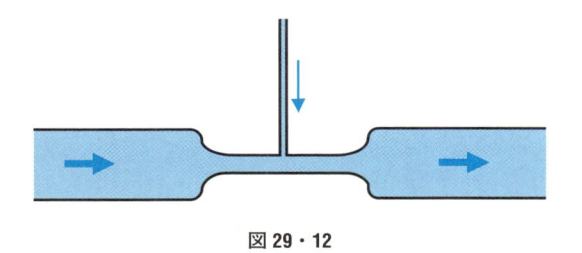

図 29・12

メ モ

ベルヌーイの式を理解するために，非圧縮性（密度 ρ ＝一定）の流体の流管，点 X から Y までを考える．微小な時間 Δt に断面 X から流入する部分の体積を ΔV_X および速さを v_X とする．この部分が流線に沿って Y まで流れ，同じ Δt 内に断面 Y から流出する．その体積を ΔV_Y および速さを v_Y とする．非圧縮性だから $\Delta V_X = \Delta V_Y$ である．また点 X における圧力が p_X および基準線からの高さが h_X，Y では p_Y および h_Y であるとする（図 29・9）．

- $\begin{pmatrix}\text{点 X における微小体積}\\ \Delta V_X \text{ の運動エネルギー}\end{pmatrix} = \frac{1}{2}\rho v_X^2 \Delta V_X$

- $\begin{pmatrix}\text{点 X における微小体積}\\ \Delta V_X \text{ の位置エネルギー}\end{pmatrix} = \rho g h \Delta V_X$

- $\begin{pmatrix}\Delta V_X \text{ が押されて Y に入ると}\\ \text{き外部からされた仕事}\end{pmatrix} = p_X \Delta V_X$

- Y から出るとき外部にする仕事 $= p_Y \Delta V_Y$

- 微小体積が Y に行くまでの間，流管内で後から押され前を押すので途中の仕事は相殺され，X から Y の間にされた仕事の正味 $= p_X \Delta V_X - p_Y \Delta V_Y$

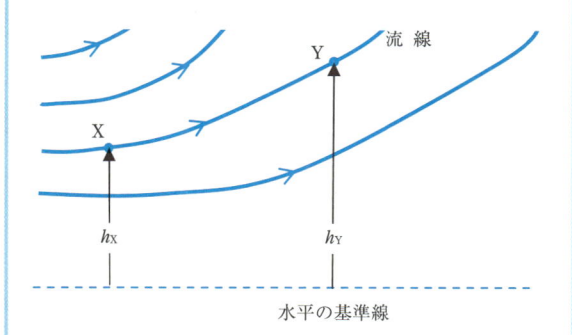

図 29・9 ベルヌーイの式

この仕事が微小体積の運動エネルギーと位置エネルギーの変化となるが，$\Delta V_X = \Delta V_Y$ の共通因子をすべて取払い，

$$\left(\frac{1}{2}\rho v_Y^2 - \frac{1}{2}\rho v_X^2\right) + (\rho g h_Y - \rho g h_X) = p_X - p_Y$$

この式を変形して，

$$\frac{1}{2}\rho v_Y^2 + \rho g h_Y + p_Y = \frac{1}{2}\rho v_X^2 + \rho g h_X + p_X$$

よって，X と Y の高さと圧力，および X での速さがわかると Y での速さがわかる．

別の言い方をすると，位置によらず

$$p + \frac{1}{2}\rho v^2 + \rho g h = \text{一定}$$

と書ける．

まとめ

- **連続の式**　1秒当たりの質量の流れ $m/t = \rho v A$
- **流体中の速度勾配**　流体の流れを横切る方向の単位距離（単位長さ）当たりの速度変化.
- **粘性率**　速度勾配が $1\,\mathrm{s}^{-1}$ のときに層の単位面積当たりに生じる内部摩擦力.
- **ポアズイユの式**
$$\frac{V}{t} = \frac{\pi r^4 \Delta p}{8\eta L}$$
- **ストークスの法則**　$F = 6\pi\eta r v$
- **ベルヌーイの式**
$$p + \frac{1}{2}\rho v^2 + \rho g h = \text{一定}$$
- **ピトー静圧管**
$$v = \sqrt{\frac{2\Delta p}{\rho}}$$
- **動圧**　流体の運動によって生じる圧力.

章末問題

p.324 に本章の補充問題がある．
（$g = 9.8\,\mathrm{m\,s^{-2}}$）

29・1　大型トラックの運転台の屋根には図 29・13 のようにウィンド・デフレクターが備えてある．デフレクターをつけたときのトラックの上の流れの軌跡を示した．もしデフレクターがなければ，トラックの上側の流れは層流ではなく乱流になる．

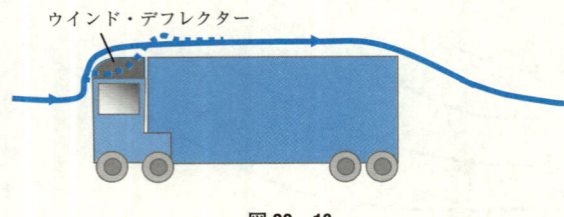

図 29・13

(a) 層流と乱流の違いを述べよ．
(b) デフレクターを取付けるとトラックの燃料消費が抑えられる理由を説明せよ．

29・2　図 29・8 において両側の広い部分 X と Z は同じ断面積をもつ．
(a) 水が X と Z で同じ速さで流れる理由を説明せよ．
(b) Z における縦管の水位が X の水位より低い理由を説明せよ．

29・3　粘性流体が管を流れている．
(a) 管の断面内の速度分布を描け．また管内で速度勾配が最大となる場所を示せ．
(b) 粘性率が $2.4\,\mathrm{N\,s\,m^{-2}}$，管の内径が 16 mm で長さが 160 mm のとき，流量が $1.1\times 10^{-5}\,\mathrm{m^3\,s^{-1}}$ ならば管の両端での圧力差はどれだけか．

29・4　直径 5.4 mm の鋼鉄の球が油中で自由落下を開始し，38 秒間で 0.50 m の距離を一定の速さで落下する．
(a) (i) 球の速さ，(ii) 球の質量を求めよ．
(b) 油の粘性率を求めよ．（鋼鉄の密度 = 7800 kg m^{-3}）

29・5　ふたのないタンクの底面付近に蛇口があり水が流れている．図 29・14 には水面から蛇口を通るタンク内の流線を示した．

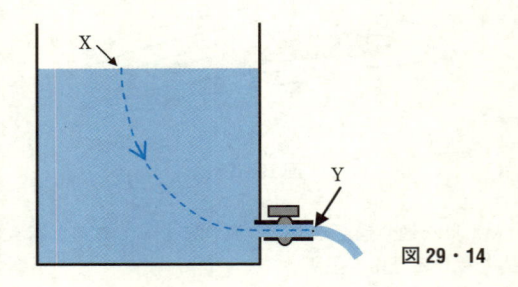

図 29・14

(a) 流線上の X と Y，すなわちタンクの水面と蛇口の位置でベルヌーイの式を適用し，蛇口を流れ出る流速 v が $(2gh)^{1/2}$ であることを示せ．ここで h は蛇口から水面までの高さである．
(b) $h = 0.52\,\mathrm{m}$ のとき，(i) 蛇口からの水の流速，(ii) 単位時間当たり蛇口から流出する水の質量を計算せよ．ただし蛇口の断面は直径 12 mm の円形である．

補 充 問 題

p.366 に数値的な答えだけを収録.

第1章

Q1・1 (a) 次の種類の電磁波を振動数（周波数）の小さい順に並べよ. 赤外線, マイクロ波, 可視光, X線.
(b) 真空中の光の速さを 3×10^8 m s^{-1} として次の計算をせよ. (i) 波長 580 nm の光の振動数, (ii) 周波数 95 MHz のラジオ波の波長.

Q1・2 (a) (i) 次のうち横波はどれか. 電磁波, 弦を伝わる音波, 水波. (ii) 次の性質で横波だけにあって縦波にはないものはどれか. 回折, 偏波（偏光）, 屈折, 反射.
(b) 振動数 500 Hz の音波が速さ 1500 m s^{-1} で物質中を伝わる. (i) 波長を計算せよ. (ii) 波の進行方向に沿って 1.0 m 離れた2点間の位相差を計算せよ.

Q1・3 (a) 衛星放送の受信アンテナのお椀が大きいほど (i) 弱い信号でも受信できること, (ii) 信号が最も強くなる方向に向けるのが難しくなることの理由を説明せよ.
(b) プールの水面を進む平行波が水深の浅いところから深いところに進む. その境界は直線的で, 波が侵入する角度が 45°である. (i) 水波は深いところほど速く進む. 境界を通過するとき波はどのように変化するか. (ii) この境界を通過する波面を上から見た図を描き, 境界の両側で波の進行方向を記入せよ.

Q1・4 (a) 弦の振動を起こす波が偏波しているという意味を図を描いて説明せよ.
(b) 光源から出る光が偏光しているか否かを偏光フィルターを用いて調べる方法を述べよ.

第2章

Q2・1 (a) (i) 健康な聴覚による可聴域の概略を記せ. (ii) 人間の聴覚で最も感度が高い振動数はどの辺りか.
(b) 走行するバイクが出す騒音レベルを路肩で計測したところ最大で 80 dB だった. 同様のバイクが4台同時に通過したときの騒音レベルを概略値で記せ.

Q2・2 (a) 超音波トランスデューサーの動作原理を図によって示し説明せよ.
(b) 超音波トランスデューサーが患者の体内に向けて体表から超音波パルス列を送り込む. パルスの繰返しは 1000 Hz である. (i) 体内の音速が 1500 m s^{-1} のとき, パルスがトランスデューサーを出てから, 患者の反対側の体表で反射して再びトランスデューサーに戻るまでの時間を計算せよ. ただしパルスが進む距離は往復で 0.60 m である. (ii) 上問でパルスが戻ってきてから次のパルスが出るまでの時間はどれだけか.

Q2・3 (a) 出る音の高さは次の場合にどのように変化するか (i) ギターの弦を長さを変えずにゆるめたとき, (ii) 張力を変えずに短くしたとき.
(b) 長さ 1.80 m の弦をその基本振動数 60 Hz で振動させる. (i) このときの波長と波の速さを計算せよ. (ii) この弦の長さも張力も変えずに振動数を上げると, 弦を3等分する2箇所に節が現れた. この様子を図示し振動数を計算せよ.

Q2・4 長さ 0.70 m の管の一端を閉じ, 開放端に小さなスピーカーを接続する. スピーカーに交流電源を接続し, 管内の空気が共鳴するまで振動を変える. 共鳴が起こる最低の振動数が 120 Hz であった.
(a) この振動数で共鳴が起こる理由を記せ.
(b) (i) 管内の音波の速さを推定せよ. (ii) つぎに共鳴する振動数を計算せよ.

第3章

Q3・1 (a) 屈折率 1.5 のガラスブロックの平らな表面に光線が入射し, その入射角が (i) 20° および (ii) 50° である. それぞれについて屈折角を計算せよ.
(b) (i) 光の全反射とは何か, 説明せよ. (ii) 屈折率 1.5 のガラスの臨界角を計算せよ. (iii) 光ファイバーが曲がっていても光が通過してくる理由を図を用いて説明せよ.

Q3・2 (a) 光が干渉することを示す実験で, 狭い間隔で並んだ2本のスリットに波長 650 nm のレーザービームを当てた. スリットから 1.5 m の距離にレーザービームと直角に置いたスクリーンに明暗の縞が見えた. (i) 縞四つ分の幅が 6.0 mm であった. 縞の間隔はどれだけか. (ii) 与えられたデータと(i)の答えを用いてスリットの間隔を計算せよ.
(b) スリットをスクリーンからさらに 0.5 m 離した. このとき縞四つ分の幅を計算せよ.

Q3・3 (a) 物体から焦点距離 150 mm の凸レンズまでの距離が (i) 100 mm と (ii) 300 mm のとき, 像の位置と性質および横倍率を求めよ.
(b) 焦点距離 0.20 m の凹レンズを通して, レンズから 0.20 m 離れた物体を見る. 像の位置を計算し, 像のでき方を示す光線の図を描け.

Q3・4 (a) 屈折望遠鏡で, その軸上にない遠方の物点の像を無限遠につくる. その光線を作図せよ.
(b) 0.5° 離れた二つの星を8倍の望遠鏡で見たとき, どれだけ離れて見えるか計算せよ.
(c) この望遠鏡の対物レンズの焦点距離が 0.60 m である. 接眼レンズの焦点距離を求めよ.

第4章

Q4・1 (a) (i) 三原色を波長の短い順に答えよ. (ii) 青い光の波長の概略値を述べよ.
(b) 白熱灯からの白色光を平行ビームにしてガラスプリズムに入射させ, 白いスクリーン上でそのスペクトルを見る. (i) このスペクトルの種類か. (ii) 屈折が一番小さいのはどの色の光か.

Q4・2 単色光を平行ビームにして透過型回折格子に垂直に入射した．回折格子は 600 本 mm^{-1} である．
(a) この回折格子の隣り合う格子の間隔を計算せよ．
(b) 回折格子の式を用いて1次回折光のビームの方向を計算せよ．
(c) 回折光の最大次数はいくつか．

Q4・3 波長 430 nm と 550 nm の光を出す光源がある．この光源からの光を平行ビームにし，500 本 mm^{-1} の透過型回折格子に導いた．
(a) これらの光の2次回折光の間の角度を計算せよ．
(b) 最大の回折角はどちらの波長で実現するか．また，その角度を求めよ．

Q4・4 (a) 電磁波のスペクトルのどの部分が次の目的に利用されるのか，それはどのような性質によるか．(i) 衛星と地球の間の通信，(ii) 暗いところでの人や動物の動きの検知，(iii) 骨折状況の画像．
(b) (i) 振幅変調と周波数変調の差を述べよ．(ii) マイクロ波より赤外光の方が，1秒当たり送れるパルスの数が多いのはなぜか．

第5章
(アボガドロ定数 $N_A = 6.02 \times 10^{23}$ mol^{-1})

Q5・1 水素，炭素，酸素の原子量をそれぞれ 1, 12, 16 とする．
(a) 次の分子1 mol の質量を kg 単位で表せ．(i) 水 H_2O, (ii) 二酸化炭素 CO_2．
(b) (i) 水分子1個の質量を kg 単位で表せ．(ii) 水の密度は 1000 kg m^{-3} である．水分子のサイズを推定せよ．

Q5・2 (a) 次の物質では原子はどのような種類の結合で結ばれているか．(i) 二酸化炭素分子，(ii) 食塩の結晶．
(b) (i) 固体と液体では，それを構成する分子の配置がどのように違うか．(ii) 純粋な物質が熱エネルギーをもらって融解する間に，その温度が変わらない．理由を述べよ．

Q5・3 (a) ある元素の異なる同位体どうしは，たとえば原子量のような物理的な性質が異なる．(i) "ある元素の同位体" は何を意味するか．(ii) 同じ元素の同位体なら，他の元素と反応するとき化学結合がまったく同じになるのはなぜか．
(b) ネオンガスのネオン原子は 10 個の陽子と，10 個あるいは 12 個の中性子を含む．(i) それぞれの同位体を記号で表せ．(ii) ネオンの原子量は 20.2 である．同位体の成分比を求めよ．

Q5・4 固体のアルミニウムは密度が 2700 kg m^{-3}, 原子量が 27 である．
(a) 固体のアルミニウムについて次の量を計算せよ．(i) 1 mol の体積，(ii) 体積 1.0 cm^3 に含まれる原子の数．
(b) 固体のアルミニウムの隣り合う原子の中心間距離．

第6章
Q6・1 (a) 長さ 2.50 m の黄銅の棒の温度が 20 ℃ から 50 ℃ に上昇すると，どれだけ伸びるか．
(b) エレベーターが何本かのケーブルでつり下げられている．各ケーブルは鋼鉄で長さは 200 m である．温度上昇 20 K による各ケーブルの伸びはどれだけか．熱膨張係数の値は黄銅が 1.9×10^{-5} K^{-1}, 鋼鉄が 1.1×10^{-5} K^{-1} とする．

Q6・2 (a) 水 52 kg を断熱した 15 kg の銅のタンクに入れ全体を 15 ℃ にしてから，4.0 kW の投入式電気ヒーターで 30 分間加熱する．(i) 供給された電気エネルギーを計算せよ．(ii) 熱の損失がないとして，水の最終的な温度を計算せよ．
(b) 3.0 kW の電気ポットで 0.5 kg の水を蒸発させるのに要する時間を推定せよ．
  比熱容量：水は 4200 J kg^{-1} K^{-1}, 銅は 390 J kg^{-1} K^{-1}
  水の比潜熱：2.3 MJ kg^{-1}

Q6・3 (a) 冬の家屋での熱損失を減らす方法を二つ述べよ．それぞれについて，どのような物理的な過程に基づく断熱法か述べよ．
(b) 面積 0.80 m^2, 厚み 6.0 mm のガラス窓の内外の温度差が 8.0 ℃ のとき，全部の窓から逃げる単位時間当たりの熱量を計算せよ．ガラスの熱伝導率を 0.72 W m^{-1} K^{-1} とする．

Q6・4 (a) ウィーンの法則を用いて太陽表面の温度を推定せよ．ただし，太陽からの光は波長 500 nm のところに強度のピークがあるとする．
(b) (i) 地球から 1.5×10^{11} m 離れた太陽の放射を地上で受けると，単位面積当たりのパワーが 1.4 kW m^{-2} である．このデータを使い太陽放出の1秒当たりのエネルギーを推定せよ．(ii) ステファンの法則を用い，太陽表面の放射率を推定せよ．ただし，太陽の直径を 1.4×10^9 m, ステファン・ボルツマン定数 σ を 5.67×10^{-8} W m^{-2} K^{-4} とする．

第7章
Q7・1 (a) 伸びと張力の関係を示す曲線を描け．(i) 鋼鉄のばねを引き伸ばす，(ii) ゴム輪を引き伸ばす．
(b) 鋼鉄のばねを鉛直につるし，下端に重さ 2.0 N のおもりをつけたところ，長さが 405 mm になった．さらに 1.0 N のおもりを追加したところ 445 mm になった．(i) おもりがないときの長さを計算せよ．(ii) おもりを全部外してから，未知の物体をつり下げるとばねの長さが 500 mm となった．物体の重さを計算せよ．

Q7・2 (a) 物体の破壊応力とは何か．
(b) 直径 0.25 mm の針金の張力が 49 N で破断した．(i) この針金の物質の破壊応力を計算せよ．(ii) 同じ物質でつくった直径 0.36 mm の針金が破断するときの張力を計算せよ．

Q7・3 直径 0.28 mm, 長さ 1.8 m の鋼鉄の針金を鉛直につるした．
(a) 20 N のおもりをつるしたときの応力を計算せよ．
(b) 50 N のおもりをつるしたときの伸びを計算せよ．鋼鉄のヤング率を 2.0×10^{11} Pa とする．

Q7・4 直径 0.26 mm, 長さ 5.00 m の針金の張力が 0 から 40 N になったとき 30 mm 伸びた．
(a) この金属のヤング率を計算せよ．
(b) 張力が 40 N のとき針金に蓄えられたエネルギーを計算せよ．

第8章
Q8・1 (a) 重さ 400 N のコンクリートの柱の形が 1.6 m ×

補 充 問 題

0.10 m×0.10 m である．柱を立てたとき底面に加わる圧力を計算せよ．
(b) 同じ柱を横にして地面に置いたときの圧力を計算せよ．

Q8・2 (a) 密度が 1050 kg m^{-3} の海水の，海面下 5.0 m の深さでの圧力を計算せよ．重力加速度は $g = 9.8$ m s^{-2}．
(b) 深くまで潜ったダイバーは水面からの導管で呼吸できない理由を説明せよ．

Q8・3 (a) 自動車のブレーキ液に少量の空気が混入するとブレーキの効きが悪くなる理由を説明せよ．
(b) 油圧ブレーキでマスターシリンダーのピストンに 200 N の力を加えた．このピストンの断面積は 4.0 cm^2 である．(i) このときの液内の圧力をパスカル単位で計算せよ．(ii) スレーブシリンダーの断面積は 60 cm^2 である．スレーブピストンが発生する力を計算せよ．

Q8・4 ある平底船は，空荷のときの甲板が水面上 1.20 m にある．積荷の重さが 18 kN のとき 50 mm だけ沈む．
(a) 水中で 50 mm 深くなると圧力はどれだけ増加するか．水の密度を 1000 kg m^{-3}，重力加速度を $g = 9.8$ m s^{-2} とする．
(b) 平底船の底面積を推定せよ．
(c) この船は 200 mm 以上は沈めないものとすると，最大積載量はどれだけか．

第 9 章

Q9・1 (a) 大きさ 8.0 N，向きが (i) 北から 30° 東，(ii) 北から 70° 西である水平な力について，北から南に向かう水平な線に対する平行成分と垂直成分を計算せよ．
(b) 質点に北向き 10 N の力と 8.0 N の力が (i) 南向き，(ii) 東向き，(iii) 北から 60° 東向きに加わる場合の合力の大きさと向きを計算せよ．

Q9・2 重さ 6.0 N の質点をつり合わせるために必要な力を計算せよ．
(a) 垂直上向きに大きさ 5.0 N の力が加わる場合．
(b) 水平方向に大きさ 5.0 N の力が加わる場合．

Q9・3 長さ 1.60 m，重さ 80 N の一様な木の板が二つのレンガ X と Y の上で水平に静止している．X は一方の端から 0.40 m，Y はもう片方の端から 0.20 m の位置にある．
(a) 板に加わる力を表すフリーボディー図を描け．
(b) それぞれのブロックが板を支える力を計算せよ．
(c) 重さ 200 N の子どもが板の中心から，X の位置を越えて板の端へ向かって歩いた．板がレンガ Y から離れたときの中心から子どもまでの位置を計算せよ．

Q9・4 (a) 重さ 8.0 N で長さ 1.5 m の柄が重さ 12.0 N で幅 0.30 m の金属のくしの中央につけられた熊手がある．くしのない方の端から重心までの距離を計算せよ．
(b) 車軸から 1.2 m の位置にハンドルがつけられた手押し車がある．車軸から 0.30 m の位置に重さ 280 N の砂袋を積んでいる．配置図を描き，持ち上げるためにハンドルに加える力を計算せよ．

第 10 章

($g = 9.8$ m s^{-2})

Q10・1 25 m s^{-1} で走行している自動車の運転手が 65 m 先の信号が赤に変わるのを見た．運転手がブレーキを踏み，自動車は一様に減速して信号の位置で停止した．
(a) 運転手がブレーキを踏むまでの反応時間は 0.60 秒であった．25 m s^{-1} で走行している自動車がこの時間に移動した距離を計算せよ．
(b) ブレーキが踏まれてから止まるまでの負の加速度の大きさを計算せよ．

Q10・2 二つの駅の間を運行している列車が静止状態から 15 m s^{-1} まで 75 秒間で加速され，その後一定の速さで 240 秒間走行し 60 秒間で減速して停止する．
(a) 速さ対時間のグラフを描け．
(b) 三つの区間における (i) 加速度と (ii) 移動距離を計算せよ．
(c) 二つの駅の間の距離と列車の平均の速さを計算せよ．

Q10・3 静止していた石が壁の頂上から落下を始め 1.4 秒後に井戸の水面に当たった．
(a) 石が水面に当たる直前の (i) 速さと (ii) 落下距離を計算せよ．
(b) 落下を始めてから水面に当たるまでの石の運動を表す速さ対時間のグラフを描け．

Q10・4 垂直上方に投げ上げられたテニスボールが 3.2 秒後に手元に戻ってきた．
(a) 以下を計算せよ．(i) 最高到達点に達するまでの時間，(ii) 最高到達点，(iii) 投げ上げた速さ，(iv) 手元に戻ってきたときの速さ．
(b) テニスボールの運動を表す速度対時間のグラフを描け．

第 11 章

($g = 9.8$ m s^{-2})

Q11・1 (a) 最初静止していた質量 5.0 kg の物体に 15 N の合力が 10 秒間加わった．(i) 加速度，(ii) 10 秒後の速さ，(iii) 10 秒後の運動量を計算せよ．
(b) 質量 0.15 kg のボールが垂直に立った壁に速さ 14 m s^{-1} で直角に当たり，速さ 10 m s^{-1} で壁から跳ね返った．(i) ボールの運動量の変化を計算せよ．(ii) ボールが壁に接していた時間は 25 ms であった．衝突時にボールが壁から受ける力を計算せよ．

Q11・2 (a) 静止状態の質量 4.7 kg のレンガを高さ 8.4 m から落下させて砂の上に落としたところ，砂は 42 mm くぼんだ．砂による減速は一様であるとする．以下を計算せよ．(i) 砂に衝突する直前のレンガの速さ，(ii) 砂による負の加速度，(iii) 衝突時の力．
(b) 速さ 31 m s^{-1} で走行している質量 3.8×10^4 kg のタンクローリーが，ブレーキをかけてから一様に減速して 185 m で静止した．以下を計算せよ．(i) タンクローリーの負の加速度，(ii) ブレーキの力．

Q11・3 (a) ホースから水が速さ 11 m s^{-1}，流量 0.17 kg s^{-1} で出ている．以下を計算せよ．(i) 水がホースから運び去る 1 秒当たりの運動量，(ii) この流量で水を失うことによりホースに加わる力．
(b) 長さ 1.35 m の砲身から質量 12.5 kg の砲弾を 74.0 m s^{-1} で発射するように設計された質量 340 kg の大砲がある．以

下を計算せよ．(i) 砲身内における砲弾の加速度，(ii) 砲弾に加わる力，(iii) 大砲の反動の速さ．

Q11・4 一定の速さ $1.80\,\mathrm{m\,s^{-1}}$ で走行している質量 $1200\,\mathrm{kg}$ の貨物列車が質量 $900\,\mathrm{kg}$ の他の列車と衝突して連結された．衝突直後の二つの列車の速度を軽い方の列車の初期状態が次の場合について計算せよ．
(a) 静止していた場合．
(b) 重い方の列車と逆向きに速さ $2.50\,\mathrm{m\,s^{-1}}$ で走行していた場合．

第12章
($g=9.8\,\mathrm{m\,s^{-2}}$)

Q12・1 (a) 質量 $0.30\,\mathrm{kg}$ のボールが床から $2.4\,\mathrm{m}$ の高さから自由落下するときの位置エネルギーと運動エネルギーを計算せよ．(i) 床から $1.2\,\mathrm{m}$ にあるとき，(ii) 床の上にあるとき．
(b) 質量 $0.080\,\mathrm{kg}$ のボールが床から $1.5\,\mathrm{m}$ の高さから自由落下して，床から $1.2\,\mathrm{m}$ の高さまで跳ね返った．以下を計算せよ．(i) 床に衝突する直前の運動エネルギーと速さ，(ii) 床に衝突した直後の運動エネルギーと速さ，(iii) 衝突により失った運動エネルギーの大きさ．

Q12・2 乗客を含む全質量 $2500\,\mathrm{kg}$ のジェットコースターが高さ $55\,\mathrm{m}$ から急な斜面を通ってコース中の水平部分へ降下してきた．
(a) この降下により失った位置エネルギーを計算せよ．
(b) 降下前の速さは $3.0\,\mathrm{m\,s^{-1}}$ で降下直後の速さは $25\,\mathrm{m\,s^{-1}}$ であった．降下により得た運動エネルギーを計算せよ．
(c) この降下におけるジェットコースターの全エネルギーの損失を計算せよ．

Q12・3 (a) 効率 0.40 で運転している潮汐発電所の平均の仕事率を概算せよ．$15\,\mathrm{km^2}$ の領域に海水を蓄え，満潮時と干潮時の高低差は $3.0\,\mathrm{m}$ である．海水の密度は $1050\,\mathrm{kg\,m^{-3}}$ とする．
(b) $1\,\mathrm{kg}$ 当たり $30\,\mathrm{MJ}$ のエネルギーを解放する能力のある燃料がある．一定の速さ $25\,\mathrm{m\,s^{-1}}$ で走行する自動車がこの燃料を $1\,\mathrm{kg}$ 当たり $12\,\mathrm{km}$ の割合で消費している．エンジンの仕事率を概算せよ．

Q12・4 $20\,\mathrm{m\,s^{-1}}$ で走行している質量 $1100\,\mathrm{kg}$ の自動車が，停止している質量 $900\,\mathrm{kg}$ の自動車に衝突した．衝突により 2 台の自動車は固定された．
(a) 以下を計算せよ．(i) 衝突直後の 2 台の自動車の速さ，(ii) 衝突により失った運動エネルギー．
(b) 衝突により 2 台の自動車の全体の長さは $1.24\,\mathrm{m}$ 短くなった．衝突時の $1\,\mathrm{m}$ 当たりの運動エネルギーの損失を計算し，衝突時に働いた力を計算せよ．

第13章

Q13・1 プラスチックの棒をこすって帯電させ，負に帯電した箔検電器の上部電極の上にかざすと箔はさらに開いた．
(a) この観察から棒の電荷の種類について結論を出せ．
(b) 電子の移動という観点で，棒がどのように帯電するか説明せよ．

Q13・2 (a) $3.0\,\Omega$ と $6.0\,\Omega$ の抵抗がある．これらを (i) 直列または (ii) 並列に接続したときの合成抵抗を計算せよ．
(b) $4.0\,\Omega$ の抵抗と，内部抵抗を無視できる $6.0\,\mathrm{V}$ の電池がある．これらと (a) の (ii) の合成抵抗を直列に接続する．回路図を描き，電池から流れる電流を計算せよ．各抵抗について，加わる電圧と消費される電力を計算せよ．

Q13・3 定格 $240\,\mathrm{V}$ で $2.5\,\mathrm{kW}$ の電気ポットがある．
(a) 通常の使用状態で電気ポットに (i) 流れる電流，(ii) 3 分間に通過する電荷の量，(iii) 3 分間に供給された電気的なエネルギーを計算せよ．
(b) 定格 $3\,\mathrm{A}$，$5\,\mathrm{A}$，$13\,\mathrm{A}$ のヒューズのなかから，このポットに適するものを選べ．

Q13・4 (a) シリコンダイオードに加える電圧により流れる電流がどのように変化するかをグラフで示せ．
(b) $1.5\,\mathrm{k\Omega}$ の抵抗，$1.5\,\mathrm{V}$ の電池，シリコンダイオードを直列に接続した．ダイオードは順方向の接続であった．(i) この配置を回路図に描け．(ii) シリコンダイオードに電流が流れるとき両端の電圧が $0.6\,\mathrm{V}$ に保たれるとする．このときダイオードに流れる電流が $0.60\,\mathrm{mA}$ であることを示せ．(iii) ダイオードに流れる電流が $0.60\,\mathrm{mA}$ のとき，ダイオードあるいは抵抗で消費される電力と，電池が供給する電力を計算せよ．

第14章

Q14・1 起電力 $12.0\,\mathrm{V}$，内部抵抗 $1.5\,\Omega$ の電池と，並列に接続した 2 個の $5.0\,\Omega$ の抵抗とを接続する．
(a) 回路図を描き，電池を流れる電流を計算せよ．
(b) 並列にした抵抗に加わる電圧と，各抵抗に流れる電流を計算せよ．
(c) (i) 電池が供給した電力，$5.0\,\Omega$ の各抵抗で消費する電力を計算せよ．(ii) 電池から供給された電力と両方の抵抗で消費する電力の差を説明せよ．

Q14・2 (a) 長さ $1\,\mathrm{m}$ の均一な金属線，$5.0\,\Omega$ の標準抵抗 S，抵抗値がわからない抵抗 X により図 Q14・2 のようにホイートストンブリッジを作った．ブリッジが均衡した点は S 側の端から $450\,\mathrm{mm}$ のところだった．抵抗 X の値を計算せよ．

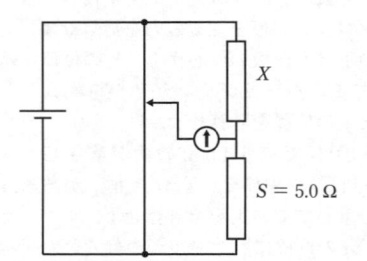

図 Q14・2

(b) もう一つ $5.0\,\Omega$ の抵抗を S と並列に接続したときの新たな均衡点の位置を計算せよ．

Q14・3 $10\,\mathrm{k\Omega}$ の抵抗と LDR で作った分圧器を $5.0\,\mathrm{V}$ の電池に接続し，高い抵抗をもつ電圧計を $10\,\mathrm{k\Omega}$ の抵抗の両端に接続した．
(a) (i) この配置の回路図を描け．(ii) LDR に光が当たらな

いときの電圧計の読みが 0.20 V であった．このとき LDR の抵抗値はどれだけか．
(b) LDR に光を当てたときに電圧計の読みがどのように変わるか．理由も述べよ．

Q14・4 (a) 長さ 2.5 m，直径 0.35 mm の金属線の抵抗が 12.5 Ω のとき，この物質の抵抗率を計算せよ．
(b) 抵抗率 $5.2×10^{-7}$ Ω m の物質が直径 0.28 mm の線になっている．抵抗が 5.0 Ω となる長さを計算せよ．

第 15 章

($\varepsilon_0 = 8.85×10^{-12}$ F m^{-1})

Q15・1 コンデンサーと電池，スイッチ，電流計および可変抵抗を直列に接続した．スイッチを閉じて電流 1.2 mA の一定値となるように可変抵抗を調整しつづけた．60 秒間この状態を保った後にスイッチを開いた．
(a) このときにコンデンサーに蓄えられている電荷を計算せよ．
(b) 充電開始から 60 秒後において，コンデンサーの電極板間の電圧をデジタル電圧計で測定したところ 3.3 V であった．このコンデンサーの電気容量を計算せよ．

Q15・2 (a) 6 µF と 12 µF のコンデンサーを (i) 並列，または (ii) 直列に接続したときの合成電気容量を計算せよ．
(b) 6.0 V の電池と (a) の直列接続の組をつないだ．(i) 各コンデンサーの蓄えた電荷とエネルギー，および (ii) 2 個のコンデンサーを合わせた全体の電荷とエネルギーを計算せよ．

Q15・3 (a) 一辺の長さが 0.26 m の 2 枚の正方形の金属板を，空気の層をはさんで平行に向き合わせ，その間隙を 2.0 mm とした．この平行板コンデンサーの電気容量を計算せよ．
(b) このコンデンサーを電池から切り離してから，間隙を 1.0 mm に変更した．このときの (i) 電気容量と，(ii) 電圧を計算せよ．

Q15・4 1 個の 4.7 µF のコンデンサーを 9.0 V の電池に接続し，充電が完了した後に 1.5 MΩ の抵抗を通して放電した．
(a) 充電が完了したとき，コンデンサーが蓄えた電荷とエネルギー，(b) 放電開始直後の電流，(c) 放電を開始してから 5.0 秒後の電荷とエネルギーを計算せよ．

第 16 章

Q16・1 (a) (i) OR ゲートと (ii) NAND ゲートについて，素子の記号と真理値表を書け．
(b) 次の要件を満たす論理回路を設計せよ．部屋の明るさが一定値以下になり，かつ温度も一定値以下になると LED が点灯する．この回路にはテストスイッチを含め，スイッチを閉じると LED が on になるようにする．

Q16・2 (a) 開ループのオペアンプの非反転入力端子と 0 V の間に交流信号発生器の出力をつなぎ，反転入力端子を接地する．このときの回路図と出力波形を描け．ただし，入力のサイン波が，振動数が 1.0 kHz で振幅が 1.0 V になったとき，出力の振幅が限界の 15 V となる．
(b) (a) の回路において，反転入力端子と出力端子の間に 1.0 MΩ の抵抗を接続した．さらに反転入力端子を 0 V から切り離し，0.5 MΩ の抵抗を通して接地しなおした．この回路図を描け．また，(a) と同じ入力電圧が非反転入力端子と 0 V の間に加わるとき，出力電圧の振幅を計算せよ．

Q16・3 (a) 抵抗値の低い電流計を高抵抗に変更するため，オペアンプを電圧フォロワーとして用いる．このときの回路図を描け．
(b) (i) 振動数 5 kHz で動作する非安定マルチバイブレーターの出力電圧の波形を描け．
(ii) 5 kHz で動作するマルチバイブレーターで，0.1 µF のコンデンサーと組にして用いる抵抗の概略値を計算せよ．ただし，周期は 1 組の C と R の積に等しいとする．

Q16・4 サーミスターの温度上昇とともに，出力電圧が一定の範囲で滑らかに上昇する電気的な温度計を設計せよ．

第 17 章

($\varepsilon_0 = 8.85×10^{-12}$ F m^{-1}，$e = 1.6×10^{-19}$ C)

Q17・1 (a) 原子核から $3.0×10^{-10}$ m 離れた場所での電場の大きさを計算せよ．原子核は $9.6×10^{-19}$ C の電荷をもっているものとする．
(b) 電子をこの原子核から無限遠まで引き離すための仕事を計算せよ．

Q17・2 (a) +1.5 nC と +3.6 nC の点電荷が 50 mm 離れて置かれている．この点電荷の間にはたらく力を計算せよ．
(b) 二つの点電荷の中央での電場の大きさと電位を計算せよ．

Q17・3 (a) (i) 二つの水平な平行平板があり 40 mm 離れている．底部は接地し上部には正の電圧 5.0 kV を印加したとき，その間にできる電場の大きさを計算せよ．(ii) 接地した板から正の電圧がかかっている板まで電位がどのように変化するかをグラフに描け．
(b) 上板と底板の間に電荷 $+2.7×10^{-15}$ C の電荷をもつ液滴を落とした．電場がこの液滴にする仕事を計算せよ．

Q17・4 (a) 負に帯電した導体球の周りの電気力線の様子を描け．
(b) 半径 0.15 m の導体球が負に帯電し電位が 4.6 kV になっている．(i) この導体球の電荷を計算せよ．(ii) この導体球の表面から 1.0 m 離れたところでの電位を求めよ．

第 18 章

($\mu_0 = 4\pi×10^{-7}$ H m^{-1})

Q18・1 (a) (i) 棒磁石の周りと，(ii) 直流が流れるまっすぐな導線の周りの磁力線の様子を描け．
(b) まっすぐな導線から 80 mm 離れたところの磁束密度が 38 µT であった．(i) 導線を流れる電流を計算せよ．直径は 0.80 mm である．(ii) 電流が導線の中心線上を流れるとして，導線の表面での磁束密度を計算せよ．

Q18・2 (a) 長さが 0.065 m の導線が均一な磁力線に垂直に置かれている．0.42 A の電流がこの導線を流れるとき，1.50 mN の力がこの導線に加わった．このときの磁束密度を計算せよ．

(b) 導線が均一な磁力線に対して40°に傾けられた．同じ電流が流れるとき，この位置で導線に加わる力を計算せよ．

Q18・3 地球の磁束密度の水平成分 B_H を測定する実験にて，長さ 0.20 m の 500 回巻きソレノイドが南北に沿った水平線上に置かれていた．方位磁石がソレノイドの端に置かれていた．方位磁石の向きが逆になるまでソレノイドを通る電流は増加した．
(a) 電流が逆転するのは 5.7 mA であった．地球の磁束密度の水平成分 B_H を計算せよ．
(b) ソレノイドの端に方位磁石が置かれている様子を示せ．またソレノイドの周りに電流が流れている方向も示せ．

Q18・4 (a) ソレノイドの内部にある強磁性体の磁化がソレノイドに流れる電流が変わるとどのように変化するかをグラフに描け．
(b) 以下の項目について説明せよ．(i) 軟鉄の棒は，直流が流れるソレノイドの中に置かれると磁化される．(ii) 軟鉄は，交流が流れるソレノイドの中から，ゆっくり取出すことにより消磁することができる．

第19章

Q19・1 (a) 導線1巻きのコイルが，中心がゼロ表示の検流計に接続されている．(i) そのコイルに近い方が N 極の棒磁石をコイルに近づくように動かしたらマイクロメーターの針が中心からわずかに左にずれた．なぜこのようなことが起こったのか説明せよ．もしコイルに近い側が棒磁石の S 極の場合は，何が起こるかを詳しく説明せよ．
(b) 長さ 0.20 m の導体の棒が $25\,\mathrm{m\,s^{-1}}$ の速度で，磁束密度 38 mT の均一な磁力線を垂直に横切っている．このとき棒に誘導される起電力はいくらか計算せよ．

Q19・2 (a) (i) 交流発電機の動作について図を用いて説明せよ．(ii) 発電機のコイルの面が磁力線と平行になるとき，発生する電圧が最大になる理由を説明せよ．
(b) 長さ 0.15 m で幅 0.04 m で 120 回巻きのコイルが 85 mT の均一な磁場の中で 20 Hz の回転周波数で回転している．(i) コイルを通る最大の鎖交磁束を計算せよ．(ii) コイルによってつくられる最大の電圧を計算せよ．

Q19・3 (a) 整流子を通して電池に繋がれた直流モーターに流れる電流がモーターの回転速度が減るときに増加するのはなぜか説明せよ．
(b) 2.5 Ω の抵抗がある整流子をもつ直流モーターが 12 V の電池 0.5 Ω の内部抵抗をもつ電池に繋がれている．モーターを 25 Hz の回転周波数で回転させたとき，この回路を流れる電流は 0.20 A であった．(i) この回転周波数での逆起電力を計算せよ．(ii) 回転周波数を 15 Hz に落としたときの電流を計算せよ．

Q19・4 一次コイルが 60 回巻きで二次コイルが 1200 回巻きの変圧器がある．240 V，60 W の電球が二次コイルに接続されている．
(a) 電球が正常に点灯する一次側の電圧を計算せよ．
(b) この電球が正常に点灯する一次側の最大電流を計算せよ．

第20章

Q20・1 交流回路の電流が $I\,(\mathrm{A})=1.60\sin(100\pi t)$ に従って時間とともに変化する．
(a) この交流の最大電流と周波数を計算せよ．
(b) $t=$ (i) 2.50 ms，(ii) 5.00 ms，(iii) 12.0 ms のとき，この回路を流れる電流を求めよ．

Q20・2 (a) (i) ピークが 2.4 A のサイン波の電流の rms 値を求めよ．(ii) 12.0 V rms 値をもつサイン波のピークの電圧の値を計算せよ．
(b) 5.0 Ω の抵抗が 50 Hz，6.0 V の rms 値をもつ交流電源に接続されている．(i) この抵抗を流れる電流の rms 値を求めよ．(ii) この抵抗に加わる平均電力を計算せよ．

Q20・3 (a) 2.2 μF のコンデンサーが 2.0 kΩ の抵抗と直列に 50 Hz，6.0 V の rms 値をもつ交流電源に接続されている．その様子を絵に描き (i) 回路を流れる電流の rms 値を計算せよ．(ii) 各部品に加わる電圧の rms 値を計算せよ．(iii) 回路に加わる電力を計算せよ．
(b) (a) で使われたコンデンサーを抵抗が無視できる 1.2 H のコイルに置き換えた．その様子を描き (i) 回路を流れる電流の rms 値を計算せよ．(ii) 各部品に加わる電圧の rms 値を計算せよ．(iii) 回路に加わる電力を計算せよ．

Q20・4 4.7 μF のコンデンサーがインダクタンス 7.5 mH のコイルと 25 Ω の抵抗，および可変周波数電源に接続されている．
(a) この回路の共鳴周波数を計算せよ．
(b) 電源出力を 1.5 kHz，6.0 V の rms 値に調整したとき，(i) 回路のインピーダンスを計算せよ．(ii) 電流の rms 値を計算せよ．(iii) コイルに加わる電圧の rms 値を計算せよ．

第21章

($e=1.6\times10^{-19}$ C，$h=6.6\times10^{-34}$ J s，$m_e=9.1\times10^{-31}$ kg)

Q21・1 (a) 高温のフィラメントを用いて電子ビームをつくる方法を図で説明せよ．
(b) 陽極電圧が 4.5 kV の真空管では電子の運動エネルギーと速さはどれだけか．

Q21・2 磁束密度 3.2 mT の一様な磁場中に，磁力線と 90° をなす角で細い電子ビームが入り，直径 78 mm の円を描いた．
(a) ビーム中の電子の (i) 速さと (ii) 運動エネルギーを計算せよ．
(b) (i) 磁場中の電子の軌道を描き磁場の向きも記せ．(ii) 軌道上の1点を選び電子が磁場から受ける力を図示せよ．(iii) 電子に磁場から力が加わるのに，運動エネルギーが一定となる理由を説明せよ．

Q21・3 油滴の電荷を測定する実験で，$240\,\mathrm{kV\,m^{-1}}$ の一様な電場中である油滴が静止していた．電場を 0 にした後，この油滴は 2.9 mm を 16.2 秒かけて一定の速さで落下した．この油滴の (a) 終端速度，(b) 半径と質量，(c) 電荷を計算せよ．空気の粘性率は $1.8\times10^{-5}\,\mathrm{N\,s\,m^{-2}}$，油の密度は 850 kg m^{-3} とせよ．

Q21・4 (a) 電圧 55 kV で動作する X 線管から発生する X 線の最大の振動数を計算せよ．

(b) 接地した金属板に波長 550 nm の光が当たり光電子が放出された．金属板の電位を $+0.52$ V にすると電子が放出されなくなった．この金属板の仕事関数と，光電子放出を起こす光の最小の振動数を計算せよ．

第 22 章

Q22・1 (a) 原子核が (i) α 粒子または (ii) β 粒子を放出するとき，核の陽子と中性子はどのように変化するか．
(b) 半減期 15 時間の放射性同位元素が最初に 0.64 MBq の放射能をもっていた．(i) 30 時間後および (ii) 7 日後の放射能を計算せよ．

Q22・2 放射線源から 0.20 m のところに置いたガイガー・ミュラー管があり，平均の計数率は 25.20 s^{-1} であった．厚み 2.00 mm の金属板を線源との間に入れたところ計数率は 9.40 となり，放射線源を取除いたときの計数率は 0.40 s^{-1} であった．
(a) 放射線の種類は何か．理由も述べよ．
(b) この金属の半価層を計算せよ．

Q22・3 放射性同位元素の炭素 14 は壊変して窒素 14 になる．炭素 14 の半減期を 5570 年とする（最新の半減期の値ではないが年代測定用の規約）．
(a) この放射壊変の式を書け．
(b) 生きている樹木は代謝により大気中の炭素 14 の濃度を保ち，その放射壊変により 1 kg 当たり 270 Bq の放射能をもつが，切り倒されると代謝が止まり炭素 14 の量は指数関数的な減衰を始める．ある古代船の木片 1.2 g の放射能が 0.26 Bq であるという．その試料の年代を推定せよ．

Q22・4 点状の γ 線源から距離 0.50 m のところに断面積が 3.1×10^{-4} m^2 のガイガー・ミュラー管があり，バックグラウンドを補正した後の計数率が 35.2 s^{-1} である．
(a) 線源の放射能を推定せよ．
(b) 距離を 0.20 m にしたとき補正後の計数率を計算せよ．

第 23 章

($\varepsilon_0 = 8.85 \times 10^{-12}$ F m^{-1}, $e = 1.6 \times 10^{-19}$ C, 1 u = 931.5 MeV, アボガドロ定数 $N_A = 6.02 \times 10^{23}$ mol^{-1})

Q23・1 (a) α 粒子が窒素の原子核 ($Z=7$) に衝突する．最初の運動エネルギー 5.0 MeV がすべて静電気的なエネルギーに変わるとして，どこまで接近できるか．
(b) (a) の推定値は原子核の大きさの目安である．このことを基にして日常的な物質と比較すると原子核の密度が非常に大きいことを示せ．

Q23・2 (a) (i) 核の結合エネルギーとは何か，説明せよ．(ii) 核子 1 個当たりの結合エネルギーが質量数とともに変化する様子をグラフで示せ．
(b) 核子 1 個当たりの結合エネルギーを計算せよ．(i) ヘリウム 4 の原子核 ($Z=2$)，(ii) ウラン 238 の原子核 ($Z=92$)．（原子の質量：ヘリウム 4 = 4.002 60 u, ウラン 238 = 238.050 79 u, 陽子 = 1.007 28 u, 中性子 = 1.008 66 u, 電子 = 0.000 55 u）

Q23・3 コバルト 60 ($Z=27$) は β 粒子を放出する放射性同位元素で，壊変してニッケルの同位体 ($Z=28$) となる．
(a) この同位体の壊変の式を書け．
(b) この壊変の Q 値を計算せよ．（原子の質量：コバルト 60 = 59.933 82 u, Ni 60 = 59.930 79 u）
(c) コバルト 60 の半減期は 5.3 年である．1 g のコバルト 60 の放射能を計算せよ．

Q23・4 (a) 原子炉内では，ウラン 235 の原子核が中性子吸収による誘導核分裂の制御された連鎖反応を起こしている．(i) 中性子吸収による誘導核分裂とは何か，(ii) 核分裂の制御された連鎖反応とは何か，説明せよ．
(b) 原子炉内の (i) 減速材，(ii) 制御棒，(iii) 冷却材の役割を説明せよ．

第 24 章

（アボガドロ数 $N_A = 6.02 \times 10^{23}$ mol^{-1}, $R = 8.31$ J mol^{-1} K^{-1}）

Q24・1 (a) ピストンの中に温度 300 K, 圧力 102 kPa の乾燥空気が 0.12 m^3 入っている．以下を計算せよ．(i) ピストンの中の空気のモル数，(ii) 体積が 0.020 m^3 に減少し，温度が 400 K に変化したときのピストンの中の圧力．
(b) 化学の実験で温度 14 ℃，圧力 105 kPa の気体が 18.7 cm^3 集められた．この気体の 0 ℃，102 kPa での体積を求めよ．

Q24・2 (a) 体積 500 cm^3 のフラスコの中の空気の圧力を，体積 100 cm^3 の手動ポンプで減圧する．ポンプの中に最初にあった空気の圧力は 102 kPa であった．(i) 1 回ポンプを動かしてフラスコ内にあった空気の体積を 500 cm^3 から 600 cm^3 へ増加させた場合，(ii) 10 回ポンプを動かした場合，についてフラスコ内の空気の圧力を求めよ．
(b) 圧力 10 kPa, 温度 300 K での気体の，単位体積当たりのモル数を求めよ．

Q24・3 (a) (i) 用いる記号を定義したうえで，理想気体に関する気体分子運動論の式を述べよ．(ii) 気体分子運動論の仮定を述べよ．
(b) 密閉された体積 0.25 m^3 のシリンダーに圧力 120 kPa, 温度 290 K の窒素ガスが封入されている．以下を求めよ．(i) 気体のモル数，(ii) 気体の質量，(iii) 気体分子の rms 速さ，(iv) 気体分子の平均運動エネルギー．ただし窒素のモル質量を 0.028 kg とする．

Q24・4 (a) 気体分子の 2 乗平均速さを定義せよ．
(b) 以下の分子の 2 乗平均速さを求めよ．(i) 温度 15 ℃ の酸素（モル質量 = 0.032 kg），(ii) 温度 0 ℃ の酸素，(iii) 温度 0 ℃ の水素（モル質量 = 0.002 kg）．

第 25 章

Q25・1 (a) (i) 液体封入ガラス温度計，(ii) 熱電対温度計についてどんな物理量が測定に用いられているか述べよ．
(b) 定積気体温度計の大気圧に対する差圧が，0 ℃ で -9.2 kPa, 100 ℃ で 27.4 kPa であった．圧力が 5.1 kPa のときの温度を (i) ℃, (ii) K でそれぞれ求めよ．

Q25・2 (a) 体積 0.058 m^3 のシリンダーに温度 20 ℃, 圧力 101 kPa の理想気体が入っている．(i) シリンダー内の気体のモル数，(ii) 気体の内部エネルギーを求めよ．
(b) シリンダーの温度を 100 ℃ に上げた．(i) 気体の圧力，(ii) 気体の内部エネルギーの増加量を求めよ．

Q25・3 温度 300 K の 4 mol の理想気体が，圧力 100 kPa の

ままで温度が 350 K になるまで熱せられた．
(a) (i) 最初の気体の体積，(ii) 最後の気体の体積，(iii) 気体になされた仕事を求めよ．
(b) (i) 気体の内部エネルギーの増加は 1.66 kJ であることを示せ．(ii) 気体に加えられた熱量を求めよ．

Q25・4 (a) 圧力 102 kPa，温度 20 ℃，体積 0.0301 m³ の空気の入ったピストンが断熱的に体積 0.0040 m³ まで圧縮された．圧縮後の気体の圧力を求め，温度は 384 ℃ になることを示せ．（ただし空気に対して $\gamma=1.4$ を仮定する．）
(b) 温度 20 ℃ と 384 ℃ の熱源の間で運転するエンジン（熱機関）の最大効率を求めよ．

第 26 章

Q26・1 回転型乾燥機のドラムは直径 0.35 m で毎分 600 回転する．以下を計算せよ．
(a) この周波数で回転するときに 1 回転に要する時間
(b) ドラム周縁での速度と向心加速度の大きさ

Q26・2 直径 0.45 m のタイヤを履いた車が 31 m s⁻¹ の一定速度で走っている．以下を計算せよ．
(a) 車輪が 1 回転するのに要する時間
(b) 車輪の回転周波数
(c) タイヤ周縁での向心加速度の大きさ

Q26・3 質量 950 kg の車が曲率半径 128 m の橋の上を一定速度 24 m s⁻¹ で走っている．以下を計算せよ．
(a) 車に加わる重力
(b) 橋の上における車の向心加速度の大きさ
(c) 橋の頂上部を通過するときに車に加わる力

Q26・4 質量 0.12 kg のおもりと，長さ 0.95 m の糸から成る振り子がある．糸をピンと張り，水平になった状態からおもりを静かに放した．以下を計算せよ．
(a) 最初の状態とおもりが最下点にある状態との間で，おもりが失った位置エネルギー
(b) おもりが最下点を通過するときの速さ
(c) 最下点でのおもりの向心加速度の大きさ
(d) おもりが最下点を通過するときの糸の張力

第 27 章

($G=6.67\times10^{-11}$ N m² kg⁻²，地球の質量$=5.98\times10^{24}$ kg，地球の半径$=6380$ km，月の質量$=7.35\times10^{22}$ kg，月の半径$=1740$ km，太陽の質量$=1.99\times10^{30}$ kg，太陽の半径$=696\,000$ km，地球から月までの平均距離$=384\,000$ km，地球から太陽までの平均距離$=150\,000\,000$ km）

Q27・1 (a) 高度 3000 km で地球を回る質量 100 kg の衛星に加わる重力を求めよ．
(b) (a) の衛星の速さと回転の周期を求めよ．

Q27・2 (a) 地球上における重力場の大きさは 9.8 N kg⁻¹ である．重力場の大きさが 9.0 N kg⁻¹ になる高度を求めよ．
(b) 地球上からの脱出速度は 11.2 km s⁻¹ であることを示せ．

Q27・3 (a) 重力による位置エネルギーを定義せよ．
(b) (i) 月面上での重力による質量 1 kg の物体の位置エネルギーは -2.8 MJ であることを示せ．(ii) 月面からの脱出速度を求めよ．

Q27・4 (a) 地球の軌道上における太陽の重力場の大きさを求めよ．
(b) (i) 重力場の大きさが 9.8 N kg⁻¹ となる太陽中心からの距離を求めよ．(ii) 地球太陽間の平均距離と (i) で求めた距離との比を求めよ．

第 28 章

($g=9.8$ m s⁻²)

Q28・1 (a) 単振動を定義せよ．
(b) ばねの上に載った質量が上下方向に振動しており，ちょうど 10 周期振動するのに 25.2 秒かかった．床からの高さは，半周期ごとに 50 mm から 180 mm まで変化した．(i) 振動の周期，(ii) 振動の振幅，(iii) 最大速さを計算せよ．

Q28・2 質量 0.052 kg，直径 1.1 cm の球状のおもりと，長さ 920 mm の糸から成る単振り子がある．
(a) この振り子の周期を求めよ．
(b) 糸が垂直と 5° の角度をなす位置でピンと張った状態から静かにおもりを放した．(i) 直線運動とみなしたときの振動の振幅，(ii) おもりの最大速さ，(iii) おもりの最大加速度の大きさを求めよ．

Q28・3 (a) 上端が固定された長さ 300 mm のばねに 0.25 kg の質量をぶら下げるとき，平衡状態での長さは 348 mm となる．(i) このばねのばね定数，(ii) ばねに 0.25 kg のおもりがぶら下がっているときの上下方向の振動の周期を求めよ．
(b) 0.25 kg のおもりを平衡点から下に 20 mm だけ引っ張ってから静かに放した．(i) 質量の最大速さ，(ii) ばねの最小の張力を求めよ．

Q28・4 (a) (i) 自由振動，(ii) 減衰振動とはそれぞれ何か説明せよ．
(b) (i) 共振とは何か説明せよ．(ii) 共振する機械系の例をあげよ．

第 29 章

Q29・1 車のフロントガラスは，直立している場合よりも斜めに傾いていた方が空気の抵抗が小さい理由を説明せよ．

Q29・2 橋の下を幅 4.2 m，深さ 1.8 m の水路を通って速さ 0.86 m s⁻¹ で水が流れている．
(a) 毎秒当たりこの水路を通って流れる水の体積を求めよ．
(b) 水路を挟めると水の流れが速くなる理由を説明せよ．

Q29・3 (a) 粘性流体の粘性が生ずる理由を，分子の運動の観点から説明せよ．
(b) 粘性率 1.4×10^{-5} N s m⁻² の気体が，内径 13 mm 長さ 4.6 m の管を流れている．この管の両端の圧力差が 2.6 kPa のとき，毎秒当たり管を通って流れる気体の体積を求めよ．

Q29・4 (a) 飛んでいる飛行機の翼に発生する揚力の起源を説明せよ．
(b) 非圧縮性流体が管を通って流れている．管の途中に直径が半分の細い部分がある．(i) 細い部分での流速が 4 倍大きい理由を説明せよ．(ii) 細い部分での圧力が太い部分よりも 1800 Pa だけ小さいとき，太い部分での流体の速さを求めよ．ただし，流体の密度を 920 kg m⁻³ とする．

スプレッドシートを用いたシミュレーション

一連の計算を繰返し実行するときスプレッドシート（表計算ソフト）を利用できる．Excel の場合について簡単な例を示そう．

例 1

一定の速さ $5\,\mathrm{m\,s^{-1}}$ で直線上を運動する物体の位置を 1 秒ごとに計算する．ただし最初に物体は原点 O にあった．
速度を $v=5\,\mathrm{m\,s^{-1}}$ とすると，時刻 t における位置 s は，$s=vt$ である．

ステップ 1 セル A1 に速度の値（半角数字）を入れ，セル B1 に時間の刻み（dt）を入れる．

ステップ 2 セル A2 には，コラム A のラベルとして，文字 t を記入する．同様に B2 には s を記入する．

ステップ 3 セル A3 と B3 に数値 0 を入れ，時刻と位置の初期値とする．

ステップ 4 セル A4 に =A3+$B$1 と書き込むと，最初の時間刻みの後の時刻が表示される．先頭の "=" は数式の入力であることを示す．A3 は相対参照，$B$1 は絶対参照といい，ステップ 6 でコピー＆ペーストするときに重要な違いとなる．

ステップ 5 セル B4 に =$A$1*A4 と書き込むと，最初の時間刻みの後の位置が表示される．

ステップ 6 セル A4 と B4 をハイライトしてコピーし，つぎに A5 と B5 から始まる 2 列を好きな行数だけハイライトし，"コピーしたセルの挿入（下にシフト）" という機能を使うと，各行に時刻と速度が表示される．A4 と B4 より下のセルでは，各行に対応して相対参照されたセル（\$マークなし）の数値と，どの行にも共通の絶対参照されたセル（\$マークあり）の数値を用いた計算が行われることに注意しよう．

任意の速度と加速度に対する位置の計算

物体の加速度を位置と速度の 1 次関数として与え，各時刻での位置，速度，加速度を計算する方法をここで示そう．

a, b, c を定数として，加速度 a が $a=a+bv+cs$ と与えられたとする．スプレッドシートに 3 個の定数の値と時間の刻み dt の値を書き込む．時間の刻み幅が小さいほど計算は詳細なものになるが，一定時間後の様子を知るための行数（計算の回数）が増える．

s, v, t の初期値を書き込むと，スプレッドシートが時刻 dt, 2dt, 3dt, 4dt, … のときの値を自動的に計算してくれる．組込みのグラフ描画機能を使うとただちに結果をプロットすることができる．

Excel を使って実行する例を以下に示す．他のソフトでは変更が必要かもしれない．

Excel で計算する準備

- **加速度 =$a+bv+cs$**：セル A1, B1, C1 にそれぞれ定数 a, b, c の数値を入れる．
- **列のラベル**：A2 から I2 までのセルに，それぞれ文字列 t, $t+\mathrm{d}t$, v, s, a, $\mathrm{d}v$, $v+\mathrm{d}v$, $\mathrm{d}s$, $s+\mathrm{d}s$ を記入する．
- **時刻 t の初期値と刻み幅 dt**：セル A3 と B3 にそれぞれの数値を入れる．
- **初期位置と初速度**：セル D3 と C3 にそれぞれの数値を入れる．
- **加速度**：セル E3 に数式 =$A$1+$B$1*C3+$C$1*D3 を記入して $a+bv+cs$ を計算する．
- **速度の変化 dv と，dt 後の速度 $v+\mathrm{d}v$**：セル F3 に数式 =E3*$B$3 を記入して dv を計算する．セル G3 に数式 =F3+C3 を記入して $v+\mathrm{d}v$ を計算する．
- **位置の変化 ds と，dt 後の位置 $s+\mathrm{d}s$**：セル H3 に数式 =0.5*(G3+C3)*$B$3 を記入して ds を計算する．セル I3 に数式 =H3+D3 を記入して $s+\mathrm{d}s$ を計算する．
- **刻みを一つ進めた新しい時刻 t**：セル A4 に数式 =A3+$B$3 を記入する．
- **新しい $t+\mathrm{d}t$**：セル B4 に数式 =A4+$B$3 を記入する．
- **新しい s と v**：セル D4 に数式 =I3 を，セル C4 に数式 =G3 を記入する．
- **新しい a, dv, $v+\mathrm{d}v$, ds, $s+\mathrm{d}s$**：E3 から I3 までのセルをコピーして E4 から I4 までにペースト．このとき，E4 から I4 の空欄をハイライトし，"コピーしたセルの挿入（下方向にシフト）" を用いる．
- **時刻を先に進める**：A4 から I4 までのセルをコピーする．同じ列の下側に，必要な時間ステップだけ先の行まで空欄をハイライトして，"コピーしたセルの挿入（下方向にシフト）" を用いる．

例2　静止状態から自由落下する物体

加速度 $a=-9.8\,\mathrm{m\,s^{-2}}$，よって $a=-9.8$，$b=c=0$．位置と速度の初期値はともに 0．以下のスプレッドシートでは $dt=0.200$（単位は秒）．

−9.800	0.000	0.000						
t	$t+dt$	v	s	a	$dv=a*dt$	$v+dv$	ds	$s+ds$
0.000	0.200	0.000	0.000	−9.800	−1.960	−1.960	−0.196	−0.196
0.200	0.400	−1.960	−0.196	−9.800	−1.960	−3.920	−0.588	−0.784
0.400	0.600	−3.920	−0.784	−9.800	−1.960	−5.880	−0.980	−1.764
0.600	0.800	−5.880	−1.764	−9.800	−1.960	−7.840	−1.372	−3.136
0.800	1.000	−7.840	−3.136	−9.800	−1.960	−9.800	−1.764	−4.900
1.000	1.200	−9.800	−4.900	−9.800	−1.960	−11.760	−2.156	−7.056
1.200	1.400	−11.760	−7.056	−9.800	−1.960	−13.720	−2.548	−9.604
1.400	1.600	−13.720	−9.604	−9.800	−1.960	−15.680	−2.940	−12.544
1.600	1.800	−15.680	−12.544	−9.800	−1.960	−17.640	−3.332	−15.876
1.800	2.000	−17.640	−15.876	−9.800	−1.960	−19.600	−3.724	−19.600
2.000	2.200	−19.600	−19.600	−9.800	−1.960	−21.560	−4.116	−23.716
2.200	2.400	−21.560	−23.716	−9.800	−1.960	−23.520	−4.508	−28.224

注意：列を 8 桁の幅にし，各列の数値を小数点以下 3 桁の表示に，またラベルは中央ぞろえにすると見やすくなるだろう．

例3　液体中で抵抗を受けながら落下する物体

加速度 $a=-9.8\,\mathrm{m\,s^{-2}}$，よって $a=-9.8$，また $b=-0.10$，$c=0$．位置と速度の初期値はともに 0．以下のスプレッドシートでは $dt=0.500$（単位は秒）．

−9.800	−0.100	0.000						
t	$t+dt$	v	s	a	dv	$v+dv$	ds	$s+ds$
0.000	0.200	0.000	0.000	−9.800	−1.960	−1.960	−0.196	−0.196
0.200	0.400	−1.960	−0.196	−9.604	−1.921	−3.881	−0.584	−0.780
0.400	0.600	−3.881	−0.780	−9.412	−1.882	−5.763	−0.964	−1.744
0.600	0.800	−5.763	−1.744	−9.224	−1.845	−7.608	−1.337	−3.082
0.800	1.000	−7.608	−3.082	−9.039	−1.808	−9.416	−1.702	−4.784
1.000	1.200	−9.416	−4.784	−8.858	−1.772	−11.187	−2.060	−6.844
1.200	1.400	−11.187	−6.844	−8.681	−1.736	−12.924	−2.411	−9.255
1.400	1.600	−12.924	−9.255	−8.508	−1.702	−14.625	−2.755	−12.010
1.600	1.800	−14.625	−12.010	−8.337	−1.667	−16.293	−3.092	−15.102
1.800	2.000	−16.293	−15.102	−8.171	−1.634	−17.927	−3.422	−18.524
2.000	2.200	−17.927	−18.524	−8.007	−1.601	−19.528	−3.746	−22.270
2.200	2.400	−19.528	−22.270	−7.847	−1.569	−21.098	−4.063	−26.332

実 験 一 覧

分 類
- **D:** 特定のテーマの簡単なデモ実験
- **E:** 標準的な実験で1回で完結するもの
- **I:** テーマの補強あるいは発展となる研究課題で簡単な実験
- **P:** プロジェクトとなるような，より時間のかかる実験

安全メモ
どんな実験も（デモを含む），それを実行する前に危険性について考えておかなければならない．安全に関して必要なすべての情報を，参加する学生諸君全員に与えておくこと．

I	図5，図6（p.4）	密度の間接測定
D	図1・5	リップルタンク
D	図2・2	音 波
I	図2・9	聴力検査
E	図3・2, 図3・3	2重スリットを用いた光の波長の測定および波長と色の関係
E	図3・23	平面鏡の反射を用いた凸レンズの焦点距離の決定
E	図4・9	分光器による輝線スペクトルの波長測定
I	図5・2〜図5・5	物質の形と表面
D	図5・9	油の分子の大きさ
E	図6・4	比熱容量
E	図6・7	氷の融解の比潜熱
E	図6・8	液体の蒸発の比潜熱
I	図7・1	ばねの伸び
P	図7・4	剛性と弾性
E	図7・7	金属線のヤング率
D	図8・10〜図8・15	圧力の測定
P	§9・4	摩 擦
E	図10・16	ボールの落下測定から g を求める
I	図11・3	力と加速度
E	図11・14	運動量保存則
E	図12・12	電動ウィンチの効率
I	図13・4〜図13・5	静電気
E	図13・24〜図13・26	回路素子の性質
E	図14・6〜図14・7	電池の起電力と内部抵抗
E	図14・14	電位差計による電池の起電力の測定
E	§14・3	ホイートストンブリッジによる抵抗測定
E	図15・4	電気容量の測定
D	図15・17	平行板コンデンサー
E	図15・20	コンデンサーの放電
I	図16・16	モーターの光制御
E	図16・31	反転増幅器
E	図16・35	非安定マルチバイブレーター
I	図17・9	均一な電場の等電位面
E	図18・3	磁場の観察
D	図18・24	ソレノイドコイルの内部の磁場
P	図18・27	強磁性体のヒステリシス
I	図19・2	発 電
I	図19・11	磁束の時間的な変化
D	図20・3	オシロスコープを用いた交流電圧の測定
I	図20・7〜図20・9	整流回路
E	図20・21	コンデンサーの容量
P	図20・32	LCR直列回路の共振
E	図21・6	電子の比電荷
E	図21・8	ミリカンの方法による素電荷の測定
I	図21・12	光電子放出
I	図22・10	α線, β線, γ線の飛程と透過力
E	§22・4	プロトアクチニウムの半減期
D	図24・1	ボイルの法則
P	図24・4	ボイルの法則を用いた粉体の体積測定
I	図24・5	気体の膨張
D	図24・6	気体圧力の温度依存性
E	図28・12	単振り子を用いた g の測定

数学関連索引

数値の取扱いと代数計算
1. 3.0×10^8 という書き方　"単位と測定"
2. 平均値と誤差　"単位と測定"
3. 式変形の手順　"単位と測定", §10・4
4. 速度と加速度の計算　§10・4

微　分
1. 変位，速度，運動量の
　　時間的変化の割合　§10・6, §11・2
2. 指数関数的減衰での変化の速さ
　(a) コンデンサーの放電　§15・5
　(b) 放射性壊変　§22・5
3. x^n と e^x の微分　§15・5, §22・5
4. 逆2乗則の力を与える位置エネルギー　§17・4, §27・3
5. サイン関数の微分　図20・20
6. 円運動の速度ベクトルの変化の割合　§26・2

三角関数
1. sin, cos, tan　§3・2, §9・1
2. サイン波　図19・15, 図20・4, 図28・3, 図28・4,
　　　　　　図28・5, 図28・7
3. サイン波の2乗とその平均　§20・3
4. 弧度法　§26・1

グ　ラ　フ
1. 直線 $y = mx + c$　図10・15
2. 逆2乗則
　(a) クーロンの法則　図17・3
　(b) ニュートンの重力（万有引力）の法則　図27・8
3. 変化の速さ
　(a) 速度・加速度　§10・3, §10・6
　(b) 指数関数的な減衰
　　（i）コンデンサーの放電　§15・5
　　（ii）放射性壊変　§22・4
4. 曲線の下側の面積
　(a) ばねの弾性エネルギー　図7・19
　(b) コンデンサーの電気的エネルギー　§15・3
　(c) 引力圏から脱出するためのエネルギー　図27・8
5. フェーザー　§20・1

ベクトル
1. ベクトルの表示　図9・1
2. 力の平行四辺形　図9・3
3. 閉じた多角形の法則（ベクトルの差）　図9・5
4. ベクトルの成分と力の分解　図9・6
5. 座標軸方向の単位ベクトル **i**, **j**　図9・6
6. 合力の計算　図9・7
7. 変位ベクトルの和，三角法　図10・5
8. 円運動の速度ベクトルと加速度ベクトル　§26・2

重 要 式 一 覧

一　般

■ 密　度
$$\rho = \frac{m}{V} \qquad m: 質量,\ V: 体積$$

■ 重　さ
$$W = mg \qquad g: 重力加速度$$

■ 円（半径 r）
面　積：$A = \pi r^2$
円　周：$C = 2\pi r$
弧の長さ：$s = r\theta \qquad \theta: 中心から弧を見込む角$

■ 球（半径 r）
表面積：$A = 4\pi r^2$
体　積：$V = \dfrac{4}{3}\pi r^3$

■ 円　筒（半径 r,長さ L）
体　積：$V = \pi r^2 L$

第Ⅰ部　波

■ 振動数・周波数
$$f = \frac{1}{T} \qquad T: 周期$$

■ 波の速さ
$$v = f\lambda \qquad f: 振動数,\ \lambda: 波長$$

■ 位相差
$$\Delta\Phi = \frac{2\pi x}{\lambda} \qquad x: 同じ位相で出発した波が進む距離の差$$

■ 定在波条件（弦長 L）
$$2L = m\lambda \qquad m: 自然数$$

■ 定在波条件（管長 L,片側開放端の気柱）
$$L + e = \frac{(2m+1)\lambda}{4} \qquad e: 開口端補正 \\ \lambda: 管内波長$$

■ 定在波条件（管長 L,両側開放端の気柱）
$$L + 2e = \frac{m\lambda}{2},$$

■ ヤングの2重スリット
$$\lambda = \frac{yd}{x} \qquad y: 干渉縞の間隔,\ d: スリット間隔 \\ x: スリットとスクリーンの距離$$

■ スネルの法則
$$\frac{\sin i}{\sin r} = \frac{\lambda_i}{\lambda_r} = \frac{v_i}{v_r} = n \qquad \frac{屈折側の屈折率}{入射側の屈折率} = n \\ i: 入射角,\ r: 屈折角$$

■ レンズの公式
$$\frac{1}{u} + \frac{1}{v} = \frac{1}{f} \qquad u: レンズから物体までの距離 \\ v: 像までの距離,\ f: 焦点距離$$

■ 回折格子の式
$$d\sin\theta_m = m\lambda \qquad d: スリット間隔$$

第Ⅱ部　物質の性質

■ 熱膨張
$$\Delta L = \alpha L \Delta T$$
α: 熱膨張係数,L: 物体の長さ,ΔT: 温度変化

■ 内部エネルギー変化（温度変化）
$$Q = mc(T_2 - T_1)$$
m: 質量,c: 比熱容量,$(T_2 - T_1)$: 温度変化

■ 内部エネルギー変化（状態変化）
$$Q = mI \qquad m: 質量,\ I: 比潜熱$$

■ 熱放射のエネルギー伝達の速さ（ステファンの法則）
$$W = e\sigma A T^4$$
σ: ステファン・ボルツマン定数,A: 表面積
e: 表面の放射率,T: 絶対温度

■ 熱伝導のエネルギー伝達の速さ
$$W = \frac{kA(T_1 - T_2)}{L} \qquad k: 熱伝導率,\ A: 断面積 \\ (T_1 - T_2): 長さ L の両端の温度差$$

■ フックの法則
$$T = ke \qquad T: ばねの張力,\ k: ばね定数,\ e: 伸び$$

■ ヤング率
$$E = \frac{応\ 力}{ひずみ} = \frac{T/A}{e/L} = \frac{TL}{Ae} \qquad A: 断面積$$

■ 金属線の弾性エネルギー
$$U = \frac{1}{2}ke^2 = \frac{\frac{1}{2}(AE)}{L}e^2 \qquad e: 伸び,\ A: 断面積 \\ E: ヤング率,\ L: 長さ$$

■ 圧　力
$$p = \frac{F}{A} \qquad (断面積 A に直角に加わる力 F)$$

■ 液柱底面の圧力
$$p = H\rho g \qquad H: 液柱の高さ,\ \rho: 密度,\ g: 重力加速度$$

第Ⅲ部　力　学

■ 力の成分（x 軸と角 θ をなす力の x 成分）
$$F_x = F\cos\theta \qquad F: 力の大きさ$$

■ 力のモーメント・トルク
$$\tau = Fd \qquad d: 回転軸から力の作用線までの垂直距離 \\ F: 力の大きさ$$

■ 静摩擦係数,動摩擦係数
$$\mu = \frac{F}{N} \qquad F: 摩擦力の大きさ \\ N: 垂直抗力の大きさ$$

重要式一覧

■ 等加速度運動

$v = u + at$ $s = \dfrac{1}{2}(u+v)t$

$s = ut + \dfrac{1}{2}at^2$ $v^2 = u^2 + 2as$

a: 加速度, u: 初速度, s: 時間 t の間の変位

■ 運動量

$p = mv$ m: 質量, v: 速度

■ ニュートンの運動の第二法則

$F = \dfrac{\mathrm{d}}{\mathrm{d}t}(mv)$

質量 m が一定の物体が受ける力: $F = m\dfrac{\mathrm{d}v}{\mathrm{d}t} = ma$

物体から質量を放出するとき受ける力: $F = u\dfrac{\mathrm{d}m}{\mathrm{d}t}$

u: 物体から見た放出速度, $\dfrac{\mathrm{d}m}{\mathrm{d}t}$: 質量放出の割合

■ 仕事

$W = Fd$ d: 力の方向の移動距離, F: 力の大きさ

■ 仕事率, パワー

$P = \dfrac{E}{t}$ E: 移動したエネルギー
t: 経過した時間

■ 運動エネルギー

$E_\mathrm{K} = \dfrac{1}{2}mv^2$

■ 地表付近の重力による位置エネルギーの変化

$\Delta E_\mathrm{P} = mgh$

g: 地表付近の重力加速度, h: 垂直方向の移動距離

第IV部 電気

■ 電荷

一定の電流 I が時間 t に運ぶ電荷: $Q = It$

変動する電流: $I = \dfrac{\mathrm{d}Q}{\mathrm{d}t}$

■ 電位差・電圧

$V = \dfrac{E}{Q}$ V: 2点間の電圧
E: 電荷 Q が2点間を移動したときに授受する電気的エネルギー

■ 抵抗（オームの法則）

$R = \dfrac{V}{I}$ V: 抵抗両端の電圧, I: 電流

■ 抵抗の合成

直 列: $R = R_1 + R_2$

並 列: $\dfrac{1}{R} = \dfrac{1}{R_1} + \dfrac{1}{R_2}$

■ 分圧器で生じる電圧

$V' = \dfrac{R_1}{R_1+R_2}V$ V': R_1 両端の電圧
V: (R_1+R_2) 両端の電圧

■ 電位差計に生じる電圧比

$\dfrac{E_1}{E_2} = \dfrac{L_1}{L_2}$ $\dfrac{L_1}{L_2}$: 一様な導線の長さの分割比

■ ホイートストンブリッジのバランス条件

$\dfrac{P}{R} = \dfrac{Q}{S}$ P, Q, R, S: 各辺の抵抗

■ 抵抗率

$\rho = \dfrac{RA}{L}$ R: 抵抗, A: 断面積, L: 長さ

■ コンデンサーの電気容量

$C = \dfrac{Q}{V}$ Q: 蓄えた電荷, V: 電極間の電圧

■ 電気容量の合成

直 列: $\dfrac{1}{C} = \dfrac{1}{C_1} + \dfrac{1}{C_2}$

並 列: $C = C_1 + C_2$

■ コンデンサーに蓄えられたエネルギー

$U = \dfrac{1}{2}CV^2$

■ コンデンサーの放電に伴う電荷の変動

$Q = Q_0\,\mathrm{e}^{-\frac{t}{RC}}$ Q_0: 放電前の電荷
R: 放電回路の抵抗

■ 時定数

$\tau = CR$ C: 回路の容量, R: 回路の抵抗

■ 平行板コンデンサーの電気容量

$C = \dfrac{A\varepsilon_0\varepsilon_\mathrm{r}}{d}$ A: 電極の面積, d: 電極間の距離
ε_0: 真空の誘電率
ε_r: 極板間の物質の比誘電率

■ 反転増幅器の電圧利得

$\dfrac{V_\mathrm{OUT}}{V_\mathrm{IN}} = -\dfrac{R_\mathrm{F}}{R_1}$ R_1: 入力抵抗, R_F: 帰還抵抗

■ 非反転増幅器の電圧利得

$\dfrac{V_\mathrm{OUT}}{V_\mathrm{IN}} = \dfrac{R_\mathrm{F}+R_1}{R_1}$ R_1: 入力抵抗, R_F: 帰還抵抗

第V部 電場と磁場

■ クーロンの法則

$F = \dfrac{Q_1 Q_2}{4\pi\varepsilon_0 r^2}$ r: 点電荷 Q_1 と Q_2 の距離

■ 電場（平行板コンデンサー内部）

$E = \dfrac{V}{d} = \dfrac{Q}{\varepsilon_0 A}$ V: 電極間の電圧, d: 電極間隔

■ 電場（点電荷の周囲）

$E = \dfrac{Q}{4\pi\varepsilon_0 r^2}$ r: 点電荷 Q からの距離

■ 電位（点電荷の周囲）

$V = \dfrac{Q}{4\pi\varepsilon_0 r}$ （無限遠の電位を0とした）

■ 直線電流が受ける力（長さ L の部分）

$F = BIL\sin\theta$ θ: 電流 I と磁場 B のなす角

■ 運動する荷電粒子が受ける力

$F = Bqv\sin\theta$

θ: 粒子の速度 v と磁場 B のなす角

重要式一覧

■ ホール電圧
$V_H = Bvd$　　　d: V_H を測る2点間の距離
　　　　　　　　　（磁場 B と担体速度 v に垂直）

■ 磁束密度（磁場）
直線電流の周囲：
$$B = \frac{\mu_0 I}{2\pi r}$$　　　r: 電流 I からの距離

ソレノイドコイル内部：
$$B = \frac{\mu_0 NI}{l}$$　　　N: 長さ l 内の巻き数

■ 鎖交磁束
$\Phi = BAN$
　　　B: 磁束密度，A: コイル断面積，N: 巻き数

■ ファラデーの電磁誘導の法則
$$V_{emf} = -\frac{d\Phi}{dt}$$

■ 誘導起電力
磁場を直角に横切る導線：
$V = BLv$　　　L: 導線の長さ

発電機のコイル：
$V = 2\pi f BAN \sin(2\pi ft)$　　　f: 回転周波数

■ 変圧器
$$\frac{V_S}{V_P} = \frac{N_S}{N_P}$$　　$\frac{V_S}{V_P}$: 一次コイルに加える交流電圧と二次コイルに生じる交流電圧の比

$\frac{N_S}{N_P}$: 巻き数比

■ 自己インダクタンス
$L = \frac{\Phi}{I}$　　　Φ: 電流 I が流れるコイルの鎖交磁束

■ コイルに蓄えられたエネルギー
$U = \frac{1}{2}LI^2$

■ 交流電流の rms 値（実効値）
$I_{rms} = \frac{I_0}{\sqrt{2}}$　　　I_0: 電流のピーク値（振幅）

■ リアクタンス
コンデンサー：$\frac{V_0}{I_0} = \frac{1}{2\pi fC}$　　f: 交流周波数，C: 容量

コイル：$\frac{V_0}{I_0} = 2\pi fL$　　L: 自己インダクタンス

■ インピーダンス（LCR 直列回路）
$$Z = \left[R^2 + \left(2\pi fL - \frac{1}{2\pi fC}\right)^2\right]^{\frac{1}{2}}$$

■ 共振周波数（LC 回路）
$$f_0 = \frac{1}{2\pi\sqrt{LC}}$$

第VI部　原子物理と核物理

■ 電子銃で加速した電子の運動エネルギー
$\frac{1}{2}mv^2 = eV_A$　　　e: 素電荷，V_A: 加速電圧

■ 電子に加わる力（平行板電極内）
$F = \frac{eV}{d}$　　　V: 電極間の電圧，d: 電極間隔

■ 運動する電子に加わる力（磁場内の運動）
$F = Bev$　　　B: 磁束密度，v: 速度

■ ミリカンの実験
$$\frac{QV}{d} = mg$$
　　　Q: 油滴の電荷，$\frac{V}{d}$: 電場，mg: 油滴の重さ

■ ストークスの法則
$F = 6\pi \eta rv$
　　　η: 空気の粘性率，r: 油滴の半径，v: 落下の速さ

■ 光子のエネルギー
$E = hf$　　　h: プランク定数，f: 光の振動数

■ 光電子の最大エネルギー
$E = hf - \phi$　　　ϕ: 仕事関数

■ X 線の最大振動数（X 線管）
$f_{max} = \frac{eV_A}{h}$　　　e: 電子の電荷の大きさ，V_A: 管電圧

■ 放射壊変の式
放射能：
$$A = \frac{dN}{dt} = -\lambda N$$

$$N = N_0 e^{-\lambda t}$$

　　　N: 不安定原子核の個数，λ: 壊変定数
　　　N_0: 最初にあった不安定原子核の個数

壊変定数：
$$\lambda = \frac{\log_e 2}{T_{1/2}}$$　　　$T_{1/2}$: 半減期

■ エネルギーと質量の等価性（相対性理論）
$E = mc^2$　　　m: 質量，c: 光の速さ

■ ド・ブロイ波長
$\lambda = \frac{h}{mv}$　　　h: プランク定数，mv: 運動量

第VII部　発　展

■ ボイルの法則
$pV = $ 一定
（質量と温度が一定の気体の圧力 p と体積 V）

■ シャルルの法則
$\frac{V}{T} = $ 一定
（質量と圧力が一定の気体の体積 V と絶対温度 T）

■ 圧力の式
$\frac{p}{T} = $ 一定
（質量と体積が一定の気体の圧力 p と絶対温度 T）

■ 理想気体の状態方程式
$pV = nRT$　　　n: モル数，R: モル気体定数

重要式一覧

■ 分子運動論の式

$$pV = \frac{1}{3}Nmv_{rms}^2 \quad \text{または} \quad p = \frac{1}{3}\rho v_{rms}^2$$

N: 分子数，m: 分子質量
v_{rms}: 2乗平均速さ，ρ: 気体密度

■ 1個の気体分子の並進運動エネルギーの平均値

$$E_K = \frac{3}{2}kT \qquad k: \text{ボルツマン定数，} T: \text{絶対温度}$$

■ 絶対温度

$$T = \frac{pV}{(pV)_{Tr}} \times 273.16$$

$(pV)_{Tr}$: 水の三重点での理想気体の圧力と体積の積

■ 摂氏温度

$t = T - 273.15 \qquad T$: 絶対温度

■ 熱力学の第一法則

$\Delta Q = \Delta U + \Delta W$

ΔQ: 流入した熱，ΔU: 内部エネルギー増加
ΔW: 外部にした仕事

■ 気体が外部にする仕事

$\Delta W = p\Delta V \qquad p$: 気体の圧力，$\Delta V$: 体積の増加

■ 気体のモル比熱

$C_P - C_V = R \qquad C_P$: 定圧モル比熱，R: 気体定数
$\qquad\qquad\qquad C_V$: 定積モル比熱，γ: 比熱比

単原子分子気体: $C_P = \frac{5}{2}RT$, $C_V = \frac{3}{2}RT$, $\gamma = \frac{5}{3}$

二原子分子気体: $C_P = \frac{7}{2}RT$, $C_V = \frac{5}{2}RT$, $\gamma = \frac{7}{5}$

多原子分子気体: $C_P = \frac{8}{2}RT$, $C_V = \frac{6}{2}RT$, $\gamma = \frac{4}{3}$

■ 気体の断熱変化

$pV^\gamma = $ 一定

■ エンジンの効率

$$\eta = \frac{W}{Q_1} = \frac{Q_1 - Q_2}{Q_1}$$

Q_1: 流入した熱
Q_2: 流出した熱
W: 外部にした仕事

■ エンジンの最大効率

$$\eta_R = \frac{T_1 - T_2}{T_1}$$

T_1: 熱流入時の温度
T_2: 熱流出時の温度

■ 角速度

$$\omega = \frac{2\pi}{T} = 2\pi f \qquad T: \text{回転周期} \quad f: \text{回転周波数}$$

■ 向心加速度

$$a = -\frac{v^2}{r} \qquad v: \text{速さ，} r: \text{回転半径} \\ \text{（負号は中心向き）}$$

■ ニュートンの重力の法則（万有引力の法則）

$$F = -\frac{Gm_1m_2}{r^2} \qquad m_1, m_2: 2 \text{質点の質量} \\ r: \text{距離，} G: \text{万有引力定数}$$

■ 重力場の強さ

$$g = \frac{F}{m}$$

■ 2質点間の位置エネルギー

$$U = -\frac{Gm_1m_2}{r} \quad \begin{pmatrix} \text{無限に離れたとき} \\ \text{のエネルギーを} 0 \end{pmatrix}$$

■ 重力場の強さ

$$g = \frac{GM}{r^2}$$

r: 質量 M の球形の天体の中心から距離

■ 脱出速度

$v_{esc} = \sqrt{2gr}$

g: 地表の重力場の強さ，r: 地球半径

■ 衛星の公転半径 r と周期 T（ケプラーの法則）

$$r^3 = \frac{GM}{4\pi^2}T^2 \qquad M: \text{母星の質量}$$

■ 単振動の式

加速度: $a = -\omega^2 s \qquad s$: 変位，ω: 角振動数
最大の速さ: $v_{max} = \omega r \qquad r$: 振幅
周期:

（ばね-質量系） $T = 2\pi\left(\dfrac{m}{k}\right)^{1/2}$

$\qquad\qquad\qquad m$: 質量，k: ばね定数

（単振り子） $T = 2\pi\left(\dfrac{L}{g}\right)^{1/2}$

$\qquad\qquad\qquad L$: 糸の長さ，g: 重力加速度

■ 連続の式（流れの状態が時間的に不変のとき）

$$\frac{m}{t} = \rho vA = \text{一定}$$

m/t: 単位時間内の質量の流れ
ρ: 流体の密度，v: 流速，A: 管の断面積

■ ポアズイユの式

$$\frac{V}{t} = \frac{\pi r^4}{8} \frac{\Delta p}{\eta L}$$

V/t: 体積流量，η: 液体の粘性率，r: 管の半径
L: 長さ，Δp: 両端の圧力差

■ ストークスの法則

$F = 6\pi\eta rv$

η: 空気の粘性率，r: 油滴の半径，v: 落下の速さ

■ ベルヌーイの式

$$p + \frac{1}{2}\rho v^2 + \rho gh = \text{一定}$$

p: 液体の圧力，ρ: 密度，v: 流速
h: 基準点からの高さ，g: 重力加速度

■ ピトー静圧管

$$V = \sqrt{\frac{2\Delta p}{\rho}} \qquad \Delta p: \text{動圧（全圧と静圧の差）} \\ V: \text{流速，} \rho: \text{密度}$$

数値データ

基本物理定数

物理量	記号	数値（μ_0 を除き概略値）
アボガドロ定数	N_A	$6.02 \times 10^{23}\,\mathrm{mol^{-1}}$
ステファン・ボルツマン定数	σ	$5.67 \times 10^{-8}\,\mathrm{W\,m^{-2}\,K^{-4}}$
真空の誘電率	ε_0	$8.85 \times 10^{-12}\,\mathrm{F\,m^{-1}}$
真空の透磁率	μ_0	$4\pi \times 10^{-7}\,\mathrm{H\,m^{-1}}$
真空中の光速度	c	$3.00 \times 10^{8}\,\mathrm{m\,s^{-1}}$
プランク定数	h	$6.63 \times 10^{-34}\,\mathrm{J\,s}$
素電荷（電気素量）	e	$1.60 \times 10^{-19}\,\mathrm{C}$
電子の比電荷	e/m	$1.76 \times 10^{11}\,\mathrm{C\,kg^{-1}}$
電子の質量	m_e	$9.11 \times 10^{-31}\,\mathrm{kg}$
陽子の質量	m_p	$1.67 \times 10^{-27}\,\mathrm{kg}$
気体定数	R	$8.31\,\mathrm{J\,K^{-1}\,mol^{-1}}$
ボルツマン定数	k	$1.38 \times 10^{-23}\,\mathrm{J\,K^{-1}}$
重力定数	G	$6.67 \times 10^{-11}\,\mathrm{N\,m^2\,kg^{-2}}$

換算表（rad を除き概略値）

地球表面上における質量 1 kg の重さ	$= 9.8\,\mathrm{N}$
2π ラジアン（$2\pi\,\mathrm{rad}$）	$= 360°$
1 電子ボルト（1 eV）	$= 1.60 \times 10^{-19}\,\mathrm{J}$
統一原子質量単位	$1\,\mathrm{u} = 931.49\,\mathrm{MeV} = 1.6606 \times 10^{-27}\,\mathrm{kg}$

練習問題および章末問題の解答

数値を解答するとき,普通は問題で与えられたデータの有効桁数にそろえている.

単位と測定

練習問題
U1
1. (a) (i) 0.500 m, (ii) 320 cm, (iii) 95.60 m
   (b) (i) 450 g, (ii) 1.997 kg, (iii) 5.4×10^7 g
2. (i) 1.50×10^{11} m (ii) 3.15×10^7 s, (iii) 6.30×10^{-7} m,
   (v) 2.58×10^{-8} kg, (v) 1.50×10^6 m, (vi) 1.25×10^{-6} m

U2
1. (a) 1.90 kg, (b) 2.40×10^{-4} m^3, (c) 7.92×10^3 kg m^{-3}
2. (a) 0.048 kg, (b) 1.8×10^{-5} m^3, (c) 2.7×10^3 kg m^{-3}
3. (a) (i) 0.960 kg, (ii) 9.60×10^{-4} m^3, (iii) 0.101 m
   (b) (i) 0.105 kg, (ii) 4×10^{-5} m^3, (iii) 3×10^3 kg m^{-3}

章末問題
1 (a) C, (b) E, (c) B, (d) E
2 (a) (i) 54.0 g, (ii) 0.1 g, (b) (i) 103.4 g, (ii) 0.1 g
(c) (i) 107 cm^3, (ii) 2 cm^3
(d) (i) 密度 $=\dfrac{質量}{体積}=\dfrac{103.4\times 10^{-3}\text{ kg}}{107\times 10^{-6}\text{ m}^3}=966$ kg m^{-3}
(ii) 密度の最大値 $=\dfrac{質量の最大値}{体積の最小値}=\dfrac{103.5\times 10^{-3}\text{ kg}}{105\times 10^{-6}\text{ m}^3}=986$ kg m^{-3}
よって,密度の不確実さ $=20$ kg m^{-3}. したがって密度は,946 kg m^{-3} と 986 kg m^{-3} の間,すなわち密度 $=966\pm 20$ kg m^{-3}. 密度の相対誤差は,$(20/966)\times 100\% = 2\%$
3 (a) 0.330 m, (b) 6.5×10^{-3} m^2
(c) 1.6×10^{-5} m^3 ($=0.100$ m $\times 0.065$ m $\times 0.0025$ m)
(d) 7.4×10^3 kg m^{-3} [$=0.120$ kg$/(1.63\times 10^{-5}$ m$^3)$]
4 (a) 体積 $=\pi r^2 L$, ただし半径 $r=26$ mm $=0.026$ m, 長さ $L=1.2$ m.
∴ 体積 $=\pi\times (0.026)^2 \times 1.2 = 2.6\times 10^{-3}$ m^3
(b) 質量 $=$ 体積 $\times$ 密度 $=2.55\times 10^{-3}\times 2700 = 6.9$ kg
5 (a) 体積 $V=(4/3)\pi r^3$, ただし,半径 $r=12$ mm $=0.012$ m. よって,体積 $=(4/3)\pi \times (0.012)^3 = 7.2\times 10^{-6}$ m^3
(b) 体積の式を変形すると,
$r^3 = \dfrac{3V}{4\pi} = \dfrac{3\times 0.60\times 10^{-6}}{4\pi} = 1.43\times 10^{-7}$ m^3
よって,$r=(1.43\times 10^{-7})^{1/3} = 5.2\times 10^{-3}$ m $=5.2$ mm
∴ 直径 $=5.2$ mm $\times 2 = 10$ mm

第 1 章

練習問題
1·2
1. (a) 12 mm, (b) 50 mm
2. (a) 0.20 s, (b) 0.25 m s^{-1}
3. (a) 3400 Hz, (b) 0.11 m
4. (a) 200 kHz, (b) 250 m
5. (a) (i) 180°, (ii) 180°, (iii) 360°, (iv) 270°
   (b) (i) π, (ii) π, (iii) 2π, (iv) $(3/2)\pi$

1·3
1. 図A1·1 のとおり.

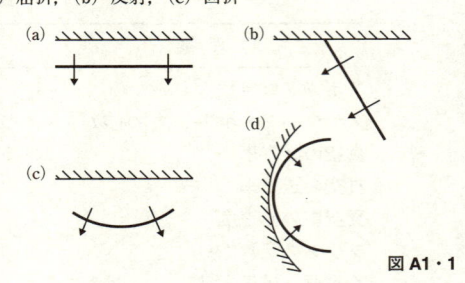

2. (a) 屈折, (b) 反射, (c) 回折

図A1·1

1·4
1. (a) コイルの一端を側面方向に素早く振る.
   (b) (i) 縦, (ii) および (iii) 横
2. (a) 音波で空気の圧力変動が生じ鼓膜を内外に繰返し動かす.
   (b) 偏波面とアンテナが直交すると電波を受けられない.

章末問題
1·1 (a) γ 線, X 線, 紫外光, 可視光, 赤外光, マイクロ波, ラジオ波
(b) (i) ラジオ波, (ii) 可視光, (iii) マイクロ波, (iv) γ 線
1·2 (a) 横波: 振動の向きが進行方向と直交. 縦波: 振動の向きが進行方向と平行.
(b) 横波: マイクロ波, 光. 縦波: 音波, 超音波, 地震のP波.
1·3 (a) (i) 15 mm, (ii) 30 mm
(b) (i) π, (ii) $(3/2)\pi$, (iii) $(1/2)\pi$
(c) (i) -15 mm, (ii) 0, (iii) 0, (iv) $+15$ mm
1·4 (a) (i) 6.0×10^{14} Hz, (ii) 600 nm
(b) (i) 6800 Hz, (ii) 28 mm
1·5 (a) 図A1·2 のとおり.

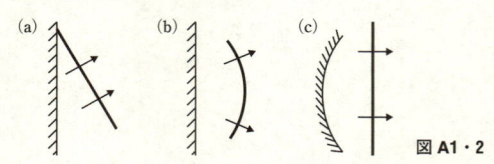

図A1·2

(b) (i) マイクロ波をアンテナの焦点に集めるため.
(ii) 焦点位置に検出器が置かれる.
(c) 位相が異なる反射波を重ね打ち消し合うように干渉させる.
1·6 (a) (i) 図A1·3 のとおり. (ii) 浅いところの方が波長は短く, 波が進む向きは境界に直交する方向に近づく. (iii) 波と海岸が平行でないとき, ひと続きの波面のうち海岸に近い部分ほどゆっくり進み, 他の部分が追いついてくるので, そのうちに波面が海岸と平行になる.
1·7 (a) 図A1·4 のとおり.

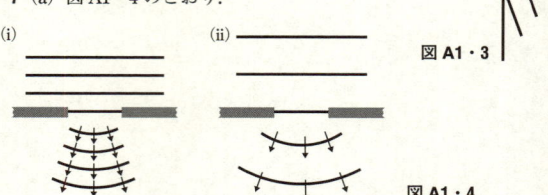

図A1·3

図A1·4

(b) 開口が大きいほど回折角が小さく, 小さなスポットに集光する

練習問題および章末問題の解答

ので，その位置を探しにくい．
1・8 (a) p.14 参照．
(b) (i) 光源に近いフィルターを通過した後の光は偏光しており，二つのフィルターが"直交"しているときは2番目のフィルターを光が通らない．(ii) 光の強度は，90°回転すると最大，180°で最小，270°で最大，360°で最小に戻る．(iii) (i)と同じ．

第 2 章

練習問題

2・1
1. (a) 50 Hz, (b) (i)および(ii)は図 A2・1のとおり．
2. (a) 0.05 s, (b) 75 m

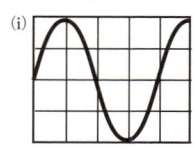

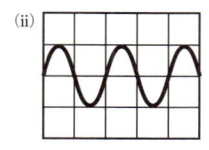

図 A2・1

2・2
1. (a) 振動する力を増幅する，不要なノイズ（背景音）を除去する，過度に大きな音から内耳を守る．
(b) 一つには，マイクロフォンや録音装置の振動数特性が不十分なため，本物のとおりに再生できない．一方，頭の中で聞く声には骨を伝わる音が含まれるが，高い振動数が伝わりにくいことなどにより波形が歪む．
(c) (i) 30 dB, (ii) 1000 ($=10\times10\times10$) 倍
2. (a) 約 3000 Hz，(b) 約 25 dB，(c) 可聴域の下限よりも上限の振動数が離聴になる．上限の振動数が 15 kHz の辺りまで下がる．

2・3
1. (a) パルスの持続時間が長すぎると，それが終わる前に反射したパルスが帰ってくることになり，検出できなくなる．
(b) 1 サイクルの時間は，$\frac{1}{f}=\frac{1}{1.5\times10^6}=0.67\times10^{-6}$ s
よって，10 サイクルの時間 $=6.7$ μs
(c) 比 $=\frac{6.7\text{ μs}}{1\text{ ms}}=\frac{6.7\times10^{-6}}{1\times10^{-3}}=6.7\times10^{-3}$
2. (a) $\lambda=\frac{v}{f}=\frac{1500\text{ m s}^{-1}}{40\text{ kHz}}=\frac{1500}{40\,000}=3.75\times10^{-2}$ m
(b) (i) 波源のサイズより波長の方が長いので回折の効果が顕著になる．(ii) トランスデューサーからあらゆる方向に音波が出ているので，これは望ましい．

2・4
1. (a) 図 A2・2 のとおり．

図 A2・2

(b) 基本振動数 f_0 は，$f_0=v/(2L)$．よって，この振動数は弦の長さに反比例する．
(i) 弦の長さを 2 倍にすると，基本振動数は半分の 60 Hz になる．
(ii) 弦の長さを 1/2 にすると，基本振動数は倍の 240 Hz になる．
2. (a) 図 A2・3 のとおり．

図 A2・3

(b) (i) 振幅は，両端と中央で 0，端から 1/4 および 3/4 だけ離れた位置で最大となる．(ii) 左半分と右半分では位相が 180°異なり，それぞれのなかではどの位置の位相差も 0 である．

2・5
1. (a) $f_3=3f=312$ Hz
(b) (i) $\lambda=v/f=340/104=3.27$ m
(ii) $e=(1/4)\lambda-L=0.817-0.815=0.002$ m
2. (i) $\lambda=2L=2\times0.60=1.20$ m
(ii) $f=v/\lambda=340/1.2=283$ Hz

章末問題

2・1 (a) (i) 0.025 s, (ii) 40 Hz
(b) 8.5 m (=340 m s^{-1}/40 Hz)，(c) 図 A2・4 のとおり．

図 A2・4

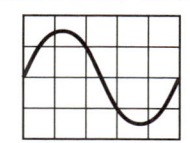

2・2 (a) (i) D, (ii) B
(b) (i) 204 m [340 m s$^{-1}\times1.2$ s$\times(1/2)$], (ii) もう一度短い汽笛を鳴らしエコーが帰るまでの時間を測定する．その時間が前より短くなっていれば断崖に近づいている．

2・3 (a) (i) 18 kHz, (ii) 中耳の骨の異常，内耳の神経系の損傷．
(b) (i) ×10, (ii) ×10, (iii) ×10 000, (c) 100

2・4 (a) (i) 体内には多くの境界面がある．超音波パルスは各面で透過すると同時にエネルギーの一部が反射される．透過したパルスは次の面に到達し同様に透過と反射が起こる．こうして一連の反射パルスがつくられる．(ii) 境界面の種類により超音波を反射する割合が異なる．さらに，組織によって超音波が透過する程度が異なるから，ある境界面に到達するまでに通過した組織の種類と距離で超音波のエネルギーが異なる．
(b) (i) 薄板の固有振動数以外で振動させても，板の大きな振幅が得られない．逆に固有振動数なら小さな電圧で薄板が大きな振幅で振動し強力な超音波を出せる．受信のときも同様である．(ii) 周波数が高いほど回折が小さいため，横方向に小さな構造を検出できる．深さ方向を高分解にするにはパルス幅を小さくする必要がある．これらを勘案すると 1 mm 程度の分解に数 MHz の超音波が必要．

2・5 (a) (i) 増える，(ii) 増える
(b) (i) 基本振動数と第三高調波の振動に対応する．(ii) 弦の中央を弾いた．このとき弦の中央を腹にする振動が生じやすいが，中央で節になる第二高調波は生じない．

2・6 (a) 振動数が弦長に反比例する ($f=$定数$/L$) ので，$fL=$一定．
(i) $f\times0.4=384\times0.80$ より，$f=384\times2=768$ Hz
(ii) $f\times1.2=384\times0.80$ より，$f=384\times0.80/1.20=768/3=256$ Hz
(b) 384 Hz の 5% =19 Hz．振動数を 403 Hz に上げるには ($384\times0.8=403\times L$ より) 長さを 0.76 mm とする．

2・7 (a) (i) $\lambda=340/150=2.27$ m, (ii) 図 A2・5 のとおり．

腹　　　節　　　腹

図 A2・5

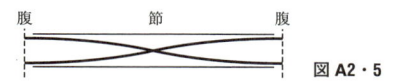

(iii) 150 Hz での半波長 =1.13 m．管の長さ $L=1.10$ m だから，$L+2e=(1/2)\lambda$ より開口端補正 e は，$e=\frac{1}{2}(1.13-1.10)=0.015=0.02$ m.
(b) 第二高調波 $=2\times150=300$ Hz
(c) 片側を閉じた管では，基本振動数に対して $\lambda/4=L+e$ だから，$\lambda=4\times(1.10+0.015)=4.46$ m　∴ $f=340/4.46=76$ Hz

2・8 (a) 開口端補正を無視すると，基本振動数の波長 $=2\times$管長．よって，このオルガンから出る音の波長は 80 mm から 8 m となる．振動数に直すと 42.5 Hz (=340/8) から 4250 Hz (=340/0.080)．
(b) 8.5 kHz, 12.75 kHz, 17.0 kHz

第 3 章

練習問題

3・1
1. (a) (i) $d=0.50$ mm, $y=0.90$ mm, $x=0.80$ m
$\lambda=\frac{yd}{x}=\frac{0.90\times10^{-3}\times0.50\times10^{-3}}{0.80}=563\times10^{-9}$ m $=563$ nm
(ii) 緑
(b) $y=\frac{x}{d}\lambda$ より，y と λ は比例．$y=\frac{590}{563}\times0.9=0.94$ mm

2. (a) 干渉縞が消える.
 (b) (i) 明暗の縞の間隔とスリット間隔の積が一定なので,スリット間隔が広がると縞の間隔が狭まる. (ii) 明暗の縞の間隔は変わらないが明るさに分布が生じる. この分布はスリット1個だけのときの回折パターンと一致し,スリット幅が広がると周期が短くなり,明るい部分が狭まる.

3・2
1. (a) 図3・5参照. (b) 3.0 m
2. (a) 図3・11参照.
 (b) $\sin \theta_c = \dfrac{n_f}{n_i} = \dfrac{クラッドの屈折率}{コアの屈折率} = \dfrac{1.2}{1.5} = 0.80$ ∴ $\theta_c = 53°$
 (c) 光ファイバーがまっすぐなときに全反射している光も,ファイバーが曲がると臨界角より小さな入射角となり,クラッドに漏れ出す. 大きく曲がっても全反射条件が保たれるには臨界角が小さい(クラッドの屈折率は小さい)のが望ましい.

3・3
1. (a) 図3・17〜図3・20参照.
 (b) (i) $\dfrac{1}{0.5} + \dfrac{1}{v} = \dfrac{1}{0.2}$ より,$\dfrac{1}{v} = \dfrac{1}{0.2} - \dfrac{1}{0.5} = 5.0 - 2.0 = 3.0$
 ∴ $v = 0.33$ m,$m = \dfrac{v}{u} = \dfrac{0.333}{0.50} = 0.67$
 (ii) $\dfrac{1}{0.25} + \dfrac{1}{v} = \dfrac{1}{0.2}$ より,$\dfrac{1}{v} = \dfrac{1}{0.2} - \dfrac{1}{0.25} = 5.0 - 4.0 = 1.0$
 ∴ $v = 1.00$ m,$m = \dfrac{v}{u} = \dfrac{1.00}{0.25} = 4.0$
 (iii) $\dfrac{1}{0.15} + \dfrac{1}{v} = \dfrac{1}{0.2}$ より,
 $\dfrac{1}{v} = \dfrac{1}{0.2} - \dfrac{1}{0.15} = \dfrac{3}{0.6} - \dfrac{4}{0.6} = -\dfrac{1}{0.6}$
 ∴ $v = -0.60$ m,$m = \dfrac{v}{u} = \dfrac{-0.60}{0.15} = -4.0$
2. (a) 図3・20参照,(b) 図3・22参照.

章末問題

3・1 (a) 図3・2およびp.26, 27参照.
(i) $\lambda = 590$ nm,$x = 0.90$ m,$y = 0.50$ mm,$\dfrac{\lambda}{d} = \dfrac{y}{x}$を変形すると,
$d = \dfrac{\lambda x}{y} = \dfrac{590 \times 10^{-9} \times 0.90}{0.5 \times 10^{-3}} = 1.1 \times 10^{-3}$ m
(ii) $x = 0.90$ m,$y = 0.50$ mm,$d = 0.80$ mm,$\dfrac{\lambda}{d} = \dfrac{y}{x}$を変形すると,
$\lambda = \dfrac{yd}{x} = \dfrac{0.5 \times 10^{-3} \times 0.8 \times 10^{-3}}{0.90} = 440 \times 10^{-9}$ m

3・2 (a) (i) 650 nm, (ii) 450 nm
 (b) (i) 屈折率 $n = $(空気中の波長)/(ガラス中の波長)
 ∴ ガラス中の波長=(空気中の波長)/n=590 nm/1.55=381 nm
 (ii) ガラス中で光は遅くなる.

3・3 (a) 近づく. (b) 空気からガラスに入る光線では $n = \dfrac{\sin i}{\sin r}$
 ∴ $\sin r = \dfrac{\sin i}{n}$
 (i) $i = 25°$ では, $n = 1.50$, $\dfrac{\sin 25°}{1.50} = 0.28$ ∴ $r = 16°$
 (ii) $i = 50°$ では, $n = 1.50$, $\dfrac{\sin 50°}{1.50} = 0.51$ ∴ $r = 31°$
 (c) (i) ガラスから空気に入る光線では,$\dfrac{\sin i}{\sin r} = \dfrac{1}{n}$
 ∴ $\sin r = n \sin i = 1.5 \sin 40° = 0.96$ ∴ $r = 75°$
 (ii) $\sin \theta_c = \dfrac{1}{n} = \dfrac{1}{1.50} = 0.67$ ∴ $\theta_c = 42°$
 (iii) 光線は全反射する. 図A3・1のとおり.

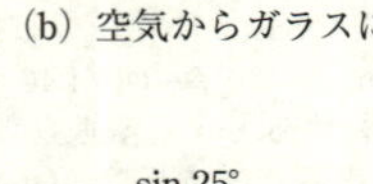

図A3・1

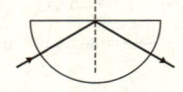

3・4 (a) (i) 実像,倒立,物体の反対側,レンズから0.18 m. ×0.18.
(ii) 実像,倒立,物体の反対側,レンズから0.6 m. ×3.0.
(iii) 虚像,正立,物体と同じ側,レンズから0.3 m. ×3.0.
(b) $\dfrac{1}{u} + \dfrac{1}{v} = \dfrac{1}{f}$ を変形して,$\dfrac{1}{v} = \dfrac{1}{f} - \dfrac{1}{u}$
(i) $u = 1.00$ m,$f = 0.15$ m から,
$\dfrac{1}{v} = \dfrac{1}{0.15} - \dfrac{1}{1.00} = 6.7 - 1.0 = 5.7$ ∴ $v = 0.18$ m
横倍率 $= \dfrac{v}{u} = \dfrac{0.18}{1.0} = 0.18$
(ii) $u = 0.20$ m,$f = 0.15$ m から,
$\dfrac{1}{v} = \dfrac{1}{0.15} - \dfrac{1}{0.20} = 6.7 - 5.0 = 1.7$ ∴ $v = 0.60$ m
横倍率 $= \dfrac{v}{u} = \dfrac{0.60}{0.20} = 3.0$
(ii) $u = 0.10$ m,$f = 0.15$ m から,
$\dfrac{1}{v} = \dfrac{1}{0.15} - \dfrac{1}{0.10} = 6.7 - 10 = -3.3$ ∴ $v = -0.30$ m
横倍率 $= \dfrac{v}{u} = \dfrac{-0.30}{0.10} = -3.0$
(c) $u = +0.20$ m,$f = -0.30$ m から,
$\dfrac{1}{v} = \dfrac{1}{-0.30} + \dfrac{1}{0.20} = -8.33$ ∴ $v = -0.12$ m
像は正立,物体と同じ側にレンズから0.12 mの位置.
横倍率 $= \dfrac{v}{u} = \dfrac{-0.12}{0.20} = -0.60$

3・5 (a) 図3・26とp.33参照.
(b) 物体とレンズの距離が短くなるので,フィルム面に像を結ぶには,フィルムからレンズを遠ざける. 室内で明るさが足りないときは絞りを開ける.

3・6 (a) 図3・27とp.33を参照.
(b) 青い光は他の光より波長が短いので回折の効果が小さくなる. その結果,より接近した2点が分離して見えるようになる.
(c) レンズの球面収差. p.32参照.

3・7 (a) 図3・28とp.33参照.
(b) 対物レンズの口径が大きいと入射光量が増えて像が明るくなるし,回折の効果が小さくなる. しかし,口径を大きくすると短焦点レンズを使わない限り鏡筒が長くなる,レンズが重くなるなど機構上で不利となる. 短焦点にすると,レンズの球面収差が顕著になり像が不鮮明になる. 大口径の望遠鏡には反射型を用いる.

第 4 章

練習問題

4・1
1. (a) 図4・1参照.
 (b) 青く見える(スペクトルの青い波長の部分だけが見える). 他の色は紙に吸収される.
2. (a) 赤+シアン,緑+マゼンダ,青+黄色
 (b) (i) 赤, (ii) 黒

4・2
1. (a) $m = 1$,$d = 1/600$ mm $= 1.67 \times 10^{-6}$ m
 $\theta_1 = 122° 06' - 101° 22' = 20° 44' = 20.73°$
 $m\lambda = d \sin \theta_m$ より,
 $\lambda = d \sin \theta_1 = 1.67 \times 10^{-6} \times \sin 20.73° = 5.91 \times 10^{-7}$ m
 (b) $m = 2$ のとき,$\sin \theta_2 = 2\lambda/d = 2 \sin 20.73° = 0.708$
 ∴ $\theta_2 = 45.07°$
 $m = 3$ のとき,$\sin \theta_3 = 3\lambda/d = 3 \sin 20.73° = 1.062$ → 三次は不可能
2. (a) 次数 $m = 1$,$\lambda = 629$ nm,$\theta_1 = 10° 52' = 10.87°$
 $m\lambda = d \sin \theta_m$ を変形し $m = 1$ とすると,
 $d = \dfrac{\lambda}{\sin \theta_1} = \dfrac{629 \times 10^{-9}}{\sin 10.87°} = 3.33 \times 10^{-6}$ m
 1 mm 当たりの本数 $= 1/(3.33 \times 10^{-3}) = 300$ mm^{-1}
 (b) 最大次数 $= \dfrac{d}{\lambda} = \dfrac{3.33 \times 10^{-6}}{629 \times 10^{-9}} = 5.29 →$ 5 (小数点以下切り捨て)

4・3a
1. (a) 図4・12の写真では海水温が陸上より低く赤外線の放出が少ない. (b) 人口密集地の方が農村部より普通は温度が高く赤外線をより多く放出する.
2. (a) 手が受ける赤外線の方が手から失われる赤外線より多い. (b) (a)の逆.

4・3b
1. (a) マイクロ波は食品を通過しその内部の水分子を過熱する. (b) ラジオ波よりマイクロ波の振動数が大きいので多数のチャンネルで送受信できる. 大気による吸収が小さい.
2. (a) 定在波が生じ位置により電波強度が異なるので全体を均一に温めるために食品の回転が必要. (b) 強力なマイクロ波で人体が過熱され組織が壊されるから.

4・3c
1. (a) (i) $c=300\,000$ km s^{-1}, $\lambda=1500$ m より,
$$f=\frac{c}{\lambda}=\frac{300\,000\times 10^3}{1500}=200 \text{ kHz}$$
(ii) 地球表面の湾曲に沿って進むから.
(b) 上層大気で反射せず直接波あるいは地表反射波を受信するのに, 地形や建物などで邪魔され減衰する. 放送局の電波出力が小さい.
2. (a) 直線偏光（偏波）. (b) 回折が小さくなり指向性が高いから.

4・4a
1. 紫外線で明るく光る蛍光ペンを紙に塗り, 白色スペクトルを分解した紫の先の位置に置く. 紫外線がきていれば蛍光が見える.
2. (a) 洗剤に含まれる蛍光物質がシャツの繊維に付着.
(b) クリームに紫外線を吸収する物質が含まれ, 紫外線が肌に到達する前に十分に減衰する.

4・4b
1. (a) 光源が広がると被写体の影がぼやける.
(b) フィルムは可視光にも感光し, X線撮影の前に使えなくなる.
2. (a) $f=\frac{c}{\lambda}=\frac{3.0\times 10^8}{1\times 10^{-14}}=3.0\times 10^{22}$ Hz
(b) (i), (ii) ともに生体細胞を直接的・間接的に殺傷する.

章末問題

4・1 (a) 図4・1参照.
(b) 図3・10のように半円柱の断面をもつガラスブロックに白色光の細いビームを照射する. 赤い光がブロックの平面側から透過しほぼ平行に進むとき, 青い成分が全反射する.

4・2 (a) 青い光を吸収するので黒く見える.
(b) (i) 赤の部分は青い光を吸収するので, 黒を背景にした青い模様が見える. (ii) 絵柄は黄色の光を吸収し, 背景の赤は青の青の成分を吸収するので, 赤を背景に黒い絵柄が見える.

4・3 (a) (i) $\tan\theta_1=0.29/1.5=0.193$ ∴ $\theta_1=10.9°$
(ii) $d=1$ mm/300$=3.33\times 10^{-6}$ m. $d\sin\theta_m=m\lambda$ より,
$\lambda=d\sin\theta_1=3.33\times 10^{-6}\times\sin 10.9°=6.3\times 10^{-7}$ m $=630$ nm
(b) $\frac{d}{\lambda}=\frac{3.33\times 10^{-6}}{6.3\times 10^{-7}}=5.3$ ∴ 最高次数は5次.

4・4 (a) (i) 青: $\theta_1=(125°33'-95°39')/2=14°57'$
黄: $\theta_1=(131°20'-89°52')/2=20°44'$
(ii) 黄色の1次回折光で計算すると, $\lambda=590$ nm, $\theta_1=20°44'$,
$d\sin\theta_m=m\lambda$ より, $d=\frac{\lambda}{\sin\theta_1}=\frac{590\times 10^{-9}}{\sin 20°44'}=1.67\times 10^{-6}$ m
1 mm 当たりの本数$=1/1.67\times 10^{-3}=600$ mm^{-1}
(iii) 青の1次回折光で計算すると, $\theta_1=14°57'$
∴ $\lambda=d\sin\theta_1=1.67\times 10^{-6}\times\sin 14°57'=4.3\times 10^{-7}$ m $=430$ nm
(b) (i) 青: $\sin\theta_2=\frac{2\lambda}{d}=\frac{2\times 4.3\times 10^{-7}}{1.67\times 10^{-6}}=2\times 0.257=0.514$
∴ $\theta_2=31.0°$
$\sin\theta_3=\frac{3\lambda}{d}=\frac{3\times 4.3\times 10^{-7}}{1.67\times 10^{-6}}=3\times 0.257=0.77$ ∴ $\theta_3=50.4°$
4次回折光は出ない.

(ii) 黄: $\sin\theta_2=\frac{2\lambda}{d}=\frac{2\times 5.9\times 10^{-7}}{1.67\times 10^{-6}}=2\times 0.353=0.706$
∴ $\theta_2=45.0°$
3次回折光は出ない.

4・5 (a) (i) ラジオ波（中波）, (ii) 赤外, (iii) 紫外
(b) (i) 300 kHz, (ii) 10 GHz, (iii) 5×10^{14} Hz

4・6 (a) 可視光で見えなくても, 物体は温度に応じて赤外線を放出し結像できる. (b) 用いるインクは紫外線を照射すると目に見える蛍光を出す. (c) 大気がマイクロ波を吸収しない. マイクロ波の周波数が高いのでたくさんのチャンネルを送れる. (d) 生体の軟組織はX線を透過するが骨は透過しない. (e) γ線の電離作用で分子レベルの変化が起こって病変した細胞が死ぬ. (f) 送れる情報量が大きい. 小型のアンテナと送受信設備で通信できる. 見通し距離内の通信（基地局ごとの位置認識）を利用したサービスが可能.

第 5 章

練習問題

5・1
1. (a) 固体: 容器から取出した後でも形を保持する.
(b) 液体: 霧は小さな液滴から成る. 蒸発せずに残った分はゆっくり落下し物体表面に付着する.
2. (a) 氷は固体だが0℃で液体の水に変わり, さらに熱すると100℃で沸騰して水蒸気となる.
(b) 布についた水が蒸発し, 風がその蒸気を持ち去る.

5・2a
1. (a) 1p+2n, (b) 8p+8n, (c) 11p+12n, (d) 82p+124n
(e) 92p+146n
2. (a) $^4_2$He, (b) $^{12}_6$C

5・2b
1. (a) 18, (b) 28, (c) 16, (d) 17, (e) 80
2. 油滴の半径 $r=0.40$ mm, 円板の直径 $D=350$ mm.
∴ 円板部分の油の体積＝油滴の体積なので, 円板の厚さを t として, $\frac{\pi D^2 t}{4}=\frac{4\pi r^3}{3}$
∴ $\begin{pmatrix}\text{油の分子のサ}\\\text{イズの推定値}\end{pmatrix}=t=\frac{4\pi(0.40\times 10^{-3})^3\times 4}{3\pi(0.35)^2}=2.8\times 10^{-9}$ m

5・3
1. (a) (i) 炭素 12 g は 6.02×10^{23} 個の原子を含む.
∴ 炭素 1 kg は $6.02\times 10^{23}/0.012=5.0\times 10^{25}$ 個の原子を含む.
(ii) ウラン 235 g は 6.02×10^{23} 個の原子を含む.
∴ ウラン 1 kg は $6.02\times 10^{23}/0.235=2.5\times 10^{24}$ 個の原子を含む.
(iii) 二酸化炭素 44 g は 6.02×10^{23} 個の原子を含む.
∴ 二酸化炭素 1 kg は 1.4×10^{25} 個の原子を含む.
(iv) メタン 16 g は 6.02×10^{23} 個の原子を含む.
∴ メタン 1 kg は 3.8×10^{25} 個の原子を含む.
2. (a) アルミニウム 27 g は 6.02×10^{23} 個の原子を含む. よって,
$\begin{pmatrix}1\text{個のアルミニ}\\\text{ウム原子の質量}\end{pmatrix}=27$ g$/6.02\times 10^{23}=4.5\times 10^{-23}$ g $=4.5\times 10^{-26}$ kg
(b) アルミニウム原子の体積＝1個の原子の質量/密度$=1.67\times 10^{-29}$ m^3, よって, 直径$=(1.67\times 10^{-29})^{1/3}=2.6\times 10^{-10}$ m

5・4
1. (a) (i) 共有結合, (ii) 金属結合, (iii) イオン結合, (iv) 分子間力による結合, (v) 化学結合はない
(b) (i) 一番内側の殻に2個, その外側に4個. (ii) 図5・14参照.
2. (a) (i) いいえ, (ii) はい, (b) (i) はい, (ii) はい, (b) (i) はい, (ii) いいえ, (b) (i) はい, (ii) いいえ

章末問題

5・1 (a) 固体を構成する原子や分子が相互の距離と配置を変えないから. (b) 液体中の分子どうしは強く結合せず, かなり自由に動き回れるから. (c) 二酸化炭素の分子は空気中の窒素や酸素分子より重いので, 室温と同じ温度ならビーカー内に沈殿する. ただし拡散があ

り少しずつ逃げ出す.

5・2 (a) 小さな氷粒についた水滴が凍る過程を繰返し大きく成長した氷塊が落下した. (b) 冷たいガラスに水蒸気が触れて小さな水滴が一面につき磨りガラスのようになった. (c) 液体の状態を経ずに固体から気体になった.

5・3 (a) 17p+20n, 17p+18n, (b) 35.5 g 〔=(3×35+1×37)/4〕

5・4 (i) 2, 4, (ii) 1
(b) (i) 16 g mol^{-1}(12+4=16), (ii) 2.7×10^{-26} kg(=0.016 kg/N_A)
(iii) 図 A5・1 のとおり.

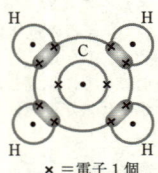

図 A5・1 ×=電子1個

5・5 (a) 92p+143n, (b) 2.6×10^{21}(=N_A/235).

5・6 (a) 3.0×10^{-26} kg(=0.018/N_A)
(b) 3.1×10^{-10} m 〔=(3.0×10^{-26}/1000)$^{1/3}$〕.

5・7 (a) 3.4×10^{-25} kg(=0.207/N_A)
(b) 3.1×10^{-10} m 〔=(3.4×10^{-25}/11 340)$^{1/3}$〕

5・8 (a) 0.80×28+0.20×32=28.8 g mol^{-1}
(b) (i) 3.4 nm〔=[0.029/(N_A×1.2)]$^{1/3}$〕
(ii) 分子間の平均距離が分子の直径の 10 倍程度.

第 6 章

練習問題

6・1
1. 図 A6・1 のとおり.

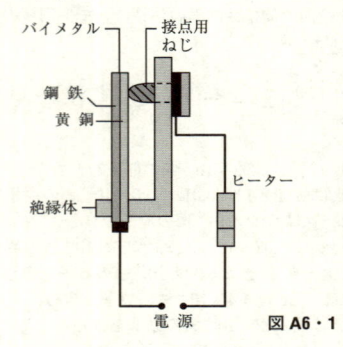

図 A6・1

2. (a) $\Delta L = \alpha L \Delta T = 1.9 \times 10^{-5} \times 0.80 \times 5 = 7.6 \times 10^{-5}$ m
(b) $\Delta L = \alpha L \Delta T = 2.3 \times 10^{-5} \times 1.50 \times 15 = 5.2 \times 10^{-4}$ m

6・2
1. (a) 必要なエネルギー=5.0×2100×(50−10)=420 000 J
(b) 必要なエネルギー=1500×850×(35−5)=3.8×10^7 J=38 MJ
(c) 必要なエネルギー=(15×900×60)+(95×4200×60)
   =0.8×10^6+23.9×10^6=24.7 MJ

2. $\begin{pmatrix}\text{カロリーメーターを熱す}\\\text{るのに必要なエネルギー}\end{pmatrix}$=0.055×390×(62−15)=1010 J

∴ $\begin{pmatrix}\text{液体を熱するのに利}\\\text{用されるエネルギー}\end{pmatrix}$=9340−1010=8330 J

液体の質量=143−55=88 g=0.088 kg
液体の温度上昇=47 K

$\begin{pmatrix}\text{液体を熱するのに}\\\text{必要なエネルギー}\end{pmatrix}$=液体の質量×比熱容量 c×温度上昇

したがって 0.088×c×47=8330
∴ c=8330/(0.088×47)=2010 J kg^{-1} K^{-1}

6・3
1. $\begin{pmatrix}0.20\text{ kg の氷を}-10\text{ ℃ から}\\0\text{ ℃ まで熱するエネルギー}\end{pmatrix}$=0.20×2100×10=4200 J

$\begin{pmatrix}0.20\text{ kg の氷を 0 ℃ で融}\\\text{かすためのエネルギー}\end{pmatrix}$=0.20×340 000=68 000 J

$\begin{pmatrix}0.20\text{ kg の水を 0 ℃ から}\\100\text{ ℃ まで熱するエネルギー}\end{pmatrix}$=0.20×4200×(100−0)=84 000 J

$\begin{pmatrix}0.20\text{ kg の水を 100 ℃ で蒸発}\\\text{させるためのエネルギー}\end{pmatrix}$=0.20×2.3 MJ=460 000 J

合計すると 4.2 kJ+68 kJ+84 kJ+460 kJ=616 kJ

2. (a) 必要なエネルギー=0.12×4200×(52−20)=2.6×10^4 J
(b) 質量 m の蒸気が凝縮したときに放出するエネルギー=mI
ただし, I=2.3×10^6 J kg^{-1}
液体となった質量 m の水が 100 ℃ から 52 ℃ まで冷えるときに放出するエネルギーは, m×4200×(100−52)=2.18×10^5 m

∴ $\begin{pmatrix}\text{質量 }m\text{ が放出}\\\text{するエネルギー}\end{pmatrix}$=2.18×10^5 m+2.3×10^6 m=2.32×10^6 m

蒸気が 52 ℃ の水になるときに放出するエネルギーと, 元からあった水を 52 ℃ に温めるためのエネルギーが等しいとする.

∴ m=(2.6×10^4)/(2.32×10^6)=1.13×10^{-2} kg=11.3 g

6・4
1. (a) 放射による熱損失をできるだけ小さくするため.
(b) 空気を抜くと対流による熱損失をなくせる. 間隙に個体を詰めると対流は起こらなくても熱伝導が起こる.
(c) 放射と対流による損失を防ぐ.
(d) 熱伝導による損失を防ぐため断熱材となる素材たとえばコルクやスチロフォームなどを用いる.

2. ホットプレートの表面積=$\frac{\pi d^2}{4}=\frac{\pi (0.10)^2}{4}=7.9 \times 10^{-3}$ m^2
ステファンの法則により, 単位時間にこの表面から放出されるエネルギーは, $e\sigma AT^4$=1×7.9×10^{-3}×5.67×10^{-8}×(1200)^4=920 W

6・5
1. $\frac{Q}{t}=kA\frac{(T_1-T_2)}{L}$, A=1.0 m^2, (T_1-T_2=15 ℃, L=0.120 m)

∴ $\frac{Q}{t}=0.40 \times 1 \times \frac{15}{0.12}=50$ W

2. (a) $\begin{pmatrix}1\text{ 秒間に蒸発で}\\\text{失われる水の質量}\end{pmatrix}$=0.10 kg/120 s=8.3×10^{-4} kg s^{-1}

∴ $\begin{pmatrix}1\text{ 秒当たりに必要}\\\text{とするエネルギー}\end{pmatrix}$=$mI$=8.3×10^{-4}×2.3×10^6=1.9×10^3 J s^{-1}

(b) 底面積 A=$\frac{\pi d^2}{4}=\frac{\pi (0.120)^2}{4}=1.13 \times 10^{-2}$ m^2

$\frac{Q}{t}=kA\frac{(T_1-T_2)}{L}$ を変形して, $(T_1-T_2)=\frac{L \times Q/t}{kA}$

∴ $(T_1-T_2)=\frac{0.005 \times 1.9 \times 10^3}{210 \times 1.13 \times 10^{-2}}=4$ K=4 ℃

表面が 100 ℃ だから裏面は 104 ℃.

3. (a) 窓の全面積=4×1×1.5=6 m^2
(b) 1 秒間に窓から失われる熱 (i) 6×4.3×10=258 W, (ii) 6×3.2×10=192 W
(c) (b)(i)の場合, 1 日の熱損失=258×24×3600=2.2×10^7 J
∴ 1 日の電力料金=23 円
(b)(ii)の場合, 1 日の熱損失=192×24×3600=1.7×10^7 J
∴ 1 日の電力料金=17 円

章末問題

6・1 (a) (i) 373 K, (ii) 243 K, (b) (i) −173 ℃, (ii) 727 ℃

6・2 (a) (i) 夏に起こる熱膨張で部材が押し合うための変形を避ける. (ii) 熱膨張により, 外側部分の内径が内側部分の外形より大きくなって容易にはめ込むことができる. 冷えると外側が縮まりぴったりと接触する.

(b) 長さの変化=$\alpha L \Delta T$=1.1×10^{-5}×120×[35−(−5)]=5.3×10^{-2} m

6・3 (a) (i) $\begin{pmatrix}\text{水を加熱するため}\\ \text{のエネルギー}\end{pmatrix}=0.185\times 4200\times(27-15)=9320$ J
(ii) $\begin{pmatrix}\text{カロリーメーターの加熱}\\ \text{に必要なエネルギー}\end{pmatrix}=0.065\times 390\times(27-15)=304$ J
(b) 金属から放出された全エネルギー$=9320+304=9624$ J
$0.235\times c\times(100-27)=9624$ より,$c=9624/(0.235\times 73)=560$ J kg^{-1} K^{-1}

6・4 (a) (i) 凍り始めるまでに奪われたエネルギー$=(0.080\times 390\times 16)+(0.120\times 4200\times 16)=8560$ J
(ii) 凍っている間に奪われたエネルギー$=0.120\times 340\,000=40\,800$ J
(b) 35分間に奪われた全エネルギー$=40\,800+8560=49\,360$ J
∴ $\begin{pmatrix}1\text{秒当たりに奪わ}\\ \text{れるエネルギー}\end{pmatrix}=49\,360/(35\times 60)=24$ J s$^{-1}=24$ W

6・5 (a) 熱が正味で伝達される速さ$=[0.6\times 5.67\times 10^{-8}\times 1.6\times(273+45)^4]-[0.6\times 5.67\times 10^{-8}\times 1.6\times(273+25)^4]=557-429=128$ W
(b) 面積$A=1$ m^{2}として,熱が正味で奪われる速さ$=[1\times 5.67\times 10^{-8}\times 1\times(273+10)^4]-[1\times 5.67\times 10^{-8}\times 1\times(273+0)^4]=364-315=49$ W

6・6 (i) 温度勾配$=(54-26)/(15\times 10^{-3})=1870$ K m^{-1}
(ii) 伝達される1秒当たりの熱量$=0.037\times 0.95\times 1870=66$ W
(b) $\begin{pmatrix}\text{伝達される1秒}\\ \text{当たりの熱量}\end{pmatrix}=0.2\times 0.12\times[(22-18)/(10\times 10^{-3})]=9.6$ W

6・7 (a) 熱損失/秒$=2.0\times 8.0\times 20=3200$ W
(b) 熱損失/秒$=0.5\times 80\times 20=800$ W

6・8 (i) 側面積−窓の面積$=(24\times 2.5)-4=56$ m^2
(ii) 床面積$=9\times 3=27$ m^2,(iii) 屋根の面積$=9\times 3=27$ m^2
(b) (i) 熱損失/秒$=2.5\times 56\times 5$(側面)$+2.5\times 27\times 5$(屋根)$+2.0\times 27\times 5$(床面)$+4.3\times 4\times 5$(窓)$=1390$ W
(ii) 1週間の熱損失$=1390\times 3600\times 24\times 7=8.4\times 10^8$ J
経費$=6$円$\times(8.4\times 10^8)/(1\times 10^6)=5044$円

第 7 章

練習問題

7・1
1. (a) (i) 重さ$=0.40\times 9.8=3.9$ N,(ii) 伸び$=120$ mm
(iii) $k=3.9$ N$/0.120$ m$=32.5$ N m^{-1}
(b) (i) 伸び$e=390-300=90$ mm
∴ 張力$=ke=32.5\times 0.090=2.93$ N
∴ 重さ$=2.93$ N.
(ii) 質量$=$重さ$/g=0.30$ kg
2. (a) 張力/N   0   2.0   4.0   6.0   8.0
    伸び/m   0   0.052   0.100   0.152   0.198
(b) (i) 図A7・1のとおり.

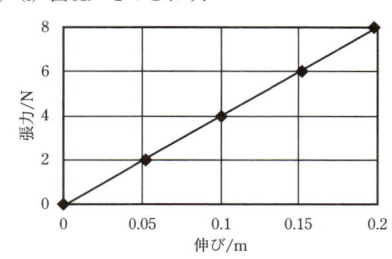

図 A7・1

(ii) ばね定数$=$直線の傾き$=40$ N m^{-1}

7・2
1. (a) 脆弱,剛性も強度もない.(b) 靱性と強度があるが,剛性がなく軽量.(c) 靱性,強度,剛性があり軽量.
2. 作れない.ゴム輪は引き伸ばすと固くなるので,おもりの重さを同じ量ずつ増やしても伸びが等間隔で増えない.さらに載荷と除荷の過程が同じ線で表せないから,測定前の履歴を調べないと伸びから重さを求めることができない.

7・3
1. (a) (i) 断面積$A=\pi(0.38\times 10^{-3})^2/4=1.13\times 10^{-7}$ m^2
∴ 応力$=\dfrac{\text{張力}}{\text{断面積}}=\dfrac{115}{1.13\times 10^{-7}}=1.0\times 10^9$ Pa
(ii) ひずみ$=\dfrac{\text{応力}}{\text{ヤング率}}=\dfrac{1.0\times 10^9}{2.0\times 10^{11}}=5.0\times 10^{-3}$
∴ 伸び$=$ひずみ$\times$長さ$=5.0\times 10^{-3}\times 2.37=1.2\times 10^{-2}$ m
(b) 最大の重さ$=$破断応力$\times$断面積$=1.1\times 10^9\times 1.13\times 10^{-7}=120$ N
2. (a) 図A7・2のとおり.

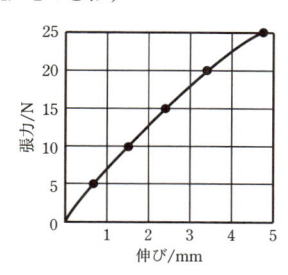

図 A7・2

(b) (i) 約2.5 mm
(ii) 直線部分の傾き$=10/(1.6\times 10^{-3})=6.25\times 10^3$ N m^{-1}
∴ ヤング率$=\dfrac{\text{応力}}{\text{ひずみ}}=\dfrac{\text{張力/断面積}}{\text{伸び/ばねの長さ}}=\dfrac{\text{直線の傾き}\times\text{長さ}}{\text{断面積}}$
$=\dfrac{6.25\times 10^3\times 1.28}{\pi(0.28\times 10^{-3})^2/4}=1.3\times 10^{11}$ Pa

7・4
1. (a) (i) 図7・14参照.(ii) ある限度以下なら,2原子間にはたらく力と原子間距離の変化とが比例する.
(b) p.70参照.
2. (a) UTSが大きいBが強度が大きい.
(b) ヤング率(グラフの立ち上がりの傾き)が大きいAが剛性が大きい.

7・5
1. (a) (i) 0.195 m$(=515$ mm-320 mm$)$
(ii) $k=\dfrac{T}{e}=\dfrac{5.0}{0.195}=25.6$ N m^{-1}
(b) 蓄えられたエネルギー$=(1/2)Te=(1/2)\times 5.0\times 0.195=0.49$ J
2. (a) (i) 0.035 m$(=785$ mm-750 mm$)$
(ii) 断面積$A=\pi d^2/4=(1/4)\pi(5.0\times 10^{-4})^2=1.96\times 10^{-7}$ m^2
$E=\dfrac{TL}{Ae}$ を変形し,
$T=\dfrac{AEe}{L}=\dfrac{1.96\times 10^{-7}\times 3.0\times 10^9\times 0.035}{0.750}=27.5$ N
(b) 体積$=AL=1.96\times 10^{-7}\times 0.75=1.47\times 10^{-7}$ m^3
蓄えられたエネルギー$=(1/2)Te=(1/2)\times 27.5\times 0.035=0.48$ J
∴ $\begin{pmatrix}\text{単位体積当たりの蓄}\\ \text{えられたエネルギー}\end{pmatrix}=0.48/(1.47\times 10^{-7})=3.3\times 10^6$ J m^{-3}

章末問題

7・1 (a) (i) 伸び$=345$ mm$=0.345$ m
∴ ばね定数$k=T/e=6.0$ N$/0.345$ m$=17.4$ N m^{-1}
(ii) 蓄えられたエネルギー$=(1/2)Te=0.5\times 6.0\times 0.345=1.04$ J
(b) (i) $T=ke$ より,重さ$=$張力$=17.4\times(0.728-0.500)=4.0$ N
(ii) 質量$=$重さ$/g=4.0/9.8=0.40$ kg

7・2 (a) (i) B,(ii) B
(b) (i) 図7・5参照.(ii) 完全に除荷したとき,ゴム輪は元の長さに戻るが,ポリエチレンの板は塑性変形を起こして元の長さには戻らない.両者の弾性に大きな差がある.

7・3 (a) 張力の増加分$=60$ N による伸び$=1.414-1.393=0.021$ m
(b) ヤング率$=\dfrac{TL}{eA}=\dfrac{60\times 1.393}{0.021\times\pi(0.20\times 10^{-3})^2/4}=1.3\times 10^{11}$ Pa
(c) 蓄えられたエネルギー$=(1/2)Te=0.5\times 60\times 0.021=0.63$ J

7・4 (a) 最大の重さ$=$許容される最大の応力$\times$ケーブルの断面積 $=2.0\times 10^8\times\pi(0.030)^2/4=1.4\times 10^5$ N

(b) (i) $E=\dfrac{TL}{Ae}$ ∴ $e=\dfrac{TL}{AE}=\dfrac{1.4\times10^5\times55}{\pi(0.030)^2/4\times2.0\times10^{11}}=5.5\times10^{-2}$ m

(ii) $\begin{pmatrix}蓄えられた\\エネルギー\end{pmatrix}=(1/2)Te=0.5\times1.4\times10^5\times5.5\times10^{-2}=3.9\times10^3$ J

ケーブルの体積 $=LA=55\times\pi(0.030)^2/4=3.9\times10^{-2}$ m^3

∴ 単位体積当たりの蓄えられたエネルギー
　　　$=(3.9\times10^3$ J$)/(3.9\times10^{-2}$ m$^3)=1.0\times10^5$ J m^{-3}

7・5 (a) 0.25 mm, (b) $E=\dfrac{TL}{Ae}$ を変形し,

$T=\dfrac{EAe}{L}=\dfrac{1.3\times10^{11}\times\pi(0.010)^2\times0.25\times10^{-3}}{60\times10^{-3}\times4}=4.3\times10^4$ N

7・6 (a) 各ケーブルの断面積 $=\pi(0.005)^2/4=2.0\times10^{-5}$ m^2
各ケーブルの最大許容張力＝最大許容応力×断面積 $=2.0\times10^3$ N
∴ 許容される最大の重さ $=2.0\times10^3\times8=1.6\times10^4$ N
最大積載荷重 $=16.0$ kN -1.80 kN $=14.2$ kN

(b) $E=\dfrac{TL}{Ae}$ を変形すると $e=\dfrac{TL}{AE}$

∴ $\begin{pmatrix}張力2.0\times10^3\text{ N}\\のときの伸び\end{pmatrix}=\dfrac{2.0\times10^3\times65}{2.0\times10^{-5}\times2.0\times10^{11}}=3.2\times10^{-2}$ m

第 8 章

練習問題

8・1

1. (a) 針が鋭いほど針の先端と皮の接触面積が小さい. 鈍った針より鋭い針の方が, 皮を押す圧力が大きい.
(b) タイヤの幅が広いほど地面の接触面積が大きい. したがってトラクターが地面を押す圧力が小さいので沈み込みにくい.

2. (a) $p=\dfrac{F}{A}=\dfrac{750}{8.5\times10^{-3}}=8.8\times10^4$ Pa

(b) 全面積 $A=\dfrac{F}{p}=\dfrac{12\,000}{250\,000}=4.8\times10^{-2}$ m^2

∴ 各タイヤの接地面積 $=1.2\times10^{-2}$ m^2

8・2
1. 右側のレバーに加えた力は"てこ"の作用で大きな力となって細いシリンダーに加わる. 細いシリンダーのピストンに加わる力は, 油の圧力が等しいから, 大きな力となってマスターシリンダーのピストンに加わる. これが左側の"てこ"を介してさらに大きな力となり自動車を載せる台に加わる.

2. 最大の力＝最大の圧力×四つのピストンの総面積
　　　$=500\times10^3\times4\times0.012=2.4\times10^4$ N

∴ 最大積載荷重 $=(24\,000-2500)$ N $=21\,500$ N

8・3
1. $p=H\rho g=20.0\times1030\times9.8=2.0\times10^5$ Pa

2. $p=H\rho g$ を変形して, $H=\dfrac{p}{\rho g}=\dfrac{101\times10^3}{1030\times9.8}=10.1$ m

8・4
1. (a) (i) $p=H\rho g=0.25\times1000\times9.8=2.5$ kPa
(ii) 2.4% $(=2.5$ kPa$/101$ kPa$\times100$%$)$
(b) 末端での過剰圧が (i) 低すぎると流量が不足して燃焼時に所定の熱量を得られない. (ii) 高すぎると熱量が過大になる. 配管の継ぎ目などからガス漏れが起こる危険がある.

2. (a) 水銀柱の上端に加わる圧力は, ほぼ0である. 水銀だめの表面に加わる大気圧が水銀柱を支える.
(b) (i) $H=80$ mm では, $p=H\rho g=0.080\times13\,600\times9.8=1.1\times10^4$ Pa $=11$ kPa, $H=120$ mm では $p=H\rho g=0.120\times13\,600\times9.8=1.6\times10^4$ Pa $=16$ kPa.
(ii) 同じ圧力を水柱で測定すると水銀の約13倍の高さになるので現実的ではない.

8・5
1. (a) $p=\dfrac{F}{A}=\dfrac{700}{2.0\times0.060}=580$ Pa

(b) $p=H\rho g$ を変形し, $H=\dfrac{p}{\rho g}=\dfrac{580}{1000\times9.8}=0.060$ m

2. (a) 最大に積載したため新たに排除した海水の重さとその荷重が等しいので, 底面積を A とすると $0.05\times A\rho g=40\,000$ N. 一方, 空荷のときに排除する海水の重さ $1.20\times A\rho g$ がフェリーの自重に等しい.

∴ フェリーの自重 $=1.20\,A\rho g=\dfrac{1.20\times40\,000}{0.050}=960\,000$ N

(b) 満載時の全体の重さ $=1\,000\,000$ N

∴ 排除された淡水の重さ＝浮力 $=1\,000\,000$ N
$0.05\times A\rho g=40\,000$ N, $\rho'=1000$ kg m^{-3}, 水面からフェリーの底までを H' とすると, $H'A\rho'g=1\,000\,000$ N より,

$H'=\dfrac{1\,000\,000}{A\rho'g}=\dfrac{1\,000\,000}{\rho'}\times\dfrac{\rho}{40\,000}\times0.05=26.3\times0.05=1.3$ m

章末問題

8・1 (a) 重さ＝質量×g＝体積×密度×g
　　　$=(0.450\times0.300\times0.025)\times2600\times9.8=86$ N

(b) (i) 底面積 $0.45\times0.30=0.135$ m^2
∴ 圧力＝重さ/面積 $=86/0.135=640$ Pa
(ii) 底面積 $0.30\times0.025=0.0075$ m^2
∴ 圧力＝重さ/面積 $=86/0.0075=11\,500$ Pa

8・2 (a) ピストンの面積 $=\pi(0.45)^2/4=0.16$ m^2

∴ $p=\dfrac{F}{A}=\dfrac{120\,000}{0.16}=755\,000$ Pa

(b) 加圧側の力＝圧力×細いピストンの面積
　　　$=755\,000\times\pi(0.025)^2/4=370$ N

8・3

(a) $p=H\rho g$ を変形して, $H=\dfrac{p}{\rho g}=\dfrac{101\times10^3}{1.2\times9.8}=8600$ m

(b) 大気は上空にいくほど密度が下がる.

8・4 (a) $p=H\rho g=2.0\times1000\times9.8=2.0\times10^4$ Pa
(b) 水面に出したパイプで呼吸するため肺の内側は大気圧, 体の外側からは水圧が加わる. その圧力差が肺の最大内圧を超えると呼吸筋の力が不足して肺を膨らませることができなくなる. 限界の水深が約2.0 m.

8・5 (a) p.78参照.
(b) 高い位置にカフがあるとその場所の血圧が低くなるので, 測定値も下がる.

8・6 (a) タンクの水が排出されると潜水艦の重さが減るが, 艦の体積は変わらないので浮力は同じ. 重さより浮力が大きくなり浮上する.
(b) 試験管の重さ＝浮力. 試験管の断面積 A, 液体中に没した部分の長さ H として, 浮力＝排除された液の重さ $=HA\rho g$. 液体の密度が異なっても試験管の重さは同じ.

∴ $H_1\rho_1=H_2\rho_2$ より, $\rho_2=\dfrac{H_1\rho_1}{H_2}=\dfrac{0.060\times1000}{0.068}=880$ kg m^{-3}

第 9 章

練習問題

9・1a
1. (a) 真東に17.0 N, (b) 真西に7.0 N, (c) 真東から67.4° 北寄りに13.0 N, (d) 真東から43.4° 北寄りに15.1 N, (e) 真西から84.5° 北寄りに10.4 N (図A9・1)

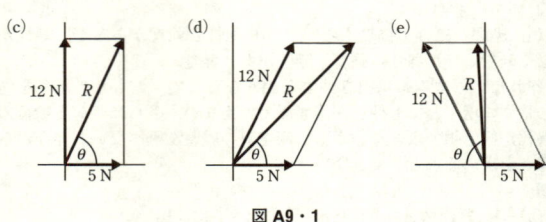

図 A9・1

練習問題および章末問題の解答   341

2. (a) 10 N, (b) 13 N (図 A9・2)

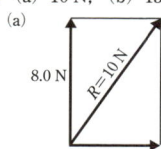

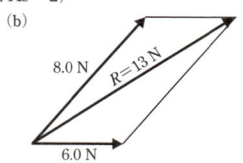

図 A9・2

9・1b

1. (a) $A_x = +3.0 \cos 45°$ N, $A_y = +3.0 \sin 45°$ N
   $B_x = +2.0$ N, $B_y = 0.0$ N
   ∴ $R_x = 3.0 \cos 45° + 2.0 = 4.1$ N, $R_y = 3.0 \sin 45° = 2.1$ N
   よって, $R = (4.1^2 + 2.1^2)^{1/2} = 4.6$ N
   x 軸上方への角度 $\theta = 27°$ ($\tan \theta = 2.1/4.1$ であるから)
   (b) $A_x = +4.0 \cos 30°$ N, $A_y = +4.0 \sin 30°$ N
   $B_x = -2.5$ N, $B_y = 0.0$ N
   ∴ $R_x = 4.0 \cos 30° - 2.5 = 1.0$ N, $R_y = 2.0$ N
   よって $R = (1.0^2 + 2.0^2)^{1/2} = 2.2$ N
   x 軸上方への角度 $\theta = 63°$ ($\tan \theta = 2.0/1.0$ であるから)

2. いずれの場合も C は R と大きさが等しく向きが逆である.
   (a) $C = 4.6$ N, x 軸下方への角度 $\theta = 153°$
   (b) $C = 2.2$ N, x 軸下方への角度 $\theta = 117°$

9・2

1. $W_1 d_1 + W_2 d_2 = W_3 d_3$ の関係を用いる.
   (a) 2.0 m, (b) 1.5 m, (c) 0.5 m, (d) 2.0 N

2. (a) $W \times 0.50 = 2.0 \times 0.15$ ∴ $W = 2.0 \times 0.15/0.50 = 0.60$ N
   (b) X の重さを W_X とする. $(W_X + 0.60) \times 0.50 = 2.0 \times 0.36$ より,
   $W_X + 0.60 = 2.0 \times 0.36/0.50 = 1.44$ ∴ $W_X = 0.84$ N

9・3

1. プラカード全体の重心から他端までの距離を d とする. 図 A9・3 に示すように, 棒は水平とする. 棒の他端に関する力のモーメント $= 30$ N $\times 2.0$ m $= 60$ Nm (時計回り). 正方形の板の他端に関する力のモーメント $= 20$ N $\times 4.0$ m $= 80$ Nm (時計回り). 全体の力のモーメント $= 60 + 80 = 140$ Nm (時計回り). 全体の重さ 50 N が他端から d の位置に同じ力のモーメントを与える. よって, $50d = 140$.
   ∴ $d = 140/50 = 2.8$ m

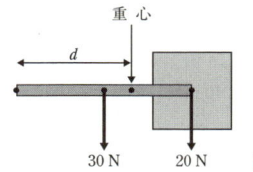

図 A9・3

2. (a) 長方形部分の面積 $= 0.4$ m^2, 正方形部分の面積 $= 0.16$ m^2
   ∴ 長方形部分の重さ $= 15$ kg $\times 0.4/0.56 \times 9.8 = 105 = 1.1 \times 10^2$ N
   (b) 正方形部分の重さ $= 15$ kg $\times 9.8 - 105 = 42$ N
   (c) 図 A9・4 に示すように長方形部分が水平とする. 長方形部分の正方形の中心に関する力のモーメント $= 105$ N $\times 1.0$ m $= 105$ Nm. これは看板全体の正方形の中心に関する力のモーメント $= 15$ kg $\times 9.8 \times d$ と等しい. ここで d は正方形の中心から看板の重心までの距離である.

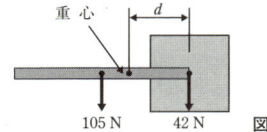

図 A9・4

   ∴ 15 kg $\times 9.8 \times d = 105$ ∴ $d = 105/147 = 0.71$ m
   ∴ 重心までの高さ $= 2.0 - 0.71 = 1.29 = 1.3$ m

9・4

1. (a) 摩擦力を F とすると, $F = 12 \sin 58° = 10.2$ N
   (b) 垂直抗力 N とすると, $N = 12 \cos 58° = 6.4$ N
   (c) $\mu = \tan 58° = 1.6$

2. 図 A9・5 にはしごのフリーボディー図を示す. はしごと床面とのなす角を θ とする. 床面からはしごが受ける力は垂直成分 N_1 と摩擦成分 F に分解できる. 壁面から受ける水平な力を N_2 とする.
   はしごに加わるすべての力を考慮する:
   　鉛直上向きの力 $=$ 鉛直下向きの力　∴ $N_1 = W$
   　水平左向きの力 $=$ 水平右向きの力　∴ $N_2 = F$
   はしごの床との接点に関する力のモーメントを考える:
   　時計回りの力のモーメント $= N_2 h = F \times 8.0 \sin \theta$
   　　ここで h は床面からはしごと壁面との接点までの高さである.
   　反時計回りの力のモーメント $= Wd/2 = N_1 \times 8.0 \cos(\theta/2)$
   　　ここで d ははしごと床面との接点から壁面までの距離である.
   つり合いの条件から, $F \times 8.0 \sin \theta = N_1 \times 4.0 \cos \theta$. $F = \mu N_1 = 0.4 N_1$ であるから, $0.4 N_1 \times 8.0 \sin \theta = N_1 \times 4.0 \cos \theta$.
   よって, $0.8 \sin \theta = \cos \theta$
   　$\tan \theta = \sin \theta / \cos \theta = 1/0.8 = 1.25$　∴ $\theta = 51°$

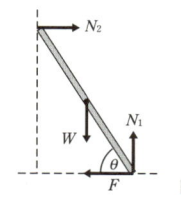

図 A9・5

9・5

1. 図 A9・6 に示すように X と Y を棚板を支える力とする.

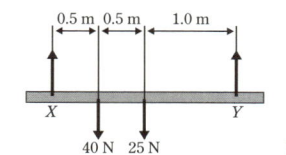

図 A9・6

   ∴ $X + Y = 25 + 40 = 65$ N
   X の位置に関する力のモーメントを考える:
   　時計回りの力のモーメント $= (40 \times 0.5) + (25 \times 1.0) = 45$ Nm
   　反時計回りの力のモーメント $= 2.0 Y$
   つり合いの条件から, $2.0 Y = 45$　∴ $Y = 22.5 = 23$ N
   よって, $X = 65 - 23 = 42$ N

2. 図 A9・7 に示すように, トレーラーハウスのフリーボディー図を考える.

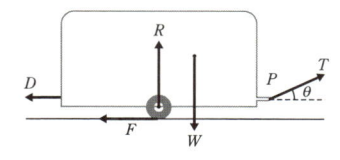

図 A9・7

   垂直成分は, $R + T \sin \theta = 3200$. ここで T は牽引力, θ は牽引力と水平方向のなす角である.
   水平成分は, $D + F = T \cos \theta$. ここで $D = 0.5 \times 1086 = 543$ N, $F = \mu R = 0.4 R$. よって, $0.4 R + 543 = T \cos \theta$
   牽引棒の取付け位置における力のモーメントのつり合いを考える. 図 9・36 からその位置は地上 0 m, 車輪から 3.0 m である.
   　時計回りの力のモーメント $= 3.0 R + 0.5 F = 3.2 R$　∴ $F = 0.4 R$
   　反時計回りの力のモーメント $= 2.0 W + (1.3 - 0.5) D$
   　　　　　　　　　　　　　　 $= 6400 + 0.8 \times 543 = 6834$ Nm
   $3.2 R = 6834$ であるから, $R = 6834/3.2 = 2136$ N
   ∴ $T \sin \theta = 3200 - R = 3200 - 2136 = 1064$ N
   また, $T \cos \theta = 0.4 R + 543 = 0.4 \times 2136 + 543 = 1397$ N
   ∴ $\tan \theta = \dfrac{T \sin \theta}{T \cos \theta} = \dfrac{1064}{1397} = 0.76$　　$\theta = 37°$
   $T = 1064/\sin \theta = 1064/\sin 37° = 1768$ N

章末問題

9·1 (a) (i) 質量 m = 体積 × 密度 = $0.050 \times 0.500 \times 0.800 \times 2700$ = 54 kg，(ii) 重さ = mg = 54×9.8 = 529.2 ≒ 5.3×10^2 N．
(b) (i) 図 A9·8 のとおり．(ii) ほかに垂直方向の成分の力がないため，垂直方向のつり合いの条件から垂直抗力と重さは大きさが等しく向きが逆となる．(iii) F = 0.40×529.2 = 211.68 ≒ 2.1×10^2 N
(iv) 床面との接点に関する力のモーメントを考える：$W \times 0.5b$ = $R \times h$．ここで Rは壁からの抗力，b と h は図 A9·8 参照．
∴ $b/h = 2R/W$
よって $\tan\theta = b/h = 2R/W$ である．抗力 R は摩擦力と大きさが等しく向きが反対であるから，R = 212.68 N．
$\tan\theta$ = $2 \times 212.68/529.2$ = 0.8 ∴ θ = $39°$

図 A9·8

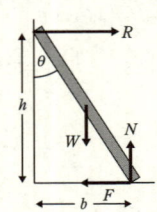

9·2 (a) 最初，前輪は後輪よりも少ない重さを支えている．容器が持ち上げられトラックの上に動かされるのに従い，前輪が支える重さの割合は増えていく．
(b) X を前輪の受ける抗力，Y を後輪の受ける抗力とすると $X+Y$ = $120+10$ = 130 kN．後輪に関する力のモーメントを考えると $4.5X+10 \times 2.5 = 120 \times 3.2$ であるから $4.5X$ = $384-25$ = 359．
∴ X = $359/4.5$ ≒ 80 kN，Y = $130-80$ = 50 kN

9·3 (a) (i) 支点に関する力のモーメントを考えると，
$W \times (250-10) = 6 \times (50-10)$
∴ $W \times 240 = 6 \times 40$ よって W = $240/240$ = 1.0 N
(ii) 物差しの支点に加わる力は $6-1=5$ N（下向き）
(b) 支点に関する力のモーメントを考えると，
$S \times (50-10) = 2.0 \times (410-10) + 1.0 \times (250-10)$
∴ $40S = 1040$，よって，S = $1040/40$ = 26 N

9·4 (a) 下向きの力＝$80+50g$＝570 N
(b) 支える力を X, Y とすると，$X+Y$＝$2400+570$＝2970 N．Y に関するモーメント：$8.0X$＝$2400 \times 4.0 + 570 \times 6.0$＝$9600+3420$＝$13\,020$
∴ 巻き上げ機よりの柱 X＝$13\,020/8$＝1630 N．よって，もう一方の柱 Y＝$2970-1630$＝1340 N となる．

9·5 (a) 求める力を F として，前輪に関する力のモーメントを考える．
$F \times 1.5 = 1500 \times (0.40-0.25)$ ∴ $F \times 1.5 = 1500 \times 0.15$
よって，F = $1500 \times 0.15/1.5$ = 150 N
(b) 求める高さを h として，前輪に関する力のモーメントを考える．
$300h = 1500 \times (0.40-0.25)$ ∴ h = $1500 \times 0.15/300$ = 0.75 m

第 10 章

練習問題

10·1
1. 110 km
2. 速さ＝距離/時間＝20 km/0.5 h
   ＝40 km h^{-1}
3. (a) 50 km （＝$180-110-20$）
   (b) 30 分
   (c) 50 km/0.5 h = 100 km h^{-1}
4. (a) 図 A10·1 のとおり．

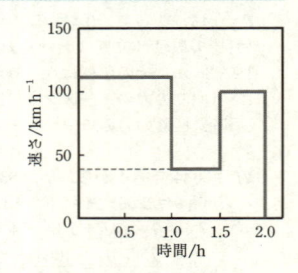

図 A10·1

(b) (i) 180 km/2 h = 90 km h^{-1}
(ii) 90 km h^{-1} = 90 000 m/3600 s = 25 m s^{-1}

10·2
1. (a) (i) 平均の速さ = $\dfrac{距離}{時間}$ = $\dfrac{84\,\text{km}}{(70/60)\,\text{h}}$ = 72 km h^{-1}
   (ii) 72 km h^{-1} = $\dfrac{72\,000\,\text{m}}{3600\,\text{s}}$ = 20 m s^{-1}
   (b) 図 A10·2 に示すように J22 から J5 までの直線距離＝$(48^2+30^2)^{1/2}$≒57 km．J5 は J22 から真南から角度 θ 東よりに位置するので，$\tan\theta$＝$30/48$＝0.625．∴ θ＝$32°$．よって，J22 から J5 の変位は，57 km 真南から $32°$ 東より．
   (c) (i) 東向き，(ii) 南向き

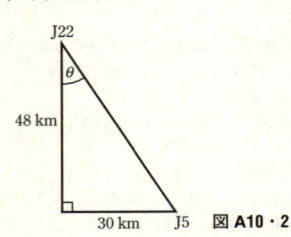

図 A10·2

10·3
1. (a) 車は 20 秒で最初の速さ u＝30 m s^{-1} から静止（すなわち v＝0）した．
加速度 a＝$(v-u)/t$＝$(0-30)/20$＝-1.5 m s^{-2}
(b) 走った距離＝線の下の面積
   ＝$\dfrac{1}{2}(u+v)t$＝$0.5 \times 30 \times 20$＝300＝3.0×10^2 m
2. (a) 加速度＝$(v-u)/t$＝$(12-0)/30$≒0.40 m s^{-2}
   移動距離＝$\dfrac{1}{2}(u+v)t$＝$0.5 \times 12 \times 30$＝180＝1.8×10^2 m
   (b) (i) 速さが一定であるから．
   (ii) 移動距離＝速さ × 時間＝12×100＝1200＝1.2×10^3 m
   (c) 加速度＝$(v-u)/t$＝$(0-12)/20$＝-0.60 m s^{-2}
   移動距離＝$\dfrac{1}{2}(u+v)t$＝$0.5 \times 12 \times 20$＝120＝1.2×10^2 m
   (d) 全距離＝$180+1200+120$＝1500＝1.5×10^3 m
   平均の速さ＝1500 h/150 s＝10 m s^{-1}

10·4
1. u＝0，v＝85 m s^{-1}，s＝210 m
   (a) $s = \dfrac{(u+v)t}{2}$ から，$t = \dfrac{2s}{v} = \dfrac{2 \times 210}{85}$ ≒ 4.9 s
   (b) 離陸中の加速度 a＝$(v-u)/t$＝$(85-0)/4.9$ ≒ 17 m s^{-2}
2. u＝115 m s^{-1}，v＝0，s＝0.045 m
   (a) $s = \dfrac{(u+v)t}{2}$ から，$t = \dfrac{2s}{v} = \dfrac{2 \times 0.045}{115}$ = $0.000\,78$ s
   (b) 弾丸の加速度 a＝$(v-u)/t$
   ＝$(0-115)/0.000\,78$＝-1.5×10^5 m s^{-2}
2. u＝28 m s^{-1}，v＝0 m s^{-1}，s＝1.2 m
   $v^2 = u^2 + 2as$ から，$a = -u^2/2s = -(28 \times 28)/(2 \times 1.2)$ ≒ 3.3×10^3 m s^{-2}

10·5a
1. u＝0，t＝1.8 s，a＝g
   (a) 井戸の深さ $s = ut + (1/2)at^2 = (1/2) \times 9.8 \times 1.8^2$ ≒ 16 m
   (b) 底に衝突する直前の速さ $v = u + at = 9.8 \times 1.8$ ≒ 18 m s^{-1}
2. u＝4.0 m s^{-1}，下向き，s＝36 m，a＝g
   (a) $v^2 = u^2 + 2as = 4.0^2 + 2 \times 9.8 \times 36 = 722$ ∴ $v = \sqrt{722}$ ≒ 27 m s^{-1}
   (b) $v = u + at$ から，$t = (v-u)/a = (27-4)/9.8$ ≒ 2.3 s

10·5b
1. (a) 2.2 s （＝0.5×4.4）
   (b) 最高到達点に達するまでを考えると，v＝0，t＝2.2 s，a＝-9.8 m s^{-2}．$v = u + at$ から，$u = -at = -(-9.8 \times 2.2)$＝$22$ m s^{-1}
   (c) $s = ut + (1/2)at^2 = 22 \times 2.2 - 0.5 \times 9.8 \times 2.2^2$ ≒ 25 m
   (d) 投げ上げたときの速さと同じであるから，22 m s^{-1}

練習問題および章末問題の解答

2. $u=-15\,\mathrm{m\,s^{-1}}$, $s=+90\,\mathrm{m}$, $a=+9.8\,\mathrm{m\,s^{-2}}$
  (a) $v^2=u^2+2as=(-15)^2+2\times9.8\times90=1989$
   ∴ $v=\sqrt{1989}=45\,\mathrm{m\,s^{-1}}$
  (b) $v=u+at$ から, $t=(v-u)/a=[45-(-15)]/9.8=6.1\,\mathrm{s}$

10・6

1.

t/s	s/m	$v/\mathrm{m\,s^{-1}}$	t/s	s/m	$v/\mathrm{m\,s^{-1}}$
0.000	0.000	24.500	3.000	29.400	−4.900
0.500	11.020	19.600	3.500	25.730	−9.800
1.000	19.600	14.700	4.000	19.600	−14.700
1.500	25.730	9.800	4.500	11.020	−19.600
2.000	29.400	4.900	5.000	0.000	−24.500
2.500	30.630	0.000			

2. 省略

章末問題

10・1 $a=1.5\,\mathrm{m\,s^{-2}}$, $u=0$, $t=20\,\mathrm{s}$
(a) $v=u+at=1.5\times20=30\,\mathrm{m\,s^{-1}}$, (b) 図 A10・3 のとおり.

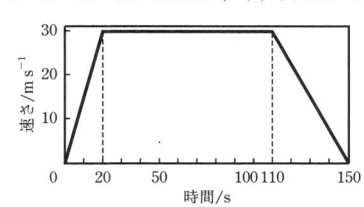

図 A10・3

(c) $u=30\,\mathrm{m\,s^{-1}}$, $v=0$, $t=40\,\mathrm{s}$, $v=u+at$ から, $0=30+40a$
よって, $40a=-30$ ∴ $a=-30/40=0.75\,\mathrm{m\,s^{-2}}$
(d) (i) 最初の20秒間:$s=\frac{1}{2}(u+v)t=(0+30)\times20$
    $=300=3.0\times10^2\,\mathrm{m}$
次の90秒間:$s=\frac{1}{2}(u+v)t=30\times90=2700=2.7\times10^3\,\mathrm{m}$
 [平均の速さ$=\frac{1}{2}(u+v)=30\,\mathrm{m\,s^{-1}}$]
最後の40秒間:$s=\frac{1}{2}(u+v)t=\frac{1}{2}(30+0)\times40=600=6.0\times10^2\,\mathrm{m}$
(ii) 全行程の平均の速さ$=\dfrac{\text{距離の合計}}{\text{総時間}}$
 $=\dfrac{300+2700+600}{150}=24\,\mathrm{m\,s^{-1}}$

10・2 (a) $u=0$, $v=6.5\,\mathrm{m\,s^{-1}}$, $t=30\,\mathrm{s}$
加速度aを計算するために$v=u+at$を用いる. $6.5=0+30a$ よって, $30a=6.5$ ∴ $a=6.5/30=0.22\,\mathrm{m\,s^{-2}}$
距離sを計算するために$s=\frac{1}{2}(u+v)t$を用いる.
$s=\frac{1}{2}(0+6.5)\times30=97.5\approx98\,\mathrm{m}$
(b) $u=6.5\,\mathrm{m\,s^{-1}}$, $v=0$, $s=80\,\mathrm{m}$, ブレーキをかけていた時間とそのときの加速度を計算せよ.
加速度aを計算するために$v^2=u^2+2as$を用いる. これから $2as=-u^2$
∴ $a=-\dfrac{u^2}{2s}=-\dfrac{6.5^2}{2\times80}=0.26\,\mathrm{m\,s^{-2}}$
時間tを計算するために$s=\frac{1}{2}(u+v)t$を用いる. これから $t=2s/u$
∴ $t=2\times80/6.5=25\,\mathrm{s}$
(c) (i) 図 A10・4 のとおり.

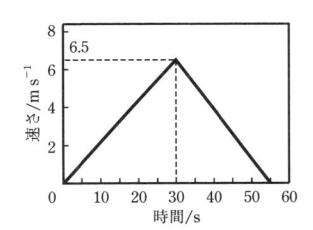

図 A10・4

(ii) 平均の速さ$=\dfrac{\text{総距離}}{\text{総時間}}=\dfrac{97.5+80}{30+25}=3.2\,\mathrm{m\,s^{-1}}$

10・3 (a) $u=15\,\mathrm{m\,s^{-1}}$, 最高点で $v=0\,\mathrm{m\,s^{-1}}$, $a=-9.8\,\mathrm{m\,s^{-2}}$ (図 A10・5)

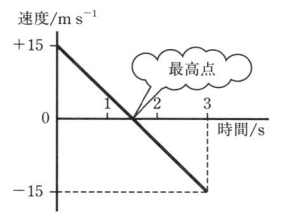

図 A10・5

最高点の高さsを計算するために$v^2=u^2+2as$を用いる. これから
$2as=-u^2$, よって $s=-\dfrac{u^2}{2a}=-\dfrac{15^2}{2\times(-9.8)}=11.5\approx12\,\mathrm{m}$
時間tを計算するために$v=u+at$を用いる. これから $at=-u$,
よって, $t=-u/a=-15/-9.8=1.5\,\mathrm{s}$
(b) (i) $u=+15\,\mathrm{m\,s^{-1}}$, $a=-9.8\,\mathrm{m\,s^{-2}}$, $s=+5.0\,\mathrm{m}$
$v^2=u^2+2as$を用いると, $v^2=15^2+2\times(-9.8)\times5.0=225-98=127$
$v=-\sqrt{127}=-11.3\approx-11\,\mathrm{m\,s^{-1}}$ (−は下向きを意味する)
(ii) $v=u+at$を用いると, $t=(v-u)/a$, よって,
$t=(-11.3-15)/(-9.8)=2.7\,\mathrm{s}$

10・4 $u=-3.2\,\mathrm{m\,s^{-1}}$, $a=-9.8\,\mathrm{m\,s^{-2}}$, $s=-100\,\mathrm{m}$
$v^2=u^2+2as$を用いると, $v^2=(-3.2)^2+2\times(-9.8)\times(-100)=1970$
∴ $v=\sqrt{1970}\approx44\,\mathrm{m\,s^{-1}}$
(b) $v=u+at$を変形して$v=-44$を代入すると,
$t=\dfrac{v-u}{a}=\dfrac{-44-(-3.2)}{-9.8}=4.2\,\mathrm{s}$
(c) 4.2秒間で $3.2\times4.2=13\,\mathrm{m}$ (=速さ×時間) 落下するから, 地上 83 m の高さにいる.

10・5 $u=0\,\mathrm{m\,s^{-1}}$, $a=8.0\,\mathrm{m\,s^{-2}}$, $t=40\,\mathrm{s}$
(a) (i) エンジンが切られたときの速さは$v=u+at$を用いると,
$v=8.0\times40=320=3.2\times10^2\,\mathrm{m\,s^{-1}}$
高さは, $s=ut+(1/2)at^2=(1/2)\times8.0\times40^2=6400=6.4\times10^3\,\mathrm{m}$
(ii) 到達高度の最大値を求めるには, エンジンが切られた後の移動距離を求めればよい. よって, $u=+320\,\mathrm{m\,s^{-1}}$, $a=-9.8\,\mathrm{m\,s^{-2}}$, $v=0\,\mathrm{m\,s^{-1}}$, $v^2=u^2+2as$を用いて, $2as=-u^2$, よって,
$s=(-u^2)/2a=-(320^2)/[2\times(-9.8)]=5200\,\mathrm{m}$
∴ 到達高度の最大値$=6400+5200=11600=1.2\times10^4\,\mathrm{m}$
(iii) 地面に衝突する直前の速度vを求めるために, エンジンが切れてから衝突までの運動を考える.
$u=+320\,\mathrm{m\,s^{-1}}$, $a=-9.8\,\mathrm{m\,s^{-2}}$, $s=-6400\,\mathrm{m}$
$v^2=u^2+2as=320^2+2\times(-9.8)\times(-6400)=2.28\times10^5$
$v=-480=-4.8\times10^2\,\mathrm{m\,s^{-1}}$ (−は下向きを意味する)

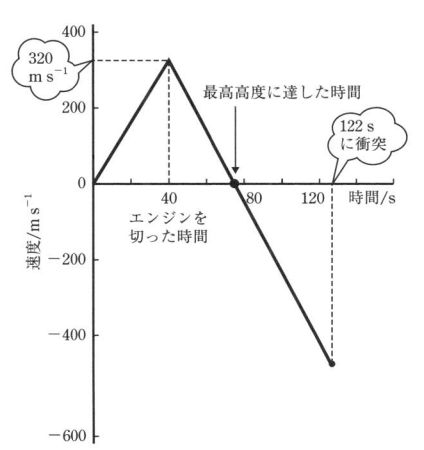

図 A10・6

(iv) 飛行時間を求めるために，エンジンが切られてから衝突までの運動を考え $v=u+at$ を用いる．
よって，$t=(v-u)/a=(-480-320)/(-9.8)=82$ s
∴ 飛行時間 $=40+82=122$ s
(b) 図A10・6 (p.343) のとおり．

第 11 章

練習問題
11・1
1. (a) 加速度の大きさ $u=25$ m s^{-1}, $v=0$, $t=8.0$ s
   $v=u+at$ を変形して，$a=(v-u)/t=(0-25)/8.0=3.1$ m s^{-2}
   (b) 必要な力＝質量×加速度 $=1200\times3.1=3.7\times10^3$ N
2. (a) ロケットの重さ $=mg=8000\times9.8=78\,400=7.8\times10^4$ N
   (b) T を推力，a を加速度とすると $T-mg=ma$
   ∴ $T=mg+ma=78\,400+(8000\times6.0)=126\,400=1.3\times10^5$ N
3. (a) 張力を T とする．$T=mg=1500\times9.8=14\,700=1.5\times10^4$ N
   (b) 加速度を $a=+1.2$ m s^{-2} とする．
   $T-mg=ma$ から，
   $T=mg+ma=14\,700+(1500\times1.2)=16\,500=1.7\times10^4$ N
   (c) 速度は下向きで加速度の向きが逆であるから $a=+1.2$ m s^{-2}.
   $T-mg=ma$ から，
   $T=mg+ma=14\,700+(1500\times1.2)=16\,500=1.7\times10^4$ N

11・2
1. (a) 運動量の変化＝最後の運動量－最初の運動量
   $=(-0.12\times25)-(0.12\times25)=-6.0$ kg m s^{-1}
   (b) 衝突の力 $=\dfrac{\text{運動量変化}}{\text{かかった時間}}=\dfrac{-6.0}{0.0040}=-1.5\times10^3$ N
2. (a) ロケットの重さ $=mg=2000\times9.8=19\,600=2.0\times10^4$ N
   (b) T を推力とすると，$T-mg=ma$
   ∴ $T=mg+ma=19\,600+(2000\times6.5)=32\,600=3.3\times10^4$ N

11・3
1. (a) 第一の車の運動量の減少 $=(800\times25)-(800\times5)$
   $=1.6\times10^4$ kg m s^{-1}
   (b) 衝突直後の第二の車の速さを v とすると，第二の車の得た運動量 $=1600v$．
   ∴ $1600v=16\,000$ よって，$v=10$ m s^{-1}
   (c) 衝撃力 $=\dfrac{\text{両方の車の運動量の変化}}{\text{かかった時間}}=\dfrac{16\,000}{0.2}=8.0\times10^4$ N
2. 大砲の反動の速さを v とすると
   $500v=4.0\times115$ ∴ $v=0.92$ m s^{-1}

章末問題
11・1 (a) (i) $a=(v-u)/t=(12-0)/10=1.2$ m s^{-2}
(ii) $F=ma=1500\times1.2=1.8\times10^3$ N
(b) (i) $a=0$ であるから，$4T=mg=850\times9.8=8330$
∴ $T=2083=2.0\times10^3$ N
(ii) $4T-mg=ma$ より，$4T=mg+ma=8330+(850\times0.50)=8755$
∴ $T=2189=2.2\times10^3$ N
(c) (i) 図A11・1 はブロックに加わる力を示す．力の水平面に平行な成分と垂直な成分を考える．

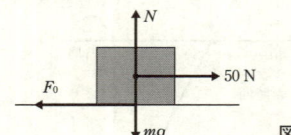

図A11・1

垂直成分：$N=mg=12\times9.8=118=1.2\times10^2$ N
平行成分：$F-F_0=ma$ ここで $F_0=\mu N=0.4\times118=47$ N
∴ $12a=50-47=3$，よって，$a=3/12=0.25$ m s^{-2}
(ii) 図A11・2 はブロックに加わる力を示す．力の斜面に平行な成分と垂直な成分を考える．
垂直成分：$N=mg\cos30°=12\times9.8\times\cos30°=102=1.0\times10^2$ N
平行成分：$F+mg\sin30°-F_0=ma$ ここで $F_0=\mu N=0.4\times102=41$ N
∴ $12a=50+12\times9.8\times\sin30°-41=68$ よって，$a=68/12=5.7$ m s^{-2}

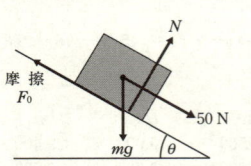

図A11・2

11・2 (a) 失った運動量 $=0.0010\times100=0.10$ kg m s^{-1}
(b) $s=\frac{1}{2}(u+v)t$ を変形して $v=0$ を代入する．
$t=2s/(u+v)=(2\times0.050)/100=0.0010$ s
(c) 力＝(運動量変化)/(かかった時間) $=0.10/0.0010=1.0\times10^2$ N

11・3 (a) 重さ $=mg=1200\times9.8=11\,760$ N
加速度 $=\dfrac{\text{合力}}{\text{質量}}=\dfrac{16\,000-11\,760}{1200}=3.5$ m s^{-2}
(b) 推力 $T=\dfrac{v\,dm}{dt}$ ∴ $\dfrac{dm}{dt}=\dfrac{T}{v}=\dfrac{16\,000}{1200}=13.3=13$ kg s^{-1}
(c) 燃料を使い切る時間 $=800/13.3=60$ s

11・4 (a) 連結前の全運動量 $=1000\times3.0=3000$ kg m s^{-1}
連結後の全運動量 $=(1000+2000)V$ (V は連結後の速さ)
∴ $3000V=3000$，よって，$V=1.0$ m s^{-1}
(b) 連結前の全運動量 $=1000\times3.0+2000\times2.0=7000$ kg m s^{-1}
連結後の全運動量 $=(1000+2000)V$ (V は連結後の速さ)
∴ $3000V=7000$，よって，$V=7/3=2.3$ m s^{-1}
(c) 1000 kg の貨車が動いていた方向とは逆向きに 2.0 m s^{-1} の速さで動いていた．
連結前の全運動量 $=1000\times3.0-2000\times2.0=-1000$ kg m s^{-1}
連結後の全運動量 $=(1000+2000)V$ (V は連結後の速さ)
∴ $3000V=-1000$，よって，$V=-1/3=-0.33$ m s^{-1}

11・5 未知の物体の質量を m とすると，$(m+0.5)\times0.22=0.60\times0.35$
$m+0.5=(0.60\times0.35)/0.22=0.95$ ∴ $m=0.95-0.5=0.45$ kg

第 12 章

練習問題
12・1
1. (a) (i) 初期運動エネルギー $=(1/2)mv^2=0.5\times0.12\times22^2=29$ J
(ii) 最高到達点での運動エネルギー $=0$
(iii) 最高到達点での位置エネルギー $=29$ J
(失った運動エネルギー＝得られた位置エネルギー)
(iv) 最高到達点の高さを h とすると，$mgh=29$，よって，
$h=29/0.12\,g=25$ m
(b) (i) 失った位置エネルギー $=mgh=150\times9.8\times200=2.9\times10^2$ kJ
(ii) 得られた運動エネルギー $=(1/2)mv^2=0.5\times150\times55^2$
$=2.3\times10^2$ kJ
(iii) $\begin{pmatrix}\text{摩擦や空気抵抗に抗して}\\\text{ボブスレーがした仕事}\end{pmatrix}=290-230=60$ kJ
(iv) 力の平均値を F とすると，$F\times$移動距離 $=60$ kJ
∴ $F=60\,000/1500=40$ N

12・2
1. (a) (i) $\begin{pmatrix}\text{この走者が得る}\\\text{運動エネルギー}\end{pmatrix}=(1/2)mv^2=0.5\times70\times10^2=3.5\times10^3$ J
(ii) 仕事率 $=\dfrac{\text{得られた運動エネルギー}}{\text{かかった時間}}=\dfrac{3500}{3.5}=1.0\times10^3$ W
(b) (i) $\begin{pmatrix}\text{箱に上るときに得る}\\\text{位置エネルギー}\end{pmatrix}=mgh=55\times9.8\times0.4=2.2\times10^2$ J
(ii) 1 ステップの時間 $=3.0$ s，よって，
仕事率 $=\dfrac{\text{得られた位置エネルギー}}{\text{かかった時間}}=\dfrac{220}{3.0}=73$ W
2. (a) 仕事率 P とすると $P=Fv$，よって，
$F=P/v=175\,000/55=3.2\times10^3$ N
(b) 等速の場合，運動に抗する全抵抗力＝加えた力 $=3.2\times10^3$

(c) 方法①：$v^2=u^2+2as$ を変形して $v=0$, $u=55$, $s=1000$ を代入すると, $a=(v^2-u^2)/2s=3025/(2\times 1000)=1.5$ m s^{-2}.
方法②：失われた運動エネルギーとなされた仕事を計算する．$Fs=$ 失われた運動エネルギー$=0.5\times(20000+40000)\times 55^2=90\,750\,000$, よって, $F=90\,750\,000/1000=90\,750$. $F=ma$ より, $a=90\,750/60\,000=1.5$ m s^{-2}.

12・3
1. (a) $\begin{pmatrix}\text{モーターに供給され}\\\text{た電気的エネルギー}\end{pmatrix}=$仕事率×時間$=300\times 25=7.5\times 10^3$ J
   (b) $\begin{pmatrix}\text{モーターが供給した}\\\text{有効なエネルギー}\end{pmatrix}=mgh=320\times 9.5=3040=3.0\times 10^3$ J
   (c) 浪費したエネルギー$=7500-3000=4.5\times 10^3$ J
   (d) モーターの効率$=3000/7500=0.40$
2. (a) 位置エネルギーの増加$=150\text{ N}\times 2.5\text{ m}=375=3.8\times 10^2$ J
   (b) 加えた力のした仕事$=$加えた力×移動距離$=40\text{ N}\times(4\times 2.5\text{ m})=4.0\times 10^2$ J
   (c) この装置の効率$=375/400=0.94$

12・4
1. (a) 10 m^2 （$=5000$ W$/500$ W）
   (b) $\begin{pmatrix}\text{水を 15℃ から 30℃ まで温}\\\text{めるのに必要なエネルギー}\end{pmatrix}=0.012\times 4200\times(30-15)=760$ J
   ∴ 仕事率$=7.6\times 10^2$ W
2. (a) $P=(16/27)\times(1/2)\times 1.2\times\pi\times 15^2\times 5^3=(16/27)\times 5.0\times 10^4$ W
   (b) $P=(16/27)\times(1/2)\times 1.2\times\pi\times 15^2\times 15^3=(16/27)\times 1.4\times 10^6$ W

章末問題

12・1 (a) (i) $h=40\sin 5°=3.5$ m
(ii) 位置エネルギー$=mgh=120\times 9.8\times 3.5=4120=4.1\times 10^3$ J
(b) (i) 必要な最小の力$=$ポテンシャルエネルギー/距離$=4120/40=103=1.0\times 10^2$ N
(ii) 車輪と車輪のベアリングとの間の摩擦による力が加わるから．
(c) 仕事/秒$=4120/45=91$ W

12・2 (a) (i) $h=\dfrac{s}{20}=\dfrac{21}{20}=1.05$ m.
$s=21$ m は 1 秒に進む距離．
(ii) $\begin{pmatrix}1\text{ 秒間に得られる}\\\text{位置エネルギー}\end{pmatrix}=mgh=600\times 9.8\times 1.05=6.2$ kJ
(b) (i) 抵抗に抗して 1 秒間にした仕事$=$（エンジンの供給するエネルギー）－（得られる位置エネルギー）$=25-6.2=19$ kJ
(ii) 抵抗の大きさ$=\dfrac{\text{摩擦に抗してした仕事}}{\text{移動距離}}=\dfrac{19\,000}{21}=9.0\times 10^2$ N

12・3 (a) 杭の得た運動エネルギー失った位置エネルギーであるから, $\dfrac{1}{2}mv^2=mgh$ ∴ $v=\sqrt{2gh}=\sqrt{2\times 9.8\times 3.0}=7.7$ m s^{-1}
(b) 衝突直後のブロックと杭の速さを V とする．
$(4000+6000)V=4000\times 7.7$ ∴ $V=(4000\times 7.7)/10\,000=3.1$ m s^{-1}
(c) $\begin{pmatrix}\text{衝突直後のブロックと}\\\text{杭の運動エネルギー}\end{pmatrix}=\dfrac{1}{2}(4000+6000)\times 3.1^2=48\,050$ J
抵抗力の平均$=\dfrac{\text{ブロックと杭が失った運動エネルギー}}{\text{移動距離}}$
$=\dfrac{48\,050}{1.5}=3.2\times 10^4$ N

12・4 (a) (i) 重い球の質量を m_x, 引き上げた高さを h_0 とすると, 得られた位置エネルギー$=m_xgh_0=0.25\times 9.8\times 0.10=0.25$ J
(ii) （得られた運動エネルギー）$=$（失った位置エネルギー）であるから重い球の速さを u_0 として, $\dfrac{1}{2}m_xu_0^2=m_xgh_0$, よって, $u_0=\sqrt{2gh_0}=\sqrt{2\times 9.8\times 0.10}=1.4$ m s^{-1}
(b) (i) 軽い球の質量を m_y, 引き上げた高さを h_2 とすると, 得られた位置エネルギー$=m_ygh_2=0.15\times 9.8\times 0.05=0.07$ J
(ii) 衝突直後の軽い球の速さを v_2 とすると, $\dfrac{1}{2}m_yv_2^2=m_ygh_2$, よって, $v_2=\sqrt{2gh_2}=\sqrt{2\times 9.8\times 0.05}=0.99$ m s^{-1}

(c) (i) 衝突直後の重い球の速さを v_1 とする．
$m_xu_0=m_xv_1+m_yv_2$, よって, $0.25\times 1.4=0.25v_1+0.15\times 0.99$
∴ $0.25v_1=0.20$, よって, $v_1=0.20/0.25=0.80$ m s^{-1}
(ii) $m_xgh_1=\dfrac{1}{2}m_xv_1^2$ より $h_1=\dfrac{v_1^2}{2g}=\dfrac{0.8^2}{2\times 9.8}=0.033$ m

12・5 (a) 運動量保存則から V を衝突後の速さとして, $(1200+800)V=1200\times 30$ ∴ $V=(1200+800)/2000=18$ m s^{-1}
(b) 運動エネルギーの減少$=$（衝突前の運動エネルギー）－（衝突後の運動エネルギー）$=[(1/2)\times 1200\times 30^2]-[(1/2)\times 2000\times 18^2]=2.2\times 10^5$ J
(c) 衝突時の力$=\dfrac{\text{運動量の変化}}{\text{かかった時間}}=\dfrac{1200\times 30-1200\times 18}{0.12}=1.2\times 10^5$ N

第 13 章

練習問題

13・1
1. (a) 布から棒に電子が移動する．(b) 負.
(c) 帯電したポリエチレン棒が直接触れると箔検電器が負に帯電する．未知の棒を帯電させ検電器の上部電極にかざす．箔がさらに開けば棒は負に帯電しているし, 閉じれば正に帯電している．検電器を接地して電荷を取除いてから正に帯電して同じ作業を行ってもよい．棒が帯電していなければ, いずれの作業でも検電器は感応しない．
2. (a) 図 A13・1 のとおり．

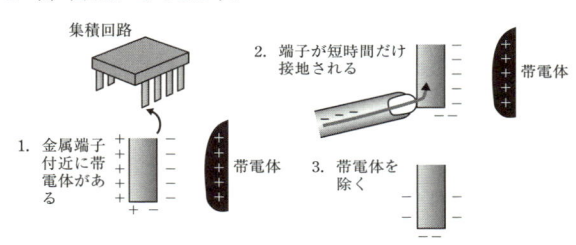

図 A13・1

(b) 流れる油とパイプの摩擦が静電気を生じ, 接地していないパイプは帯電する．静電気により放電が起こると可燃性の石油は爆発する可能性がある．

13・2
1. (a) 空気, ガラス, ゲルマニウム, (b) 5 A, 0.3 C, 3 s, 2.5 A
2. (a) 2.0 A, (b) 0.35 A, (c) 4.2 A が節点から流出する.

13・3
1. (a) 3 A (36 W/12 V)
(b) $Q=It=3\times 10\times 60=1800$ C
(c) 供給されたエネルギー$=36$ W$\times 600$ s$=21\,600$ J
2. (a) 2.8 kW h (=2800 W$\times 3600$ s) = 10 MJ
(b) $V=E/Q$ を変形し, $Q=E/V=10$ MJ$/230$ V$=44$ kC
(c) 電流 $I=Q/t=44$ kC$/(30\times 60$ s$)=24$ A

13・4a
1. 7.5 Ω, 200 V, 0.68 mA, 2.4 kΩ, 0.50 mA
2. (a) 3900 Ω, (b) 1.5 mA

13・4b
1. 回路図を図 A13・2 に示す.

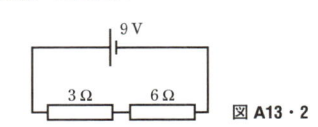

図 A13・2

(a) (i) 9 Ω, (ii) $I=V/R=9$ V$/9$ Ω$=1$ A
(iii) 3 Ω の抵抗：$V=IR=1\times 3=3$ V, $P=IV=1\times 3=3$ W
6 Ω の抵抗：$V=IR=1\times 6=6$ V, $P=IV=1\times 6=6$ W

(b) 回路図を図 A13・3 に示す.

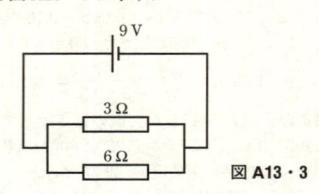

図 A13・3

(i) $\frac{1}{R} = \frac{1}{3} + \frac{1}{6}$ ∴ $R = 2\,\Omega$, (ii) $I = V/R = 9\,\text{V}/2\,\Omega = 4.5\,\text{A}$

(iii) 3Ω の抵抗: $I = V/R = 9\,\text{V}/3\,\Omega = 3\,\text{A}$, $P = IV = 3 \times 9 = 27\,\text{W}$
6Ω の抵抗: $I = V/R = 9\,\text{V}/6\,\Omega = 1.5\,\text{A}$, $P = IV = 1.5 \times 9 = 13.5\,\text{W}$

2. (a) 図 A13・4 に可能な 8 通りの組合わせ示す.

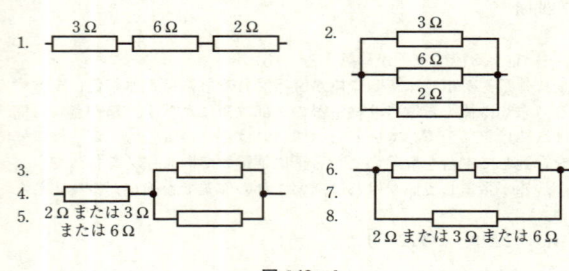

図 A13・4

(b) (1) すべて直列: 11Ω, (2) すべて並列: 1Ω, (3, 4, 5) 2個並列にしてから残り1個と直列: 4Ω, 9/2Ω, 36/15Ω, (6, 7, 8) 2個直列にしてから残り1個と並列: 30/11Ω, 18/11Ω, 24/11Ω.

章末問題

13・1 (a) 風船をこすると静電気が発生し帯電する. この電荷が壁表面に逆符号の電荷を誘起し, 静電引力で風船が引寄せられる
(b) プラスチックの物差しをこすると, アクリル棒と同じ正に帯電する. 物差しの正電荷が検電器の上部電極から正電荷を軸と箔の方に追い出すので, 箔はより大きく開く.
(c) 着衣とイスの摩擦が静電気を生じて人間が帯電し, ドアノブに放電する.

13・2 (a) 温度が上がると伝導電子が増えて電気を伝えやすくなる.
(b) 金属の原子は温度が上がるとより激しく振動して, 伝導電子の流れを邪魔するようになり, 抵抗が上がる.

13・3 (a) (i) $Q = It = 0.25\,\text{A} \times 600\,\text{s} = 150\,\text{C}$, (ii) $P = IV = 0.25\,\text{A} \times 1.5\,\text{V} = 0.375\,\text{W}$, (iii) $E = Pt = 0.375\,\text{W} \times 600\,\text{s} = 225\,\text{J}$
(b) (i) $Q = It = 0.25\,\text{A} \times 3600\,\text{s} = 900\,\text{C}$
(ii) $E = QV = 900\,\text{C} \times 1.5\,\text{V} = 1350\,\text{J}$

13・4 (a) (i) $I = 0.1 + 0.1 = 0.2\,\text{A}$, (ii) $V_{batt} = V_{bulb} + V_{res} = 4.5 - 3.0 = 1.5\,\text{V}$, (iii) $P_x = P_y = IV = 0.1\,\text{A} \times 3.0\,\text{V} = 0.30\,\text{W}$, $P_{batt} = I_{batt}V_{batt} = 0.2\,\text{A} \times 4.5\,\text{V} = 0.90\,\text{W}$
(b) 可変抵抗で消費される電力は $0.2\,\text{A} \times 1.5\,\text{V} = 0.30\,\text{W}$. この値は, 電池が供給する電力と, 2個の豆電球に供給される電力の差である.

13・5 (a) (i) $I = P/V = 750\,\text{W}/230\,\text{V} = 3.3\,\text{A}$
(ii) 積算電力 $= 0.75\,\text{kW} \times 0.5\,\text{h} = 0.375\,\text{kWh}$, (b) 5 A

13・6 (a) 図 A13・5 のとおり.

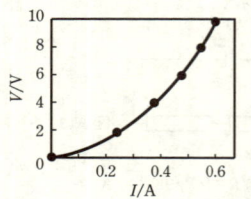

図 A13・5

(b) (i) $R = V/I = 5\,\text{V}/0.44\,\text{A} = 11.4\,\Omega$, (ii) $R = 10\,\text{V}/0.66\,\text{A} = 15.1\,\Omega$

(c) 電流が増えると発熱体が熱せられて抵抗が変化する.

13・7 (a) 図 A13・6 のとおり.

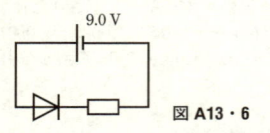

図 A13・6

(b) (i) $V_R = 9.0 - 0.6 = 8.4\,\text{V}$, (ii) $R = V_R/I = 8.4\,\text{V}/2.0\,\text{A} = 4.2\,\Omega$

13・8 (a) 図 A13・7 のとおり.

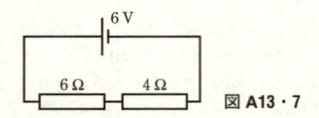

図 A13・7

(b) (i) $R = 4 + 6 = 10\,\Omega$, (ii) $I_{batt} = V_{batt}/R = 6.0\,\text{V}/10\,\Omega = 0.60\,\text{A}$
(iii) 4Ω: $V_4 = IR_4 = 0.60 \times 4.0 = 2.4\,\text{V}$; 6Ω: $V_6 = IR_6 = 0.60 \times 6.0 = 3.6\,\text{V}$
(iv) 4Ω: $P_4 = IV_4 = 0.60 \times 2.4 = 1.44\,\text{W}$; 6Ω: $P_6 = IV_6 = 0.60 \times 3.6 = 2.16\,\text{W}$

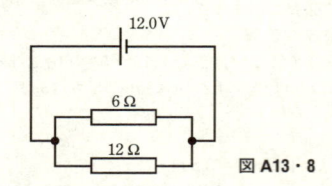

13・9 (a) 図 A13・8 のとおり.

図 A13・8

(b) (i) $\frac{1}{R} = \frac{1}{6} + \frac{1}{12} = \frac{12+6}{12 \times 6}$ ∴ $R = 72/18 = 4\,\Omega$
(ii) $I = V_{batt}/R = 12/4 = 3\,\text{A}$
(iii) $I_6 = V_{batt}/6 = 12/6 = 2\,\text{A}$, $I_{12} = V_{batt}/12 = 12/12 = 1\,\text{A}$
(iv) $P_6 = I_6V_{batt} = 2 \times 12 = 24\,\text{W}$, $P_{12} = I_{12}V_{batt} = 1 \times 12 = 12\,\text{W}$

13・10 (a) 図 A13・9 のとおり.

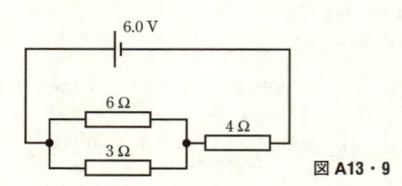

図 A13・9

(b) (i) $R = 4 + \left(\frac{1}{3} + \frac{1}{6}\right)^{-1} = 4 + 2 = 6\,\Omega$, (ii) $I_{batt} = V_{batt}/R = 6/6 = 1.0\,\text{A}$
(iii) $V_4 = I_{batt} \times 4 = 1.0 \times 4 = 4.0\,\text{V}$, $V_3 = V_6 = I_{batt} - V_4 = 6 - 4 = 2.0\,\text{V}$
(iv) $I_4 = I_{batt} = 1.0\,\text{A}$, $I_3 = V_3/R_3 = 2.0/3 = 0.67\,\text{A}$
$I_6 = V_6/R_6 = 2.0/6 = 0.33\,\text{A}$
(v) $P_4 = I_4V_4 = 1.0 \times 4.0 = 4.0\,\text{W}$, $P_6 = I_6V_6 = 0.33 \times 2.0 = 0.7\,\text{W}$
$P_3 = I_3V_3 = 0.67 \times 2.0 = 1.3\,\text{W}$

第 14 章

練習問題

14・1

1. (a) 図 A14・1 のとおり.

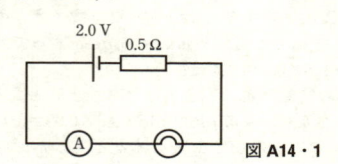

図 A14・1

(b) $E = V + Ir$ を用いて V すなわち豆電球に加わる電圧($=IR$)を

求める. $2.0 = V + (0.25 \times 0.5)$ ∴ $V = 2.0 - (0.25 \times 0.5) = 1.875$ V.
豆電球に供給される電力 $= IV = 0.25 \times 1.875 = 0.47$ W
(c) 電池が供給する電力 $= IE = 0.25 \times 2.0 = 0.50$ W
(d) 電池の内部抵抗が消費する電力 $= I^2 r = 0.25^2 \times 0.5 = 0.3$ W
2. (a) 図 A14・2 のとおり. 抵抗値が小さくなると電流が増え, 内部抵抗による電圧降下が大きくなったので, 電池の電極間の電圧 (=起電力－電圧降下) が小さくなった.

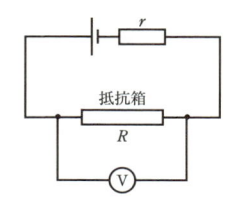

図 A14・2

(b) $E = V + Ir$ および $V = IR$ に与えられた 2 組の I と R の値を代入すると $E = 1.20 + I_1 r$, $I_1 = V/R = 1.2/16.0 = 0.075$ A. よって $E = 1.20 + 0.075 r$. 同様に $E = 1.00 + I_2 r$, $I_2 = V/R = 1.00/8.0 = 0.125$ A. よって $E = 1.00 + 0.125 r$. ∴ $1.20 + 0.075 r = 1.00 + 0.125 r$.
以上より, $0.125 r - 0.075 r = 1.20 - 1.00$
∴ $0.05 r = 0.20$ となり, $r = 0.20/0.05 = 4.0$ Ω
さらに, $E = 1.00 + (0.125 \times 4.0) = 1.50$ V

14・2

1. $V_y = \dfrac{R_y}{R_x + R_y} V_{\text{batt}}$ を用いて, (a) 1.0 mA, 1.0 V, (b) 0.25 mA, 0.25 V, (c) 0.11 mA, 3.45 V, (d) 0.030 A, 6.0 V
2. (a) 均衡した状態では電池 X から流れる電流はすべて 5 Ω の抵抗を流れる. したがって, 内部抵抗による電圧降下により電池の端子間電圧は起電力より低い. 移動接点が均衡位置にあるとき検流計に電流が流れないことに注意せよ.
(b) (i) $E_X = \dfrac{L_X}{L_S} E_S = \dfrac{0.775}{0.558} \times 1.08 = 1.50$ V
(ii) 5 Ω の抵抗をつけた電池の端子間電圧の均衡位置を用いる.
$V = E_S L_X' = \dfrac{1.08}{0.558} \times 0.692 = 1.34$ V ∴ 電流 $I = \dfrac{V}{R} = \dfrac{1.34}{5.0} = 0.27$ A
よって, $r = \dfrac{(E-V)}{I} = \dfrac{(1.50-1.34)}{0.27} = 0.6$ Ω

14・3

1. (a) $\dfrac{x}{50} = \dfrac{0.452}{0.548} = 0.82$ ∴ $x = 0.82 \times 50 = 41$ Ω
(b) 移動接点から金属線の X 側の端までの距離を L とする. 50 Ω の抵抗が 2 個並列になったときの合成抵抗は 25 Ω.
∴ $\dfrac{x}{25} = \dfrac{L}{(L_W - L)}$ ただし金属線の全長 $L_W = 1.00$ m. よって,
$\dfrac{L}{(L_W - L)} = \dfrac{41}{25} = 1.64$ ∴ $L = 1.64(L_W - L)$ から $2.64 L = 1.64 L_W$
よって, $L = \dfrac{1.64 L_W}{2.63} = \dfrac{1.64 \times 1 \text{ m}}{2.63} = 0.621$ m
2. (a) LDR は昼光より暗闇の方が抵抗値が大きく, LDR に加わる電圧が増え, 可変抵抗の電圧が減少する. その結果, XZ 間の電圧 (一定に保たれる) が YZ 間の電圧を超える.
(b) 暗闇の LDR の抵抗値と等しくなるまで可変抵抗の値を増やす. このとき YZ 間と XZ 間の電圧が等しくなる.

14・4

1. (a) $\rho = \dfrac{RA}{L} = \dfrac{58 \times \pi (0.24 \times 10^{-3})^2 / 4}{5.5} = 4.8 \times 10^{-7}$ Ω m
(b) $R = \dfrac{\rho L}{A} = \dfrac{4.8 \times 10^{-7} \times 1.0}{\pi (0.35 \times 10^{-3})^2 / 4} = 5.0$ Ω
2. 断面積 $A = $ 幅 $w \times$ 厚み t ∴ 抵抗率 $\rho = \dfrac{RA}{L} = \dfrac{Rwt}{L}$
よって, $t = \dfrac{\rho L}{Rw} = \dfrac{3.0 \times 10^{-5} \times 10^{-3}}{15 \times 1.0 \times 10^{-3}} = 2.0 \times 10^{-5}$ m

14・5

1. (a) $V_{\max} = 1.0$ mA $\times 100$ W $= 0.10$ V
(i) 分流抵抗を流れる電流 $i = 99$ mA
∴ 分流抵抗の値 $= 0.10$ V/0.099 A $= 1.01$ Ω
(ii) 分流抵抗を流れる電流 $i = 9.999$ A
∴ 分流抵抗の値 $= 0.10$ V/9.999 A $= 0.010$ Ω
(b) 直列抵抗を流れる電流 $= 1.0$ mA
(i) 直列抵抗に加わる電圧 $= 10.0 - 0.10 = 9.9$ V
∴ 直列抵抗の値 $= 9.9$ V/0.001 A $= 9900$ Ω
(ii) 直列抵抗に加わる電圧 $= 30.0 - 0.10 = 29.9$ V
∴ 直列抵抗の値 $= 29.9$ V/0.001 A $= 29.9$ kΩ
2. メーターの最大許容電流 $= 200$ mV/5.0 MΩ $= 40.0$ nA
(a) 直列抵抗を通して流す電流の最大値 $= 40.0$ nA
(i) 直列抵抗に加わる電圧の最大値 $= 2.0 - 0.2 = 1.8$ V
∴ 直列抵抗の値 $= 1.8$ V/40.0 nA $= 45$ MΩ
(ii) 直列抵抗に加わる電圧の最大値 $= 100.0 - 0.2 = 99.8$ V
∴ 直列抵抗の値 $= 99.8$ V/40.0 nA $= 2495$ MΩ
(b) 分流抵抗の両端の電圧の最大値 $= 200$ mV
(i) 分流抵抗に流れる電流の最大値 $= 200$ mA (-40 nA は無視)
∴ 分流抵抗の値 $= 200$ mV/200 mA $= 1.0$ Ω
(ii) 分流抵抗を流れる電流の最大値 $= 10$ A (-40 nA は無視)
∴ 分流抵抗の値 $= 200$ mV/10 A $= 20$ mΩ

章末問題

14・1 (a) (i) 図 A14・3 のとおり.

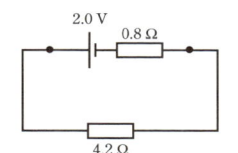

図 A14・3

(ii) $E = I(R+r)$ ∴ $I = \dfrac{2.0}{4.2 + 0.8} = 0.40$ A
$V = IR = 0.40 \times 4.2 = 1.68$ V
(b) (i) 電池の内部抵抗による電圧降下 $= Ir = 0.40 \times 0.80 = 0.32$ V. この値は電池の起電力と端子間電圧の差に等しい.

14・2 (a) 図 A14・4 のとおり.

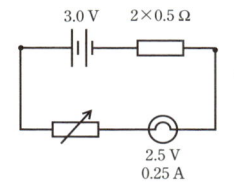

図 A14・4

(b) (i) $P = IV = 0.25 \times 2.5 = 0.625$ W
(ii) 生成された電気的エネルギー/秒 $= IE = 0.25 \times 3.0 = 0.75$ W
(c) 差 $= 0.75 - 0.625 = 0.175$ W
内部抵抗により電池内で消費した電力 $= I \times $ 電圧降下 $(Ir) = I^2 r = 0.25^2 \times 1.0 = 0.0625$ W
可変抵抗で消費される電力が $(0.175 - 0.0625)$ W $= 0.1125$ W の説明となる.

14・3 (a) $E = IR + Ir$ ∴ $E = (0.1 \times 15) + 0.1 r = 1.5 + 0.1 r$
さらに, $E = (0.2 \times 5.0) + 0.2 r = 1.0 + 0.2 r$
∴ $1.0 + 0.2 r = 1.5 + 0.1 r$ を整理して, $0.1 r = 0.5$
∴ $r = 5.0$ Ω; $E = 1.0 + (0.2 \times 5.0) = 2.0$ V
(b) $I = E/(R + r) = 2.0/(5.0 + 3.0) = 0.25$ A

14・4 (a) サーミスターの抵抗 $= 20$ kΩ (20 ℃)
∴ $V_R = [10/(20 + 10)] \times 12.0$ V $= 4.0$ V
(b) $V_R = [10/(10 + R)] \times 12.0 = 5.0$ ∴ $5.0(R + 10) = 12 \times 10$
これを整理して, $5.0 R = 120 - 50 = 70$ ∴ $R = 14$ kΩ
∴ 温度 $= 35$ ℃

14・5 (a) 図A14・5のとおり．

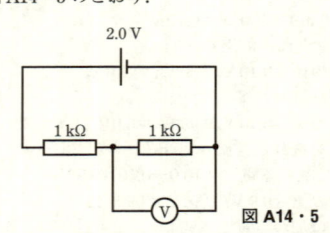

図 A14・5

(b) (i) 1.0 V，(ii) 電圧計と 1 kΩ の抵抗の並列接続で 0.5 kΩ だから，全抵抗=1.5 kΩ．よって電池から流れる電流は，電流=2.0 V/1.5 kΩ =1.33 mA となり，電圧計の読み=合成抵抗 0.5 kΩ に加わる電圧= 0.5 kΩ×1.33 mA=0.67 V．

14・6 (a) $E_X = \frac{L_X}{L_S} E_S = \frac{0.651}{0.885} \times 1.5 = 1.1$ V

(b) (i) $V = \frac{L_X'}{L_S} E_S = \frac{0.542}{0.885} \times 1.5 = 0.92$ V

(ii) $I = \frac{V}{R} = \frac{0.92}{2.0} = 0.46$ A ∴ $r = \frac{(E-V)}{I} = \frac{(1.1-0.92)}{0.46} = 0.4$ Ω

14・7 $\frac{P}{Q} = \frac{R}{S}$ を用いて, (a) $R = \frac{PS}{Q} = \frac{5.0 \times 50.0}{12.0} = 20.8$ Ω

(b) $Q = \frac{PS}{R} = \frac{5.0 \times 50.0}{20.0} = 12.5$ Ω, (c) $P = \frac{QR}{S} = \frac{12.0 \times 20.0}{50.0} = 4.8$ Ω

14・8 (a) (i) $\frac{R}{S} = \frac{(1000-438)}{438}$ ∴ $R = 1.28S = 15.4$ Ω

(ii) $L=438+2=440$ mm に対し, $R = \frac{(1000-440)S}{440} = 15.3$ Ω

∴ R の誤差=0.1 Ω．

(b) $\frac{1}{S'} = \frac{1}{6} + \frac{1}{12}$ ∴ $S'=4.0$ Ω ∴ $\frac{1000-L}{L} = \frac{15.4}{4.0}$

$4000-4.0L=15.4L$, よって, $19.4L=4000$ ∴ $L=\frac{4000}{19.4}=206$ mm

14・9 (a) $R = \frac{\rho L}{A} = \frac{4.8 \times 10^{-7} \times 1.50}{\pi (0.36 \times 10^{-3})^2/4} = 7.1$ Ω

(b) $A = \frac{\rho L}{R} = \frac{4.8 \times 10^{-7} \times 10}{105} = 4.57 \times 10^{-8}$ m^2 ∴ $\frac{\pi d^2}{4} = 4.57 \times 10^{-8}$

よって, $d^2 = 4.57 \times 10^{-8} \times 4/\pi = 5.82 \times 10^{-8}$ m^2 ∴ $d = 2.4 \times 10^{-4}$ m

(c) $L = \frac{RA}{\rho} = \frac{0.040 \times \pi (2.0 \times 10^{-3})^2/4}{1.7 \times 10^{-8}} = 7.4$ m

14・10 (a) メーターと並列に分流抵抗 S を取付ける．

ただし $S = \frac{ir}{(I-i)}$

(i) $S = \frac{0.10 \text{ mA} \times 500 \text{ Ω}}{(100-0.1) \text{ mA}} = 0.50$ Ω, (ii) $S = \frac{0.10 \text{ mA} \times 500 \text{ Ω}}{(5.0-0.0001) \text{ A}} = 10$ mΩ

(b) メーターと直列に分圧抵抗 R を取付ける．

ただし $R = \frac{V-v}{v} r$, $v=ir$

(i) $R = \frac{(1.0-0.05) \times 500}{0.05} = 9.5$ kΩ

(ii) $R = \frac{(15.0-0.05) \times 500}{0.05} = 149.5$ kΩ

第 15 章

練習問題

15・1

1. (i) $Q=CV=10$ μF$\times 6.0$ V$=60.0$ mC
   (ii) $V=Q/C=0.33$ μC/0.22 μF$=1.5$ V
   (iii) $C=Q/V=(9.90 \times 10^4$ μC$)/4.50$ V$=22\,000$ μF
   (iv) $V=Q/C=(5.00 \times 10^{-2}$ μC$)/(1.00 \times 10^{-3}$ μF$)=50$ V
2. (a) $Q=CV=2200$ μF$\times 9.0$ V$=19\,800$ μC
   (b) $Q=It$ を変形し, $t=Q/I=19\,800$ μC/0.25 mA$=79.2$ s

15・2

1. (a) (i) $\frac{1}{C} = \frac{1}{3} + \frac{1}{6} = \frac{6+3}{3 \times 6} = \frac{9}{18} = \frac{1}{2}$ ∴ $C=2$ μF
   (ii) $C=3+6=9$ μF
   (b) 回路A: (i) 6 μF と 12 μF のコンデンサーの直列接続による合成電気容量 C_1 は,
   $\frac{1}{C_1} = \frac{1}{6} + \frac{1}{12} = \frac{12+6}{6 \times 12} = \frac{18}{72}$ ∴ $C_1 = \frac{72}{18} = 4$ μF
   よって全部の電気容量は $C=4+2=6$ μF
   (ii) 蓄積された全電荷 $Q=CV_{\text{batt}}=6$ μF$\times 12$ V$=72$ μC
   (iii) 2 μF: $V=V_{\text{batt}}=12$ V ∴ $Q=CV=2$ μF$\times 12$ V$=24$ μC
   6 μF: $Q=72-24=48$ μC ∴ $V=\frac{Q}{C}=\frac{48 \text{ μC}}{6}=8$ V
   12 μF: $Q=48$ μC, $V=12-8=4$ V
   (c) 回路B: (i) 1 μF と 2 μF のコンデンサーの並列接続による合成電気容量は 3 μF．よって 3 μF と 6 μF の直列合成電気容量=2 μF．
   (ii) $Q=CV=2$ μF$\times 5.0$ V$=10$ μC
   (iii) 6 μF: $Q=10$ μC（蓄積された全電荷と同じ）
   ∴ $V=\frac{Q}{C}=\frac{10 \text{ μC}}{6 \text{ μF}}=1.67$ V
   1 μF: $V=5.0-1.67=3.33$ V
   ∴ $Q=CV=1$ μF$\times 3.33$ V$=3.33$ μC; 2 μF: $V=3.33$ V
   ∴ $Q=CV=2$ μF$\times 3.33(3)$V$=6.67$ μC
2. (a) 蓄積された全電荷 $Q=CV=4.7$ μF$\times 6.0$ V$=28$ μC
   (b) 合成電気容量=10+4.7=14.7 μF
   ∴ 最終的な電圧=$\frac{\text{蓄積された全電荷}}{\text{合成電気容量}} = \frac{28 \text{ μC}}{14.7 \text{ μF}} = 1.90$ V
   (c) 4.7 μF: $Q=CV=4.7$ μF$\times 1.90$ V$=9$ μC
   10 μF: $Q=10$ μF$\times 1.90$ V$=19$ μC

15・3

1. (a) (i) $E=\frac{1}{2}CV^2=\frac{1}{2} \times 5.0 \times 10^{-6} \times 12^2 = 360 \times 10^{-6}$ J$=360$ μJ
   (ii) $V=Q/C=1.8$ mC/100 μF$=18$ V
   ∴ $E=\frac{1}{2}CV^2=\frac{1}{2} \times 100 \times 10^{-6} \times 18^2 = 1.62 \times 10^{-2}$ J
   (iii) $E=\frac{1}{2}QV=0.5 \times 30 \times 10^{-3} \times 6.0 = 9.0 \times 10^{-2}$ J
   (b) (i) $E=\frac{1}{2}CV^2$ を変形し,
   $V^2 = 2E/C = 2 \times 250 \times 10^{-6}/20 \times 10^{-6}=25$ ∴ $V=5.0$ V
   (ii) $E=\frac{1}{2}CV^2=\frac{1}{2} \times 50\,000 \times 10^{-6} \times 6.0^2 = 0.90$ J
   ∴ 時間=$\frac{\text{エネルギー}}{\text{電力}} = \frac{0.90 \text{ J}}{0.2 \text{ W}} = 4.5$ s
2. (a) (i) $Q=CV=100$ μF$\times 6.0$ V$=600$ μC
   $E=\frac{1}{2}CV^2=\frac{1}{2} \times 100 \times 10^{-6} \times 6.0^2 = 1.8 \times 10^{-3}$ J
   (ii) 合成電気容量=100+50=150 μF
   ∴ 最終的な電圧=$\frac{\text{最初に蓄積された電荷}}{\text{合成電気容量}} = \frac{600 \text{ μC}}{150 \text{ μF}} = 4.0$ V
   (iii) 100 μF: $Q=CV=100$ μF$\times 4.0$ V$=400$ μC; $E=\frac{1}{2}CV^2=\frac{1}{2} \times 100 \times 10^{-6} \times 4.0^2 = 8.0 \times 10^{-4}$ J
   50 μF: $Q=CV=50$ μF$\times 4.0$ V$=200$ μC
   $E=\frac{1}{2}CV^2=\frac{1}{2} \times 50 \times 10^{-6} \times 4.0^2 = 4.0 \times 10^{-4}$ J
   (b) 消費されたエネルギー=1.8 mJ$-(0.8+0.4)$ mJ$=0.6$ mJ

15・4

1. (a) $C=\frac{A\varepsilon_0 \varepsilon_r}{d}$ を用いて,
   $C=\frac{1.5 \times 0.04 \times 8.85 \times 10^{-12} \times 2.5}{0.010 \times 10^{-3}} = 1.3 \times 10^{-7}$ F
   (b) (i) 厚み 0.10 mm のとき, $V=700$ kV mm$^{-1} \times 0.01$ mm$=7$ kV
   (ii) $E=\frac{1}{2}CV^2=0.5 \times 1.3 \times 10^{-7} \times 7000^2 = 3.2$ J
2. (a) $C=\frac{A\varepsilon_0}{d}$ を用いて, $C=\frac{6.0 \times 8.85 \times 10^{-12}}{0.10} = 5.3 \times 10^{-10}$ F
   (b) $Q=CV=5.3 \times 10^{-10} \times 1000 = 5.3 \times 10^{-7}$ C
   $E=\frac{1}{2}CV^2=0.5 \times 5.3 \times 10^{-10} \times 1000^2 = 2.7 \times 10^{-4}$ J

15・5

1. (a) $Q_0 = CV_0 = 5.0$ μF$\times 12.7$ V$=60$ μC

練習問題および章末問題の解答   349

$E = \frac{1}{2}CV^2 = \frac{1}{2} \times 5.0 \times 10^{-6} \times 12.0^2 = 360\ \mu\text{J}$

(b) $\frac{t}{CR} = \frac{5.0}{5.0 \times 10^{-6} \times 0.5 \times 10^6} = 2.0$

∴ $Q = Q_0 e^{-t/CR} = 60\ e^{-2} = 60 \times 0.135 = 8.1\ \mu\text{C}$

∴ $V = \frac{Q}{C} = \frac{8.1 \times 10^{-6}}{5.0 \times 10^{-6}} = 1.6\ \text{V}$

2. (a) $Q_0 = CV_0 = 2200 \times 10^{-6} \times 6.0 = 0.013\ \text{C}$
   (b) $CR = 2200 \times 10^{-6} \times 100 \times 10^3 = 220\ \text{s}$
   (c) $t = CR$, $Q = Q_0 e^{-1} = 0.37\ Q_0 = 0.0048\ \text{C}$
   $V = \frac{Q}{C} = \frac{0.0048}{2200 \times 10^{-6}} = 2.2\ \text{V}$
   (d) $I = \frac{V}{R} = \frac{2.2}{100 \times 10^3} = 2.2 \times 10^{-5}\ \text{A}$

章末問題

15・1 (a) (i) 充電電流は LED を点灯するのに十分な電流である．
(ii) 充電電流が LED を点灯できないほど少なくなる．
(b) (i) $Q = CV \times 5000 \times 10^{-6}\ \text{F} \times 3.0\ \text{V} = 1.5 \times 10^{-2}\ \text{C}$
(iii) $t = \frac{Q}{I} = \frac{1.5 \times 10^{-2}}{0.15 \times 10^{-3}} = 100\ \text{s}$

15・2 (a) (i) $C = 3 + 6 = 9\ \mu\text{F}$
(ii) $\frac{1}{C} = \frac{1}{3} + \frac{1}{6} = \frac{6+3}{3 \times 6} = \frac{9}{18}$ ∴ $C = \frac{18}{9} = 2\ \mu\text{F}$

(b) (i) 3 μF と 6 μF を並列にしたときの合成電気容量は 9 μF．したがって全電気容量は次のとおり．
$\frac{1}{C} = \frac{1}{9} + \frac{1}{11} = \frac{11+9}{9 \times 11} = \frac{20}{99}$ ∴ $C = \frac{99}{20} = 4.95\ \mu\text{F}$
(ii) $Q = CV = 4.95 \times 10^{-6} \times 6.0 = 2.97 \times 10^{-5}\ \text{C}$
(iii) 11 μF: $Q = 2.97 \times 10^{-5}\ \text{C}$ ∴ $V = \frac{Q}{C} = \frac{2.97 \times 10^{-5}}{11 \times 10^{-6}} = 2.7\ \text{V}$
$E = \frac{1}{2}CV^2 = 0.5 \times 11 \times 10^{-6} \times 2.7^2 = 4.0 \times 10^{-5}\ \text{J}$
3 μF: $V = 6.0 - 2.7 = 3.3\ \text{V}$ ∴ $Q = CV = 3 \times 10^{-6} \times 3.3 = 9.9 \times 10^{-6}\ \text{C}$
$E = \frac{1}{2}CV^2 = 0.5 \times 3 \times 10^{-6} \times 3.3^2 = 1.6 \times 10^{-5}\ \text{J}$
6 μF: $V = 6.0 - 2.7 = 3.3\ \text{V}$ ∴ $Q = CV = 6 \times 10^{-6} \times 3.3 = 19.8 \times 10^{-6}\ \text{C}$
$E = \frac{1}{2}CV^2 = 0.5 \times 6 \times 10^{-6} \times 3.3^2 = 3.2 \times 10^{-5}\ \text{J}$

15・3 (a) $C = \frac{A\varepsilon_0 \varepsilon_r}{d} = \frac{0.30 \times 0.25 \times 8.85 \times 10^{-12} \times 3.5}{1.5 \times 10^{-3}} = 1.55 \times 10^{-9}\ \text{F}$
(b) $Q = CV = 1.55 \times 10^{-9} \times 50 = 7.7 \times 10^{-8}\ \text{C}$
$E = \frac{1}{2}CV^2 = 0.5 \times 1.55 \times 10^{-9} \times 50^2 = 1.9 \times 10^{-6}\ \text{J}$

15・4 (a) (i) $Q_0 = CV_{\text{batt}} = 4.7 \times 10^{-6} \times 9.0 = 4.2 \times 10^{-5}\ \text{C}$
$E = \frac{1}{2}CV^2 = 0.5 \times 4.7 \times 10^{-6} \times 9.0^2 = 1.9 \times 10^{-4}\ \text{J}$
(ii) 時定数 $CR = 4.7 \times 10^{-6} \times 10 \times 10^6 = 47\ \text{s}$
(iii) $t = 100\ \text{s}$ において，$t/CR = 100/47 = 2.12$
∴ $Q = Q_0 e^{-t/CR} = 4.2 \times 10^{-5} \times e^{-2.12} = 5.0 \times 10^{-6}\ \text{C}$
$V = \frac{Q}{C} = \frac{5.0 \times 10^{-6}}{4.7 \times 10^{-6}} = 1.06\ \text{V}$
$E = \frac{1}{2}CV^2 = 0.5 \times 4.7 \times 10^{-6} \times 1.06^2 = 2.6 \times 10^{-6}\ \text{J}$
(b) (i) 最初の電荷 = $4.2 \times 10^{-5}\ \text{C}$; 全電気容量 = $4.7 + 2.2 = 6.9\ \mu\text{F}$
∴ $V = \frac{Q}{C} = \frac{4.2 \times 10^{-5}}{6.9 \times 10^{-6}} = 6.1\ \text{V}$
(ii) 4.7 μF: $E = \frac{1}{2}CV^2 = 0.5 \times 4.7 \times 10^{-6} \times 6.1^2 = 8.7 \times 10^{-5}\ \text{J}$
2.2 μF: $E = \frac{1}{2}CV^2 = 0.5 \times 2.2 \times 10^{-6} \times 6.1^2 = 4.1 \times 10^{-5}\ \text{J}$
(iii) 蓄えられたエネルギーの損失
$= 1.9 \times 10^{-4}\ \text{J} - (8.7 \times 10^{-5}\ \text{J} + 4.1 \times 10^{-5}\ \text{J}) = 7.2 \times 10^{-5}\ \text{J}$

15・5 (a) 入力抵抗 $= \frac{6.0\ \text{V}}{0.5\ \text{mA}} = 12\,000\ \Omega$
(b) (i) $CR = 50\,000 \times 10^{-6} \times 12\,000 = 600\ \text{s}$
(ii) $\frac{t}{CR} = \frac{100}{600} = 0.167$ ∴ $Q = Q_0 e^{-t/CR} = Q_0 e^{-0.167} = 0.85\ Q_0$
∴ $V = \frac{Q}{C} = \frac{0.85\ Q_0}{C} = 0.85\ V_0 = 5.1\ \text{V}$

(iii) $Q = Q_0 e^{-t/CR}$ ∴ $V = \frac{Q}{C} = \frac{Q_0}{C} e^{-t/CR} = V_0 e^{-t/CR}$

よって，$5.0 = 6.0\ e^{-t/CR}$ ∴ $e^{-t/CR} = \frac{5.0}{6.0} = 0.83$

∴ $\frac{-t}{CR} = \ln 0.83 = -0.186$, $t = 0.186\ CR = 0.186 \times 600 = 112\ \text{s}$

第 16 章

練習問題

16・1
1. デジタル：(a), (b); アナログ：(c), (d)
2. 図 A16・1 のとおり．

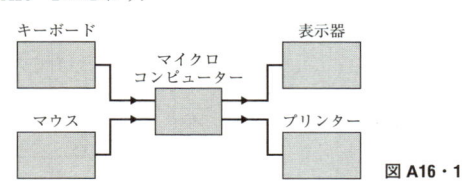

図 A16・1

16・2
1. 図 A16・2 のとおり．

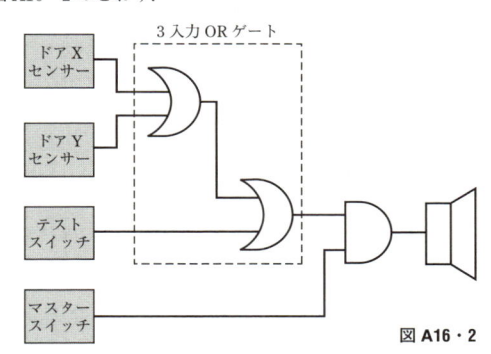

図 A16・2

A	B	出力(a)	出力(b)	出力(c)
0	0	1	1	0
0	1	1	0	1
1	0	0	1	1
1	1	1	1	0

2. (a) "警報＝1" の条件："マスタースイッチ＝1" AND ("ドア X センサー＝1" OR "ドア Y センサー＝1" OR "テストスイッチ＝1")
(b) "警報＝1" の条件："マスタースイッチ＝1" AND ("煙センサー＝1" OR "パニックボタン＝1" OR "テストスイッチ＝1")
（図 A16・3）

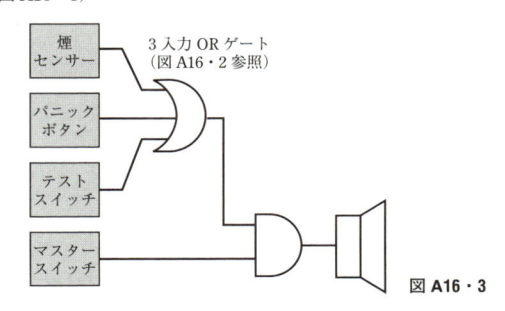

図 A16・3

16・3
1. (a) テストスイッチから論理状態 1 が OR ゲートに入り，ゲート出力が 1 となってトランジスターとリレーを駆動する．

(b) (i) 温度が上がると温度センサーの出力電圧が上がる．ある温度に達したときの電圧が，OR ゲートへの入力として論理状態 1 とみなせるようになる．その結果，OR ゲートが扇風機を on にする．
(ii) サーミスターの抵抗がより低いとき，したがってより高温でスイッチが on になる．可変抵抗の値を小さくすると，サーミスターの抵抗が小さくない限り，OR ゲートの入力電圧が論理状態 1 とみなせるほど上がらない．

2. 図 A16・4 のとおり．

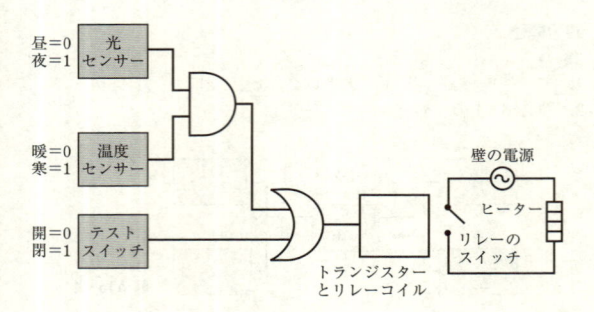

図 A16・4

図 A16・5

16・4

1. 回路 A: (a) 電圧利得 $= \dfrac{-R_F}{R_1} = \dfrac{-15\,\text{M}\Omega}{0.5\,\text{M}\Omega} = -30$

(b) $V_{IN} = \dfrac{-V_{OUT}}{-30} = \dfrac{15}{30} = 0.5\,\text{V}$

回路 B: (a) 電圧利得 $= \dfrac{R_F + R_1}{R_1} = \dfrac{(10+1)}{1} = 11$

(b) $V_{IN} = \dfrac{V_{OUT}}{11} = \dfrac{15}{11} = 1.4\,\text{V}$

2. (a) Q の入力電圧は一定である．可変抵抗の値を大きくすると P の入力電圧が大きくなる．P の電圧が Q の電圧を超えたとき，オペアンプの出力の符号が反転する．

(b) 温度が下がると，サーミスターの抵抗が大きくなり，P の入力電圧が下がる．Q の固定電圧より P の電圧が下がると，オペアンプの出力は符号を反転して $+15\,\text{V}$ になる．

16・5

1. (a) 時定数 CR が大きくなるので遅延時間も長くなる．
(b) 時定数 CR が小さくなるので遅延時間が短くなる．

2. (a) (i) $I = CR = 1 \times 10^{-6}\,\text{F} \times 1000\,\Omega = 1 \times 10^{-6}\,\text{s}$
(ii) 各パルスで on と off の持続時間がともに CR に等しいので，$2 \times 10^{-3}\,\text{ms}$ となり，繰返しの振動数は 500 Hz〔$= 1/(2 \times 10^{-3}\,\text{s})$〕．
(b) (a) のときと比較すると，一方の状態は 4.7 倍の時間持続し，他方の状態は 10 倍持続するので，パルスの繰返し時間は 14.7 倍に伸びる．

章末問題

16・1

入力 A	入力 B	出力 (a)	出力 (b)	出力 (c)
0	0	0	1	1
0	1	0	1	1
1	0	0	1	1
1	1	1	0	0

16・2 (a) (i) システムが動くか否かのテストのため．
(ii) 可変抵抗の値を大きくする．(iii) OR
(b) 論理回路の出力電圧が high になるとトランジスターのベースに電流が流れ込む．その結果，コレクターを経由してリレーコイルに電流が流れ，リレーが動作して扇風機のモーターが動き出す．

16・3 (a) 図 A16・5 のとおり．
(b) コンデンサーの充電時間が長くなるため遅延時間が増大し，最初の AND ゲートの入力電圧が論理状態 1 になるまでの時間が余計にかかる．

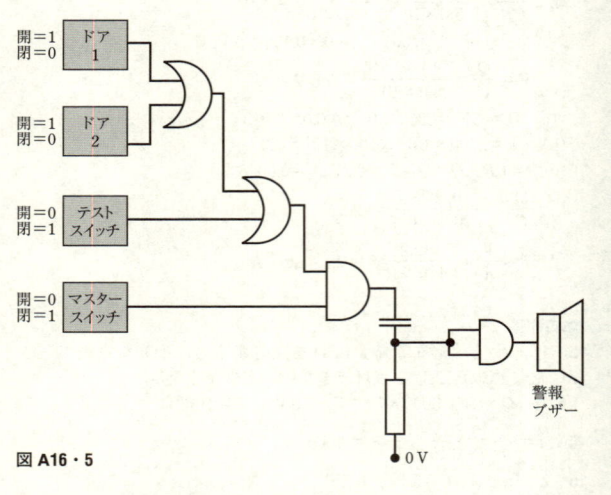

16・4 (a) (i) 図 A16・6 のとおり．
(ii) Q の電圧が P の入力電圧より高いとき出力波形は正に飽和し，P の入力電圧が Q の電圧より高いときは負に飽和する．Q の電圧が $+0.5\,\text{V}$，入力電圧は振幅 1.0 V の交流だから，出力電圧が正に飽和している時間の方が負に飽和している時間より長い．

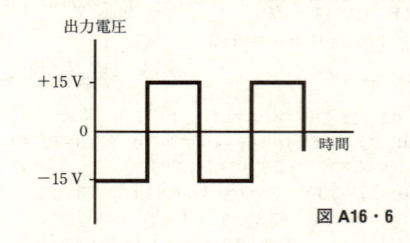

図 A16・6

(b) (i) 非反転増幅器，(ii) 6 〔$=(2.0+0.4)/0.4$〕，(iii) 2.5 ($=15\,\text{V}/6$)

16・5 (a) (i) $-2.0\,\text{V}\left(=\dfrac{-R_F}{R_1}V_1 = \dfrac{-1.0}{0.5} \times 2.0\right)$

(ii) $-3.0\,\text{V}\left(=\dfrac{-R_F}{R_2}V_2 = \dfrac{-1.0}{0.5} \times 1.5\right)$, (iii) $-5.0\,\text{V}(=-2.0\,\text{V}-3.0\,\text{V})$

(b) 表 A16・1 と図 A16・7 のとおり．

表 A16・1

2 進数			出力電圧/V
V_C	V_B	V_A	
0	0	0	0
0	0	1	1
0	1	0	2
0	1	1	3
1	0	0	4
1	0	1	5
1	1	0	6
1	1	1	7

図 A16・7

第 17 章

練習問題

17・1

1. $F = \dfrac{1}{4\pi\varepsilon_0} \times \dfrac{Q_1 Q_2}{r^2}$

$= \dfrac{+1.6 \times 10^{-19} \times -1.6 \times 10^{-19}}{4\pi \times 8.85 \times 10^{-12} \times (0.10 \times 10^{-9})^2} = -2.3 \times 10^{-8}\,\text{N}$

2. 電荷 $+2.5\,\text{nC}$ と $+1.5\,\mu\text{C}$ の間の力は，

練習問題および章末問題の解答

$$F_1 = \frac{+2.5\times 10^{-9}\times +1.5\times 10^{-6}}{4\pi\times 8.85\times 10^{-12}\times (0.10)^2} = 3.4 \text{ mN （斥力）}$$

電荷 +2.5 nC と −3.5 μC の間の力は,

$$F_2 = \frac{+2.5\times 10^{-9}\times -3.5\times 10^{-6}}{4\pi\times 8.85\times 10^{-12}\times (0.10)^2} = -7.9 \text{ mN （引力）}$$

+2.5 nC に作用する力は,+1.5 μC から離れる方向に 3.4 mN,および −3.5 μC の方向に 7.9 mN である.+2.5 nC に作用するこれらの力は同じ向きだから,全体として −3.5 μC の方向に 11.3 mN (= 7.9 mN+3.4 mN) の力が加わる.

17・2

1. (a) 位置エネルギーの変化分 $\Delta E_P = q(V_2-V_1)$
 (i) $\Delta E_P = +2.5 \text{ nC} = +2.5 \text{ nC} \times (6.0-4.0) = 5.0 \text{ nJ}$, (ii) $\Delta E_P = 0$,
 (iii) $\Delta E_P = -5.0 \text{ nJ}$
 (b) $Fd = q(V_2-V_1)$ ∴ $F = \frac{5.0\times 10^{-9} \text{ J}}{5.0\times 10^{-3} \text{ m}} = 1.0\times 10^{-6} \text{ N}$

2. (a) (i) 負
 (ii) $\frac{qV}{d} = mg$ を変形すると,
 $q = \frac{mgd}{V} = \frac{2.5\times 10^{-15}\times 9.8\times 12.0\times 10^{-3}}{600} = 4.9\times 10^{-19} \text{ C}$
 (b) 図 A17・1 のとおり.

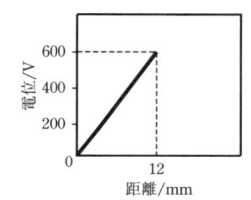

図 A17・1

 (c) (i) 接地した電極板の上 2.00 mm で V = 100 V
 ∴ 電気力による位置エネルギー $E_P = qV = +4.9\times 10^{-17}$ J
 (ii) 接地した電極板の上 6.00 mm で V = 300 V
 ∴ $E_P = qV = +1.47\times 10^{-16}$ J
 (iii) 接地した電極板の上 10.00 mm で V = 500 V
 ∴ $E_P = qV = +2.45\times 10^{-16}$ J

17・3

1. (a) $F = qE = 3.2\times 10^{-19} \times 120\,000 = 3.8\times 10^{-14}$ N
 (b) $\Delta E_P = q\Delta V = qE\Delta x = 3.8\times 10^{-14} \times 5.0\times 10^{-6} = 1.9\times 10^{-19}$ J

2. (a) $E = V/d = 300/0.010 = 30\,000$ V m^{-1}
 (b) $Q/A = \varepsilon_0 E = 8.85\times 10^{-12} \times 30\,000 = 2.7\times 10^{-7}$ C m^{-2}
 (c) 電子の個数/m^2 = $(2.7\times 10^{-7})/(1.6\times 10^{-19}) = 1.7\times 10^{12}$
 ∴ 電子の個数/mm^2 = $1.7\times 10^{12} \times 10^{-6} = 1.7\times 10^6$

17・4

1. (a) $E = \frac{Q}{4\pi\varepsilon_0 r^2}$
 $= \frac{+8.5\times 10^{-12}}{4\pi\times 8.85\times 10^{-12}\times (5.0\times 10^{-3})^2} = 3.1\times 10^3$ V m^{-1}
 $V = \frac{Q}{4\pi\varepsilon_0 r} = \frac{+8.5\times 10^{-12}}{4\pi\times 8.85\times 10^{-12}\times (5.0\times 10^{-3})} = 15.3$ V
 (b) $E = V_P/d = 200/(40\times 10^{-3}) = 5000$ V m^{-1}. 中点で,V = 100 V

2. (a) $V_S = \frac{Q}{4\pi\varepsilon_0 R_S}$ を変形すると,
 $Q = 4\pi\varepsilon_0 R_S V_S = 4\pi\times (8.85\times 10^{-12})\times 0.20\times 100\,000 = 2.2\times 10^{-6}$ C
 (b) $E = \frac{Q}{4\pi\varepsilon_0 R_S^2} = \frac{4\pi\varepsilon_0 R_S V_S}{4\pi\varepsilon_0 R_S^2} = \frac{V_S}{R_S} = \frac{100\,000}{0.20} = 500\,000$ V m^{-1}
 (c) r = 2.0 m において,
 $E = \frac{Q}{4\pi\varepsilon_0 r^2} = \frac{+2.2\times 10^{-6}}{4\pi\times 8.85\times 10^{-12}\times (2.0)^2} = 5000$ V m^{-1}
 $V = \frac{Q}{4\pi\varepsilon_0 r} = \frac{+2.2\times 10^{-6}}{4\pi\times 8.85\times 10^{-12}\times (2.0)} = 10\,000$ V

章末問題

17・1 (a) 図 A17・2 のとおり.

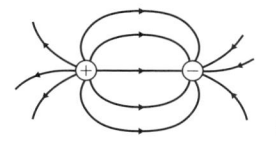

図 A17・2

 (b) $F_1 = \frac{+2.5\times 10^{-12}\times -7.2\times 10^{-12}}{4\pi\times 8.85\times 10^{-12}\times (0.020)^2} = 4.0\times 10^{-10}$ N （引力）
 (c) 正電荷を Q_1, 負電荷を Q_2 とすると,Q_1 による電場 E_1 は,
 $E_1 = \frac{Q_1}{4\pi\varepsilon_0 r^2} = \frac{+2.5\times 10^{-12}}{4\pi\times 8.85\times 10^{-12}\times (0.010)^2} = 225$ V m^{-1}
 （Q_1 から遠ざかる向き）
 Q_2 よる電場 E_2 は,
 $E_2 = \frac{Q_2}{4\pi\varepsilon_0 r^2} = \frac{-7.2\times 10^{-12}}{4\pi\times 8.85\times 10^{-12}\times (0.010)^2} = -648$ V m^{-1}
 （負なので Q_2 へ向かう）

図 A17・3

中点の電場は両方とも同じ向きなので全電場は $E = E_1+E_2$ となり（図 A17・3）,$E = 225+648 = 873$ V m^{-1}. Q_1 による中点の電位 V_1 は r を中点までの距離として,
$V_1 = \frac{Q_1}{4\pi\varepsilon_0 r} = \frac{+2.5\times 10^{-12}}{4\pi\times 8.85\times 10^{-12}\times (0.010)} = 2.25$ V
Q_2 による中点の電位 V_2 は
$V_2 = \frac{Q_2}{4\pi\varepsilon_0 r} = \frac{-7.2\times 10^{-12}}{4\pi\times 8.85\times 10^{-12}\times (0.010)} = -6.48$ V
電位は,$V = V_1+V_2 = 2.25+(-6.48) = -4.23$ V

17・2 (a) (i) $E = V/d = 430/(5.0\times 10^{-3}) = 8.6\times 10^4$ V m^{-1}
 (ii) $\frac{qV}{d} = mg$ を変形すると,
 $q = \frac{mgd}{V} = \frac{5.6\times 10^{-15}\times 9.8\times 5.0\times 10^{-3}}{430} = 6.4\times 10^{-19}$ C
 (b) 一定の電荷をもち,つり合いの状態にある油滴の質量 m は電位 V と比例する.したがって油滴の新たな質量は,
 $m' = \frac{mV}{V} = \frac{5.6\times 10^{-15}\times 620}{430} = 8.1\times 10^{-15}$ kg
 ∴ 帯電していない油滴の質量は $m'-m = 2.5\times 10^{-15}$ kg

17・3

(a) $F = \frac{-e^2}{4\pi\varepsilon_0 r^2} = \frac{-(1.6\times 10^{-19})^2}{4\pi\times 8.85\times 10^{-12}\times (1.0\times 10^{-10})^2} = 2.3\times 10^{-8}$ N
(b) 電荷 +e から距離 r の位置の電位は,
$\frac{e}{4\pi\varepsilon_0 r} = \frac{1.6\times 10^{-19}}{4\pi\times 8.85\times 10^{-12}\times (1.0\times 10^{-10})} = 14.4$ V
∴ 14.4 V のところの電子の位置エネルギーは,
$-14.4\,e = -14.4\times 1.6\times 10^{-19} = -2.3\times 10^{-18}$ J
∴ 電子と陽子を無限遠まで引離すための仕事は 2.3×10^{-18} J

17・4 (a) 小さな試験電荷 q を中点に置くとき,各電荷から同じ大きさで逆向きの力が作用する.よって合成された力は 0 となる.
(b) (i) 一方の電荷 1.6 nC から 20 mm の位置の電位は,
$\frac{Q}{4\pi\varepsilon_0 r} = \frac{+1.6\times 10^{-9}}{4\pi\times 8.85\times 10^{-12}\times (0.020)} = +720$ V
他方の電荷から同じ距離における電位も +720 V.
∴ 全電位 720+720 = 1440 V
(ii) 図 A17・4 のとおり.

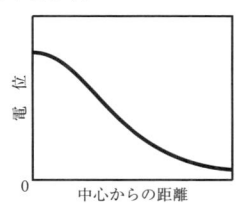

図 A17・4

(c) $W = qV = 1.5 \times 10^{-17} \times 1440 = 2.2 \times 10^{-14}$ J

17・5 (a) $V_S = \dfrac{Q}{4\pi\varepsilon_0 R_S}$ より, $E_S = \dfrac{Q}{4\pi\varepsilon_0 R_S^2} = \dfrac{V_S}{R_S}$

(i) $E_S = 10\,000/100 = 100$ V m^{-1}

(ii) $E_S = 10\,000/(1.0 \times 10^{-3}) = 1.0 \times 10^7$ V m^{-1}

(b) 電荷はとがったところに集まる. とがった点の曲率半径は非常に小さく電場が非常に強くなる.

(c) (i) $V_S = \dfrac{Q}{4\pi\varepsilon_0 R_S}$ を変形すると,

$Q = 4\pi\varepsilon_0 R_S V = 4\pi \times (8.85 \times 10^{-12}) \times 0.100 \times 5000 = 5.6 \times 10^{-8}$ C

(ii) 接触すると両方の導体の電位が等しくなり, $Q = 4\pi\varepsilon_0 R_S V$ だから半径に比例した電荷の配分になる. よって大球は半径が2倍だから電荷も2倍となり, 3.7×10^{-8} C 〔$=(2/3) \times 5.6 \times 10^{-8}$ C〕, 小球は 1.9×10^{-8} C 〔$=(1/3) \times 5.6 \times 10^{-8}$ C〕となる.

(iii) $V_S = \dfrac{Q}{4\pi\varepsilon_0 R_S} = \dfrac{3.7 \times 10^{-8}}{4\pi \times (8.85 \times 10^{-12}) \times 0.100} = 3330$ V, どちらの球も同じ.

第 18 章

練習問題

18・1

1. (a) 鋼鉄は磁化が失われないが軟鉄は失われるため.
(b) (i) 二つの磁石の位置がわかればよい. つまり, それらが方位磁石に向けた二つ磁石のN極と方位磁石が等しい位置になるからである. 方位磁石の針は強いN極によってより反発を受けることになる.
(ii) 図18・6にあるように磁石と方位磁石の方を向いた二つ磁石のN極により, 距離を調整すると方位磁石の針が二つの磁石の軸に対して45°になる. もし方位磁石の針が90°以上になればその磁石のS極がN極よりも強いことになる.

2. 図 A18・1のとおり.

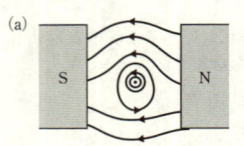

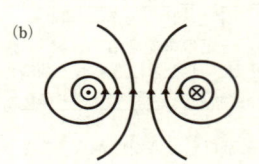

図 A18・1

18・2

1. (a) 軟鉄は磁化されやすく消磁されやすいため.
(b) 銅は抵抗がとても低く, 巻くのもきわめて容易なため.
(c) 酸化されず融点も高いので, 放電にも耐えられるため.

2. (a) p.184 参照.
(b) ヒューズは融けると交換しなければならない. ブレーカーは交換しなくてもよくリセットすればよい.

18・3

1. (a) 反時計回り. 必要なら図 18・14 を参照.
(b) 整流子が半回転ごとにコイルに流れる電流の向きを反転させる. コイルのどちらの側もある極に近づくとき, 電流が同じ方向に流れる. その結果, その力は同じ方向に生じることになる.

2. (a) Xは他に比べ振れない. なぜなら磁石によってコイルに発生する力が弱いためである.
(b) XがYよりよく振れる. コイルが回転を止めるよりも, 渦巻きばねがもっと締まるからである.

18・4

1. (a) (i) $F = BIL = 0.080 \times 5.2 \times 10^{-2} \times 3.2 = 13.3$ nN (北向き)
(ii) $F = BIL$ を変形して, $I = F/BL = 0.015/(0.25 \times 0.040) = 1.5$ A の大きさで, 向きは北から南を向いている.
(b) (i) n を単位長さ当たりの巻き数として力 $F = BILn$
したがって, $F = 0.055 \times 7.2 \times 40 \times 10^{-3} \times 80 = 1.5$ N
(ii) コイル全体に作用するトルク $=F \times$(力の作用線に垂直な距離)

$= 1.5$ N $\times 0.030$ m $= 0.045$ Nm

2. (a) (i) 導線が受ける力 $= 105.38 - 104.92 = 0.46$ g $= 4.6 \times 10^{-4}$ kg
∴ 導線が受ける力 $= 4.6 \times 10^{-4} \times 9.8 = 4.5 \times 10^{-3}$ N
(ii) $B = F/IL = (4.5 \times 10^{-3})/(6.5 \times 0.035) = 2.0 \times 10^{-2}$ T
(b) 磁力線と導線とのなす角は 60° である.
∴ $F = BIL \sin 60 = 2.0 \times 10^{-2} \times 6.5 \times 0.035 \times \sin 60 = 3.9 \times 10^{-3}$ N
∴ 新たに導線が受ける力 $= 105.38 - \left(\dfrac{3.9 \times 10^{-3}}{g} \times 1000\right) = 104.98$ g

18・5

1. (a) $B = \mu_0 nI$ を変形し,

$n = \dfrac{B}{\mu_0 I} = \dfrac{25 \times 10^{-3}}{4\pi \times 10^{-7} \times 8.0} = 2490$ m^{-1}

∴ $N = nL = 2490 \times 0.800 = 1990$ 回

(b) (i) $B = 50 + 25 = 75$ mT, (ii) ゼロ磁場をつくり出すためには, ソレノイド内部での磁場が外部磁場に対して逆向きで 50 mT でなければならない. 現在 25 mT の磁場をつくるのに 8.0 A 必要としているので, ソレノイドに必要な電流は 16.0 A でなければならない. もし, 外部磁場が左から右に向かっていれば, ソレノイド場は右から左へ向かわなければならない. ソレノイドの左端から見た場合, ソレノイドの電流は反時計回りにしなければならない.

2. (a) (i) $r = 12.5$ mm ($= 25$ mm$/2$) に対して,

$B = \dfrac{\mu_0 I}{2\pi r} = \dfrac{2.0 \times 10^{-7} \times 1000}{12.5 \times 10^{-3}} = 1.6 \times 10^{-2}$ T

(ii) $r = 10$ m とすると,

$B = \dfrac{\mu_0 I}{2\pi r} = \dfrac{2.0 \times 10^{-7} \times 1000}{10} = 2.0 \times 10^{-5}$ T

(b) もう一本の単位長さ当たりに加わる力は,
$BI_2 = 2.0 \times 10 - 5 \times 1000 = 0.020$ N m^{-1}

18・6

1. (a) ソレノイドの磁場は強磁性体内にあるすべての磁区をそろえ, その結果強磁性体が完全に磁化される.
(b) ソレノイド内の磁場が交互に向きを変えると, 磁区の方向が頻繁に変わる. 強磁性体をゆっくりと引出すにつれ, ソレノイド内の磁場の強磁性体への影響が少なくなり, 磁区の配向が徐々に失われ, 乱雑となる.

2. (a) (i) 鋼鉄は直流が流れるソレノイドの中にいれた軟鉄に比べ, 電流を切った後でも大きな残留磁化をもっている. (ii) 鋼鉄の方がより大きなヒステリシスループをもっており, 磁化も消磁もしにくい.
(b) 単位長さ当たりの巻き数 n は, $n = 200/(\pi \times 0.040)$ m^{-1}
∴ $B = \mu_r \mu_0 nI = 2000 \times 4\pi \times 10^{-7} \times [200/(\pi \times 0.040)] \times 0.05 = 0.20$ T

章末問題

18・1 (a) 図 A18・2 のとおり.

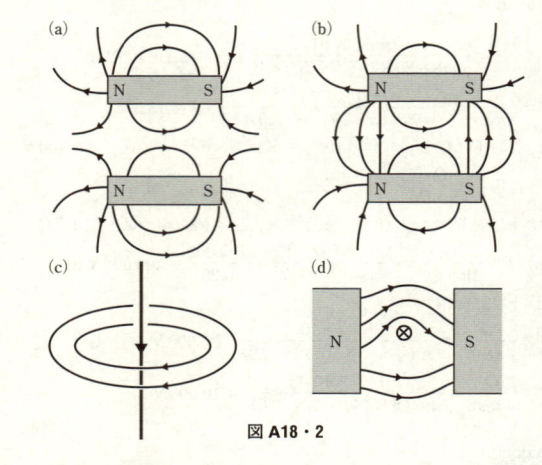

図 A18・2

(b) (i) 棒磁石が釘の中の磁区を棒磁石の磁力線に沿ってそろえる.

棒磁石が離れた後も，磁区が部分的にそろったまま残るため．
(ii) 棒磁石が各軸の反対の極を引寄せ，釘の反対側で反対の極性をもったまま離すことになるため．

18・2 (a) p.186 参照．
(b) (i) $F=BILN=0.120\times 5.0\times 0.040\times 200=4.8$ N
(ii) 各長辺に加わる力に変化はない（二つの力の間の垂直な距離が 0 であれば，この場所で力より回転させる効果はない）．

18・3 (a) (i) 図に向かって垂直下向き
(ii) $\dfrac{qV}{d}=Bqv$ を変形して，$B=\dfrac{v}{vd}$
(iii) $B=\dfrac{V}{vd}=\dfrac{3500}{2.8\times 10^7\times 50\times 10^{-3}}=2.5\times 10^{-3}$ T
(b) B が倍になると V も倍にする必要がある．つまり $V=7000$ V

18・4 (a) (i) $B=\mu_0 nI=4\pi\times 10^{-7}\times(500/0.250)\times 6.5=1.63\times 10^{-2}$ T
(ii) コイルの端では，$B=0.5\mu_0 nI=8.2\times 10^{-3}$ T．$B=\mu_0 nI$ を変形して，
$I=\dfrac{B}{\mu_0 n}=\dfrac{60\times 10^{-6}}{4\pi\times 10^{-7}\times(500/0.250)}=2.4\times 10^{-2}$ T

18・5 (a) 近い方の辺では，直線電流による磁束密度 B_1 は，
$B_1=\dfrac{\mu_0 I}{2\pi r}=\dfrac{2.0\times 10^{-7}\times 8.5}{0.040}=4.25\times 10^{-5}$ T
∴ 近い方の辺に加わる力 $=B_1 I_{coil} nL=4.25\times 10^{-5}\times 2.0\times 0.060$
$=5.1\times 10^{-6}$ N
もう一方の辺は 2 倍離れているので，$B=0.5B_1$．そのため力は半分であり，2.55×10^{-6} N である．
(b) 近い方の辺は直線電流には引力が加わるが他方には斥力（反発力）が加わる．したがって合力は $(5.1-2.55)\times 10^{-6}$ N の大きさで直線電流に向かっている．

第 19 章

練習問題

19・1
1. 図 A19・1 のとおり．

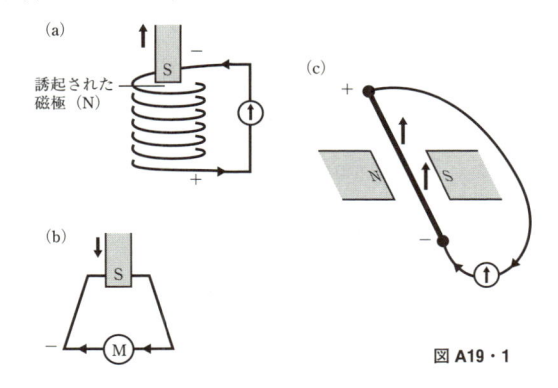

図 A19・1

2. 誘導起電力は地球の磁場の垂直成分 B_v を翼が横切ることによって生じる．$B_v=60\sin 70°=56$ μT であるから，誘導電圧 V は，
$V=B_v Lv=56\times 10^{-6}\times 22\times 180=0.22$ V

19・2
1. (a) $v=u+at=0+(9.8\times 0.5)=4.9$ m s^{-1}
(b) 導線は垂直に動いており，地球の磁場の水平成分 B_H を切っている．$B_H=60\cos 70°=20.5$ μT
∴ $V=B_H Lv=20.5\times 10^{-6}\times 0.750\times 4.9=7.5\times 10^{-5}$ V
2. (a) 全磁束 $=BAN=90\times 10^{-3}\times(0.040\times 0.040)\times 50=7.2\times 10^{-3}$ Wb
(b) (i) 減少時間 $t=\dfrac{距離}{速度}=\dfrac{0.040}{0.16}=0.25$ s
(ii) $V=\dfrac{全磁束の変化}{減少時間}=\dfrac{7.2\times 10^{-3}}{0.25}=2.9\times 10^{-2}$ V

19・3
1. (a) 図 19・15b 参照．
(b) 上記図の (i) 各ゼロ点，(ii) 各ピーク点．
(c) ピーク電圧が半分になり，各周期が 2 倍に伸びる．その結果，(a) と比べ波形は高さが半分で 2 倍長い形になる．
2. (a) $V_{max}=2\pi fBAN=2\pi\times 50\times 0.150\times(0.500\times 0.300)\times 1500$
$=10\,600$ V
(b) 図 19・15b 参照．
(c) $\begin{pmatrix}磁場により\\各辺に加わる力\end{pmatrix}=BILN=0.150\times 10.0\times 0.50\times 1500=1125$ N
$\begin{pmatrix}電流のピーク\\値での偶力\end{pmatrix}=$ 力×コイルの幅 $=1125\times 0.30=340$ Nm

19・4
1. (a) $\dfrac{V_S}{V_P}=\dfrac{N_S}{N_P}$ を変形して，$V_P=\dfrac{N_P\times V_S}{N_S}=\dfrac{60\times 230}{1200}=11.5$ V
(b) (i) 二次コイル側へ伝えられる電力は，$I_S V_S=100$ W であるから，$I_S=100$ W$/230$ V $=0.43$ A
(ii) 効率 100% を仮定すると $I_P V_P=I_S V_S$．これを変形し，$I_P=(I_S V_S)/V_P=(0.43\times 230)/11.5=8.7$ A
2. (a) 巻き数比は $N_S/N_P=V_S/V_P=230/110=2.1$
(b) 発電機の最大電流 $=20$ kW$/110$ V $=182$ A
(c) 屋内配線での最大電流値 $=I_S=I_P V_P/V_S=182\times 110/230=87$ A

19・5
1. (a) (i) コイルを流れる電流が増加しようとすると，電池とは反対向きに電流の増加を妨げる誘導起電力が発生し，電流の増加を鈍らせる．
(ii) おおよそ電流の増加速度 $=0.25$ A s^{-1}．二つのコイルでインダクタンスがほぼ $L=3$ V$/0.25$ A s$^{-1}=12$ H となる．
(b) 二つのコイルの磁場は一つのコイルに対して逆向きにつながれた結果，反対側を向いている．その結果，コイルの中の磁束は 0 になりコイルの中を流れる電流には関係なくなり，誘導電流が生成されない．
2. (a) 初期の電流変化率は，$\dfrac{di}{dt}=\dfrac{V_{batt}}{L}=\dfrac{12}{25}=0.48$ A s^{-1}
(b) (i) 全抵抗は，$R=2.0+1.0=3.0$ Ω
∴ $I_0=V_{batt}/R=12/3.0=4.0$ A
(c) 蓄えられたエネルギーは，$\dfrac{1}{2}LI^2=0.5\times 25\times 4.0^2=200$ J

章末問題

19・1 (a) (i) N 極，(ii) 左から右
(b) (i) 振れは小さいが同じ方向である．
(ii) 振れが大きく方向が逆である．

19・2 (a) (i) 誘導起電力が生じているので回路を短絡すると電流が流れる．この電流によって生成される磁場が回転磁石の運動を妨げるようにはたらき，ブレーキの効果をもたらす．
(ii) 運動エネルギーは電気エネルギーに変換され，それはさらに巻き線の抵抗による熱に変換される．
(b) (i) 増加した負荷はモーターの回転を下げる．それは逆起電力を減少させるので，電源からモーターに流れる電流が増えることになる．
(ii) 二次コイルに適切な負荷を接続すると二次側の電流が増加する．二次側のコイルによる磁束は一次側の磁束とは反対方向を向いている．そのため全体の磁束が減少し，一次コイルの逆起電力が小さくなる．これは一次側の電圧供給に一次コイルにもっと電流を流すことを促すことになり，負荷がないときより鉄芯を通る磁束を増加させる．

19・3 (a) $V=BLv=80\times 10^{-6}\times 35\times 550=1.54$ V
(b) (i) 図 19・25 から面積を読み取る．1 マス $=1.0\times 10^{-4}$ Wb ($=5$ mV$\times 0.02$ s) であるから，曲線の下の面積は 36 マスである．鎖交磁束の変化は，3.6×10^{-3} Wb ($=36\times 1.0\times 10^{-4}$ Wb) となる．
(ii) $BAN=3.6\times 10^{-3}$ Wb より，
$B=\dfrac{3.6\times 10^{-3}}{\pi(12.5\times 10^{-3})^2\times 120}=6.1\times 10^{-2}$ T

19・4 (a) (i) 一次コイルを流れる電流の急な増加は鉄芯内の磁束

の急な増加を招く．その結果，二次コイル側に大きな起電力が誘導される．この起電力は十分大きいので間隙の間でスパークを起こす原因となる．
(ii) 鉄芯内の磁束が急に消失すると，二次コイル側には大きな逆起電力が生じ，これがスパークを発生させる．
(iii) 一次側の電流に変化がなければ鉄芯の中の磁束にも変化はないので誘導起電力は発生しないため．

(b) (i) $\frac{V_S}{V_P} = \frac{N_S}{N_P}$ を変形して，$N_S = \frac{N_P \times V_S}{V_P} = \frac{1200 \times 9}{230} = 47$ 回

(ii) $I_S = 36$ W$/9.0$ V$=4.0$ A,　(iii) $I_P = 36$ W$/230$ V$=0.16$ A

19・5 (a) (i) $B = 2000 \times 4\pi \times 10^{-7} \times 80/(\pi \times 0.035) \times 0.06 = 0.11$ T
(ii) $\Phi = BAN = 0.11 \times 6.0 \times 10^{-6} \times 80 = 5.3 \times 10^{-4}$ Wb
∴ $L = \Phi/I = (5.3 \times 10^{-4})/0.06 = 8.8 \times 10^{-3}$ H

(b) (i) 初期の電流増加率 $= V_{batt}/L = 1.5/(8.8 \times 10^{-3}) = 170$ A s^{-1}
(ii) $E = \frac{1}{2}LI^2 = 0.5 \times 8.8 \times 10^{-3} \times 0.06^2 = 1.6 \times 10^{-5}$ J

第 20 章

練習問題

20・1
1. 波形は底から頂点まで 58 mm と測定される．また，1 サイクルが完了するのに水平方向に 32 mm を要している．
(a) $2V_0 = 5.8$ cm $\times 0.2$ V cm$^{-1} = 1.16$ V　∴ $V_0 = 0.58$ V
$T = 3.2$ cm $\times 0.2$ μs cm$^{-1} = 32$ μs
∴ $f = 1/(32 \times 10^{-6}$ s$) = 3.13 \times 10^4$ Hz
(b) $2V_0 = 5.8$ cm $\times 5.0$ V cm$^{-1} = 29$ V　∴ $V_0 = 14.5$ V
$T = 3.2$ cm $\times 5$ ms cm$^{-1} = 16$ ms　∴ $f = 1/(16 \times 10^{-3}$ s$) = 62.5$ Hz

2. (a) 図 A20・1 のとおり．

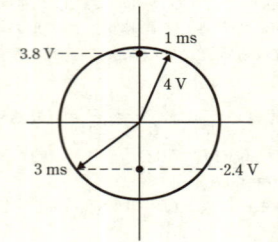

図 A20・1

(b) (i) $V = V_0 \sin(2\pi f) = 4.0 \sin(2\pi \times 200 \times 1.0 \times 10^{-3}$ rad$) = 3.8$ V
(ii) $V = V_0 \sin(2\pi f) = 4.0 \sin(2\pi \times 200 \times 3.0 \times 10^{-3}$ rad$) = -2.4$ V

20・2
1. (a) (i) 右から左，(ii) A と C
(b) 半波整流波形が生成される（図 20・7 参照）．
2. (a) 右から左．(b) ダイオード A が導通するときピーク電流がもう一方の半サイクルで大きい．これは A が導通するときは電流が小さい抵抗を流れ，B が導通するときは電流が高い抵抗を流れるからである（図 A20・2 参照）．

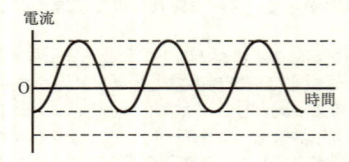

図 A20・2

20・3
1. (a) (i) $V_{PP} = 7.2$ cm $\times 0.2$ V cm$^{-1} = 1.44$ V
(ii) $V_0 = 0.5 V_{PP} = 0.72$ V,　(iii) $V_{rms} = V_0/\sqrt{2} = 0.51$ V
(b) (i) $R = V_{rms}/I_{rms} = 0.51/0.12 = 4.2$ Ω
(ii) 電力の平均値 $= I_{rms} \times V_{rms} = 0.120 \times 0.51 = 0.061$ W
2. (a) $V_0 = \sqrt{2} V_{rms} = \sqrt{2} \times 230$ V $= 325$ V
(b) (i) 電力の平均値 $= I_{rms} V_{rms}$ を変形し，
$I_{rms} =$ 電力の平均値 $/V_{rms} = 1000$ W$/230$ V $= 4.3$ A

(ii) $I_0 = \sqrt{2} I_{rms} = \sqrt{2} \times 4.3$ A $= 6.1$ A
(iii) $R = V_{rms}/I_{rms} = 230/4.3 = 53$ Ω

20・4
1. (a) 図 A20・3 のとおり．

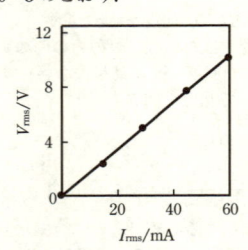

図 A20・3

(b) リアクタンス $=$ グラフの傾き $= V_{rms}/I_{rms}$
$= 10.0/(60.0 \times 10^{-3}) = 167$ Ω

(c) $X_C = \frac{1}{2\pi fC}$ を変形して，
$C = \frac{1}{2\pi f X_C} = \frac{1}{2\pi \times 2000 \times 167} = 4.8 \times 10^{-7}$ F

2. (a) (i) 高さ (頂点から底) $= 60$ mm
∴ $V_{PP} = 6.0$ cm $\times 2.0$ V cm$^{-1} = 12.0$ V　∴ $V_0 = 6.0$ V
(ii) $V_{rms} = V_0/\sqrt{2} = 4.24$ V
(b) スクリーン上での 1 サイクル $= 40$ mm
∴ 周期 $T = 40$ mm $\times 0.5$ ms cm$^{-1} = 2.0$ ms
∴ 周波数 $f = 1/T = 1/(2.0 \times 10^{-3}) = 500$ Hz
(c) (i) リアクタンス $= V_{rms}/I_{rms} = 4.24/(0.48 \times 10^{-3}) = 8830$ Ω
(ii) $X_C = \frac{1}{2\pi fC}$ を変形して，
$C = \frac{1}{2\pi f X_C} = \frac{1}{2\pi \times 500 \times 8830} = 3.6 \times 10^{-8}$ F

20・5
1. (a) (i) $X_L = V_{rms}/I_{rms} = 12.0/0.110 = 109$ Ω
(ii) $X_L = 2\pi fL$ より，
$L = X_L/2\pi f = 109/(2\pi \times 1500) = 1.16 \times 10^{-2}$ H
(b) $X_L = 2\pi fL = 2\pi \times 20\,000 \times 1.16 \times 10^{-2} = 1460$ Ω
∴ $I_{rms} = V_{rms}/X_L = 12.0/1460 = 8.2 \times 10^{-3}$ A

2. (a) (i) $X_L = V_{rms}/I_{rms} = 6.0/0.28 = 214$ Ω
(ii) $X_L = 2\pi fL$ より，$f = X_L/2\pi L = 214/(2\pi \times 0.045) = 757$ Hz
(b) $X_C = X_L$ にて同じ電流となるので $1/(2\pi fC) = X_L$．したがって，
$C = \frac{1}{2\pi f X_L} = \frac{1}{2\pi \times 757 \times 214} = 9.8 \times 10^{-7}$ F

20・6
1. (a) (i) $X_C = \frac{1}{2\pi fC} = \frac{1}{2\pi \times 50 \times 10 \times 10^{-6}} = 318$ Ω
(ii) $X_L = 2\pi fL = 2\pi \times 50 \times 0.48 = 151$ Ω
(iii) $Z = [R^2 + (X_C - X_L)^2]^{1/2} = [55^2 + (318 - 151)^2]^{1/2} = 176$ Ω
(iv) $I_{rms} = V_{rms}/Z = 6.0/176 = 0.034$ A
(b) (i) V_R の rms 値 $= I_{rms} R = 0.034 \times 55 = 1.9$ V
(ii) V_L の rms 値 $= I_{rms} X_L = 0.034 \times 151 = 5.1$ V
(iii) V_C の rms 値 $= I_{rms} X_C = 0.034 \times 318 = 10.8$ V
(c) (i) 図 A20・4 のとおり．

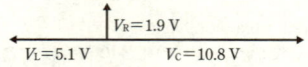

(a) フェーザーダイアグラム

$V_R = 1.9$ V
$V_L = 5.1$ V　　$V_C = 10.8$ V

(b) 簡略図

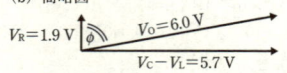

$V_R = 1.9$ V　　$V_0 = 6.0$ V
$V_C - V_L = 5.7$ V

図 A20・4

(ii) $\tan \phi = \frac{V_C - V_L}{V_R} = \frac{10.8 - 5.1}{1.9} = 3.0$　∴ $\phi = 72°$

練習問題および章末問題の解答 355

2. (a) (i) $f = \dfrac{1}{2\pi\sqrt{LC}} = \dfrac{1}{2\pi\sqrt{0.15\times10^{-3}\times0.47\times10^{-6}}} = 1.9\times10^{-4}$ Hz

   (ii) $X_C = \dfrac{1}{2\pi fC} = \dfrac{1}{2\pi\times1.9\times10^4\times0.47\times10^{-6}} = 17.8$ Ω

   (b) (i) $R = V_{rms}/I_{rms} = 5.0/0.350 = 14.3$ Ω
   (ii) $\begin{pmatrix}\text{コンデンサーに加}\\\text{わる電圧の rms 値}\end{pmatrix} = I_{rms}X_C = 0.35\times17.8 = 6.2$ V
   (iii) コンデンサーに加わる電圧とコイルに加わる電圧は大きさが等しく向きが反対である（図 A20・5 参照）.

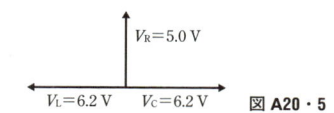

図 A20・5

章末問題

20・1 (a) (b) p.210 参照.

20・2 (a) (i) $I_0 = \sqrt{2}\,I_{rms} = 1.06$ A，(ii) $V_0 = I_0R = 1.06\times47 = 50$ V
(iii) 電力のピーク値 $= I_0V_0 = 1.06\times50 = 53$ W
(iv) 平均電力 $= 0.5\times I_0V_0 = 26$ W
(b) (i) 図 A20・6 のとおり．(ii) 5.1 V，(iii) 11.2 V

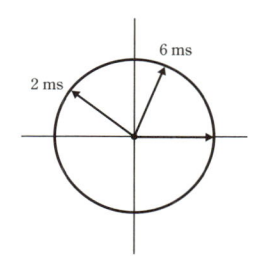

図 A20・6

20・3 (a) (i) 周期 $T = 40$ mm$\times5$ ms cm^{-1} $= 20$ ms
∴ 周波数 $f = 1/T = 1/(20\times10^{-3}) = 50$ Hz
(ii) $V_0 = 3.0$ cm $\times 2.0$ V cm^{-1} $= 6.0$ V
(iii) $V_{rms} = V_0/\sqrt{2} = 4.2$ V
(b) (i) $X_C = \dfrac{V_{rms}}{I_{rms}} = \dfrac{4.2\text{ V}}{2.8\times10^{-3}\text{ A}} = 1.5\times10^3$ Ω
(ii) $X_C = \dfrac{1}{2\pi fC}$ を変形して，
$C = \dfrac{1}{2\pi fX_C} = \dfrac{1}{2\pi\times50\times1500} = 2.1\times10^{-6}$ F

20・4 (a) (i) $X_L = \dfrac{V_{rms}}{I_{rms}} = \dfrac{6.0\text{ V}}{0.35\text{ A}} = 17.1$ Ω
(ii) $X_L = 2\pi fL$ を変形して，∴ $L = \dfrac{X_L}{2\pi f} = \dfrac{17.1}{2\pi\times50} = 5.4\times10^{-2}$ H
(b) $X_C = X_L$ および $X_C = \dfrac{1}{2\pi fC}$　∴ $X_L = 17.1$ Ω
∴ $C = \dfrac{1}{2\pi\times50\times17.1} = 1.9\times10^{-4}$ F
(c) (i) X_L は倍になり rms 値は半分の 0.175 A となる．
(ii) X_C は半分になり rms 値は倍の 0.70 A になる．

20・5 (a) 回路は 750 Hz で共振している．この周波数でコンデンサーのリアクタンスはコイルのリアクタンスと等しいので，インピーダンスは 750 Hz で最少となる．したがって電流は最大である．
(b) (i) $X_C = \dfrac{1}{2\pi fC} = \dfrac{1}{2\pi\times750\times2.2\times10^{-6}} = 97$ Ω
(ii) $X_C = X_L$ および $X_L = 2\pi fL$ ∴ $2\pi fL = X_C$
∴ $L = \dfrac{X_C}{2\pi f} = \dfrac{96.5}{2\pi\times750} = 2.1\times10^{-2}$ H
(iii) $R = \dfrac{\text{電源電圧の rms 値}}{I_{rms}} = \dfrac{6.0\text{ V}}{65\times10^{-3}\text{ A}} = 92$ Ω
(c) (i) R に加わる電圧の rms 値 $= 6.0$ V，(ii) C に加わる電圧の rms 値 $= I_{rms}X_C = 65\times10^{-3}\times97 = 6.3$ V，(iii) L に加わる電圧の rms 値 $= 6.3$ V
(d) 図 A20・7 のとおり．共鳴時 $V_L - V_C = 0$．したがって電源電圧は V_R に等しく I と同位相である．

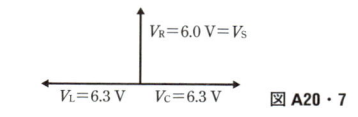

図 A20・7

第 21 章

練習問題

21・1

1. $\dfrac{1}{2}mv^2 = eV_A$ を変形して，$v^2 = \dfrac{2eV_A}{m}$

   (a) $v^2 = \dfrac{2eV_A}{m} = 2\times1.76\times10^{11}\times100 = 3.52\times10^{13}$ (m s^{-1})^2
   ∴ $v = 5.9\times10^6$ m s^{-1}
   (b) $v^2 = \dfrac{2eV_A}{m} = 2\times1.76\times10^{11}\times4000 = 1.41\times10^{15}$ (m s^{-1})^2
   ∴ $v = 3.8\times10^7$ m s^{-1}

2. (a) 問 1 と同様にして，
   $v^2 = \dfrac{eV_A}{m} = 2\times1.76\times10^{11}\times3200 = 1.1\times10^{15}$ (m s^{-1})^2
   ∴ $v = 3.4\times10^7$ m s^{-1}
   (b) $Bev = \dfrac{eV_P}{d}$ を変形し，$B = \dfrac{V_P}{vd} = \dfrac{4200}{3.4\times10^7\times40\times10^{-3}} = 3.1$ mT

21・2

1. (a) 上側の電極が負なので，油滴の電荷は正．
   (b) $\dfrac{QV_P}{d} = mg$ を変形して，
   $Q = \dfrac{mgd}{V_P} = \dfrac{3.8\times10^{-15}\times9.8\times5.0\times10^{-3}}{595} = 3.2\times10^{-19}$ C

2. (a) (i) $v = \dfrac{s}{t} = \dfrac{1.0\times10^{-3}}{16.5} = 6.1\times10^{-5}$ m s^{-1}
   (ii) $r^2 = \dfrac{9\eta v}{2\rho g} = \dfrac{9\times1.8\times10^{-5}\times6.1\times10^{-5}}{2\times960\times9.8} = 5.2\times10^{-13}$ m^2
   ∴ $r = 7.2\times10^{-7}$ m
   (iii) $m = \dfrac{4}{3}\pi r^3\rho = \dfrac{4}{3}\pi(7.2\times10^{-7})^3\times960 = 1.5\times10^{-15}$ kg
   (iv) $Q = \dfrac{mgd}{V_P} = \dfrac{1.5\times10^{-15}\times9.8\times4.0\times10^{-3}}{375} = 1.6\times10^{-19}$ C
   (b) (i) 油滴の落下速度が増えると抵抗も増える．よって合力（＝重力－抵抗）が 0 に近づき油滴の加速度が 0 に近づく．終端速度になったとき，抵抗は重力と同じ大きさで逆向きになる．(ii) 油滴に加わる静電気力の向きが逆になり，下側の電極に引寄せられるので，下向きの加速度で運動をする．下向きの速度が増して，重力＋静電気力と抵抗力との合力が 0 に達すると，それ以上は増速しない．

21・3

1. (a) (i) $E = hf = \dfrac{hc}{\lambda} = \dfrac{6.6\times10^{-34}\times3.0\times10^8}{600\times10^{-9}} = 3.3\times10^{-19}$ J
   (ii) $E = hf = \dfrac{hc}{\lambda} = \dfrac{6.6\times10^{-34}\times3.0\times10^8}{100\times10^{-9}} = 2.0\times10^{-18}$ J
   (b) (i) $\phi = 0.64$ eV $= 0.64\times1.6\times10^{-19}$ J $= 1.0\times10^{-19}$ J
   ∴ 運動エネルギーの最大値 $= hf - \phi = 3.3\times10^{-19} - 1.0\times10^{-19}$
   $= 2.3\times10^{-19}$ J
   (ii) 運動エネルギーの最大値 $= hf - \phi = 2.0\times10^{-18} - 1.0\times10^{-19}$
   $= 1.9\times10^{-18}$ J

2. (a) (i) $E = hf = \dfrac{hc}{\lambda} = \dfrac{6.6\times10^{-34}\times3.0\times10^8}{550\times10^{-9}} = 3.6\times10^{-19}$ J
   (ii) 必要な仕事 $= eV = 1.6\times10^{-19}\times0.58 = 9.3\times10^{-20}$ J
   (iii) $eV_S = hf - \phi$ を変形し，
   $\phi = hf - eV_S = 3.6\times10^{-19} - 9.3\times10^{-20} = 2.7\times10^{-19}$ J
   (b) 振動数のしきい値は，$f_0 = \dfrac{\phi}{h} = \dfrac{2.7\times10^{-19}}{6.6\times10^{-34}} = 4.1\times10^{14}$ Hz

∴ 波長の最大値 $= \dfrac{c}{f_0} = \dfrac{3.0 \times 10^8}{4.1 \times 10^{14}} = 7.3 \times 10^{-7}$ m

21・4

1. (a) 光子のエネルギー $= E_1 - E_2 = 7.2 - 0 = 7.2$ eV $= 7.2 \times 1.6 \times 10^{-19}$
   $= 11.5 \times 10^{-19}$ J

   $E = hf = \dfrac{hc}{\lambda}$ を変形し, $\lambda = \dfrac{hc}{E} = \dfrac{6.6 \times 10^{-34} \times 3.0 \times 10^8}{11.5 \times 10^{-19}} = 1.7 \times 10^{-7}$ m

   (b) (i) 光子のエネルギー $= E_1 - E_2 = 8.9 - 7.6 = 1.3$ eV $= 1.3 \times 1.6 \times 10^{-19} = 2.1 \times 10^{-19}$ J

   $E = hf = \dfrac{hc}{\lambda}$ を変形し, $\lambda = \dfrac{hc}{E} = \dfrac{6.6 \times 10^{-34} \times 3.0 \times 10^8}{2.1 \times 10^{-19}} = 9.4 \times 10^{-7}$ m

   (ii) 光子のエネルギー $= E_1 - E_2 = 8.9 - 4.9 = 4.0$ eV $= 4.0 \times 1.6 \times 10^{-19}$
   $= 6.4 \times 10^{-19}$ J

   $E = hf = \dfrac{hc}{\lambda}$ を変形し, $\lambda = \dfrac{hc}{E} = \dfrac{6.6 \times 10^{-34} \times 3.0 \times 10^8}{6.4 \times 10^{-19}} = 3.1 \times 10^{-7}$ m

2. (a) $E_2 = \dfrac{-13.6}{4} = -3.4$ eV; $E_3 = \dfrac{-13.6}{9} = -1.5$ eV

   $E_4 = \dfrac{-13.6}{16} = -0.85$ eV; $E_5 = \dfrac{-13.6}{25} = -0.54$ eV

   (b) (i) 図 A21・1 のとおり.

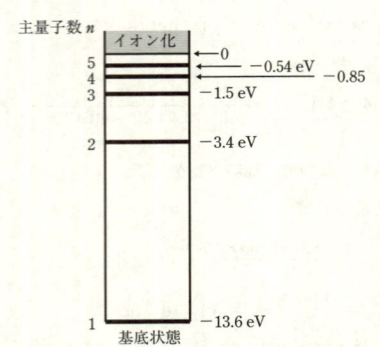

   図 A21・1 (エネルギー準位図: 主量子数 n, イオン化 0, $n=5$ -0.54 eV, $n=4$ -0.85 eV, $n=3$ -1.5 eV, $n=2$ -3.4 eV, $n=1$ 基底状態 -13.6 eV)

   (ii) 光子のエネルギー $= (-0.54) - (-0.85) = 0.31$ eV $= 0.31 \times 1.6 \times 10^{-19}$ J $= 5.0 \times 10^{-20}$ J

   $E = hf = \dfrac{hc}{\lambda}$ を変形し, $\lambda = \dfrac{hc}{E} = \dfrac{6.6 \times 10^{-34} \times 3.0 \times 10^8}{5.0 \times 10^{-20}} = 4.0 \times 10^{-6}$ m

   (iii) 赤外域

21・5

1. (a) $\lambda_{\min} = \dfrac{hc}{eV_A} = \dfrac{6.6 \times 10^{-34} \times 3.0 \times 10^8}{1.6 \times 10^{-19} \times 25\,000} = 5.0 \times 10^{-11}$ m

   (b) X 線管で消費される電力 $= IV_A = 30 \times 10^{-3} \times 25\,000 = 750$ W

   (c) 発生する熱量 $= 99.8\% \times 750$ W $= 749$ W

2. p.234 参照.

21・6

1. (a) 金属箔に電子ビームを当てると, サンプルの原子配列により波が回折したパターンで電子が見いだされる.

   (b) $v = \dfrac{h}{m\lambda} = \dfrac{6.6 \times 10^{-34}}{1.7 \times 10^{-27} \times 1.5 \times 10^{-9}} = 260$ m s^{-1}

2. (a) STM では, 先端を非常に細くした金属の探針を, 導電性のサンプルの表面に触れるほど (しかし間隙がある) 近づける (たとえば図 21・30). 探針とサンプルの間に適切な電位差を与えると, 電子の波動性に起因するトンネル効果が起こって, 間隙を起えて探針とサンプルの間に電流が流れる. 電子が探針からサンプルに移動して位置エネルギーが低くなるときに, エネルギー的に乗り越えられない障壁を透過して電子が移動する. 障壁の高さと幅の積が小さいほどその確率が大きい. 探針がサンプル表面からわずかに離れるだけで電流が著しく減るので, STM の分解能は高い. 探針の高さを変えずに走査し, 電流の増・減を観測するとサンプル表面の凸・凹の像を得る.

   (b) $\lambda = \dfrac{h}{mv} = \dfrac{6.6 \times 10^{-34}}{9.1 \times 10^{-31} \times 9.2 \times 10^6} = 7.9 \times 10^{-11}$ m

章末問題

21・1 (a) (i) 運動エネルギー $= eV_A = 1.6 \times 10^{-19} \times 4200 = 6.7 \times 10^{-16}$ J

(ii) $\dfrac{1}{2} mv^2 = 6.7 \times 10^{-16}$ (m s^{-1})^2

$v^2 = \dfrac{2 \times 6.7 \times 10^{-16}}{9.1 \times 10^{-31}} = 1.48 \times 10^{15}$ (m s^{-1})^2 ∴ $v = 3.8 \times 10^7$ m s^{-1}

(b) (i) $F = \dfrac{eV_P}{d} = \dfrac{1.6 \times 10^{-19} \times 5000}{50 \times 10^{-3}} = 1.6 \times 10^{-14}$ N

(ii) $F = Bev$ より, $B = \dfrac{F}{ev} = \dfrac{1.6 \times 10^{-14}}{1.6 \times 10^{-19} \times 3.8 \times 10^7} = 2.6 \times 10^{-3}$ T

向きは紙面と直交し手前から紙面に入る方向.

21・2 (a) (i) 負電荷, (ii) 速さが増すにつれ粘性抵抗が大きくなり, 終端速度になると抵抗と重力がちょうど打ち消し合い, それ以上は速度が変化しなくなる.

(b) (i) $v = \dfrac{s}{t} = \dfrac{1.2 \times 10^{-3}}{14.6} = 8.2 \times 10^{-5}$ m s^{-1}

(ii) $r^2 = \dfrac{9\eta v}{2\rho g} = \dfrac{9 \times 1.8 \times 10^{-5} \times 8.2 \times 10^{-5}}{2 \times 960 \times 9.8} = 7.0 \times 10^{-13}$ m^2

∴ $r = 8.4 \times 10^{-7}$ m

(iii) $m = \dfrac{4}{3} \pi r^3 \rho = \dfrac{4}{3} \pi (8.4 \times 10^{-7})^3 \times 960 = 2.4 \times 10^{-15}$ kg

(iv) $Q = \dfrac{mgd}{V} = \dfrac{2.4 \times 10^{-15} \times 9.8 \times 4.0 \times 10^{-3}}{590} = 1.6 \times 10^{-19}$ C

21・3 (a) (i) $f = \dfrac{c}{\lambda} = \dfrac{3.0 \times 10^8}{500 \times 10^{-9}} = 6.0 \times 10^{14}$ Hz

$E = hf = 6.6 \times 10^{-34} \times 6.0 \times 10^{14} = 4.0 \times 10^{-19}$ J

(ii) $f = \dfrac{c}{\lambda} = \dfrac{3.0 \times 10^8}{50 \times 10^{-9}} = 6.0 \times 10^{15}$ Hz

$E = hf = 6.6 \times 10^{-34} \times 6.0 \times 10^{15} = 4.0 \times 10^{-18}$ J

(b) (i) 必要な仕事 $= eV = 1.6 \times 10^{-19} \times 0.36 = 5.8 \times 10^{-20}$ J

(ii) $eV_S = hf - \phi$ を変形し, $\phi = hf - eV_S = 4.0 \times 10^{-19} - 5.8 \times 10^{-20}$
$= 3.4 \times 10^{-19}$ J $= \dfrac{3.4 \times 10^{-19}}{1.6 \times 10^{-19}} = 2.1$ eV

(iii) 振動数のしきい値は, $f_0 = \dfrac{\phi}{h} = 5.2 \times 10^{14}$ Hz

∴ $\lambda = \dfrac{c}{f_0} = \dfrac{3.0 \times 10^8}{5.2 \times 10^{14}} = 5.8 \times 10^{-7}$ m

21・4 (a) (i) $hf = E_4 - E_3 = \dfrac{(-13.6)}{16} - \dfrac{(-13.6)}{9}$ eV
$= 0.66$ eV $= 0.66 \times 1.6 \times 10^{-19}$ J

∴ $f = \dfrac{E_4 - E_3}{h} = \dfrac{0.66 \times 1.6 \times 10^{-19}}{6.6 \times 10^{-34}} = 1.6 \times 10^{14}$ Hz

∴ $\lambda = \dfrac{c}{f} = \dfrac{3.0 \times 10^8}{1.6 \times 10^{14}} = 1.9 \times 10^{-6}$ m

(ii) $hf = E_2 - E_1 = \dfrac{(-13.6)}{4} - \dfrac{(-13.6)}{1}$ eV
$= 10.2$ eV $= 10.2 \times 1.6 \times 10^{-19}$ J

∴ $f = \dfrac{E_2 - E_1}{h} = \dfrac{10.2 \times 1.6 \times 10^{-19}}{6.6 \times 10^{-34}} = 2.5 \times 10^{15}$ Hz

∴ $\lambda = \dfrac{c}{f} = \dfrac{3.0 \times 10^8}{2.5 \times 10^{15}} = 1.2 \times 10^{-7}$ m

(b) 1. $\lambda = 565$ nm の場合,

$E = hf = \dfrac{hc}{\lambda} = \dfrac{6.6 \times 10^{-34} \times 3.0 \times 10^8}{565 \times 10^{-9}} = 3.5 \times 10^{-19}$ J $= 2.2$ eV

-9.8 eV のエネルギー準位から -12.0 eV の基底状態への遷移に相当する.

2. $\lambda = 430$ nm の場合,

$E = hf = \dfrac{hc}{\lambda} = \dfrac{6.6 \times 10^{-34} \times 3.0 \times 10^8}{430 \times 10^{-9}} = 4.6 \times 10^{-19}$ J $= 2.9$ eV

-6.9 eV のエネルギー準位から -9.8 eV の準位への遷移に相当する.

21・5 (a) (i) 図 21・22 参照. (ii) 標的原子では, ある電子殻の電子が入射電子により叩き出されると, 空いた準位が生じる. 励起状態の準位から空き準位に電子が遷移するとき, 両準位間のエネルギー差

練習問題および章末問題の解答

に等しいエネルギーの光子が放出される．これがX線の鋭いスペクトルを形成する．原子の種類により準位の構造が異なるので，準位間の差のエネルギーをもつ光子の波長も原子の種類によって異なるため，スペクトルが異なる．

(b) $\lambda = \dfrac{c}{f}$ と $eV_A = hf$ から，$\lambda = \dfrac{hc}{eV_A}$

(i) $\lambda = \dfrac{hc}{eV_A} = \dfrac{6.6 \times 10^{-34} \times 3.0 \times 10^8}{1.6 \times 10^{-19} \times 25\,000} = 5.0 \times 10^{-11}$ m

(ii) $\lambda = \dfrac{hc}{eV_A} = \dfrac{6.6 \times 10^{-34} \times 3.0 \times 10^8}{1.6 \times 10^{-19} \times 100\,000} = 1.25 \times 10^{-11}$ m

21・6 (a) $\dfrac{1}{2} mv^2 = eV$ の両辺に $2m$ をかけると $m^2v^2 = 2meV$
よって $mv = \sqrt{2meV}$．したがって，$\lambda = \dfrac{h}{mv} = \dfrac{h}{\sqrt{2meV}}$

(b) (i) $\lambda = \dfrac{h}{\sqrt{2meV}} = \dfrac{6.6 \times 10^{-34}}{\sqrt{2 \times 9.1 \times 10^{-31} \times 1.6 \times 10^{-19} \times 10\,000}}$
$= 1.2 \times 10^{-11}$ m

(ii) 陽極電圧を上げると電子の速さが増し，ド・ブロイ波長は速さに反比例するので短くなる．波長が短くなると，同じ開口上による回折の効果が小さくなる．その結果，物質を通過した電子ビームはより鮮明な像をつくり，詳細な構造を観察できるようになる．

第 22 章

練習問題

22・1
1. (a) 92p+143n, (b) 6p+8n, (c) 17p+20n
2. (a) 235 g の U235 は 6.02×10^{23} 個の原子を含むので，1.0 kg では $2.6 \times 10^{24} (= 6.02 \times 10^{23}/0.235)$ 個．
(b) 4.0 g の He 4 は 6.02×10^{23} 個の原子を含むので，1.0 g では $1.5 \times 10^{23} (= 6.02 \times 10^{23}/4)$ 個．

22・2
1. (a) 2, 234, (b) 27, 0, 60
2. (a) 共通点：原子核の崩壊から放出される荷電粒子．物質をイオン化する．
相違点：物質としてα粒子はヘリウムの原子核でβ粒子は電子，電荷はα粒子が正で2倍の素電荷でβ粒子が負の素電荷，質量はα粒子の方がβ粒子の約7000倍，空気中の飛跡はα粒子の方が直線ではっきりするがβ粒子は細く曲がりくねる，物質による遮蔽はα粒子には紙1枚あるいは数 cm の空気で十分だがβ粒子には数 mm のアルミ板か1 cm のプラスチック板が必要，電離作用はα粒子が非常に大きいがβ粒子はそれほど大きくない．
(b) (i) 原子核は2個の陽子と2個の中性子を失う．(ii) 原子核内の中性子が陽子に変わると同時にβ粒子が放出される．

22・3
1. (a) (i) β線：紙でほとんど遮蔽されないからα線ではない．また，4 mm 厚のアルミ板で遮蔽されるからγ線ではない．
(ii) 空気中の飛程を測定する：線源がないときのバックグラウンド計数率を計測し，つぎに線源から 50 cm 程度より遠く離れた位置で計数率がバックグラウンドと変わらないことを確認すればγ線ではない．
(b) 毎分の計数率を c.p.m. と書く．(i) 金属板なしでバックグラウンドを引いた計数率=602 c.p.m.；金属板を入れてバックグラウンドを引いた計数率=456 c.p.m.
(ii) 透過率$=456/602 \times 100\% = 76\%$
(iii) 2枚の金属板を入れたときのバックグラウンド補正した計数率$=602 \times 76\% \times 76\% = 348$ c.p.m.
したがって，補正前の計数率=374 c.p.m. ($=348+26$)

2. (a) $\left(\begin{array}{l}\text{バックグラウンド}\\ \text{の平均計数率}\end{array}\right) = \left(\dfrac{143+124+136}{3}\right)/(5 \text{ min}) = 27$ c.p.m.
$\left(\begin{array}{l}\text{線源があるとき}\\ \text{の平均計数率}\end{array}\right) = \left(\dfrac{725+746+738}{3}\right)/(3 \text{ min}) = 245$ c.p.m.
補正した計数率$=245-27=218$ c.p.m.

(b) 補正した計数率は距離の逆二乗則に従って変化する．

(i) 0.20 m のとき（距離が半分だから）
補正した計数率$=4 \times 218=872$ c.p.m.
補正前の計数率$=872+27=899$ c.p.m.
(ii) 0.15 m のとき，距離は $0.15/0.40=0.375$ 倍．補正した計数率は，$1/0.375^2=7.1$ 倍だから，$7.1 \times 218=$ 約 1550 c.p.m.　したがって補正前は（$1550+27$ を有効3桁に丸めて）1580 c.p.m.

22・4
1. (i) 105 c.p.m., (ii) 52 c.p.m.
(b) $26/420=0.062$, $1/2^4=0.0625$ より半減期の約4倍．
$68 \times 4=272$ を有効2桁に丸めて 270 秒．
2. (a) (i) 80 kBq, (ii) 40 kBq.
(b) 100 年は概略で半減期の4倍だから，放射能は約 10 kBq.

22・5
1. (a) $\lambda = \dfrac{\log_e 2}{T_{1/2}} = \dfrac{0.693}{140 \times 24 \times 3600 \text{ s}} = 5.73 \times 10^{-8}$ s
(b) 210 g の Po 210 は 6.02×10^{23} 個の原子を含む．
∴ 1.0 mg では，$6.02 \times 10^{23} \times 0.001/210 = 2.87 \times 10^{18}$ 個
(c) 放射能$=\lambda N = 5.73 \times 10^{-8} \times 2.87 \times 10^{18} = 1.64 \times 10^{11}$ Bq
(d) $A = A_0 e^{-\lambda t} = 5.73 \times 10^{-8} \times \exp[-(5.73 \times 10^{-8} \times 365.25 \times 24 \times 3600)]$
$= 2.69 \times 10^{10}$ Bq
[メモ：$\exp[-(5.73 \times 10^{-8} \times 365.25 \times 24 \times 3600)] = 0.164$]

2. (a) $\lambda = \dfrac{\log_e 2}{T_{1/2}} = \dfrac{0.693}{1940 \times 24 \times 3600} = 4.14 \times 10^{-9}$ s^{-1}
(b) $N = \dfrac{A}{\lambda} = \dfrac{2.0 \times 10^6}{4.14 \times 10^{-9}} = 4.8 \times 10^{14}$
(c) $A = A_0 e^{-\lambda t}$ より $e^{-\lambda t} = 0.10/2.0 = 5.0 \times 10^{-2}$
よって，$-\lambda t = \log_e(5.0 \times 10^{-2}) = -3.0$
∴ $t = \dfrac{-3.0}{-\lambda} = \dfrac{3.0}{4.14 \times 10^{-9}} = 0.73 \times 10^9$ s $= 23$ 年

章末問題

22・1 (a) 28, 63, -1, (b) 214, 2, 82

22・2 (a) バックグラウンドの平均計数率$=(128+136+138)/(3 \times 5)=26.8$ c.p.m.
(b) β線；線源との距離が 10 cm あるのでα線は届かない．また，γ線なら厚み 0.8 mm の金属板を挿入した程度で影響は出ない．
(c) 吸収体がないとき補正した計数率$=(565+572+552)/(3 \times 3) - 26.8 = 35.8$ c.p.m.
吸収体があるとき補正した計数率$=(384+368+372)/(3 \times 3) - 26.8 = 14.9$ c.p.m.
透過率$=14.9/35.8 \times 100\% = 42\%$
(d) この吸収体を2枚重ねるときの透過率$=42\% \times 42\% = 17.6\%$
補正した計数率$=17.6\% \times 35.8 = 6.3$ c.p.m.
補正前の計数率の推定値$=6.3 + 26.8 = 33.1$ c.p.m.

22・3 (a) (i) 線源から容器壁までの距離を d とする．補正した計数率を C とし逆2乗則 $C = \dfrac{k}{r^2}$ を適用すると，
$C_1 = \dfrac{k}{(0.090+d)^2}$, $C_2 = \dfrac{k}{(0.190+d)^2}$, よって，$\dfrac{C_1}{C_2} = \dfrac{(0.190+d)^2}{(0.090+d)^2}$
一方，$\dfrac{C_1}{C_2} = \dfrac{1284}{330} = 4$, だから，$\dfrac{(0.190+d)^2}{(0.090+d)^2} = 4$ となり，$\dfrac{(0.190+d)}{(0.090+d)} = 2$
∴ $0.190+d = 2(0.090+d) = 0.180+2d$
∴ $d = 0.190 - 0.180 = 0.010$ m $= 10$ mm
(ii) $r = 0.240$ m, (i) の結果を用いて，
$C = C_1 \dfrac{(0.090+0.010)^2}{r^2} = \dfrac{1284}{2.4^2} = 223$ c.p.m.
(b) 線源と GM 管の間に紙や金属板を置きその厚みを変えて計数率を求める．紙で放射線が吸収されるならα線である．厚さ数 mm のアルミ板でほとんど効果がないならγ線である．それ以外はβ線．

22・4 (a) $\lambda = \dfrac{\log_e 2}{T_{1/2}} = \dfrac{0.693}{14.8 \text{ h}} = 0.047$ h^{-1} $= 1.3 \times 10^{-5}$ s^{-1}
(b) 2.4 g の Na 24 は 6.0×10^{23} 個の原子を含む．
∴ 1.0 mg は，$\dfrac{1.0 \times 10^{-3} \times 6.0 \times 10^{23}}{24} = 2.5 \times 10^{19}$ 個の原子を含む．

(c) 放射能 $=\lambda N=3.3\times 10^{14}$ Bq
(d) $A=A_0 e^{-\lambda t}=3.3\times 10^{14}\times \exp(-1.3\times 10^{-5}\times 24\times 3600)=1.1\times 10^{14}$ Bq

22・5 (a) (i) $\lambda=\dfrac{\log_e 2}{T_{1/2}}=\dfrac{0.693}{100\times 365.25\times 24\times 3600\text{ s}}=2.2\times 10^{-10}\text{ s}^{-1}$

(ii) 239 g 中に 6.0×10^{23} 個の原子を含む.
∴ 1.0 g は $6.0\times 10^{23}/239=2.5\times 10^{21}$ 個の原子を含む.

(b) (i) 1.0 g がもつ放射能 $=\lambda N=2.2\times 10^{-10}\times 2.5\times 10^{21}=5.5\times 10^{11}$ Bq

1000 MBq の放射能の試料の質量 $=\dfrac{1.0\times 10^9}{5.5\times 10^{11}}=1.8\times 10^{-3}$ g

(ii) $A=A_0 e^{-\lambda t}=1000\times \exp(-2.2\times 10^{-10}\times 10\times 365.25\times 24\times 3600)$
$=933$ MBq

第 23 章

練習問題

23・1
1. (a) 重力, (b) (i) 核力 (強い力), (ii) 弱い力, (c) 電磁気力
2. (a) (i) $F=\dfrac{Q_1 Q_2}{4\pi\varepsilon_0 r^2}=\dfrac{2\times 1.6\times 10^{-19}\times 7\times 1.6\times 10^{-19}}{4\pi\varepsilon_0\times (10\times 10^{-15})^2}=32$ N

(ii) $F=\dfrac{Q_1 Q_2}{4\pi\varepsilon_0 r^2}=\dfrac{2\times 1.6\times 10^{-19}\times 7\times 1.6\times 10^{-19}}{4\pi\varepsilon_0\times (2\times 10^{-15})^2}=800$ N

(b) α粒子は, 十分な運動エネルギーをもっているときだけ, 電磁気力の反発に打ち勝って窒素の原子核のすぐ近くまでくる. 原子核の大きさ程度の距離まで近づいたとき, ようやく核力が電磁気力に打ち勝つ大きさの引力になる.

23・2
1. (a) (i) 質量欠損は,
$\Delta m=Z m_p+(A-Z)m_n-M$
$=8\times 1.00728+8\times 1.00866-(15.99491-8\times 0.00055)$
$=0.137$ u
∴ O 16 の結合エネルギー $=0.137$ u$\times 931.5$ MeV/u$=128$ MeV
∴ $\begin{pmatrix}\text{核子 1 個当たりの}\\ \text{結合エネルギー}\end{pmatrix}=\dfrac{B.E.}{A}=\dfrac{128}{16}=8.0$ MeV/核子

(ii) 質量欠損は,
$\Delta m=Z m_p+(A-Z)m_n-M$
$=38\times 1.00728+52\times 1.00866-(89.90774-38\times 0.00055)$
$=0.840$ u
∴ Sr 90 の結合エネルギー $=0.840$ u$\times 931.5$ MeV/u$=783$ MeV
∴ $\begin{pmatrix}\text{核子 1 個当たりの}\\ \text{結合エネルギー}\end{pmatrix}=\dfrac{B.E.}{A}=\dfrac{783}{90}=8.7$ MeV/核子

2. (a) (i) $^{238}_{92}\text{U}\longrightarrow {}^{234}_{90}\text{Th}+{}^{4}_{2}\alpha$
(ii) $\Delta m=$U 238 原子の質量$-$[Th 234 原子の質量$+$He 4 原子の質量]$=238.05079-[234.04360+4.00260]=0.00459$ u
∴ $Q=\Delta m\,c^2=0.00459\times 931.5=4.28$ MeV

(b) (i) $^{60}_{27}\text{Co}\longrightarrow {}^{0}_{-1}\beta+{}^{60}_{28}\text{Ni}$
(ii) $\Delta m=$Co 60 の原子の質量$-$Ni 60 原子の質量
$=59.93382-59.93079=0.00303$ u
∴ $Q=\Delta m\,c^2=0.00303\times 931.5=282$ MeV

23・3
1. (a) (i) 誘導核分裂は, 重い原子核が衝突した中性子を吸収し, 大きさがほぼ等しい二つの原子核に分裂するもの.
(ii) 1 回の核分裂が複数回の核分裂をひき起こし, 反応の速さが一定か指数的に増える場合をいう. 1 個の重い原子核が分裂して 2〜3 個の中性子を放出し, これらが別の原子核に衝突して同様の核分裂をひき起こすことで実現される.
(iii) 中性子が物質の塊の中にいるなら核分裂を起こせるが, 塊の表面から飛び出せば起こせなくなる. 前者は塊の体積に比例し, 後者は表面積に比例する. 塊が球形なら両者の比は半径に比例する. 球塊の半径がある程度大きくないと中性子の逃げ出す分が多くなり連鎖反応が起こらない. 同じ体積なら球が最も表面積が小さいので臨界に至りやすい.
(ii) 定常的な反応が持続するためには, 1 回の核分裂によりひき起

こされる次の分裂がちょうど 1 回でなければならない. このため, 中性子を吸収する物質でつくった制御棒を炉心に挿入して, 中性子が増倍する割合を調整する.

(c) (i) 遅い中性子は U 235 の誘導核分裂を効率よくひき起こせるが, 核分裂で生じた中性子は高速である. 高速の中性子は減速材の原子と衝突し運動エネルギーを失い遅くなる.
(ii) 1 回の衝突で運動エネルギーが 75% になるから n 回の衝突では 0.75^n になる. ∴ 0.025 eV$=0.75^n\times 1$ MeV, すなわち, $0.75^n=0.025/1$ MeV$=2.5\times 10^{-8}$, 両辺の常用対数をとると,
$n\log_{10} 0.75=\log_{10} 2.5-8$ ∴ $n=\dfrac{\log_{10} 2.5-8}{\log_{10} 0.75}=\dfrac{0.398-8}{-0.125}=61$

2. (a) $\begin{pmatrix}1\text{ 日のエネル}\\ \text{ギー生産量}\end{pmatrix}=1000$ MW$\times 24$ h$\times 3600$ s$=8.6\times 10^{13}$ J

∴ 燃料から取出すエネルギー $=\dfrac{8.6\times 10^{13}}{0.25}=3.4\times 10^{14}$ J

(i) 1 日当たり必要な石油の量 $=\dfrac{3.4\times 10^{14}}{30\times 10^6}=$ 約 1000 万 kg

(ii) 1 日当たり必要なウランの量 $=\dfrac{\text{約 1000 万 kg}}{50\,000}=$ 約 200 kg

(b) (i) p.258 参照. (ii) 高速増殖炉のブランケットおよび燃料となるウラン 238 とプルトニウム 239 を回収する. (iii) ウラン 238 からプルトニウム 239 への増殖が効果的に起こるためには高速中性子が必要.

23・4
1. (a) $^{9}_{4}\text{Be}+{}^{4}_{2}\alpha\longrightarrow {}^{1}_{0}n+{}^{12}_{6}\text{C}$

(b) (i) 陽子(uud) $=+\dfrac{2}{3}e+\dfrac{2}{3}e-\dfrac{1}{3}e=+e$

中性子(udd) $=+\dfrac{2}{3}e-\dfrac{1}{3}e-\dfrac{1}{3}e=0$

(ii) uus: 電荷 $=+\dfrac{2}{3}e+\dfrac{2}{3}e-\dfrac{1}{3}e=+e$

ストレンジネス $=0+0+1$

2. (a) (i) 粒子と反粒子の電荷は異符号だから.
(ii) 磁場から受ける力は速さ v に比例し, 半径 r の円運動の向心力は v^2/r に比例するので, 半径は速さに比例する (p.188 と p.287 参照). 衝突相手をイオン化する過程で運動エネルギーを失い速さ v が遅くなるため, 円の半径が徐々に小さくなりらせんを描く.

(b) 電子と陽電子の質量がエネルギーに転換され, そのエネルギーが二つのγ線光子に均等に分配されるので, 各 511 keV の光子が生じる.

章末問題

23・1 (a) $Q_1=2e,\ Q_2=4e$. 最初の E_K =最も近づいたときの E_P と仮定し,

5×10^6 eV$=\dfrac{2e\times 4e}{4\pi\varepsilon_0 r}$

∴ $r=\dfrac{8\times (1.6\times 10^{-19})^2}{4\pi\times 8.85\times 10^{-12}}\times \dfrac{1}{5\times 10^6\times (1.6\times 10^{-19})}=2.3\times 10^{-15}$ m

(b) 上問の α粒子は 2.3 fm まで接近できるから, 核力の到達範囲内に入り核反応を起こしうる.

23・2 (a) (i) $\Delta m=6\times 1.00728+7\times 1.00866-(13.00335-6\times 0.00055)=0.104$ u ∴ B.E.$=0.104\times 931=97.0$ MeV
∴ 核子 1 個当たりの B.E.$=$B.E.$/A=97.0/13=7.5$ MeV/核子
(ii) $\Delta m=82\times 1.00728+124\times 1.00866-(205.97447-82\times 0.00055)=0.1741$ u ∴ B.E.$=0.1741\times 931=1621$ MeV
∴ 核子 1 個当たりの B.E.$=$B.E.$/A=1621/206=7.9$ MeV/核子

(b) (i) 図 23・5 参照. (ii) 分裂前の核の質量は分裂後の核の質量の和より大きいので, その差がエネルギーとして放出される. 核子 1 個当たりの結合エネルギーは分裂前の核の方が小さいので, 分裂後の全結合エネルギーが増える (反応で正のエネルギーを外部に放出する).

23・3 (a) (i) $^{210}_{84}\text{Po}\longrightarrow {}^{4}_{2}\alpha+{}^{206}_{82}\text{Pb}$
(ii) $Q=931\times (209.98287-205.97447-4.00260)=5.4$ MeV
(b) (i) $^{24}_{11}\text{Na}\longrightarrow {}^{0}_{-1}\beta+{}^{24}_{12}\text{Mg}$

(ii) $Q \times 931 \times (23.99096 - 23.98504) = 5.5$ MeV

23・4 (a) (i) 1個の重い原子核が分裂して2〜3個の中性子を放出し，これらが別の原子核に衝突して同様の核分裂をひき起こすことで，反応の速さが一定な指数的に増える核反応．
(ii) 中性子を吸収する制御棒を炉心に入れ，その深さを変えて炉内の中性子量を変え連鎖反応を安定させて持続させる．
(b) (i) 核分裂で生じる中性子の速さを遅くして，U235の核分裂を効率よく起こす．
(ii) 中性子の吸収が起こりにくいこと．熱特性が適切であること（温度上昇による密度の変化，比熱容量，熱伝導度など），固体の場合には融点が高いことなど．
(c) (i) 放射能が高い．ウラン238とプルトニウム239に加えて強い放射能をもつ核分裂片を含むからである．

(ii) 崩壊定数 $\lambda = \dfrac{\log_e 2}{T_{1/2}} = \dfrac{0.693}{24\,000\,\text{年}}$

1 kg 中の原子の個数 $N = \dfrac{6.02 \times 10^{23}}{0.239}$

放射能 $= \lambda N = \dfrac{0.693}{24\,000 \times 365.25 \times 24 \times 3600} \times \dfrac{6.02 \times 10^{23}}{0.239} = 2.3 \times 10^{12}$ Bq

23・5 (a) (i) 原理としては一様な磁場中で一定の速さの荷電粒子の軌道が円となることを用いる．実際のシンクロトロンの軌道は，装置の大型化との関係で"角が丸い多角形"であり，軌道を曲げるところだけに磁場がある．
(ii) いったん装置を建設すると軌道のサイズや形も決まってしまう．荷電粒子の速度が増しても同じ軌道を保つには，より大きな磁場が必要となる．実現できる磁場の強さに限界があるので，粒子の速度にも限界が生じる．

(b) (i) $E = mc^2 \left[1 - \left(\dfrac{v}{c}\right)^2 \right]^{-1/2}$ より，$\dfrac{v}{c} = 0.999$

(ii) 粒子の速さが大きいほど，速さを同じだけ増加するのに必要なエネルギーが多くなり，速さが光速に近づくと必要なエネルギーが無限大に発散する．

(c) (i) $Q = +\dfrac{2}{3}e - \dfrac{1}{3}e - \dfrac{1}{3}e = 0$, $S = 0+0-1 = -1$

(ii) $Q = +\dfrac{2}{3}e + \dfrac{1}{3}e = +e$, $S = 0+1$

(d) (i) $Q = +2e$ を3個のクォークで実現するには uuu しかありえない．また uuu ならば $S = 0$ となる．
(ii) $S = +1$ を2個のクォークで実現するには，$\bar{s}$ と他のストレンジネス0のクォークを組合わせるしかない．$\bar{s}$ の電荷が1/3だから，相手の電荷は $-1/3$. $\bar{d}$ がストレンジネス0で電荷が $-1/3$．

第 24 章

練習問題

24・1a

1. (a) 最初にあった空気の体積＝ポンプの体積＋タイヤの体積＝1545 cm³，タイヤの中の最終的な体積＝1500 cm³

∴ $p \times 1500 = 110 \times 1545$

したがって，$p = (110 \times 1545)/1500 = 113.3$ kPa

(b) n 回空気を入れた後の圧力を P_n とすると，

$P_n \times 1500 = P_{n-1} \times 1545$ ∴ $\dfrac{P_n}{P_{n-1}} = \dfrac{1545}{1500} = 1.03$

これより空気を1回入れるごとに空気圧が3%ずつ増加する．

(c) 20ストローク後の圧力 $= 103\%^{20} \times 110$ kPa
$= 1.03^{20} \times 110$ kPa $= 199$ kPa

2. (a) 最初にあった空気の体積 $= V_F + V_P$，ここで V_F はフラスコの体積，V_P はポンプの体積とする．最終的な空気の体積は V_F であるから，$100(V_F+V_P) = 118V_F$

∴ $V_P = 0.18V_F = 0.18 \times 250$ cm³ $= 45$ cm³

(b) 最初にあった空気の体積 $= 295$ cm³ $- v$ (v は粉体の体積）
最終的な空気の体積 $= 250$ cm³ $- v$

∴ $100(295-v) = 140(250-v)$

∴ $29500 - 100v = 35000 - 140v$

整理すると $40v = 5500$, よって，$v = 5500/40 = 137.5$ cm³

24・1b

1. $\dfrac{p_2V_2}{T_2} = \dfrac{p_1V_1}{T_1}$ の関係を使うと，以下の解を得ることができる．

(a) $V_2 = \dfrac{p_1V_1T_2}{p_2T_1} = \dfrac{100 \times 0.05 \times 350}{110 \times 300} = 0.053$ m³

(b) $T_2 = \dfrac{p_2V_2T_1}{p_1V_1} = \dfrac{101 \times 0.12 \times 400}{105 \times 0.24} = 192$ K

(c) $p_2 = \dfrac{p_1V_1T_2}{V_2T_1} = \dfrac{0.35 \times 0.85 \times 250}{0.58 \times 350} = 0.37$ kPa

(d) $T_1 = \dfrac{p_1V_1T_2}{p_2V_2} = \dfrac{101 \times 0.42 \times 300}{101 \times 0.38} = 332$ K

(e) $V_1 = \dfrac{p_2V_2T_1}{p_1T_2} = \dfrac{101 \times 0.161 \times 290}{110 \times 273} = 0.157$ m³

2. (a) $p_1 = 105$ kPa; $V_1 = 20$ cm³ $= 20 \times 10^{-6}$ m³, $T_1 = 288$ K; $p_2 = 101$ kPa; $V_2 =$ 求めるべき量; $T_2 = 273$ K,

$\dfrac{p_2V_2}{T_2} = \dfrac{p_1V_1}{T_1}$ より，$\dfrac{101 \times 10^3 \times V_2}{273} = \dfrac{105 \times 10^3 \times 2.0 \times 10^{-5}}{288}$

∴ $V_2 = \dfrac{105 \times 10^3 \times 2.0 \times 10^{-5} \times 273}{288 \times 101 \times 10^3} = 1.97 \times 10^{-5}$ m³ $= 19.7$ cm³

(b) $p_1 = 101$ kPa; $V_1 = 30$ cm³ $= 30 \times 10^{-6}$ m³; $T_1 = 20+273 = 293$ K; $p_2 =$ 求めるべき量; $V_2 = 31$ cm³; $T_2 = 100+273 = 373$ K,

$\dfrac{p_2V_2}{T_2} = \dfrac{p_1V_1}{T_1}$ より，$\dfrac{p_2 \times 3.1 \times 10^{-5}}{273} = \dfrac{101 \times 10^3 \times 3.0 \times 10^{-5}}{293}$

∴ $p_2 = \dfrac{101 \times 10^3 \times 3.0 \times 10^{-5} \times 373}{293 \times 3.1 \times 10^{-5}} = 124$ kPa

24・2

1. (a) $pV = nRT$ を変形すると，

$n = \dfrac{pV}{RT} = \dfrac{120 \times 10^3 \times 200 \times 10^{-6}}{8.31 \times (273+15)} = 1.00 \times 10^{-2}$ mol

(b) V は一定であるから，$\dfrac{p_1}{T_1} = \dfrac{p_2}{T_2}$，ここで $p_1 = 120$ kPa, $p_2 = 150$ kPa, $T_1 = 288$ K, $T_2 =$ 求めるべき量である．

この等式を変形して，$T_2 = \dfrac{p_2T_1}{p_1} = \dfrac{150 \times 10^3 \times 288}{120 \times 10^3} = 360$ K

(c) (i) 100℃において，$T = 373$ K, $V = 200$ cm³ $= 200 \times 10^{-6}$ m³, $p = 150$ kPa,

∴ $n = \dfrac{pV}{RT} = \dfrac{150 \times 10^3 \times 200 \times 10^{-6}}{8.31 \times 373} = 9.7 \times 10^{-3}$ mol

失われたモル数 $= 1.00 \times 10^{-2} - 9.7 \times 10^{-3} = 3 \times 10^{-4}$ mol

(ii) 失われた気体の割合 $= \dfrac{\text{失われたモル数}}{\text{最初のモル数}} = \dfrac{3 \times 10^{-4}}{1.00 \times 10^{-2}} = 0.03$

2. (i) $V_m = \dfrac{RT}{p} = \dfrac{8.31 \times 273}{101 \times 10^3} = 0.0224$ m³

密度 $\rho = \dfrac{\text{質量}}{\text{体積}} = \dfrac{0.028}{0.0224} = 1.25$ kg m⁻³

(ii) $V_m = \dfrac{RT}{p} = \dfrac{8.31 \times 373}{101 \times 10^3} = 0.0306$ m³

密度 $\rho = \dfrac{\text{質量}}{\text{体積}} = \dfrac{0.028}{0.0306} = 0.91$ kg m⁻³

24・3

1. (a) (i) $pV_m = RT$ という関係を用いると100℃，150 kPa での1 mol の気体の体積を計算できる．したがって，

$V_m = \dfrac{RT}{p} = \dfrac{8.31 \times (273+100)}{150 \times 10^3} = 2.07 \times 10^{-2}$ m³

∴ 密度 $\rho = \dfrac{\text{質量}}{\text{体積}} = \dfrac{\text{モル質量}}{\text{モル体積}} = \dfrac{0.028 \text{ kg}}{2.07 \times 10^{-2} \text{ m}^3} = 1.36$ kg m⁻³

(ii) $p = \dfrac{1}{3}\rho v_{rms}^2$ を変形して，

$v_{rms}^2 = \dfrac{3p}{\rho} = \dfrac{3 \times 150 \times 10^3}{1.36} = 3.31 \times 10^5$ m² s⁻² ∴ $v_{rms} = 575$ m s⁻¹

(b) (i) 平均運動エネルギー $= \dfrac{3}{2}kT = 1.5 \times 1.38 \times 10^{-23} \times (100+273)$
$= 7.72 \times 10^{-21}$ J

(ii) 平均運動エネルギーは絶対温度 T に比例するため，絶対温度が2倍になれば平均運動エネルギーも2倍になる．つまり T は 746 K（$=2\times373$ K）になる必要がある．

2. (a) (i) 0℃での平均運動エネルギーは，
$\frac{3}{2}kT=1.5\times1.38\times10^{-23}\times273=5.65\times10^{-21}$ J
(ii) 1 mol の気体については，$\frac{1}{2}N_A m v_{rms}^2=\frac{3}{2}RT$ であり，$N_A m$ はモル質量である．

∴ $\frac{1}{2}M v_{rms}^2=\frac{3}{2}RT$．よって，

$v_{rms}^2=\frac{3RT}{M}=\frac{3\times8.31\times273}{0.002}=3.40\times10^6$ m^2 s^{-2}

∴ $v_{rms}=1.84\times10^3$ m s^{-1}

(b) (i) 100℃での平均運動エネルギーは，
$\frac{3}{2}kT=1.5\times1.38\times10^{-23}\times(100+273)=7.72\times10^{-21}$ J

(ii) $v_{rms}^2=\frac{3RT}{M}=\frac{3\times8.31\times373}{0.002}=4.65\times10^6$ m^2 s^{-2}

∴ $v_{rms}=2.16\times10^3$ m s^{-1}

章末問題

24・1 (a) (i) $p_1=103$ kPa，$V_1=40$ cm$^3=4.1\times10^{-5}$ m^3，$T_1=273+25=298$ K，$p_2=101$ kPa，$T_2=273$ K のもとで V_2 を求める量として $\frac{p_2 V_2}{T_2}=\frac{p_1 V_1}{T_1}$ を変形する．

∴ $V_2=\frac{p_1 V_1 T_2}{p_2 T_1}=\frac{103\times10^3\times4.0\times10^{-5}\times273}{101\times10^3\times298}=3.7\times10^{-5}$ m^3

(ii) $pV=nRT$ を変形して，
$n=\frac{pV}{RT}=\frac{103\times10^3\times4.0\times10^{-5}}{8.31\times298}=1.66\times10^{-3}$ mol

M をモル質量として，質量$=nM$
∴ 質量$=1.66\times10^{-3}\times0.032=5.3\times10^{-5}$ kg

(b) (i) $p_1=101$ kPa，$V_1=1.2$ cm$^3=1.2\times10^{-6}$ m^3，$T_1=273+10=283$ K，$p_2=200$ kPa，$T_2=273+20=293$ K のもとで V_2 を求める量として，$\frac{p_2 V_2}{T_2}=\frac{p_1 V_1}{T_1}$ を変形する．

∴ $V_2=\frac{p_1 V_1 T_2}{p_2 T_1}=\frac{101\times10^3\times1.2\times10^{-6}\times293}{200\times10^3\times283}=6.3\times10^{-7}$ m^3

(ii) $pV=nRT$ を変形して，$n=\frac{pV}{RT}=\frac{101\times10^3\times1.2\times10^{-6}}{8.31\times283}=5.2\times10^{-5}$

M をモル質量として，質量$=nM$
∴ 質量$=5.2\times10^{-5}\times0.029=1.5\times10^{-6}$ kg

24・2 (a) (i) $p_1=150$ kPa，$V_1=1600$ cm$^3=1.60\times10^{-3}$ m^3，$T_1=273+25=298$ K，$V_2=1500$ cm$^3=1.5\times10^{-3}$ m^3，$T_2=273$ K のもとで p_2 を求める量として $\frac{p_2 V_2}{T_2}=\frac{p_1 V_1}{T_1}$ を変形する．

∴ $p_2=\frac{p_1 V_1 T_2}{V_2 T_1}=\frac{150\times10^3\times1.6\times10^{-3}\times273}{1.5\times10^{-3}\times298}=1.47\times10^5$ Pa

(ii) $pV=nRT$ を変形して，
$n=\frac{pV}{RT}=\frac{150\times10^3\times1.6\times10^{-3}}{8.31\times298}=9.69\times10^{-2}$ mol

M をモル質量として，質量$=nM$
∴ 質量$=9.69\times10^{-2}\times0.029=2.8\times10^{-3}$ kg

(b) 封じた端が下側にある場合：L を水銀柱の長さ，p_0 を mmHg で測った大気圧として，閉じ込められた空気の圧力は mmHg で $p_1=p_0+L$ となる．

閉じ込められた気柱の体積 $V_1=$ 気柱の長さ×断面積 $A=0.12 A$

封じた端が上側にある場合：閉じ込められた空気の圧力は $p_2=p_0-L$ である．

閉じ込められた気柱の体積 $V_2=$ 気柱の長さ×断面積 $A=0.18 A$

$p_1 V_1=p_2 V_2$ を用いて，$(p_0+L)\times0.12 A=(p_0-L)\times0.18 A$

∴ $0.18 p_0 - 0.12 p_0 = 0.18 L + 0.12 L$，よって，$0.06 p_0 = 0.30 L$

∴ $p_0=\frac{0.30}{0.06}L=5L=5\times0.150$ m $=0.750$ m $=750$ mHg

24・3 (a) および (b) 図 A24・1 のとおり．

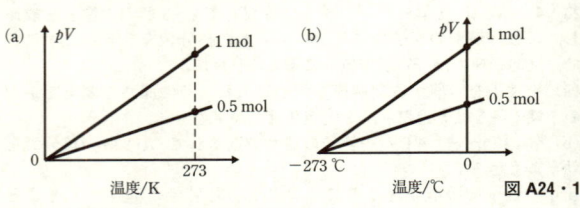

(a), (b) 図 A24・1

24・4 (a) (i) $pV=nRT$ を変形して，
$n=\frac{pV}{RT}=\frac{140\times10^3\times500\times10^{-6}}{8.31\times(20+273)}=2.87\times10^{-2}$ mol

M をモル質量とすると，質量$=nM$
∴ 質量$=2.87\times10^{-2}\times0.028$ kg $=8.0\times10^{-4}$ kg

(ii) 分子の個数$=n\times N_A=2.87\times10^{-2}\times6.02\times10^{23}=1.73\times10^{22}$

(iii) $pV=\frac{1}{3}Nm v_{rms}^2$ を変形すると，$Nm=$気体の全質量として，

$v_{rms}^2=\frac{3pV}{Nm}$ を得る．

$v_{rms}^2=\frac{3\times140\times10^3\times500\times10^{-6}}{8.0\times10^{-4}}=2.63\times10^5$ m^2 s^{-2}

∴ $v_{rms}=512$ m s^{-1}

(b) (i) $p_1=140$ kPa，$p_2=170$ kPa，$T_1=(20+273)=293$ K T_2 を求める量として $\frac{p_2}{T_2}=\frac{p_1}{T_1}$ を使うと，$T_2=\frac{p_2 T_1}{p_1}=\frac{170\times293}{140}=356$ K $=83$ ℃

(ii) 安全弁が開いているときは圧力と体積が一定に保たれるのでモル数は減少する．$pV=nRT$ を用いると $nT=\frac{pV}{R}=$定数より，$n_2 T_2 = n_1 T_1$

∴ $n_2=\frac{n_1 T_1}{T_2}=\frac{2.87\times10^{-2}\times356}{(273+100)}=2.74\times10^{-2}$ mol

∴ 失われた気体のモル数$=2.87\times10^{-2}-2.74\times10^{-2}=1.3\times10^{-3}$ mol
∴ 失われた気体の質量$=1.3\times10^{-3}\times0.028$ kg $=3.6\times10^{-5}$ kg

24・5 (a) (i) 分子が衝突の間に移動する距離が平均的には長くなるので，壁面に当たる回数が減る．したがって衝突の頻度が小さくなることから圧力は減少する．

(ii) 分子がゆっくり動くため壁に当たる回数が減り，平均的な衝撃力も小さくなる．したがって壁に当たる頻度が小さくなり，衝撃力が小さくなることから，圧力は減少する．

(b) $pV=\frac{1}{3}Nm v_{rms}^2$ を変形すると，$M=N_A m$ をモル質量として，

$v_{rms}^2=\frac{3pV}{Nm}=\frac{3nRT}{Nm}=\frac{3RT}{N_A m}=\frac{3RT}{M}$

(i) $M=0.002$ kg

∴ $v_{rms}^2=\frac{3RT}{M}=\frac{3\times8.31\times(273+20)}{0.002}=3.65\times10^6$ m^2 s^{-2}

∴ $v_{rms}=1910$ m s^{-1}

(ii) $M=0.032$ kg

∴ $v_{rms}^2=\frac{3RT}{M}=\frac{3\times8.31\times(273+20)}{0.032}=2.28\times10^5$ m^2 s^{-2}

∴ $v_{rms}=478$ m s^{-1}

(iii) 水素分子の 2 乗平均速さは同じ温度での酸素分子よりも 4 倍以上速い．酸素分子は地球の重力場から逃れられないが，水素分子は速く動くので地球重力場から逃れてしまう．

第 25 章

練習問題

25・1

1. (a) $t=\frac{h-h_0}{h_{100}-h_0}\times100$ ℃ $=\frac{105-(-50)}{220-(-50)}\times100$ ℃ $=\frac{155}{270}\times100=57.4$ ℃

(b) (i) 中点$=50$ ℃．

(ii) $t=\frac{h-h_0}{h_{100}-h_0}\times100$ ℃ $=\frac{80-(-50)}{220-(-50)}\times100$ ℃ $=\frac{130}{270}\times100=48.1$ ℃

2. $E=at-bt^2$ のとき，$a=40.5$ μV ℃$^{-1}$ および $b=0.065$ μV ℃$^{-2}$

練習問題および章末問題の解答　361

(a)

t/℃	0	20	40	60	80	100
E/μV	0	784	1516	2196	2824	3400

(b) (i) 省略，(ii) $E=1700$ μV のとき，$t=45$ ℃（0.5 ℃ の精度で）

25・2

1. (a) (i) $\Delta Q=\Delta U+\Delta W=+1000+300=+1300$ J
 すなわち 1300 J の熱が物体へ移動した．
 (ii) $\Delta Q=\Delta U+\Delta W=+1000-300=+700$ J
 すなわち 700 J の熱が物体へ移動した．
 (b) (i) $\Delta Q=\Delta U+\Delta W=-500+200=-300$ J
 すなわち 300 J の熱が物体から移動した．
 (ii) $\Delta Q=\Delta U+\Delta W=-500-200=-700$ J
 すなわち 700 J の熱が物体から移動した．

2. (a) $\Delta Q=\Delta U+\Delta W$ を変形して，$\Delta W=\Delta Q-\Delta U=400-2000=-1600$ J
 （つまり物体が 1600 J の仕事をした）
 (b) $\Delta Q=\Delta U+\Delta W=-2000+2400=+400$ J
 （つまり物体に 400 J の熱が移動した）
 (c) $\Delta Q=\Delta U+\Delta W$ を変形して，
 $\Delta U=\Delta Q-\Delta W=-800-(-2400)=1600$ J
 （つまり 1600 J の熱が物体に移動した）
 (d) $\Delta Q=\Delta U+\Delta W$ を変形して，
 $\Delta W=\Delta Q-\Delta U=-400-(-1000)=600$ J
 （つまり物体が 600 J の仕事をした）

25・3

1. (a) (i) $\dfrac{V}{T}=$ 一定　∴　$T_2=\dfrac{V_2}{V_1}T_1=\dfrac{360}{240}\times(273+17)=435$ K
 (ii) $\Delta W=p\Delta V=80\times 10^3(360\times 10^{-6}-240\times 10^{-6})=9.6$ J
 $\Delta U=\dfrac{3}{2}nR\Delta T=\dfrac{3}{2}p\Delta V=1.5\times 9.6=14.4$ J
 $\Delta Q=\Delta U+\Delta W=24.0$ J
 (iii) 図 A25・1 のとおり．

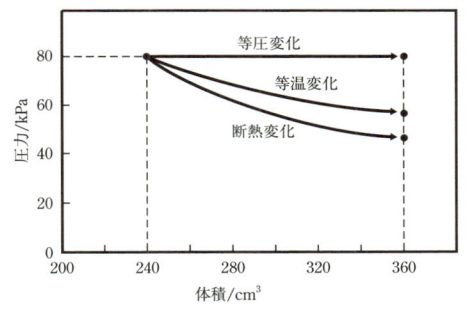

図 A25・1

 (b) (i) $pV=$ 一定　∴　$p_2=\dfrac{p_1V_1}{V_2}=\dfrac{80\times 10^3\times 240\times 10^{-6}}{360\times 10^{-6}}=53.3$ kPa
 (ii) 図 A25・1 のとおり．
 (iii) 曲線の下の部分の面積を概算して，
 $\Delta W=7.8$ J，$\Delta U=0$　∴　$\Delta Q=7.8$ J
 (c) (i) $pV^\gamma=$ 一定を用いると，$p\times 360^{1.4}=80\times 240^{1.4}$
 ∴　$p\times 3790=80\times 2149$　∴　$p=\dfrac{80\times 2149}{3790}=45$ kPa

 T を求めるためには $pV=nRT$ を用いて，$\dfrac{pV}{T}=$ 一定より，
 $\dfrac{45\times 360}{T}=\dfrac{80\times 240}{(273+17)}$　∴　$T=\dfrac{45\times 360\times 290}{80\times 240}=245$ K $=-28$ ℃
 (ii) 図 A25・1 のとおり．
 (iii) $\Delta U=\dfrac{3}{2}nR\Delta T=\dfrac{3}{2}\dfrac{p_1V_1}{T_1}\Delta T$
 $=\dfrac{1.5\times 80\times 10^3\times 240\times 10^{-6}}{290}\times(245-290)=-4.5$ J
 $\Delta Q=0$，だから，$\Delta W=-\Delta U=4.5$ J

2. (a) (i) $pV=nRT$ を変形して，
 $n=\dfrac{pV}{RT}=\dfrac{110\times 10^3\times 1200\times 10^{-6}}{8.31\times(273+15)}=0.055$ mol
 (ii) 空気の質量 $=n\times$ モル質量 $=0.055\times 0.029$ kg $=1.6\times 10^{-3}$ kg
 (iii) 内部エネルギー $U=\dfrac{5}{2}nRT=\dfrac{5}{2}pV$
 $=2.5\times 110\times 10^3\times 1200\times 10^{-6}=330$ J
 (b) (i) $pV^\gamma=$ 一定を用いて，$p\times 150^{1.4}=110\times 1200^{1.4}$
 ∴　$p\times 1113=110\times 20\,457$　∴　$p=\dfrac{110\times 20\,457}{1113}=2020$ kPa
 温度を求めるには $pV=nRT$ を用いる.
 $\dfrac{pV}{T}=$ 一定より，$\dfrac{2020\times 150}{T}=\dfrac{110\times 1200}{(273+15)}$
 ∴　$T=\dfrac{2020\times 150\times 288}{110\times 1200}=661$ K $=388$ ℃
 (ii) $\Delta U=\dfrac{5}{2}nR\Delta T=\dfrac{5}{2}\times 0.055\times 8.31\times(664-288)=430$ J
 (iii) $\Delta Q=0$，$\Delta W=-\Delta U=-430$ J

25・4

1. (a) (i) 500 s ($=15\,000$ m/30 m s^{-1})，(ii) 20 MJ/500 s $=40$ kW
 (b) 効率 $=6$ kW/40 kW $=0.15$
2. (a) $Q=160$ W $+40$ W $=200$ W
 (b) (i) 効率 $=40$ W/200 W $=0.20$
 (ii) 可能な最大効率 $=(400-300)/400=0.25$

章末問題

25・1 (a) (i) $t=\dfrac{20-(-6)}{29-(-6)}\times 100=74$ ℃，(ii) $T=t+273=347$ K
 (b) (i) $V=1.25\times 50\times(1-50\times 20\times 10^{-4})=56.3$ mV
 (ii) 摂氏温度 $=56.3$ ℃

25・2 (a) $\Delta Q=\Delta U+p\Delta V=1000+(100\times 10^3\times 2.0\times 10^{-3})=1200$ J
 (b) $\Delta U=\Delta Q-p\Delta V=-600-(150\times 10^3\times(-2.0)\times 10^{-3})$
 $=-600+300=-300$ J
 (c) $p\Delta V=\Delta Q-\Delta U$　∴　$100\times 10^3\times\Delta V=200-(-800)=1000$
 ∴　$\Delta V=10\times 10^{-3}$ m^3
 (d) $p\Delta V=\Delta Q-\Delta U$　$p\times(-5.0)\times 10^{-3}=400-1200=-800$
 ∴　$p=160$ kPa

25・3 (a) (i) $pV=nRT$ を変形して，
 $n=\dfrac{pV}{RT}=\dfrac{10\times 10^3\times 60\times 10^{-6}}{8.31\times 290}=2.5\times 10^{-4}$
 (ii) $U=\dfrac{3}{2}nRT=1.5\times 2.5\times 10^{-4}\times 8.31\times 290=0.90$ J
 (b) (i) 一定量の気体に $pV=nRT$ を用いると $\dfrac{p}{T}=$ 一定であるから，
 ∴　$p_2=\dfrac{T_2}{T_1}p_1=\dfrac{380}{290}\times 10$ kPa $=13.1$ kPa
 (ii) $U_1=0.90$ J；$U_2=\dfrac{3}{2}nRT=1.5\times 2.5\times 10^{-4}\times 8.31\times 380=1.18$ J
 ∴　$\Delta U=0.28$ J

25・4 (a) (i) $pV=nRT$ を変形して，
 $n=\dfrac{pV}{RT}=\dfrac{101\times 10^3\times 1.00\times 10^{-4}}{8.31\times(273+20)}=4.1\times 10^{-3}$ mol
 (ii) 二原子分子については，
 $U=\dfrac{5}{2}nRT=2.5\times 4.1\times 10^{-3}\times 8.31\times 293=25.3$ J
 (b) (i) $\gamma=1.4$ として，$pV^\gamma=$ 一定を用いる．$p\times 20^{1.4}=101\times 100^{1.4}$
 ∴　$66.3p=101\times 631$ より，$p=\dfrac{101\times 631}{66.3}=961$ kPa
 T を求めるには，$pV=nRT$ を用いて，
 $T=\dfrac{pV}{nR}=\dfrac{961\times 10^3\times 20\times 10^{-6}}{4.1\times 10^{-3}\times 8.31}=564$ K
 (ii) $U=\dfrac{5}{2}nRT=2.5\times 4.1\times 10^{-3}\times 8.31\times 564=48.7$ J
 (iii) $\Delta Q=0$ なので，$\Delta W=-\Delta U$　∴　$\Delta W=-(48.7-25.3)=-23.4$ J
 空気にした仕事は 23.4 J

25・5 (a) (i) $Q_2=2000-600=1400$ J（1 秒間で）
 (ii) 効率 $=600/2000=0.30$
 (iii) 可能な最大効率 $=(450-300)/450=0.33$
 (b) (i) A から B を考えると，$T_B=1000$ K
 $p_B=p_A\times\dfrac{T_B}{T_A}=100$ kPa $\times 1000/300=333$ kPa
 B から C を考えると $pV^\gamma=$ 一定を用いて $333\times 0.0020^\gamma=100\times V_C^\gamma$，
 $\gamma=1.4$ より，$V_C^{1.4}=3.33\times 0.0020^{1.4}=5.54\times 10^{-4}$

∴ $1.4 \ln V_C = \ln(5.54 \times 10^{-4}) = -7.50$
$\ln V_C = -5.36$ ∴ $V_C = 4.7 \times 10^{-3}$ m^3
$pV = nRT$ より，$T_C = \dfrac{p_C V_C}{nR} = \dfrac{p_C V_C T_B}{p_B V_B} = \dfrac{100 \times 4.7 \times 10^{-3} \times 1000}{333 \times 0.0020} = 706$ K

(ii) 可能な最大効率 = $(1000 - 300)/1000 = 0.70$
(iii) ループの面積からなされた仕事を見積もると，およそ 212 J．
(iv) A と B の間で熱を得ている；仕事はなされていないので，
$\Delta Q_1 = \Delta U = \dfrac{5}{2} nR(T_B - T_A) = \dfrac{\frac{5}{2} p_A V_A (T_B - T_A)}{T_A}$
$= \dfrac{2.5 \times 100 \times 10^3 \times 0.0020 \times 700}{300} = 1170$ J

(v) 効率 = $\dfrac{W}{Q_1} = \dfrac{212}{1170} = 0.18$

第 26 章

練習問題
26・1
1. (a) $T = \dfrac{1}{f} = \dfrac{60}{800} = 0.075$ s
  (b) $\omega = 2\pi f = 2\pi \times \dfrac{800}{60} = 83.8$ rad s^{-1}
  (c) $v = \omega r = 83.8 \times 0.20 = 16.8$ m s^{-1}

2. (a) $f = \dfrac{3000}{60} = 50$ Hz, $T = \dfrac{1}{f} = 0.02$ s
  (b) $\omega = 2\pi f = 2\pi \times 50 = 314$ rad s^{-1}

3. (a) (i) $C = 2\pi r = \pi \times 0.040 = 0.126$ m
  (ii) $n = \dfrac{\text{テープの長さ}}{C} = \dfrac{2.0}{0.126} = 15.9$
  (b) (i) $v = 2\pi fr = 2\pi \times 2 \times 0.020 = 0.25$ m s^{-1}, (ii) $t = \dfrac{2.0 \text{ m}}{0.25 \text{ m s}^{-1}} = 8.0$ s
  (c) (i) テープの端は 0.9 巻きしたところにあるので，
  $\theta = 0.9 \times 2\pi = 5.65$ rad ∴ テープの両端がなす角 = 0.628 rad
  (ii) $\theta = 0.9 \times 360° = 324°$ ∴ テープの両端がなす角 = 36°

26・2
1. (a) $a = \dfrac{v^2}{r} = \dfrac{20 \times 20}{30} = 13.3$ m s^{-2}
  (b) $F = ma = 800 \times 13.3 = 10\,700$ N

2. $F = ma = \dfrac{mv^2}{r}$ より，
  $v^2 = \dfrac{Fr}{m} = \dfrac{0.5 \, mgr}{m} = 0.5 \, gr = 0.5 \times 9.8 \times 30 = 147$ m^2 s^{-2}
  ∴ $v = 12.1$ m s^{-1}

3. (a) 省略．(b) $v = \sqrt{gr} = \sqrt{9.8 \times (6400 + 100) \times 10^3} = 7980$ m s^{-1}

26・3
1. (a) $F = mg - \dfrac{mv^2}{r} = 2000 \times 9.8 - \dfrac{2000 \times 15^2}{25} = 1600$ N
  (b) 最高速では，$F = mg - \dfrac{mv^2}{r} = 0$
  $v_{\max} = \sqrt{gr} = \sqrt{9.8 \times 25} = 15.7$ m s^{-1}

2. 向心加速度 = $\dfrac{v^2}{r} = \dfrac{95^2}{450} = 20.1$ m s^{-2}
  ∴ 余剰の $G = \dfrac{20.1}{9.8} = 2.05 \, g$

章末問題
26・1 (a) 1回転の時間 $T = 2 \times 60 \times 60 = 7200$ s
  ∴ $\omega = 2\pi/T = 2\pi/7200 = 8.7 \times 10^{-4}$ rad s^{-1}
(b) 速さ $v = \omega r = 8.7 \times 10^{-4} \times 8000 \times 10^3 = 7.0 \times 10^3$ m s^{-1}
(c) 向心加速度 $a = \dfrac{v^2}{r} = \dfrac{(7.0 \times 10^3)^2}{8 \times 10^6} = 6.1$ m s^{-2}

26・2 (a) 角速度 $\omega = 2\pi/T = 2\pi f = 2\pi \times 50 = 314$ rad s^{-1}

(b) 速さ $v = \omega r = 314 \times 0.04 = 12.6$ m s^{-1}
(c) 向心加速度 $a = v^2/r = 12.6^2/0.04 = 4.0 \times 10^3$ m s^{-2}

26・3 (a) 向心加速度 $a = v^2/r = 15^2/60 = 3.75$ m s^{-2}
(b) 最大速度 $v_{\max}$ では向心力 $mv^2_{\max}/r = 0.5 \, mg$
∴ $v^2_{\max} = 0.5 \, gr = 0.5 \times 9.8 \times 60 = 294$，よって，$v_{\max} = \sqrt{294} = 17$ m s^{-1}

26・4 (a) (i) 運動エネルギーの増加 = 位置エネルギーの減少分 であるから，最下点での速さを v は，h を落下前の高さとして，$\frac{1}{2} mv^2 = mgh$ で与えられる． ∴ $v = \sqrt{2gh} = \sqrt{2 \times 9.8 \times 45} = 30$ m s^{-1}
(ii) 摩擦力と抵抗力は無視できること．
(b) (i) 向心加速度 $a = \dfrac{v^2}{r} = \dfrac{2 \times 9.8 \times 45}{25} = 35$ m s^{-2}
(ii) 比 = $(mv^2/r)/mg = v^2/rg = 35/9.8 = 3.6$

26・5 (a) 斜めになったワイヤーの水平成分の長さは $5 \times \sin 30°$．
∴ 回転半径 $r = 7.5 + 5 \times \sin 30° = 10.0$ m
(b) ワイヤーの張力 T の垂直成分は，m を飛行機と乗客の合計質量として $T \cos 30° = mg$．ワイヤーの張力 T の水平成分は，v を飛行機の速さとして $T \sin 30° = $ 向心加速度 $= mv^2/r$．これらの 2 式を合わせて T を消去すると $mv^2/r = mg \tan 30°$．
∴ $v^2 = g \tan 30° = 9.8 \times 10 \times \tan 30° = 56.6$ m^2 s^{-2}
したがって，$v = \sqrt{56} = 7.5$ m s^{-1}
(c) 1 回転の時間 = 外周/速さ $= 2\pi \times 10/7.5 = 8.4$ s

26・6 (a) L を揚力，θ を傾斜角，r を航路の曲率半径とする．揚力の垂直成分は飛行機の重力と等しいので，$L \cos \theta = mg$．揚力の水平成分は向心力と等しいので，$L \sin \theta = mv^2/r$．これらの 2 式を合わせて L を消去すると，$\tan \theta = v^2/gr = 210^2/(9.8 \times 6400) = 0.703$
∴ $\theta = 35°$

(b) (i) 揚力は翼の形状によって発生し，翼の底面を持ち上げるように面に垂直に働く．翼の上下を反転させる風の当たり方が同じ限り揚力は下向きとなる．
(ii) 最高地点では，揚力 L と重力 mg の合力が向心力となる．したがって，$L = mg$，$mv^2/r = 2mg$．よって，
$v^2 = 2gr = 2 \times 9.8 \times 250 = 4900$ m^2 s^{-2}
∴ ループの頂上では $v = \sqrt{4900} = 70$ m s^{-1}．

第 27 章

練習問題
27・1
1. (a) $F = \dfrac{Gm_1 m_2}{r^2} = \dfrac{6.67 \times 10^{-11} \times 70 \times 5.98 \times 10^{24}}{(6380 \times 10^3)^2} = 686$ N
  (b) $F = \dfrac{Gm_1 m_2}{r^2} = \dfrac{6.67 \times 10^{-11} \times 7.35 \times 10^{22} \times 5.98 \times 10^{24}}{(384\,000 \times 10^3)^2}$
  $= 1.99 \times 10^{20}$ N
  (c) $F = \dfrac{Gm_1 m_2}{r^2} = \dfrac{6.67 \times 10^{-11} \times 7.35 \times 10^{22} \times 70}{((384\,000 - 6380) \times 10^3)^2} = 2.40 \times 10^{-3}$ N

2. (a) 距離 150×10^6 km における太陽から受ける重力
  $F_2 = \dfrac{Gm_1 m_2}{r^2} = \dfrac{6.67 \times 10^{-11} \times 1.99 \times 10^{30} \times 1.0}{((1.50 \times 10^8 - 6380) \times 10^3)^2} = 5.90 \times 10^{-3}$ N
  (b) 質量 m に働く地球からの重力と太陽からの重力の大きさが同じで向きが逆になる点の地球からの距離を d とする（図 A27・1 参照）．

図 A27・1

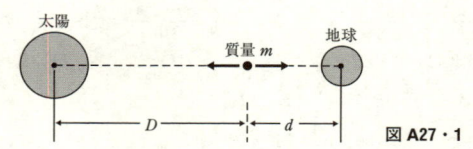

M_1 を地球の質量として質量 m に加わる地球の重力は $F_1 = \dfrac{GM_1 m}{d^2}$,
M_2 を太陽の質量，D を地球と太陽の間の距離として質量 m に加わる太陽の重力は $F_2 = \dfrac{GM_2 m}{(D-d)^2}$

練習問題および章末問題の解答

∴ $F_1=F_2$ より, $\dfrac{GM_1 m}{d^2}=\dfrac{GM_2 m}{(D-d)^2}$

G と m を消去して, $\dfrac{M_1}{d^2}=\dfrac{M_2}{(D-d)^2}$

∴ $\dfrac{(D-d)^2}{d^2}=\dfrac{M_2}{M_1}=\dfrac{1.99\times 10^{30}}{5.98\times 10^{24}}=3.33\times 10^5$

両辺の平方根をとって, $\dfrac{(D-d)}{d}=\sqrt{(3.33\times 10^5)}=577$

∴ $D-d=577\,d$, よって, $578\,d=D$

∴ $d=\dfrac{D}{578}=\dfrac{150\times 10^6}{578}$ km $= 260\,000$ km

したがって地球表面からの距離は, $d-6380$ km $=254\,000$ km.

27・2

1. (a) $g_s=\dfrac{GM}{r_s^2}=\dfrac{6.67\times 10^{-11}\times 1.99\times 10^{30}}{(696\,000\times 10^3)^2}=2.74\times 10^2$ N kg^{-1}

 (b) $g=\dfrac{GM}{r^2}=\dfrac{6.67\times 10^{-11}\times 1.99\times 10^{30}}{(57.9\times 10^6\times 10^3)^2}=0.0396$ N kg^{-1}

2. 重力の大きさが同じで反対向きになる点の太陽からの距離を d とする. したがって D を太陽と木星の間の距離, M_1 を太陽の質量, M_2 を木星の質量として,

$\dfrac{GM_1}{d^2}=\dfrac{GM_2}{(D-d)^2}$ より, $\dfrac{(D-d)^2}{d^2}=\dfrac{M_2}{M_1}$

$M_1=1.99\times 10^{30}$ kg, $M_2=1.90\times 10^{27}$ kg より,

$\dfrac{M_2}{M_1}=\dfrac{1.90\times 10^{27}}{1.99\times 10^{30}}=9.55\times 10^{-4}$

∴ $\dfrac{D-d}{d}=\sqrt{(9.55\times 10^{-4})}=3.09\times 10^{-2}$

∴ $D-d=0.0309\,d$, より, $1.0309\,d=D$, 式を変形すると, $d=0.970\,D$
$D=778\,000\,000$ km であるから, $d=755\,000\,000$ km

27・3

1. (a) なされた仕事 $=\dfrac{GMm}{r_s}=\dfrac{6.67\times 10^{-11}\times 7.35\times 10^{22}\times 1.0}{1740\times 10^3}=2.82$ MJ

 (b) なされた仕事 $=\dfrac{GMm}{r}=\dfrac{6.67\times 10^{-11}\times 1.99\times 10^{30}\times 1.0}{150\times 10^{11}}=8.85$ MJ

2. $R=\dfrac{2GM}{c^2}=\dfrac{2\times 6.67\times 10^{-11}\times 1.99\times 10^{30}}{(3.0\times 10^8)^2}=2.95\times 10^3$ m

27・4

1. (a) $v^2=\dfrac{GM}{r}=\dfrac{g_s r_s^2}{r}=\dfrac{9.8\times (6380\times 10^3)^2}{7380\times 10^3}=5.41\times 10^7$ m^2 s^{-2}

∴ $v=7.35$ km s^{-1}
$T=\dfrac{2\pi r}{v}=\dfrac{2\pi(7\,380\,000)}{7350}=6309$ s $=105$ min

 (b) $r^3=\dfrac{GMT^2}{4\pi^2}=\dfrac{g_s r_s^2 T^2}{4\pi^2}=\dfrac{9.8\times (6380\times 10^3)^2\times (4\times 3600)^2}{4\pi^2}$
 $=2.10\times 10^{21}$ m^3

$r=12.8\times 10^6$ m ∴ 高度 $h=12\,800-6380=6420$ m

速さ $v=\dfrac{2\pi r}{T}=\dfrac{2\pi\times (12800\times 10^3)}{4\times 3600}=5590$ m s^{-1}

2. (a) $r^3=\dfrac{GMT^2}{4\pi^2}$ を変形して,

$T^2=\dfrac{4\pi^2 r^3}{GM}=\dfrac{4\pi^2(1840\times 10^3)^3}{6.67\times 10^{-11}\times 7.35\times 10^{22}}=5.02\times 10^7$ s^2

∴ $T=7080$ s $=118$ min

 (b) $v^2=\dfrac{GM}{r}$ を変形して,

$r=\dfrac{GM}{v^2}=\dfrac{6.67\times 10^{-11}\times 7.35\times 10^{22}}{(1000)^2}=4.90\times 10^6$ m

∴ $h=4900-1740=3160$ km
$T=\dfrac{2\pi r}{v}=\dfrac{2\pi(4.90\times 10^6)}{1000}=3.08\times 10^4$ s $=513$ min

章末問題

27・1 (a) (i) 地球からの重力

$F_1=\dfrac{Gm_1m_2}{r^2}=\dfrac{6.67\times 10^{-11}\times 7.35\times 10^{22}\times 5.98\times 10^{24}}{(384\,000\times 10^3)^2}=1.99\times 10^{20}$ N

(ii) 太陽からの重力
$F_2=\dfrac{Gm_1m_2}{r^2}=\dfrac{6.67\times 10^{-11}\times 7.35\times 10^{22}\times 1.99\times 10^{30}}{(150\times 10^9)^2}=4.34\times 10^{20}$ N

(b) 合力 $=F_1-F_2=2.35\times 10^{20}$ N (太陽向き)

27・2 (a) $r=5.20-1.00=4.20$ A.U.
$g=\dfrac{GM}{r^2}=\dfrac{6.67\times 10^{-11}\times 318\times 5.98\times 10^{24}}{(4.20\times 150\times 10^9)^2}=3.20\times 10^{-7}$ N kg^{-1}

(b) (i) M_1 を地球の質量, $M_2=318\,M_1$ を木星の質量, d を求める距離, D を地球から木星までの距離 $=5.20-1.00=4.20$ A.U. として,

$\dfrac{GM_1}{d^2}=\dfrac{GM_2}{(D-d)^2}$ よって, $(D-d)^2=\dfrac{M_2 d^2}{M_1}=318\,d^2$

∴ $(D-d)=17.8\,d$ より, $18.8\,d=D$
したがって, $d=4.20/18.8=0.22$ A.U.

(ii) $r=1.00+0.22=1.22$ A.U. $=1.83\times 10^{11}$ m
$g_{SUN}=\dfrac{GM_{SUN}}{r^2}=\dfrac{6.67\times 10^{-11}\times 1.99\times 10^{30}}{(1.83\times 10^{11})^2}=3.96\times 10^{-3}$ N kg^{-1}

27・3 (a) (i) $\tfrac{1}{2}mv^2=62.5$ MJ より, $m=1$ kg に対しては,
$v^2=2\times 62.5\times 10^6$ ∴ $v=1.12\times 10^4$ m s^{-1}
(ii) $\tfrac{1}{2}mv^2=2.8$ MJ より, $m=1$ kg に対しては,
$v^2=2\times 2.8\times 10^6$ ∴ $v=2.37\times 10^3$ m s^{-1}

(b) (i) 最初の単位質量当たりの運動エネルギー 2.8 MJ kg^{-1} は月からの脱出に使われる. 地球上における位置エネルギーは, $-62\,500$ MJ ($=-62.5$ MJ kg$^{-1}\times 1000$ kg), であり, 月面上にあるときの地球による位置エネルギーは無視できる. したがって地球に到着直前の運動エネルギーは, 62 500 MJ.

(ii) $\tfrac{1}{2}mv^2=62\,500$ MJ より, $m=1000$ kg に対しては,
$v^2=2\times 62.5\times 10^6$ ∴ $v=1.12\times 10^4$ m s^{-1}

27・4 (a) (i) $g_s=\dfrac{GM}{r_s^2}=\dfrac{6.67\times 10^{-11}\times 0.108\times 5.98\times 10^{24}}{(3400\times 10^3)^2}=3.73$ N kg^{-1}

(ii) $v_{esc}=\sqrt{2g_s r_s}=5.04\times 10^3$ m s^{-1}

(b) (i) $r^3=\dfrac{GMT^2}{4\pi^2}=\dfrac{g_s r_s^2 T^2}{4\pi^2}$
$=\dfrac{3.73\times (3400\times 10^3)^2\times (7.65\times 3600)^2}{4\pi^2}=8.28\times 10^{20}$ m^3

∴ $r=9.39\times 10^6$ m $=9390$ km よって, $h=9390-3400=5990$ km

(ii) $r=20\,100+3400=23\,500$ km ∴ $r^3=\dfrac{GMT^2}{4\pi^2}$ より

$T^2=\dfrac{4\pi^2 r^3}{GM}=\dfrac{4\pi^2 r^3}{g_s r_s^2}=\dfrac{4\pi^2\times (23\,500\times 10^3)^3}{3.73\times (3400\times 10^3)^2}=1.19\times 10^{10}$ s^2

∴ $T=1.09\times 10^5$ s $=30.3$ h

27・5 (a) (i) $r^3=\dfrac{GMT^2}{4\pi^2}$ を変形して,

$M=\dfrac{4\pi^2 r^3}{GT^2}=\dfrac{4\pi^2(354\,000\times 10^3)^3}{6.67\times 10^{-11}\times (5.88\times 24\times 3600)^2}=1.02\times 10^{26}$ kg

(ii) $r^3=\dfrac{GMT^2}{4\pi^2}=\dfrac{6.67\times 10^{-11}\times 1.02\times 10^{26}\times (359\times 24\times 3600)^2}{4\pi^2}$
$=1.66\times 10^{29}$ m^3 ∴ $r=5.49\times 10^9$ m

(b) (i) $r=6380+1680=8060$ km

$T^2=\dfrac{4\pi^2 r^3}{GM}=\dfrac{4\pi^2 r^3}{g_s r_s^2}=\dfrac{4\pi^2\times (8060\times 10^3)^3}{9.80\times (6380\times 10^3)^2}=5.18\times 10^7$ s^2

∴ $T=7200$ s

(ii) 地球は 7200 秒の間に $\dfrac{7200}{24\times 3600}$ 回転だけ自転する. したがって赤道上における隣合う軌道の距離 d は,

$d=\dfrac{7200}{24\times 3600}\times$ 地球の外周 $(2\pi\times 6380$ km$)=3340$ km

第 28 章

練習問題

28・1

1. (a) (i) 北向き, (ii) 南向き

(b) 変位は北側から南側への移行点, 速度は南向き.
2. (a) (i) 上向き, (ii) 0, (b) (i) 下向き, (ii) 0

28・2

1. (a) (i) $T=12/10=1.2$ s, (ii) $\omega=2\pi/T=5.2$ rad s^{-1}
   (b) (i) 振幅 $r=0.20$ m, (ii) $v_{max}=\omega r=5.2\times 0.20=1.0(4)$ m s^{-1}
   (iii) $a_{max}=(-)\omega^2 r=(-)5.2^2\times 0.20=5.4$ m s^{-2}
2. (a) 振動する板ばねが同じ位置にある瞬間にストロボで照らすと, あたかも板ばねは止まっているかのように見える.
   (b) (i) $T=\dfrac{1}{40}=0.025$ s, (ii) $\omega=\dfrac{2\pi}{T}=\dfrac{2\pi}{0.025}=250$ rad s^{-1}
   (c) $v_{max}=\omega r=250\times 8.0=2000$ mm s^{-1}

28・3

1. (a) $T=\dfrac{22.0 \text{ s}}{20}=1.1$ s, (b) $\omega=\dfrac{2\pi}{T}=5.7$ rad s^{-1}
   (c) $v_{max}=\omega r=5.7\times 25\times 10^{-3}=0.14$ m s^{-1}
   (d) 最大張力$=0.20$ kg の重力$+25$ mm の変位による追加の張力
   0.20 kg の重力$=mg=0.20\times 9.8=1.96$ N
   追加の張力$=ks$ であるが $s=25$ mm$=0.025$ m, k は, $T=2\pi\sqrt{\dfrac{m}{k}}$ から計算される.
   $k=\dfrac{4\pi^2 m}{T^2}=6.5$ N m^{-1} であるから追加の張力は,
   $6.5\times 0.025=0.16$ N ∴ 最大張力$=1.96+0.16=2.1$ N
2. (a) $T=2\pi\sqrt{\dfrac{L}{g}}=2\pi\left(\dfrac{2.0}{9.8}\right)^{1/2}=2.83$ s
   (b) (i) 図 28・11 について,
   $h=L-L\cos\theta=2.0-2.0\cos 5°=7.6\times 10^{-3}$ m$=7.6$ mm
   (ii) 平衡点からの最大変位は, θ が $10°$ よりも小さいという条件で, $s=L\sin\theta$, したがって振幅 $r=s_{max}=2.0\sin 5°=0.17(4)$ m
   ∴ $v_{max}=\omega r=\dfrac{2\pi r}{T}=\dfrac{2\pi}{2.83}\times 0.174=0.39$ m s^{-1}

28・4

1. (a) 洗濯機のパネルにはある固有の振動周波数が存在する. モーターの回転周波数がこれと一致すると, パネルは共振する.
   (b) どんなモーターの回転周波数にあっても共振しないように, それぞれのパネルを筐体に十分な点で固定するとよい.
2. (a) (i) 追加の重さ$=300g/4=735$ N
   (ii) $k=$追加の重さ/ばねの長さの変化$=735$ N/0.05 m $=1.47\times 10^{-14}$ N m^{-1}
   (b) (i) 周期 $T=2\pi\left(\dfrac{m}{k}\right)^{1/2}=2\pi\left(\dfrac{375}{1.47\times 10^4}\right)^{1/2}=1.0$ s
   (ii) この速さでは車は 1 秒ごとにスピード防止帯に当たり, その周期が 1 秒であるために車は共振する.

章末問題

28・1 (a) (i) $T=15.0/20=0.75$ s
(ii) $\omega=2\pi/T=8.4$ rad s^{-1}; $v_{max}=\omega r=8.4\times 0.100=0.84$ m s^{-1}
(iii) $a_{max}=(-)\omega^2 r=8.4\times 0.100=7.1$ m s^{-2}
(b) (i) 図 A28・1 のとおり.

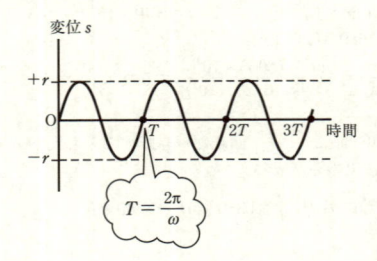

図 A28・1

(ii) X は変位が 0 の点であればどこでもよい.
(iii) Y は変位が正のあるいは負の最大値をとる点であればどこでもよい.

28・2 (a) $k=0.30\times 9.8/0.090=33$ N m^{-1}

(b) (i) $T=2\pi(m/k)^{1/2}=0.60$ s
(ii) $\omega=2\pi/T=2\pi/0.60=10.5$ rad s^{-1}, 振幅 $r=0.060$ m
∴ $v_{max}=\omega r=10.5\times 0.060=0.63$ m s^{-1}

28・3 (a) (i) $T=3.0/2=1.50$ s, (ii) $T=2\pi(m/k)^{1/2}$ を変形して,
$k=4\pi^2 m/T^2=\dfrac{4\pi^2\times 900/4}{1.50^2}=3950$ N m^{-1}
(b) $m=750/4$ kg, $k=3950$ N m^{-1}
∴ $T=2\pi(m/k)^{1/2}=2\pi\left(\dfrac{750/4}{3950}\right)^{1/2}=1.37$ s

28・4 (a) 単振り子の長さ$=1.18+0.01=1.19$ m, $T=2\pi(L/g)^{1/2}=2.2$ s
(b) (i) 角度が $10°$ より小さいので, $s=L\theta=1.19\times 10\times \pi/180=0.21$ m
(ii) $\omega=2\pi/T=2\pi/2.2=2.9$ rad s^{-1}; 振幅 $r=s_{max}=0.21$ m
∴ $v_{max}=\omega r=2.9\times 0.21=0.61$ m s^{-1}.

28・5 (a) (i) 砂の重さ$=120g=1180$ N
(ii) おのおののばねへの追加の重さ$=120g/4=294$ N
∴ $k=294/0.020=1.47\times 10^4$ N m^{-1}
(iii) $T=2\pi(m/k)^{1/2}=2\pi\left(\dfrac{130}{1.47\times 10^4}\right)^{1/2}=0.59$ s
(b) トレーラーが 0.59 秒に 1 回の割合でスピード防止帯の上を走ると, トレーラーのサスペンションは共振する.

第 29 章

練習問題

29・1

1. 層流とは流体の流れの経路が動き回らず, 安定している流れのことである. ある点を通過して流れる流体は常に同じ経路をたどって流れ, これを流線という.
2. (a) 蛇口からバケツへの流れは定常的であるから層流である. バケツの中では水はぐるぐる回って流れることから, 流れは乱れる.
   (b) ビンから鍋への油の流れは定常的であることから層流である. 鍋の中の油のたまりは, 油が注がれるにつれてどんどん大きくなっていく. 油が油たまりに注がれてからの乱流は, 油たまりが大きくなるにつれて, あるいは鍋の中の油の高さが増すにつれて小さくなる.

29・2

1. 単位時間当たり川に沿って流れる水の体積は川のどの地点でも同じである. 川のある地点では, 水は川幅と深さで決まる断面積を通って流れる. 断面積が小さい地点では, 単位時間当たりに同じ体積の水が流れるように水は速く流れなくてはならない. 下流に比べて橋の下では川が狭くなっており, 水が流れる断面積が小さくなっているため, 流れは速い.
2. (a) 管の半径 $r=5.5\times 10^{-2}$ m
   断面積$=\pi r^2=\pi\times (5.5\times 10^{-2})^2=9.5\times 10^{-3}$ m^2
   (b) 1 秒当たりに流れる質量$=\rho A v=960\times 9.5\times 10^{-3}\times 0.65=5.9$ kg s^{-1}

29・3

1. (a) 粘性流体には, 場所に応じて流体の速度が変化するときに生じる内部摩擦がある. この内部摩擦は流体内でゆっくり動く層を生じ, 速く動く層や通りすぎる際に固定面を引きずる.
   (b) 半径 r の管では, 管に沿って 1 秒当たり流れる体積は r^4 に比例する. したがって,

   $\dfrac{流量}{} = \dfrac{(実効的半径)^4}{(実際の半径)^4} \dfrac{減少した 1 秒当たりの体積}{最初の 1 秒当たりの体積}$

   $\dfrac{(実効的半径)^4}{(実際の半径)^4}=\dfrac{4.0 \text{ cm}^3}{10 \text{ cm}^3}=0.4$

   $\dfrac{(実効的半径)}{(実際の半径)}=0.80$ (有効数字 2 桁)

   実効的半径$=0.80\times 5.0$ mm $=4.0$ mm
2. ポアズイユの式 $V/t=\dfrac{\pi r^2 \Delta\rho}{8\eta L}$ を用いて,
   $V/t=\dfrac{\pi\times (6.0\times 10^{-3})^4\times 6.7\times 10^3}{8\times 7.5\times 3.8}=1.2\times 10^{-6}$ m^3 s^{-1}

29・4

1. (a) 翼の上側を流れる空気の方が下側よりも速い. したがって翼

の上側の空気の圧力の方が下側よりも小さい．したがって翼の上面を下側に押す力よりも下側が押す上向きの力が大きい．これらより，正味上向きの力が翼にかかる．
(b) 離陸時に翼に加わる上向きの力は飛行機の重さ以上でなくてはならない．上向きの力は対気速度（飛行機と大気の相対速度）に伴って増加するため，飛行機が離陸するにはある一定の速度に達する必要がある．

2. (a) 気体が速く流れるとき，圧力は小さくなる．気体は断面積が広いところよりも狭いところで速く流れるため，圧力は広いところよりも狭いところの方が小さくなる．もし流れが十分速ければ，圧力は管の外側よりも小さくなり，空気は細い管の流れに引き込まれる．
(b) 動圧 $\Delta p = \frac{1}{2}\rho v^2$，この式を変形して，
$$v = \sqrt{\frac{2\Delta p}{\rho}} = \sqrt{\frac{2\times 210}{1000}} = 0.65 \text{ m s}^{-1}$$

章末問題

29・1 (a) 層流はある点を通過する流体の進む経路が常に同じで，異なる経路が混ざらないような定常流のことである．
(b) デフレクターによってトラックの引きずり抵抗が減少し，一定の速度を保つために必要となるエンジンのパワーが減る．したがってエンジンは単位時間当たりの消費燃料が減少する．

29・2 (a) 連続の式から，1秒当たりある領域を流れる水の体積＝(水の速さ)×(断面積)である．1秒当たりある領域を流れる水の体積は同じであり，二つの領域での断面積は等しいので，二つの領域での水の流れる速さは同じになる．
(b) 水に粘性があるということは，水の圧力が内部摩擦に逆らって流れるために仕事をしたということである．水は内部摩擦に逆らって仕事をしたので，Zにおける圧力はXにおける圧力よりも小さい．したがってZの縦管の水位はXの水位よりも低い．

29・3 (a) 速度勾配は管の表面で最大となる（図29・6参照）．
(b) ポアズイユの式 $V/t = \frac{\pi r^4 \Delta p}{8\eta L}$ を用いて，

流量 $= 1.1\times 10^{-5} = \frac{\pi \times (8.0\times 10^{-5})^4 \times \Delta p}{8\times 2.4\times 0.16} = 4.2\times 10^{-9} \Delta p$

したがって，$\Delta p = \frac{1.1\times 10^{-5}}{4.2\times 10^{-9}} = 2600$ Pa（有効数字2桁）

29・4 (a) (i) 速さ $v = \frac{距離}{時間} = \frac{0.50 \text{ m}}{38 \text{ s}} = 1.3\times 10^{-2}$ m s^{-1}
(ii) 球の体積 $= (4/3)\pi r^3 = (4/3)\pi(0.5\times 5.4\times 10^{-3})^3 = 8.2\times 10^{-8}$ m^3
球の質量＝体積×密度＝$8.2\times 10^{-8}\times 7800 = 6.4\times 10^{-4}$ kg
重力 $= mg = 6.4\times 10^{-4} \times 9.8 = 6.3\times 10^{-3}$ N
(b) ストークスの法則を変形して，$mg = 6\pi \eta r v$
$6.3\times 10^{-3} = 6\pi \times (0.5\times 5.4\times 10^{-3})\times 1.3\times 10^{-2} = 6.6\times 10^{-4}\eta$
∴ $\eta = \frac{6.3\times 10^{-3}}{6.6\times 10^{-4}} = 9.5$ N s m^{-2}

29・5 (a) 流線上 X と Y でベルヌーイの式を適用すると，
$$p_X + \frac{1}{2}\rho v_X^2 + \rho g h_X = p_Y + \frac{1}{2}\rho v_Y^2 + \rho g h_Y$$
XとYの位置は大気圧に解放されているから，そこでの圧力（p_X と p_Y）は同じである．またタンクの径は管のよりも十分大きいことから X での流速 v_X は無視できるとすると，ベルヌーイの式は，
$\rho g h_X = \frac{1}{2}\rho v_Y^2 + \rho g h_Y$
この式を変形して，$\frac{1}{2}\rho v_Y^2 = \rho g h_X - \rho g h_Y = \rho g h$ （$h = h_X - h_Y$）
∴ $v_Y = (2gh)^{1/2}$
(b) (i) $v_Y = (2gh)^{1/2} = (2\times 9.8\times 0.52)^{1/2} = 3.2$ m s^{-1}
(ii) 蛇口の断面積 $A = \pi r^2 = \pi \times (6.0\times 10^{-3})^2 = 1.1\times 10^{-4}$ m^2
$\begin{pmatrix}単位時間当たり蛇口\\から流れる水の体積\end{pmatrix} = A v_Y = 1.1\times 10^{-4}\times 3.2 = 3.6\times 10^{-4}$ m^3 s^{-1}
単位時間当たり流出する質量＝密度×単位時間当たり流れる体積
　　　　　　　　　　　　　$= 1000\times 3.6\times 10^{-4} = 0.36$ kg s^{-1}

補充問題の解答

Q1・1 (b) (i) 5.17×10^{14} Hz, (ii) 3.18 m
Q1・2 (b) (i) 3.0 m
(ii) $2\pi/3$ ラジアン（$=120°$）
Q2・1 (b) 86 dB
Q2・2 (b) (i) 0.40 ms, (ii) 0.60 ms
Q2・3 (b) (i) 3.6 m, 216 m s^{-1}
(ii) 180 Hz
Q2・4 (b) (i) 340 m s^{-1}, (ii) 360 Hz
Q3・1 (a) (i) 13°, (ii) 31°, (b) (ii) 42°
Q3・2 (a) (i) 1.5 mm, (ii) 0.65 mm
(b) 8.0 mm
Q3・3 (a) (i) $v=-300$ mm：虚像, 正立, ×3 倍
(ii) $v=+300$ mm：実像, 倒立, ×1 倍
(b) $v=-0.10$ m
Q3・4 (b) 4.0°, (c) 0.075 m
Q4・3 (a) 7.9° (33.4°$-$25.5°)
(b) 波長：430 nm, 角度：59.3°
Q5・1 (a) (i) 0.018 kg, (ii) 0.044 kg
(b) (i) 3.0×10^{-26} kg, (ii) 0.31 nm
Q5・3 (b) (i) $^{20}_{10}$Ne, $^{22}_{10}$Ne
(ii) 90% Ne 20, 10% Ne 10
Q5・4 (a) (i) 1.0×10^{-5} m^3, (ii) 6.0×10^{22}
(b) 0.26 nm
Q6・1 (a) 1.42 mm, (b) 44 mm
Q6・2 (a) (i) 7.2 MJ, (ii) 48 °C
(b) 383 s
Q6・3 (b) 770 W
Q6・4 (a) 5800 K
(b) (i) 4.0×10^{26} W, (ii) 1.0
Q7・1 (b) (i) 325 mm, (ii) 4.4 N
Q7・2 (a) (i) 1.0×10^9 Pa, (ii) 102 N
Q7・3 (a) 3.2×10^8 Pa, (b) 7.3 m
Q7・4 (a) 1.26×10^{11} Pa, (b) 0.6 J
Q8・1 (a) 40 kPa, (b) 2.5 kPa
Q8・2 (a) 51.5 kPa
Q8・3 (a) 500 kPa, (b) 3000 N
Q8・4 (a) 490 Pa, (b) 36.7 m^2, (c) 72 kN
Q9・1 (a) (i) 平行成分：6.9 N（北向き）, 垂直成分：4.0 N（東向き）, (ii) 平行成分：2.7 N（北向き）, 垂直成分：7.5 N（西向き）
(b) (i) 2 N（北向き）, (ii) 13 N（北から 39°東向き）, (iii) 16 N（北から 26°東向き）
Q9・2 (a) 上向きに 1.0 N
(b) 垂直上向きから 40°の方向に 7.8 N
Q9・3 (b) X: 48 N; Y: 32 N, (c) 0.56 m
Q9・4 (a) 1.2 m, (b) 70 N
Q10・1 (a) 15 m, (b) 6.3 m s^{-2}
Q10・2 (b) (i) 0.20 m s^{-2}, 0.0, -0.25 m s^{-2}, (ii) 5.6×10^2 m, 3.6×10^3 m, 4.5×10^2 m, (c) 4.6×10^3 m, 12 m s^{-1}
Q10・3 (a) (i) 13 m s^{-1}, (ii) 9.6 m
Q10・4 (b) (i) 1.6 s, (ii) 13 m
(iii) 16 m s^{-1}, (iv) 16 m s^{-1}
Q11・1 (a) (i) 3.0 m s^{-2}, (ii) 30 m s^{-1}
(iii) 1.5×10^2 kg m s^{-1}
(b) (i) 3.6 kg m s^{-1}, (ii) 1.4×10^2 N
Q11・2 (a) (i) 13 m s^{-1}
(ii) 2.0×10^3 m s^{-2}

(iii) 9.2×10^3 N
(b) (i) 2.6 m s^{-2}, (ii) 99 kN
Q11・3 (a) (i) 1.9 kg m s^{-1}, (ii) 1.9 N
(b) (i) 2.03×10^3 m s^{-2}, (ii) 25.4 kN
(iii) 2.72 m s^{-1}
Q11・4 (a) 重い方の列車と同じ向きに 1.03 m s^{-1}, (b) 重い方の列車と逆向きに 0.0423 m s^{-1}
Q12・1 (a) (i) 位置エネルギー：3.5 J, 運動エネルギー：3.5 J, (ii) 位置エネルギー：0.0, 運動エネルギー：7.1 J
(b) (i) 位置エネルギー：1.2 J, 速さ：5.4 m s^{-1}, (ii) 位置エネルギー：0.94 J, 速さ：4.8 m s^{-1}, (iii) 0.24 J
Q12・2 (a) 1.3 MJ, (b) 0.77 MJ
(c) 0.58 MJ
Q12・3 (a) 13 MW, (b) 63 kW
Q12・4 (a) (i) 11 m s^{-1}, (ii) 99 kJ
(b) 80 kJ m^{-1}, 80 kN
Q13・2 (a) (i) 9.0 Ω, (ii) 2.0 Ω
4.0 Ω: 1.0 A, 4.0 V, 4.0 W
3.0 Ω: 0.67 A, 2.0 V, 1.33 W
6.0 Ω: 0.33 A, 2.0 V, 0.67 W
Q13・3 (a) (i) 10.4 A, (ii) 1870 C
(iii) 450 kJ
Q13・4 (iii) ダイオード：0.36 mW
抵抗：0.54 mW, 電池：0.90 mW
Q14・1 (a) 3.0 A, (b) 7.5 V, 1.5 A
(c) (i) 36 W, 11.25 W, (ii) 電池の内部抵抗で 13.5 W 消費される.
Q14・2 (a) 6.1 Ω
(b) S 側の端から 291 mm
Q14・3 (a) (ii) 240 kΩ
Q14・4 (a) 4.81×10^{-7} Ω m, (b) 592 mm
Q15・1 (a) 72 mC, (b) 22 mF
Q15・2 (a) (i) 18 μF, (ii) 4 μF
(b) (i) 6 μF: 24 μC, 48 μJ; 12 μF: 24 μC, 24 μJ; (ii) 24 μC, 72 μJ
Q15・3 (a) (i) 300 pF, (ii) 3.6 nC, 21.6 nJ
(b) (i) 600 pF, (ii) 6.0 V
Q15・4 (a) 42 μC, 190 μJ, (b) 6.0 μA
(c) 21 μC, 46 μJ
Q16・2 (b) 3.0 V
Q16・3 (b) (i) 2 kΩ
Q17・1 (a) 9.6×10^{10} V m^{-1}, 28.8 V
(b) 4.6×10^{-18} J
Q17・2 (a) 1.94×10^{-5} N
(b) 30.3 kV m^{-1}, 5.76 kV
Q17・3 (a) (i) 125 kV m^{-1}
(b) 1.35×10^{-11} J
Q17・4 (a) (i) 76.7 nC, (ii) 600 V
Q18・1 (b) (i) 15.2 A, (ii) 3.8 mT
Q18・2 (a) 55 mT, (b) 0.96 mN
Q18・3 (a) 18 μT
Q19・1 (b) 0.19 V
Q19・2 (a) (i) 61 mWb, (ii) 7.7 V
Q19・3 (b) 11.4 V, 1.72 A
Q19・4 (a) 12 V, (b) 5.0 A
Q20・1 (a) 1.60 A, 50 Hz
(b) (i) 1.13 A, (ii) 1.60 A, (iii) -0.94 A
Q20・2 (a) (i) 1.7 A, (ii) 17.0 V

(b) (i) 1.2 A, (ii) 7.2 W
Q20・3 (a) (i) 2.43 mA, (ii) 抵抗に加わる電圧：4.86 V, コンデンサーに加わる電圧：3.52 V, (iii) 11.8 mW
(b) (i) 2.95 mA, (ii) 抵抗に加わる電圧：5.90 V, 鉄心コイルに加わる電圧：1.09 V
(iii) 17.4 mW
Q20・4 (a) 848 Hz
(b) 54 Ω, (ii) 0.11 A, (iii) 2.8 V
Q21・1 (b) 7.2×10^{-16} J, 4.0×10^7 m s^{-1}
Q21・2 (a) (i) 2.2×10^7 m s^{-1}, 2.2×10^{-16} J
Q21・3 (a) 0.18 mm s^{-1}
(b) 1.3×10^{-6} m, 7.8×10^{-15} kg
(c) 3.2×10^{-19} C
Q21・4 (a) 1.3×10^{19} Hz
(b) 2.77×10^{-19} J, 4.2×10^{14} Hz
Q22・1 (b) (i) 0.16 MBq, (ii) 270 Bq
Q22・2 (b) 1.37 mm
Q22・3 (a) 1770 年
Q22・4 (a) 360 MBq, (b) 220 s^{-1}
Q23・1 (a) 4.0 fm
Q23・2 (b) (i) 7.1 MeV, (ii) 7.6 MeV
Q23・3 (b) 2.82 MeV, (c) 4.1×10^{13} Bq
Q24・1 (a) (i) 4.9 mol, (ii) 820 kPa
(b) 18.3 cm^3
Q24・2 (a) (i) 85.0 kPa, (ii) 16.5 kPa
(b) 2.4×10^{24} m^{-3}
Q24・3 (b) (i) 12.5 mol, (ii) 0.348 kg
(iii) 509 m s^{-1}, (iv) 6.00×10^{-21} J
Q24・4 (b) (i) 474 m s^{-1}, (ii) 461 m s^{-1}
(iii) 1850 m s^{-1}
Q25・1 (a) (i) 39.1 °C, (ii) 312 K
Q25・2 (a) (i) 2.4 mol, (ii) 8.8 kJ
(b) (i) 129 kPa, (ii) 2.4 kJ
Q25・3 (a) (i) 0.100 m^3, (ii) 0.116 m^3
(iii) 1.63 kJ
(b) 3.29 kJ
Q25・4 (a) 1720 kPa, (b) 0.554
Q26・1 (a) 0.10 s
(b) 11 m s^{-1}, 690 m s^{-2}
Q26・2 (a) 46 ms, (b) 22 Hz
(c) 4260 m s^{-2}
Q26・3 (a) 9.3 kN, (b) 4.5 m s^{-2}
(c) 5.0 kN
Q26・4 (a) 1.1 J, (b) 4.3 m s^{-1}
(c) 20 m s^{-2}, (d) 3.5 N
Q27・1 (a) 453 N
(b) 6.52 km s^{-1}, 2 時間 30 分 40 秒
Q27・2 (a) 278 km
Q27・3 (a) (ii) 2.37 km s^{-1}
Q27・4 (a) 5.9×10^{-3} N kg^{-1}
(b) 3.7×10^9 m, (ii) 0.025
Q28・1 (b) (i) 2.52 s, (ii) 65 mm
(iii) 0.162 m s^{-1}
Q28・2 (a) 1.93 s, (b) 81 mm
(c) 0.264 m s^{-1}, (iii) 0.858 m s^{-2}
Q28・3 (a) (i) 51 N m^{-1}, (ii) 0.44 s
(b) 0.29 m s^{-1}, (ii) 1.43 N
Q29・2 (a) 6.5 m^3 s^{-1}
Q29・3 (b) 0.028 m^3 s^{-1}
Q29・4 (b) (ii) 0.51 m s^{-1}

用 語 解 説

アノード［anode］　陽極ともいう．電解槽や真空管内部の正電極．

アボガドロ定数［Avogadro constant］　記号 N_A で表す．正確に 12 グラム（12 g）の炭素 12 に含まれる原子の個数．概略の値は $6.022\times10^{23}\,\mathrm{mol}^{-1}$．

アモルファス固体［amorphous solid］　原子が不規則に配置された固体．

α粒子［alpha particle］　陽子 2 個と中性子 2 個から成る粒子（ヘリウムの原子核）で，不安定な大きい原子核から放出される．

イオン［ion］　中性の原子や分子が電子を失ったものを陽イオン（正イオン），電子を得たものを陰イオン（負イオン）という．

イオン化［ionization］　電離ともいう．原子や分子が正あるいは負のイオンになる過程．

イオン結合［ionic bond］　陽イオン（正イオン）と陰イオン（負イオン）の静電気力による化学結合．2 個の中性原子の間で電子を授受して正負の電荷が生じ結合する．

位相差［phase difference］　同じ振動数で振動する二つの物体の運動が，1 サイクル（2π）の何分の 1 ずれているか表す量．一般に，同じ振動数の二つの波のずれを表す量．

色収差［chromatic aberration］　レンズやプリズムなどの光学素子を含む装置で波長ごとに異なる位置に像ができ，結果として不鮮明になる現象．光学材料の屈折率が波長により異なるため生じる．

色つき流線［flow line］　流条線ともいう．流体の微小な部分が移動したときの軌跡．例は，煙突の煙を写真に撮ったときのパターン．

陰極　→ カソード

陰極線［cathode ray］　放電管の陰極から発する電子の流れ．

インダクタンス［inductance］　コイルの性能を表す量．単位電流当たりの鎖交磁束．電流の時間的変化 $1\,\mathrm{A\,s}^{-1}$ によりそのコイルに生じる誘導起電力に等しい．単位はヘンリー（H）．

渦電流［eddy current］　電磁誘導により金属内にひき起こされる電流．渦電流によるジュール熱や，渦電流がつくる磁場を利用する装置がたくさんある．

運動エネルギー［kinetic energy］　物体が運動するときにもつエネルギー．質量 m，速さ v ならば $\frac{1}{2}mv^2$．

運動量［momentum］　質量×速度．ベクトル量である．

運動量保存則［conservation of momentum］　何個かの物体が互いに力を及ぼし合うが，外部からの力は加わらずに運動するとき，運動量の和は一定に保たれること．

エコー（音の）［echo］　反響．音波が滑らかな壁面などで反射して帰ってくる現象．

X 線［X-ray］　波長が約 1 nm～約 0.01 nm の電磁波．

エネルギー保存則［conservation of energy］　エネルギーは形態を変えても全部の量が変わらないこと．力学では，運動エネルギーの増加とされた仕事が等しいこと，さらに運動エネルギーと位置エネルギーの和が一定となることをいう．

演算増幅器［operational amplifier］　オペアンプともいう．非反転入力と反転入力および 1 個の出力をもつ増幅器．外部に回路を接続すると数学的な演算ができる．

エンタルピー［enthalpy］　圧力一定のもとで変化する熱量とエンタルピー変化が一致する．

応力［stress］　物体内部に生じた力．力と垂直な断面の単位面積当たりの力の大きさで表す．

凹レンズ［concave lens］　中央部分が凹んだレンズで平行光を発散させる．

オシロスコープ［oscilloscope］　電気信号の波形を表示・測定できる電子装置．

音［sound］　物体中を伝わるその物体の振動．空気の圧力の振動が耳で感知され，音と認識される．

オームの法則［Ohm's law］　この法則に従って電流が流れるとき，電圧と電流が比例する．比例係数は抵抗とよばれ，一つの物質では温度・圧力などの物理的な条件が同じなら一定である．

重さ［weight］　物体に働く重力．地上の重力加速度 g のもとで，質量 m の物体の重さは mg である．

温度［temperature］　温かさの指標．日常的な単位は摂氏（℃），科学的にはケルビン（K）．

回折［diffraction］　波が障害物の後ろに回る，あるいはスリットを通過した後に広がる現象．回折が起こると物体やスリットの像の縁に縞模様が現れる．スリットが狭まるほど回折による広がりが大きい．

回折格子［diffraction grating］　板面上の等間隔のスリット群から回折した光の干渉を用い，平行に入射した光のうち特定の波長を特定の方向に導く装置．反射型と透過型がある．

壊変定数［decay constant］　指数関数的な減衰 $\mathrm{e}^{-\lambda t}$ の λ．$\log 2/$半減期に等しい．

核エネルギー［nuclear energy］　重い原子核が分裂したと

き，あるいは軽い原子核が融合したときに放出されるエネルギー．

拡散 [diffusion]　液体や気体中の物質が，撹拌することなしに，自発的に散らばり拡がる現象（例：着色した水溶性結晶が水中にあると，拡散により水の全体が徐々に着色される）．

核子 [nucleon]　原子核の構成要素である陽子と中性子の総称．

角振動数 [angular frequency]　角周波数ともいう．$2\pi/$周期＝$2\pi\times$振動数に等しい．

角速度 [angular speed]　回転の速さ．角振動数と同じ量．

拡大鏡 [magnifying glass]　物体を拡大して見るための凸レンズ．

核分裂 [nuclear fission]　原子核が2個（まれに3個）に分かれる核反応．中性子やγ線も放出され，膨大な結合エネルギーが解放され，また分裂片は同程度の質量になることが多い．中性子を吸収させて起こす反応を誘導核分裂という．

核融合 [nuclear fusion]　二つの原子核が合体して一つになること．

化石燃料 [fossil fuel]　動植物の死骸が長い年月をかけて地圧・地熱などにより変成したもので，燃やして（酸化反応）燃料にする．

加速度 [acceleration]　1秒当たりの速度の変化．単位はメートル毎秒×毎秒（$m\,s^{-2}$）．

カソード [cathode]　陰極ともいう．電解槽や真空管内部の負電極．

傾き（直線の） [gradient]　勾配ともいう．直線のグラフに沿った（縦の移動距離）/（横の移動距離）．

干渉 [interference]　二つ以上の波の山と山，谷と谷が重なる点で強め合い，山と谷が重なる点で弱め合うこと．干渉の結果，新しく波のパターンが生じる．

気圧計 [barometer]　大気圧を測定する装置．

気化 [evaporation]　一つの物質が液体（あるいは固体）から気体に変わる現象．

帰還 [feedback]　フィードバックともいう．増幅器などで，出力の一部を入力に戻すこと．

輝線スペクトル [line emission spectrum]　決まった波長だけを放出する光源からの光のスペクトル．この光を細い帯状のビームにしてプリズムで分けると，スペクトル中に各波長の色の線が分離して現れる．

起電力 [electromotive force]　略号 emf．電池などのエネルギー源により供給される単位電荷当たりの電気的なエネルギー．電圧として測定され，単位はボルト（V）．

軌道（惑星や衛星などの） [orbit]　太陽の周りを回る惑星，あるいは惑星の周りを回る衛星の通り道．

基本振動数 [fundamental frequency]　基本周波数ともいう．物体に固有の振動，あるいは振動により生じる音や電磁波の振動数で一番低いもの．弦や管の振動による音の場合に限り基音ともいう．

球面収差 [spherical aberration]　レンズの表面の形が球面のとき，中心付近を通過する光と外縁付近を通過する光が同じ位置に像を結ばない現象．球面鏡でも同様の収差がある．

強磁性体 [ferromagnetic material]　永久磁石になれる物質（例：鉄や鋼鉄）．

凝縮 [condensation]　気体の状態から液体の状態に変わること．

共振 → 共鳴

強度（材料の） [strength]　剛性，弾性，堅さ，硬度，靱性，もろさなどの総称．材料が壊れる限界の力を破壊強度という．

共鳴 [resonance]　共振ともいう．物体に固有の振動数で周期的な力を加えて押したり引いたりすると，振動の振幅が増大する現象．

共有結合 [covalent bond]　原子間で電子を共有するために生じる化学結合．

虚像 [virtual image]　光線が，あたかもそこからきたように見える像．鏡による反射や境界面での屈折によりできる．像の位置にスクリーンを置いても像は写らない．

キロワット時（kWh） [kilowatt hour]　エネルギーの単位．1kW の電力を1時間使うときのエネルギー．1kWh＝1000W×3600s＝3.6MJ．

金属結合 [metallic bond]　金属中の各原子がいくつかの電子を供給し全体で莫大な個数の電子を共有する結合．これらの電子が金属の電気伝導を担う．

クォーク [quark]　陽子や中性子などを構成する基本的な粒子．

屈折 [refraction]　媒質の境界を通過するとき波の進行方向が変化すること．空気からガラスに入る光線は境界面の法線に近づくように屈折する．

屈折率 [refractive index]　真空中の光速と注目する物質中の光速の比．空気の屈折率がほぼ1なので，空気中の光速との比は概略の値を与える．

血圧計 [sphygmomanometer]　血圧を測定する装置．

結合エネルギー（原子核の） [binding energy]　原子核の構成要素である核子をばらばらにするために必要なエネルギー．

原子核 [nucleus]　原子の中心にある小さな粒子．原子の質量のほとんどを担い，正電荷をもつ．中性子と陽子から成る．

原子番号 [atomic number]　記号 Z で表す．一つの原子の原子核に含まれる陽子の数．

原子量 [atomic mass]　統一原子質量単位 u で表した原子の質量．炭素12の原子1個の質量を正確に12uと定義する．陽子と中性子の質量がそれぞれ約1uである．

減衰力 [damping force]　制動力ともいう．振動を弱め系のエネルギーを失わせる力．

元素 [element]　化学的な手法によってそれ以上分解できない物質の種類．実体は，1種類の原子の集まり．さまざまな化合物を形成するときの基本となる．

減速材 [moderator]　原子炉内で核分裂により生じた高速の中性子を減速するための材料．遅い中性子が次の核反応を起こしやすいことに関連して用いる．

光子 [photon]　電磁波は光子から成る．振動数fの電磁波の1個の光子は$E=hf$というエネルギーをもつ．hはプランク定数．原子のエネルギー準位が変わるとき光子を放出あるいは吸収する．

向心加速度 [centripetal acceleration]　回転運動の中心を向く加速度．たとえば等速円運動する物体の加速度．

向心力 [centripetal force]　回転運動の中心を向く力．これにより物体は円運動が可能となる．

剛性 [stiffness]　外から加えた力に対する材料の変形のしにくさの程度．

合成抵抗（直列の場合）[resistors in series]　電流が共通で，電圧が分割される．R_1とR_2の直列合成抵抗の値Rは，$R=R_1+R_2$．

合成抵抗（並列の場合）[resistors in parallel]　電圧が共通で，電流が分割される．R_1とR_2の並列合成抵抗の値Rは，$R=(R_1^{-1}+R_2^{-1})^{-1}$．

硬度 [hardness]　材料の表面のくぼみや傷のつきにくさの程度．

勾配 → 傾き

高分子 [polymer]　原子が共有結合でたくさん連結した分子．同種の簡単な分子がつながった高分子を重合体という．

効率（装置の）[efficiency]　ある装置が外部にした役に立つ仕事と，外部からされた仕事あるいは投入したエネルギーの比．

交流（電流の）[alternating current]　流れの向きが反転を繰返す電流．サイン波の交流は$I=I_0\sin(2\pi ft)$と表せる．

コンデンサー [capacitor]　正負の電荷を分離して蓄える装置．

再生可能エネルギー [renewable energy]　消費する以上の速さで自然現象により補充されるエネルギー．直接・間接に太陽や地球内部の活動から受けるエネルギーであって利用時に化学反応を必要としないものをさす．

サーミスター [thermistor]　半導体が温度変化により敏感に抵抗値を変えることを用いた温度の検出用の素子．

紫外線 [ultraviolet radiation]　可視光の紫（波長が約400 nm）より短波長でX線（波長が約1 nm）より長波長の電磁波．

仕事 [work]　力のもとで移動することにより伝達されるエネルギー．

仕事関数 [work function]　真空中で帯電していない物体表面から電子を無限遠まで運ぶのに必要な仕事．

指数関数的減衰 [exponential decay]　時間を変数とする指数関数に従って減ること．放射性壊変における指数関数的減衰で量が50%になる時間を半減期という．

磁束 [magnetic flux]　1回巻きコイルの形が平面で磁場と垂直のとき，コイルを貫く磁束＝磁束密度×コイルの面積．コイルを貫く磁力線の本数に相当する量．

磁束密度 [magnetic flux density]　磁場と垂直な電線に1Aの電流を流すとき，電線の長さ1mに加わる力が1Nであれば，磁束密度が1Tであるという．磁束密度はベクトル量である．記号Bで表す．磁力線の密度に相当する．磁場という用語は磁束密度を意味することが多い．

実像 [real image]　スクリーン上に映し出せる像．

質量数 [atomic mass number]　記号Aで表す．一つの原子の原子核に含まれる陽子と中性子の個数の和．

磁場 [magnetic field]　磁極（磁石のN極とS極）が力を受ける場所には磁場がある．磁場はベクトル量である．

重心 [centre of gravity]　質量中心ともいう．物体の各部分に$g=$一定の重力が加わるとき，その重心に一つの力を加えるだけで，つり合いを実現できる．

終端速度 [terminal velocity]　終速度ともいう．重力など一定の力を受けながら流体中を運動する物体に，流体からの抵抗が加わり，その抵抗が速さとともに増加するとき，物体の速さは終端速度までしか増えない．

周波数 → 振動数

周波数変調 [frequency modulation]　略号FM．搬送波の周波数を時間的に変化させる方法．情報の伝達手段となる．

重力 [gravity]　万有引力ともいう．質量をもつ物体間に作用する引力．

重力の位置エネルギー [gravitational potential energy]　エネルギーの基準とする点から注目する点まで移動する間に，物体に加わる重力をちょうど打ち消す力がした仕事．基準を無限遠にとることが多い．

昇華 [sublimation]　固体から液体状態を経ずに蒸気になること．

蒸気 [vapor]　液体から蒸発または固体から昇華した気体．冷却や加圧により液体・固体に戻る．

状態変化 [change of state]　物体の物理的状態の変化（例：固体から液体へ）．

蒸発 [vaporization]　液体（あるいは）固体の表面でその物質が気体に変わる現象．固体の蒸発を昇華ともいう．

靭性 [toughness]　材料に衝撃的な力を加えたときひび割れが入らずにいる能力．

振動数 [frequency]　周波数ともいう．振動のとき，1秒間に往復する回数をいう．振動数の単位はヘルツ（Hz）で，サイクル/秒に等しい．回転のときは，1秒間の回転数を回転周波数ともいう．

振幅 [amplitude]　波形の平均値からの最大変位（例：横波のグラフでは，振動の中心から測った高さ）．

振幅変調 [amplitude modulation]　略号AM．搬送波の振幅を時間的に変化させる方法．情報の伝達手段となる．

スカラー [scalar]　方向と無関係な量（例：速さ，質量，エネルギー）．

スペクトル [spectrum]　光源からくる光がさまざまな色（波長あるいは振動数）の成分を含むとき，プリズムなどを用いてその一連の成分の強度分布がわかるように表示したもの．

整流 [rectification]　交流から直流への変換．ダイオードを用いた回路で実現される．

絶縁体 [insulator]　熱を伝えにくい物質を熱絶縁体といい，電気を伝えにくい物質を単に絶縁体という．

絶対温度 [absolute temperature]　科学的な温度目盛で，単位はケルビン（K）．℃の値に273を加えるとKの概略値になる．（Kで表した温度の数値）＝（℃で表した温度の数値）＋273.15．水の三重点は273.16 K．

絶対零度 [absolute zero]　実現できる最低温度（－273.15 ℃あるいは0 K）．

潜熱 [latent heat]　物質が固体，液体，気体などその状態を変えるときに放出あるいは吸収する熱エネルギー．潜熱を放出・吸収しているときは熱の出入りがあっても物質の温度が変わらない．

全反射 [total internal reflection]　屈折率の高い側から低い側へ進もうとする光が，臨界角より大きな入射角で入射するとき，屈折せず反射だけ起こす現象．

走査型トンネル顕微鏡 [scanning tunnelling microscope]　略号 STM．試料と探針の間で起こる電子のトンネル効果を用いて原子の配列の様子などを観測できる装置．

速度 [velocity]　方向まで考慮した速さ．（変位）/（経過時間）．

速度の勾配 [velocity gradient]　流体中で，流れと直交する方向にとった2点の速度差をその距離で割ったもの．

塑性 [plasticity]　変形後の材料の形状が元に戻らない性質．

帯域幅 [bandwidth]　通信などに用いる周波数の範囲（たとえば，100 kHz～104 kHz の範囲で通信する場合，帯域幅は4 kHz）．

ダイオード [diode]　2種類の物質を接触させ一方向の電流だけ流れやすいようにした素子．

対流 [convection]　温かい部分が上昇し冷たい部分が下に潜り込むことにより起こる流体の流れ．扇風機などで風を起こす場合は強制対流という．

脱出速度 [escape speed]　星の表面で物体がこの速さならば，星の引力圏から抜け出せる．

縦波 [longitudinal wave]　伝播の方向に振動する波．音波は縦波である．

弾性 [elasticity]　力を取除いたときに固体が元の形に回復する能力．

弾性エネルギー [elastic energy]　弾性体が変形したときに蓄えられるエネルギー．

弾性限度 [elastic limit]　材料の変形がそれを超えると元の形に戻れずに伸びたまま，あるいは縮んだままとなる限界．

断熱変化 [adiabatic change]　熱の流入や流出なしに起こる変化．

力 [force]　運動の状態を変化させる原因．

力の平行四辺形 [parallelogram of forces]　二つの力を同時に加えたのと同じ効果をもつ一つの力を求める図．ベクトルの和のグラフによる計算方法．

力のモーメント [moment of force]　トルクともいう．力が回転を起こす効果をさす量．回転の中心から力の作用線までの距離と，力の大きさの積．

中性子 [neutron]　原子核内に含まれる電気的に中性の粒子で，陽子とほとんど同じ質量をもつ．

超音波 [ultrasonic]　人間の耳に聞こえる音の振動数の上限，約18 kHz より高い振動数の音波．

張力 [tension]　両端を引っ張られた物体内部で，隣合う部分をつぎつぎに引っ張る力．

直列接続した素子 [series components]　回路内でいくつかの素子を数珠つなぎに接合してすべてに同じ電流が流れるようにしたもの．

抵抗 [resistance]　抵抗値は，抵抗に加わる電位差を電流で割ったもの．単位はオーム（Ω）．$1\,\Omega = 1\,\mathrm{V\,A^{-1}}$．

抵抗率 [resistivity]　抵抗値×断面積/長さ．抵抗値から形状による効果を取除いた量．単位は Ω m．

定在波 [stationary wave]　定常波ともいう．波が進行せずに振動する．振幅が0の点が動かない．

デジタル回路 [digital circuit]　どの入出力端子でも，電圧が二つの状態（high＝1 と low＝0）のいずれか一方をとる回路．

デシベル（dB） [decibel]　音や電気信号の大きさを表す目盛．10 dB 増加するごとにエネルギーが10倍になる．

電圧 [voltage]　直流のとき電位差と同じ意味に用いる．交流のときに，電位差の概念を拡大解釈して用いる用語．

電圧利得 [voltage gain]　（出力電圧）/（入力電圧）．単位は dB とすることが多い．

電位 [electric potential]　電場が電荷にする仕事を，その電荷で割ったもの．基準を無限遠にとることが多い．記号 V, ϕ（小文字のファイ）をよく用いる．静電ポテンシャルともいう．電位差を電圧ともいう．

電位差 [potential difference]　電圧ともいう．略号 p.d. 回路の2点間を移動する電荷が授受するエネルギーは，2点の電位差と電荷の積に等しい．電位差の単位はボルト（V），$1\,\mathrm{V} = 1\,\mathrm{J\,C^{-1}}$．

電子 [electron]　負の素電荷をもつ粒子で，原子を構成する．金属の電気伝導を担う粒子．

電子線回折 [electron diffraction]　電子の波としての性質による回折（干渉も含めていう）．電子ビームを試料に当てると，試料の構造を反映した回折・干渉パターンが生じる．

電磁波のスペクトル [electromagnetic spectrum]　ラジオ波，マイクロ波，赤外光，可視光，紫外光，X線，γ線．

電子ボルト（eV） [electron volt]　エネルギーの単位．1個の電子が1ボルトの電位差を移動するときに必要な仕事が1電子ボルト．

電磁誘導 [electromagnetic induction]　磁場の時間的な変動があるとき誘導電場が生じる現象．たとえば，コイルを貫く磁束が時間的に変化すると，コイルに起電力が生じる．

電場 [electric field]　静止している電荷が受ける力を電荷で割ったもの．ベクトル量である．記号 *E* で表すことが多い．電場ベクトルの大きさも電場ということがある．

電離 → イオン化

電離放射線 [ionising radiation]　物質を通過するとき直接・間接にイオンをつくる放射線．α線，β線は直接電離放射線，X線とγ線は間接電離放射線である．

電流の2乗平均平方根 [root mean square current]　電流

の実効値ともいう．抵抗での消費電力がその交流と同じ値となる直流電流の値．

動圧［dynamic pressure］　流体の運動によって生じる圧力．

同位体［isotope］　同じ元素でも原子核に含まれる中性子の個数が異なるときは異なる同位体となる．たとえば，重水素は水素の同位体である．

等温変化［isothermal change］　温度が一定のままで起こる変化．

透過型電子顕微鏡［transmission electron microscope］　略号 TEM．対象を透過してきた電子を磁場のレンズ作用で拡大し蛍光板上で像を観察する．10^{-9} m 以上の分解能が得られる．

等電位面［equipotential surface］　電位が同じ点をつなげてできた面．

凸レンズ［convex lens］　中央部が膨らんだレンズ．平行光を収束する．

凸レンズの焦点距離［focal length of a convex lens］　レンズから焦点までの距離．焦点は平行光線がレンズにより集光する点．

トランジスター［transistor］　少ない電流で大きな電流を制御できる半導体素子で三つの端子をもつ．

トランス → 変圧器

トンネル効果［tunnelling］　物質粒子がその波動性によりエネルギー障壁を透過する現象．

内部エネルギー［internal energy］　物体を構成する粒子（原子・分子）のランダムな運動による運動エネルギーと粒子間の力による位置エネルギーの総和．

内部抵抗［internal resistance］　電池など電気的なエネルギー供給源の内部にある抵抗．

波と粒子の2重性［wave particle duality］　物質粒子も光も，波としての性質と粒子としての性質を同時にもつという量子論的な概念．

2乗平均速さ［root mean square speed］　根2乗平均速さともいう．速度の2乗の平均値の平方根．気体分子運動論で分子の平均の速さを論じるときに用いる．

ニュートンの運動の第一法則［Newton's first law of motion］　力が加わらない物体は静止あるいは等速度で運動を続ける．

ニュートンの運動の第二法則［Newton's second law of motion］　物体に力が加わるとき，運動量の時間的な変化の割合と力が等しくなる．物体の質量が変化しないとき，力＝質量×加速度．

熱［heat］　温度差によって伝わるエネルギー．物質の移動や仕事によらず，接触した物体間で伝達される．

熱交換器［heat exchanger］　物質を交換せずに熱い物体から冷たい物体に熱を伝えるための装置．主として流体を用いる．

熱電子放出［thermionic emission］　熱せられた金属表面で起こる電子の放出．

熱電対［thermocouple］　サーモカップルともいう．2種類の金属線を接合すると，接点の温度で異なる電位差を生じる．この電圧の読みを温度計として利用する．

熱伝導［thermal conduction］　物質中の粒子の乱雑な動きが伝わることにより，物質中を熱が移動する現象．

熱放射［thermal radiation］　物体中の荷電粒子の乱雑な熱運動により物体表面から放出される電磁波．

熱膨張［thermal expansion］　物体が熱せられて体積が増加すること（例：棒を熱すると伸びる）．

粘性［viscosity］　流体内部の摩擦．粘性係数の定義は，速度勾配が $1\,\mathrm{s}^{-1}$ のときに流れの層の単位面積当たりに生じる内部摩擦力である．

ノイズ［noise］　雑音ともいう．背景にあって情報伝達の邪魔になる音や電気信号の成分をさす．不規則に発生するランダムノイズの除去が重要な課題となる．

ノギス［vernier caliper］　長さを測定する装置．200 mm 程度までの長さを 0.1 mm の精度で測定できる．

伸び（固体の）［extension］　変形の量．

バイト［byte］　情報の量を表す単位．普通は 8 ビット（bit）をさす．1 ビットは 2 進数の 1 桁分の情報量であり，1 バイトは 2 進数 8 桁分（＝2^8）の情報量をさす．

波長［wavelength］　波の隣合う山の頂上と頂上の間隔．

バックグラウンドの放射能［background radioactivity］　宇宙線や大地あるいは建物の材料などによる放射能．

発光ダイオード［light-emitting diode］　略号 LED．電流を流すと発光する半導体ダイオード．

発射体［projectile］　放物体ともいう．弾丸のように，初速度を与えられた後，重力だけで運動を続ける物体．

発電機［dynamo］　電磁誘導（磁束の時間的な変化に比例する起電力が生じる）を用いて電力を発生する装置．

速さ［speed］　（移動距離）/（経過時間）．速さの単位はメートル毎秒（$\mathrm{m\,s^{-1}}$）．

腹（振動の）［antinode］　定在波で最大変位が生ずる位置．

パルス符号変調［pulse code modulation］　略号 PCM．連続的に変化する信号の強度を等しい時間間隔でサンプリングし，各時点の強度を 0 と 1 から成る 2 進数のデータに変換する方法．

半減期［half-life］　放射性同位体の原子の数が壊変により指数関数的な減衰をして半分になるまでの時間．

反射［reflection］　光波や音波が物体の表面や二つの媒質の境界で跳ね返されること．光線の入射角と反射角は等しい．

半導体［semiconductor］　絶縁体と導体の中間的な抵抗率をもち，温度の上昇とともに電気をよく通すようになる物質．

反物質［antimatter］　反粒子でできた物質．

万有引力 → 重力

反粒子［antiparticle］　ある粒子に対し，その粒子と質量およびスピンが同じで，電荷など符号をもつ量が逆の粒子をいう．粒子とその反粒子が出会うと両者が消滅し電磁波などが発生する．

非圧縮性流体［incompressible fluid］　圧縮されない，したがって密度が一定の流体．

光依存性抵抗［light-dependent resistor］　略号 LDR．明る

さにより抵抗値が変化する素子.

光の三原色［primary colours of light］　赤，青，緑．

比重計［hydrometer］　浮力を用いて液体の密度を測定する装置．

ひずみ［strain］　長さの変化分を，元の長さで割った量．

比潜熱［specific latent heat］　その物質 1 kg の物理的状態（気体，液体，固体）を変化するのに必要なエネルギー．

ピッチ［pitch］　1 個の音符で表される音の振動数．

ピトー静圧管［Pitot-static tube］　ピトー管ともいう．動圧と静圧の差から流速を測定する装置．

非ニュートン流体［non-Newtonian fluid］　速度勾配と粘度が比例しない流体．かき混ぜる速さで粘度が変わる．

比熱容量［specific heat capacity］　その物質 1 kg の温度を 1 K 上昇させるために必要なエネルギー．単位は J kg^{-1} K^{-1}．

ヒューズ［fuse］　想定した電流値を超える電流が流れるとき，融けることで電流を遮断する細い線または帯状の金属．

標準気圧［standard pressure］　海面での大気圧の平均値．1 気圧という．1013 hPa＝1.01×10^5 Pa．hPa はヘクトパスカル．

ファラデーの電磁誘導の法則［Faraday's law of electromagnetic induction］　コイルに生じる誘導起電力はそれを貫く磁束の時間的な変化の割合に等しい．

節（振動の）［node］　定在波において波の変位が 0 の点．

フックの法則［Hooke's law］　ばねの力と伸びが比例するという法則．

ブラウン運動［Brownian motion］　微小な粒子の予測不能な運動で，速く運動する分子との不規則な衝突により起こるもの．

フリーボディー図［free-body force diagram］　注目する物体と，その物体に他から加わる力をすべて記入し，代わりに力を及ぼした物体を描かないようにした図．

浮　力［upthrust］　重力による流体内部の圧力差が原因となり，液体中の物体に加わる上向きの力．

ブルドン管［bourdon gauge］　金属管の弾性を用いて内部の気体や液体の圧力を測る装置．

分光器［spectrometer］　光の波長を正確に測定するための装置．

分　散（光の）［dispersion］　物質中で波の速さが振動数により異なるために起こる現象．たとえば，プリズムにより白色光が波長ごとに分離されるのは，プリズムの物質の分散による．

分　子［molecule］　二つ以上の原子が結合した物質で，ある程度安定に存在でき，電気的には中性である．化合物や元素の実体としての粒子．

分子間力による結合［molecular bond］　分子結合，分子性結合あるいはファンデルワールス力による結合ともいう．中性の原子や分子で正負の電荷の中心がずれたために作用する弱い引力で液体状態をつくり出す原因となる．

平面鏡［plane mirror］　反射面が平面の鏡．

並列接続した素子［parallel components］　回路内でいくつかの素子の両端を接合し，すべてに同じ電圧が加わるようにしたもの．

ベクトル［vector］　大きさと方向をもつ量（例：速度，加速度，力，運動量）．座標軸を回転すると同じベクトルでも成分の値が異なる．

β粒子［beta particle］　不安定な原子核のβ壊変で放出される粒子．その実体は電子あるいは陽電子．

ベルヌーイの効果［Bernouilli effect］　粘性がない流体中の一部分が運動エネルギーや位置エネルギーを増すと，その部分の圧力が減る現象．

変圧器［transformer］　トランスともいう．交流電圧を変える装置．

変　位［displacement］　ある位置から別の位置への移動を表すベクトル．移動の向きと距離の両方，あるいは各軸方向への変位を指定する．

変　調［modulation］　光やラジオ波を情報伝達に用いるため，周波数や振幅を時間的に変化させること．

偏　波［polarised wave］　一つの方向だけに振動する横波．光の場合は偏光という．

ホイートストンブリッジ［Wheatstone bridge］　2 個の分圧器を並列に接続し，中点の電圧の比較により，分圧器の抵抗を読み取る装置．

放射壊変［radioactive decay］　不安定な原子核がα粒子，β粒子，あるいはγ線を放出して変化する現象．

放射性同位元素［radioisotope］　放射能をもつ同位体．

放射能［activity］　1 秒間に壊変する放射性原子核の数．単位はベクレル（Bq）．

マイクロ波［microwave］　波長が 0.1 mm～100 mm 程度の電磁波．加熱，通信，荷電粒子の加速などに利用される．

マイクロメーター［micrometer］　精密なねじ機構を使ってほぼ 1/100 mm の精度で厚みを測定する装置．

マノメーター［manometer］　鉛直に立てた二つの管の底部を連結して液体を入れ，各液面に加わる圧力差を，液中の高さの差として読み取る気圧計．

マルチバイブレーター［multivibrator］　帰還によりパルスをつくるデジタル回路．

マルチメーター［multimeter］　スイッチの切替えにより電流計または電圧計として用いられるメーター．［訳注：日本ではテスターということも多い．］

モーメントのつり合い［principle of moments］　外力が加わる物体の回転状態が変化しないとき，任意の点の周りの力のモーメントの左回りの総和と右回りの総和が同じ値であること．

モ　ル［mole］　物質の量の単位．ある分子から成る物質の 1 モル中にはアボガドロ定数の数値と同じ個数の分子が含まれる．

ヤング率［Young's modulus of elasticity］　（応力）/（ひずみ）．ヤング率は材料そのものの弾性を表すが，ばね定数〔＝（張力）/（伸び）〕は材料の形状によって変わる．

融　解［fusion］　固体が熱せられて液体になること．

誘電体［dielectric substance］　外から加えた電場により分子内の正負の電荷が移動する物質．はじめから離れた正負

電荷をもつ分子から成る物質は大きな誘電率の誘電体となる．コンデンサーの電気容量を増加させる．

誘導起電力［induced emf］　コイルを貫く磁束が時間的に変化したために，コイル両端に発生する電圧．

U字管マノメーター［U-tube manometer］　U字型の透明の管に液体を入れ両側の液面の高さの差から気体圧力の差を測る装置．

U値［U-value］　壁（窓，天井，床面など）の両側の空気の温度差が 1 K（または 1 ℃）のとき，1 m^2 から失われる単位時間当たりの熱量．

陽極 → アノード

陽子［proton］　原子核に含まれる正電荷をもつ粒子．質量は中性子とほぼ同じで電子の約 1800 倍．電荷は素電荷と同じ．

陽電子［positron］　電子の反粒子．電子と陽電子が低速で衝突すると，両方とも消滅し電磁波が生じる．高速で衝突するとさまざまな粒子が発生する．

横波［transverse wave］　進行方向と直角の方向に振動する波．光はその例である．

横倍率［linear magnification］　（像の高さ）/（物体の高さ）．

ラウドネス［loudness］　人間が感じる音の大きさの指標．音の振動による空気の圧力変化の振幅に比例する．

ラジオ波［radio wave］　波長が数 100 mm もしくは 1 m 以上の電磁波．

ランダムな運動［random motion］　次の動きが予測できない運動．原子や分子の熱運動，あるいは微小な粒子のブラウン運動がその例．

乱流［turbulent flow］　大小さまざまな渦を含み不安定で不規則な流れ．

リアクタンス［reactance］　交流回路内のコンデンサーやコイルを流れる電圧と電流の比．単位はΩ．交流周波数が f のとき，コンデンサーのリアクタンスは $1/(2\pi f C)$，コイルでは $2\pi f L$．

理想気体［ideal gas］　ボイルの法則に従う気体．モデルとしては，互いに力を及ぼすことなく運動する原子から成る気体．

流線［streamline］　流体中の各点における速度ベクトルを滑らかにつなげた曲線．流れの様子が時間的に変化せず，また乱れがないときは，色つき流線と流線が一致する．

流体［fluid］　液体や気体．容器の形に合わせてその形を変えるのが特徴．

リレー［relay］　小さな電流で，より大きな電流の on/off を行う装置．

臨界角［critical angle］　屈折率が大きい物質から小さい物質に光が入ったとき，全反射が起こる最小の入射角．

励起（原子の）［excitation］　原子が高いエネルギー状態に移る過程．光の吸収や他の粒子との衝突で起こる．

レーザー［laser］　物質による光の増幅を発光の原理とする光源．単色性，可干渉性の高い光をつくり，理想的な平行ビームや集光を実現し，あるいは非常に短いパルスをつくり出せる．

連鎖反応［chain reaction］　1 回の反応で生じたものが同種の反応をちょうど 1 回あるいはそれ以上ひき起こすことにより，持続的あるいは爆発的に起こる反応．

連続スペクトル［continuous spectrum］　含まれる光の波長が連続的に変化するスペクトル．

レンツの法則（電磁誘導の）［Lenz's law］　誘導電流の向きを規定する法則．誘導起電力で生じる電流が，コイル内の磁束の変化を妨げる向きに発生することを表す．

ローレンツ力［Lorentz force］　磁場と平行でない電流に加わる力．電動モーターで力が発生することの原理である．

論理ゲート［logic gate］　出力電圧が入力状態により決まるように設計されたデジタル回路．

索引

あ

アインシュタイン 228,253
亜鉛板 134
アース 124
アップ・クォーク 261
圧力 74
　——の測定 77
圧力計 77
圧力センサー 161
アナログ 157
アナログ回路 158
アナログ信号 41
アネロイド型気圧計 78
アノード 222
アノード電圧 224
アボガドロ定数 49,240,269
アボガドロの仮説 272
アモルファス 47,70
rad（ラジアン） 10,285
rms 速度 271
rms 値 210
rms 速さ 271
アルカリ電池 135
アルキメデスの原理 79
α 壊変 255
α 線 42,241〜244
α 粒子 241〜243,254
暗視カメラ 39
アンダーソン 259
安定なつり合い 86
アンプ 163
　——の信号雑音比 163
　——の帯域幅 163
アンペア（A） 1,125,142
　——の定義 191
アンペール 125
　——の法則 190

い、う

e/m 223
emf 135
イオン 51,124
イオン化 222,229,241
イオン化エネルギー 230
イオン結合 50
イオン対 242
位相 9

位相差 10
位置エネルギー 113,235,296
一次回路 201
一次コイル 209
一次電池 134
移動距離 97
eV（電子ボルト） 224,253
色収差 32
色つき流線 309
陰イオン 51
陰極 222
陰極線 222
陰極線管 207
インピーダンス 216

ウィーンの変位則（ウィーンの法則） 60
ウエーバー（Wb） 197
渦電流 202
ウラン 255,256
上皿天秤 3
運動エネルギー 113,235,272
運動量 107,108
運動量保存則 109

え

A（アンペア） 1,125,142
衛星の運動 297
AND ゲート 158
AFM 48
AM 40
液晶ディスプレイ 15,223
液体 46,47
液体温度計 274
液柱の圧力 76
液滴モデル 256
エコー 18
エジソン 223
SI 基本単位 1
SI 単位系 1
S/N 163
STM 48,236
S 波（地震の） 13
X 線 8,42,232
X 線管 42
X 線写真 42
H（ヘンリー） 204
Hz（ヘルツ） 285
N_A（アボガドロ定数） 49,240,269
NAND ゲート 158
NOR ゲート 158
NOT ゲート 158

エネルギー 55,71,113,117
　イオン化—— 230
　位置—— 113,235,296
　運動—— 113,235,272
　結合—— 52,253,254
　コンデンサーの—— 150
　再生可能—— 118
　弾性—— 71
　内部—— 276
　有効—— 116
　流体の—— 314
　励起—— 231
エネルギー準位 231,235
エネルギー保存則 113,196
F（ファラド） 148
FM 41
mmHg 78
mol（モル） 49,240,269
A.U.（天文単位） 298
LED 131
LCR 直列回路 216
LDR 137
円運動 303
塩化ナトリウム 51
塩化物イオン 51
円軌道 285
円形波 10
円弧 285
演算増幅器 164
エンジン 276,281
　——の効率 282
エンタルピー 280
鉛板 135
円偏光 13

お

OR ゲート 158
応力 68
応力-ひずみ曲線 69
凹レンズ 30,31
オシロスコープ 3,17,141,191,207
　——の使い方 208
音 17
オペアンプ 164
オーム（Ω） 130,142,213,215
重さ 65,86,294
音速 18
温度 54,274
温度計 274
　——の校正 275
温度センサー 161
音波 8,13,17

索　引

375

か

海王星　298
ガイガーカウンター　3,242
ガイガー・ミュラー管　242
開口端　23
開口端補正　23
回　折　11,235
回折角　36
回折光　36
回折格子　36,234
回転周波数　285
壊変定数　247
壊変率　246
開ループ　164
開ループ利得　164
回　路　125
回路図　126,129
回路素子　129
　　──の記号　129
ガウスの法則　178
カウンター　157
化学結合　50
化学作用（電流の）　125
可干渉　27
可逆エンジン　282
架橋（高分子の）　70
拡　散　47
核　子　254
角周波数　303
角振動数　303
角速度　286
拡張期血圧　78
角　度　285
核燃料　118
核分裂　254
核融合　255
核　力　252
過減衰　306
化合物　48
加算器　166
可視光　8
可視スペクトル　35
過剰圧力　77
仮　数　2
火　星　298
化石燃料　118
仮想光子　252
仮想粒子　252
加速器　260
加　速　96,101,104,303
加速度運動　99
可塑的なふるまい　66
カソード　222
傾　き　96,101
荷電粒子　223
過電流遮断器　184
可動コイル　201
可動コイル型メーター　142,186,211
可変抵抗　130,136
　　──の記号　129
可変電圧　137
カメラ　33
カラーコード（抵抗の）　130
ガリウムヒ素　125
ガリレオ　1
カロリーメーター　57

き

干　渉　12
　　光の──　26
間接測定　4
γ 線　8,42,241〜244

基　音　22
ギガ（G）　2
機械的ヒステリシス　67
帰　還　164
帰還ループ　164
キセノン　230
輝線スペクトル　36,231
気　体　46,47,266
　　──の温度　268
　　──の圧力　266,268
　　──の体積　266,268
気体温度計　274
気体定数　269
気柱の共鳴　22
基底状態　231
起電力　135,138
軌　道　124
基本振動数　21,23
基本モード　21
逆関数　155
逆起電力　201
逆2乗則　243,251
キャベンディッシュ　293
キャリア　188
球面収差　32
球面波　10
Q 値　255
キュリー　240
凝　固　47,57
強磁性　191
強磁性体　191
　　──の磁区理論　192
凝　集　47
凝　縮　47,58
共　振　217,307
共振回路　216
強制振動　306
強制対流　60
強度分布　232
　　──のスパイク　233
共　鳴　22,217,307
共鳴周波数　217
共鳴振動数　307
共有結合　51
虚　像　28,30
霧　箱　242
希硫酸　134
キロ（k）　2
キログラム（kg）　1,65,86
キロワット時（kWh）　55,129
金　星　298
金　属　124
　　──の熱伝導　61
金属結合　51

く

空気抵抗　115,310

偶　力　90
クォーク　260
クォーク・モデル　261
屈　折　11,28
屈折望遠鏡　33
屈折率　28,38
クラッド　30
グリッド　234
グルーオン　252
クーロン（C）　126,172
クーロンの法則　173,178
K（ケルビン）　1,54

け

蛍光板　224
警告表示器　161
計数器　157
計数率　242
系統的　5
計量標準総合センター　142
血圧計　78,310
結　合　48,50
結合エネルギー　52,253
結合点（回路の）　127
結　晶　47,70
結晶粒　47,70
ケプラーの第一法則　298
ケプラーの第二法則　298
ケプラーの第三法則　298
ケルビン（K）　1,54
ゲルマニウム　125
検光子　14
原　子　48,122
　　──の大きさ　50
　　──の励起　230
原子核　48,122,259
　　──の結合エネルギー　253
　　──の質量　254
　　──の質量欠損　254
原子間力顕微鏡　48
原子番号　48
原子模型　231
原子量　49
原子力　118,258
減衰曲線　153,246
減衰振動　306
元　素　48
元素記号　240
減速材　257
検定（標準電池の）　142
検電器　123
弦の振動　21
顕微鏡　33
検流計　138
弦を伝わる波　13

こ

コ　ア　30
コイル　184,186,196,203,212
　　──の巻き数　189
　　交流回路の──　215
降圧トランス　202,207
光　学　26

光学機器　32
光学顕微鏡　33
工学表示　2
光　子　228,231
格子間原子　71
向心加速度　287
向心力　287
剛　性　66
合成抵抗　131
合成電気容量　149
高速増殖炉　257
高調波　21
光電陰極　228
光電管　42
光電効果　227
光電子放出　228
硬　度　66
勾　配　96
降　伏　70
高分子　67,70
効　率　116
　　エンジンの――　282
　　変圧器の――　202
交　流　207,210
　　――の平均電力　211
交流回路　212,215
交流電圧　203
交流電流　211
交流電流・電圧　207
　　――の1サイクル　207
　　――の周期　207
　　――の周波数　207
　　――の測定　207,211
　　――のピーク値　207
交流発電機　199,201,208
合　力　83
抗力係数　115
国際単位系　1
国際度量衡局　86
黒　体　60
黒体放射　60
誤　差　5
固　体　46
弧度法　285
コヒーレント　27
コペルニクス　1
ゴ　ム　67
コリメーター　234
コンデンサー　146,212,216
　　――による平滑化　210
　　――のエネルギー　150
　　――の充電　147
　　――の直列接続　148
　　――の電気容量　148,152
　　――の並列接続　149
　　――の放電　153
　　――のリアクタンス　212
　　交流回路の――　212
コンパレーター　164

さ

最確速度　272
最確速さ　272
最小血圧　78
再生可能エネルギー　118
最大血圧　78
最大静止摩擦力　88
最大の引張強さ　70
最頻速さ　272
最密充填構造　47
サイン関数　28
　　――の逆関数　28
　　――の微分　213
サイン波　208,211,302
鎖交磁束　197,199,202
サーミスター　137,140,161
　　――の記号　129
サーモスタット　55
サーモパイル　282
三角関数　84
三角法　95
三原色（光の）　35
三重水素　239
三重点　54
　　水の――　54,275
酸　素　49
残留磁化　192
C（クーロン）　126,172

し

CRT　207
J（ジュール）　55,112
CMOS　158
紫外線　8,41
磁気作用（電流の）　125
磁　極　182
磁　区　192
自己インダクタンス　203,215
仕　事　71,112
仕事関数　228
仕事率　55,114
自己誘導　203
四捨五入　2
事象の地平線　297
地震のS波　13
地震のP波　13
地震波　8,13
指　数　2
指数関数　154,248
指数関数的な減衰曲線　153
システム的アプローチ　157
磁性材料　182
自然対数　155
自然対流　60
自然長　65,304
磁　束　197
磁束密度　187,197,225
実効値　210
実　像　30
質　量　65,86
質量欠損　254
質量数　240,254
時定数　155
磁　場　182,198,225,241
　　――の式　189
　　ソレノイドコイル内部の――　189
　　電流による――　183
シャルルの法則　268
シャント抵抗　143
周　期　9,285,301
　　交流電流・電流の――　207
周期表　50

収縮期血圧　78
重　心　86
自由振動　306
重水素　239
集積回路　125
終端速度　101,115,226
ジュウテリウム　239
集電環　199
充電（コンデンサーの）　147
自由電子　51,124
自由度（運動の）　278
周波数　41,199,207,286,303
周波数変調　41
自由落下　99
重　力　99,113,251,252,292
重力加速度　65,86,294
重力子　252
重力定数　292
重力場　294
　　――の大きさ　294
　　――の力線　294
出力装置　161
主量子数　231
ジュール（J）　55,112
順抵抗（ダイオードの）　131
順電圧（ダイオードの）　131
順電流（ダイオードの）　131
準惑星　298
昇圧トランス　202,232
昇　華　47
蒸気圧曲線　275
蒸気タービン　281
使用済み核燃料　258
状態変化　47
状態方程式　269
焦　点　11
焦点距離　31
衝　突　108
蒸　発　47,58
　　――の比潜熱　58,59
シリコン　125
シリコンダイオード　130
磁力線　182,198,200
シリンダー　75
真空の透磁率　189
真空の誘電率　152,173,178
信号雑音比　163
靱　性　66
振　動　301
　　――する弦　21
　　――の周期　301
　　――の振幅　301
振動子　21
振動数　9,207,286,303
振動数スペクトル　21
振　幅　9,301
振幅変調　40
真理値表　158

す

水銀柱ミリメートル（mmHg）　78
水銀電池　135
水　星　298
水　素　48,239
水素結合　52
垂直抗力　288

索引

す

スイッチ　161
　　——の記号　129
水　波　8
水力学　75
水　力　118,119
スカラー　82,95
ステファンの法則（ステファン・
　　　ボルツマンの法則）　60
ステファン・ボルツマン定数　60
ストークスの法則　313
ストップウォッチ　3
ストレンジ・クォーク　261
ストレンジネス　260
ストロンチウム　247
スネルの法則　28
スピーカー　13,185
スプレッドシート　101
スペクトル　36
スライド式電位差計　138
スリット　12,26,36
スリット間隔　37
スリップリング　199

せ

正帰還　164
静止衛星　298
静止摩擦係数　88
脆　弱　67
正電荷　51
静電気　122
正電極　126
静電場　172
静電誘導　123
精　度　4
静摩擦係数　88
整流回路　209
整流子　186
赤外線　8,38
積算電力計　129
石　炭　118
石　油　118
絶縁体　124
接眼レンズ　33
摂氏温度（℃）　54,268,275
接　線　97
絶対温度　54,268,275
絶対零度　268
接　地　124
節点（回路の）　127
ゼロベクトル　83
センサー　159
センサー回路　137
センチグレード　275
潜　熱　47,57
全波整流　209
全反射　29

そ

掃引時間　208
造影剤　234
走査型トンネル顕微鏡　48,236
相対原子質量　49
送電網　203

増幅器　163
層　流　309
測　定　3
　　圧力の——　77
　　応力の——　68
　　温度の——　274
　　音波の——　17
　　効率の——　116
　　交流電圧の——　211
　　交流電流・電圧の——　207
　　交流電流の——　211
　　時間の——　3
　　質量の——　3
　　振動の——　301
　　体積の——　267
　　力の——　65
　　抵抗の——　140
　　電子の比電荷の——　224
　　波の——　9
　　半減期の——　247
　　光の波長の——　37
　　ひずみの——　68
　　摩擦の——　88
　　密度の——　4
測定値　4
　　——の不確実さ　5
　　——の平均値　5
速　度　82,95,101,286
速度勾配　312
素　子　126,129
　　——の記号　129
阻止電圧　228
塑　性　66,70
素電荷　48
ソナー　18
ソーラーパネル　118
ソレノイド　183
ソレノイドコイル　183
　　——内部の磁場　189

た

ダイアグラム　216
帯域幅　163
ダイオード　130,209
　　——の記号　129
　　——の順抵抗　131
　　——の順電圧　131
　　——の順電流　131
帯　電　123
耐電圧　147
帯電体　123
対物レンズ　33
太陽熱温水器　118
対　流　59
ダウン・クォーク　261
多原子分子　279
脱出速度　296
縦弾性率　69
縦　波　12
W（ワット）　114,129
Wb（ウェーバー）　197
Wボソン　252
W粒子　252
単安定マルチバイブレーター　168
単　位　1
　　——の接頭語　2

単位ベクトル　83
単原子分子　278
単色光　36
単振動　301
　　——の定義　303
弾　性　66
弾性エネルギー　71
弾性限度　66,70
炭　素　49,240
断熱圧縮　279
断熱変化　277,279
断熱膨張　279
単振り子　301,305

ち，つ

力　71,82,105,108
　　——がする仕事　112
　　——のつり合い　83
　　——の平行四辺形　83
　　——のモーメント　85
地　球　298
チップ　157
地　熱　119
チャドウィック　259
柱上トランス　203,207
中性子　48,239
　　——の質量　254
　　——の発見　259
中性線　207
超音波　8,20
超音波スキャナー　20
超音波プローブ　20
潮汐力　119
張　力　65,304
聴力検査　19
直線電流　183,190
直線のグラフ　99
直線偏光　13
直流回路　125
直流発電機　201
直流モーター　186
直　列　126
直列接続　131,148
直列抵抗　131

対消滅　260
対生成　260
強い力　251,252
つり合い　83,89

て

T（テスラ）　187
定圧モル比熱　278
TEM　235
定　格　128
定格遮断電流　128
抵　抗　129,135,141
抵抗加熱　202
抵抗係数　115
抵抗値　130
　　——の記号　129
　　——の測定　140
　　——の直列接続　131
　　——の並列接続　132

抵抗率 141
定在波 21
　——の腹 22
　——の節 22
定積気体温度計 274
定積モル比熱 277
TTL 158
dB（デシベル） 19,164
ディラック 259
停留点 314
デジタル 157
デジタル回路 157
デジタル信号 41
デジタル電圧計 143
デジタル電流計 144
デジタルマルチメーター 143
デシベル（dB） 19,264
テスター 3,141
テスラ（T） 187
デモクリトス 222
電 圧 127
　——の rms 値 210
　——の実効値 210
　——の2乗平均平方根 210
電圧計 127,141,143
　——の記号 129
電圧フォロワー 165
電圧利得 163,166
転 位 71
電 位 174,177,179
電位差 127,224
電位差計 136,138
　——の校正 142
電 荷 122,124,126
電解液 134
電解コンデンサー 147
電 気 122
電気素量 48
電気分解 125
電 球 130
　——の記号 129
電気容量 148,152
電 極 125,134
電極板 146,173
電気力線 173
　——の形 174
電 子 48,123,222,239
　——の質量 255
　——の電荷 225
　——の比電荷 224
電子回路 157
電子殻 50,122,124,229,231
電磁気力 251
電磁石 184
電子銃 224
電磁波 8,13,35
電子ボルト（eV） 224,253
電弱力 251,252
電磁誘導 195
電 堆 134
電 池 134
　——の記号 129
点電荷 173,178
電灯線 207
伝導電子 51,61,124
電動ベル 184
天然ガス 118
天王星 298
電 場 173,177

天文単位（A.U.） 298
電 離 241
電離箱 242
電離放射線 241
電 流 124,126,187
　——による磁場 183
　——の rms 値 210
　——の化学作用 125
　——の磁気作用 125
　——の実効値 210
　——の2乗平均平方根 210
　——の発熱作用 125
電流計 124,126,142
　——の記号 129
電 力 55,128,210
電力計 129
電力線 207

と

度 10
動 圧 314
同位体 48,239,240,254
統一原子質量単位 48,240
等温曲線 266
透過型電子顕微鏡 235
等加速度 96
等加速度運動 98
透過力 243
透磁率 189
等速円運動 285
導 体 123,124
等電位面 175
導電率 141
銅 板 134
動摩擦係数 89
動摩擦力 88
等ラウドネス曲線 19
特性X線 233
閉じた多角形の法則 83
土 星 298
凸レンズ 30
ド・ブロイ波長 234
トムソン 223,239
トランジスター 158,162
トランス 201
トランスデューサー 18,20,140
トリチウム 239
トルク 85
ドルトン 222
トロイダルコイル 192

な 行

内燃機関 282
内部エネルギー 276
内部抵抗 135
内部摩擦 312
流れの軌跡 309
ナトリウムイオン 51
ナトリウムランプ 36
ナノ（n） 2
鉛蓄電池 135

波 8
　——の種類 9
　——の振動数 8
　——の振幅 9
　——の性質 10
　——の測定 9
　——の波長 9
　——の速さ 9

二原子分子 278
二酸化鉛板 135
二酸化炭素 49
二次回路 201
二次コイル 209
二次色 35
二次電池 135
2重スリット 27
2乗平均速度 271
2乗平均速さ 271
2乗平均平方根 210
ニッケル・カドミウム電池 135
入力センサー 161
入力抵抗 164
ニュートン 26,292
ニュートン（N） 65,82,86,105
ニュートンの運動の第一法則 104
ニュートンの運動の第二法則 105,107,312
ニュートンの運動の第三法則 108
ニュートンの重力の法則 292
ニュートンの重力理論 292

ネオン管 36
熱 54
熱貫流率 62
熱機関 276,281
熱中性子炉 257
熱電子放出 223
熱電対温度計 274
熱伝導 59,61
熱伝導率 61
熱導体 61
熱放射 60
熱膨張 54
熱膨張係数 54
熱力学 274
熱力学の第0法則 276
熱力学の第一法則 276
熱力学の第二法則 281
粘 性 115,312
粘性係数 312
粘性抵抗 115,226
粘性率 312
粘性流 312
粘性流体 312
粘性力 310
粘 度 312
燃料棒 257

ノギス 3
伸 び 65,304

は

倍 音 21,23
パイオン 252
π中間子 252
バイメタル 55

索　引

倍率器　143
破壊応力　67,70
破壊強度　66
箔検電器　123,227
白色光　35
白色スペクトル　36
爆　発　109
パスカル（Pa）　67,74
波　長　9
　　——の測定　37
　　光の——　27
発光ダイオード　131
　　——の記号　129
発　電　195
発電機　195
発電所　201,203
発熱作用（電流の）　125
発熱体の記号　129
波動と粒子の二重性　234
波動力学　234
ばね定数　66,304
速　さ　9,94,286
腹　22
バリオン　260
波　力　119
パルス符号変調　41
パワー　55,233
パワーメーター　116
半価層　244
半減期　247,248
反　射　10,27
　　平面鏡による——　27
反転増幅器　165
反転入力　164
半導体　125
半波整流　209
反物質　259
万有引力定数　292
万有引力の法則　292

ひ

BIPM　86
非圧縮性　310
非安定マルチバイブレーター　168
B.E.　254
Pa（パスカル）　67,74
比較器　164
光依存性抵抗　137,140
　　——の記号　129
光センサー　161
光の干渉　26
光の波長　27
光の波動性　12
光ファイバー　30
Bq（ベクレル）　247
ピーク値（交流電流・電圧の）　207
PCM　41
被写界深度　33
比重計　79
ヒステリシス損　202
ヒステリシスループ　192
ピストン　75
ひずみ　68
比潜熱　58
　　蒸発の——　58
　　融解の——　58

ピタゴラスの定理　95
左手の法則　185
引張試験　68
引張強さ　71
飛　程　243
比電荷　223
比透磁率　192
ピトー静圧管（ピトー管）　314
非ニュートン流体　312
比熱容量　56,57
非粘性　312
非粘性流体　314
P波（地震の）　13
非反転増幅器　165
非反転入力　164
微　分　154,213
比誘電率　153
ヒューズ　125,128
　　——の記号　129
ヒューズ容量　128
標準抵抗　142
標準電池　138,142
表示ランプの記号　129
氷　点　54
避雷針　176
比例性　70

ふ

ファラデーの（電磁誘導の）法則　197
ファラド（F）　148
ファンアウト　159
不安定なつり合い　86
ファンデルワールス力　52
V（ボルト）　127,135,142
フィラメント　130
フィルムバッジ　234
風　力　119
フェーザー　208,213,215,216
フォルタン型気圧計　77
不確実さ（測定値の）　5
付加フィルター　234
負帰還　164
節　22
フックの法則　66,304
沸　点　47,54
沸　騰　47
物理量　2
負電荷　51
負電極　126
ブラウン　270
ブラウン運動　270
ブラウン管　191,207,223
ブラックホール　297
プラトー　242
プランク　228
プランク定数　228
振り子　301
プリズム　35
ブリッジ整流器　210,211
フリーボディー図　89
浮　力　78
フルスケール　142
プルトニウム　257
ブルドン管圧力計　77
ブレーカー　184
ブロック図　157

プロトアクチニウム　247
分圧器　136
分圧抵抗　143
分　極　147
分光器　38
分　散　35
分　子　48
分子間力　52
分流抵抗　143

へ

閉殻構造　50
平均値　5
平均の速さ　94
平衡型ホイートストンブリッジ　139
平衡距離　52
閉口端　23
平行波　10
平行板コンデンサー　146
平面鏡　27
　　——による反射　27
平面波　10
並　列　127,128
並列接続　132,149
並列抵抗　131
ヘクトパスカル　78
ベクトル　82,95,187
ベクレル　240
ベクレル（Bq）　247
β壊変　247,255
β　線　42,241～244
β崩壊　247
β粒子　241,243
ヘリウム　241,254
ヘルツ（Hz）　285
ベルヌーイ効果　314
ベルヌーイの式　314
変圧器　201
　　——の効率　202
変　位　82,95,301
変化の速さ　154
偏　光　13,14
偏　向　225,241
偏光サングラス　14
偏光子　14
偏向板　207
偏光フィルター　14
偏　波　13
ヘンリー（H）　204

ほ

ポアズイユの式　313
ホイートストンブリッジ　139,140
ホイヘンス　26
ボイラー　59
ボイル・シャルルの法則　268
ボイルの法則　266
方位磁石　125,182
望遠鏡　33
棒磁石　183
放　射　59,60
放射壊変　245
　　——のモデル　246

索　引

放射性同位体　246
　　──の半減期　247
放射性廃棄物　258
放射性物質　240
放射線　240
放射能　246〜248
放射率　60
法　線　74
放　電　153
放電管　36,231
放熱器　129
飽　和　163,192
保護抵抗　138
補　色　35
ポラロイド　13
ポリエチレン　67
ホール効果　188
ボルタ　134
ボルツマン定数　272
ホール電圧　188
ボルト（V）　127,135,142
ホールプローブ　188

ま 行

マイクロ（μ）　2
マイクロ波　8,39
マイクロメーター　3
巻き数（コイルの）　189
巻き線抵抗　130
マグニチュード　19
マグネトロン　39
摩　擦　88,104
摩擦力　310
マルチバイブレーター　168
マルチメーター　141,143
右ねじの法則　183
水の三重点　54
水の沸点　54
密　度　4
　　──の測定　4
耳　19
ミリ（m）　2
ミリカン　223,225
無重力　105
無重力状態　105
冥王星　298
明視の最短距離　33
メガ（M）　2
メスシリンダー　4
メソン　261

メートル（m）　1
メルトダウン　258
木　星　298
モーター　185,201
物差し　3
モノマー　67
モーメント　85
モル（mol）　49,240,269
モル質量　49,240,269
モル数　269
モル比熱　277

や 行

ヤング　26
ヤング率　69
油圧ブレーキ　75
油圧プレス　75
油圧リフト　75
融　解　47,57
　　──の比潜熱　58
融解曲線　275
遊　間　55
有効エネルギー　116
有効桁数　2
有効数字　2
融　点　47,57
誘電体　146
誘電率　152,173,178
誘導核分裂　255
誘導起電力　196,200,202,215
誘導単位　1
U字型磁石　183
U字管マノメーター　77
U　値　62
UTS　70
陽イオン　51
溶　解　47
陽　極　222
陽極電圧　224
陽　子　239
　　──の質量　254
陽子数　48,240
陽電子　260
横　波　13
弱い力　251

ら 行

ラザフォード　240,244

ラジアン（rad）　10,285
ラジエーター　59,129
ラジオ波　8,40
ランダム　5
乱　流　115,310
リアクタンス　212〜216
力　積　108
力　線　294
理想気体　267
　　──温度　275
　　──の状態方程式　269
　　──の断熱変化　279
　　──の熱力学　277
リチウム　48
リップルタンク　10
立方充填構造　47
リードスイッチ　152
流　管　311
流　線　309
流　体　46,115,309
　　──のエネルギー　314
流　量　310
リレー　137,161,184
臨界角　29
臨界減衰　306
励　起　230
励起エネルギー　231
レーザー　37
レプトン　261
連鎖反応　256
レンズ　30
　　──の式　32
連続X線　232
連続スペクトル　36
連続性　311
連続の式　311
レンツの法則　196
レントゲン写真　42
漏電遮断器　185
炉心溶融　258
ローレンツ力　185,196
論理回路　158
論理ゲート　158
論理システム　159

わ

惑　星　298
　　──の運動　298
ワット（W）　114,129
ワットメーター　56

監 訳

狩 野　覚　[第Ⅰ部, 第Ⅱ部, 第Ⅵ部および全体]
（かの　さとる）
- 1948 年 東京都に生まれる
- 1972 年 東京大学理学部 卒
- 1974 年 東京大学大学院理学系研究科修士課程 修了
- 現 法政大学情報科学部 教授
- 専攻 物理学（非線形レーザー分光学）
- 理学博士

翻 訳

春 日　隆　[第Ⅳ部]
（かすが　たかし）
- 1952 年 東京都に生まれる
- 1974 年 東京大学理学部 卒
- 1979 年 東京大学大学院理学系研究科博士課程 修了
- 現 法政大学理工学部 教授
- 専攻 電波天文学
- 理学博士

佐 藤　修 一　[第Ⅶ部]
（さとう　しゅういち）
- 1970 年 山形県に生まれる
- 1994 年 京都大学理学部 卒
- 1999 年 総合研究大学院大学数物科学研究科博士課程 修了
- 現 法政大学理工学部 教授
- 専攻 重力波物理学, 相対論実験
- 博士（理学）

善 甫　康 成　[第Ⅴ部]
（ぜんぽ　やすなり）
- 1956 年 広島県に生まれる
- 1980 年 広島大学理学部 卒
- 1985 年 広島大学大学院理学研究科博士課程 修了
- 現 法政大学情報科学部 教授
- 専攻 物性理論, 計算材料科学
- 理学博士

別 役　潔　[第Ⅲ部]
（べつやく　きよし）
- 1971 年 茨城県に生まれる
- 1994 年 大阪府立大学総合科学部 卒
- 1999 年 大阪大学大学院基礎工学研究科博士課程 修了
- 現 一般財団法人電力中央研究所材料科学研究所 主任研究員
- 専攻 計算材料科学
- 博士（理学）

第 1 版 第 1 刷 2012 年 11 月 1 日 発行
第 2 刷 2016 年 8 月 1 日 発行

基 礎 コ ー ス 物 理 学
（原著第 3 版）

Ⓒ 2012

- 監訳者　狩 野　覚
- 発行者　小 澤 美 奈 子
- 発　行　株式会社東京化学同人
  東京都文京区千石 3 丁目 36-7(〒112-0011)
  電話 03-3946-5311・FAX 03-3946-5317
  URL: http://www.tkd-pbl.com/

- 印　刷　大日本印刷株式会社
- 製　本　株式会社松岳社

ISBN978-4-8079-0801-1
Printed in Japan
無断転載および複製物（コピー, 電子データなど）の配布, 配信を禁じます.